소방시설관리사

시험 완벽대비

소방시설의 점검실무행정

소방기술사/관리사
(주)홍익소방 대표이사 **왕준호** 지음

BM (주)도서출판 성안당

■ 도서 A/S 안내

성안당에서 발행하는 모든 도서는 저자와 출판사, 그리고 독자가 함께 만들어 나갑니다.

좋은 책을 펴내기 위해 많은 노력을 기울이고 있습니다. 혹시라도 내용상의 오류나 오탈자 등이 발견되면 "좋은 책은 나라의 보배"로서 우리 모두가 함께 만들어 간다는 마음으로 연락주시기 바랍니다. 수정 보완하여 더 나은 책이 되도록 최선을 다하겠습니다.

성안당은 늘 독자 여러분들의 소중한 의견을 기다리고 있습니다. 좋은 의견을 보내주시는 분께는 성안당 쇼핑몰의 포인트(3,000포인트)를 적립해 드립니다.

잘못 만들어진 책이나 부록 등이 파손된 경우에는 교환해 드립니다.

저자 문의 : wjh119@hanmail.net I 블로그 : http://fire-world.tistory.com

저자 유튜브 채널 : 소방점검TV

본서 기획자 e-mail : coh@cyber.co.kr(최옥현)

홈페이지 : http://www.cyber.co.kr 전화 : 031) 950-6300

머리말

본서는 소방시설관리사 수험생과 시공 · 감리 · 점검 · 소방안전관리 업무에 종사하는 분들이 소방시설의 구조원리를 쉽게 이해하고 점검에 임할 수 있도록 점검현장에서 직접 촬영한 사진과 제조사에서 제공받은 그림을 최대한 수록하여 컬러로 출판하였습니다.

본서의 특징은 다음과 같습니다.

1. 각 단원별 출제경향분석을 통하여 그동안 출제된 문제를 확인하고 수험생이 학습해야 할 방향을 제시하였으며, 수험생들이 스스로 출제수준과 출제경향을 파악할 수 있도록 기출문제와 풀이를 수록하였습니다.
2. 소방시설의 구조원리에 대한 이해를 돕기 위하여 주요 부분에 대한 외형과 단면은 현장에서 촬영한 사진이나 그림을 삽입하여 현장경험이 없으신 분들도 간접경험이 될 수 있도록 구성하여 컬러로 실었습니다.
3. 기술자들이 궁금해 하는 수계 · 가스계 소화설비의 공통부속에 대한 그림과 상세한 설명, 가스계 소화설비의 점검 전후 안전대책, 수신기의 표시등과 스위치 기능 그리고 각 설비별 고장증상에 따른 원인과 조치방법을 구분하여 수록하였습니다.
4. 중요 부분에 대한 암기사항에 대하여는 이해를 돕기 위하여 머리글자식 암기방법이나 중요 부분에 대한 그림 · 계통을 그려서 상기하는 방법을 제시하였습니다.

유튜브 "소방점검TV" 채널에 소방점검과 관련된 영상을 제작하여 업로드하고 있사오니 많은 관심과 참고하기를 바라오며, 미흡하나마 본서가 소방시설관리사 수험생에게는 훌륭한 수험서로, 소방업무를 보는 소방관계자 여러분에게는 실무에 많은 도움이 되길 기대해 보면서 모든 분들께 행운이 가득하길 기원합니다.

끝으로 본서가 출간될 수 있도록 힘써주신 남상욱 기술사님, 미동소방학원 박성규 원장님, 자료를 제공해 주신 제조업체 관계자 여러분, 기술 자문을 해주신 손상곤 부장님과 출판에 심혈을 기울여 주신 도서출판 성안당 관계자 여러분께 깊은 감사를 표합니다.

저자 **왕준호**

차 례

chapter

3 분야별 점검

chapter

4 점검항목

chapter

5 소방시설의 자체점검제도

chapter

6 참고자료

chapter

7 소방시설의 점검실무행정 과년도 출제 문제

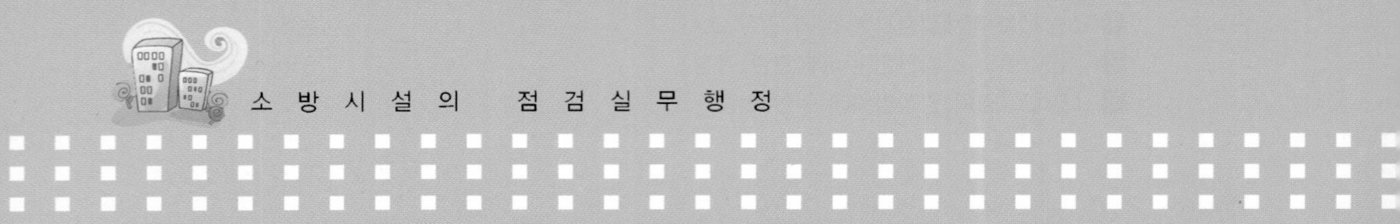
소 방 시 설 의 점 검 실 무 행 정

점검업무 처리절차

출제 경향 분석

번 호	기출 문제	출제 시기 및 배점
1	5. 소방시설 자체점검자가 소방시설에 대하여 자체점검을 하였을 때 그 점검결과에 대한 요식절차를 간기하시오.	2회 20점

	학습 방향
1	점검결과에 대한 요식절차
2	점검업무 처리절차
3	점검 전 준비사항, 점검작업 계획서의 내용 및 점검실시 후의 조치내용
☞	점검팀장으로서 점검업무 흐름도, 점검업무 처리절차, 점검 전·후 안전조치 및 점검작업 계획서는 기본이 되는 사항으로 정확히 숙지 필요함.

제 1 절

점검업무 흐름도

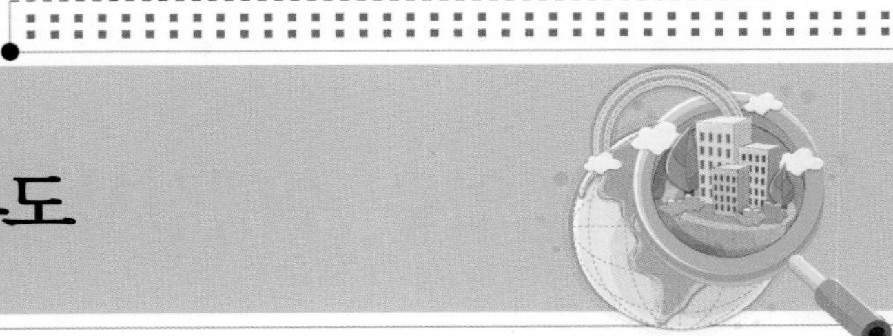

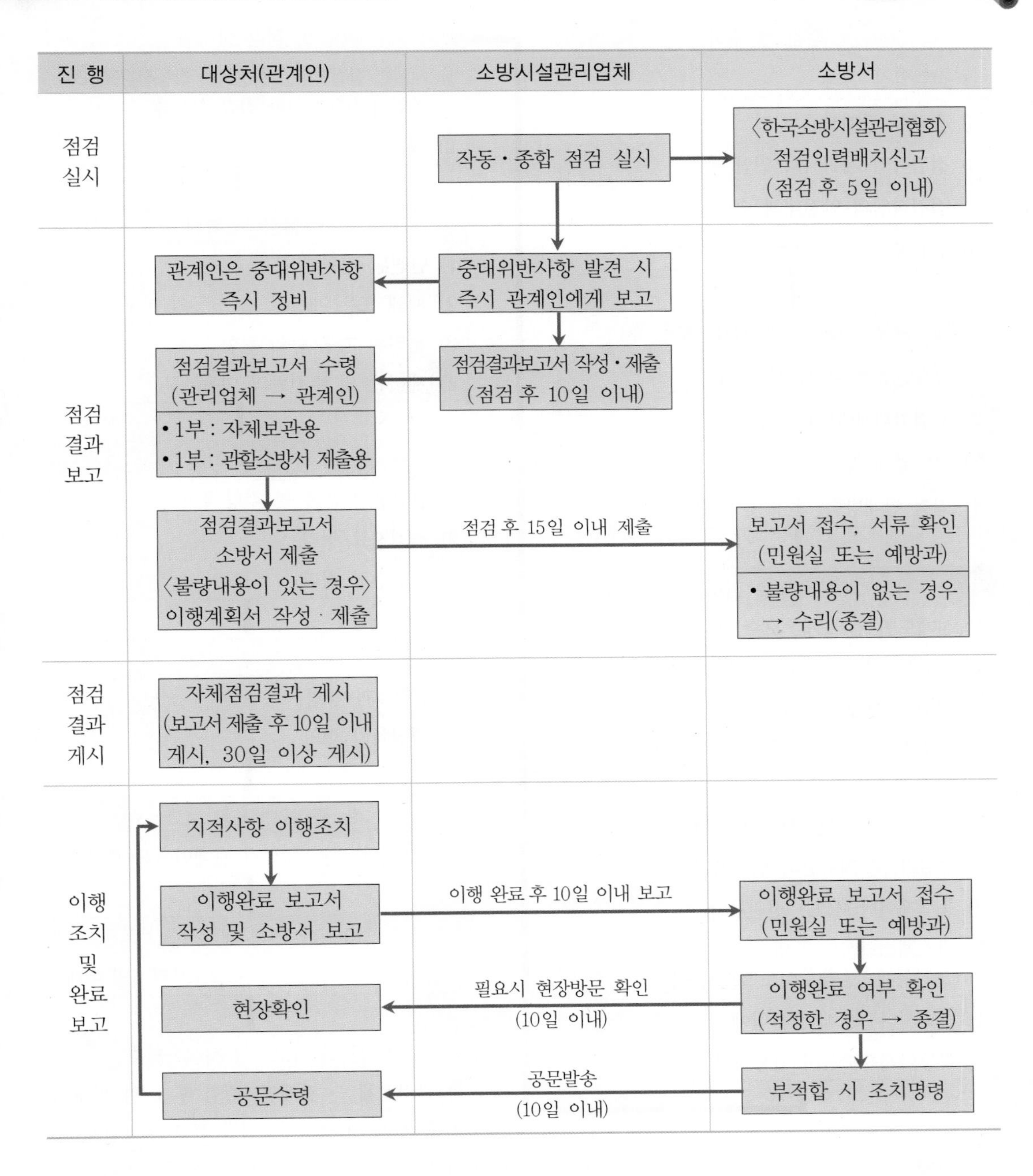
진 행
대상처(관계인)
소방시설관리업체
소방서
점검 실시
작동·종합 점검 실시
〈한국소방시설관리협회〉 점검인력배치신고 (점검 후 5일 이내)
점검 결과 보고
관계인은 중대위반사항 즉시 정비
중대위반사항 발견 시 즉시 관계인에게 보고
점검결과보고서 수령 (관리업체 → 관계인)
• 1부 : 자체보관용
• 1부 : 관할소방서 제출용
점검결과보고서 작성·제출 (점검 후 10일 이내)
점검결과보고서 소방서 제출 〈불량내용이 있는 경우〉 이행계획서 작성·제출
점검 후 15일 이내 제출
보고서 접수, 서류 확인 (민원실 또는 예방과)
• 불량내용이 없는 경우 → 수리(종결)
점검 결과 게시
자체점검결과 게시 (보고서 제출 후 10일 이내 게시, 30일 이상 게시)
이행 조치 및 완료 보고
지적사항 이행조치
이행완료 보고서 작성 및 소방서 보고
이행 완료 후 10일 이내 보고
이행완료 보고서 접수 (민원실 또는 예방과)
현장확인
필요시 현장방문 확인 (10일 이내)
이행완료 여부 확인 (적정한 경우 → 종결)
공문수령
공문발송 (10일 이내)
부적합 시 조치명령

점검업무 수행절차

1. 점검 전 준비
1) 점검일정 협의
2) 필요한 관계서류 확인
3) 점검작업 계획서의 입안
4) 점검작업의 안전대책 수립
5) 점검공기구 및 점검표지판의 준비

↓

2. 관계인과의 협의(대상처 도착 후)
1) 점검일정별 점검순서 협의
2) 점검입회자(안내자) 협조
3) 보안업체 통보
4) 점검 안내방송 실시 및 안내문 게시

↓

3. 관련자료 검토
1) 설계도면 검토(개·보수 포함.)
2) 전년도 점검 지적내역 검토
3) 전년도 작동(종합)점검표 검토
4) 소방계획서, 정비보완 기록부 검토

↓

4. 점검 전 안전조치
1) 수신기 및 제어반의 연동정지
2) 동력제어반(MCC) 전원차단
3) 가스계소화설비 오방출방지 안전조치 (조작동관, 솔레노이드밸브 분리)
4) 방화셔터 및 배연창 장애물 유·무 확인
5) 자동화재속보설비 연동정지

↓

5. 점검 실시
1) 시설별 점검장비를 사용하여 작동점검표 또는 종합점검표에 의한 점검 실시 후
2) 지적내역 작성

↓

6. 점검 후 복원
1) 단절된 전원의 복구
2) 폐쇄 또는 개방된 밸브 등의 복구
3) 분리된 기구 등의 결합
4) 제어반 및 수신반의 연동복구

↓

7. 점검 후 정리
1) 점검장비 품목 및 수량 확인
2) 점검자료 정리
3) 점검현장 정리

↓

8. 점검 후 협의
1) 점검결과 강평
2) 행정처리 협의

↓

9. 중대위반사항 보고
중대위반사항 발견 시 관계인에게 보고

↓

10. 점검인력 배치신고
점검 전 또는 점검이 끝난 날로부터 5일 이내

↓

11. 점검결과보고서 작성·제출
1) 관리업체 → 관계인 : 점검 후 10일 이내
2) 관계인 → 소방서 : 점검 후 15일 이내

참고 소방대상물의 구조 및 설치된 소방시설의 종류에 따라 현장 상황을 고려하여 점검계획 수립

1 점검 전 준비사항

대상처와 점검계약이 체결되면 점검을 위한 다음 사항을 준비한다.

1. 점검일정 협의

점검을 실시하고자 하는 대상처의 관계자와 충분한 협의를 통해 점검일정을 결정한다.

2. 필요한 관계서류의 확인

3. 점검작업 계획서의 입안

일정별 점검에 따른 세부사항을 포함한 점검작업 계획서를 작성하여 계획서에 의한 점검을 실시한다.

1) 점검책임자 및 점검실시자의 성명

2) 소방대상물의 관계자 성명

3) 점검실시에 따른 세부적인 사항

4) 관계서류 등의 확인사항
   (1) 소방시설의 시공신고서
   (2) 소방시설의 시험결과보고서(감리결과보고서에 있음.)
   (3) 소방시설의 설계도면(준공도면)
   (4) 보수·정비 상황표
   (5) 전번의 점검결과보고서 등

5) 비상전원의 점검(안전대책 : 전기기술자의 협조)

6) 배선의 점검(전기에 관한 상식이 있는 사람이 점검)

7) 점검범위의 중복(중복되지 않도록 범위 명확히)

8) 정비를 요하는 부분의 조치(관계자와 사전에 협의)

9) 소방시설의 대체(기능장애로 대체할 것은 관계자와 사전 협의하고 소방서의 지도를 받을 것)

4. 점검작업의 안전대책 수립

5. 점검공기구 및 점검표지판의 준비

소방시설관리업체에서는 대상처에 대한 건축물 및 소방시설현황을 참고하여 소방시설에 따른 점검공기구를 사전에 준비하여야 한다. 점검공기구는 점검에 차질이 생기지 않도록 점검에 투입되는 인원 수에 맞게 수량을 준비하고 이상 유무를 반드시 확인하여 사전준비에 만전을 기한다.

1) 소방시설별 점검장비 품목 및 수량 준비
2) 점검장비 이상 여부 확인
3) 점검표지판의 준비

2 관계인과의 협의(점검대상처 도착 후)

점검대상처에 도착하여 관계인과 인사를 나누면서 당 건물 점검 시 주의해야 할 사항이 있는지와 현재 소방시설을 운용함에 있어 이상이 있는지 등을 확인하고 다음 사항에 대하여 협의한다.

1. 점검일정별 점검순서 협의

관계인과 점검일정별 소방시설 점검순서를 협의한다.

2. 점검입회자(안내자) 협조

점검을 안내할 입회자는 당 건물의 모든 열쇠를 지참할 것을 요청하여 둔다.

3. 보안업체 통보

점검 시 화재감지기 동작에 따라 보안업체에서 오인출동을 하지 않도록 점검 전에 보안업체에 통보할 것을 요청한다.

4. 점검 안내방송 실시 및 안내문 게시

건물 내에 있는 사람들에게 소방시설 점검을 실시한다는 내용을 안내하여 줌으로써 점검 중 경종·싸이렌의 작동으로 인하여 혼란이 발생하지 않도록 사전에 안내방송을 실시하고 엘리베이터 등 보기 쉬운 곳에 점검안내문을 게시한다. 소방시설관리업체에서 점검표지판을 준비하였다면 보기 좋은 위치에 게시한다.

tip 점검 안내방송 예시

당 건물(빌딩, 학교) 방재센터(관리사무소, 교무실)에서 알려드립니다.
○○월 ○○일~○○월 ○○일까지 ○일간 당 건물 전층에 대하여 소방시설 작동(종합) 점검을 실시할 예정입니다.(실시하고 있습니다.) 소방시설 점검 중 피난구 유도등이 점등되거나 경종·싸이렌이 수시로 발령되오니 당황하지 마시고 정상적인 업무에 임하여 주시고, 점검차 방문 시 적극 협조하여 주시기 바랍니다. (2회 반복)

3 관련 자료의 검토

대상처의 설계도면과 수신기를 보고 소방시설 현황을 파악한 후, 관계서류를 검토하여 소방시설 점검표 작성에 필요한 자료를 수집하고 소방시설 정비보완 기록을 확인하여 중점적으로 점검할 사항이 있는지를 파악한다.

1) 설계도면의 검토(개·보수사항 포함.)
2) 전년도 점검 지적내역 검토
3) 전년도 작동기능(종합정밀) 점검표 검토
4) 소방계획서 및 정비보완 기록부 검토

4 점검 전 안전조치

점검 전 안전조치는 실제 점검에 임하면서 발생할 수 있는 안전사고를 대비하여 안전하게 소방점검을 실시할 수 있도록 하는 일련의 조치이다. 점검 전 안전조치의 핵심은 설비의 자동동작방지를 위한 연동정지와 설비동작으로 인한 피해를 방지하는 조치로서 다음 사항을 예로 들 수 있다.

1. 수신반의 모든 연동정지의 스위치를 OFF 상태로 전환

주경종, 지구경종, 비상방송, 싸이렌, 유도등, 프리액션밸브, 일제개방밸브, 방화셔터, 가스계 소화설비, 제연댐퍼, 제연휀, 배연창, 펌프 등

[그림 1] 수신기 조작스위치 연동정지

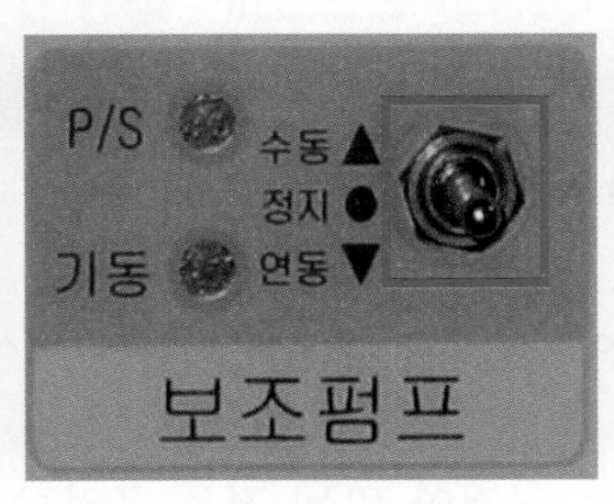

[그림 2] 펌프 연동정지

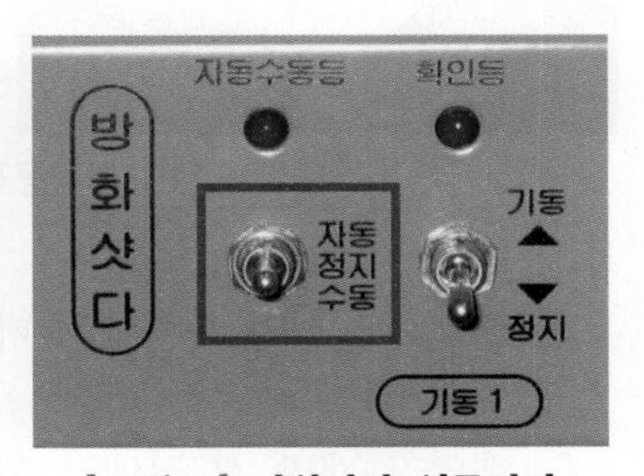

[그림 3] 방화셔터 연동정지

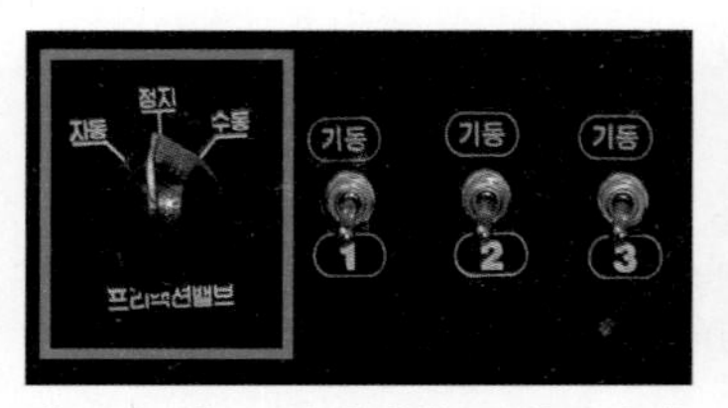

[그림 4] **프리액션밸브 연동정지**

[그림 5] **부저, 비상방송, 유도등 연동정지**

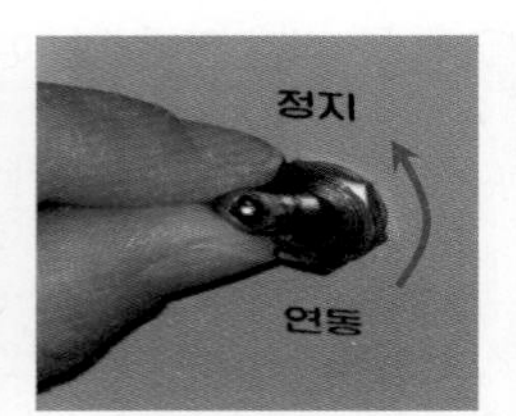

[그림 6] **가스계 소화설비의 솔레노이드밸브 연동정지**

2. 동력제어반의 펌프 전원차단

3. 프리액션밸브, 일제개방밸브

2차측 개폐밸브 폐쇄

[그림 7] **동력제어반 전원차단**

[그림 8] **프리액션밸브 2차측 밸브 폐쇄**

4. 가스계 소화설비의 제어반 솔레노이드 연동정지, 조작동관 및 솔레노이드밸브 분리

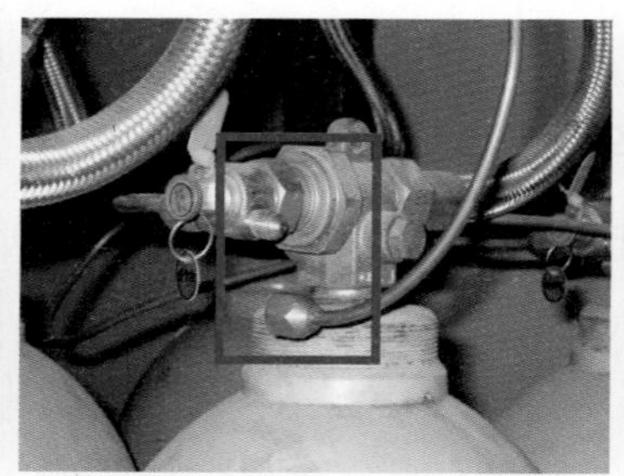

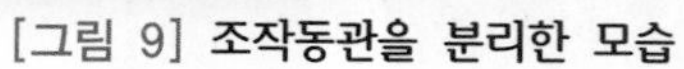

[그림 9] **조작동관을 분리한 모습**

[그림 10] **솔레노이드밸브 분리**

5. 방화셔터 하강 부분에 셔터의 하강 시 장애가 되는 물건이 있는 경우 옮겨 놓는 등의 조치

6. 배연창 개방 시 장애가 되는 물건이 있는 경우 옮겨 놓는 등의 조치

7. 자동화재속보설비의 소방서로 화재 송출신호 차단

5 점검실시

대상처에 설치되어 있는 소방시설별 점검장비를 이용하여 작동점검 또는 종합점검은 점검표에 의한 항목별 점검을 실시하고 문제가 있는 부분에 대해서는 지적내역을 작성한다. 점검순서는 소방대상처별 점검자의 의도에 따라 약간의 차이는 있겠지만 일반적으로 소방시설의 주요 부분을 점검 후 전수검사를 실시하는 경우가 많다.

1. 소방시설 주요 부분의 점검

통상 소방시설의 주요 부분의 점검이라 함은 다른 부분에 비해 점검 소요시간이 많이 소요되는 부분으로서, 다음의 항목을 예로 들 수 있다.

1) 수신기의 점검
2) 수계소화설비의 펌프 주변배관의 점검
3) 가스계소화설비의 저장용기실(패키지가 있는 경우 패키지)의 점검
4) 제연설비의 점검

2. 전수검사

점검팀은 대상처의 규모와 점검일정에 따라 투입인원이 다르겠지만 최소 3명이 1팀으로 구성되며, 1명은 수신기가 있는 방재실에서 무전을 통해 점검 시 수신기 동작상황의 확인·제어 및 전파를 하고 2명은 로컬에서 점검을 실시하게 된다. 소방시설의 주요 부분의 점검을 마친 후 통상 최상층부터 아래층으로 내려오면서 설치된 소방시설에 대한 전수검사를 실시하게 된다.

6 점검 후 복원

점검이 완료되면 소방시설이 정상 작동될 수 있도록 원상태로 복구시켜 놓아야 한다. 특히 점검을 하기 위하여 조치했던 전원의 차단, 밸브의 폐쇄, 경보정지, 자동소화설비의 정지, 가스계소화설비의 조작동관의 분리 또는 솔레노이드밸브에 안전핀을 체결하였을 때에는 필히 원상태로 복원시켜 놓아야 하며, 차후 발생될 수 있는 문제를 대비하여 원상태로 복구한 주요 부분은 재차 확인하고 디지털카메라로 촬영을 해 놓을 것을 권장한다.

1) 단절된 전원의 복구
2) 폐쇄 또는 개방된 밸브 등의 복구
3) 분리된 기구 등의 결합
4) 제어반 및 수신반의 연동복구
5) 주요 부분 원상복구 재확인 및 사진 촬영

7 점검 후 정리

1. 점검장비 품목, 수량확인 및 현장정리

소방시설의 점검이 완료되면 사용한 점검공기구는 회수하고 점검을 위하여 어지럽혀진 주위를 말끔히 청소해야 함은 물론 점검을 위하여 자리를 옮겼던 비품 등은 제자리에 갖다 놓는 등 사후처리를 잘해 놓는다.

2. 점검자료 정리

점검결과보고서 작성을 위한 서류 확인 및 점검 후 강평을 위한 지적내역을 정리한다.

8 점검 후 협의

1. 점검결과 강평

점검이 완료되면 대상처의 관리자에게 점검결과에 대한 강평을 실시한다. 점검결과 이상이 있는 경미한 부분의 경우는 점검자가 조치하여 줄 수 있겠지만, 복잡하고 정비를 요하는 부분의 경우에는 소방설비공사업체에 위탁하여 조속히 정비·보수하도록 안내해 준다.

2. 행정처리 협의

점검결과보고서의 제출일자와 점검수수료 납부 등에 관한 내용을 관계자와 협의한다.

9 중대위반사항 보고

관리업자등은 소방시설등의 자체점검 결과 즉각적인 수리 등 조치가 필요한 중대위반사항을 발견한 경우 즉시 관계인에게 알려야 한다. 이 경우 관계인은 지체 없이 수리 등 필요한 조치를 하여야 한다.

tip 중대위반사항

1. 화재 수신반의 고장으로 화재경보음이 자동으로 울리지 않거나 수신반과 연동된 소방시설의 작동이 불가능한 경우
2. 소화펌프(가압송수장치), 동력·감시 제어반 또는 소방시설용 전원(비상전원 포함)의 고장으로 소방시설이 작동되지 않는 경우
3. 소화배관 등이 폐쇄·차단되어 소화수 또는 소화약제가 자동 방출되지 않는 경우
4. 방화문, 자동방화셔터 등이 훼손 또는 철거되어 제기능을 못하는 경우

10 점검인력 배치신고

소방시설관리업자가 자체점검을 실시하기 위하여 점검인력을 배치하는 경우 점검대상과 점검인력 배치상황 신고는 한국소방시설관리협회가 운영하는 전산망에 직접 접속하여 처리한다.

1. 신고자

소방시설관리업자

2. 신고처

한국소방시설관리협회(http://www.kfma.kr)

3. 신고시기

소방시설관리업자가 점검인력을 배치하는 경우 점검대상과 점검인력 배치상황을 점검 전 또는 점검이 끝난 날로부터 5일 이내에 한국소방시설관리협회 전산망에 접속하여 점검인력배치상황을 신고한다.

4. 관리업자는 점검인력 배치통보 시 최초 1회 및 점검인력 변경 시에는 규칙 별지 제31호 서식에 따른 소방기술인력 보유현황을 한국소방시설관리협회 전산망에 통보하여야 한다.

11 점검결과보고서 작성 · 제출

1. 자체점검 결과보고서 관계인에게 제출

관리업자 또는 소방안전관리자로 선임된 소방시설관리사 및 소방기술사(관리업자 등)는 자체점검을 실시한 경우에는 그 점검이 끝난 날로부터 10일 이내에 자체점검 실시결과 보고서를 관계인에게 제출하여야 한다.

2. 자체점검 결과보고서 소방서에 제출

1) 관리업등으로부터 자체점검 결과보고서를 제출받거나, 스스로 점검을 실시한 관계인은 점검이 끝난 날부터 15일 이내에 자체점검 실시결과 보고서를 소방서장에게 제출해야 한다.
2) 불량내용이 있는 경우 소방시설등에 대한 수리, 교체, 정비에 관한 이행계획서를 보고서에 첨부하여 소방서장에게 보고해야 한다.

tip 보고서 제출

구 분	제출기한	보고기간 산입기준
관리업자가 관계인에게 보고서 제출	점검이 끝난 날로부터 10일 이내	• 초일 미산입 • 공휴일 및 토요일 산입 제외 • 신고 마감일이 공휴일 및 토요일인 경우 다음 날까지 신고
관계인이 소방서에 보고서 제출	점검이 끝난 날로부터 15일 이내	

기출 및 예상 문제

★★★

01 소방시설 자체점검자가 소방시설에 대하여 자체점검을 하였을 때 그 점검결과에 대한 요식절차를 간기하시오. [2회 10점]

1. 점검자, 보고서 제출자 및 제출기한
   1) 점검자
      (1) 특정소방대상물의 관계인(자격이 있는 소방안전관리자)
      (2) 자체점검을 위탁 받은 소방시설관리업자
   2) 보고서 제출자 : 특정소방대상물의 관계인
   3) 보고서 제출기한 : 점검일로부터 15일 이내에 관할 소방서에 제출
2. 관할 소방서의 점검결과 처리
   1) 점검결과의 처리
      (1) 지적내역이 없는 경우 : 상황 종료
      (2) 지적내역이 있는 경우 : 이행계획서 작성 제출
   2) 자체점검업무 흐름도

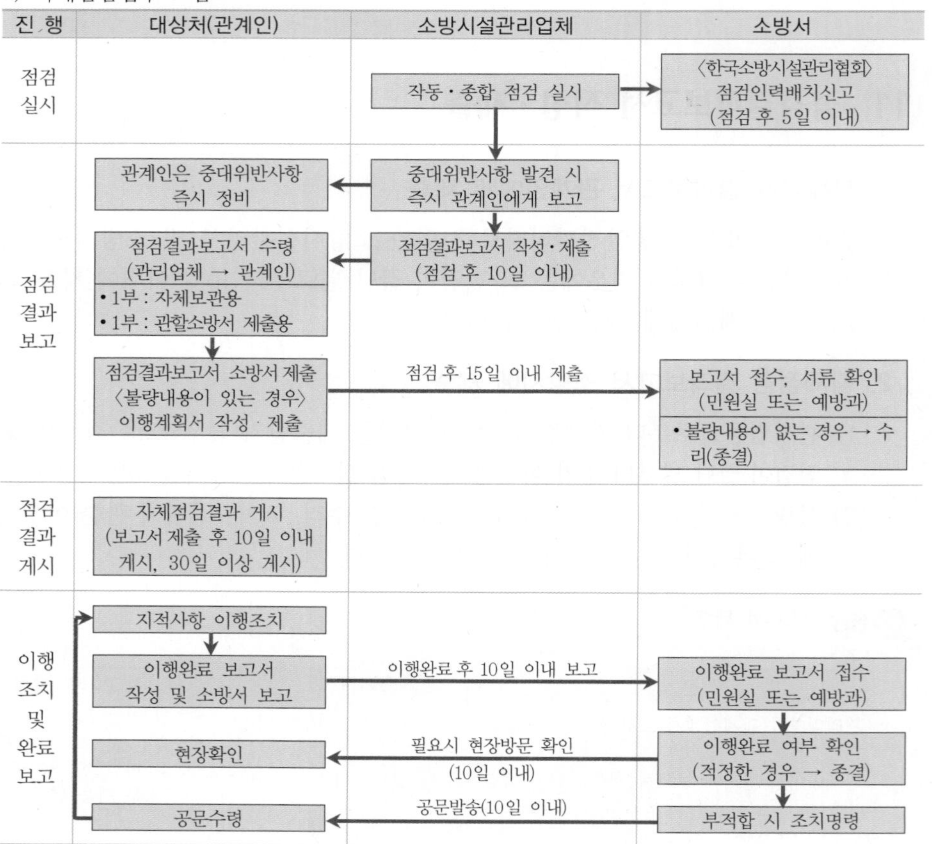

★★★

02 소방대상물 점검 시 관리사 입장에서 점검 전 준비사항, 점검작업 계획서의 내용, 점검시작 전 안전조치내용 및 점검실시 후의 조치내용을 쓰시오.

1. 점검 전 준비사항
   1) 점검일정의 협의
   2) 필요한 관계서류의 확인
   3) 점검작업 계획서의 입안
   4) 점검작업의 안전대책 수립
   5) 점검공기구 및 점검표지판의 준비
2. 점검작업 계획서의 내용
   1) 점검책임자 및 점검실시자의 성명
   2) 소방대상물의 관계자 성명
   3) 점검실시에 따른 세부적인 사항
   4) 관계서류의 확인사항
      (1) 소방시설의 시공신고서
      (2) 소방시설의 시험결과보고서(감리결과보고서에 있음.)
      (3) 소방시설의 설계도면(준공도면)
      (4) 보수·정비 상황표
      (5) 전번의 점검결과보고서 등
   5) 비상전원의 점검(안전대책 : 전기기술자의 협조)
   6) 배선의 점검(전기에 관한 상식이 있는 사람이 점검)
   7) 점검범위의 중복(중복되지 않도록 범위 명확히)
   8) 정비를 요하는 부분의 조치(관계자와 사전에 협의)
   9) 소방시설의 대체(기능장애로 대체할 것은 관계자와 사전 협의하고, 소방서의 지도를 받을 것)
3. 점검시작 전 안전조치
   1) 수신반의 모든 연동정지스위치 OFF 상태로 전환 : 주경종, 지구경종, 비상방송, 싸이렌, 유도등, 프리액션밸브, 일제개방밸브, 방화셔터, 가스계 소화설비, 제연댐퍼, 제연휀, 배연창, 펌프 등
   2) 동력제어반의 펌프 전원차단
   3) 프리액션밸브, 일제개방밸브 : 2차측 개폐밸브 폐쇄
   4) 가스계 소화설비의 제어반 솔레노이드 연동정지, 조작동관 및 솔레노이드밸브 분리
   5) 방화셔터 하강 부분에 셔터의 하강 시 장애가 되는 물건이 있는 경우 옮겨 놓는 등의 조치
   6) 배연창 개방 시 장애가 되는 물건이 있는 경우 옮겨 놓는 등의 조치
   7) 자동화재속보설비의 소방서로 화재 송출신호 차단
   8) 보안업체(캡스 등)에 소방점검을 알리는 등의 조치(통보)
   9) 건물 내 소방점검을 알리는 안내방송 실시
4. 점검실시 후의 조치
   1) 점검 후의 복원(반드시 모든 설비가 정상 작동될 수 있도록 복원하고 주요 부분은 디지털카메라로 촬영)
   2) 정비를 요하는 부분의 확인과 조치(정비를 요하는 것은 정비·보수하도록 통보)
   3) 점검결과 강평
   4) 점검공기구의 회수 및 주변정리
   5) 점검결과보고서 작성
   6) 점검대상처 점검결과보고서 제출(소방서 제출용은 점검 후 30일 이내에 제출)

점검공기구 사용 방법

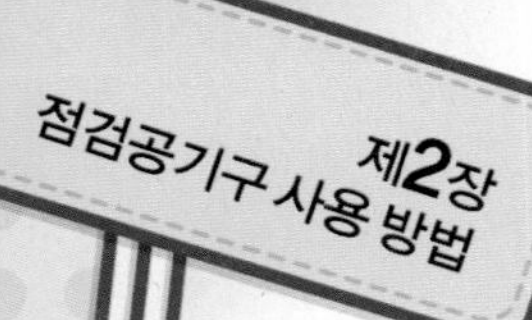

출제 경향 분석

<table>
<tr><th>번 호</th><th>기출 문제</th><th>출제 시기 및 배점</th></tr>
<tr><td>1</td><td>3. 옥외소화전설비의 법정 점검기구를 기술하시오.</td><td>1회 10점</td></tr>
<tr><td>2</td><td>2. 전류전압 측정계의 0점 조정, 콘덴서의 품질시험 방법 및 사용상의 주의사항에 대하여 설명하시오.</td><td>2회 20점</td></tr>
<tr><td>3</td><td>2. 소방시설의 자체점검에서 사용하는 소방시설별 점검기구를 아래와 같이 칸을 그리고 10개의 항목으로 작성하시오. (단, 절연저항계의 규격은 비고에 기술)
<table><tr><th>구 분</th><th>설비별</th><th>점검기구명</th><th>규 격</th></tr><tr><td>①</td><td></td><td></td><td></td></tr><tr><td>⋮</td><td></td><td></td><td></td></tr><tr><td>⑩</td><td></td><td></td><td></td></tr></table></td><td>3회 30점</td></tr>
<tr><td>4</td><td>4. 열감지기시험기(SH−H−119형)에 대하여 다음 물음에 답하시오.
1) 미부착 감지기와 시험기의 접속 방법을 그리시오.
2) 미부착 감지기의 시험 방법을 쓰시오.</td><td>4회 20점</td></tr>
<tr><td>5</td><td>5. 옥내·외 소화전설비의 방사노즐과 분무노즐 방수 시의 방수압력 측정 방법에 대하여 쓰고, 옥외소화전 방수압력이 75.42PSI일 경우 방수량은 몇 m^3/min인지 계산하시오.</td><td>5회 20점</td></tr>
<tr><td>6</td><td>2-2. 아래의 표는 소방시설별 점검장비 및 규격을 나타내는 표이다. 표가 완성되도록 번호에 맞는 답을 쓰시오.
<table><tr><th>소방시설</th><th>장 비</th><th>규 격</th></tr><tr><td>소화기구</td><td>①</td><td>-</td></tr><tr><td>스프링클러설비, 포소화설비</td><td>②</td><td>③</td></tr><tr><td>이산화탄소소화설비, 분말소화설비, 할론소화설비, 할로겐화합물 및 불활성기체 소화설비</td><td>④</td><td>⑤</td></tr></table></td><td>12회 10점</td></tr>
<tr><td>7</td><td>자동화재탐지설비와 시각경보기 점검에 필요한 점검장비에 관하여 쓰시오.</td><td>19회 3점</td></tr>
<tr><td>8</td><td>1. 소방시설별 점검장비 괄호 넣기(5점)</td><td>22회 5점</td></tr>
</table>

학습 방향	
1	소방시설별 점검장비 숙지
2	공통장비 : 절연저항계, 전류전압측정계 사용 방법 숙지
3	방수압력측정계, 검량계(레벨메터) 등 각종 점검공기구 사용 방법 숙지
4	풍속·풍압계, 차압계, 폐쇄력 측정기를 이용한 방연풍속, 폐쇄력, 차압 측정 방법 숙지
☞	**2016년 6월 30일 장비기준이 삭제되었다가 다시 신설됨.(2017년 2월 10일) → 시설별 점검장비 숙지 요함.**

제1절 법정 점검공기구의 종류

1 소방시설별 점검 장비 ★★★★★

☞ 근거 : 소방시설 설치 및 관리에 관한 법률 시행규칙 [별표 3] <개정 2022. 12. 1>

소방시설	장 비	규 격
모든 소방시설	방수압력측정계, 절연저항계(절연저항 측정기), 전류전압측정계	*방수압력측정계 [5회 20점]
소화기구	저울	
옥내소화전설비 옥외소화전설비	소화전밸브압력계	*옥외 점검기구 종류 [1회 10점]
스프링클러설비 포소화설비	헤드결합렌치(볼트, 너트, 나사 등을 죄거나 푸는 공구)	*괄호 넣기[22회 1점]
이산화탄소소화설비 분말소화설비 할론소화설비 할로겐화합물 및 불활성기체 소화설비	검량계, 기동관누설시험기, 그 밖에 소화약제의 저장량을 측정할 수 있는 점검기구	*괄호 넣기[22회 2점]
자동화재탐지설비 시각경보기	열감지기시험기, 연(煙)감지기시험기, 공기주입시험기, 감지기시험기 연결막대, 음량계	*열감지기[4회 20점] *시험기 종류[19회 3점] *괄호 넣기[22회 2점]
누전경보기	누전계	누전전류 측정용
무선통신보조설비	무선기	통화시험용
제연설비	풍속풍압계, 폐쇄력 측정기, 차압계(압력차 측정기)	
통로유도등 비상조명등	조도계(밝기 측정기)	최소눈금이 0.1럭스 이하인 것

※ 참고 : 할론소화설비(예전, 할로겐화합물소화설비)
할로겐화합물 및 불활성기체 소화설비(예전, 청정소화약제소화설비)

제2절 점검공기구 사용 방법

1 전류 · 전압 측정계 ★★★★★ [2회 20점]

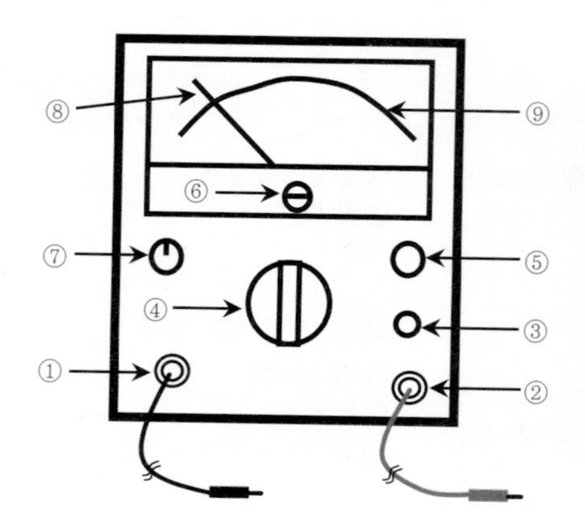

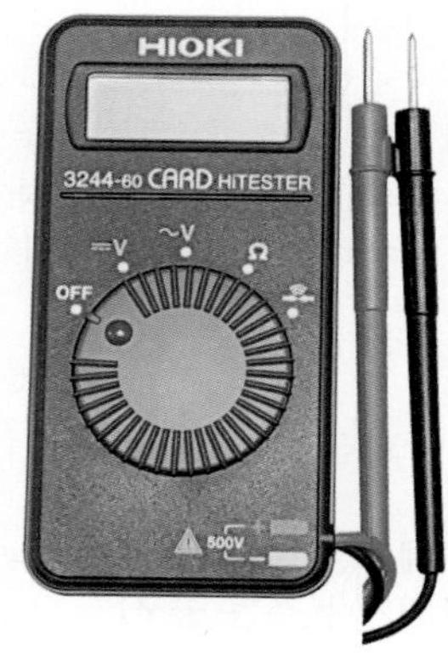

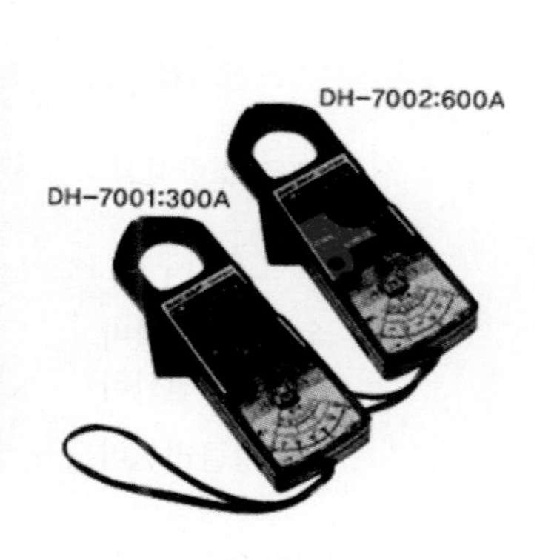

① 공통단자(−단자)
② A, V, Ω 단자(+단자)
③ 출력단자(Output Terminal)
④ 레인지선택스위치(Range Selecter S/W)
⑤ 저항 0점 조절기
⑥ 0점 조정나사(전압, 전류)
⑦ 극성선택스위치(DC, AC, Ω)
⑧ 지시계
⑨ 스케일(Scale)

[그림 1] **전류 · 전압 측정계의 외형**

1. 용 도

약전류회로의 전류(A), 전압(V), 저항(Ω) 측정에 사용된다.

2. 사용법

참고 모든 측정 시 사전에 0점 조정 및 전지체크를 할 것

1) 0점 조정 [2회 20점]

(1) 모든 측정을 하기 전에 반드시 바늘의 위치가 0점에 고정되어 있는지 확인한다.
(2) 0점에 있지 않을 경우 ⑥번 0점 조정나사로 조정하여 0점에 맞춘다.

2) 내장 전지시험(Battery Check)

(1) 배터리체크 단자를 눌러서 확인하거나,

(2) ⑥번 0점 조정단자를 시계방향으로 맨 끝까지 돌려도 바늘이 0점으로 오지 않을 경우는 건전지가 모두 소모되었음을 의미한다.

3) 직류전류 측정(DC mA) : 직렬 연결

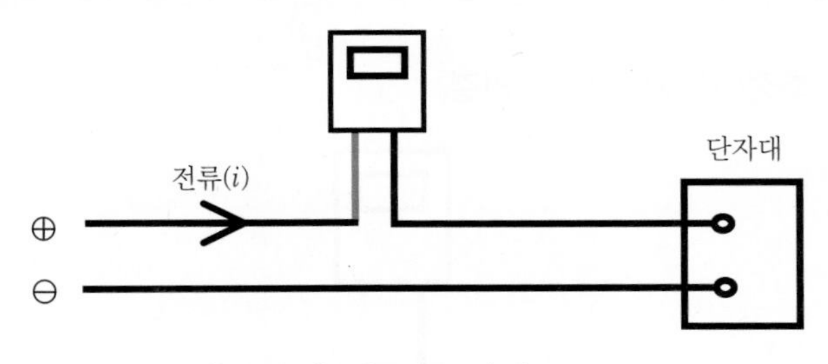

[그림 2] **직류전류 측정**

(1) 흑색도선을 측정기의 − 측 단자에, 적색도선을 + 측 단자에 접속시킨다. (2) ⑦번 극성선택 S/W를 DC에 고정시킨다. (3) Range ④를 DC mA의 적정한 위치로 한다.	준비 (공통사항)
(4) 도선의 양측 말단을 피측정 회로에 직렬로 접속시킨다.	도선 연결
(5) 계기판의 DC A 눈금상의 수치를 읽는다.	판 독

참고 이때 바늘의 방향이 반대방향으로 기울어지면, 측정도선을 반대로 바꾼다. [DC A · V 측정 시 공통]

4) 직류전압 측정(DC V) : 병렬 연결

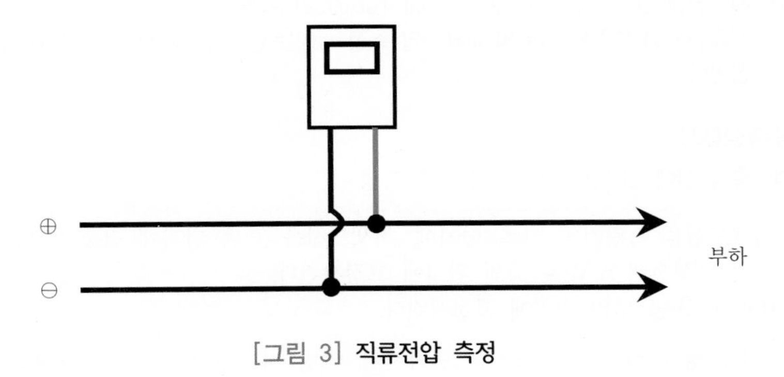

[그림 3] **직류전압 측정**

(1) 흑색도선을 측정기의 －측 단자에, 적색도선을 ＋측 단자에 접속시킨다. (2) ⑦번 극성선택 S/W를 DC에 고정시킨다. (3) Range ④를 DC V의 적정한 위치로 한다.	준비 (공통사항)
(4) 도선의 양측 말단을 극성에 각각 병렬로 연결시킨다.	도선 연결
(5) 계기판의 DC V 눈금상의 수치를 읽는다.	판 독

참고 이때 바늘의 방향이 반대방향으로 기울어지면, 측정도선을 반대로 바꾼다. [DC A · V 측정 시 공통]

5) 교류전압 측정(AC V) : 병렬 연결

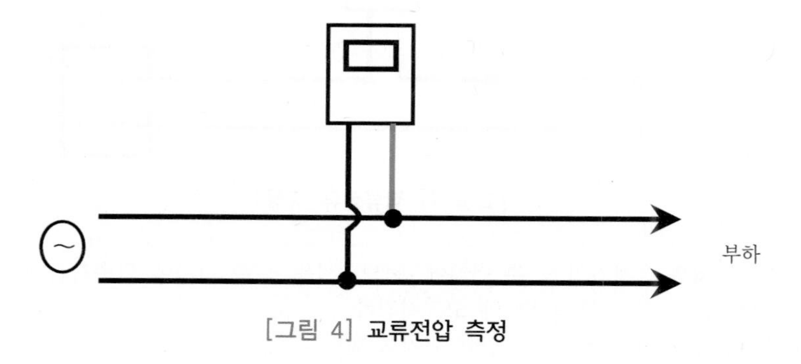

[그림 4] **교류전압 측정**

(1) 흑색도선을 측정기의 －측 단자에, 적색도선을 ＋측 단자에 접속시킨다. (2) ⑦번 극성선택 S/W를 AC에 고정시킨다. (3) Range ④를 AC V의 적정한 위치로 전환한다.	준비 (공통사항)
(4) 도선의 양측 말단을 측정하고자 하는 회로에 병렬로 접속시킨다.	도선 연결
(5) 계기판의 AC V 눈금상의 수치를 읽는다.	판 독

참고 직류성분 포함 시 출력단자(Output Terminal) 사용
직류성분이 포함된 회로의 교류전압 측정 시에는 ①번 공통단자와 ③번 출력단자에 연결하여 측정한다.

6) 저항측정(Ω)

주의 측정 전에 전원을 반드시 차단 후 측정

(1) 흑색도선을 측정기의 －측 단자에, 적색도선을 ＋측 단자에 접속시킨다. (2) ⑦번 극성선택 S/W를 Ω의 위치에 고정시킨다. (3) Range ④를 Ω의 위치에 고정시킨다.	준비 (공통사항)
(4) 0점 조정 : ⊕, ⊖ 두 도선을 단락시켜, ⑤번 저항 0점 조정기를 이용하여 지침이 0Ω을 가리키도록 0점을 조정한다.	0점 조정
(5) 피측정 저항의 양끝에 도선을 접속시킨다.	도선 연결
(6) Ω의 눈금을 읽는다. 눈금에 Ω 선택 S/W의 배수를 곱한다.	판 독

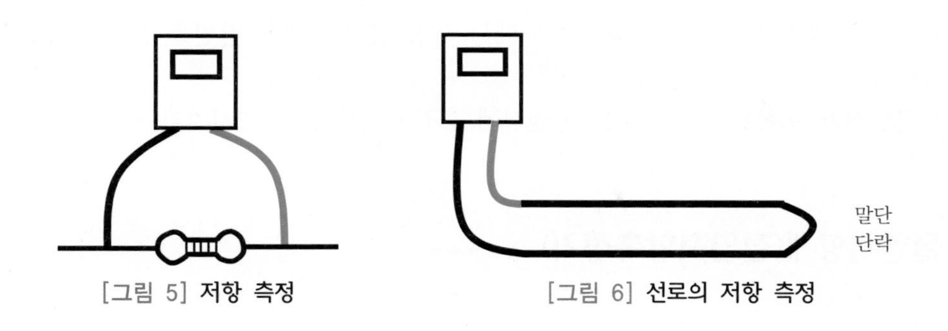

[그림 5] **저항 측정** [그림 6] **선로의 저항 측정**

7) 콘덴서 품질시험 [2회 20점]

(1) 흑색도선을 측정기의 − 측 단자에, 적색도선을 + 측 단자에 접속시킨다. (2) ⑦번 극성선택 S/W를 Ω의 위치에 고정시킨다. (3) Range ④를 10kΩ의 위치에 고정시킨다.	준비 (공통사항)
(4) 리드선을 콘덴서의 양단자에 접속시킨다.	도선 연결
(5) 판정기준	판 독

가. 정상 콘덴서는 지침이 순간적으로 흔들리다가 서서히 무한대(∞) 위치로 돌아온다.

나. 불량 콘덴서는 지침이 움직이지 않는다.

다. 단락된 콘덴서는 바늘이 움직인 채 그대로 있으며, 무한대(∞) 위치로 돌아오지 않는다.

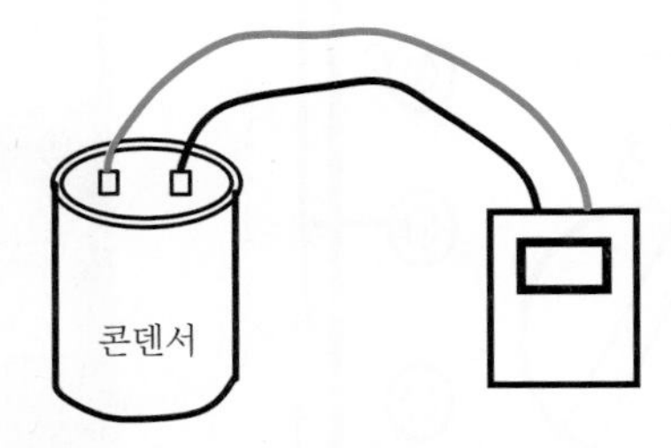

[그림 7] **콘덴서의 품질시험 방법**

3. 사용상 주의사항 [M : 수 · 영 · B · R · 고 · 전 · 차 · 콘]

1) 측정 시 시험기는 수평으로 놓을 것

2) 측정 시 사전에 0점 조정 및 전지(Battery)체크를 할 것

참고 측정을 하기 전에 반드시 바늘의 위치가 0점에 고정되어 있는가를 확인하여야 한다. (0점 조정이 되어 있지 않을 경우는 ⑥번 0점 조정나사를 조정하여 0점에 맞춘다.)

3) 측정범위가 미지수일 때는 눈금의 최대범위에서 시작하여 범위를 낮추어 갈 것 [Range]

4) ④번 선택 S/W가 DC mA에 있을 때는 고전압이 걸리지 않도록 할 것(시험기의 분로 저항이 손상될 우려가 있음.)

5) 어떤 장비의 회로저항을 측정할 때에는 측정 전에 장비용 전원을 반드시 차단하여야 한다.

6) 콘덴서가 포함된 회로에서는 콘덴서에 충전된 전류는 방전시켜야 한다.

2 절연저항계(절연저항측정기) ★★★★★

1. 측정범위(용도)

전선로 등의 절연저항 및 교류전압을 측정하는 기구이다.

참고 절연저항계는 최고전압이 DC 500V 이상, 최소눈금이 0.1MΩ 이하의 것이어야 한다.

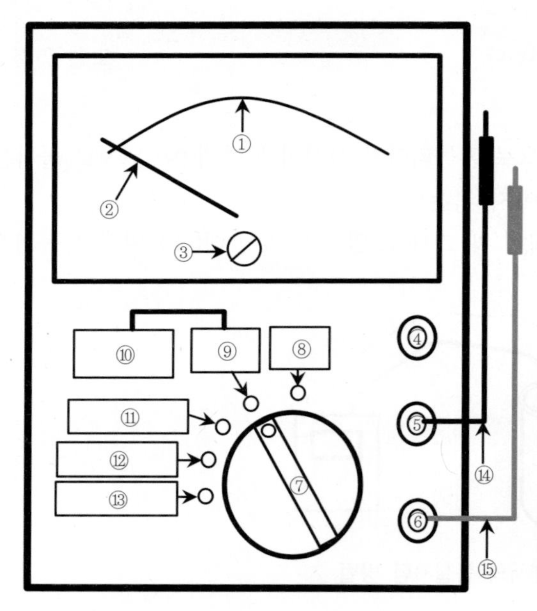

① 스케일
② 지시계
③ 0점 조절기
④ 부저 단자
⑤ 접지 단자
⑥ 라인 단자
⑦ 셀렉터스위치(MΩ, ACV, 배터리체크, 부저)
⑧ ACV, 전원 OFF
⑨ MΩ
⑩ MΩ 전원 ON/OFF
⑪ MΩ 전원 LOCK
⑫ 배터리체크
⑬ 부저
⑭ 접지 리드선
⑮ 라인 리드선

[그림 1] 절연저항계 외형 및 명칭

2. 전지시험(Battery Check)

1) 셀렉터스위치 ⑦을 배터리체크 위치 ⑫로 전환한다.
2) 지시계의 바늘이 녹색띠(BATT GOOD)에 머무르면 정상상태이다.
3) 건전지가 소모되었을 때는 교체한다.

참고 건전지 교체 시 기판의 잔류전하의 방전을 위하여 건전지를 빼고, 셀렉터스위치를 MΩ 위치에 놓고 ⑩번 전원스위치를 눌러준다.

[그림 2] **배터리체크**

[그림 3] **0점 조정 전 모습**

[그림 4] **0점 조정 모습**

3. 0점 조정(Zero Check)

1) 지시계의 눈금이 ∝의 위치에 있는지 확인한다.
2) 만약 지시계의 눈금이 ∝의 위치에 있지 않으면 '∝'의 위치에 오도록 0점 조절기 ③으로 조정한다.

4. 절연저항 측정 방법

1) 흑색 접지 리드선 ⑭는 접지 단자 ⑤에, 적색 라인 리드선 ⑮는 라인 단자 ⑥에 연결하고,
2) 접지 리드선 ⑭는 측정물의 접지측에 접속하고,
3) 라인 리드선 ⑮는 측정물의 라인측에 접속시킨 후,
4) 셀렉터스위치 ⑦을 MΩ 위치 ⑨로 전환한 후, MΩ 전원 ON/OFF 스위치 ⑩을 누르면 지시계가 해당 절연저항값을 지시한다.

참고 오랫동안 측정을 계속할 경우에는 셀렉터스위치 ⑦를 "MΩ 전원 LOCK" 위치로 전환하면 ON 상태를 유지할 수 있어 지속적으로 측정이 가능하다.

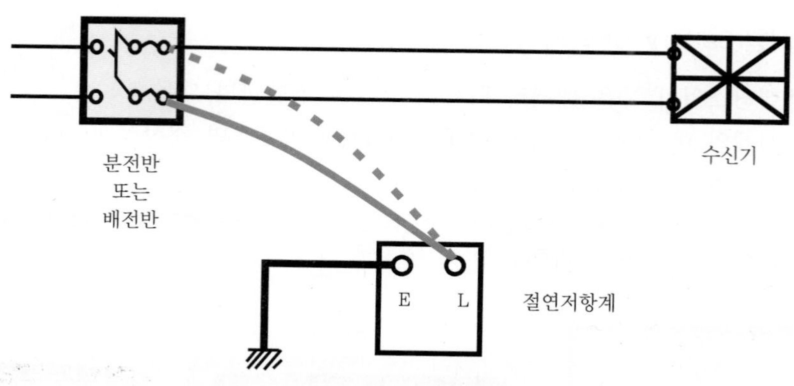

[그림 5] **전로와 대지 간 절연저항 측정**

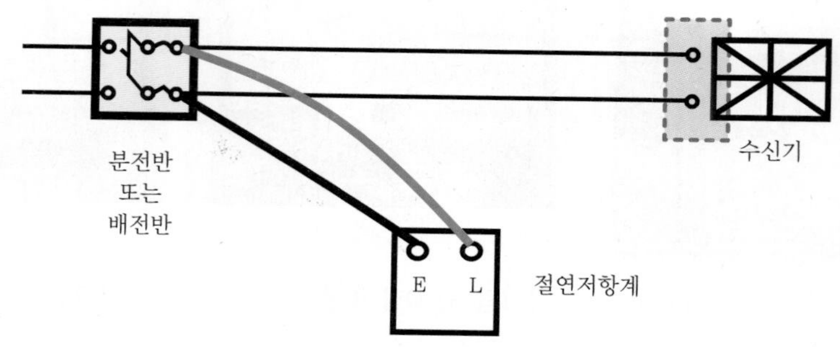

[그림 6] **배선 상호 간 절연저항 측정**

tip 화재안전성능기준(NFPC 203 제11조 제5호)

1. 전원회로의 전로와 대지 사이 및 배선 상호 간의 절연저항
   전기사업법 제67조의 규정에 따른 기술기준이 정하는 바에 의하고
2. 감지기회로 및 부속회로의 전로와 대지 사이 및 배선 상호 간의 절연저항
   1경계구역마다 직류 250V의 절연저항 측정기를 사용하여 측정한 절연저항이 0.1MΩ 이상이 되도록 할 것

tip 저압전로의 절연저항값

☞ 전기설비기술기준 제52조(저압전로의 절연성능)

전로의 사용전압(V)	DC 시험전압(V)	절연저항(MΩ)
SELV 및 PELV	250	0.5
FELV, 500V 이하	500	1.0
500V 초과	1,000	1.0

[주] 특별저압(extra low voltage : 2차 전압이 AC 50V, DC 120V 이하)으로 SELV(비접지회로 구성) 및 PELV(접지회로 구성)은 1차와 2차가 전기적으로 절연된 회로, FELV는 1차와 2차가 전기적으로 절연되지 않은 회로

- SELV : Safety Extra Low Voltage
- PELV : Protected Extra Low Voltage
- FELV : Functional Extra Low Voltage

5. 교류전압 측정

1) 흑색 접지 리드선 ⑭는 접지 단자 ⑤에, 적색 라인 리드선 ⑮는 라인 단자 ⑥에 연결하고,
2) 셀렉터스위치 ⑦을 ACV ⑧ 위치로 전환한다.
3) 도선의 양측 말단을 피측정회로 양단에 각각 연결시킨 후, [AC] 눈금상의 수치를 읽는다.

6. 측정 시 주의사항 [M : 1 · 고 · 방 · 정 · 선 · 개 · 반 · B · 충]

1) Megger의 지시값은 천천히 변동할 우려가 있으므로 1분 정도 시간이 흐른 후 읽는다.
2) 탐침(Probe)을 맨손으로 측정하면 누설전류가 흘러 절연저항이 낮게 측정되는 경우가 있으므로, 전기용 고무장갑을 착용한다.
3) 전로나 기기를 충분히 방전시킨 후 측정한다.
4) 전로나 기기의 사용전압에 적합한 정격의 Megger를 선정하여 측정한다.
   (1) **저압전로** : DC 250V, DC 500V
   (2) **고압전로** : DC 1,000V, DC 2,000V
5) 선간 절연저항을 측정할 때는 계기용 변성기(PT), 콘덴서, 부하 등은 측정회로에서 분리시킨 후 측정한다.(∵ 잔류전하의 방전 및 기기를 보호하기 위하여)
6) 도선 선간의 절연저항을 측정 시에는 개폐기를 모두 개방하여야 한다.
7) 반도체를 포함하는 전기회로의 절연저항 측정 시에는 반도체 소자가 손상될 우려가 있으므로, 이러한 경우는 소자 간을 단락 또는 소자를 분리한 상태에서 측정한다.
8) 장시간 사용치 않을 경우 건전지(B)를 빼서 보관한다.(∵ 배터리액이 흘러 기판이 녹아내릴 우려가 있음.)
9) 피측정물의 한쪽이 접지되었을 경우에는 접지측을 접지 리드선을 접속하여 측정한다. (접지가 되지 않았을 경우에는 접지와 라인 리드선의 접속과 무관함.)
10) 심한 충격을 주지 않도록 주의한다.

tip 부저 테스트(도통 · 단선 측정)

1. 용도
   50Ω 이내의 도통 및 단선 측정을 지시계를 보지 않고 청각으로 빨리 측정을 하고자 할 때 사용한다.
2. 방법
   1) 흑색 접지 리드선 ⑭는 접지 단자 ⑤에,
      적색 라인 리드선 ⑮는 부저 단자 ④에 연결하고,
   2) 셀렉터스위치 ⑦을 부저 ⑬위치로 전환한다.
   3) 도선의 양측 말단을 피측정회로 양단에 각각 연결시킨 후, 부저 소리를 들으면서 도통 및 단선 여부를 판정한다.
      (1) 부저 소리가 나면 : 도통(Short)된 상태
      (2) 부저 소리가 나지 않으면 : 단선된 상태

3 저울 ★

1. 용도

소화기의 중량을 측정 시 사용

참고 저울은 가스계 소화설비의 기동용기 중량 측정 시에도 사용함.

[그림 1] 지시저울

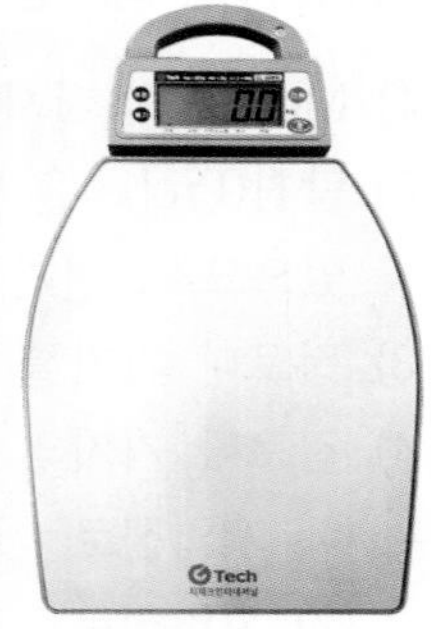

[그림 2] 전자저울

2. 사용법

1) 전자저울의 경우 전원을 "ON"시키고 0점 조정을 한다.
2) 측정하고자 하는 소화기를 저울 위에 올려놓는다.
3) 지시치를 읽는다.
4) 측정치와 소화기 명판에 기재된 총 중량과의 차이를 확인하여 약제의 이상 유무를 판단한다.

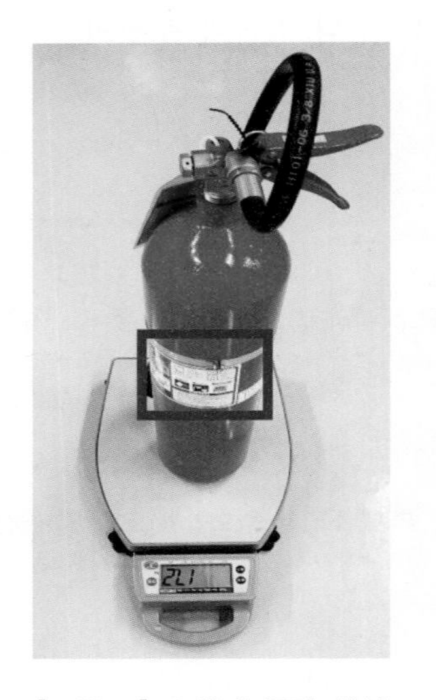

[그림 3] 소화기 중량 확인

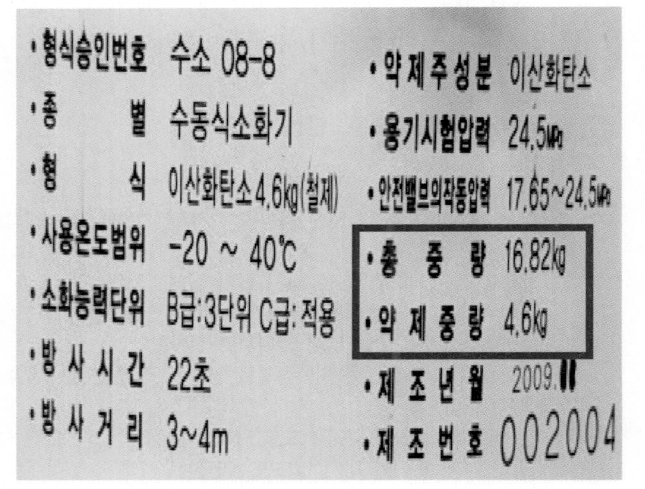

[그림 4] 이산화탄소소화기 명판 예

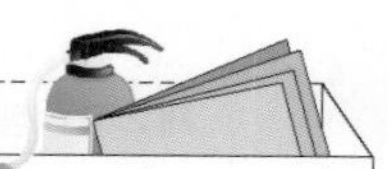

3. 주의사항

1) 저울은 바닥의 수평부분에 놓는다.
2) 이동, 측정 시 충격을 주지 않는다.
3) 전자저울의 경우 미사용 시는 건전지를 빼서 보관한다.

4 방수압력 측정계(피토게이지 ; Pitot Gauge) ★★★★★ [5회 20점]

1. 용도

주수에 의한 옥내・외 소화전의 방수압력을 측정하며, 동압을 측정하는 데 사용된다.

[그림 1] **방수압력 측정계 외형**

2. 측정할 수 있는 범위

1) 방수압 측정
2) 방수량 측정

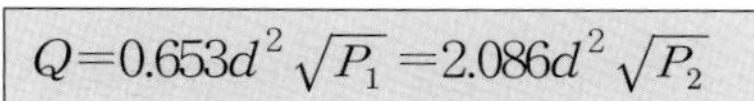

$$Q = 0.653d^2\sqrt{P_1} = 2.086d^2\sqrt{P_2}$$

여기서, $Q(l/\text{min})$: 방수량
$d(\text{mm})$: 노즐구경(옥내소화전 : 13mm, 옥외소화전 : 19mm)
$P_1(\text{kg}_f/\text{cm}^2)/P_2(\text{MPa})$: 방사압력(Pitot 게이지 눈금)

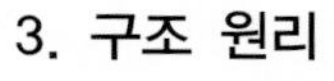

3. 구조 원리

1) 수압검지부와 압력지시부를 결합하여, 유속을 측정하는 탄성압력계
2) 압력을 전달받는 부분의 탄성체의 변형량에 의해 압력을 구하는 원리

4. 측정 방법(옥내소화전의 경우)

1) 준비(사전 조치사항)
측정하고자 하는 층의 옥내소화전 방수구(최대 2개)를 개방시켜 놓는다.
(1) 옥내소화전이 2개 이상 : 2개 개방
(2) 옥내소화전이 1개 : 1개 개방

2) 측정 위치

(1) 소방대상물의 최상층 부분과(최저압 확인)

(2) 최하층 부분(과압 여부 확인), 그리고

(3) 소화전이 가장 많이 설치되어 있는 층에서 각 소화전마다 측정한다.

3) 측정 방법 [6회 4점 : 설계 및 시공]

(1) 노즐선단으로부터 노즐구경의 $\frac{1}{2}$ 떨어진 위치(유속이 가장 빠른 점)에서

(2) 피토게이지 선단이 오게 하여,

(3) 압력계의 지시치를 읽는다.

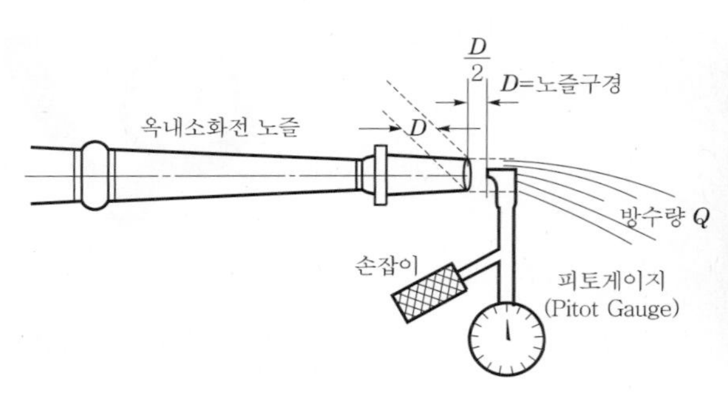

[그림 2] **방수압력 측정위치**

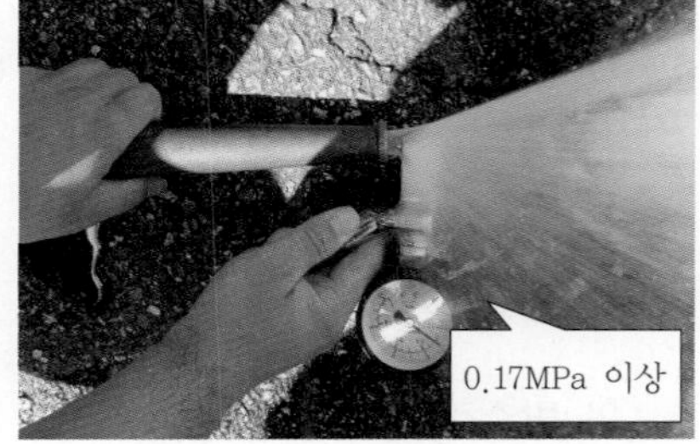

[그림 3] **방수압력 측정모습**

5. 방수압력 측정결과 판정

1) 방수압력(P)

각 소화전마다 0.17MPa 이상 0.7MPa 이하일 것

(1) 고가수조방식

가. 최상층의 소화전마다 0.17MPa 이상

나. 최하층의 소화전마다 0.7MPa 이하일 것

(2) 펌프방식 및 압력수조방식

가. 당해 가압송수장치로부터 가장 원거리에 있는 층에서 소화전마다 0.17MPa 이상일 것

나. 가압송수장치와 가장 가까운 층의 소화전마다 0.17MPa 이상 0.7MPa 이하일 것

2) 방수량(Q)

측정한 모든 소화전에서 130l/min 이상일 것

(1) 측정한 압력으로 환산표를 이용하여 방수량을 환산한다.

(2) $Q=0.653d^2\sqrt{P_1}=2.086d^2\sqrt{P_2}$ 의 식에 대입하여 방수량을 구한다.

6. 주의사항 [M : P · N · 일 · 반 · 불 · 공 · 수 · 직 · 충]

1) 방수압력(P) 측정은 최상층, 최하층 및 옥내소화전이 가장 많이 설치된 층에서 각 소화전마다 측정할 것
2) 측정하고자 하는 층의 옥내소화전 방수구(N, 최대 2개)를 개방시켜 놓을 것(물의 피해방지 대책 수립)
3) 노즐선단 수류의 중심과 피토관 선단의 중심이 **일**치하도록 하여 측정할 것
4) 방사 시 **반**동력이 있으므로, 노즐을 확실히 잡아서 안전사고에 대비할 것
5) 물의 **불**순물이 완전히 배출된 후에 측정할 것(∵ 피토관의 직경이 작아서 불순물의 유입을 방지)
6) 배관 내 **공**기가 완전히 배출된 후에 측정할 것(∵ 유체의 불규칙적인 압력으로 베르누이 튜브의 탄성한계를 벗어나므로 압력계의 고장방지)
7) 피토게이지를 **수**류의 중심에 수직이 되도록 하여 측정할 것
8) 반드시 **직**사형 관창을 사용할 것
9) 이동 · 측정 시 **충**격에 주의할 것(∵ 충격을 받으면 압력계의 지침이 "0" 점에서 벗어나게 됨.)

7. 노즐 종류에 따른 측정 방법

1) 직사형 노즐

노즐선단으로부터 노즐구경의 $\frac{1}{2}$ 떨어진 위치에서, 피토게이지 선단을 오게 하여 압력계의 지시치를 읽는다.

2) 직 · 방사 겸용 노즐 : 2가지 방법 가능함.

(1) 직사형 관창을 결합하여 직사형 노즐 측정 방법으로 측정한다.
(2) 호스결합 금속구와 노즐 사이에 "압력계를 부착한 관로연결 금속구"를 부착 · 방수하여 방수 시 압력계의 지시치를 읽는다.

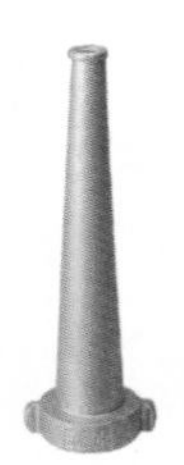

[그림 4] **직사형 관창**

[그림 5] **직 · 방사형 관창**

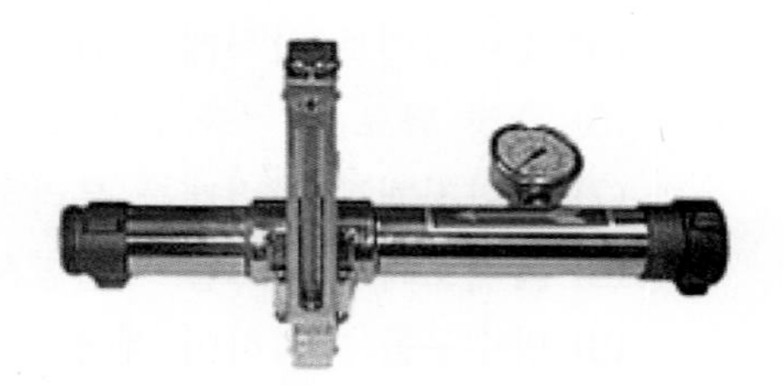

[그림 6] **워터 테스터기(방수압력 · 유량 측정기)**

참고 점검 전 직사형 관창(40A, 65A) 준비
최근 건축물 내 설치되는 관창은 거의 대부분 직 · 방사형 관창이므로 원활한 점검을 위해서 점검 전 직사형 관창을 준비하는 것이 좋다.

5 소화전밸브 압력계 ★★

1. 용도

옥내·외 소화전의 방수압력을 측정하는 데 사용(주수에 의한 방수압 측정이 곤란한 경우 정압 측정에 사용)

참고 이 방법은 배관 내 마찰손실이 무시된 압력(정압)을 측정하므로, 가능한 한 방수압력 측정계로 측정한다.

[그림 1] **소화전밸브 압력계 외형**

2. 측정 방법

1) 준비(사전 조치사항)

측정하고자 하는 층의 옥내소화전 방수구(최대 2개)를 개방시켜 놓는다.

(1) 옥내소화전이 2개 이상 설치 시 : 2개 개방

(2) 옥내소화전이 1개 설치 시 : 1개 개방

2) 측정 위치

(1) 소방대상물의 최상층 부분

(2) 최하층 부분

(3) 소화전이 가장 많이 설치되어 있는 층에서 각 소화전마다 측정한다.

3) 측정 방법

(1) 측정하고자 하는 소화전밸브를 다시 잠그고,

(2) 소화전호스를 분리시킨 후

(3) 소화전밸브 압력계의 어댑터로 소화전밸브에 연결하고,

(4) 소화전밸브를 개방하여,

(5) 소화전밸브 압력계의 압력계상의 압력을 판정한다.

(6) 측정 완료 후 소화전밸브를 잠그고, 코크밸브를 열어 내압을 제거 후

(7) 소화전밸브 압력계를 분리하고,

(8) 옥내소화전 호스를 재결합시킨 후

(9) 방수구를 개방하여 계속 방수시킨 후

(10) 다음 소화전으로 이동하여 측정을 계속한다.

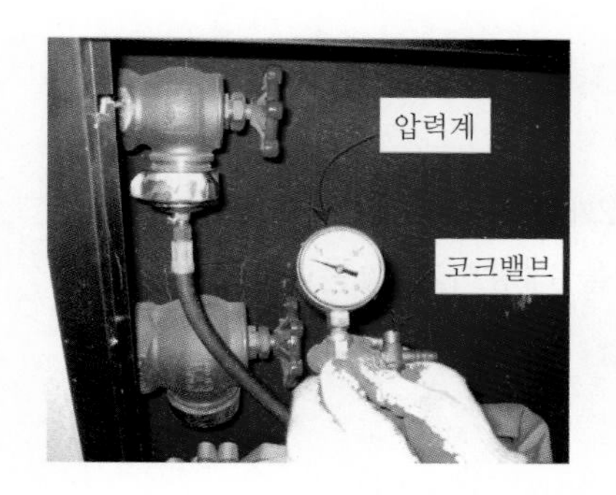

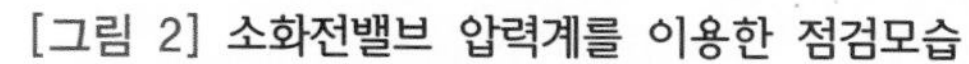
[그림 2] 소화전밸브 압력계를 이용한 점검모습

3. 측정결과 판정 방법

1) 방수압력

소화전마다 0.17MPa 이상 0.7MPa 이하일 것

(1) 고가수조방식

가. 최상층의 소화전마다 : 0.17MPa 이상

나. 최하층의 소화전마다 : 0.7MPa 이하일 것

(2) 펌프방식 및 압력수조방식

가. 당해 가압송수장치로부터 가장 원거리에 있는 층에서 소화전마다 0.17MPa 이상일 것

나. 가압송수장치와 가장 가까운 층의 소화전마다 0.17MPa 이상 0.7MPa 이하일 것

2) 방수량

측정한 모든 소화전에서 130l/min 이상일 것

4. 측정 시 주의사항 [M : P · N · 누 · 분]

1) 방수압력(*P*)의 측정은 최상층, 최하층 및 옥내소화전이 가장 많이 설치된 층에서 각 소화전마다 측정할 것

2) 항상 동시 개방해야 하는 소화전의 개수(*N*, 최대 2개)를 동시에 개방시켜 놓은 상태에서 측정할 것

3) 소화전밸브 압력계의 어댑터를 소화전 방수구에 누수되지 않도록 확실히 연결할 것

4) 방수압력 측정 후 분리 시

(1) 반드시 소화전밸브를 먼저 잠그고,

(2) 코크밸브를 개방하여 내압을 제거 후

(3) 소화전밸브 압력계를 분리할 것(안전사고방지)

5. 옥외소화전의 경우

1) 사전 조치사항

(1) 옥외소화전이 2개 이상 설치 시 : 2개를 동시 개방한다.

(2) 옥외소화전이 1개 설치 시 : 1개만을 개방시켜 놓는다.

2) 판정 방법

(1) 방수압력 : 0.25MPa 이상일 것

(2) 방수량 : 350l/min 이상일 것

6 헤드 결합렌치 ★

1. 용도

스프링클러설비의 헤드를 배관에 설치하거나 떼어내는 데 사용하는 기구이다.

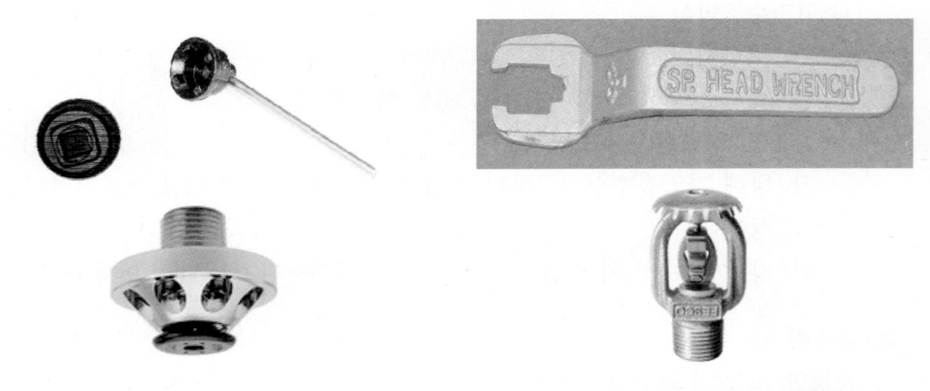

[그림 1] **원형 헤드 결합렌치**　　[그림 2] **일자형 헤드 결합렌치**

2. 주의사항

1) 헤드의 나사부분이 손상되지 않도록 한다.
2) 감열부분이나 디플렉터에 무리한 힘을 가하여 헤드의 기능을 손상시키지 않도록 한다.
3) 규정된 헤드렌치를 사용하지 않고 헤드를 부착 시에는 변형 또는 누수현상이 발생할 수 있으므로 주의한다.

7 검량계 ★

참고 액화가스 레벨메터 사용에 관한 사항은 "제3장 제4절 가스계 소화설비의 점검"을 참고할 것

1. 용도

이산화탄소, 할론 및 할로겐화합물 소화설비 저장용기의 약제량을 측정하는 기구이다.

2. 측정

1) 검량계를 수평면에 설치한다.
2) 용기밸브에 설치되어 있는 용기밸브 개방장치(니들밸브, 동관, 전자밸브)와 연결관 등을 분리한다.
3) 약제저장용기를 전도되지 않도록 주의하면서 검량계에 올린다.
4) 약제저장용기의 총 무게에서 빈 용기 및 용기밸브의 무게차를 계산한다.

참고 소화약제량 산출=총 무게－(빈 용기 중량＋용기밸브 중량)

[그림 1] **검량계 외형 및 검량모습**

8 기동관누설시험기(모델명 : SL-ST-119)

[그림 1] **기동관누설시험기 외형**

1. 용도

가스계 소화설비의 기동용 조작동관 부분의 누설을 시험하기 위한 기구이다.

참고 기동관누설시험기의 구성

1. 함(800 × 400 × 250)
2. 고압가스 용기(3.5L 질소 충전)
3. 압력조정기(압력조정)
4. 누설 여부를 조사할 수 있는 거품액, 붓과 연결호스 및 카프링

2. 누설점검 방법

1) 준비

(1) 각 기동용기의 솔레노이드밸브에 안전핀을 결합하고 솔레노이드밸브를 분리한다.

(2) 각 기동용기에서 기동용 조작동관을 분리한다.

(3) 저장용기 개방장치(니들밸브)를 저장용기에서 모두 분리한다.

(4) 호스에 부착된 볼밸브를 잠그고, 압력조정기 연결부에 호스를 연결한다.(이미 결합되어져 있음.)

(5) 기동용기에 접속되었던 조작동관 너트에 시험기의 가압호스를 견고히 접속(연결)한다.

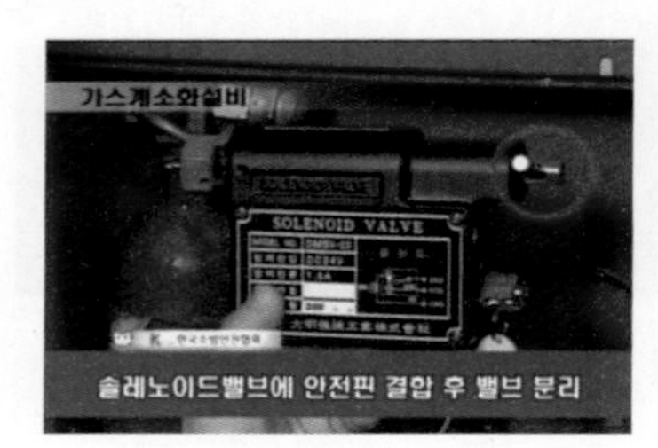

[그림 2] 솔레노이드밸브 분리

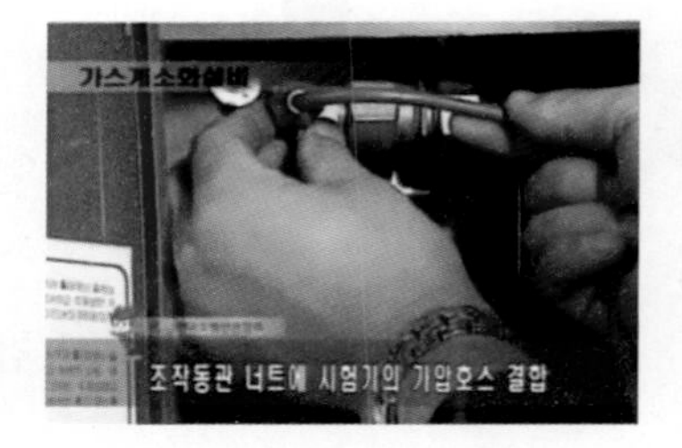

[그림 3] 조작동관 분리

[그림 4] 니들밸브 분리

[그림 5] 조작동관에 가압호스 연결

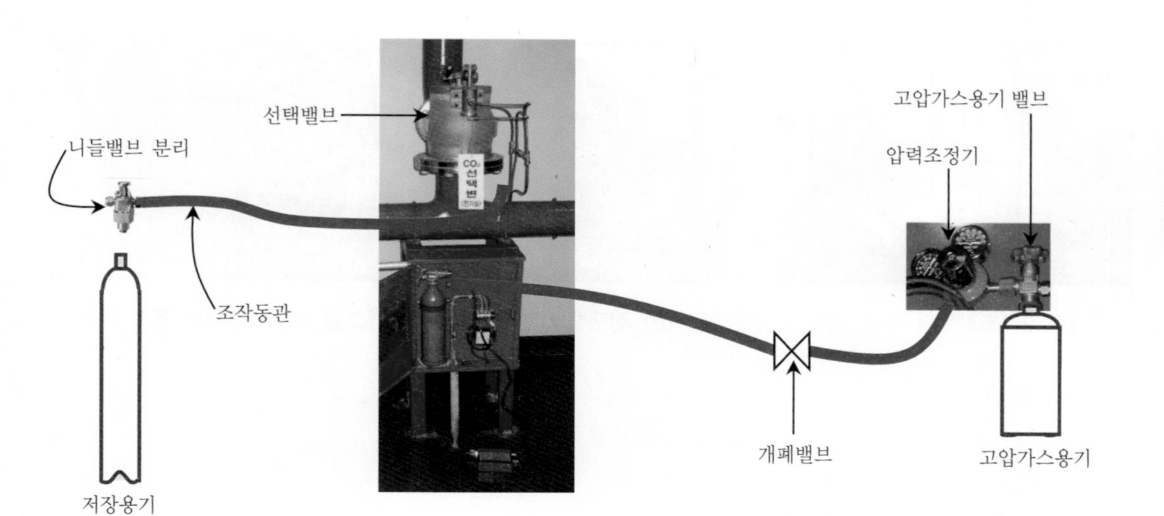

[그림 6] **기동관누설시험 구성도**

2) 점검

점검은 아래의 순서에 입각하여 각 방호구역별 조작동관에 대하여 차례로 시험을 실시한다.

(1) 기동관누설시험기의 고압가스용기에 부착된 밸브를 서서히 개방하여 압력조정기의 1차측 압력이 10kg/cm^2 미만이 되도록 한다.

(2) 압력조정기의 핸들을 돌려 2차측 압력이 5kg/cm^{2}가 되도록 조정한다.

(3) 호스 끝에 부착된 개폐밸브를 서서히 개방하여 조작동관 내 질소가스를 가압한다.

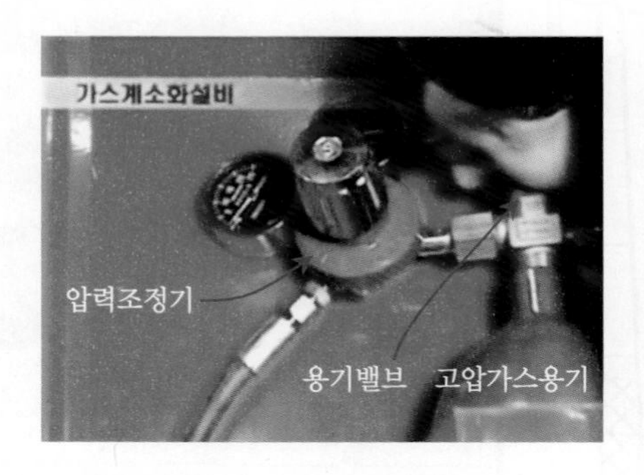

[그림 7] **용기밸브 개방하는 모습**

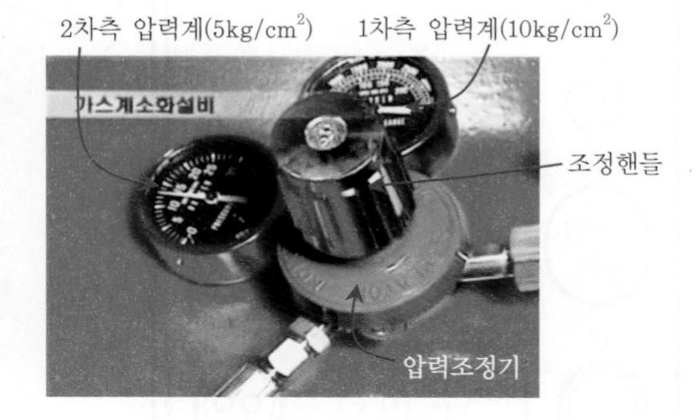

[그림 8] **압력조정기 외형**

3) 확인

(1) 조작동관 상태확인

가. 비눗물을 붓에 묻혀 조작동관의 각 부분에 칠하여 누설 여부 확인

나. 조작동관의 찌그러진 부분 또는 막힌 부분이 있는지 확인

다. 가스체크밸브의 위치, 방향이 맞는지 확인

(2) 해당 구역의 선택밸브 개방 여부 확인

(3) 방호구역에 맞도록 조작동관이 정확히 연결되어 니들밸브가 동작되는지 확인

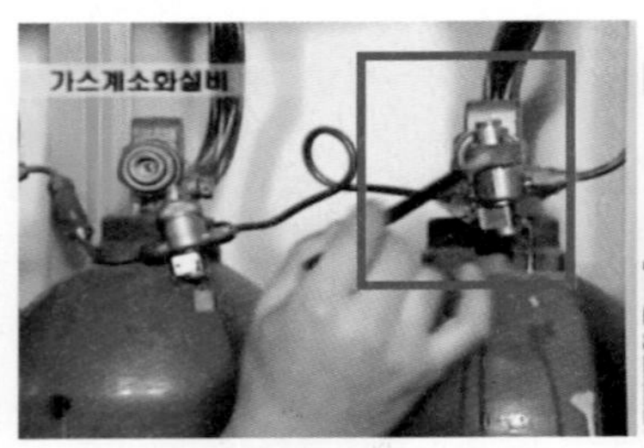

[그림 9] **조작동관 누설 여부**

[그림 10] **선택밸브 개방 여부**

[그림 11] **니들밸브 동작 여부**

4) 복구

(1) 확인이 끝나면 고압가스용기밸브를 먼저 잠그고,

(2) 호스밸브를 잠근 후

(3) 연결부를 분리시킨다.

(4) 방호구역별 전체 점검이 끝나면 재조립하여 정상상태로 복구한다.

9 열감지기시험기(SH-H-119형) ★★★★★ [4회 40점]

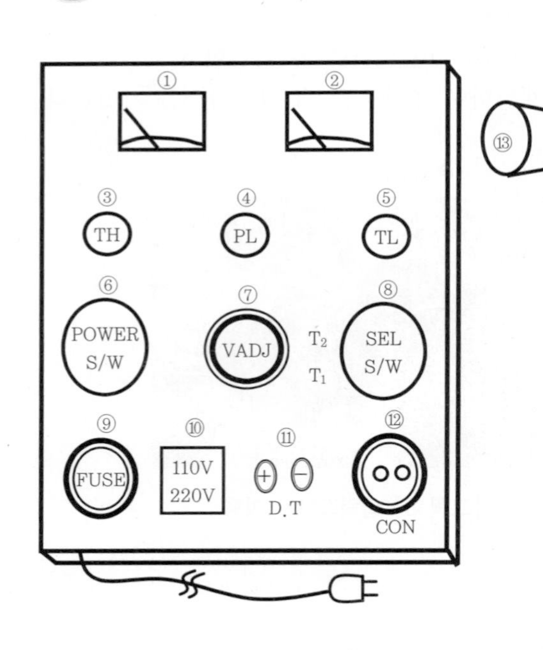

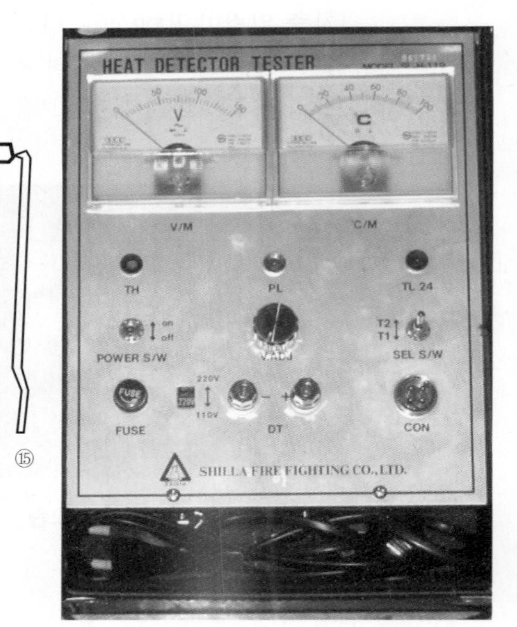

① 전압계
② 온도지시계
③ 실온감지소자(TH)
④ 전원램프(PL)
⑤ 미부착감지기 동작램프(TL)
⑥ 전원스위치(POWER S/W)
⑦ 온도조정스위치(VADJ)
⑧ 온도절환스위치 : 실온 T_1과 보조기 T_2
⑨ 퓨즈(FUSE)
⑩ 110V/220V 절환스위치
⑪ D.T 단자 : 미부착감지기 단자
⑫ 커넥터(Connector)
⑬ 보조기 온도감지소자(TH)
⑭ 보조기
⑮ 접속플러그와 전선

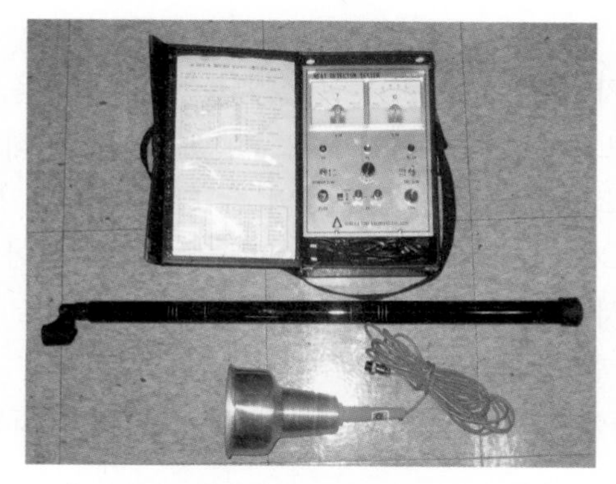
[그림 1] 열감지기시험기 외형 및 명칭

1. 부착감지기 시험 시 사용 방법

1) 준비

(1) 보조기의 접속플러그 ⑮를 커넥터 ⑫에 접속한다.
(2) 현장전압을 확인하여, 절환스위치 ⑩을 현장전압에 맞도록 절환한다.
(3) 시험기의 전원플러그를 주전원에 접속한다.
(4) 전원스위치 ⑥을 ON시키고, 전원램프(Pilot Lamp) ④점등을 확인한다.

2) 시험

(1) 온도절환스위치 ⑧을 T_1으로 놓고 실온을 측정한 다음,
(2) T_2로 올려서 보조기 ⑭의 온도가 필요 측정온도에 도달하도록, 온도조정스위치 ⑦을 시계방향으로 조정한다.(이때 전압계의 전압은 50~60V 사이에서 서서히 조정한다.)
(3) 필요 측정온도가 지시되면, 보조기 ⑭로 감지기를 덮어 씌운다.
(4) 감지기가 동작할 때까지의 시간을 측정한다.
(5) 감지기 제조사에서 제시하는 동작시간 이내인지를 비교하여 판정한다.

2. 미부착감지기 시험 시 사용 방법

1) 준비

(1) 미부착감지기를 전선을 이용하여 D.T 단자 ⑪에 연결한다.
(2) 보조기의 접속플러그 ⑮를 커넥터 ⑫에 접속한다.
(3) 현장전압을 확인하여, 절환스위치 ⑩을 현장전압에 맞도록 절환한다.
(4) 시험기의 전원플러그를 주전원에 접속한다.
(5) 전원스위치 ⑥을 ON시키고, 전원램프(Pilot Lamp) ④점등을 확인한다.

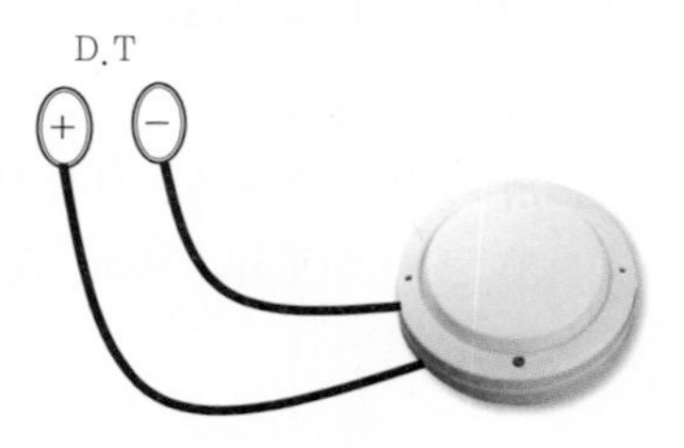

[그림 2] 미부착감지기 연결

2) 시험

(1) 온도절환스위치 ⑧을 T_1으로 놓고 실온을 측정한 다음,

(2) T_2로 올려서 보조기 ⑭의 온도가 필요 측정온도에 도달하도록, 온도조정스위치 ⑦을 시계방향으로 조정한다.(이때 전압계의 전압은 50~60V 사이에서 서서히 조정한다.)

(3) 필요 측정온도가 지시되면, 보조기 ⑭로 감지기를 덮어 씌운다.

(4) 감지기 동작 시 T.L Lamp ⑤가 점등된다.

(5) 감지기가 동작할 때까지의 시간을 측정한다.

(6) 감지기 제조사에서 제시하는 동작시간 이내인지를 비교하여 판정한다.

3. 주의사항 [M : V · T · 냉 · OFF]

1) 전원전압과 측정기의 전압(V)이 같은지 꼭 확인한다.

2) 온도(T)조절용 손잡이는 무리한 조작을 삼가고 서서히 조작한다.
(∵ 급격히 가열 시 다이어프램 손상)

3) 동작시험 후 보조기는 완전히 냉각시킨 후 수납상자에 넣는다.

4) 시험종료 후 전원스위치는 반드시 "OFF" 위치에 둔다.

4. 감지기의 동작 시간표

형 식	종 별	가열온도	작동시간
차동식	1종 2종 3종	실온+20℃ 실온+30℃ 실온+45℃	30초 이내 30초 이내 60초 이내
보상식	1종 2종 3종	실온+25℃ 실온+40℃ 실온+60℃	30초 이내 30초 이내 60초 이내
정온식	특종 1종 2종	공칭작동온도+15℃ 공칭작동온도+15℃ 공칭작동온도+15℃	120초 이내 120초 초과 480초 이내 480초 초과 720초 이내

5. 사용기기 및 재료

1) 열감지기시험기

2) 정온식(차동식, 보상식) Spot형 감지기

3) 초시계(Time Watch)

tip 기타 열감지기시험기 종류

상기의 열감지기시험기(SH-H-119형)는 교류전원을 사용하는 관계로 업면허장비에 불과하고, 현장에서는 배터리를 이용한 할로겐램프 타입과 히팅코일을 가열하여 나오는 열기를 이용한 열감지기시험기가 주로 사용되고 있다.

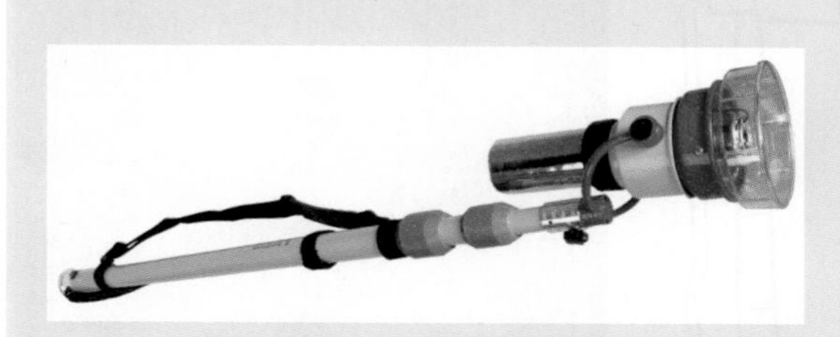

[그림 3] 연기스프레이와 할로겐램프를 이용한 열 · 연기 감지기시험기

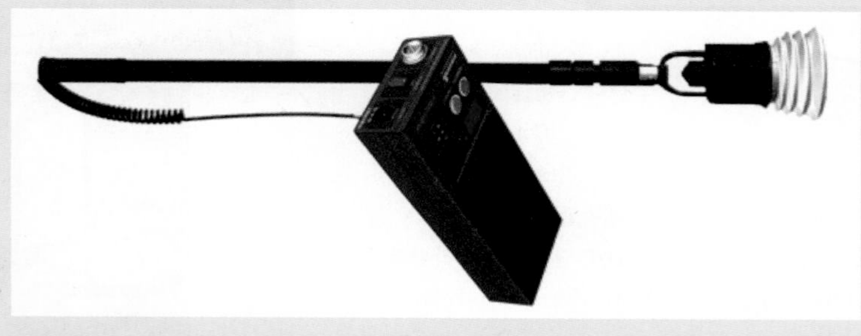

[그림 4] 실리콘오일을 태워서 발생하는 연기와 히팅코일을 이용한 열 · 연기 감지기시험기

[그림 5] 방폭형 정온식 감지기시험기

10 연기감지기시험기(SL-S-119형) ★★★★★

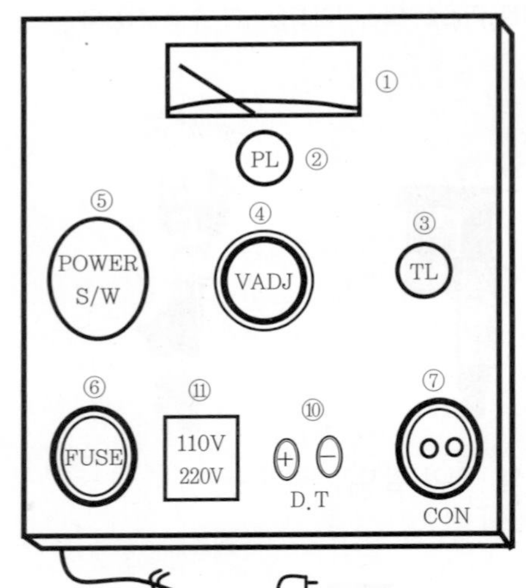

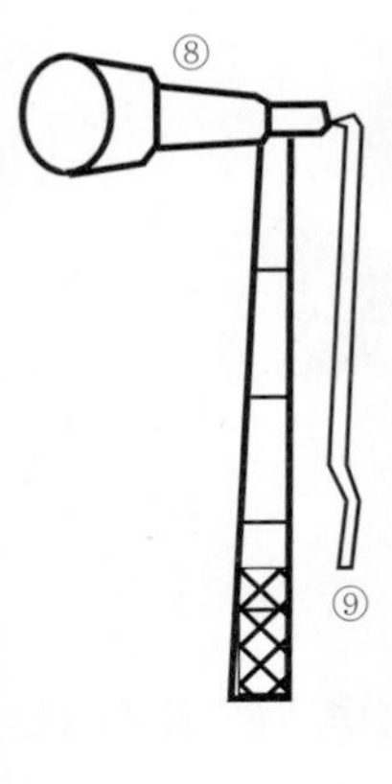

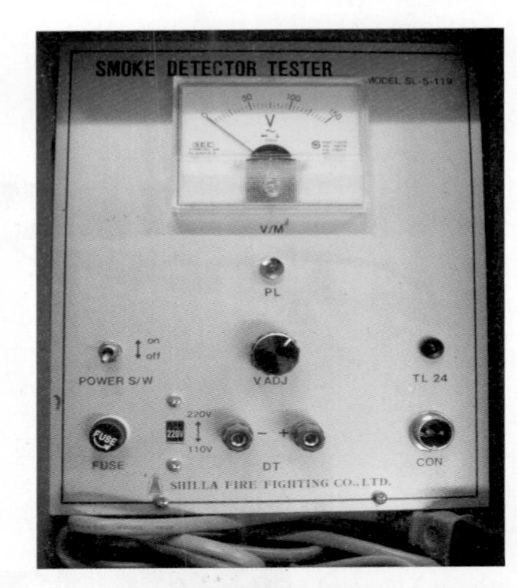

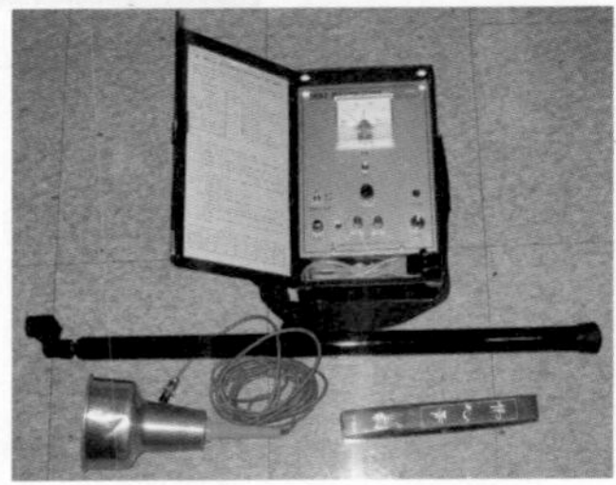

① 전압계
② 전원램프(P.L)
③ 미부착감지기 동작램프(T.L)
④ VADJ : 온도조정스위치
⑤ 전원스위치(POWER S/W)
⑥ 퓨즈(FUSE)
⑦ 커넥터(Connector)
⑧ 보조기(Adapter)
⑨ 접속플러그와 전선
⑩ D.T 단자 : 미부착감지기 단자
⑪ 110V/220V 절환스위치

[그림 1] **연기감지기시험기 외형 및 명칭**

1. 부착감지기 시험 시 사용 방법

1) 준비

(1) 보조기의 접속플러그 ⑨를, 시험기의 커넥터 ⑦에 접속한다.

(2) 측정장소의 전압을 확인 후, 절환스위치 ⑪을 측정장소의 전압에 맞도록 절환한다. (국내 통상 AC 220V)

주의 만약 절환스위치를 110V 위치에서 220V가 인가되면 시험기 고장원인이 됨.

(3) 시험기의 전원플러그를 주전원에 접속한다.(플러그를 콘센트에 접속)

(4) 전원스위치 ⑤를 ON시켜,

(5) 전압계 ①의 전압표시와 표시등(Pilot Lamp) ②점등을 확인한다.

2) 시험

(1) 온도조정스위치 ④로 히터(Heater)의 강약을 조절한다.
(2) 감지기의 규격에 맞도록 시험기를 가열하고 발연재료(향)를 적정하게 넣는다.
(3) 발연하여 규정값에 도달하면 보조기로 감지기를 누연이 없도록 덮어 씌운다.
(4) 감지기가 동작할 때까지의 시간을 측정한다.
(5) 감지기 제조사에서 제시하는 동작시간 이내인지를 비교하여 판정한다.

2. 미부착감지기 시험 시 사용 방법

1) 준비

(1) 미부착감지기를 전선을 이용하여 D.T 단자 ⑩에 연결한다.
(2) 보조기의 접속플러그 ⑨를, 시험기의 커넥터 ⑦에 접속한다.

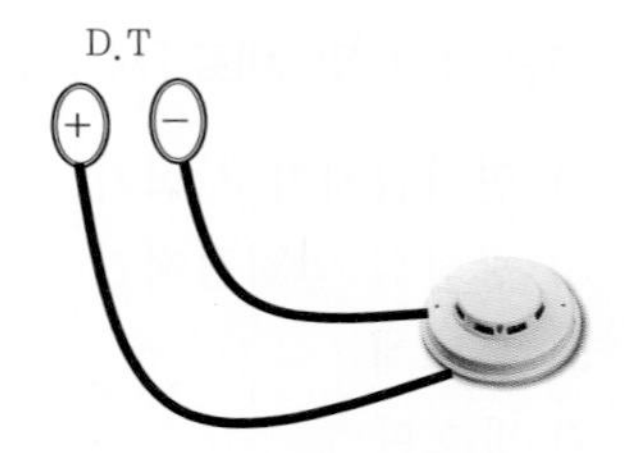

[그림 2] **미부착감지기 연결**

(3) 측정장소의 전압을 확인 후, 절환스위치 ⑪을 측정장소의 전압에 맞도록 절환한다.(국내 통상 AC 220V)

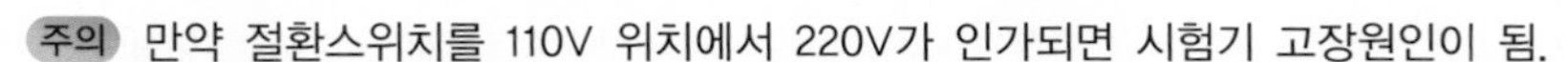
주의 만약 절환스위치를 110V 위치에서 220V가 인가되면 시험기 고장원인이 됨.

(4) 시험기의 전원플러그를 주전원에 접속한다.(플러그를 콘센트에 접속)
(5) 전원스위치 ⑤를 ON시켜,
(6) 전압계 ①의 전압표시와 표시등(Pilot Lamp) ②점등을 확인한다.

2) 시험

(1) 온도조정스위치 ④로 히터(Heater)의 강약을 조절한다.
(2) 감지기의 규격에 맞도록 시험기를 가열하고 발연재료(향)를 적정하게 넣는다.
(3) 발연하여 규정값에 도달하면 보조기로 감지기를 누연이 없도록 덮어 씌운다.
(4) 동작 시 미부착감지기 동작램프 ③이 점등된다.
(5) 감지기가 동작할 때까지의 시간을 측정한다.
(6) 감지기 제조사에서 제시하는 동작시간 이내인지를 비교하여 판정한다.

3. 주의사항 [M : 방 · 규 · 전 · T · 제]

1) 취부면이 기류의 영향을 받지 않도록 **방**호조치를 한다.
2) 발연재료가 연소할 때, **규**정값에 도달하면 곧 실험한다.
3) 측정현장과 측정기의 **전**압이 같은지 꼭 확인한다.
4) 고온 또는 저온(T)의 장소에 설치되어 있는 연기감지기는 떼어내어 상온값으로 회복시킨 후 측정한다.
5) 측정값이 감도전압의 기준값 이상으로 된 감지기는 **제**조회사 영업소로 반송하고, 현장에서 절대 분해하지 않는다.(∵ 특히 이온화식 감지기의 경우는 방사선원(Am^{241})이 내장되어 있으므로 유의)

4. 연기 농도에 의한 동작시간

향 수량	종 류	농 도	비축적형	축적형
			이온화식, 광전식	이온화식, 광전식
향 1개피 연소	1종	5%	30초	60초
향 2개피 연소	2종	10%	60초	90초
향 3개피 연소	3종	20%	60초	90초

5. 사용기기 및 재료 [M : 연기 · 이온 · 광전 · 농 · 온 · 향 · 방 · T]

1) 연기감지기 시험기
2) 이온화식 연기감지기
3) 광전식 연기감지기
4) 농도계
5) 온도계
6) 향(발연재료) ⇐ 막대기형
7) 방호판
8) Time Watch(초시계)

tip 기타 연기감지기시험기 종류

상기의 연기감지기시험기(SL-S-119)는 교류전원을 사용하는 관계로 업면허장비에 불과하고, 현장에서는 실리콘오일을 연소시켜 나오는 연기를 이용하거나 연기스프레이를 사용한 연기감지기시험기가 주로 사용되고 있다.

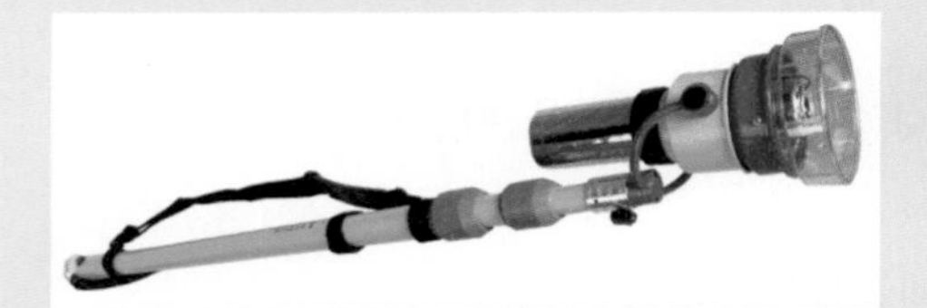
(a) 연기스프레이 이용방식

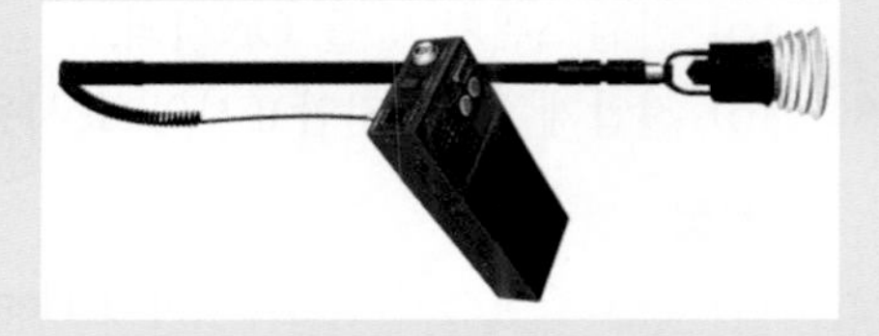
(b) 실리콘오일 연소방식

[그림 3] 연기스프레이와 실리콘오일을 연소시켜 발생하는 연기를 이용한 열 · 연기 감지기시험기

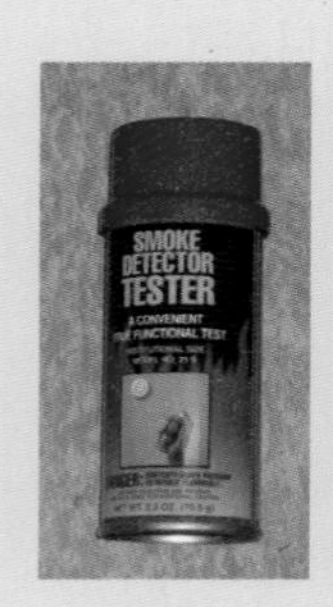

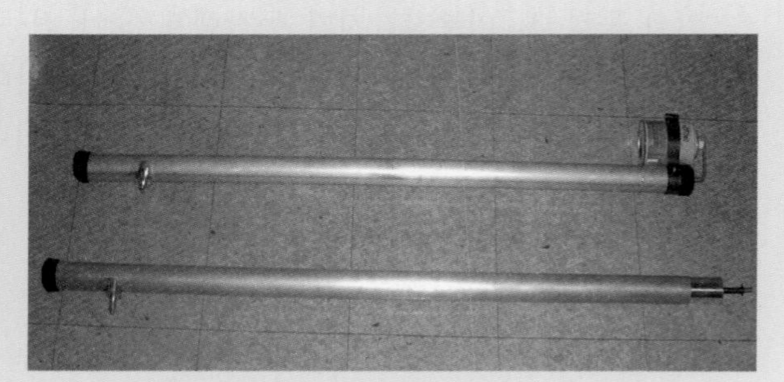

[그림 4] 연기스프레이 타입의 연기감지기시험기

11 공기주입시험기(SL-A-112형) ★★★★★

참고 공기주입시험기를 이용한 분포형감지기 시험관련은 "제3장 제6절 자동화재탐지설비의 점검" 편을 참고할 것

1. 용도

차동식 분포형 공기관식 감지기의 공기관의 누설과 작동상태를 시험하는 기구이다.

참고 구성 : 공기주입기, 주삿바늘(니플), 붓, 누설시험유, 비커

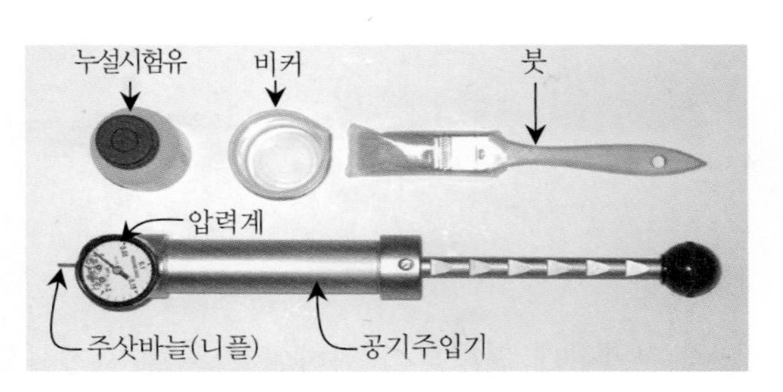

[그림 1] **공기주입시험기의 외형**

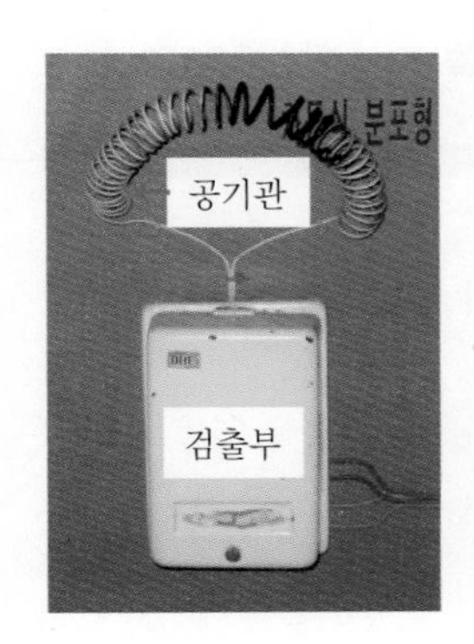

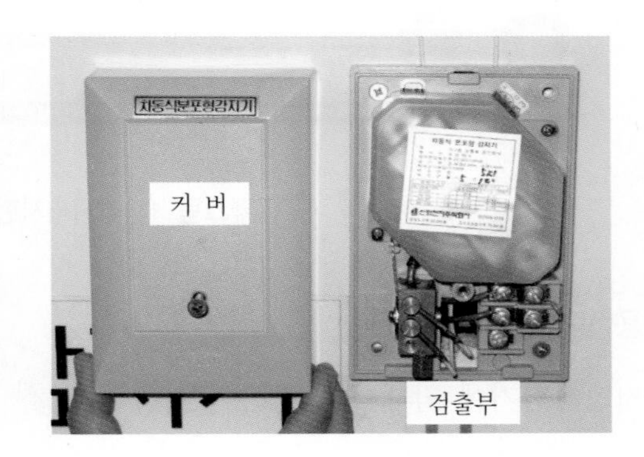

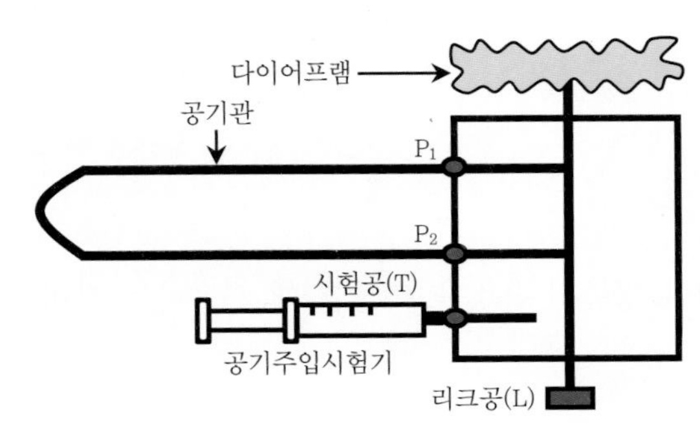

[그림 2] **차동식 분포형 공기관식 감지기 외형 및 화재작동시험 계통도**

2. 사용 방법

1) 공기주입기 끝에 공기관과 맞는 주삿바늘(니플)을 연결한다.
2) 공기주입기의 손잡이를 옆으로 돌려 뽑은 후 손잡이를 돌려 방향을 맞추어 놓는다.
3) 주삿바늘(니플)을 공기관감지기의 주입구에 갖다 댄다.
4) 손잡이를 단계적으로 밀어 공기를 주입한다.
5) 이때 누설시험유를 물과 배합하여 연결부위를 붓으로 묻혀서 누설 여부를 확인한다.

참고 공기주입시험기는 법정장비로 되어 있으나, 공기주입시험기의 경우 주입압력만 압력계로 확인이 가능하고 주입량은 알 수 없어 현장에서는 주로 주사기를 이용하고 있는 실정이다.

12 감지기시험기 연결막대 ★

1. 용도

높은 천장에 설치된 감지기의 시험을 원활하게 진행하기 위하여 기존 감지기시험기에 막대를 연결하여 사용한다.

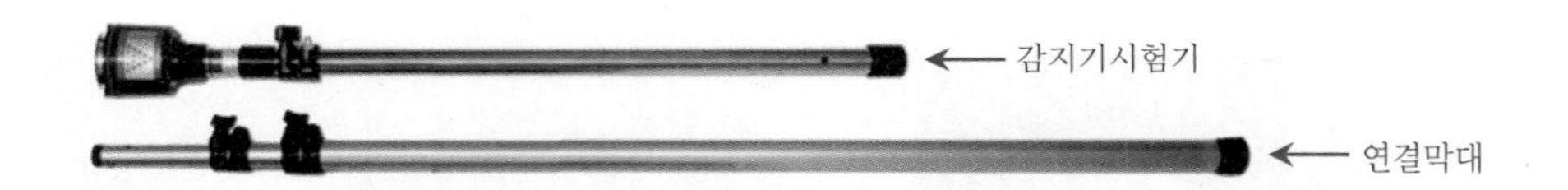

[그림 1] **감지기시험기 연결막대**

2. 사용 방법

감지기시험기에 막대를 연결하여 사용한다.

13 음량계 ★

1. 용도

자동화재탐지설비 경종의 음량을 측정할 때 사용하는 장비이다.

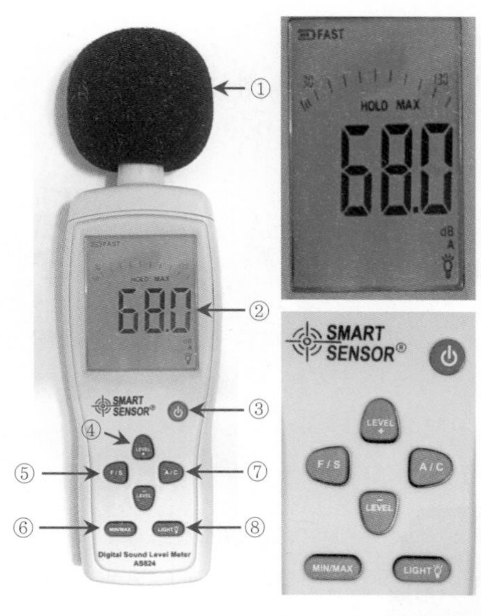

번호	명 칭	기 능
①	마이크로폰	음량 측정 마이크로폰
②	LCD 창	음량계 측정 LCD 창
③	전원스위치	전원 ON/OFF 스위치
④	LEVEL +/−	음량 +/− 조정스위치
⑤	F/S	측정속도 설정스위치 F : Fast - 즉시 반응 S : Slow - 순간 평균값 지시
⑥	MIN/MAX	측정 시 최고값과 최소값을 구할 때 선택하는 스위치
⑦	A/C	소음모드 설정스위치 A : 일반적인 소리 측정 C : 낮은 변동 있는 소리 측정
⑧	LIGHT	LCD 창에 등을 켜거나 끌 때 사용하는 스위치

[그림 1] **음량계의 외형 및 경종 음량 측정모습**

2. 측정 방법

1) 음량계 전원버튼을 눌러 전원을 켠다.
2) LEVEL 버튼을 눌러 원하는 측정범위를 설정한다.
3) F/S 버튼을 눌러 FAST로 설정을 해 놓는다.
4) MIN/MAX 버튼을 눌러 경종 명동 시 최고의 음량에서 유지(HOLD MAX)되도록 한다.
5) 자동화재탐지설비의 경종으로부터 1m 떨어진 곳에 음량계의 마이크로폰을 가져간다.
6) 경종을 작동시켜 음량을 측정한다.

[그림 2] **경종 음량 측정모습**

3. 판정 방법

경종의 중심으로부터 1m 떨어진 위치에서 90dB 이상이면 정상

4. 측정 시 주의사항

1) 고온 다습한 곳에서 사용하지 말 것
2) 장시간 미사용 시에는 건전지를 빼서 관리할 것

14 누전계(디지털 타입) ★★

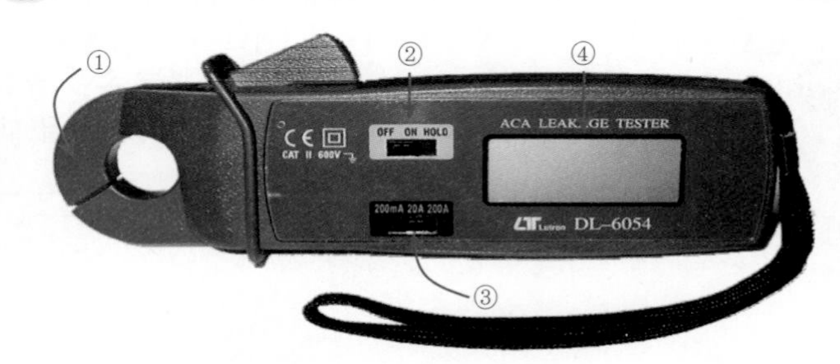

[그림 1] 누전계의 외형 및 명칭

1. 누전계의 용도

전기선로의 누설전류 및 일반전류를 측정하는 데 사용한다.

2. 사용 방법

참고 본 측정기는 0점 조정이 자동으로 됨.

1) 누설전류 측정
   (1) ②번 스위치를 "ON" 위치로 전환한다.
   (2) 전류선택스위치 ③을 "200mA"로 전환한다.
   (3) 전선인입집게 ①을 손으로 눌러 전선을 변류기 내로 관통시킨다.

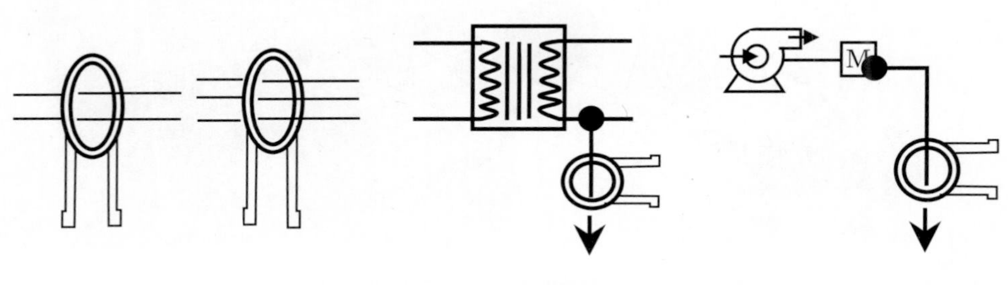

[그림 2] 단상 2·3선식 [그림 3] 변압기 접지선 [그림 4] 기기 접지선

(4) 표시창 ④에 표시된 누설전류치를 읽는다.
(5) 측정값을 고정하고자 할 때는 ②번 스위치를 "Hold"(고정) 위치로 전환한다.

2) 일반전류 측정
(1) ②번 스위치를 "ON" 위치로 전환한다.
(2) 전류선택스위치 ③을 가장 높게 예상되는 전류를 선택하여 전환("200A 또는 20A")한다.
(3) 전선인입집게 ①을 손으로 눌러 전선을 변류기 내로 1선만 관통시킨다.
(4) 표시창 ④에 표시된 전류치를 읽는다.
(5) 측정값을 고정하고자 할 때는 ②번 스위치를 "Hold"(고정) 위치로 전환한다.

3) 측정 시 주의사항
(1) 측정 후 ②번 스위치를 "OFF" 위치로 전환하여 전원을 끌 것
(2) 오랫동안 사용하지 않을 경우 내부의 건전지를 빼서 보관할 것
(3) 측정가능 범위 이상의 회로에는 사용하지 말 것
(4) 표시창의 왼쪽 코너에 "LOBAT"가 표시되면 건전지를 교체할 것
(5) 과도한 진동, 충격을 주지 말고, 고온, 습기를 피할 것
(6) 측정 시 변류기의 철심 접합면은 완전히 밀착되도록 할 것
(7) 변류기 접합면은 청결을 유지할 것

YF-8160

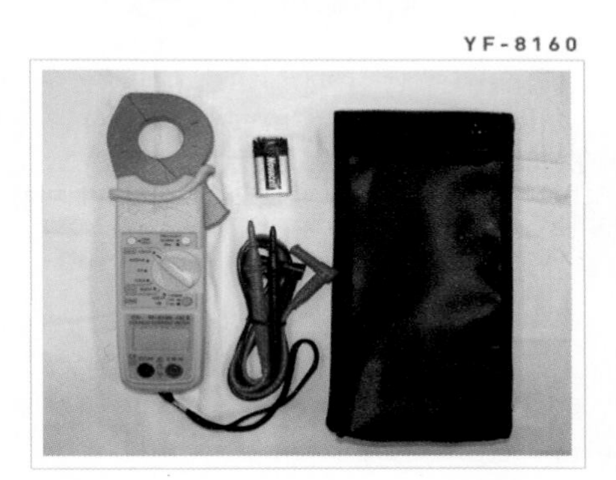

DT-9809

CM-03

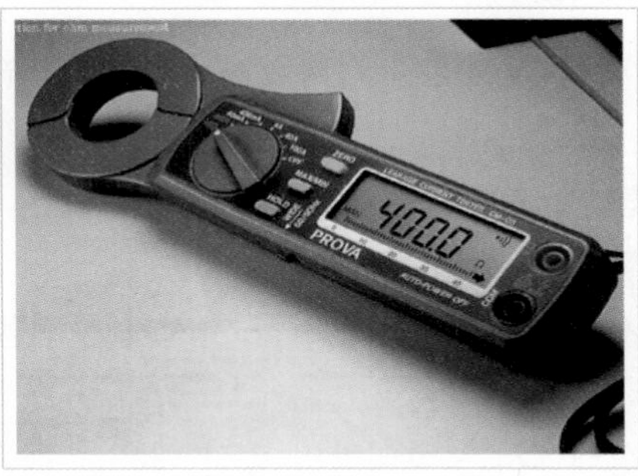

[그림 5] 디지털 타입의 여러 가지 누전계

15 무선기 ★

1. 용도

1) 점검 시

점검원 간의 무선통신을 하기 위해 사용한다.

2) 화재 시

지상 또는 방재실에서 지하에 있는 소방대와의 원활한 무선통신을 위해서 사용한다.

[그림 1] **무선기 외형**

2. 사용 방법(점검 시)

1) 무선기의 전원을 켜고, 사용하고자 하는 채널로 조정한다.

2) 송신 시

PTT 버튼을 누른 상태에서 입 가까이 무선기를 가져가 무전을 하고, 무전이 끝나면 PTT 버튼을 놓는다.

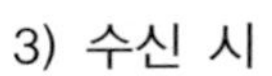

3) 수신 시

PTT 버튼을 누르지 않는 상태에서는 상대방의 송신 내용을 들을 수 있다.(음량은 음량조절기로 조정 가능함.)

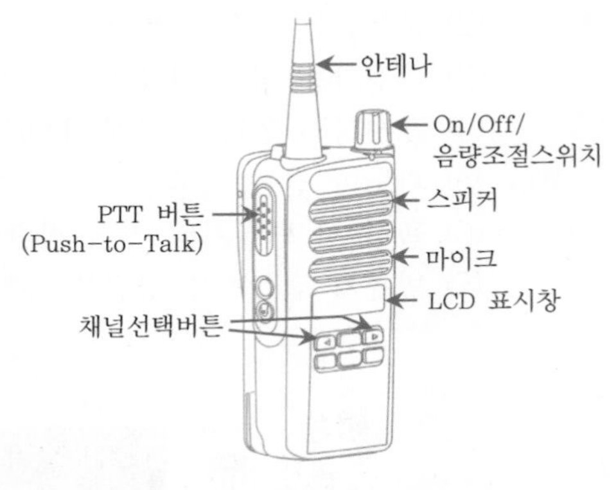

[그림 2] **무선기 외형 및 명칭**

3. 사용 방법(무선통신보조설비 설치 시)

1) 무선기의 로드안테나를 돌려서 분리한다.
2) 무선기 접속단자함의 문을 열고
3) 접속 케이블의 커넥터를 무선기에 연결하고 반대편의 커넥터는 무선기 접속단자에 연결한다.
4) 무선기의 전원을 켜고, 사용하고자 하는 채널로 조정한다.
5) 지하가의 무선기와 상호교신이 원활한지 확인한다.
   (1) 송신 시 : PTT 버튼을 누른 상태에서 입 가까이 무선기를 가져가 무전을 하고, 무전이 끝나면 PTT 버튼을 놓는다.
   (2) 수신 시 : PTT 버튼을 누르지 않는 상태에서는 상대방의 송신 내용을 들을 수 있다.

[그림 3] 로드안테나 분리

[그림 4] 무선기 접속단자함 개방

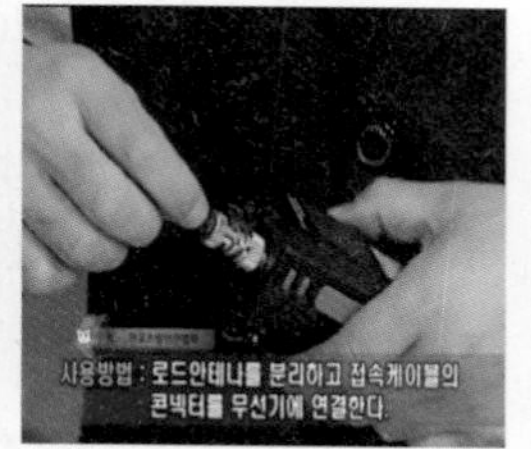

[그림 5] 커넥터 연결

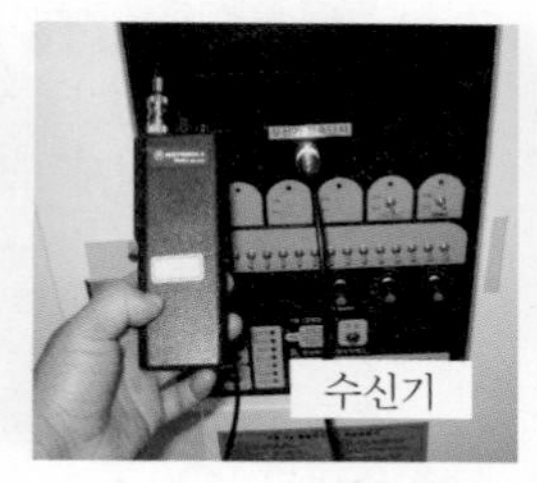

[그림 6] 접속단자에 무선기를 연결한 모습

[그림 7] 무선통신 확인

16 차압계(압력차측정기) ★★★★★

1. 용도

전실 급기가압 제연설비에서 제연구역과 비제연구역의 압력차를 측정하는 기구이다.

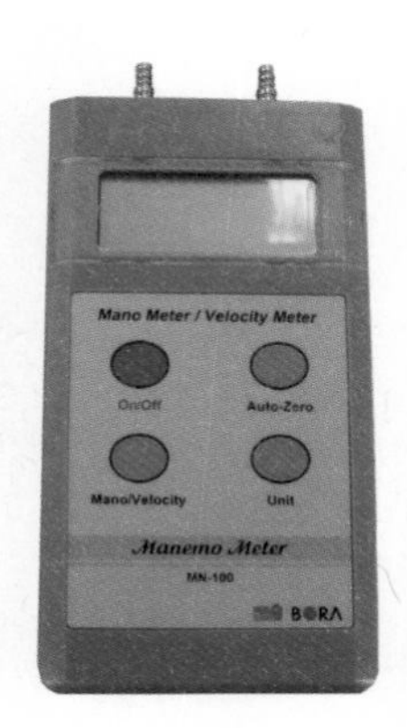

[그림 1] 차압측정계의 외형

2. 급기댐퍼의 종류에 따른 점검 방법

1) 자동차압·과압조절형 급기댐퍼가 설치된 경우 〈2001. 10. 20 이후 KFI 인정 의무화〉

제연설비를 가동하여 차압표시부를 보고 차압확인 및 2007. 12. 28 이후 건축허가 동의 대상물의 경우 차압 측정공 설치가 의무화됨에 따라 차압 측정공을 통하여도 측정한다.

[그림 2] **자동차압·과압조절형 댐퍼 설치 외형 및 차압표시부**

2) 일반급기댐퍼가 설치된 경우 〈도입 2001. 10. 20〉

(1) **차압 측정공이 있는 경우** 〈2007. 12. 28 이후 설치 의무화〉 : 차압 측정공에 호스를 연결한 후 차압계를 이용하여 측정한다.

(2) **차압 측정공이 없는 경우** : 출입문 사이에 호스를 넣고 테이프로 막은 후 차압을 측정한다.

참고 차압 측정공(차압 측정을 위하여 가압공간과 옥내에 면하는 출입문에 설치함.)

(a) 측면

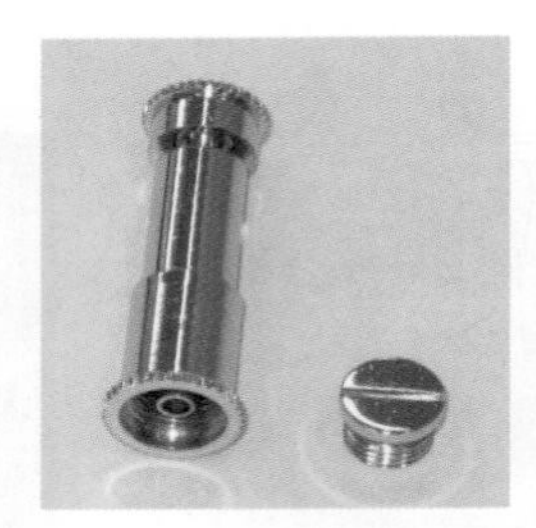

(b) 앞면

(c) 뒷면

(d) 차압 측정공의 설치된 모습

[그림 3] **차압 측정공 외형 및 설치된 모습**

3. 차압 측정 전 조치사항

1) 제어반(수신반) 제연설비 연동스위치 정지
2) 제어반 음향장치 연동정지
3) 승강기 운행 중단
4) 계단실 및 부속실의 모든 출입문 폐쇄

4. 측정 전 차압계 준비

1) 차압계의 전원을 "ON"시킨다.
2) 차압측정모드의 버튼을 누른다.
3) 차압계의 0점 조정버튼을 길게 눌러 0점 조정을 한다.

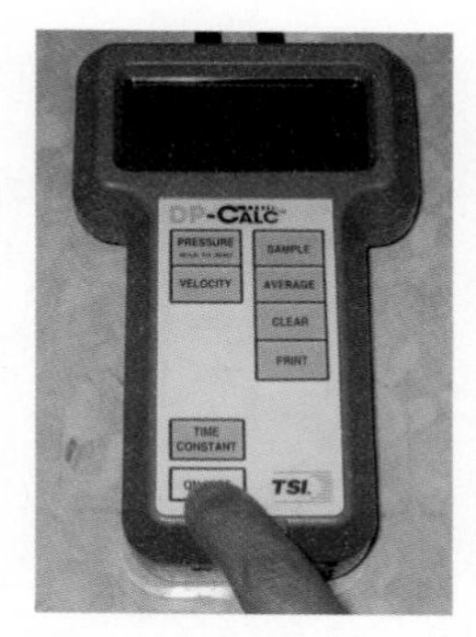

[그림 4] 차압계의 전원 "ON"

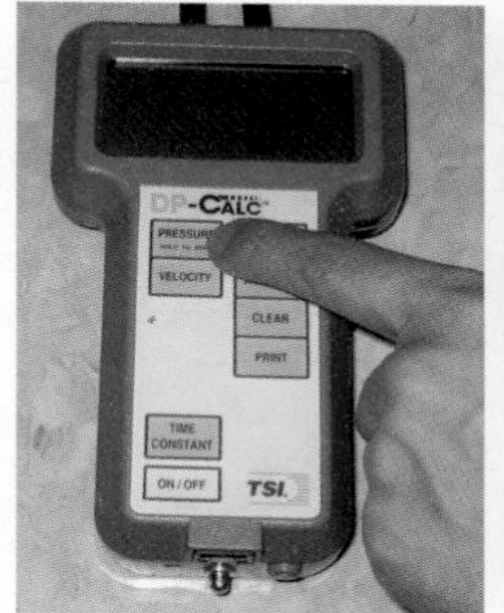

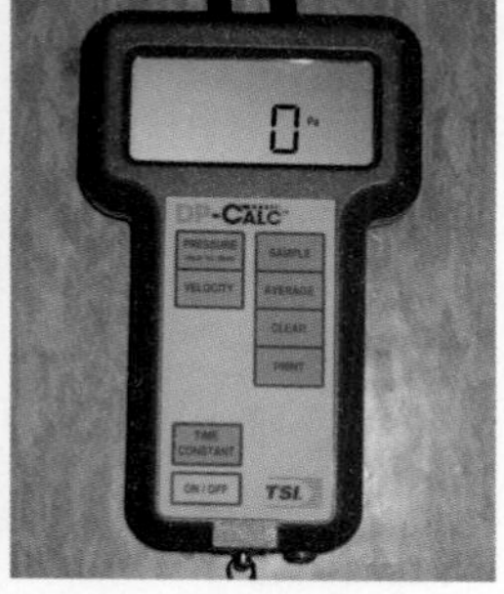

[그림 5] 차압측정모드 전환 및 0점 조정된 모습

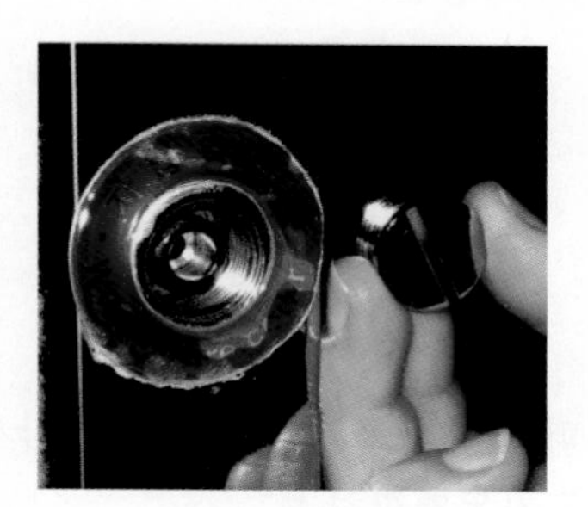

[그림 6] 차압 측정공 커버분리 모습

4) 차압계에 측정호스를 연결한다.
5) 출입문에 부착된 차압 측정공의 커버를 분리한다.(차압 측정공이 설치된 경우에 한함.)
6) 차압계를 가압공간 또는 비가압공간에 위치시킨다.(측정호스를 차압 측정공에 넣어 고정시킴.)
   (1) "−" 측정호스 : 비가압공간(화재실 또는 옥내)에 위치
   (2) "+" 측정호스 : 가압공간(부속실 또는 승강장)에 위치

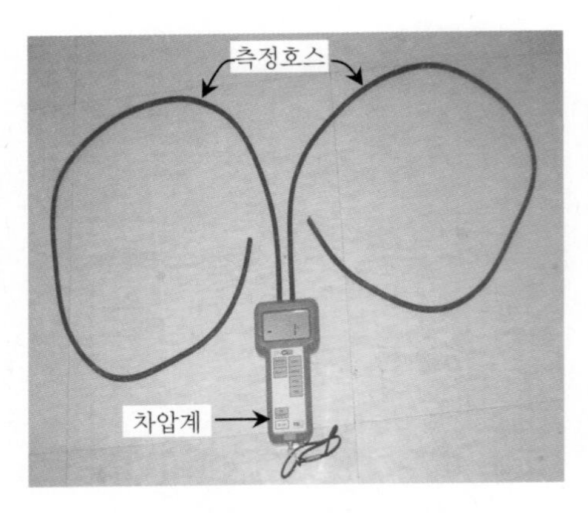

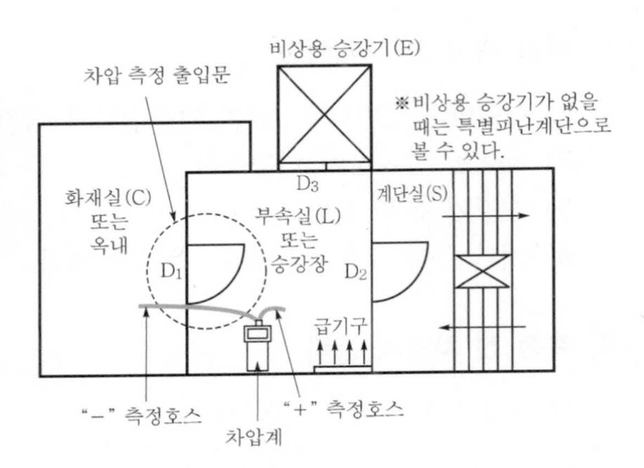

[그림 7] **차압계에 측정호스 연결된 모습**

[그림 8] **차압 측정의 출입문 위치**

5. 차압 측정위치

제연송풍기가 설치된 곳으로부터 최원거리층, 최근거리층 및 중간층 등 최소 3개층 이상을 측정하는 것이 좋다.

1) 최원거리층
· 기준차압에 미달할 가능성이 높음.

2) 최근거리층
출입문의 개방력이 110N 이상일 가능성이 높음.

3) 중간층

6. 차압 측정

1) 제연설비 작동
(1) 화재감지기 또는 댐퍼의 수동조작스위치를 동작시킨다.
(2) 제어반 연동스위치를 자동전환하면,
⇒ 댐퍼작동 후 급기휀이 동작하여 댐퍼로 바람이 나온다.

2) 확인
급기휀이 동작한 후 연돌효과의 영향을 받지 않도록 일정시간이 경과한 후에 측정하여 차압계의 지시치를 읽는다.

주의 차압 측정 후 차압 측정공의 커버는 출입문마다 그때그때 원상복구해 놓을 것

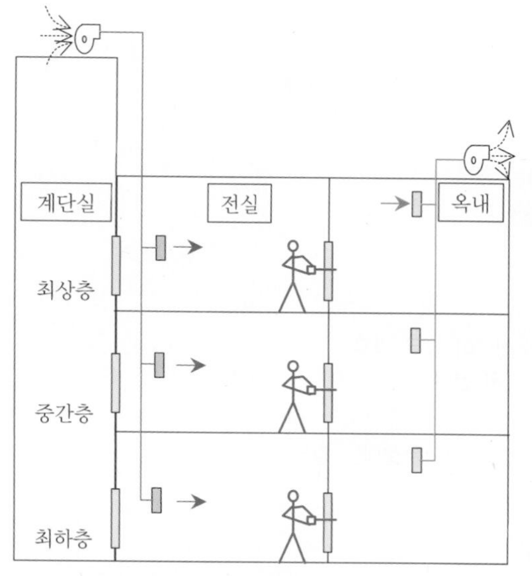

[그림 9] **출입문 폐쇄 시 차압 측정**

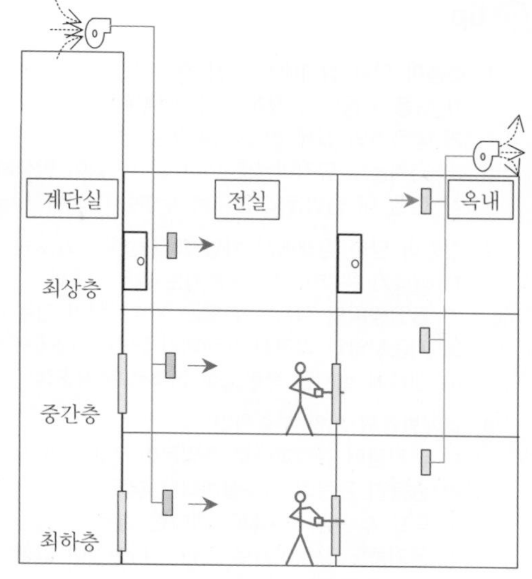

[그림 10] **출입문 비개방층 차압 측정**

[그림 11] **출입문에 차압 측정공이 설치된 경우 차압 측정 모습**

[그림 12] **출입문에 차압 측정공이 없는 경우 차압 측정 모습**

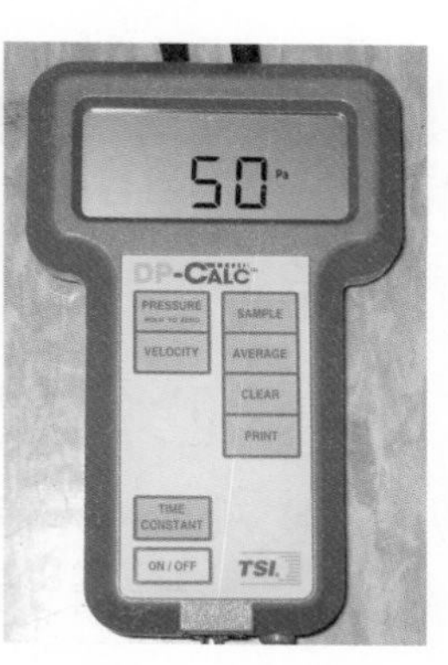

[그림 13] **차압계**

7. 판정

측정한 차압의 적정 여부를 판단한다.

1) 40Pa(옥내에 스프링클러설비 설치 시는 12.5Pa) 이상
2) 출입문 개방 시 출입문 미개방층의 차압은 28Pa(sp 설치 시 8.75Pa) 이상(기준차압의 70% 이상)

8. 복구

제연설비를 원상태로 복구한다.

tip

1. **전층이 닫힌 상태에서 차압 부족원인**
   1) 송풍기 용량이 작게 설계된 경우
   2) 송풍기의 실제 성능이 미달된 경우
   3) 급기풍도 규격미달로 인한 과다손실이 발생하는 경우
   4) 전실 내 출입문의 틈새로 누설량이 과다한 경우
2. **전층이 닫힌 상태에서 차압 과다원인**[21회 2점]
   1) 송풍기 용량이 과다설계되는 경우
   2) 플랩댐퍼의 설치누락 또는 기능불량인 경우
   3) 자동차압과 압조절형 댐퍼가 닫힌 상태에서 누설량이 많은 경우
   4) 팬룸에 설치된 풍량조절 댐퍼로 풍량조절이 안 된 경우
3. **비개방층의 차압 부족원인**
   1) 급기댐퍼 규격과다로 출입문이 열린 층에서 풍량이 과다누설되는 경우
   2) 송풍기 용량이 과소설계되는 경우
   3) 덕트 부속류의 손실이 과다한 경우
   4) 급기풍도 규격미달로 인한 과다손실이 발생하는 경우

17 폐쇄력 측정기 ★★★★★

1. 용도

급기가압제연설비의 부속실에 설치된 방화문의 폐쇄력과 개방력을 측정하는 기구이다.

1) 제연설비 작동 전
   평상시 출입문의 폐쇄력 측정

2) 제연설비 작동 후
   부속실에 급기가 되는 상태에서 출입문 개방에 필요한 힘(개방력) 측정

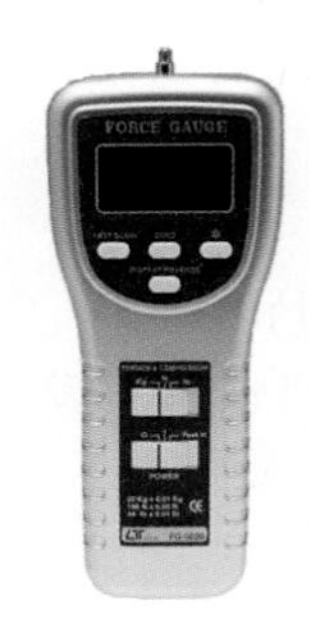

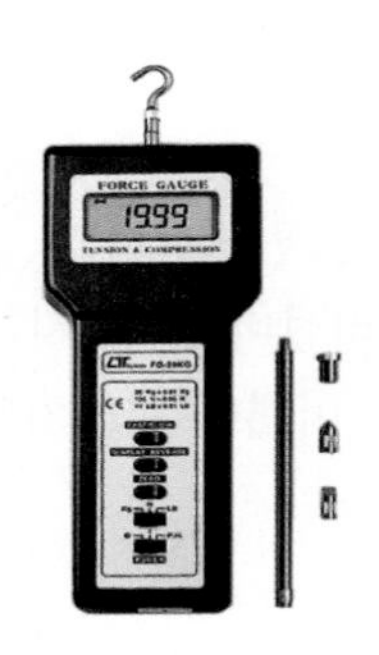

[그림 1] **폐쇄력 측정기 외형**

2. 점검 전 조치사항

1) 제어반(수신반) 제연설비 연동스위치 정지
2) 제어반 음향장치 연동정지
3) 승강기 운행 중단
4) 계단실 및 부속실의 모든 출입문 폐쇄

3. 측정 방법

1) 제연설비 작동

(1) 화재감지기 또는 댐퍼의 수동조작스위치를 동작시킨다.

(2) 제어반 연동스위치 자동전환

⇒ 댐퍼작동 후 급기휀이 동작하여 댐퍼로 바람이 나온다.

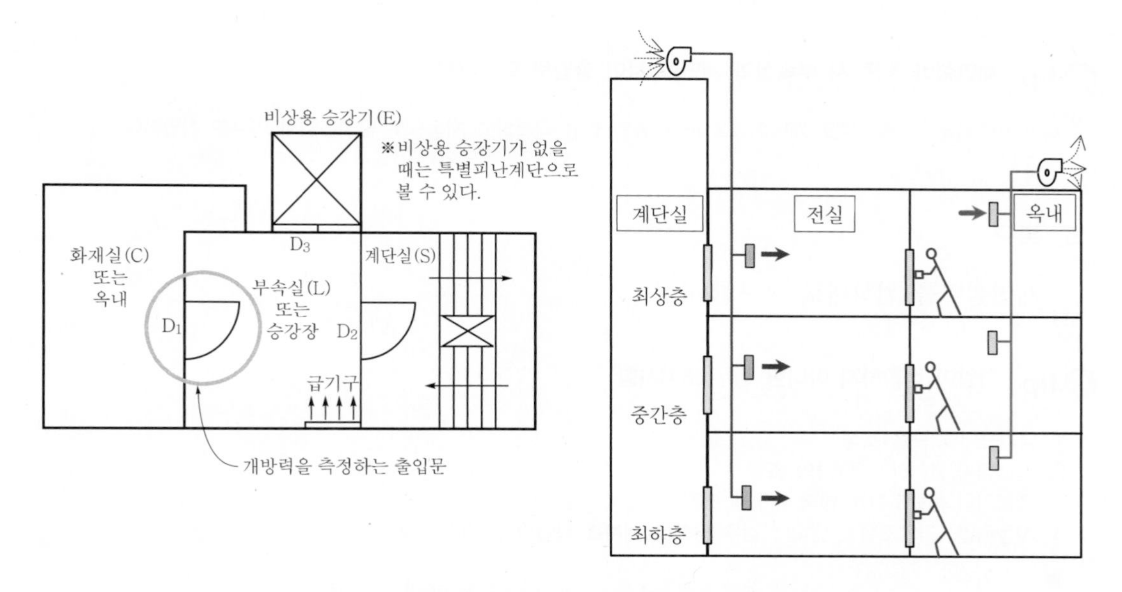

[그림 2] **제연설비 작동 시 출입문의 개방력 측정위치**

2) 측정

(1) **측정위치** : 전 층 모든 제연구역의 출입문(부속실과 옥내 사이)에서 측정한다.

(2) **측정** : 출입문의 손잡이를 돌려 락을 풀고, 폐쇄력 측정기를 밀면서 문의 열림 각도가 5±1°를 통과할 때의 힘을 측정한다.(출입문 개방 시 최대의 힘이 지시치에 표시된다.)

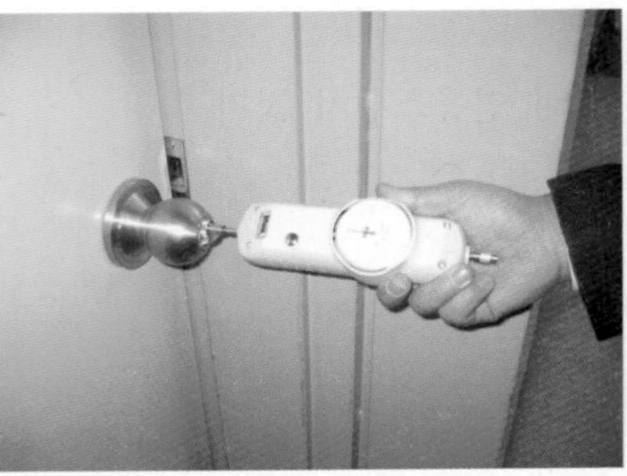

[그림 3] **폐쇄력 측정기를 이용하여 출입문의 개방력을 측정하는 모습**

4. 판정

제연설비가 작동되었을 경우 출입문의 개방에 필요한 힘이 110N 이하이면 정상이다.

tip 제연설비 작동 시 부속실과 계단실 사이 출입문 확인사항

제연설비 작동 시 출입문을 개방하였을 때 바람의 힘을 극복하고 자동으로 닫히는지의 여부도 확인한다.

5. 복구

제연설비를 원상태로 복구한다.

tip 차압이 적합하지 아니한 경우 조치사항

1. 급기구의 개구율 조정
2. 플랩댐퍼(설치하는 경우)의 조정
3. 송풍기의 풍량조절용 댐퍼 개구율 조정
4. 자동차압 · 과압조절형 댐퍼의 경우 당해 표시계로 차압의 범위를 조정

■ 차압기준

구 분	기 준	측 정
최소 차압	40Pa 이상(스프링클러설비 설치 시 12.5Pa)	차압계로 확인
최대 차압	출입문 개방에 필요한 힘(F) : 110N 이하	폐쇄력 측정기로 확인

tip 최대 차압 제한 이유

현장마다 출입문의 크기가 다양하여 개방하는 힘도 현장마다 상이한 상황이 발생하므로, 제연설비 작동 시 출입문의 개방에 필요한 힘을 110N 이하로 제한한 것이다.

18 풍속 · 풍압계 [SF C-01] ★★★★★

1. 용도

제연설비의 풍속과 정압을 측정하는 기구이다.

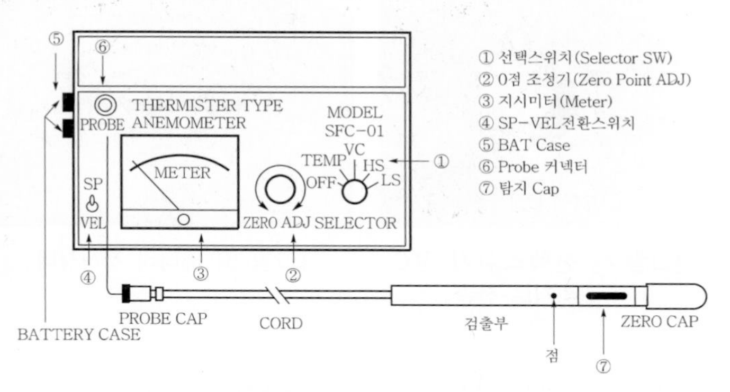

[그림 1] 풍속 · 풍압계 외형 및 명칭

2. 측정 전 풍속 · 풍압계 준비

1) 준비

(1) 선택스위치는 OFF 위치에, SP-VEL 스위치는 VEL(풍속)측으로 전환한다.

(2) Probe Cap을 본체의 Probe 커넥터에 꽂고, Probe Cap의 고정나사를 돌려 고정한다.

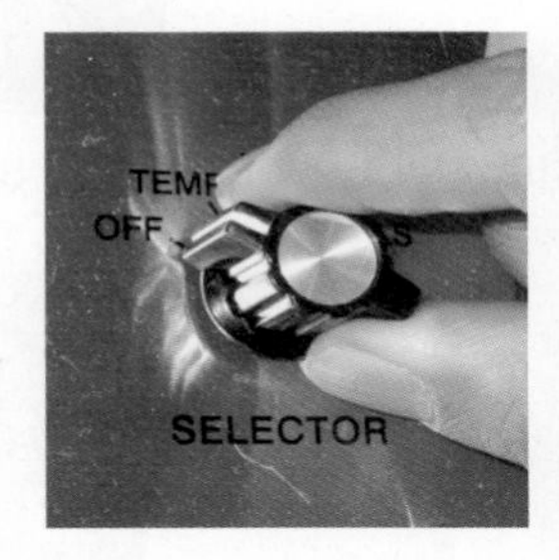

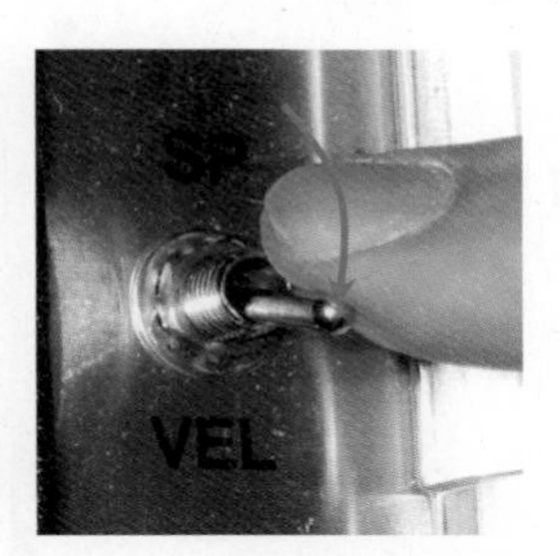

[그림 2] 선택스위치가 OFF에, SP-VEL 스위치가 VEL(풍속)측으로 전환모습

[그림 3] Probe Cap을 꽂아 고정하는 모습

2) 배터리체크(Battery Check)

(1) 선택스위치를 VC의 위치로 전환한다.

(2) 미터가 Good의 위치로 오면 정상이다.

(3) 만약, 미터가 Poor의 위치를 가리키면 건전지를 교체한다.

[그림 4] 선택스위치 VC 위치로 전환

[그림 5] 배터리 정상상태

[그림 6] 배터리 불량상태

3) 온도 측정 방법

(1) 선택스위치를 TEMP 위치로 전환하고, Zero Cap을 벗긴다.

(2) 기류 중에 검출부 끝부분을 삽입하면,

(3) 기류의 온도가 미터의 최하단에 표시된다.

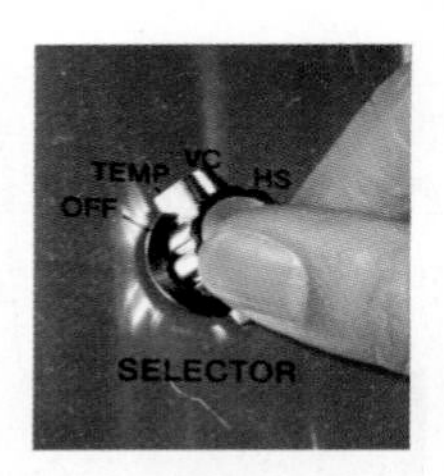

[그림 7] 선택스위치를 TEMP 위치로 전환

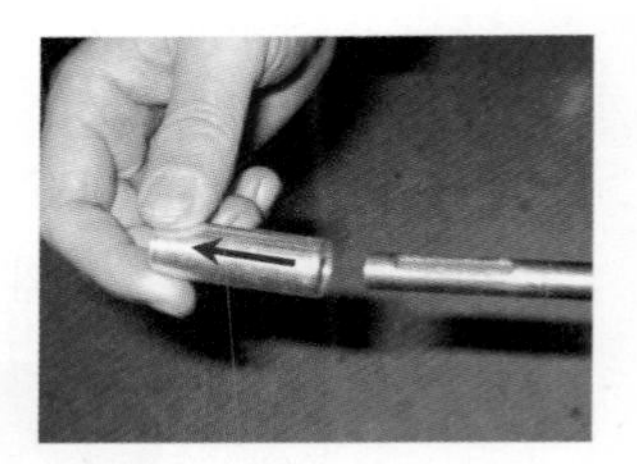
[그림 8] Zero Cap 분리

[그림 9] 기류 중에 검출부 끝부분 삽입

[그림 10] 기류의 온도 확인

3. 풍속 · 풍량 측정 방법

1) 0점 조정

(1) 검출부의 끝부분에 Zero Cap을 씌우고, 선택스위치를 LS 위치로 전환한다.

(2) 본체의 Zero-ADJ 손잡이로 0점 조정을 한 다음,

(3) Zero Cap을 벗긴다.

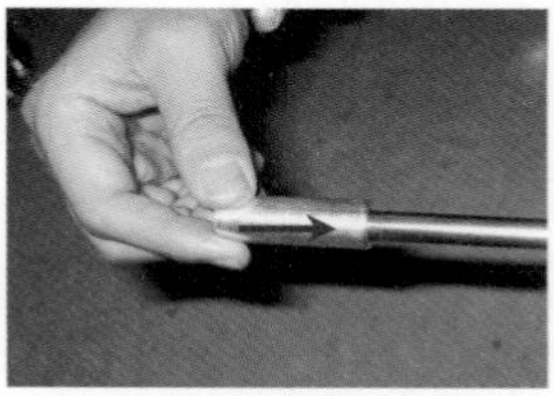

[그림 11] Zero Cap 씌움

[그림 12] 선택스위치 LS 위치로 전환

[그림 13] 0점 조정

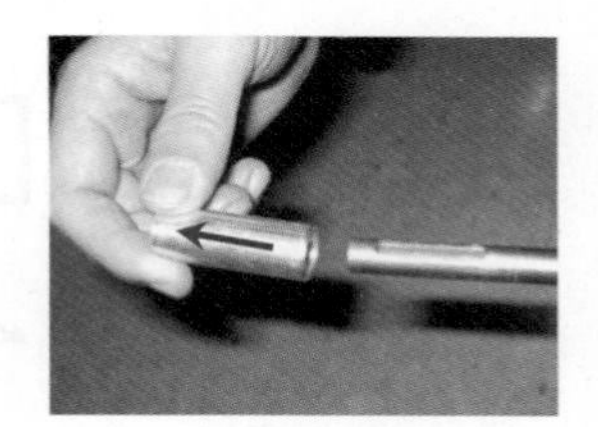

[그림 14] Zero Cap 분리

2) 풍속 측정

(1) 배연구를 개방하고, 배연구마다 측정한다.

(2) 검출부의 점표시가 바람방향과 직각이 되도록 하여 풍속을 측정한다.

(3) 이때 풍속은 미터의 상단 2줄에 지시되며, 풍속의 강약에 따라서 LS레인지나 HS레인지를 선택하여 풍속을 측정한다.

(4) 배연구 5개 위치에서 30초간 풍속을 측정한다.

(5) 측정한 풍속으로 평균치를 산출한다.

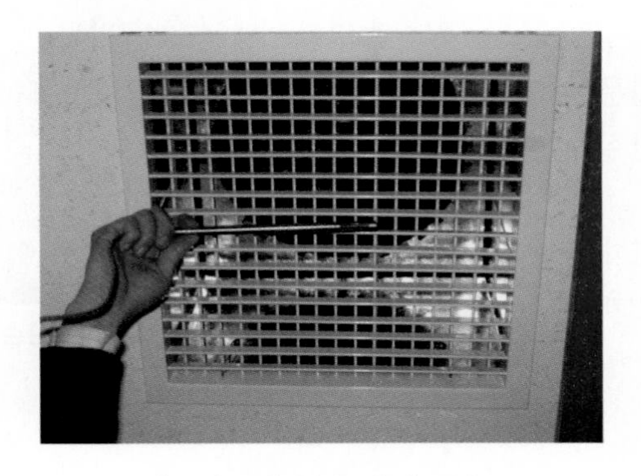

[그림 15] 풍속 측정 모습

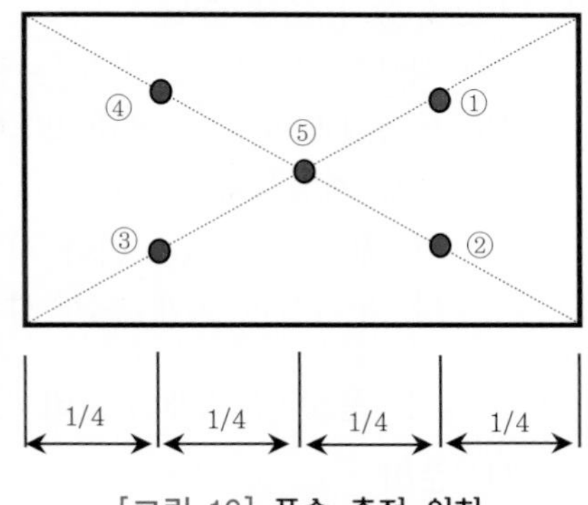

[그림 16] 풍속 측정 위치

3) 풍량산출

측정한 풍속으로 평균치를 산출하여 [식 ①]과 같이 실온에서의 풍량을 산출한다.

$Q = 60 \cdot A \cdot V \left(\dfrac{293}{273 + t} \right)$ (표준상태 20℃에서 풍량산출) ······················ [식 ①]

여기서, Q : 풍량(m^3/min), A : 배연구의 유효면적(m^2)

V : 평균풍속(m/sec), t : 실온(℃)

4) 풍속 측정 시 주의사항 [M : 0 · 혼 · 직 · 가]

(1) 측정기는 사용 전에 0점 조정할 것

(2) 측정자가 바람의 흐름을 혼란시키지 않도록 주의할 것

(3) 열선풍속계는 센서의 위치에 따라 오차가 발생할 수 있는 지향성이 강하므로 수감부를 풍향에 직각으로 맞출 것

(4) 면풍 속의 평균치를 구하는 것이므로 수감부는 배연구면에 가까이 하여 측정할 것

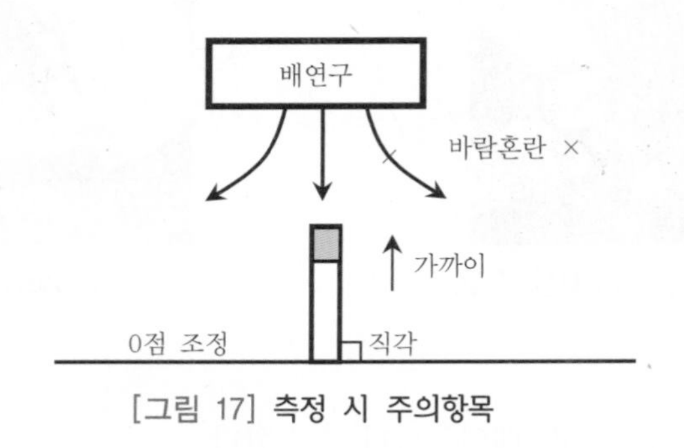

[그림 17] 측정 시 주의항목

4. 급기 가압제연설비의 방연풍속 측정 방법 [16회 6점]

1) 점검 전 조치사항

(1) 제어반(수신반) 제연설비 연동스위치 정지

(2) 제어반 음향장치 연동정지

(3) 승강기 운행 중단

(4) 계단실 및 부속실의 모든 출입문 폐쇄

(5) 부속실과 면하는 옥내 및 계단실의 출입문을 개방시켜 놓는다.

가. 부속실이 20개 이하 시 : 1개층

나. 부속실이 20개 초과 시 : 2개층

[그림 18] 출입문 개방모습

2) 측정 전 풍압 · 풍속계의 준비

(1) 준비

가. 선택스위치는 OFF 위치에, SP-VEL 스위치는 VEL(풍속)측으로 전환한다.

나. Probe Cap을 본체의 Probe 커넥터에 꽂고, Probe Cap의 고정나사를 돌려 고정한다.

(2) 배터리체크(Battery Check)

가. 선택스위치를 VC의 위치로 전환한다.

나. 미터가 Good의 위치로 오면 정상이다.

다. 만약, 미터가 Poor의 위치를 가리키면 건전지를 교체한다.

(3) 0점 조정

가. 검출부의 끝부분에 Zero Cap을 씌우고, 선택스위치를 LS 위치로 전환한다.

나. 본체의 Zero-ADJ 손잡이로 0점 조정을 한 다음,

다. Zero Cap을 벗긴다.

3) 방연풍속 측정

(1) 제연설비 작동

가. 화재감지기 또는 댐퍼의 수동조작스위치를 동작시킨다.

나. 제어반 연동스위치 자동전환

⇒ 댐퍼작동 후 급기휀이 동작하여 댐퍼로 바람이 나온다.

(2) 측정

가. 측정장소 : 제연송풍기로부터 최원거리의 최소 3개층 이상에서, 부속실과 옥내 사이 출입문 (∵ 최원거리층이 방연풍속은 기준값에 미달될 가능성이 가장 크기 때문임.)

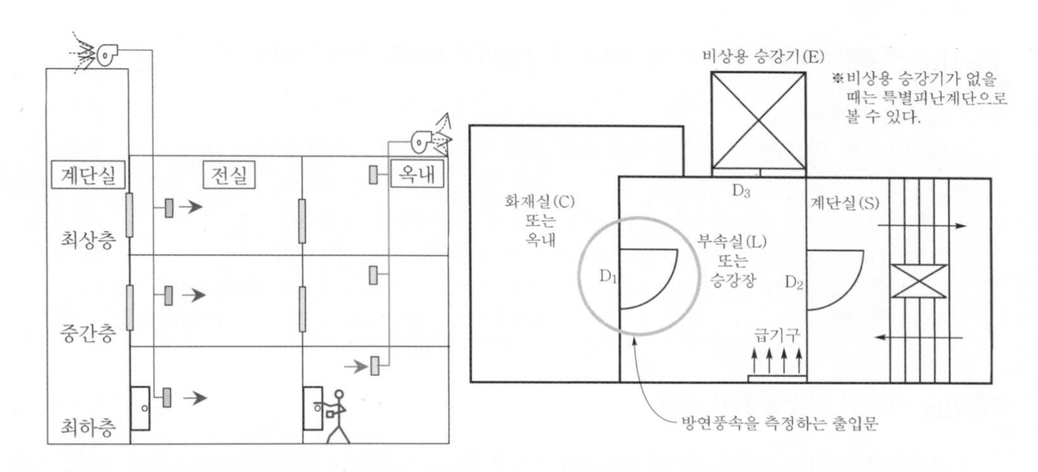

[그림 19] **방연풍속을 측정하는 모습** [그림 20] **방연풍속을 측정하는 출입문**

나. 방연풍속 측정위치 : 출입문 개방에 의한 개구부를 대칭적으로 균등분할하는 10 이상의 지점에 검출부의 점표시가 바람방향과 직각이 되도록 검출부를 대고 풍속을 측정하여 평균치 산출

참고 풍속에 따라서 LS 레인지나 HS 레인지를 선택하여 풍속을 측정한다.

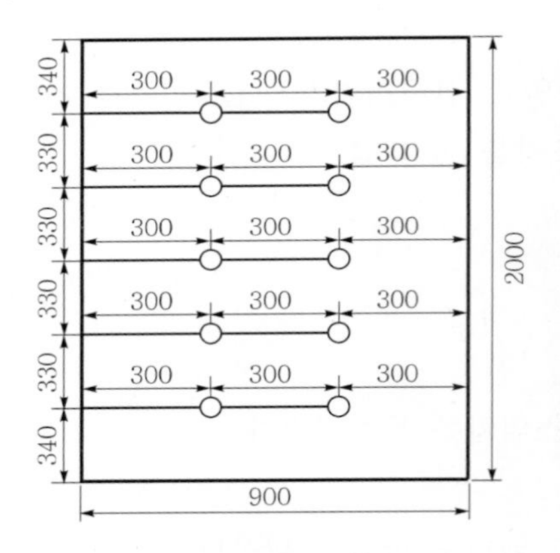

[그림 21] 출입문의 방연풍속 측정위치도

[그림 22] 출입문의 방연풍속 측정모습

4) 판정

측정한 유입풍속이 방연풍속에 적합한지 여부를 판정한다.

tip 특별피난계단의 계단실 및 부속실 제연설비의 화재안전성능기준(NFPC 501A)

제10조(방연풍속)
방연풍속은 제연구역의 선정방식에 따라 다음 표의 기준에 따라야 한다.

제연구역		방연풍속
계단실 및 그 부속실을 동시에 제연하는 것 또는 계단실만 단독으로 제연하는 것		0.5m/s 이상
부속실만 단독으로 제연하는 것 또는 비상용 승강기의 승강장만 단독으로 제연하는 것	부속실 또는 승강장이 면하는 옥내가 거실인 경우	0.7m/s 이상
	부속실 또는 승강장이 면하는 옥내가 복도로서 그 구조가 방화구조(내화시간이 30분 이상인 구조를 포함한다.)인 것	0.5m/s 이상

tip 비개방 부속실 차압 측정

방연풍속 측정 시와 동일한 조건의 상태에서 비개방 부속실의 차압이 최소 요구차압의 70% 이상인지를 위와 같은 방법으로 확인한다.

5) 복구

제연설비를 원상태로 복구한다.

tip 방연풍속 부족원인

1. 송풍기의 용량 과소설계
2. 충분한 급기댐퍼 누설량에 필요한 풍도 정압부족 또는 급기댐퍼 규격 과소설계
3. 배출휀의 정압성능 과소설계
4. 급기풍도의 규격미달로 과다손실 발생
5. 덕트 부속류의 손실 과다
6. 전실 내 출입문 틈새 누설량 과다

5. 정압 측정 방법

1) 0점 조정

(1) SP-VEL 스위치를 SP 위치로, 선택스위치를 LS 위치로 전환한다.
(2) 검출부 끝부분에 Zero Cap을 씌운 후,
(3) 본체의 Zero ADJ 손잡이로 미터의 0점 조정을 한 후,
(4) Zero Cap을 벗긴다.

[그림 23] SP 측으로 전환모습

[그림 24] 선택스위치 LS 위치로 전환

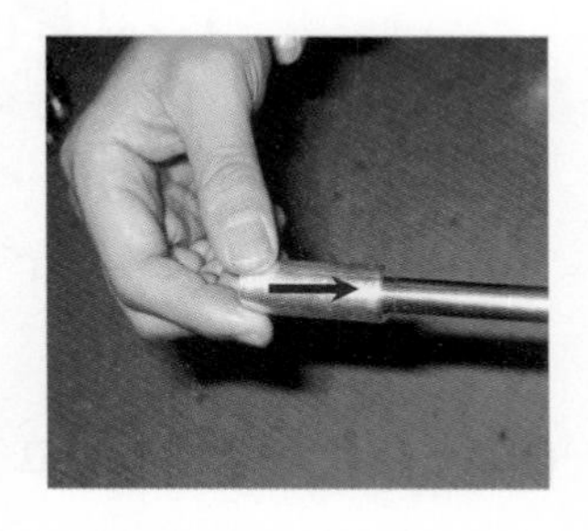

[그림 25] Zero Cap 씌움

[그림 26] 0점 조정

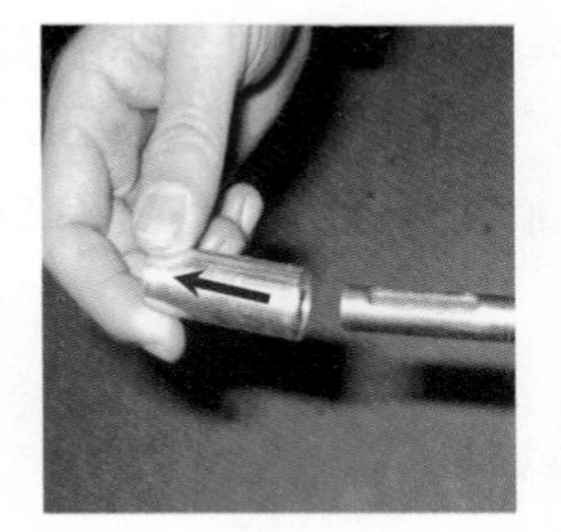

[그림 27] Zero Cap 분리

2) 정압 캡 고정

(1) 검출부의 끝부분을 정압 캡에 완전히 꽂은 후,
(2) 검출부의 점표시와 정압 캡의 점표시가 일직선상에 오도록 한 다음,
(3) 정압 캡의 고정나사를 돌려 고정한다.

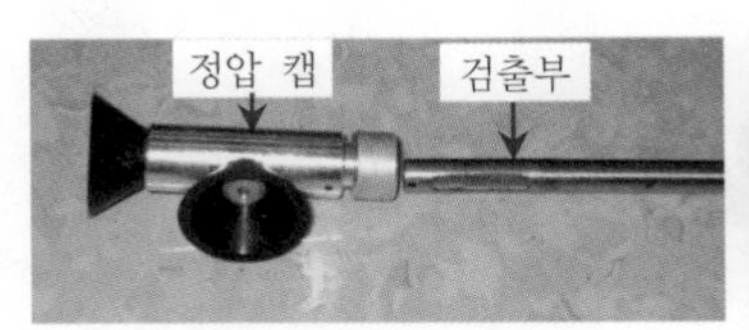

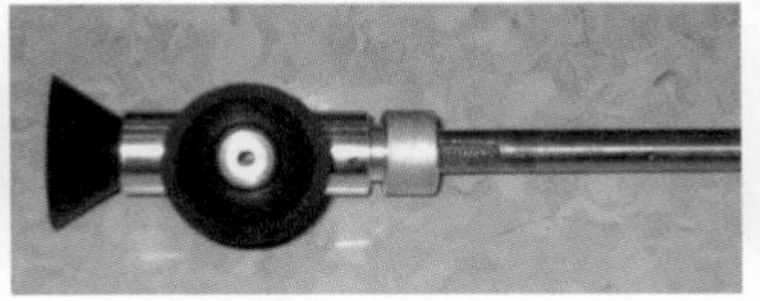

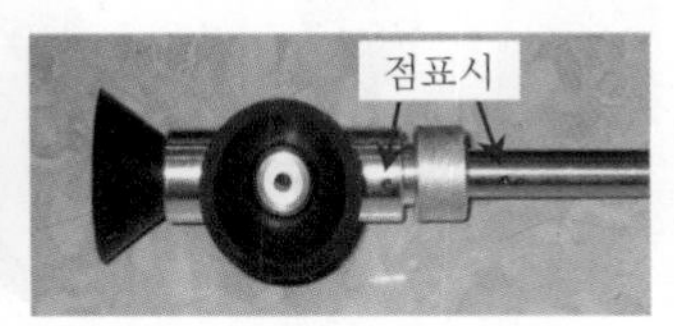

[그림 28] 검출부의 점표시와 정압 캡의 점표시가 일직선상에 오도록 하여 고정

3) 측정

(1) 덕트 등의 벽면에 정압 캡을 고정한 후,

(2) 정압의 크기에 따라서 LS 레인지나, HS 레인지를 선택하여 정압을 측정한다. 이때의 정압은 미터의 중간 2줄에 표시된다.

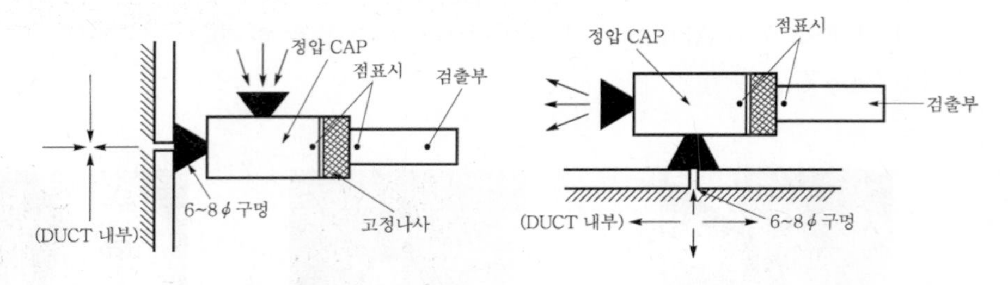

[그림 29] − **정압 측정의 경우**　　[그림 30] + **정압 측정의 경우**

6. 주의사항 [M : 충 · 고 · 스 · S · V · P]

1) 본체나 검출부에 심한 충격이나 고온을 피한다.
2) 측정 종료 시에는 선택스위치 ①을 OFF 위치에,
3) SP-VEL 전환스위치 ④를 VEL 위치에 돌려 놓은 후
4) Probe Cap의 고정나사를 왼쪽으로 돌려서 탐지 캡 ⑦을 뽑아서 제 위치에 보관한다.

19 조도계 ★★★

1. 용도

비상조명등 및 유도등의 조도를 측정하는 기구이다.

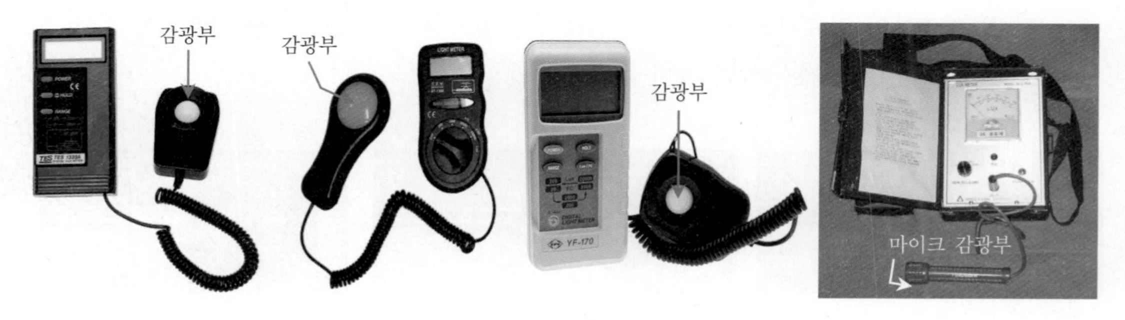

[그림 1] **조도계의 외형**

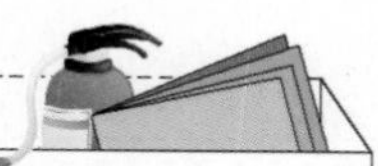

2. 측정 방법

1) 감광소자가 내장된 마이크를 본체에 삽입한다.(일부제품에만 해당)
2) 조도계의 전원스위치를 ON으로 한다.
3) 빛이 노출되지 않는 상태에서 지시눈금이 "0"의 위치인가를 확인한다.
4) 적정한 측정단위를 Range 스위치를 이용하여 선택한다.
5) 감광부분을 측정하고자 하는 위치로 가져간다.
6) 등으로부터 빛을 조사시켜서 지침이 안정되었을 때 지시값을 읽는다.

3. 판정 방법

1) 복도통로유도등 및 비상조명등 조도
   1 lx 이상이면 정상
2) 객석유도등 조도
   0.2 lx 이상이면 정상

4. 측정 시 주의사항 [M : R · 안 · 과 · 건전지 · 교체 · 빼서 · 습도]

1) 빛의 강도를 모를 경우에는 **R**ange를 최대치부터 적용한다.
2) 1분 정도 빛을 조사하여 지시치가 **안**정되었을 때 지시치를 판독한다.
3) 수광부분은 직사광선 등 **과**도한 광도에 노출되지 않도록 한다.
4) 전원스위치를 올려도 전원표시등이 점등되지 않으면 기기 내부의 **건전지**를 **교체**한다.
5) 오랫동안 사용하지 않을 경우 내부의 **건전지**를 **빼서** 보관한다.
6) 수광부 내 셀렌광전 소자는 **습도**의 영향에 민감하므로 보관 시 습기가 없고 직사광선을 피한다.
7) 측정 시 주변 조명을 끄고 측정한다.
8) 측정자가 빛을 가리지 않도록 주의한다.

기출 및 예상 문제

★★★★★

01 소방시설의 자체점검에서 사용하는 소방시설별 점검기구를 칸을 그리고 10개의 항목으로 작성하시오. (단, 절연저항계의 규격은 비고에 기술할 것) [3회 30점]

☞ 소방시설 설치 및 관리에 관한 법률 시행규칙 [별표 3] (개정 2022. 12. 1)

소방시설	장 비	규 격
모든 소방시설	방수압력측정계, 절연저항계(절연저항측정기), 전류전압측정계	* 방수압력측정계 [5회 20점]
소화기구	저울	
옥내소화전설비 옥외소화전설비	소화전밸브압력계	* 옥외 점검기구종류 [1회 10점]
스프링클러설비 포소화설비	헤드결합렌치(볼트, 너트, 나사 등을 죄거나 푸는 공구)	* 괄호 넣기 [22회 1점]
이산화탄소소화설비 분말소화설비 할론소화설비 할로겐화합물 및 불활성기체소화설비	검량계, 기동관누설시험기, 그 밖에 소화약제의 저장량을 측정할 수 있는 점검기구	* 괄호 넣기 [22회 2점]
자동화재탐지설비 시각경보기	열감지기시험기, 연(煙)감지기시험기, 공기주입시험기, 감지기시험기연결막대, 음량계	* 열감지기 [4회 20점] * 시험기 종류 [19회 3점] * 괄호 넣기 [22회 2점]
누전경보기	누전계	누전전류 측정용
무선통신보조설비	무선기	통화시험용
제연설비	풍속풍압계, 폐쇄력측정기, 차압계(압력차 측정기)	
통로유도등 비상조명등	조도계(밝기 측정기)	최소눈금이 0.1럭스 이하인 것

※ 참고 : 할론소화설비(예전, 할로겐화합물소화설비)
할로겐화합물 및 불활성기체 소화설비(예전, 청정소화약제소화설비)

※ 현행 법령에 의해 작성됨.

★★★

02 전류전압측정계의 0점 조정 콘덴서의 품질시험 방법 및 사용상의 주의사항에 대하여 설명하시오. [2회 20점]

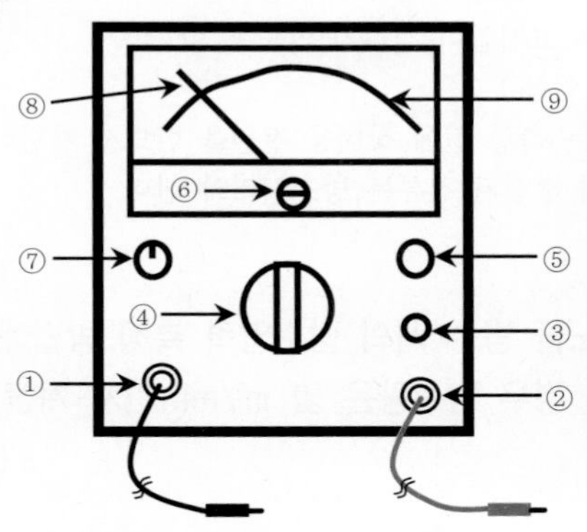

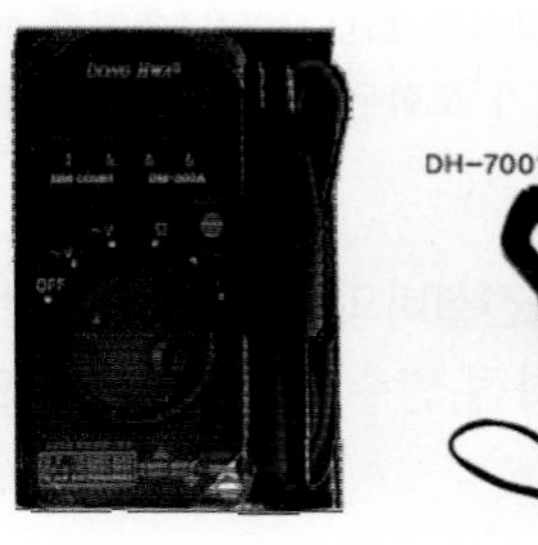

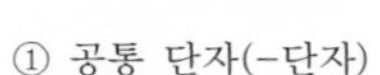

① 공통 단자(-단자)
② A, V, Ω 단자(+단자)
③ 출력단자(Output Terminal)
④ 레인지선택스위치(Range Selecter S/W)
⑤ 저항 0점 조절기
⑥ 0점 조정나사(전압, 전류)
⑦ 극성선택스위치(DC, AC, Ω)
⑧ 지시계
⑨ 스케일(Scale)

[전류전압측정계의 외형]

1. 0점 조정
   1) 모든 측정을 하기 전에 반드시 바늘의 위치가 0점에 고정되어 있는지 확인한다.
   2) 0점에 있지 않을 경우, ⑥번 0점 조정나사로 조정하여 0점에 맞춘다.
2. 콘덴서 품질시험

1) 흑색도선을 측정기의 − 측 단자에, 적색도선을 + 측 단자에 접속시킨다. 2) ⑦번 극성선택 S/W를 Ω의 위치에 고정시킨다. 3) Range ④를 10kΩ의 위치에 고정시킨다.	준비 (공통사항)
4) 리드선을 콘덴서의 양단자에 접속시킨다.	도선 연결
5) 판정기준	판 독

   (1) 정상콘덴서는 지침이 순간적으로 흔들리다 서서히 무한대(∞) 위치로 돌아온다.
   (2) 불량콘덴서는 지침이 움직이지 않는다.
   (3) 단락된 콘덴서는 바늘이 움직인 채 그대로 있으며, 무한대(∞) 위치로 돌아오지 않는다.

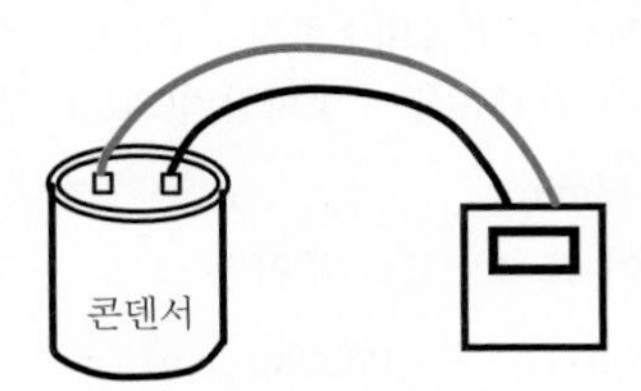

[콘덴서의 품질시험 방법]

3. 사용상 주의사항 [M : 수 · 영 · B · R · 고 · 전 · 차 · 콘]
   1) 측정 시 시험기는 수평으로 놓을 것
   2) 측정 시 사전에 0점 조정 및 전지(Battery)체크를 할 것
      ※ 제 측정을 하기 전에 반드시 바늘의 위치가 0점에 고정되어 있는가를 확인하여야 한다. (0점 조정이 되어 있지 않을 경우는 ⑥번 0점 조정나사를 조정하여 0점에 맞춘다.)
   3) 측정범위가 미지수일 때는 눈금의 최대범위에서 시작하여 범위를 낮추어 갈 것(Range)
   4) ④번 선택 S/W가 DC mA에 있을 때는 고전압이 걸리지 않도록 할 것
      (시험기의 분로저항이 손상될 우려가 있음.)
   5) 어떤 장비의 회로저항을 측정할 때에는 측정 전에 장비용 전원을 반드시 차단하여야 한다.
   6) 콘덴서가 포함된 회로에서는 콘덴서에 충전된 전류는 방전시켜야 한다.

★★★★★

03 옥내 · 외 소화전설비의 직사노즐과 분무노즐 방수 시의 방수압력 측정 방법에 대하여 쓰고, 옥외소화전 방수압력이 75.42PSI일 경우 방수량은 몇 ㎥/min인지 계산하시오.

[5회 20점]

1. 측정 전 준비사항(사전 조치사항)
   측정하고자 하는 층의 옥내소화전 방수구를 모두 개방시켜 놓는다.
   1) 옥내소화전이 2개 이상 : 2개 개방
   2) 옥내소화전이 1개 : 1개 개방
2. 방수압력 측정위치
   1) 소방대상물의 최상층 부분과(최저압 확인)
   2) 최하층 부분(과압 여부 확인), 그리고
   3) 소화전이 가장 많이 설치되어 있는 층에서 각 소화전마다 측정한다.
3. 노즐 종류에 따른 측정 방법
   1) 직사형 노즐 : 노즐선단으로부터 노즐구경의 $\frac{1}{2}$ 떨어진 위치에서, 피토게이지 선단이 오게 하여 압력계의 지시치를 읽는다.
   2) 직 · 방사 겸용 노즐 : 2가지 방법이 가능하다.
      (1) 직사형 관창을 결합하여 직사형 노즐 측정 방법으로 측정한다.
      (2) 호스결합 금속구와 노즐 사이에 "압력계를 부착한 관로 연결 금속구를" 부착 · 방수하여 방수 시 압력계의 지시치를 읽는다.
4. 옥외소화전 방수압력이 75.42PSI일 경우 방수량(m^3/min) 계산

$$Q = 0.653d^2\sqrt{P_1} = 2.086d^2\sqrt{P_2}$$

여기서, $Q(l/\text{min})$: 방수량
d(mm) : 노즐구경(옥내소화전 : 13mm, 옥외소화전 : 19mm)
$P_1(\text{kg}_f/\text{cm}^2)/P_2(\text{MPa})$: 방사압력(Pitot 게이지 눈금)

$Q = 0.653d^2\sqrt{P_1}\ (l/\text{min})$

조건에서 방수압력이 75.42PSI로 주어졌으므로 단위를 (kg_f/cm^2)로 변환하면,

$$P(\text{kg}_f/\text{cm}^2) = \frac{75.42\text{PSI} \times 1.0332\text{kg}_f/\text{cm}^2}{14.7\text{PSI}} = 5.3\text{kg}_f/\text{cm}^2$$

$$\therefore\ Q = 0.653 \times 19^2 \times \sqrt{5.3}\ (l/\text{min})$$
$$= 542.7(l/\text{min})$$
$$= 0.5427(\text{m}^3/\text{min}) \fallingdotseq 0.54(\text{m}^3/\text{min})$$

★★★★★

04 열감지기시험기(SH-H-119형)에 대하여 다음 물음에 답하시오. [4회 20점]

1. 미부착감지기와 시험기의 접속 방법을 그리시오.
2. 미부착감지기의 시험 방법을 쓰시오.

1. 미부착감지기와 시험기의 접속 방법
   미부착감지기를 전선을 이용하여 D.T 단자 ⑪에 연결한다.

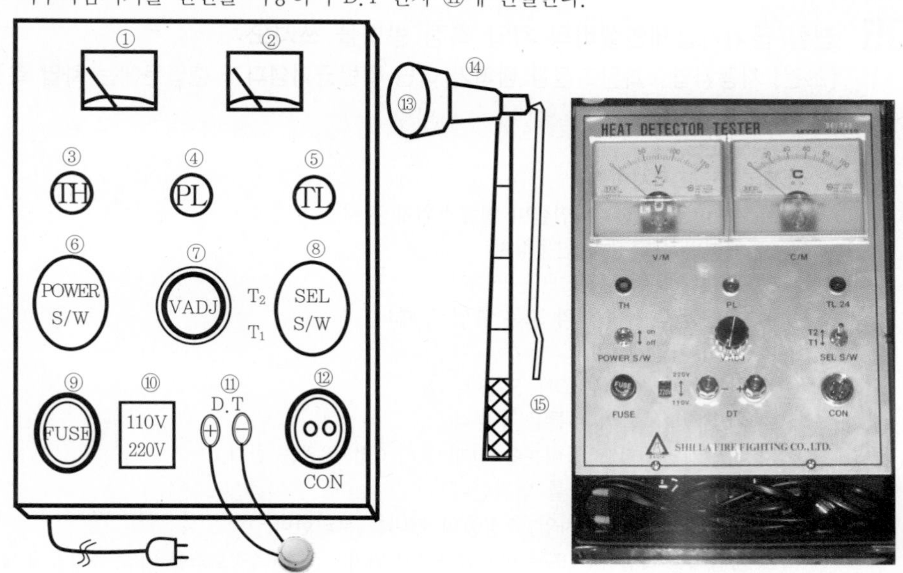

① 전압계
② 온도지시계
③ 실온감지소자(TH)
④ 전원램프(PL)
⑤ 미부착감지기 동작램프(TL)
⑥ 전원스위치(Power S/W)
⑦ 온도조정스위치(VADJ)
⑧ 온도절환스위치 : 실온 T_1과 보조기 T_2
⑨ 퓨즈(Fuse)
⑩ 110V/220V 절환스위치
⑪ D.T 단자 : 미부착감지기 단자
⑫ 커넥터(Connector)
⑬ 보조기 온도감지소자(TH)
⑭ 보조기
⑮ 접속플러그와 전선

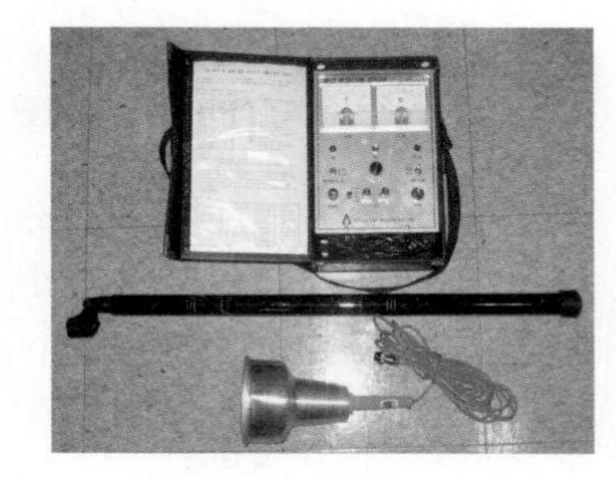

[열감지기시험기 외형 및 명칭]

2. 미부착감지기의 시험 방법
   1) 준비
      (1) 보조기의 접속플러그 ⑮를 커넥터 ⑫에 접속한다.
      (2) 현장전압을 확인하여, 절환스위치 ⑩을 현장 전압에 맞도록 절환한다.

(3) 시험기의 전원플러그를 주전원에 접속한다.
(4) 전원스위치 ⑥을 ON시키고, 전원램프(Pilot Lamp) ④ 점등을 확인한다.

2) 시험
(1) 온도절환스위치 ⑧을 T_1으로 놓고 실온을 측정한 다음,
(2) T_2로 올려서 보조기 ⑭의 온도가 필요 측정온도에 도달하도록, 온도조정스위치 ⑦을 시계 방향으로 조정(이때 전압계의 전압은 50~60V 사이에서 서서히 조정한다.)
(3) 필요 측정온도가 지시되면, 보조기 ⑭로 감지기를 덮어 씌운다.
(4) 감지기 동작 시 T.L Lamp ⑤가 점등된다.
(5) 감지기가 동작할 때까지의 시간을 측정한다.
(6) 감지기 제조사에서 제시하는 동작시간 이내인지를 비교하여 판정한다.

★★★★★

05 전실 급기가압제연설비의 차압 측정 방법을 쓰시오.
[조건] 자동차압 · 과압조절형 댐퍼가 아닌 일반급기댐퍼가 출입문에는 차압 측정공이 설치 되어 있음.

1. 점검 전 조치사항
   1) 제어반(수신반) 제연설비 연동스위치 정지
   2) 제어반 음향장치 연동정지
   3) 승강기 운행 중단
   4) 계단실 및 부속실의 모든 출입문 폐쇄
2. 측정 전 차압계 준비
   1) 차압계의 전원을 "ON" 시킨다.
   2) 차압측정모드의 버튼을 누른다.
   3) 차압계의 0점 조정버튼을 길게 눌러 0점 조정을 한다.
   4) 차압계에 측정호스를 연결한다.
   5) 출입문에 부착된 차압 측정공의 커버를 분리한다.
   6) 차압계를 가압공간 또는 비가압공간에 위치시킨다.(측정호스를 차압 측정공에 넣어 고정시킨다.)
      (1) "−" 측정호스 : 비가압공간(화재실 또는 옥내)에 위치
      (2) "+" 측정호스 : 가압공간(부속실 또는 승강장)에 위치
3. 차압 측정위치
   제연송풍기가 설치된 곳으로부터 최원거리층, 최근거리층 및 중간층 등 최소 3개층 이상을 측정한다.
   1) 최원거리층(기준차압에 미달할 가능성이 높음.)
   2) 최근거리층(출입문의 개방력이 110N 이상일 가능성이 높음.)
   3) 중간층
4. 차압 측정
   1) 제연설비 작동
      (1) 화재감지기 또는 댐퍼의 수동조작스위치를 동작시킨다.
      (2) 제어반 연동스위치를 자동전환하면,
      ⇒ 댐퍼 작동 후 급기휀이 동작하여 댐퍼로 바람이 나온다.
   2) 확인 : 급기휀이 동작한 후 연돌효과의 영향을 받지 않도록 일정시간이 경과한 후에 측정하여 차압계의 지시치를 읽는다.

참고 차압 측정 후 차압 측정공의 커버는 출입문마다 그때그때 원상복구 해 놓는다.

5. 판정

측정한 차압의 적정 여부를 판단한다.

1) 40Pa(옥내에 스프링클러설비 설치 시는 12.5Pa) 이상
2) 출입문 개방 시 출입문 미개방층의 차압은 28Pa(sp 설치 시 8.75Pa) 이상(기준차압의 70% 이상)

6. 복구

제연설비를 원상태로 복구한다.

★★★★★

06 전실 급기가압제연설비에서 제연설비를 작동시킨 상태에서 폐쇄력 측정기를 이용하여 출입문의 개방력을 측정하는 방법을 기술하시오.

1. 점검 전 조치사항
   1) 제어반(수신반) 제연설비 연동스위치 정지
   2) 제어반 음향장치 연동정지
   3) 승강기 운행 중단
   4) 계단실 및 부속실의 모든 출입문 폐쇄
2. 측정 방법
   1) 제연설비 작동
      (1) 화재감지기 또는 댐퍼의 수동조작스위치를 동작시킨다.
      (2) 제어반 연동스위치를 자동전환하면,
      ⇒ 댐퍼 작동 후 급기휀이 동작하여 댐퍼로 바람이 나온다.
   2) 측정
      (1) 측정위치 : 전 층 모든 제연구역의 출입문(부속실과 옥내 사이)에서 측정
      (2) 측정 : 출입문의 손잡이를 돌려 락을 풀고, 폐쇄력 측정기를 밀면서 문의 열림 각도가 5±1°를 통과할 때의 힘을 측정한다.(출입문 개방 시 최대의 힘이 지시치에 표시된다.)
3. 판정

제연설비가 작동되었을 경우 출입문의 개방에 필요한 힘이 110N 이하이면 정상이다.

참고 제연설비 작동 시 부속실과 계단실 사이 출입문 확인사항

제연설비 작동 시 출입문을 개방하였을 때 바람의 힘을 극복하고, 자동으로 닫히는지의 여부도 확인한다.

4. 복구

제연설비를 원상태로 복구한다.

★★★★★

07 전실 급기가압제연설비에서 풍속·풍압계(모델 SF C-02)를 이용하여 방연풍속을 측정하고자 한다. 측정 전 조치사항, 방연풍속 측정 방법, 판정 방법을 기술하시오.

1. 점검 전 조치사항
   1) 제어반(수신반) 제연설비 연동스위치 정지
   2) 제어반 음향장치 연동정지
   3) 승강기 운행 중단
   4) 계단실 및 부속실의 모든 출입문 폐쇄
   5) 부속실과 면하는 옥내 및 계단실의 출입문을 개방시켜 놓는다.
      (1) 부속실이 20개 이하 시 : 1개층
      (2) 부속실이 20개 초과 시 : 2개층

[출입문 개방모습]

2. 측정 전 풍압·풍속계 준비

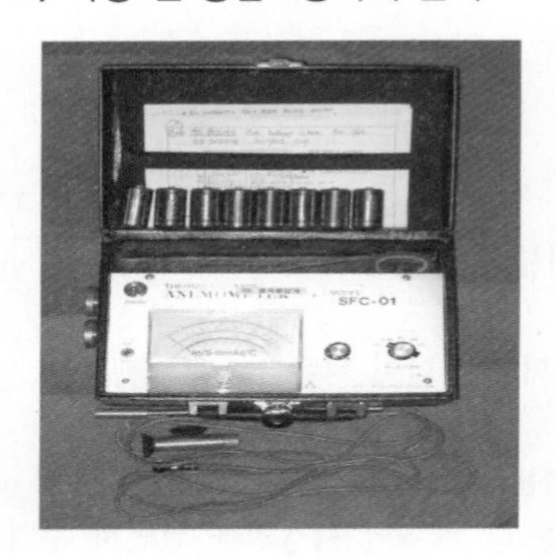

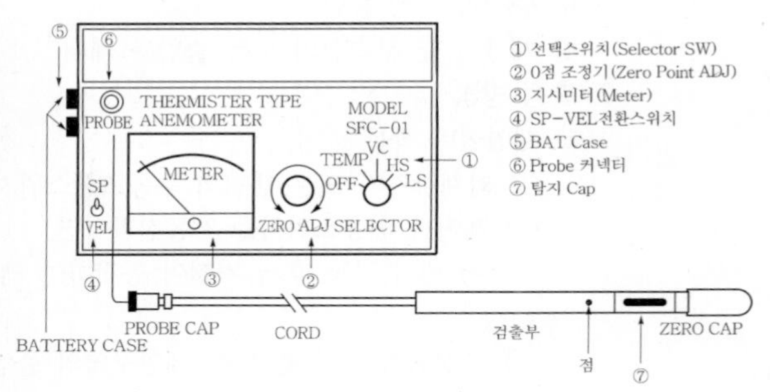

[풍속·풍압계 외형 및 명칭]

   1) 준비
      (1) 선택스위치는 OFF 위치에, SP-VEL 스위치는 VEL(풍속)측으로 전환한다.
      (2) Probe Cap을 본체의 Probe 커넥터에 꽂고, Probe Cap의 고정나사를 돌려 고정한다.
   2) 배터리체크(Battery Check)
      (1) 선택스위치를 VC의 위치로 전환한다.
      (2) 미터가 Good의 위치로 오면 정상이다.
      (3) 만약, 미터가 Poor의 위치를 가리키면 건전지를 교체한다.
   3) 0점 조정
      (1) 검출부의 끝부분에 Zero Cap을 씌우고, 선택스위치를 LS 위치로 전환한다.
      (2) 본체의 Zero-ADJ 손잡이로 0점 조정을 한 다음,
      (3) Zero Cap을 벗긴다.

3. 방연풍속 측정
   1) 제연설비 작동
      (1) 화재감지기 또는 댐퍼의 수동조작스위치를 동작시킨다.
      (2) 제어반 연동스위치를 자동전환하면,
         ⇒ 댐퍼 작동 후 급기휀이 동작하여 댐퍼로 바람이 나온다.

2) 측정

(1) 측정장소 : 제연송풍기로부터 최원거리의 최소 3개층 이상에서, 부속실과 옥내 사이 출입문(∵ 최원거리층이 방연풍속은 기준값에 미달될 가능성이 가장 크기 때문임.)

(2) 방연풍속 측정위치 : 출입문 개방에 의한 개구부를 대칭적으로 균등분할하는 10 이상의 지점에 검출부의 점표시가 바람방향과 직각이 되도록 검출부를 대고 풍속을 측정하여 평균치 산출

참고 풍속에 따라서 LS 레인지나 HS 레인지를 선택하여 풍속을 측정한다.

4. 판정

측정한 유입풍속이 방연풍속에 적합한지 여부판정

참고 특별피난계단의 계단실 및 부속실 제연설비의 화재안전성능기준(NFPC 501A)
제10조(방연풍속) 방연풍속은 제연구역의 선정방식에 따라 다음 표의 기준에 따라야 한다.

제연구역		방연풍속
계단실 및 그 부속실을 동시에 제연하는 것 또는 계단실만 단독으로 제연하는 것		0.5m/s 이상
부속실만 단독으로 제연하는 것 또는 비상용 승강기의 승강장만 단독으로 제연하는 것	부속실 또는 승강장이 면하는 옥내가 거실인 경우	0.7m/s 이상
	부속실 또는 승강장이 면하는 옥내가 복도로서 그 구조가 방화구조(내화시간이 30분 이상인 구조를 포함한다.)인 것	0.5m/s 이상

참고 비개방 부속실 차압 측정
방연풍속 측정 시와 동일한 조건의 상태에서 비개방 부속실의 차압이 최소 요구차압의 70% 이상인지를 위와 같은 방법으로 확인한다.

5. 복구

제연설비를 원상태로 복구한다.

★★★★★

08 **화재예방, 소방시설 설치·유지 및 안전관리에 관한 법령상 소방시설별 점검 장비이다. (　)에 들어갈 내용을 쓰시오. (단, 종합정밀점검의 경우임)** [22회 5점]

소방시설	장 비
스프링클러설비 포소화설비	• (㉠)
이산화탄소소화설비 분말소화설비 할론소화설비 할로겐화합물 및 불활성기체(다른 원소와 화학반응을 일으키기 어려운 기체) 소화설비	• (㉡) • (㉢) • 그 밖에 소화약제의 저장량을 측정할 수 있는 점검기구
자동화재탐지설비 시각경보기	• 열감지기시험기 • 연감지기시험기 • (㉣) • (㉤) • 음량계

소 방 시 설 의 점 검 실 무 행 정

분야별 점검

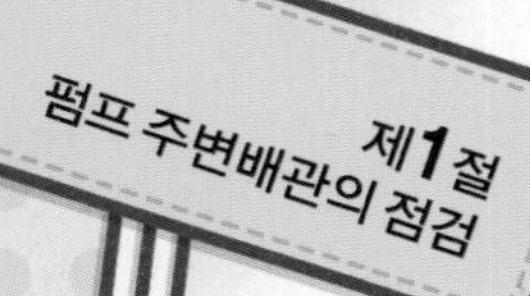

출제 경향 분석

번 호	기출 문제	출제 시기 및 배점
1	4. 옥내소화전설비의 기동용 수압개폐장치를 점검결과 압력챔버 내에 공기를 모두 배출하고 물만 가득 채워져 있다. 기동용 수압개폐장치 압력챔버를 재조정하는 방법을 기술하시오.	2회 20점 16회 14점
2	4. 자동기동방식인 경우 펌프의 성능시험 방법을 기술하시오.	3회 20점
3	3. 소화펌프의 성능시험 방법 중 무부하, 정격부하, 피크부하시험 방법에 대하여 쓰고 펌프의 성능곡선을 그리시오.	5회 20점
4	3. 다음 물음에 각각 답하시오. [조건] ① 수조의 수위보다 펌프가 높게 설치되어 있다. ② 물올림장치 부분의 부속류를 도시한다. ③ 펌프 흡입측 배관의 밸브 및 부속류를 도시한다. ④ 펌프 토출측 배관의 밸브 및 부속류를 도시한다. ⑤ 성능시험배관의 밸브 및 부속류를 도시한다. (1) 펌프 주변의 계통도를 그리고 각 기기의 명칭을 표시하고 기능을 설명하시오.(20점) [5회 12점 : 설계 및 시공 - 옥외소화전 펌프 주변배관] (2) 충압펌프가 5분마다 기동 및 정지를 반복한다. 그 원인으로 생각되는 사항 2가지를 쓰시오.(10점) (3) 방수시험을 하였으나 펌프가 기동하지 않았다. 원인으로 생각되는 사항 5가지를 쓰시오.(10점)	9회 40점
5	3. 다음 옥내소화전설비에 관한 물음에 답하시오. (1) 화재안전기준에서 정하는 감시제어반의 기능에 대한 기준을 5가지만 쓰시오.(10점) (2) 펌프를 운전하여 체절압력을 확인하고, 릴리프밸브의 개방압력을 조정하는 방법을 기술하시오.(20점)	10회 30점
6	1. 소방시설관리사가 건물의 소방펌프를 점검한 결과 에어락 현상(Air Lock)이라고 판단하였다. 에어락 현상이라고 판단한 이유와 적절한 대책 5가지를 쓰시오.	16회 8점
7	1. 습식 스프링클러설비의 충압펌프의 잦은 기동과 정지 시 원인과 조치방법 3가지(단, 충압펌프는 자동정지, 기동용 수압개폐장치는 압력챔버방식이다.)를 쓰시오.	21회 6점

학습방향	
1	펌프 성능시험 : 목적, 방법(절차), 성능곡선 도시, 시험 시 주의사항, 시공 방법
2	압력챔버 : 공기교체, 에어 없을 시 현상, 문제점, 에어 유·무 확인 방법, 압력 셋팅
3	물올림탱크 : 설치기준·목적, 점검사항, 감수경보 시 원인·조치 방법
4	순환배관 : 설치기준·목적, 체절운전 방법, 릴리프밸브 조절 방법
5	고장진단 : 주기적인 충압펌프 기동, 펌프 기동·정지 반복현상, 펌프 미기동원인, 펌프 기동 시 송수 안 되는 원인, 제어반에 펌프 압력스위치표시등(PS) 점등원인
☞	펌프 주변배관은 수계소화설비의 공통부분으로서 아주 중요한 부분임. ⇒ 계통도를 그리고 설명할 수 있어야 하며, 각 부분별 점검 방법 및 고장진단 정리 요함.

제1절 펌프 주변배관의 점검

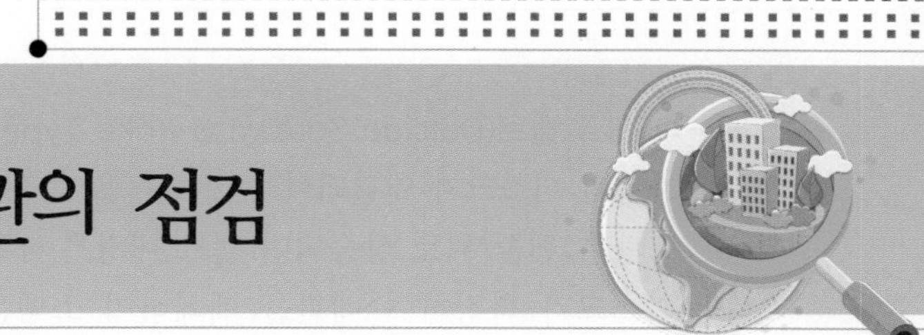

1 수계공통 부속

순 번	부속명	순 번	부속명
①	개폐밸브 1) OS & Y 밸브 2) 버터플라이밸브 3) 볼밸브 4) 게이트밸브 5) 글로브밸브	⑥	자동배수밸브
		⑦	앵글밸브
		⑧	압력제한밸브
		⑨	감압밸브
		⑩	수격방지기
②	체크밸브 1) 스모렌스키 체크밸브 2) 스윙타입 체크밸브 3) 듀 체크밸브 4) 볼타입 체크밸브 (1) 크린 체크밸브 (2) 볼 체크밸브 (3) 니플 체크밸브 (4) 볼드립밸브	⑪	스트레이너
		⑫	볼탑
		⑬	후렉시블죠인트
		⑭	압력계, 진공계, 연성계
		⑮	엘보
		⑯	티
		⑰	레듀샤
		⑱	캡
③	후드밸브	⑲	플러그
④	릴리프밸브	⑳	니플
⑤	안전밸브	㉑	유니온

1. 개폐밸브

개폐밸브는 배관을 개·폐하여 유체의 흐름을 제어하는 밸브이다.

1) 개폐표시형 개폐밸브

개폐표시형 개폐밸브는 외부에서도 밸브가 개방되었는지 폐쇄되었는지를 쉽게 알 수 있는 밸브를 말한다. 소화설비(옥내·외 소화전설비 제외)의 급수배관에 설치되는 개폐밸브는 개폐상태를 감시제어반에서 확인할 수 있도록 탬퍼스위치가 부착되며, 주로 급수배관에는 OS & Y 밸브와 버터플라이밸브가 설치되나 버터플라이밸브는 펌프 흡입측에 설치할 수 없다.

(1) OS & Y 밸브(Outside Screwd & Yoke Type Gate Valve ; 바깥나사식 게이트밸브) : 스템과 디스크가 연결되어 있어 핸들을 회전하여 완전히 개방하면 디스크가 상승하여 스템은 핸들 위로 상승되며 밸브 내경은 배관의 내경과 같게 되고, 완전히 폐쇄하면 디스크가 하강하여 배관을 폐쇄하며 스템은 핸들 아래로 들어간 상태가 된다.

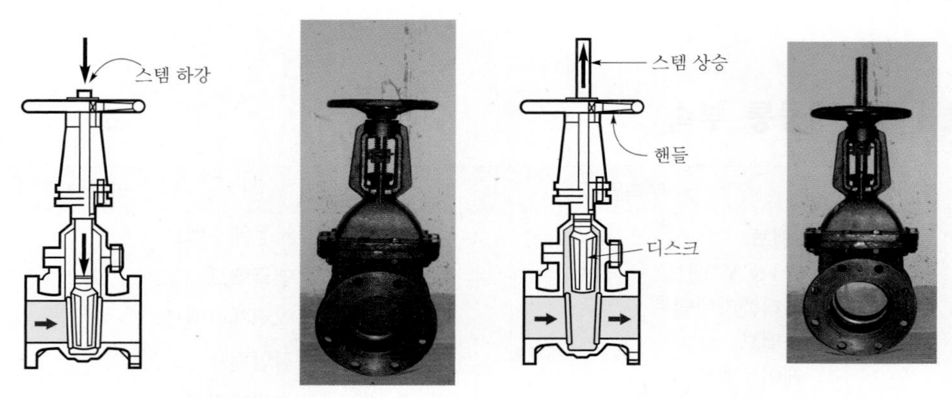

[그림 1] **폐쇄된 상태** [그림 2] **개방된 상태**

(2) 버터플라이밸브(Butterfly Valve) : 밸브조작 방법에 따라 기어식과 레버식으로 구분되며 밸브 내부에 디스크가 회전하여 배관의 개폐역할을 한다. 개폐조작이 편리하여 설치공간이 협소한 곳에 주로 사용하지만 밸브 내부의 중앙에 디스크가 있어 캐비테이션방지를 위해 펌프 흡입측 배관에는 사용에 제한된다.

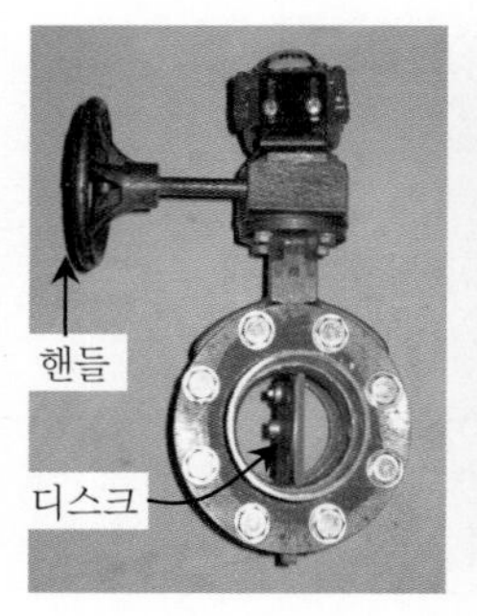

(a) 개방상태

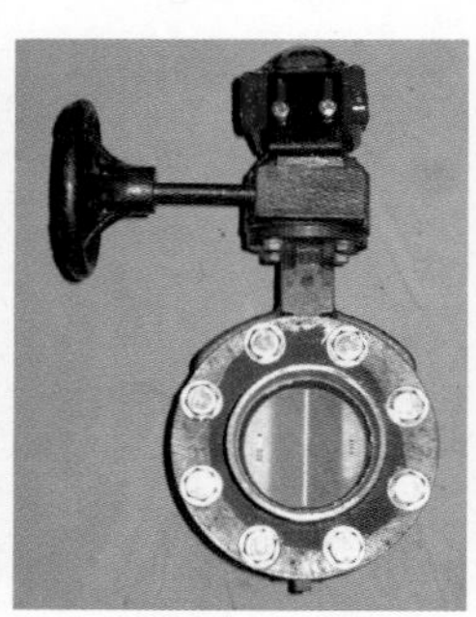

(b) 폐쇄상태

[그림 3] **기어식 버터플라이밸브**

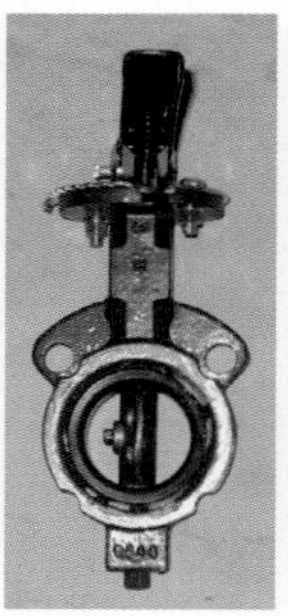

(a) 개방상태

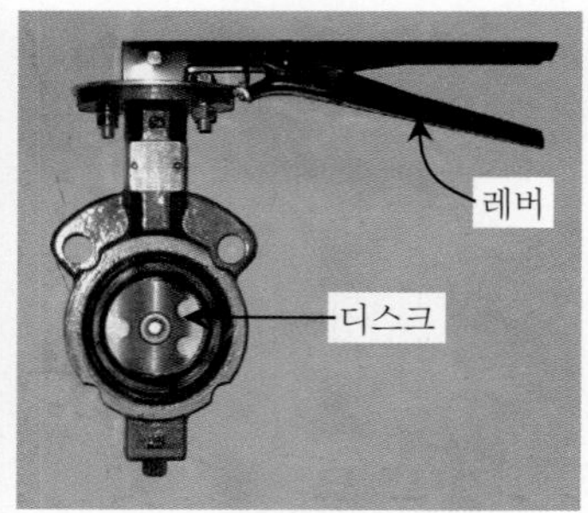

(b) 폐쇄상태

[그림 4] **레버식 버터플라이밸브**

(3) 볼밸브(Ball Valve) : 밸브 내부의 볼을 이용하여 배관을 개・폐하는 밸브로서 조작이 용이하고 기밀이 우수하며, 소방배관 중 조작배관의 개・폐를 요하는 부분에 주로 사용된다.

[그림 5] **폐쇄된 상태**

[그림 6] **약간 개방된 상태**

[그림 7] **개방된 상태**

2) 게이트밸브(Gate Valve)

배관의 개·폐의 기능을 하지만 외부에서 밸브의 개폐상태를 확인할 수 없다.

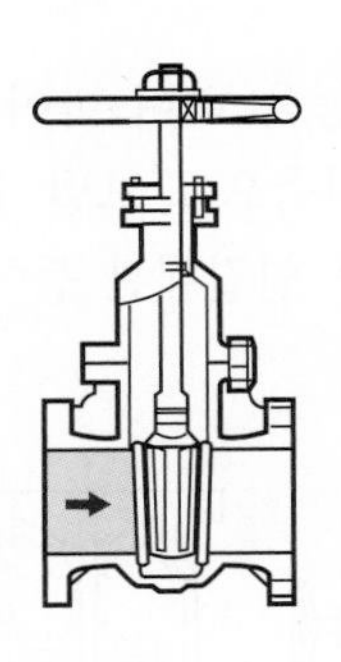

(a) 폐쇄상태

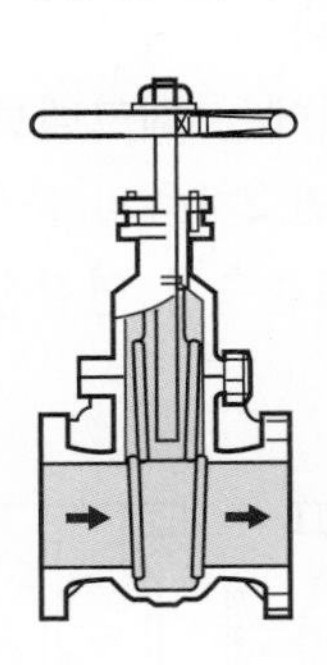

(b) 개방상태

[그림 8] **게이트밸브 단면**

(a) 대구경 게이트밸브

(b) 소구경 게이트밸브

[그림 9] **게이트밸브 외형**

3) 글로브밸브(Globe Valve)

배관 내부의 유량을 조절하기 위한 밸브로서 주로 펌프 성능시험배관의 유량계 2차측에 설치된다.

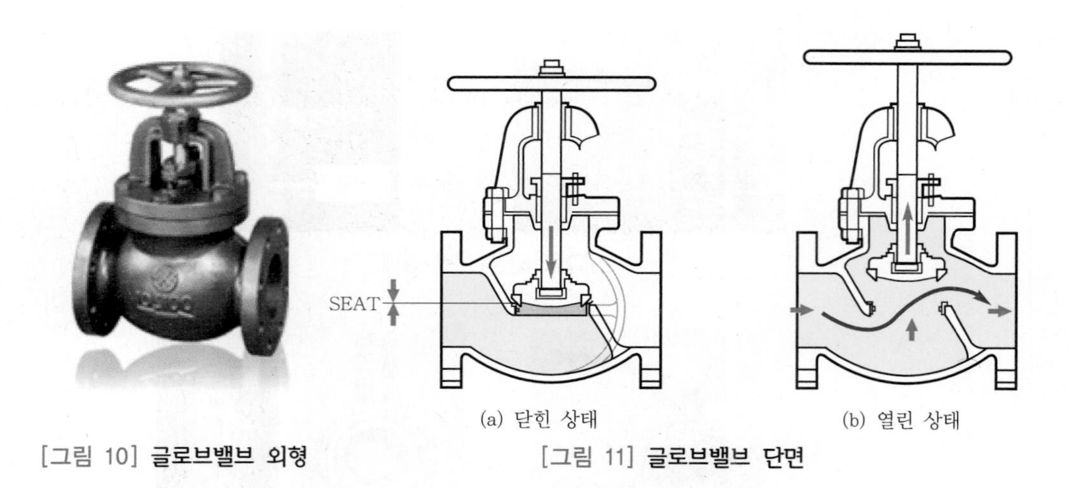

[그림 10] **글로브밸브 외형**　　[그림 11] **글로브밸브 단면**

2. 체크밸브(Check Valve)

배관 내 유체의 흐름을 한쪽방향으로만 흐르게 하는 기능(역류방지 기능)이 있는 밸브를 체크밸브라 하며, 현재 많이 사용하고 있는 체크밸브는 스모렌스키 체크밸브와 스윙 체크밸브가 있다.

1) 스모렌스키 체크밸브(Smolensky Check Valve)

스프링이 내장된 리프트 체크밸브로서 평상시에는 체크밸브 기능을 하며 바이패스밸브가 부착되어 있어 필요시 이 밸브를 개방하면 2차측의 물을 1차측으로 보낼 수 있는 체크밸브로서, 수격이 발생할 수 있는 펌프 토출측과 연결송수구 연결배관 등에 주로 설치된다.

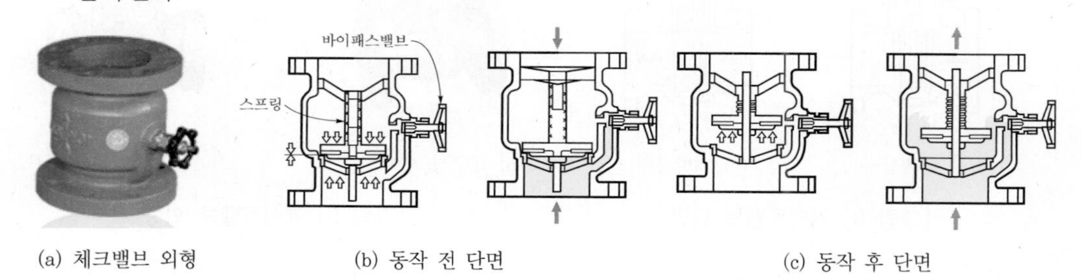

[그림 12] **체크밸브 외형과 동작 전·후 단면**

2) 스윙 체크밸브(Swing Check Valve)

힌지핀을 중심으로 디스크가 유체의 흐름발생 시 열려 밸브가 개방되고, 유체가 정지 시에는 밸브 출구측의 압력과 디스크의 무게에 의해 닫히는 구조로 체크 기능을 하며, 주급수배관이 아닌 물올림장치의 펌프 연결배관, 유수검지장치의 주변배관과 같은 유량이 적은 배관상에 사용된다.

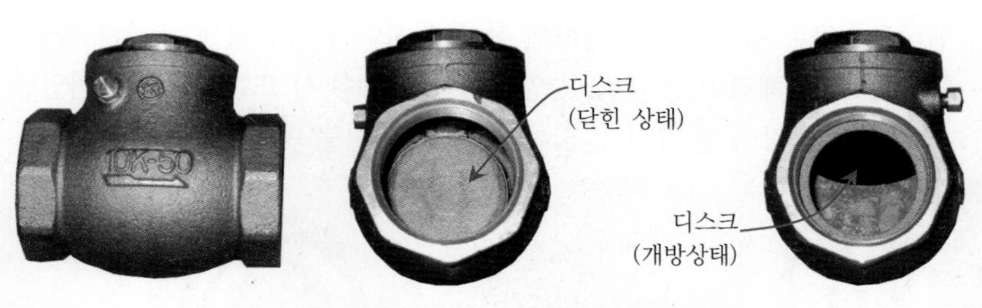

[그림 13] **스윙 체크밸브 외형 및 동작 전·후 모습**

3) 듀 체크밸브(Duo Check Valve)

듀 체크밸브는 내부의 스프링이 내장된 시트가 유수의 흐름이 없으면 스프링에 의해 닫히고 유수발생 시 시트가 개방되어 체크 역할을 하는 밸브이다.

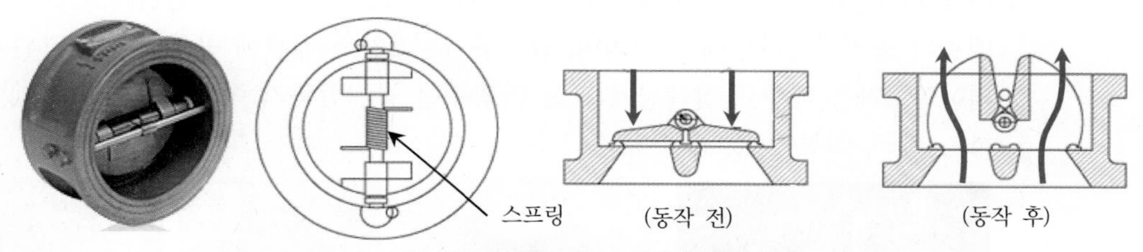

[그림 14] **듀 체크밸브 외형과 동작단면**

4) 볼타입 체크밸브

체크밸브 내부에 볼(쇠구슬)이 내장되어 있어 이 볼이 체크 기능을 하며, 유수검지장치의 주변배관에 주로 설치된다.

(1) **크린 체크밸브(Clean Check Valve)** : 크린 체크밸브는 내부의 여과망에 의한 이물질을 제거하는 기능과 내장된 볼에 의한 체크 기능을 하며, 프리액션밸브의 중간챔버 가압용 셋팅배관에 설치된다.

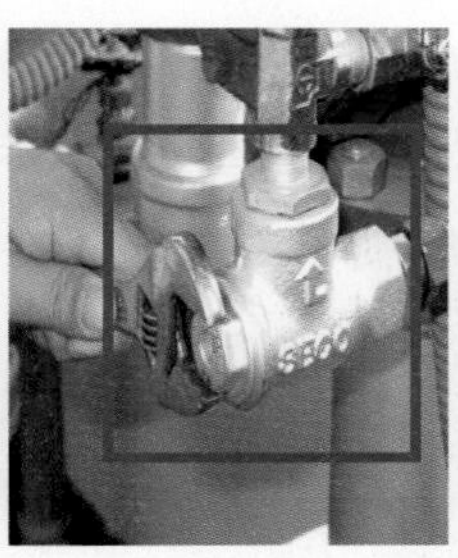

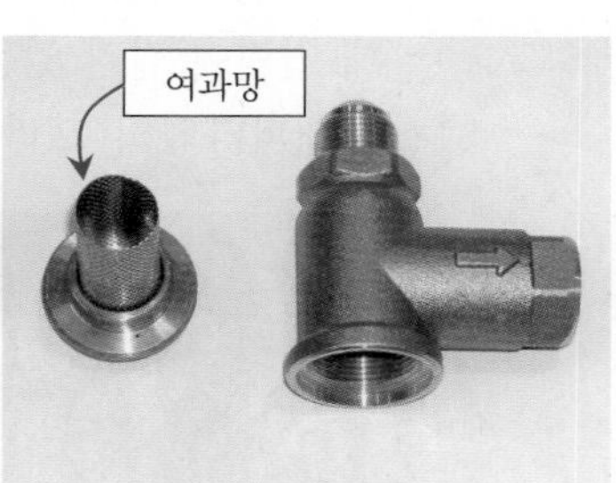

[그림 15] **크린 체크밸브 설치 외형 및 분해모습**

(2) **볼 체크밸브(Ball Check Valve)** : 프리액션밸브와 1차측 개폐밸브 사이에서 분기하여 프리액션밸브의 중간챔버 가압용 셋팅배관에 연결·설치되며, 1차측 가압수는 중간

챔버쪽으로는 공급되지만 내장된 볼에 의하여 중간챔버에 공급된 가압수는 역류되지 않도록 하는 체크 기능이 있어 입상배관의 배수 시 또는 1차측의 과압발생 시 프리액션밸브의 셋팅이 풀리지 않도록 해주는 역할을 한다.

[그림 16] **볼 체크밸브 설치모습과 외형**

(3) **니플 체크밸브(Nipple Check Valve)** : 니플 체크밸브는 일부 저압건식밸브의 2차측 배관의 공기공급라인에 설치되며, 압축공기는 2차측 배관에 공급되고 내장된 볼에 의하여 2차측 배관의 압축공기 또는 가압수는 공기압축기 쪽으로 역류되지 않도록 하는 체크 기능이 있다.

[그림 17] **드라이밸브에 설치된 니플 체크밸브와 외형**

(4) **볼드립밸브(Ball Drip Valve ; 볼 체크밸브 ; 드립 체크밸브 ; 누수확인밸브)** : 볼드립밸브 내부에는 볼이 내장되어 있어 배관 내 압력이 걸려 있으면 폐쇄되고 압력이 없으면 개방되는 자동배수밸브 기능이 있으며, 또한 사람이 직접 손으로 누름핀을 눌러 배관 내 압력이 걸려 있는지 여부를 수동으로 체크(확인)할 수 있도록 되어 있는 밸브로서 클래퍼타입의 프리액션밸브와 드라이밸브의 주변배관에 주로 설치된다.

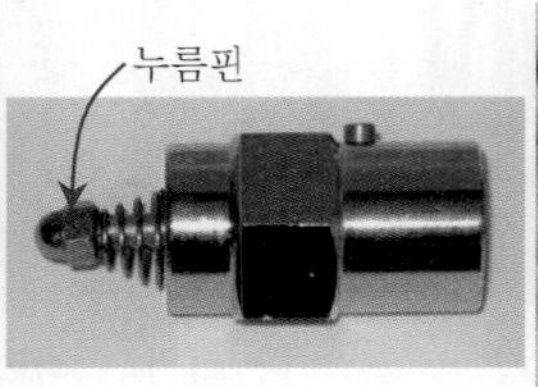

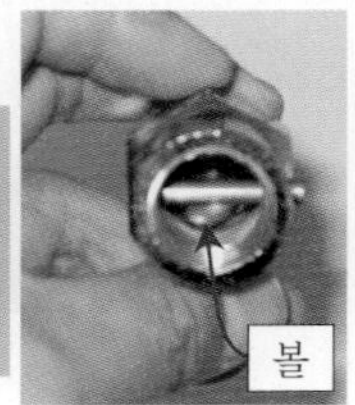

[그림 18] **볼드립밸브 설치 모습과 외형**

3. 후드밸브(Foot Valve) [16회 2점]

수원이 펌프보다 아래에 설치된 경우 흡입측 배관의 말단에 설치하며, 이물질을 제거하는 기능과 체크밸브 기능이 있다.

(a) 후드밸브 외형

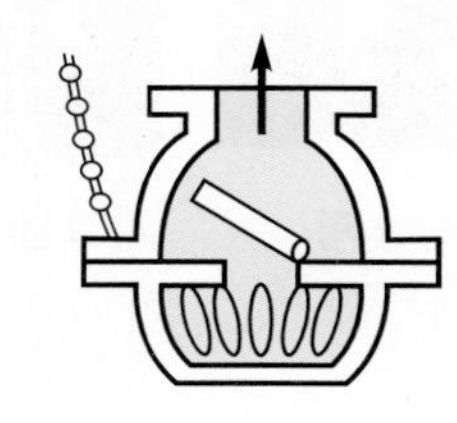

(b) 개방상태

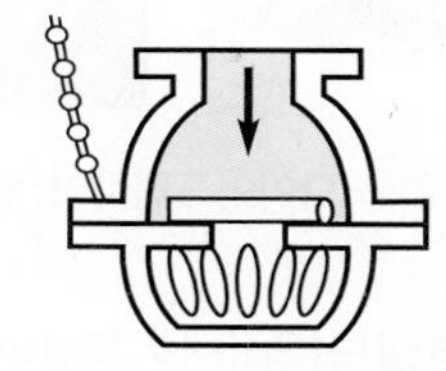

(c) 닫힌 상태

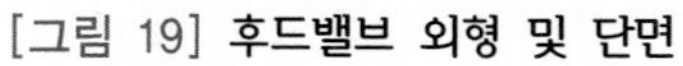

[그림 19] **후드밸브 외형 및 단면**

4. 릴리프밸브(Relief Valve)

1) 순환릴리프밸브(Circulation Relief Valve)[1] – 소구경

NFPA 20에서 제시하는 순환릴리프밸브(Circulation Relief Valve)로 이는 국내에서 순환배관과 유사한 것으로서, 체절운전 시 펌프를 보호하기 위한 목적으로 펌프와 체크밸브 사이에서 분기한 순환배관에 체절압력 미만에서 개방되는 릴리프밸브를 설치한다.

[그림 20] **릴리프밸브의 설치된 모습**

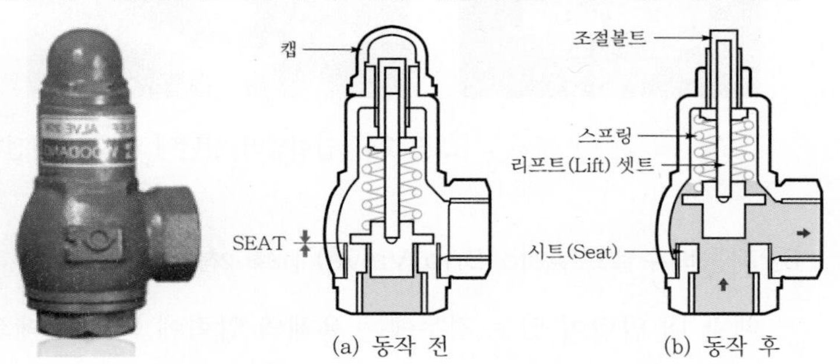

[그림 21] **릴리프밸브 외형 및 동작 전·후 단면**

2) 압력릴리프밸브(Pressure Relief Valve)[2] – 대구경

국내 기준에는 없으나 NFPA 20에서는 엔진펌프를 사용하는 경우와 소화펌프 체절운전 시 설비의 내압을 초과하는 경우에는 체절운전 시 시스템을 보호하기 위한 목적으로 펌프와 체크밸브 사이에서 분기하여 체절압력 미만에서 개방되는 압력릴리프밸브(Pressure Relief Valve)를 설치하도록 되어 있다.

---

1) NFPA 20(Installation of Stationary Pump for Fire Protection) 2007 Edition : 5.11 Circulation Relief Valve

2) NFPA 20(Installation of Stationary Pump for Fire Protection) 2007 Edition : 5.18 Relief Valves for Centrifugal Pumps

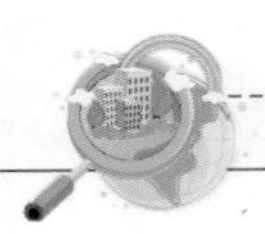

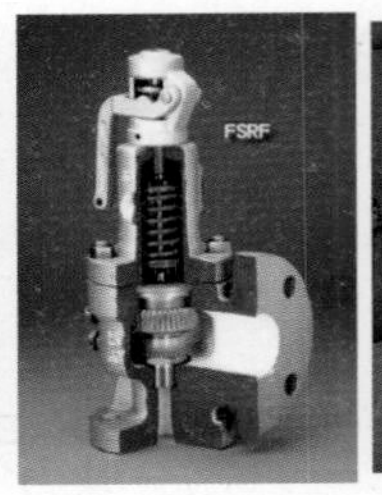

[그림 22] **다이어프램타입 압력릴리프밸브 외형** [그림 23] **스프링타입 압력릴리프밸브 외형**

5. 안전밸브(Safety Valve)

안전밸브의 동작압력은 호칭압력에서 호칭압력의 1.3배의 범위에서 동작되도록 출고 시 제조사에서 셋팅되며, 안전밸브는 압력챔버 상단에 부착된다.

[그림 24] **압력챔버 상단에 설치된 안전밸브 외형**

6. 자동배수밸브(Auto Drip Valve) [16회 2점]

배관 내 압력이 있는 경우에는 유체의 압력에 의하여 폐쇄되며, 압력이 없는 경우에는 스프링에 의하여 개방되어 배관 내 유체를 자동으로 배수시켜 주는 역할을 하며, 연결송수구 연결배관 등 잔류수의 배수를 요하는 부분에 주로 설치된다.

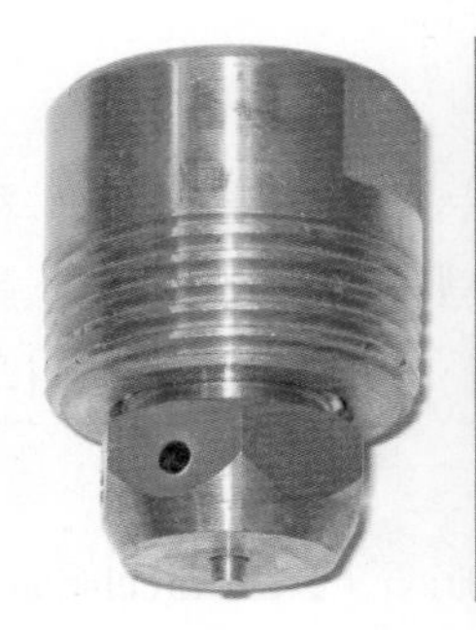

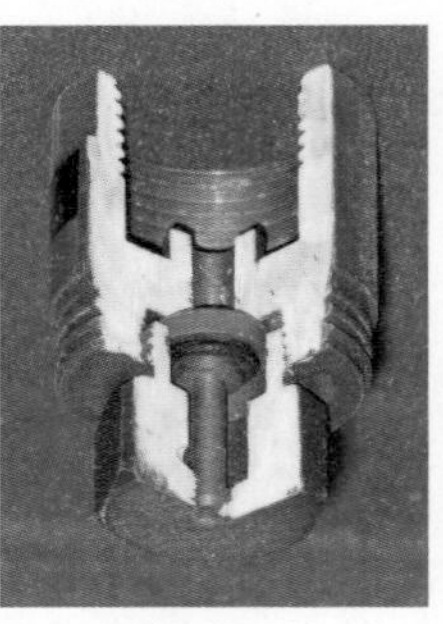

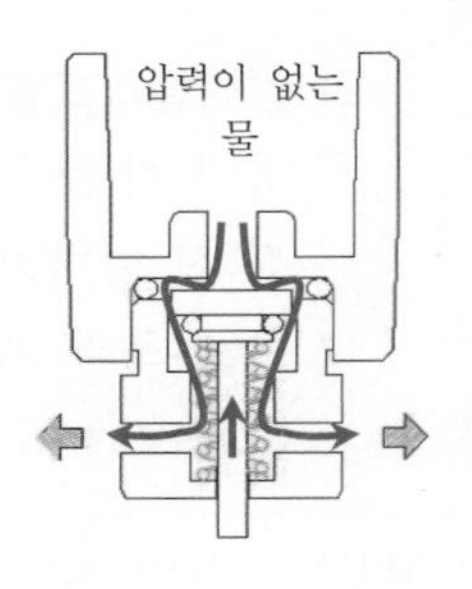

[그림 25] **자동배수밸브 외형 및 단면** [그림 26] **닫힌 상태** [그림 27] **열린 상태**

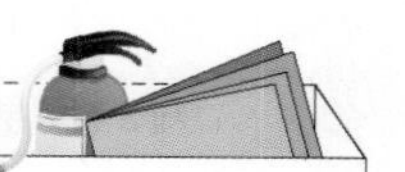

7. 앵글밸브 [16회 2점]

옥내소화전의 방수구를 개폐하는 밸브이다.

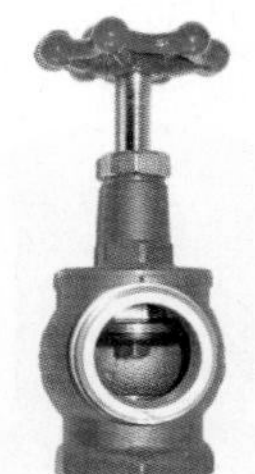

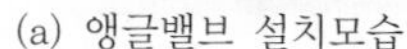

(a) 앵글밸브 설치모습 (b) 개방상태 (c) 폐쇄상태

[그림 28] **앵글밸브 외형**

8. 압력제한밸브

호스접결구 인입측에 압력제한밸브를 설치하는 것은 옥내소화전 방수구의 압력이 7kg/cm^{2}를 초과하지 않도록 감압하는 여러 가지 방법 중 하나이다. 옥내소화전 사용자가 원활한 소화작업을 할 수 있도록 반동력을 20kg$_f$ 이하로 제한하기 위하여 옥내소화전 방수구의 압력이 7kg/cm^{2}를 초과하는 경우에 한하여 설치한다.

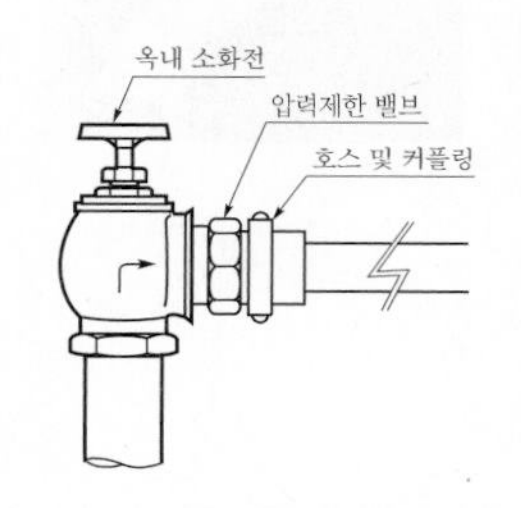

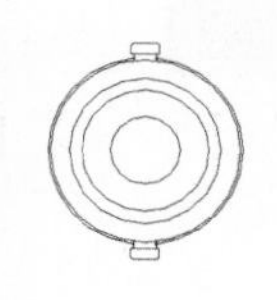

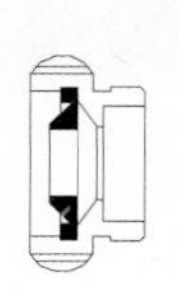

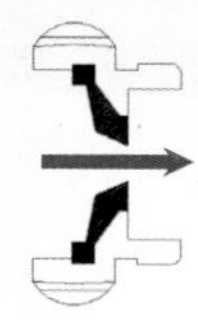

(a) 동작 전 (b) 동작 후

[그림 29] **압력제한밸브 설치 외형 및 동작 전·후 단면**

9. 감압밸브 [16회 2점]

배관 내 과압을 소화설비에 적정한 압력으로 감압하는 밸브이다.

[그림 30] **감압밸브 외형 및 단면**

[그림 31] **감압밸브 설치된 모습**

10. 수격방지기(WHC : Water Hammer Cushion)

배관 내 압력변동 또는 수격을 수격방지기 내의 질소가스 또는 스프링이 흡수하여 배관을 보호할 목적으로 설치한다.

[그림 32] **수격방지기 외형 및 설치 외형**

(a) 동작 전

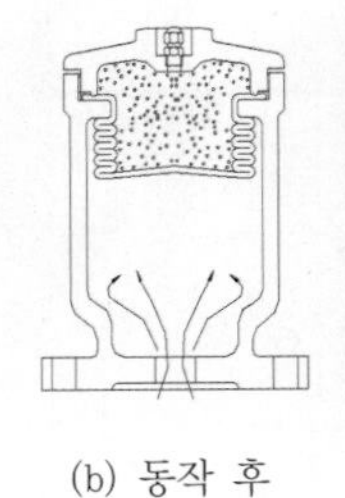
(b) 동작 후

[그림 33] **가스식 단면**

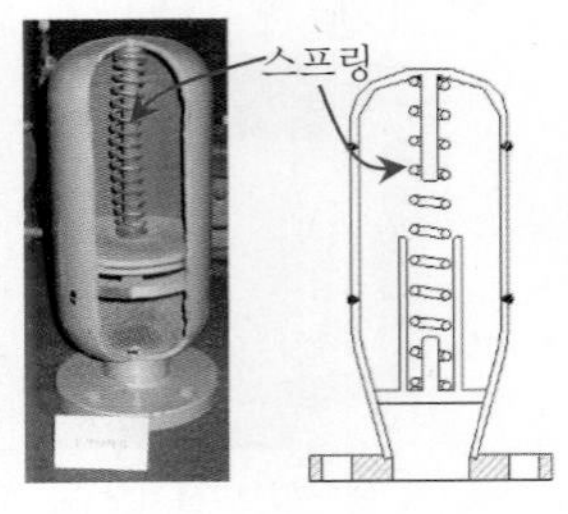

[그림 34] **스프링식 단면**

11. 스트레이너(Strainer)

배관 내 이물질을 제거하는 기능이 있다.

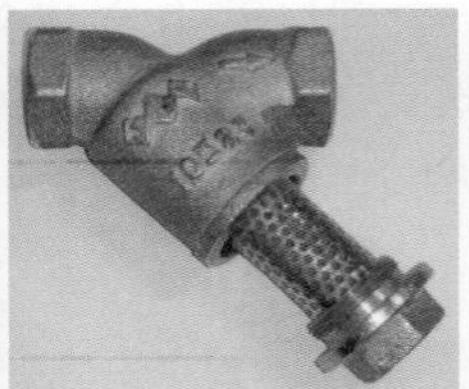
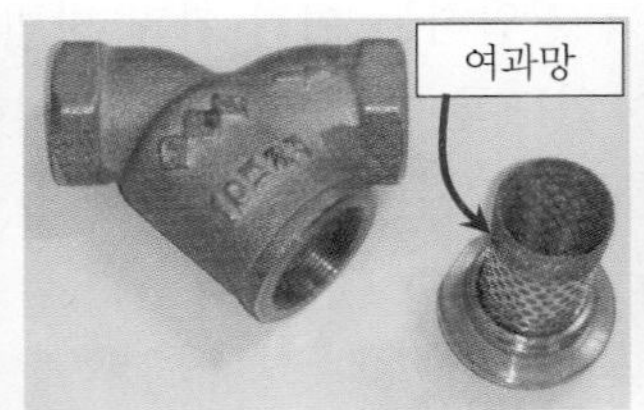

[그림 35] **스트레이너 외형 및 단면**

12. 볼탑

수조 또는 물올림탱크에 설치되며, 저수위 시 급수되고 만수위 시에는 급수를 차단하는 기능이 있다.

[그림 36] **저수위 시 급수되는 모습**

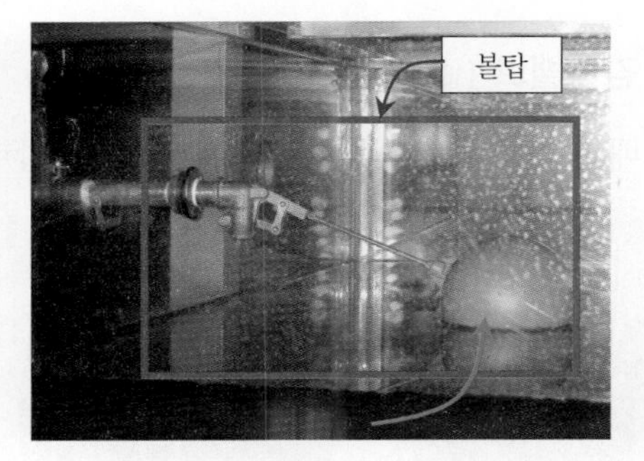

[그림 37] **만수위 시 급수차단 모습**

13. 후렉시블죠인트(Flexible Joint)

펌프 등에서 발생되는 진동이 배관에 전달되는 것을 흡수하여 배관을 보호할 목적으로 설치한다.

[그림 38] **펌프 흡입·토출측에 설치된 모습**

[그림 39] **후렉시블죠인트 외형**

14. 압력계, 진공계, 연성계

1) 압력계

양의 게이지압을 측정하는 것으로 펌프 토출측과 유수검지장치의 주변배관 등에 주로 설치된다.

2) 진공계

음의 게이지압을 측정하는 것으로 수조가 펌프보다 낮은 곳에 설치된 경우 펌프 흡입측에 설치하여 대기압 이하의 압력을 측정한다.

3) 연성계

양 및 음의 게이지압을 측정하는 것으로 수조가 펌프보다 낮은 곳에 설치된 경우에는 펌프 흡입측에 설치하여 대기압 이하의 압력 측정이 가능하며, 펌프 토출측에 설치하면 대기압 이상의 토출압력의 측정도 가능하다.

[그림 40] **압력계**

[그림 41] **진공계**

[그림 42] **연성계**

15. 엘보(Elbow)

배관의 굴곡된 부분을 연결하여 주는 부속

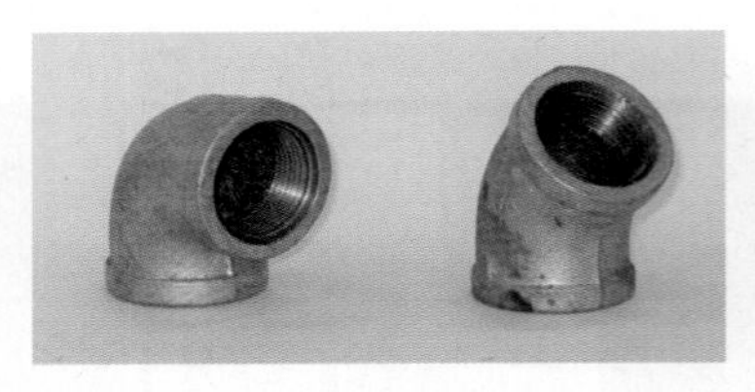
[그림 43] **나사 엘보**

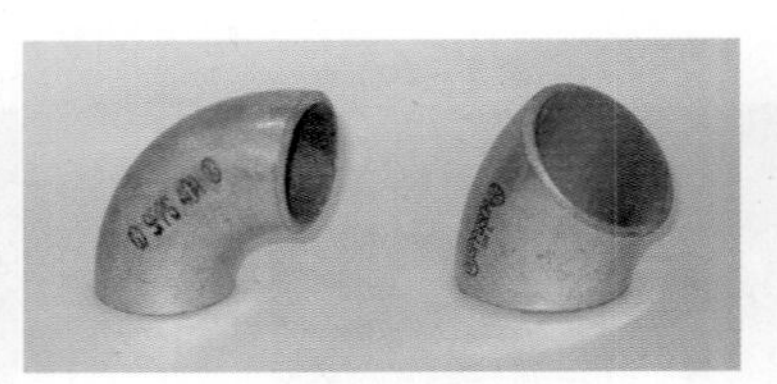
[그림 44] **용접 엘보**

[그림 45] **설치된 모습**

16. 티(Tee)

배관의 분기되는 부분에 설치되는 부속

[그림 46] **나사 티**

[그림 47] **용접 티**

[그림 48] **설치된 모습**

17. 레듀샤(Reducer)

구경이 다른 배관을 연결하여 주는 부속

[그림 49] **원심레듀샤 외형 및 설치모습**

[그림 50] **편심레듀샤 외형 및 설치모습**

18. 캡(Cap)

배관을 마감하는 부속으로 암나사로 되어 있다.

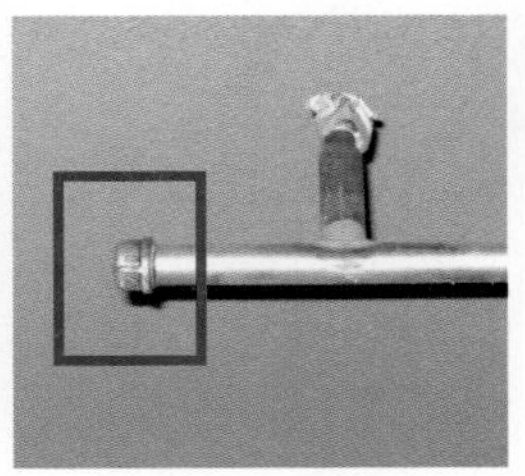

[그림 51] **캡 외형과 설치된 모습**

19. 플러그(Plug)

기기 등의 필요 부분을 막거나 배관을 마감하는 부속으로 수나사로 되어 있다.

[그림 52] **플러그 외형과 설치된 모습**

20. 니플(Nipple)

장니플과 단니플이 있으며, 배관의 양쪽을 수나사로 가공되어진 기성제품을 사용함으로써 시공단축을 필요로 하는 부분에 주로 사용된다.

[그림 53] **니플 외형과 설치된 모습**

21. 유니온(Union)

배관 또는 소방용 기기를 분해하지 않고 교체 또는 정비를 요하는 부분에 유니온을 설치한다.

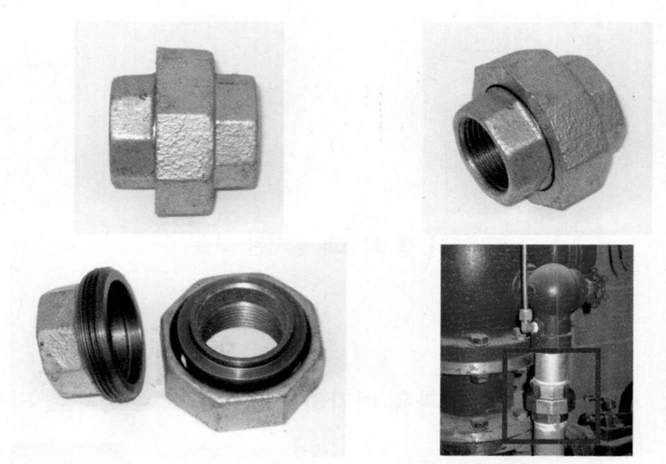

[그림 54] 유니온 외형과 설치된 모습

2 펌프 주변배관의 점검

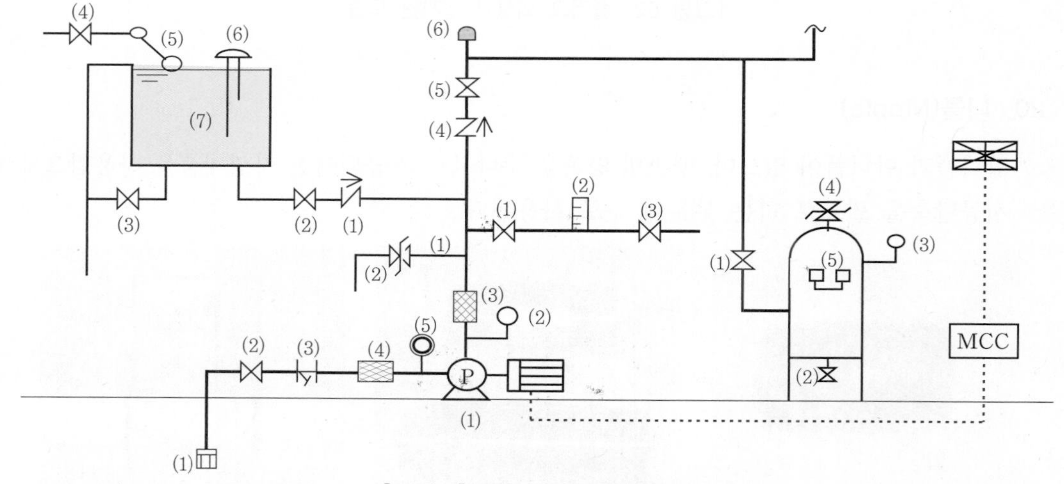

[그림 1] 펌프 주변배관 계통도

번 호	명 칭	번 호	명 칭
1. 펌프 흡입측 배관		(4)	개폐밸브
(1)	후드밸브	(5)	볼탑
(2)	개폐표시형 개폐밸브	(6)	감수경보장치
(3)	스트레이너	(7)	물올림탱크
(4)	후렉시블죠인트	4. 펌프성능시험배관	
(5)	연성계(또는 진공계)	(1)	개폐밸브
2. 펌프 토출측 배관		(2)	유량계
(1)	펌프	(3)	개폐밸브(유량조절용)
(2)	압력계	5. 순환배관	
(3)	후렉시블죠인트	(1)	순환배관
(4)	체크밸브	(2)	릴리프밸브
(5)	개폐표시형 개폐밸브	6. 기동용 수압개폐장치(압력챔버)	
(6)	수격방지기	(1)	개폐밸브
3. 물올림장치		(2)	배수밸브
(1)	체크밸브	(3)	압력계
(2)	개폐밸브	(4)	안전밸브(밴트밸브)
(3)	개폐밸브	(5)	압력스위치

1. 펌프 흡입측 배관

1) 펌프 흡입측 배관 기기의 명칭 및 설치목적

(1) 후드밸브

가. 기능 : 체크밸브 기능(물을 한쪽방향으로만 흐르게 하는 기능)과 여과 기능

나. 설치목적 : 수원의 위치가 펌프보다 아래에 설치되어 있을 경우 즉시 물을 공급할 수 있도록 유지시켜 준다.

(2) 개폐표시형 개폐밸브

가. 기능 : 배관의 개·폐 기능

나. 설치목적 : 후드밸브 보수 시 사용

참고 펌프 흡입측에는 버터플라이밸브 설치 불가

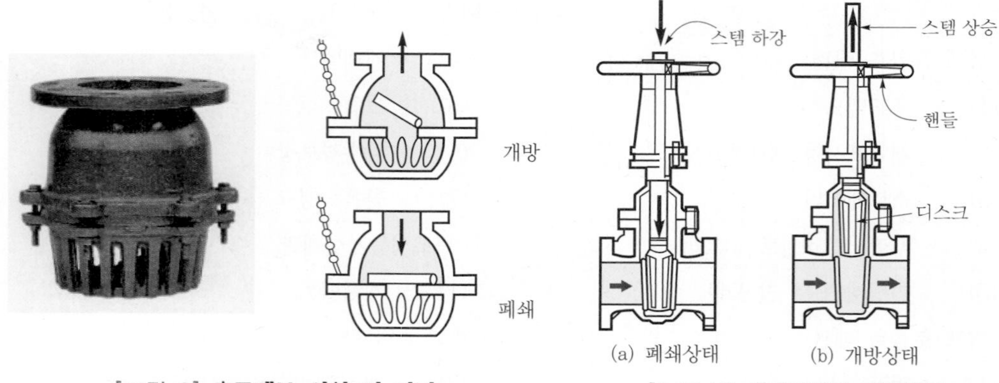

[그림 2] **후드밸브 외형 및 단면**　　　　[그림 3] **개폐표시형 개폐밸브**

(3) 스트레이너

가. 기능 : 이물질 제거(여과 기능)

나. 설치목적 : 펌프 기동 시 흡입측 배관 내의 이물질을 제거하여 임펠러를 보호한다.

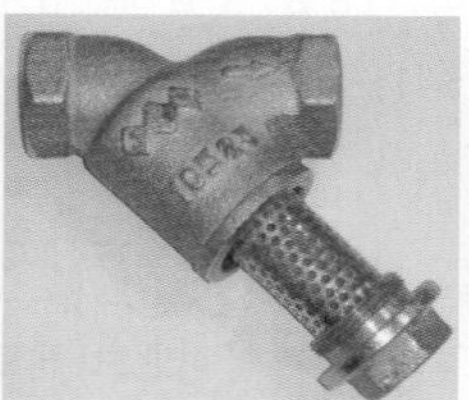

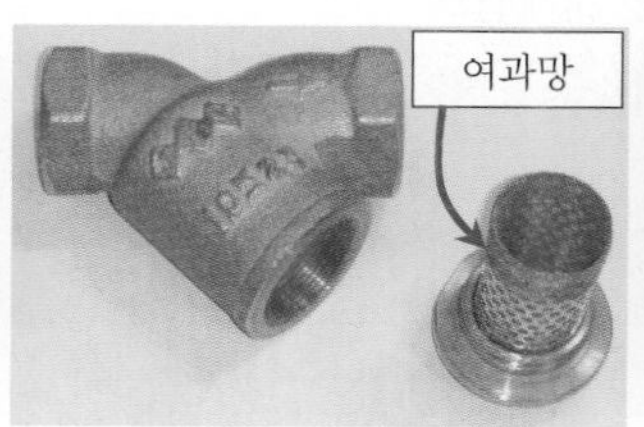

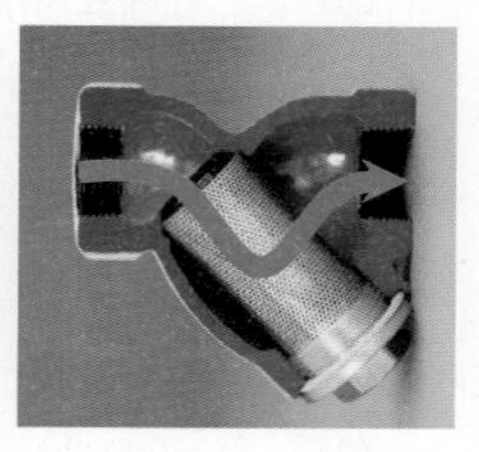

[그림 4] **스트레이너 외형 및 분해모습**

(4) 후렉시블죠인트

가. 기능 : 충격흡수

나. 설치목적 : 펌프의 진동이 펌프의 흡입측 배관으로 전달되는 것을 흡수하여, 흡입측 배관을 보호하는 데 목적이 있다.

[그림 5] **펌프 흡입·토출측에 설치된 모습**

[그림 6] **후렉시블죠인트 외형**

(5) 연성계(또는 진공계)

가. 기능 : 흡입압력 표시

나. 설치목적 : 펌프의 흡입양정을 알기 위해서 설치한다.

참고 연성계(또는 진공계) 설치 제외조건
수원의 수위가 펌프보다 높거나, 수직회전축 펌프의 경우

tip

1. 압력계 : 양압(토출압력)을 표시
2. 진공계 : 음압(흡입압력)을 표시
3. 연성계 : 양압과 음압을 표시

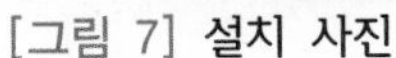
[그림 7] **설치 사진**

[그림 8] **압력계**

[그림 9] **진공계**

[그림 10] **연성계**

2) 후드밸브의 정상상태 여부확인 점검 방법 [16회 설계 및 시공 4점]

(1) 펌프 몸체 상부에 부착된 물올림컵밸브 ①을 개방한다.

(2) 물올림컵에 물이 가득차면 ②밸브를 잠근다.

(3) 이때, 물올림컵 수위상태를 확인한다.

가. 수위변화가 없을 때 : 정상

나. 물이 빨려 들어갈 때 : 후드밸브 내 체크밸브의 기능 고장

다. 물이 계속 넘칠 경우 : 펌프 토출측에 설치된 스모렌스키 체크밸브의 기능 고장 (펌프측으로 역류)

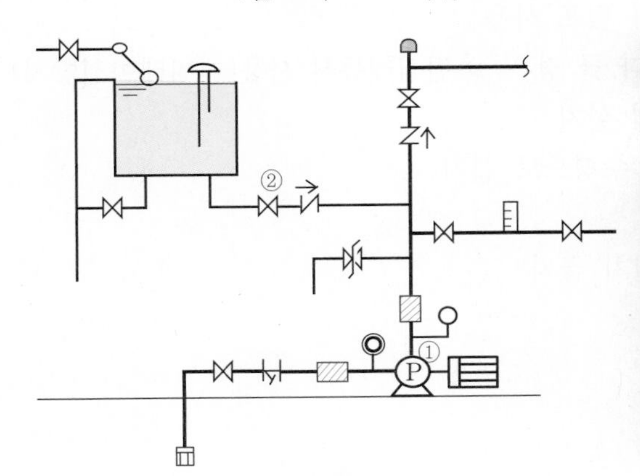

[그림 11] **펌프 주변배관**

[그림 12] **펌프 상단의 물올림컵**

3) 수원의 위치가 펌프보다 낮은 경우 펌프설치 시 유의사항

(1) 물올림탱크 설치(캐비테이션방지 목적)

(2) **흡입측 배관은 펌프마다 각각 설치** : 물올림탱크를 펌프 2대에 공용으로 사용 시 흡입측 배관을 겸용 사용할 경우 에어포켓(Air Pocket) 현상이 발생한다.

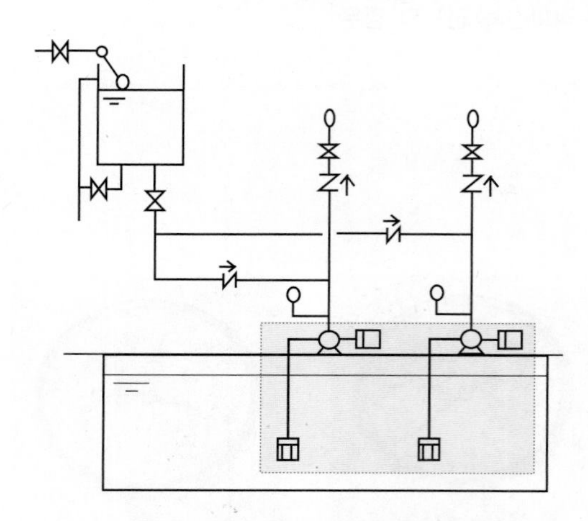

[그림 13] **올바른 시공 방법**

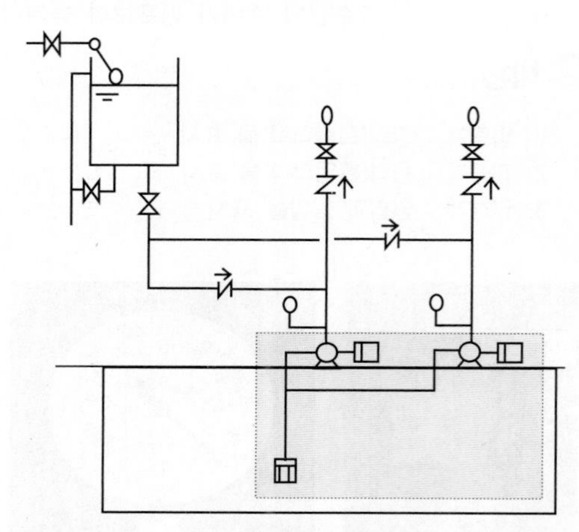

[그림 14] **올바르지 않은 시공 방법**

(3) 흡입배관의 마찰손실을 줄인다.

$$\Delta h = f \times \frac{l}{d} \times \frac{v^2}{2g}$$

가. 펌프 흡입측 관경(D)을 토출측 관경보다 크게 한다.

나. 흡입측의 배관길이(L)를 가급적 짧게 한다.

다. 흡입측 배관에 밸브 등의 부속을 가급적 적게 사용한다.

(4) 펌프의 설치위치를 가급적 낮게 하여 흡입 실양정의 값을 줄인다.
(소방펌프와 수원과의 높이의 차이는 4m 이하가 바람직)

(5) 흡입측 양정이 커질 경우에는 입형 펌프 사용

(6) 흡입측 배관이 펌프 흡입측 구경보다 클 경우 ⇒ 편심레듀샤 사용(캐비테이션방지)

(7) 흡입측 배관에 연성계 또는 진공계 설치

(8) 흡입배관은 기포가 생기지 않도록 수평으로 설치

(9) 흡입측 배관 끝에 후드밸브 설치

(10) 흡입측 배관에 버터플라이밸브 설치 금지

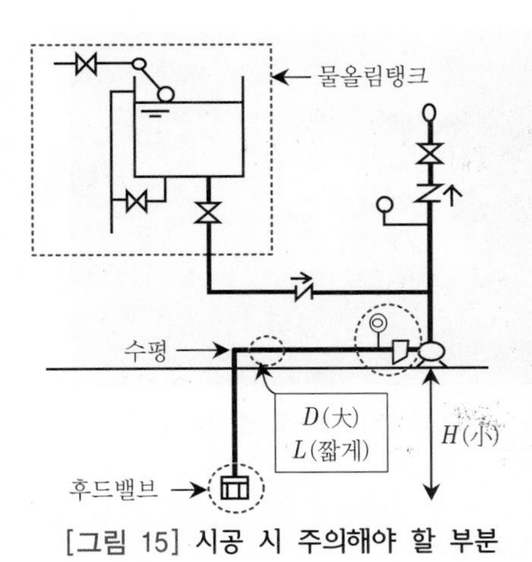

[그림 15] **시공 시 주의해야 할 부분**

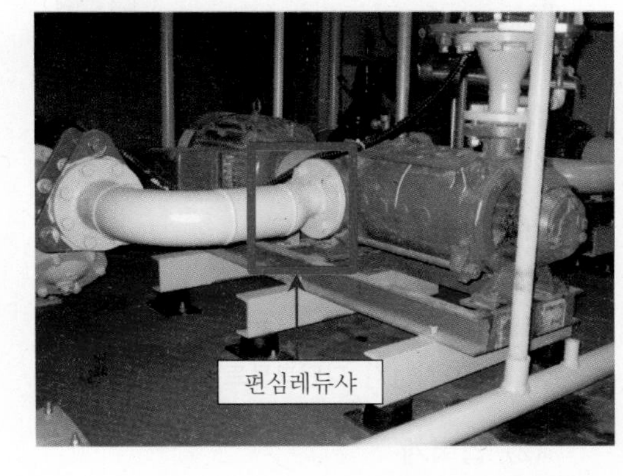

[그림 16] **펌프 흡입측 배관 연결부분에 편심레듀샤 설치모습**

2. 펌프 토출측 배관

1) 펌프 토출측 배관 기기의 명칭 및 설치목적

(1) **펌프** : 원심펌프는 펌프 회전 시의 토출량이 부하에 따라 일정하지 않은 비용적(Turbo)형의 펌프로서, 임펠러의 회전으로 유체에 회전운동을 주어 이때 발생하는 원심력에 의한 속도에너지를 압력에너지로 변환하는 방식의 펌프이다.

가. 기능 : 소화수에 유속과 압력을 부여

나. 설치목적 : 소화용수를 공급하기 위하여 설치

다. 소화펌프의 종류 : 소화용 주펌프와 충압펌프로 주로 사용되는 펌프를 정리하면 다음과 같다.

구 분		특 징
주펌프	볼류트펌프	안내날개가 없으며 임펠러가 직접 물을 케이싱으로 유도하는 펌프로서 저양정 펌프에 사용
	터빈펌프	안내날개가 있어 임펠러 회전운동 시 물을 일정하게 유도하여 속도에너지를 효과적으로 압력에너지로 변환이 되므로 고양정 펌프에 사용
충압펌프	웨스코펌프	소유량이지만 높은 양정을 낼 수 있어 주로 충압펌프에 사용

[그림 17] **다단볼류트 주펌프**

[그림 18] **웨스코 충압펌프**

(2) 압력계

가. 기능 : 펌프의 성능시험 시 토출압력을 표시

나. 설치목적 : 펌프의 토출측 압력을 알기 위해서 설치

다. 설치위치 : 펌프와 체크밸브 사이(펌프 토출측 플랜지에서 가까운 곳)에 설치

(3) 후렉시블죠인트

가. 기능 : 충격흡수

나. 설치목적 : 펌프의 진동이 펌프의 토출측 배관으로 전달되는 것을 흡수하여, 토출측 배관을 보호하는 데 목적이 있다.

(4) 체크밸브

가. 기능 : 물의 역류방지 기능(물을 한쪽방향으로만 흐르게 하는 기능)

나. 설치목적 : 펌프 토출측 배관 내 압력을 유지하며, 또한 기동 시 펌프의 기동부하를 줄이기 위해서 설치하며 수격작용의 방지목적으로 펌프 토출측에는 스모렌스키 체크밸브를 설치한다.

tip 스모렌스키 체크밸브의 바이패스밸브 관련

스모렌스키 체크밸브는 측면에 바이패스밸브가 부착되어 있어 필요시 체크밸브 2차측의 물을 1차측으로 배수시킬 수 있지만 평상시에는 완전히 폐쇄시켜 관리하여야 한다. 만약 약간이라도 개방되어 있다면 2차측의 가압수가 펌프측으로 누설되어 충압펌프의 주기적인 기동원인이 된다.

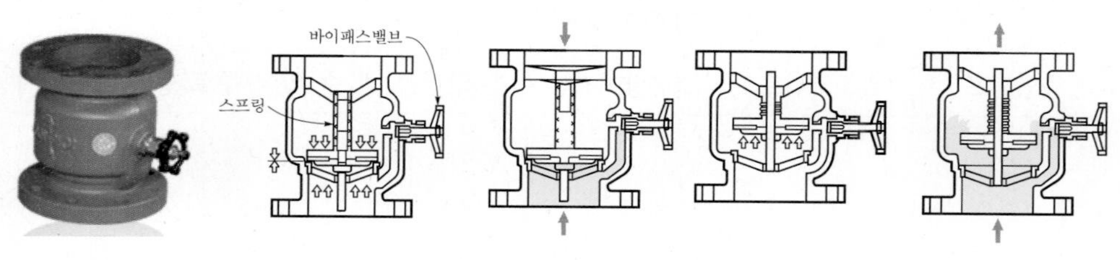

(a) 체크밸브 외형 (b) 동작 전 단면 (c) 동작 후 단면

[그림 19] **체크밸브 외형과 동작 전·후 단면**

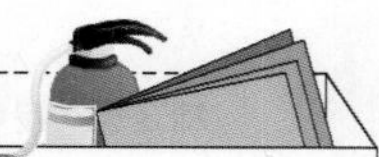

(5) 개폐표시형 개폐밸브

가. 기능 : 배관의 개・폐 기능

나. 설치목적 : 펌프의 수리・보수 시 밸브 2차측의 물을 배수시키지 않기 위해서이며, 또한 펌프성능시험 시에 사용하기 위함이다.

(6) 수격방지기(Water Hammer Cushion)

가. 기능 : 배관 내 압력변동 또는 수격흡수 기능

나. 설치목적 : 배관 내 유체가 제어될 때 발생하는 수격 또는 압력변동 현상을 질소가스로 충전된 합성고무로 된 벨로즈가 흡수하여 배관을 보호할 목적으로 설치한다.

다. 설치위치 : 배관의 끝부분, 펌프 토출측 및 입상관 상층부 등

[그림 20] **수격방지기 외형 및 설치 외형**

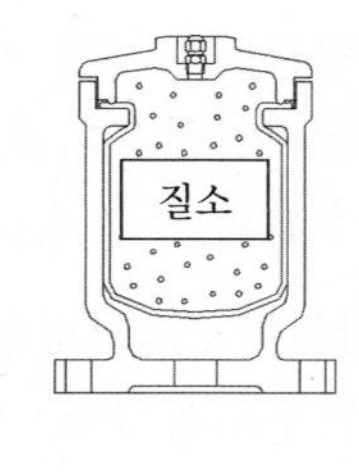

(a) 동작 전

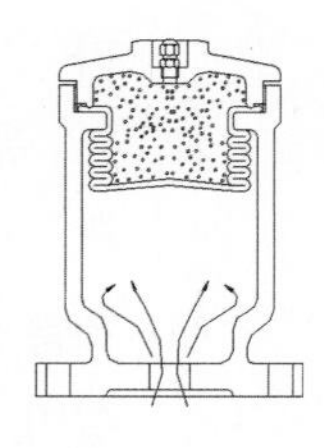

(b) 동작 후

[그림 21] **가스식 단면**

2) 탬퍼스위치(Tamper Switch)

(1) 탬퍼스위치의 정의 : 급수배관에 설치되어 급수를 차단할 수 있는 개폐밸브에 설치하여 밸브의 개・폐 상태를 제어반에서 감시할 수 있도록 한 것으로서, 밸브가 폐쇄될 경우 제어반에 경보 및 표시가 된다.

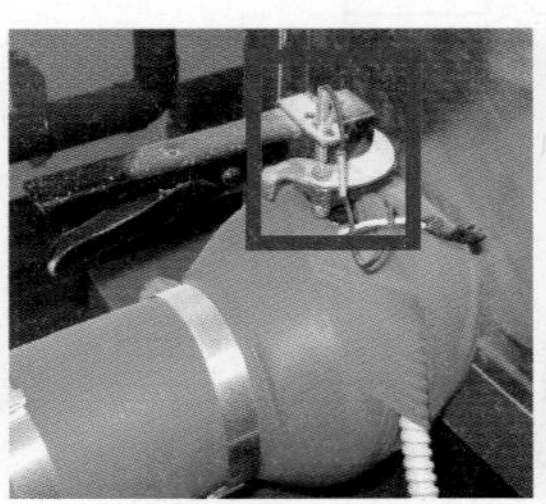

[그림 22] **자석식 탬퍼스위치**

[그림 23] **리미트식 탬퍼스위치**

(2) 탬퍼스위치의 설치기준

가. 급수 개폐밸브가 잠길 경우 탬퍼스위치의 동작으로 인하여 감시제어반 또는 수신기에 표시되어야 하며 경보음을 발할 것

나. 탬퍼스위치는 감시제어반 또는 수신기에서 동작의 유무확인과 동작시험, 도통시험을 할 수 있을 것

다. 급수 개폐밸브의 작동표시스위치에 사용하는 전기배선은 내화전선 또는 내열전선으로 설치할 것

(3) 탬퍼스위치 주요 설치장소

가. 지하수조로부터 펌프 흡입측 배관에 설치한 개폐밸브

나. 주・보조 펌프의 흡입측 개폐밸브

다. 주・보조 펌프의 토출측 개폐밸브

라. 스프링클러설비의 옥외송수관에 설치하는 개폐밸브

마. 유수검지장치 및 일제개방밸브의 1차측 및 2차측 개폐밸브

바. 고가수조와 스프링클러 입상관과 접속된 부분의 개폐밸브

(4) 적용 소화설비 : 스프링클러설비, 간이스프링클러설비, 화재조기 진압용 스프링클러설비, 물분무소화설비, 포소화설비

참고 제외설비 : 옥내・외 소화전

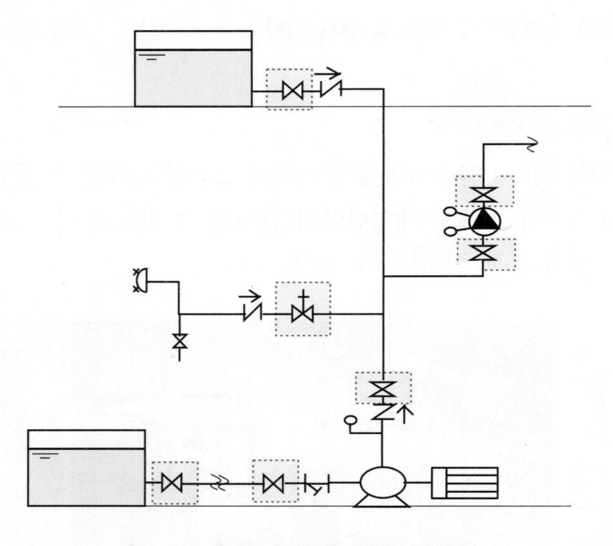

[그림 24] 탬퍼스위치 주요 설치장소

3. 물올림장치 [1회 10점 : 설계 및 시공]

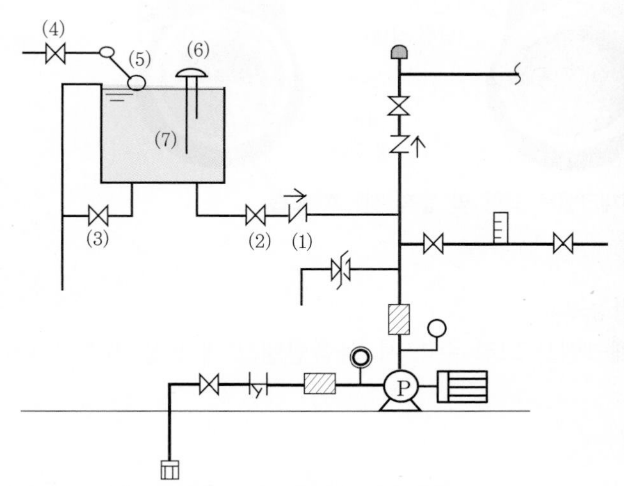

[그림 25] **물올림탱크 주변배관(1)**

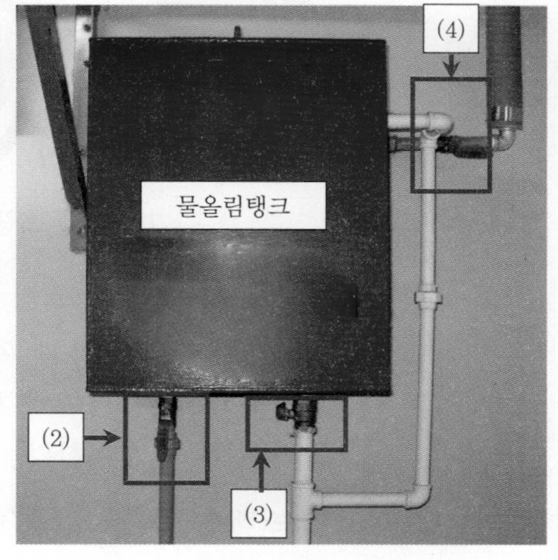

[그림 26] **물올림탱크 주변배관(2)**

1) 설치목적

(1) 물올림장치는 펌프의 위치가 수원의 위치보다 높을 경우에만 설치하는 것이다.

(2) 후드밸브가 고장 등으로 누수되어 흡입측배관 및 펌프에 물이 없을 경우 펌프가 공회전을 하게 되는 데 이를 방지하기 위하여 설치하는 보충수 역할을 하는 탱크이다.

2) 설치기준

(1) **물올림장치** : 전용의 탱크 설치

(2) **탱크의 유효수량** : 100l 이상

(3) **보급수관의 구경** : 15mm 이상

(4) **Over Flow관** : 50mm 이상

(5) **펌프로의 급수배관** : 25mm 이상 (펌프와 체크밸브 사이에서 분기)

(6) 배수밸브 설치

(7) 감수경보장치 설치

[그림 27] **물올림장치 설치모습**

3) 물올림장치의 명칭 및 설치목적

(1) **체크밸브(물올림관의)**

가. 기능 : 역류방지 기능

나. 설치목적 : 펌프 기동 시 가압수가 물올림탱크로 역류되지 않도록 하기 위해서 설치하며, 주로 스윙타입의 체크밸브가 설치된다.

주의 설치 시 유의사항 : 체크밸브의 방향이 바뀌지 않도록 주의

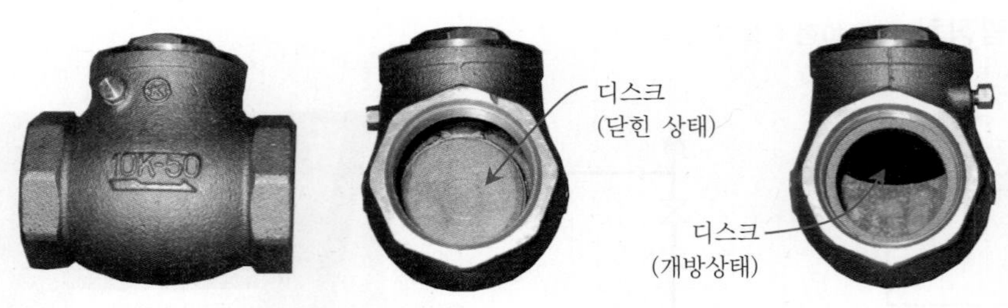

[그림 28] **스윙체크밸브 외형 및 동작 전·후 모습**

(2) 개폐밸브(물올림관의)

가. 기능 : 배관의 개·폐 기능

나. 설치목적 : 물올림관의 체크밸브 고장 수리 시, 물올림탱크 내 물을 배수시키지 않기 위해서 설치한다.

(3) 개폐밸브(배수관의)

가. 기능 : 배관의 개·폐 기능

나. 설치목적 : 물올림탱크의 배수, 청소 및 점검 시 사용하기 위해서 설치한다.

(4) 개폐밸브(보급수관의)

가. 기능 : 보급수관의 개·폐 기능

나. 설치목적 : 볼탑의 수리 및 물올림탱크 점검 시 사용하기 위해서 설치한다.

(5) 볼탑

가. 기능 : 저수위 시 급수 및 만수위 시 단수 기능

나. 설치목적 : 물올림탱크 내 물을 자동급수하여 항상 물올림탱크 내 $100l$ 이상의 유효수량을 확보하기 위해서 설치한다.

[그림 29] **저수위 시 급수되는 모습**

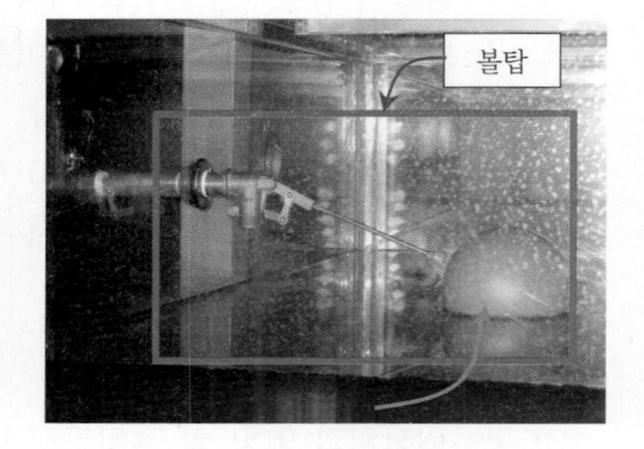

[그림 30] **만수위 시 급수차단 모습**

(6) 감수경보장치

가. 기능 : 저수위 시 경보하는 기능

나. 설치목적 : 물올림탱크 내 물의 양이 감소하는 경우에 감수를 경보하는 목적이 있다.

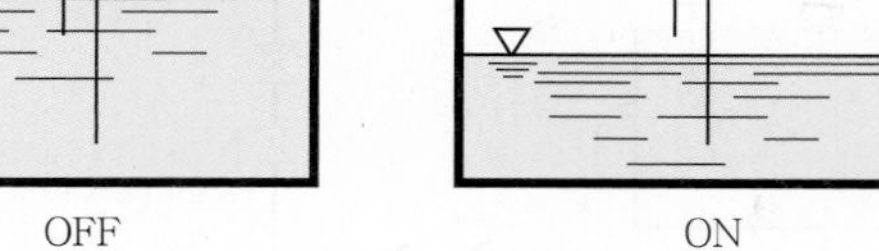

[그림 31] **전극봉 타입**

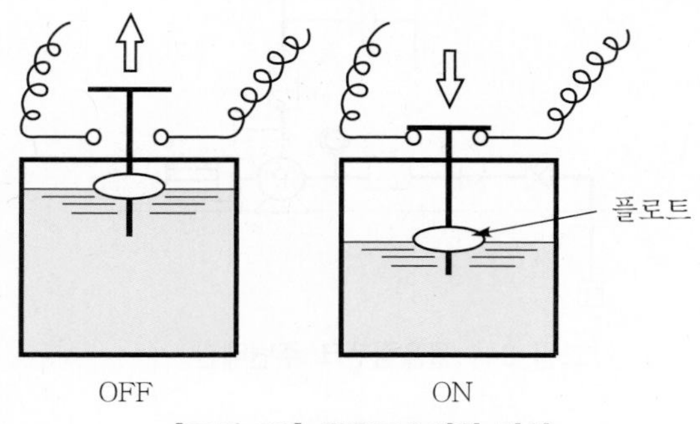

[그림 32] **플로트스위치 타입**

(7) 물올림탱크

가. 기능 : 후드밸브에서 펌프 사이에 물을 공급하는 기능

나. 설치목적 : 수원이 펌프보다 낮은 경우에 설치하며, 펌프 및 흡입측배관의 누수로 인한 공기고임의 방지목적으로 설치한다.

4) 물올림탱크의 감수경보 원인

(1) 펌프, 후드밸브, 배관접속부 등의 누수

(2) 물올림탱크 하단 배수밸브의 고장(개방)

(3) 자동급수장치(볼탑)의 고장

(4) 외부에서의 급수 차단

(5) 물올림탱크의 균열로 인한 누수

(6) 감수경보장치의 고장

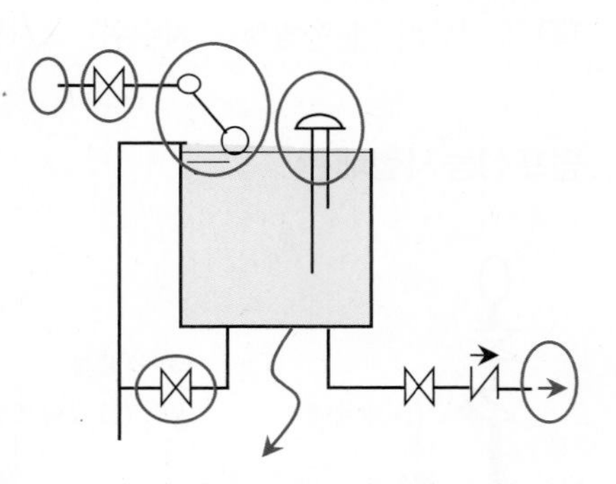

[그림 33] **감수경보 시 점검항목**

5) 감수경보장치의 정상 여부 확인 방법

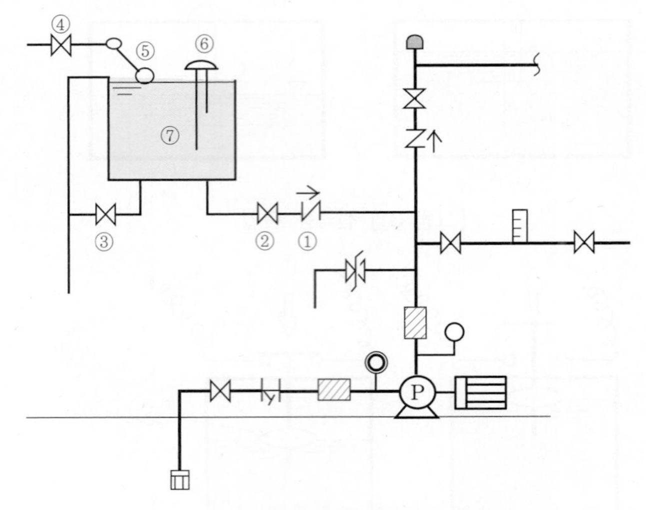

[그림 34] **물올림탱크 주변배관**

(1) 자동급수밸브 ④ 폐쇄 후 (2) 배수밸브 ③을 개방 ⇒ 배수 (3) 물올림탱크 내의 수위가 $\frac{1}{2}$ 정도 되었을 때, 감수경보장치 ⑥ 동작	배수(시험)
(4) 수신반에 "물올림탱크 저수위" 표시등 점등 및 경보(부저 명동)가 되는지 확인	확 인
(5) 배수밸브 ③ 잠금 (6) 자동급수밸브 ④ 개방 ⇒ 급수 ⇒ 감수경보장치 ⑥ 동작 (7) 수신반의 "물올림탱크 저수위" 표시등 소등 및 경보(부저)정지 확인	복 구

4. 펌프성능시험배관

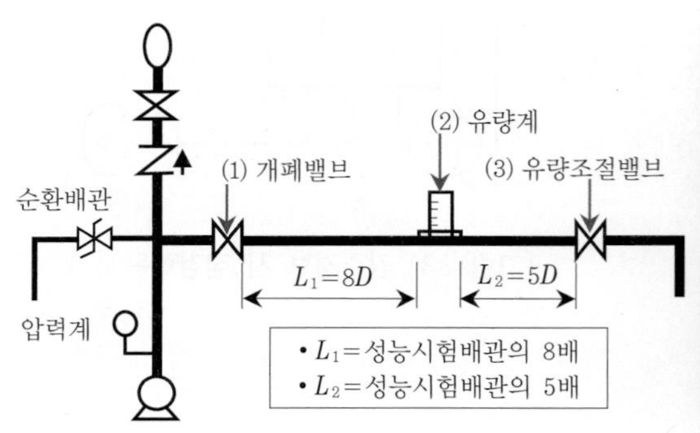

[그림 35] **펌프성능시험배관 설치도**

[그림 36] **펌프성능시험배관 주변**

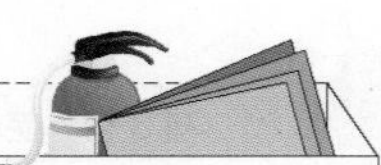

1) 설치목적

펌프의 성능곡선을 수시로 확인하여 펌프의 토출량 및 토출압력이 설치 당시의 특성곡선에 부합 여부를 진단하고 부합되지 않을 경우 어느 정도의 편차가 있는지를 조사하여 보수 및 유지관리를 위한 자료의 획득에 있다.

2) 펌프성능시험배관의 명칭 및 설치목적

(1) 개폐밸브

가. 기능 : 펌프성능시험배관의 개・폐 기능

나. 설치목적 : 펌프성능시험 시 사용하기 위해서 설치한다.

참고 유량측정 시 완전개방하여 사용하고, 평상시는 폐쇄하여 관리한다.

(2) 유량계

가. 기능 : 펌프의 유량 측정

나. 설치목적 : 펌프의 유량을 측정하기 위하여 설치

다. 유량계의 성능 : 정격토출량의 175% 이상 측정가능한 유량계 설치

라. 유량계의 종류 : 오리피스 타입의 유량계는 클램프 타입에 비해 유량범위가 넓고 정확한 유량 측정이 가능하기 때문에 펌프성능시험배관에 주로 설치되고 있다.

구 분	오리피스 타입	클램프 타입
장점	• 유량 측정이 정확하다. • 유량범위가 크다. ⇒ 성능시험배관 구경이 작아진다.	• 저렴하다. • 생산중단 ⇒ 클램프 타입 유량계 불량 시 오리피스 타입 유량계로 교체해야 한다.
단점	클램프 타입 유량계에 비해 비싸지만 성능시험배관의 구경이 작아지므로 시공비는 별반 차이가 없다.	• 유량 측정이 부정확하다. • 유량범위가 작다. ⇒ 성능시험배관의 구경이 커진다.

[그림 37] **오리피스 타입 유량계**

[그림 38] **클램프 타입 유량계**

tip 오리피스 타입(Orifice Type) 구경별 유량범위

규 격	25A	32A	40A	50A	65A	80A	100A	125A	150A
유량범위 (l/min)	35～180	70～360	100～550	220～1,100	450～2,200	700～3,300	900～4,500	1,200～6,000	2,000～10,000

tip 클램프 타입(Clamp Type) 구경별 유량범위 〈생산 중단〉

규 격	25A	32A	40A	50A	65A	80A	100A	150A	200A
유량범위 (l/min)	12～150	55～275	75～375	150～550	250～900	300～1,125	500～2,000	900～3,900	1,800～7,200

(3) 개폐밸브(유량조절용)

가. 기능 : 펌프성능시험배관의 개・폐 기능

나. 설치목적 : 펌프성능시험 시 유량조절을 위해서 설치하며, 유량조절을 위하여 글로브밸브를 설치한다.

참고 유량계 2차측에 설치되는 개폐밸브는 유량조절용 글로브밸브를 설치하여야 하지만 현장 점검 시 OS & Y 밸브나 버터플라이밸브로 잘못 설치된 경우를 종종 볼 수 있다.

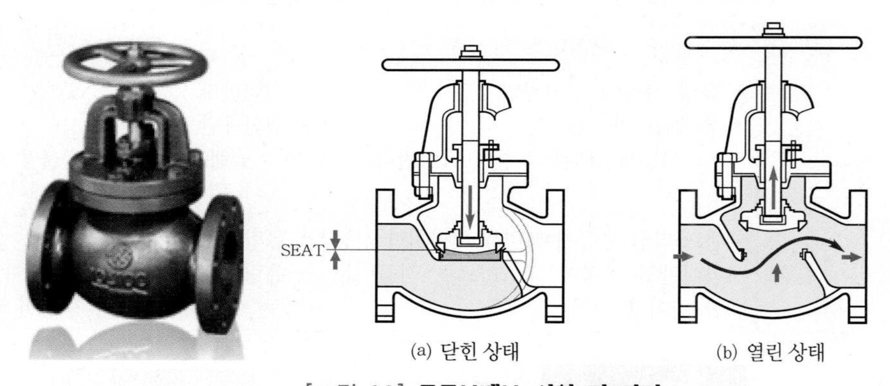

[그림 39] **글로브밸브 외형 및 단면**

3) 펌프성능시험배관 시공 방법 [6회 20점 : 설계 및 시공]

(1) 성능시험배관의 분기 : 펌프의 토출측 개폐밸브 이전에서 분기

(2) 배관의 재질 : 배관용 탄소강관(KS D 3507) 또는 압력배관용 탄소강관(KS D 3562) 사용

(3) 배관의 구경 : 펌프 정격토출량의 150%에서 정격토출압력의 65% 이상을 토출할 수 있는 구경일 것

참고 유량계는 펌프 정격토출량의 175% 이상 측정이 가능해야 하므로, 결국 펌프성능시험배관의 구경은 유량계의 구경과 동일한 구경으로 설치하게 된다.

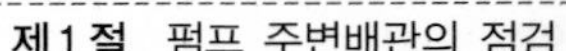

(4) **배관절단부의 마감처리** : 배관 시공 시 절단부위 등을 거칠음이 없도록 리머 등으로 깨끗이 처리한 후 시공할 것

(5) **직관부 설치** : 유량계를 중심으로 상류측에는 성능시험배관의 구경 8배 이상, 하류측은 5배 이상의 직관부를 둘 것

(6) **밸브 설치** : 유량 측정장치를 기준으로 전단 직관부에 개폐밸브를, 후단 직관부에는 유량조절밸브를 설치할 것

(7) **유량계 설치**

가. 유량 측정장치는 성능시험배관의 직관부에 설치

나. 유량계의 성능 : 펌프 정격토출량의 175% 이상 측정할 수 있을 것

다. 유량계는 수평배관과 수직으로 설치

라. 유량계의 구경 : 성능시험배관의 구경과 동일할 것

마. 유량계 설치방향이 맞도록 설치할 것

4) 펌프성능시험 [3회 20점, 5회 20점, 19회 6점]

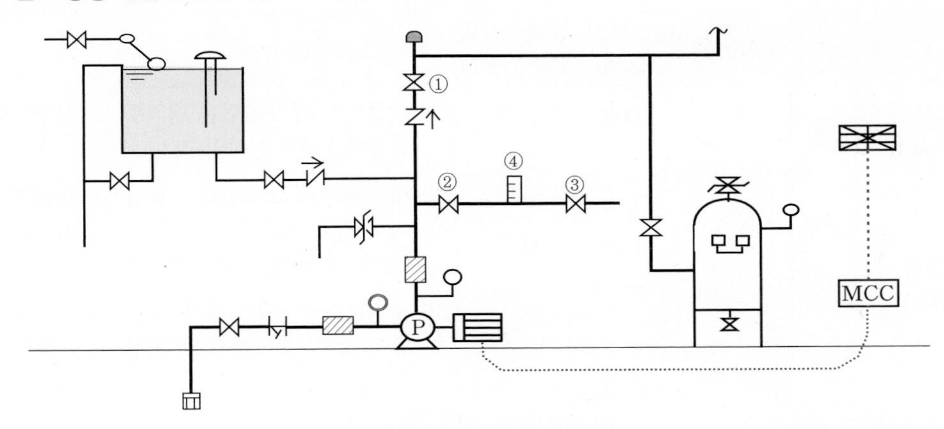

[그림 40] **펌프 주변배관 계통도**

(1) 준비

가. 제어반에서 주·충압펌프 정지(감시제어반 및 동력제어반 ; 펌프선택스위치 정지위치로 전환)

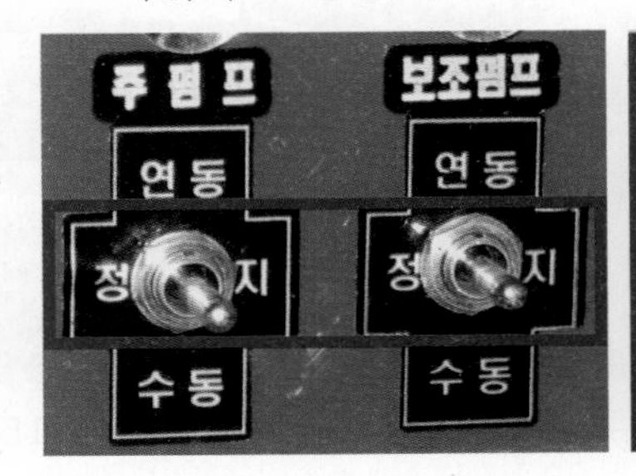

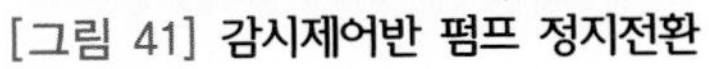

[그림 41] **감시제어반 펌프 정지전환**

[그림 42] **동력제어반 펌프 수동전환**

나. 펌프토출측 밸브 ① 폐쇄

다. 설치된 펌프의 명판을 보고 현황(토출량, 양정)을 파악하여 펌프성능시험을 위한 표 작성

[그림 43] **주펌프 설치사진**

[그림 44] **주펌프 명판**

[펌프성능시험 결과표]

※ 가정 : 펌프 토출량 : 1,000l/min, 전양정 : 100m

구 분		체절운전	정격운전 (100%)	정격유량의 150% 운전	적정 여부	
토출량 (l/min)		0	1,000	1,500	① 체절운전 시 토출압은 정격토출압의 140% 이하일 것( )	• 설정압력 :
토출압 (MPa)	이론치	펌프성능시험 전에 작성 1.4	1.0	0.65	② 정격운전 시 토출량과 토출압이 규정치 이상일 것( ) (펌프 명판 및 설계치 참조)	• 주펌프 기동 : MPa 정지 : MPa
	실측치	펌프성능시험 실측치 기록			③ 정격토출량 150%에서 토출압이 정격토출압의 65% 이상일 것( )	• 충압펌프 기동 : MPa 정지 : MPa

※ 릴리프밸브 작동압력 : MPa

라. 유량계에 100%, 150% 유량 표시(네임펜 사용)

[그림 45] **펌프성능시험배관**

[그림 46] **유량계에 100%, 150% 표기**

tip 동력제어반에서 펌프를 제어하는 방법

동력제어반은 대부분 펌프 직근에 설치되어 있어, 펌프성능시험 시 1명은 동력제어반에서 점검팀장의 지시에 따라 펌프를 기동·정지시킨다.

1. 차단기 ON
2. 펌프선택스위치 수동위치로 전환
3. 펌프 기동 시 : ON 스위치 누름
4. 펌프 정지 시 : OFF 스위치 누름

(a) 펌프 제어 모습

(b) 차단기 ON

(c) 선택스위치 수동전환

(d) 펌프 기동 시 ON 스위치 누름

(e) 펌프 정지 시 OFF 스위치 누름

[그림 47] **동력제어반에서 펌프를 제어하는 방법**

tip 펌프성능시험 시 인원배치

펌프성능시험 시 1명은 동력제어반에서 점검팀장의 지시에 따라 펌프를 기동·정지시키며, 1명은 펌프성능시험배관의 개폐밸브를 조작하고, 1명은 점검팀장으로서 펌프성능시험을 지휘하며 시험 시 압력계의 압력을 확인하여 성능시험표에 기록한다.

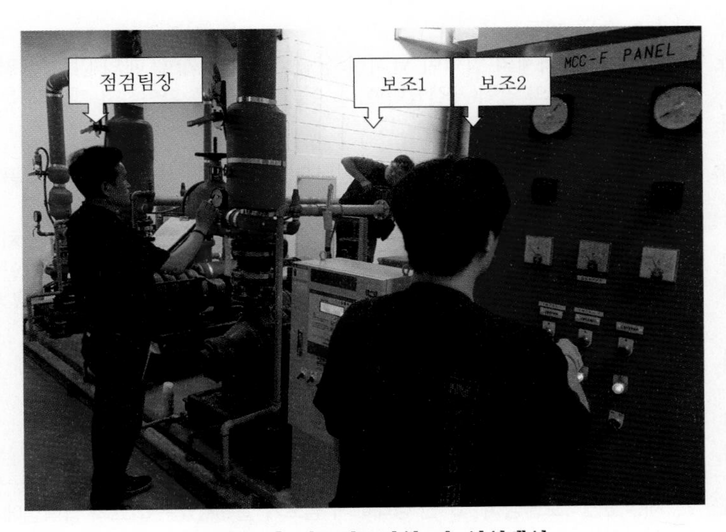

[그림 48] **펌프성능시험 시 인원배치**

⑵ **체절운전** [5회 6점 ; 설계 및 시공, 10회 20점] : 펌프토출측 밸브와 성능시험배관의 유량조절밸브를 잠근 상태, 즉 펌프의 토출량을 "0"인 상태로 하여 펌프를 기동하여 체절압력을 확인하여 정격토출압력의 140% 이하인지와 체절운전 시 체절압력 미만에서 릴리프밸브가 동작하는지를 확인하는 시험이다.

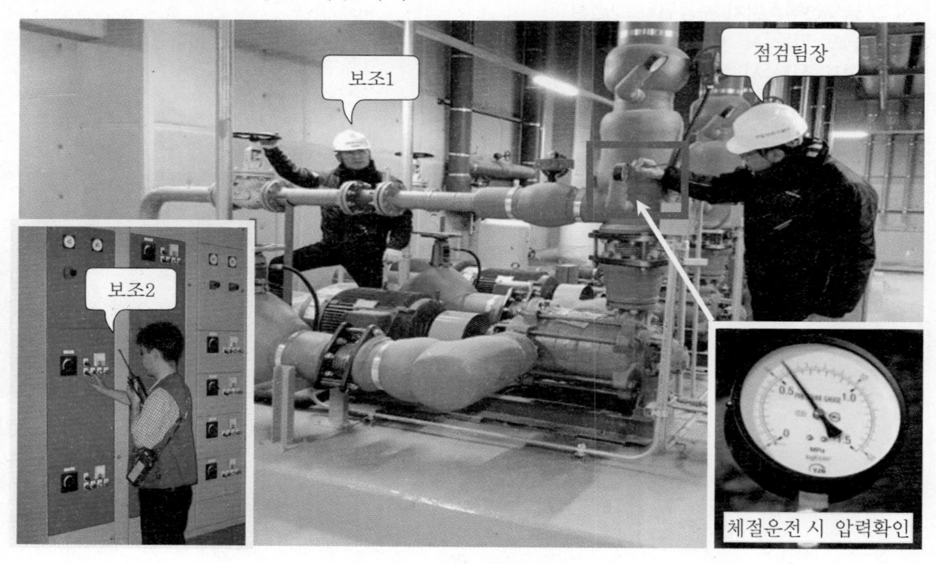

[그림 49] **펌프 체절운전 모습**

가. 성능시험배관상의 개폐밸브 ② 폐쇄(이미 폐쇄되어져 있는 상태임.) 나. 릴리프밸브 상단캡을 열고, 스패너를 이용하여 릴리프밸브 조절볼트를 시계방향으로 돌려 작동압력을 최대로 높여 놓는다. ∵ 릴리프밸브가 개방되기 전에 설치된 펌프가 낼 수 있는 최대의 압력을 확인하기 위한 조치이다.	준 비
다. 주펌프 수동 기동 라. 펌프 토출측압력계의 압력이 급격히 상승하다가 정지할 때의 압력이 펌프가 낼 수 있는 최고의 압력(체절압력)이다. 이때의 압력을 확인하고 체크해 놓는다. 마. 주펌프 정지	체절압력 확인
바. 스패너로 릴리프밸브 조절볼트를 반시계방향으로 적당히 돌려 스프링의 힘을 작게 해준다. ∵ 릴리프밸브가 펌프의 체절압력 미만에서 개방되도록 조절하기 위한 조치이다. 사. 주펌프를 다시 기동시켜서 릴리프밸브에서 압력수가 방출되는지를 확인한다. 아. 만약 압력수를 방출하지 않으면, 릴리프밸브가 압력수를 방출할 때까지 조절볼트를 반시계방향으로 돌려준다. 자. 릴리프밸브에서 압력수를 방출하는 순간의 압력계상의 압력이 당해 릴리프밸브에 셋팅된 동작압력이 된다. 차. 주펌프 정지 카. 릴리프밸브 상단캡을 덮어 조여 놓는다.	릴리프밸브 조정

참고 1. 체절운전 : 토출량이 "0"인 상태에서 펌프가 낼 수 있는 최고의 압력점에서의 운전을 말한다.
2. 체절압력(Churn Pressure) : 체절운전 시의 압력을 말한다.

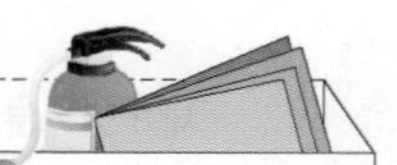

tip 릴리프밸브 조정 방법

상단부의 조절볼트를 이용하여 현장상황에 맞게 셋팅한다.
1. 조절볼트를 조이면(시계방향으로 돌림 : 스프링의 힘 세짐.)
   ⇒ 릴리프밸브 작동압력이 높아진다.
2. 조절볼트를 풀면(반시계방향으로 돌림 : 스프링의 힘 작아짐.)
   ⇒ 릴리프밸브 작동압력이 낮아진다.

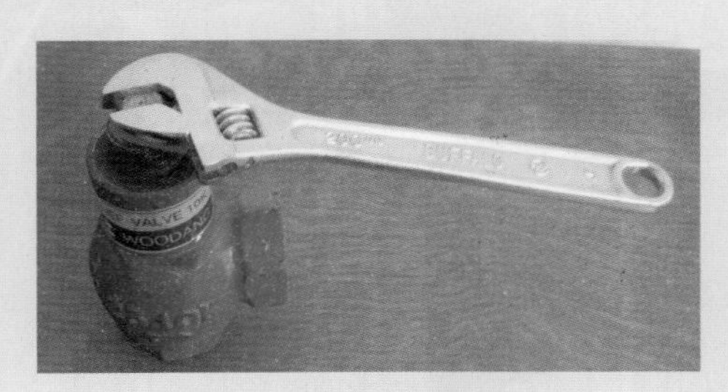

[그림 50] **릴리프밸브 조정 방법**

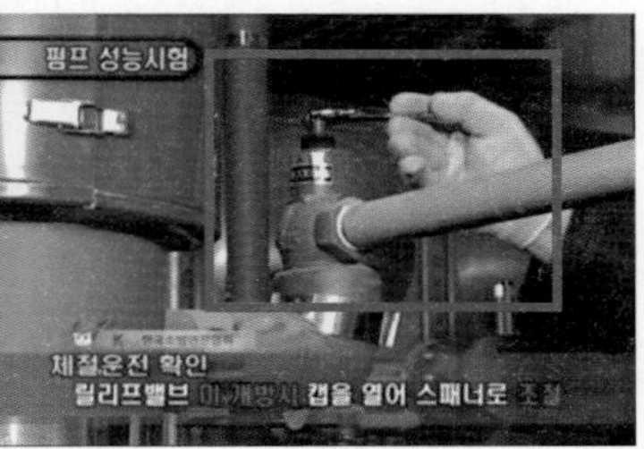

[그림 51] **릴리프밸브 캡을 열어 스패너로 조절하는 모습**

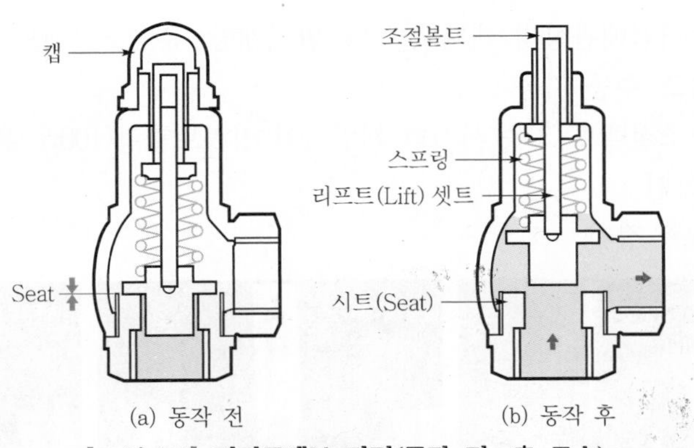

[그림 52] **릴리프밸브 단면(동작 전 · 후 모습)**

(3) **정격부하운전(100% 유량운전)** : 펌프를 기동한 상태에서 유량조절밸브를 개방하여 유량계의 유량이 정격유량상태(100%)일 때, 토출압력이 정격압력 이상이 되는지를 확인하는 시험이다.

[그림 53] **정격부하운전 모습**

tip 펌프성능시험 시 참고사항

정격부하운전시험과 최대운전시험을 연속하여 실시하는 경우도 있지만, 일반적으로 집수정과 배수펌프 용량은 작은 반면 소화펌프의 용량은 크기 때문에 성능시험 시 소화펌프를 짧은 시간 동안 작동하여도 집수정에 물이 가득차게 된다. 따라서 통상 정격부하운전을 하고 펌프를 정지시킨 후 배수처리 상황을 확인하고 나서 최대운전을 실시하게 된다.

가. 성능시험배관상의 개폐밸브 ② 완전개방, 유량조절밸브 ③ 약간만 개방
나. 주펌프 수동 기동
다. 유량조절밸브 ③을 서서히 개방하여 정격토출량(100% 유량)일 때의 토출압력을 확인
라. 주펌프 정지

[그림 54] **유량조절밸브 개방**

[그림 55] **100% 유량운전**

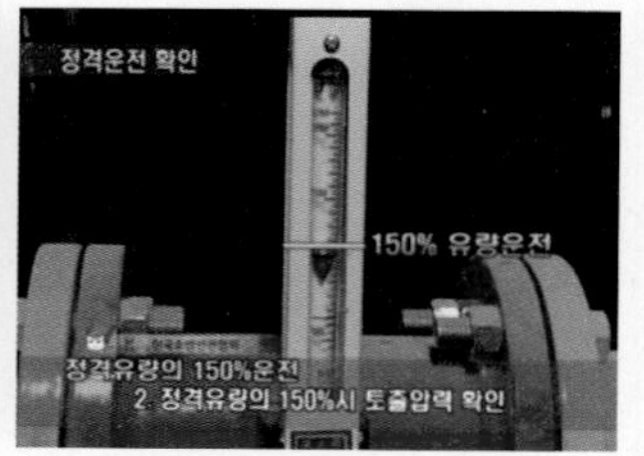

[그림 56] **150% 유량운전**

(4) 최대운전(150% 유량운전) : 유량조절밸브를 더욱 개방하여 유량계의 유량이 정격토출량의 150%가 되었을 때 토출압력이 정격양정의 65% 이상이 되는지를 확인하는 시험이다.

[그림 57] 최대운전 모습

참고 정격부하운전 실시 후 집수정의 배수가 완료되면 실시(개폐밸브 ②는 이미 개방상태임.)

가. 유량조절밸브 ③을 중간 정도만 개방시켜 놓은 후,

나. 주펌프 수동 기동

다. 유량계를 보면서 유량조절밸브 ③을 조절하여 정격토출량의 150%일 때의 토출압력을 확인

라. 주펌프 정지

(5) 복구

가. 성능시험배관상의 개폐밸브 ②와 유량조절밸브 ③ 폐쇄, 펌프 토출측 밸브 ① 개방

나. 제어반에서 주・충압펌프 선택스위치 자동전환(충압펌프 자동전환 후 주펌프 자동전환)

(6) 펌프성능 판단 : 조사한 자료로 펌프의 성능곡선 및 펌프성능시험 결과표를 작성하여 성능을 판정한다.

5) 펌프성능시험결과 확인사항 [5회 20점]

다음의 펌프성능시험 결과표에서 노란색 부분은 설치된 펌프의 현황(토출량, 양정)을 파악하여 펌프성능시험 전에 작성해 놓아야 하며, 펌프성능시험 시 조사한 자료를 성능시험결과표의 "토출압" 부분에 해당하는 실측치를 기록하여 펌프의 성능을 판정한다.

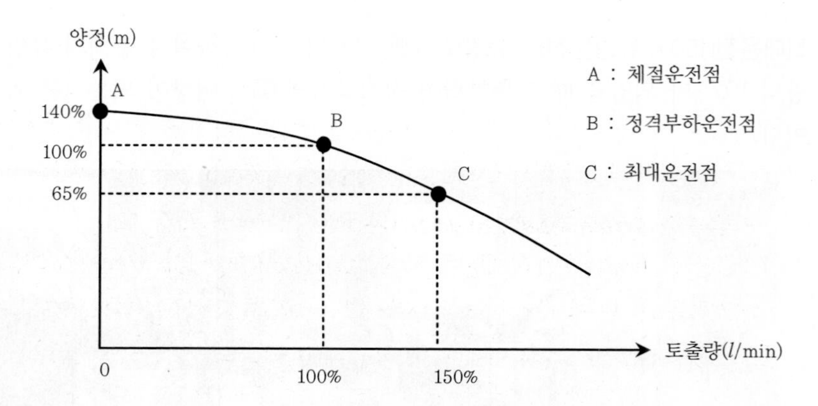

[그림 58] **펌프성능시험곡선**

[펌프성능시험 결과표]

구 분		체절운전	정격운전(100%)	정격유량의 150% 운전	적정 여부	
토출량(l/min)		0	펌프성능시험 전에 작성		① 체절운전 시 토출압은 정격토출압의 140% 이하일 것( )	• 설정압력 :
토출압(MPa)	이론치				② 정격운전 시 토출량과 토출압이 규정치 이상일 것( ) (펌프 명판 및 설계치 참조)	• 주펌프 기동 : MPa 정지 : MPa
	실측치	펌프성능시험 실측치 기록			③ 정격토출량 150%에서 토출압이 정격토출압의 65% 이상일 것( )	• 충압펌프 기동 : MPa 정지 : MPa
※ 릴리프밸브 작동압력 : MPa						

참고 상기 성능시험표의 이론치에 해당하는 부분은 점검표에는 없으나, 현장에서는 펌프성능시험 시 판정기준이 되므로 통상 펌프성능시험 전에 작성을 해 놓는다.

조건 펌프에 양압이 걸리는 경우로 기술함.

(1) **체절운전**(무부하시험 ; No Flow Condition)

가. 펌프 토출측 밸브와 성능시험배관의 유량조절밸브를 잠근 상태에서 펌프를 기동하여,

나. 체절압력이 정격토출압력의 140% 이하인지 확인

다. 체절운전 시 체절압력 미만에서 릴리프밸브가 작동하는지 확인

(2) **정격부하운전**(정격부하시험 ; Rated Load, 100% 유량운전)

가. 펌프를 기동한 상태에서 유량조절밸브를 개방하여 유량계의 유량이 정격유량 상태(100%)일 때,

나. 압력계 압력이 정격압력 이상이 되는지 확인

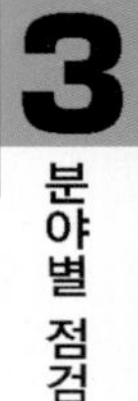

(3) **최대운전**(피크부하시험 ; Peak Load, 150% 유량운전)

가. 유량조절밸브를 더욱 개방하여 유량계의 유량이 정격토출량의 150%가 되었을 때,

나. 압력계의 압력이 정격양정의 65% 이상이 되는지 확인

(4) 가압송수장치가 정상 작동되는지

(5) 펌프기동 표시 및 경보등이 적절하게 동작되는지

(6) 전동기의 운전전류값이 적용범위 내인지

(7) 운전 중에 불규칙적인 소음, 진동, 발열은 없는지

6) 펌프성능시험 시 주의사항

(1) 성능시험 시 유량계에 작은 기포가 통과하여서는 아니된다.

참고 유량 측정 시 기포가 통과할 경우 정확한 유량 측정이 곤란하기 때문이며, 기포가 통과하는 원인을 살펴보면 다음과 같다.

1. 흡입배관의 이음부로 공기가 유입될 때
2. 후드밸브와 수면 사이가 너무 가까울 때
3. 후드밸브와 수면 사이가 지나치게 멀 때
4. 펌프에 공동현상이 발생할 때

(2) 개폐밸브의 급격한 개폐금지(∵ 수격현상이 발생함.)

(3) 배수처리 관계에 유의(∵ 집수정의 배수펌프 용량은 소화펌프에 비해 작음.)

(4) 펌프·모터의 회전축 근처에 있지 말 것(∵ 위험)

(5) 제어반과 현장측과의 의사전달을 확실히 할 것(무전 시 복명복창 철저)

(6) 펌프성능시험 시 토출측 개폐밸브를 완전히 폐쇄한 후 점검할 것

5. 순환배관

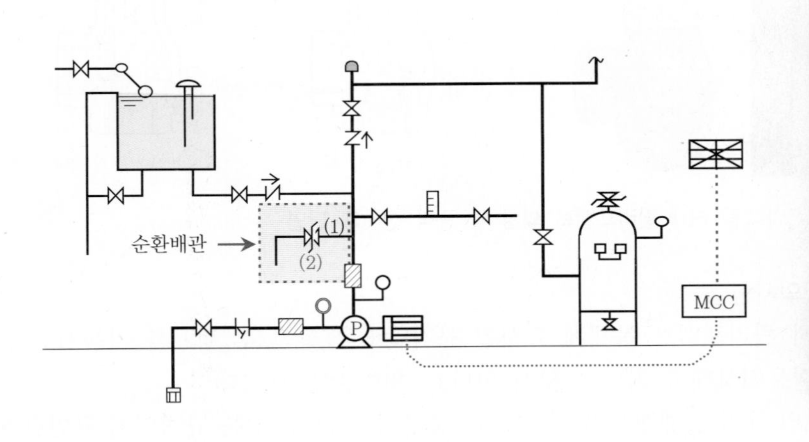

[그림 59] **순환배관 설치도 및 설치사진**

1) 순환배관 설치목적

펌프의 체절운전 시 수온이 상승하여 펌프 및 모터에 무리가 발생하므로 순환배관상의 릴리프밸브를 통해 과압을 방출하여 수온상승을 방지하기 위해서 설치한다.

2) 순환배관 설치기준

(1) 순환배관 분기위치 : 체크밸브와 펌프 사이

(2) 순환배관 구경 : 20mm 이상

(3) 체절압력 미만에서 개방되는 릴리프밸브 설치

참고 순환배관에 설치되는 릴리프밸브는 체절압력을 확인하고, 체절압력 미만에서 개방되도록 현장에서 셋팅한다.

3) 순환배관의 명칭 및 설치목적

(1) 순환배관

가. 기능 : 체절운전 시 압력수 배출

나. 설치목적 : 펌프의 체절운전 시 수온상승방지 목적으로 설치한다.

(2) 릴리프밸브

가. 기능 : 설정압력에서 압력수 방출

나. 설치목적 : 펌프의 체절운전 시 압력수를 방출하여 펌프 및 설비를 보호하기 위해서 설치한다.(∵ 수온이 급격하게 상승되면 임펠러가 손상됨.)

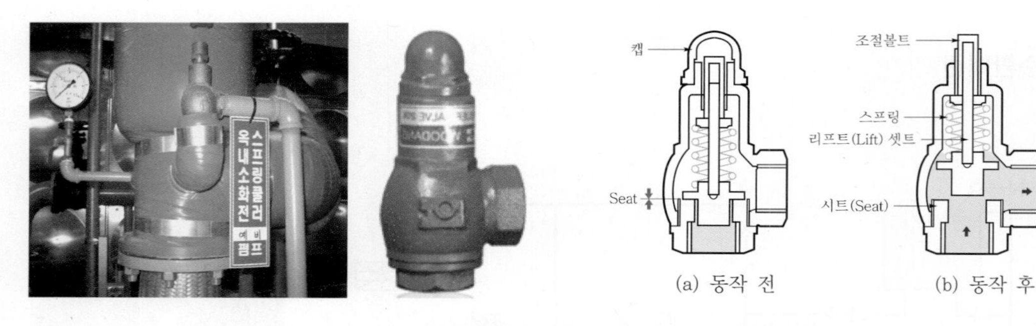

[그림 60] **릴리프밸브 외형 및 동작 전·후 단면**

4) 체절운전 시 주의사항

(1) 사전에 필히 릴리프밸브 몸체에 표시된 규격압력을 확인 후 펌프를 기동시킨다.

(2) 펌프의 체절운전상태를 최소한 짧게 한다.(∵ 펌프 손상방지 목적)

(3) 순환배관상의 규격은 체절운전 시 수량이 충분히 흐를 수 있는 규격인지 확인한다. (최소 20mm 이상)

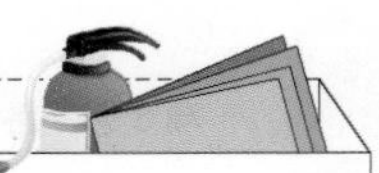

5) 점검 시 주요 지적사항

(1) **체절운전 시 릴리프밸브가 손상되는 경우** : 릴리프밸브 내부에는 스프링이 있는데 오래된 건물의 경우 내부의 스프링이 습기에 의하여 부식되어 체절운전 시 릴리프밸브가 동작된 후 복구되지 않는 경우를 점검 시 종종 볼 수 있다. 따라서 노후된 릴리프밸브는 소방안전관리자에게 체절운전 시 릴리프밸브가 손상될 수 있다는 내용을 설명하여 주고 소방안전관리자 입회하에 체절운전을 실시하고 노후된 릴리프밸브는 교체를 권장해 주는 것이 바람직하며, 만약의 경우를 대비하여 점검 전에 여분의 릴리프밸브를 준비해 가는 것도 좋은 방법이다.

(2) **체절운전 시 릴리프밸브가 작동하지 않는 경우** : 펌프의 체절압력을 확인 후 릴리프밸브의 조절볼트를 조정하여 체절압력 미만에서 개방되도록 조정하여 준다.

(3) **순환배관 연결 부적절** : 순환배관의 토출측 배관을 펌프 흡입측 배관 또는 배수관 등에 직접 연결・설치하여 체절운전 시 릴리프밸브의 작동 여부를 확인하기 곤란한 경우를 점검 시 종종 볼 수 있다. 사실 순환배관을 통하여 평상시 물이 지속적으로 흐르는 것도 아니고 펌프 체절운전 시 체절압력 미만에서 릴리프밸브가 작동되어 물이 배출된다. 따라서 순환배관의 토출측 배관 연결이 부적정한 경우는 릴리프밸브의 작동 여부를 확인할 수 있는 구조(사이트글라스 설치 또는 물받이컵 설치 등)로 변경할 것을 건물관리자에게 안내하여 준다.

[그림 61] **펌프 흡입측 배관에 연결한 경우**

[그림 62] **배수배관에 연결한 경우**

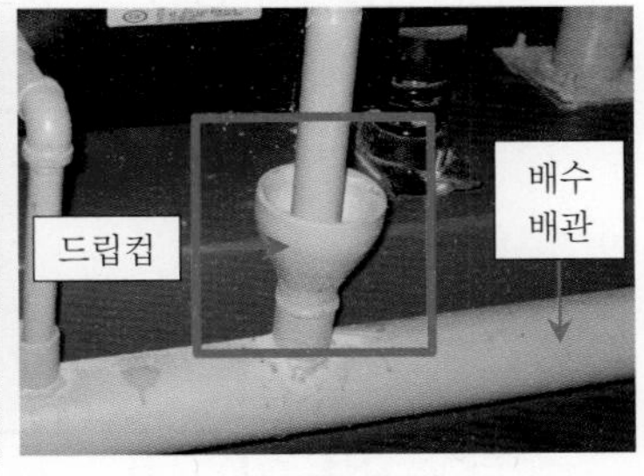

[그림 63] **순환배관이 잘 설치된 경우**

6. 기동용 수압개폐장치(압력챔버)

기동용 수압개폐장치라 함은 소화설비의 배관 내 압력변동을 검지하여 자동적으로 펌프를 기동 및 정지시키는 것으로서, 압력챔버 또는 기동용 압력스위치를 말한다. 현재 국내에 주로 설치된 기동용 수압개폐장치는 압력챔버이므로 압력챔버 위주로 알아본다.

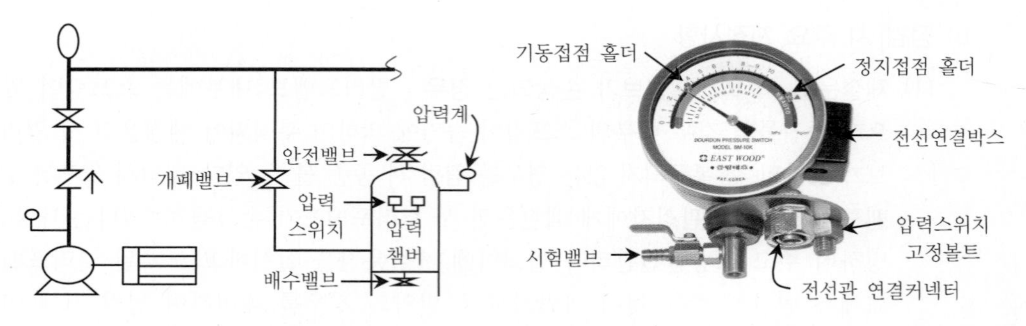

[그림 64] **압력챔버 주위배관** [그림 65] **부르동관식 기동용 압력스위치**

1) 압력챔버의 역할

(1) **펌프의 자동기동 및 정지** : 압력챔버 및 압력스위치를 사용하여 압력챔버 내 수압의 변화를 감지하여, 설정된 펌프의 기동·정지점이 될 때 펌프를 자동으로 기동 및 정지시킨다.

(2) **압력변화의 완충작용** : 압력챔버 상부의 공기가 완충작용을 하여 공기의 압축 및 팽창으로 인하여 급격한 압력변화를 방지하여 준다.

(3) **압력변동에 따른 설비의 보호** : 압력챔버로 인하여 펌프의 기동 시 챔버 상부의 공기가 완충역할을 하여 주변기기의 충격과 손상을 방지하여 준다.

2) 압력챔버의 명칭 및 설치목적

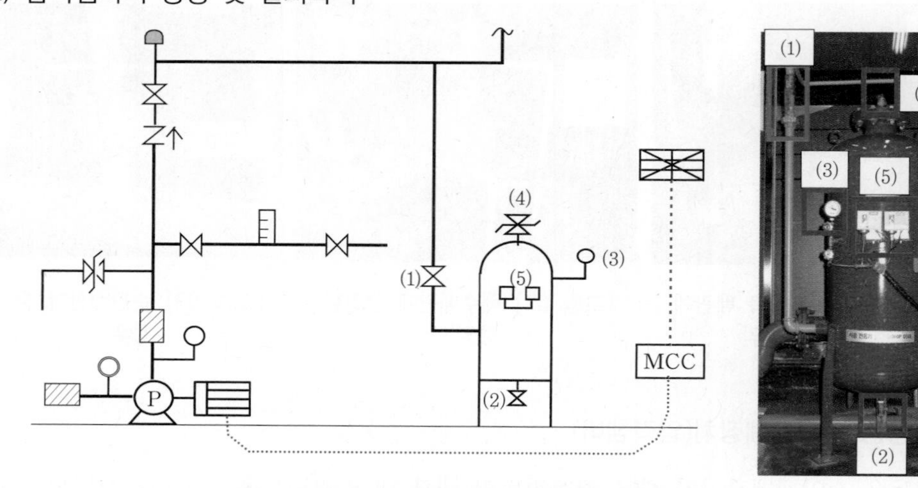

[그림 66] **압력챔버 주변배관도 및 외형**

(1) 개폐밸브

가. 기능 : 배관의 개·폐 기능

나. 설치목적 : 압력챔버의 가압수 공급 및 압력챔버의 공기교체 시 2차측 배관의 물을 배수시키지 않기 위해서 설치한다.

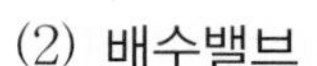

(2) **배수밸브**

가. 기능 : 배수배관의 개·폐 기능

나. 설치목적 : 압력챔버의 시험 및 공기교체 시 압력챔버의 물을 배수시키기 위해서 설치한다.

(3) **압력계**

가. 기능 : 압력챔버 내 압력표시

나. 설치목적 : 압력챔버(배관) 내 압력을 확인하기 위해서 설치한다.

(4) **안전밸브(밴트밸브)**

가. 기능 : 일정한 압력이 걸리면 압력수 방출

나. 설치목적 : 압력챔버 내 이상과압 발생 시 압력수를 방출하여 압력챔버 주변기기를 보호하기 위해서 설치한다.

[그림 67] **압력챔버 상단에 설치된 안전밸브 외형**

tip 안전밸브와 릴리프밸브의 차이점

구 분	안전밸브	릴리프밸브
설치위치	압력챔버 상부	순환배관
동작압력	제조 시 셋팅하여 출고 (호칭압력~호칭압력의 1.3배 범위)	현장에서 셋팅 (현장마다 상이함.)
그 림		

(5) 압력스위치 : 압력스위치에는 Range와 Diff의 눈금이 있으며, 압력스위치 상단부의 나사를 이용하여 현장상황에 맞도록 펌프의 기동・정지 압력을 셋팅한다.

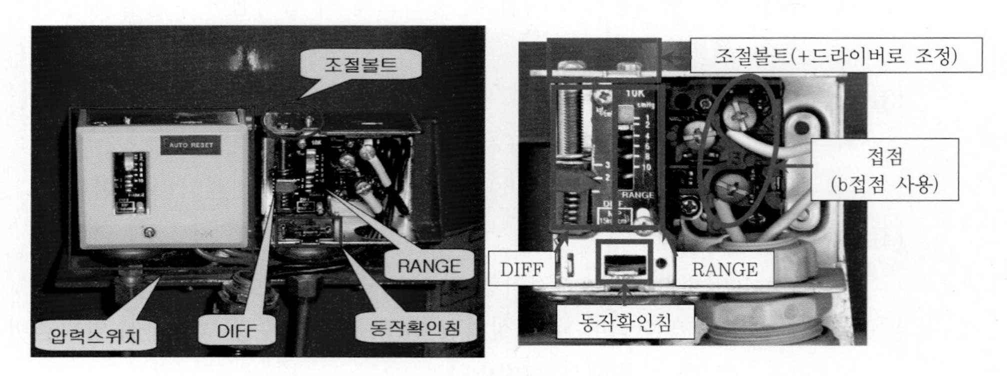

[그림 68] **압력스위치 구성요소**

가. 기능 : 셋팅된 압력에 의거 압력챔버 내 압력변동에 따라 압력스위치 내 접점을 붙여주는 기능(b접점 사용)

나. 설치목적 : 평상시 전 배관의 압력을 검지하고 있다가, 일정압력의 변동이 있을 시 압력스위치가 작동하여 감시제어반으로 신호를 보내어 설정된 제어순서에 의해 펌프를 자동기동 및 정지를 시키는 역할을 한다.

다. 압력스위치의 구성요소

가) Range : 펌프의 정지압력을 표시

나) Diff : 펌프 정지점과 기동점과의 차이(=정지압력-기동압력)를 표시

다) 조절볼트 : 압력스위치 상단에 위치하고 있는 조절볼트를 +드라이버를 이용하여 좌・우로 돌려 Range와 Diff의 눈금을 조정하여 펌프 기동・정지 압력을 셋팅한다.

라) 접점 : 압력스위치를 제어반과 연결하기 위한 단자로서 "b" 접점을 이용한다. 1993년 11월 23일 이후부터는 감시제어반에서 동작・도통 시험을 하기 위하여 압력스위치 단자에 종단저항을 설치한다.

적용시점	종단저항 유・무	전 압	도통・동작 시험
1993. 11. 11 이후	종단저항 설치	DC 24V	가능
1993. 11. 10 이전	종단저항 없음.	AC 220V	불가

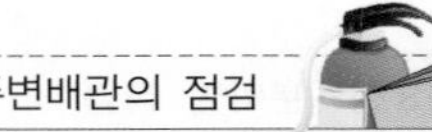

[그림 69] **종단저항이 설치된 경우**

[그림 70] **종단저항이 없는 경우**

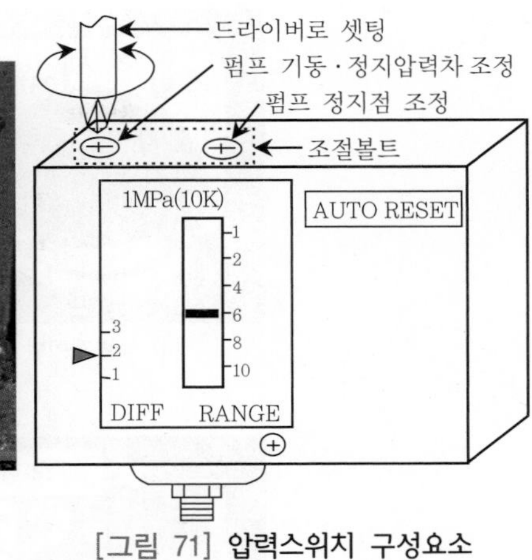

[그림 71] **압력스위치 구성요소**

마) 동작확인침 : 배관 내 압력이 압력스위치에 설정된 압력범위 내에 있으면 동작확인침이 상승하고, 설정압력 이하로 내려가면 동작확인침이 하강한다. 점검 시 이 동작확인침을 이용하여 주펌프와 충압펌프의 압력스위치를 구분하는 데 유용하게 사용된다.

배관 내 압력	동작확인침 상태		감시제어반 상태	
평상시 설정압력범위 내에 있는 경우	상승		• 펌프 PS : 소등 • 부저 : 미동작	P/S 주펌프
상황발생 시 설정압력 범위 이하인 경우	하강		• 펌프 PS : 점등 • 부저 : 동작	P/S 주펌프

3) 주·충압펌프용 압력스위치 구분 방법

(1) 충압펌프만 자동으로 놓은 후 동작확인침을 내려서 확인하는 방법

가. 충압펌프만 자동전환(감시 및 동력제어반), 주펌프 전원차단

나. 압력스위치마다 드라이버로 동작확인침을 내려본다.

다. 동작확인침을 누르는 순간 충압펌프가 기동되면 그 압력스위치가 충압펌프용 압력스위치이다.

(a) 동력제어반

(b) 감시제어반

[그림 72] **충압펌프 자동전환**

[그림 73] **동작확인침을 내리는 모습**

[그림 74] **동작확인침 동작 시 충압펌프 동작확인**

(2) 주 · 충압펌프의 전원을 차단 후 각 압력스위치의 동작확인침을 내려서 확인하는 방법

가. 동력제어반의 전원을 차단(차단기 OFF)한다.

나. 각 압력스위치의 동작확인침을 순서대로 내려본다.

다. 감시제어반의 각 펌프 압력스위치 표시등의 점등 여부를 무전을 통하여 확인한다.

[그림 75] **동력제어반 전원차단**

[그림 76] **동작확인침 내리는 모습**

[그림 77] **감시제어반 압력스위치 점등확인**

tip 압력챔버 상단에 펌프 명칭 표시

점검 시 압력챔버 상단 및 압력스위치에 담당하는 펌프의 명칭을 네임펜 등으로 표기해 두면 점검 및 유지관리 시 용이하다.

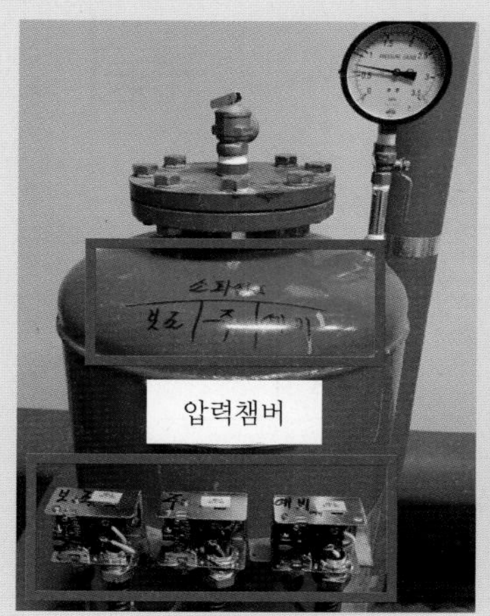

[그림 78] **압력챔버 상단 및 압력스위치에 펌프 명칭 표시**

4) 압력챔버 내 공기가 없을 경우의 현상

압력챔버 내부의 압축된 공기가 펌프의 기동·정지 시 원활한 기동·정지가 될 수 있도록 쿠션 역할을 해 주어야 하나, 챔버 내 에어가 없을 경우는 펌프가 연속적으로 운전되지 않고 짧은 주기로 기동·정지를 반복하는 현상이 생긴다.

5) 압력챔버 내 공기가 없을 경우의 위험성

배관 내 압력저하로 펌프가 한번 기동되면 짧은 주기로 기동·정지를 반복하게 된다. 이는 동력제어반의 전자접촉기(Magnetic Contactor ; MC)가 계속하여 ON, OFF를 반복하게 되고, 결국 모터의 기동전류가 큰 관계로 차단기가 트립(OFF)되거나, 열동계전기가 동작(Trip)되어 펌프는 정지하게 된다. 만약 이러한 상태에서 화재가 발생하면 펌프는 당연히 기동되지 않게 된다. 따라서 펌프 점검 시에는 압력챔버의 공기를 교체해 주도록 한다.

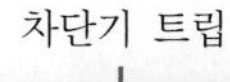

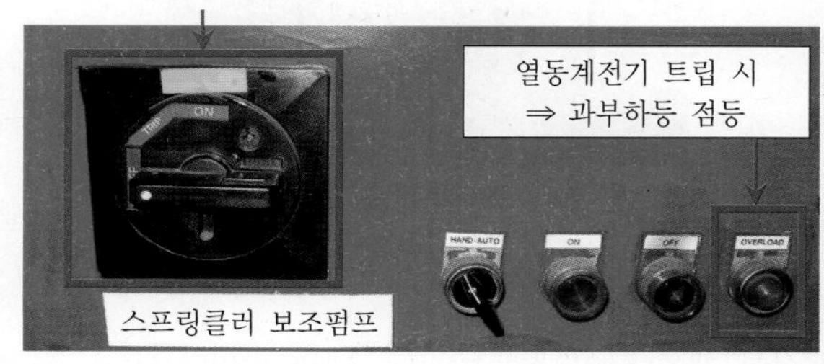

[그림 79] **동력제어반 외부**

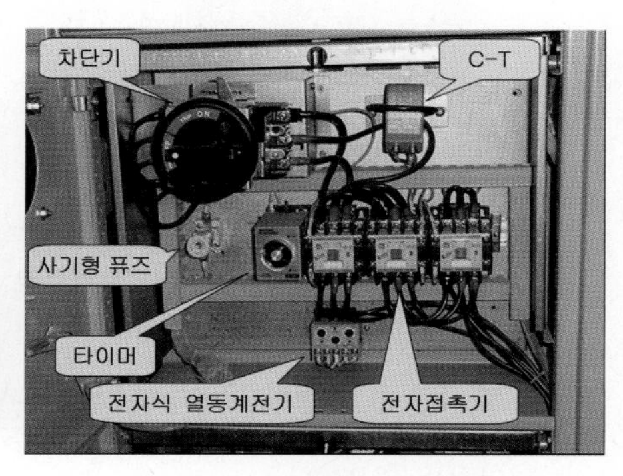

[그림 80] **동력제어반 내부**

6) 압력챔버 공기교체 방법 [2회 20점, 16회 14점]

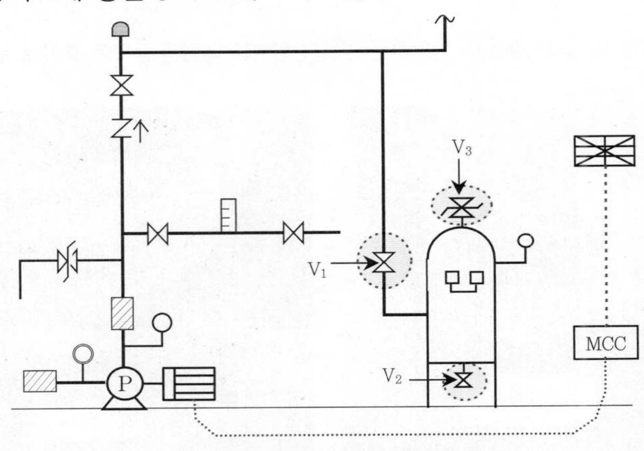

[그림 81] 압력챔버 주변배관

내용	구분
(1) 제어반에서 주·충압펌프의 기동을 중지시킨다.(펌프의 안전조치를 하지 않고 배수하면 펌프가 기동됨.)	안전조치
(2) V_1 밸브를 잠근다.(챔버 내 가압수 유입차단) (3) V_2, V_3를 개방하여 압력챔버 내부의 물을 배수한다. ☞ V_2를 개방하여 챔버 내 압축공기에 의한 가압수를 배출시킨 후 V_3를 개방하여 에어를 공급시켜 완전배수한다.    [그림 82] 안전밸브 개방모습 참고 1. 챔버 내 청소 챔버 내부의 물을 배수시키고 나서 V_1 밸브를 열었다 닫았다를 여러 번 반복하면 배관 내 가압수로 압력챔버 내부의 녹물 등 이물질을 청소할 수 있다. 2. 챔버 내 에어공급 만약 V_3가 안전밸브(밴트밸브)가 아니고 릴리프밸브로 되어 있는 경우에는 압력스위치 연결용 동관 연결볼트를 풀어 신선한 공기를 유입시켜 챔버 내 물을 완전히 배수시키고 나서 다시 견고히 조립한다.  [그림 83] 안전밸브가 릴리프밸브로 설치된 경우 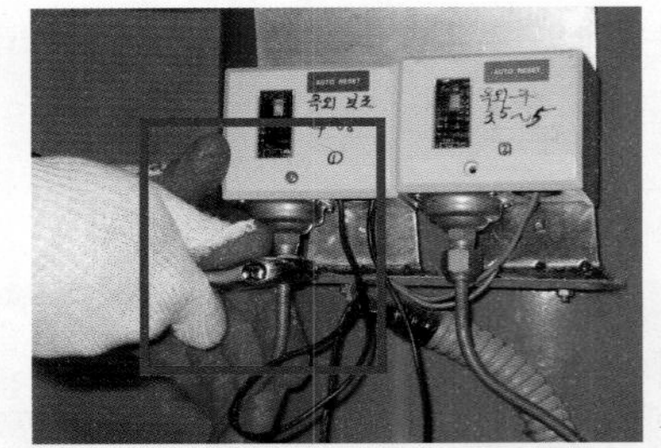 [그림 84] 조작동관을 풀어 에어를 넣는 모습	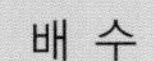 배 수
(4) V_2를 통하여 완전히 배수가 되면 V_2, V_3를 폐쇄시킨다. (5) V_1 밸브를 개방하여 압력챔버 내 물을 서서히 채운다.(이 경우는 배관 내의 압력만으로 가압하는 경우이다.)	급 수

(6) 충압펌프 자동전환
 ⇒ 배관 내를 가압하여 설정압력에 도달되면 충압펌프는 자동정지된다.(∵ 용량이 작은 충압펌프로 먼저 배관 내를 가압한다.)

(7) 주펌프 자동전환
 ⇒ 배관 내를 가압하여 설정압력에 도달되면 주펌프는 자동정지된다.

☞ 주펌프 수동정지의 경우 자동전환 방법
주펌프의 압력스위치의 동작확인침을 드라이버를 이용하여 상단으로 올려 압력스위치를 수동으로 복구시키고, 수신기에서 복구 또는 펌프수동정지 스위치를 조작하여 펌프 자기유지를 해제하고 주펌프를 자동전환시켜 놓는다.

자동전환

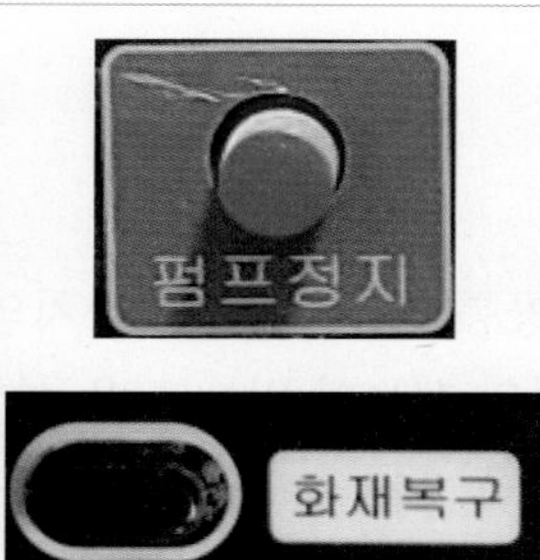

[그림 85] **수신반 내 펌프 수동정지스위치**

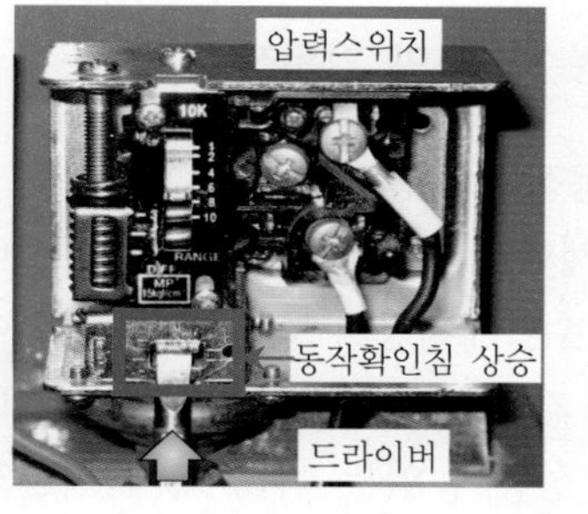

[그림 86] **주펌프 압력스위치 수동복구**

7) 압력챔버 내 공기 유·무 확인 방법

(1) 제어반에서 주·충압펌프의 기동을 중지시킨다.

(2) V_1 밸브를 잠근다.

(3) V_2 밸브를 개방하여 개방된 밸브를 통해 방출되는 물의 상태를 보고 판정한다.

가. V_2 밸브로 물이 세게 방출되는 경우 : 압력챔버 내부에 압축공기가 있는 정상인 경우임.
 ⇒ 압력챔버 내부의 압축된 공기에 의해서 챔버 내 물이 세게 방수되는 경우임.

나. V_2 밸브로 챔버 내부에 물이 없는 것처럼 나오지 않는 경우 : 압력챔버 내부에 압축공기가 전혀 없고 물만 가득차 있는 경우임.
 ⇒ 이때의 조치 방법은 앞서 언급된 "압력챔버의 공기를 넣는 방법"을 참고하여 압력챔버 내부의 물을 전부 빼내고 공기를 주입해야 한다.

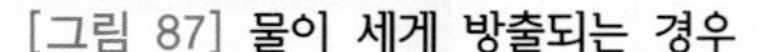

[그림 87] **물이 세게 방출되는 경우**

[그림 88] **물이 나오지 않는 경우**

(4) V_2 폐쇄, V_1 개방하고, 제어반에서 충압펌프를 자동전환 후 주펌프를 자동전환시켜 정상상태로 복구한다.

3 펌프 압력셋팅 [87회 기술사 25점 : 국내기준 및 NFPA]

1. 소화펌프 자동 · 수동 정지 관련 적용시점

펌프 정지	적용시점
자동정지	2006년 12월 29일 이전 건축허가대상에 적용
수동정지	2006년 12월 30일 이후 건축허가대상에 적용

2. 가압송수장치의 기동장치

1) 기동장치의 종류

화재안전기준에서는 수계소화설비 공통으로 가압송수장치의 기동장치에 대하여 "기동용 수압개폐장치 또는 이와 동등 이상의 성능이 있는 것을 설치할 것"으로 규정하고 있다. 즉, 가압송수장치를 기동시키는 방법은 기동용 수압개폐장치 이외에도 이와 동등 이상의 성능이 있는 여러 가지 기술적인 방법의 적용이 가능하다는 것으로서 기술자에게 적용의 폭을 넓혀준 부분으로 해석할 수 있다고 생각한다.

2) 기동용 수압개폐장치의 종류

(1) 정의 : 기동용 수압개폐장치라 함은 소화설비의 배관 내 압력변동을 검지하여 자동적으로 펌프를 기동 및 정지시키는 것으로서 압력챔버 또는 기동용 압력스위치를 말하며, 기동용 압력스위치는 부르동식과 전자식으로 구분된다.

(2) 압력챔버

가. 구성 : 압력챔버는 챔버(용기), 압력스위치, 압력계, 안전밸브와 배수밸브로 이루어져 있다.

나. 설치위치 : 압력챔버는 펌프 토출측 개폐밸브 이후에서 분기하여 통상 25mm의 배관으로 연결하여 설치하며 연결배관에는 점검을 위하여 개폐밸브를 설치한다.

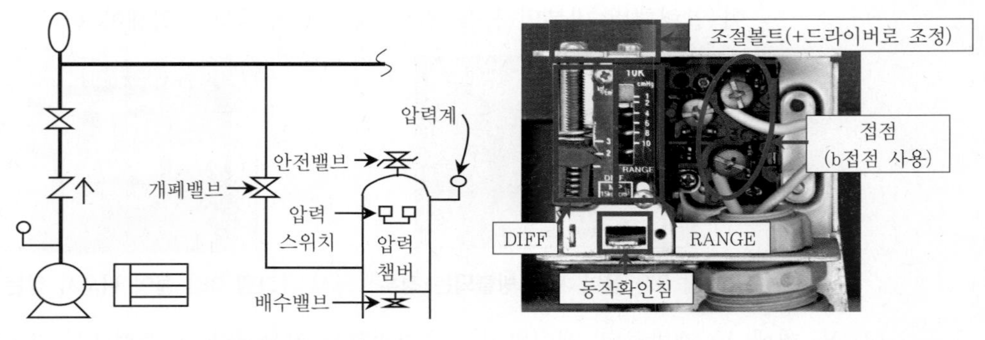

[그림 1] 압력챔버 주위배관　　[그림 2] 압력스위치의 구성요소

다. 압력스위치

가) 기능 : 펌프의 기동·정지 압력을 압력스위치에 셋팅하여 평상시 전 배관의 압력을 검지하고 있다가 일정압력의 변동이 있을 때 압력스위치가 작동하여 감시제어반으로 신호를 보내어 설정된 제어순서에 의해 펌프를 자동기동 또는 정지시키게 된다.

나) 압력셋팅 : 압력스위치에는 Range와 Diff의 눈금이 있으며 압력스위치 상단부의 나사를 이용하여 현장상황에 맞도록 펌프의 기동·정지 압력을 셋팅한다.

(가) Range : 펌프의 정지압력을 표시

(나) Diff : 펌프 정지점과 기동점과의 차이(=정지압력−기동압력)를 표시

(다) 사용압력에 따른 비교 : 국내 검정을 받는 압력스위치는 현재 1MPa(10kg/cm^2)과 2MPa(20kg/cm^2)의 2종류가 생산되고 있으며, 압력스위치의 Range와 Diff의 범위가 한정적이어서 점검현장에서 기동·정지 압력을 정밀하게 셋팅하는 데 어려움이 많은 것이 현실이다.

사용압력	Diff	Range
1MPa(10kg/cm^2)	1~3	1~10
2MPa(20kg/cm^2)	3~5	1~20

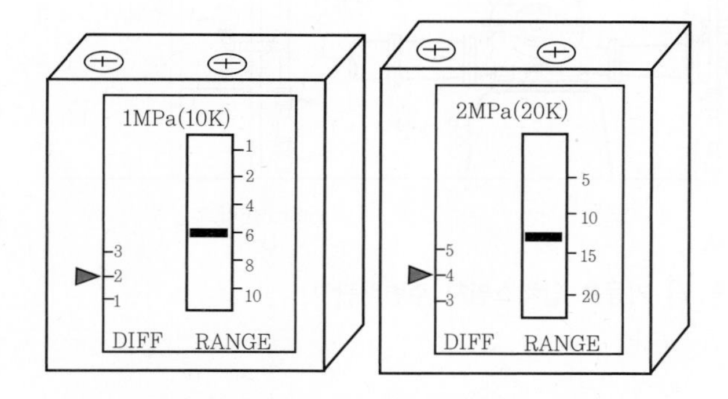

[그림 3] **압력챔버에 부착되는 압력스위치의 규격**

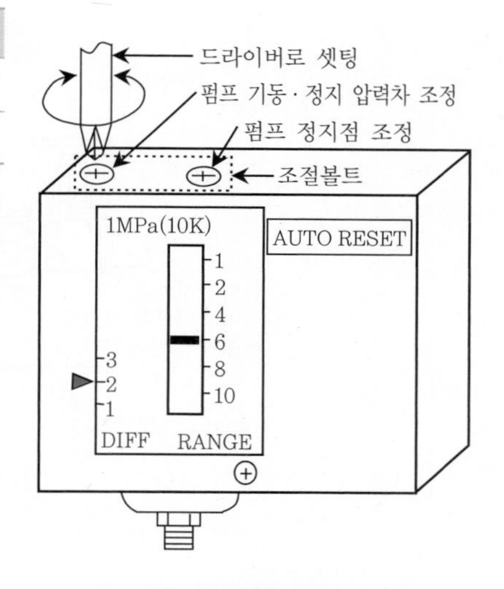

[그림 4] **압력스위치의 외형**

(3) 기동용 압력스위치

가. 구성 : 다음 사진은 국내에서 생산되고 있는 기동용 압력스위치[3]의 외형을 나타낸 것으로서 펌프 기동점과 정지점을 전 범위에서 직접 정밀하게 셋팅이 가능하며, 배관 내의 압력을 직접 확인도 가능하다.

3) 동림테크노(주), “기동용 압력스위치”, http://enginepump.com

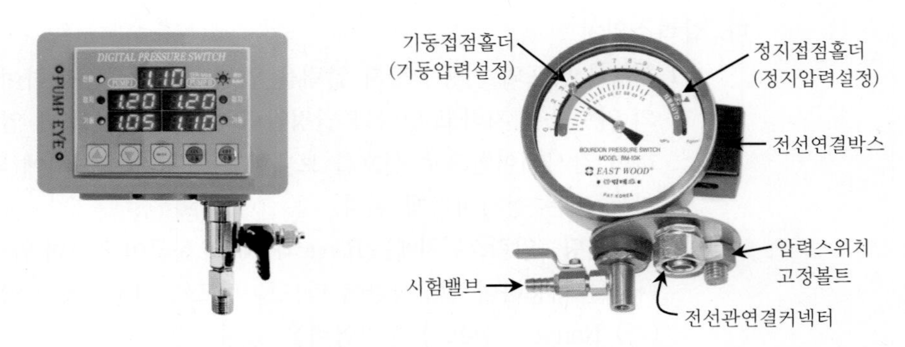

[그림 5] **전자식 기동용 압력스위치** [그림 6] **부르동관식 기동용 압력스위치**

나. 설치위치(NFPA 20 설치기준 소개)

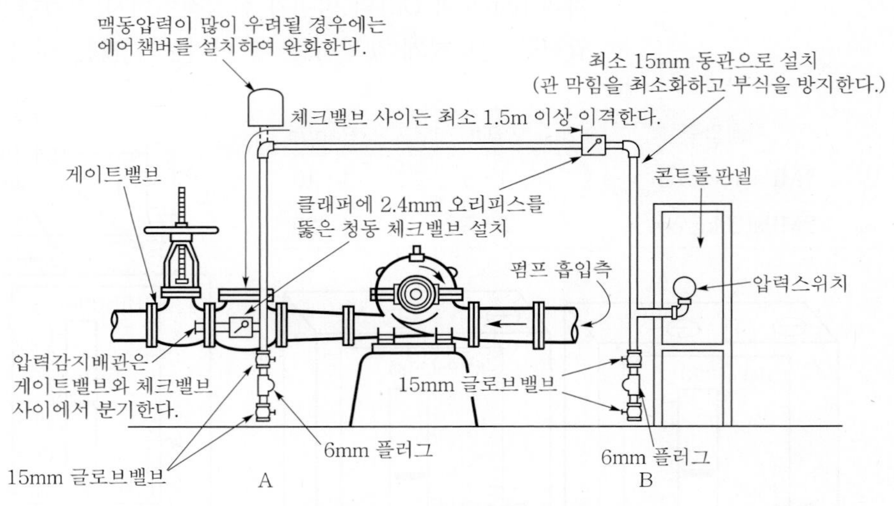

[그림 7] **기동용 압력스위치 주변배관**[4)]

가) 15mm 글로브밸브 A, B : 시험 시 개방하여 동관 내 압력을 감압시켜 펌프의 자동기동 확인 및 청소 시 사용

나) 압력스위치 연결배관 분기위치 : 각 펌프의 토출측 게이트밸브와 체크밸브 사이에서 분기하여 연결・설치

다) 연결배관의 재질 및 구경 : 부식방지를 위하여 15mm의 동관 사용(내식성의 금속배관)

라) 콘트롤 판넬 : 압력스위치는 별도의 전용함에 수납

4) NFPA 20, (Installation of stationary pump for fire protection) (2007) Fig A.10.5.2.1(a)

마) 체크밸브 설치 : 압력스위치 연결배관을 배관에서 직접 분기하기 때문에 맥동현상 완화를 위해 연결배관에는 2.4mm의 오리피스가 있는 체크밸브를 1.5m 이상 이격하여 2개를 설치한다. 배관 내 압력이 낮아지면 체크밸브의 클래퍼가 열려 압력이 빨리 떨어져 압력스위치가 신속하게 감지하여 펌프를 기동시키며, 펌프가 기동하여 압력이 상승되면 체크밸브의 클래퍼가 닫혀 오리피스를 통해 감압되어 압력스위치에 압력이 전달된다.

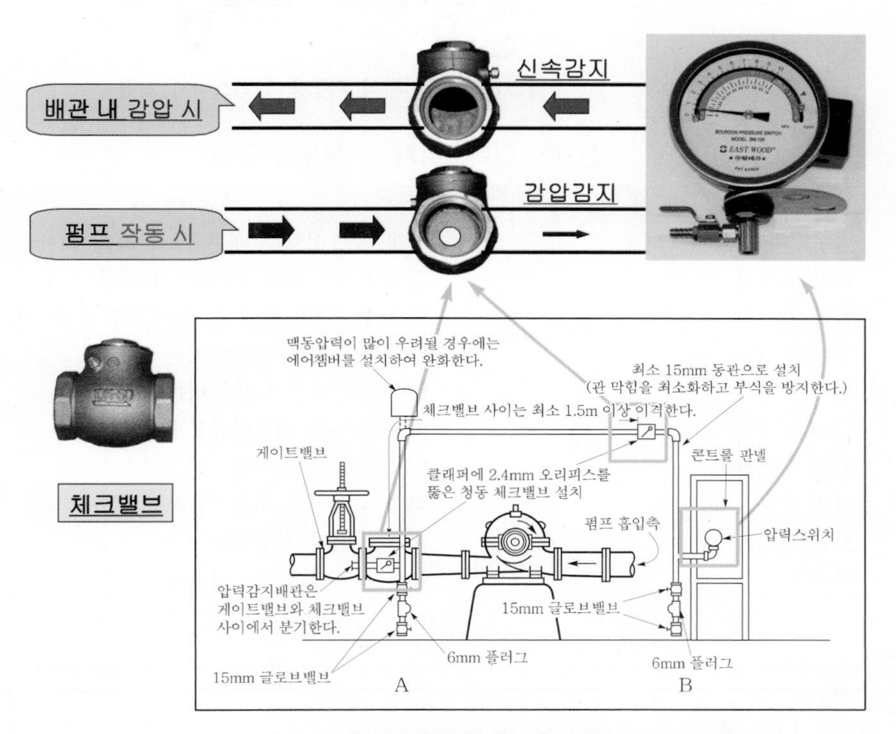

[그림 8] 연결배관의 체크밸브 동작

다. 기동용 압력스위치 설정방법

가) 전자식

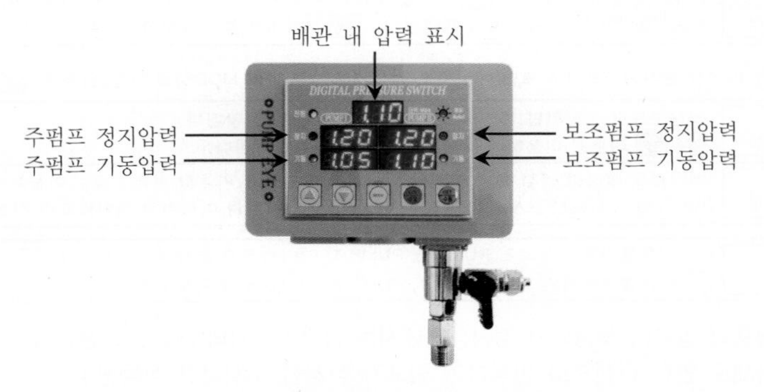

[그림 9] 전자식 기동용 압력스위치 외형

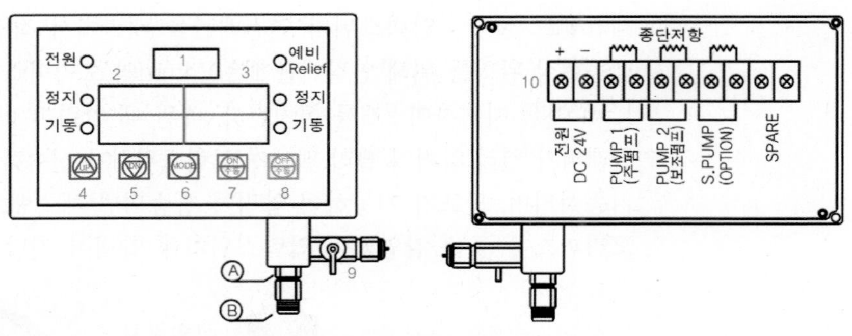

[그림 10] **전자식 기동용 압력스위치 외형**

[전자식 압력스위치 각 부분별 명칭]

번 호	명 칭	내 용
1	펌프 2차측 압력표시	현재 펌프 2차측 배관 내 압력을 표시
2	압력 표시창	펌프 1(주), 압력 설정값(기동/정지) 표시
3	압력 표시창	펌프 1(보조), 압력 설정값(기동/정지) 표시
4	입력값 상승	압력값을 상승시키는 버튼
5	입력값 하강	압력값을 하강시키는 버튼
6	MODE 버튼	버튼을 누를 때마다 MODE 변경
7	펌프 수동기동	펌프 수동기동 버튼
8	펌프 수동정지	펌프 수동정지 버튼/ 입력값 완료 버튼
9	시험밸브	배수를 하여 시험하는 밸브
10	단자대	수신반과 연결되는 단자대

[압력 설정 방법]

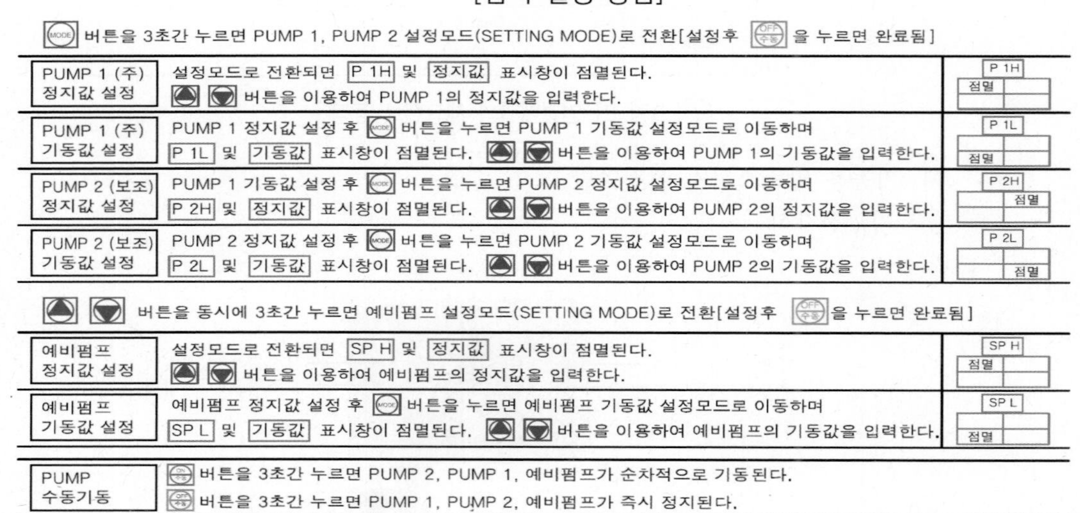

(MODE) 버튼을 3초간 누르면 PUMP 1, PUMP 2 설정모드(SETTING MODE)로 전환[설정후 (OFF 수동) 을 누르면 완료됨]

구분	내용	표시
PUMP 1 (주) 정지값 설정	설정모드로 전환되면 P 1H 및 정지값 표시창이 점멸된다. (▲) (▼) 버튼을 이용하여 PUMP 1의 정지값을 입력한다.	P 1H 점멸
PUMP 1 (주) 기동값 설정	PUMP 1 정지값 설정 후 (MODE) 버튼을 누르면 PUMP 1 기동값 설정모드로 이동하며 P 1L 및 기동값 표시창이 점멸된다. (▲) (▼) 버튼을 이용하여 PUMP 1의 기동값을 입력한다.	P 1L 점멸
PUMP 2 (보조) 정지값 설정	PUMP 1 기동값 설정 후 (MODE) 버튼을 누르면 PUMP 2 정지값 설정모드로 이동하며 P 2H 및 정지값 표시창이 점멸된다. (▲) (▼) 버튼을 이용하여 PUMP 2의 정지값을 입력한다.	P 2H 점멸
PUMP 2 (보조) 기동값 설정	PUMP 2 정지값 설정 후 (MODE) 버튼을 누르면 PUMP 2 기동값 설정모드로 이동하며 P 2L 및 기동값 표시창이 점멸된다. (▲) (▼) 버튼을 이용하여 PUMP 2의 기동값을 입력한다.	P 2L 점멸

(▲) (▼) 버튼을 동시에 3초간 누르면 예비펌프 설정모드(SETTING MODE)로 전환[설정후 (OFF 수동) 을 누르면 완료됨]

구분	내용	표시
예비펌프 정지값 설정	설정모드로 전환되면 SP H 및 정지값 표시창이 점멸된다. (▲) (▼) 버튼을 이용하여 예비펌프의 정지값을 입력한다.	SP H 점멸
예비펌프 기동값 설정	예비펌프 정지값 설정 후 (MODE) 버튼을 누르면 예비펌프 기동값 설정모드로 이동하며 SP L 및 기동값 표시창이 점멸된다. (▲) (▼) 버튼을 이용하여 예비펌프의 기동값을 입력한다.	SP L 점멸

구분	내용
PUMP 수동기동	(ON 수동) 버튼을 3초간 누르면 PUMP 2, PUMP 1, 예비펌프가 순차적으로 기동된다. (OFF 수동) 버튼을 3초간 누르면 PUMP 1, PUMP 2, 예비펌프가 즉시 정지된다.

주의 1. 펌프의 압력이 셋팅되고 정상상태에서는 압력스위치의 DC 24V 전원을 절대 단선시키지 말 것(사유 : 화재로 인한 단선으로 인식하여 펌프가 정지점 무시하고 작동됨.)

2. PUMP 1에는 주펌프, PUMP 2에는 보조펌프의 압력스위치를 연결할 것

나) 부르동관식 : 압력스위치의 커버를 열고 기동접점홀더의 나사를 풀어 기동하고자 하는 압력의 위치에 놓고 나사를 돌려 고정하고, 정지접점홀더의 나사를 풀어 정지하고자 하는 압력의 위치에 놓고 나사를 돌려 고정시키고 커버를 돌려 닫아 놓는다.

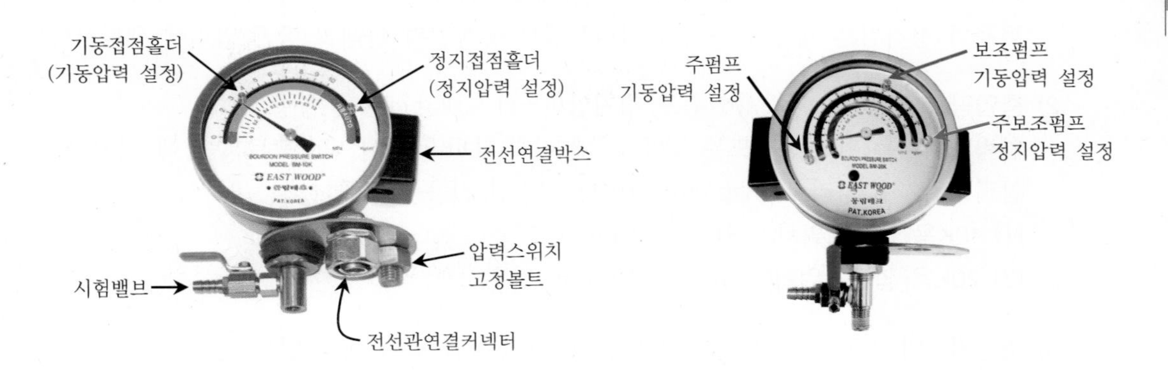

(a) 1접점용 : 펌프 1대 제어 (b) 2접점용 : 펌프 2대 제어

[그림 11] **부르동관식 기동용 압력스위치**

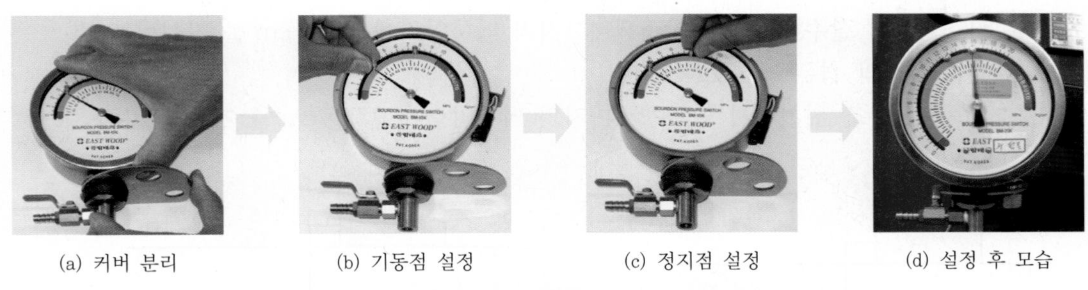

(a) 커버 분리 (b) 기동점 설정 (c) 정지점 설정 (d) 설정 후 모습

[그림 12] **부르동관식 기동용 압력스위치 압력설정 모습**

3. 펌프 자동정지 셋팅

소화펌프의 자동정지 셋팅은 2006년 12월 29일 이전 건축허가를 받은 특정소방대상물에 적용하며, 화재발생 등으로 배관 내의 압력이 설정압력 이하로 낮아지면 펌프는 자동으로 기동되며, 배관 내의 압력이 설정압력에 도달하면 자동으로 정지되는 방법이다. 펌프자동정지 셋팅 시의 주안점은 펌프의 정지점을 체절점 근처에 설정함으로써 펌프가 반복적으로 기동 · 정지되는 단속운전의 문제점을 해결하는 것으로서 일반적인 셋팅기준은 다음과 같다.

1) 주·충압펌프 정지점 : 릴리프밸브 동작압력 $-0.5kg/cm^2$ (셋팅 시 기준값)

화재발생 초기에 헤드 1개가 개방되거나 옥내소화전을 1개만 사용하는 경우 펌프 정격양정에 비해 소유량만을 사용하게 되므로 배관 내의 압력저하에 따라 펌프가 기동되면 순식간에 배관 내 압력은 체절압력 근처에 다다르게 되어 펌프는 잠시 정지한 후 압력저하에 따라 다시 기동되는 단속운전을 하게 되는데 이러한 현상을 해소하기 위하여 펌프의 정지점은 체절점 근처인 릴리프밸브 동작압력 아래의 직근 압력에 셋팅한다.

2) 충압펌프 기동점 : 주·충압펌프 정지압력 $-(1\sim3)kg/cm^2$

압력스위치는 "10K용" 또는 "20K용"에 따라 "DIFF"값이 다르므로 현장에 설치되는 압력스위치에 따라 $1\sim3kg/cm^2$ 사이의 적정한 값을 적용한다.

(1) 10K용 압력스위치(P/S) : $1\sim2kg/cm^2$ 적용

(2) 20K용 압력스위치(P/S) : $2\sim3kg/cm^2$ 적용

3) 충압펌프의 기동·정지점 : 주펌프의 기동·정지점 범위 내에 있을 것

4) 주펌프 기동점 : 충압펌프 기동압력 $-0.5kg/cm^2$ 이상

주펌프의 기동점은 다음 (1), (2)에 의한 산출값 중 큰 값보다 커야 한다. 셋팅 시 기준은 주·충압펌프 정지점이기 때문에 이 부분은 통상 만족이 된다.

(1) 최고위 살수헤드에서 압력챔버까지의 낙차압력에 $1.5kg/cm^2$를 가산한 압력 (옥내의 경우 : $+2kg/cm^2$)

(2) 옥상수조 위치에서 압력챔버까지의 낙차압력에 $0.5kg/cm^2$를 가산한 압력

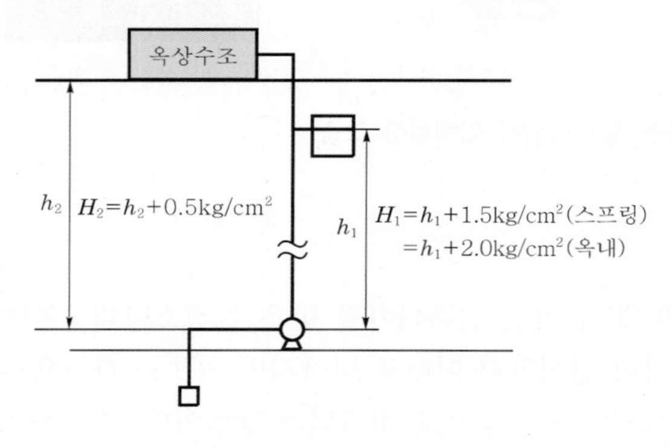

[그림 13] H_1이 높은 일반적인 예

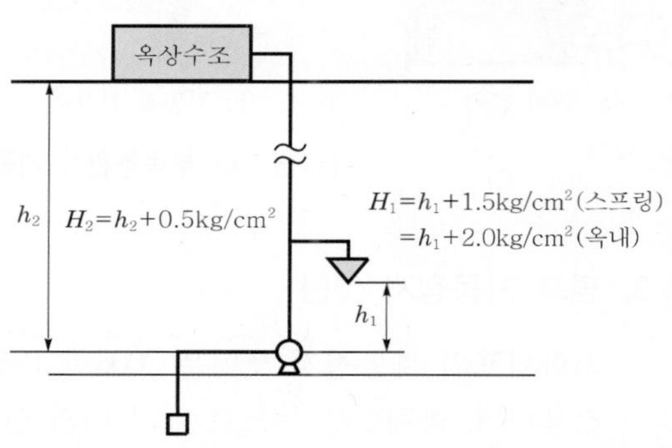

[그림 14] H_2가 높은 경우의 예

5) 주펌프를 분리하여 병렬로 설치 시 : 주펌프 Ⅰ, Ⅱ 기동압력차 $0.7kg/cm^2$

체절압력

릴리프밸브 작동압력

$+0.5kg/cm^2$

주펌프·충압펌프 정지점 : 릴리프밸브 작동압력 $-0.5kg/cm^2$

충압펌프 작동압력
① P/S 10K : (1~2)
② P/S 20K : (2~3)

충압펌프 기동점 : 주·충압펌프의 정지압력 $-1\sim3kg/cm^2$
※ ①, ② 값 중 선택(P/S의 DIFF 값에 따라 선택)

$+0.5kg/cm^2$ 이상

주펌프 기동점 : 충압펌프 기동압력 $-0.5kg/cm^2$ 이상

※ 주펌프의 기동값은 (1), (2) 중 큰 값보다 클 것
(1) 최고위 살수헤드에서 압력챔버까지의 낙차압력에 $1.5kg/cm^2$(옥내 : $+2kg/cm^2$)를 가산한 압력
(2) 옥상수조 위치에서 압력챔버까지의 낙차압력에 $0.5kg/cm^2$를 가산한 압력

[그림 15] **주펌프 자동정지(주펌프 1대, 충압펌프 1대)**

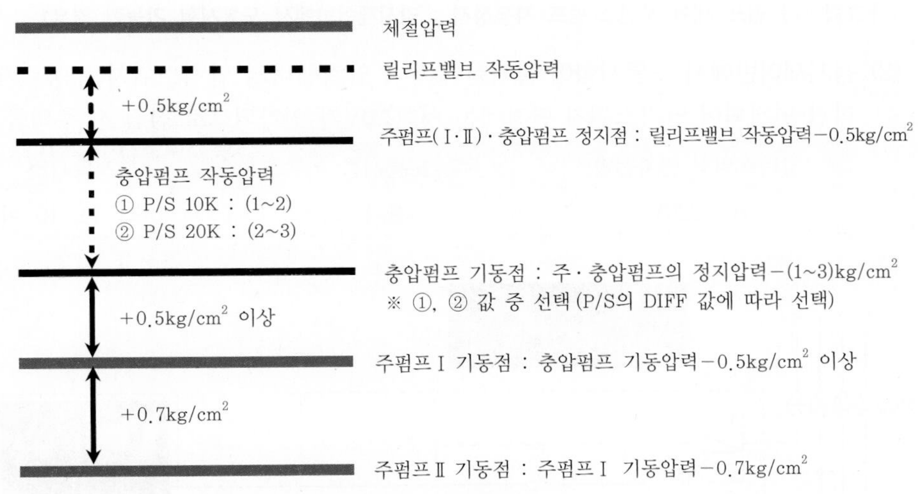

※ 주펌프 Ⅱ의 기동값은 (1), (2) 중 큰 값보다 클 것
(1) 최고위 살수헤드에서 압력챔버까지의 낙차압력에 $1.5kg/cm^2$(옥내 : $+2kg/cm^2$)를 가산한 압력
(2) 옥상수조 위치에서 압력챔버까지의 낙차압력에 $0.5kg/cm^2$를 가산한 압력

[그림 16] **주펌프 자동정지(주펌프 2대, 충압펌프 1대)**

6) 펌프 자동정지 시퀀스

(1) 감시제어반에서 도통시험이 가능한 경우 : 압력스위치의 단자에는 DC 24V가 인가되며 도통시험을 위한 종단저항이 설치된다.

압력스위치 단자전압	도통시험	적용시점
DC 24V	가능	1993. 11. 11 이후

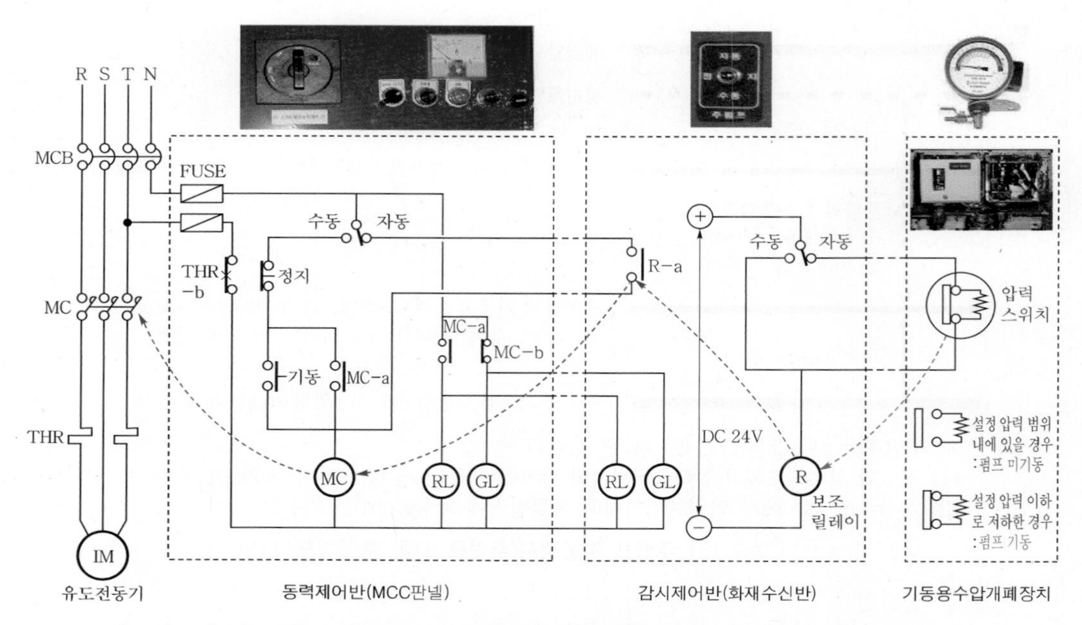

[그림 17] **펌프 제어 시퀀스(펌프 자동정지 ; 감시제어반에서 도통시험 가능한 경우)**

(2) 감시제어반에서 도통시험이 불가한 경우 : 압력챔버의 압력스위치는 동력제어반에 직접 연결되어 압력스위치 단자에는 AC 220V가 인가되므로 점검 시 주의를 요한다.

압력스위치 단자전압	도통시험	적용시점
AC 220V	불가	1993. 11. 10 이전

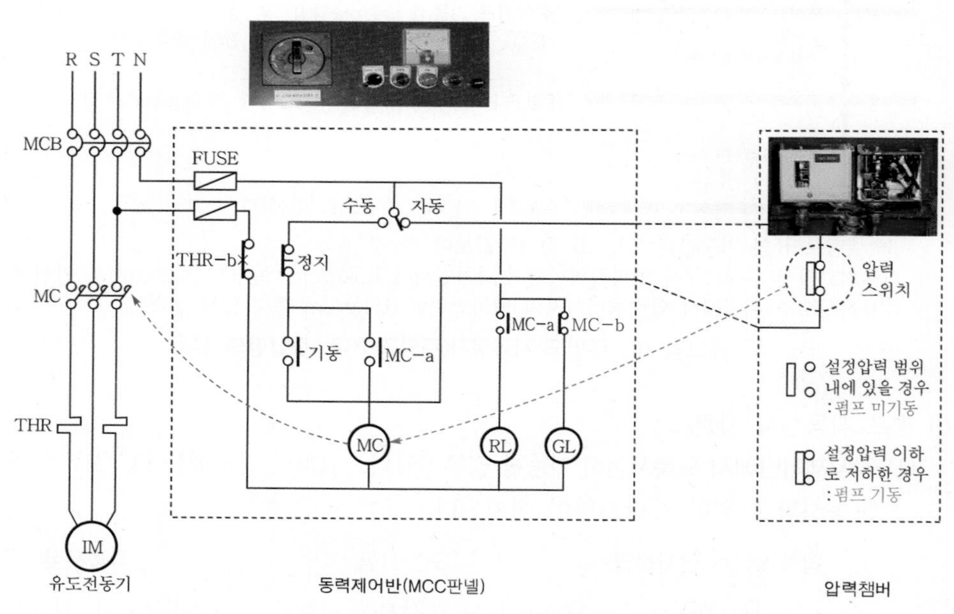

[그림 18] **펌프 제어 시퀀스(펌프 자동정지 ; 감시제어반에서 도통시험 불가한 경우)**

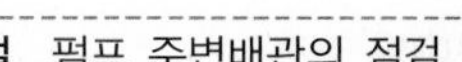

4. 펌프 수동정지 셋팅 방법

펌프 수동정지하는 방법을 압력스위치 자체 설정만으로 제어하는 기계적인 방법과 주펌프의 정지점을 펌프 정격양정에 설정하고 펌프가 한번 기동되면 계속 동작될 수 있도록 자기유지회로를 추가로 구성하는 전기적인 방법이 있다.

[펌프 수동정지 셋팅 방법의 구분]

구 분	기계적인 방법	전기적인 방법
기동용 수압개폐장치 ① 기동용 압력스위치 ② 압력챔버	주펌프 정지점 : 체절압력 이상에 셋팅 ⇒ 펌프 수동정지	주펌프 정지점 : 펌프 정격양정에 셋팅하고 주펌프 기동 시 정지되지 않도록 자기유지회로 설치 ⇒ 펌프 수동정지

1) 기계적인 방법

(1) 소화펌프를 수동으로 정지시키는 것은 주펌프의 정지점을 체절압력 이상에 셋팅을 하면 간단히 해결된다. 주펌프의 정지점을 체절압력 이상에 셋팅하여 배관 내 압력저하 시 한번 펌프가 기동이 되면 펌프는 체절압력 이상으로 올리지 못하므로 사람이 수동으로 정지하기 전까지는 계속하여 동작이 되는 방식이다.

(2) 셋팅기준

가. 주펌프 정지점 : 주펌프 체절압력 $+0.5\,kg/cm^2$

나. 충압펌프 정지점 : 주펌프 정지압력 $-1.5\,kg/cm^2$

다. 충압펌프 기동점 : 충압펌프 정지압력 $-1 \sim 2\,kg/cm^2$

라. 주펌프 기동점 : 충압펌프 기동압력 $-0.5\,kg/cm^2$

참고 주펌프의 기동압력은 1·2를 또한 만족하여야 한다. 셋팅기준은 주펌프 정지점이기 때문에 이 부분은 통상 만족이 된다.

1. 최고위 살수헤드에서 압력챔버까지의 낙차압력에 $1.5kg/cm^2$를 가산한 압력(옥내의 경우 : $+2kg/cm^2$)
2. 옥상수조 위치에서 압력챔버까지의 낙차압력에 $0.5kg/cm^2$를 가산한 압력

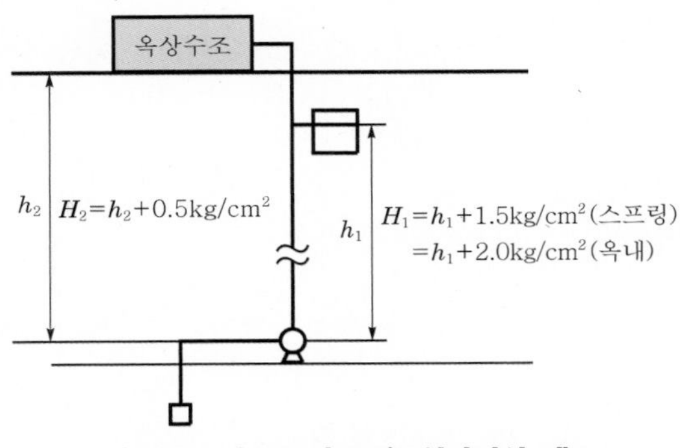

[그림 19] H_1이 높은 일반적인 예

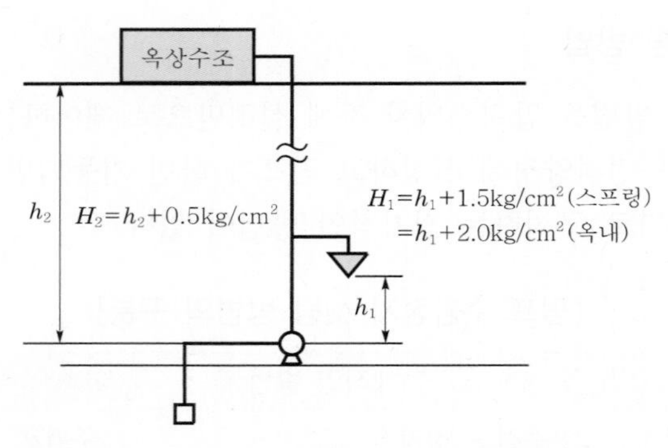

※ 참고 : 층수가 높고 지하층에만 소화설비가 설치된 경우에 해당

[그림 20] **H_2가 높은 경우의 예**

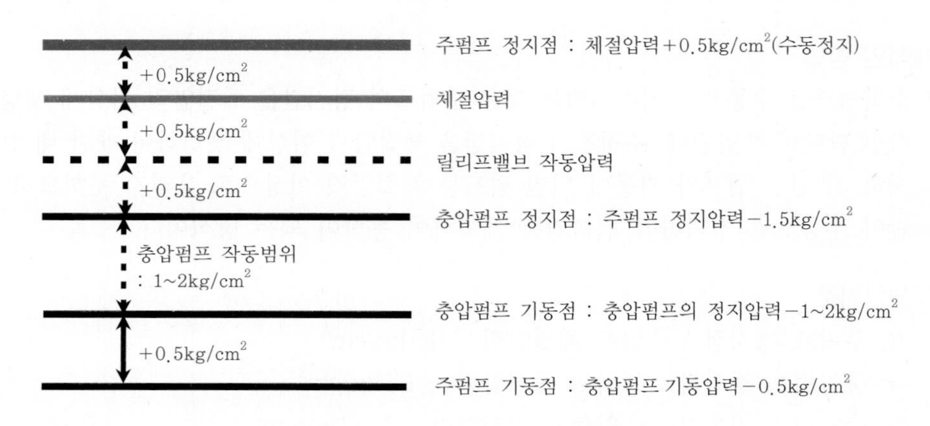

※ 주펌프의 기동값은 ①, ② 중 큰 값보다 클 것(만족)
① 최고위 살수헤드에서 압력챔버까지의 낙차압력에 $1.5kg/cm^2$(옥내 : $+2kg/cm^2$)를 가산한 압력
② 옥상수조 위치에서 압력챔버까지의 낙차압력에 $0.5kg/cm^2$를 가산한 압력

[그림 21] **펌프의 셋팅기준(주펌프 1대, 충압펌프 1대)**

※ 주펌프 Ⅱ의 기동값은 ①, ② 중 큰 값보다 클 것(만족)
① 최고위 살수헤드에서 압력챔버까지의 낙차압력에 1.5kg/cm^2(옥내 : +2kg/cm^2)를 가산한 압력
② 옥상수조 위치에서 압력챔버까지의 낙차압력에 0.5kg/cm^{2}를 가산한 압력

[그림 22] **펌프의 셋팅기준(주펌프 2대, 충압펌프 1대)**

2) 전기적인 방법

주펌프의 정지점을 펌프 전양정에 셋팅하고 자기유지회로를 감시제어반 또는 동력제어반에 구성하여 배관 내 압력이 설정압력 이하로 저하되어 펌프가 기동되면 자기유지회로에 의하여 펌프를 계속하여 동작시키는 방법이다.

동력제어반에 자기유지회로를 구성하면 동력제어반으로 이동하여야만 펌프를 정지시킬 수 있지만, 감시제어반에 자기유지회로를 구성하면 감시제어반과 동력제어반 어느 곳에서도 필요시 펌프를 정지시킬 수 있는 장점이 있으므로 자기유지회로는 대부분 감시제어반에 구성한다.

tip 자기유지접점이란?

릴레이(또는 전자접촉기)의 a접점을 이용하여 자기유지회로를 구성하면 한번의 동작신호로 릴레이가 여자(통전)되면 a접점이 자기유지하므로 다음 정지신호를 주기 전까지는 동작상태를 계속 유지하는 접점을 말한다.

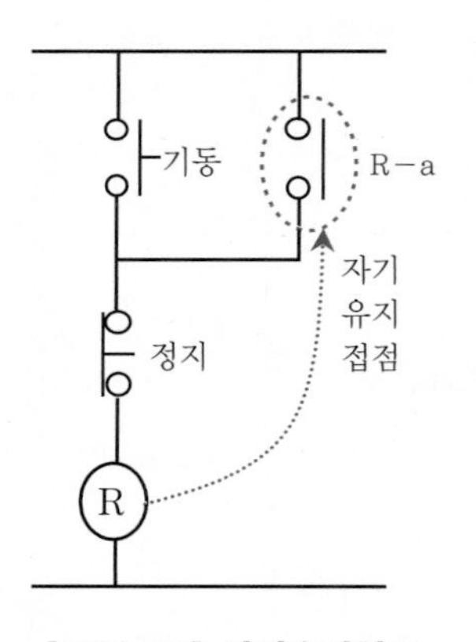

[그림 23] **자기유지회로**

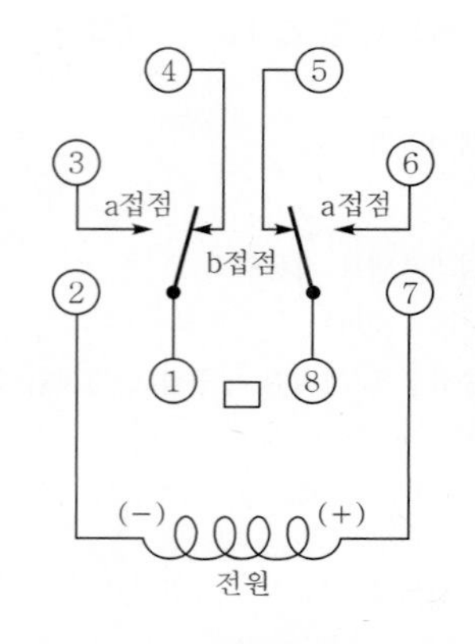

[그림 24] **릴레이 접점 구성**

[그림 25] **릴레이 외형**

(1) 셋팅기준

가. 주펌프 기동점 : 주펌프의 기동압력은 다음 중 높은 쪽으로 압력값이 저하하였을 때 기동되도록 함.(최소한 자연낙차압력을 극복하고 펌프를 기동시키고자 하는 개념)−셋팅 시 기준값

가) 최고위 살수헤드에서 압력챔버까지의 낙차압력에 1.5kg/cm^{2}를 가산한 압력 (옥내의 경우 : +2kg/cm^2)

나) 옥상수조 위치에서 압력챔버까지의 낙차압력에 0.5kg/cm^{2}를 가산한 압력

나. 주펌프 정지점 : 주펌프의 전양정 환산수두압(자기유지회로 구성으로 인한 수동정지)

다. 충압펌프 기동점 : 주펌프의 기동압력+0.5kg/cm^2

라. 충압펌프 정지점 : 주펌프의 전양정 환산수두압

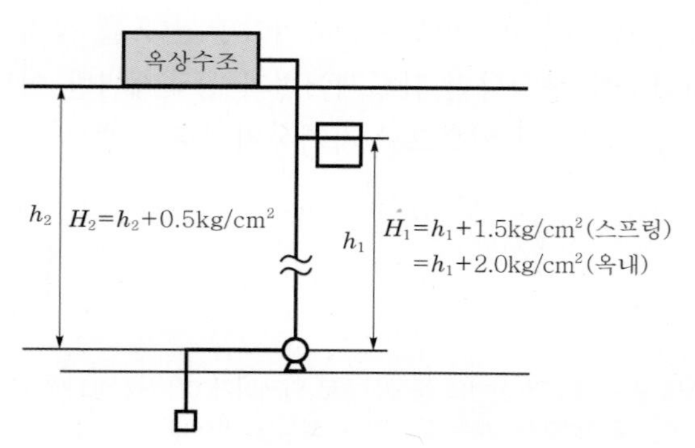

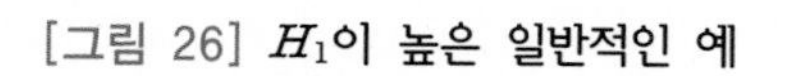

[그림 26] H_1이 높은 일반적인 예

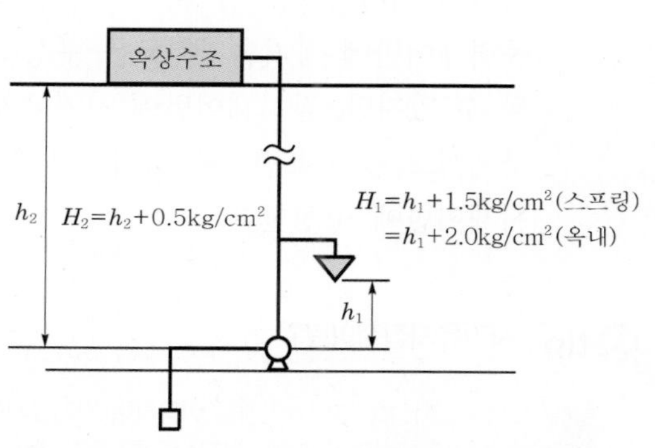

※ 참고 : 층수가 높고 지하층에만 소화설비가 설치된 경우에 해당

[그림 27] H_2가 높은 경우의 예

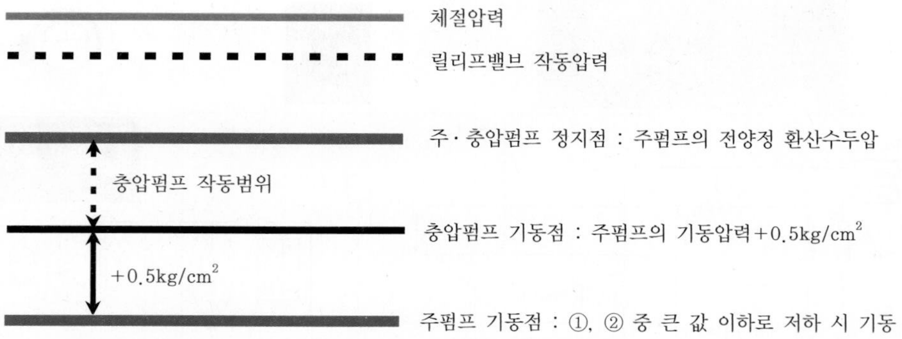

체절압력
릴리프밸브 작동압력
주·충압펌프 정지점 : 주펌프의 전양정 환산수두압
충압펌프 작동범위
충압펌프 기동점 : 주펌프의 기동압력+0.5kg/cm²
+0.5kg/cm²
주펌프 기동점 : ①, ② 중 큰 값 이하로 저하 시 기동

① 최고위 살수헤드에서 압력챔버까지의 낙차압력에 1.5kg/cm^2(옥내 : +2kg/cm^2)를 가산한 압력
② 옥상수조 위치에서 압력챔버까지의 낙차압력에 0.5kg/cm^2를 가산한 압력

[그림 28] **자기유지회로 구성 시 펌프의 셋팅기준(주펌프 1대, 충압펌프 1대)**

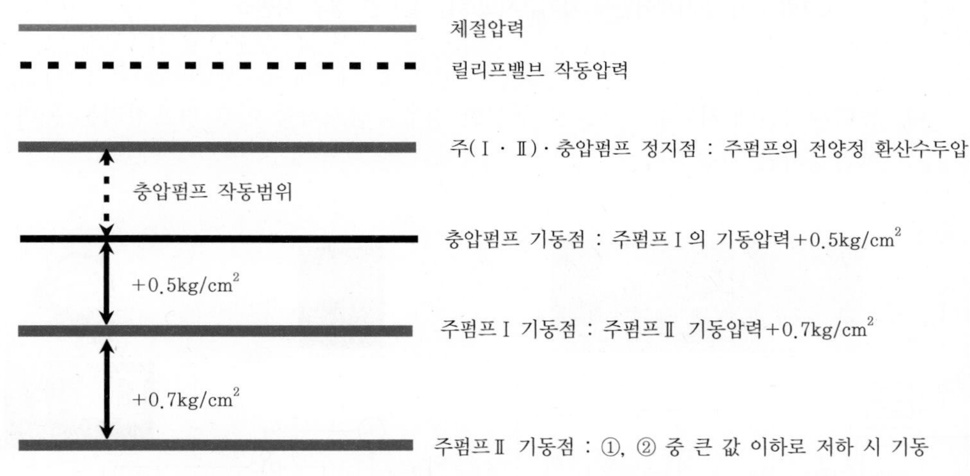

체절압력
릴리프밸브 작동압력
주(Ⅰ · Ⅱ)·충압펌프 정지점 : 주펌프의 전양정 환산수두압
충압펌프 작동범위
충압펌프 기동점 : 주펌프Ⅰ의 기동압력+0.5kg/cm²
+0.5kg/cm²
주펌프Ⅰ 기동점 : 주펌프Ⅱ 기동압력+0.7kg/cm²
+0.7kg/cm²
주펌프Ⅱ 기동점 : ①, ② 중 큰 값 이하로 저하 시 기동

① 최고위 살수헤드에서 압력챔버까지의 낙차압력에 1.5kg/cm^2(옥내 : +2kg/cm^2)를 가산한 압력
② 옥상수조 위치에서 압력챔버까지의 낙차압력에 0.5kg/cm^2를 가산한 압력

[그림 29] **자기유지회로 구성 시 펌프의 셋팅기준(주펌프 2대, 충압펌프 1대)**

(2) 작동 시퀀스

가. 감시제어반에 자기유지회로를 구성한 경우(대부분 현장에 적용됨) : 펌프작동 이후 펌프정지는 감시제어반 또는 동력제어반 어느 곳에서도 제어가 가능하다.

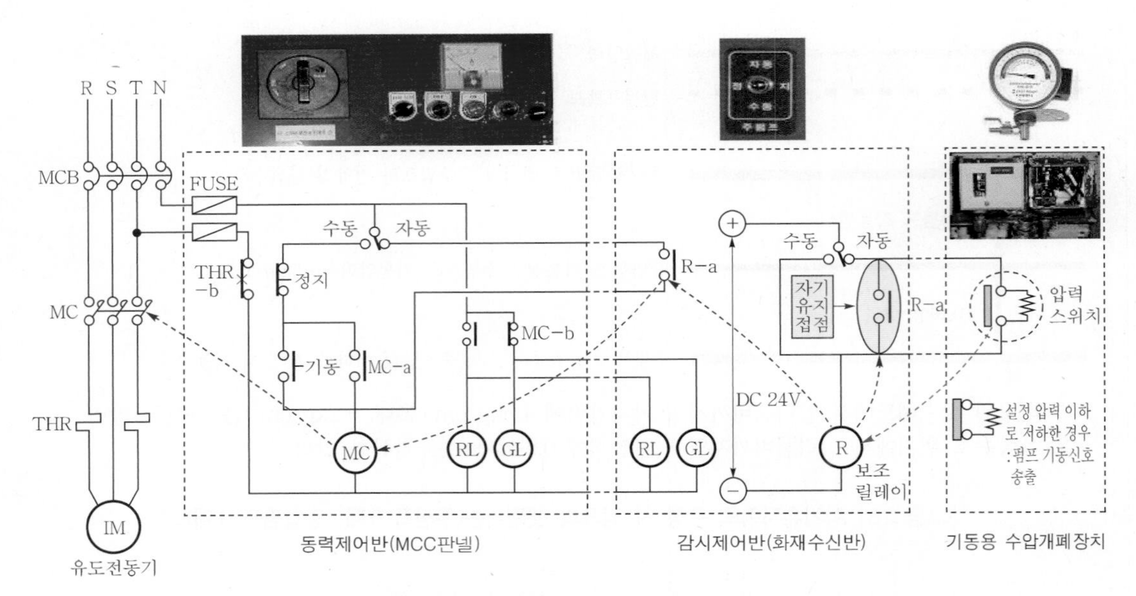

[그림 30] 감시제어반에 자기유지회로를 설치한 경우 시퀀스

나. 동력제어반에 자기유지회로를 구성한 경우 : 펌프작동 이후 펌프정지는 동력제어반에서만 가능하다.

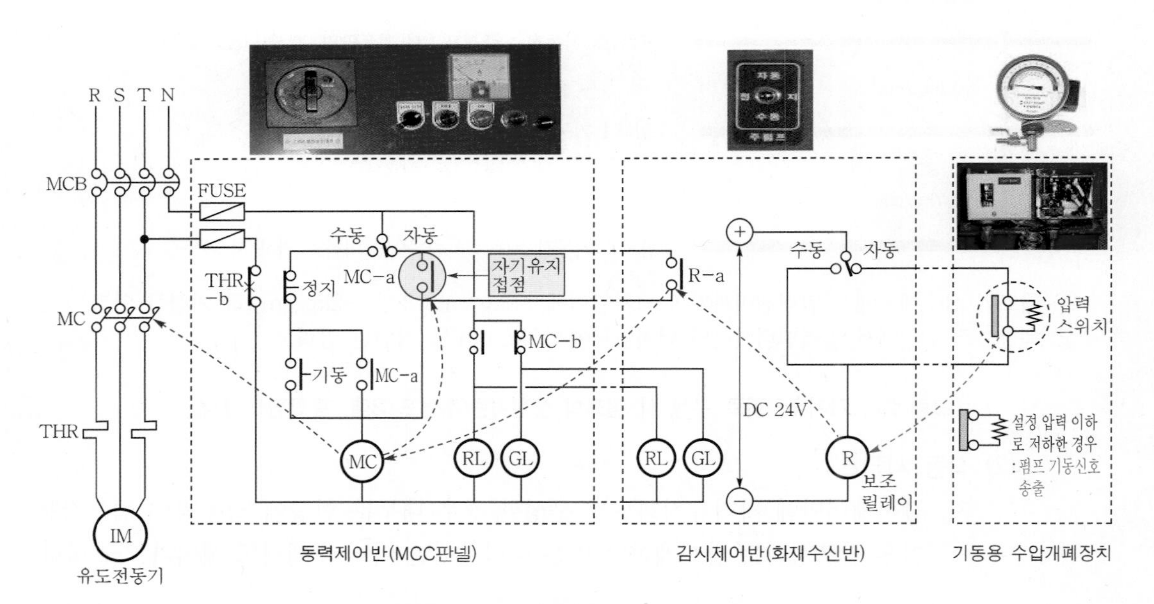

[그림 31] 동력제어반에 자기유지회로를 설치한 경우 시퀀스

5. 기동방식 선정 시 고려사항(펌프 수동정지 시 발생되는 문제점 및 대책)

1) 과압방지대책

엔진펌프는 연료공급이 순간적으로 과도하게 공급되는 경우 회전수가 급상승하여 설비의 최대사용압력을 초과할 수 있다. 따라서 엔진펌프를 설치하는 경우와 소화펌프의 체절운전 시 설비의 내압을 초과하는 경우에는 펌프와 시스템 보호를 위하여 순환릴리프밸브와 압력릴리프밸브를 설치한다.

(1) **순환릴리프밸브(Circulation Relief Valve)**[5] : NFPA 20에서 제시하는 순환릴리프밸브(Circulation Relief Valve)로 이는 국내에서 순환배관과 유사한 것으로서, 체절운전 시 펌프를 보호하기 위한 목적으로 펌프와 체크밸브 사이에서 분기한 순환배관에 체절압력 미만에서 개방되는 릴리프밸브를 설치한다.

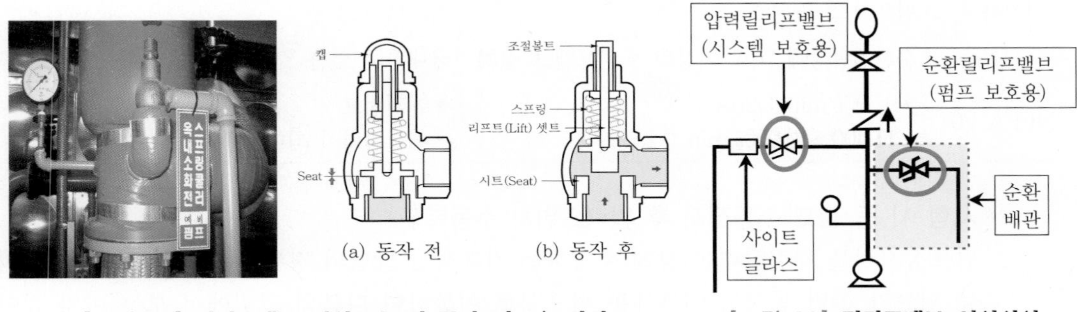

[그림 32] **릴리프밸브 설치모습 및 동작 전·후 단면**

[그림 33] **릴리프밸브 설치위치**

(2) **압력릴리프밸브(Pressure Relief Valve)**[6] : 국내 기준에는 없으나 NFPA 20에서는 엔진펌프를 사용하는 경우와 소화펌프 체절운전 시 설비의 내압을 초과하는 경우에는 체절운전 시 시스템을 보호하기 위한 목적으로 펌프와 체크밸브 사이에서 분기하여 체절압력 미만에서 개방되는 압력릴리프밸브(Pressure Relief Valve)를 설치하도록 되어 있다.

[그림 34] **다이어프램타입 압력릴리프밸브 외형**

---

5) NFPA 20 (Installation of stationary pump for fire protection) 2007 edition : 5.11 Circulation Relief Valve
6) NFPA 20 (Installation of stationary pump for fire protection) 2007 edition : 5.18 Relief Valves for Centrifugal Pumps

[그림 35] 스프링타입 압력릴리프밸브 외형

[릴리프밸브의 종류]

구 분	순환릴리프밸브 (Circulation Relief Valve)	압력릴리프밸브 (Pressure Relief Valve)
설치목적	펌프 보호용	시스템 보호용
국내기준	순환배관상에 20A 이상의 릴리프밸브 설치	국내기준 없음.
NFPA 20	• 9,500l/min : 20A • 11,400～19,000l/min : 25A	• 엔진펌프 • 체절압력이 최대사용압력을 초과하는 경우

2) 시험 시 등 펌프 수동정지 후 압력스위치 수동복구

펌프정지점을 체절압력 이상에 셋팅하는 기계적인 방법의 경우에는 화재 또는 시험 시 등 펌프가 한번 동작된 이후에는 펌프실로 이동하여 다음의 그림에서 보는 바와 같이 압력챔버의 압력스위치(또는 기동용 압력스위치)의 커버를 분리 후 수동으로 복구를 해주어야 하는 번거로운 문제점이 있다는 부분도 고려해야 할 사항이다.

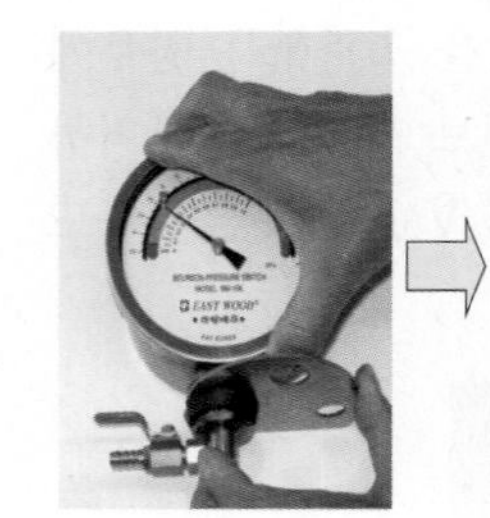

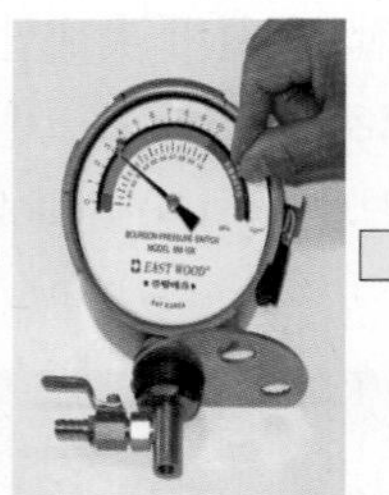

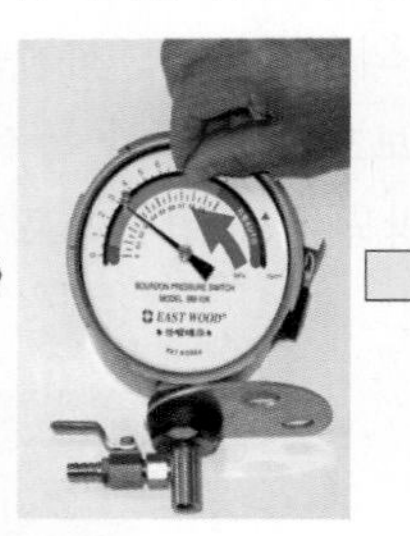

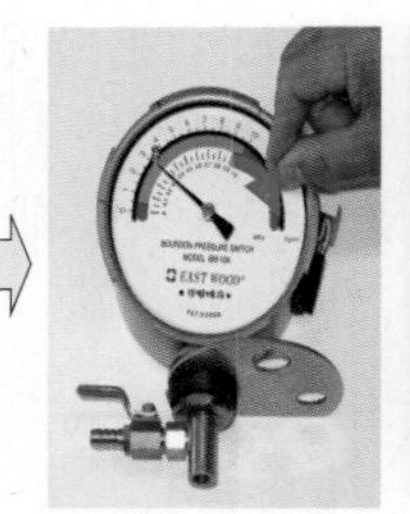

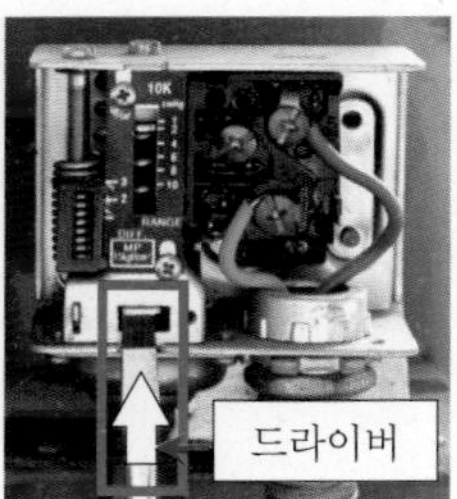

(a) 기동용 압력스위치 (b) 압력스위치

[그림 36] 기계적인 방법으로 셋팅 시 펌프 수동정지 후 압력스위치 수동복구 모습

반면 펌프정지점을 펌프 전양정에 셋팅하는 전기적인 방법의 경우에는 배관 내 압력이 짧은 시간에 체절점 근처까지 상승하기 때문에 압력스위치는 자동으로 복구되므로 자기유지회로를 복구할 수 있는 스위치를 조작한 후 펌프 자동전환이 가능하다.

소화펌프 자기유지를 해제할 수 있는 수동정지스위치는 다음과 같이 별도의 스위치를 설치하거나 복구스위치를 누르는 등 제조사마다 다양하게 구현된다.

[그림 37] 전기적인 방법으로 셋팅 시 감시제어반 내 펌프 수동정지스위치

6. NFPA 20의 펌프압력 셋팅기준

1) 충압펌프 정지점은 펌프의 체절압력에 최소 급수정압을 더한 것과 같다.
2) 충압펌프 기동점은 충압펌프의 정지점보다 적어도 10PSI 이상 낮아야 한다.
3) 주펌프 기동점은 충압펌프의 기동점보다 적어도 5PSI 이상 낮아야 한다.
4) 펌프가 추가될 경우에는 각 펌프당 10PSI를 추가한다.
5) 주펌프 정지점은 수동정지가 원칙이며, 최소 운전시간이 정해진 펌프의 경우는 해당 압력에 도달한 후에도 계속하여 작동하여야 한다. 단, 최종압력은 설비의 허용압력을 초과하지 않도록 해야 한다.

tip 최소 급수정압(the Minimum Static Supply Pressure)

펌프에 흡입되는 급수압력을 의미하며, 상수도 배관을 흡입측에 직결하는 경우에는 고려되어야 하지만, 국내의 경우 거의 없기 때문에 고려하지 않아도 된다.

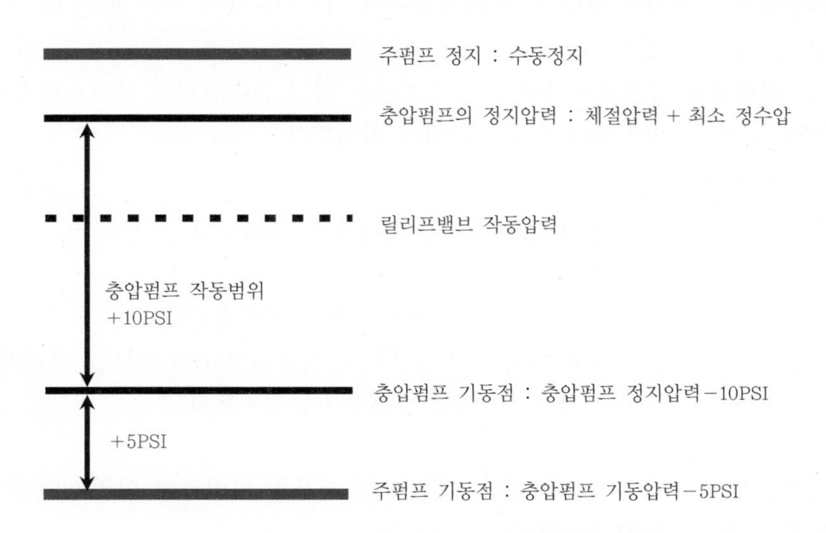

[그림 38] NFPA 20의 펌프압력 셋팅기준

7. 압력스위치 설정압력 적정 여부 확인 방법

점검현장에서 기동용 수압개폐장치에 각 펌프의 기동・정지 압력을 셋팅 완료한 후에 적정하게 셋팅이 되었는지 확인하는 방법에 대해 알아보자.

1) 압력챔버가 설치된 펌프 자동정지 방식의 경우

산출한 펌프의 기동・정지점이 맞게 셋팅이 되었는지 다시 한번 확인하고, 압력챔버의 압력계의 지침이 충압펌프의 기동・정지점 범위 내에 있는지 확인하고 점검에 임한다.

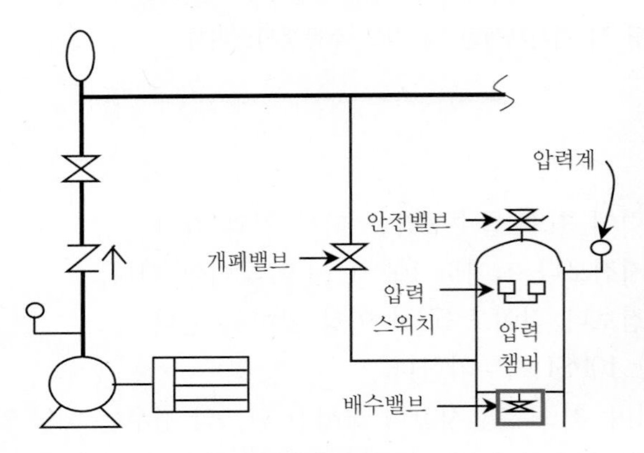

[그림 39] **압력챔버 주변배관**

[그림 40] **압력챔버 배수밸브 개방**

(1) 점검 전 안전조치

가. 노후된 건물에 습식 스프링클러가 설치된 대상의 경우 유수검지장치 1차측 밸브 폐쇄 : 노후된 건물에 습식 스프링클러설비가 설치된 경우 펌프에서 헤드까지 가압수로 채워져 있으며 배관의 부식과 평상시 수압과 수격에 의한 스트레스가 쌓여 있는 상태에서 용량이 큰 소화펌프가 기동함으로써 배관 또는 헤드에 손상을 줄 우려가 있기 때문이다.

나. 점검 전 압력챔버 공기교체 실시 : 점검 시에는 항상 압력챔버의 압력스위치에 압력셋팅을 하기 전에 챔버의 공기교체를 실시한다.

(2) 충압펌프 압력스위치 확인 방법

가. 준비 : 주펌프는 정지시키고 충압펌프만 자동으로 전환한다.

나. 작동

가) 압력챔버 하부의 배수밸브를 개방하여 압력을 저하시킨다.

나) 기동압력까지 압력이 저하되어 충압펌프가 기동되면 배수밸브를 잠근다.

다) 설정압력까지 압력을 채운 뒤 충압펌프는 자동정지된다.

다. 확인

가) 충압펌프가 기동・정지될 때의 압력계의 지침을 확인하여 압력스위치에 맞게 설정되었는지 확인한다.

나) 충압펌프의 기동·정지점은 주펌프의 기동·정지점 범위 내에 있는지 확인한다.

(3) **주펌프 압력스위치 확인 방법**

가. 준비 : 충압펌프는 정지시키고 주펌프만 자동으로 전환한다.

나. 작동

가) 압력챔버 하부의 배수밸브를 개방하여 압력을 저하시킨다.

나) 기동압력까지 압력이 저하되어 주펌프가 기동되면 배수밸브를 잠근다.

다) 설정압력까지 압력을 채운 뒤 주펌프는 자동정지된다.

다. 확인 : 주펌프가 기동·정지될 때의 압력계의 지침을 확인하여 압력스위치에 맞게 설정되었는지 확인한다.

(4) **주·충압펌프를 모두 자동전환하고 확인하는 방법** : 주·충압펌프를 모두 자동으로 놓고 시험할 경우에는 각 펌프의 기동·정지가 짧은 순간에 이루어지므로 각 펌프의 기동·정지점을 확인하는 데 어려움이 있다. 따라서 각각의 펌프에 대하여 셋팅 적정 여부를 확인하고 나서 주·충압펌프 자동상태에서 배관 내 물을 배수시켜 펌프가 순차적으로 기동이 되는지를 확인한다.

가. 준비 : 주·충압펌프를 자동위치로 전환한다.

나. 작동 및 확인

가) 압력챔버의 배수밸브를 개방하여, 주·충압펌프가 기동할 때의 압력을 확인·기록한다.

나) 주·충압펌프가 기동되면 압력챔버의 배수밸브를 잠그고, 주·충압펌프가 정지될 때의 압력을 확인·기록한다.

다. 판정

가) 펌프의 기동·정지 압력 적정 여부 : 설정된 펌프의 기동·정지 압력에서 펌프가 정확히 기동·정지되면 정상이다.

나) 주·충압펌프 기동순서 적정 여부 : 충압펌프의 기동·정지점은 주펌프의 기동·정지점 범위 내에 있어야 하므로 배수밸브를 열었을 때 충압펌프가 먼저 기동되고 잠시 후 주펌프가 기동되면 정상이다.

2) 기동용 압력스위치가 설치된 펌프 자동정지 방식의 경우

기동용 압력스위치는 각 펌프의 토출측 개폐밸브와 체크밸브에 설치되므로 각 펌프마다 펌프 토출측 개폐밸브를 잠그고 압력스위치 연결배관에 설치된 시험용 글로브밸브를 개방하여 실시한다.

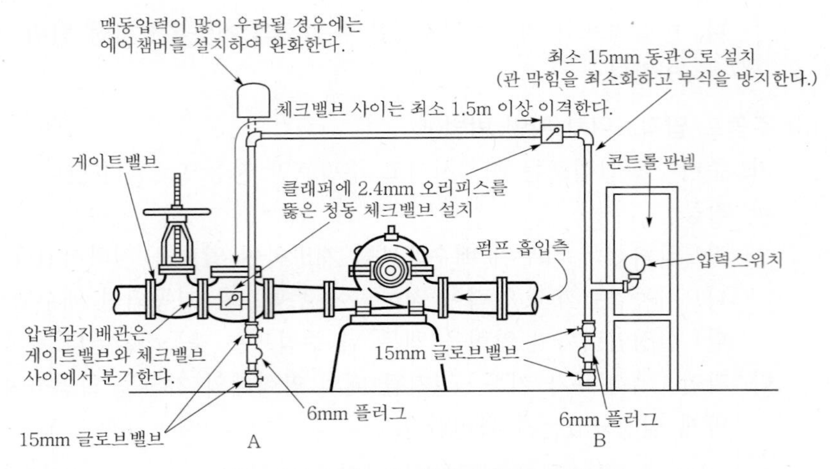

[그림 41] **기동용 압력스위치 주변배관**

(1) 준비 : 시험하고자 하는 펌프를 자동전환한다.

(2) 작동

가. 기동용 압력스위치 연결배관에 설치된 시험용 글로브밸브를 개방하여 압력을 저하시킨다.

나. 기동압력까지 압력이 저하되어 펌프가 기동되면 글로브밸브를 잠근다.

다. 설정압력까지 압력을 채운 뒤 펌프는 자동정지된다.

(3) 확인

가. 펌프가 기동·정지될 때의 압력계의 지침을 확인하여 압력스위치에 맞게 설정되었는지 확인한다.

나. 충압펌프의 기동·정지점은 주펌프의 기동·정지점 범위 내에 있는지 확인한다.

3) 펌프 수동정지 방식의 경우

충압펌프는 자동정지되므로 주펌프에 대해서만 실시한다.

(1) 준비 : 주펌프만 자동전환한다.

(2) 작동 : 압력챔버 배수밸브를 개방하여 주펌프가 기동할 때의 압력을 확인한다.

(3) 확인

가. 주펌프에 설정된 기동압력에서 기동하는지 확인한다.

나. 주펌프가 자동으로 작동된 이후에 수동으로 정지할 때까지 지속적으로 동작되는지 확인한다.

4 펌프실 점검순서

소화펌프의 점검순서는 점검자에 따라 약간의 차이는 있겠으나, 일반적인 펌프실의 점검순서를 기술하니 점검업무 수행 시 참고하기 바란다.

참고 점검자 배치 : 제어반 1명, 펌프실 2명 위치

1. 제어반 펌프 제어스위치(펌프정지 위치로 전환)

1) 감시제어반
   펌프 운전 선택스위치 및 부저스위치를 정지위치로 전환

2) 동력제어반
   펌프 운전 선택스위치 수동위치로 전환

[그림 1] **감시제어반 펌프 · 부저 정지위치로 전환**

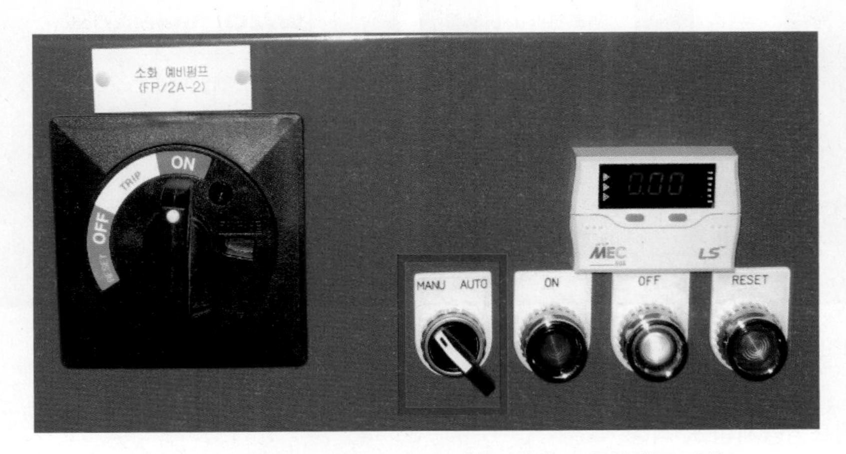

[그림 2] **동력제어반 펌프 운전 선택스위치 수동위치로 전환**

2. 압력챔버 에어 교체

압력챔버의 물을 배수하는 시간이 약 5~10분 정도 소요되므로, 펌프성능시험 실시 전에 압력챔버 하부의 배수밸브와 상부의 안전(밴트)밸브를 개방하여 압력챔버 내 물을 배수한다.

[그림 3] **압력챔버 급수밸브 차단모습**

[그림 4] **압력챔버 배수밸브 개방모습**

3. 펌프성능시험표 작성

1) 명판 확인

펌프의 명판을 보고 정격 토출량·양정 및 동력 등을 확인한다.

[그림 5] **주펌프 설치사진**

[그림 6] **주펌프 명판**

2) 펌프성능시험표 작성

미리 파악한 자료를 기초로 성능시험을 위한 시험표를 작성한다.

[펌프성능시험 결과표 예]

※ 가정 : 펌프 토출량 : 1,000l/min, 전양정 : 100m

구 분		체절운전	정격운전 (100%)	정격유량의 150% 운전	적정 여부	
토출량 (l/min)		0	1,000	1,500	① 체절운전 시 토출압은 정격토출압의 140% 이하일 것( )	• 설정압력 :
토출압 (MPa)	이론치	1.4	펌프성능시험 전에 작성 1.0	0.65	② 정격운전 시 토출량과 토출압이 규정치 이상일 것( ) (펌프 명판 및 설계치 참조)	• 주펌프 - 기동: MPa - 정지: MPa
	실측치		펌프성능시험 실측치 기록		③ 정격토출량 150%에서 토출압이 정격토출압의 65% 이상일 것( )	• 충압펌프 - 기동: MPa - 정지: MPa

※ 릴리프밸브 작동압력 : MPa

참고 1. 상기 성능시험표의 이론치에 해당하는 부분은 점검표에는 없으나, 현장에서는 펌프성능시험 시 판정 기준이 되므로 통상 펌프성능시험 전에 작성을 해 놓는다.
2. 실측치는 펌프성능시험 시 실측치를 기록한다.

3) 유량계에 정격토출량(100%)과 150% 유량 표시

원활한 펌프성능시험 진행을 위해 사전에 네임펜 등을 이용하여 각 펌프의 유량계에 100%, 150% 유량을 표시해 놓는다. 또한 소화펌프의 현황을 성능시험배관에 네임펜 등으로 기록을 해 두면 차기 점검 및 유지관리 시 용이하다.

[그림 7] **펌프성능시험배관**

[그림 8] **유량계에 100%, 150% 표기**

4. 펌프 토출측 밸브 폐쇄

1) 각 펌프 흡입측 및 토출측에 설치된 탬퍼스위치 기능 확인(감시제어반과 무전을 통해 확인)
2) 각 펌프 토출측 밸브를 폐쇄시켜 놓는다.

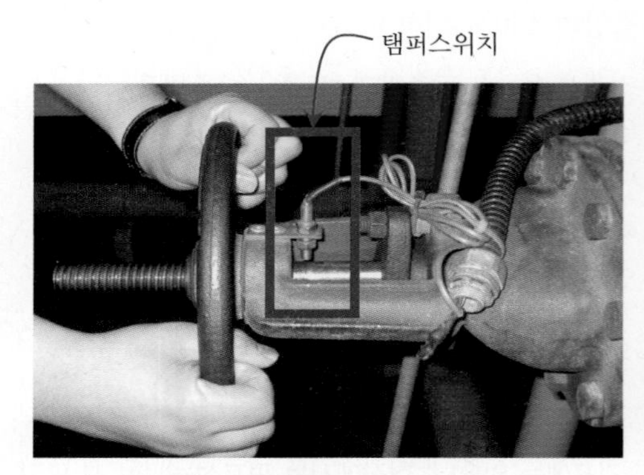

[그림 9] **탬퍼스위치 점검모습**

[그림 10] **펌프 토출측 밸브를 폐쇄한 모습**

5. 집수정의 위치 및 크기 확인

펌프성능시험 시 많은 물이 배수되지만, 통상 집수정의 크기와 배수펌프 용량이 작기 때문에 짧은 시간의 성능시험 시에도 집수정이 넘치는 경우가 종종 있으므로 집수정의 위치와 크기를 사전에 확인하고, 배수처리 관계를 확인해 가면서 점검에 임한다. 간혹 배수상황을 점검하지 않고 펌프성능시험에만 집중하여 시험을 계속하다 보면 배수가 되지 않아 펌프실 바닥에 물이 차는 경우를 종종 경험하게 된다.

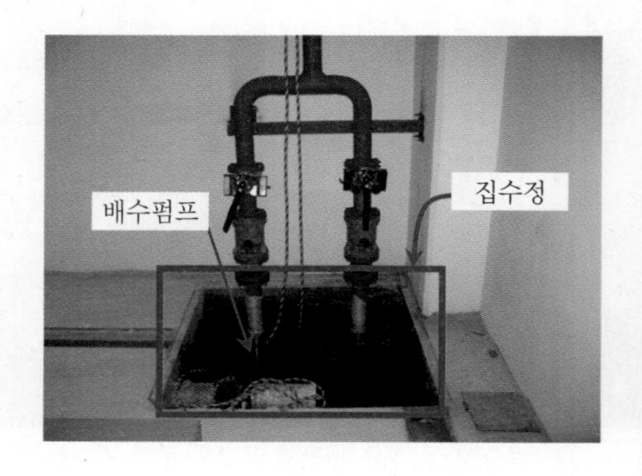

[그림 11] **펌프실에 설치된 집수정과 배수펌프**

6. 펌프계통이 맞는지 확인

현장에 설치된 펌프가 감시제어반과 동력제어반에서 계통이 맞지 않게 표시된 경우를 볼 수 있는데, 점검 전에 각 펌프를 수동으로 순간기동(약 0.5초 정도 짧게 기동)하여 감시제어반과 동력제어반 그리고 펌프의 계통이 바른지 확인한다. 특히 신축건축물에서 펌프 설치대수가 많은 경우 반드시 확인 후 점검에 임한다. 펌프성능시험 시 시험하고자 하는 펌프가 아닌 다른 펌프가 기동이 되는 경우를 점검 시 간혹 볼 수 있으므로 유의해야 할 사항이다.

7. 펌프성능시험 실시

1) 펌프성능시험 시 펌프제어 위치

(1) **동력제어반에서 펌프제어** : 펌프성능시험 시 동력제어반에서 펌프를 제어하는 것이 일반적이다. 왜냐하면 펌프와 동력제어반은 통상 가까운 거리에 설치되어 있어 펌프성능시험을 하는 점검원을 직접 보면서 펌프제어를 할 수 있으며, 점검 시 문제가 발생하더라도 무전이 아닌 즉시 감시가 되기 때문에 신속한 조치가 가능하기 때문이다.

(a) 펌프제어 모습

(b) 차단기 ON

(c) 선택스위치 수동전환

(d) 펌프기동 시 ON 스위치 누름

(e) 펌프정지 시 OFF 스위치 누름

[그림 12] **동력제어반에서 펌프를 제어하는 경우**

(2) **감시제어반에서 펌프제어** : 동력제어반이 기계실 내에 있어 소음이 너무 커서 무전이 어려운 경우 등 부득이한 경우에는 감시제어반에서 펌프를 제어할 수도 있다. 이 경우에는 동력제어반의 펌프운전 선택스위치를 자동의 위치로 전환하고, 감시제어반에서는 정지의 위치에 놓고, 펌프성능시험원의 무전요청에 따라 펌프를 수동으로 기동시키고자 할 때는 운전선택스위치를 수동위치로 전환하여 기동시키고, 펌프를 정지시키고자 할 때는 펌프운전 선택스위치를 정지위치로 전환하여 정지시켜 펌프를 제어하게 된다.

"자동" 위치	점검 후 자동운전 위치로 전환
"정지" 위치	펌프를 정지시키고자 할 때 전환
"수동" 위치	펌프를 수동으로 기동시키고자 할 때 전환

[그림 13] 감시제어반 펌프운전 선택스위치의 외형 및 기능

2) 펌프성능시험 실시

(1) 체절운전 : 체절운전 시의 체절압력 기재, 릴리프밸브 셋팅 및 작동압력 확인
(2) 정격운전 : 정격부하운전 시의 압력확인
(3) 최대부하운전 : 최대부하운전 시의 압력확인

3) 판정

펌프성능시험 결과표를 보고 이상 유무를 판정한다.

8. 펌프셋팅 및 확인

1) 펌프 압력셋팅

도면을 참고하여 각 설비의 펌프 기동점과 정지점을 파악하여 압력스위치에 정확히 셋팅이 되었는지 확인하고 그렇지 않을 경우 재셋팅한다.

2) 펌프 압력셋팅 확인

펌프 압력셋팅이 완료되면 설정압력에서 작동·정지되는지를 압력챔버 하단의 배수밸브를 개방시키는 등의 조치를 통해 배관 내 압력을 저하시켜 확인한다.

9. 물올림탱크 확인

수조의 설치위치가 펌프의 설치위치보다 낮은 경우 물올림탱크가 설치되는데, 물올림탱크의 설치상태, 외형 및 기능의 이상 유무를 확인한다.

10. 수조 확인

수조의 유효수량은 적정한지, 저수위 경보스위치 작동상태 및 표지부착 상태 등을 확인한다.

11. 원상복구

펌프실의 점검이 완료되면 모든 밸브와 스위치를 정상상태로 복구하여 놓는다.

[그림 14] 동력제어반 차단기 ON, 선택스위치 자동위치로 전환

[그림 15] 감시제어반 펌프운전 선택스위치 자동위치로 전환

5 펌프 주변배관의 고장진단

1. 방수시험 시 펌프가 기동하지 않았을 경우의 원인 [9회 10점]

1) 상용전원이 정전된 경우

2) 상용전원이 차단된 경우
⇒ 트립된 전원공급용 차단기를 투입(ON)한다.

3) 감시제어반에 설치된 펌프선택스위치가 "정지" 위치에 있는 경우
⇒ 펌프선택스위치는 자동위치로 관리한다.

4) 감시제어반과 압력스위치 간의 선로가 단선된 경우
⇒ 선로를 정상작동하도록 정비한다.

5) 감시제어반이 고장난 경우
⇒ 정상작동하도록 정비한다.

6) 동력제어반(MCC)에 설치된 펌프선택스위치가 "수동" 위치에 있는 경우
⇒ 펌프선택스위치를 자동위치로 관리한다.

7) 동력제어반(MCC)의 배선용 차단기(MCB)가 OFF 위치에 있는 경우
⇒ 차단기를 "ON" 위치로 전환한다.

[그림 1] **감시제어반 펌프 정지위치**

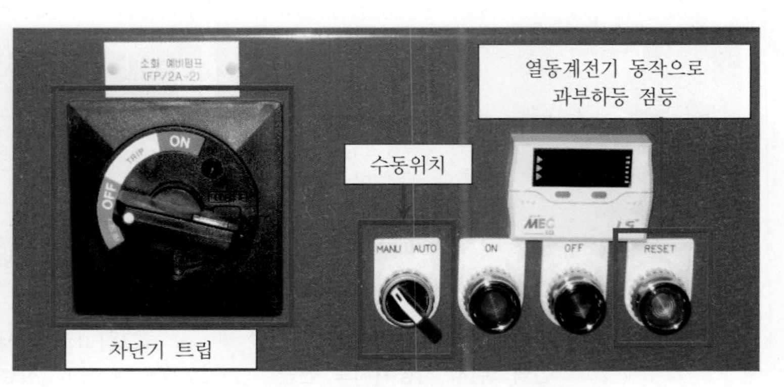

[그림 2] **동력제어반 외부에서의 문제**

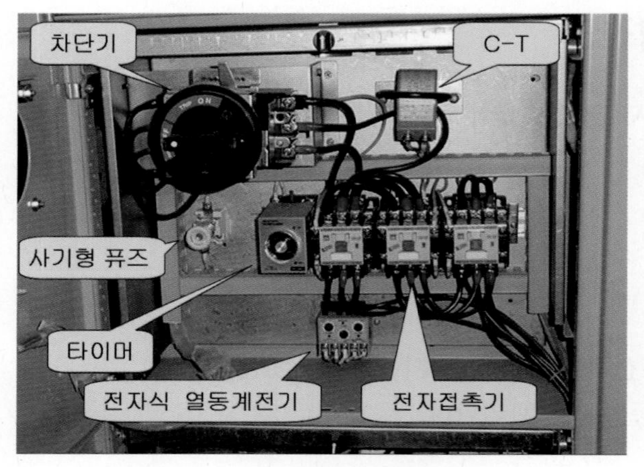

[그림 3] **동력제어반 내부**

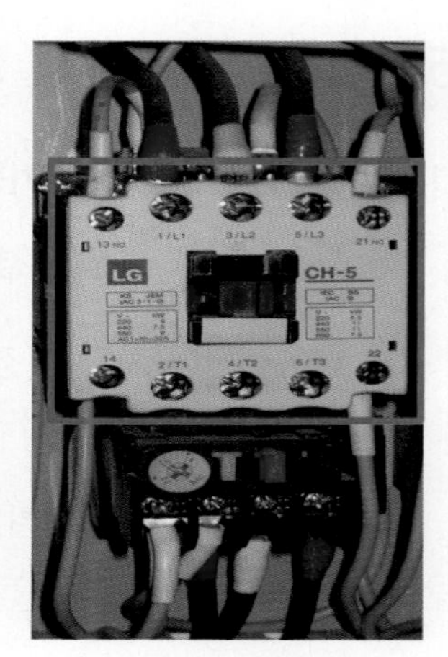

[그림 4] **전자접촉기**

8) 동력제어반(MCC)의 전자접촉기(MC)가 고장인 경우
⇒ 전자접촉기를 교체한다.

9) 동력제어반(MCC) 내 열동계전기(THR) 또는 전자식 과전류계전기(EOCR)가 동작(Trip)된 경우
⇒ 전동기로 과전류가 흐를 경우 열동계전기(THR 또는 EOCR)가 트립되는데 이때 동력제어반 전면에 부착된 과부하등(노란색표시등)이 점등된다. 전자식 과전류계전기(EOCR)가 설치된 경우에는 동력제어반 전면의 리셋버튼을 누르고, 열동계전기(THR)가 설치된 경우에는 열동계전기의 리셋버튼을 손으로 눌러서 복구한다.

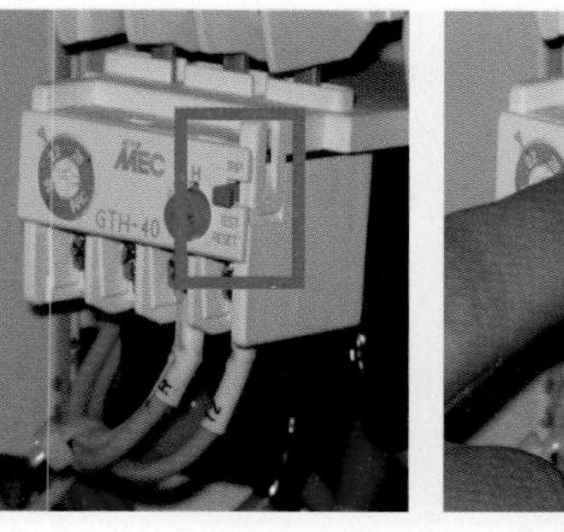

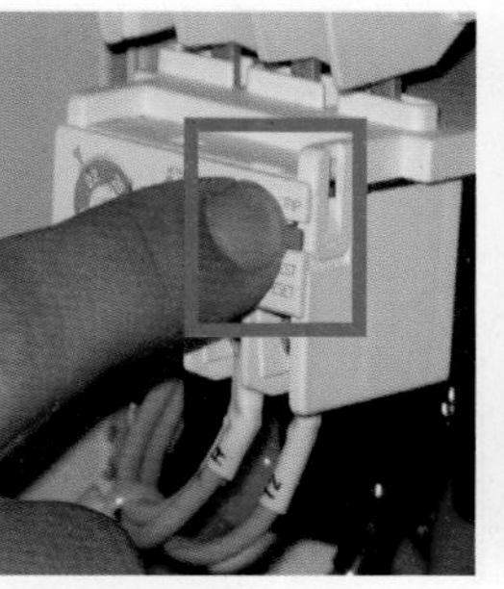

[그림 5] **열동계전기(THR)**

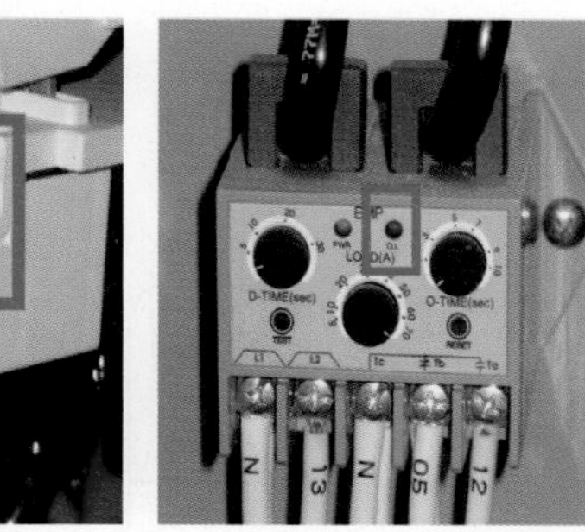

[그림 6] **전자식 과전류계전기(EOCR)**

10) 동력제어반(MCC) 내 조작회로 배선의 오결선, 단자의 풀림 또는 퓨즈가 단선된 경우
⇒ 오결선된 부분은 바르게 재결선하고, 단자는 확실히 조여 놓고 단선된 퓨즈는 교체한다.

[그림 7] **정상인 사기형 퓨즈**

[그림 8] **단선된 사기형 퓨즈**

11) 압력탱크(기동용 수압개폐장치)에 설치된 압력스위치의 고장
⇒ 압력스위치를 교체한다.

12) 압력챔버 연결용 개폐밸브가 폐쇄된 경우
⇒ 압력챔버 연결용 개폐밸브는 반드시 개방시켜 관리한다.(∵ 폐쇄 시 압력감지 못함.)

13) 전동기의 코일이 손상된 경우
⇒ 손상된 전동기는 교체 또는 정비한다.

14) 펌프 회전축에 녹이 나서 회전불량인 경우
⇒ 펌프의 교체 또는 정비

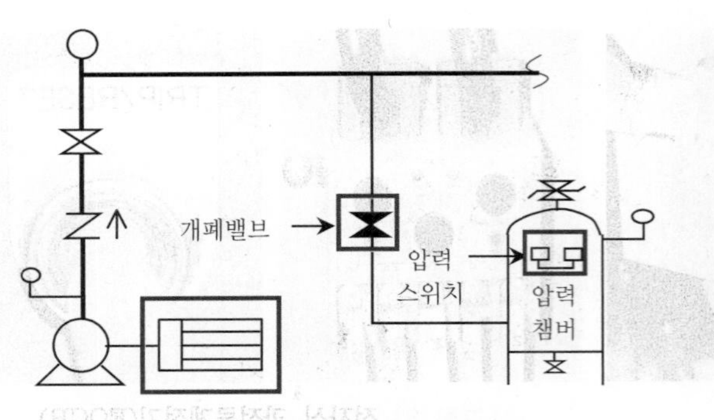

[그림 9] 압력챔버 주변배관

[그림 10] 회전불량인 펌프

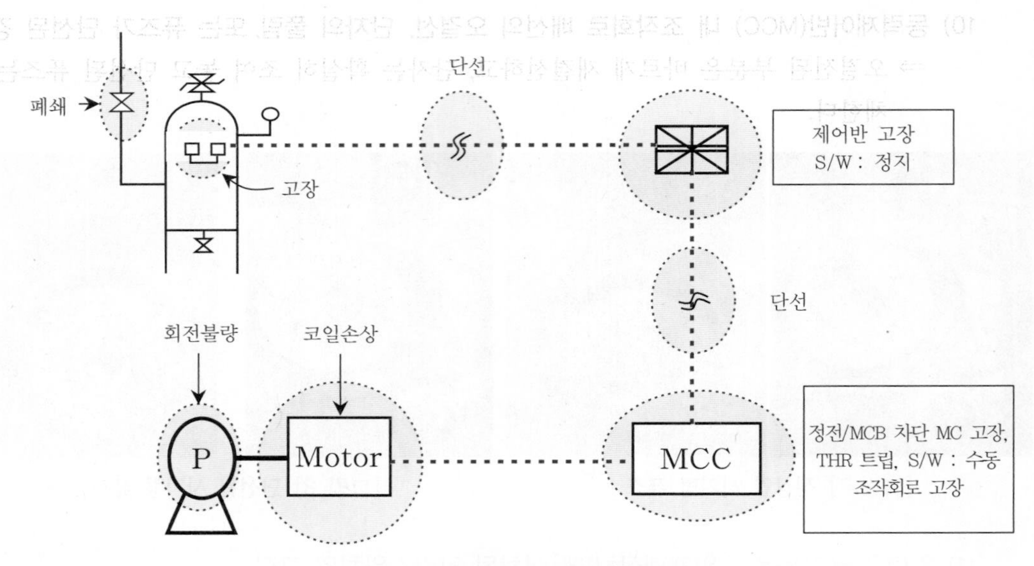

[그림 11] 펌프 미기동 시 점검항목

2. 충압펌프가 5분마다 기동과 정지를 반복하는 경우의 원인 [9회 10점, 21회 6점]

충압펌프가 일정한 주기로 기동·정지되는 이유는 어느 곳에서 인가 누수현상이 발생하여 배관 내부의 압력이 낮아지기 때문이며 원인을 살펴보면 다음과 같다.(단, 스프링클러 설비가 설치된 것으로 가정)

원 인	조치사항	관련 사진
옥상 고가수조에 설치된 체크밸브가 역류되는 경우	체크밸브 정비	[그림 12] 옥상수조에 설치된 체크밸브

원 인	조치사항	관련 사진
주·충압(보조) 펌프의 토출측 체크밸브가 역류되는 경우	체크밸브 정비	 [그림 13] **펌프 토출측에 설치된 체크밸브**
송수구의 체크밸브가 역류되는 경우	체크밸브 정비	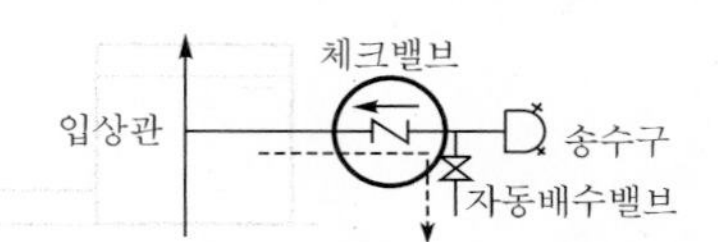 [그림 14] **연결송수관에 설치된 체크밸브**
알람밸브 배수밸브의 미세한 개방 또는 누수 시	확실히 폐쇄 또는 시트고무 손상 시 정비	  [그림 15] **알람밸브의 배수밸브에서 누수**
말단시험밸브의 미세한 개방 또는 누수 시	확실히 폐쇄	  [그림 16] **말단시험밸브의 개방**
배관파손에 의하여 외부로 누수되는 경우	파손부분 보수	
살수장치의 미세한 개방 또는 누수	살수장치 정비	
압력챔버에 설치된 배수밸브의 미세한 개방 또는 누수 시	확실히 폐쇄	

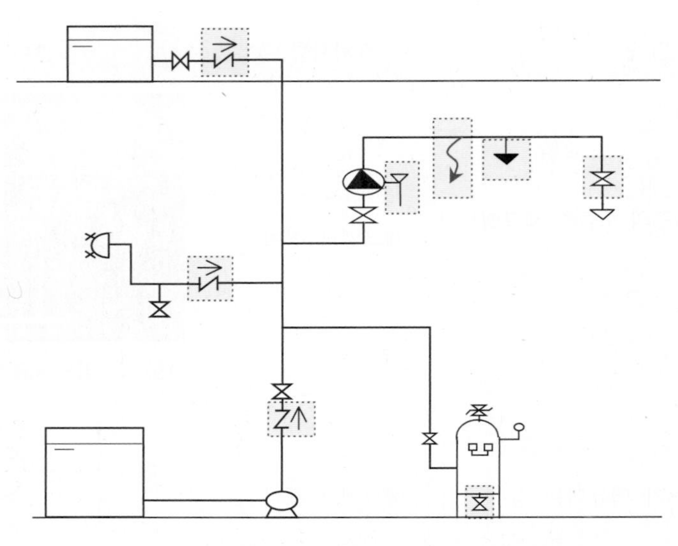

[그림 17] **충압펌프 수시기동 시 확인항목**

3. 펌프는 기동이 되나 압력계상의 압력이 차지 않을 경우의 원인(송수 안 되는 원인)

⇒ 단, 수원이 펌프보다 낮게 설치되어 있는 것으로 가정

1) 수조에 물이 없는 경우

⇒ 수조에 물을 채운다.

2) 모터의 회전방향이 반대인 경우

⇒ 동력제어반에서 모터의 입력전원의 3상 중 2상을 바꾸어 준다.

참고 3상 모터의 경우 3상 중 2상을 바꾸어 주면 모터의 회전방향이 바뀐다.

[그림 18] **펌프 명판을 통해 회전방향 확인**

3) 펌프 흡입측 배관에 설치된 개폐밸브가 폐쇄된 경우
⇒ 개폐밸브를 개방한다.

참고 주기적인 물탱크 청소 후 밸브를 개방하여 놓지 않은 경우를 점검 시 종종 볼 수 있다. 특히 탬퍼스위치를 설치하지 않는 옥내소화전의 경우는 감시제어반에서 밸브를 감시할 수 없으므로 주의를 요한다.

4) 펌프 흡입측 배관에 에어가 있을 때(캐비테이션 발생)
⇒ 물올림컵밸브를 개방하여 에어를 제거한다.

5) 펌프 흡입측의 스트레이너에 이물질이 꽉 찬 경우
⇒ 스트레이너를 분해하여 이물질을 제거한다.

6) 회전축의 연결이음쇠가 분리된 경우
⇒ 확실히 결합한다.

[그림 19] **물올림컵밸브 개방**

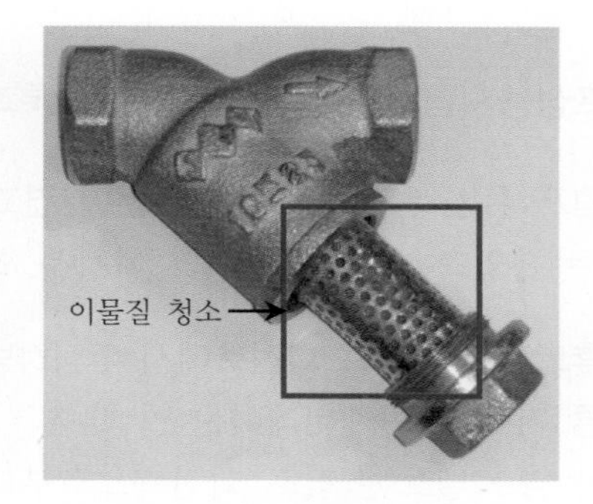

[그림 20] **스트레이너 분해**

[그림 21] **분리된 연결이음쇠**

7) 모터와 펌프는 회전이 되는데 펌프가 고장난 경우(정상 압력을 올리지 못하는 경우)
⇒ 펌프를 수리 또는 교체한다.

8) 물올림탱크 설치 시 펌프 흡입측 배관을 겸용으로 사용하는 경우
⇒ 흡입측 배관을 각 펌프마다 설치한다.

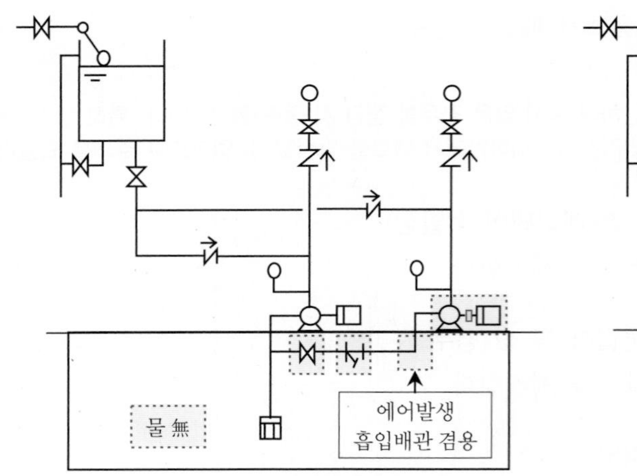

[그림 22] **펌프가 송수되지 않을 시 확인항목**

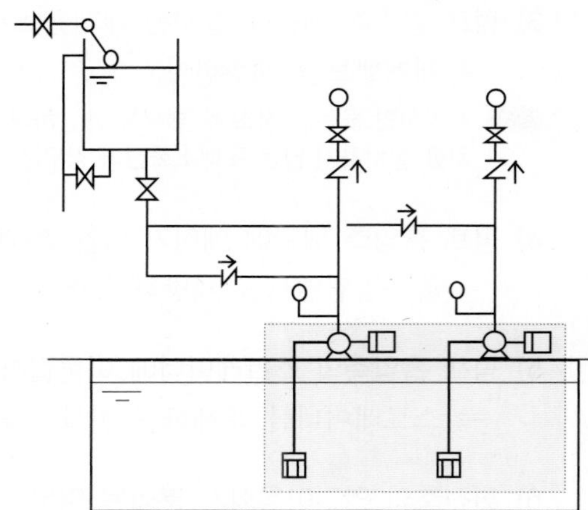

[그림 23] **펌프 흡입배관 바른 설치 예시도**

4. 펌프성능시험배관에 작은 기포가 통과하는 경우의 원인

1) 펌프 흡입측 배관의 연결부분이 견고하지 않아 공기가 빨려 들어갈 때
   ⇒ 흡입측 배관 연결부의 패킹을 확인하여 볼트·너트를 견고히 조인다.

2) 후드밸브가 펌프 회전축에서 수직하방으로 6m 이상 떨어져 있을 때 물 자체의 감압에 따른 기포 생성(캐비테이션 발생)
   ⇒ 후드밸브는 펌프 회전축으로부터 수직하방 6m 이상이 되지 않도록 한다.

3) 후드밸브가 수면에 너무 가까이 설치되어 있을 때(소용돌이 현상으로 공기흡입)
   ⇒ 수조에 유효수량의 수원을 항상 확보한다.

4) 수원 자체에 물을 공급하는 공급수관의 말단에 후드밸브가 가까이 설치되어, 그로부터 발생된 기포가 후드밸브로 흡입될 때
   ⇒ 공급수관과 후드밸브를 가능하면 멀리 이격시킨다.

5) 펌프성능시험배관의 배출된 물을 수조로 보내는 경우 배출배관이 펌프 흡입배관과 가까이 설치된 때
   ⇒ 수조에 펌프성능시험배관 배출배관과 흡입측 배관을 일정한 간격 유지 및 배관을 수조하단에 연결하거나, 펌프성능시험 시 배수된 물을 집수정에 흘려보낸다.

6) 유량계 전·후의 밸브와 유량계 사이가 너무 가까이 설치된 경우
   ⇒ 유량계 전·후의 밸브와 유량계 사이를 성능시험 배관구경의 8D, 5D를 띄운다.

7) 유량계 전의 개폐밸브를 완전히 개방하지 않은 경우
   ⇒ 펌프성능시험 시 유량계 전의 개폐밸브는 완전히 개방한다.

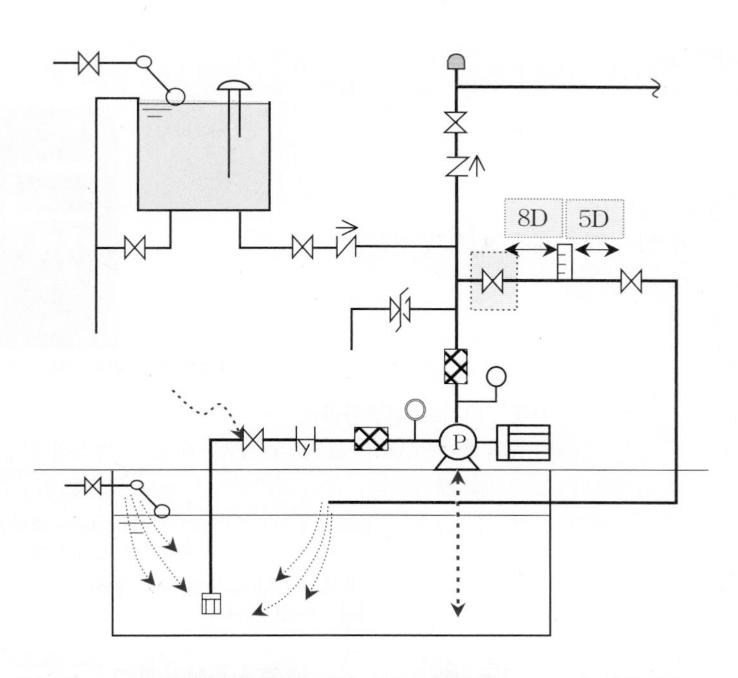

[그림 24] 펌프성능시험배관에 작은 기포가 통과할 경우의 확인항목

5. 소화펌프 미작동 상태에서 감시제어반의 펌프 압력스위치 표시등이 점등되는 원인

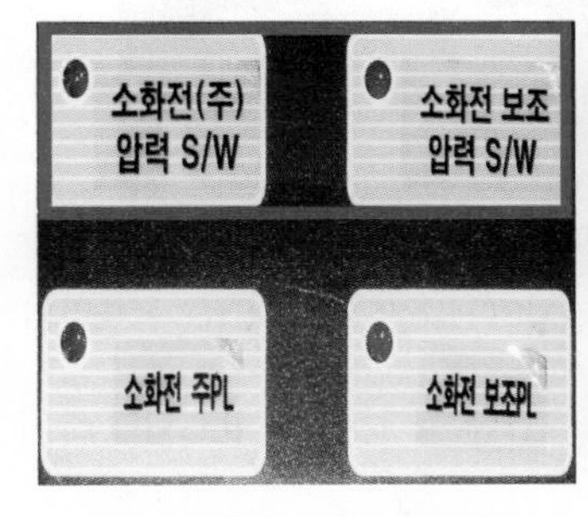

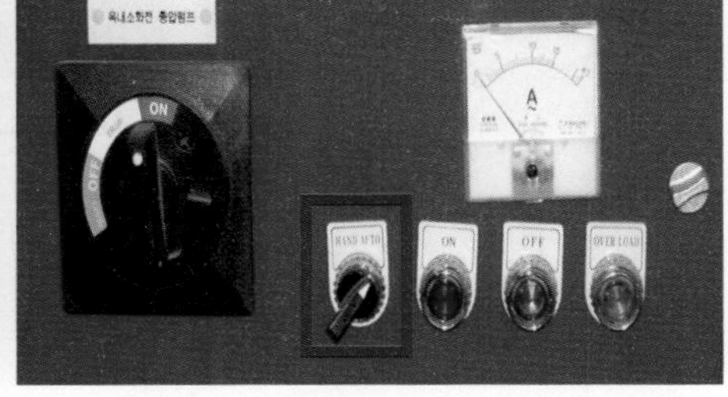

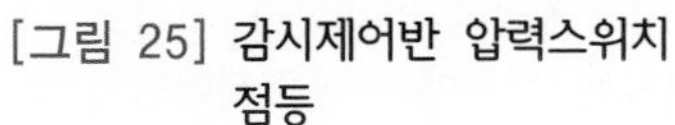
[그림 25] 감시제어반 압력스위치 점등

[그림 26] 펌프 자동운전 조건
(감시 및 동력제어반 펌프 선택스위치 자동위치)

tip

1. 펌프의 자동운전 조건
   감시제어반과 동력제어반(MCC 판넬)의 펌프 운전스위치가 둘 다 "자동" 위치에 있어야 펌프가 셋팅된 압력범위 내에서 자동으로 운전된다.
2. 압력챔버의 압력스위치에는 각 펌프의 압력이 셋팅되어 있고, 배관 내의 압력이 설정된 압력 이하가 되면 제어반의 해당 펌프의 압력스위치 표시등이 점등됨과 동시에 펌프가 작동되어 압력을 채워주어야 한다. 만약, 표시등만 점등되고 펌프가 작동되지 않았다면 배관 내 압력이 설정압력 이하로 저하된 비정상적인 상태로서 다음 사항을 확인 · 점검한다.

<table>
<tr><th>원 인</th><th colspan="2">조치 방법</th></tr>
<tr><td>제어반에서 각 펌프의 운전스위치가 “자동” 위치에 있지 않은 경우</td><td>“자동” 위치로 전환한다.</td><td>[그림 27] 펌프 자동 · 수동 절환스위치</td></tr>
<tr><td rowspan="2">동력제어반(MCC 판넬)의 자동 · 수동 선택스위치가 “자동” 위치에 있지 않은 경우</td><td colspan="2">“자동” 위치로 전환한다.
※ 동력제어반(MCC 판넬)의 자동 · 수동 선택스위치의 의미
<table>
<tr><th>위 치</th><th>제어내용</th></tr>
<tr><td>자동위치</td><td>펌프를 감시제어반에서 제어하겠다는 의미임.
⇒ 따라서 평상시 자동위치에 있어야 함.</td></tr>
<tr><td>수동위치</td><td>동력제어반(MCC 판넬)에서 펌프를 직접 수동으로 기동 · 정지하고자 할 때 위치</td></tr>
</table></td></tr>
<tr><td colspan="2">

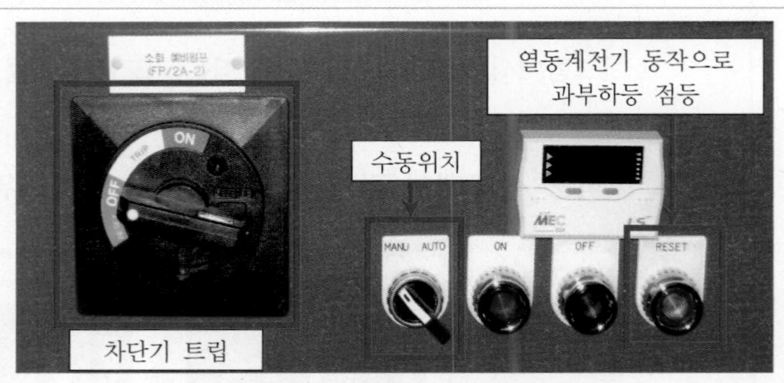

[그림 28] 동력제어반(MCC 판넬)

</td></tr>
<tr><td rowspan="2">열동계전기(THR) 또는 전자식 과전류계전기(EOCR)가 동작[트립(Trip)]된 경우
[동력제어반의 “과부하등(노란색 표시등)”이 점등된 경우]</td><td colspan="2">※ “과부하등”이 점등되어 있다면 열동계전기(THR 또는 EOCR)가 트립된 경우이다.
열동계전기는 모터에 정격전류 이상이 흐르게 될 경우 동작[트립(Trip)]된다.
전자식 과전류계전기(EOCR)가 설치된 경우에는 동력제어반 전면의 리셋버튼을 누르고 열동계전기(THR)가 설치된 경우에는 동력제어반의 문을 열고 열동계전기의 리셋버튼을 손으로 눌러서 복구한다. 열동계전기가 복구되면 과부하등이 소등되고, 펌프정지 표시등(녹색등)이 점등된다.</td></tr>
<tr><td>

[그림 29] 열동계전기(THR 또는 EOCR) 동작 시 과부하등 점등 예

</td><td>

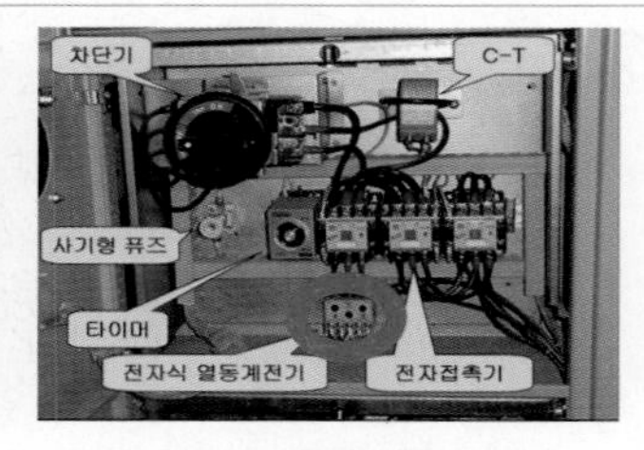

[그림 30] 동력제어반(MCC) 내 열동계전기

</td></tr>
</table>

원 인	조치 방법
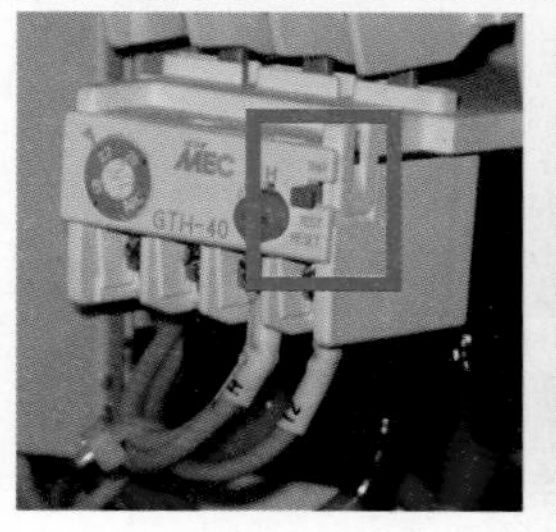 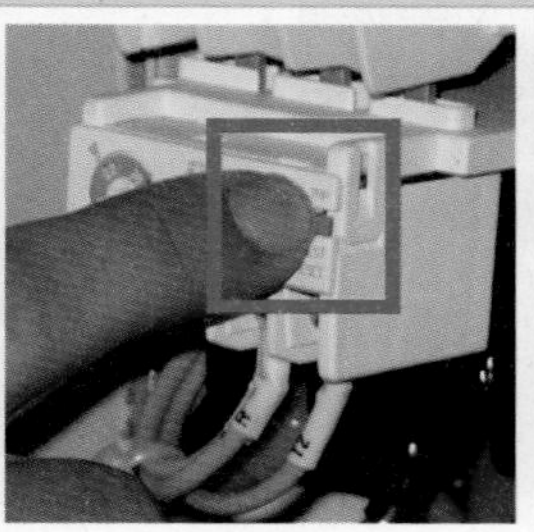 [그림 31] 열동계전기(THR)	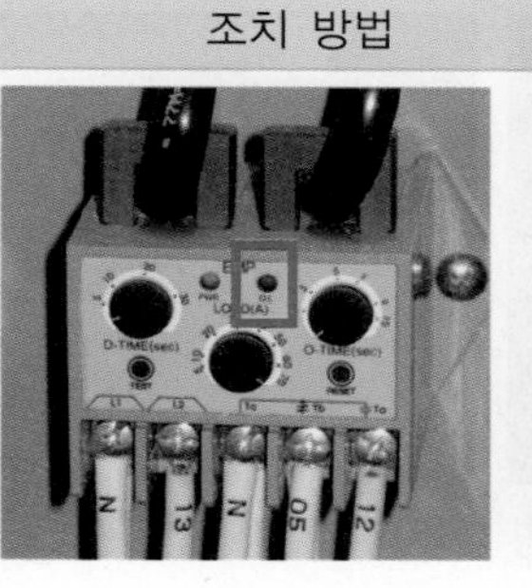  [그림 32] 전자식 과전류계전기(EOCR)
동력제어반의 “차단기”가 트립(OFF)된 경우	“차단기”를 투입(ON)시켜 놓는다.
동력제어반 조작회로 내부의 “사기형 퓨즈”가 단선된 경우	단선된 “사기형 퓨즈”를 교체한다. 참고 퓨즈의 단선 확인 방법 동력제어반(MCC 판넬)의 문을 열고, 사기형 퓨즈의 단선 유무를 확인한다. 아래 그림에서 보듯 퓨즈의 상단부분을 육안으로 확인함으로써 정상 · 단선 여부를 알 수 있다.   [그림 33] 정상인 사기형 퓨즈   [그림 34] 단선된 사기형 퓨즈

6. 제어반의 저수조(또는 물올림탱크)에 저수위 경보표시등이 점등되었을 경우의 원인

[그림 35] 감시제어반의 지하수조 저수위 표시등 점등모습

원 인	점검 및 조치 방법
수조에 유효수량이 확보되어 있지 않은 경우	1) 점검 : 수조의 유효수량 확인 지하저수조, 옥상수조와 물올림탱크에는 저수위 경보스위치가 설치되어 있으므로 저수위 경보표시등이 점등된 수조의 수위계 확인 또는 수조(또는 물올림탱크)의 맨홀을 열어 직접 소화용수의 수량을 육안으로 확인한다. 2) 조치 방법 소화용수가 없는 경우 자동으로 수조에 물을 채워야 하나 채워지지 않은 경우이므로 자동급수장치를 확인 점검한 후 수조에 유효수량을 확보한다.

[그림 36] **유효수량 확인**

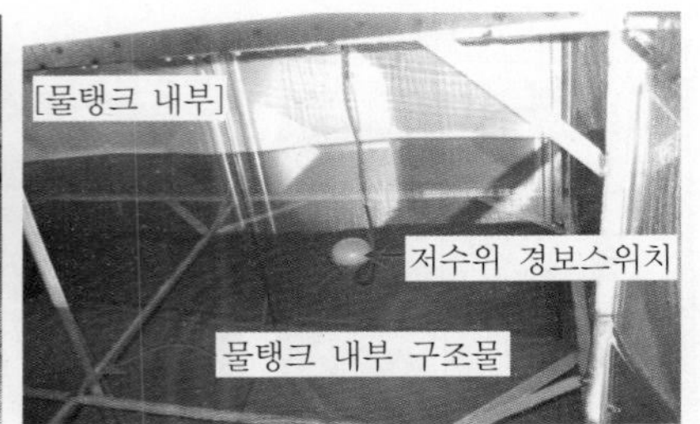

[그림 37] **저수위 경보스위치 설치모습**

원 인	점검 및 조치 방법
플로트타입의 저수위 경보스위치가 물탱크 내부구조물에 걸려 감수상태로 표시되는 경우	1) 점검 플로트타입의 저수위 경보스위치가 물탱크의 내부구조물(볼탑 또는 물탱크 내부 강선 등)에 걸려 있지는 않은지 맨홀 덮개를 열어 확인한다. 2) 조치 방법 플로트타입의 저수위 경보스위치가 물탱크 내부구조물에 걸려 있을 경우 정상위치로 놓는다.
저수위 경보스위치 선정이 잘못된 경우	1) 점검 플로트타입의 저수위 경보스위치가 설치된 경우 수조를 확인해 본 결과 물은 있으나 저수위 경보표시등이 점등되는 경우는 저수위 경보스위치의 전선을 끌어 올려 유효수량이 없는 것처럼 했을 때 제어반의 저수위 경보표시등이 소등되는 경우가 있다. 2) 조치 방법 이 경우는 저수위 경보스위치가 접점이 바뀌어서 설치된 경우이므로 저수위 경보스위치를 교체한다.
저수위 경보스위치가 불량인 경우	1) 점검 확인 결과 유효수량은 확보되어 있으나 제어반에 저수위로 표시되는 경우는 저수위 경보스위치가 불량인 경우이다. 2) 조치 방법 저수위 경보스위치를 교체한다.

만수위인 경우

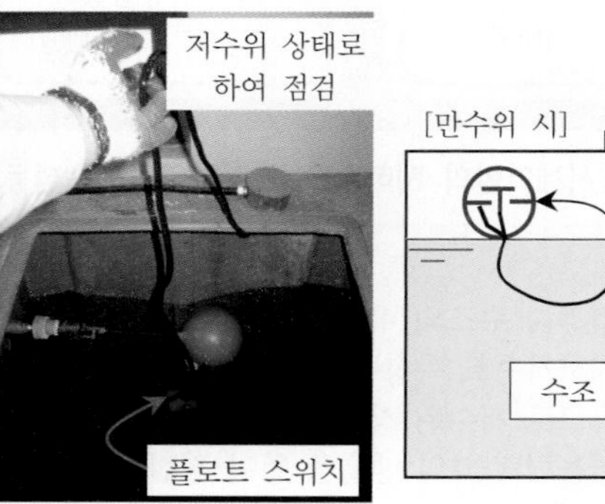

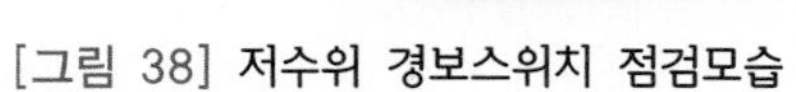

[그림 38] **저수위 경보스위치 점검모습**

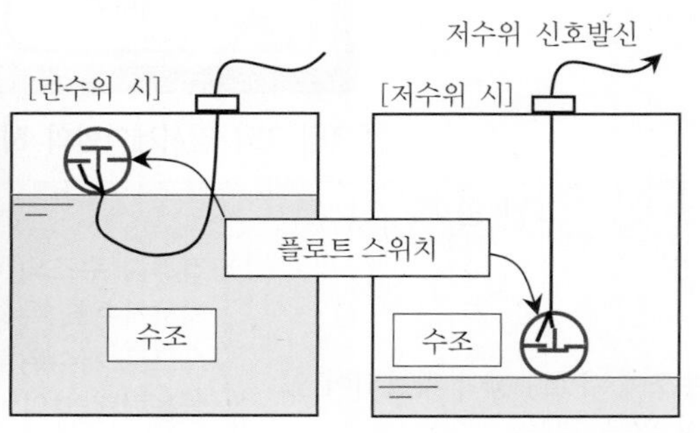

[그림 39] **플로트 스위치 바른 설치 예**

기출 및 예상 문제

★★★★★

01 펌프 주변의 계통도를 그리고 각 기기의 명칭을 표시하고 기능을 설명하시오. [9회 20점]

1. 수조의 수위보다 펌프가 높게 설치한다.(여기서는 수조가 펌프보다 낮게 설치된 것으로 설명함.)
2. 물올림장치 부분의 부속류를 도시한다.
3. 펌프 흡입측 배관의 밸브 및 부속류를 도시한다.
4. 펌프 토출측 배관의 밸브 및 부속류를 도시한다.
5. 성능시험배관의 밸브 및 부속류를 도시한다.

☞ 과년도 출제 문제 풀이 참조

★★★★

02 탬퍼스위치의 정의, 설치기준, 설치장소, 적용 소화설비와 제어반의 탬퍼스위치 표시등 점등 시 원인 및 조치 방법에 대하여 쓰시오. [85회 기술사 10점]

1. 탬퍼스위치(Tamper Switch)의 정의

   탬퍼스위치(Tamper Switch)란 급수배관에 설치되어 급수를 차단할 수 있는 개폐밸브에 설치하여 밸브의 개·폐상태를 제어반에서 감시할 수 있도록 한 것으로서, 밸브가 폐쇄될 경우 제어반에 경보 및 표시가 된다.

2. 탬퍼스위치의 설치기준
   1) 급수개폐밸브가 잠길 경우 탬퍼스위치의 동작으로 인하여 감시제어반 또는 수신기에 표시되어야 하며 경보음을 발할 것
   2) 탬퍼스위치는 감시제어반 또는 수신기에서 동작의 유무확인과 동작시험, 도통시험을 할 수 있을 것
   3) 급수개폐밸브의 작동표시스위치에 사용하는 전기배선은 내화전선 또는 내열전선으로 설치할 것

3. 탬퍼스위치(Tamper Switch)의 주요 설치장소
   1) 지하수조로부터 펌프 흡입측 배관에 설치한 개폐밸브
   2) 주·보조 펌프의 흡입측 개폐밸브
   3) 주·보조 펌프의 토출측 개폐밸브
   4) 스프링클러설비의 옥외 송수관에 설치하는 개폐표시형 밸브
   5) 유수검지장치 및 일제개방밸브의 1차측 및 2차측 개폐밸브
   6) 고가수조와 스프링클러 입상관과 접속된 부분의 개폐밸브

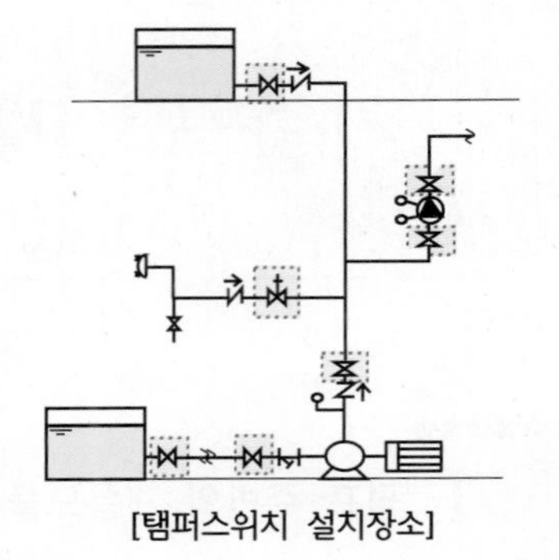
[탬퍼스위치 설치장소]

4. 적용 소화설비
   스프링클러설비, 간이스프링클러설비, 화재조기진압용 스프링클러설비, 물분무소화설비, 포소화설비

참고 제외설비 : 옥내 · 외 소화전

5. 제어반에서 탬퍼스위치 표시등 점등 시 원인 및 조치 방법

원 인	점검 및 조치 방법
개폐밸브가 폐쇄된 경우	제어반에 표시된 장소의 개폐밸브가 폐쇄된 경우이므로 개방시켜 놓는다.
개폐밸브는 개방되어 있으나 제어반에 폐쇄신호가 들어오는 경우 : 개폐밸브가 개방된 상태이나 탬퍼스위치 접점이 정확하게 일치되지 않은 경우	개폐밸브가 개방된 상태에서 탬퍼스위치 접점이 정확하게 일치되지 않은 경우이므로 밸브를 돌려 접점위치에 맞게 조정하여 준다.

★★★★

03 물올림장치에 대하여 다음 물음에 답하시오.

1. 물올림장치의 설치목적을 쓰시오.
2. 물올림장치의 설치기준을 쓰시오.
3. 물올림장치의 작동기능 점검항목별 내용을 3가지 쓰시오.
4. 물올림장치에 설치된 감수경보장치가 작동되었다. 감수경보된 원인을 5가지 쓰시오.
5. 감수경보장치의 정상 여부 확인 방법을 쓰시오.

1. 설치목적
   1) 물올림장치는 펌프의 위치가 수원의 위치보다 높을 경우에만 설치하는 것으로서,
   2) 후드밸브가 고장 등으로 누수되어 흡입측 배관 및 펌프에 물이 없을 경우 펌프가 공회전을 하게 되는데 이를 방지하기 위하여 설치하는 보충수 역할을 하는 탱크이다.
2. 설치기준
   1) 물올림장치 : 전용의 탱크설치
   2) 탱크의 유효수량 : 100l 이상
   3) 보급수관의 구경 : 15mm 이상
   4) Over Flow관 : 50mm 이상
   5) 펌프로의 급수배관 : 25mm 이상
      (펌프와 체크밸브 사이에서 분기)
   6) 배수밸브 설치
   7) 감수경보장치 설치

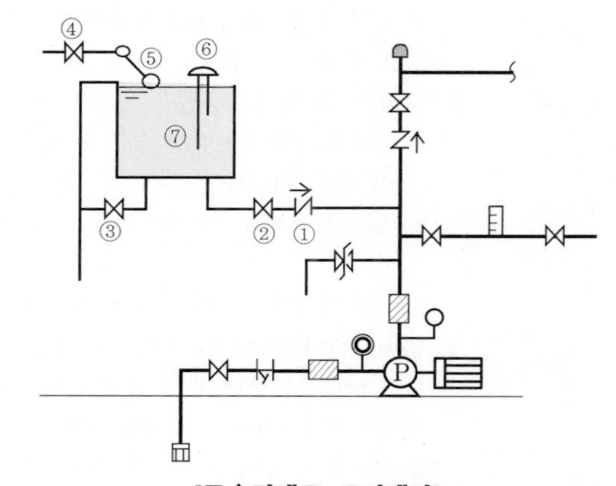

[물올림탱크 주변배관]

3. 물올림장치의 작동기능 점검항목

점검항목	점검내용	
밸브류	• 개폐조작이 쉬운지의 여부	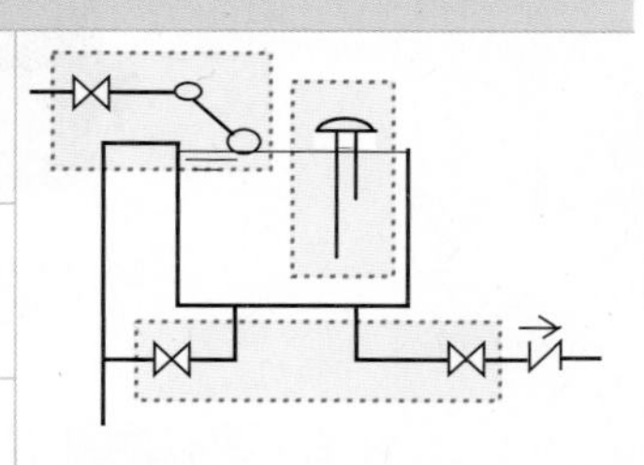
자동급수장치	• 변형 · 손상, 현저한 부패 등의 여부 • 수량이 감수$\left(\frac{2}{3}\right)$ 시 자동급수 여부	
저수위경보장치	• 변형 · 손상, 현저한 부식 등의 여부 • 수량이 감수$\left(\frac{1}{2}\right)$ 시 저수위 경보 작동 여부	[물올림탱크 작동기능 점검항목]

참고 물올림장치의 점검사항

1. 외형 : 변형, 손상, 부식 여부
2. 물올림탱크는 전용의 탱크인지의 여부
3. 유효수량이 100l 이상인지의 여부
4. 밸브류
   1) 각 밸브류의 개 · 폐 상태는 정상인지의 여부
   2) 각 밸브류는 개 · 폐 조작이 쉬운지의 여부
5. 자동급수장치 점검
   배수밸브 조작에 의해 기능의 정상 여부를 확인
   ⇒ 물올림탱크 수량의 $\frac{2}{3}$ 정도 되었을 때 작동할 것
6. 감수경보장치 점검(저수위경보장치)
   급수밸브를 닫고 배수밸브 조작에 의해 기능의 정상 여부를 확인
   ⇒ 물올림탱크 수량이 대략 $\frac{1}{2}$ 정도 되었을 때 경보를 발할 것
7. 소화펌프로의 급수상태 확인점검
   펌프 상단의 물올림컵밸브를 개방하여 물이 바로 나오는지 확인

[펌프 상단 물올림컵]

4. 감수경보 원인
   1) 펌프, 후드밸브, 배관 접속부 등의 누수
   2) 물올림탱크 하단 배수밸브의 고장(개방)
   3) 자동급수장치(볼탑)의 고장
   4) 외부에서의 급수차단
   5) 물올림탱크의 균열로 인한 누수
   6) 감수경보장치의 고장

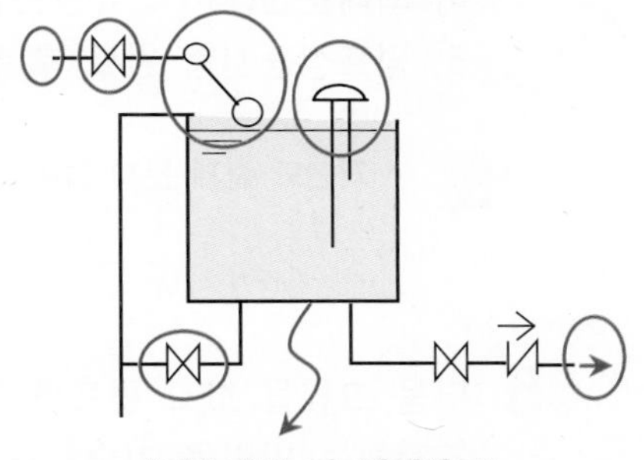

[감수경보 시 점검항목]

참고 후드밸브의 클래퍼 사이에 이물질이 낀 경우의 조치 방법

펌프를 수동으로 여러 번 기동 · 정지시켜 유수에 의한 클래퍼 동작으로 이물질 제거를 시도해 보고 그래도 이물질이 제거되지 않으면 후드밸브 흡입측 배관을 풀어서 교체 또는 정비한다.

(a) 후드밸브 외형

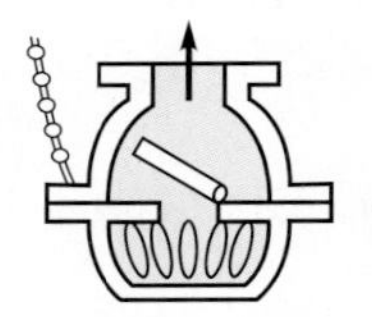

(b) 개방상태

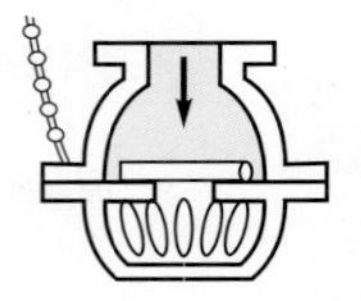

(c) 닫힌 상태

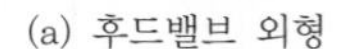

[후드밸브 외형 및 단면]

5. 감수경보장치의 정상 여부 확인 방법

1) 자동급수밸브 ④ 폐쇄 후 2) 배수밸브 ③을 개방 ⇒ 배수 3) 물올림탱크 내의 수위가 $\frac{1}{2}$ 정도 되었을 때, 감수경보장치 ⑥ 동작	배수(시험)
4) 수신반에 "물올림탱크 저수위" 표시등 점등 및 경보(부저 명동)가 되는지 확인	확 인
5) 배수밸브 ③ 잠금 6) 자동급수밸브 ④ 개방 ⇒ 급수 ⇒ 감수경보장치 ⑥ 동작 7) 수신반의 "물올림탱크 저수위" 표시등 소등 및 경보(부저)정지 확인	복 구

★★★★★

04 소화펌프의 성능시험을 하고자 한다. 다음 물음에 답하시오.(단, 수조는 소화펌프보다 아래에 설치되어 있으며, 정격부하운전과 최대운전은 시간차를 두고 실시하는 것으로 가정한다.) [3회 20점, 5회 20점]

1. 펌프성능시험 전 준비사항을 쓰시오.
2. 체절운전하는 방법을 상세히 기술하시오.(체절압력 확인 및 릴리프밸브 조정 방법 포함)
3. 정격부하운전(100% 유량운전) 시험 방법을 기술하시오.
4. 최대운전(150% 유량운전) 시험 방법을 기술하시오.
5. 펌프성능시험 완료 후 판정 방법에 대해 기술하시오.

☞ 과년도 출제 문제 풀이 참조

★★★★★

05 다음 그림을 보고 펌프를 운전하여 체절압력을 확인하고, 릴리프밸브의 개방압력을 조정하는 방법을 기술하시오. [10회 20점]

[조건]

① 조정 시 주펌프의 운전은 수동운전을 원칙으로 한다.
② 릴리프밸브의 작동점은 체절압력의 90%로 한다.
③ 조정 전의 릴리프밸브는 체절압력에서도 개방되지 않은 상태이다.

④ 배관의 안전을 위해 주펌프 2차측의 V_1은 폐쇄 후 주펌프를 기동한다.
⑤ 조정 전의 V_2, V_3는 잠근 상태이며, 체절압력은 90% 압력의 성능시험배관을 이용하여 만든다.

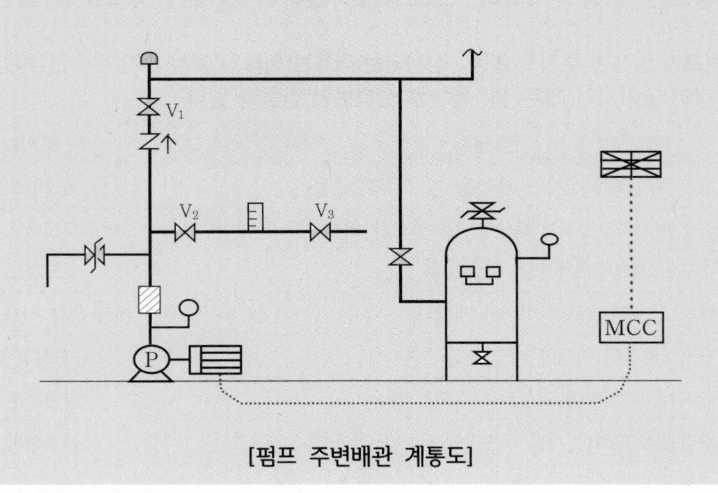

[펌프 주변배관 계통도]

☞ 과년도 출제 문제 풀이 참조

★★★★★

06 스프링클러설비의 기동용 수압개폐장치로 설치된 압력챔버 점검결과 압력챔버 내 공기가 모두 누설된 상태이다. 압력챔버 내부의 물을 모두 빼내고 공기를 채우는 방법을 기술하시오. [2회 20점, 16회 14점]

☞ 과년도 출제 문제 풀이 참조

★★★★★

07 방수시험을 하였으나 펌프가 기동하지 않았다. 원인으로 생각되는 사항을 5가지 이상 쓰시오. [9회 10점]

☞ 과년도 출제 문제 풀이 참조

★★★★★

08 충압펌프가 5분마다 기동 및 정지를 반복한다. 그 원인으로 생각되는 사항을 2가지 이상 쓰시오. [9회 10점, 21회 6점]

[조건] 펌프는 자동정지되며, 스프링클러설비가 설치된 것으로 가정한다.

충압펌프가 일정한 주기로 기동 · 정지되는 이유는 어느 곳에서 인가 누수현상이 발생하여 배관 내부의 압력이 낮아지기 때문이며 원인을 살펴보면 다음과 같다.

원 인	조치사항
1. 옥상 고가수조에 설치된 체크밸브가 역류되는 경우	체크밸브 정비
2. 주·충압(보조) 펌프의 토출측 체크밸브가 역류되는 경우	체크밸브 정비
3. 송수구의 체크밸브가 역류되는 경우	체크밸브 정비
4. 알람밸브·배수밸브의 미세한 개방 또는 누수 시	확실히 폐쇄 또는 시트고무 손상 시 정비
5. 말단시험밸브의 미세한 개방 또는 누수 시	확실히 폐쇄
6. 배관 파손에 의하여 외부로 누수되는 경우	파손부분 보수
7. 살수장치의 미세한 개방 또는 누수	살수장치 정비
8. 압력챔버에 설치된 배수밸브의 미세한 개방 또는 누수 시	확실히 폐쇄

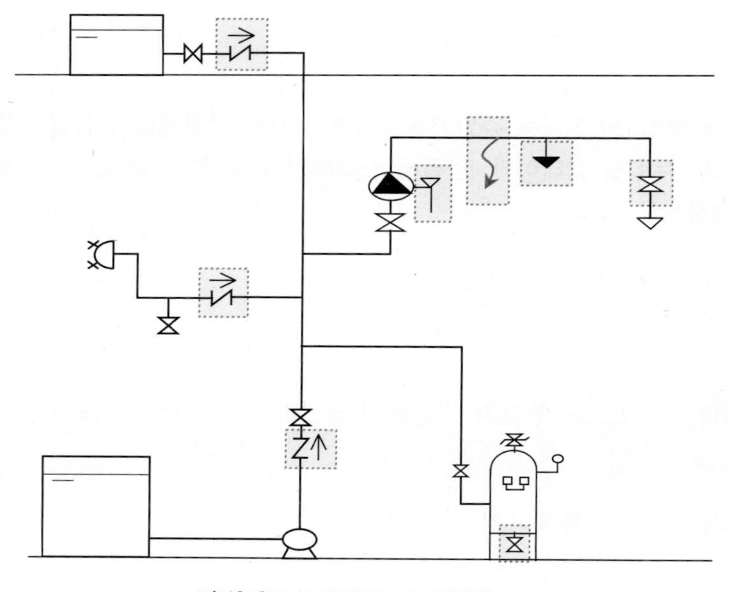

[충압펌프 수시기동 시 확인항목]

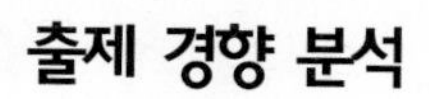

출제 경향 분석

번 호	기출 문제	출제 시기 및 배점
1	8. 스프링클러설비의 말단시험밸브의 시험작동 시 확인될 수 있는 사항을 간기하시오.	1회 10점
2	9. 스프링클러설비 헤드의 감열부 유무에 따른 헤드의 설치수와 급수관 구경과의 관계를 도표로 나타내고 설치된 헤드의 종류별로 점검착안 사항을 열거하시오.	1회 10점
3	1. 스프링클러 준비작동밸브(SDV)형의 구성명칭은 다음과 같다. 작동순서, 작동 후 조치(배수 및 복구), 경보장치 작동시험 방법을 설명하시오.	2회 20점
4	1. 습식 유수검지장치의 시험작동 시 나타나는 현상과 시험작동 방법을 기술하시오.	3회 20점
5	1. 다음 건식 밸브의 도면을 보고 물음에 답하시오. [세코스프링클러 건식 밸브 ; SDP－73] (1) 건식 밸브의 작동시험 방법을 간략히 설명하시오. (2) 다음의 (예)와 같이 ①번에서 ⑤번까지의 밸브의 명칭, 밸브의 기능, 평상시 유지상태를 설명하시오. 예 ⑥번 밸브의 명칭 밸브의 명칭: 1차측 개폐밸브 밸브의 기능: 드라이밸브 1차측을 개폐 시 사용 평상시 유지상태: 개방 ①, ②, ③, ④, ⑤, ⑥	4회 20점
6	2. 준비작동식 스프링클러설비에 대하여 답하시오. (1) 준비작동식 밸브의 동작 방법을 기술하시오. (2) 준비작동식 밸브의 오동작 원인을 기술하시오.(단, 사람에 의한 것도 포함할 것)	4회 20점
7	2. 준비작동식 밸브의 작동 방법(3가지) 및 복구 방법을 기술하시오.	6회 20점
8	1. 준비작동식 밸브의 작동 방법 및 복구 방법을 구체적으로 기술하시오. (단, 준비작동식 밸브에는 1·2차측 개폐밸브가 모두 설치된 것으로 가정한다.)	7회 30점
9	3. 스프링클러헤드의 형식승인 및 검정기술기준에 의거하여 다음 물음에 답하시오. (1) 반응시간지수(RTI)의 계산식을 쓰고 설명하시오.(5점) (2) 스프링클러 폐쇄형 헤드에 반드시 표시할 사항 5가지를 쓰시오.(5점) (3) 폐쇄형 헤드의 유리벌브형과 퓨즈블링크형의 표시온도별 색상 표시방법을 나타내는 표이다. 표가 완성되도록 번호에 맞는 답을 쓰시오.(10점)	12회 20점

	학습 방향
1	A/V(2번 기출) : 시험 · 확인 방법, 말단시험밸브 설치목적 · 기능, 고장진단, 헤드 개방 시 조치 방법
2	P/V(4번 기출) : 다이어프램 · 클래퍼타입 작동순서, 작동 후 조치, 경보시험, 동작시험 종류, 고장진단
3	DRY V/V(1번 기출) : 세코스프링클러 · 우당 · 파라텍 점검순서, 복구 방법
4	일제개방밸브 : 작동시험, 복구 방법(압력 · 볼트셋팅)
☞	밸브별 동작원리 이해 및 점검 방법 숙지 요함.

제2절 스프링클러설비의 점검

1 습식 밸브(알람체크밸브)의 점검

1. 습식 스프링클러설비

습식 스프링클러설비는 동파의 우려가 없는 장소에 대부분 설치되며, 펌프에서 헤드에 이르기까지 가압된 물로 채워져 있어 화재 시 열에 의해 헤드가 개방되면 개방된 헤드를 통해 즉시 가압수를 방출하여 화재를 진압하는 가장 신뢰성이 있는 방식이다.

1) 습식 스프링클러설비의 계통도

경보밸브의 종류	1차측	2차측	사용 헤드	화재감지
알람체크밸브 (Alarm Check Valve)	가압수	가압수	폐쇄형 헤드	폐쇄형 스프링클러헤드

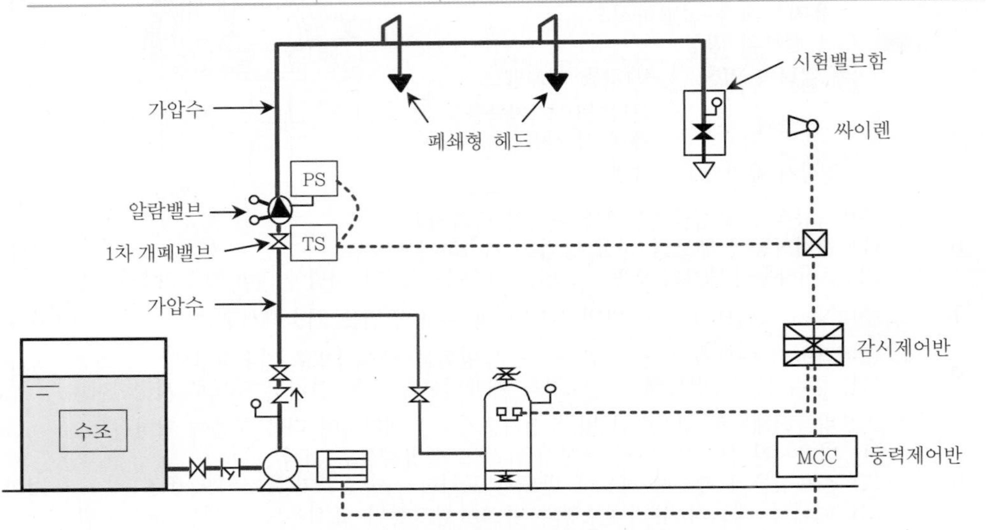

[그림 1] 습식 스프링클러설비 계통도

2) 습식 스프링클러설비의 작동설명

동작순서	관련 사진
(1) 화재발생	[그림 2] 화재발생

동작순서	관련 사진 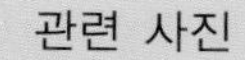
(2) 화열에 의해 화재발생장소 상부의 헤드 개방	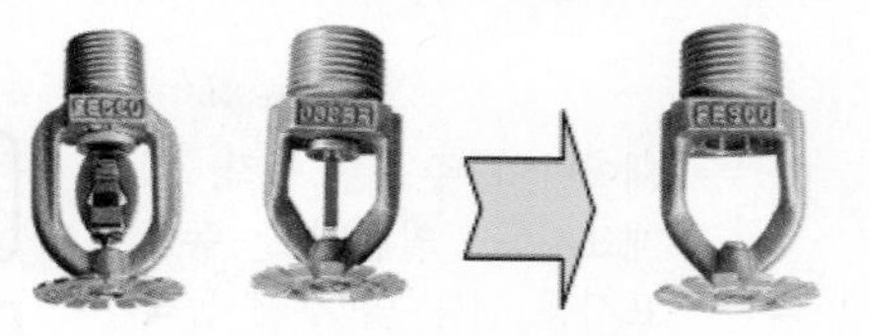 [그림 3] **폐쇄형 헤드가 개방되는 모습**
(3) 배관 내 소화수가 개방된 헤드로 방수 ⇒ 소화	 [그림 4] **헤드에서 방수되는 모습**

(4) 알람밸브 내 클래퍼 개방

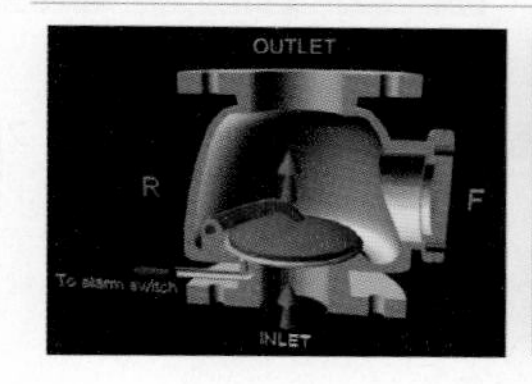

[그림 5] **알람밸브 동작 전**

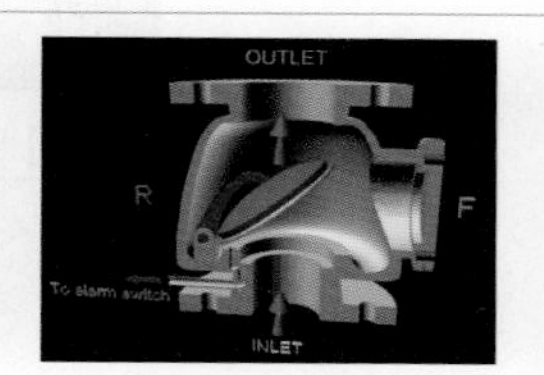

[그림 6] **알람밸브 동작 후**

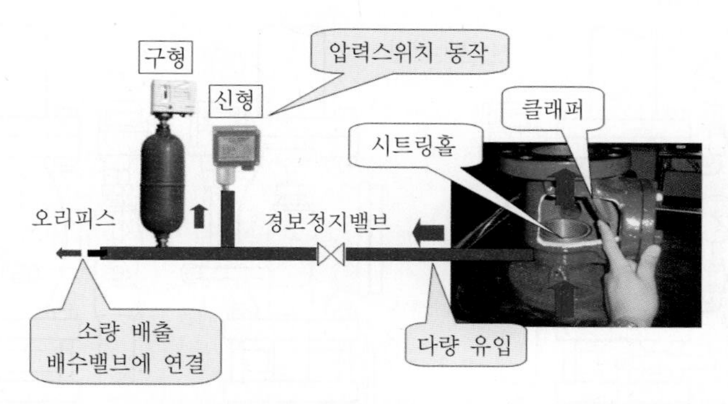

[그림 7] **클래퍼 개방에 따른 압력수 유입으로 압력스위치가 동작되는 흐름**

⇒ 알람밸브의 압력스위치 동작 [클래퍼가 개방되면 2차측 배관으로 가압수가 송수됨과 동시에 시트링의 홀(Hole ; 구멍)으로도 가압수가 유입되어 압력스위치를 동작시킨다.]	 [그림 8] **알람밸브의 압력스위치 동작**

동작순서	관련 사진	
⇒ 제어반의 주경종 동작, 화재표시등, 알람밸브 동작 표시등 점등 및 부저 동작 ⇒ 해당 구역 음향장치 작동	제어반 화재표시등 알람밸브 동작 [그림 9] 제어반 표시등 점등	[그림 10] 음향장치(싸이렌) 작동
(5) 배관 내 감압으로 ⇒기동용 수압개폐장치의 압력스위치 작동 ⇒소화펌프 기동	[그림 11] 압력챔버의 압력스위치 작동	[그림 12] 소화펌프 기동

2. 알람체크밸브(Alarm Check Valve)의 구성

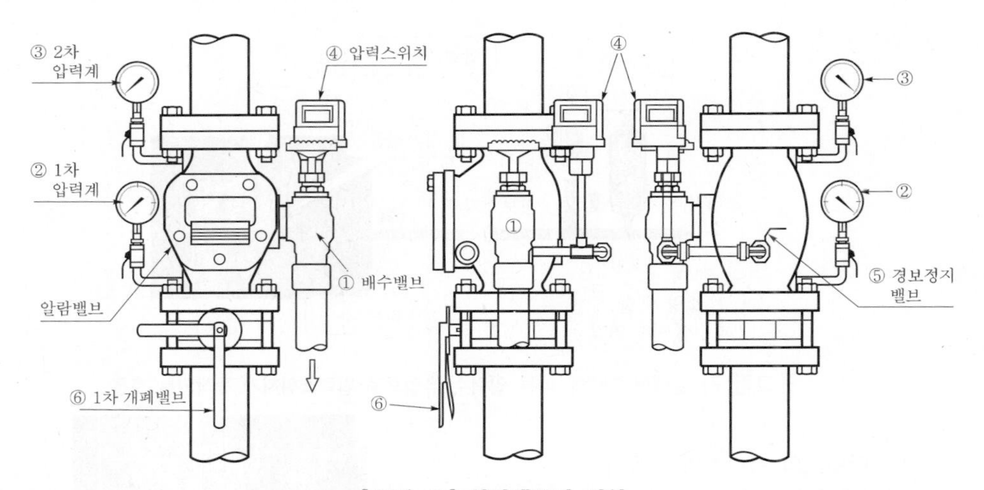

[그림 13] 알람밸브의 외형

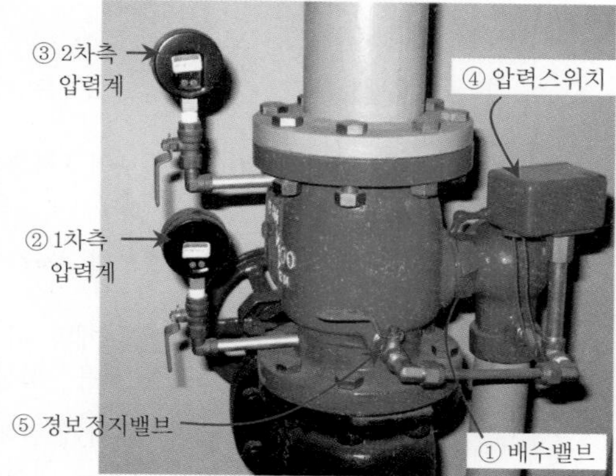

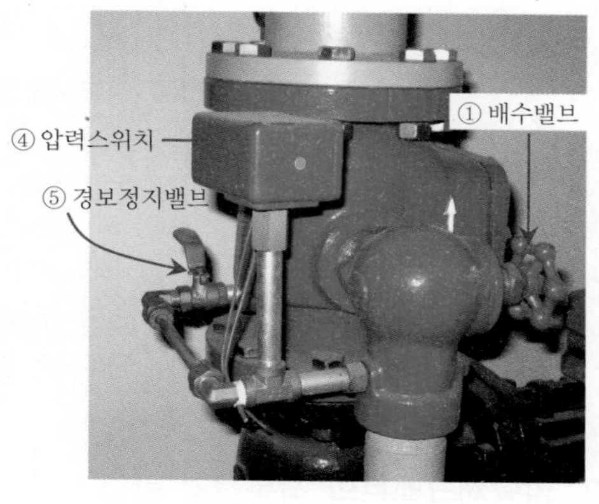

[그림 14] **신형 알람밸브 설치 외형**

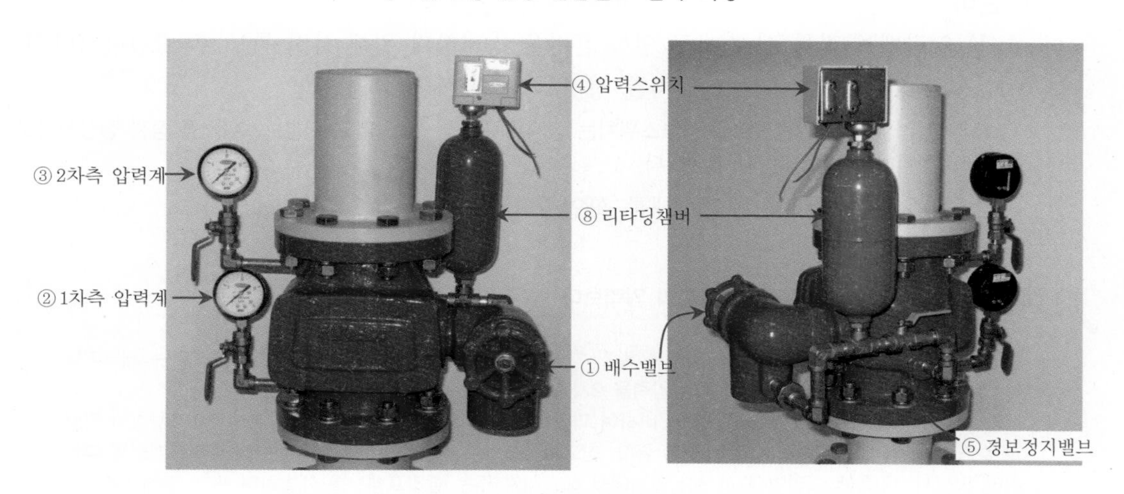

[그림 15] **구형 알람밸브(리타딩챔버 부착형) 설치 외형**

[구성요소별 명칭, 기능 및 평상시 상태]

순 번	명 칭	기능(설명)	평상시 상태
①	배수밸브	알람밸브 2차측 가압수를 배수시킬 때 사용	폐쇄
②	1차측 압력계	알람밸브의 1차측 압력을 지시	1차측 배관 내 압력을 지시
③	2차측 압력계	알람밸브의 2차측 압력을 지시	2차측 배관 내 압력을 지시
④	압력스위치	알람밸브 개방 시 제어반에 밸브의 개방(작동)신호 송출 (a접점 사용－평상시 전압 : DC 24V)	알람밸브 동작 시 작동
⑤	경보정지밸브	압력스위치 연결배관에 설치되며, 가압수의 흐름을 차단하여 경보를 정지하고자 할 때 사용	개방
⑥	1차측 개폐밸브	알람밸브 1차측 배관을 개폐 시 사용	개방
⑦	경보시험밸브	말단시험밸브를 개방하지 않고 경보시험밸브를 개방하여 압력스위치가 정상작동되는지 시험할 때 사용 참고 경보시험밸브는 거의 부착되어 있지 않음.	폐쇄
⑧	리타딩챔버 (Retarding Chamber)	클래퍼 개방 시 즉시 압력스위치가 동작하지 않고 일정 시간 동안 유수가 지속될 경우 압력스위치에 압력이 전달되도록 된 구조로서, 순간적으로 클래퍼가 개방될 경우 경보로 인한 혼선을 방지하기 위해서 설치한다. 참고 구형 알람밸브의 경우는 리타딩챔버가 있으나, 신형의 경우에는 압력스위치에 시간지연회로가 내장되어 있다.	대기압 상태

3. 알람체크밸브의 작동점검 방법

1) 준비

(1) 알람밸브 작동 시 경보로 인한 혼란을 방지하기 위해 사전 통보 후 점검하거나 또는 수신반에서 경보스위치를 정지시킨 후 시험에 임한다.

참고 점검 시에는 일반적으로 경보스위치는 정지위치로 놓으며, 필요시 경보스위치를 잠깐 정상상태로 전환하여 경보되는지 확인한다.

(2) 1·2차측 압력계 균압상태를 확인한다.

tip 알람밸브 2차측의 압력이 1차측의 압력보다 높은 이유

1. 알람밸브 2차측의 압력이 1차측의 압력과 같거나 높다. 그 이유는 알람체크밸브 내의 클래퍼는 체크기능이 있어 펌프의 기동·정지 시 최종의 압력을 2차측에 유지시켜 주기 때문이다.
2. 점검 시 2차측의 압력이 1차측의 압력에 비하여 과다하게 높은 경우에는 배수밸브를 개방하여 1차측의 압력과 같거나 약간 높게 조정하여 주는 것이 좋다. 참고로 세코스프링클러에서는 알람밸브에 릴리프밸브를 부착하여 평상시 2차측에 과압발생 시 설정압력에서 배출시켜 주는 릴리프밸브를 개발하여 판매 중에 있다.

[그림 16] **과압방지장치 외형 및 설치모습**

2) 작동

(1) 말단시험밸브를 개방하여 가압수를 배출시킨다.

tip 알람밸브의 시험 방법

1. 화재 시 헤드가 개방된 것과 같은 상태를 구현하기 위해서 설치한 것이 말단시험밸브이므로 알람밸브 작동시험 시에는 말단시험밸브를 개방하여 시험하도록 한다.
2. 알람밸브의 배수밸브를 개방하여도 알람밸브 2차측 가압수가 배출되어 동작시험은 되나, 배수밸브의 주 목적은 2차측 가압수를 배수시킬 때 사용하는 밸브이므로 동작시험 시에는 말단시험밸브를 개방하여 시험하도록 한다.

[그림 17] **말단시험밸브 및 시험밸브 개방모습**

(2) 알람밸브 2차측 압력이 저하되어 클래퍼가 개방(작동)된다.

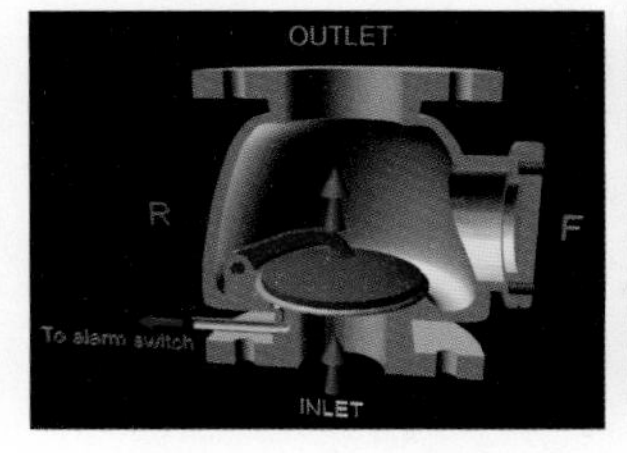

[그림 18] **알람밸브 동작 전**

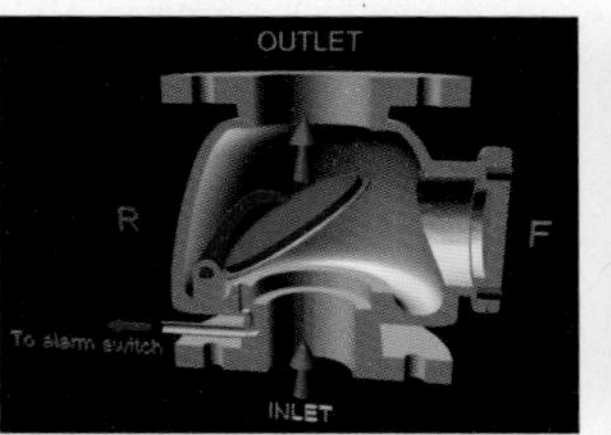

[그림 19] **알람밸브 동작 후**

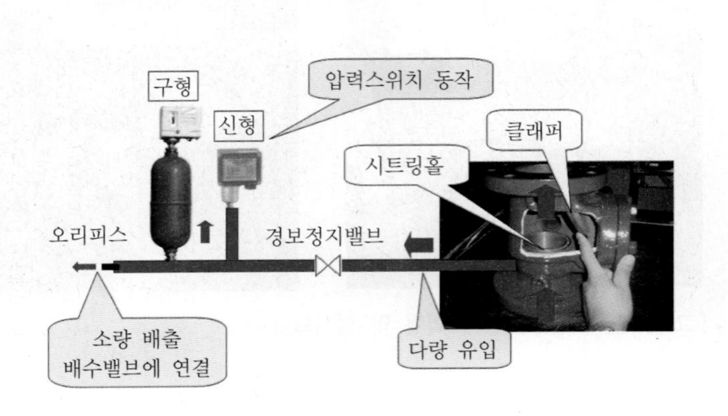

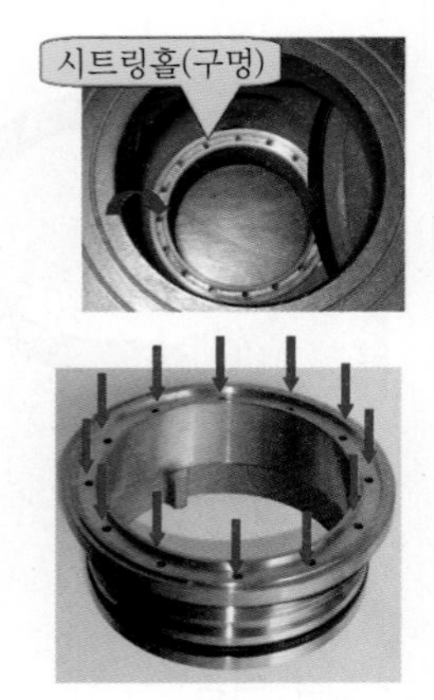

[시트링]

[그림 20] **클래퍼 개방에 따른 압력수 유입으로 압력스위치가 동작되는 흐름**

[그림 21] **압력스위치 연결배관**

(3) 지연장치에 의해 설정시간 동안 지연 후 압력스위치가 작동된다.

tip 비화재 시 알람밸브의 경보로 인한 혼선을 방지하기 위한 장치

1. 구형의 경우 : 리타딩챔버(Retarding Chamber) 설치
2. 신형의 경우 : 최근 생산되는 알람밸브는 압력스위치 내부에 지연회로가 설치(약 4~7초 정도 지연)되어 대부분 출고되고 있으며, 일부제품의 경우에는 지연시간 조절이 가능한 타입도 있다.

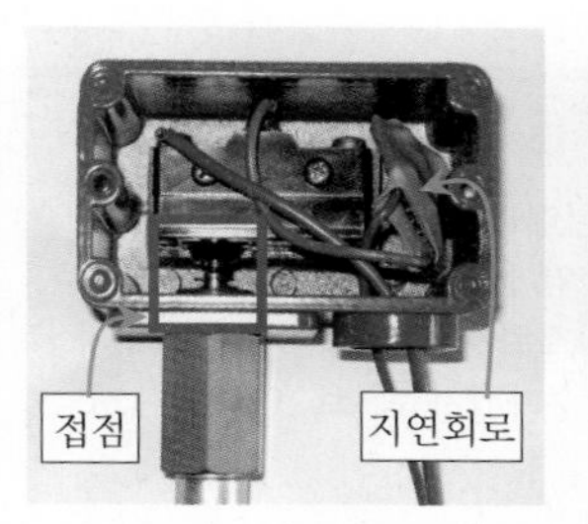

[그림 22] **압력스위치 외형 및 동작 전·후 모습**

[그림 23] **지연시간 조정 가능한 압력스위치**

3) 확인사항 [1회 10점]

(1) 감시제어반(수신기) 확인사항

가. 화재표시등 점등 확인

나. 해당 구역 알람밸브 작동표시등 점등 확인

다. 수신기 내 경보 부저 작동 확인

(2) 해당 방호구역의 경보(싸이렌)상태 확인

(3) 소화펌프 자동기동 여부 확인

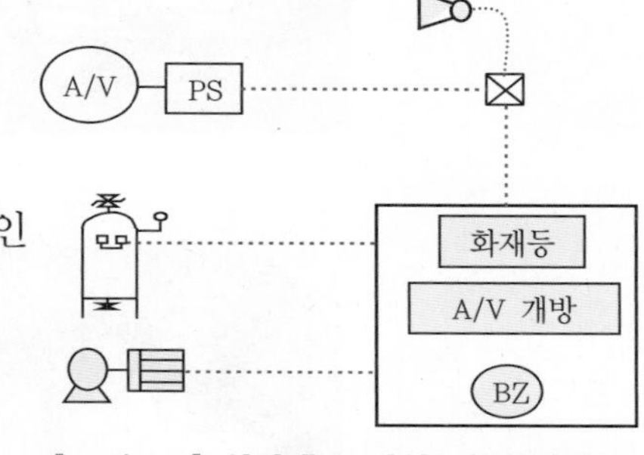

[그림 24] **알람밸브 시험 시 확인사항**

4) 복구(펌프 자동정지 시)

(1) 말단시험밸브를 잠근다.

(2) 가압수에 의해 2차측 배관이 가압되면 클래퍼가 자동으로 복구되며, 배관 내 압력을 채운 뒤 펌프는 자동으로 정지된다.

(3) 제어반의 알람밸브 동작표시등이 소등되면 정상복구된 것이다.

(4) 제어반의 스위치를 정상상태로 복구한다.

5) 복구(펌프 수동정지 시)

(1) 말단시험밸브를 잠근다.

(2) 충압펌프는 자동상태로 두고, 주펌프만 수동으로 정지한다.

⇒ 가압수에 의해 2차측 배관이 가압되면 클래퍼가 자동으로 복구되며, 배관 내 압력을 채운 뒤 충압펌프는 자동으로 정지된다. <화재안전기준의 개정으로 2006년 12월 30일 이후에 건축허가동의 대상물의 경우는 주펌프를 수동으로 정지시켜 준다.>

(3) 제어반의 알람밸브 동작표시등이 소등되면 정상복구된 것이다.

(4) 제어반의 스위치를 정상상태로 복구한다.

(5) 주펌프를 자동으로 전환한다.

tip

1. 클래퍼 중앙에 설치된 볼체크밸브의 기능
   충압펌프가 작동되어 알람밸브 2차측 배관에 서서히 가압수가 공급될 경우 클래퍼는 개방되지 않고 클래퍼 내부의 오리피스를 통하여 2차측에 가압수가 공급될 수 있도록 클래퍼 중앙에 오리피스와 볼체크밸브가 설치되어 있다. 약간의 충압으로 클래퍼가 들리면 시트링홀을 통하여 압력스위치 연결배관에 가압수가 유입되기 때문이며, 클래퍼의 오리피스에 내장된 볼(쇠구슬)은 2차측의 가압수가 1차측으로 역류되지 못하도록 하는 체크밸브의 역할을 한다.

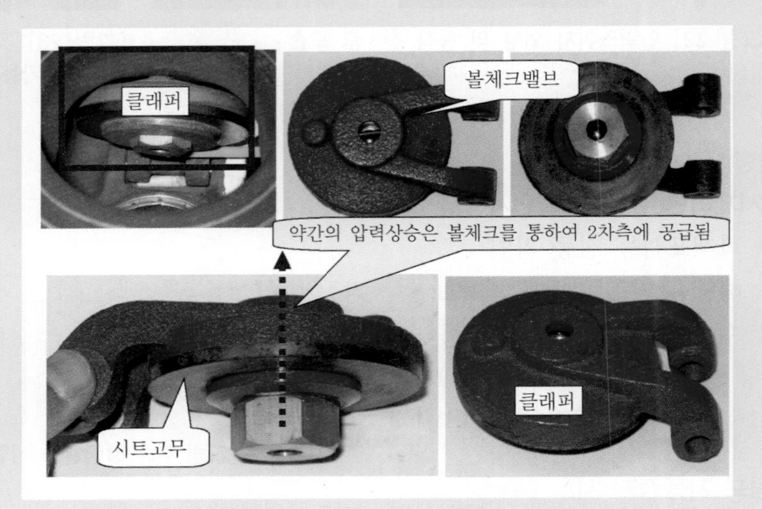

[그림 25] **알람밸브 내부의 클래퍼 외형**

2. 알람밸브의 압력스위치에 수압을 가하여 압력스위치의 작동 및 경보 상태를 확인하는 방법
   1) 알람밸브의 1차측에 설치된 경보시험밸브(설치된 경우에 한함.) 개방 : 클래퍼의 개폐상태와 관계 없이 경보시험밸브를 개방하여 압력스위치에 1차측의 수압을 가하여 압력스위치를 동작시키는 방법
   2) 배수밸브 개방 : 2차측 배관의 가압수를 직접 배수시키는 방법으로서 배수밸브의 개방으로 2차측 압력이 저하되고 클래퍼가 개방됨에 따라 시트링홀을 통하여 유입된 가압수에 의하여 압력스위치를 동작시키는 방법
   3) 말단시험밸브 개방 : 2차측 배관의 말단에 설치된 시험밸브를 개방하여 배관 내 가압수를 배출시켜 시험하는 방법으로서, 시험밸브 개방으로 2차측 압력이 저하되고 클래퍼가 개방됨에 따라 시트링홀을 통하여 유입된 가압수에 의하여 압력스위치를 동작시키는 방법

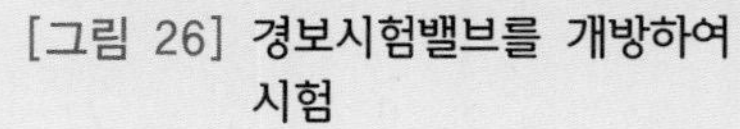

[그림 26] **경보시험밸브를 개방하여 시험**

[그림 27] **배수밸브를 개방하여 시험**

[그림 28] **말단시험밸브를 개방하여 시험**

3. 압력스위치에 수압을 가하지 않고 시험하는 방법
   압력스위치의 커버를 떼어내고 드라이버 등으로 동작확인침을 들어 올리거나 전선 등으로 +, − 단자를 단락(쇼트)시키면 압력스위치가 동작된 것과 같이 수신반으로 동작신호를 송출하게 된다.

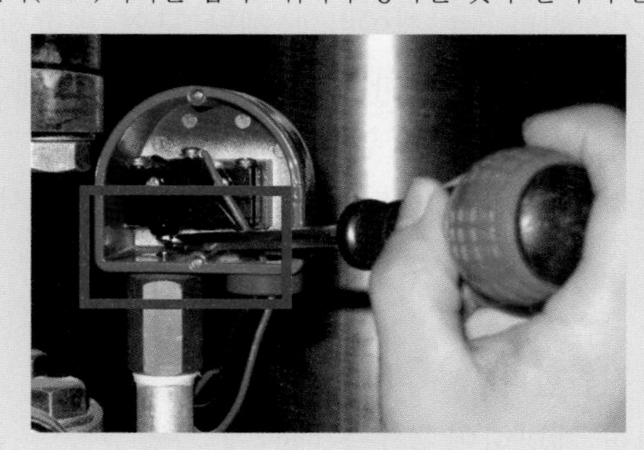

[그림 29] **압력스위치 접점 동작모습**

4. 헤드개방 시 조치 방법

습식 스프링클러설비의 천장에 설치된 헤드가 개방될 경우 수손피해를 최소화 할 수 있는 조치 방법에 대해 화재 시, 평상시 및 점검 시로 구분하여 알아보자.

1) 화재 시 소화작업 완료 후 조치 방법

화재가 발생하게 되면 화재발생장소 직상부의 헤드가 개방되어 즉시 화재진압을 하게 된다. 화재를 진압하는 소화수는 좋은 물이지만 화재진압 이후에 계속하여 방수되는 물은 수손피해를 입히게 된다. 따라서 화재가 진압되면 상황에 따라 차이는 있겠으나 즉시 해당 방호구역의 알람밸브가 있는 곳으로 이동하여 알람밸브 1차측 개폐밸브를 폐쇄하면 수손피해를 최소화 할 수 있다.

2) 평상시 실수로 헤드가 개방된 경우 조치 방법

습식 스프링클러설비의 경우 펌프에서 헤드까지 가압수가 채워져 있다. 그런데 실내의 거주자가 가구를 옮기는 등의 실수로 인하여 헤드를 건드려 헤드가 파손되어 개방되는 경우도 있을 수 있다. 만약 소방안전관리자가 건물 내에 부재중이거나 헤드가 개방된 구역의 거주자가 조치 방법을 모른다면 수손피해는 더욱 커지게 된다. 따라서 점검자는 다음 사항을 숙지하고 점검 시 조치 방법을 건물 내 소방안전관리자에게 주지시켜 주는 것이 좋으며, 건물 내 소방안전관리자는 소방교육시간에 거주자에게 물건 등을 옮기는 경우 주의할 것을 당부하고, 헤드개방 시 응급조치 방법을 반드시 교육시켜 주어야 사고를 미연에 방지할 수 있으며, 혹시 실수로 헤드가 개방되더라도 수손피해를 최소화 할 수 있을 것이다.

(1) 해당 방호구역에 설치된 알람밸브실로 신속히 이동하여 1차측 개폐밸브를 폐쇄한다.
    ⇒ 펌프정지 및 유수를 차단하여 수손피해를 최소화한다.

참고 만약, 소방안전관리자가 방재실에 있으면서 상황을 접수하였을 경우에는 다음 사항을 조치 후 현장으로 이동하여 알람밸브 1차측 개폐밸브를 폐쇄한다.

가. 감시제어반에서 펌프를 정지시킨다. ⇒ 펌프정지

나. 감시제어반의 음향장치를 정지시킨다. ⇒ 제어반과 해당 구역 음향정지

(2) 해당 알람밸브의 배수밸브와 말단시험밸브를 개방하여 2차측의 소화수를 배수시킨다.
⇒ 배관 속의 잔류수에 의한 피해를 최소화하기 위한 조치이다.

(3) 감시제어반의 음향장치를 정지시켜 제어반과 해당 구역의 음향을 정지시킨다.

(4) 개방된 헤드를 교체한다.

(5) 알람밸브의 배수밸브를 잠근다.

(6) 감시제어반에서 소화펌프를 자동전환한다.

(7) 알람밸브 1차측 개폐밸브를 서서히 개방하여 2차측 배관에 가압수를 공급한다.

(8) 말단시험밸브에서 물이 나오면 말단시험밸브를 잠근다.(∵ 배관 내 공기제거 목적)

(9) 2차측 배관이 가압되면 알람밸브는 자동셋팅된다.

(10) 배관 내 압력저하로 펌프는 자동기동하여 배관 내를 가압한 후 자동으로 정지된다.

참고 화재안전기준의 개정으로 2006년 12월 30일 이후에 건축허가동의 대상물의 경우는 가압 확인 후 주펌프를 수동으로 정지시킨 후 자동절환시켜 놓는다.

(11) 가압되는 동안 알람밸브 동작표시등이 점등되지만 알람밸브 내부 클래퍼가 안착되면 약 1~2분 후에는 압력스위치 접점이 분리되어 감시제어반의 동작표시등이 자동으로 소등된다.

참고 일부 감시제어반은 복구스위치를 눌러야만 복구가 되는 타입도 있다.

(12) 감시제어반을 복구한다.

3) 점검 중에 실수로 헤드 1개가 파손되어 살수되고 있는 경우 조치 방법

(1) **상황전파** : 헤드개방 사실을 접수한 점검원은 즉시 무전을 쳐서 다음 사항을 지시한다.

가. 방재실에서는 감시제어반의 펌프정지 지시

나. 로컬측의 점검원에게는 해당 방호구역에 설치된 알람밸브의 1차측 개폐밸브를 신속히 차단 지시
⇒ 펌프정지 및 유수를 차단하여 수손피해 확대방지

tip

점검 실시 중이므로 점검원이 1명은 방재실에 있고, 나머지 점검원은 건물 내에서 점검 중이므로 무전을 쳐서 방재실에서는 펌프를 정지시키고, 로컬에 있는 점검원은 해당 방호구역으로 신속히 이동하여 알람밸브 1차측 개폐밸브를 폐쇄하도록 하여 수손피해를 최소화한다.

(2) 감시제어반의 음향장치를 정지시킨다.
⇒ 제어반과 해당 구역 음향정지

(3) 해당 알람밸브의 배수밸브와 말단시험밸브를 개방하여 2차측의 소화수를 배수시킨다.
(4) 개방된 헤드를 교체한다.
(5) 알람밸브의 배수밸브를 잠근다.
(6) 감시제어반에서 소화펌프를 자동전환한다.
(7) 알람밸브 1차측 개폐밸브를 서서히 개방하여 2차측 배관에 가압수를 공급한다.
(8) 말단시험밸브에서 물이 나오면 말단시험밸브를 잠근다.(∵ 배관 내 공기제거 목적)
(9) 2차측 배관이 가압되면 알람밸브는 자동셋팅된다.
(10) 배관 내 압력 저하로 펌프는 자동기동하여 배관 내를 가압한 후 자동으로 정지한다.

참고 화재안전기준의 개정으로 2006년 12월 30일 이후에 건축허가동의 대상물의 경우는 가압확인 후 주펌프를 수동으로 정지시킨 후 자동절환시켜 놓는다.

(11) 가압되는 동안 알람밸브 동작표시등이 점등되지만 알람밸브 내부 클래퍼가 안착되면 1~2분 후에는 압력스위치 접점이 분리되어 감시제어반의 동작표시등이 자동으로 소등된다.

참고 일부 감시제어반은 복구스위치를 눌러야만 복구가 되는 타입도 있다.

(12) 감시제어반을 복구한다.

5. 알람밸브의 고장진단

1) 습식 스프링클러설비의 말단시험밸브를 개방시켰으나 어느 정도 물이 새어 나오다가 더 이상의 물이 나오지 않을 경우의 원인(단, 옥상수조는 없으며, 수원이 펌프보다 낮게 설치되어 있는 경우로 가정함.)
   (1) 소화수조에 물이 없는 경우
   (2) 후드밸브의 막힘 등 고장 시
   (3) 펌프 흡입측에 공동현상이 발생한 경우
   (4) 펌프 흡입측 스트레이너가 이물질로 막힌 경우
   (5) 펌프 흡입측 개폐밸브가 폐쇄된 경우
   (6) 후드밸브가 개방된 상태에서 물올림장치의 고장(공동현상 발생)
   (7) 펌프성능시험배관의 밸브가 개방된 경우
   (8) 압력챔버 연결용 개폐밸브가 폐쇄된 경우
   (9) 압력챔버의 압력스위치 자체고장 또는 배선의 단선 시
   (10) 입상관의 주밸브가 폐쇄된 경우
   (11) 알람밸브 1차측 개폐밸브가 폐쇄된 경우
   (12) 배관 내 이물질로 인해서 배관 또는 헤드가 막힌 경우
   (13) 펌프가 고장난 경우
   (14) 모터가 고장난 경우

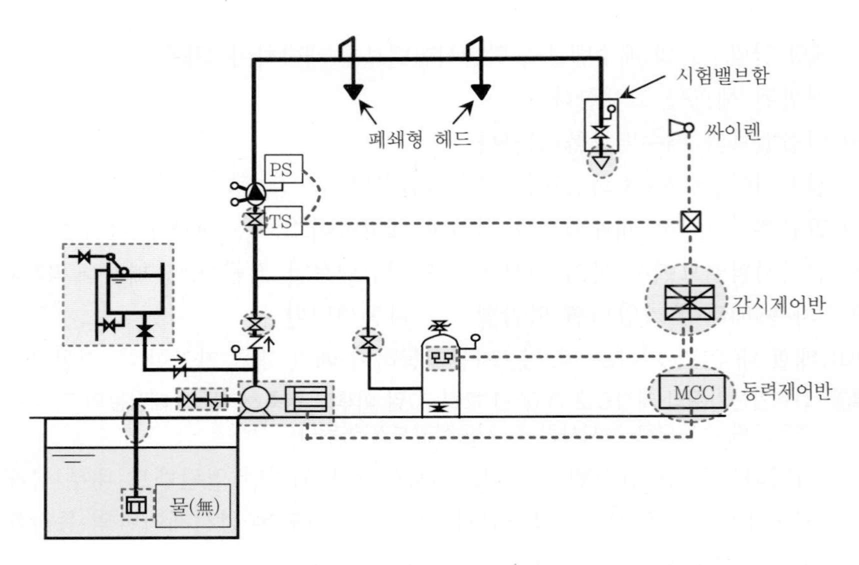

[그림 30] **이상원인 시 확인 부위**

(15) 동력제어반의 차단기가 트립된 경우
(16) 동력제어반의 펌프 선택스위치가 "수동위치"에 있는 경우
(17) 동력제어반의 열동계전기(THR) 또는 전자식 과전류계전기(EOCR)가 트립된 경우 (이 경우 동력제어반 전면의 "과부하등"이 점등된 상태임.)
(18) 동력제어반의 조작회로의 차단기 트립 또는 퓨즈가 단선된 경우

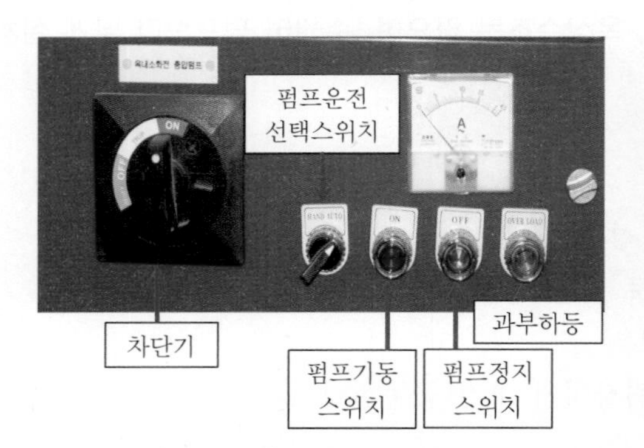

[그림 31] **동력제어반 외부**

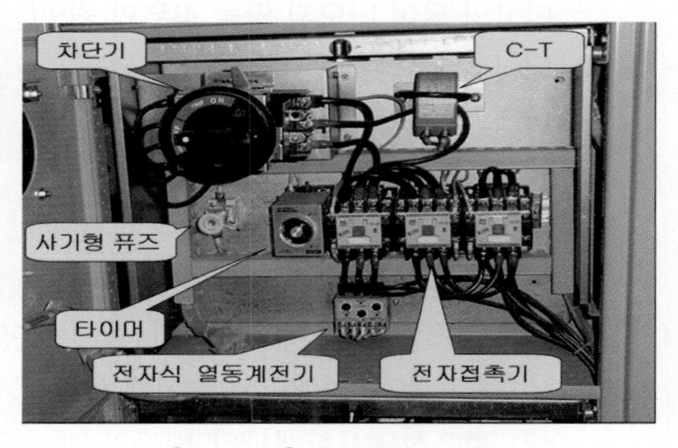

[그림 32] **동력제어반 내부**

[그림 33] **동력제어반의 트립된 차단기 모습**

[그림 34] **동력제어반의 수동위치에 있는 펌프운전 선택스위치**

[그림 35] **동력제어반 내부 조작회로의 트립된 열동계전기 모습**

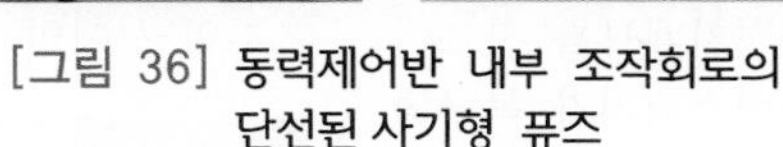

[그림 36] **동력제어반 내부 조작회로의 단선된 사기형 퓨즈**

(19) 감시제어반의 펌프 선택스위치가 "정지위치"에 있는 경우

(20) 감시제어반이 고장난 경우

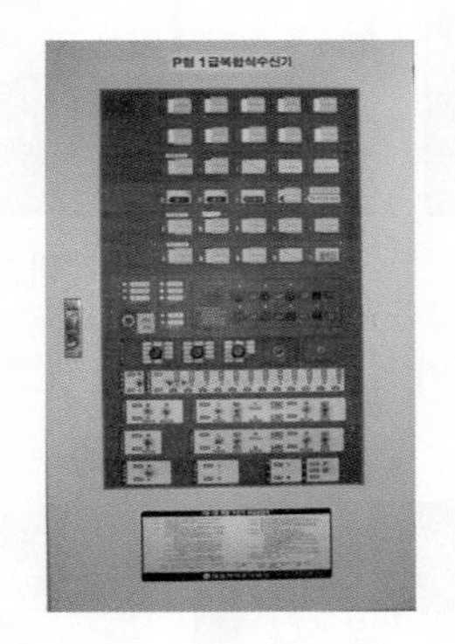

[그림 37] **감시제어반**

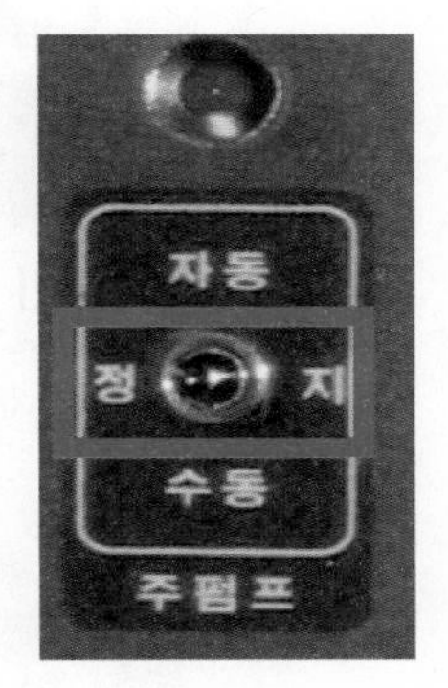

[그림 38] **정지위치에 있는 감시제어반의 펌프 선택스위치**

2) 알람밸브가 복구되지 않을 경우의 원인 및 조치 방법(알람밸브 작동표시등이 계속 점등되는 이유)

알람밸브 동작시험 후 시간이 지나도 자동으로 복구되지 않거나, 화재가 아닌데 주·충압(보조) 펌프 기동 시 최상층 부분의 알람밸브가 동작되어 시간이 지나도 복구되지 않는 경우가 점검 시 종종 발생한다. 이런 경우의 원인과 조치 방법은 다음과 같다.

제어반

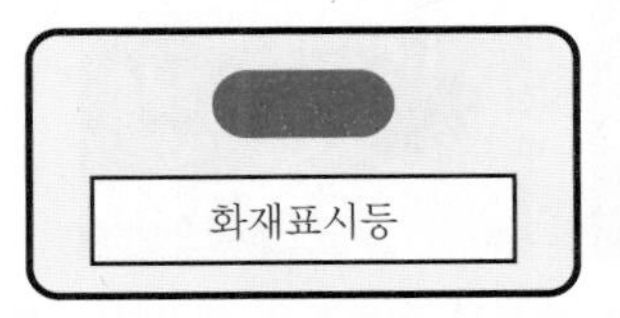

[그림 39] **알람밸브 작동표시등 점등**

원 인	점검 및 조치 방법
(1) 알람밸브에 부착된 경보정지밸브를 잠그면 압력스위치가 복구되는 경우 : 알람밸브 내부 클래퍼와 시트 부위에 이물질이 침입한 경우이다.	가. 플러싱으로 이물질 제거 : 배수밸브를 개방하여 유수에 의하여 이물질 제거를 시도한 후 제어반의 복구스위치를 눌렀을 때 복구가 되면 유수에 의하여 이물질이 제거된 것이다. 나. 커버분리하여 이물질 제거 : "가"의 방법으로 압력스위치가 복구가 되지 않을 경우에는 1차측 개폐밸브를 잠그고 배수밸브를 개방하여 2차측 배관 내의 물을 완전히 배수시킨 후 전면 커버를 분리하여 클래퍼와 시트 부위 사이의 이물질을 제거한다.   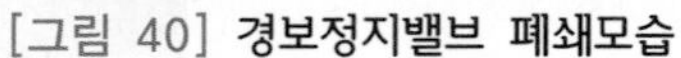 [그림 40] **경보정지밸브 폐쇄모습** [그림 41] **클래퍼의 이물질 제거**
(2) 경보정지밸브를 잠그어도 알람밸브의 압력스위치가 복구되지 않는 경우 : 압력스위치와 연결된 배관부분의 문제로서 압력스위치 연결배관이 배수밸브 2차측과 연결된 부분의 오리피스가 이물질로 막혀 있는 경우이다.	연결배관을 분리하여 오리피스에 끼어 있는 이물질을 철사 등으로 밀어서 제거한다.   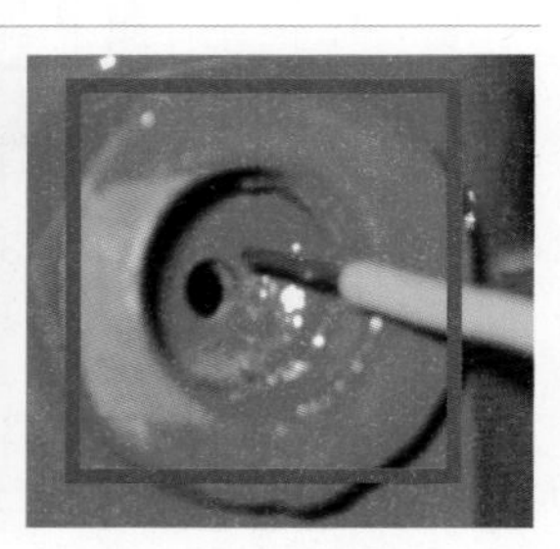 [그림 42] **오리피스 막힌 부분** [그림 43] **배수밸브에 연결된 오리피스** [그림 44] **오리피스에 낀 이물질 제거모습**   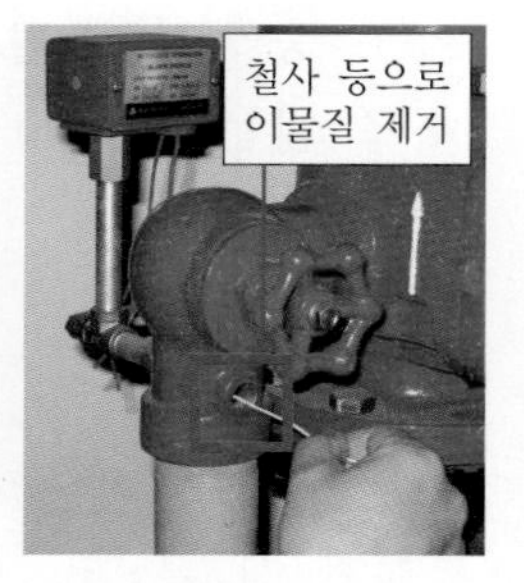 [그림 45] **전면의 볼트를 풀어서 이물질을 제거하는 모습(일부제품에만 부착됨.)**

원 인	점검 및 조치 방법	
(3) 알람밸브 내부의 시트고무가 파손 또는 변형된 경우	알람밸브 전면 볼트를 풀어 커버를 분리 후 시트고무를 교체한다.	 [그림 46] **알람밸브의 클래퍼 시트고무**
(4) 알람밸브에 부착된 배수밸브의 불완전 잠금상태	배수밸브의 완전폐쇄	[그림 47] **배수밸브의 완전폐쇄**
(5) 알람밸브에 부착된 배수밸브의 시트고무에 이물질이 침입하거나 시트고무가 손상된 경우	배수밸브 시트고무의 이물질 제거 또는 시트고무 교체	[그림 48] **배수밸브 분해 · 청소하는 모습**
(6) 말단시험밸브의 불완전 잠금상태	말단시험밸브를 완전히 잠근다.	[그림 49] **말단시험밸브의 완전폐쇄** [그림 50] **배수밸브 시트고무 청소**
(7) 알람밸브 2차측 배관이 누수되는 경우	누수부분을 보수한다.	–

3) 알람체크밸브가 설치된 습식 스프링클러설비에서 비화재 시에도 수시로 오보가 울릴 경우의 원인

원 인	점검 및 조치 방법
(1) 압력스위치 연결배관 상의 오리피스가 막힌 경우	압력스위치와 연결된 배관부분의 문제로서 압력스위치 연결배관이 배수밸브 2차측과 연결되어 있는 오리피스부분이 이물질로 막혀 있는 경우이므로, ⇒ 연결부분을 분리하여 오리피스에 끼어 있는 이물질을 철사 등으로 밀어서 제거한다.
	 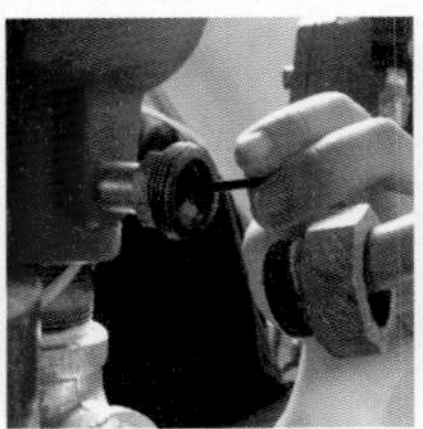  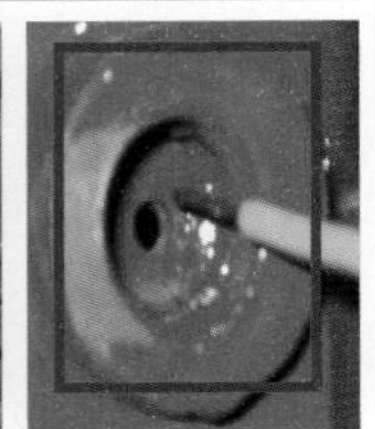 [그림 51] **오리피스가 막힌 부분 및 이물질 제거모습**
(2) 알람밸브 내부 클래퍼와 시트 부위에 이물질이 침입한 경우	알람밸브 전면 볼트를 풀어 커버를 분리 후 이물질을 제거한다. **참고** 이물질 제거 방법 : 배수밸브를 개방하여 배수되는 물로 플러싱을 해서 복구되는 경우가 많으나, 이러한 조치를 했음에도 불구하고 미복구 시에는 커버를 분리하여 이물질을 제거한다.  [그림 52] **클래퍼의 이물질 제거**
(3) 알람밸브의 압력스위치 자체불량(전기적인 접촉불량)인 경우	압력스위치를 교체한다. 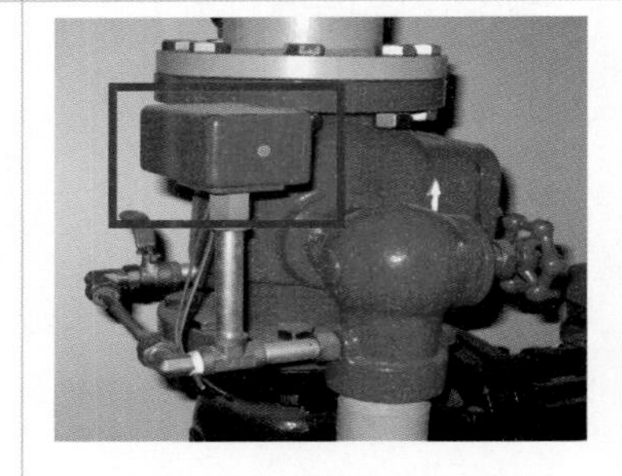 [그림 53] **압력스위치 불량**
(4) 알람밸브의 배수밸브가 완전폐쇄가 안 된 경우	배수밸브를 완전히 폐쇄한다.  [그림 54] **배수밸브 완전폐쇄**

원 인	점검 및 조치 방법	
(5) 알람밸브에 부착된 배수밸브의 시트고무에 이물질이 침입하거나 시트고무가 손상된 경우	배수밸브 시트고무의 이물질 제거 또는 시트고무를 교체한다.	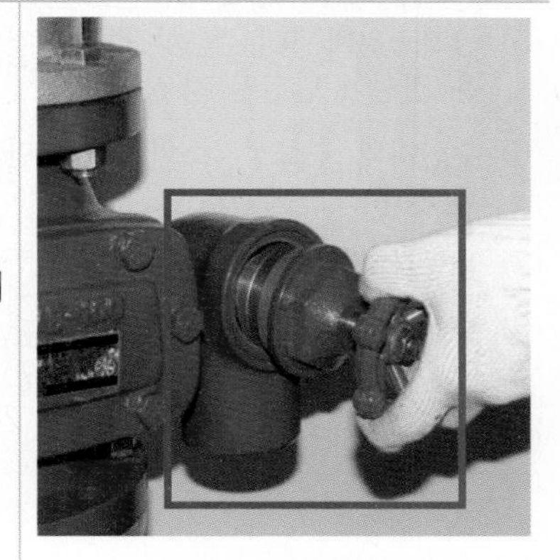 [그림 55] **배수밸브 정비**
(6) 주·충압펌프가 자주 기동하는 경우	압력챔버 압력스위치 설정 부적정 또는 누수 등으로 인한 주·충압펌프의 잦은 기동으로 고층빌딩에서 주로 최상층 부분의 몇 개 층에서 수격으로 인하여 클래퍼가 열리면서 압력스위치가 동작되는 경우 ⇒ 압력챔버 압력스위치 재셋팅 또는 누수부분 확인 등의 원인을 찾아 정비한다.	

4) 습식 유수검지장치(Alarm Check Valve) 작동 점검 시 말단시험밸브를 열어도 경보가 울리지 않을 경우의 원인

원 인	점검 및 조치 방법
(1) 압력스위치의 접점이 불량인 경우	압력스위치를 교체한다.
(2) 압력스위치의 연결용 배선이 오결선된 경우	재결선(Normal Open선과 공통선 결선 확인－a접점 사용함.)한다.
(3) 경보정지밸브가 폐쇄된 경우	경보정지밸브를 개방상태로 유지한다.
(4) 알람체크밸브와 알람스위치 연결용 오리피스에 이물질의 침입으로 밀폐된 경우	이물질을 제거한다.

[그림 56] **경보정지밸브가 폐쇄된 경우**

[그림 57] **압력스위치의 연결 오리피스 밀폐부위**

원 인	점검 및 조치 방법
(5) 압력스위치 또는 음향장치 연결용 전선이 단선된 경우	단선부분을 찾아 정비한다.
(6) 수신기의 경보정지스위치가 차단된 경우	스위치를 정상상태로 전환한다.
(7) 음향장치가 불량인 경우	음향장치를 교체한다.
(8) 수신기 이상현상 발생(전원 차단, 내부 퓨즈 단선 등 고장상태 발생)	문제점을 찾아 정비한다.
(9) 전원의 전압이 저전압인 경우	고장원인을 찾아 정비한다.

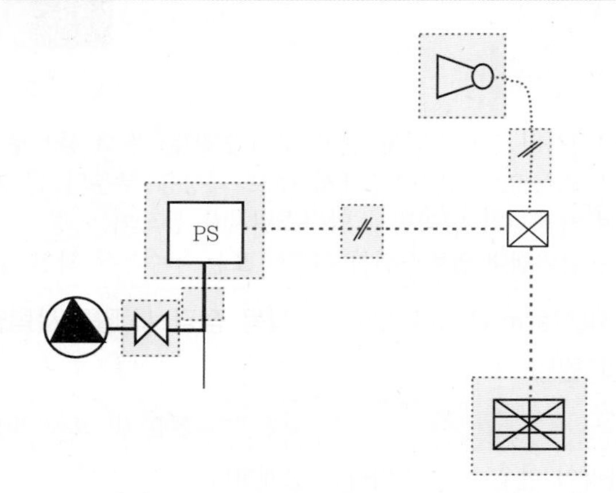

[그림 58] 경보가 울리지 않을 경우의 확인 부분

기출 및 예상 문제

★★★★★

01 습식 유수검지장치의 구성 및 작동점검 방법을 쓰시오.
[조건] 소화펌프는 자동정지된다. [1회 10점, 3회 20점, 82회 기술사]

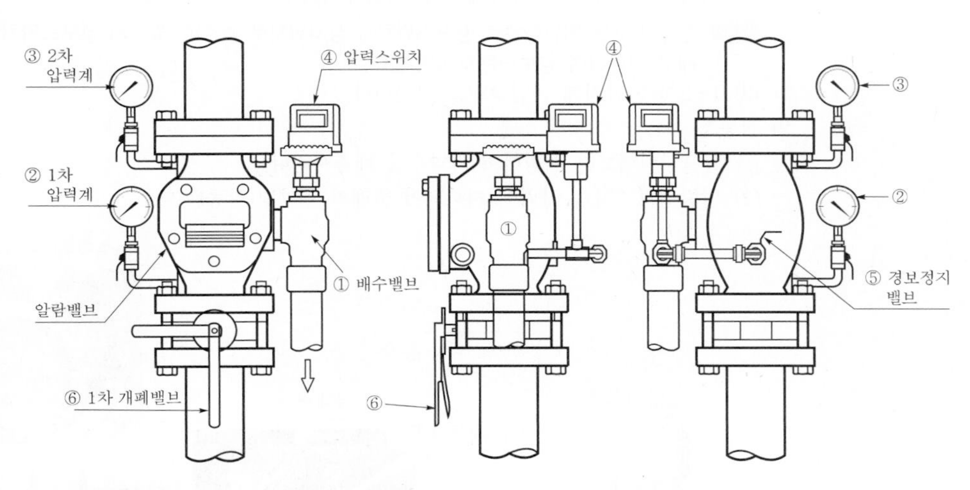

1. 구성요소별 명칭, 기능 및 평상시 상태

순 번	명 칭	기능(설명)	평상시 상태
①	배수밸브	알람밸브 2차측 가압수를 배수시킬 때 사용	폐쇄
②	1차측 압력계	알람밸브의 1차측 압력을 지시	1차측 배관 내 압력을 지시
③	2차측 압력계	알람밸브의 2차측 압력을 지시	2차측 배관 내 압력을 지시
④	압력스위치	알람밸브 개방 시 제어반에 밸브개방(작동)의 신호 송출 (a접점 사용－평상시 전압 : DC 24V)	알람밸브 동작 시 작동
⑤	경보정지밸브	압력스위치 연결배관에 설치되며, 가압수의 흐름을 차단하여 경보를 정지하고자 할 때 사용	개방
⑥	1차측 개폐밸브	알람밸브 1차측 배관을 개폐 시 사용	개방
⑦	경보시험밸브	말단시험밸브를 개방하지 않고 경보시험밸브를 개방하여 압력스위치가 정상작동되는지 시험할 때 사용 **참고** 경보시험밸브는 거의 부착되어 있지 않음.	폐쇄

순 번	명 칭	기능(설명)	평상시 상태
⑧	리타딩챔버 (Retarding Chamber)	클래퍼 개방 시 즉시 압력스위치가 동작하지 않고 일정시간 동안 유수가 지속될 경우 압력스위치에 압력이 전달되도록 된 구조로서, 순간적으로 클래퍼가 개방될 경우 경보로 인한 혼선을 방지하기 위해서 설치한다. **참고** 구형 알람밸브의 경우는 리타딩챔버가 있으나, 신형의 경우에는 압력스위치에 시간지연회로가 내장되어 있다.	대기압 상태

2. 작동점검 방법
 1) 준비
  (1) 알람밸브 작동 시 경보로 인한 혼란을 방지하기 위해 사전 통보 후 점검하거나 또는 수신반에서 경보스위치를 정지시킨 후 시험에 임한다.

  참고 점검 시에는 일반적으로 경보스위치는 정지위치로 놓으며, 필요시 경보스위치를 잠깐 정상상태로 전환하여 경보되는지 확인한다.

  (2) 1 · 2차측 압력계 균압상태를 확인한다.
 2) 작동
  (1) 말단시험밸브를 개방하여 가압수를 배출시킨다.
  (2) 알람밸브 2차측 압력이 저하되어 클래퍼가 개방(작동)된다.

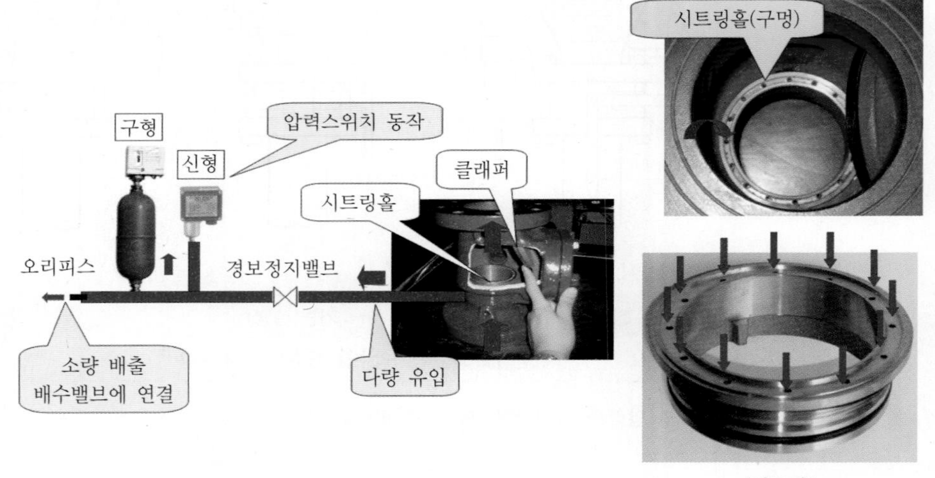

[시트링]

[클래퍼 개방에 따른 압력수 유입으로 압력스위치가 동작되는 흐름]

  (3) 지연장치에 의해 설정시간 동안 지연 후 압력스위치가 작동된다.
 3) 확인사항 [1회 10점]
  (1) 감시제어반(수신기) 확인사항
   가. 화재표시등 점등 확인
   나. 해당 구역 알람밸브 작동표시등 점등 확인
   다. 수신기 내 경보 부저 작동 확인
  (2) 해당 방호구역의 경보(싸이렌)상태 확인
  (3) 소화펌프 자동기동 여부 확인

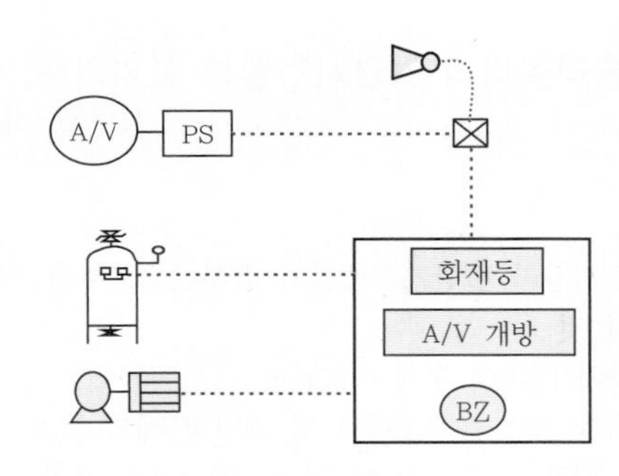

[알람밸브시험 시 확인사항]

4) 펌프 자동정지 시 복구
  (1) 말단시험밸브를 잠근다.
    ⇒ 가압수에 의해 2차측 배관이 가압되면 클래퍼가 자동으로 복구되며 배관 내 압력을 채운 뒤 펌프는 자동으로 정지된다.

1안	2안
(2) 경보정지밸브 ⑤를 잠그면 경보가 정지된다. (3) 1·2차측 압력계 균압 확인 후 (1·2차측 압력이 안정되면) (4) 경보정지밸브 ⑤를 개방하여 경보가 울리지 않으면 정상복구된 것이다. (5) 제어반의 스위치를 정상상태로 복구한다.	(2) 1·2차측 압력계 균압 확인 후 (1·2차측 압력이 안정되면) (3) 제어반의 알람밸브 동작표시등이 소등되면 정상복구된 것이다. (4) 제어반의 스위치를 정상상태로 복구한다.
경보정지밸브를 사용함으로써 가압수가 압력스위치로의 유입을 차단하는 복구 방법 ⇒ 압력스위치 라인으로의 이물질 침입을 방지하는 효과 있음.	손쉽게 복구하는 방법이지만, 이물질이 압력스위치 라인으로 유입될 가능성이 높으며 이물질 유입 시 압력스위치 연결배관을 분해점검해야 하는 단점이 있음.

5) 복구(펌프 수동정지 시)
  (1) 말단시험밸브를 잠근다.
  (2) 충압펌프는 자동상태로 두고, 주펌프만 수동으로 정지한다.
    ⇒ 가압수에 의해 2차측 배관이 가압되면 클래퍼가 자동으로 복구되며 배관 내 압력을 채운 뒤 충압펌프는 자동으로 정지된다.〈화재안전기준의 개정으로 2006년 12월 30일 이후에 건축허가동의 대상물의 경우는 주펌프를 수동으로 정지시켜 준다.〉

1안	2안
(3) 경보정지밸브 ⑤를 잠그면 경보가 정지된다. (4) 1·2차측 압력계 균압 확인 후 (1·2차측 압력이 안정되면) (5) 경보정지밸브 ⑤를 개방하여 경보가 울리지 않으면 정상복구된 것이다. (6) 제어반의 스위치를 정상상태로 복구한다. (7) 주펌프를 자동으로 전환한다.	(3) 1·2차측 압력계 균압 확인 후 (1·2차측 압력이 안정되면) (4) 제어반의 알람밸브 동작표시등이 소등되면 정상복구된 것이다. (5) 제어반의 스위치를 정상상태로 복구한다. (6) 주펌프를 자동으로 전환한다.

★★

02 습식 스프링클러설비의 말단시험밸브 설치기준, 설치목적, 시험 시 확인사항을 쓰시오. [1회 10점]

1. 설치기준
   1) 유수검지장치 말단가지배관의 끝부분으로부터 연결·설치할 것
   2) 시험장치 배관의 구경 : 25mm
   3) 시험배관 말단 : 개폐밸브 및 개방형 헤드 설치
   4) 시험배관의 끝에는 물받이통 및 배수관을 설치
      ⇒ 시험 중 방사된 물이 바닥에 흘러 내리지 않도록 하기 위함.

[말단시험밸브함]

2. 설치목적
   헤드를 직접 개방시키지 않고 말단시험밸브를 개방하여 각 부분의 작동상태를 시험하기 위해서 설치한다.
   1) 시험밸브함 내의 압력계로 적정압력인지
   2) 유수검지장치가 확실히 작동하는지
   3) 수신반의 화재표시등, 알람밸브 작동표시등 점등 및 경보가 되는지
   4) 해당 방호구역의 음향경보가 울리는지
   5) 기동용 수압개폐장치의 작동으로 펌프가 자동으로 기동되는지

3. 시험 시 확인사항 [1회 10점]
   1) 감시제어반(수신기) 확인사항
      (1) 화재표시등 점등 확인
      (2) 해당 구역 알람밸브 작동표시등 점등 확인
      (3) 수신기 내 경보 부저 작동 확인
   2) 해당 방호구역의 경보(싸이렌)상태 확인
   3) 소화펌프 자동기동 여부 확인

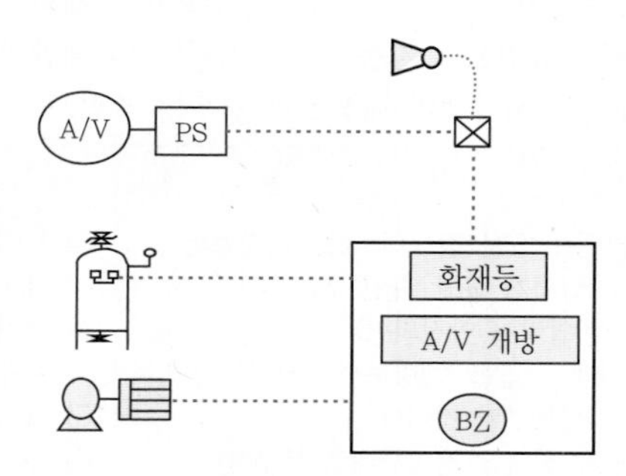

[알람밸브시험 시 확인사항]

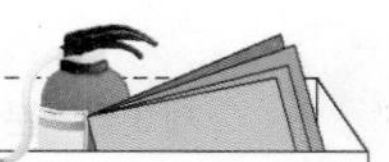

★★★

03 **알람밸브의 작동시험을 정상적으로 완료한 후 감시제어반에서 복구스위치를 눌렀으나 알람밸브 동작표시등이 계속 점등된다. 이 경우의 원인과 조치사항을 5가지 쓰시오.**

원 인	점검 및 조치 방법
1. 알람밸브에 부착된 경보정지밸브를 잠그면 압력스위치가 복구되는 경우 : 알람밸브 내부 클래퍼와 시트부위에 이물질이 침입한 경우이다.	1. 플러싱으로 이물질 제거 : 배수밸브를 개방하여 유수에 의하여 이물질 제거를 시도한 후 제어반의 복구스위치를 눌렀을 때 복구가 되면 유수에 의하여 이물질이 제거된 것이다. 2. 커버분리하여 이물질 제거 : '1'의 방법으로 압력스위치가 복구되지 않을 경우에는 1차측 개폐밸브를 잠그고 배수밸브를 열어서 2차측 배관 내의 물을 완전히 배수시킨 후 전면 커버를 분리하여 클래퍼와 시트부위 사이의 이물질을 제거한다.
2. 경보정지밸브를 잠그어도 알람밸브의 압력스위치가 복구되지 않는 경우 : 압력스위치와 연결된 배관부분의 문제로서 압력스위치 연결배관이 배수밸브 2차측과 연결된 부분의 오리피스가 이물질로 막혀 있는 경우이다.	연결배관을 분리하여 오리피스에 끼어 있는 이물질을 철사 등으로 밀어서 제거한다.
3. 알람밸브 내부의 시트고무가 파손 또는 변형된 경우	알람밸브 전면 볼트를 풀어 커버를 분리 후 시트고무를 교체한다.
4. 알람밸브에 부착된 배수밸브의 불완전 잠금상태	배수밸브의 완전폐쇄
5. 알람밸브에 부착된 배수밸브의 시트고무에 이물질이 침입하거나 시트고무가 손상된 경우	배수밸브 시트고무의 이물질 제거 또는 시트고무 교체
6. 말단시험밸브의 불완전 잠금상태	말단시험밸브를 완전히 잠근다.
7. 알람밸브 2차측 배관이 누수되는 경우	누수부분을 보수한다.

★★★★★

04 알람체크밸브가 설치된 습식 스프링클러설비에서 비화재 시에도 수시로 오보가 울릴 경우의 원인과 조치 방법을 5가지 이상을 쓰시오.

원 인	점검 및 조치 방법
1. 압력스위치 연결배관상의 오리피스가 막힌 경우	압력스위치와 연결된 배관부분의 문제로서 압력스위치 연결배관이 배수밸브 2차측과 연결이 되어 있는 오리피스부분이 이물질로 막혀 있는 경우 ⇒ 연결부분을 분리하여 오리피스에 끼어 있는 이물질을 철사 등으로 밀어서 제거한다.
2. 알람밸브 내부 클래퍼와 시트부위에 이물질이 침입한 경우	알람밸브 전면 볼트를 풀어 커버를 분리 후 이물질을 제거한다. **참고** 이물질 제거 방법 : 배수밸브를 개방하여 배수되는 물로 플러싱을 해서 복구되는 경우가 많으나, 이러한 조치를 했음에도 불구하고 미복구 시에는 커버를 분리하여 이물질을 제거한다.
3. 알람밸브의 압력스위치 자체불량(전기적인 접촉불량)인 경우	압력스위치를 교체한다.
4. 알람밸브의 배수밸브가 완전폐쇄가 안 된 경우	배수밸브를 완전히 폐쇄한다.
5. 알람밸브에 부착된 배수밸브의 시트고무에 이물질이 침입하거나 시트고무가 손상된 경우	배수밸브 시트고무의 이물질 제거 또는 시트고무를 교체한다.
6. 주・충압펌프가 자주 기동하는 경우	압력챔버 압력스위치 설정 부적정 또는 누수 등으로 인한 주・충압펌프의 잦은 기동으로 고층빌딩에서 주로 최상층 부분의 몇 개 층에서 수격으로 인하여 클래퍼가 열리면서 압력스위치가 동작되는 경우 ⇒ 압력챔버 압력스위치 재셋팅 또는 누수부분 확인 등의 원인을 찾아 정비한다.

2 건식 밸브의 점검

1. 건식 스프링클러설비의 구성

건식 스프링클러설비는 동파의 우려가 있는 장소에 설치하며, 건식 밸브를 중심으로 1차측에는 가압수를, 2차측은 압축된 공기를 각각 채워 놓은 상태로 있다가 화재 시 열에 의해 헤드가 개방되어 2차측의 압력이 저하되면 엑셀레이터가 압력저하를 감지하여 압축공기로 클래퍼를 신속하게 개방시켜 드라이밸브를 개방하고, 2차측으로 공급된 가압수는 압축공기를 밀어내고 개방된 헤드를 통하여 소화수를 방출하여 화재를 진압하는 방식이다.

1) 건식 스프링클러설비의 계통도

경보밸브의 종류	1차측	2차측	사용 헤드	화재감지
건식(드라이) 밸브 (Dry Pipe Valve)	가압수	압축공기	폐쇄형 헤드	폐쇄형 스프링클러헤드

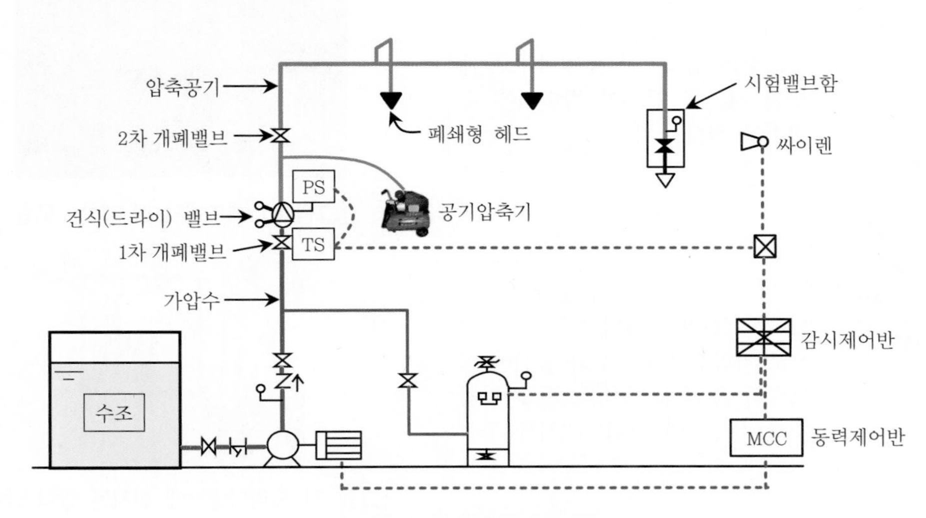

[그림 1] **건식 스프링클러설비 계통도**

2) 건식 스프링클러설비 작동설명

동작순서	관련 사진
(1) 화재발생	[그림 2] **화재발생**

동작순서	관련 사진
(2) 화열에 의해 화재발생 장소 상부의 헤드 개방 ⇒ 개방된 헤드를 통하여 2차측 배관의 압축공기 방출	[그림 3] 폐쇄형 헤드 개방
(3) 2차측 배관 내 압력저하 ⇒ 드라이밸브 개방	[그림 4] 개방 전 [그림 5] 개방 후
(4) 2차측 배관으로 소화수 공급 ⇒ 소화수는 압축공기를 밀어내고 개방된 헤드를 통하여 방수되어 소화작업 실시	[그림 6] 헤드에서 방수되는 모습
(5) 드라이밸브의 압력스위치 동작 ⇒ 드라이밸브가 개방되면 2차측 배관으로 가압수가 송수됨과 동시에 시트링의 홀(Hole ; 구멍)으로도 가압수가 유입되어 압력스위치를 동작시킨다.	[그림 7] 드라이밸브에 설치된 압력스위치
(6) 제어반의 주경종 동작, 화재표시등, 드라이밸브 동작표시등 점등 및 부저 동작 ⇒ 해당 구역 음향장치 작동	제어반 화재표시등 드라이밸브 동작 [그림 8] 제어반 표시등 점등 [그림 9] 음향장치 (싸이렌) 작동

동작순서	관련 사진
(7) 배관 내 감압으로 ⇒ 기동용 수압개폐장치의 압력스위치 동작 ⇒ 소화펌프 기동	 [그림 10] **압력챔버의 압력스위치 작동**  [그림 11] **소화펌프 기동**

2. 급속개방장치(Quick Opening Device)

[1회 10점] [설계 및 시공 (80회), (87회) 기술사 : 설치기준, 설명]

1) 개요

(1) 건식 밸브는 동결의 우려가 있는 장소에 설치 가능하다는 장점이 있는 반면, 2차측의 압축공기로 인한 살수지연 및 화재를 조장하는 단점이 있다.

(2) 건식 밸브를 신속히 개방시키기 위한 장치는 엑셀레이터(Accelerator)와 익죠스터(Exhauster)가 있다. 이 기구는 2차측 배관의 내용적이 500gal(1,893*l*) 초과 시 설치한다.

tip

1. 국내 건식 밸브의 경우는 방호구역 내 체적에 관계없이 엑셀레이터가 부착되어 출고되고 있다.
2. 2차측 배관 내용적이 750gal 초과 시 : 별개 방호구역 설정(연면적 3,000m^2 정도)

2) 종류

(1) 엑셀레이터(Accelerator : 가속기)

가. 설치 : 입구는 2차측 배관에, 출구는 건식 밸브의 중간챔버에 연결한다.

나. 기능 : 헤드의 작동에 따라 건식 밸브 2차측의 공기압력이 셋팅압력보다 약 0.14kg/cm^2 이하로 낮아졌을 때, Accelerator가 작동(폐쇄 ⇒ 개방)하여, 2차측 압축공기의 일부를 밸브 본체의 중간챔버로 보내어 클래퍼를 신속히 개방시켜 줌으로써 드라이밸브의 트립시간(Trip Time)을 단축시켜 준다.

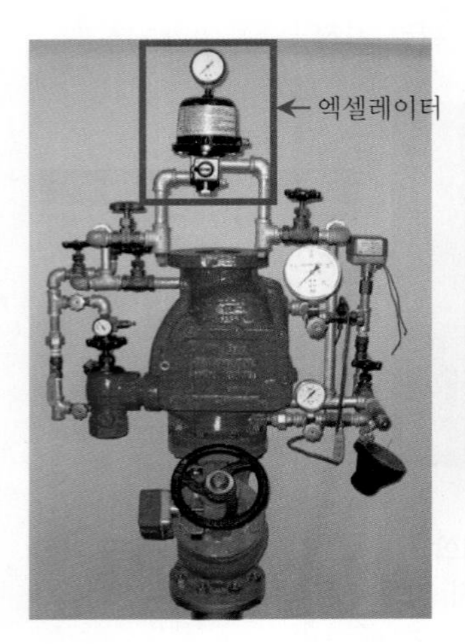

[그림 12] **드라이밸브 외형**

[그림 13] **엑셀레이터 단면**

다. 동작원리

가) 평상시

(가) 평상시에는 2차측의 압축공기가 공급되어 하부, 중간, 상부 챔버에 동일한 압력이 유지되고 있다.

(나) 중간챔버 내 다이어프램의 면적이 상부챔버의 면적보다 상대적으로 크기 때문에 다이어프램은 상부챔버 쪽으로 이동된 상태이며, 엑셀레이터 내부의 Push Load도 상승된 상태로 엑셀레이터 공기출구를 막고 있다.

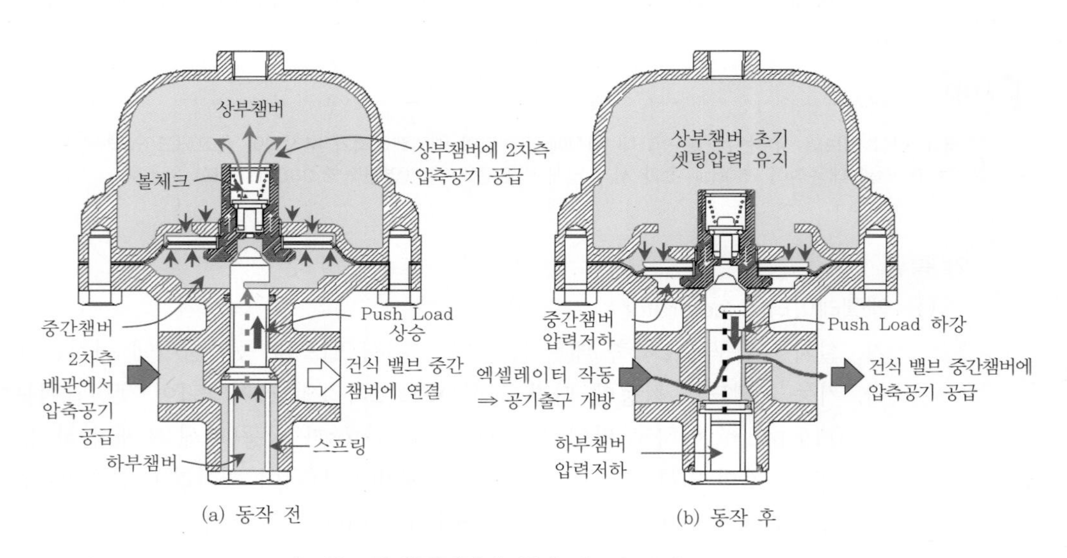

[그림 14] **엑셀레이터 동작 전 · 후 모습**

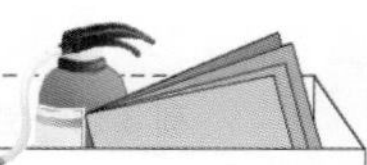

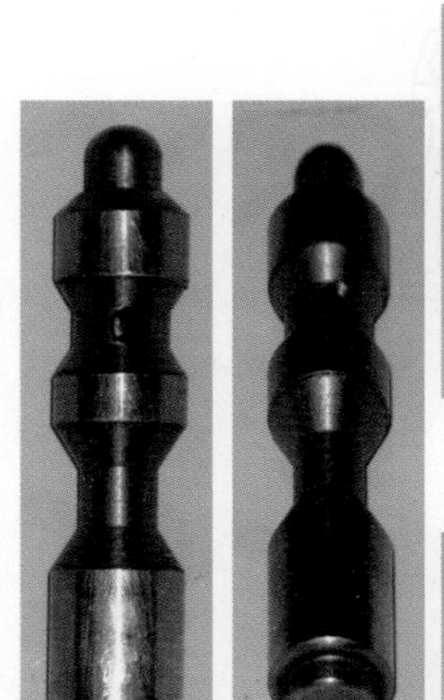

[그림 16] **동작 전 모습**

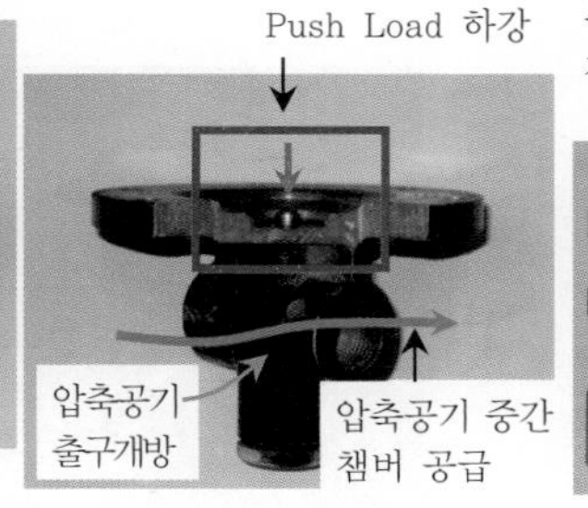

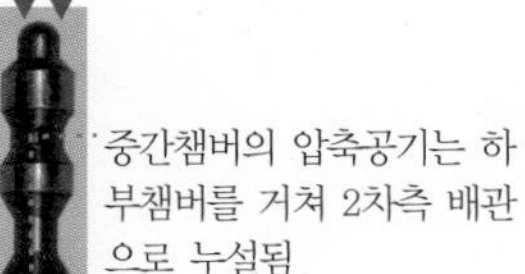

[그림 15] **푸시로드 외형**

[그림 17] **동작 후 모습**

나) 화재 시

(가) 상부챔버에 유입된 공기는 배출되지 못하도록 체크기능이 있어 상부챔버 내 공기압력은 낮아지지 않아 초기 셋팅압력을 유지하고 있으나, 화재의 발생으로 헤드가 개방되면 2차측 배관 내 압축공기가 누설됨에 따라 엑셀레이터의 하부챔버와 중간챔버의 공기압력이 낮아진다.

(나) 2차측 배관 내의 공기압력이 셋팅압력보다 약 $0.14kg/cm^2$ 이하로 저하되면,

(다) 상부챔버는 중간챔버의 다이어프램 면적보다 작지만 중간챔버의 압력저하로 인하여 상대적으로 압력이 커지게 되어, 다이어프램이 중간챔버로 밀리게 되어 Push Load는 하부로 이동하게 된다.

참고 다이어프램타입의 프리액션밸브에서 셋팅 · 개방되는 원리와 비슷하다.

(라) Push Load가 하부로 이동하게 되면 엑셀레이터의 출구쪽으로의 공기이동통로가 열리게 되고, 2차측 압축공기가 중간챔버로 이동하여 클래퍼를 개방한다.

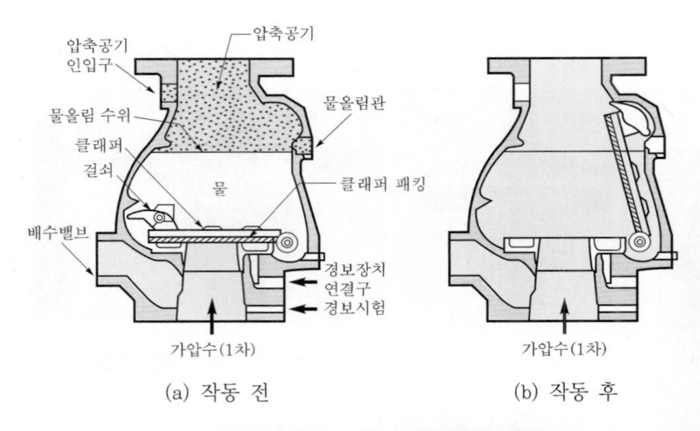

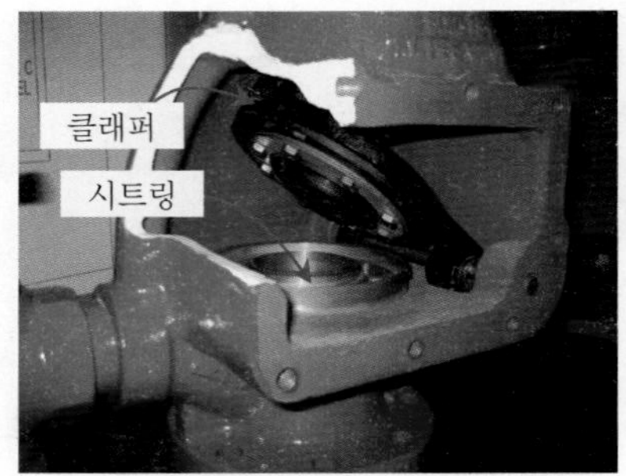

[그림 18] **드라이밸브 동작 전·후 모습**

(2) 익죠스터(Exhauster ; 공기배출기)

가. 설치 : 입구는 2차측 토출배관(수평주행배관의 말단)에, 출구는 대기 중에 노출 설치한다.

나. 작동 : 건식 밸브 2차측의 공기압력이 셋팅압력보다 낮아졌을 때 공기배출기가 작동하여 2차측 배관 내 압축공기가 대기 중으로 신속히 배출되도록 한다.

tip 건식 스프링클러설비의 급속개방장치(Quick Opening Device)

종 류		엑셀레이터(Accelerator)	익죠스터(Exhauster)
역할(기능)		헤드 개방 시 드라이밸브 내 클래퍼를 신속히 개방하는 역할 ⇒ 트립시간(Trip Time)을 단축하는 기능	2차측 배관 내 압축공기를 신속히 대기 중으로 배출하는 역할 ⇒ 이송시간(Transit Time)을 단축하는 기능
설치 위치	1차측	2차측 배관	2차측 배관
	2차측	건식 밸브 중간챔버	대기 중

※ 건식 밸브의 방수지연시간

1. 건식 밸브의 방수지연시간=트립시간(Trip Time)과 이송시간(Transit Time)
2. 트립시간(Trip Time)
   헤드가 화재의 열에 의하여 개방된 후 건식 밸브의 클래퍼가 열리기까지의 시간
3. 이송시간(Transit Time)
   클래퍼가 열린 후 헤드로 방수가 되기까지의 시간

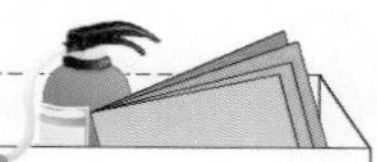

3. 트립시간(Trip Time)과 이송시간(Transit Time)

참고 1. 공기압축기 설치목적 [기술사 기출 84회 10점]
2. 트립시간의 정의와 트립시간이 미치는 요소 설명 [기술사 기출 79회 25점, 84회 10점]

1) 개요

(1) 건식 스프링클러설비의 문제점은 화재 시 헤드가 개방되더라도 2차측 배관 내의 압축공기로 인한 장애 때문에 헤드의 살수가 지연된다는 점이다. 즉 습식에 비해 시간지연이 발생한다는 것이다.

(2) 방수지연시간은 화재로부터 헤드가 감열된 시점부터 헤드로부터 물이 방수되기까지의 시간이다.

(3) 방수지연시간=트립시간(Trip Time)과 이송시간(Transit Time)

2) 트립시간(Trip Time)

(1) 정의 : 헤드가 화재의 열에 의하여 개방된 후 건식 밸브의 클래퍼가 열리기까지의 시간

(2) 트립시간에 미치는 영향요소

가. 2차측의 공기압이 클수록 트립시간이 길어진다.
나. 설치된 헤드의 오리피스 구경이 작을수록 길어진다.
다. 건식 밸브의 트립압력이 낮을수록 길어진다.

(3) 대책

가. 엑셀레이터를 설치한다.(트립시간을 단축시키는 가장 좋은 방법)
나. 익죠스터를 설치한다.
다. 2차측 배관 내 공기압을 가급적 낮게 한다.(⇒ 저압 건식 밸브 설치)
라. 트립압력이 비교적 높은 밸브를 설치한다.

3) 이송시간(Transit Time)

(1) 정의 : 클래퍼가 열린 후 헤드로 방수가 되기까지의 시간

(2) 이송시간에 미치는 영향요소

가. 설치된 헤드의 오리피스구경이 작을수록 길어진다.
나. 1차측 수압이 낮을수록 길어진다.
다. 2차측 배관의 공기압이 높을수록 길어진다.
라. 2차측 배관 내용적이 클수록 길어진다.

(3) 대책

가. 익죠스터를 설치한다.
나. 2차측 배관 내 공기압을 가급적 낮게 한다.(⇒ 저압 건식 밸브 설치)
다. 2차측 배관 내 용적을 작게 한다.

4. 드라이밸브의 종류

드라이밸브는 건식 밸브와 2차측의 압축공기 압력을 낮게 설정하는 저압 건식 밸브로 구분 되며, 국내 경보밸브를 주로 생산하고 있는 3사의 제품을 보면 다음과 같다.

tip 드라이밸브의 종류

구 분		우당기술산업	세코스프링클러㈜	파라텍
건식 밸브	모델명	WDP-1	SDP-73 [4회 기출]	PDPV
	특징	• 클래퍼 복구밸브 有 • 세계 최초개발 • 가압개방 • 주로 생산	• 커버분리(Only) • 국내 최초개발 • 가압개방 • 생산 중단됨.	• 래치 고정볼트 2개 有 • 동작원리 : 세코스프링클러와 동일 • 가압개방 • 주문 시에만 생산
	외형			
저압 건식 밸브	모델명	WDP-2	SLD-71	PLDPV
	특징	• 복구버튼 無 • 다이어프램타입(P/V) +엑츄에이터에 의한 감압 개방 • 널리 보급되지 않음.	• 클래퍼 복구레버 有 • 클래퍼타입(P/V) +엑츄에이터에 의한 감압 개방 • 주로 보급됨.	• 클래퍼 복구레버 有 • 클래퍼타입(P/V) +엑츄에이터에 의한 감압 개방 • 주로 생산함. • 동작원리 : 세코스프링클러와 동일
	외형			

참고 1. 국내 최초 건식 밸브 개발, 복구 시 커버분리 타입 : 세코스프링클러(SDP-73) [4회 20점 기출]
2. 세계 최초 · 국내 개발/수출 : 우당기술산업(WDP-1)

5. 건식 밸브의 점검

1) 우당기술산업 건식(드라이) 밸브(WDP−1)의 점검

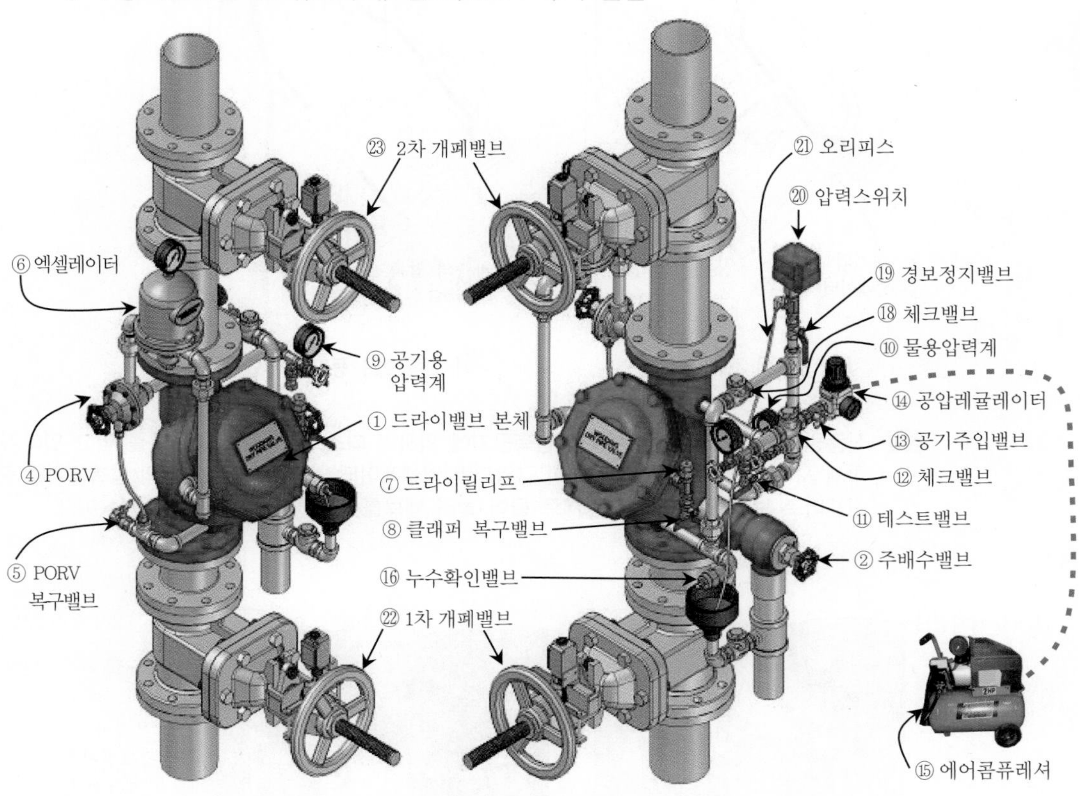

[그림 19] **드라이밸브 외형 및 명칭**

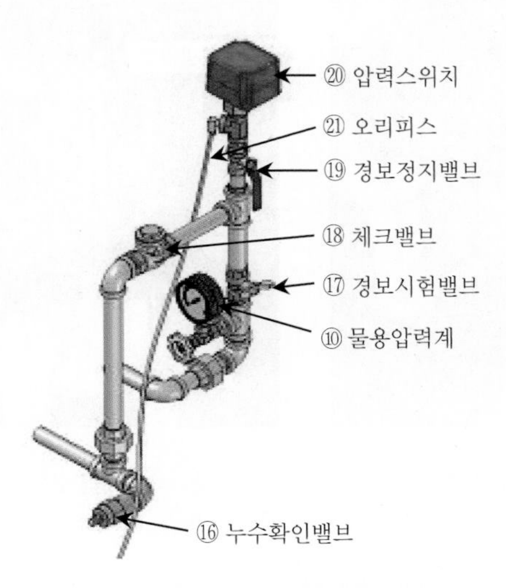

[그림 20] **압력스위치라인 외형**

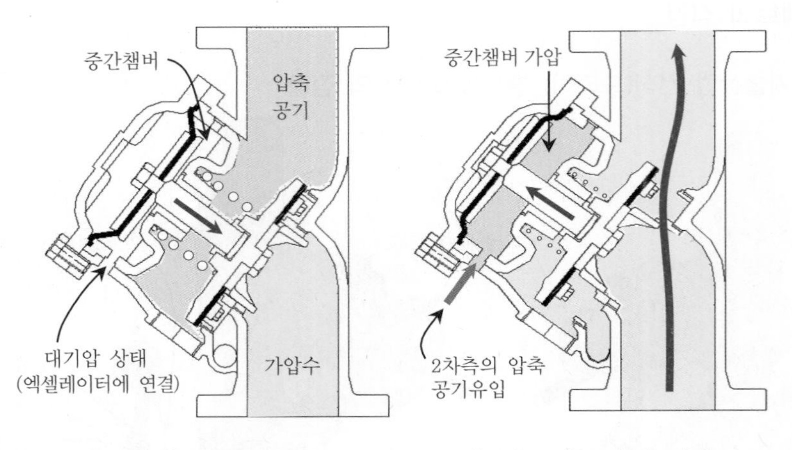

[그림 21] **동작 전 단면**　　　[그림 22] **동작 후 단면**

참고 작동원리 : 평상시에는 2차측의 압축공기에 의하여 디스크가 1차측의 출구를 막고 있다가, 화재 시 헤드의 개방으로 2차측이 감압되면 엑셀레이터가 동작되어 2차측의 압축공기를 중간챔버로 보내어 디스크를 강제로 들어 올려 밸브를 개방시키는 가압개방 방식이다.

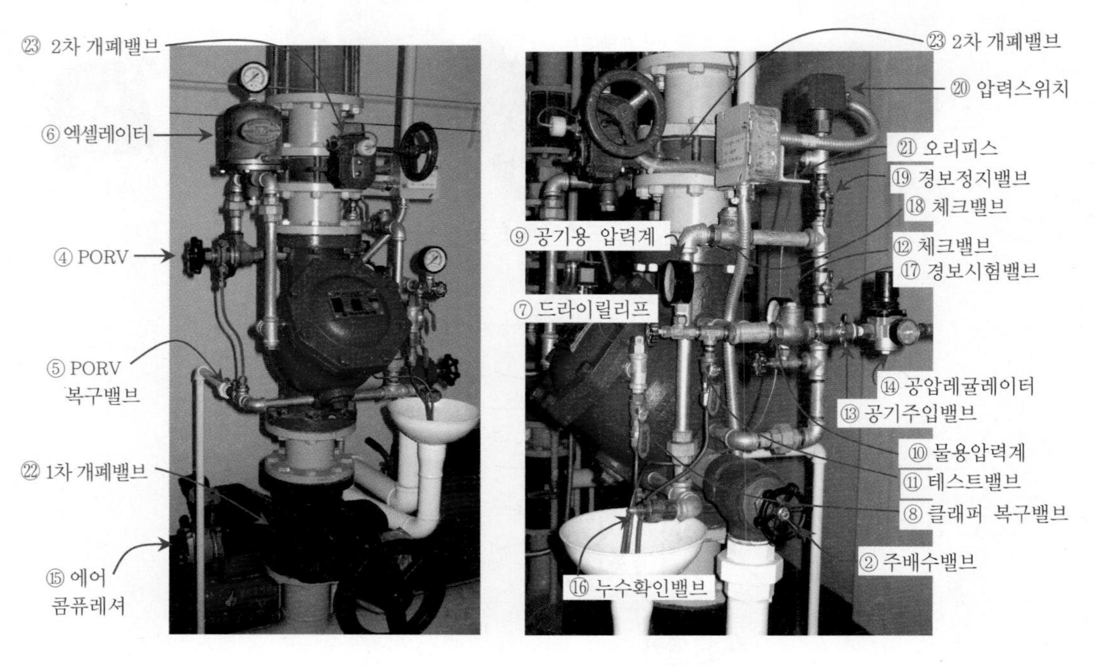

[그림 23] **좌측면**　　　[그림 24] **우측면**

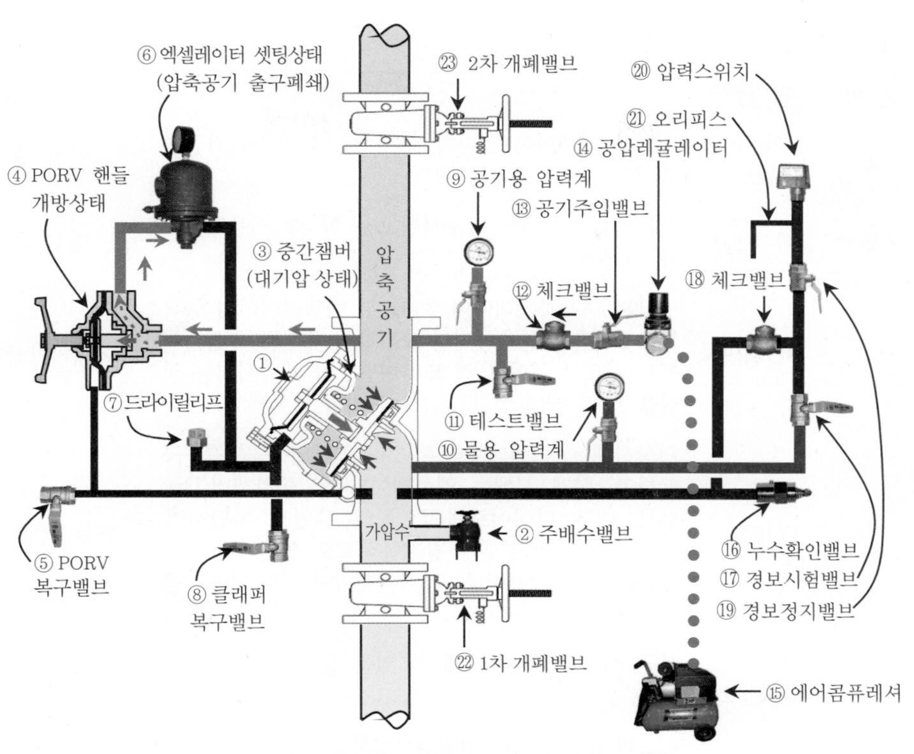

[그림 25] **드라이밸브(동작 전) 외형 및 명칭**

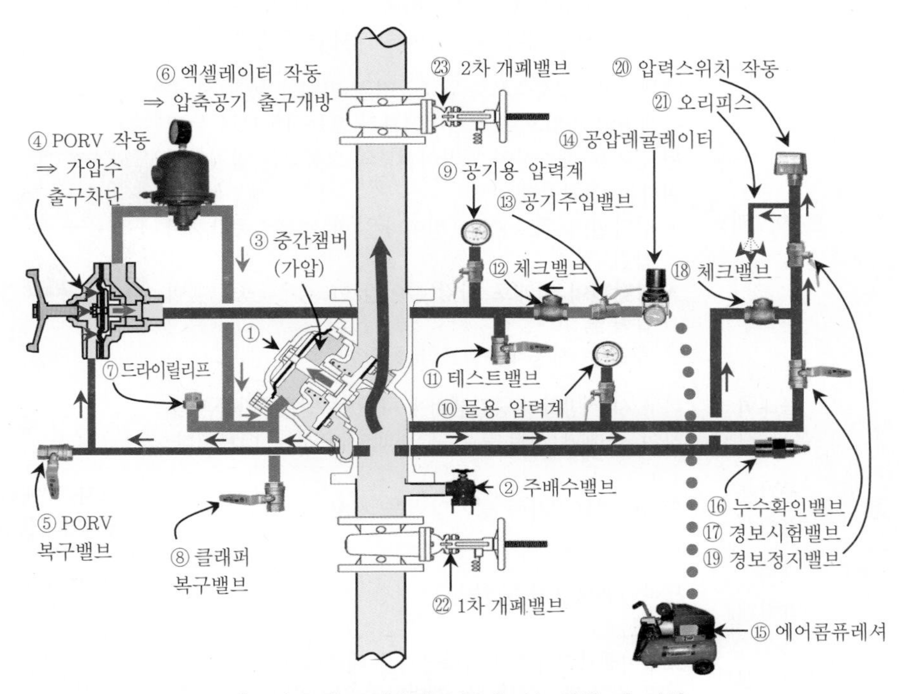

[그림 26] **드라이밸브(동작 후) 외형 및 명칭**

(1) 구성요소 및 기능설명

순 번	명 칭	설 명	평상시 상태
①	드라이파이프 밸브	평상시 폐쇄되어 있다가 화재 시 개방되어 가압수를 2차측으로 보내는 밸브	잠김 유지
②	주배수밸브	2차측의 소화수를 배수시키고자 할 때 사용(1차측에 연결됨.)	잠김 유지
③	중간챔버	평상시 대기압상태이며, 화재 시 엑셀레이터의 동작으로 2차측의 압축공기가 중간챔버 내부로 유입되어 밸브 시트를 들어 올려 드라이밸브를 개방시키는 역할을 하는 챔버(공간 ; 실) (⇒ 가압 개방방식)	대기압상태
④	PORV	평상시에는 엑셀레이터로 2차측의 압축공기를 공급하고, 화재 시에는 엑셀레이터 및 중간챔버(Dry 밸브 내부 다이어프램)로 물의 유입을 차단시켜, 부품 내부의 발청부식 방지목적으로 설치한다. (개폐기능 + 밸브작동 시 엑셀레이터로의 가압수 공급차단)	핸들 열림 유지
⑤	PORV 복구밸브	복구 시 PORV 시트에 차 있는 물을 배출시킬 때 사용	잠김 유지
⑥	엑셀레이터 (Accelerator)	헤드의 개방에 따라 건식밸브 2차측의 공기압이 셋팅 압력보다 낮아졌을 때, 클래퍼를 신속히 개방시키기 위하여 엑셀레이터가 작동하여 2차측의 압축공기 일부를 밸브 본체의 중간챔버로 보내는 역할을 한다.	잠김 유지
⑦	드라이릴리프	엑셀레이터 2차측으로 압축공기의 미세한 누기 시 중간챔버의 가압으로 드라이밸브가 오동작하므로 누기된 공기를 배출하여 드라이밸브의 오동작을 방지하기 위하여 설치한다. • 상단핀이 위로 상승(튀어나온)한 경우 : 중간챔버 압력 有 • 상단핀이 아래로 하강(들어간)한 경우 : 중간챔버 압력 無 ☞ 구조는 자동배수밸브와 동일함.	상단핀 하강 상태 유지
⑧	클래퍼 복구밸브	복구 시 개방하여 중간챔버에 차 있는 압축공기를 배출하여 클래퍼 시트를 복구할 때 사용하는 밸브이다.	잠김 유지
⑨	공기용 압력계	드라이밸브 2차측 공기압력을 지시	2차측 배관의 공기압력을 지시
⑩	물용 압력계	드라이밸브 1차측 압력을 지시	1차측 배관의 압력을 지시
⑪	테스트밸브	드라이밸브 2차측의 압축공기를 배출시켜 작동시험을 하기 위한 밸브(시험 시 개방하여 압축공기를 배출함.)	잠김 유지

순 번	명 칭	설 명	평상시 상태
⑫	체크밸브	드라이밸브 개방 시 공기압축기 쪽으로 가압수의 역류를 방지하기 위해 설치	–
⑬	공기주입 밸브	2차측 배관에 공기를 주입하는 밸브	열림 유지
⑭	공압 레귤레이터	2차측 배관에 설정된 공기압을 유지시켜 주는 기능 • 설정압력 미달 시 : 개방되어 공기압 보충 • 설정압력 도달 시 : 폐쇄되어 공기압 차단	설정압력 유지
⑮	에어콤퓨레셔	2차측 배관에 공기공급	콤퓨레셔에 셋팅된 공기압력을 항상 유지
⑯	누수확인 밸브 =볼드립 (체크)밸브	셋팅 시 실링부위(클래퍼와 시트 사이)의 누수 여부를 확인하기 위해서 설치하며, 압력이 없는 물과 공기는 자동배수되며, 압력이 있는 물과 공기는 차단함(필요시 누름핀을 눌러 수동으로 물과 공기 배출 가능)=오토드립+수동드립	개방
⑰	경보시험 밸브	드라이밸브를 동작시키지 않고 압력스위치를 동작시켜 경보를 발하는지 시험할 때 사용	잠김 유지
⑱	체크밸브	경보시험 시 가압수의 역류방지 기능을 함.	–
⑲	경보정지 밸브	경보를 정지하고자 할 때 사용하는 밸브	열림 유지
⑳	압력스위치	드라이밸브 개방 시 제어반에 개방(작동)신호를 보냄.	드라이밸브 동작 시 작동
㉑	오리피스	압력스위치 동작 시 가압수를 배수시키는 역할을 함. (알람밸브의 압력스위치 라인의 압력수를 자동배수시키는 것과 같은 기능)	개방상태
㉒	1차측 개폐밸브	드라이밸브 1차측을 개폐 시 사용	열림 유지
㉓	2차측 개폐밸브	드라이밸브 2차측을 개폐 시 사용	열림 유지

(2) **작동시험** : 작동시험하는 방법은 2차측 배관에 설치된 말단시험밸브를 개방하여 시스템 전체를 시험하는 방법과 드라이밸브 자체만을 시험하는 방법이 있다. 여기서는 드라이밸브 자체만을 시험하는 방법을 기술한다.

가. 준비

가) 2차측 개폐밸브 ㉓ 잠금

나) 경보 여부 결정(수신기 경보스위치 “ON” or “OFF”)

tip 경보스위치 선택

1. 경보스위치를 "ON" : 드라이밸브 동작 시 음향경보 즉시 발령됨.
2. 경보스위치를 "OFF" : 드라이밸브 동작 시 수신기에서 확인 후 필요시 경보스위치를 잠깐 풀어서 동작 여부만 확인

나. 작동

가) 테스트밸브 ⑪ 개방
⇒ 드라이밸브 2차측 공기압 누설

나) 엑셀레이터 ⑥ 작동
⇒ 순간적으로 클래퍼 개방

참고 중간챔버로 압축공기가 유입되어 클래퍼를 강제로 개방한다.(⇒ 가압 개방방식)

다) 1차측 소화수가 테스트밸브 ⑪을 통해 방출
⇒ PORV의 작동으로 엑셀레이터로의 소화수 공급차단

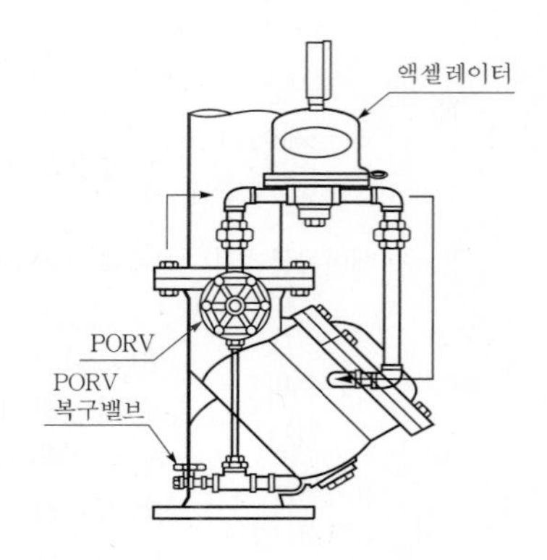

[그림 27] 드라이밸브 측면

라) 유입된 가압수에 의해 압력스위치 ⑳ 작동

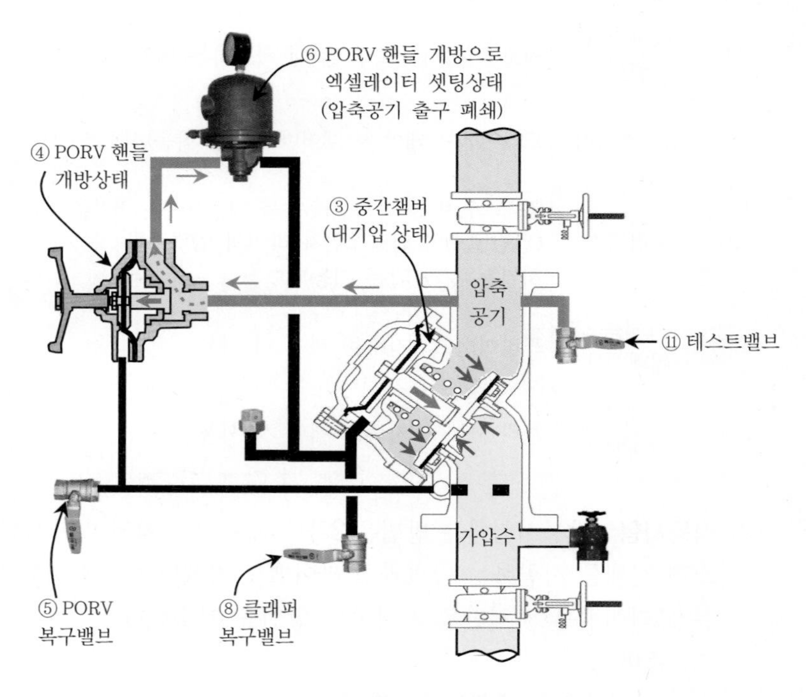

[그림 28] 건식 밸브 작동 전

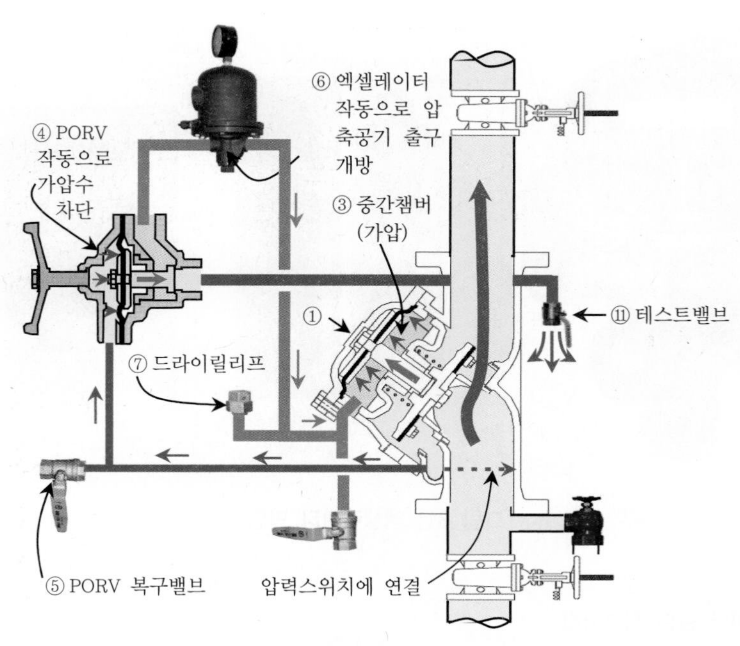

[그림 29] **건식 밸브 작동 후**

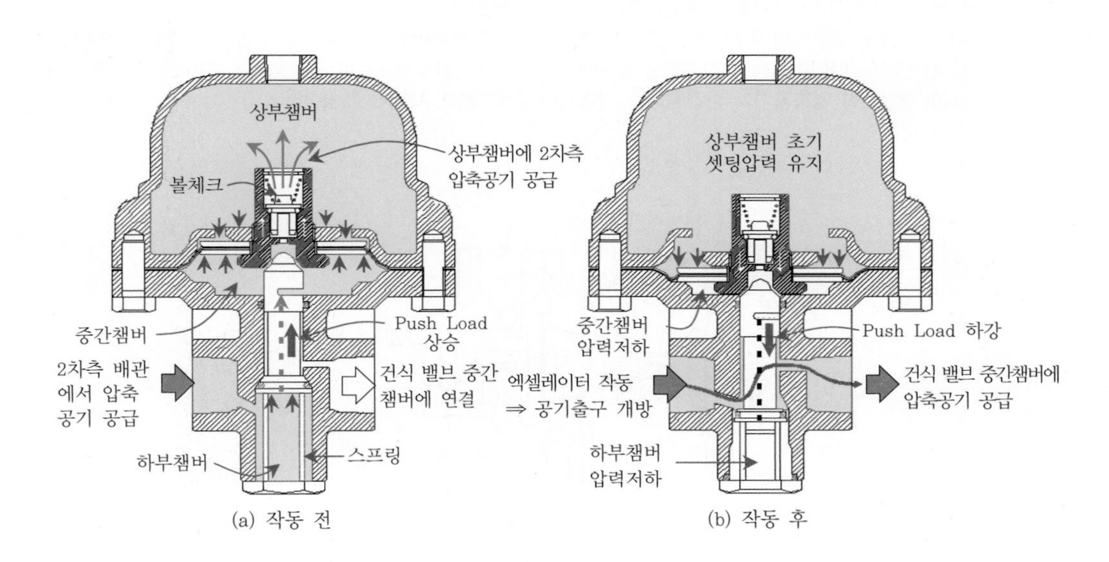

[그림 30] **엑셀레이터 작동 전·후 모습**

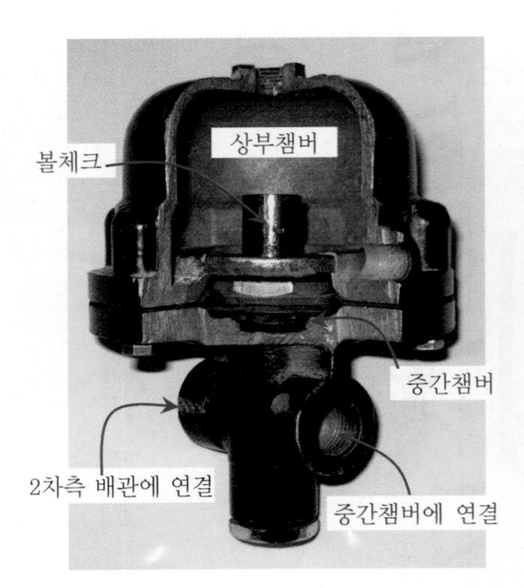

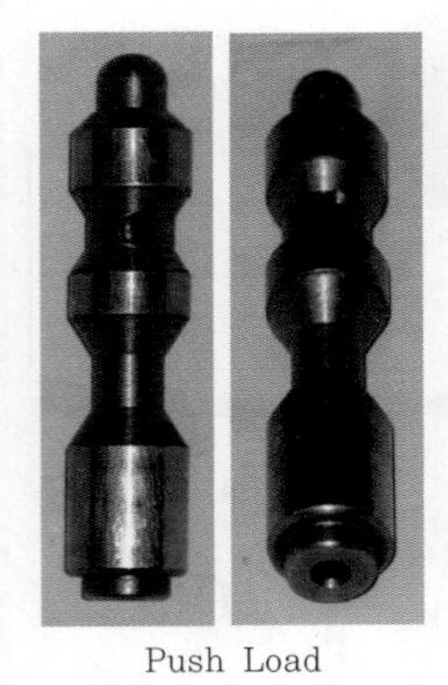

[그림 31] **엑셀레이터 단면**

tip 엑셀레이터 관련 참고사항

1. 다이어프램 면적 : 상부챔버 < 중간챔버
   ⇒ 평상시 푸시로드는 상승된 상태이므로 중간챔버로 통하는 밸브는 닫힌 상태이다.
2. 챔버 내 공기유지상태 : 상부챔버는 2차측 공기압력과 동일(불변)하다.
   중간챔버와 하부챔버는 2차측의 공기압력과 동일하게 변한다.
   ⇒ 화재 시(또는 2차측의 배관 내 감압 시) 중간챔버와 하부챔버의 압력이 저하되면 상부챔버의 공기압력으로 인하여 다이어프램이 하강되고 동시에 푸시로드도 하강됨으로써 중간챔버로 통하는 압축공기 통로가 개방되어 압축공기가 중간챔버로 가압되어 건식 밸브 시트가 개방한다.

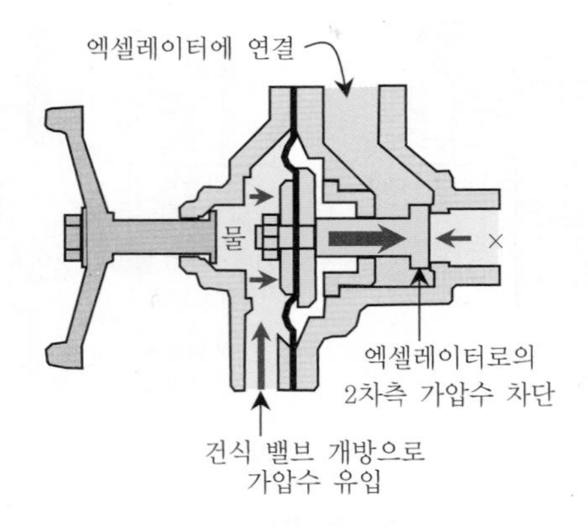

[그림 32] **PORV 작동상태**

[그림 33] **PORV 외형 및 분해모습**

다. 확인사항

가) 수신기 확인사항

(가) 화재표시등 점등 확인

(나) 해당 구역 드라이밸브 작동표시등 점등 확인

(다) 수신기 내 경보 부저 작동 확인

나) 해당 방호구역의 경보(싸이렌)상태 확인

다) 소화펌프 자동기동 여부 확인

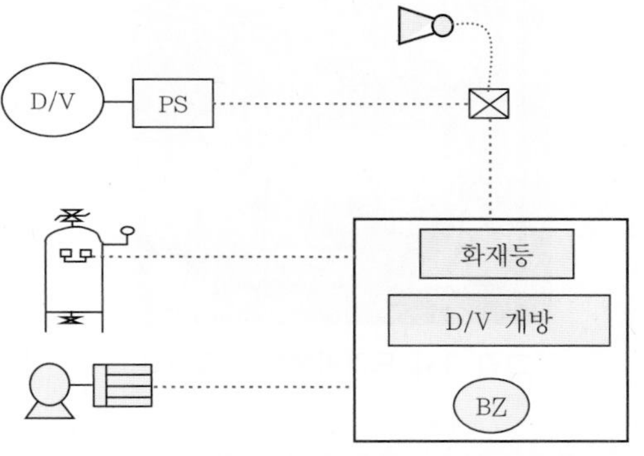

[그림 34] **드라이밸브시험 시 확인사항**

(3) 작동 후 조치

가. 배수

펌프 자동정지의 경우	펌프 수동정지의 경우
가) 1차측 개폐밸브 ㉒ 잠금 ⇒ 펌프정지 확인 나) 공기주입밸브 ⑬, PORV ④와 주변 보조밸브를 모두 잠근다. 다) 기초 배수를 시행한 후, 다시 잠금(②, ⑤, ⑧번 밸브) (가) 주배수밸브 ② 개방 ⇒ 잔류수압 제거 (나) PORV 복구밸브 ⑤ 개방 ⇒ PORV 시트 복귀 (다) 클래퍼 복구밸브 ⑧ 개방 ⇒ 클래퍼의 시트 복귀 라) 화재수신기 스위치 확인복구	가) 펌프 수동정지 나) 1차측 개폐밸브 ㉒ 잠금 다) 공기주입밸브 ⑬, PORV ④와 주변 보조밸브를 모두 잠근다. 라) 기초 배수를 시행한 후, 다시 잠금(②, ⑤, ⑧번 밸브) (가) 주배수밸브 ② 개방 ⇒ 잔류수압 제거 (나) PORV 복구밸브 ⑤ 개방 ⇒ PORV 시트 복귀 (다) 클래퍼 복구밸브 ⑧ 개방 ⇒ 클래퍼의 시트 복귀 마) 화재수신기 스위치 확인복구

tip 점검 시 펌프운전상태 관련

실제 현장에서는 충압펌프로도 드라이밸브의 동작시험은 충분히 가능하고, 또한 시험 시 안전사고를 대비하여 통상 주펌프는 정지위치로 놓고 충압펌프만 자동상태로 놓고 시험한다.

나. 복구

가) 클래퍼 시트의 이물질 유무를 확인한다.

참고 확인 방법 : 드라이밸브 몸통 하부에 있는 50A 플러그를 제거하고 내부를 전등으로 들여다 보면 시트에 이물질 잔류 여부를 손쉽고 확실하게 확인할 수 있으며, 플러그는 반드시 재차 봉입할 것

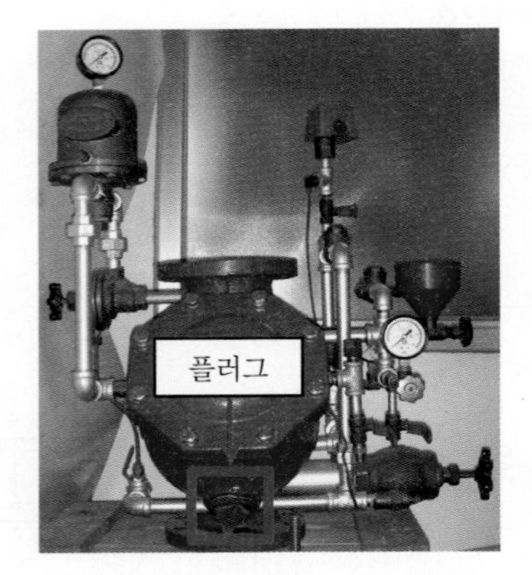

[그림 35] **드라이밸브의 플러그**

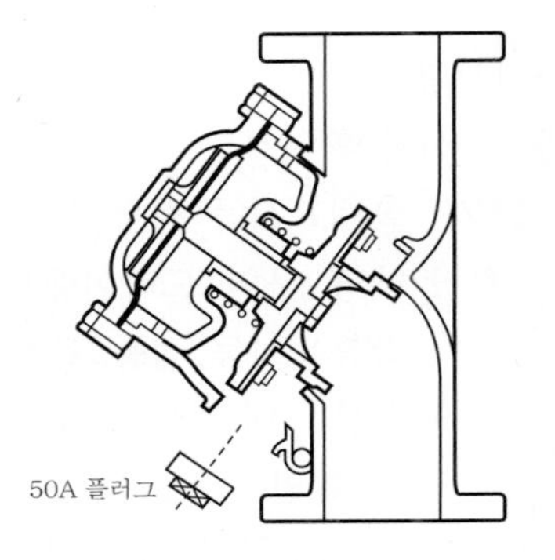

[그림 36] **드라이밸브 플러그 분리모습**

클래퍼 이물질 확인

나) 엑셀레이터 ⑥의 공기빼기 주입구를 눌러 잔류압력을 제거한다.

[그림 37] **엑셀레이터 외형**

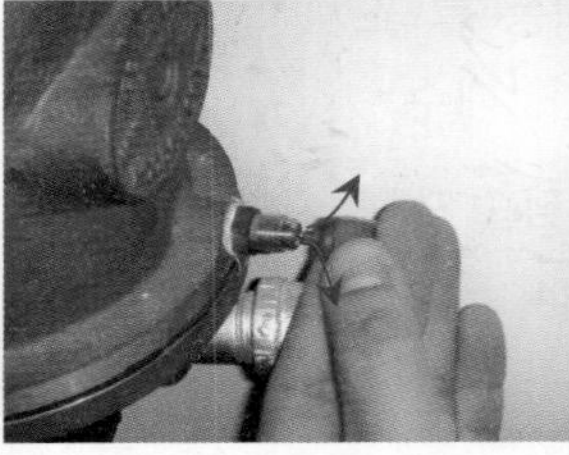

[그림 38] **엑셀레이터 잔류압력 제거모습**

엑셀레이터 복구

다) 에어콤퓨레셔를 가동 후, 공기주입밸브 ⑬을 잠그고 압력설치표를 참고하여 공압레귤레이터 ⑭의 핸들을 조정하여 공압레귤레이터에 부착된 압력계를 보면서 2차측에 유지해야 할 압력을 셋팅한다.

공기공급

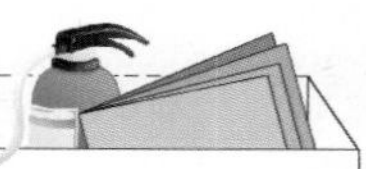

공기공급

※ 공압레귤레이터 셋팅 방법

1. 역할 : 2차측 배관에 설정된 공기압을 항상 일정하게 유지시켜 주는 밸브
2. 조정 방법
   (1) 캡을 위로 뽑는다.(노란색 테가 보인다.)
   (2) 좌회전 ⇒ 감압(−), 우회전 ⇒ 승압(+)이므로 선택 조정한다.
   (3) 압력조정이 완료되면 캡을 밑으로 눌러 닫는다.
   (4) 캡 부위로 공기누설되는 것은 정상 상태이므로 주의한다.

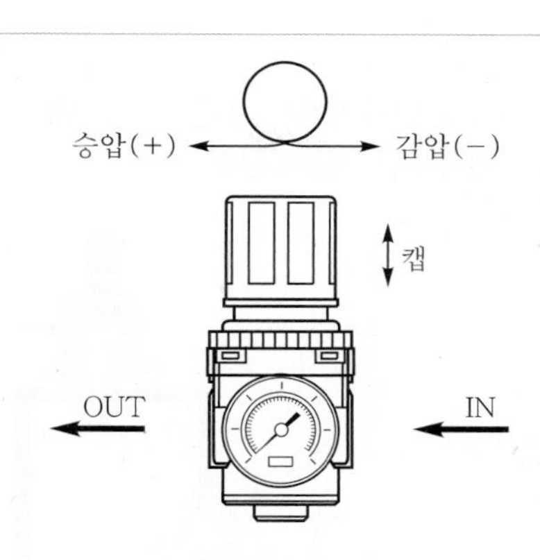

[그림 39] 공압레귤레이터

라) 공기주입밸브 ⑬을 개방하여 2차측에 압축공기를 공급한다.

마) 2차측 개폐밸브 ㉓을 약간만 개방하여 2차측 배관이 설정압력으로 차면, 다시 2차측 개폐밸브를 잠근다.(이때 이미 2차측 배관은 압축공기가 차 있는 상태이나 드라이밸브 2차측과 배관 내의 동압을 확인하기 위한 안전조치임.)

엑셀레이터 셋팅

바) PORV ④의 핸들을 완전히 개방하면(PORV 핸들은 개방 유지),
⇒ 엑셀레이터 상부챔버로 압축공기가 유입되어 엑셀레이터는 자동셋팅된다.
※ 이때 엑셀레이터 압력계는 2차측 공기압력과 동압을 유지해야 하며, 드라이릴리프의 핀이 위로 튀어나와 있지 않으면 엑셀레이터가 정상적으로 셋팅된 것이다.

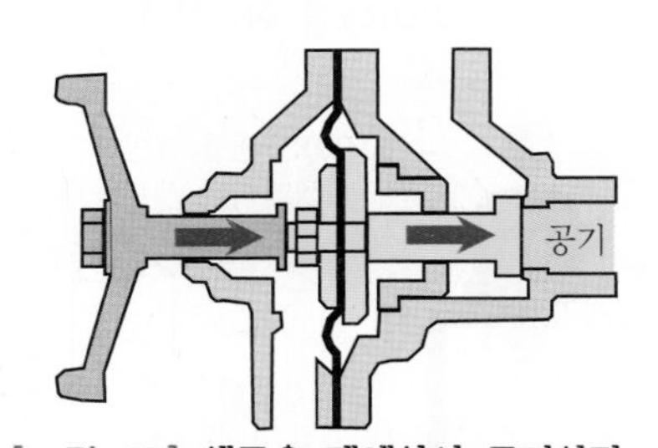

[그림 40] 핸들을 폐쇄하여 공기차단

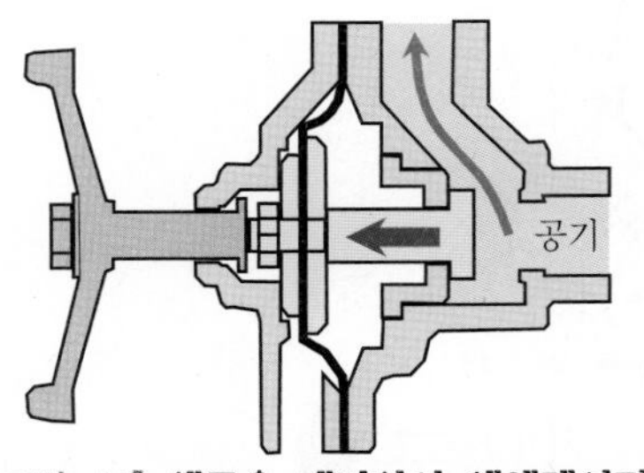

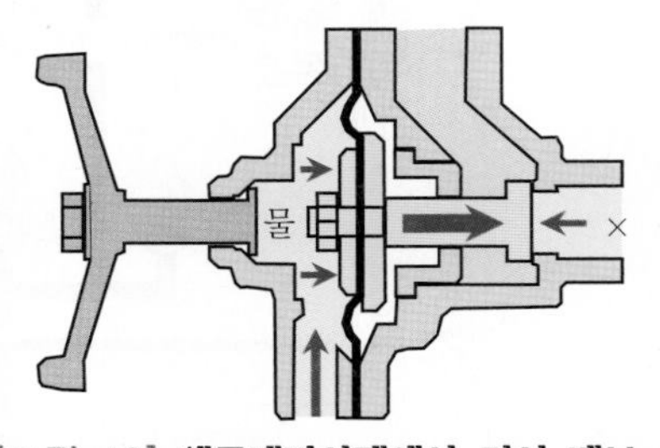

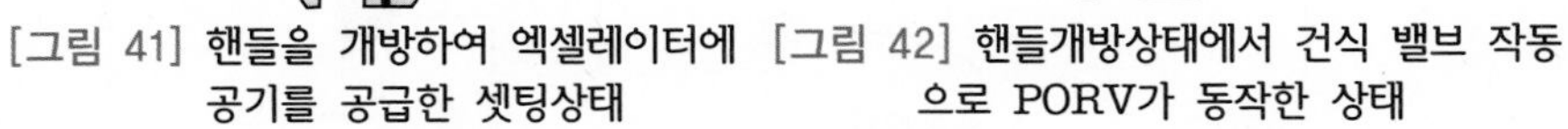

[그림 41] 핸들을 개방하여 엑셀레이터에 공기를 공급한 셋팅상태

[그림 42] 핸들개방상태에서 건식 밸브 작동으로 PORV가 동작한 상태

1차 개폐밸브 개방

사) 1차 개폐밸브 ㉒를 서서히 약간만 개방
   (가) 누수확인밸브 ⑯에서 누수(기)가 없는 경우
      ⇒ 정상 셋팅된 것이므로 1차 개폐밸브 ㉒를 완전히 개방한다.

(나) 누수확인밸브 ⑯에서 누수(기)가 있는 경우 ⇒ 클래퍼 밀착위치가 불량하거나 시트에 이물질이 끼어 있는 경우이므로 배수에서부터 재셋팅한다.	1차 개폐밸브 개방

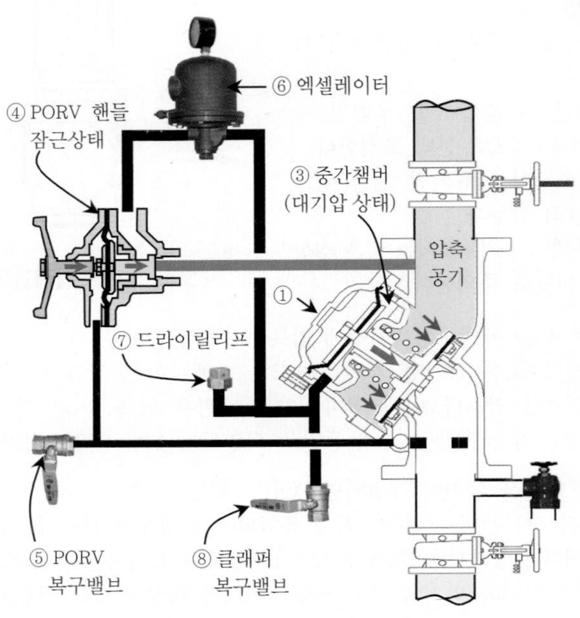

[그림 43] PORV를 잠근상태

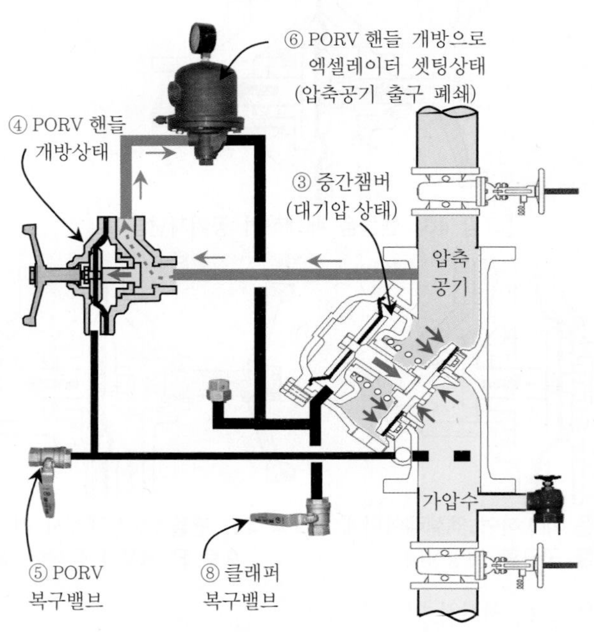

[그림 44] PORV를 핸들 개방 후 1차 개폐밸브 개방

아) 2차측 개폐밸브 ㉓을 완전히 개방한다.(이때 이미 2차측 배관은 압축공기가 차 있는 상태임.)	2차 개폐밸브 개방
자) 화재수신기 스위치 상태를 확인한다. 차) 소화펌프 자동전환(펌프 수동정지의 경우에 한함.)	수신기 복구

tip 우당기술산업 Dry V/V [WDP-1] PORV의 기능 및 설치목적

1. 기능
   엑셀레이터 작동 후 본체 Clapper가 개방되면 1차측의 일부 가압수가 PORV 시트로 유입되고 유입된 가압수에 의해 PORV의 다이어프램을 밀려 디스크가 닫힘으로써, 2차측의 가압수가 엑셀레이터로 유입되는 것을 차단시켜 주는 역할을 한다.
2. 설치목적
   엑셀레이터 내부로 물이 유입 시 정밀한 부품이므로 오동작의 원인이 되기도 하며, 물의 유입 시 분해하여 청소 및 건조시켜야 하는 문제점이 있어, 엑셀레이터 및 Dry 밸브 내부 다이어프램으로 물의 유입을 차단시켜 부품 내부의 발청부식방지 목적으로 설치한다.

(4) 경보시험 방법

가. 경보시험밸브 ⑰ 개방 ⇒ 압력스위치 ⑳ 작동 ⇒ 경보발령
나. 경보 확인 후, 경보시험 밸브 ⑰ 잠금
다. 수신기 스위치 확인복구

(5) 셋팅(Setting) 시 주의사항

가. 밸브 내 클래퍼 시트의 이물질은 완전히 제거할 것
⇒ 청결 유지 요함.
나. 드라이밸브가 작동된 후, Setting 시에는 반드시
가) 클래퍼 복구밸브 ⑧을 열어, 클래퍼를 하향 밀착시키고,
나) PORV 복구밸브 ⑤를 열어, PORV 시트를 복구시킨 뒤 시행할 것

(6) 공기압 유지시험

(예 2차측 공기압 2.6~3.4kg/cm^2) ⇒ 공압레귤레이터 정상작동 여부 확인 방법
가. 1·2차측 개폐밸브 잠금(∵ 밸브의 오동작 방지목적)
나. 테스트밸브 ⑪ 개방 ⇒ 2차측 공기압 누설
다. 공기압이 2.6kg/cm^{2}까지 감소 ⇒ 공압레귤레이터 ⑭ 작동
라. 2차측에 에어공급 ⇒ 콤퓨레셔 작동되면 테스트밸브 ⑪ 잠금
마. 2차측 공기압이 3.4kg/cm^{2}로 충압되면 ⇒ 공압레귤레이터 ⑭ 작동
⇒ 공기공급 차단 ⇒ 콤퓨레셔에 설정된 압력이 되면 콤퓨레셔 정지

바. 확인 후, 2차측 개폐밸브 ㉓ 개방

사. 1차측 개폐밸브 ㉒ 서서히 완전 개방

(7) 우당기술산업 드라이밸브(WDP-1) 클래퍼 시트 이물질 제거 및 복구 방법

가. 1・2차 개폐밸브 잠금

나. 테스트밸브 개방 ⇒ 엑셀레이터가 작동되어 ⇒ 클래퍼 개방

다. 공기공급밸브 잠금 ⇒ 공압레귤레이터 작동 ⇒ 공기공급 차단

라. 테스트밸브를 통해 밸브 내 에어가 완전히 빠진 후

마. 드라이밸브 몸통 하부의 50A 플러그를 풀면 시트 내부가 개방되어 있으며, 손전등을 비추어 이물질 확인 및 제거시킨다.

바. 다시 50A 플러그를 단단하게 잠근다.

사. 클래퍼 복구밸브 개방 ⇒ 중간챔버 내의 공기가 방출되어 클래퍼가 시트에 하향 밀착된다.

아. 셋팅순서와 동일하게 재셋팅한다.

2) 세코스프링클러 건식(드라이) 밸브(SDP-73) [4회 20점 기출]

참고 현재는 생산되지 않는 제품임.

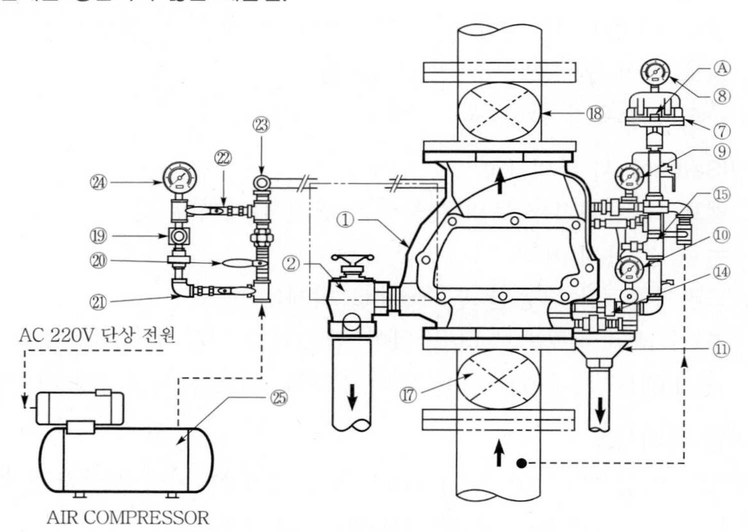

[그림 45] 드라이밸브 정면

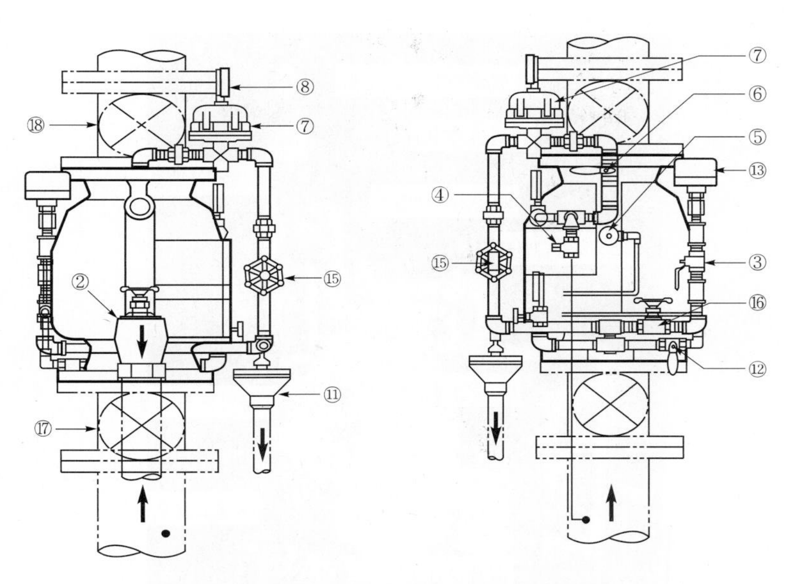

[그림 46] **드라이밸브 좌 · 우 측면**

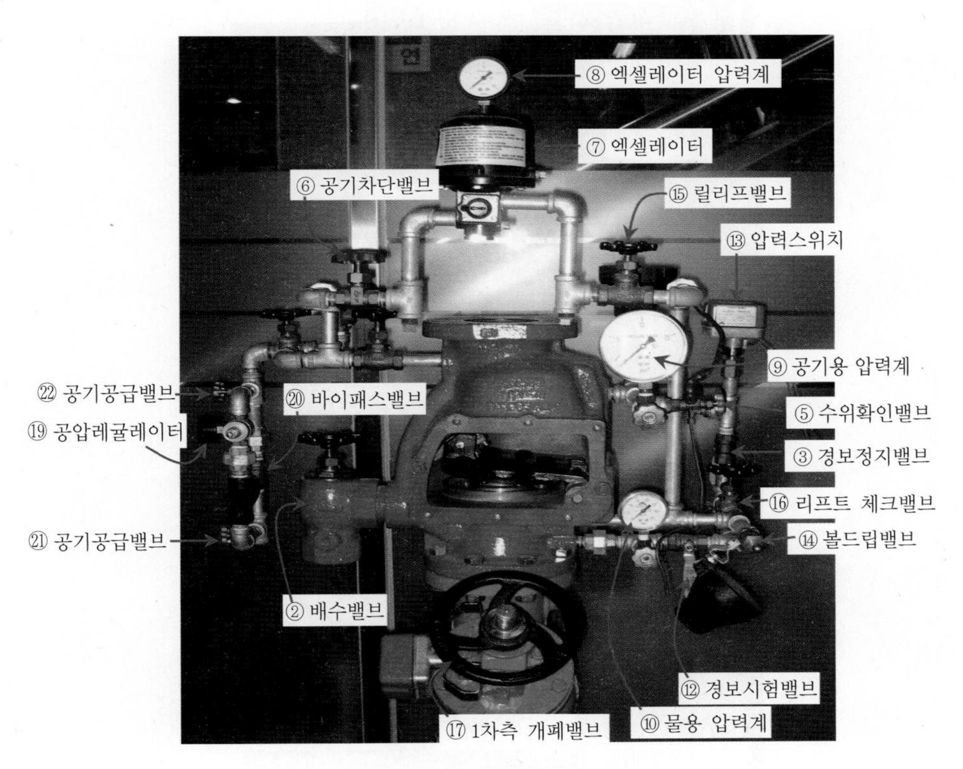

[그림 47] **드라이밸브 정면**

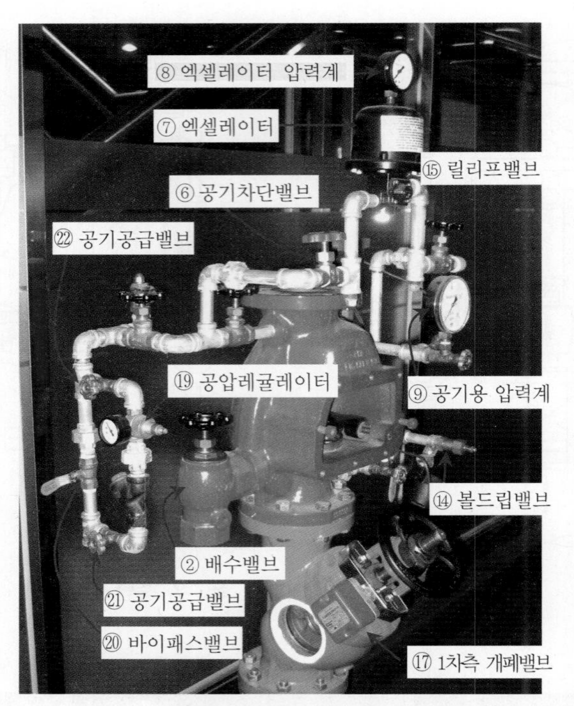

[그림 48] 드라이밸브 좌측면

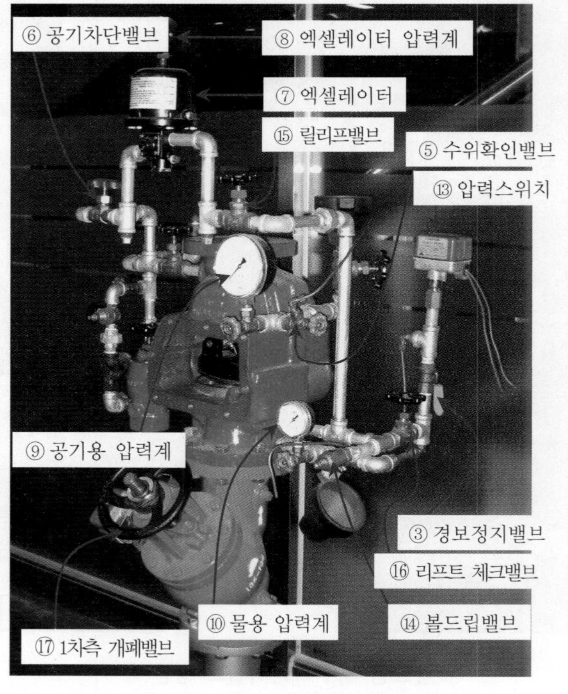

[그림 49] 드라이밸브 우측면

참고 작동원리 : 평상시 클래퍼의 면적은 시트링의 면적에 비하여 크기 때문에 1차측 물의 압력대비 낮은 공기압력으로도 클래퍼는 닫혀 있는 상태로 있다가, 화재 시에는 헤드의 개방으로 2차측 배관의 공기압이 낮아지면 엑셀레이터의 동작으로 중간챔버에 2차측의 압축공기를 공급하여 클래퍼를 신속하게 개방시켜 건식 밸브는 개방된다. 1차측의 소화수는 2차측의 압축공기를 밀어내고 개방된 헤드를 통하여 소화수를 방출하여 소화작업을 하며, 클래퍼의 개방으로 시트링홀을 통하여 유입된 가압수에 의하여 압력스위치가 동작되어 밸브 개방신호를 송출한다.

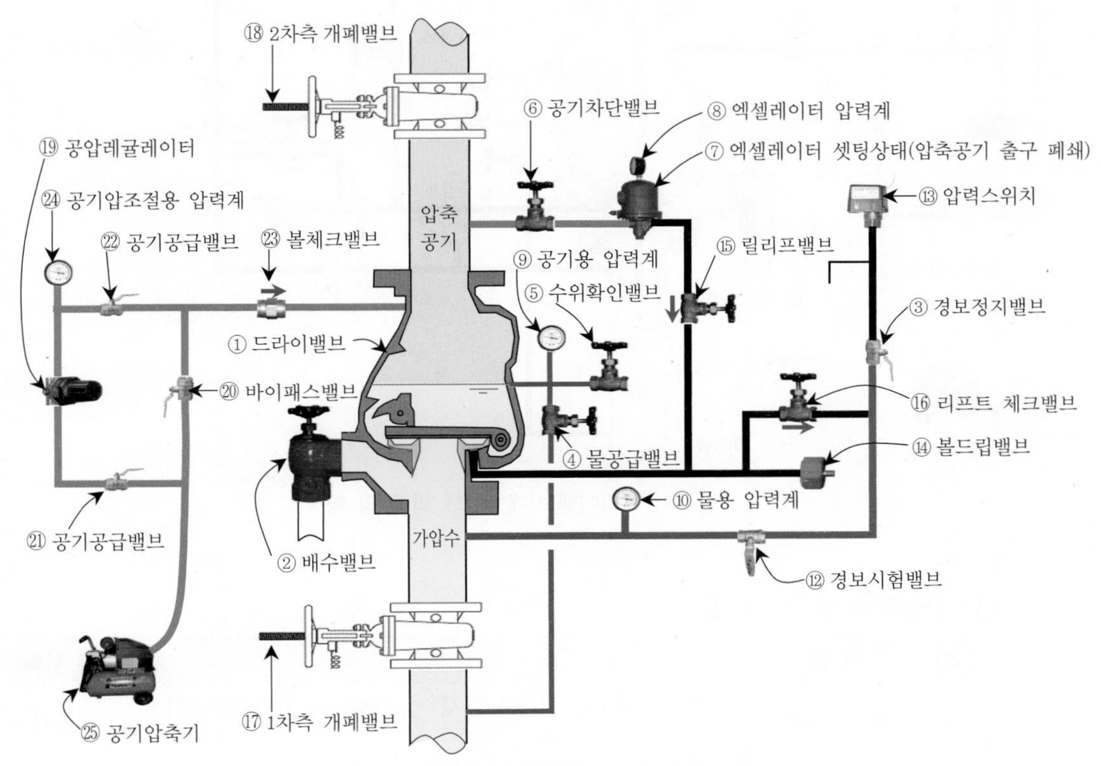

[그림 50] **드라이밸브(동작 전) 외형 및 명칭**

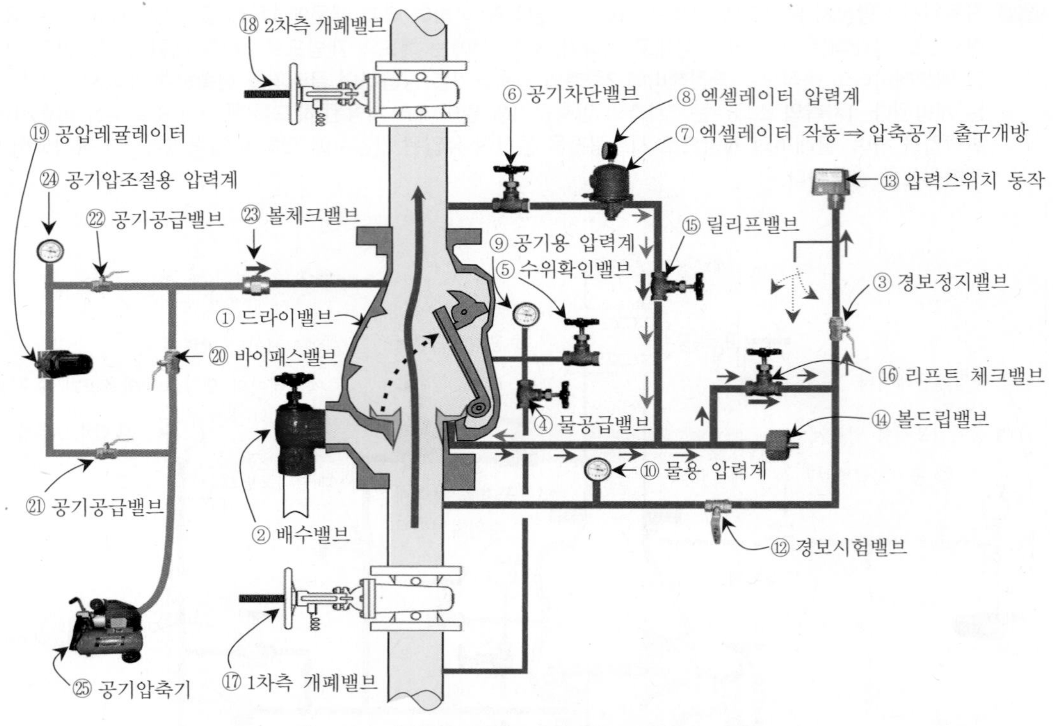

[그림 51] 드라이밸브(개방 후) 외형 및 명칭

(1) 구성요소 및 기능설명

순 번	명 칭	설 명	평상시 상태
①	드라이밸브	평상시 폐쇄되어 있다가 화재 시 개방되어 가압수를 2차측으로 보내는 밸브	잠김 유지
②	배수밸브	2차측의 소화수를 배수시키고자 할 때 사용(1차측에 연결됨.)	잠김 유지
③	경보정지밸브	경보를 정지하고자 할 때 사용하는 밸브	열림 유지
④	물공급밸브	드라이밸브 내 물(보충수)을 공급하기 위해서 설치함. ※ 최초 생산 시에는 프라이밍컵을 부착하였으나, 차후 물공급밸브로 대치하였다.	잠김 유지
⑤	수위확인밸브	셋팅 시에는 개방하여 프라이밍라인까지 물이 찼는지 확인하며(프라이밍라인까지 물이 차게 되면 수위확인밸브로 물이 나옴.), 시험 시에는 개방하여 2차측의 공기를 빼서 시험하는 데 사용	잠김 유지
⑥	공기차단밸브	2차측 관 내를 공기로 완전 충압될 때까지 엑셀레이터로의 공기유입을 차단시켜 주는 밸브	열림 유지

순 번	명 칭	설 명	평상시 상태
⑦	엑셀레이터 (Accelerator)	헤드의 개방에 따라 건식 밸브 2차측의 공기압력이 셋팅 압력보다 낮아졌을 때, 엑셀레이터가 작동하여 2차측 압축공기의 일부를 밸브 본체의 중간챔버로 보내어 클래퍼를 신속히 개방시킨다.	잠김 유지
⑧	엑셀레이터 압력계	엑셀레이터 내의 공기압력을 지시	공기압 지시
⑨	공기용압력계	드라이밸브 2차측 공기압력을 지시	2차측 배관의 공기압 지시
⑩	물용압력계	드라이밸브 1차측 물의 압력을 지시	1차측 배관의 수압 지시
⑪	드립컵 (물 배수컵)	볼드립밸브에서 나오는 물을 모아주는 컵	–
⑫	경보시험밸브	드라이밸브를 동작시키지 않고 압력스위치를 동작시켜 경보를 발하는지 시험할 때 사용	잠김 유지
⑬	압력스위치	드라이밸브 개방 시 제어반에 개방(작동)신호를 보냄.	드라이밸브 동작 시 작동
⑭	볼드립밸브 (볼체크밸브 ; 누수확인밸브)	셋팅 시 클래퍼 실링부위의 누수 여부를 확인하기 위해서 설치하며, 압력이 없는 물과 공기는 자동배수되며, 압력이 있는 물과 공기는 차단함.(필요시 누름핀을 눌러 수동으로 물과 공기 배출가능)=오토드립+수동드립	개방
⑮	릴리프밸브	작동된 엑셀레이터를 통하여 2차측의 공기를 중간챔버로 보내는 개폐밸브 기능과 드라이밸브 개방 시 시트링홀을 통하여 유입된 가압수가 엑셀레이터로 오지 못하도록 차단하는 체크밸브 기능이 있다.	열림 유지
⑯	리프트 체크밸브	경보시험밸브 개방 시 가압수가 중간챔버로 유입되지 않도록 하는 체크밸브 기능과 개폐밸브 기능이 있다.	열림 유지
⑰	1차측 개폐밸브	드라이밸브 1차측을 개폐 시 사용	열림 유지
⑱	2차측 개폐밸브	드라이밸브 2차측을 개폐 시 사용	열림 유지
⑲	공압레귤레이터	2차측 배관에 설정된 공기압을 유지시켜 주는 기능 • 설정압력 미달 시 : 개방되어 공기압 보충 • 설정압력 도달 시 : 폐쇄되어 공기압 차단	설정압력 유지
⑳	바이패스밸브	2차측 배관 내를 공기로 초기 충진할 때 개방하여 공압레귤레이터를 거치지 않고 다량의 공기를 유입시킬 때 사용하는 밸브로서 충진 후에는 폐쇄한다.	잠김 유지
㉑	공기공급밸브	공압레귤레이터의 공기공급을 차단하는 밸브	열림 유지

순 번	명 칭	설 명	평상시 상태
㉒	공기공급밸브	공압레귤레이터를 통한 공기를 2차측 관 내로 유입시키는 것을 제어하는 밸브	열림 유지
㉓	볼체크밸브	2차측의 압축공기 또는 가압수가 콤퓨레셔 쪽으로 역류하지 못하도록 설치	열림 유지
㉔	공기압 조절용 압력계	공압레귤레이터의 설정압력 상태를 확인	공기압 지시
㉕	공기압축기 (에어콤퓨레셔)	2차측 배관에 압축공기를 공급하는 역할을 한다.	셋팅압 유지

(2) **작동시험** : 작동시험하는 방법은 2차측 배관에 설치된 말단시험밸브를 개방하여 시스템 전체를 시험하는 방법과 드라이밸브 자체만을 시험하는 방법이 있다. 여기서는 드라이밸브 자체만을 시험하는 방법을 기술한다.

가. 준비

가) 2차측 개폐밸브 ⑱ 잠금

나) 경보 여부 결정(수신기 경보스위치 “ON” or “OFF”)

tip 경보스위치 선택

1. 경보스위치를 “ON” : 드라이밸브 동작 시 음향경보 즉시 발령된다.
2. 경보스위치를 “OFF” : 드라이밸브 동작 시 수신기에서 확인 후 필요시 경보스위치를 잠깐 풀어서 동작 여부만 확인한다.

나. 작동

가) 수위확인밸브 ⑤ 개방 ⇒ 드라이밸브 2차측 공기압 누설

나) 엑셀레이터 ⑦ 작동 ⇒ 순간적으로 클래퍼 개방

참고 중간챔버로 압축공기가 유입되어 클래퍼를 강제로 개방시킨다.

다) 1차측 소화수가 수위확인밸브 ⑤를 통해 방출

라) 시트링을 통하여 유입된 가압수에 의해 압력스위치 ⑯ 작동

[그림 52] **클래퍼 개방 전**

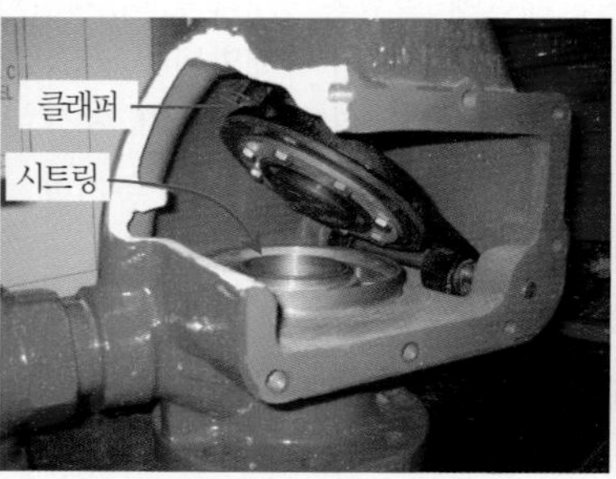

[그림 53] **클래퍼 개방 후**

[그림 54] **드라이밸브 시트링홀**

다. 확인사항

가) 수신기 확인사항

(가) 화재표시등 점등 확인

(나) 해당 구역 드라이밸브 작동표시등 점등 확인

(다) 수신기 내 경보 부저 작동 확인

나) 해당 방호구역의 경보(싸이렌)상태 확인

다) 소화펌프 자동기동 여부 확인

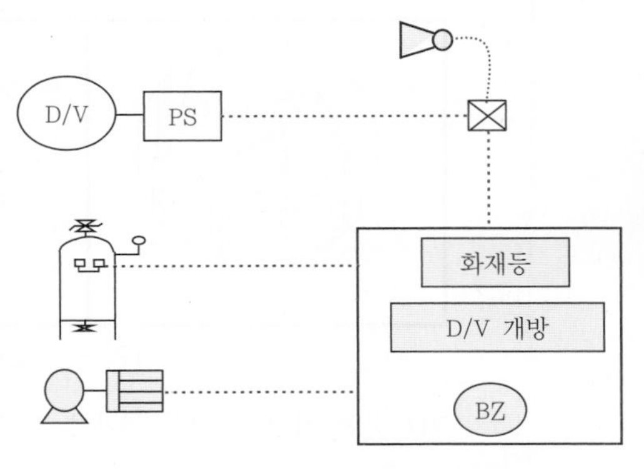

[그림 55] **드라이밸브시험 시 확인사항**

(3) 작동 후 조치

가. 배수

펌프 자동정지의 경우	펌프 수동정지의 경우
가) 엑셀레이터 입·출구 밸브 ⑥, ⑮번 밸브를 잠근다. 나) 경보를 멈추고자 한다면 경보정지밸브 ③을 잠근다. 다) 1차측 개폐밸브 ⑰ 잠금 ⇒ 펌프정지 확인 라) 배수밸브 ② 개방 ⇒ 2차측 가압수 배수 실시 마) 볼드립밸브 ⑭의 누름핀을 눌러 ⇒ 잔류수 배수 바) 화재수신기 스위치 확인복구	가) 펌프 수동정지 나) 엑셀레이터 입·출구 밸브 ⑥, ⑮번 밸브를 잠근다. 다) 경보를 멈추고자 한다면 경보정지밸브 ③을 잠근다. 라) 1차측 개폐밸브 ⑰ 잠금 마) 배수밸브 ② 개방 ⇒ 2차측 가압수 배수 실시 바) 볼드립밸브 ⑭의 누름핀을 눌러 ⇒ 잔류수 배수 사) 화재수신기 스위치 확인복구

참고 점검 시 펌프운전상태 관련 : 실제 현장에서는 충압펌프로도 드라이밸브의 동작시험은 충분히 가능하고, 또한 시험 시 안전사고를 대비하여 통상 주펌프는 정지위치로 놓고 충압펌프만 자동상태로 놓고 시험한다.

나. 복구

내용	구분
가) 드라이밸브 전면 커버(덮개)의 볼트를 풀어 커버를 분리한다. ⇒ 국내생산 제품 중 유일하게 커버를 분리하여 복구하는 밸브이다. 나) 클래퍼를 살짝 들고 래치의 앞부분을 밑으로 누른 다음, 시트링에 가볍게 올려 놓는다. 이때 서로 접촉이 잘 되었는지 약간씩 흔들어서 확인한다. **참고** 커버 분리 시 확인사항 : 시트링이나 내부에 이상 유무를 검사하고 시트면을 부드러운 헝겊 등으로 깨끗이 닦아낸다. 만약 이물질이 있으면 이물질을 제거한다.	클래퍼 복구

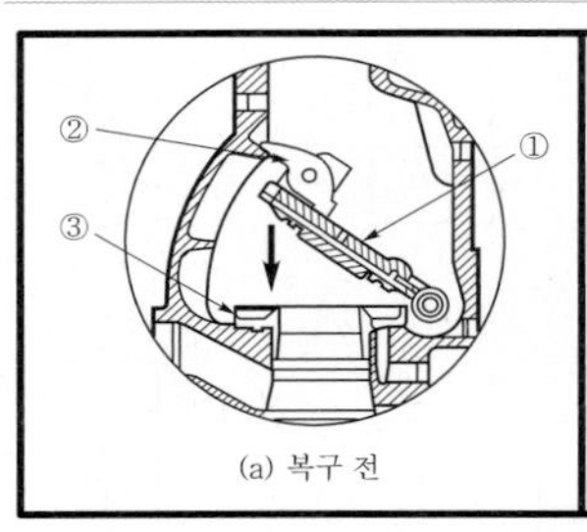

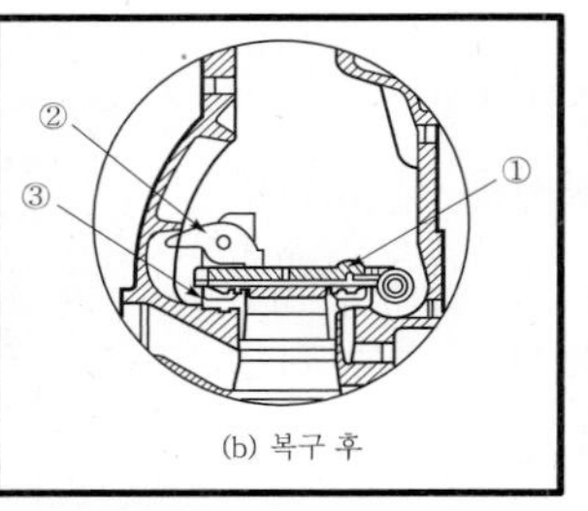

[각 부분의 명칭]

번 호	명 칭
①	클래퍼
②	래치
③	시트링

[그림 56] **클래퍼 복구 전·후 모습**

클래퍼 복구

다) 전면 커버(덮개)를 몸체에 취부하고, 볼트를 골고루 조인다.

라) 엑셀레이터의 A부분의 공기빼기 주입구를 눌러 압력이 "0"이 되게 한다.

[그림 57] **엑셀레이터 공기빼기 주입구**

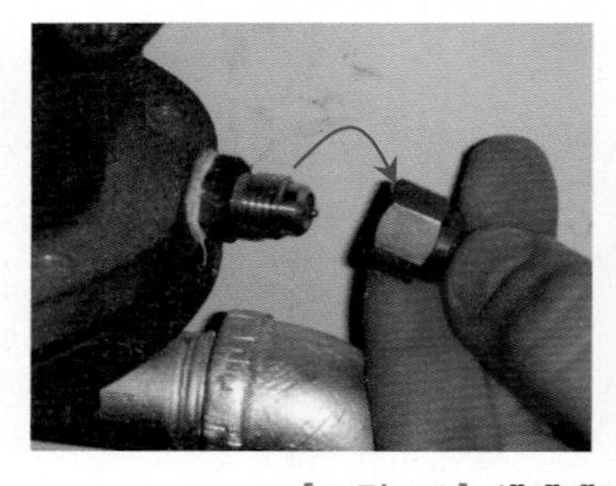

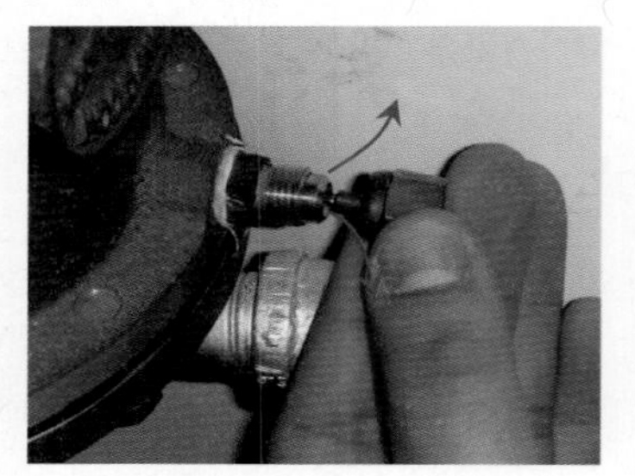

[그림 58] **엑셀레이터의 잔압제거 방법**

엑셀레이터 잔압제거

마) 배수밸브 ②, 수위확인밸브 ⑤, 공기공급밸브 ㉒를 잠그고, 공기차단밸브 ⑥, 경보시험밸브 ⑫, 릴리프밸브 ⑮, 1차측 개폐밸브 ⑰, 바이패스밸브 ⑳의 잠금상태 확인

바) 물공급밸브 ④를 개방하여 보충수 공급라인을 통하여 물을 공급한다.

사) 수위확인밸브 ⑤를 열어 놓아 이곳으로부터 물이 나오면 물공급밸브 ④와 수위확인밸브 ⑤ 잠금

참고 물 공급선까지 물을 채우는 이유는 공기압에 의한 클래퍼 밀폐능력 향상과 클래퍼 개방 시 충격완화를 위한 중요한 사전 조치임.

아) 볼드립밸브 ⑭의 누름핀을 눌러 밸브로부터 누수가 있는지를 확인한다.

⇒ 만약 누수가 있을 경우에는 클래퍼의 밀착불량이거나 시트에 이물질이 낀 경우이므로 배수부터 재셋팅한다.(∵ 물공급 상태에서 클래퍼 안착 여부 확인)

물공급

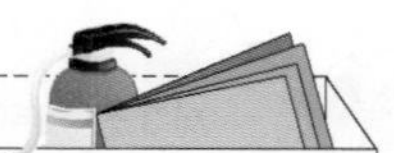

자) 건식 밸브 내의 보충수를 적절히 유지한 후 공기공급밸브 ㉑을 연다. 차) 공기압축기 ㉕를 가동하고 압력설치표를 참고하여 공압레귤레이터 ⑲의 핸들을 좌우로 돌려 2차측에 유지해야 할 압력을 셋팅한다.(㉔번 압력계를 확인) 참고 점검 시에는 이미 셋팅이 되어져 있음. 참고로 압력 셋팅표는 제조사에서 제시함. 카) 공기공급밸브 ㉒를 개방하여 2차측에 압축공기를 공급한다. 참고 2차측 배관 전체에 공기를 공급할 때는 공기공급밸브 ㉒와 바이패스밸브 ⑳을 동시에 개방하면 압축공기 충전시간을 절약할 수 있다. 타) 2차측 개폐밸브 ⑱을 약간만 개방하여 2차측 배관이 설정압력으로 차면, 다시 2차측 개폐밸브를 잠근다.(이때 이미 2차측 배관은 압축공기가 차 있는 상태이나 드라이밸브 2차측과 배관 내의 동압을 확인하기 위한 안전조치임.)	공기 공급
파) 릴리프밸브 ⑮를 서서히 개방 후 공기차단밸브 ⑥ 개방 ⇒ 엑셀레이터에 공기공급 ⇒ 엑셀레이터 압력 셋팅 완료 참고 이때 엑셀레이터 압력계 ⑧은 2차측 배관 내 공기압력과 동압상태 유지	엑셀레이터 셋팅
하) 배수밸브 ②를 개방하고 1차측 개폐밸브 ⑰을 약간만 개방하면서 배수밸브 ②를 서서히 닫는다. 참고 배수밸브와 1차측 개폐밸브 사이의 공기제거를 위한 조치임. 거) 1차측 개폐밸브 ⑰을 서서히 개방한다.	1차 개폐 밸브 개방
너) 이때, 볼드립밸브 ⑭의 누름핀을 눌러 누수(기) 여부를 확인한다. (∵ 공기를 공급하고 엑셀레이터가 셋팅된 상태에서 클래퍼의 안착 여부를 확인하는 조치임.) (가) 볼드립밸브 ⑭에서 누수(기)가 없는 경우 ⇒ 1차 개폐밸브 ⑰을 완전히 개방한다. (나) 볼드립밸브 ⑭에서 누수(기)가 있는 경우 ⇒ 클래퍼 밀착위치가 불량하거나 시트에 이물질이 끼어 있는 경우이므로 배수에서부터 재셋팅한다.	누수 확인
더) 2차측 개폐밸브 ⑱을 서서히 완전개방한다.(이때 이미 2차측 배관에는 압축공기가 채워져 있는 상태임.)	2차 개폐 밸브 개방
러) 화재수신기 스위치 상태 확인 머) 소화펌프 자동전환(펌프 수동정지의 경우에 한함.)	수신기

(4) 경보시험 방법

가. 경보시험밸브 ⑫ 개방 ⇒ 압력스위치 ⑬ 작동 ⇒ 경보 발령

나. 경보 확인 후, 경보시험밸브 ⑫ 잠금

다. 수신기 스위치 확인복구

3) 파라텍 건식(드라이) 밸브의 점검(PDPV)

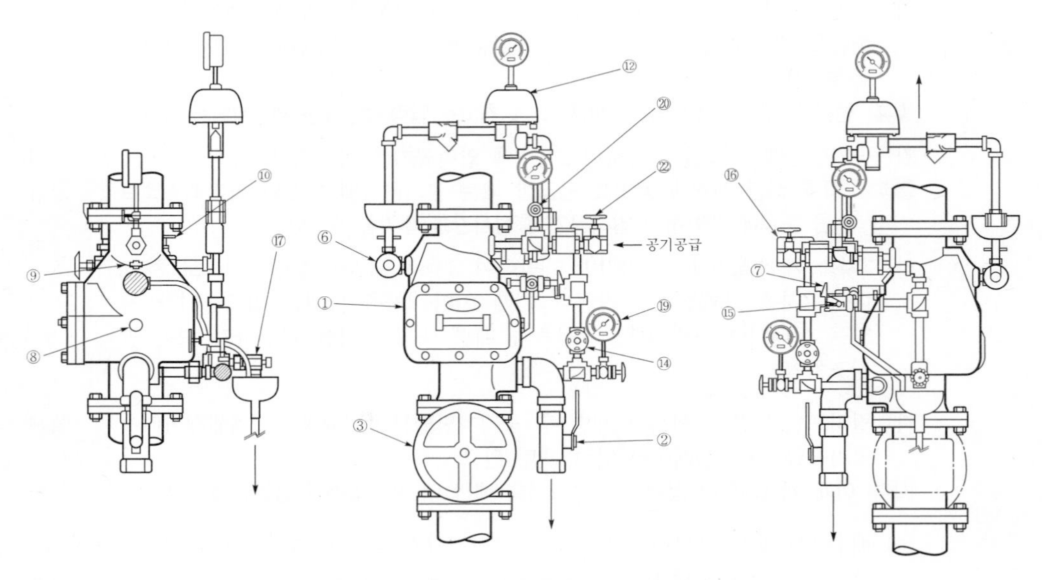

[그림 59] 드라이밸브의 외형 및 명칭

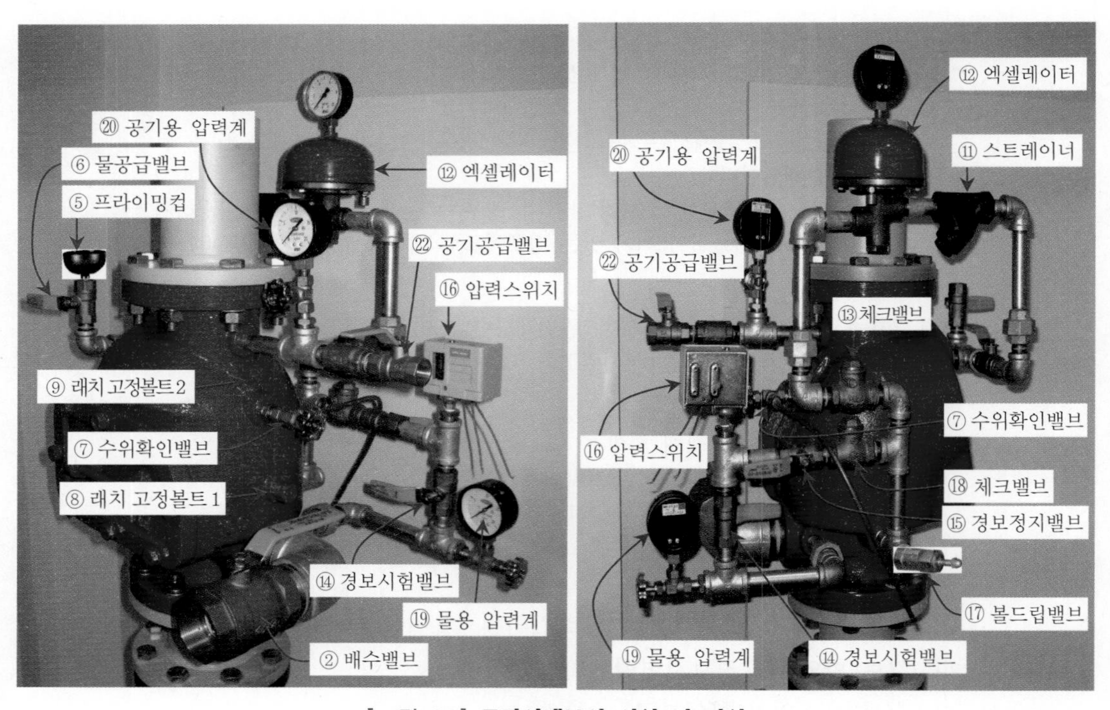

[그림 60] 드라이밸브의 외형 및 명칭

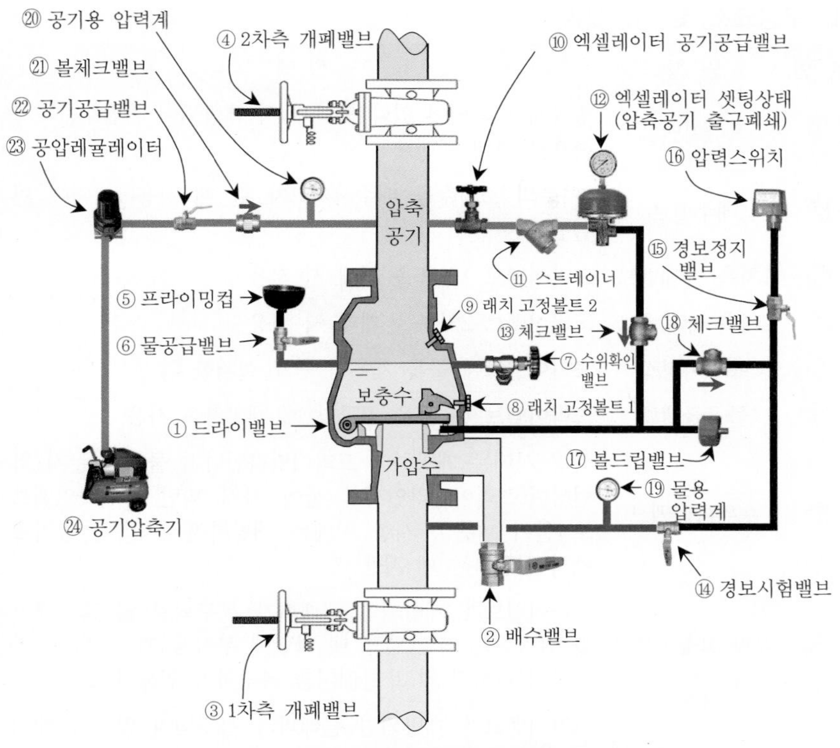

[그림 61] **드라이밸브 외형 및 명칭(동작 전)**

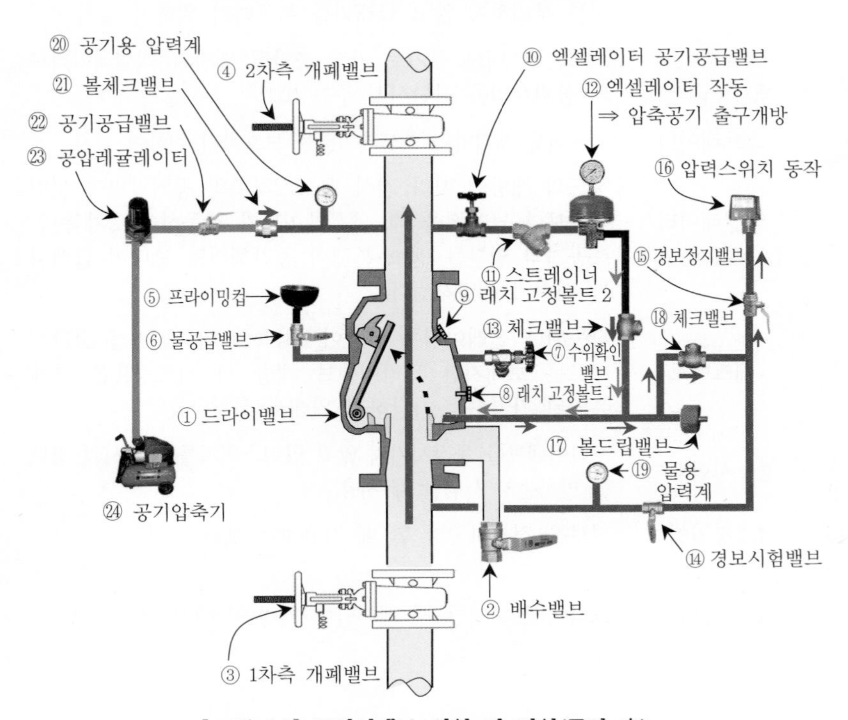

[그림 62] **드라이밸브 외형 및 명칭(동작 후)**

(1) 구성요소 및 기능설명

순 번	명 칭	설 명	평상시 상태
①	드라이밸브	평상시 폐쇄되어 있다가 화재 시 개방되어 가압수를 2차측으로 보내는 밸브	잠김 유지
②	배수밸브	2차측의 소화수를 배수시키고자 할 때 사용(1차측에 연결됨.)	잠김 유지
③	1차측 개폐밸브	드라이밸브 1차측을 개폐 시 사용	열림 유지
④	2차측 개폐밸브	드라이밸브 2차측을 개폐 시 사용	열림 유지
⑤	프라이밍컵	드라이밸브에 물을 채우기 쉽게 설치한 컵	–
⑥	물공급밸브	드라이밸브 내 물을 공급할 때 개방하여 사용	잠김 유지
⑦	수위확인밸브	셋팅 시에는 개방하여 프라이밍라인까지 물이 찼는지 확인하며(프라이밍라인까지 물이 차게 되면 수위확인밸브로 물이 나옴.), 시험 시에는 개방하여 2차측의 공기를 빼서 시험하는 데 사용	잠김 유지
⑧	래치 고정볼트 1	드라이밸브가 개방되면 클래퍼가 복구되지 않도록 래치를 잡아주는 역할(밸브 내 하단에 부착됨.)과 점검 후 커버를 분리하지 않고 클래퍼를 복구하기 위해서 설치	잠김 유지
⑨	래치 고정볼트 2	드라이밸브가 개방되면 클래퍼가 복구되지 않도록 래치를 잡아주는 역할(밸브 내 상단에 부착됨.)과 점검 후 커버를 분리하지 않고 클래퍼를 복구하기 위해서 설치	잠김 유지
⑩	엑셀레이터 공기공급밸브	2차측 관 내를 공기로 완전 충압될 때까지 엑셀레이터로의 공기유입을 차단시켜 주는 밸브	열림 유지
⑪	스트레이너	이물질을 제거하여 엑셀레이터를 보호하기 위하여 설치	–
⑫	엑셀레이터 (Accelerator)	헤드의 개방에 따라 건식 밸브 2차측의 공기압력이 셋팅 압력보다 낮아졌을 때, 엑셀레이터가 작동하여, 2차측 압축공기의 일부를 밸브 본체의 중간챔버로 보내어 클래퍼를 신속히 개방시킨다.	잠김 유지
⑬	체크밸브	작동된 엑셀레이터를 통하여 2차측의 압축공기를 중간챔버로는 보내지만 드라이밸브 개방 시 시트링홀을 통해 유입된 가압수는 차단하기 위해서 설치한다.	–
⑭	경보시험밸브	드라이밸브를 동작시키지 않고 압력스위치를 동작시켜 경보를 발하는지 시험할 때 사용	잠김 유지
⑮	경보정지밸브	경보를 정지하고자 할 때 사용하는 밸브	열림 유지
⑯	압력스위치	드라이밸브 개방 시 제어반에 개방(작동)신호를 보냄.	드라이밸브 동작 시 작동

순 번	명 칭	설 명	평상시 상태
⑰	볼드립밸브 (볼체크밸브 ; 누수확인밸브)	셋팅 시 클래퍼 실링부위의 누수 여부를 확인하기 위해서 설치하며, 압력이 없는 물과 공기는 자동배수되며, 압력이 있는 물과 공기는 차단함.(필요시 누름핀을 눌러 수동으로 물과 공기 배출가능)＝오토드립＋수동드립	개방
⑱	체크밸브	드라이밸브 경보시험 시 가압수가 중간챔버로 유입되지 않도록 하는 체크밸브 기능	−
⑲	물용 압력계	드라이밸브 1차측 물의 압력을 지시	1차측 배관의 수압 지시
⑳	공기용 압력계	드라이밸브 2차측 공기압력을 지시	2차측 배관의 공기압 지시
㉑	볼체크밸브	2차측의 압축공기 또는 가압수가 콤퓨레셔 쪽으로 역류하지 못하도록 설치	열림 유지
㉒	공기공급밸브	공압레귤레이터를 통한 공기를 2차측 관 내로 유입시키는 것을 제어하는 밸브	열림 유지
㉓	공압레귤레이터	2차측 배관에 설정된 공기압을 유지시켜 주는 기능 • 설정압력 미달 시 : 개방되어 공기압 보충 • 설정압력 도달 시 : 폐쇄되어 공기압 차단	설정압력 유지
㉔	공기압축기 (에어콤퓨레셔)	2차측 배관에 압축공기를 공급하는 역할을 한다.	셋팅압 유지

(2) **작동시험** : 작동시험하는 방법은 2차측 배관에 설치된 말단시험밸브를 개방하여 시스템 전체를 시험하는 방법과 드라이밸브 자체만을 시험하는 방법이 있다. 여기서는 드라이밸브 자체만을 시험하는 방법을 기술한다.

가. 준비

가) 2차측 개폐밸브 ④ 잠금

나) 경보 여부 결정(수신기 경보스위치 “ON” or “OFF”)

tip 경보스위치 선택

1. 경보스위치를 “ON” : 드라이밸브 동작 시 음향경보 즉시 발령된다.
2. 경보스위치를 “OFF” : 드라이밸브 동작 시 수신기에서 확인 후 필요시 경보스위치를 잠깐 풀어서 동작 여부만 확인한다.

나. 작동

가) 수위확인밸브 ⑦ 개방 ⇒ 드라이밸브 2차측 공기압 누설

나) 엑셀레이터 ⑫ 작동 ⇒ 순간적으로 클래퍼 개방

참고 중간챔버로 압축공기가 유입되어 클래퍼를 강제로 개방시킨다.

다) 1차측 소화수가 수위확인밸브 ⑦을 통해 방출

라) 시트링을 통해 유입된 가압수에 의해 압력스위치 ⑯ 작동

[그림 63] **단면**

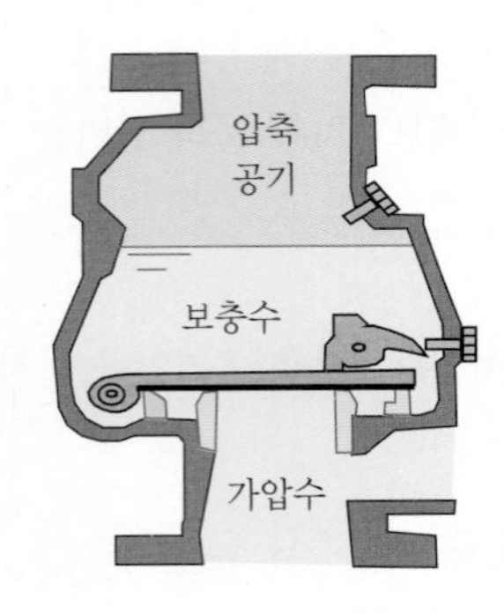

[그림 64] **동작 전 단면**

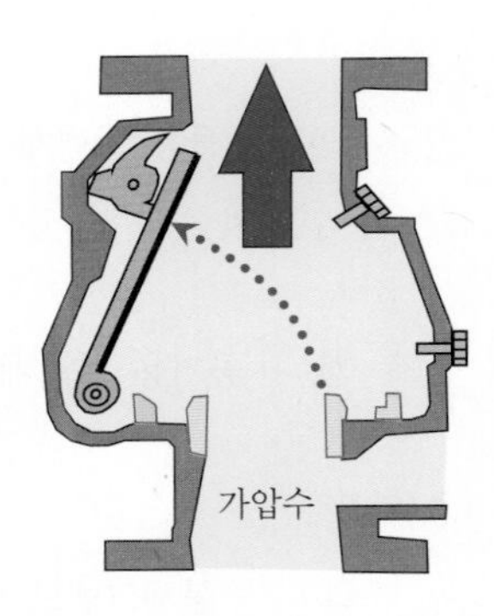

[그림 65] **동작 후 단면**

다. 확인사항

가) 감시제어반(수신기) 확인사항

(가) 화재표시등 점등 확인

(나) 해당 구역 드라이밸브 작동표시등 점등 확인

(다) 수신기 내 경보 부저 작동 확인

나) 해당 방호구역의 경보(싸이렌)상태 확인

다) 소화펌프 자동기동 여부 확인

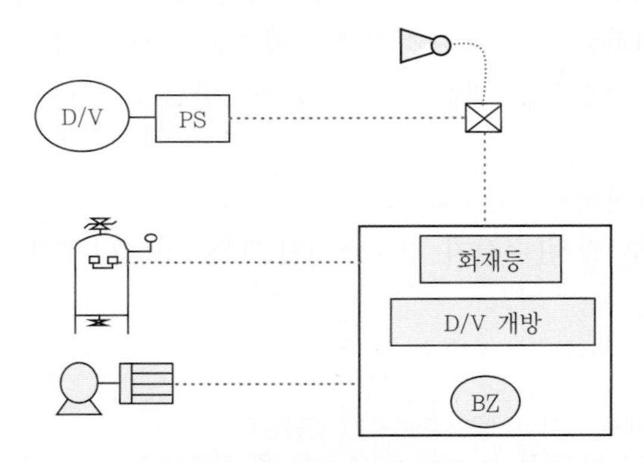

[그림 66] **드라이밸브시험 시 확인사항**

(3) 작동 후 조치

가. 배수

펌프 자동정지의 경우	펌프 수동정지의 경우
가) 엑셀레이터 공기공급밸브 ⑩을 잠근다. 나) 경보를 멈추고자 한다면 경보정지밸브 ⑮를 잠근다. 다) 1차측 개폐밸브 ③ 잠금 ⇒ 펌프정지 확인 라) 배수밸브 ② 개방 ⇒ 2차측 가압수 배수실시 마) 볼드립밸브 ⑰의 누름핀을 눌러 ⇒ 잔류수 배수 바) 화재수신기 스위치 확인복구	가) 펌프 수동정지 나) 엑셀레이터 공기공급밸브 ⑩을 잠근다. 다) 경보를 멈추고자 한다면 경보정지밸브 ⑮를 잠근다. 라) 1차측 개폐밸브 ③ 잠금 마) 배수밸브 ② 개방 ⇒ 2차측 가압수 배수실시 바) 볼드립밸브 ⑰의 누름핀을 눌러 ⇒ 잔류수 배수 사) 화재수신기 스위치 확인복구

tip 점검 시 펌프운전상태 관련

실제 현장에서는 충압펌프로도 드라이밸브의 동작시험은 충분히 가능하고, 또한 시험 시 안전사고를 대비하여 통상 주펌프는 정지위치로 놓고 충압펌프만 자동상태로 놓고 시험한다.

나. 복구

가) 엑셀레이터의 공기빼기 주입구를 눌러 압력이 "0"이 되게 한다.

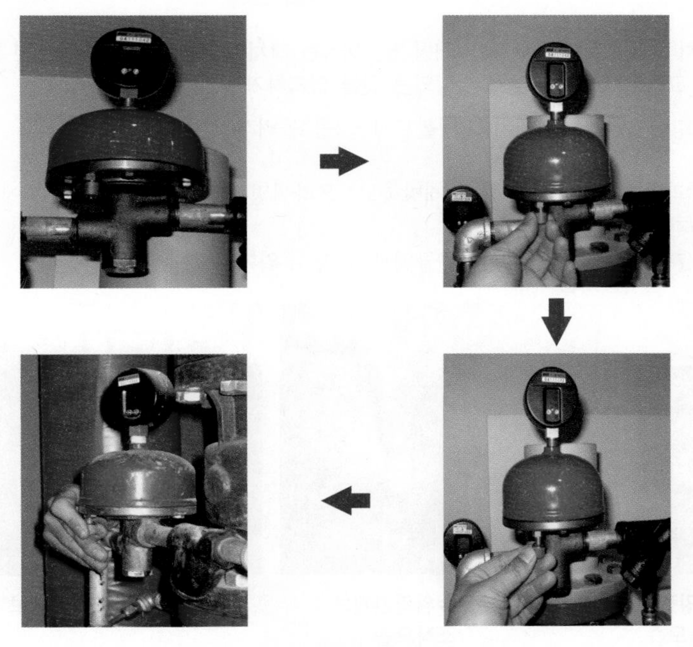

[그림 67] 엑셀레이터의 공기빼기 주입구로 잔압을 제거하는 모습

엑셀레이터 잔압제거

나) 래치 고정볼트 1 · 2를 스패너를 이용하여 아래쪽부터 10mm 정도 풀어서 개방한다.
⇒ 이때 클래퍼가 안착되는 둔탁한 "퍽~"하는 소리가 난다.

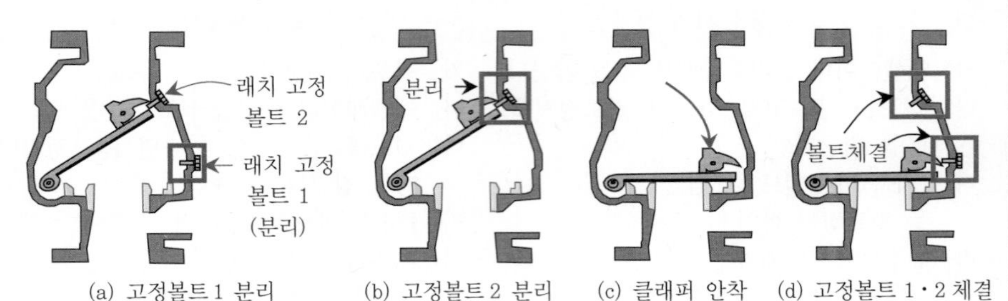

[그림 68] **래치 고정볼트를 이용하여 클래퍼를 안착시키는 순서**

클래퍼 복구

[그림 69] **클래퍼 안착된 모습**

[그림 70] **클래퍼 안착 시 래치 고정볼트 1의 모습**

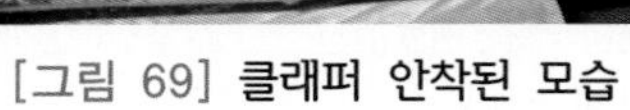

참고 아래쪽의 래치 고정볼트를 먼저 풀어 개방하는 이유는 래치 고정볼트 2를 먼저 풀면 클래퍼가 래치 고정볼트 1에 부딪쳐 손상되는 것을 방지하기 위함이다.

다) 클래퍼가 시트링에 안착되면 래치 고정볼트 1 · 2를 돌려서 잠근다.

물공급

라) 물공급밸브 ⑥과 수위확인밸브 ⑦을 개방하고, 프라이밍컵에 수위확인밸브 ⑦에서 물이 나올때까지 공급한다.

마) 수위확인밸브 ⑦에서 물이 나오면 물공급밸브 ⑥과 수위확인밸브 ⑦을 잠근다.

[그림 71] **프라이밍컵에 물 공급모습**

[그림 72] **수위확인밸브 조작모습**

[그림 73] **드립체크밸브**

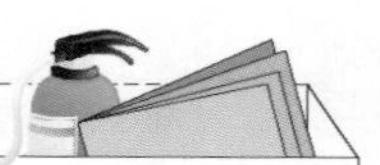

바) 볼드립밸브 ⑰의 누름핀을 눌러 밸브로부터 누수 여부를 확인한다. ⇒ 만약 누수가 있는 경우에는 클래퍼의 밀착불량이거나 시트에 이물질이 낀 경우이므로 배수부터 재셋팅한다.(∵ 물공급상태에서 클래퍼 안착 여부 확인)	물공급
사) 공기압축기 ㉔를 가동시킨 후 수압에 맞추어 공압레귤레이터 ㉓을 조정하여 공기압을 설정한다. 아) 공기공급밸브 ㉒를 개방하여 2차측에 압축공기를 공급한다. 자) 2차측 개폐밸브 ④를 약간만 개방하여 2차측 배관이 설정압력으로 차면, 다시 2차측 개폐밸브를 잠근다.(이때 이미 2차측 배관은 압축공기가 차 있는 상태이나 드라이밸브 2차측과 배관 내의 동압을 확인하기 위한 안전조치임.)	공기 공급
차) 엑셀레이터 공기공급밸브 ⑩을 개방하여 ⇒ 엑셀레이터에 공기공급 ⇒ 엑셀레이터 압력 셋팅 완료 참고 이때 엑셀레이터 압력계는 2차측 공기압력 ⑳과 동압상태를 유지해야 한다.	엑셀 레이터 셋팅
카) 배수밸브 ②를 개방하고 1차측 개폐밸브 ③을 약간만 개방하면서 배수밸브 ②를 서서히 닫는다. 참고 배수밸브와 1차측 개폐밸브 사이의 공기제거를 위한 조치이다. 타) 1차측 개폐밸브 ③을 서서히 개방한다.	1차 밸브
파) 이때, 볼드립밸브 ⑰의 누름핀을 눌러 누수(기) 여부를 확인한다. (∵ 공기를 공급하고 엑셀레이터가 셋팅된 상태에서 클래퍼의 안착 여부를 확인하는 조치임.) (가) 볼드립밸브 ⑰에서 누수(기)가 없는 경우 ⇒ 1차 개폐밸브 ③을 완전히 개방한다. (나) 볼드립밸브 ⑰에서 누수(기)가 있는 경우 ⇒ 클래퍼 밀착위치가 불량하거나 시트에 이물질이 끼어 있는 경우이므로 배수에서부터 재셋팅한다.	누수 확인
하) 2차측 개폐밸브 ④를 서서히 완전개방한다.	2차 밸브
거) 화재수신기 스위치 상태확인 너) 소화펌프 자동전환(펌프 수동정지의 경우에 한함.)	수신기 복구

(4) 경보시험 방법

가. 경보시험밸브 ⑭ 개방 ⇒ 압력스위치 ⑯ 작동 ⇒ 경보발령

나. 경보 확인 후, 경보시험밸브 ⑭ 잠금

다. 수신기 스위치 확인복구

6. 저압 건식 밸브의 점검

1) 우당기술산업 저압 건식 밸브(WDP-2)의 점검

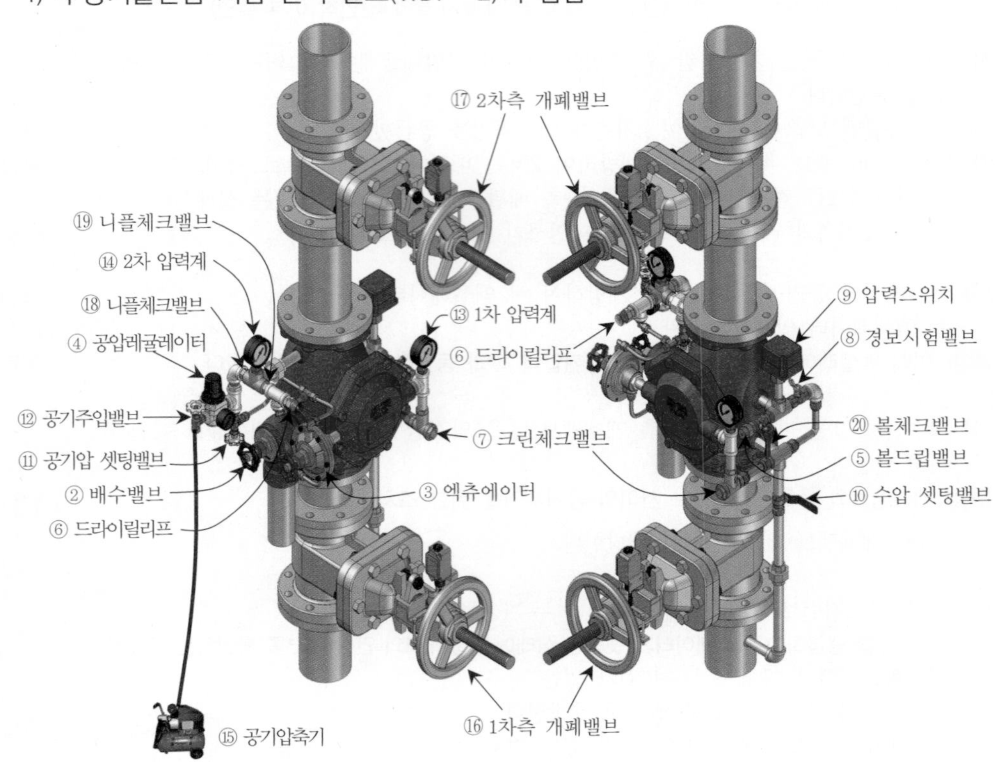

[그림 74] 저압 건식 밸브 외형 및 명칭

[그림 75] 저압 건식 밸브 좌측면

[그림 76] 저압 건식 밸브 우측면

[그림 77] 저압 건식 밸브 정면

[그림 78] 엑츄에이터 분해모습

[그림 79] 엑츄에이터 분해모습

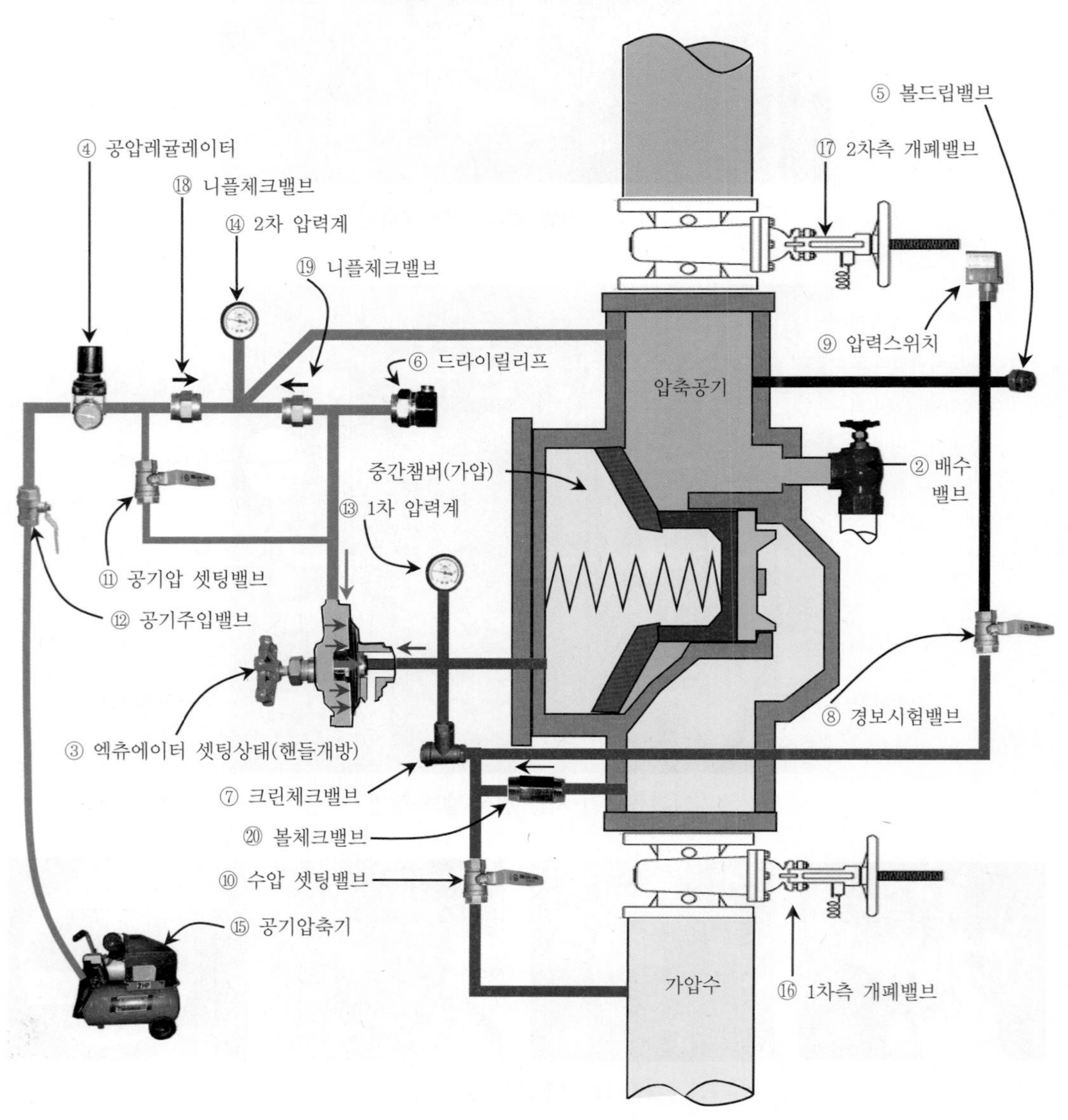

[그림 80] 저압 건식 밸브 동작 전 단면 및 명칭

tip 동작원리

다이어프램타입의 프리액션밸브를 변형시킨 제품으로서, 중간챔버에 솔레노이드밸브 대신에 엑츄에이터가 부착되어 있다. 평상시에는 2차측의 공기압에 의한 엑츄에이터의 작동으로 건식 밸브 중간챔버의 가압수 출구를 막고 있어 건식 밸브는 폐쇄된 상태를 유지하고 있게 된다. 화재 시에는 2차측 헤드개방으로 압축공기가 방출되면 엑츄에이터는 2차측 배관 내 감압을 감지하여 중간챔버 압력수 출구를 개방한다. 중간챔버 내 가압수의 방출로 인하여 건식 밸브 내 중간챔버가 감압되어 건식 밸브는 개방된다.

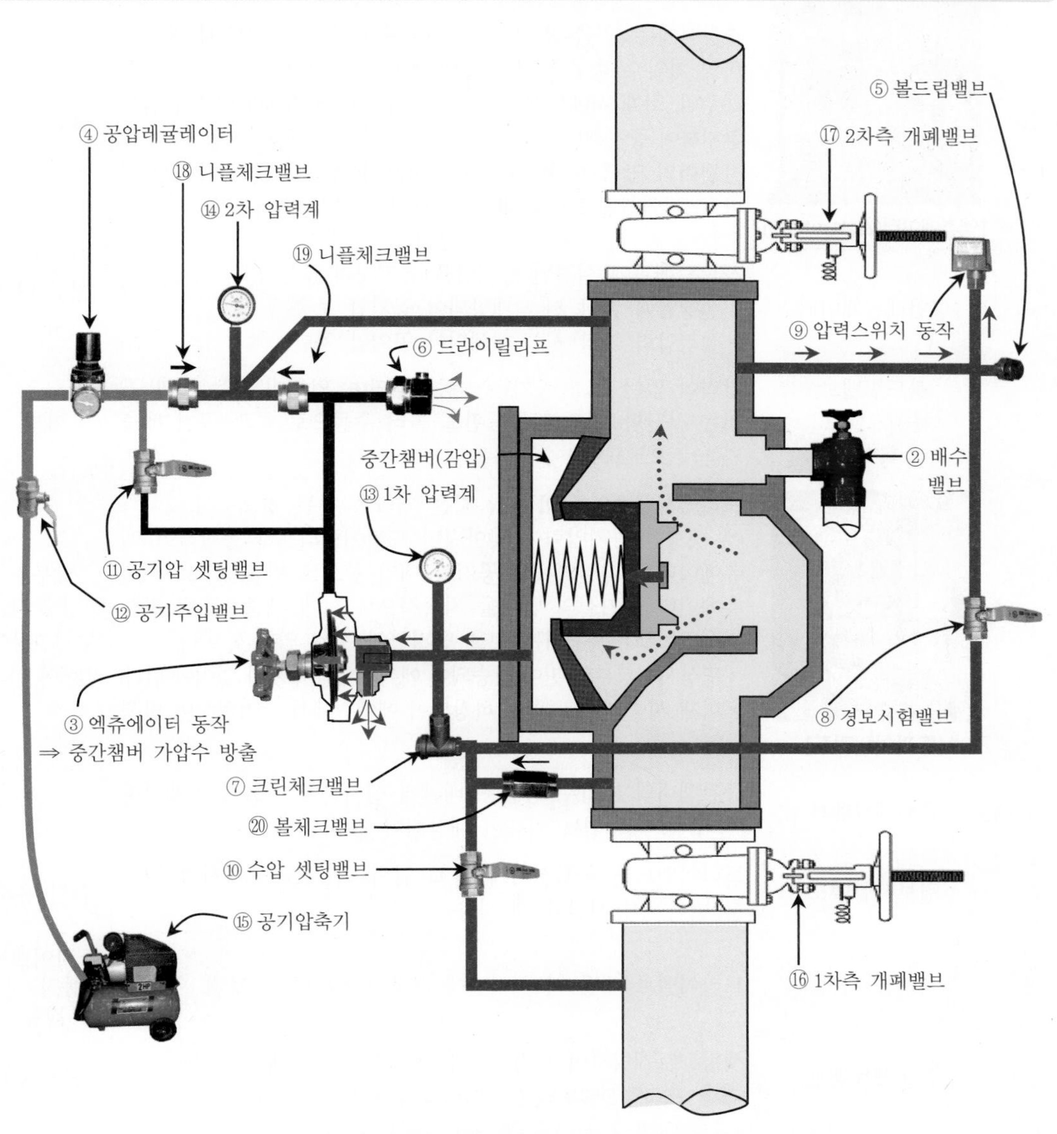

[그림 81] **저압 건식 밸브 동작 후 단면 및 명칭**

(1) 구성요소 및 기능설명

순 번	명 칭	설 명	평상시 상태
①	드라이밸브	평상시 폐쇄되어 있다가 화재 시 개방되어 가압수를 2차측으로 보내는 밸브	잠김 유지
②	배수밸브	2차측의 소화수를 배수시키고자 할 때 사용(2차측에 연결됨.)	잠김 유지
③	[엑츄에이터(Actuator)]	평상시에는 2차측 공기압력에 의하여 저압 건식 밸브 내 중간챔버의 가압수 출구를 막고 있어 밸브가 셋팅상태를 유지하도록 해주며, 화재 시에는 2차측의 공기압력이 낮아지게 되면 감압을 감지하여 중간챔버의 가압수 출구를 개방함으로써 저압 건식 중간챔버의 압력이 낮아져 드라이밸브 본체 시트를 개방하게 된다.(프리액션밸브의 솔레노이드밸브와 유사한 역할을 함.)	잠김 유지
④	공압레귤레이터	2차측 배관에 설정된 공기압을 유지시켜 주는 기능 • 설정압력 미달 시 : 개방되어 공기압 보충 • 설정압력 도달 시 : 폐쇄되어 공기압 차단	설정 압력 유지
⑤	볼드립밸브 (볼체크밸브; 누수확인밸브)	압력이 없는 물과 공기는 자동배수되며, 압력이 있는 물과 공기는 차단함.(필요시 누름핀을 눌러 수동으로 물과 공기 배출 가능)=오토드립+수동드립	개방
⑥	[드라이릴리프]	프리액션밸브의 PORV와 같은 역할을 하는 것으로서, 2차측에 셋팅한 공기압력이 낮아지면 드라이릴리프가 동작하여 엑츄에이터 공기실의 압축공기를 대기 중으로 방출함으로서 엑츄에이터 공기실의 압력을 지속적으로 낮게 해줌으로써 저압 건식 밸브가 복구되는 것을 방지하여 주는 역할을 한다. • 평상시 : 상부의 핀이 상승되어 에어핀에서 누기가 없어야 한다. • 화재 시 : 상부의 핀이 하강되어 에어핀에서 누기현상이 발생한다.	상부핀 상승 및 누기현상이 없어야 한다.
⑦	크린체크밸브	중간챔버의 가압수 공급용 배관에 설치하여 이물질을 제거하여 주며, 체크밸브 기능이 내장되어 있다.	–
⑧	경보시험밸브	드라이밸브를 동작시키지 않고 압력스위치를 동작시켜 경보를 발하는지 시험할 때 사용	잠김 유지
⑨	압력스위치	드라이밸브 개방 시 제어반에 개방(작동)신호를 보냄.	드라이밸브 동작 시 작동
⑩	수압 셋팅밸브	셋팅 시 개방하여 중간챔버에 가압수를 공급해 주는 밸브 참고 프리액션밸브의 셋팅밸브와 같은 역할을 한다.	잠김 유지
⑪	공기압 셋팅밸브	2차측 배관에 공기를 충전한 후 초기 엑츄에이터 셋팅을 위한 밸브로서 셋팅 시 개방하여 엑츄에이터의 공기실을 가압한 후 다시 폐쇄시켜 놓는다.	잠김 유지
⑫	공기주입밸브	공압레귤레이터의 공기를 주입·차단하는 밸브	열림 유지

순 번	명 칭	설 명	평상시 상태
⑬	1차 압력계	드라이밸브 1차측 물의 압력을 지시	1차측 수압 지시
⑭	2차 압력계	드라이밸브 2차측 공기압력을 지시	2차측 공기압 지시
⑮	공기압축기 (에어콤퓨레셔)	2차측 배관에 압축공기를 공급하는 역할을 한다.	셋팅압 유지
⑯	1차측 개폐밸브	드라이밸브 1차측을 개폐 시 사용	열림 유지
⑰	2차측 개폐밸브	드라이밸브 2차측을 개폐 시 사용	열림 유지
⑱	니플체크밸브	2차측 가압수의 공기압축기로의 역류방지(체크) 기능	–
⑲	니플체크밸브	2차측 압축공기 및 가압수의 엑츄에이터로의 역류방지(체크) 기능	–
⑳	볼체크밸브	중간챔버 내의 압력을 1차측과 동일하게 유지시켜 주기 위해서 설치한다.(1차측 압력저하 시에도 중간챔버 내의 압력을 유지시켜 주며 셋팅 후 1차측의 압력이 상승하더라도 중간챔버의 압력도 동등하게 상승되므로 저압 건식 밸브는 개방되지 않음.)	중간챔버로만 가압수를 전달한다.

(2) **작동시험** : 작동시험하는 방법은 2차측 배관에 설치된 말단시험밸브를 개방하여 시스템 전체를 시험하는 방법과 드라이밸브 자체만을 시험하는 방법이 있다. 여기서는 드라이밸브 자체만을 시험하는 방법을 기술한다.

가. 준비

가) 2차측 개폐밸브 ⑰ 잠금

나) 경보 여부 결정(수신기 경보스위치 “ON” or “OFF”)

tip 경보스위치 선택

1. 경보스위치를 “ON” : 드라이밸브 동작 시 음향경보 즉시 발령된다.
2. 경보스위치를 “OFF” : 드라이밸브 동작 시 수신기에서 확인 후 필요시 경보스위치를 잠깐 풀어서 동작 여부만 확인한다.

나. 작동

가) 배수밸브 ② 개방 ⇒ 드라이밸브 2차측 공기압 누설

나) 엑츄에이터(공기압 감압작동기 ; Actuator) ③ 작동
⇒ 출구 쪽으로 중간챔버의 가압수 배출

다) 중간챔버 압력 저하 ⇒ 드라이밸브 본체 시트 개방

라) 1차측 소화수가 배수밸브 ②를 통해 방출

마) 유입된 압력수에 의해 압력스위치 ⑨ 작동

tip 시스템 작동시험의 경우(말단시험밸브 개방)

1. 말단시험밸브 개방 ⇒ 드라이밸브 2차측 공기압 누설
2. 엑츄에이터(공기압 감압작동기; Actuator) ③ 작동 ⇒ 출구 쪽으로 중간챔버의 가압수 배출
3. 중간챔버 압력 저하 ⇒ 드라이밸브 본체 시트 개방
4. 1차측 소화수가 시험밸브함의 개방형 헤드로 방출
5. 유입된 압력수에 의해 압력스위치 ⑨ 작동

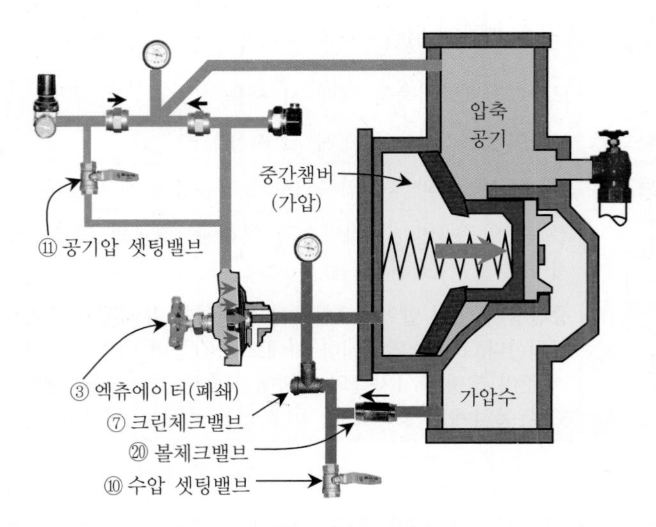

[그림 82] **작동 전 상태**

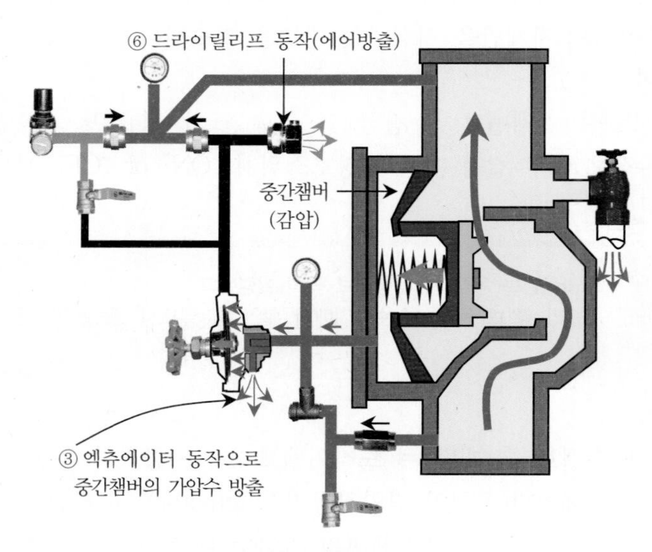

[그림 83] **작동 후 상태**

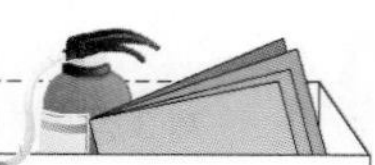

다. 확인사항

가) 감시제어반(수신기) 확인사항

(가) 화재표시등 점등 확인

(나) 해당 구역 드라이밸브 작동표시등 점등 확인

(다) 수신기 내 경보 부저 작동 확인

나) 해당 방호구역의 경보(싸이렌)상태 확인

다) 소화펌프 자동기동 여부 확인

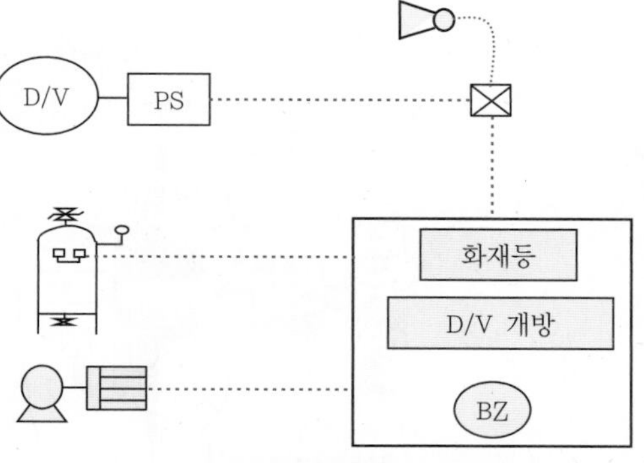

[그림 84] 드라이밸브시험 시 확인사항

tip 점검 시 펌프운전상태 관련

실제 현장에서는 충압펌프로도 드라이밸브의 동작시험은 충분히 가능하고, 또한 시험 시 안전사고를 대비하여 통상 주펌프는 정지위치로 놓고 충압펌프만 자동상태로 놓고 시험한다.

(3) 작동 후 조치

가. 배수

펌프 자동정지의 경우	펌프 수동정지의 경우
가) 1차측 개폐밸브 ⑯ 잠금 ⇒ 펌프 정지 확인 나) 개방된 배수밸브 ②를 통해 ⇒ 2차측 가압수 배수 다) 화재수신기 스위치 확인복구	가) 펌프 수동정지 나) 1차측 개폐밸브 ⑯ 잠금 다) 개방된 배수밸브 ②를 통해 ⇒ 2차측 가압수 배수 라) 화재수신기 스위치 확인복구

나. 복구

가) 엑츄에이터 ③, 공기주입밸브 ⑫를 잠그고, 1차 개폐밸브 ⑯, 경보시험밸브 ⑧, 수압 셋팅밸브 ⑩, 공기압 셋팅밸브 ⑪ 잠금 확인 ⇒ 엑츄에이터 핸들을 잠그면 중간챔버의 가압수 출구를 폐쇄하게 된다.  핸들 잠근상태 	시트 복구

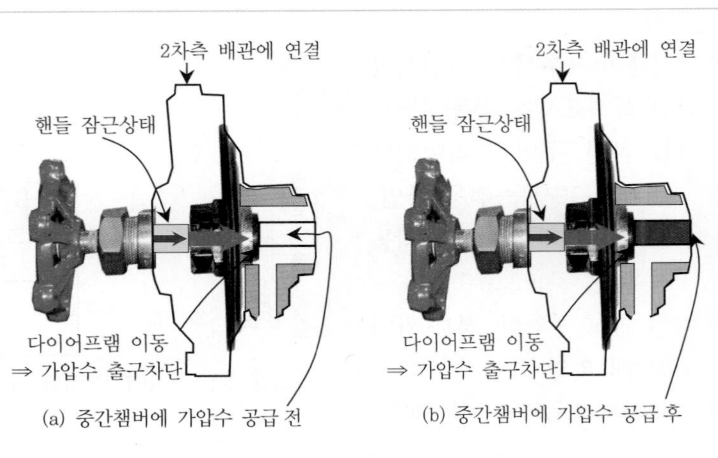

[그림 85] **엑츄에이터 핸들잠금**

나) 수압 셋팅밸브 ⑩ 개방 ⇒ 중간챔버에 가압수 공급 ⇒ 드라이밸브 본체 시트는 수압으로 자동복구(이때, 1차 압력계 ⑬의 압력발생 확인)	시트 복구
다) 2차 개폐밸브 ⑰ 완전개방 라) 공기주입밸브 ⑫ 개방 ⇒ 2차측 배관 내에 공기압을 충전 마) 제조사에서 제시하는 압력 셋팅표를 확인하고, 2차 압력계 ⑭를 보면서 공압 레귤레이터 ④를 조정한다. 바) 2차측 배관이 설정압력으로 차면, 다시 2차측 개폐밸브를 잠근다.	공기공급

※ **공압레귤레이터 셋팅 방법**

1. 역할 : 2차측 배관에 설정된 공기압을 항상 일정하게 유지시켜 주는 밸브
2. 조정 방법
   1) 캡을 위로 뽑는다.(노란색 테가 보인다.)
   2) 좌회전 ⇒ 감압(−), 우회전 ⇒ 승압(+)이므로 선택조정한다.
   3) 압력조정이 완료되면 캡을 밑으로 눌러 닫는다.
   4) 캡 부위로 공기누설되는 것은 정상상태이므로 주의한다.

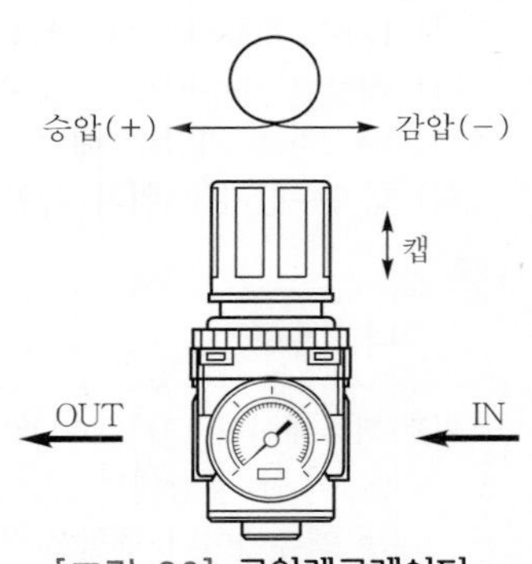

[그림 86] **공압레귤레이터**

사) 공기압 셋팅밸브 ⑪을 개방하여 드라이릴리프 ⑥을 셋팅시킨 후 공기압 셋팅밸브를 다시 닫는다. ⇒ 공급된 공기압으로 인하여 엑츄에이터 ③은 "폐쇄"된다. ☞ 엑츄에이터의 핸들을 개방하기 전에 엑츄에이터 ③의 공기실에 압축공기를 공급하여 공기압에 의해 중간챔버의 가압수 출구를 차단하기 위한 조치이다.	엑츄에이터 셋팅

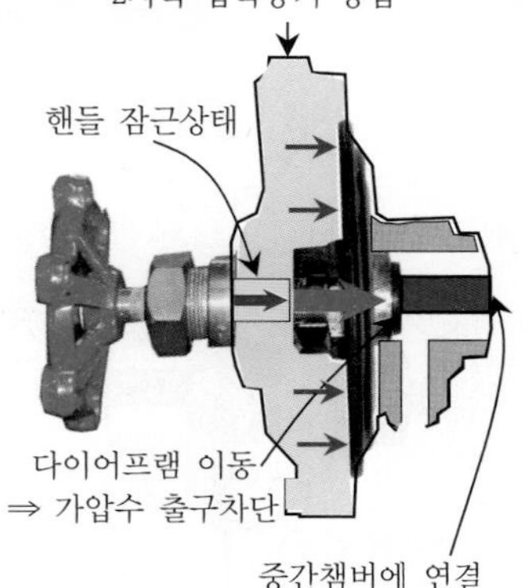

[그림 87] **엑츄에이터 핸들을 잠근 상태에서 압축공기 공급**

엑츄에이터 셋팅

참고 1. 이때 드라이릴리프 ⑥으로 공기가 누설되면 캡을 열고 "Push" 단추를 누른 상태로 핀을 잡아당겨 누기를 완전히 차단·확인하여야 하며 반드시 보장되어야 한다.
2. 만약 드라이릴리프 ⑥으로 공기의 누설이 계속되면 드라이밸브가 오작동하여 물피해가 발생할 수 있으므로 주의를 요한다.

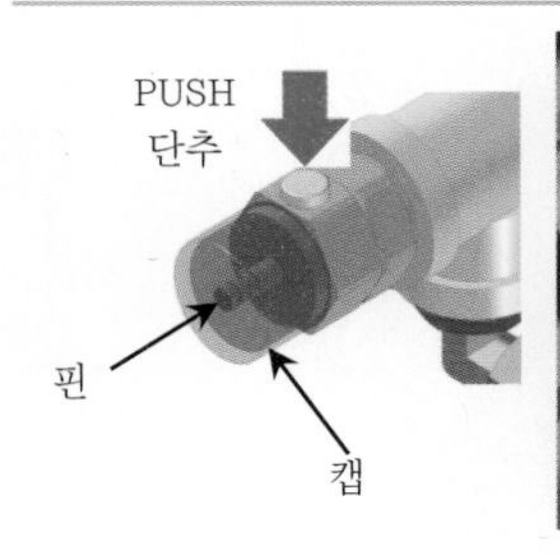

[그림 88] **드라이릴리프 외형**

구 분	상 태
평상시	상부의 핀 상승상태 에어핀에서 누기현상 없음.
화재 시	상부의 핀 하강상태 에어핀에서 누기현상 발생

아) 엑츄에이터 ③의 핸들을 왼쪽으로 돌려서 완전히 개방 **주의** 셋팅을 위해서 엑츄에이터의 핸들을 잠궜고, 엑츄에이터에 압축공기를 공급하여 셋팅을 하였으므로 핸들을 반드시 개방시켜 놓아야 한다. 만약 핸들을 잠금상태로 두면 드라이밸브 본체는 절대 개방되지 않으므로 반드시 개방되었는지 재차 확인 하여야 한다.   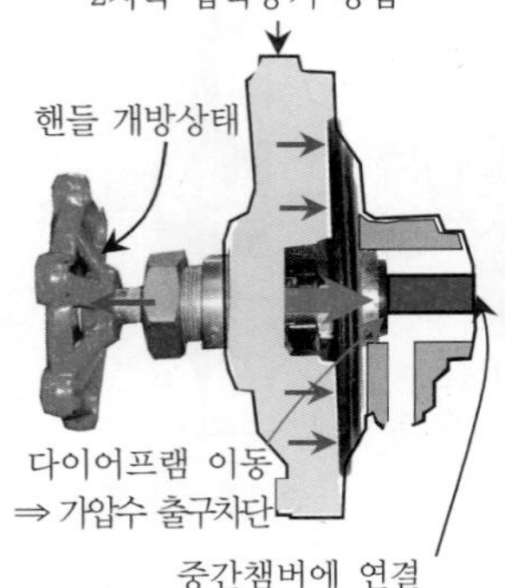 [그림 89] **엑츄에이터 핸들 개방**	엑츄에이터 셋팅
자) 1차측 개폐밸브 ⑯을 서서히 완전 개방한다. 이때 볼드립밸브 ⑤로 공기 또는 물이 누설되거나 화재경보가 발신되면 셋팅불량이므로 배수에서부터 재셋팅한다.	1차 밸브 개방
차) 2차측 개폐밸브 ⑰을 서서히 완전개방한다.	2차 밸브 개방
카) 화재수신기 스위치 상태 확인 타) **소화펌프 자동전환(펌프 수동정지의 경우에 한함.)**	수신기 복구

(4) 경보시험 방법

가. 경보시험밸브 ⑧ 개방 ⇒ 압력스위치 ⑨ 작동 ⇒ 경보발령

나. 경보 확인 후, 경보시험밸브 ⑧ 잠금

다. 수신기 스위치 확인복구

2) 세코스프링클러 저압 건식 밸브(SLD－71)의 점검

참고 세코스프링클러에서는 건식 밸브는 생산이 중단되고, 현재는 저압 건식 밸브만 생산한다.

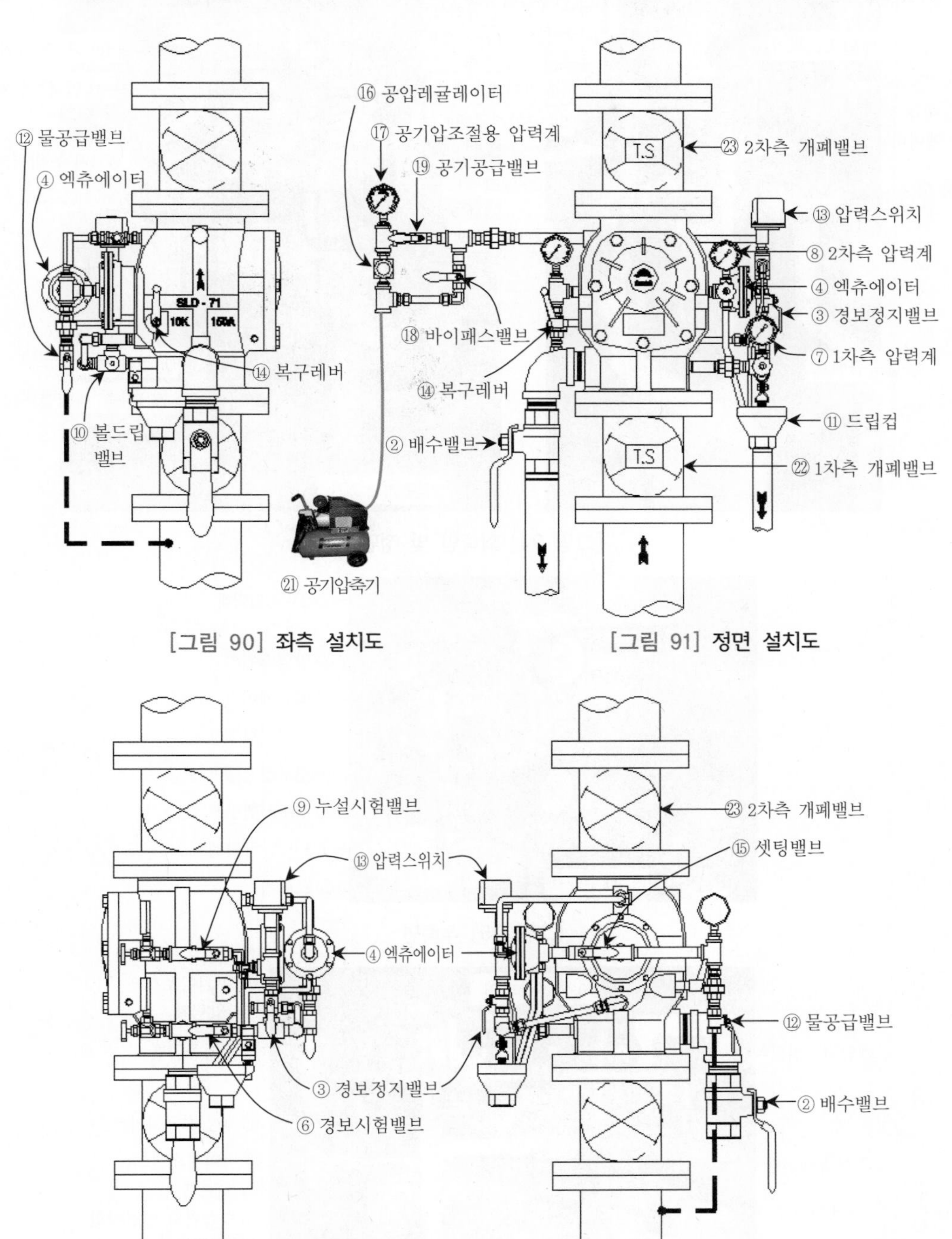

[그림 90] 좌측 설치도

[그림 91] 정면 설치도

[그림 92] 우측 설치도

[그림 93] 후면 설치도

[그림 94] 좌측면 및 정면

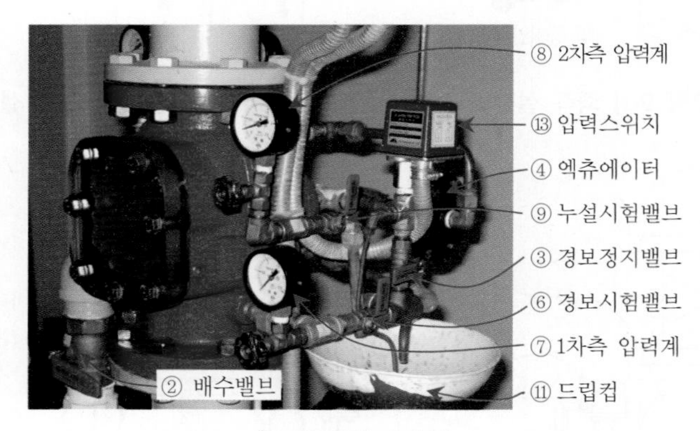

[그림 95] 우측면

[그림 96] 뒷면

[그림 97] 밸브 동작 전

[그림 98] 밸브 동작 후

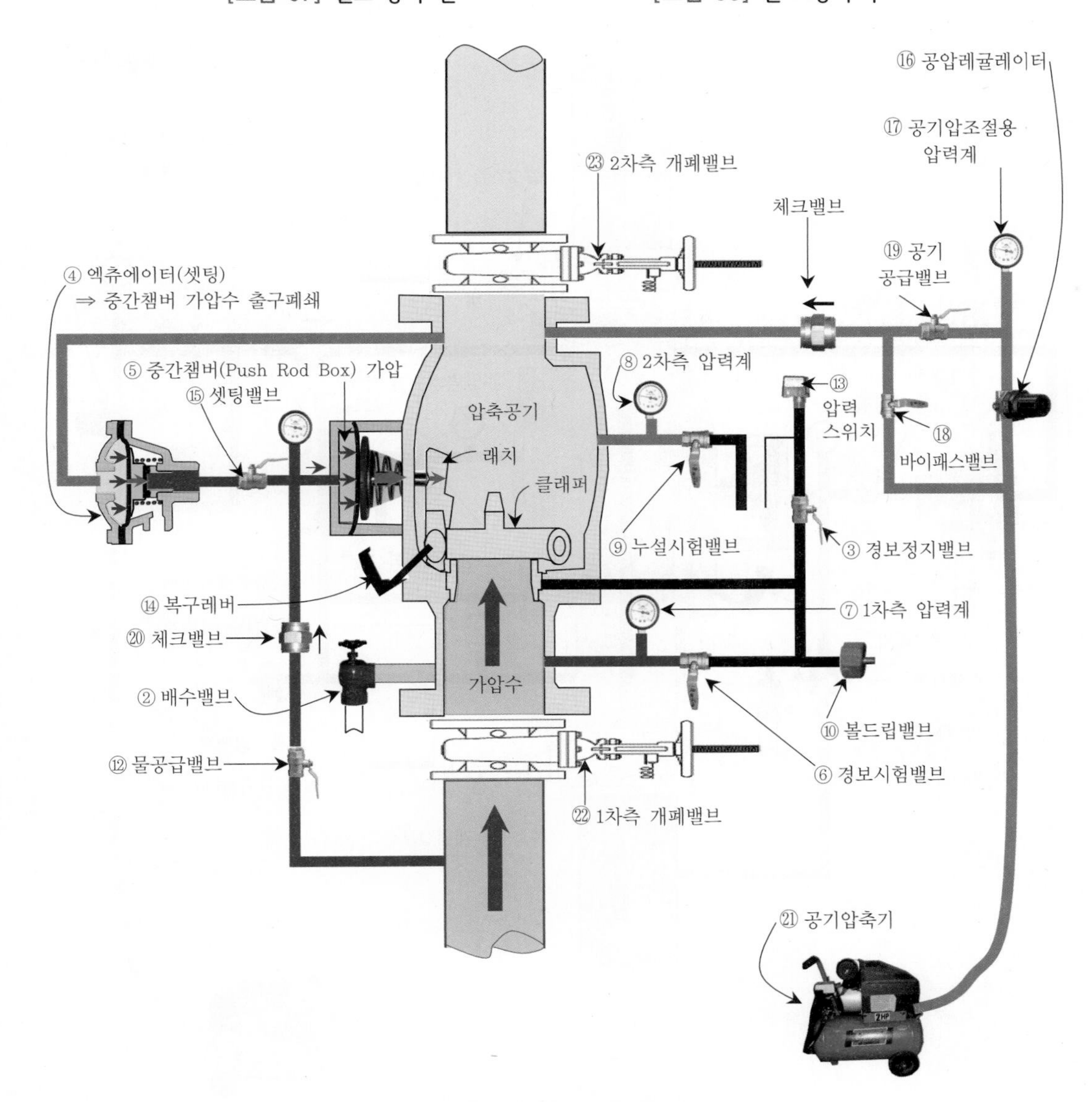

[그림 99] 저압 건식 밸브 동작 전 단면 및 명칭

tip 동작원리

평상시에는 2차측의 공기압에 의하여 엑츄에이터의 작동으로 중간챔버의 가압수가 배출되지 않도록 출구를 폐쇄(차단)하고 있어, 중간챔버에 공급된 가압수에 의하여 밀대(푸시로드)가 래치를 밀어 클래퍼는 폐쇄된 상태로 있다.
화재발생 시에는 헤드의 개방으로 2차측의 공기압력이 낮아지면 엑츄에이터 내부 시트의 공기압도 같이 감압되어 중간챔버의 가압수 출구를 개방시켜 줌으로써 중간챔버의 압력이 저하되어 푸시로드가 후진되고 래치가 이동함으로써 클래퍼가 개방되어 1차측의 소화수는 2차측의 압축공기를 밀어내고 개방된 헤드를 통하여 소화작업을 하게 된다. 한편 시트링을 통하여 유입된 가압수에 의하여 압력스위치가 동작되어 밸브개방 신호를 송출한다.

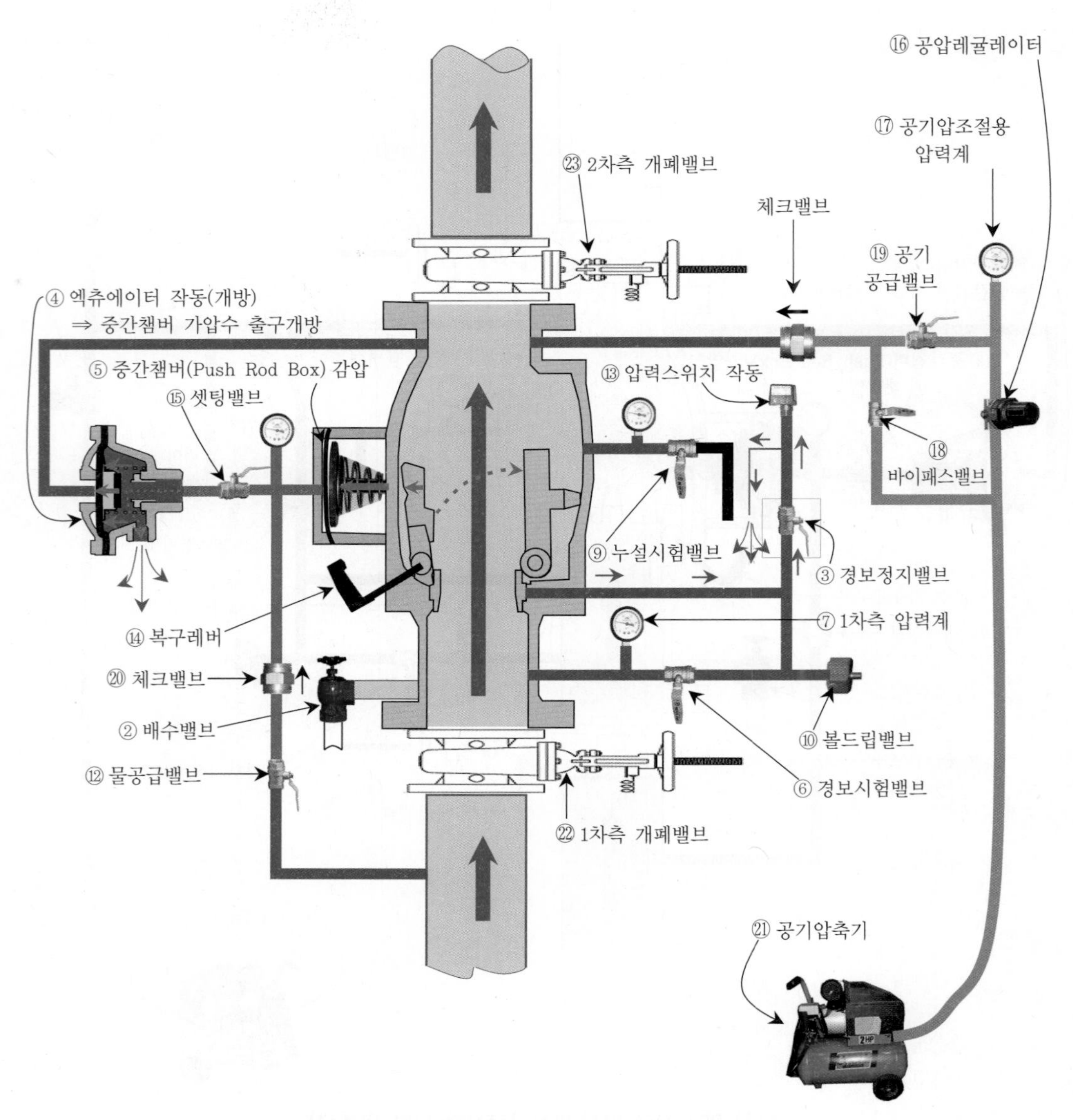

[그림 100] **저압 건식 밸브 동작 후 단면 및 명칭**

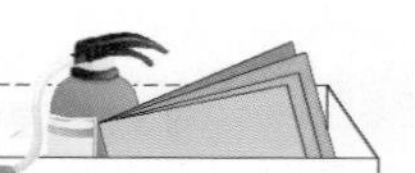

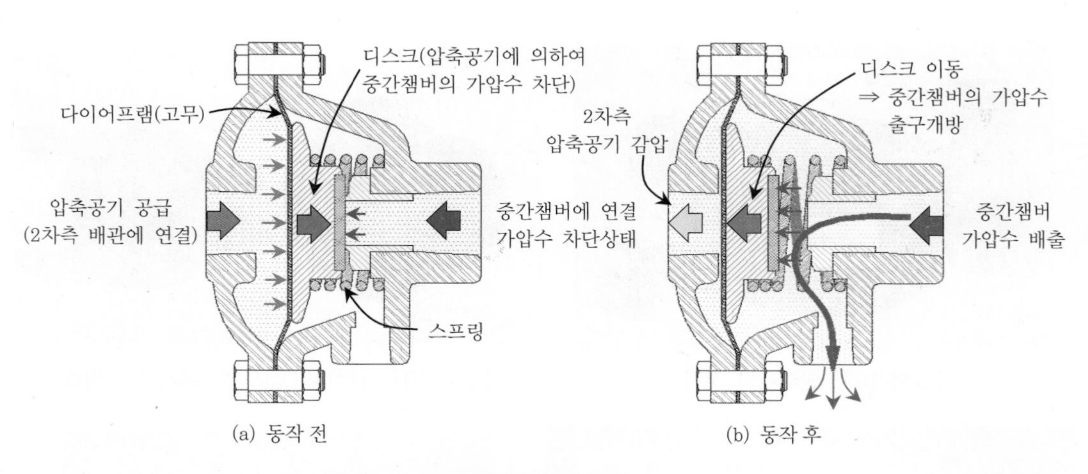

[그림 101] **엑츄에이터 동작 전·후 단면**

(1) 저압 건식 밸브의 주요 구성부품

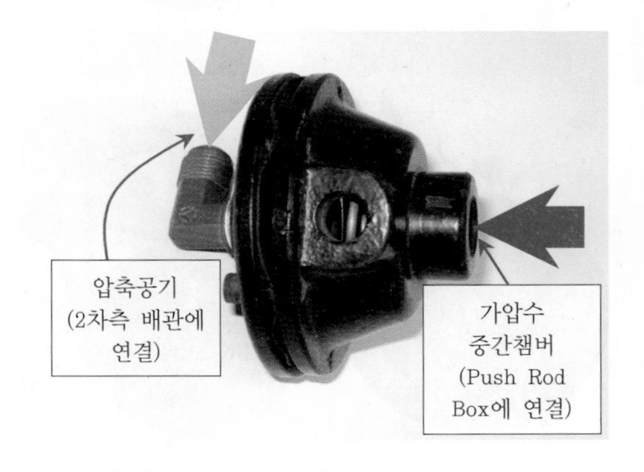

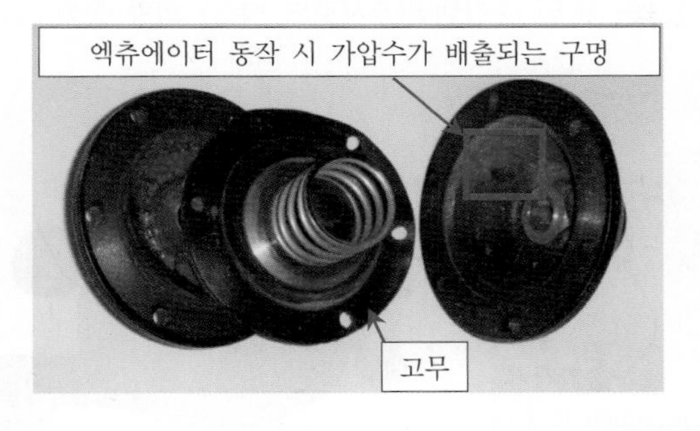

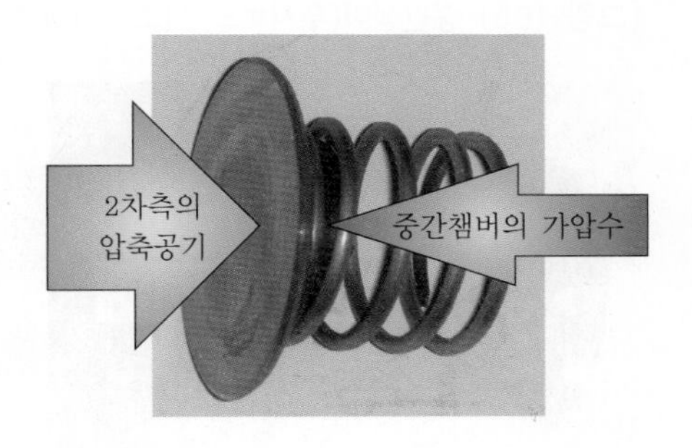

[그림 102] **엑츄에이터 외형 및 분해모습**

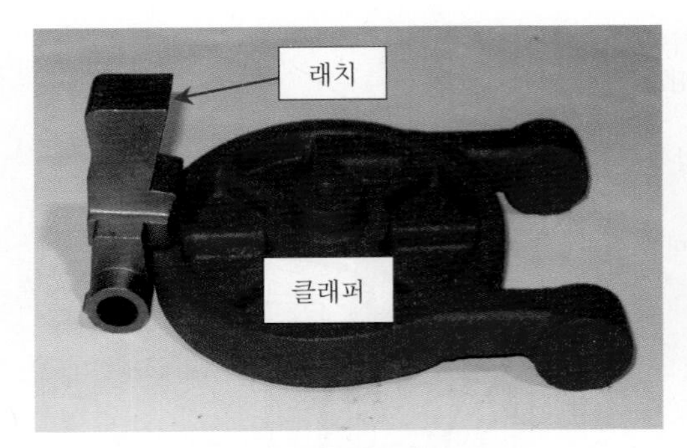

[그림 103] 클래퍼와 래치

[그림 104] 클래퍼, 래치 및 푸시로드 박스

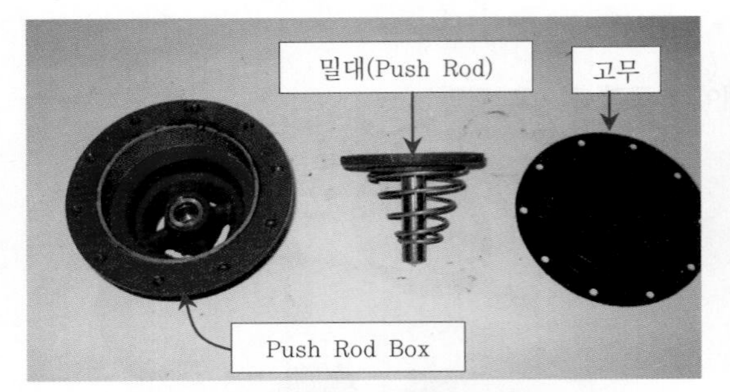

[그림 105] 중간챔버(푸시로드 박스) 외형

[그림 106] 중간챔버(푸시로드 박스) 외형 동작모습

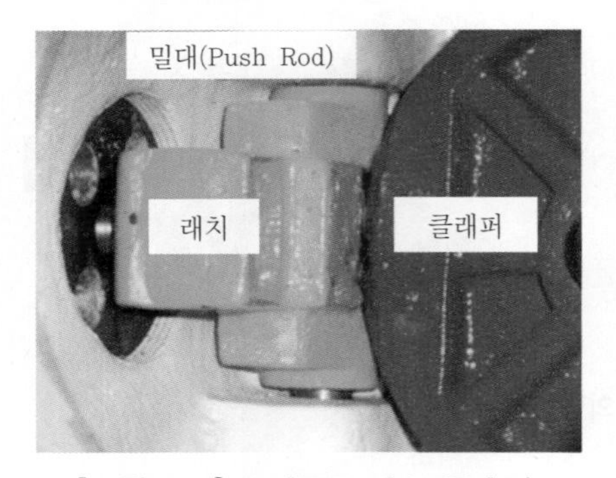

[그림 107] 푸시로드 박스 동작 후

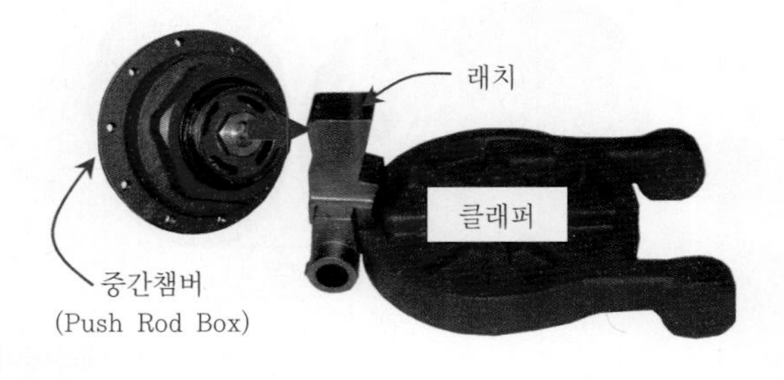

[그림 108] 래치를 미는 푸시로드

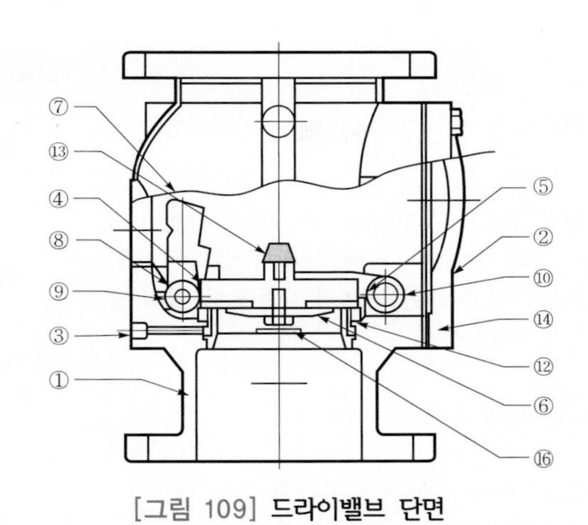

[그림 109] **드라이밸브 단면**

[각 부분의 명칭]

번 호	명 칭
③	시트링
④	클래퍼
⑦	래치
⑬	압소바 (Absorber)

(2) 구성요소 및 기능설명

순 번	명 칭	설 명	평상시 상태
①	건식 밸브	평상시 폐쇄되어 있다가 화재 시 개방되어 가압수를 2차측으로 보내는 밸브	잠김 유지
②	배수밸브	건식 밸브 작동 후 2차측의 소화수를 배수시키고자 할 때 사용(1차측에 연결됨.)	잠김 유지
③	경보정지밸브	건식 밸브의 작동 중 계속 작동되는 경보를 정지하고자 할 때 사용하는 밸브	열림 유지
④	엑츄에이터 (Actuator)	평상시에는 2차측 공기압력에 의하여 저압 건식 밸브 내 중간챔버의 가압수 출구를 막고 있어 밸브가 셋팅상태를 유지하도록 해주며, 화재 시에는 2차측의 공기압력이 낮아지게 되면 감압을 감지하여 중간챔버의 가압수 출구를 개방함으로써 저압 건식 중간챔버의 압력이 낮아져 드라이밸브 본체 시트를 개방하게 된다.(프리액션밸브의 솔레노이드밸브와 유사한 역할을 함.)	잠김 유지
⑤	중간챔버 (Push Rod Box)	래치와 연결되어 있어 셋팅 시 중간챔버 가압으로 밀대를 밀어 래치를 밀어주는 역할을 하는 작은 챔버(공간 ; 실) • 엑츄에이터 작동 시 중간챔버 감압으로 래치가 밀려 클래퍼가 개방된다. • 클래퍼타입 프리액션밸브의 중간챔버와 유사하다.	평상시 가압상태
⑥	경보시험밸브	드라이밸브를 동작시키지 않고 압력스위치를 동작시켜 경보를 발하는지 시험할 때 사용	잠김 유지
⑦	1차측 압력계	드라이밸브 1차측 물의 압력을 지시	1차측 배관의 수압 지시
⑧	2차측 압력계	드라이밸브 2차측 공기의 압력을 지시	2차측 배관의 공기압 지시

순 번	명 칭	설 명	평상시 상태
⑨	누설시험밸브 (테스트밸브)	2차측 압축공기를 배출시켜 건식 밸브의 작동시험을 하기 위한 밸브	잠금
⑩	볼드립밸브 (볼체크밸브; 누수확인밸브)	셋팅 시 클래퍼 실링부위의 누수 여부를 확인하기 위해서 설치하며, 압력이 없는 물과 공기는 자동배수되며, 압력이 있는 물과 공기는 차단함.(필요시 누름핀을 눌러 수동으로 물과 공기 배출가능)=오토드립+수동드립	개방
⑪	드립컵 (물 배수컵)	볼드립밸브에서 나오는 물을 모아주는 컵	-
⑫	물공급밸브	셋팅 시 개방하여 중간챔버에 가압수를 공급해 주는 밸브 ※ 프리액션밸브의 셋팅밸브와 같은 역할을 한다.	열림
⑬	압력스위치	드라이밸브 개방 시 제어반에 개방(작동)신호를 보냄.	드라이밸브 동작 시 작동
⑭	복구레버	건식 밸브 작동 후 재셋팅 시 클래퍼 복구를 위해서 설치하며, 복구 시 복구레버를 돌려 래치를 이동시켜 클래퍼를 복구한다. ※ 드라이밸브가 동작되면 클래퍼가 래치에 걸려 있는 상태이다.	-
⑮	셋팅밸브	셋팅 시 셋팅밸브를 잠그어 물공급밸브를 통하여 중간챔버(Push Rod Box)에 채워진 가압수가 엑츄에이터로의 유입을 차단하고, 2차측 배관에 공기를 채운 뒤 개방한다.(☞ 엑츄에이터 셋팅밸브)	열림
⑯	공압레귤레이터	2차측 배관에 설정된 공기압을 유지시켜 주는 기능 • 설정압력 미달 시 : 개방되어 공기압 보충 • 설정압력 도달 시 : 폐쇄되어 공기압 차단	설정압력 유지
⑰	공기압조절용 압력계	공압레귤레이터의 설정압력 상태를 확인	공기압 지시
⑱	바이패스밸브	2차측 배관 내를 공기로 초기충진할 때 개방하여 공압레귤레이터를 거치지 않고 다량의 공기를 유입시킬 때 사용하는 밸브로서 충진 후에는 폐쇄한다.	잠김 유지
⑲	공기공급밸브	공압레귤레이터를 통한 공기를 2차측 관내로 유입시키는 것을 제어하는 밸브	열림 유지
⑳	체크밸브 (오리피스 니플체크밸브)	중간챔버(Push Rod Box)에 가압수를 공급(3mm의 오리피스)하며 중간챔버에 공급된 가압수는 역류되지 않도록 하는 체크 기능이 있다. ☞ 1차측 배관의 압력 저하 시에도 중간챔버 내의 압력을 유지시켜 주며, 엑츄에이터 작동 시 중간챔버의 물이 엑츄에이터로 배출되는 양보다 오리피스(3mm)를 통하여 중간챔버로 공급되는 양이 적어 건식 밸브는 개방된다.	중간챔버로만 가압수를 전달한다.

순 번	명 칭	설 명	평상시 상태
㉑	공기압축기 (에어콤퓨레셔)	2차측 배관에 압축공기를 공급하는 역할을 한다.	셋팅압 유지
㉒	1차측 개폐밸브	드라이밸브 1차측을 개폐 시 사용	열림 유지
㉓	2차측 개폐밸브	드라이밸브 2차측을 개폐 시 사용	열림 유지

(3) **작동시험** : 작동시험하는 방법은 2차측 배관에 설치된 말단시험밸브를 개방하여 시스템 전체를 시험하는 방법과 드라이밸브 자체만을 시험하는 방법이 있다. 여기서는 드라이밸브 자체만을 시험하는 방법을 기술한다.

가. 준비

가) 2차측 개폐밸브 ㉓ 잠금

나) 경보 여부결정(수신기 경보스위치 “ON” or “OFF”)

tip 경보스위치 선택

1. 경보스위치를 “ON” : 드라이밸브 동작 시 음향경보 즉시 발령된다.
2. 경보스위치를 “OFF” : 드라이밸브 동작 시 수신기에서 확인 후 필요시 경보스위치를 잠깐 풀어서 동작 여부만 확인한다.

나. 작동

가) 누설시험밸브 ⑨ 개방 ⇒ 드라이밸브 2차측 공기압 누설

나) 엑츄에이터(Actuator) ④ 동작(공기와 가압수의 압력균형이 깨어져 출구쪽으로 중간챔버의 가압수가 배출된다.)

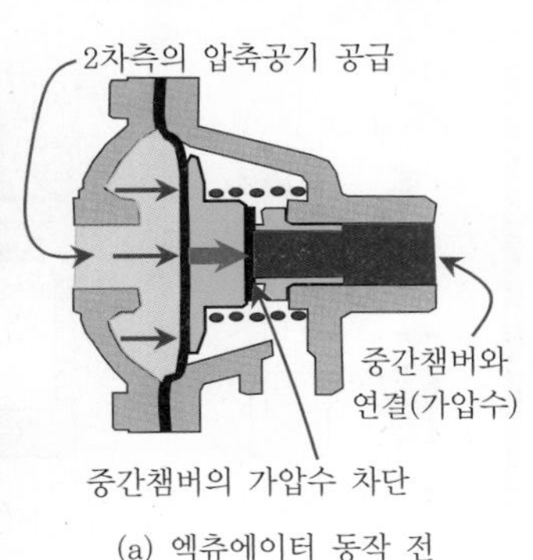

(a) 엑츄에이터 동작 전

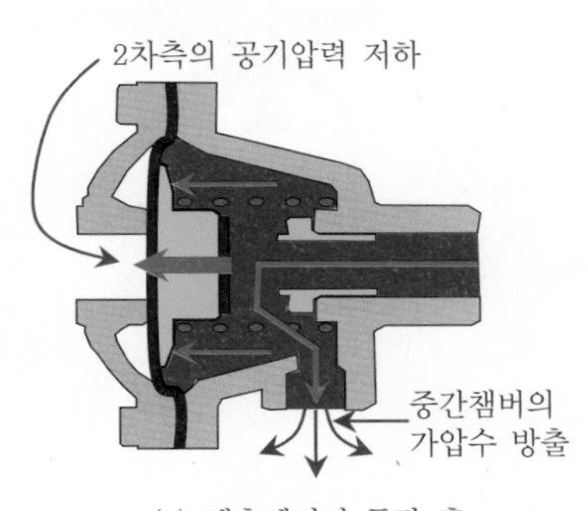

(b) 엑츄에이터 동작 후

[그림 110] **엑츄에이터 외형 및 동작 전·후 모습**

다) 중간챔버(Push Rod Box) ⑤ 압력 저하 ⇒ 밀대(Push Rod) 후진 ⇒ 래치 이동(클래퍼 락 해제) ⇒ 클래퍼 개방

라) 1차측 소화수가 누설시험밸브 ⑨를 통해 방출

마) 시트링을 통하여 유입된 가압수에 의해 압력스위치 ⑬ 작동

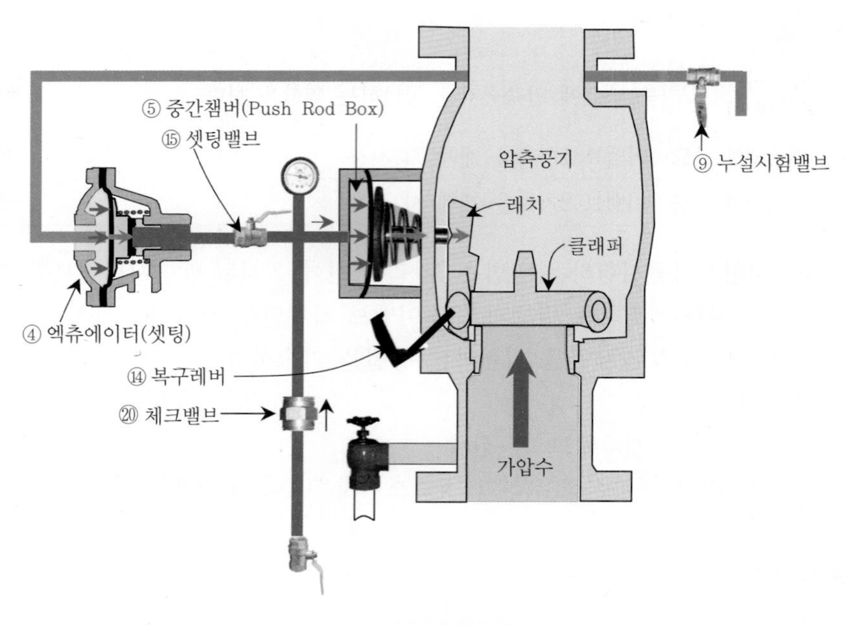

[그림 111] **드라이밸브 동작 전**

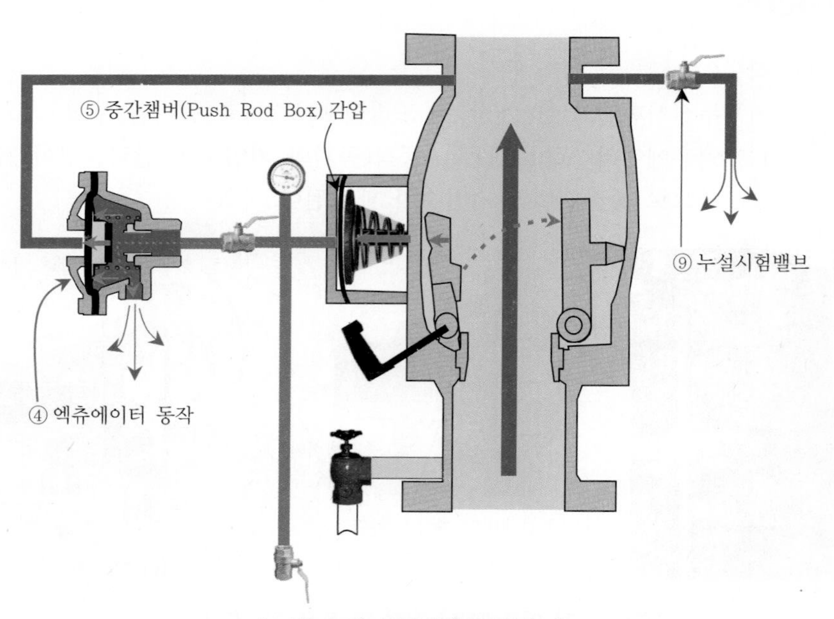

[그림 112] **드라이밸브 동작 후**

다. 확인사항

가) 감시제어반(수신기) 확인사항

(가) 화재표시등 점등 확인

(나) 해당 구역 드라이밸브 작동표시등 점등 확인

(다) 수신기 내 경보 부저 작동 확인

나) 해당 방호구역의 경보(싸이렌) 상태 확인

다) 소화펌프 자동기동 여부 확인

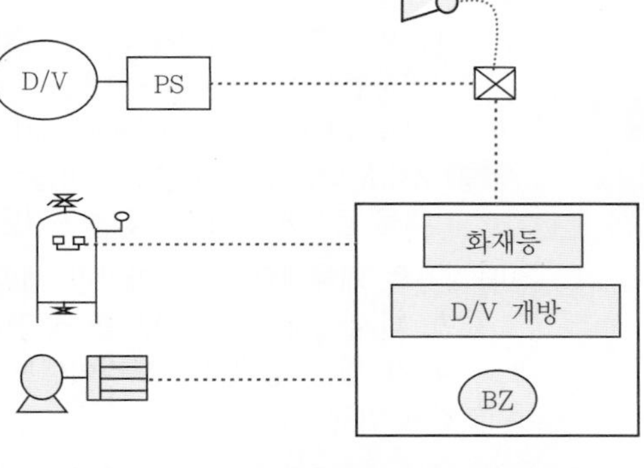

[그림 113] **드라이밸브 점검 시 확인사항**

(4) 작동 후 조치

가. 배수

펌프 자동정지의 경우	펌프 수동정지의 경우
가) 경보를 멈추고자 한다면 경보정지밸브 ③을 잠근다. 나) 1차측 개폐밸브 ㉒ 잠금 ⇒ 펌프정지 확인 다) 물공급밸브 ⑫를 잠근다.(프리액션밸브의 셋팅밸브와 같은 개념임.) 라) 배수밸브 ② 개방 ⇒ 2차측 가압수 배수실시 (현재 클래퍼는 개방된 상태이므로 배수됨.) 마) 볼드립밸브 ⑩을 통해 ⇒ 잔류수 자동 배수됨. 바) 화재수신기 스위치 확인복구	가) 펌프 수동정지 나) 경보를 멈추고자 한다면 경보정지밸브 ③을 잠근다. 다) 1차측 개폐밸브 ㉒ 잠금 라) 물공급밸브 ⑫를 잠근다.(프리액션밸브의 셋팅밸브와 같은 개념임.) 마) 배수밸브 ② 개방 ⇒ 2차측 가압수 배수 실시 (현재 클래퍼는 개방된 상태이므로 배수됨.) 바) 볼드립밸브 ⑩을 통해 ⇒ 잔류수 자동 배수됨. 사) 화재수신기 스위치 확인복구

tip 점검 시 펌프운전상태 관련

실제 현장에서는 충압펌프로도 드라이밸브의 동작시험은 충분히 가능하고, 또한 시험 시 안전사고를 대비하여 통상 주펌프는 정지위치로 놓고 충압펌프만 자동상태로 놓고 시험한다.

나. 복구

가) 복구레버 ⑭를 돌려 클래퍼를 안착시킨다. (이때 둔탁한 "퍽~~"하는 소리가 나며, 클래퍼가 정상적으로 안착이 됨을 알 수 있다.)	클래퍼 안착
나) 배수밸브 ②, 누설시험밸브 ⑨, 셋팅밸브 ⑮, 공기공급밸브 ⑲를 닫고, 경보시험밸브 ⑥, 바이패스밸브 ⑱이 닫혀져 있는지 확인한다. 다) 물공급밸브 ⑫를 개방하여 중간챔버(Push Rod Box) ⑤에 가압수를 공급하면 ⇒ 밀대(Push Rod) 전진 ⇒ 래치가 이동(클래퍼 락 작동)하여 ⇒ 클래퍼가 폐쇄·고정된다.	중간챔버 (Push Rod Box) 가압

내용	구분
라) 공기압축기 ㉑을 가동하고, 압력설치표를 참고하여 공압레귤레이터 ⑯의 핸들을 좌우로 돌려 2차측에 유지해야 할 압력을 셋팅한다.(⑰번 압력계를 확인하면서) 마) 공기공급밸브 ⑲를 개방하여 2차측에 압축공기를 공급한다. **참고** 2차측 배관 전체에 공기를 공급할 때는 공기공급밸브 ⑲와 바이패스밸브 ⑱을 동시에 개방하여 압축공기를 공급하면 충전시간을 절약할 수 있다. 바) 2차측 개폐밸브 ㉓을 약간만 개방하여 2차측 배관이 설정압력으로 차면, 다시 2차측 개폐밸브를 잠근다.(이때 이미 2차측 배관은 압축공기가 차 있는 상태이나 드라이밸브 2차측과 배관 내의 동압을 확인하기 위한 안전조치임.)	공기공급
사) 1차측 개폐밸브 ㉒를 서서히 개방한다.	1차 개폐밸브 개방
아) 셋팅밸브 ⑮를 개방하여 엑츄에이터 셋팅 ⇒ 엑츄에이터는 이미 압축공기에 의하여 중간챔버 출구를 막고 있는 상태에서 셋팅밸브 ⑮를 개방하여 중간챔버의 가압수를 엑츄에이터와 통할 수 있도록 하여 엑츄에이터를 셋팅하는 조치이다. 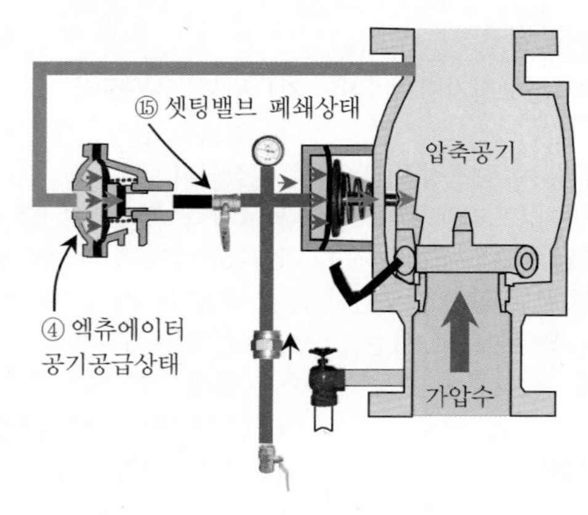 [그림 114] **셋팅밸브 개방 전** 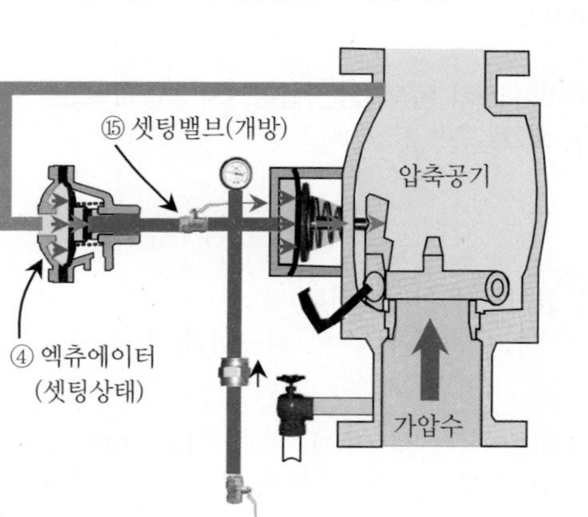 [그림 115] **셋팅밸브 개방 후**	엑츄에이터 셋팅

자) 이때, 볼드립밸브 ⑩의 누름핀을 눌러 누수가 있는지 확인한다. (가) 볼드립밸브 ⑩에서 누수(기)가 없는 경우 ⇒ 1차 개폐밸브 ㉒ 완전개방 (나) 볼드립밸브 ⑩에서 누수(기)가 있는 경우 ⇒ 클래퍼 밀착위치가 불량하거나 시트에 이물질이 끼어 있는 경우이므로 배수에서부터 재셋팅한다.	누수 확인
차) 이상없이 셋팅이 완료되면 2차측 개폐밸브 ㉓을 완전히 개방시켜 놓는다.	2차 개폐밸브 개방
카) 화재수신기 스위치 상태를 확인한다. 타) 소화펌프 자동전환(펌프 수동정지의 경우에 한함.)	수신기 복구

(5) 경보시험 방법

가. 경보시험밸브 ⑥ 개방 ⇒ 압력스위치 ⑬ 작동 ⇒ 경보발령

나. 경보 확인 후, 경보시험밸브 ⑥ 잠금

다. 수신기 스위치 확인복구

tip 세코스프링클러 건식 밸브와 저압 건식 밸브 비교

구 분	건식 밸브	저압 건식 밸브
클래퍼 면적	크다.	작다.
복구 시 커버 분리 여부	커버 분리	커버 미분리(복구레버 이용)
2차측 공기압력	높음. 이송시간 길어짐.	낮음.(0.8~1.4kg/cm^2) 이송시간 단축
프라이밍워터(보충수) 채움 여부	필요 (클래퍼 개방 시 충격완화) ⇒ 프라이밍워터의 습기로 인하여 배관 내 부식발생	불필요 (프라이밍워터 증발로 인한 2차측 배관 내의 부식 가능성 배제)
오동작 여부	오동작 잦다. (민감한 엑셀레이터의 잦은 오동작으로 드라이밸브 개방됨.)	오동작 작다. 건식 밸브에 비해서 오동작의 우려 적음.
현재 생산품목	세코스프링클러의 경우 생산중단	현재 생산중

tip 저압 건식 밸브(SLD-71)의 특징

1. 2차측 압축공기 설정압력이 낮다. ⇒ 기존 드라이밸브의 단점 보완
   ⇒ 클래퍼 개방시간 단축 및 방수시간이 짧아져 초기 화재진압에 적합
2. 2차측 셋팅압력이 낮으므로 에어콤퓨레셔 용량이 기존제품 및 타사제품에 비하여 최대 $\frac{1}{4}$로 작아졌다.
3. 조작이 쉽다.(초기 셋팅이 쉽다.)
4. 화재진압 후 복구가 쉽다.(복구레버 설치)
   외부 재셋팅 시 밸브커버의 분리 없이 간단한 조작으로 재셋팅이 가능하다.

5. 드라이밸브 내 보충수 공급이 없어도 된다.
   1) 드라이밸브 내 보충수 미공급 ⇒ 보충수 증발로 인한 2차측 배관 내 부식가능성 배제
   2) 클래퍼 개방 시 충격을 완화하기 위하여 충격흡수기(Absorber) 설치
6. 수직·수평 배관에도 설치가 가능하다.

3) 파라텍 저압 건식 밸브(PLDPV형)의 점검

파라텍의 저압 건식 밸브(PLDPV형)는 세코스프링클러의 저압 건식과 부품의 명칭과 모양은 다소의 차이가 있으나 동작원리는 동일하다.

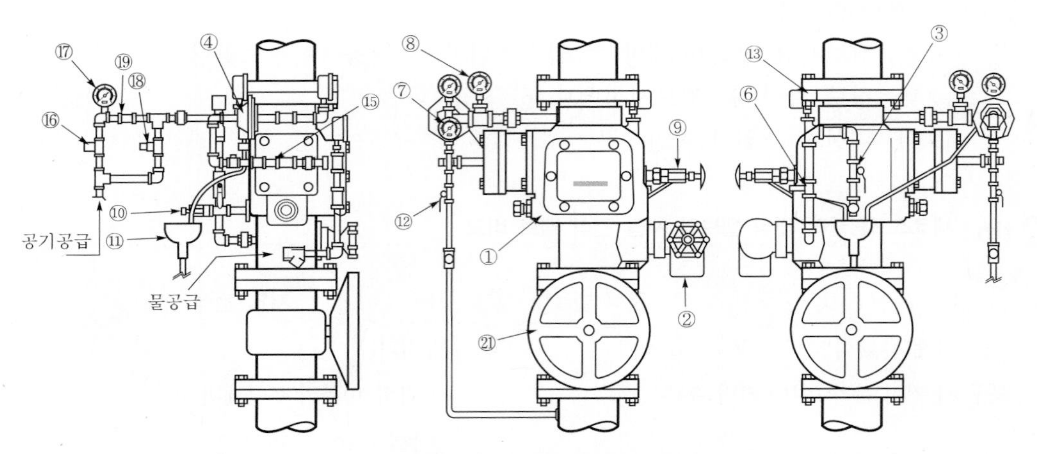

[그림 116] **저압 건식 밸브(PLDPV) 설치 외형**

[그림 117] **정면**

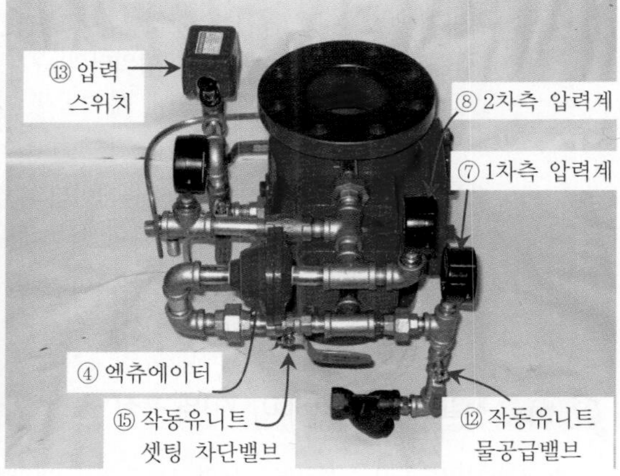

[그림 118] **좌측면**

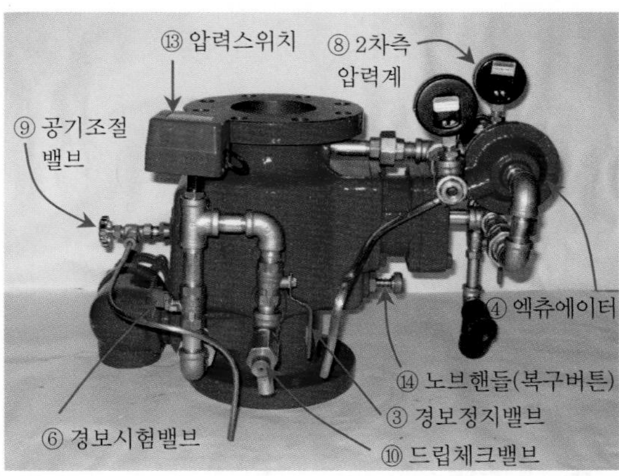

[그림 119] 뒷면

[그림 120] 측면

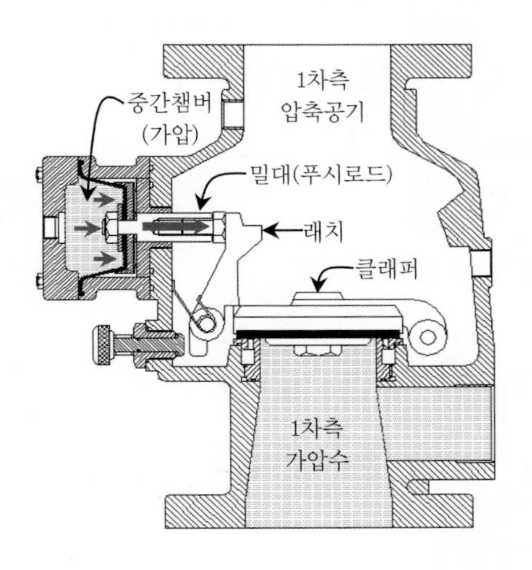

[그림 121] 동작 전 단면

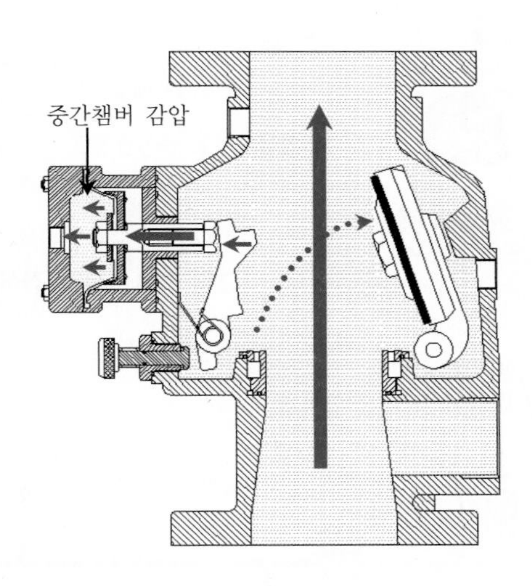

[그림 122] 동작 후 단면

tip 동작원리

평상시에는 2차측의 공기압에 의하여 엑츄에이터의 작동으로 중간챔버의 가압수가 배출되지 않도록 출구를 폐쇄(차단)하고 있어, 중간챔버에 공급된 가압수에 의하여 밀대(푸시로드)가 래치를 밀어 클래퍼는 폐쇄된 상태로 있다.

화재발생 시에는 헤드의 개방으로 2차측의 공기압력이 낮아지면 엑츄에이터 내부 시트의 공기압도 같이 감압되어 중간챔버의 가압수 출구를 개방시켜 줌으로써 중간챔버의 압력이 저하되어 푸시로드가 후진되고 래치가 이동함으로써 클래퍼가 개방되어 1차측의 소화수는 2차측의 압축공기를 밀어내고 개방된 헤드를 통하여 소화작업을 하게 된다. 한편 시트링을 통하여 유입된 가압수에 의하여 압력스위치가 동작되어 밸브개방 신호를 송출한다.

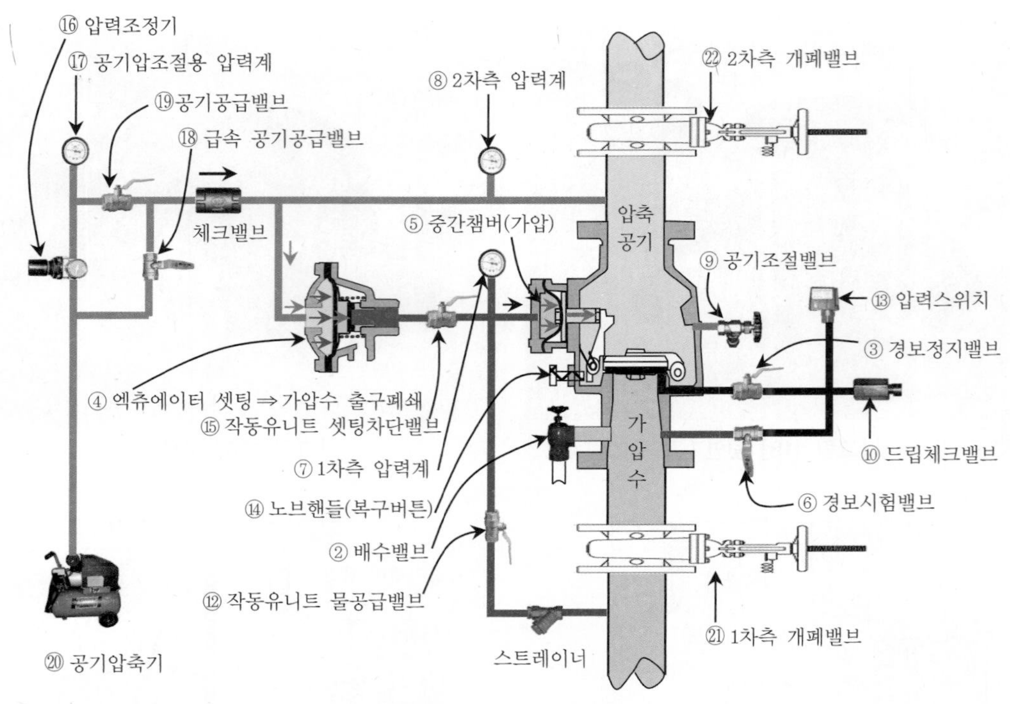

[그림 123] 저압 건식 밸브 동작 전 단면 및 명칭

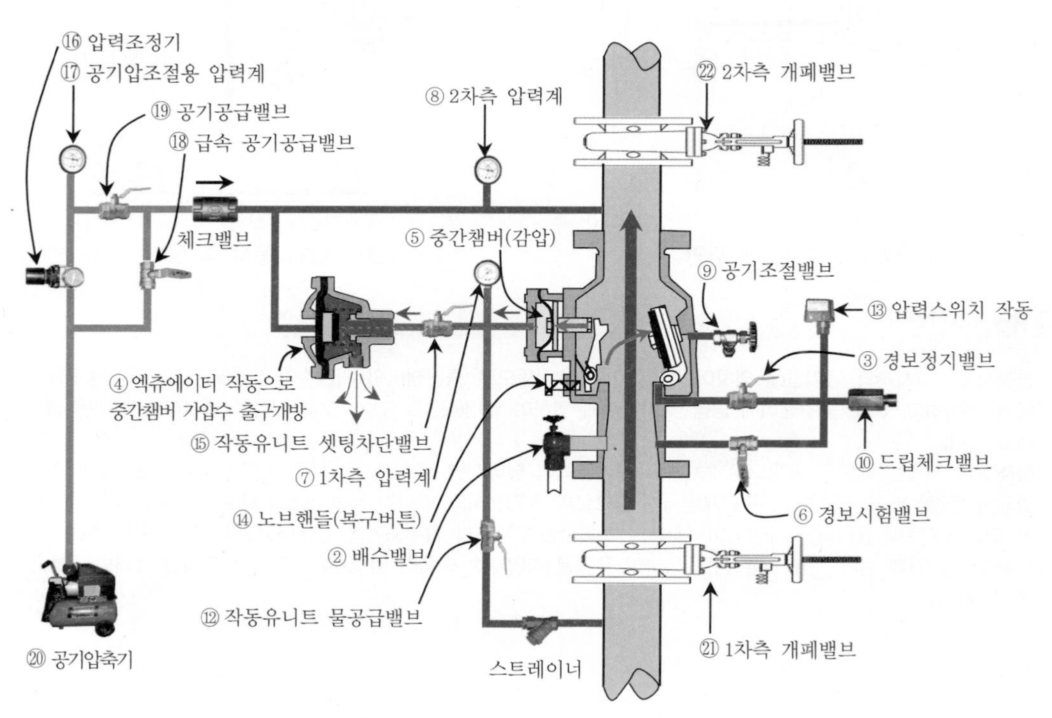

[그림 124] 저압 건식 밸브 동작 후 단면 및 명칭

(1) 구성요소 및 기능설명

순 번	명 칭	설 명	평상시 상태
①	건식 밸브	평상시 폐쇄되어 있다가 화재 시 개방되어 가압수를 2차측으로 보내는 밸브	잠김 유지
②	배수밸브	건식 밸브 작동 후 2차측의 소화수를 배수시키고자 할 때 사용(1차측에 연결됨.)	잠김 유지
③	경보정지밸브	건식 밸브의 작동 중 계속 작동되는 경보를 정지하고자 할 때 사용하는 밸브	열림 유지
④	엑츄에이터 (Actuator)	평상시에는 2차측 공기압력에 의하여 저압 건식 밸브 내 중간챔버의 가압수 출구를 막고 있어 밸브가 셋팅상태를 유지하도록 해주며, 화재 시에는 2차측의 공기압력이 낮아지게 되면 감압을 감지하여 중간챔버의 가압수 출구를 개방함으로써 저압 건식 중간챔버의 압력이 낮아져 드라이밸브 본체 시트를 개방하게 된다.(프리액션밸브의 솔레노이드밸브와 유사한 역할을 함.)	잠김 유지
⑤	중간챔버 (Push Rod Box)	래치와 연결되어 있어 셋팅 시 중간챔버 가압으로 밀대를 밀어 래치를 밀어주는 역할을 하는 작은 챔버(공간 ; 실) • 엑츄에이터 작동 시 중간챔버 감압으로 래치가 밀려 클래퍼가 개방된다. • 클래퍼타입 프리액션밸브의 중간챔버와 유사하다.	평상시 가압상태
⑥	경보시험밸브	드라이밸브를 동작시키지 않고 압력스위치를 동작시켜 경보를 발하는지 시험할 때 사용	잠김 유지
⑦	1차측 압력계	드라이밸브 1차측 물의 압력을 지시	1차측 배관의 수압 지시
⑧	2차측 압력계	드라이밸브 2차측 공기의 압력을 지시	2차측 배관의 공기압 지시
⑨	공기조절밸브 (누설시험밸브 = 테스트밸브)	2차측 압축공기를 배출시켜 건식 밸브의 작동시험을 하기 위한 밸브	잠금
⑩	드립체크밸브 (볼체크밸브 ; 누수확인밸브)	셋팅 시 클래퍼 실링부위의 누수 여부를 확인하기 위해서 설치하며, 압력이 없는 물과 공기는 자동배수되며, 압력이 있는 물과 공기는 차단함.(필요시 누름핀을 눌러 수동으로 물과 공기 배출 가능)=오토드립+수동드립	개방
⑪	드립컵 (물 배수컵)	드립체크밸브에서 나오는 물을 모아주는 컵	−
⑫	작동유니트 물공급밸브	셋팅 시 개방하여 중간챔버에 가압수를 공급해 주는 밸브 ※ 프리액션밸브의 셋팅밸브와 같은 역할을 한다.	열림
⑬	압력스위치	드라이밸브 개방 시 제어반에 개방(작동)신호를 보냄.	드라이밸브 동작 시 작동

순 번	명 칭	설 명	평상시 상태
⑭	노브핸들 (복구버튼)	건식 밸브 작동 후 재셋팅 시 클래퍼 복구를 위해서 설치하며, 복구 시 노브핸들을 눌러서 래치를 이동시켜 클래퍼를 복구한다. ※ 드라이밸브가 동작되면 클래퍼가 래치에 걸려 있는 상태이다.	–
⑮	작동유니트 셋팅차단밸브 (셋팅밸브)	셋팅 시 셋팅밸브를 잠그어 물공급밸브를 통하여 중간챔버(Push Rod Box)에 채워진 가압수가 엑츄에이터로의 유입을 차단하고, 2차측 배관에 공기를 채운 뒤 개방한다.(☞ 엑츄에이터 셋팅밸브)	열림
⑯	압력조정기 (공압 레귤레이터)	2차측 배관에 설정된 공기압을 유지시켜 주는 기능 • 설정압력 미달 시 : 개방되어 공기압 보충 • 설정압력 도달 시 : 폐쇄되어 공기압 차단	설정압력 유지
⑰	공기압조절용 압력계	압력조정기의 설정압력 상태를 확인	공기압 지시
⑱	급속공기공급밸브 (바이패스밸브)	2차측 배관 내를 공기로 초기 충진할 때 개방하여 압력조정기(공압레귤레이터)를 거치지 않고 다량의 공기를 유입시킬 때 사용하는 밸브로서 충진 후에는 폐쇄한다.	잠김 유지
⑲	공기공급밸브	공압레귤레이터를 통한 공기를 2차측 관내로 유입시키는 것을 제어하는 밸브	열림 유지
⑳	공기압축기 (에어콤퓨레셔)	2차측 배관에 압축공기를 공급하는 역할을 한다.	셋팅압 유지
㉑	1차측 개폐밸브	드라이밸브 1차측을 개폐 시 사용	열림 유지
㉒	2차측 개폐밸브	드라이밸브 2차측을 개폐 시 사용	열림 유지

(2) **작동시험** : 작동시험하는 방법은 2차측 배관에 설치된 말단시험밸브를 개방하여 시스템 전체를 시험하는 방법과 드라이밸브 자체만을 시험하는 방법이 있다. 여기서는 드라이밸브 자체만을 시험하는 방법을 기술한다.

가. 준비

가) 2차측 개폐밸브 ㉒ 잠금

나) 경보 여부 결정(수신기 경보스위치 "ON" or "OFF")

tip 경보스위치 선택

1. 경보스위치를 "ON" : 드라이밸브 동작 시 음향경보 즉시 발령된다.
2. 경보스위치를 "OFF" : 드라이밸브 동작 시 수신기에서 확인 후 필요시 경보스위치를 잠깐 풀어서 동작 여부만 확인한다.

나. 작동

가) 공기조절밸브 ⑨ 개방 ⇒ 드라이밸브 2차측 공기압 누설

나) 엑츄에이터(Actuator) ④ 동작(공기와 가압수의 압력균형이 깨어져 출구쪽으로 중간챔버의 가압수가 배출된다.)

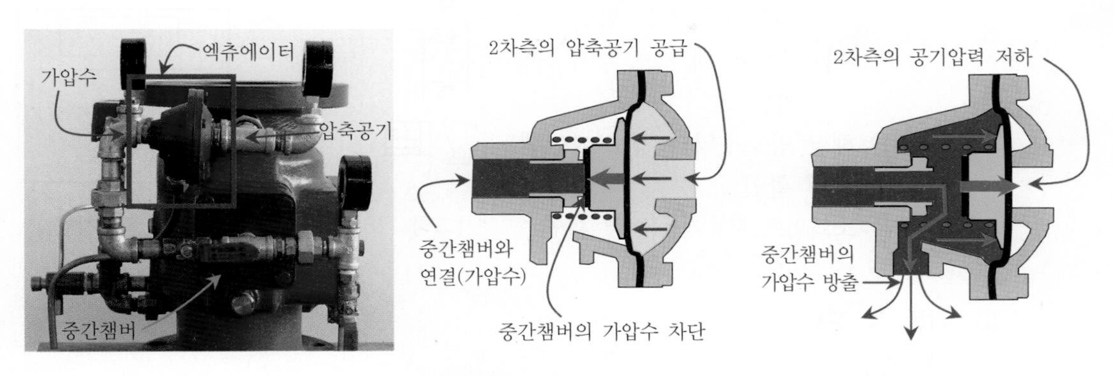

[그림 125] **엑츄에이터 외형 및 동작 전·후 모습**

다) 중간챔버(Push Rod Box) ⑤ 압력저하 ⇒ 밀대(Push Rod) 후진 ⇒ 래치 이동(클래퍼 락 해제) ⇒ 클래퍼 개방

라) 1차측 소화수가 공기조절밸브 ⑨를 통해 방출

마) 시트링을 통하여 유입된 가압수에 의해 압력스위치 ⑬ 작동

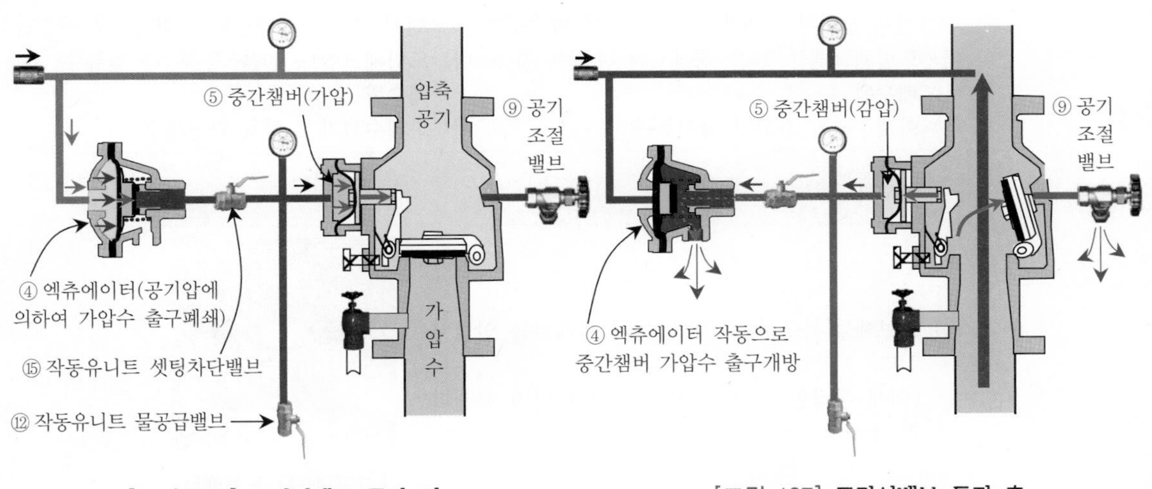

[그림 126] **드라이밸브 동작 전**

[그림 127] **드라이밸브 동작 후**

다. 확인사항

가) 감시제어반(수신기) 확인사항

(가) 화재표시등 점등 확인

(나) 해당 구역 드라이밸브 작동표시등 점등 확인

(다) 수신기 내 경보 부저 작동 확인

나) 해당 방호구역의 경보(싸이렌) 상태 확인

다) 소화펌프 자동기동 여부 확인

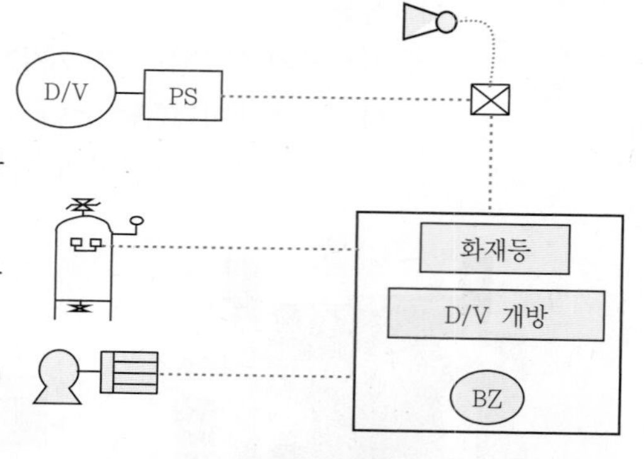

[그림 128] **드라이밸브 점검 시 확인사항**

(3) 작동 후 조치

가. 배수

펌프 자동정지의 경우	펌프 수동정지의 경우
가) 경보를 멈추고자 한다면 경보정지밸브 ③을 잠근다. 나) 1차측 개폐밸브 ㉑ 잠금 ⇒ 펌프정지 확인 다) 작동유니트 물공급밸브 ⑫를 잠근다. (프리액션밸브의 셋팅밸브와 같은 개념임.) 라) 배수밸브 ② 개방 ⇒ 2차측 가압수 배수 실시 (현재 클래퍼는 개방된 상태이므로 배수됨.) 마) 드립체크밸브 ⑩을 통해 ⇒ 잔류수 자동 배수됨. 바) 화재수신기 스위치 확인복구	가) 펌프 수동정지 나) 경보를 멈추고자 한다면 경보정지밸브 ③을 잠근다. 다) 1차측 개폐밸브 ㉑ 잠금 라) 작동유니트 물공급밸브 ⑫를 잠근다. (프리액션밸브의 셋팅밸브와 같은 개념임.) 마) 배수밸브 ② 개방 ⇒ 2차측 가압수 배수 실시 (현재 클래퍼는 개방된 상태이므로 배수됨.) 바) 드립체크밸브 ⑩을 통해 ⇒ 잔류수 자동 배수됨. 사) 화재수신기 스위치 확인복구

나. 복구

가) 노브핸들(복구버튼) ⑭를 눌러 클래퍼를 안착시킨다. (이때 둔탁한 "퍽~~"하는 소리가 나며 클래퍼가 정상적으로 안착이 됨을 알 수 있다.)	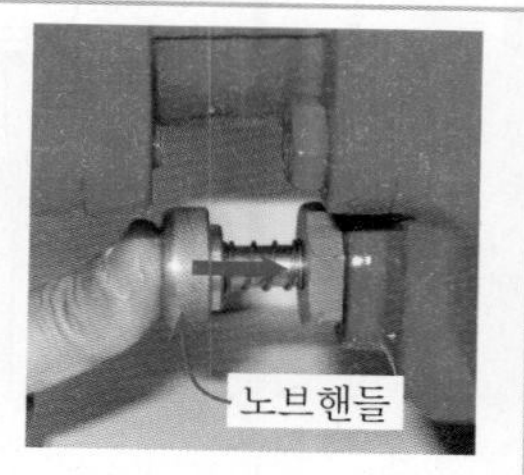 [그림 129] **노브핸들 조작모습**	클래퍼 안착
나) 배수밸브 ②, 공기조절밸브 ⑨, 작동유니트 셋팅차단밸브 ⑮, 공기공급밸브 ⑲를 닫고, 경보시험밸브 ⑥, 급속공기공급밸브 ⑱이 닫혀져 있는지 확인한다.		중간챔버 가압

다) 작동유니트 물공급밸브 ⑫를 개방하여 중간챔버(Push Rod Box) ⑤에 가압수를 공급하면 ⇒ 밀대(Push Rod) 전진 ⇒ 래치가 이동(클래퍼 락 작동)하여 ⇒ 클래퍼가 폐쇄·고정된다.	중간챔버 가압

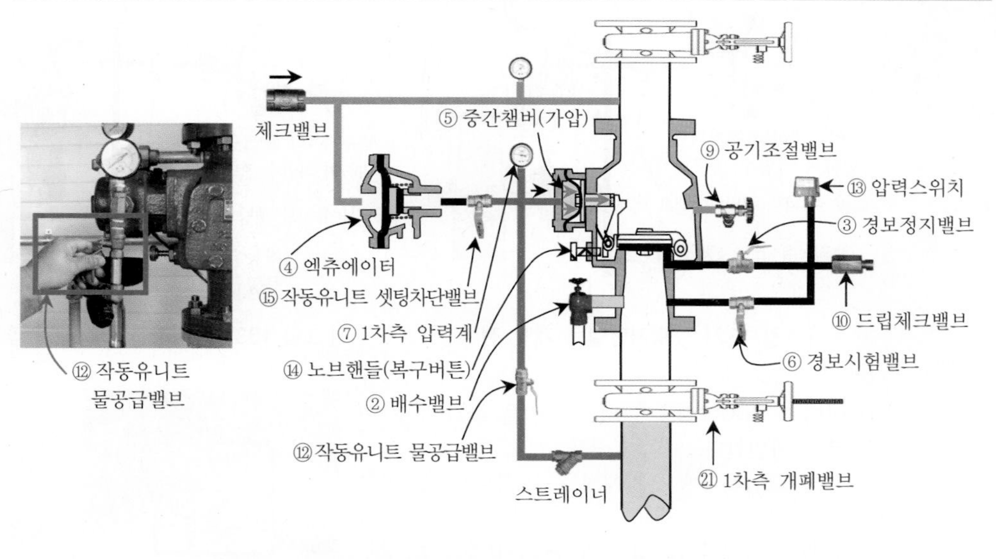

[그림 130] **작동유니트 물공급밸브를 개방하여 중간챔버에 가압수 공급**

라) 공기압축기 ⑳을 가동하고, 압력설치표를 참고하여 압력조정기 ⑯의 핸들을 좌우로 돌려 2차측에 유지해야 할 압력을 셋팅한다.(⑰번 압력계를 확인하면서) 마) 공기공급밸브 ⑲를 개방하여 2차측에 압축공기를 공급한다. **참고** 2차측 배관 전체에 공기를 공급할 때는 공기공급밸브 ⑲와 급속공기공급밸브 ⑱을 동시에 개방하여 압축공기를 공급하면 충전시간을 절약할 수 있다. 바) 2차측 개폐밸브 ㉒를 약간만 개방하여 2차측 배관이 설정압력으로 차면, 다시 2차측 개폐밸브를 잠근다.(이때 이미 2차측 배관은 압축공기가 차 있는 상태이나 드라이밸브 2차측과 배관 내의 동압을 확인하기 위한 안전 조치임.)	공기공급
사) 1차측 개폐밸브 ㉑을 서서히 개방한다.	1차 개폐밸브 개방
아) 작동유니트 셋팅차단밸브 ⑮를 개방하여 엑츄에이터 셋팅 ⇒ 엑츄에이터는 이미 압축공기에 의하여 중간챔버 출구를 막고 있는 상태에서 작동유니트 셋팅차단밸브 ⑮를 개방하여 중간챔버의 가압수를 엑츄에이터와 통할 수 있도록 하여 엑츄에이터를 셋팅하는 조치이다.  [그림 131] **셋팅차단밸브 개방**	엑츄에이터 셋팅

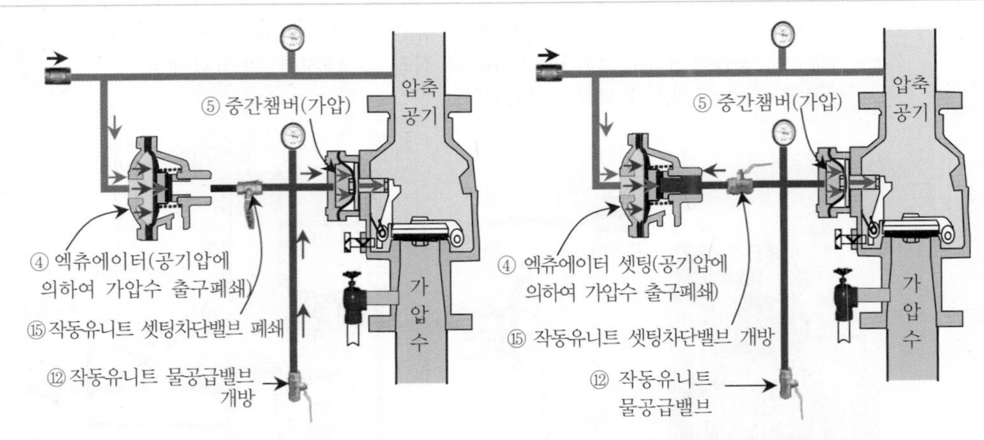

[그림 132] **셋팅차단밸브 개방 전** [그림 133] **셋팅차단밸브 개방 후**

내용	그림	구분
자) 이때, 드립체크밸브 ⑩의 누름핀을 눌러 누수 여부를 확인한다. (가) 드립체크밸브 ⑩에서 누수(기)가 없는 경우 ⇒ 1차 개폐밸브 ㉑ 완전개방 (나) 드립체크밸브 ⑩에서 누수(기)가 있는 경우 ⇒ 클래퍼 밀착위치가 불량하거나 시트에 이물질이 끼어 있는 경우이므로 배수에서부터 재셋팅한다.	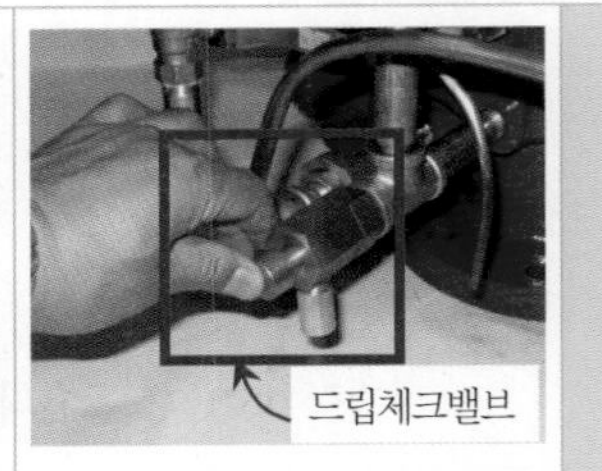 [그림 134] **누수 여부 확인**	누수 확인
차) 이상없이 셋팅이 완료되면 2차측 개폐밸브 ㉒를 완전히 개방시켜 놓는다.		2차 개폐밸브 개방
카) 화재수신기 스위치 상태를 확인한다. 타) 소화펌프 자동전환(펌프 수동정지의 경우에 한함.)		수신기 복구

(4) **경보시험 방법**

가. 경보시험밸브 ⑥을 개방 ⇒ 압력스위치 ⑬ 작동 ⇒ 경보발령

나. 경보 확인 후, 경보시험밸브 ⑥ 잠금

다. 수신기 스위치 확인복구

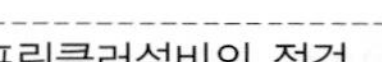

7. 건식 밸브의 고장진단

1) 화재발생 없이 건식 밸브가 개방된 경우

원 인	조치 방법
(1) 1차측 물공급압력 대비 2차측 공기공급압력 설정이 현저하게 저압일 경우	제조사에서 제시하는 1차측 수압대비 2차측에 유지해야 할 공기공급압력표를 기준으로 설정압력을 재조정한다.
(2) 수위조절밸브(또는 테스트밸브)가 개방된 경우	수위조절밸브(또는 테스트밸브)를 폐쇄한다.
 [그림 135] **공압레귤레이터 조정모습**	 [그림 136] **수위조절밸브 폐쇄모습**
(3) 배관말단의 청소용 앵글밸브가 개방된 경우	청소용 앵글밸브를 완전히 폐쇄한다.
(4) 말단시험밸브의 완전폐쇄가 안 된 경우	말단시험밸브를 완전히 폐쇄한다.
(5) 2차측 배관이 누기되는 경우	누기부분을 찾아 보수한다.
 [그림 137] **청소용 앵글밸브**	 [그림 138] **말단시험밸브함**

2) 드라이밸브 셋팅불량인 경우

원 인	조치 방법
(1) 시트링 상부에 클래퍼가 잘못 놓인 경우 (볼드립밸브를 눌렀을 때 누수발생으로 확인 가능함.) 가. 클래퍼와 시트링 사이에 이물질 침입 나. 디스크고무와 시트링이 밀착되지 않음.	(1) 클래퍼타입 : 건식 밸브 덮개를 분리하여 이물질을 제거 후 클래퍼를 시트링에 정확히 안착시킨 후 덮개를 부착한다. (2) 다이어프램타입(우당 건식 밸브에 해당) : 건식 밸브 본체 하부의 50A 플러그를 풀고 1차 개폐밸브를 조금 열어 청소(Flushing)하고 다시 밀봉시킨 후 건식 밸브를 재셋팅한다.

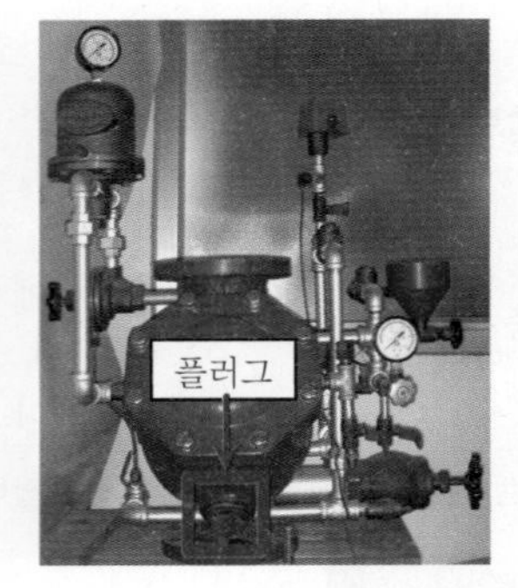

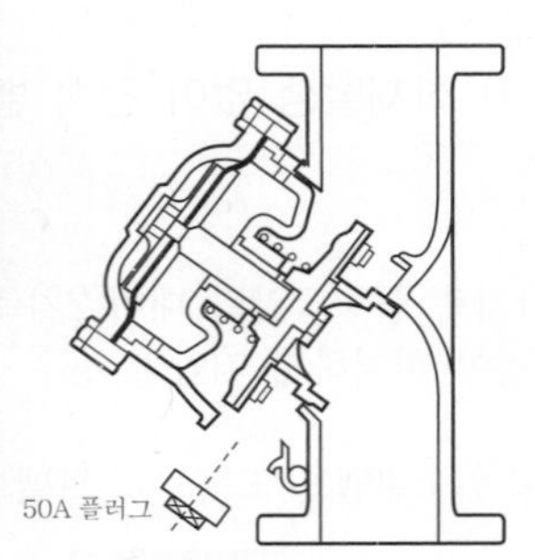

[그림 139] 클래퍼가 시트링에 안착된 모습

[그림 140] 드라이밸브 플러그 분리모습

(2) 건식 밸브 내 적정수위 미확보(보충수를 공급하는 경우에 한함.) : 물공급 라인이 이물질 침입으로 막힌 경우	물공급라인을 분해하여 이물질을 제거한다.(물올림컵이 아닌 물공급라인이 설치된 경우에 한함.)

3) 기타 오동작상태에 따른 원인 및 조치 방법

오동작상태	원 인	조치 방법
(1) 공기압축기 수시로 불규칙적으로 작동	건식 밸브 2차측 배관 및 공기압축기 연결부위 등 기밀 누기	배관의 접속부위 등 누기부분 보수
(2) 건식 밸브 미개방상태에서 충압펌프가 수시로 기동되는 경우	드라이밸브에 부착된 배수밸브 시트부위에 이물질 침입 또는 디스크가 손상된 경우	이물질 제거 후 배수밸브 완전폐쇄상태로 유지
(3) 건식 밸브 미개방상태에서 경보(오보) 발령	가. 경보시험밸브가 열린 경우	폐쇄상태로 유지
	나. 압력스위치의 고장	압력스위치 교체
(4) 경보시험 후 복구상태에서 계속하여 경보를 발하는 경우	경보시험 후 압력이 잔존하는 상태에서 압력스위치 2차측의 동관이 이물질로 인하여 막힌 경우	압력스위치 2차측 동관의 이물질을 제거한다.

[그림 141] 배수밸브와 경보시험밸브

[그림 142] 압력스위치 연결동관 부분

기출 및 예상 문제

★

01 **다음 건식 밸브[세코스프링클러 ; SDP－73]의 도면을 보고 물음에 답하시오.**[4회 20점]

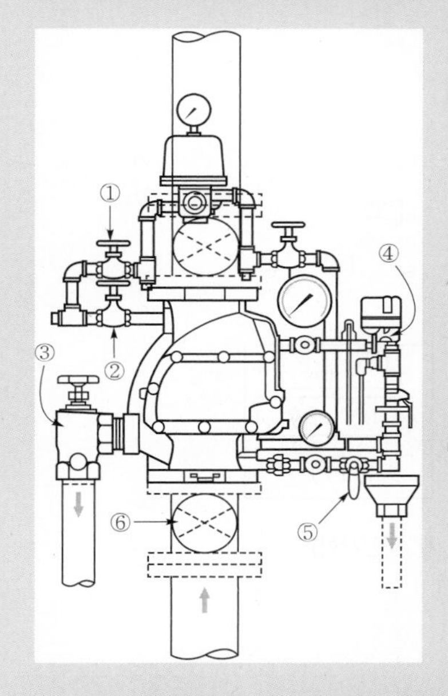

예 ⑥번 밸브의 명칭

밸브의 명칭	1차측 개폐밸브
밸브의 기능	드라이밸브 1차측을 개폐 시 사용
평상시 유지상태	개방

1. 건식 밸브의 작동시험 방법을 간략히 설명하시오.(단, 작동시험은 2차측 개폐밸브를 잠그고, ④번 밸브를 이용하여 시험한다.)

2. 다음의 ㉮와 같이 ①번에서 ⑤번까지의 밸브의 명칭, 밸브의 기능, 평상시 유지상태를 설명하시오.

1. 작동시험 방법

작동시험하는 방법은 2차측 배관에 설치된 말단시험밸브를 개방하여 시스템 전체를 시험하는 방법과 드라이밸브 자체만을 시험하는 방법이 있다. 여기서는 드라이밸브 자체만을 시험하는 방법을 기술한다.

1) 준비

(1) 2차측 개폐밸브 잠금

(2) 경보 여부 결정(수신기 경보스위치 “ON” or “OFF”)

참고 경보스위치 선택

1. 경보스위치를 “ON” : 드라이밸브 동작 시 음향경보 즉시 발령된다.
2. 경보스위치를 “OFF” : 드라이밸브 동작 시 수신기에서 확인 후 필요시 경보스위치를 잠깐 풀어서 동작 여부만 확인한다.

2) 작동

(1) 수위확인밸브 ④ 개방 ⇒ 수위확인밸브를 통하여 드라이밸브 2차측 공기압 누설

(2) 엑셀레이터 작동 ⇒ 순간적으로 클래퍼 개방

참고 중간챔버로 압축공기가 유입되어 클래퍼를 강제로 개방시킨다.

(3) 1차측 소화수가 수위확인밸브 ④를 통해 방출

(4) 시트링을 통하여 유입된 가압수에 의해 압력스위치 작동

3) 확인사항

(1) 감시제어반(수신기) 확인사항

가. 화재표시등 점등 확인

나. 해당 구역 드라이밸브 작동표시등 점등 확인

다. 수신기 내 경보 부저 작동 확인

(2) 해당 방호구역의 경보(싸이렌)상태 확인

(3) 소화펌프 자동기동 여부 확인

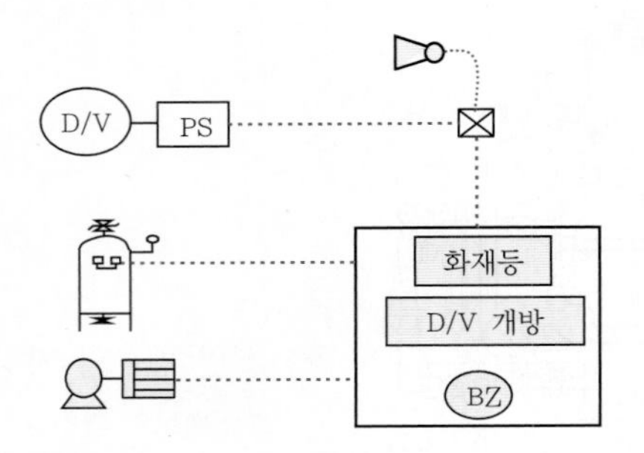

[드라이밸브시험 시 확인사항]

2. 밸브의 명칭, 밸브의 기능, 평상시 유지상태

순 번	명 칭	밸브의 기능	평상시 유지상태
①	공기차단밸브	2차측 관 내를 공기로 완전 충압될 때까지 엑셀레이터로의 공기유입을 차단시켜 주는 밸브	열림 유지
②	공기공급밸브	공압레귤레이터를 통한 공기를 2차측 관 내로 유입시키는 것을 제어하는 밸브	열림 유지
③	배수밸브	2차측의 소화수를 배수시키고자 할 때 사용(1차측에 연결됨.)	잠김 유지
④	수위확인밸브	셋팅 시에는 개방하여 프라이밍라인까지 물이 찼는지 확인하며(프라이밍라인까지 물이 차게 되면 수위확인밸브로 물이 나옴.), 시험 시에는 개방하여 2차측의 공기를 빼서 시험하는 데 사용	잠김 유지
⑤	경보시험밸브	드라이밸브를 동작시키지 않고 압력스위치를 동작시켜 경보를 발하는지 시험할 때 사용	잠김 유지

★★★

02 다음 건식 밸브[파라텍 ; PDPV]의 그림을 보고 물음에 답하시오.

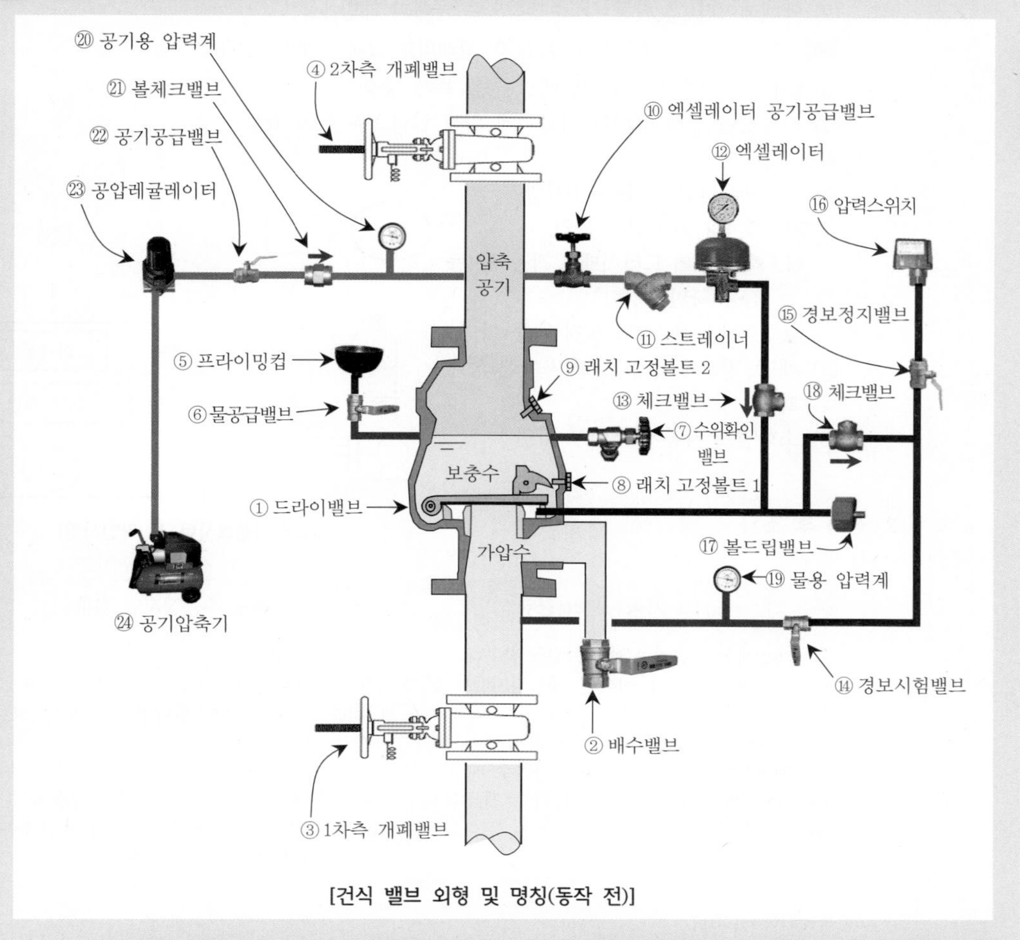

[건식 밸브 외형 및 명칭(동작 전)]

1. 건식 밸브의 작동시험 방법을 준비, 작동 및 확인사항으로 구분하여 기술하시오.
   (단, 작동시험은 2차측 개폐밸브를 잠그고, ⑦번 밸브를 이용하여 시험한다.)
2. 작동 후 조치 방법을 배수 및 복구(Resetting)로 구분하여 기술하시오.
3. ⑥, ⑦, ⑧, ⑨, ⑮번의 기능과 평상시 유지상태를 쓰시오.

1. 작동시험

작동시험하는 방법은 2차측 배관에 설치된 말단시험밸브를 개방하여 시스템 전체를 시험하는 방법과 드라이밸브 자체만을 시험하는 방법이 있다. 여기서는 드라이밸브 자체만을 시험하는 방법을 기술한다.

1) 준비

(1) 2차측 개폐밸브 ④ 잠금

(2) 경보 여부 결정(수신기 경보스위치 “ON” or “OFF”)

2) 작동

(1) 수위확인밸브 ⑦ 개방 ⇒ 드라이밸브 2차측 공기압 누설

(2) 엑셀레이터 ⑫ 작동 ⇒ 순간적으로 클래퍼 개방

참고 중간챔버로 압축공기가 유입되어 클래퍼를 강제로 개방시킨다.

(3) 1차측 소화수가 수위확인밸브 ⑦을 통해 방출

(4) 시트링을 통해 유입된 가압수에 의해 압력스위치 ⑯ 작동

3) 확인사항

(1) 감시제어반(수신기) 확인사항

가. 화재표시등 점등 확인

나. 해당 구역 드라이밸브 작동표시등 점등 확인

다. 수신기 내 경보 부저 작동 확인

(2) 해당 방호구역의 경보(싸이렌)상태 확인

(3) 소화펌프 자동기동 여부 확인

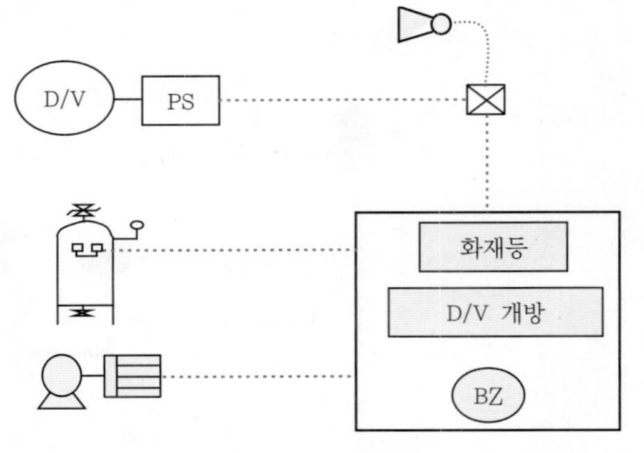

[드라이밸브시험 시 확인사항]

2. 작동 후 조치

1) 배수

펌프 자동정지의 경우	펌프 수동정지의 경우
(1) 엑셀레이터 공기공급밸브 ⑩을 잠근다. (2) 경보를 멈추고자 한다면 경보정지밸브 ⑮를 잠근다. (3) 1차측 개폐밸브 ③ 잠금 ⇒ 펌프정지 확인 (4) 배수밸브 ② 개방 ⇒ 2차측 가압수 배수 실시 (5) 볼드립밸브 ⑰의 누름핀을 눌러 ⇒ 잔류수 배수 (6) 화재수신기 스위치 확인복구	(1) 펌프 수동정지 (2) 엑셀레이터 공기공급밸브 ⑩을 잠근다. (3) 경보를 멈추고자 한다면 경보정지밸브 ⑮를 잠근다. (4) 1차측 개폐밸브 ③ 잠금 (5) 배수밸브 ② 개방 ⇒ 2차측 가압수 배수 실시 (6) 볼드립밸브 ⑰의 누름핀을 눌러 ⇒ 잔류수 배수 (7) 화재수신기 스위치 확인복구

2) 복구(Resetting)

내용	구분
(1) 엑셀레이터의 공기빼기 주입구를 눌러 압력이 "0"이 되게 한다.	엑셀레이터 배수
(2) 래치 고정볼트 1·2를 스패너를 이용하여 아래쪽부터 10mm 정도 풀어서 개방한다. ⇒ 이때 클래퍼가 안착되는 둔탁한 "퍽~"하는 소리가 난다. **참고** 아래쪽의 래치 고정볼트를 먼저 풀어 개방하는 이유는 래치 고정볼트 2를 먼저 풀면 클래퍼가 래치 고정볼트 1에 부딪쳐 손상되는 것을 방지하기 위함이다. (3) 클래퍼가 시트링에 안착되면 래치 고정볼트 1과 2를 돌려서 잠근다.	클래퍼 복구
(4) 물공급밸브 ⑥과 수위확인밸브 ⑦을 개방하고, 프라이밍컵에 수위확인밸브 ⑦에서 물이 나올 때까지 공급한다. (5) 수위확인밸브 ⑦에서 물이 나오면 물공급밸브 ⑥과 수위확인밸브 ⑦을 잠근다. (6) 볼드립밸브 ⑰의 누름핀을 눌러 밸브로부터 누수 여부를 확인한다. ⇒ 만약 누수가 있는 경우에는 클래퍼의 밀착불량이거나 시트에 이물질이 낀 경우이므로 배수부터 재셋팅한다.(∵ 물공급상태에서 클래퍼 안착 여부 확인)	물공급

(7) 공기압축기 ㉔를 가동시킨 후 수압에 맞추어 공압레귤레이터 ㉓을 조정하여 공기압을 설정한다. (8) 공기공급밸브 ㉒를 개방하여 2차측에 압축공기를 공급한다. (9) 2차측 개폐밸브 ④를 약간만 개방하여 2차측 배관이 설정압력으로 차면, 다시 2차측 개폐밸브를 잠근다.(이때 이미 2차측 배관은 압축공기가 차 있는 상태이나 드라이밸브 2차측과 배관 내의 동압을 확인하기 위한 안전조치임.)	공기공급
(10) 엑셀레이터 공기공급밸브 ⑩을 개방하여 ⇒ 엑셀레이터에 공기공급 ⇒ 엑셀레이터 압력 셋팅 완료 **참고** 이때 엑셀레이터 압력계는 2차측 공기압력 ⑳과 동압상태를 유지해야 한다.	엑셀레이터 셋팅
(11) 배수밸브 ②를 개방하고 1차측 개폐밸브 ③을 약간만 개방하면서 배수밸브 ②를 서서히 닫는다. **참고** 배수밸브와 1차측 개폐밸브 사이의 공기제거를 위한 조치이다. (12) 1차측 개폐밸브 ③을 서서히 개방한다.	1차 밸브
(13) 이때, 볼드립밸브 ⑰의 누름핀을 눌러 누수(기) 여부를 확인한다.(∵ 공기를 공급하고 엑셀레이터가 셋팅된 상태에서 클래퍼의 안착 여부를 확인하는 조치임.) 가. 볼드립밸브 ⑰에서 누수(기)가 없는 경우 ⇒ 1차 개폐밸브 ③을 완전히 개방한다. 나. 볼드립밸브 ⑰에서 누수(기)가 있는 경우 ⇒ 클래퍼 밀착위치가 불량하거나 시트에 이물질이 끼어 있는 경우이므로 배수에서부터 재셋팅한다.	누수 확인
(14) 2차측 개폐밸브 ④를 서서히 완전개방한다.	2차 밸브
(15) 화재수신기 스위치 상태 확인 (16) 소화펌프 자동전환(펌프 수동정지의 경우에 한함.)	수신기 복구

3. ⑥, ⑦, ⑧, ⑨, ⑮의 기능과 평상시 유지상태

순 번	명 칭	밸브의 기능	평상시 유지상태
⑥	물공급밸브	드라이밸브 내 물을 공급할 때 개방하여 사용	잠김 유지
⑦	수위확인밸브	셋팅 시에는 개방하여 프라이밍라인까지 물이 찼는지 확인하며(프라이밍라인까지 물이 차게 되면 수위확인밸브로 물이 나옴.), 시험 시에는 개방하여 2차측의 공기를 빼서 시험하는 데 사용	잠김 유지
⑧	래치 고정볼트 1	드라이밸브가 개방되면 클래퍼가 복구되지 않도록 래치를 잡아주는 역할(밸브 내 하단에 부착됨.)과 점검 후 커버를 분리하지 않고 클래퍼를 복구하기 위해서 설치	잠김 유지
⑨	래치 고정볼트 2	드라이밸브가 개방되면 클래퍼가 복구되지 않도록 래치를 잡아주는 역할(밸브 내 상단에 부착됨.)과 점검 후 커버를 분리하지 않고 클래퍼를 복구하기 위해서 설치	잠김 유지
⑮	경보정지밸브	경보를 정지하고자 할 때 사용하는 밸브	열림 유지

★★★★

03 다음 건식 밸브[우당기술산업 ; WDP-1]의 그림을 보고 물음에 답하시오.

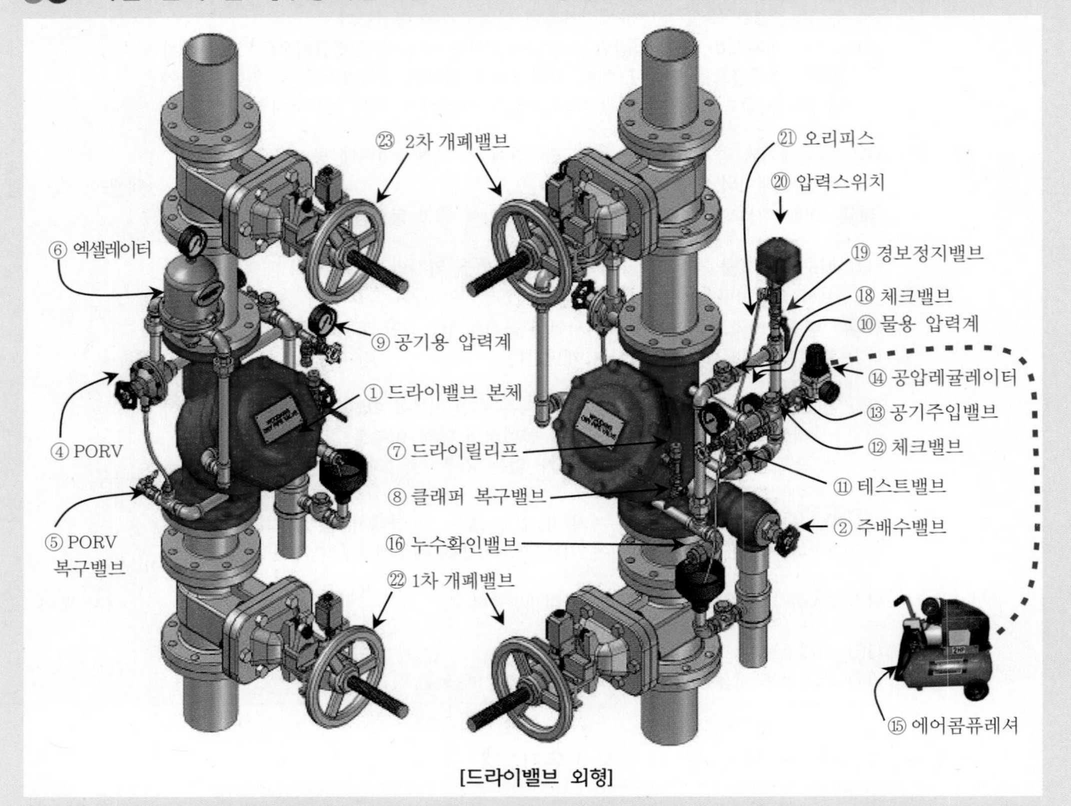

[드라이밸브 외형]

1. 건식 밸브의 작동시험 방법을 준비, 작동 및 확인사항으로 구분하여 기술하시오.
   (단, 작동시험은 2차측 개폐밸브를 잠그고, ⑪번 밸브를 이용하여 시험한다.)
2. 작동 후 조치 방법을 배수 및 복구(Resetting)로 구분하여 기술하시오.
3. ④, ⑤, ⑥, ⑪, ⑰ 밸브의 기능과 평상시 유지상태를 쓰시오.

1. 작동시험

작동시험하는 방법은 2차측 배관에 설치된 말단시험밸브를 개방하여 시스템 전체를 시험하는 방법과 드라이밸브 자체만을 시험하는 방법이 있다. 여기서는 드라이밸브 자체만을 시험하는 방법을 기술한다.

1) 준비
   (1) 2차측 개폐밸브 ㉓ 잠금
   (2) 경보 여부 결정(수신기 경보스위치 "ON" or "OFF")
2) 작동
   (1) 테스트밸브 ⑪ 개방
       ⇒ 드라이밸브 2차측 공기압 누설

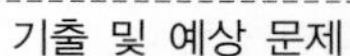

(2) 엑셀레이터 ⑥ 작동
⇒ 순간적으로 클래퍼 개방

참고 중간챔버로 압축공기가 유입되어 클래퍼를 강제로 개방한다.(⇒가압 개방방식)

(3) 1차측 소화수가 테스트밸브 ⑪을 통해 방출되고, ⇒ PORV의 작동으로 엑셀레이터로의 소화수 공급차단

(4) 유입된 가압수에 의해 압력스위치 ⑳ 작동

3) 확인사항

(1) 감시제어반(수신기) 확인사항
가. 화재표시등 점등 확인
나. 해당 구역 드라이밸브 작동표시등 점등 확인
다. 수신기 내 경보 부저 작동 확인

(2) 해당 방호구역의 경보(싸이렌)상태 확인

(3) 소화펌프 자동기동 여부 확인

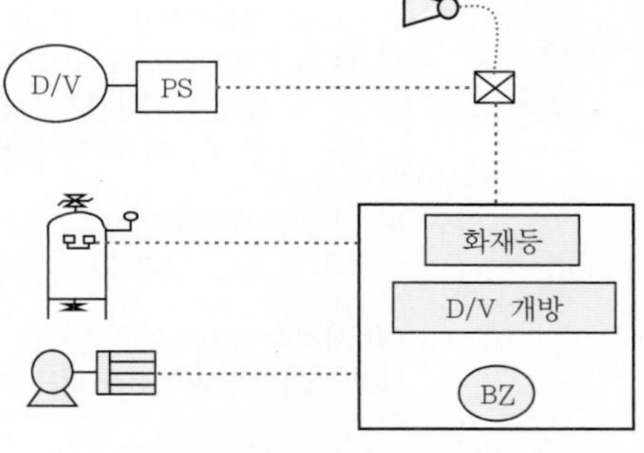

[드라이밸브시험 시 확인사항]

2. 작동 후 조치

1) 배수

펌프 자동정지의 경우	펌프 수동정지의 경우
(1) 1차측 개폐밸브 ㉒ 잠금 ⇒ 펌프정지 확인 (2) 공기주입밸브 ⑬, PORV ④와 주변 보조밸브를 모두 잠근다. (3) 기초 배수를 시행한 후, 다시 잠금(②, ⑤, ⑧ 밸브) 가. 주 배수밸브 ② 개방 ⇒ 잔류수압 제거 나. PORV 복구밸브 ⑤ 개방 ⇒ PORV 시트 복귀 다. 클래퍼 복구밸브 ⑧ 개방 ⇒ 클래퍼의 시트 복귀 (4) 화재수신기 스위치 확인복구	(1) 펌프 수동정지 (2) 1차측 개폐밸브 ㉒ 잠금 (3) 공기주입밸브 ⑬, PORV ④와 주변 보조밸브를 모두 잠근다. (4) 기초 배수를 시행한 후, 다시 잠금(②, ⑤, ⑧ 밸브) 가. 주 배수밸브 ② 개방 ⇒ 잔류수압 제거 나. PORV 복구밸브 ⑤ 개방 ⇒ PORV 시트 복귀 다. 클래퍼 복구밸브 ⑧ 개방 ⇒ 클래퍼의 시트 복귀 (5) 화재수신기 스위치 확인복구

2) 복구(Resetting)

내용	구분
(1) 클래퍼 시트의 이물질 유무를 확인한다. **참고** 확인 방법 : 드라이밸브 몸통 하부에 있는 50A 플러그를 제거하고, 내부를 전등으로 들여다보면 시트에 이물질 잔류 여부를 손쉽고 확실하게 확인할 수 있으며, 플러그는 반드시 재차 봉입할 것	클래퍼 이물질 확인
(2) 엑셀레이터 ⑥의 공기빼기 주입구를 눌러 잔류압력을 제거한다.	엑셀레이터 복구
(3) 에어콤퓨레셔를 가동 후, 공기주입밸브 ⑬을 잠그고 압력설치표를 참고하여 공압레귤레이터 ⑭의 핸들을 조정하여 공압레귤레이터에 부착된 압력계를 보면서 2차측에 유지해야 할 압력을 셋팅한다. (4) 공기주입밸브 ⑬을 개방하여 2차측에 압축공기를 공급한다. (5) 2차측 개폐밸브 ㉓을 약간만 개방하여 2차측 배관이 설정압력으로 차면, 다시 2차측 개폐밸브를 잠근다.(이때 이미 2차측 배관은 압축공기가 차 있는 상태이나 드라이밸브 2차측과 배관 내의 동압을 확인하기 위한 안전조치임.)	공기공급

(6) PORV ④의 핸들을 완전히 개방(PORV 핸들은 개방유지) ⇒ 엑셀레이터 상부챔버로 압축공기가 유입되어 엑셀레이터는 자동셋팅된다. ※ 이때, 엑셀레이터 압력계는 2차측 공기압력과 동압을 유지해야 하며, 드라이릴리프의 핀이 위로 튀어나와 있지 않으면 엑셀레이터가 정상적으로 셋팅된 것이다.	엑셀레이터 셋팅
(7) 1차측 개폐밸브 ㉒를 서서히 약간만 개방 가. 누수확인밸브 ⑯에서 누수(기)가 없는 경우 ⇒ 정상셋팅된 것이므로 1차 개폐밸브 ㉒를 완전히 개방한다. 나. 누수확인밸브 ⑯에서 누수(기)가 있는 경우 ⇒ 클래퍼 밀착위치가 불량하거나 시트에 이물질이 끼어 있는 경우이므로 배수에서부터 재셋팅한다.	1차 개폐밸브 개방
(8) 2차측 개폐밸브 ㉓을 완전히 개방한다.(이때 이미 2차측 배관은 압축공기가 차 있는 상태임.)	2차 개폐밸브 개방
(9) 화재수신기 스위치 상태를 확인한다. (10) 소화펌프 자동전환(펌프 수동정지의 경우에 한함.)	수신기 복구

3. ④, ⑤, ⑥, ⑪, ⑰ 밸브의 기능과 평상시 유지상태

순 번	명 칭	밸브의 기능	평상시 유지상태
④	PORV	평상시에는 엑셀레이터로 2차측의 압축공기를 공급하고, 화재 시에는 엑셀레이터 및 중간챔버(Dry 밸브 내부 다이어프램)로 물의 유입을 차단시켜, 부품 내부의 발청부식방지 목적으로 설치한다.(개폐기능 + 밸브작동 시 엑셀레이터로의 가압수 공급차단)	핸들 열림 유지
⑤	PORV 복구밸브	복구 시 PORV 시트에 차 있는 물을 배출시킬 때 사용	잠김 유지
⑥	엑셀레이터	헤드의 개방에 따라 건식 밸브 2차측의 공기압이 셋팅압력보다 낮아졌을 때, 클래퍼를 신속히 개방시키기 위하여 엑셀레이터가 작동하여 2차측의 압축공기 일부를 밸브 본체의 중간챔버로 보내는 역할을 한다.	잠김 유지
⑪	테스트밸브	드라이밸브 2차측의 압축공기를 배출시켜 작동시험을 하기 위한 밸브(시험 시 개방하여 압축공기를 배출함.)	잠김 유지
⑰	경보시험밸브	드라이밸브를 동작시키지 않고 압력스위치를 동작시켜 경보를 발하는지 시험할 때 사용	잠김 유지

★★★★

04 다음 저압 건식 밸브[세코스프링클러 : SLD－71]의 그림을 보고 물음에 답하시오.

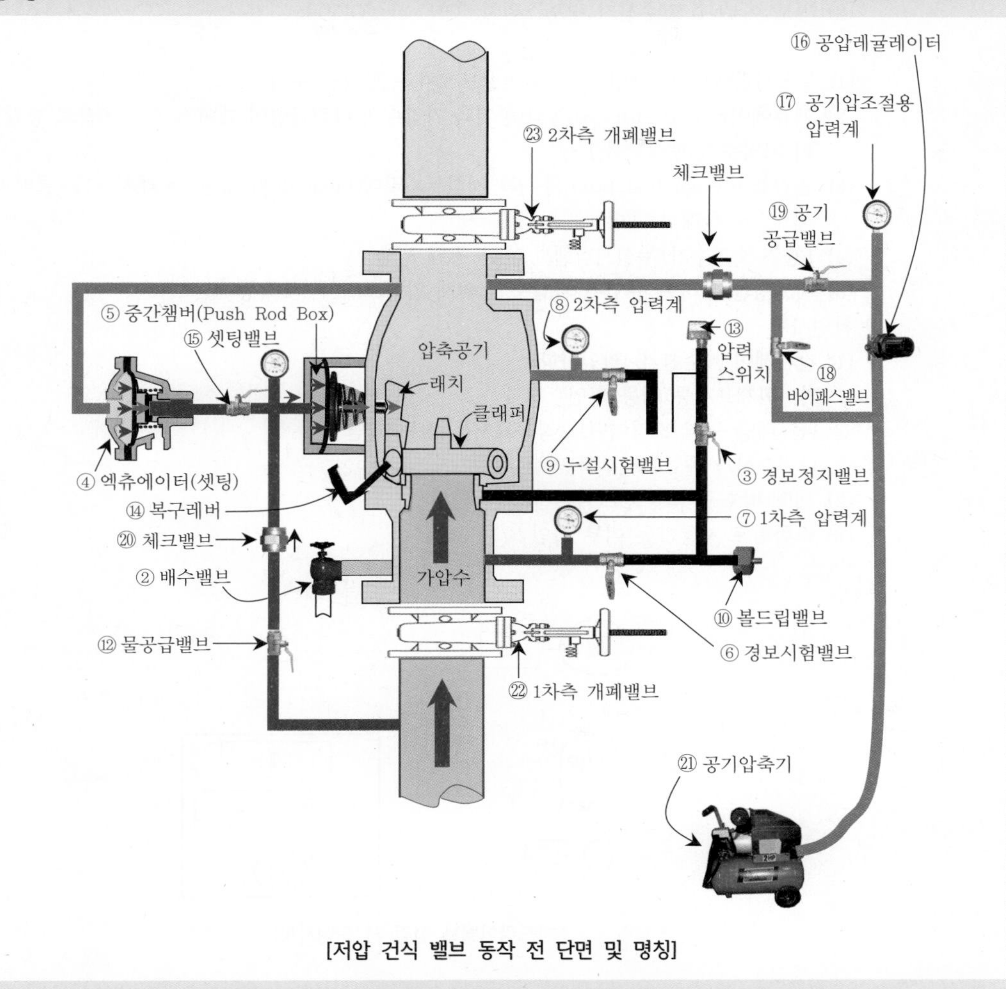

[저압 건식 밸브 동작 전 단면 및 명칭]

1. 저압 건식 밸브의 작동시험 방법을 준비, 작동 및 확인사항으로 구분하여 기술하시오.
   (단, 작동시험은 2차측 개폐밸브를 잠그고, ⑨번 밸브를 이용하여 시험한다.)
2. 작동 후 조치 방법을 배수 및 복구(Resetting)로 구분하여 기술하시오.
3. ⑥, ⑨, ⑫, ⑮, ⑲번의 기능과 평상시 유지상태를 쓰시오.

1. 작동시험

작동시험하는 방법은 2차측 배관에 설치된 말단시험밸브를 개방하여 시스템 전체를 시험하는 방법과 드라이밸브 자체만을 시험하는 방법이 있다. 여기서는 드라이밸브 자체만을 시험하는 방법을 기술한다.

1) 준비
   (1) 2차측 개폐밸브 ㉓ 잠금
   (2) 경보 여부 결정(수신기 경보스위치 "ON" or "OFF")
2) 작동
   (1) 누설시험밸브 ⑨ 개방 ⇒ 드라이밸브 2차측 공기압 누설
   (2) 엑츄에이터(Actuator) ④ 동작(공기와 가압수의 압력균형이 깨어져 출구 쪽으로 중간챔버의 가압수가 배출된다.)
   (3) 중간챔버(Push Rod Box) ⑤ 압력저하 ⇒ 밀대(Push Rod) 후진 ⇒ 래치 이동(클래퍼 락해제) ⇒ 클래퍼 개방
   (4) 1차측 소화수가 누설시험밸브 ⑨를 통해 방출
   (5) 시트링을 통하여 유입된 가압수에 의해 압력스위치 ⑬ 작동
3) 확인사항
   (1) 감시제어반(수신기) 확인사항
      가. 화재표시등 점등 확인
      나. 해당 구역 드라이밸브 작동표시등 점등 확인
      다. 수신기 내 경보 부저 작동 확인
   (2) 해당 방호구역의 경보(싸이렌)상태 확인
   (3) 소화펌프 자동기동 여부 확인

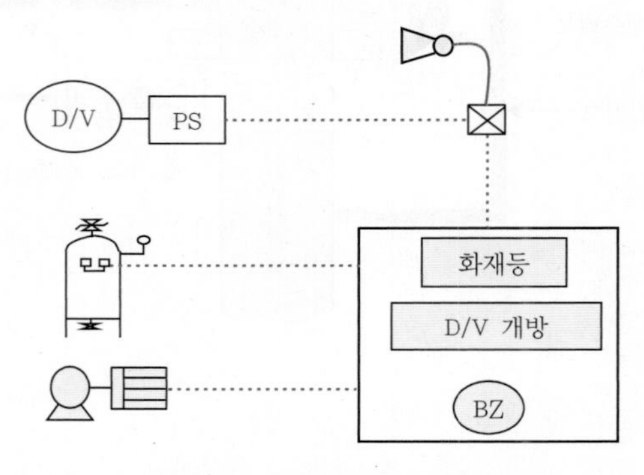

[드라이밸브 점검 시 확인사항]

2. 작동 후 조치
   1) 배수

펌프 자동정지의 경우	펌프 수동정지의 경우
(1) 경보를 멈추고자 한다면 경보정지밸브 ③을 잠근다. (2) 1차측 개폐밸브 ㉒ 잠금 ⇒ 펌프정지 확인 (3) 물공급밸브 ⑫를 잠근다.(프리액션밸브의 셋팅밸브와 같은 개념임.) (4) 배수밸브 ② 개방 ⇒ 2차측 가압수 배수실시 (현재 클래퍼는 개방된 상태이므로 배수됨.) (5) 볼드립밸브 ⑩을 통해 ⇒ 잔류수 자동배수됨. (6) 화재수신기 스위치 확인복구	(1) 펌프 수동정지 (2) 경보를 멈추고자 한다면 경보정지밸브 ③을 잠근다. (3) 1차측 개폐밸브 ㉒ 잠금 (4) 물공급밸브 ⑫를 잠근다.(프리액션밸브의 셋팅밸브와 같은 개념임.) (5) 배수밸브 ② 개방 ⇒ 2차측 가압수 배수실시 (현재 클래퍼는 개방된 상태이므로 배수됨.) (6) 볼드립밸브 ⑩을 통해 ⇒ 잔류수 자동배수됨. (7) 화재수신기 스위치 확인복구

2) 복구

(1) 복구레버 ⑭를 돌려 클래퍼를 안착시킨다.(이때 둔탁한 "퍽~~"하는 소리가 나며 클래퍼가 정상적으로 안착이 됨을 알 수 있다.)	클래퍼 안착
(2) 배수밸브 ②, 누설시험밸브 ⑨, 셋팅밸브 ⑮, 공기공급밸브 ⑲를 닫고, 경보시험밸브 ⑥, 바이패스밸브 ⑱이 닫혀져 있는지 확인한다. (3) 물공급밸브 ⑫를 개방하여 중간챔버(Push Rod Box) ⑤에 가압수를 공급하면 ⇒ 밀대(Push Rod) 전진 ⇒ 래치가 이동(클래퍼 락 작동)하여 ⇒ 클래퍼가 폐쇄·고정된다.	중간챔버 (Push Rod Box) 가압
(4) 공기압축기 ㉑를 가동하고, 압력설치표를 참고하여 공압레귤레이터 ⑯의 핸들을 좌우로 돌려 2차측에 유지해야 할 압력을 셋팅한다.(⑰ 압력계를 확인하면서) (5) 공기공급밸브 ⑲를 개방하여 2차측에 압축공기를 공급한다. **참고** 2차측 배관 전체에 공기를 공급할 때는 공기공급밸브 ⑲와 바이패스밸브 ⑱을 동시에 개방하여 압축공기를 공급하면 충전시간을 절약할 수 있다. (6) 2차측 개폐밸브 ㉓을 약간만 개방하여 2차측 배관이 설정압력으로 차면, 다시 2차측 개폐밸브를 잠근다.(이때 이미 2차측 배관은 압축공기가 차 있는 상태이나 드라이밸브 2차측과 배관 내의 동압을 확인하기 위한 안전조치임.)	공기공급
(7) 1차측 개폐밸브 ㉒를 서서히 개방한다.	1차 개폐밸브 개방
(8) 셋팅밸브 ⑮를 개방하여 엑츄에이터 셋팅 ⇒ 엑츄에이터는 이미 압축공기에 의하여 중간챔버 출구를 막고 있는 상태에서 셋팅밸브 ⑮를 개방하여 중간챔버의 가압수를 엑츄에이터와 통할 수 있도록 하여 엑츄에이터를 셋팅하는 조치이다.	엑츄에이터 셋팅
(9) 이때, 볼드립밸브 ⑩의 누름핀을 눌러 누수가 있는지 확인한다. 가. 볼드립밸브 ⑩에서 누수(기)가 없는 경우 ⇒ 1차 개폐밸브 ㉒ 완전개방 나. 볼드립밸브 ⑩에서 누수(기)가 있는 경우 ⇒ 클래퍼 밀착위치가 불량하거나 시트에 이물질이 끼어 있는 경우이므로 배수에서부터 재셋팅한다.	누수 확인
(10) 이상없이 셋팅이 완료되면 2차측 개폐밸브 ㉓을 완전히 개방시켜 놓는다.	2차 개폐밸브 개방
(11) 화재수신기 스위치 상태를 확인한다. (12) 소화펌프 자동전환(펌프 수동정지의 경우에 한함.)	수신기 복구

3. ⑥, ⑨, ⑫, ⑮, ⑲번의 기능과 평상시 유지상태

순 번	명 칭	밸브의 기능	평상시 유지상태
⑥	경보시험밸브	드라이밸브를 동작시키지 않고 압력스위치를 동작시켜 경보를 발하는지 시험할 때 사용	잠김 유지
⑨	누설시험밸브	2차측 압축공기를 배출시켜 건식 밸브의 작동시험을 하기 위한 밸브	잠금
⑫	물공급밸브	셋팅 시 개방하여 중간챔버에 가압수를 공급해 주는 밸브 **참고** 프리액션밸브의 셋팅밸브와 같은 역할을 한다.	열림
⑮	셋팅밸브	셋팅 시 셋팅밸브를 잠그어 물공급밸브를 통하여 중간챔버(Push Rod Box)에 채워진 가압수가 엑츄에이터로의 유입을 차단하고, 2차측 배관에 공기를 채운 뒤 개방한다. **참고** 엑츄에이터 셋팅밸브	열림
⑲	공기공급밸브	공압레귤레이터를 통한 공기를 2차측 관 내로 유입시키는 것을 제어하는 밸브	열림 유지

★★★

05 건식 스프링클러설비에서 화재가 아닌 상태에서 건식 밸브가 개방되었을 경우의 원인과 조치 방법을 쓰시오.

원 인	조치 방법
1. 1차측 물공급압력 대비 2차측 공기공급압력 설정이 현저하게 저압일 경우	제조사에서 제시하는 1차측 수압대비 2차측에 유지해야 할 공기공급압력표를 기준으로 설정압력을 재조정한다.
2. 수위조절밸브(또는 테스트밸브)가 개방된 경우	수위조절밸브(또는 테스트밸브)를 폐쇄한다.
3. 배관말단의 청소용 앵글밸브가 개방된 경우	청소용 앵글밸브를 완전히 폐쇄한다.
4. 말단시험밸브의 완전폐쇄가 안 된 경우	말단시험밸브를 완전히 폐쇄한다.
5. 2차측 배관이 누기되는 경우	누기부분을 찾아 보수한다.

3 프리액션밸브의 점검

1. 준비작동식 스프링클러설비

"준비작동식 스프링클러설비"라 함은 가압송수장치에서 준비작동식 유수검지장치 1차측까지 배관 내에 항상 물이 가압되어 있고 2차측에서 폐쇄형 스프링클러헤드까지 대기압 또는 저압으로 있다가 화재발생 시 감지기의 작동으로 준비작동식 유수검지장치가 작동하여 폐쇄형 스프링클러헤드까지 소화용수가 송수되어 폐쇄형 스프링클러헤드가 열에 따라 개방되는 방식의 스프링클러설비를 말한다.

1) 준비작동식 스프링클러설비 계통도

경보밸브의 종류	1차측	2차측	사용 헤드	화재감지
준비작동식 밸브 = 프리액션밸브 (Pre-action Valve)	가압수	대기압 또는 저압 공기	폐쇄형 헤드	감지기 ⇒ 화재진행 시 폐쇄형 스프링클러헤드 개방

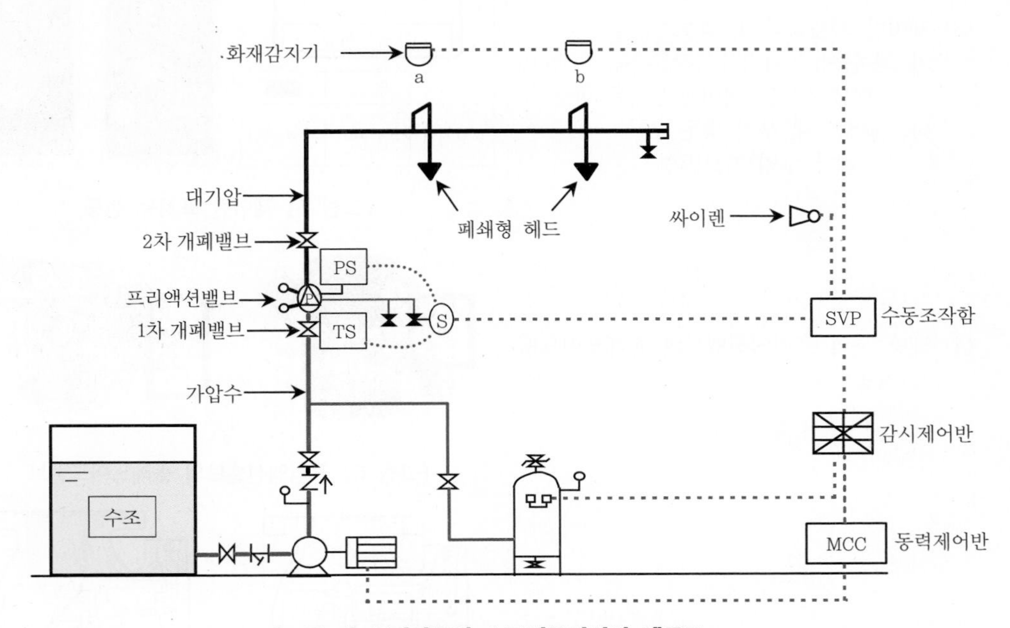

[그림 1] **준비작동식 스프링클러설비 계통도**

2) 준비작동식 스프링클러설비의 작동설명 [1회 10점 : 설계 및 시공]

동작순서	관련 사진
(1) 화재발생	 [그림 2] 화재발생
(2) 화재감지 가. 자동 : 화재감지기 동작 가) a or b 감지기 동작 : 경보 나) a and b 감지기 동작 : 설비작동 나. 수동 : 수동조작함(SVP) 수동조작	  [그림 3] 감지기 동작 [그림 4] 수동조작함 동작
(3) 제어반 화재표시 및 경보 가. 화재등 a, b 감지기 동작표시등, 솔레노이드밸브 기동등, 싸이렌 동작등 점등 나. 제어반 내 부저 명동 ⇒ 해당 구역 경보발령	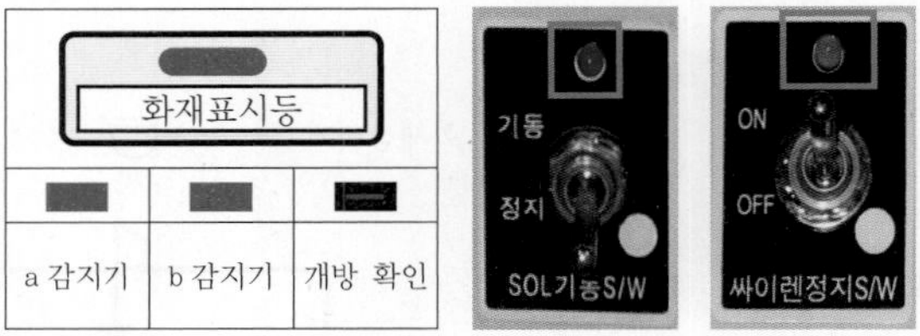 화재표시등 / a 감지기 / b 감지기 / 개방 확인 / 기동 / 정지 / SOL기동S/W / ON / OFF / 싸이렌정지S/W [그림 5] 제어반 표시등 점등
(4) 해당 구역 프리액션밸브의 솔레노이드밸브 작동	 [그림 6] 프리액션밸브의 솔레노이드밸브
(5) 프리액션밸브 내 중간챔버 감압으로 프리액션밸브 개방	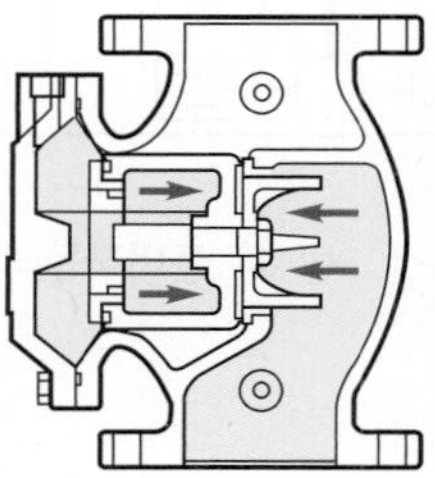 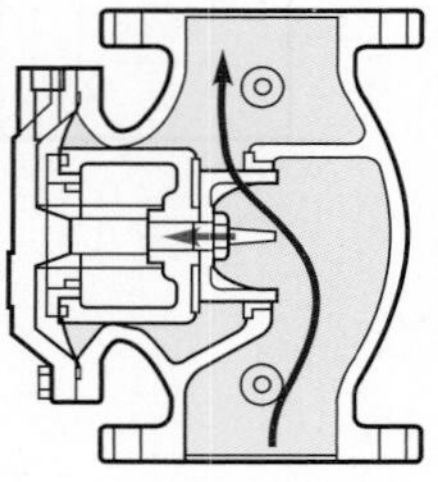 [그림 7] 프리액션밸브 단면(동작 전) [그림 8] 프리액션밸브 단면(동작 후)

동작순서	관련 사진
(6) 2차측 배관으로 가압수 송수 ⇒ 배관 내 감압으로 기동용 수압개폐장치의 압력스위치 작동 ⇒ 소화펌프기동(압력을 채운 뒤 펌프자동정지－자동정지의 경우)	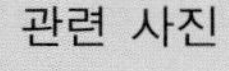   [그림 9] **압력챔버의 압력스위치 동작** [그림 10] **소화펌프 기동**
(7) 프리액션밸브의 압력스위치 작동	 [그림 11] **프리액션밸브의 압력스위치**
(8) 제어반과 수동조작함에 프리액션밸브 동작(개방)표시등 점등 ⇒ 해당 구역 싸이렌 작동	제어반 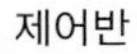 프리액션밸브 동작  [그림 12] **제어반 표시등 점등** [그림 13] **수동조작함 동작표시등 점등**
(9) 화재의 확산으로 화재발생 장소 상부의 헤드 개방 ⇒ 배관 내 압축공기가 배출된 후 소화수 방출 ⇒ 소화	 [그림 14] **헤드에서 방수되는 모습**
(10) 기동용 수압개폐장치의 압력스위치 동작으로 소화펌프 기동(자동정지 경우에 한함.)	  [그림 15] **압력챔버의 압력스위치 작동** [그림 16] **소화펌프 기동**

2. 헤드의 종류에 따른 설비의 구분

준비작동식 스프링클러설비에서 폐쇄형 헤드를 개방형으로 교체하면 일제살수식 스프링클러설비가 되며, 물분무 헤드로 교체하면 물분무소화설비가 된다.

1) 폐쇄형 헤드 : 준비작동식 스프링클러설비
2) 개방형 헤드 : 일제살수식 스프링클러설비
3) 물분무 헤드 : 물분무소화설비

[그림 17] 폐쇄형 헤드

[그림 18] 개방형 헤드

[그림 19] 물분무 헤드

3. 프리액션밸브의 작동 방법 [4회 10점, 19회 4점]

1) 해당 방호구역의 감지기 2개 회로 작동
2) SVP(수동조작함)의 수동조작스위치 작동
3) 프리액션밸브 자체에 부착된 수동기동밸브 개방
4) 수신기측의 프리액션밸브 수동기동스위치 작동
5) 수신기에서 동작시험스위치 및 회로선택스위치로 작동(2회로 작동)

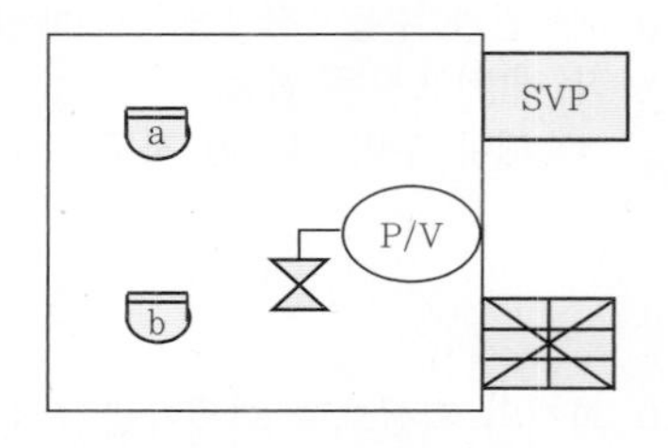

[그림 20] 프리액션밸브 동작 방법

[그림 21] 감지기 동작

[그림 22] 수동조작함 조작

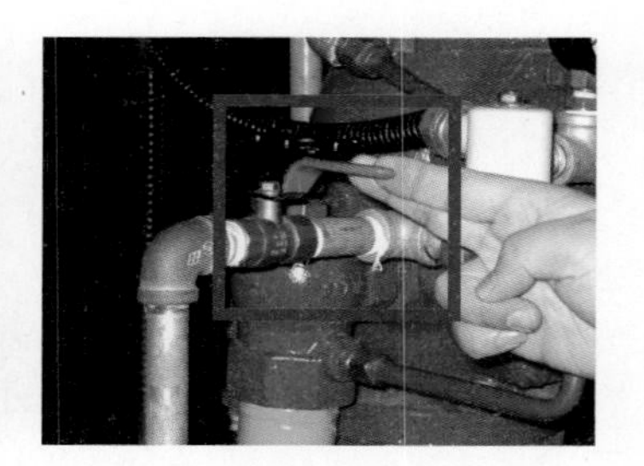
[그림 23] 수동기동밸브 개방

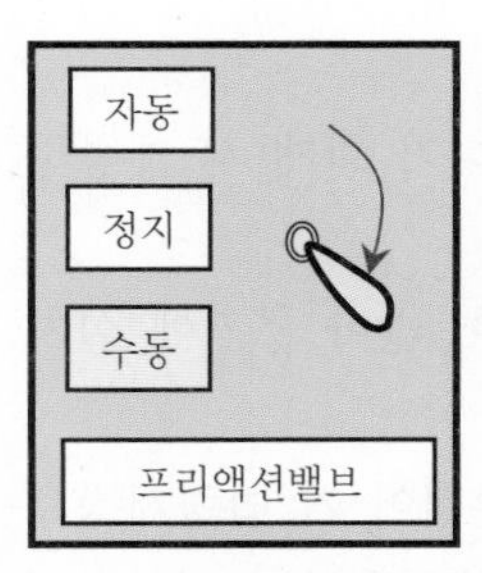

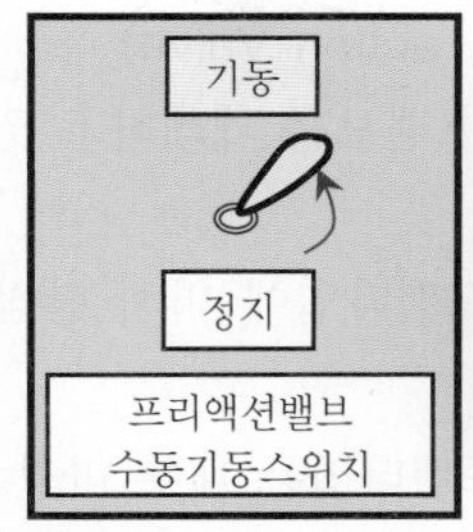

[그림 24] 제어반의 수동기동스위치 작동

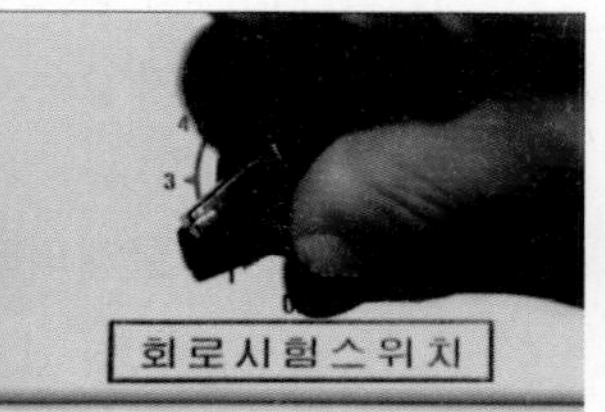

[그림 25] 동작시험스위치와 회로선택스위치 조작

4. 프리액션밸브의 종류

종 류		외 형	솔레노이드밸브 종류	비 고
클래퍼 타입	구형		[자동복구형]	생산 중단
	신형		[수동복구형]	생산됨.
다이어프램 타입	PORV를 사용한 밸브		[자동복구형]	생산 중단
	전동볼밸브를 사용한 밸브		[수동복구형]	생산 중단

1) 클래퍼타입 프리액션밸브(Clapper Type Pre-action Valve)

1차측의 가압수로 클래퍼를 이용하여 평상시 밸브를 폐쇄하고 있다가 화재 시 개방하는 밸브이다.

(1) 구형 클래퍼타입 프리액션밸브 : 다이어프램타입에 비해 단점이 많아 초기에 설치되었으나 단종되었다.

(2) 신형 클래퍼타입 프리액션밸브 : 다이어프램타입은 내부 마찰손실이 커 법령개정으로 생산이 중단되고 2014년 이후부터는 신형 클래퍼타입 프리액션밸브가 생산 · 설치되고 있다.

2) 다이어프램타입 프리액션밸브(Diaphragm Type Pre-action Valve)

1차측의 가압수로 다이어프램을 이용하여 평상시 밸브를 폐쇄하고 있다가 화재 시 개방하는 밸브이다.

(1) PORV 타입 : PORV를 이용하여 다이어프램타입 밸브의 자동복구를 방지하는 밸브로서, 종전에는 많이 설치되었으나 업그레이드된 전동볼밸브타입의 프리액션밸브의 등장으로 단종되었다.

(2) 전동볼밸브타입 : 전동볼밸브를 이용하여 다이어프램타입 밸브의 자동복구를 방지하는 밸브로서 주변배관이 간단하고 신뢰성이 높아 2014년까지는 전동볼밸브타입의 프리액션밸브가 대부분 설치되었으나 내부 마찰손실이 커 신형 클래퍼타입의 프리액션밸브 등장으로 단종되었다.

3) 프리액션밸브 변천과정

[그림 26] 구형 클래퍼 타입(단종)

[그림 27] 다이어프램 PORV 타입(단종)

[그림 28] 다이어프램 전동볼밸브타입(단종)

[그림 29] 신형 클래퍼타입 (현재 생산 · 설치됨.)

tip 최근의 추세

다이어프램타입(Diaphragm Type) 프리액션밸브는 마찰손실이 커서 2014년 기준으로 생산이 중단되고 2014년 이후에는 신형 클래퍼타입(Clapper Type) 프리액션밸브만 생산 · 설치되고 있다.

4) 프리액션밸브의 자동복구방지 기능에 따른 비교

구 분	PORV을 이용한 타입	전동볼밸브를 이용한 타입
외형		
작동방식	기계적인 자동복구방지	전기적인 자동복구방지
기능	(1) 프리액션밸브의 자동복구방지 기능 (2) 2차측의 수압을 이용하여 1차측의 수압이 중간챔버로의 유입을 방지하여 중간챔버 내부의 압력저하 상태를 지속한다.	(1) 프리액션밸브의 자동복구방지 기능 + 수동기동밸브 기능 추가(장점) (2) 전동볼밸브가 한번 작동(개방)되면 수동으로 복구를 하기 전까지는 개방상태를 지속하여 중간챔버의 압력저하 상태를 지속한다. ※ 수동기동밸브 조작방법 필요시 푸시버튼을 누르고 전동볼밸브 손잡이를 돌려 볼밸브를 열고 닫을 수 있다.
설치의 용이성	수동기동밸브를 별도로 설치해야 하므로 전동볼밸브타입에 비하여 용이하지 않다.	수동기동밸브를 별도로 설치하지 않아도 되므로 PORV 타입에 비하여 용이하다.
설치공간	전동볼밸브타입에 비하여 약간 더 필요	PORV 타입에 비하여 공간이 적게 필요
최근의 추세	종전에 설치됨.	최근에 거의 대부분 설치됨.

tip PORV란?

1. PORV : Pressure Operated Relief Valve의 약어
2. 프리액션밸브에 부착하는 이유 : 자동복구형의 전자밸브가 설치된 프리액션밸브의 경우 전자밸브가 동작되면 중간챔버의 가압수를 배출시켜 프리액션밸브가 작동(개방)된다. 프리액션밸브가 동작 중에 전원이 차단되면 전자밸브는 자동으로 복구되어 닫히게 되고 이로 인하여 중간챔버는 다시 가압되어 프리액션밸브는 자동으로 복구되는 현상이 발생된다. 이렇게 되면 소화작업에 지장을 초래하게 된다. 따라서 PORV는 프리액션밸브가 한번 동작(개방)되면 2차측의 수압을 이용하여 중간챔버로 가압수가 유입되지 않도록 차단함으로써 중간챔버의 압력저하상태를 유지하여 프리액션밸브가 지속적으로 개방되도록 하기 위해서 설치한다.
   즉, 자동복구형 전자밸브를 부착한 다이어프램을 사용하는 프리액션밸브는 구조적으로 자동복구되려는 특성이 있기 때문에 밸브가 복구되려는 현상을 방지하기 위해 PORV를 부착한다.

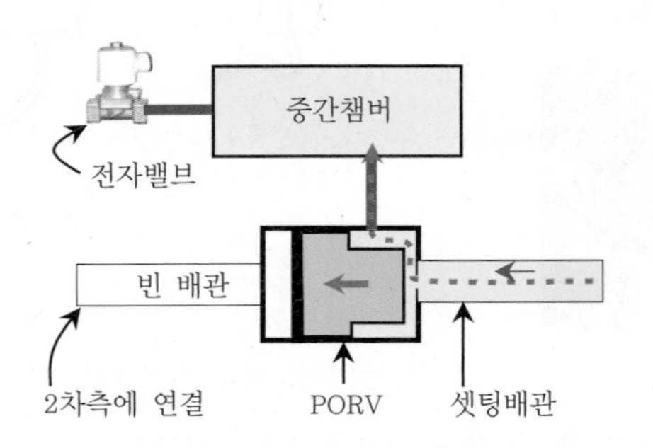

[그림 30] **프리액션밸브 동작 전 PORV**

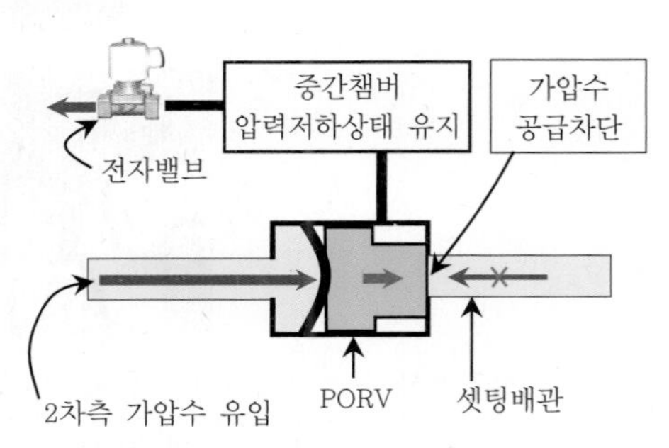

[그림 31] **프리액션밸브 동작 후 PORV**

tip 최근의 추세

다이어프램타입의 프리액션밸브가 자동으로 복구되려는 현상을 방지하기 위한 방법은 기계적 방법인 PORV를 사용하는 방법과 전기적 방법인 전동볼밸브를 사용하는 2가지 방법이 있으나 최근에는 전동볼밸브를 사용하는 제품이 대부분 생산되고 있다.

[그림 32] **PORV 분해모습**

5) 솔레노이드밸브 종류

구 분	외 형	평상시	동작 시	복구 시
일반 솔레노이드밸브 (자동복구형)		폐쇄	개방	• 제어반에서 복구 시 자동으로 S/V 복구(폐쇄)됨. • 이물질에 의한 오동작 우려 높음. • 현재는 거의 사용 안 함.
전동볼밸브타입 솔레노이드밸브 (수동복구형)		폐쇄	개방	• 제어반에서 복구 시 자동으로 S/V 복구 안 됨. • 제어반 복구 후 ⇒ 사람이 직접 S/V를 수동으로 복구해야 함. • 이물질에 의한 오동작 우려 없음. • 약 2002년 이후 프리액션밸브에 대부분 적용되고 있음.

(a) 폐쇄된 상태

(b) 푸시버튼 누르고

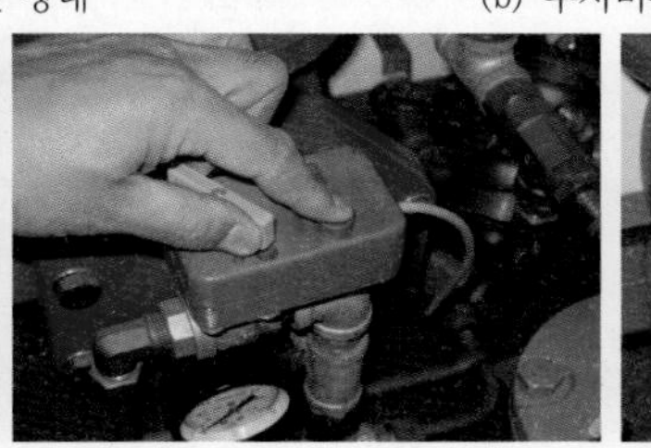

(c) 개방레버 개방

(d) 개방된 상태

[그림 33] **전동볼밸브 수동개방 모습**

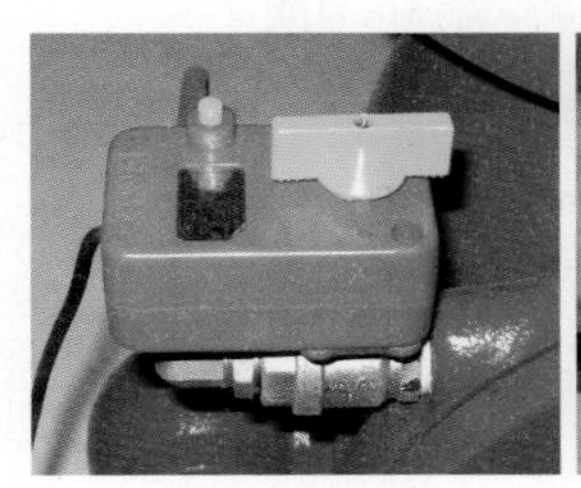

(a) 개방된 상태

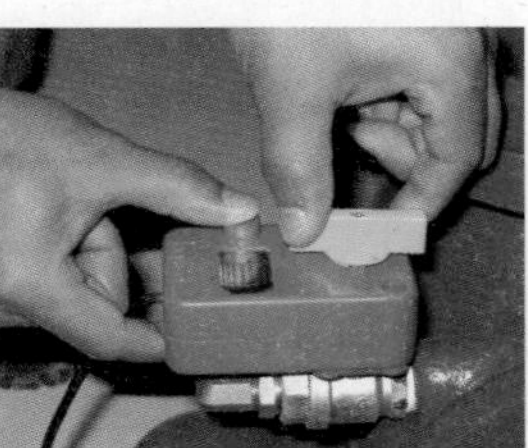

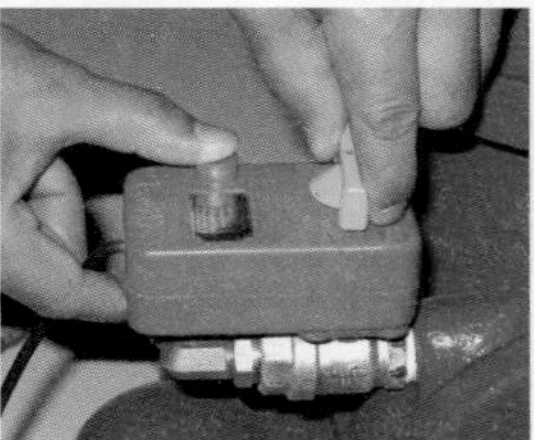

(b) 푸시버튼 누르고, 개방레버 폐쇄

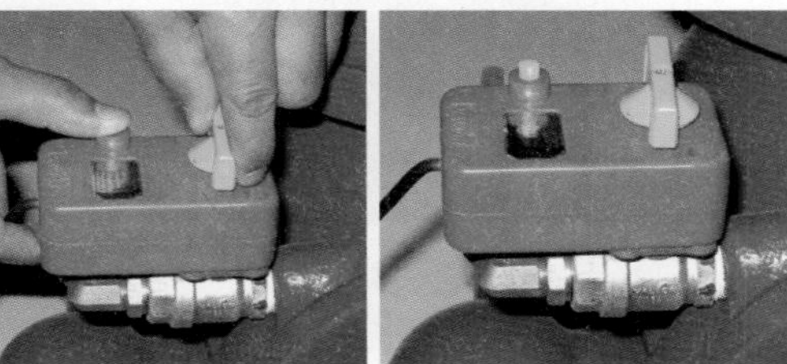

(c) 폐쇄된 상태

[그림 34] **전동볼밸브 복구모습**

5. 다이어프램타입(PORV 사용) 프리액션밸브의 점검 ★★★★★ [4회 10점, 6회 20점, 7회 30점]

[그림 35] 프리액션밸브 외형 및 명칭

[그림 36] 좌측면

[그림 37] 우측면

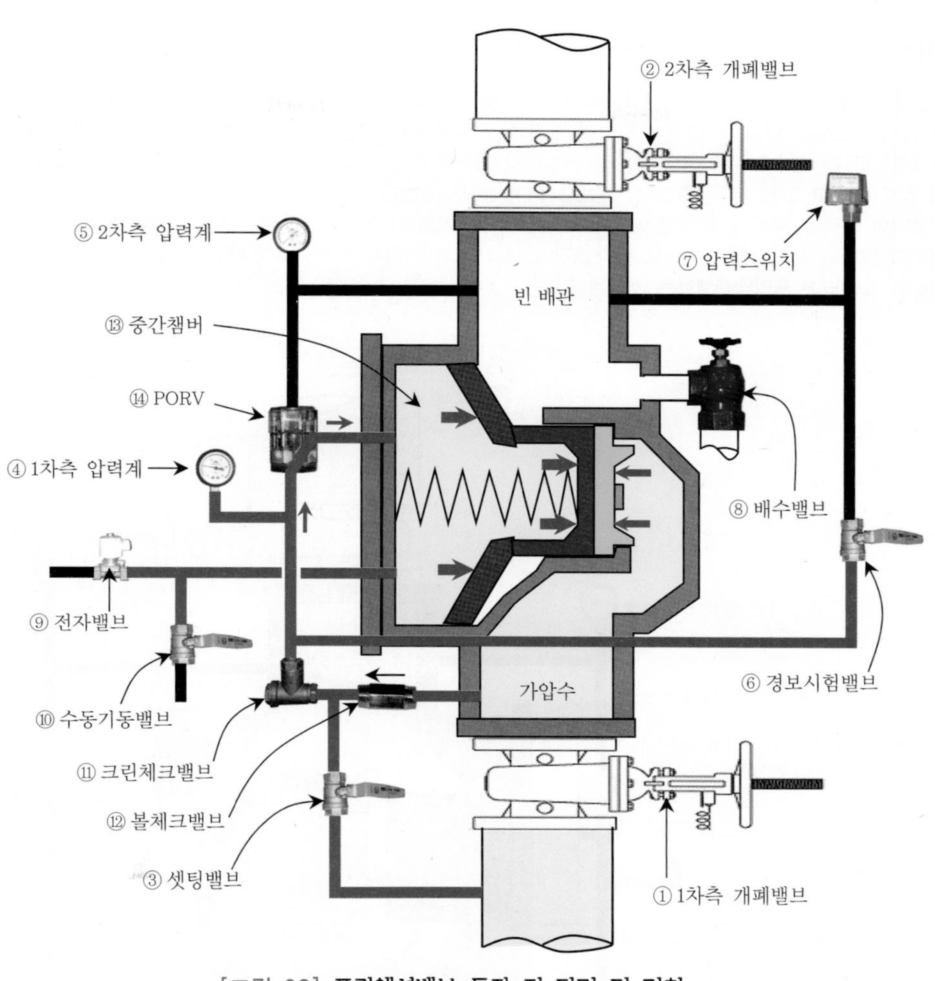

[그림 38] **프리액션밸브 동작 전 단면 및 명칭**

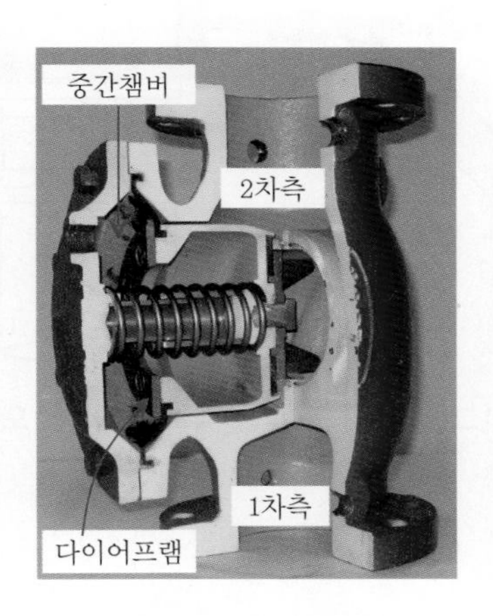

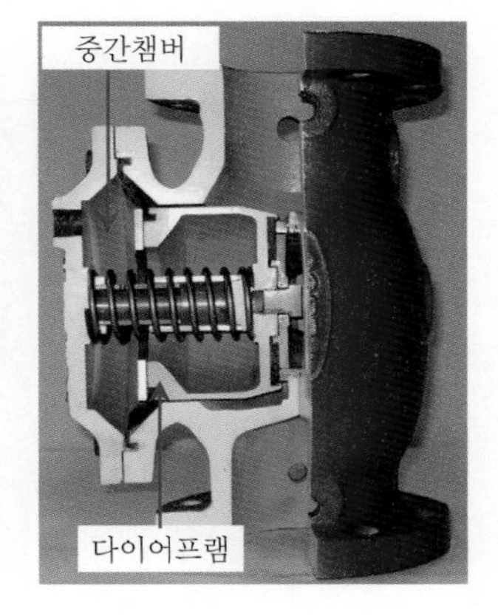

[그림 39] **프리액션밸브 단면**

tip 다이어프램타입 프리액션밸브의 동작원리

중간챔버 내 다이어프램의 면적은 1차측 시트면적에 비하여 상대적으로 크다. 평상시 중간챔버 내에 유입된 1차측의 가압수는 1차측의 면적에 비하여 크기 때문에 파스칼의 원리가 적용되어 동일한 1차측의 압력이지만 상대적으로 큰 힘으로 다이어프램을 밀어 밸브시트를 막고 있기 때문에 1차측의 소화수가 2차측으로 넘어가지 않도록 막고 있게 된다. 프리액션밸브를 동작시키는 방법은 중간챔버의 가압수를 빼주면 된다. 따라서 중간챔버의 압력을 빼주기 위한 조치로 전자밸브와 수동기동밸브가 중간챔버에 연결 · 설치되어 있다. 중간챔버 내부의 압력이 저하되면 다이어프램의 면적이 크다 하여도 압력이 저하되기 때문에 다이어프램이 밀려 밸브시트가 개방되어 프리액션밸브는 개방된다.

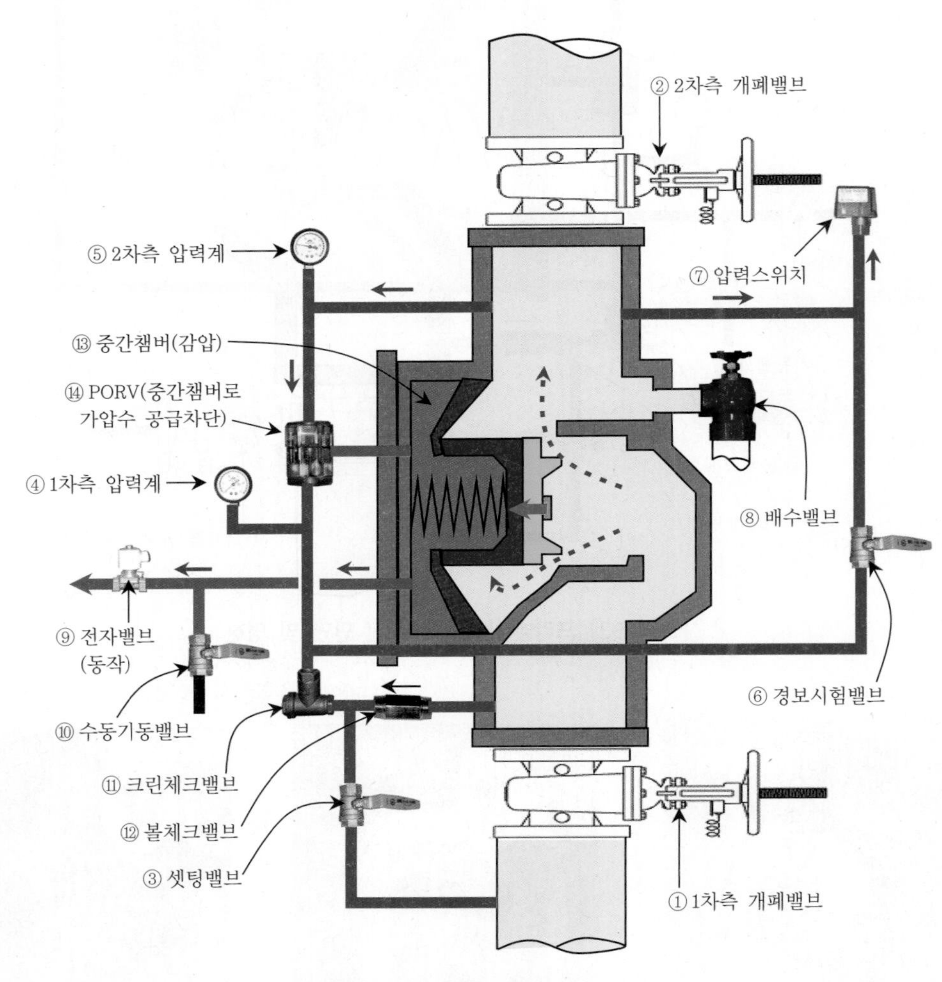

[그림 40] **프리액션밸브 동작 후 모습**

[그림 41] **프리액션밸브 전면 커버 분리모습**

1) 구성요소 및 기능설명

순 번	명 칭	설 명	평상시 상태
①	1차측 개폐밸브	프리액션밸브 1차측을 개폐 시 사용	개방
②	2차측 개폐밸브	프리액션밸브 2차측을 개폐 시 사용	개방
③	셋팅밸브	중간챔버 급수용 볼밸브(셋팅 시 개방하여 사용하고, 평상시에는 폐쇄시켜 놓는다.) ※ 평상시 셋팅밸브 개·폐 여부는 제조사 시방 참조 ※ 참고 : 평상시 셋팅밸브 개·폐 관련 평상시 셋팅밸브의 개·폐 여부와 무관하게 전자밸브가 개방되면 프리액션밸브는 동작되며, ⑫ 볼체크밸브가 셋팅라인과 병렬로 설치 시 셋팅밸브는 대부분 폐쇄하여 관리함.	폐쇄/개방 (제조사마다 상이)
④	1차측 압력계	프리액션밸브의 1차측 압력을 지시	1차측 배관압력 지시
⑤	2차측 압력계	프리액션밸브의 2차측 배관 내 압력을 지시	2차측 배관압력 지시
⑥	경보시험밸브	프리액션밸브를 동작하지 않고 압력스위치를 동작시켜 경보를 발하는지를 시험할 때 사용하는 밸브	폐쇄
⑦	압력스위치	프리액션밸브 개방 시 압력수에 의해 동작되어 제어반에 밸브개방(작동) 신호를 보냄.(a접점 사용)	프리액션밸브 동작 시 작동
⑧	배수밸브	2차측의 소화수를 배수시키고자 할 때 사용(2차측에 연결됨.)	폐쇄
⑨	전자밸브 (Solenoid Valve)	프리액션밸브 작동 시 전자밸브 작동(평상시 : 폐쇄 ⇒ 동작시 : 개방) ※ PORV 타입의 프리액션밸브는 자동복구형 솔레노이드밸브(전자밸브에 전기가 통하면 개방되고 전기가 통하지 않으면 자동으로 복구되는 전자밸브를 말함.)를 사용한다.	폐쇄

순 번	명 칭	설 명	평상시 상태
⑩	수동기동밸브	프리액션밸브를 수동으로 기동시키고자 할 때 수동기동밸브를 개방	폐쇄
⑪	크린체크밸브	중간챔버의 가압수 공급용 배관에 설치하여 이물질을 제거하여 주며 체크밸브 기능이 내장되어 있다.	–
⑫	볼체크밸브	중간챔버 내의 압력을 1차측과 동일하게 유지시켜 주기 위해서 설치함.(1차측 압력저하 시에도 중간챔버 내의 압력을 유지해 주며, 셋팅 후 1차측의 압력이 상승하더라도 중간챔버의 압력도 동등하게 상승하므로 프리액션밸브는 개방되지 않음.)	중간챔버로만 가압수를 전달함.
⑬	중간챔버	1차측에서 유입된 가압수에 의해 다이어프램이 작동하여 1차측의 소화수가 2차측으로 넘어가지 않도록 밀어주는 작은 챔버(공간 ; 실)	1차측 압력과 동일함.
⑭	PORV(Pressure Operated Relief Valve)	전자밸브 등에 의해 프리액션밸브가 작동 후 전원차단 등으로 인하여 밸브가 복구되려는 현상을 방지하여 주는 특수한 구조의 밸브이다. ※ **프리액션밸브 자동복구방지 방법** (1) 기계적인 방법 : PORV 사용 (2) 전기적인 방법 : 전동볼밸브 사용	• 평상시 : 중간챔버에 가압수 공급 • 화재 시 : 중간챔버에 가압수 공급차단

2) 작동점검

(1) 준비

가. 2차측 개폐밸브 ② 잠금, 배수밸브 ⑧ 개방(2차측으로 가압수를 넘기지 않고 배수밸브를 통해 배수하여 시험실시)

주의 프리액션밸브가 여러 개 있는 경우는 안전조치 사항으로 다른 구역으로의 프리액션밸브 2차측 밸브도 폐쇄한 후 점검에 임한다.

나. 경보 여부 결정(수신기 경보스위치 "ON" or "OFF")

tip 경보스위치 선택

1. 경보스위치를 "ON" : 감지기 동작 및 준비작동식 밸브 동작 시 음향경보 즉시 발령된다.
2. 경보스위치를 "OFF" : 감지기 동작 및 준비작동식 밸브 동작 시 수신기에서 확인 후 필요시 경보스위치를 잠깐 풀어서 동작 여부만 확인한다.

⇒ 통상 점검 시에는 2.를 선택하여 실시한다.

(2) 작동

가. 준비작동식 밸브를 작동시킨다.

⇒ 준비작동식 밸브를 작동시키는 방법은 5가지 방법이 있으나 여기서는 "가)"를 선택하여 시험하는 것으로 기술한다. [4회 5점]

가) 해당 방호구역의 감지기 2개 회로 작동

나) SVP(수동조작함)의 수동조작스위치 작동

다) 프리액션밸브 자체에 부착된 수동기동밸브 개방

라) 수신기측의 프리액션밸브 수동기동스위치 작동

마) 수신기에서 동작시험스위치 및 회로선택스위치로 작동(2회로 작동)

나. 감지기 1개 회로 작동 ⇒ 경보발령(경종)

다. 감지기 2개 회로 작동 ⇒ 전자밸브 ⑨ 개방

라. 중간챔버 ⑬ 압력저하 ⇒ 밸브시트 개방

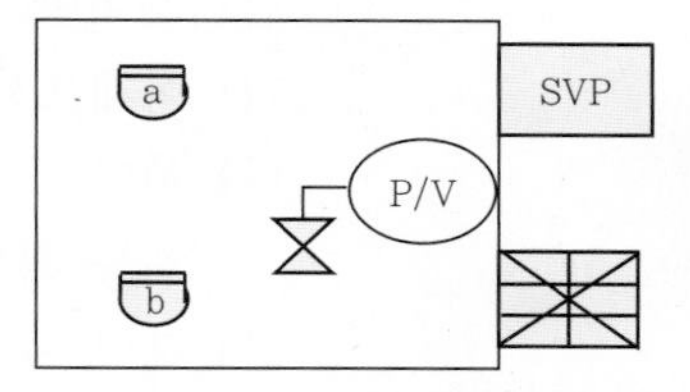

[그림 42] **작동시험 방법**

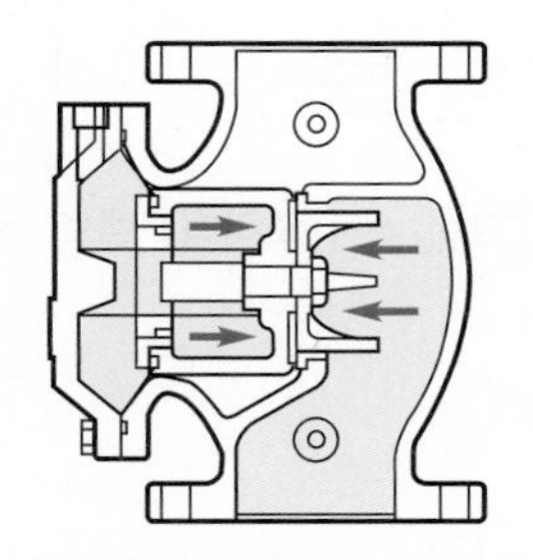

[그림 43] **프리액션밸브 단면(동작 전)**

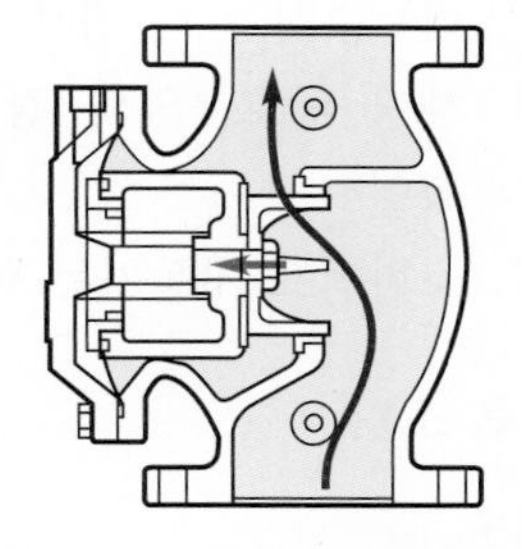

[그림 44] **프리액션밸브 단면(동작 후)**

마. 2차측 개폐밸브까지 소화수 가압 ⇒ 배수밸브 ⑧을 통해 유수

바. PORV ⑭ 작동 ⇒ 중간챔버 압력저하상태 유지(PORV의 작동으로 1차측의 가압수가 중간챔버로 유입되지 않도록 차단함으로서 중간챔버 내 압력저하상태가 지속된다.)

사. 유입된 가압수에 의해 압력스위치 ⑦ 동작

[그림 45] **PORV 분해모습**

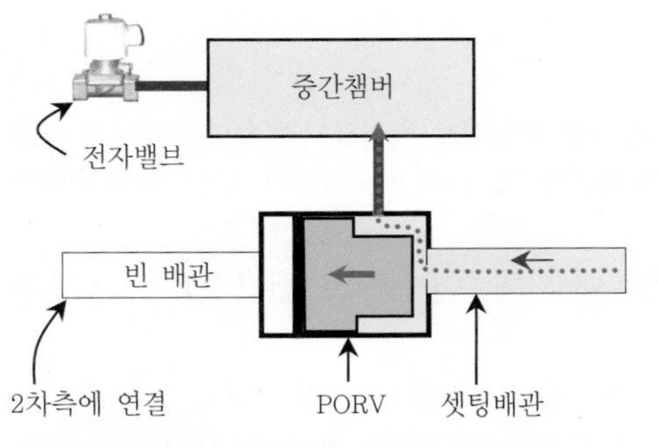

[그림 46] **프리액션밸브 동작 전 PORV**

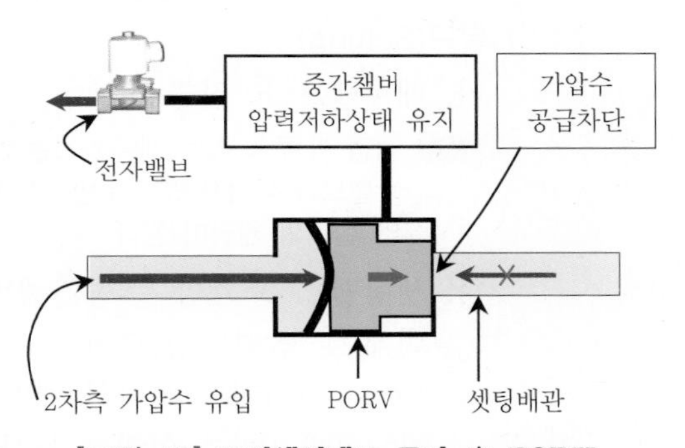

[그림 47] **프리액션밸브 동작 후 PORV**

(3) 확인

가. 감시제어반(수신기) 확인사항

가) 화재표시등 점등 확인

나) 해당 구역 감지기 동작표시등 점등 확인

다) 해당 구역 프리액션밸브 개방 표시등 점등 확인

라) 수신기 내 경보 부저 작동 확인

나. 해당 방호구역의 경보(싸이렌)상태 확인

다. 소화펌프 자동기동 여부 확인

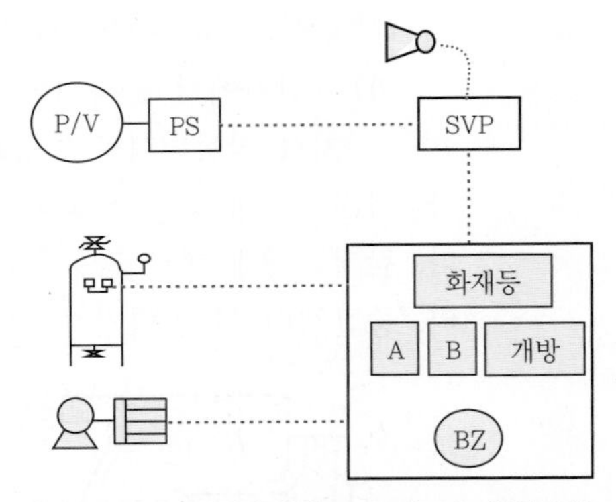

[그림 48] **프리액션밸브 동작 시 확인사항**

3) 작동 후 조치

(1) 배수

펌프 자동정지의 경우	펌프 수동정지의 경우
가. 셋팅밸브 잠금(개방 관리하는 경우만 해당) 나. 1차측 개폐밸브 ① 잠금 ⇒ 펌프 정지 확인 다. 개방된 배수밸브 ⑧을 통해 ⇒ 2차측 소화수 배수 라. 수신기 스위치 확인복구 ⇒ 전자밸브 자동복구됨.	가. 펌프 수동정지 나. 셋팅밸브 잠금(개방 관리하는 경우만 해당) 다. 1차측 개폐밸브 ① 잠금 라. 개방된 배수밸브 ⑧을 통해 ⇒ 2차측 소화수 배수 마. 수신기 스위치 확인복구 ⇒ 전자밸브 자동복구됨.

tip 점검 시 펌프운전상태 관련

실제 현장에서는 충압펌프로도 프리액션밸브의 동작시험은 충분히 가능하고, 또한 시험 시 안전사고를 대비하여 통상 주펌프는 정지위치로 놓고 충압펌프만 자동상태로 놓고 시험한다.

(2) 복구(Setting)

가. 배수밸브 ⑧ 잠금

참고 점검 시 주의사항 : 배수밸브는 개폐상태를 육안으로 확인하지 못하므로 손으로 돌려보아 배수밸브가 잠겨져 있는지 반드시 재차 확인할 것. 만약 배수밸브가 개방되어져 있다면 화재진압 실패의 원인이 된다.

나. 셋팅밸브 ③ 개방 ⇒ 중간챔버 ⑬ 내 가압수공급으로 밸브시트 자동복구 ⇒ 압력계 ④ 압력발생 확인

다. 1차측 개폐밸브 서서히 개방(수격현상이 발생되지 않도록)

가) 이때, 2차측 압력계가 상승하지 않으면 정상 셋팅된 것이다.

나) 만약, 2차측 압력계가 상승하면 배수부터 다시 실시한다.

라. 셋팅밸브 ③ 잠금(셋팅밸브를 잠그고 관리하는 경우만 해당)
마. 수신기 스위치 상태 확인
바. 소화펌프 자동전환(펌프 수동정지의 경우에 한함.)
사. 2차측 개폐밸브 ② 서서히 완전개방

4) 경보장치 작동시험 방법
(1) 2차측 개폐밸브 ② 잠금(∵ P/V 개방 시 안전조치)
(2) 경보시험밸브 ⑥ 개방 ⇒ 압력스위치 작동 ⇒ 경보장치 작동
(3) 경보 확인 후 경보시험밸브 ⑥ 잠금
(4) 자동배수밸브를 통하여, 경보시험 시 넘어간 물은 자동배수됨.
(5) 수신기 스위치 확인복구
(6) 2차측 개폐밸브 ② 서서히 개방

tip 파스칼의 원리 적용 예

1. 알람밸브의 클래퍼
2. 드라이밸브의 클래퍼
3. 드라이밸브의 엑셀레이터
4. 프리액션밸브의 다이어프램타입의 중간챔버
5. 프리액션밸브의 PORV

[그림 49] **알람밸브 단면**

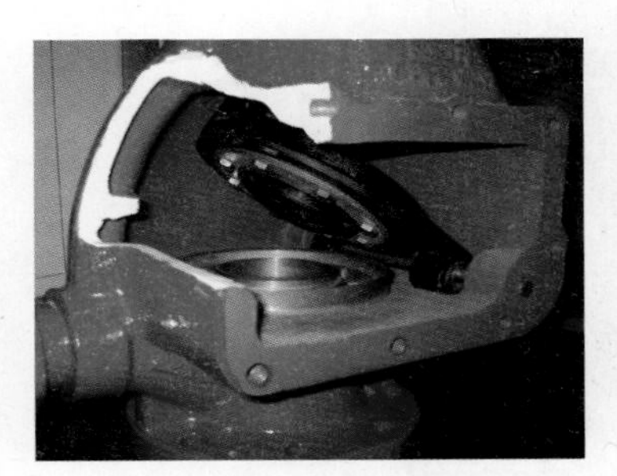
[그림 50] **드라이밸브 단면**

[그림 51] **엑셀레이터 단면**

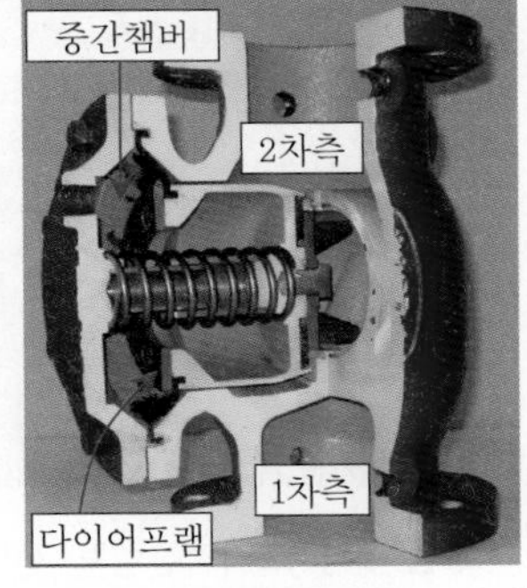

[그림 52] **프리액션밸브 단면**

[그림 53] **PORV 분해도**

6. 다이어프램타입(전동볼밸브 사용 : WPV-1, 2) 프리액션밸브의 점검 ★★★★★

[4회 10점, 6회 20점, 7회 30점]

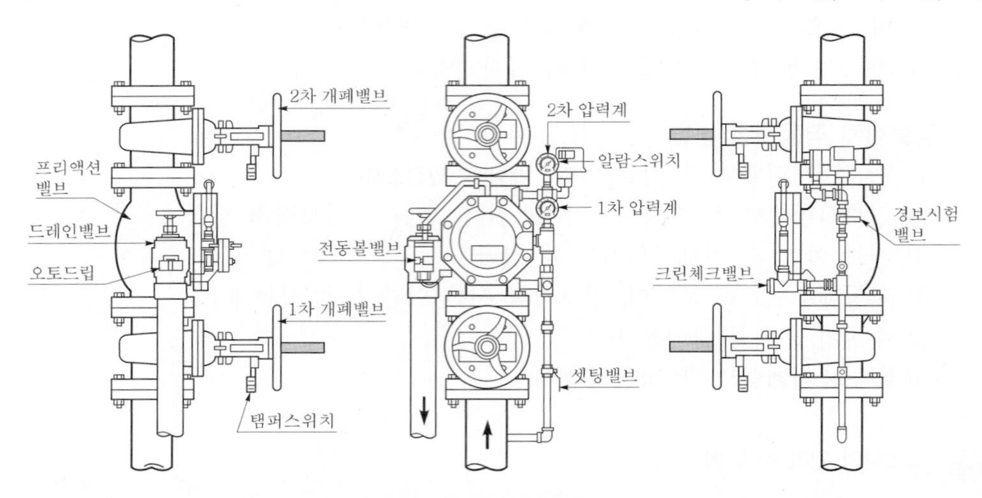

[그림 54] 프리액션밸브 외형

[그림 55] 프리액션밸브 외형 및 명칭

[그림 56] 프리액션밸브 외형

[그림 57] 프리액션밸브 전면 커버 분리모습

[그림 58] **좌측면**

⑤ 2차측 압력계
⑦ 압력스위치
④ 1차측 압력계
⑥ 경보시험밸브
⑩ 볼체크밸브
⑫ 크린체크밸브

[그림 59] **우측면**

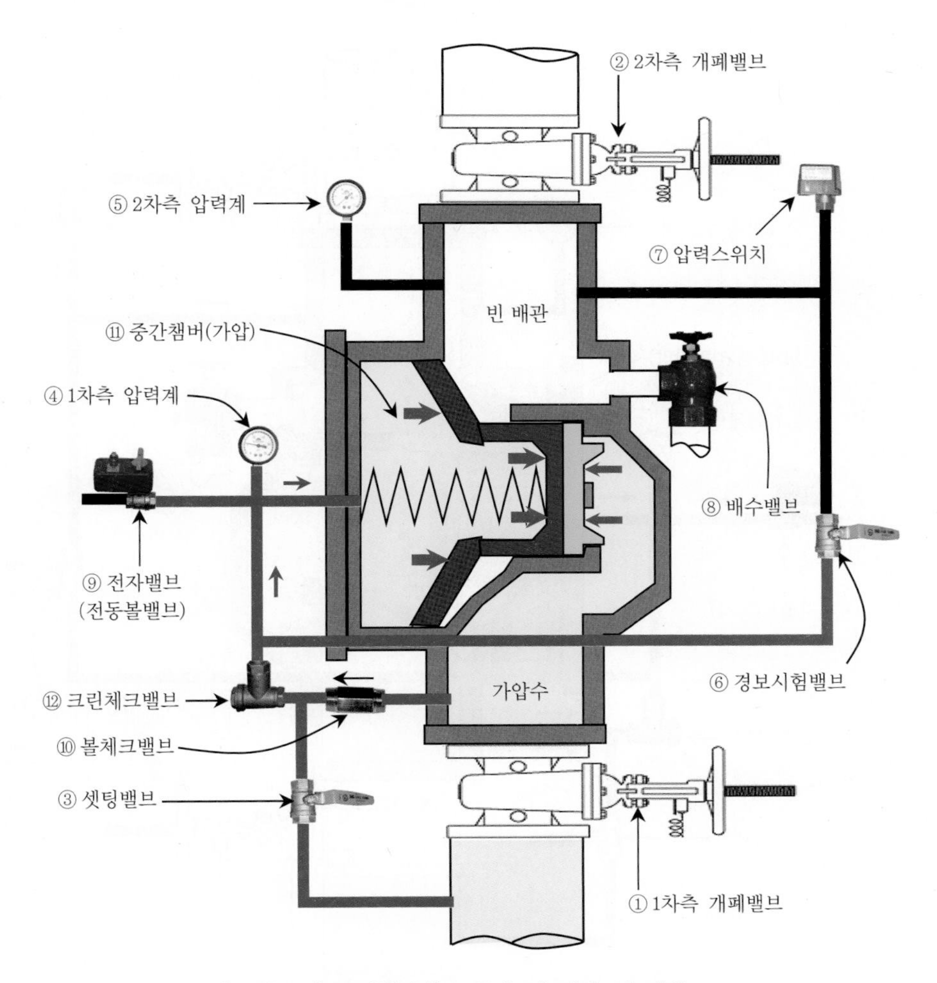

[그림 60] **프리액션밸브 동작 전 단면 및 명칭**

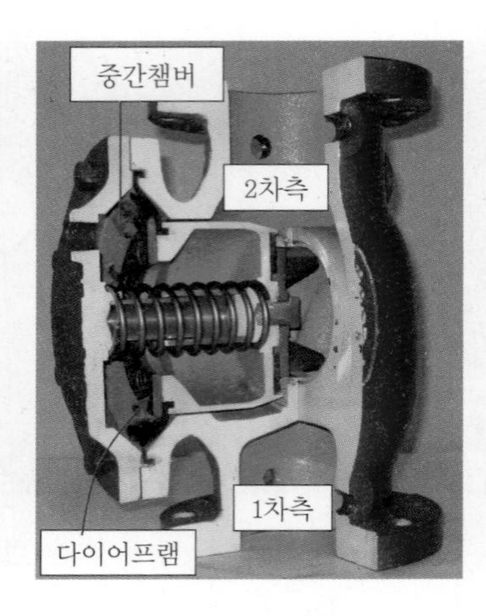

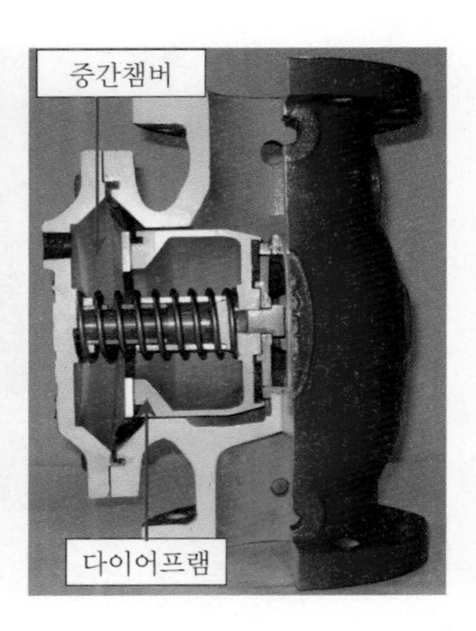

[그림 61] **프리액션밸브 단면**

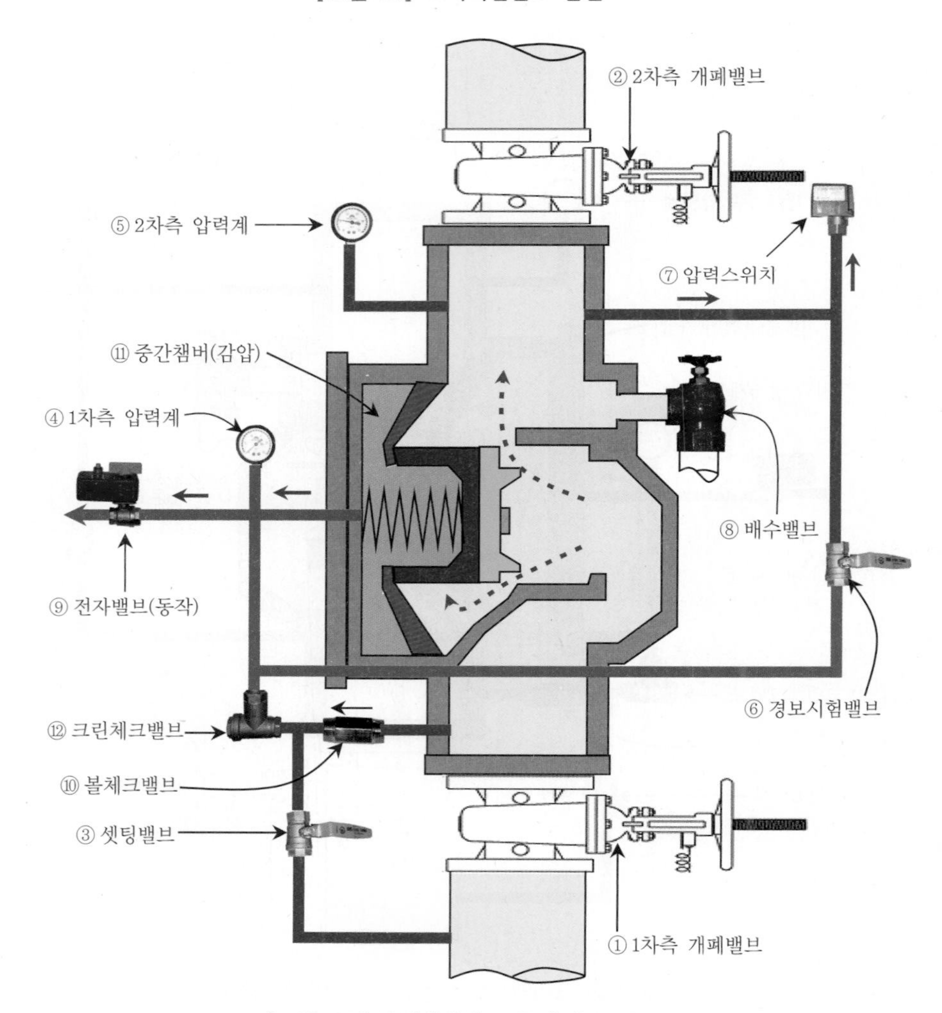

[그림 62] **프리액션밸브 동작 후 모습**

1) 구성요소 및 기능설명

순 번	명 칭	설 명	평상시 상태
①	1차측 개폐밸브	프리액션밸브 1차측을 개폐 시 사용	개방
②	2차측 개폐밸브	프리액션밸브 2차측을 개폐 시 사용	개방
③	셋팅밸브	중간챔버 급수용 볼밸브(셋팅 시 개방하여 사용하고, 평상시에는 폐쇄시켜 놓는다.) ※ 평상시 셋팅밸브 개·폐 여부는 제조사 시방 참조 ※ 참고 : 평상시 셋팅밸브 개·폐 관련 평상시 셋팅밸브의 개·폐 여부와 무관하게 전자밸브가 개방되면 프리액션밸브는 동작되며, ⑩ 볼체크밸브가 셋팅라인과 병렬로 설치 시 셋팅밸브는 대부분 폐쇄하여 관리함.	폐쇄 / 개방 (제조사마다 상이)
④	1차측 압력계	프리액션밸브의 1차측 압력을 지시	1차측 배관압력 지시
⑤	2차측 압력계	프리액션밸브의 2차측 압력을 지시	2차측 배관압력 지시
⑥	경보시험밸브	프리액션밸브를 동작하지 않고 압력스위치를 동작시켜 경보를 발하는지를 시험할 때 사용	폐쇄
⑦	압력스위치	프리액션밸브 개방 시 압력수에 의해 동작되어 제어반에 밸브개방(작동) 신호를 보냄.(a접점 사용)	프리액션밸브 동작 시 작동
⑧	배수밸브	2차측의 소화수를 배수시키고자 할 때 사용(2차측에 연결됨.)	폐쇄
⑨	전자밸브 (Solenoid Valve) =전동볼밸브 (수동복구형)	프리액션밸브 작동 시 전자밸브 작동(평상시 : 폐쇄 ⇒ 동작시 : 개방) 전동볼밸브에 수동기동밸브 기능이 내장되어 있다. **※ 프리액션밸브 자동복구방지 방법** (1) 기계적인 방법 : PORV 사용 (2) 전기적인 방법 : 전동볼밸브 사용	폐쇄
	참고 전자밸브 복구 방법 : 전자밸브가 한번 동작되면 수신기에서 복구스위치를 눌러도 전동볼밸브는 복구되지 않으며, 현장에서 직접 전자밸브의 푸시버튼을 누르고 전동볼밸브 손잡이를 돌려서 복구해야 한다.		
⑩	볼체크밸브	중간챔버 내의 압력을 1차측과 동일하게 유지시켜 주기 위해서 설치함.(1차측 압력저하 시에도 중간챔버 내의 압력을 유지해 주며, 셋팅 후 1차측의 압력이 상승하더라도 중간챔버의 압력도 동등하게 상승하므로 프리액션밸브는 개방되지 않음.)	중간챔버로만 가압수를 전달함.
⑪	중간챔버	1차측에서 유입된 가압수에 의해 다이어프램이 작동하여 1차측의 소화수가 2차측으로 넘어가지 않도록 밀어주는 작은 챔버(공간 ; 실)	1차측 압력과 동일
⑫	크린체크밸브	중간챔버의 가압수 공급용 배관에 설치하여 이물질을 제거하여 주며 체크밸브 기능이 내장되어 있다.	–

2) 작동 점검

(1) 준비

가. 2차측 개폐밸브 ② 잠금, 배수밸브 ⑧ 개방(2차측으로 가압수를 넘기지 않고 배수밸브를 통해 배수하여 시험 실시)

참고 프리액션밸브가 여러 개 있는 경우는 안전조치 사항으로 다른 구역으로의 프리액션밸브 2차측 밸브도 폐쇄한 후 점검에 임한다.

나. 경보 여부 결정(수신기 경보스위치 "ON" 또는 "OFF")

tip 경보스위치 선택

1. 경보스위치를 "ON" : 감지기 동작 및 준비작동식 밸브 동작 시 음향경보 즉시 발령된다.
2. 경보스위치를 "OFF" : 감지기 동작 및 준비작동식 밸브 동작 시 수신기에서 확인 후 필요시 경보스위치를 잠깐 풀어서 동작 여부만 확인한다.
   ⇒ 통상 점검 시에는 2.를 선택하여 실시한다.

(2) 작동

가. 준비작동식 밸브를 작동시킨다.

⇒ 준비작동식 밸브를 작동시키는 방법은 5가지 방법이 있으나 여기서는 "가)"를 선택하여 시험하는 것으로 기술한다. [4회 10점]

가) 해당 방호구역의 감지기 2개 회로 작동
나) SVP(수동조작함)의 수동조작스위치 작동
다) 프리액션밸브 자체에 부착된 수동기동밸브 개방
라) 수신기측의 프리액션밸브 수동기동스위치 작동
마) 수신기에서 동작시험스위치 및 회로선택스위치로 작동(2회로 작동)

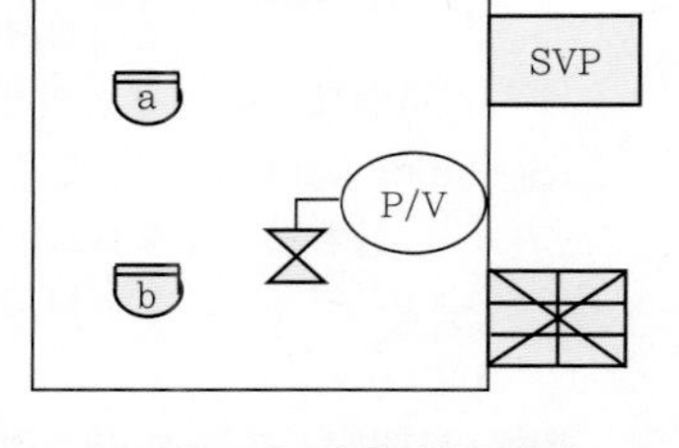

[그림 63] **작동시험 방법**

나. 감지기 1개 회로 작동 ⇒ 경보발령(경종)

다. 감지기 2개 회로 작동 ⇒ 전자밸브 ⑨ 개방

라. 중간챔버 압력저하 ⇒ 밸브시트 개방

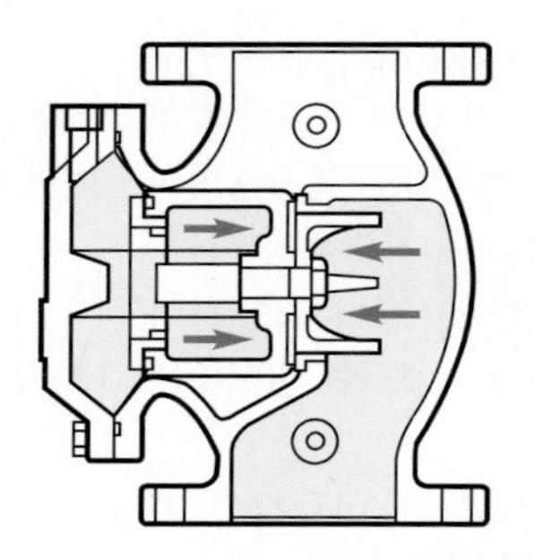
[그림 64] **프리액션밸브 단면(동작 전)**

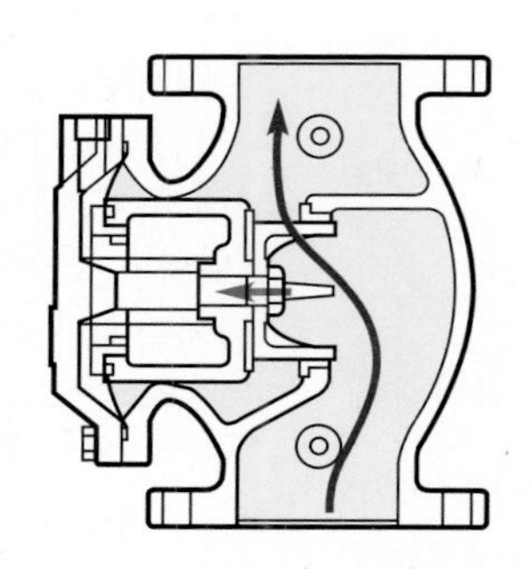
[그림 65] **프리액션밸브 단면(동작 후)**

마. 2차측 개폐밸브까지 소화수 가압 ⇒ 배수밸브 ⑧을 통해 유수

바. 전자밸브 ⑨는 한번 개방되면 사람이 수동으로 복구하기 전까지는 개방상태로 유지됨에 따라 ⇒ 중간챔버 압력저하상태 유지

사. 유입된 가압수에 의해 압력스위치 ⑦ 작동

tip 전자밸브=전동볼밸브(수동복구형) 타입 특징

1. 전자밸브에 PORV 기능 내장 : 프리액션밸브에 개방신호가 오면 전자밸브는 개방되고 사람이 수동으로 복구(폐쇄)하기 전까지는 개방상태를 유지하게 된다. 따라서 전자밸브를 복구하기 전까지는 중간챔버의 가압수가 개방된 전자밸브를 통하여 계속 유수가 이루어지게 된다.
2. 수동기동밸브 기능 내장 : 전자밸브에 수동기동밸브가 내장이 되어 있어 필요시 푸시버튼을 누르고 전동볼밸브 손잡이를 잡아 돌리면 전동볼밸브가 개방되고 중간챔버의 압력수가 방출되어 프리액션밸브가 개방된다.
3. 주변 배관이 간단하여 설치가 용이하고, 공간이 절약되는 장점이 있어, 최근 생산되는 제품의 주류(거의 100%)를 이루고 있다.

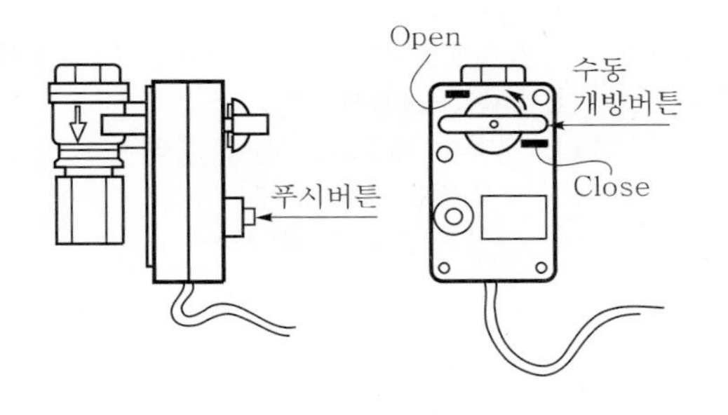

[그림 66] **전동볼밸브 그림**

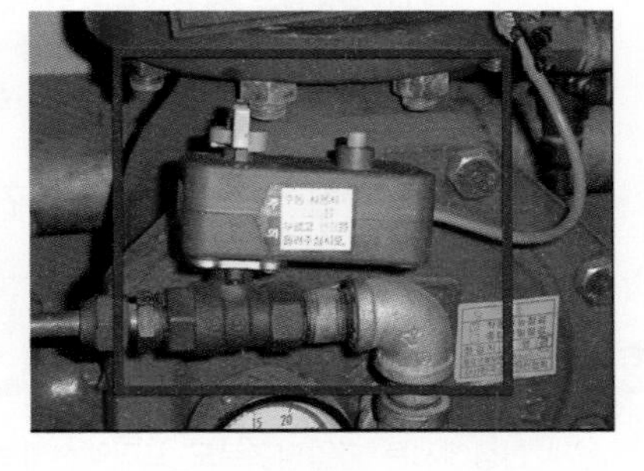

[그림 67] **전동볼밸브 설치 외형**

(a) 폐쇄된 상태

(b) 푸시버튼 누르고

(c) 개방레버 개방

(d) 개방된 상태

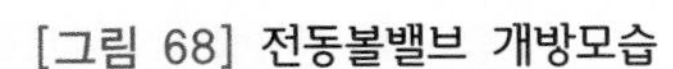

[그림 68] **전동볼밸브 개방모습**

(3) 확인

가. 감시제어반(수신기) 확인사항

가) 화재표시등 점등 확인

나) 해당 구역 감지기 동작표시등 점등 확인

다) 해당 구역 프리액션밸브 개방표시등 점등 확인

라) 수신기 내 경보 부저 작동 확인

나. 해당 방호구역의 경보(싸이렌)상태 확인

다. 소화펌프 자동기동 여부 확인

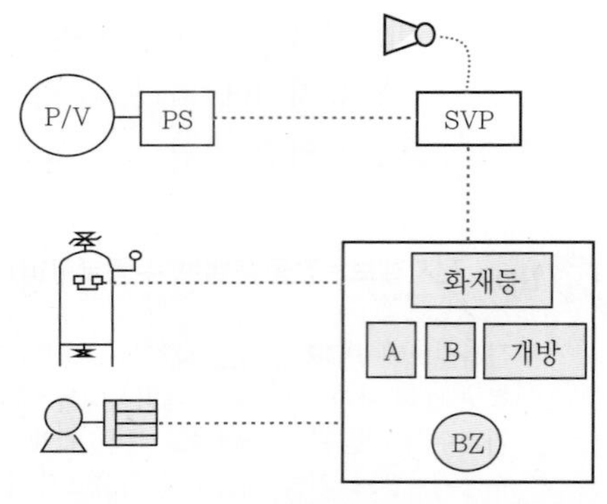

[그림 69] **프리액션밸브 동작 시 확인사항**

3) 작동 후 조치

(1) 배수

펌프 자동정지의 경우	펌프 수동정지의 경우
가. 셋팅밸브 잠금(개방 관리하는 경우만 해당) 나. 1차측 개폐밸브 ① 잠금 ⇒ 펌프정지 확인 다. 개방된 배수밸브 ⑧을 통해 ⇒ 2차측 소화수 배수 라. 수신기 스위치 확인복구	가. 펌프 수동정지 나. 셋팅밸브 잠금(개방 관리하는 경우만 해당) 다. 1차측 개폐밸브 ① 잠금 라. 개방된 배수밸브 ⑧을 통해 ⇒ 2차측 소화수 배수 마. 수신기 스위치 확인복구

tip 점검 시 펌프운전상태 관련

실제 현장에서는 충압펌프로도 프리액션밸브의 동작시험은 충분히 가능하고, 또한 시험 시 안전사고를 대비하여 통상 주펌프는 정지위치로 놓고, 충압펌프만 자동상태로 놓고 시험한다.

(2) 복구(Setting)

가. 배수밸브 ⑧ 잠금

주의 점검 시 주의사항 : 배수밸브는 개폐상태를 육안으로 확인하지 못하므로 손으로 돌려보아 배수밸브가 잠겨져 있는지 반드시 재차 확인할 것. 만약 배수밸브가 개방되어져 있다면 화재진압 실패의 원인이 된다.

나. 전자밸브 ⑨ 복구(전자밸브 푸시버튼을 누르고 전동볼밸브 폐쇄)

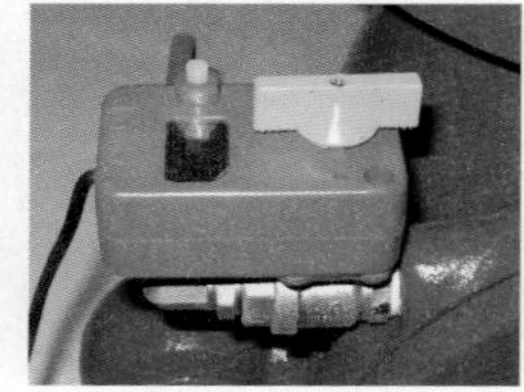
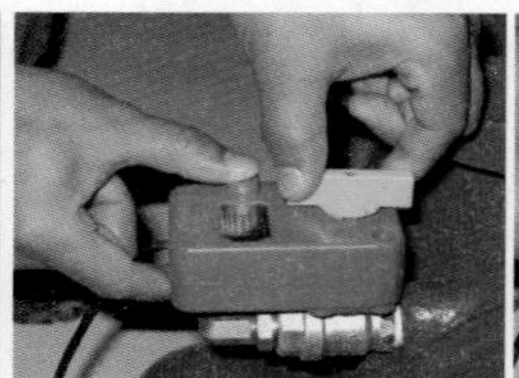
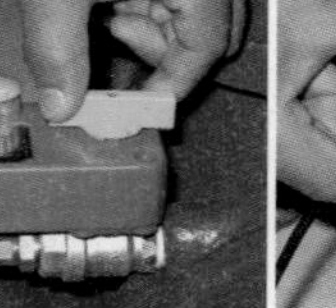
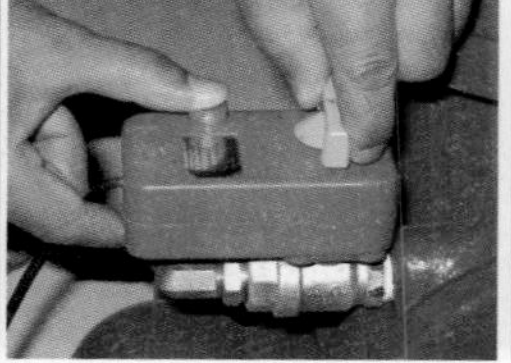
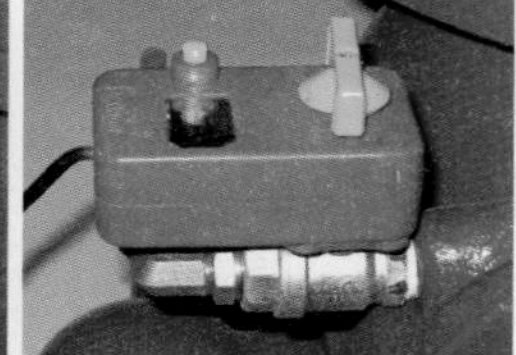
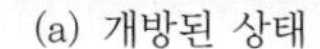

(a) 개방된 상태 (b) 푸시버튼 누르고, 개방레버 폐쇄 (c) 폐쇄된 상태

[그림 70] **전자밸브 복구모습**

다. 셋팅밸브 ③ 개방 ⇒ 중간챔버 내 가압수 공급으로 밸브시트 자동복구 ⇒ 압력계 ④ 압력발생 확인

라. 1차측 개폐밸브 ① 서서히 개방(수격현상이 발생되지 않도록)
⇒ 이때, 2차측 압력계가 상승하지 않으면 정상 셋팅된 것이다.
⇒ 만약, 2차측 압력계가 상승하면 배수부터 다시 실시한다.

마. 셋팅밸브 ③ 잠금(셋팅밸브를 잠그고 관리하는 경우만 해당)

바. 수신기 스위치 상태 확인

사. 소화펌프 자동전환(펌프 수동정지의 경우에 한함.)

아. 2차측 개폐밸브 ② 서서히 완전개방

4) 경보장치 작동시험 방법

(1) 2차측 개폐밸브 ② 잠금(∵ P/V 개방 시 안전조치)

(2) 경보시험밸브 ⑥ 개방 ⇒ 압력스위치 ⑦ 작동 ⇒ 경보장치 작동

(3) 경보 확인 후 경보시험밸브 ⑥ 잠금

(4) 자동배수밸브를 통하여 경보시험 시 넘어간 물은 자동배수된다.

(5) 수신기 스위치 확인복구

(6) 2차측 개폐밸브 ② 서서히 개방

[그림 71] **경보시험밸브를 개방하여 시험하는 모습**

7. 구형 클래퍼타입(SDV형) 프리액션밸브의 점검 ★★★★ [2회 20점]

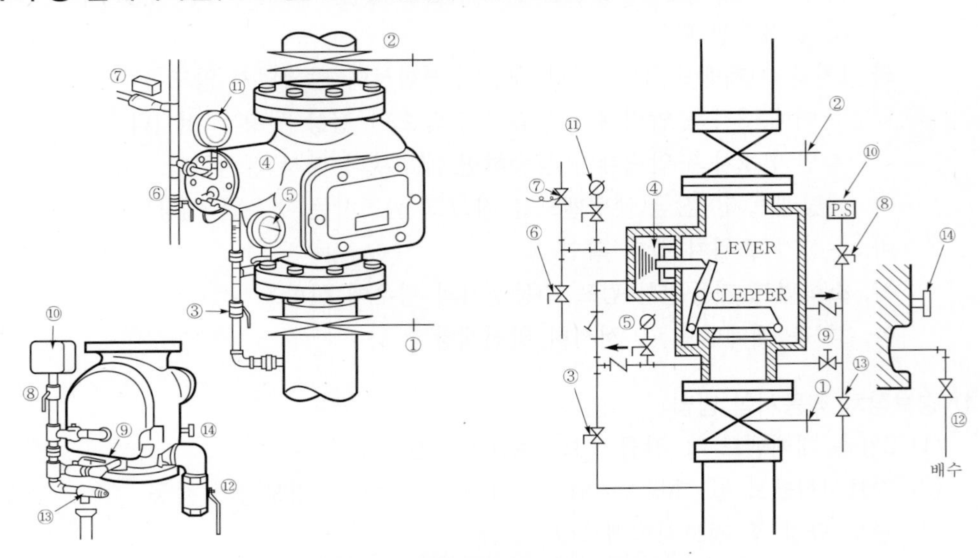

[그림 72] 클래퍼타입의 프리액션밸브 외형

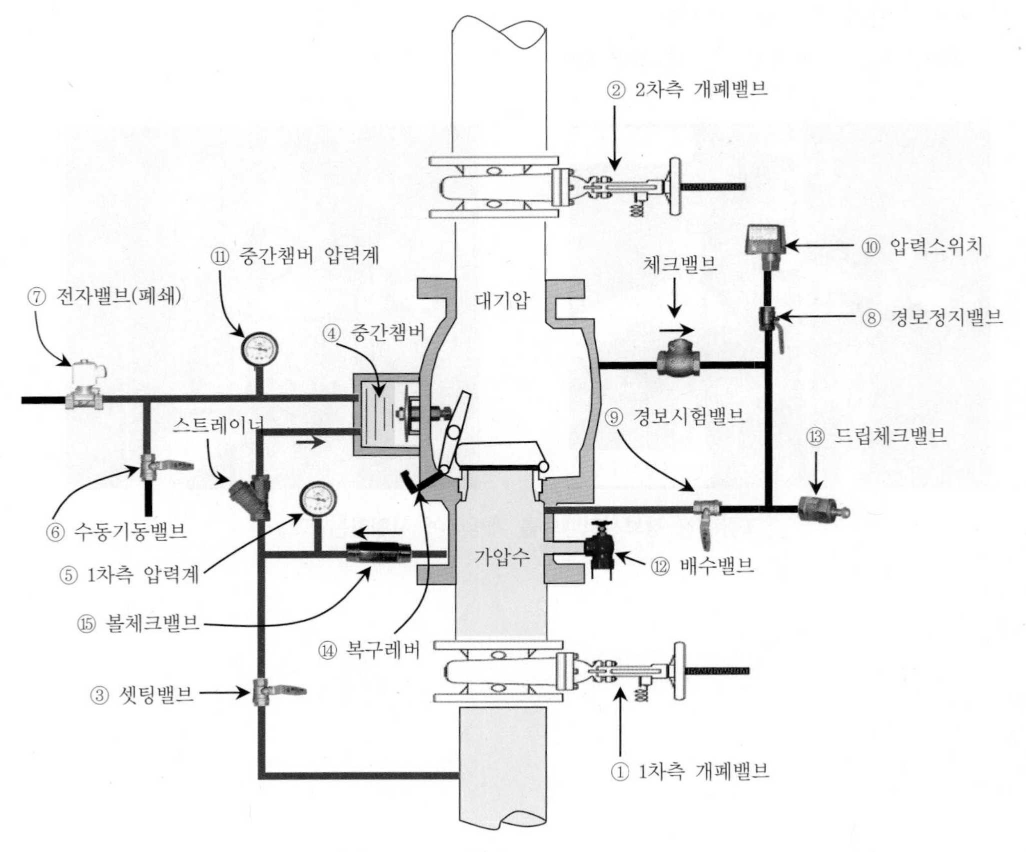

[그림 73] 프리액션밸브 동작 전 단면 및 명칭

[그림 74] **클래퍼타입 프리액션밸브 외형 및 명칭**

[그림 75] **좌측면**

[그림 76] **우측면**

[그림 77] **설치 모습(정면)**

[그림 78] **커버분리 동작 전**

[그림 79] **커버분리 동작 후**

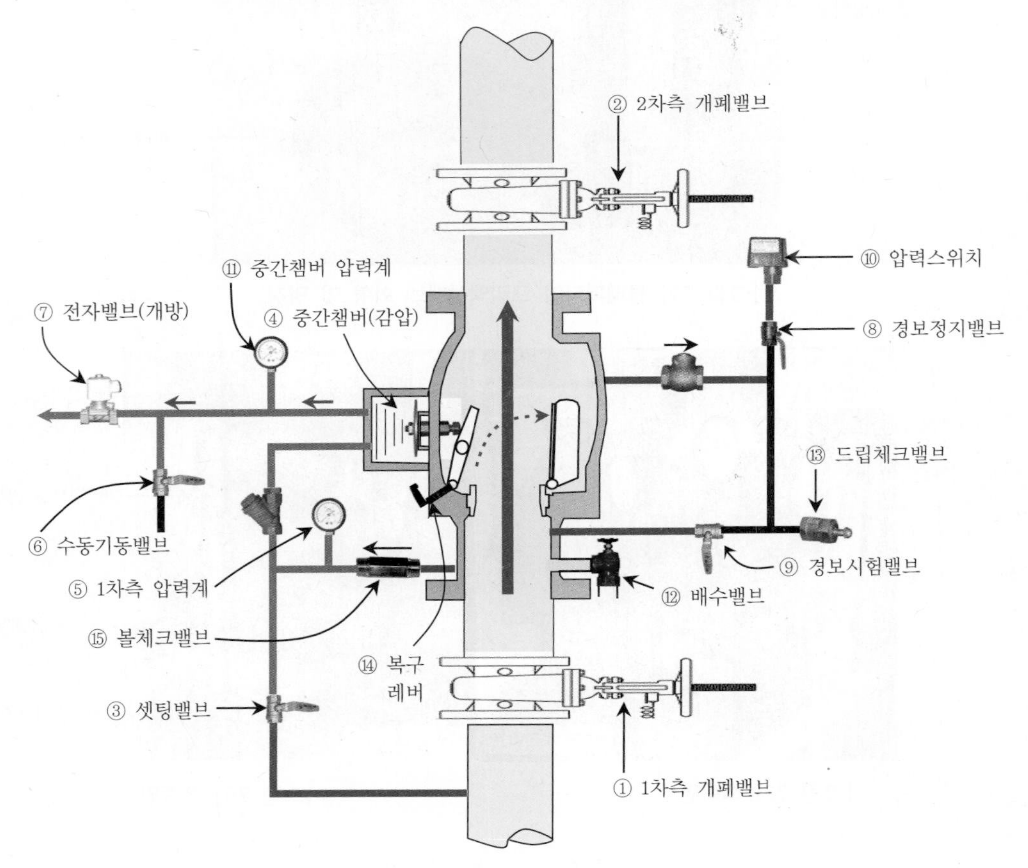

[그림 80] **프리액션밸브 동작 후 모습**

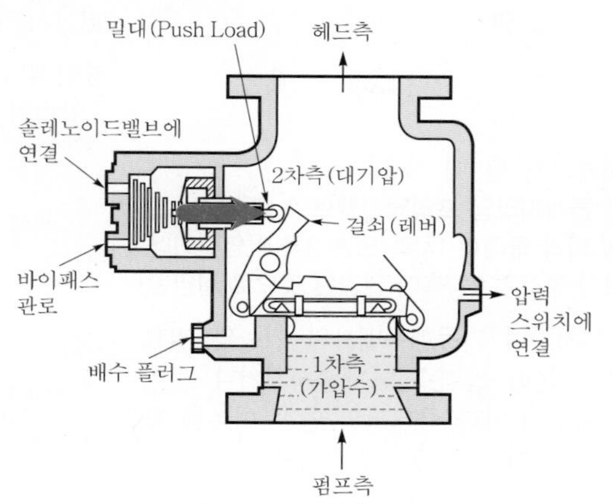

[그림 81] **프리액션밸브 동작 전 단면**

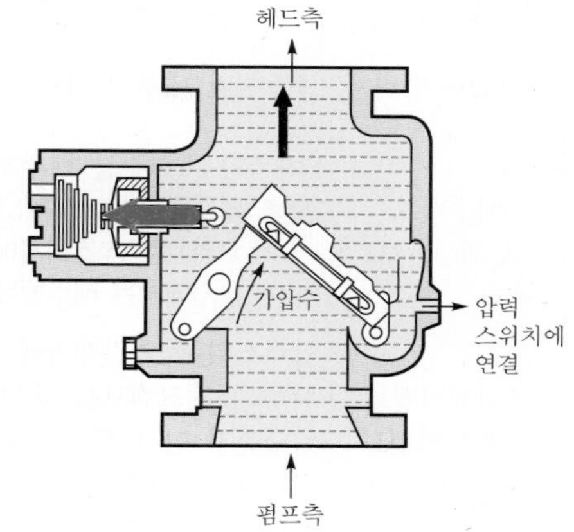

[그림 82] **프리액션밸브 동작 후 단면**

1) 구성요소 및 기능설명

순 번	명 칭	설 명	평상시 상태
①	1차측 개폐밸브	프리액션밸브 1차측을 개폐 시 사용	개방
②	2차측 개폐밸브	프리액션밸브 2차측을 개폐 시 사용	개방
③	셋팅밸브	중간챔버 급수용 볼밸브 (셋팅 시 개방하여 사용하고, 평상시에는 폐쇄시켜 놓는다.) ※ 평상시 셋팅밸브 개·폐 여부는 제조사 시방 참조 ※ 참고 : 평상시 셋팅밸브 개·폐 관련 평상시 셋팅밸브의 개·폐 여부와 무관하게 전자밸브가 개방되면 프리액션밸브는 동작되며, ⑮ 볼체크밸브가 셋팅라인과 병렬로 설치 시 셋팅밸브는 대부분 폐쇄하여 관리함.	폐쇄/개방 (제조사마다 상이)
④	중간챔버	1차측 가압수를 이용 밀대(Push Load)가 걸쇠(레버)를 밀어 클래퍼가 안착될 수 있도록 하여 1차측의 소화수가 2차측으로 넘어가지 않도록 하는 구조의 작은 챔버(공간 ; 실)	1차측 압력과 동일
⑤	1차측 압력계	프리액션밸브의 1차측 압력을 지시	1차측 배관의 압력을 지시
⑥	수동기동밸브	프리액션밸브를 수동으로 기동시키고자 할 때 수동기동밸브를 개방하여 사용	폐쇄
⑦	전자밸브 (Solenoid Valve)	프리액션밸브 작동 시 전자밸브 작동 (평상시 : 폐쇄 ⇒ 동작 시 : 개방) ※ 클래퍼타입의 프리액션밸브는 자동복구형 솔레노이드밸브 사용	폐쇄
⑧	경보정지밸브	경보를 정지하고자 할 때 사용하는 밸브	개방
⑨	경보시험밸브	프리액션밸브를 동작하지 않고 압력스위치를 동작시켜 경보를 발하는지 시험할 때 사용	폐쇄
⑩	압력스위치	프리액션밸브 개방 시 압력수에 의해 동작되어 제어반에 밸브 개방(작동) 신호를 보냄.(a접점 사용)	프리액션밸브 동작 시 작동

순 번	명 칭	설 명	평상시 상태
⑪	중간챔버 압력계	중간챔버 내부의 압력을 지시	중간챔버 내 압력지시
⑫	배수밸브 (드레인밸브)	2차측의 소화수를 배수시키고자 할 때 사용 참고 배수밸브 설치위치 : 클래퍼타입 프리액션밸브의 배수밸브 설치위치는 제조회사에 따라 클래퍼 1차측 또는 2차에 연결되나, 본서에서는 배수밸브가 클래퍼 2차측에 연결된 것으로 설명함.	폐쇄
⑬	드립체크밸브 = 볼드립밸브	압력스위치 연결배관에 설치하며 자동배수밸브의 기능과 필요시 드립체크밸브를 손으로 눌러 압력수를 배출시키거나 물이 나오는지 안 나오는지의 여부에 따라 클래퍼의 안착 여부를 확인할 때도 사용한다.(오토드립 기능+수동드립 기능)	개방
⑭	복구레버	프리액션밸브 동작시험 후 복구 시 복구레버를 돌려 클래퍼를 안착시킬 때 사용한다.	정위치
⑮	볼체크밸브	중간챔버 내의 압력을 1차측과 동일하게 유지시켜 주기 위해서 설치함.(1차측 압력저하 시에도 중간챔버 내의 압력을 유지해 주며, 셋팅 후 1차측의 압력이 상승하더라도 중간챔버의 압력도 동등하게 상승하므로 프리액션밸브는 개방되지 않음.)	중간챔버로만 가압수가 공급

2) 작동 점검

(1) 준비

가. 2차측 개폐밸브 ② 잠금, 배수밸브 ⑫ 개방

(2차측으로 가압수를 넘기지 않고 배수밸브를 통해 배수하여 시험실시)

주의 프리액션밸브가 여러 개 있는 경우는 안전조치 사항으로 다른 구역으로의 프리액션밸브 2차측 밸브도 폐쇄한 후 점검에 임한다.

나. 경보 여부 결정(수신기 경보스위치 “ON” or “OFF”)

tip 경보스위치 선택

1. 경보스위치를 “ON” : 감지기 동작 및 준비작동식 밸브 동작 시 음향경보 즉시 발령된다.
2. 경보스위치를 “OFF” : 감지기 동작 및 준비작동식 밸브 동작 시 수신기에서 확인 후 필요시 경보스위치를 잠깐 풀어서 동작 여부만 확인한다.
   ⇒ 통상 점검 시에는 ‘2’를 선택하여 실시한다.

(2) 작동

가. 준비작동식 밸브를 작동시킨다.

⇒ 준비작동식 밸브를 작동시키는 방법은 5가지 방법이 있으나 여기서는 “가)”를 선택하여 시험하는 것으로 기술한다. [4회 10점]

가) 해당 방호구역의 감지기 2개 회로 작동

나) SVP(수동조작함)의 수동조작스위치 작동

다) 프리액션밸브 자체에 부착된 수동기동밸브 개방

라) 수신기측의 프리액션밸브 수동기동스위치 작동

마) 수신기에서 동작시험스위치 및 회로선택스위치로 작동(2회로 작동)

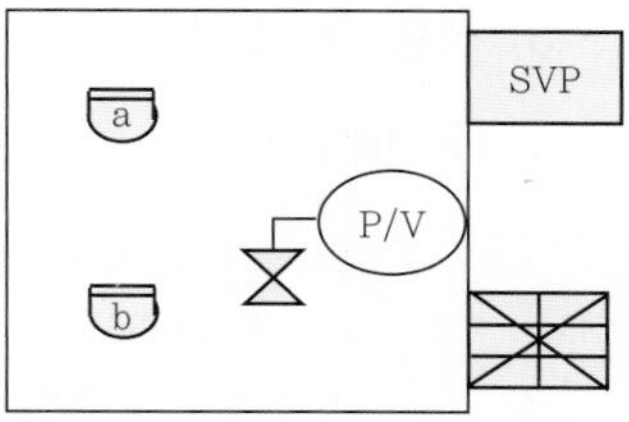

[그림 83] 작동시험 방법

나. 감지기 1개 회로 작동 ⇒ 경보발령(경종)

다. 감지기 2개 회로 작동 ⇒ 전자밸브 ⑦ 개방

라. 중간챔버 ④ 압력저하 ⇒ 클래퍼 개방[밀대 후진 ⇒ 걸쇠(레버) 락 해제 ⇒ 클래퍼 개방]

마. 2차측 개폐밸브까지 소화수 가압 ⇒ 배수밸브 ⑫를 통해 유수

참고 한번 개방된 클래퍼는 레버에 걸려서 다시 복구되지 않는다. 즉, PORV는 불필요하다.

바. 유입된 가압수에 의해 압력스위치 ⑩ 작동

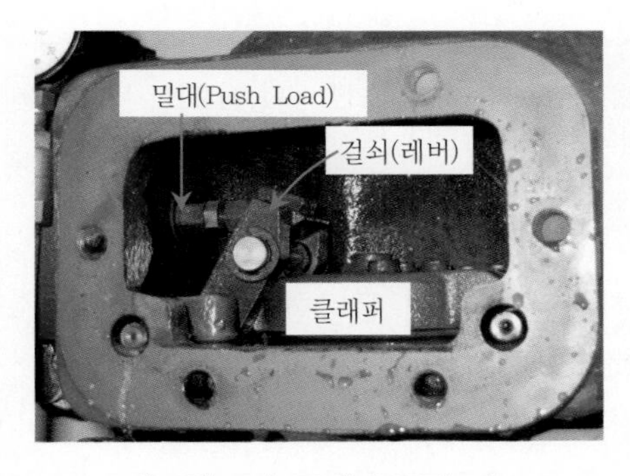

[그림 84] **클래퍼 동작 전**

[그림 85] **클래퍼 동작 후**

(3) 확인

가. 감시제어반(수신기) 확인사항

가) 화재표시등 점등 확인

나) 해당 구역 감지기 동작표시등 점등 확인

다) 해당 구역 프리액션밸브 개방표시등 점등 확인

라) 수신기 내 경보 부저 작동 확인

나. 해당 방호구역의 경보(싸이렌)상태 확인

다. 소화펌프 자동기동 여부 확인

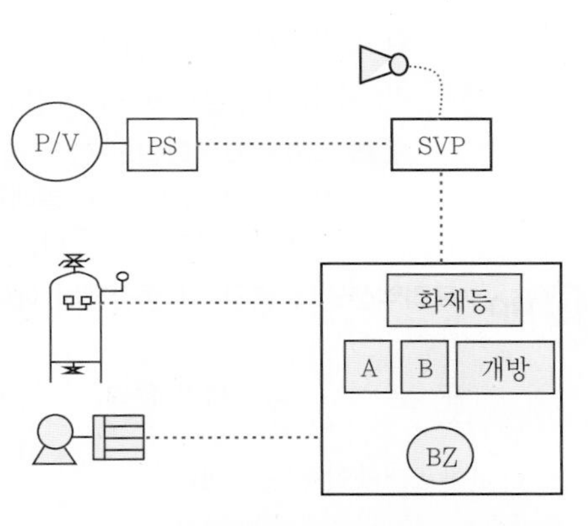

[그림 86] **프리액션밸브 동작 시 확인사항**

3) 작동 후 조치

(1) 배수

펌프 자동정지의 경우	펌프 수동정지의 경우
가. 셋팅밸브 잠금(개방 관리하는 경우만 해당) 나. 1차측 개폐밸브 ① 잠금 ⇒ 펌프정지 확인 다. 개방된 배수밸브 ⑫를 통해 ⇒ 2차측 소화수 배수 라. 경보시험밸브 ⑨를 개방하고 드립체크밸브 ⑬을 손으로 눌러 압력스위치 연결배관과 클래퍼 하부의 물을 배수시킨다.(∵ 클래퍼의 안정적인 안착을 위한 조치임.) 마. 수신기 스위치 확인복구 ⇒ 전자밸브 자동복구됨.	가. 펌프 수동정지 나. 셋팅밸브 잠금(개방 관리하는 경우만 해당) 다. 1차측 개폐밸브 ① 잠금 라. 개방된 배수밸브 ⑫를 통해 ⇒ 2차측 소화수 배수 마. 경보시험밸브 ⑨를 개방하고 드립체크밸브 ⑬을 손으로 눌러 압력스위치 연결배관과 클래퍼 하부의 물을 배수시킨다.(∵ 클래퍼의 안정적인 안착을 위한 조치임.) 바. 수신기 스위치 확인복구 ⇒ 전자밸브 자동복구됨.

tip 점검 시 펌프운전상태 관련

실제 현장에서는 충압펌프로도 프리액션밸브의 동작시험은 충분히 가능하고, 또한 시험 시 안전사고를 대비하여 통상 주펌프는 정지위치로 놓고, 충압펌프만 자동상태로 놓고 시험한다.

(2) 복구(Setting)

가. 복구레버 ⑭를 돌려 클래퍼를 안착시킨다.(이때 둔탁한 "퍽~~"하는 소리가 나는데 이로써 클래퍼가 정상적으로 안착이 되었음을 알 수 있다.)

나. 배수밸브 ⑫와 경보시험밸브 ⑨를 잠근다.

주의 점검 시 주의사항 : 배수밸브는 개폐상태를 육안으로 확인하지 못하므로 손으로 돌려보아 배수밸브가 잠겨져 있는지 반드시 재차 확인할 것. 만약 배수밸브가 개방되어져 있다면 화재진압 실패의 원인이 된다.

다. 셋팅밸브 ③ 개방 ⇒ 중간챔버 ④에 급수

라. 수동기동밸브 ⑥을 약간만 개방하여 중간챔버 내 에어(공기)를 제거 후 다시 잠근다.

참고 다이어프램타입의 경우 중간챔버 내용적이 크므로 셋팅 시 에어를 제거하지 않아도 기능상에는 문제가 없으나, 클래퍼타입의 경우 챔버용적이 작으므로 안정적인 셋팅을 위해 에어를 제거해 주는 것이 좋다.

tip 프리액션밸브 복구 시 중간챔버 에어제거 여부

구 분	중간챔버 용량	셋팅 시 에어제거 여부	비 고
다이어프램타입	크다.	• 원안 : 에어제거 • 기능 : 에어제거하지 않아도 문제없다.	에어제거하지 않아도 문제없음.
클래퍼타입	작다.	• 원안 : 에어제거 • 기능 : 에어제거하지 않아도 문제없다.	안정적인 셋팅을 위해 에어제거

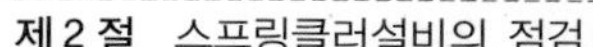

마. 중간챔버 내 가압수 공급으로 밀대가 걸쇠를 밀어 클래퍼를 개방되지 않도록 눌러준다.
⇒ 중간챔버 압력계 ⑪ 압력발생 확인

바. 1차측 개폐밸브 ①을 물이 약간 흐를 수 있는 정도만 개방한다.

사. 드립체크밸브 ⑬을 손으로 눌러 누수 여부를 확인한다. 이때 누수가 되지 않으면 정상 셋팅된 것이다.

tip 셋팅이 안 될 경우의 조치

만약 누수가 되면 클래퍼가 정상적으로 안착이 되지 않은 경우이므로 다시 복구를 하여야 하며, 계속 복구가 되지 않을 경우에는 밸브 본체 볼트를 풀어 전면 커버를 분리하고 클래퍼 내부 이물질 제거 및 클래퍼 안착면을 깨끗이 닦아낸 후 정확하게 안착시켜서 복구한다.

아. 1차측 개폐밸브 ①을 완전히 개방한다.

자. 셋팅밸브 ③ 잠금(셋팅밸브를 잠그고 관리하는 경우만 해당)

차. 수신기 스위치 상태확인

카. 소화펌프 자동전환(펌프 수동정지의 경우에 한함.)

타. 2차측 개폐밸브 ② 서서히 완전개방

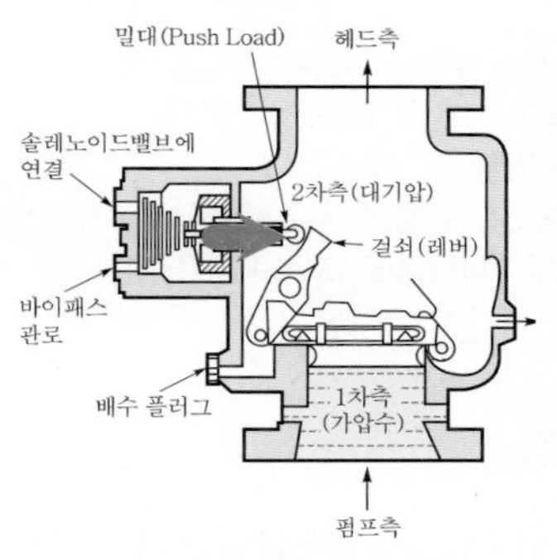

[그림 87] **셋팅된 모습**

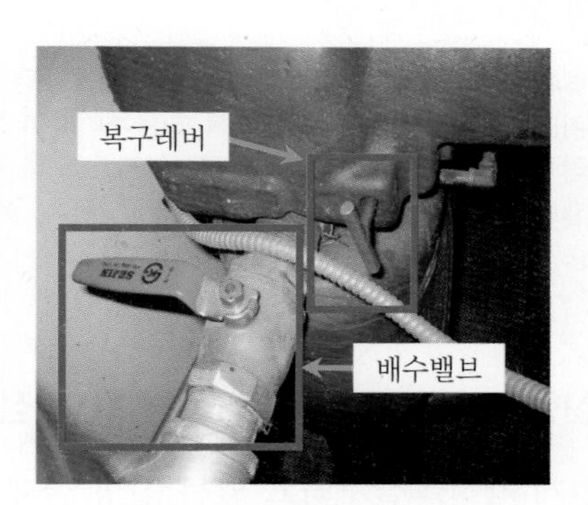

[그림 88] **복구레버 및 배수밸브**

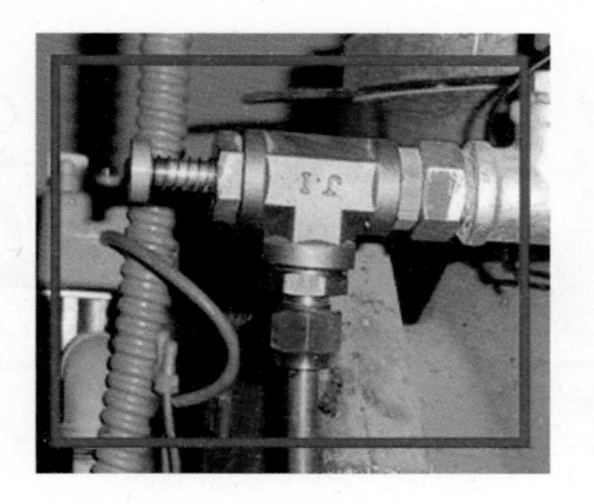

[그림 89] **드립체크밸브 설치 외형**

4) 경보장치 작동시험 방법

(1) 2차측 개폐밸브 ② 잠금(∵ P/V 개방 시 안전조치)

(2) 경보시험밸브 ⑨ 개방 ⇒ 압력스위치 ⑩ 작동 ⇒ 경보장치 작동

(3) 경보 확인 후 경보시험밸브 ⑨ 잠금

(4) 드립체크밸브 ⑬을 수동으로 눌러 경보시험 시 넘어간 물은 배수시켜 준다.

(5) 수신기 스위치 확인복구

(6) 2차측 개폐밸브 ② 서서히 개방

tip 프리액션밸브 설치 시 주의사항

1. 배관 내에 이물질 침투가 없도록 여과된 물을 공급해야 시트손상 및 오동작을 방지할 수 있다.
2. 크린체크밸브 캡을 열어 여과망을 자주 청소하면 셋팅압력을 정상적으로 공급할 수 있다.

[그림 90] 크린체크밸브

[그림 91] 크린체크밸브 분해모습

3. 설치공사 및 압력가압 시 주변배관 및 압력계가 손상되지 않도록 주의할 것
4. 기동조작부가 방해되지 않도록 보온처리하여 동파사고 및 피해 방지할 것
5. 압력스위치 전선 결선 시 오결선하지 않도록 주의할 것
6. 밸브 설치 시 배관 내에 이물질(장갑, 펜치, 용접봉, 용접 Sluge 등)이 들어가지 않도록 주의할 것
7. 중간챔버 가압용 셋팅배관(Setting Line)은 1차측 제어밸브 1차측에서 분기할 것

8. 신형 클래퍼타입 프리액션밸브의 점검

현재 생산·설치되고 있는 신형 클래퍼타입 프리액션밸브의 구성 및 작동시험 방법에 대하여 알아보자.

(a) 우당기술산업

(b) 파라텍

(c) 세코스프링클러

[그림 92] 제조사별 신형 클래퍼타입 프리액션밸브 외형

[그림 93] 우당기술산업 신형 클래퍼타입의 프리액션밸브 외형

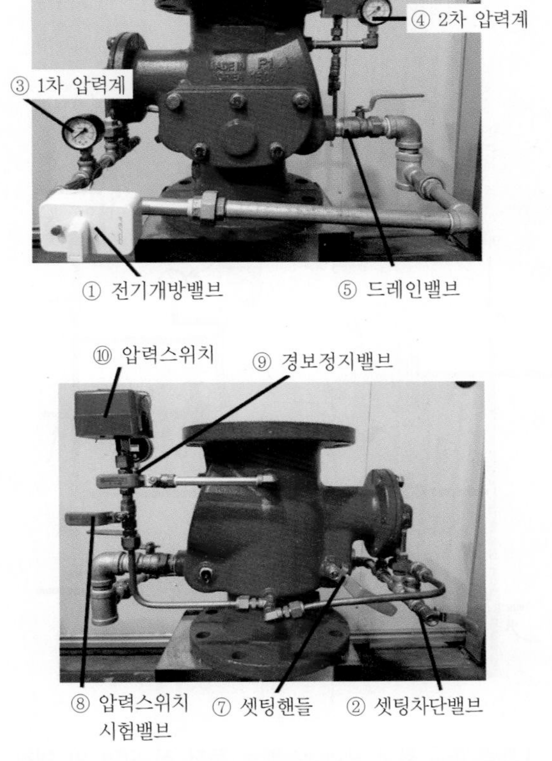

[그림 94] 파라텍 신형 클래퍼타입 프리액션밸브 외형

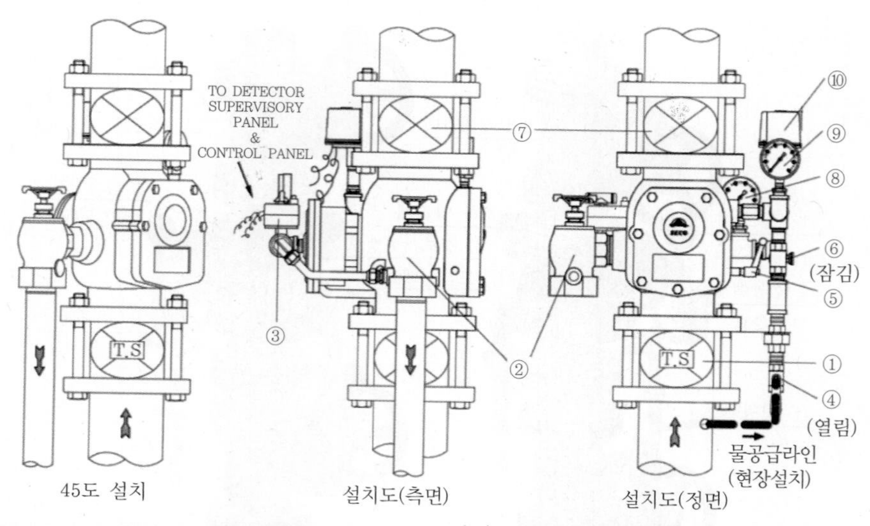

구분	명칭	구분	명칭	구분	명칭	구분	명칭
①	1차측 제어밸브(O)	④	셋팅밸브(O)	⑦	2차측 제어밸브(O)	⑩	알람스위치
②	메인배수밸브(C)	⑤	복구레버	⑧	1차측 압력계	※ (O) : OPEN(열림)	
③	MOV 전동밸브(C)	⑥	알람시험밸브(C)	⑨	2차측 압력계	※ (C) : CLOSE(닫힘)	

[그림 95] 세코스프링클러 신형 클래퍼타입 프리액션밸브 외형

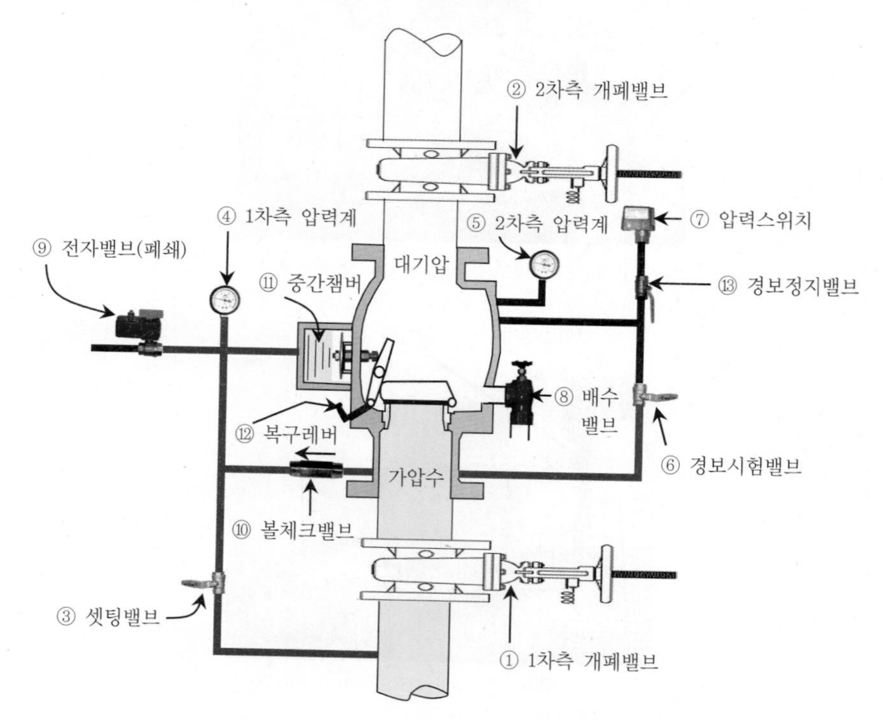

[그림 96] 신형 프리액션밸브 동작 전 단면 및 명칭

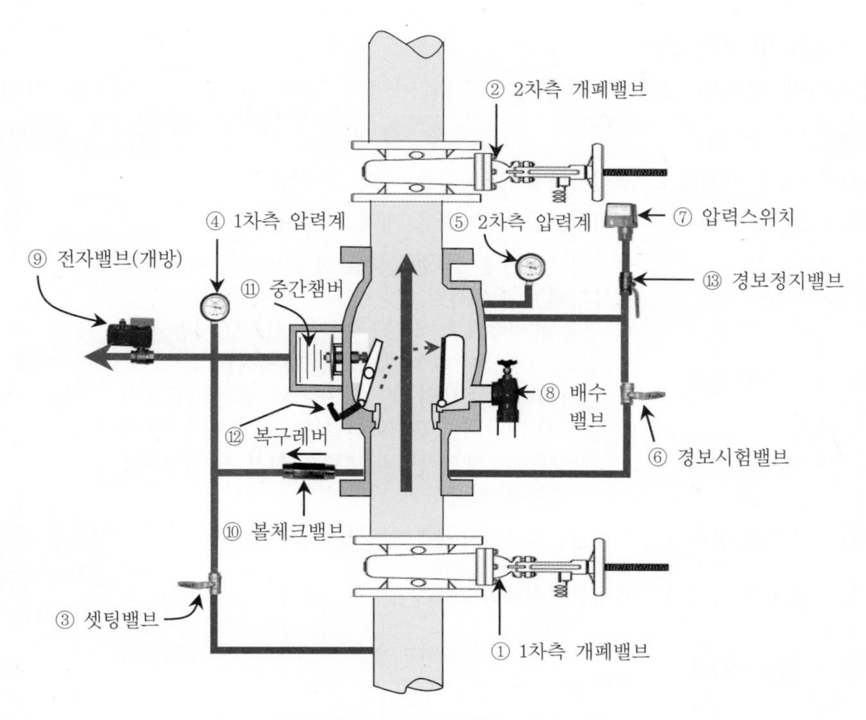

[그림 97] **프리액션밸브 동작 후 모습**

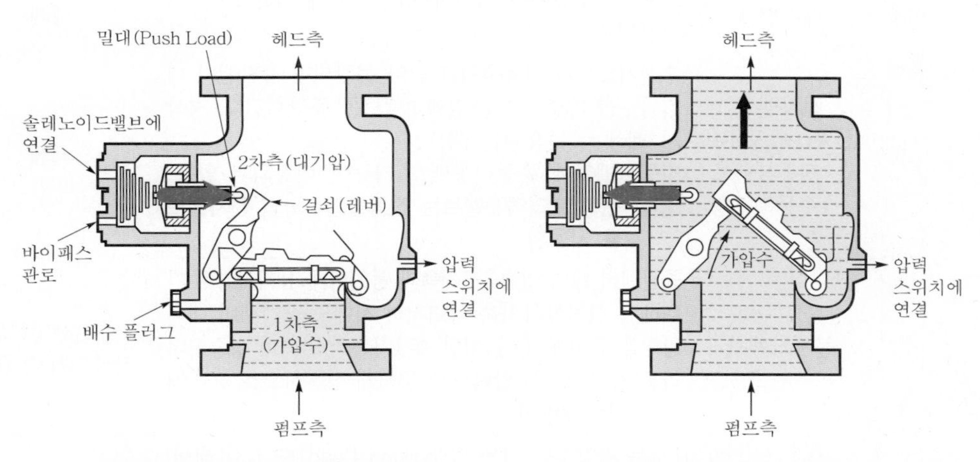

[그림 98] **프리액션밸브 동작 전 단면**

[그림 99] **프리액션밸브 동작 후 단면**

1) 구성요소 및 기능설명

제조사별 밸브의 모양과 명칭은 약간의 차이가 있을 수 있으나 기능은 거의 같다.

순 번	명 칭	설 명	평상시 상태
①	1차측 개폐밸브	프리액션밸브 1차측을 개폐 시 사용	개방
②	2차측 개폐밸브	프리액션밸브 2차측을 개폐 시 사용	개방
③	셋팅밸브	중간챔버 급수용 볼밸브(셋팅 시 개방하여 사용하고, 평상시에는 폐쇄시켜 놓는다.) ※ 평상시 셋팅밸브 개・폐 여부는 제조사 시방 참조 ※ 참고 : 평상시 셋팅밸브 개・폐 관련 평상시 셋팅밸브의 개・폐 여부와 무관하게 전자밸브가 개방되면 프리액션밸브는 동작되며, ⑩ 볼체크밸브가 셋팅라인과 병렬로 설치 시 셋팅밸브는 대부분 폐쇄하여 관리함.	폐쇄 / 개방 (제조사마다 상이)
④	1차측 압력계	프리액션밸브의 1차측 압력을 지시	1차측 배관압력 지시
⑤	2차측 압력계	프리액션밸브의 2차측 압력을 지시	2차측 배관압력 지시 (0MPa, 대기압)
⑥	경보시험밸브	프리액션밸브를 동작하지 않고 압력스위치를 동작시켜 경보를 발하는지 시험할 때 사용	폐쇄
⑦	압력스위치	프리액션밸브 개방 시 압력수에 의해 동작되어 제어반에 밸브 개방(작동)신호를 보냄.(a접점 사용)	프리액션밸브 동작 시 작동
⑧	배수밸브	2차측의 소화수를 배수시키고자 할 때 사용(2차측에 연결됨.)	폐쇄
⑨	전자밸브 (Solenoid Valve) = 전동볼밸브 (수동복구형)	수신기로부터 기동출력을 받아 동작되며 중간챔버 내 가압수를 배출시켜 프리액션밸브를 동작시킨다.(평상시 폐쇄 ⇒ 동작 시 개방) 전동볼밸브에 수동기동밸브 기능이 내장되어 있음. **참고** **신형 프리액션밸브는 전동볼밸브타입 전자밸브를 사용함.**	폐쇄
⑩	볼체크밸브	중간챔버 내의 압력을 1차측과 동일하게 유지시켜 주기 위해서 설치함.(1차측 압력저하 시에도 중간챔버 내의 압력을 유지해 주며, 셋팅 후 1차측의 압력이 상승하더라도 중간챔버의 압력도 동등하게 상승하므로 프리액션밸브는 개방되지 않음.)	중간챔버로만 가압수가 공급됨.
⑪	중간챔버	1차측 가압수를 이용 밀대(Push Load)가 걸쇠(레버)를 밀어 클래퍼가 안착될 수 있도록 하여 1차측의 소화수가 2차측으로 넘어가지 않도록 하는 구조의 작은 챔버(공간 ; 실)	1차측 압력과 동일함.
⑫	복구레버(핸들) = 셋팅핸들	프리액션밸브 동작시험 후 복구 시 복구레버를 돌려 클래퍼를 안착시킬 때 사용한다.	정위치
⑬	경보정지밸브	경보를 정지하고자 할 때 사용하는 밸브 (경보정지밸브가 없는 타입도 있음.)	개방

2) 작동 점검

(1) 준비

가. 2차측 개폐밸브 ② 잠금, 배수밸브 ⑧ 개방

(2차측으로 가압수를 넘기지 않고 배수밸브를 통해 배수하여 시험실시)

주의 프리액션밸브가 여러 개 있는 경우는 안전조치 사항으로 다른 구역의 프리액션밸브 2차측 밸브도 폐쇄한 후 점검에 임한다.

나. 경보 여부 결정(수신기 경보스위치 “ON” or “OFF”)

tip 경보스위치 선택

1. 경보스위치를 “ON” : 감지기 동작 및 준비작동식밸브 동작 시 음향경보 즉시 발령된다.
2. 경보스위치를 “OFF” : 감지기 동작 및 준비작동식밸브 동작 시 수신기에서 확인 후 필요시 경보스위치를 잠깐 풀어서 동작 여부만 확인한다.

⇒ 통상 점검 시에는 ‘2’를 선택하여 실시한다.

(2) 작동

가. 준비작동식 밸브를 작동시킨다.

⇒ 준비작동식 밸브를 작동시키는 방법은 5가지 방법이 있으나 여기서는 “가)”를 선택하여 시험하는 것으로 기술한다. [4회 10점]

가) 해당 방호구역의 감지기 2개 회로 작동

나) SVP(수동조작함)의 수동조작스위치 작동

다) 프리액션밸브 자체에 부착된 수동기동밸브 개방

라) 수신기측의 프리액션밸브 수동기동스위치 작동

마) 수신기에서 동작시험스위치 및 회로선택스위치로 작동(2회로 작동)

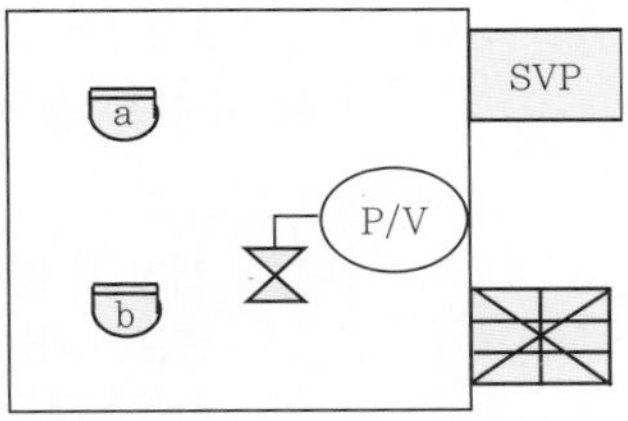

[그림 100] **작동시험 방법**

나. 감지기 1개 회로 작동 ⇒ 경보발령(경종)

다. 감지기 2개 회로 작동 ⇒ 전자밸브 ⑨ 개방

라. 중간챔버 ⑪ 압력저하 ⇒ 클래퍼 개방[밀대 후진 ⇒ 걸쇠(레버) 락 해제 ⇒ 클래퍼 개방]

마. 2차측 개폐밸브까지 소화수 가압 ⇒ 배수밸브 ⑧를 통해 유수

참고 한번 개방된 클래퍼는 레버에 걸려서 다시 복구되지 않는다.

바. 유입된 가압수에 의해 압력스위치 ⑦ 작동

[그림 101] **클래퍼 동작 전**

[그림 102] **클래퍼 동작 후**

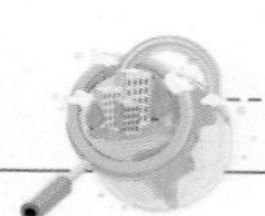

(3) 확인

가. 감시제어반(수신기) 확인사항

가) 화재표시등 점등 확인

나) 해당 구역 감지기 동작표시등 점등 확인

다) 해당 구역 프리액션밸브 개방표시등 점등 확인

라) 수신기 내 경보 부저 작동 확인

나. 해당 방호구역의 경보(싸이렌)상태 확인

다. 소화펌프 자동기동 여부 확인

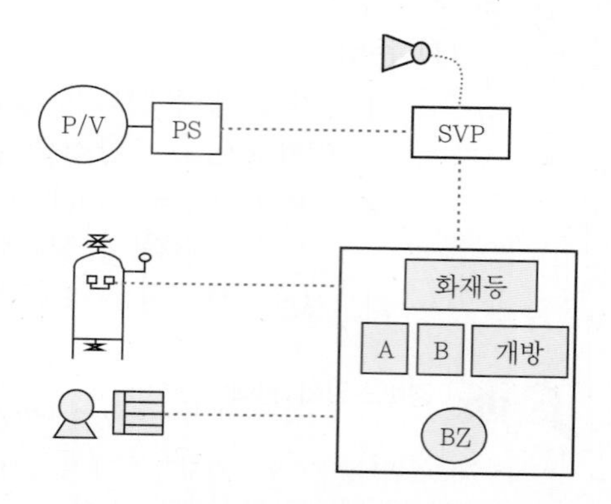

[그림 103] **프리액션밸브 동작 시 확인사항**

3) 작동 후 조치

(1) 배수

펌프 자동정지의 경우	펌프 수동정지의 경우
가. 셋팅밸브 잠금(개방 관리하는 경우만 해당) 나. 1차측 개폐밸브 ① 잠금 ⇒ 펌프정지 확인 다. 개방된 배수밸브 ⑧을 통해 ⇒ 2차측 소화수 배수 라. 수신기 스위치 확인복구	가. 펌프 수동정지 나. 셋팅밸브 잠금(개방 관리하는 경우만 해당) 나. 1차측 개폐밸브 ① 잠금 다. 개방된 배수밸브 ⑧을 통해 ⇒ 2차측 소화수 배수 라. 수신기 스위치 확인복구

참고 점검 시 펌프운전상태 관련 : 실제 현장에서는 충압펌프만으로도 프리액션밸브의 동작시험은 충분히 가능하고, 또한 시험 시 안전사고를 대비하여 통상 주펌프는 정지위치로 놓고 충압펌프만 자동상태로 놓고 시험한다.

(2) 복구(Setting)

가. 복구레버 ⑫를 돌려 클래퍼를 안착시킨다.
(클래퍼 안착을 위해 복구레버를 5~10초 정도 돌려준다.)

나. 배수밸브 ⑧을 잠근다.

주의 점검 시 주의사항 : 배수밸브는 개폐상태를 육안으로 확인하지 못하므로 손으로 돌려보아 배수밸브가 잠겨져 있는지 반드시 재차 확인할 것. 만약 배수밸브가 개방되어져 있다면 화재진압 실패의 원인이 됨.

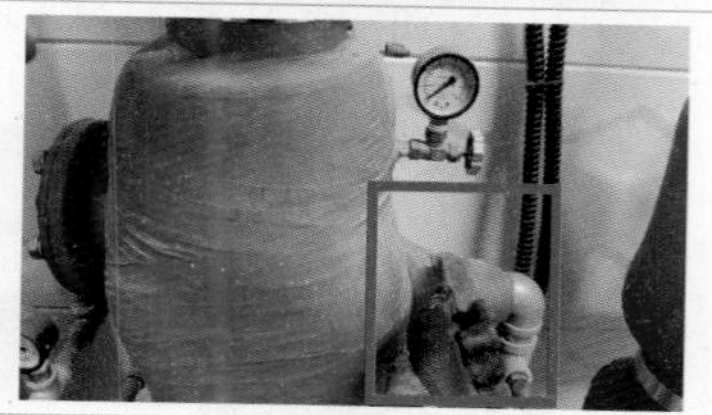

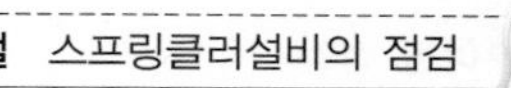

다. 전자밸브 ⑨를 복구한다.
(전자밸브 푸시버튼을 누르고 전동볼밸브 폐쇄)

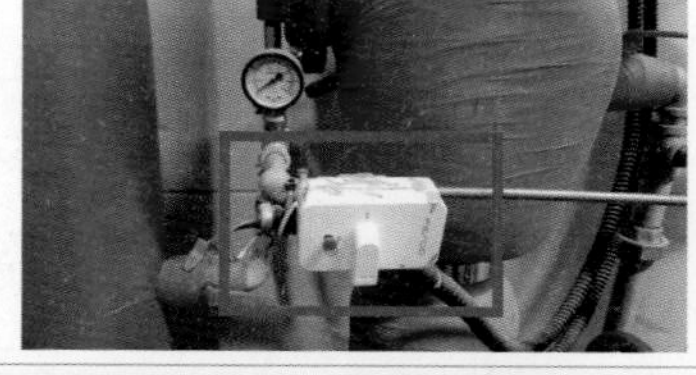

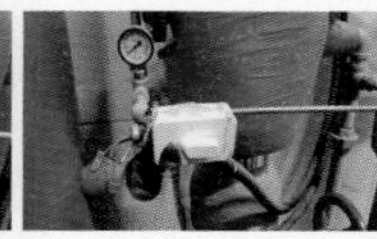
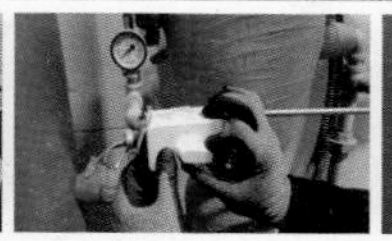
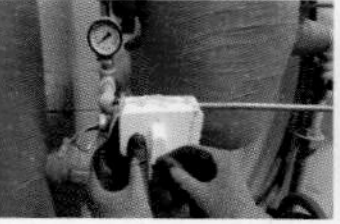

라. 셋팅밸브 ③ 개방
→ 중간챔버 ⑪에 가압수 공급으로 밀대가 걸쇠를 밀어 클래퍼를 개방되지 않도록 밀어준다.

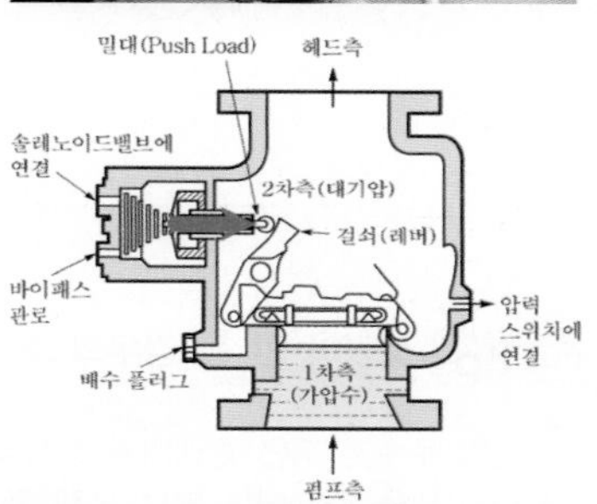

마. 1차측 압력계 ④ 압력발생 확인

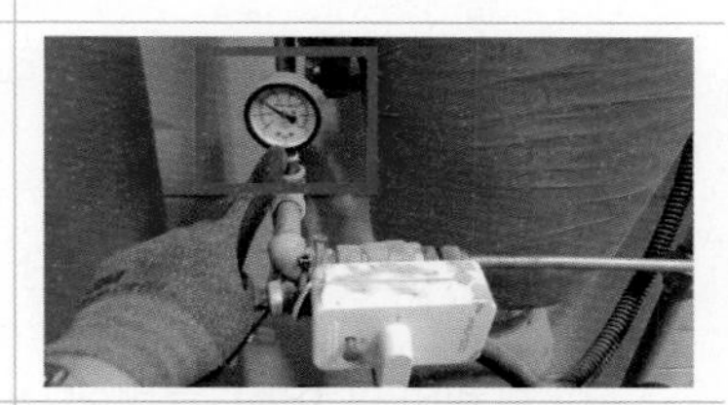

바. 1차측 개폐밸브 ① 서서히 개방(수격현상이 발생되지 않도록) 이때, 2차측 압력계가 상승하지 않으면 정상 셋팅된 것임. 만약, 2차측 압력계가 상승하면 배수부터 다시 실시한다. 또한 배수밸브 ⑧을 약간 개방하여 누수 여부 확인 후 다시 잠근다. 배수밸브 개방 시 누수가 없어야 하며, 누수 시 처음부터 재셋팅한다.

사. 셋팅밸브 ③ 잠금(※ 제조사마다 상이)
(셋팅밸브를 잠금상태로 관리하는 경우만 해당)

아. 수신기 스위치 상태확인

자. 소화펌프 자동전환(펌프 수동정지의 경우에 한함.)

차. 2차측 개폐밸브 ② 서서히 완전개방

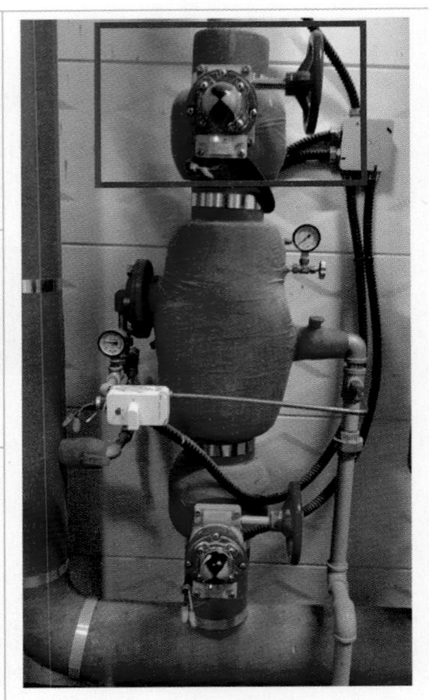
[그림 104] 셋팅 완료 후 외형

tip 셋팅이 안 될 경우의 조치

만약 누수가 되면 클래퍼가 정상적으로 안착이 되지 않은 경우이므로 다시 복구를 하여야 하며, 계속 복구가 되지 않을 경우에는 밸브 본체 볼트를 풀어 전면 커버를 분리하고 클래퍼 내부 이물질 제거 및 클래퍼 안착면을 깨끗이 닦아낸 후 정확하게 안착시켜서 복구한다.

9. 프리액션밸브의 고장진단

1) 화재발생 없이 프리액션밸브가 작동된 경우(=프리액션밸브 오동작 원인) ★★★★ [4회 10점]

원 인	조치 방법
(1) 해당 방호구역의 화재감지기(a and b 회로)가 오동작된 경우	감지기의 비화재보된 원인을 찾아 조치한 후, 제어반과 프리액션밸브를 복구한다.
(2) 수동조작함(SVP)의 기동스위치가 눌러진 경우	수동조작함의 기동스위치와 제어반을 복구 후 프리액션밸브를 복구한다. [그림 105] 수동조작함 복구 [그림 106] 제어반 복구

원 인	조치 방법
(3) 프리액션밸브의 수동기동밸브가 개방된 경우	프리액션밸브에 설치된 수동기동밸브가 개방된 경우이므로, 수동기동밸브를 폐쇄 후 프리액션밸브를 복구한다. [그림 107] **수동기동밸브 개방** 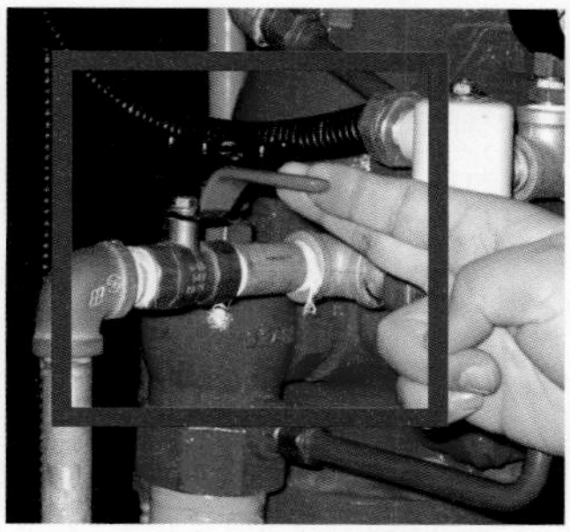 [그림 108] **수동기동밸브 폐쇄**
(4) 제어반의 수동기동스위치에 의하여 동작된 경우	제어반의 프리액션밸브 자동수동 절환스위치를 자동으로, 프리액션밸브 수동기동스위치를 정지위치로 전환하고, 프리액션밸브를 복구한다. 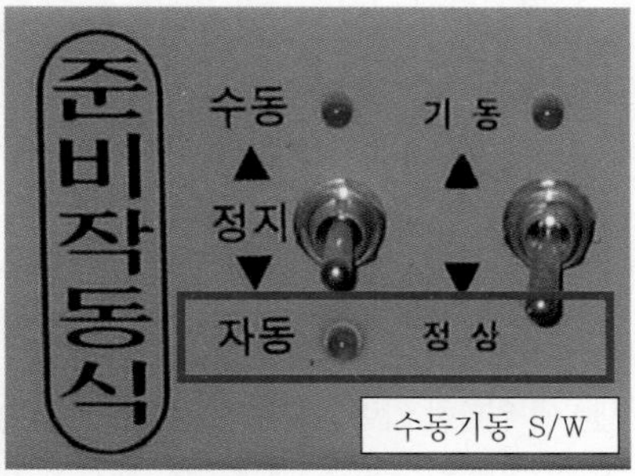 준비작동식 / 수동 / 기 동 / 정지 / 자동 / 정 상 / 수동기동 S/W
(5) 제어반에서 연동정지를 하지 않고 동작시험 도중 동작된 경우	제어반에서 연동정지를 하지 않고 동작시험을 실시 도중 프리액션밸브가 동작된 경우이다. 동작시험 시에는 다음과 같은 안전조치 후에 실시한다. 제어반 복구 후 프리액션밸브를 복구한다. **참고** 동작시험 실시 전 안전조치 사항 1. 프리액션밸브 자동 · 수동 절환스위치 : 정지위치 2. 프리액션밸브 수동기동스위치 : 정지위치 3. 해당 구역의 프리액션밸브의 2차측 제어밸브 : 폐쇄
(6) 선로의 점검 · 정비 시 솔레노이드밸브에 기동신호가 입력된 경우	선로의 점검 · 정비 시에는 프리액션밸브가 작동되지 않도록 안전조치를 한 후에 점검에 임한다.
(7) 솔레노이드밸브가 고장으로 셋팅이 풀린 경우	문제가 있는 솔레노이드밸브는 교체 또는 정비한다.

원 인	조치 방법
(8) 경보시험밸브가 개방된 경우	경보시험밸브를 폐쇄한 후 2차측의 잔압을 배수밸브를 개방하여 배수하고 폐쇄시켜 놓는다. **참고** 경보시험밸브 : 프리액션밸브를 동작시키지 않고 1차측 수압을 이용하여 압력스위치를 작동시켜 동작상황을 확인하는 것이므로 평상시 폐쇄시켜 관리한다. [그림 109] **경보시험밸브 폐쇄** [그림 110] **배수밸브 개방**
(9) 크린체크밸브(Clean Check V/V)에 이물질이 침입하여 중간 챔버에 원활한 압력수 공급이 이루어지지 않은 경우	크린체크밸브 커버를 분리하여 이물질을 제거한다. 여과망 [그림 111] **프리액션밸브 중간챔버 급수배관에 설치된 크린체크밸브**
(10) PORV 오리피스에 이물질이 침입하여 중간 챔버에 원활한 압력수 공급이 이루어지지 않은 경우(PORV가 설치된 경우)	PORV를 분해하여 이물질을 제거한다. [그림 112] **PORV 분해모습**
(11) 다이어프램이 손상된 경우 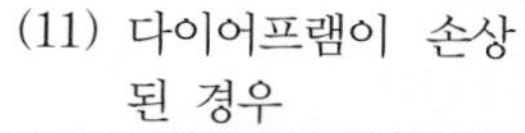	손상된 다이어프램을 교체한다.
 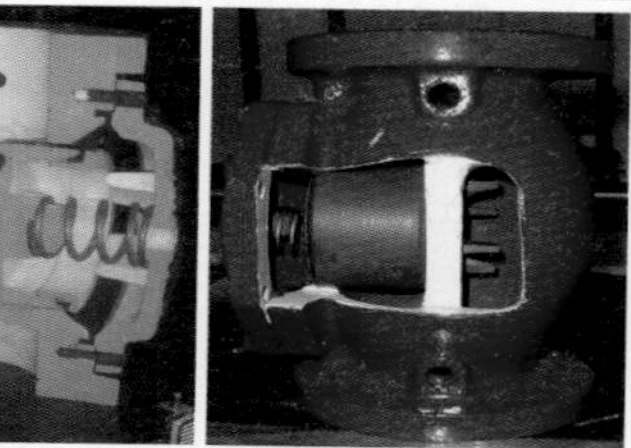 [그림 113] **프리액션밸브 단면**	  [그림 114] **다이어프램 외형**
(12) 프리액션밸브 디스크에 이물질이 침입한 경우	2차측 개폐밸브 폐쇄 후 배수밸브를 개방하고 프리액션밸브를 동작시켜 가압된 물로 플러싱을 통하여 이물질 제거 후 다시 셋팅한다. 만약, 플러싱을 통해서도 셋팅이 안 될 경우 커버를 분리하여 이물질을 제거 후 재셋팅한다.

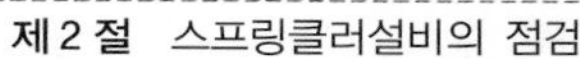

2) 프리액션밸브가 경계상태로 셋팅이 되지 않는 경우 ★★★★

(1) PORV 오리피스에 이물질이 침입하여 중간챔버에 원활히 압력수의 공급이 이루어지지 않은 경우

⇒ PORV를 분해하여 이물질을 제거한다.(PORV 타입에 한함.)

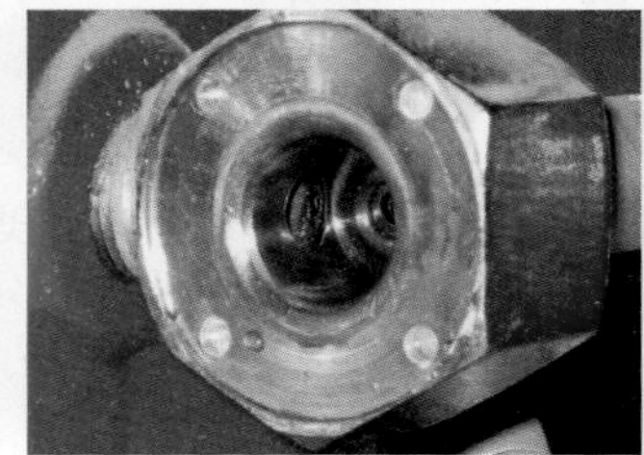

[그림 115] **PORV 분해모습**

(2) 크린체크밸브(Clean Check V/V)에 이물질이 침입하여 중간챔버에 원활한 압력수의 공급이 이루어지지 않은 경우

⇒ 2차측 배수 후 크린체크밸브 커버를 분리하여 이물질 제거 후 복구한다.

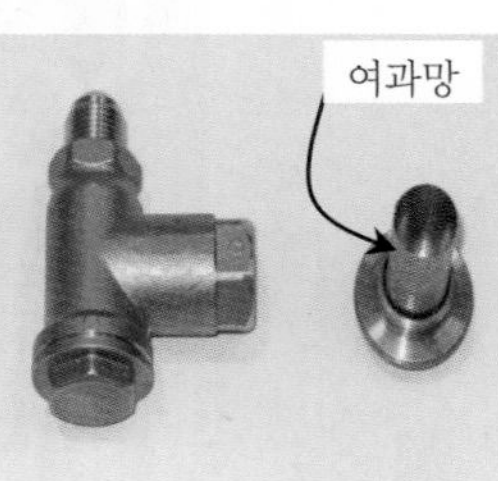

[그림 116] **크린체크밸브 외형 및 분해모습**

(3) 솔레노이드밸브가 복구 안 된 경우 또는 기능불량인 경우

가. 솔레노이드밸브가 열린 경우 : 수신기와 수동조작함(SVP)을 복구하여 솔레노이드밸브를 복구한 후 셋팅한다.

[그림 117] **수동조작함 복구**

[그림 118] **수신기 복구**

나. 기능불량인 경우 : 솔레노이드밸브 정비 또는 교체 후 셋팅한다.

[그림 119] **솔레노이드밸브 외형 및 분해점검 모습**

(4) 다이어프램의 고무가 손상된 경우

⇒ 다이어프램을 교체한다.

[그림 120] **프리액션밸브 단면**

[그림 121] **다이어프램 외형**

(5) 프리액션밸브 밸브시트에 이물질이 침입한 경우

⇒ 2차측 개폐밸브 폐쇄 후 배수밸브를 개방하고 프리액션밸브를 동작시켜 가압된 물로 플러싱을 통하여 이물질 제거 후 다시 셋팅한다. 만약, 플러싱을 통해서도 셋팅이 안 될 경우 커버를 분리하여 이물질을 제거 후 재셋팅한다.

(6) 셋팅밸브에서 중간챔버까지의 배관 막힘.

⇒ 압력수 공급이 원활하지 않은 경우 배관을 분해하여 점검한다.

(7) 셋팅밸브가 닫힌 경우

⇒ 셋팅밸브를 열어 셋팅을 실시한다.

(8) 수동기동밸브가 개방된 경우

⇒ 수동기동밸브가 폐쇄한 후 셋팅한다.

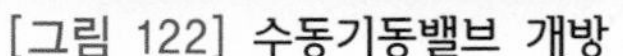

[그림 122] **수동기동밸브 개방**

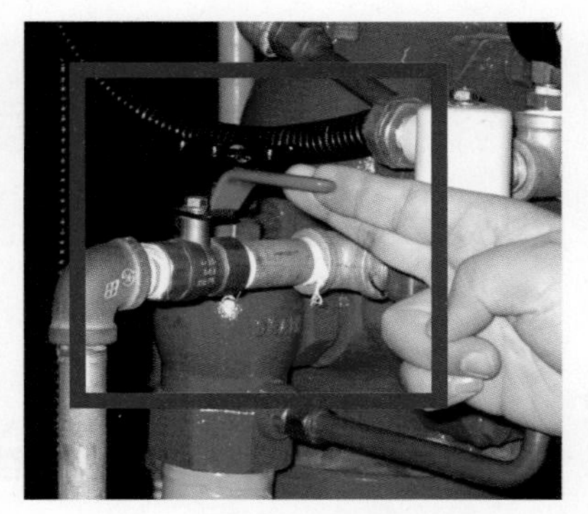

[그림 123] **수동기동밸브 폐쇄**

3) 화재발생 없이 프리액션밸브가 미개방된 상태에서 경보가 울리는 경우
(단, 다이어프램타입의 프리액션밸브임.) ★★★★

(1) 경보시험밸브가 열린 경우
⇒ 경보시험밸브 폐쇄

(2) 압력스위치가 고장(접점불량 또는 오결선)인 경우
⇒ 압력스위치 교체(접점확인 또는 재결선)

(3) 시험작동 후 2차측 잔류수에 의한 가압된 상태의 경우
⇒ 2차측 완전배수 실시

(4) 작동시험 후 프리액션밸브와 압력스위치 연결용 오리피스에 이물질이 침입한 경우
⇒ 오리피스 내부의 이물질 제거

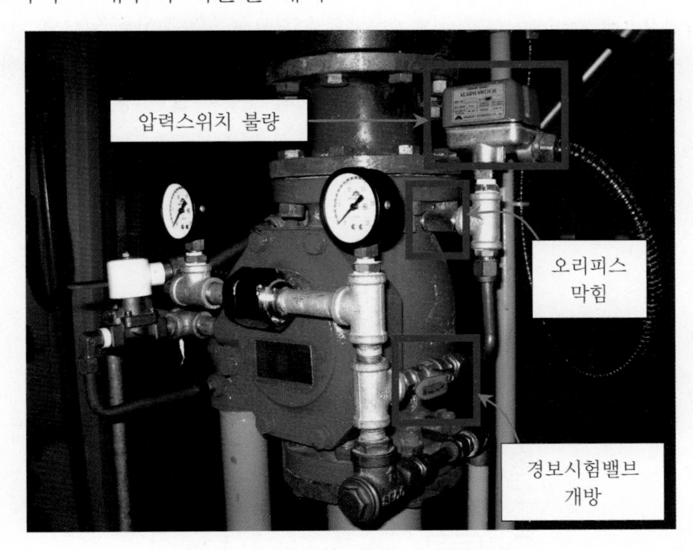

[그림 124] **경보발신 시 확인부위**

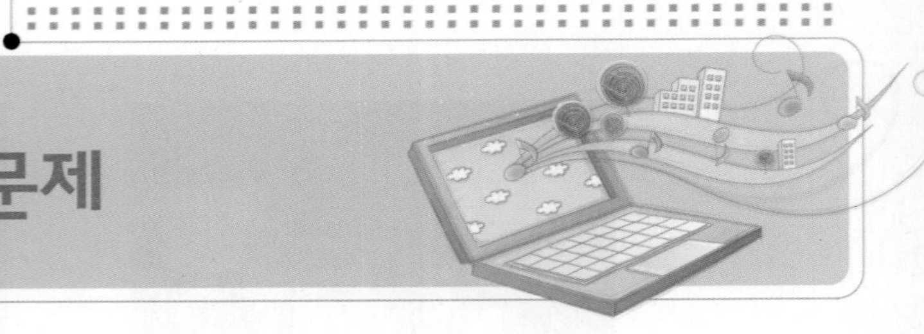

기출 및 예상 문제

★★★★★

01 준비작동식 밸브의 작동기능 점검을 하고자 한다. 작동 방법 5가지를 쓰시오.

[4회, 6회 10점]

1. 해당 방호구역의 감지기 2개 회로 작동
2. SVP(수동조작함)의 수동조작스위치 작동
3. 프리액션밸브 자체에 부착된 수동기동밸브 개방
4. 수신기측의 프리액션밸브 수동기동스위치 작동
5. 수신기에서 동작시험스위치 및 회로선택스위치로 작동(2회로 작동)

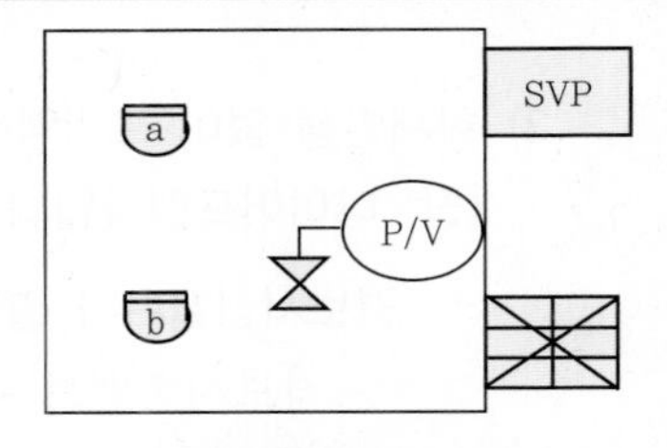

[프리액션밸브 동작 방법]

★★★★

02 준비작동식 밸브의 오동작 원인을 기술하시오.(단, 사람에 의한 것도 포함.) [4회 10점]

1. 해당 방호구역 내 화재감지기(a and b 회로)가 오동작된 경우
2. 해당 방호구역 내 SVP(수동조작함)의 기동스위치를 누른 경우
3. 준비작동식 밸브에 설치된 수동기동밸브를 사람이 잘못하여 개방한 경우
4. 선로의 점검·정비 시 솔레노이드에 기동신호가 입력된 경우
5. 감시제어반의 프리액션밸브 기동스위치를 잘못하여 기동위치로 전환한 경우
6. 감시제어반에서 준비작동식 밸브 연동정지를 하지 않고 동작시험을 실시한 경우
7. 솔레노이드밸브의 고장으로 준비작동식 밸브의 셋팅이 풀린 경우

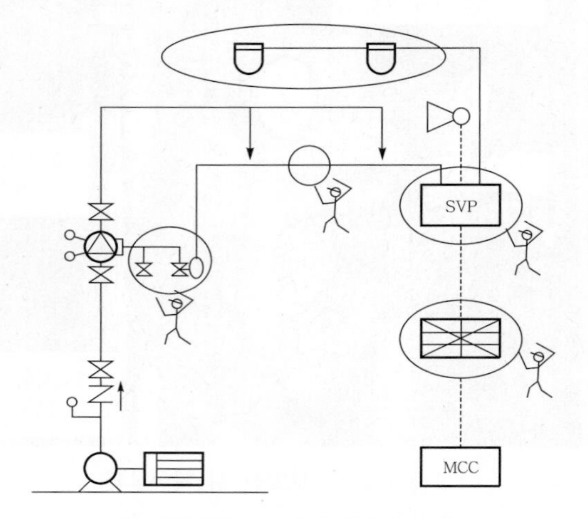

[프리액션밸브 오동작 원인별 부위]

★★★

03 **스프링클러 준비작동밸브(SDV)형의 구성 명칭은 다음과 같다. 작동순서, 작동 후 조치(배수 및 복구), 경보장치 작동시험 방법을 설명하시오.** [2회 20점]

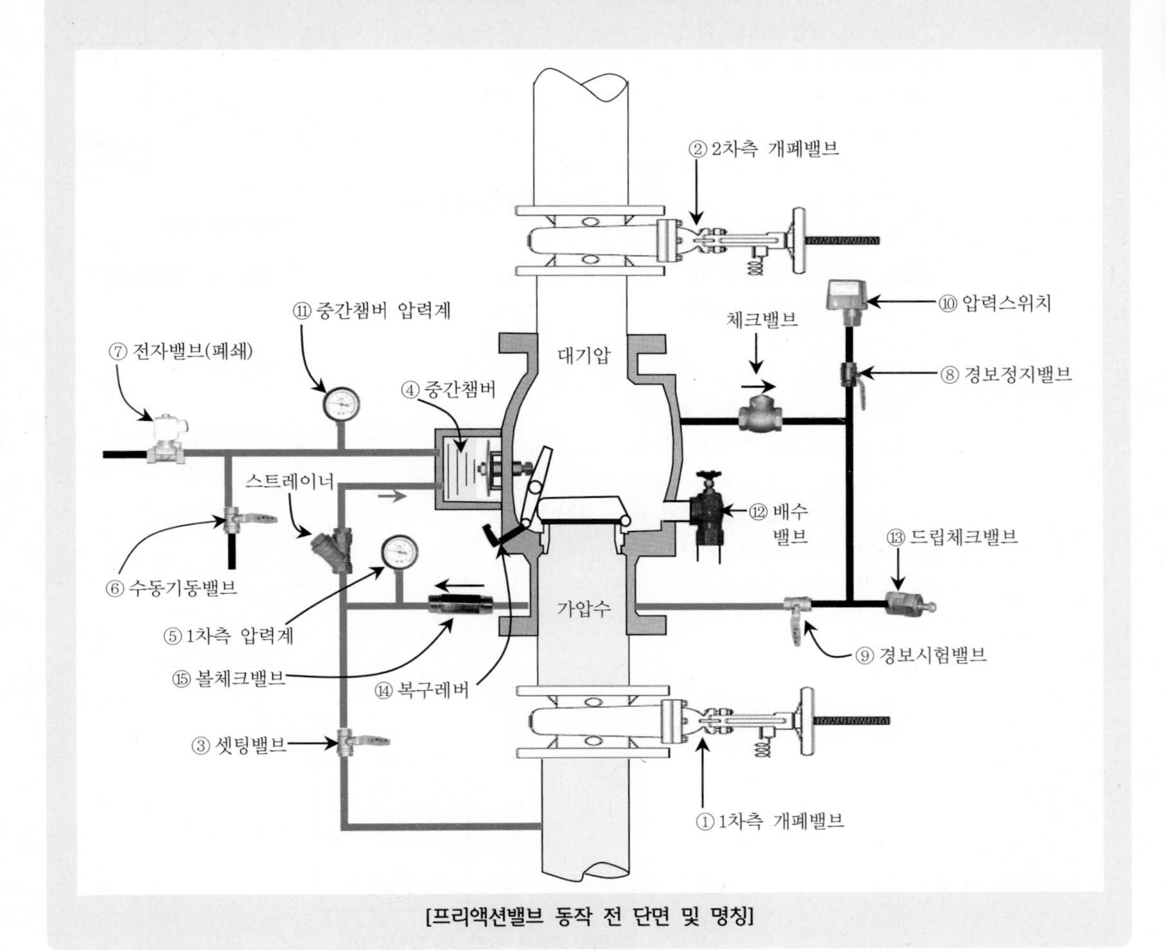

[프리액션밸브 동작 전 단면 및 명칭]

1. 작동점검

1) 준비

(1) 2차측 개폐밸브 ② 잠금, 배수밸브 ⑫ 개방(2차측으로 가압수를 넘기지 않고 배수밸브를 통해 배수하여 시험실시)

주의 프리액션밸브가 여러 개 있는 경우는 안전조치 사항으로 다른 구역으로의 프리액션밸브 2차측 밸브도 폐쇄한 후 점검에 임한다.

(2) 경보 여부 결정(수신기 경보스위치 “ON” or “OFF”)

2) 작동

(1) 준비작동식 밸브를 작동시킨다.

⇒ 준비작동식 밸브를 작동시키는 방법은 5가지 방법이 있으나 여기서는 “가.”를 선택하여 시험하는 것으로 기술한다. [4회 10점]

가. 해당 방호구역의 감지기 2개 회로 작동

나. SVP(수동조작함)의 수동조작스위치 작동
다. 프리액션밸브 자체에 부착된 수동기동밸브 개방
라. 수신기측의 프리액션밸브 수동기동스위치 작동
마. 수신기에서 동작시험스위치 및 회로선택스위치로 작동(2회로 작동)

(2) 감지기 1개 회로 작동 ⇒ 경보발령(경종)
(3) 감지기 2개 회로 작동 ⇒ 전자밸브 ⑦ 개방
(4) 중간챔버 ④ 압력저하 ⇒ 클래퍼 개방(밀대 후진 ⇒ 걸쇠(레버) 락 해제 ⇒ 클래퍼 개방)
(5) 2차측 개폐밸브까지 소화수 가압 ⇒ 배수밸브 ⑫를 통해 유수

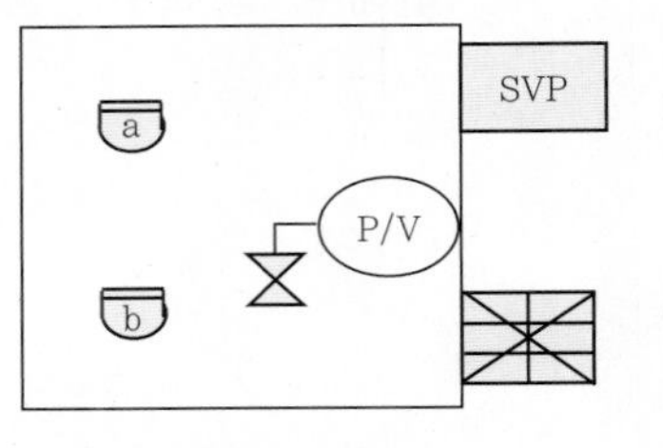

[작동시험 방법]

참고 한번 개방된 클래퍼는 레버에 걸려서 다시 복구되지 않는다. 즉, PORV는 불필요하다.

(6) 유입된 가압수에 의해 압력스위치 ⑩ 작동

3) 확인
(1) 감시제어반(수신기) 확인사항
가. 화재표시등 점등 확인
나. 해당 구역 감지기 동작표시등 점등 확인
다. 해당 구역 프리액션밸브 개방표시등 점등 확인
라. 수신기 내 경보 부저 작동 확인
(2) 해당 방호구역의 경보(싸이렌)상태 확인
(3) 소화펌프 자동기동 여부 확인

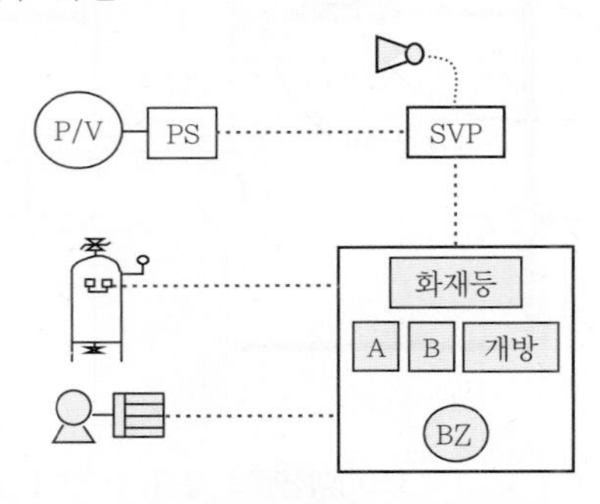

[프리액션밸브 동작 시 확인사항]

2. 작동 후 조치
1) 배수

펌프 자동정지의 경우	펌프 수동정지의 경우
(1) 셋팅밸브 잠금(개방 관리하는 경우만 해당) (2) 1차측 개폐밸브 ① 잠금 ⇒ 펌프정지 확인 (3) 개방된 배수밸브 ⑫를 통해 ⇒ 2차측 소화수 배수 (4) 경보시험밸브 ⑨를 개방하고 드립체크밸브 ⑬을 손으로 눌러 압력스위치 연결배관과 클래퍼 하부의 물을 배수시킨다.(∵ 클래퍼의 안정적인 안착을 위한 조치임.) (5) 수신기 스위치 확인복구 ⇒ 전자밸브 자동복구됨.	(1) 펌프 수동정지 (2) 셋팅밸브 잠금(개방 관리하는 경우만 해당) (3) 1차측 개폐밸브 ① 잠금 (4) 개방된 배수밸브 ⑫를 통해 ⇒ 2차측 소화수 배수 (5) 경보시험밸브 ⑨를 개방하고 드립체크밸브 ⑬을 손으로 눌러 압력스위치 연결배관과 클래퍼 하부의 물을 배수시킨다.(∵ 클래퍼의 안정적인 안착을 위한 조치임.) (6) 수신기 스위치 확인복구 ⇒ 전자밸브 자동복구됨.

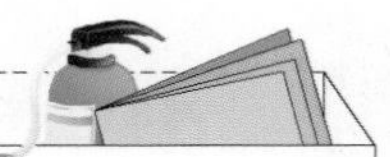

2) 복구(Setting)

(1) 복구레버 ⑭를 돌려 클래퍼를 안착시킨다.
(이때 둔탁한 "퍽~~"하는 소리가 나는데 이로써 클래퍼가 정상적으로 안착이 되었음을 알 수 있다.)

(2) 배수밸브 ⑫와 경보시험밸브 ⑨를 잠근다.

참고 점검 시 주의사항 : 배수밸브는 개폐상태를 육안으로 확인하지 못하므로 손으로 돌려보아 배수밸브가 잠겨져 있는지 반드시 재차 확인할 것. 만약 배수밸브가 개방되어져 있다면 화재진압 실패의 원인이 된다.

(3) 셋팅밸브 ③ 개방 ⇒ 중간챔버 ④에 급수

(4) 수동기동밸브 ⑥을 약간만 개방하여 중간챔버 내 에어(공기)를 제거 후 다시 잠근다.

참고 다이어프램타입의 경우 중간챔버 내용적이 크므로 셋팅 시 에어를 제거하지 않아도 기능상에는 문제가 없으나, 클래퍼타입의 경우 챔버용적이 작으므로 안정적인 셋팅을 위해 에어를 제거해 주는 것이 좋다.

(5) 중간챔버 내 가압수 공급으로 밀대가 걸쇠를 밀어 클래퍼를 개방되지 않도록 눌러준다.
⇒ 중간챔버 압력계 ⑪ 압력발생 확인

(6) 1차측 개폐밸브 ①을 물이 약간 흐를 수 있는 정도만 개방한다.

(7) 드립체크밸브 ⑬을 손으로 눌러 누수 여부를 확인한다. 이때 누수가 되지 않으면 정상 셋팅된 것이다.

참고 셋팅이 안 될 경우의 조치 : 만약 누수가 되면 클래퍼가 정상적으로 안착이 되지 않은 경우이므로 다시 복구를 하여야 하며, 계속 복구가 되지 않을 경우에는 밸브 본체 볼트를 풀어 전면 커버를 분리하고 클래퍼 내부 이물질 제거 및 클래퍼 안착면을 깨끗이 닦아낸 후 정확하게 안착시켜서 복구한다.

(8) 1차측 개폐밸브 ①을 완전히 개방한다.

(9) 셋팅밸브 ③ 잠금(셋팅밸브를 잠그고 관리하는 경우만 해당)

(10) 수신기 스위치 상태확인

(11) 소화펌프 자동전환(펌프 수동정지의 경우에 한함.)

(12) 2차측 개폐밸브 ② 서서히 완전개방

3. 경보장치 작동시험 방법

1) 2차측 개폐밸브 ② 잠금(∵ P/V 개방 시 안전조치)
2) 경보시험밸브 ⑨ 개방 ⇒ 압력스위치 ⑩ 작동 ⇒ 경보장치 작동
3) 경보 확인 후 경보시험밸브 ⑨ 잠금
4) 드립체크밸브 ⑬을 수동으로 눌러 경보시험 시 넘어간 물은 배수시켜 준다.
5) 수신기 스위치 확인복구
6) 2차측 개폐밸브 ② 서서히 개방

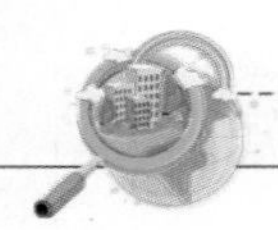

★★★★★

04 다음 그림과 같은 PORV를 이용한 다이어프램타입의 프리액션밸브에 대하여 작동기능 점검을 하고자 한다. 다음 물음에 답하시오. [6회 20점, 7회 30점]

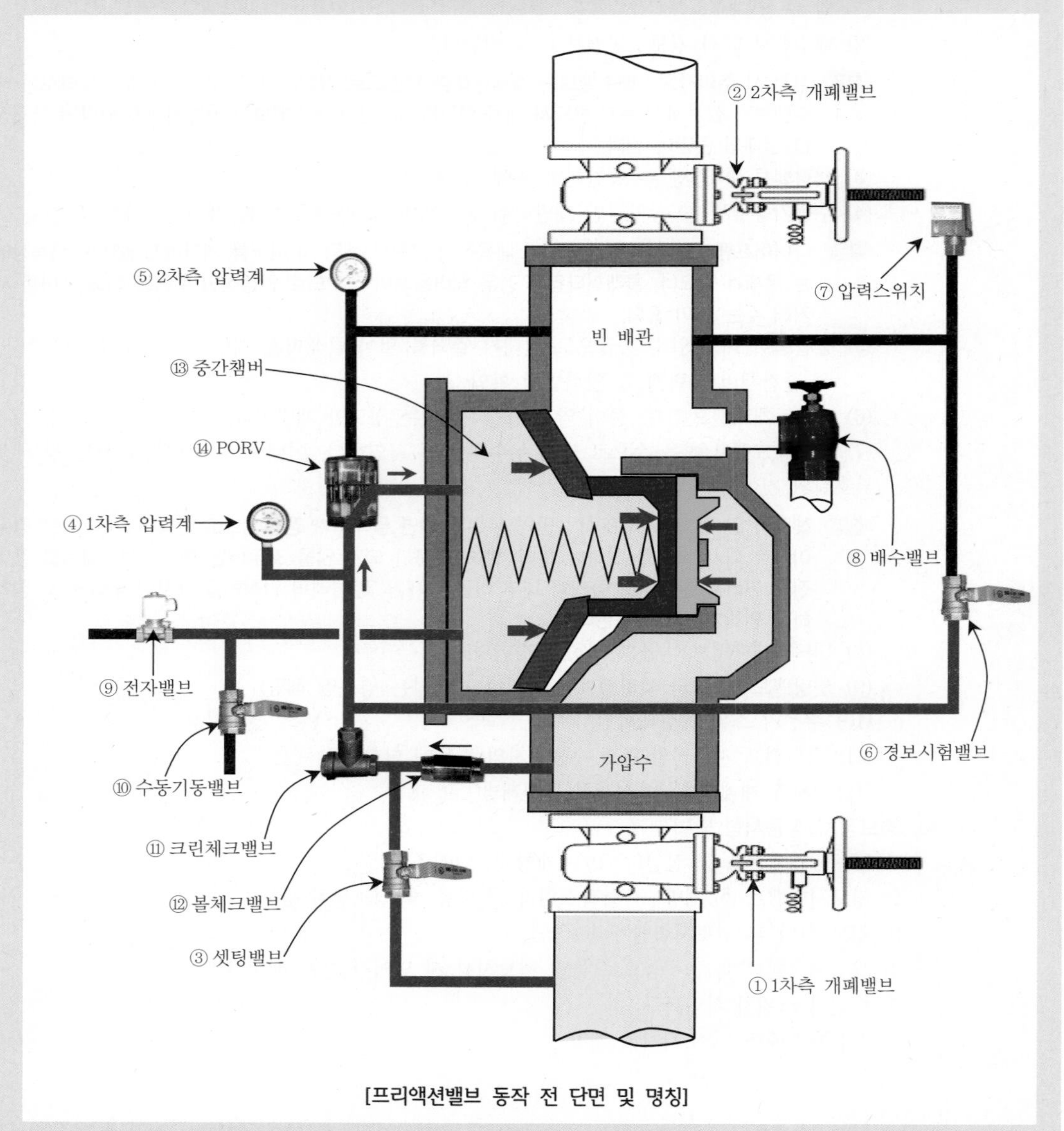

[프리액션밸브 동작 전 단면 및 명칭]

1. 작동점검 시 준비, 작동 방법(해당 방호구역의 감지기 동작 시), 확인사항을 쓰시오.
2. 작동점검 후 조치사항(배수 및 복구)을 쓰시오.
3. 경보장치의 작동시험 방법을 쓰시오.
4. PORV는 무엇의 약자이며, 프리액션밸브에 부착하는 이유는 무엇인지 설명하시오.

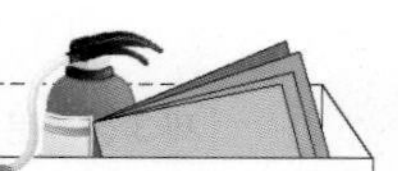

1. 작동 점검

1) 준비

(1) 2차측 개폐밸브 ② 잠금, 배수밸브 ⑧ 개방(2차측으로 가압수를 넘기지 않고 배수밸브를 통해 배수하여 시험실시)

주의 프리액션밸브가 여러 개 있는 경우는 안전조치 사항으로 다른 구역으로의 프리액션밸브 2차측 밸브도 폐쇄한 후 점검에 임한다.

(2) 경보 여부 결정(수신기 경보스위치 "ON" or "OFF")

2) 작동

(1) 준비작동식 밸브를 작동시킨다.

⇒ 준비작동식 밸브를 작동시키는 방법은 5가지 방법이 있으나 여기서는 '가.'를 선택하여 시험하는 것으로 기술한다. [4회 10점]

가. 해당 방호구역의 감지기 2개 회로 작동

나. SVP(수동조작함)의 수동조작스위치 작동

다. 프리액션밸브 자체에 부착된 수동기동밸브 개방

라. 수신기측의 프리액션밸브 수동기동스위치 작동

마. 수신기에서 동작시험스위치 및 회로선택스위치로 작동(2회로 작동)

SVP a P/V b

[작동시험 방법]

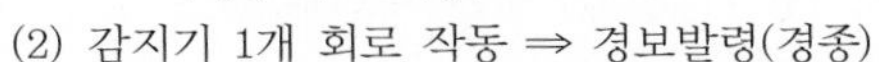

(2) 감지기 1개 회로 작동 ⇒ 경보발령(경종)

(3) 감지기 2개 회로 작동 ⇒ 전자밸브 ⑨ 개방

(4) 중간챔버 ⑬ 압력저하 ⇒ 밸브시트 개방

(5) 2차측 개폐밸브까지 소화수 가압 ⇒ 배수밸브 ⑧을 통해 유수

(6) PORV ⑭ 작동 ⇒ 중간챔버 압력저하상태 유지(PORV의 작동으로 1차측의 가압수가 중간챔버로 유입되지 않도록 차단함으로서 중간챔버 내 압력저하상태가 지속된다.)

(7) 유입된 가압수에 의해 압력스위치 ⑦ 동작

3) 확인

(1) 감시제어반(수신기) 확인사항

가. 화재표시등 점등 확인

나. 해당 구역 감지기 동작표시등 점등 확인

다. 해당 구역 프리액션밸브 개방표시등 점등 확인

라. 수신기 내 경보 부저 작동 확인

(2) 해당 방호구역의 경보(싸이렌)상태 확인

(3) 소화펌프 자동기동 여부 확인

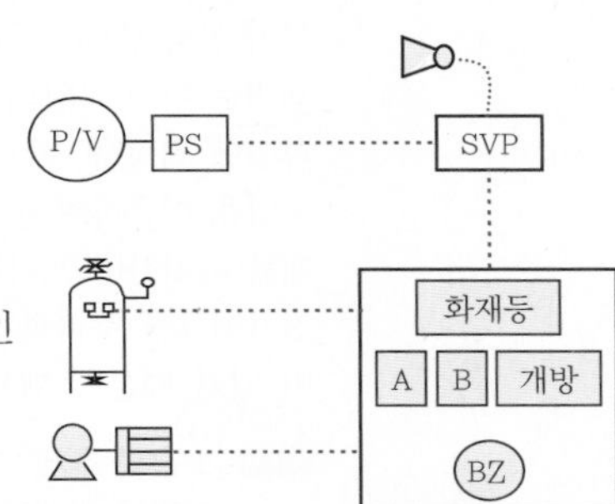

[프리액션밸브 동작 시 확인사항]

2. 작동 후 조치

1) 배수

펌프 자동정지의 경우	펌프 수동정지의 경우
(1) 셋팅밸브 잠금(개방 관리하는 경우만 해당) (2) 1차측 개폐밸브 ① 잠금 ⇒ 펌프정지 확인 (3) 개방된 배수밸브 ⑧을 통해 ⇒ 2차측 소화수 배수 (4) 수신기 스위치 확인복구 ⇒ 전자밸브 자동복구됨.	(1) 펌프 수동정지 (2) 셋팅밸브 잠금(개방 관리하는 경우만 해당) (3) 1차측 개폐밸브 ① 잠금 (4) 개방된 배수밸브 ⑧을 통해 ⇒ 2차측 소화수 배수 (5) 수신기 스위치 확인복구 ⇒ 전자밸브 자동복구됨.

2) 복구(Setting)

(1) 배수밸브 ⑧ 잠금

주의 배수밸브는 개폐상태를 육안으로 확인하지 못하므로 손으로 돌려보아 배수밸브가 잠겨져 있는지 반드시 재차 확인할 것. 만약 배수밸브가 개방되어져 있다면 화재진압 실패의 원인이 된다.

(2) 셋팅밸브 ③ 개방 ⇒ 중간챔버 ⑬ 내 가압수 공급으로 밸브시트 자동복구 ⇒ 압력계 ④ 압력발생 확인

(3) 1차측 개폐밸브 서서히 개방(수격현상이 발생되지 않도록)

⇒ 이때, 2차측 압력계가 상승하지 않으면 정상 셋팅된 것이다.

⇒ 만약, 2차측 압력계가 상승하면 배수부터 다시 실시한다.

(4) 셋팅밸브 ③ 잠금(셋팅밸브를 잠그고 관리하는 경우만 해당)

(5) 수신기 스위치 상태확인

(6) 소화펌프 자동전환(펌프 수동정지의 경우에 한함.)

(7) 2차측 개폐밸브 ② 서서히 완전개방

3. 경보장치 작동시험 방법

1) 2차측 개폐밸브 ② 잠금(∵ P/V 개방 시 안전조치)

2) 경보시험밸브 ⑥ 개방 ⇒ 압력스위치 작동 ⇒ 경보장치 작동

3) 경보 확인 후 경보시험밸브 ⑥ 잠금

4) 자동배수밸브를 통하여, 경보시험 시 넘어간 물은 자동배수됨.

5) 수신기 스위치 확인복구

6) 2차측 개폐밸브 ② 서서히 개방

4. PORV의 개념

1) PORV : Pressure Operated Relief Valve의 약어

2) 프리액션밸브에 부착하는 이유 : 자동복구형의 전자밸브가 설치된 프리액션밸브의 경우 전자밸브가 동작되면 중간챔버의 가압수를 배출시켜 프리액션밸브가 작동(개방)된다. 프리액션밸브가 동작 중에 전원이 차단되면 전자밸브는 자동으로 복구되어 닫히게 되고 이로 인하여 중간챔버는 다시 가압되어 프리액션밸브는 자동으로 복구되는 현상이 발생된다. 이렇게 되면 소화작업에 지장을 초래하게 된다. 따라서 PORV는 프리액션밸브가 한번 동작(개방)되면 2차측의 수압을 이용하여 중간챔버로 가압수가 유입되지 않도록 차단함으로써 중간챔버의 압력저하상태를 유지하여 프리액션밸브가 지속적으로 개방되도록 하기 위해서 설치한다. 즉, 자동복구형 전자밸브를 부착한 다이어프램을 사용하는 프리액션밸브는 구조적으로 자동복구되려는 특성이 있기 때문에 밸브가 복구되려는 현상을 방지하기 위해 PORV를 부착한다.

참고 최근의 추세 : 다이어프램타입의 프리액션밸브가 자동으로 복구되려는 현상을 방지하기 위한 방법은 기계적 방법인 PORV를 사용하는 방법과 전기적 방법인 전동볼밸브를 사용하는 2가지 방법이 있으나 최근에는 전동볼밸브를 사용하는 제품이 대부분 생산되고 있다.

구 분	기계적인 방법	전기적인 방법
외형		Open 수동 개방버튼 Close 푸시버튼
복구방지 방법	PORV 사용	전동볼밸브 사용

★★★★★

05 다음 그림과 같은 전동볼밸브를 이용한 다이어프램타입의 프리액션밸브에 대하여 작동기능 점검을 하고자 한다. 다음 물음에 답하시오. [6회 20점, 7회 30점]

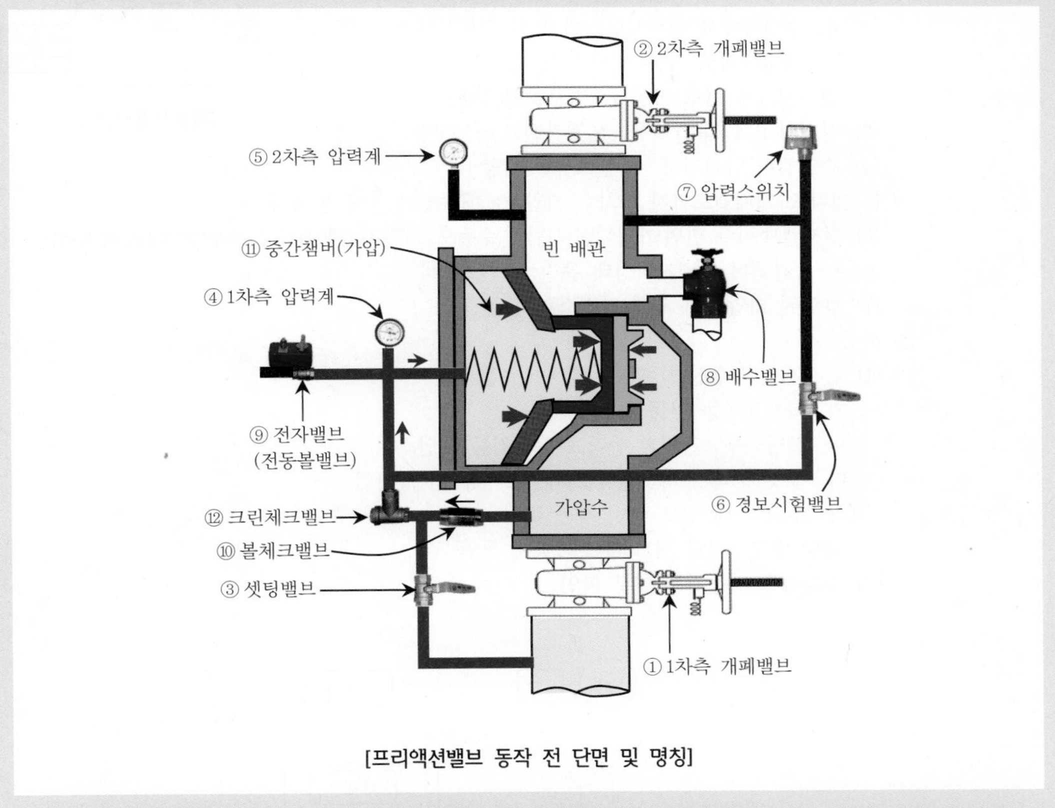

[프리액션밸브 동작 전 단면 및 명칭]

1. 작동점검 시 준비, 작동 방법(해당 방호구역의 감지기 동작 시)과 확인사항을 쓰시오.
2. 작동점검 후 조치사항(배수 및 복구)을 쓰시오.
3. 경보장치의 작동시험 방법을 쓰시오.

 1. 작동 점검

1) 준비

(1) 2차측 개폐밸브 ② 잠금, 배수밸브 ⑧ 개방(2차측으로 가압수를 넘기지 않고 배수밸브를 통해 배수하여 시험 실시)

주의 프리액션밸브가 여러 개 있는 경우는 안전조치 사항으로 다른 구역으로의 프리액션밸브 2차측 밸브도 폐쇄한 후 점검에 임한다.

(2) 경보 여부 결정(수신기 경보스위치 “ON” 또는 “OFF”)

2) 작동

(1) 준비작동식 밸브를 작동시킨다.

⇒ 준비작동식 밸브를 작동시키는 방법은 5가지 방법이 있으나 조건에서 감지기를 동작시켜 시험한다 하였으므로 “가”를 선택하여 시험한다. [4회 10점]

가. 해당 방호구역의 감지기 2개 회로 작동
나. SVP(수동조작함)의 수동조작스위치 작동
다. 프리액션밸브 자체에 부착된 수동기동밸브 개방
라. 수신기측의 프리액션밸브 수동기동스위치 작동
마. 수신기에서 동작시험스위치 및 회로선택스위치로 작동(2회로 작동)

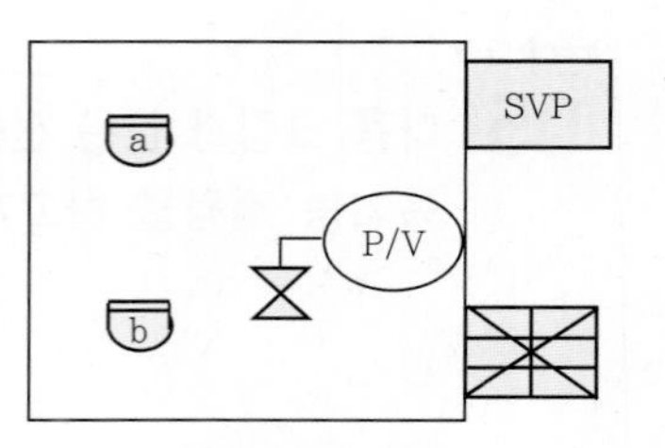

[작동시험 방법]

(2) 감지기 1개 회로 작동 ⇒ 경보발령(경종)
(3) 감지기 2개 회로 작동 ⇒ 전자밸브 ⑨ 개방
(4) 중간챔버 압력저하 ⇒ 밸브시트 개방
(5) 2차측 개폐밸브까지 소화수 가압 ⇒ 배수밸브 ⑧을 통해 유수
(6) 전자밸브 ⑨는 한번 개방되면 사람이 수동으로 복구하기 전까지는 개방상태로 유지됨에 따라 ⇒ 중간챔버 압력저하상태 유지
(7) 유입된 가압수에 의해 압력스위치 ⑦ 작동

3) 확인
(1) 감시제어반(수신기) 확인사항
가. 화재표시등 점등 확인
나. 해당 구역 감지기 동작표시등 점등 확인
다. 해당 구역 프리액션밸브 개방표시등 점등 확인
라. 수신기 내 경보 부저 작동 확인
(2) 해당 방호구역의 경보(싸이렌)상태 확인
(3) 소화펌프 자동기동 여부 확인

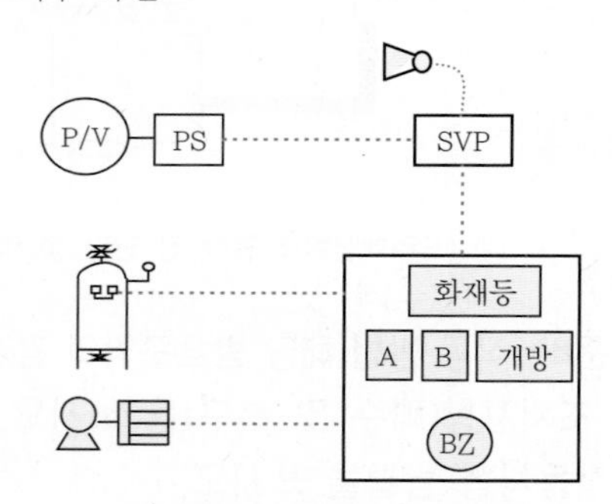

[프리액션밸브 동작 시 확인사항]

2. 작동 후 조치

1) 배수

펌프 자동정지의 경우	펌프 수동정지의 경우
(1) 셋팅밸브 잠금(개방 관리하는 경우만 해당) (2) 1차측 개폐밸브 ① 잠금 ⇒ 펌프정지 확인 (3) 개방된 배수밸브 ⑧을 통해 ⇒ 2차측 소화수 배수 (4) 수신기 스위치 확인복구	(1) 펌프 수동정지 (2) 셋팅밸브 잠금(개방 관리하는 경우만 해당) (3) 1차측 개폐밸브 ① 잠금 (4) 개방된 배수밸브 ⑧을 통해 ⇒ 2차측 소화수 배수 (5) 수신기 스위치 확인복구

2) 복구(Setting)
(1) 배수밸브 ⑧ 잠금

주의 배수밸브는 개폐상태를 육안으로 확인하지 못하므로 손으로 돌려보아 배수밸브가 잠겨져 있는지 반드시 재차 확인할 것. 만약 배수밸브가 개방되어져 있다면 화재진압 실패의 원인이 된다.

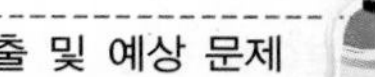

(2) 전자밸브 ⑨ 복구(전자밸브 푸시버튼을 누르고 전동볼밸브 폐쇄)
(3) 셋팅밸브 ③ 개방 ⇒ 중간챔버 내 가압수 공급으로 밸브시트 자동복구 ⇒ 압력계 ④ 압력 발생 확인
(4) 1차측 개폐밸브 ① 서서히 개방(수격현상이 발생되지 않도록)
⇒ 이때, 2차측 압력계가 상승하지 않으면 정상 셋팅된 것이다.
⇒ 만약, 2차측 압력계가 상승하면 배수부터 다시 실시한다.
(5) 셋팅밸브 ③ 잠금(셋팅밸브를 잠그고 관리하는 경우만 해당)
(6) 수신기 스위치 상태확인
(7) 소화펌프 자동전환(펌프 수동정지의 경우에 한함.)
(8) 2차측 개폐밸브 ② 서서히 완전개방

3. 경보장치 작동시험 방법
1) 2차측 개폐밸브 ② 잠금(∵ P/V 개방 시 안전조치)
2) 경보시험밸브 ⑥ 개방 ⇒ 압력스위치 ⑦ 작동 ⇒ 경보장치 작동
3) 경보 확인 후 경보시험밸브 ⑥ 잠금
4) 자동배수밸브를 통하여 경보시험 시 넘어간 물은 자동배수된다.
5) 수신기 스위치 확인복구
6) 2차측 개폐밸브 ② 서서히 개방

★★★★

06 프리액션밸브의 작동시험을 완료하고 경계상태로 셋팅을 하려고 하는데 셋팅이 되지 않는다. 이 경우의 원인 및 조치 방법을 기술하시오.(단, PORV를 이용한 다이어프램 방식이다.)

1. PORV 오리피스에 이물질이 침입하여 중간챔버에 원활히 압력수의 공급이 이루어지지 않은 경우
⇒ PORV를 분해하여 이물질을 제거한다.
2. 크린체크밸브(Clean Check V/V)에 이물질이 침입하여 중간챔버에 원활한 압력수의 공급이 이루어지지 않은 경우
⇒ 2차측 배수 후 크린체크밸브 커버를 분리하여 이물질 제거 후 복구한다.
3. 솔레노이드밸브가 복구가 안 된 경우 또는 기능이 불량인 경우
1) 솔레노이드밸브가 열린 경우 : 수신기와 수동조작함(SVP)을 복구하여 솔레노이드밸브를 복구한 후 셋팅한다.
2) 기능이 불량인 경우 : 솔레노이드밸브 정비 또는 교체 후 셋팅한다.
4. 다이어프램의 고무가 손상된 경우
⇒ 다이어프램을 교체한다.
5. 프리액션밸브 밸브시트에 이물질이 침입한 경우
⇒ 이물질 제거 후 재셋팅한다.
6. 셋팅밸브에서 PORV 까지의 배관이 막힌 경우
⇒ 압력수 공급이 원활치 않은 경우 배관을 분해하여 점검한다.
7. 셋팅밸브가 닫힌 경우
⇒ 셋팅밸브를 열어 셋팅을 실시한다.
8. 수동기동밸브가 개방된 경우
⇒ 수동기동밸브를 폐쇄한 후 셋팅한다.

★★★★

07 준비작동식 스프링클러설비 전기 계통도(R형 수신기)이다. 최소 배선 수 및 회로 명칭을 각각 쓰시오. [21회 4점]

구 분	전선의 굵기	최소 배선수 및 회로 명칭
①	$1.5mm^2$	(ㄱ)
②	$2.5mm^2$	(ㄴ)
③	$2.5mm^2$	(ㄷ)
④	$2.5mm^2$	(ㄹ)

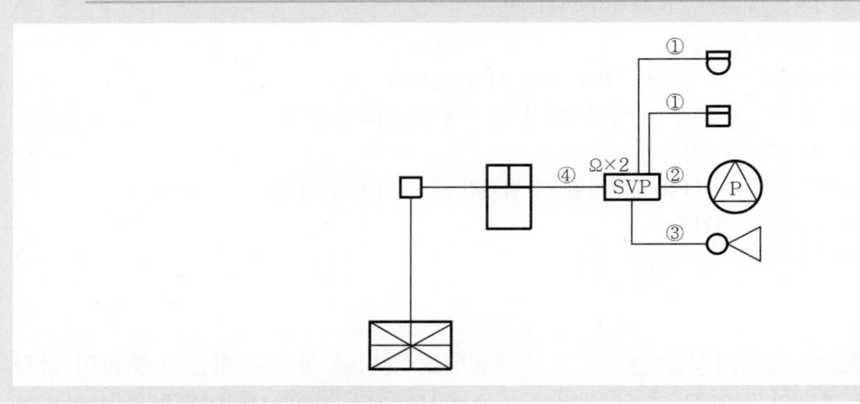

(ㄱ) 4선 : 회로선(2), 공통선(2)
(ㄴ) 4선 : 공통선(1), 압력스위치(1), 탬퍼스위치(1), 솔레노이드밸브(1)
(ㄷ) 2선 : 싸이렌(1), 공통선(1)
(ㄹ) 9선 : 전원(+, −), 전화, 감지기(A, B), 압력스위치(1), 탬퍼스위치(1), 솔레노이드밸브(1), 싸이렌(1)

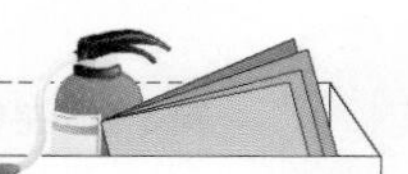

4 일제개방밸브의 점검

1. 일제살수식 스프링클러설비

극장의 무대부, 특수공장 등 천장고가 높은 곳은 폐쇄형 헤드를 사용하는 설비방식으로는 화재를 유효하게 소화할 수 없기 때문에 헤드를 개방형으로 설치하여 담당구역에 물을 동시에 살수할 수 있도록 한 설비이다.

일제개방밸브의 1차측에는 가압수를 충수시키고, 2차측에는 개방형 스프링클러헤드를 설치하여 대기압상태로 있다가, 화재가 발생하면 교차회로로 구성된 감지기가 2개 이상 작동하여 전자밸브를 개방시켜 실린더(또는 중간챔버)의 압력균형이 깨어져 디스크가 개방되어 2차측으로 유수를 발생시켜 압력스위치가 작동하여 밸브의 개방을 알리고 음향경보를 발한다. 또한, 2차측으로 유수가 발생함과 동시에 기동용 수압개폐장치의 압력스위치가 작동하여 가압송수장치를 동작시켜 일제개방밸브가 담당하는 방호구역 전역의 모든 개방형 헤드로 소화수를 일제히 방사시켜 화재를 진압하는 설비이다.

1) 일제살수식 스프링클러설비 계통도

경보밸브의 종류	1차측	2차측	사용 헤드	화재감지
일제개방밸브 • Deluge Valve = Autocontrol Valve • 프리액션밸브	가압수	대기압 (개방상태)	개방형 헤드	감지기

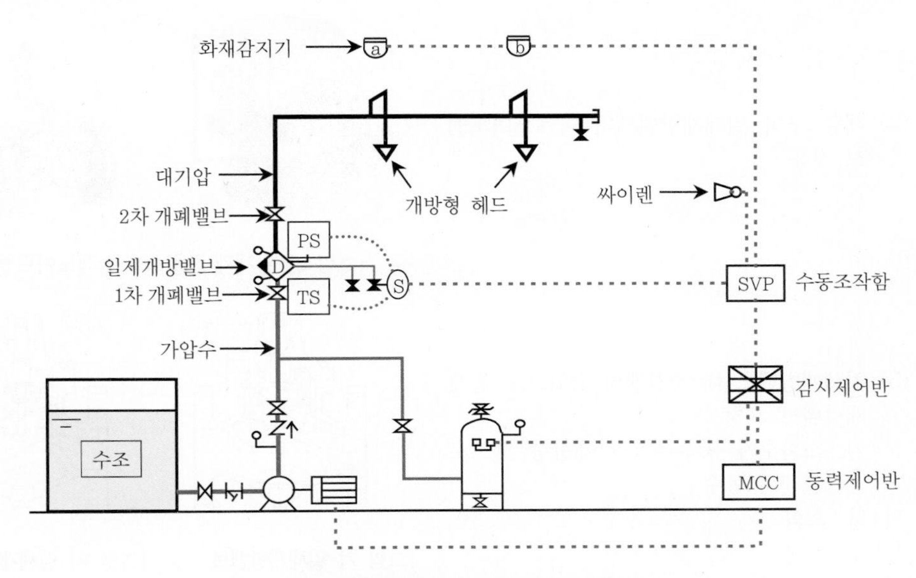

[그림 1] **일제살수식 스프링클러설비 계통도**

2) 일제살수식 스프링클러설비의 작동설명

동작순서	관련 사진
(1) 화재발생	 [그림 2] **화재발생**
(2) 화재감지 가. 자동 : 화재감지기 동작 가) a or b 감지기 동작 : 경보 나) a and b 감지기 동작 : 설비작동 나. 수동 : 수동조작함(SVP) 수동조작	 [그림 3] **감지기 동작** [그림 4] **수동조작함 동작**
(3) 제어반 화재표시 및 경보 가. 화재등, a, b 감지기 동작표시등, 솔레노이드밸브 기동등, 싸이렌 동작등 점등 나. 제어반 내 부저 명동 ⇒ 해당 구역 경보발령	 [그림 5] **제어반 표시등 점등**
(4) 해당 구역 일제개방밸브의 솔레노이드밸브 작동	 [그림 6] **일제개방밸브의 솔레노이드밸브**
(5) 일제개방밸브 내 중간챔버 감압으로 일제개방밸브 개방 가. 소화수가 방수구역의 개방형 헤드로 일제히 방수 나. 소화	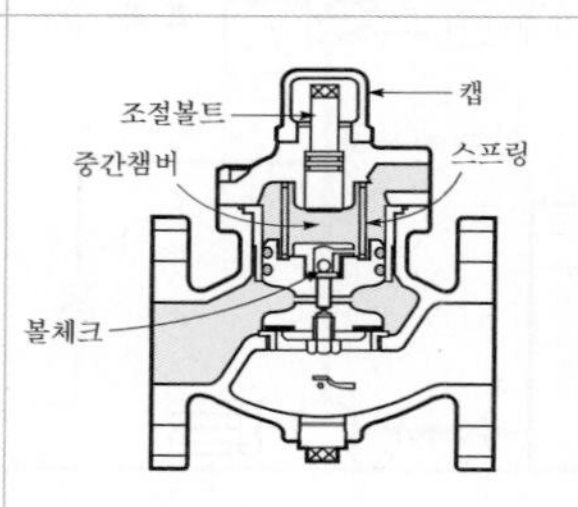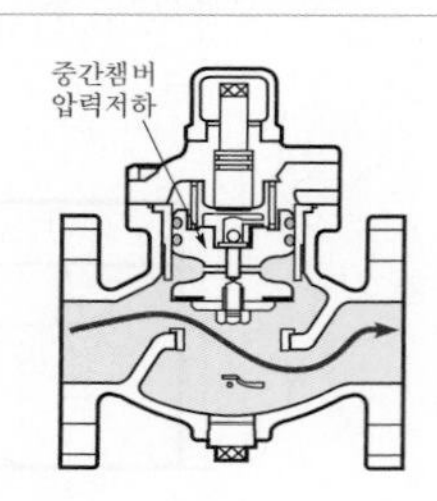 [그림 7] **일제개방밸브 단면(동작 전)** [그림 8] **일제개방밸브 단면(동작 후)**

동작순서	관련 사진
(6) 일제개방밸브의 압력스위치 작동	[그림 9] **일제개방밸브의 압력스위치**
(7) 제어반과 수동조작함에 일제개방밸브 동작(개방)표시등 점등 ⇒ 해당 구역 싸이렌 작동	제어반 일제개방밸브 동작 [그림 10] **제어반 표시등 점등** [그림 11] **수동조작함 동작표시등 점등**
(8) 배관 내 감압으로 가. 기동용 수압개폐장치의 압력스위치 동작 나. 소화펌프 기동	[그림 12] **압력챔버의 압력스위치 동작** [그림 13] **소화펌프 기동**

2. 일제개방밸브의 종류 [1회 10점 : 설계 및 시공]

일제개방밸브는 실린더타입과 다이어프램타입이 있다. 개방방식은 감압개방방식과 가압개방방식으로 구분되며, 감압개방방식은 실린더(또는 중간챔버) 내를 감압시켜 밸브를 개방시키는 방식이며, 가압개방방식은 실린더(또는 중간챔버) 내를 가압시켜 밸브를 개방시키는 방식이다.

1) 감압개방방식

평상시 밸브 상부에 실린더(또는 중간챔버)에는 가압수가 채워져 있어 수압에 의해 디스크가 밸브를 막고 있다. 화재 시 전자밸브 또는 수동기동밸브가 개방되면 실린더(또는 중간챔버) 내의 압력수를 방출함으로써 압력이 저하되어 밸브가 개방된다. 현재 국내에서 생산되는 제품은 감압개방방식이 주류를 이루고 있다.

개방방식은 정작동과 역작동 방식이 있으나 어떤 방식이든 실린더(또는 중간챔버) 내를 가압수로 가압하기 위한 관로를 설치하여야 한다. 실린더(또는 중간챔버)에 가압수를 공급하는 관로는 일제개방밸브 본체에 내장하는 타입과 외부에 설치하는 타입이 있다.

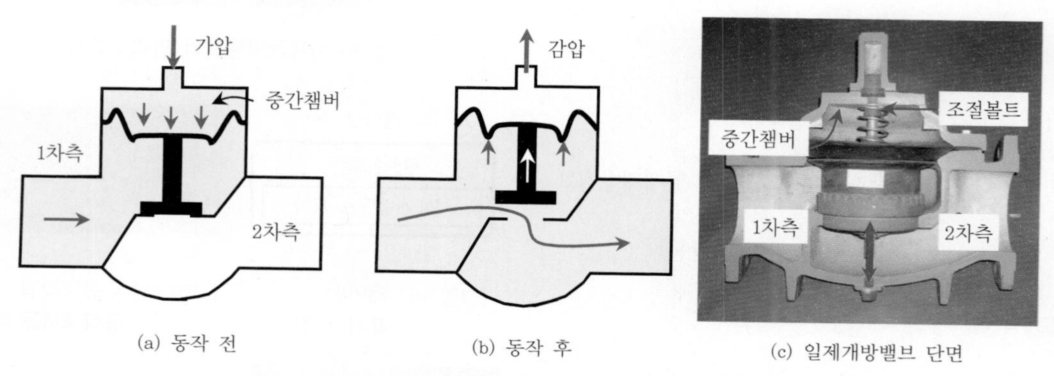

(a) 동작 전 (b) 동작 후 (c) 일제개방밸브 단면

[그림 14] **다이어프램타입의 감압개방방식**

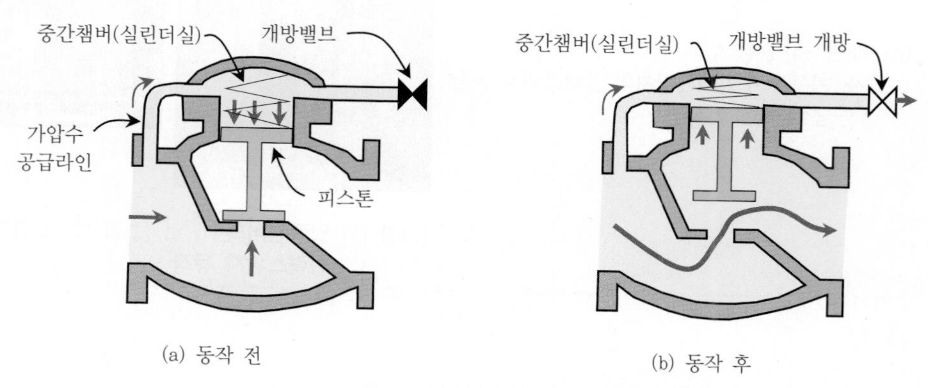

(a) 동작 전 (b) 동작 후

[그림 15] **실린더타입 감압개방방식(정작동)**

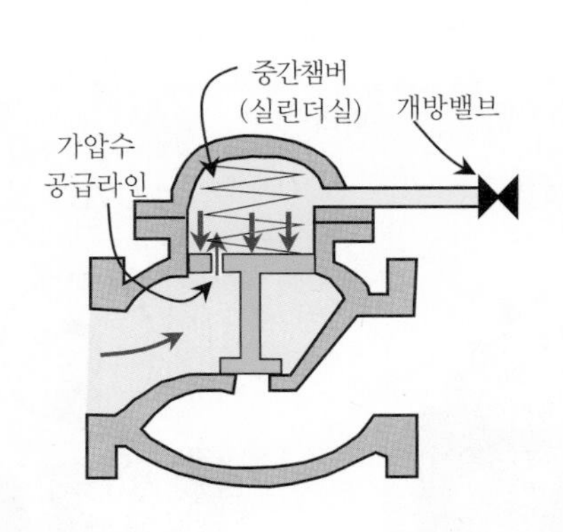

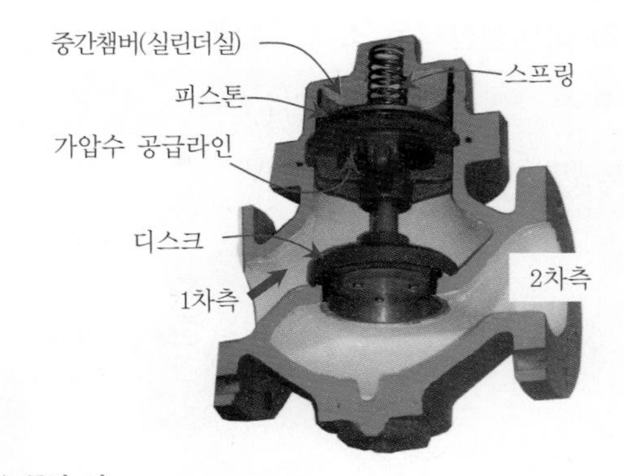

(a) 동작 전

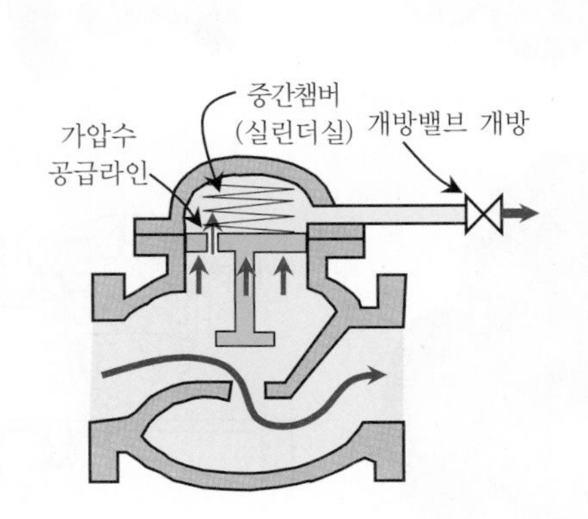

(b) 동작 후

[그림 16] **실린더타입 감압개방방식(역작동)**

2) 가압개방방식

평상시 실린더(또는 중간챔버)에는 압력이 없는 상태이며 밸브 내 디스크는 스프링의 힘과 1차측의 수압에 의하여 닫혀 있다. 화재 시 전자밸브 또는 수동기동밸브가 개방되면 실린더(또는 중간챔버)에 1차측의 가압수를 공급하여 밸브를 개방시킨다.

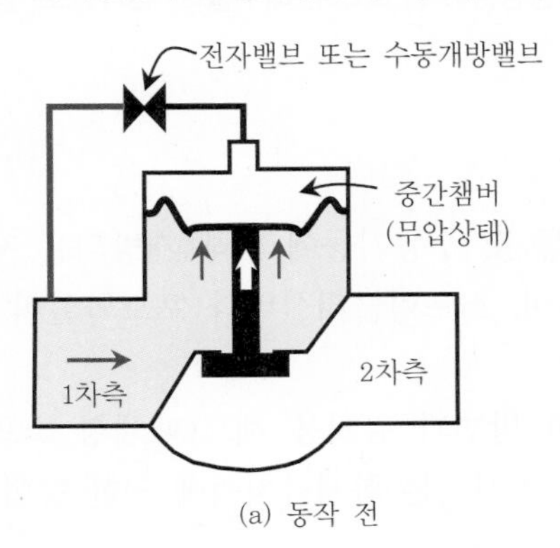

(a) 동작 전

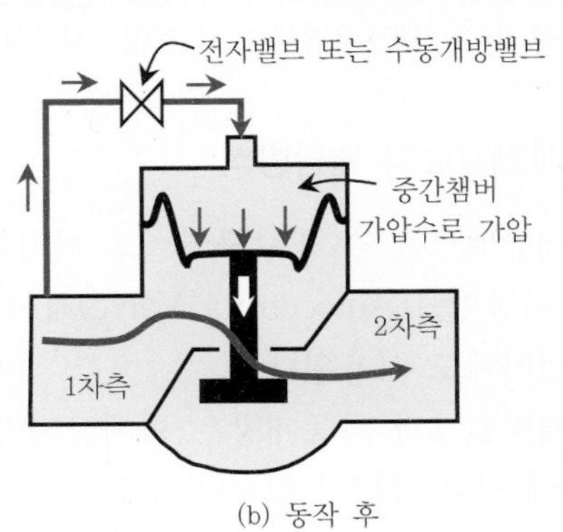

(b) 동작 후

[그림 17] **다이어프램타입 가압개방방식(정작동)**

3) 국내생산제품 소개

구 분	우당기술산업	파라텍	
모델명	WDV	FCV	FCVB
그림	솔레노이드밸브 및 수동개방밸브		
개방방식	감압 개방	감압 개방	감압 개방
타입	실린더타입	실린더타입	다이어프램타입
셋팅 방법	압력 셋팅 볼트 셋팅	압력 셋팅	압력 셋팅

참고 일제개방밸브 출고 시 상태 : 일제개방밸브 몸체만 검정받아 출고되며, 배수밸브, 전자밸브, 압력스위치 등의 주변배관은 현장에서 조립 · 시공한다.

3. 일제개방밸브의 개방방식

일제개방밸브는 각 방수구역별로 설치하여 자동 및 수동기동에 의해 개방되는 제어밸브로서 자동밸브(Autocontrol Valve)라고도 불리며, 스프링클러설비와 포소화설비, 물분무소화설비에도 사용된다.
일제개방밸브의 자동개방은 화재감지기에 의한 방법과 감지용 헤드(폐쇄형 스프링클러헤드)에 의한 방법이 있으나, 스프링클러설비에 있어서는 화재감지기에 의한 방법을 사용하여야 한다.

1) 개방방식의 비교

종 류	감지용 헤드에 의한 작동 방법	화재감지기에 의한 작동 방법
적용 설비	물분무, 포설비	스프링클러, 물분무, 포설비
계통도	개방형 헤드 감지헤드 수동기동밸브 [그림 18] **감지용 헤드에 의한 방법**	화재감지기 개방형 헤드 P 발신기 SVP M [그림 19] **화재감지기에 의한 방법**
기동 방법	(1) 감지헤드(자동) (2) 수동기동밸브(수동)	(1) 화재감지기(자동) (2) 수동조작함(수동) (3) 수동기동밸브(수동) (4) 제어반에서 동작(2가지 : 수동)
화재감지	감지헤드 설치	화재감지기 ※ 전자밸브는 전동볼밸브(수동복구형) 설치
장점	신뢰성 우수	(1) 동파의 우려가 있는 장소에 설치 가능 (2) 층고 높거나 화재확산 우려가 있는 곳에 설치
단점	동파의 우려가 있는 곳에는 부적합	감지기 오동작의 우려가 있어 신뢰도 낮음.

참고 일제살수식 스프링클러설비의 개방방식 : 화재감지기에 의한 개방방식만 가능

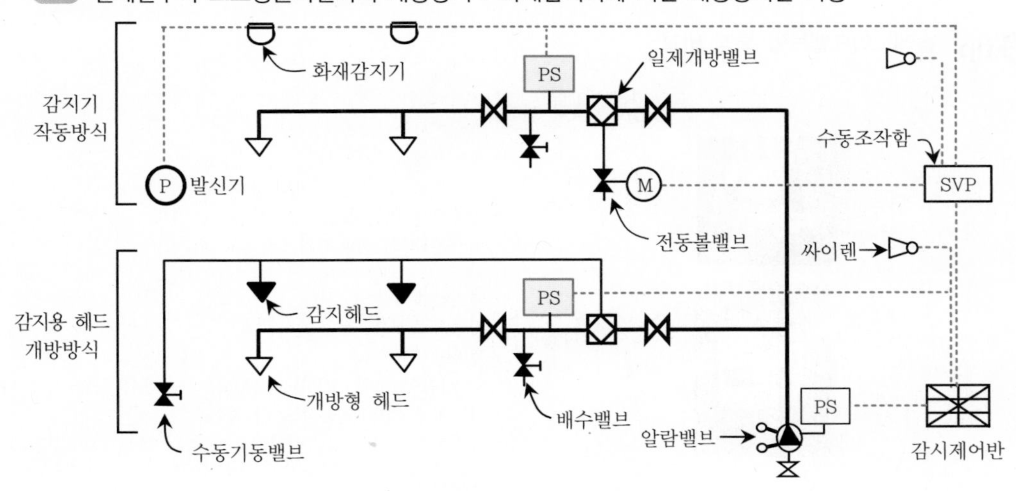

[그림 20] **일제개방밸브의 개방방식**

2) 일제개방밸브 오동작 방지기능

화재감지기에 의해서 개방되는 일제개방밸브에는 솔레노이드밸브가 설치된다. 현재 대상처에 설치된 일제개방밸브의 솔레노이드밸브는 자동복구형 일반 솔레노이드밸브와 수동복구형 전동볼밸브타입으로 구분이 되는데 종전에는 일반 솔레노이드밸브가 주로 설치되었으나 최근 2002년 이후부터는 전동볼밸브타입의 솔레노이드밸브가 설치되고 있는 상황이다.

(1) 종전에 설치된 일반 솔레노이드밸브의 문제점

가. 현재 생산되고 있는 일제개방밸브는 대부분 감압개방방식으로 제작·출고되고 있다.

나. 감압개방방식의 일제개방밸브 동작원리는 프리액션밸브의 다이어프램타입과 동일하다. 일제개방밸브는 중간챔버 내부의 압력이 저하되면 개방되고, 압력이 상승하면 자동으로 복구되는 밸브이다. 화재 시 일제개방밸브가 동작 중에 전원이 차단되면 일반 솔레노이드밸브가 자동으로 복구되어 일제개방밸브는 자동으로 복구되어 소화작업에 지장을 초래하게 된다.

다. 일제개방밸브의 경우 제품출고 시 일제개방밸브 본체만 판매되며, 솔레노이드밸브는 옵션사항으로 별도 구매하여 현장에서 조립·시공되고 있다. 또한 시공업체에서는 이러한 내용을 모르는 상황에서 전동볼밸브타입에 비하여 저렴한 일반 솔레노이드밸브를 설치하고 있는 실정이다.

(2) 대책 : 화재감지기에 의해서 개방되는 일제개방밸브에 설치되는 솔레노이드밸브는 일제개방밸브의 자동복구방지를 위해서 수동복구형인 전동볼밸브타입을 설치해야 한다. 설계 시에 전동볼밸브가 반영될 수 있도록 하여야 하겠고, 점검 시에도 일반 솔레노이드밸브가 설치된 경우 전동볼밸브로 교체할 것을 지적해 주어야 한다.

tip 솔레노이드밸브별 특징 비교

구 분	외 형	평상시	동작 시	복구 시
일반 솔레노이드밸브 (자동복구형)		폐쇄	개방	• 제어반에서 복구 시 자동으로 S/V 복구(개방 ⇒ 폐쇄) • 이물질에 의한 오동작 우려 높음. 현재는 거의 사용하지 않는다.
전동볼밸브타입 솔레노이드밸브 (수동복구형)		폐쇄	개방	• 제어반에서 복구 시 자동으로 S/V 복구 안 된다. • 제어반 복구 후 ⇒ 사람이 직접 S/V를 수동으로 복구해야 한다. • 이물질에 의한 오동작 우려 없음. • 약 2002년 이후 프리액션밸브에 거의 적용되고 있다.

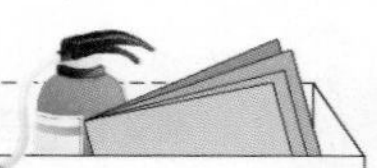

4. WDV-1형(우당기술산업) 일제개방밸브의 점검 ★★★★

참고 일제개방밸브의 동작은 화재감지기에 의한 감압개방방식이며, 솔레노이드밸브는 전동볼밸브(수동복구형)타입이 설치된 것으로 기술한다.

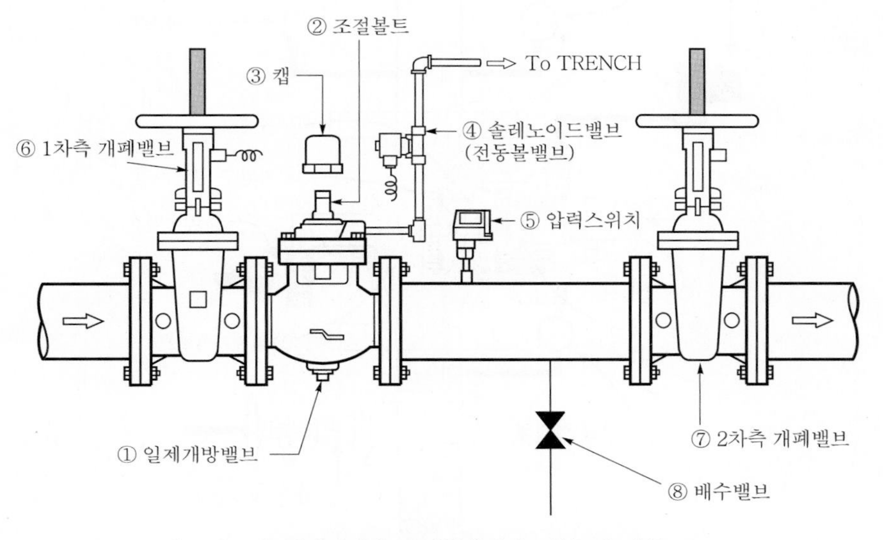

[그림 21] **일제개방밸브 감압개방식 외형 및 명칭**

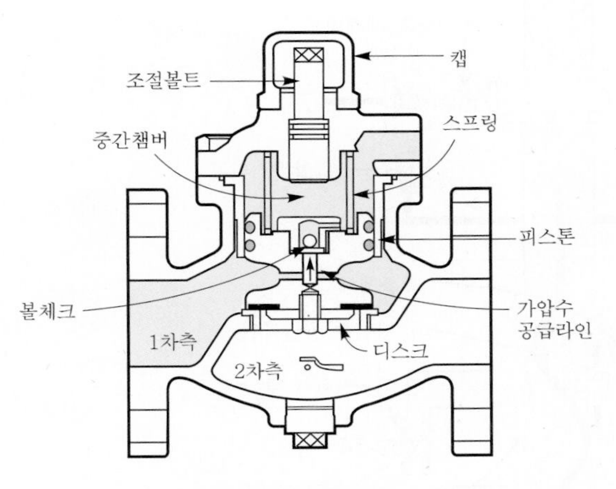

[그림 22] **일제개방밸브 동작 전**

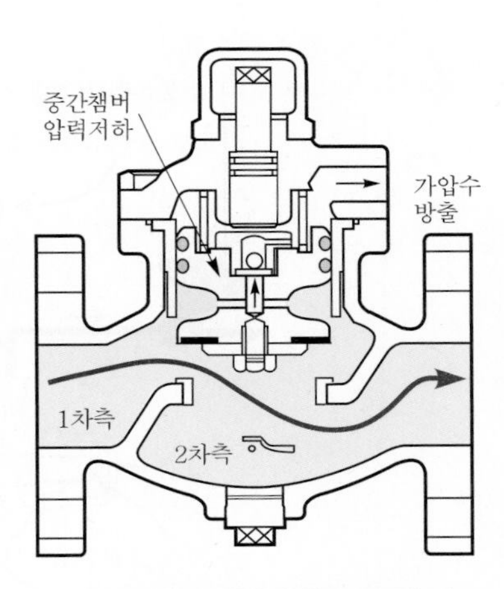

[그림 23] **일제개방밸브 동작 후**

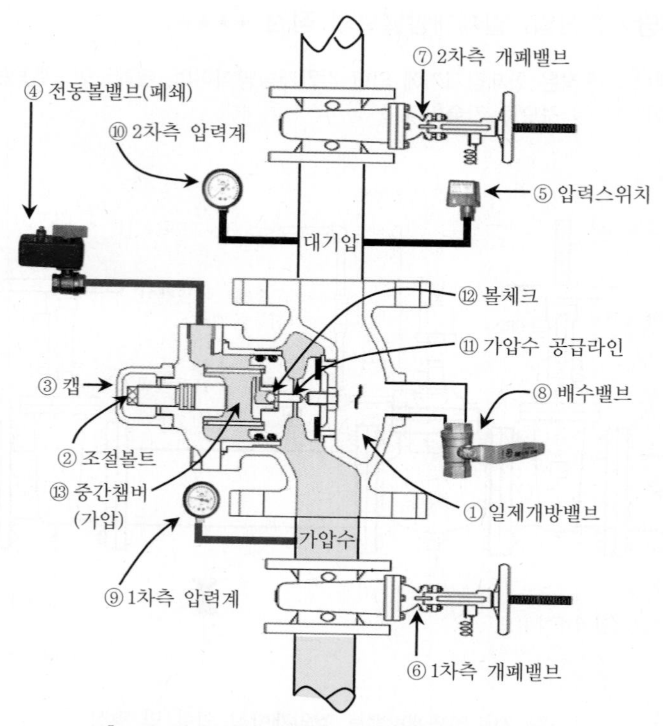

[그림 24] **일제개방밸브 개방 전 단면 및 명칭**

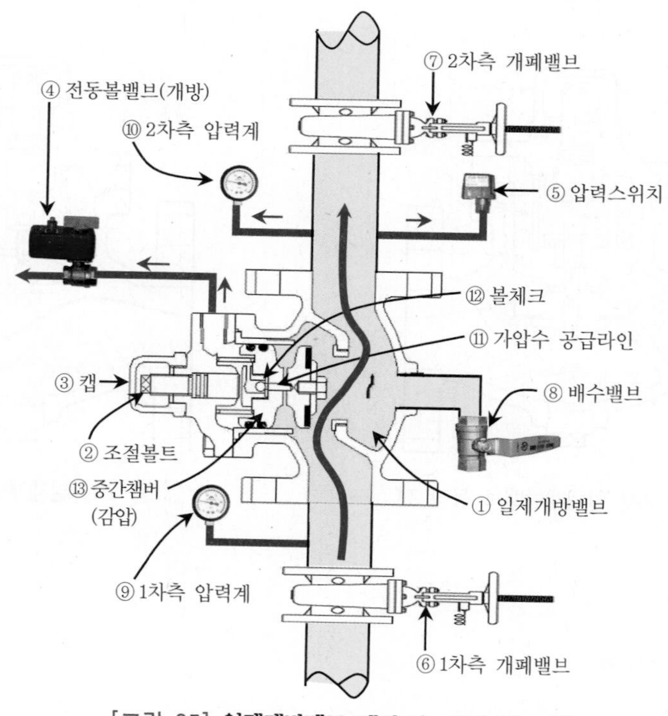

[그림 25] **일제개방밸브 개방 후 단면 및 명칭**

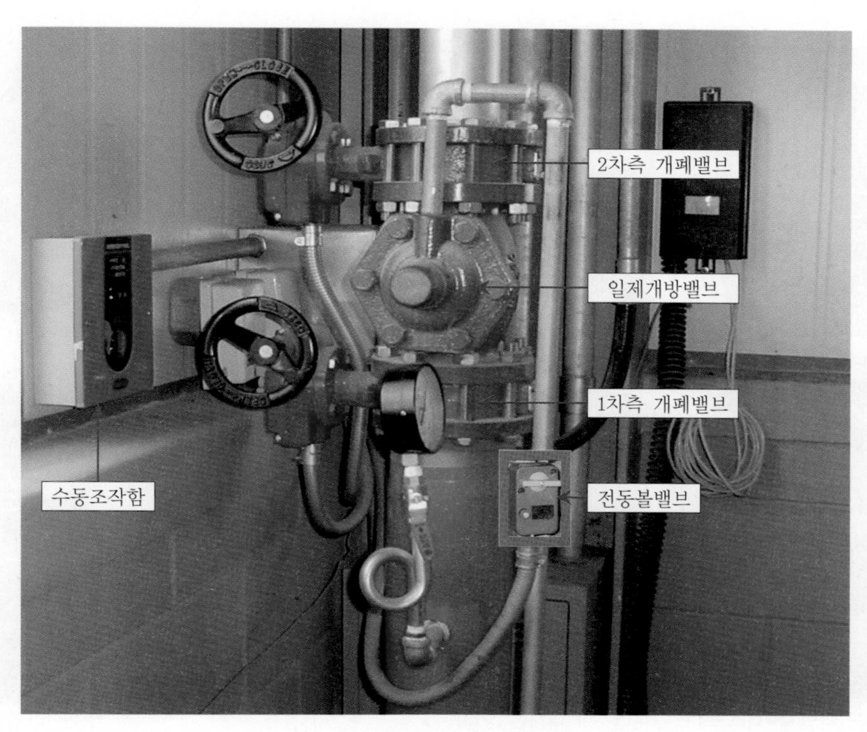

[그림 26] **일제개방밸브 설치된 모습**

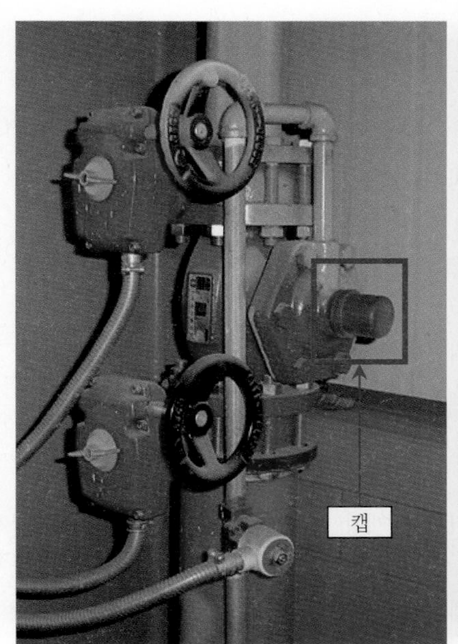

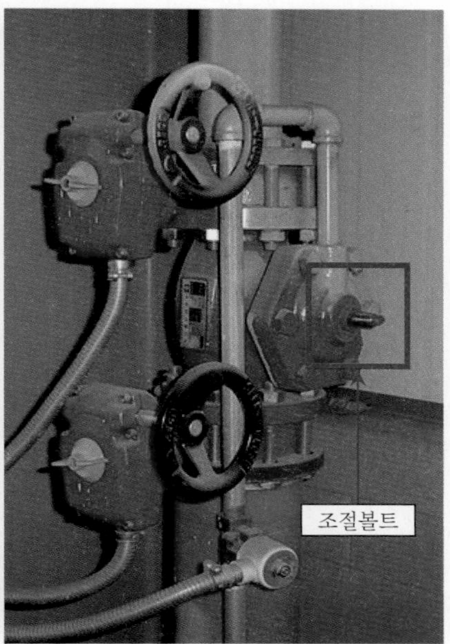

[그림 27] **일제개방밸브 캡 제거 전·후 모습**

[피스톤이 내려온 상태]

[피스톤이 실린실에 밀려 들어간 상태]

가압수 공급라인

[그림 28] **일제개방밸브 분해모습**

1) 구성요소 및 기능설명

순 번	명 칭	설 명	평상시 상태
①	일제개방밸브	평상시 폐쇄되어 있다가 화재 시 셋팅이 풀려 가압수를 2차측으로 보내는 밸브	닫힘
②	조절볼트	볼트 셋팅 시 사용(캡을 열고 조절볼트를 잠궈서 셋팅 후 다시 개방함.)	열림
③	캡	조절볼트를 조정할 때 분리하여 사용	닫아둠
④	전동볼밸브 (솔레노이드밸브)	일제개방밸브 작동 시 전자밸브 작동(전동볼밸브는 수동복구형임.) (평상시 : 폐쇄 ⇒ 동작 시 : 개방, 복구 시에는 사람이 직접 수동복구)	닫힘
⑤	압력스위치	일제개방밸브 개방 시 제어반에 개방(작동)신호를 보냄. (a접점 사용)	일제개방밸브 동작 시 작동
⑥	1차측 개폐밸브	일제개방밸브 1차측을 개폐 시 사용	열림
⑦	2차측 개폐밸브	일제개방밸브 2차측을 개폐 시 사용	열림
⑧	배수밸브	2차측의 소화수를 배수시키고자 할 때 사용(2차측에 연결됨.)	폐쇄
⑨	1차측 압력계	일제개방밸브의 1차측 압력을 지시	1차측 압력지시

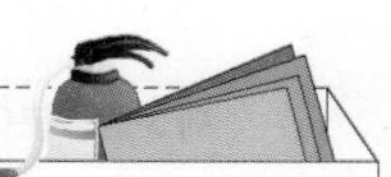

순 번	명 칭	설 명	평상시 상태
⑩	2차측 압력계	일제개방밸브의 2차측 압력을 지시	2차측 압력지시
⑪	가압수 공급라인(볼체크)	1차측의 가압수를 중간챔버(실린더실)에 공급하는 관로로서 피스톤에 조그만 오리피스로 구성되며 볼체크가 있어 중간챔버로만 가압수가 공급되고 중간챔버(실린더실)의 가압수는 1차측으로는 역류되지 못하는 구조	셋팅 시 개방 평상시 볼체크에 의해 폐쇄
⑫	볼체크	가압수 공급라인에 설치되어 중간챔버(실린더실)로만 가압수가 공급되고 중간챔버(실린더실)의 가압수는 1차측으로 역류되지 못하게 하는 역할을 한다.	폐쇄(중간챔버로만 가압수 공급)
⑬	중간챔버(실린더실)	1차측 가압수에 의해 피스톤이 작동하여 1차측의 소화수가 2차측으로 넘어가지 않도록 밀어주는 작은 챔버	1차측 압력과 동일함.

tip 무대부 등 천장이 높은 곳에 개방형 헤드를 설치하는 이유

무대부 등 천장이 높은 곳에 폐쇄형 헤드를 설치할 경우 화재발생 시 헤드까지 열전달 속도가 늦어져 화재가 확산된 후에야 헤드가 개방되어 진화에 실패하게 된다. 따라서 헤드에 비해 감도가 좋은 스프링클러설비 동작용 화재감지기를 별도로 설치하여 화재를 감지하고 일시에 방수하여 소화할 수 있도록 개방형 헤드를 설치한 것이 일제살수식 스프링클러설비이다.

2) 작동 방법

(1) 준비

가. 2차측 개폐밸브 ⑦ 잠금, 배수밸브 ⑧ 개방(2차측으로 가압수를 넘기지 않고 배수밸브를 통해 배수하여 시험실시)

주의 일제개방밸브가 여러 개 있는 경우는 안전조치 사항으로 다른 구역의 일제개방밸브 2차측 밸브도 폐쇄한 후 점검에 임한다.

나. 경보발령 여부 결정(수신기 경보스위치 "ON" or "OFF")

tip 경보스위치 선택

1. 경보스위치를 "ON" : 감지기 동작 및 일제개방밸브 동작 시 음향경보 즉시 발령된다.
2. 경보스위치를 "OFF" : 감지기 동작 및 일제개방밸브 동작 시 수신기에서 확인 후 필요시 경보스위치를 잠깐 풀어서 동작 여부만 확인한다.

⇒ 통상 점검 시에는 '2'를 선택하여 실시한다.

(2) 작동

가. 일제개방밸브를 작동시킨다. "다)"를 선택하여 시험을 실시하는 것으로 기술

가) 수신기에서 동작시험스위치 및 회로선택스위치로 작동(2회로 작동)
(※ 자동복구는 하지 말 것)

나) 수신기측의 일제개방밸브 수동기동스위치 작동

다) 해당 방수구역의 감지기 2개 회로 동작

라) 방수구역 내 수동조작함의 누름버튼을 눌러서 동작

마) 수동기동밸브 개방(전동볼밸브의 누름버튼을 누른 후 전동볼밸브 손잡이를 돌려서 개방)

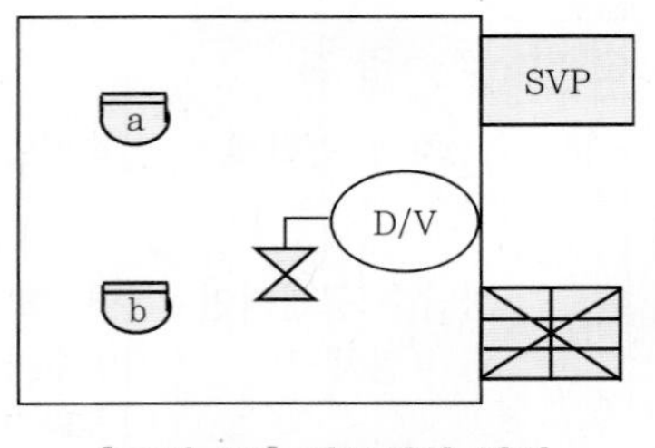

[그림 29] **작동시험 방법**

나. 감지기 1개 회로 동작 ⇒ 경보 발령(경종)

다. 감지기 2개 회로 동작 ⇒ 전동볼밸브 ④ 개방

라. 중간챔버(실린더실) 내 압력저하로 균압이 상실되어
⇒ 일제개방밸브 개방
⇒ 배수밸브 ⑧을 통해 유수

마. 유입된 가압수에 의해 압력스위치 ⑤ 작동

(3) 확인

가. 감시제어반(수신기) 확인사항

가) 화재표시등 점등 확인

나) 해당 구역 감지기 동작표시등 점등 확인

다) 해당 구역 일제개방밸브 개방표시등 점등 확인

라) 수신기 내 경보 부저 작동 확인

나. 해당 방호구역의 경보(싸이렌)상태 확인

다. 소화펌프 자동기동 여부 확인

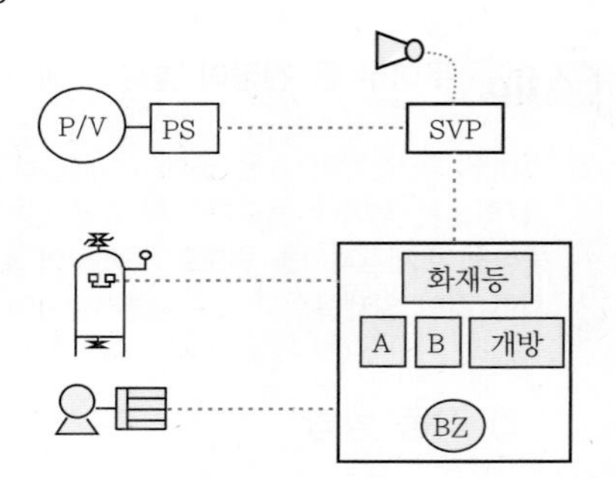

[그림 30] **일제개방밸브 점검 시 확인사항**

3) 배수 및 복구

(1) 배수

펌프 자동정지의 경우	펌프 수동정지의 경우
가. 1차측 개폐밸브 ⑥ 잠금 ⇒ 펌프정지 확인 나. 개방된 배수밸브 ⑧을 통해 ⇒ 2차측 소화수 배수 다. 수신기 스위치 확인복구	가. 펌프 수동정지 나. 1차측 개폐밸브 ⑥ 잠금 다. 개방된 배수밸브 ⑧을 통해 ⇒ 2차측 소화수 배수 라. 수신기 스위치 확인복구

tip 점검 시 펌프운전상태 관련

실제 현장에서는 충압펌프로도 일제개방밸브의 동작시험은 충분히 가능하고, 또한 시험 시 안전사고를 대비하여 통상 주펌프는 정지위치로 놓고, 충압펌프만 자동상태로 놓고 시험한다.

(2) 복구(압력 셋팅의 경우 ; Pressure Setting)

참고 국내 일제개방밸브의 공통적인 셋팅 방법이다.

가. 배수밸브 ⑧ 잠금

나. 전동볼밸브 ④ 복구(전동볼밸브의 누름버튼을 누른 후 전동볼밸브 손잡이를 돌려서 폐쇄)

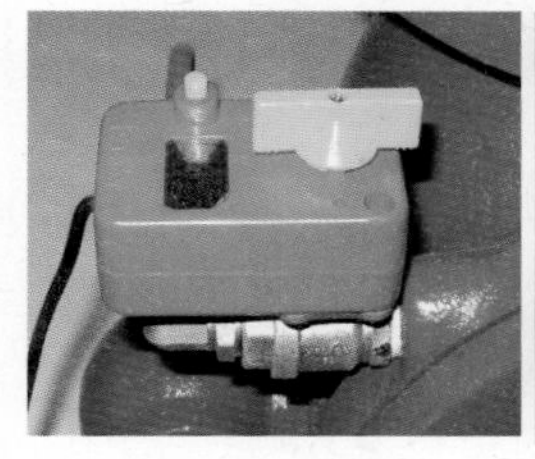

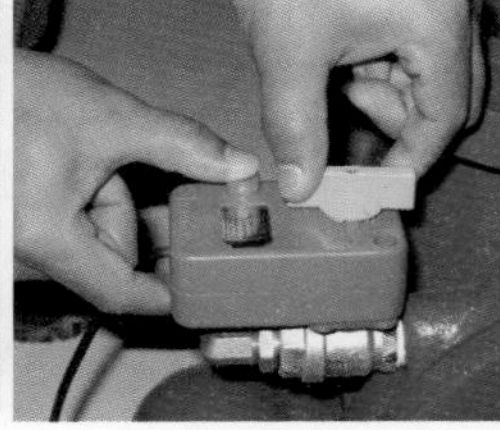

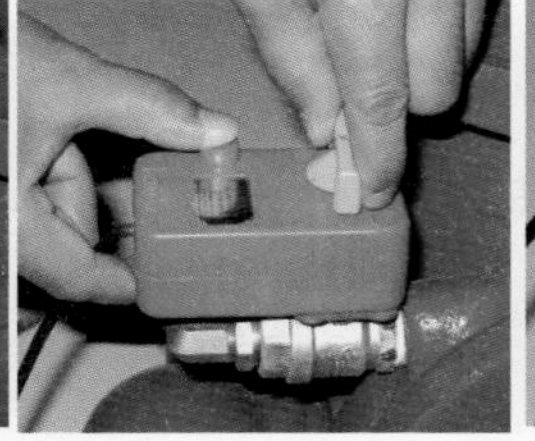

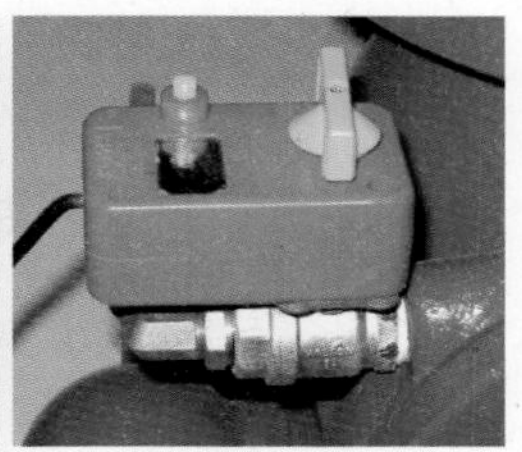

(a) 개방된 상태 (b) 푸시버튼 누르고, 개방레버 폐쇄 (c) 폐쇄된 상태

[그림 31] **전동볼밸브 복구모습**

다. 덮개의 캡을 열어 조절볼트가 완전히 상승되어 있는지 확인 후 캡을 닫는다. (이미 상승되어져 있는 상태임.)

라. 1차측 개폐밸브 ⑥을 서서히 개방 ⇒ 중간챔버(실린더실)에 가압수 공급라인을 통하여 가압수 자동공급

마. 일제개방밸브는 자동 셋팅됨.(중간챔버(실린더실)로 유입된 가압수에 의하여 디스크는 자동으로 복구됨.)

바. 셋팅 시 2차측으로 어느 정도 유수(Over Flow)가 발생하므로, 배수밸브 ⑧로 완전 배수 후 다시 잠금

사. 수신기 스위치 상태 확인

아. 소화펌프 자동전환(펌프 수동정지의 경우에 한함.)

자. 2차측 개폐밸브 ⑦ 개방

(3) 복구(볼트 셋팅의 경우 ; Stem Setting)

참고 복구볼트가 있는 타입만 해당(국내 생산제품 중 우당제품에만 적용) : 복구볼트가 있는 타입의 일제개방밸브의 복구는 압력 셋팅과 볼트 셋팅 모두 가능하다. 볼트 셋팅은 복구볼트가 있는 타입만 가능하며, 현재 국내 생산제품 중에서는 우당제품에만 해당된다.

가. 배수밸브 ⑧ 잠금

나. 전동볼밸브 ④ 복구(전동볼밸브의 누름버튼을 누른 후 전동볼밸브 손잡이를 돌려서 폐쇄)

다. 덮개의 캡을 열고 조절볼트 ②를 완전히 잠금

참고 가압수를 중간챔버(실린더실)로 공급하기 전에 디스크를 강제로 폐쇄하는 조치

라. 1차측 개폐밸브 ⑥ 개방 ⇒ 실린더실(중간챔버)에 가압수 공급

참고 이때 디스크는 조절볼트에 의해 누르는 힘과 중간챔버(실린더실)에 유입된 가압수에 의하여 폐쇄된 상태이다.

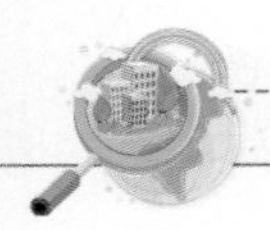

마. 조절볼트 ②를 다시 상승시켜 놓는다.(꼭 필요한 조치임, 상승시켜 놓지 않으면 밸브 미작동)

참고 이때 디스크는 중간챔버(실린더실)에 유입된 가압수에 의하여 폐쇄된 상태이다.

바. 덮개의 캡을 닫아 놓는다.

사. 배수밸브 ⑧을 약간 개방하여 누수가 없으면 정상 셋팅된 것이다.(누수 여부 확인 후 배수밸브는 폐쇄)

아. 수신기 스위치 상태 확인

자. 소화펌프 자동전환(펌프 수동정지의 경우에 한함.)

차. 2차측 개폐밸브 ⑦ 개방

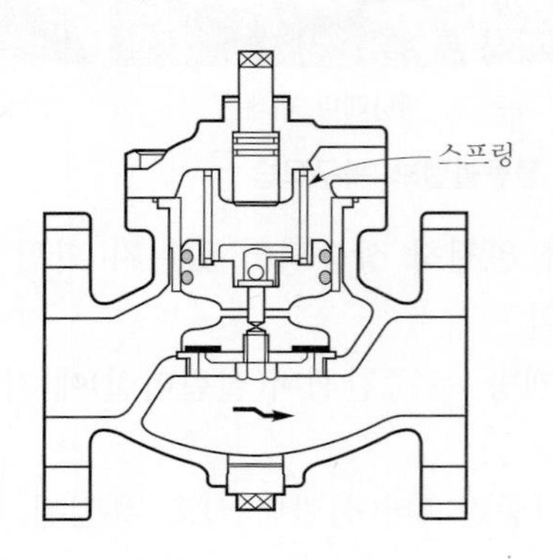

(a) 캡을 분리하고 중간챔버에는 가압수가 없는 스프링의 힘만으로 폐쇄된 상태

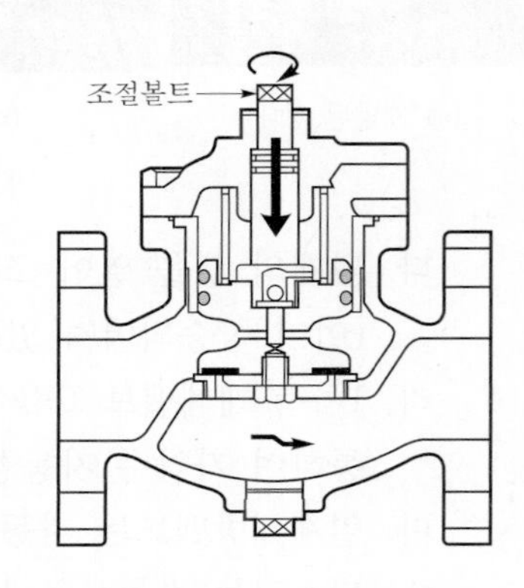

(b) 중간챔버에 가압수가 없는 상태에서 조절볼트를 하강시켜 디스크를 폐쇄시킨 상태

[그림 32] 1차측에 가압수 공급 전 상태

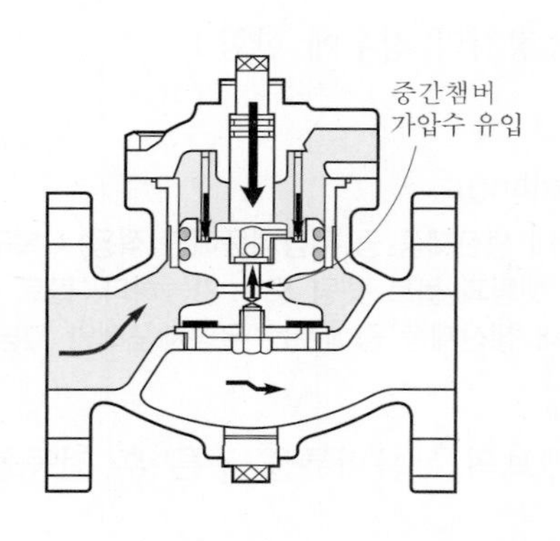

(a) 중간챔버 내의 가압수에 의한 힘과 하강된 조절볼트로 인해 디스크가 폐쇄된 모습

볼체크

(b) 조절볼트를 상승시켜 중간챔버 내의 수압에 의하여 디스크가 폐쇄된 셋팅 완료된 상태

[그림 33] 1차측에 가압수 공급 후 상태

5. FCV형(파라텍) 일제개방밸브의 점검 ★★★★

파라텍의 FCV 일제개방밸브는 피스톤타입으로서 별도의 조절볼트가 없으며, 일제개방밸브를 설치하는 방법은 셋팅라인을 설치하는 경우와 설치하지 않는 경우로 구분된다. 설치장소에 따라 각각 설치 가능하지만 원활한 셋팅을 위하여 셋팅배관을 설치하는 것이 바람직하다고 판단된다.

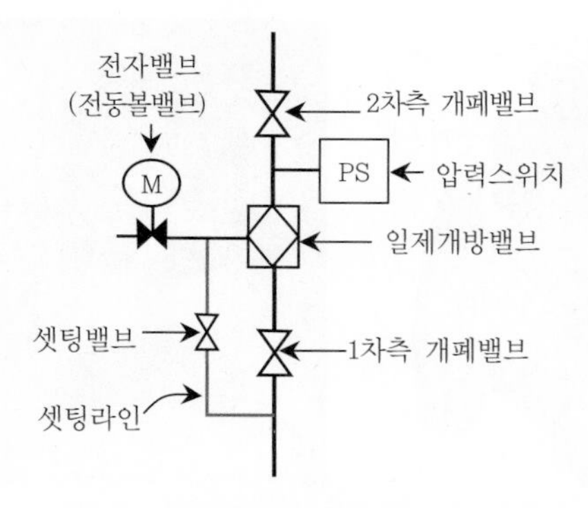

[그림 34] **셋팅밸브를 설치한 경우**

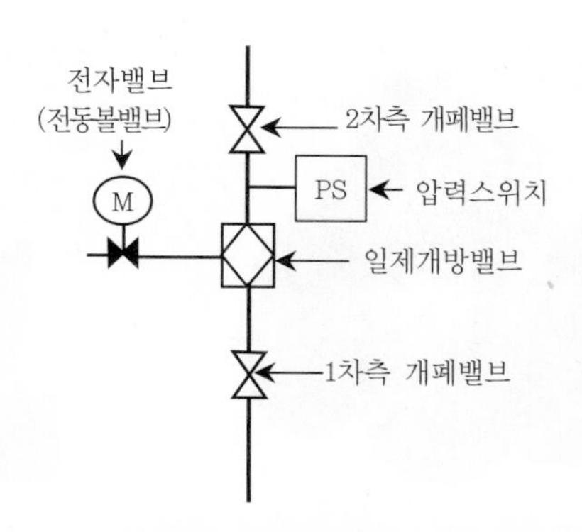

[그림 35] **셋팅밸브를 설치하지 않은 경우**

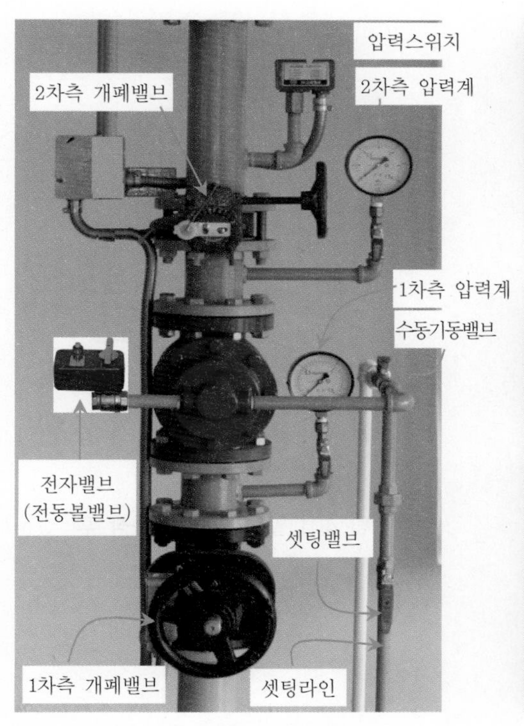

[그림 36] **셋팅밸브를 설치한 경우**

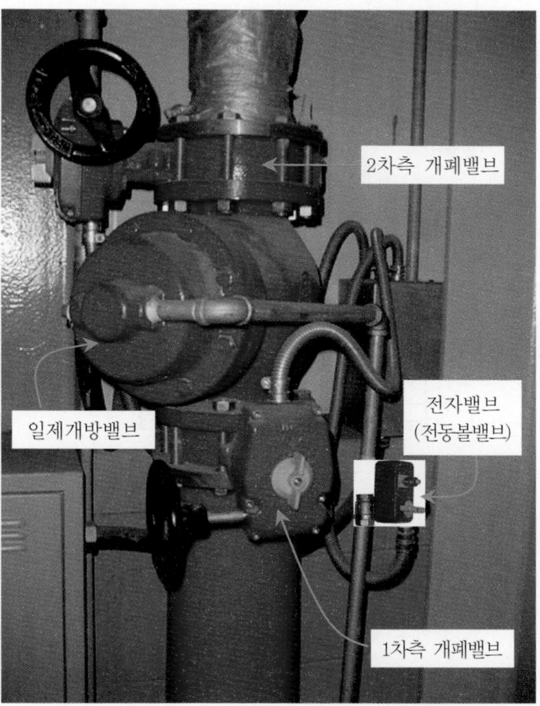

[그림 37] **셋팅밸브를 설치하지 않은 경우**

평상시 피스톤에 부착된 가압수 공급라인(볼체크)을 통하거나 셋팅밸브를 통하여 가압수를 중간챔버에 공급하여 중간챔버 내의 가압수에 의한 압력으로 디스크를 막고 있다가 화재 시 전자밸브(또는 수동기동밸브)가 개방되면 중간챔버의 압력수가 방출되어 압력이 저하되고, 1차측의 가압수가 피스톤을 밀어 올려 디스크가 개방되는 감압개방방식이다.

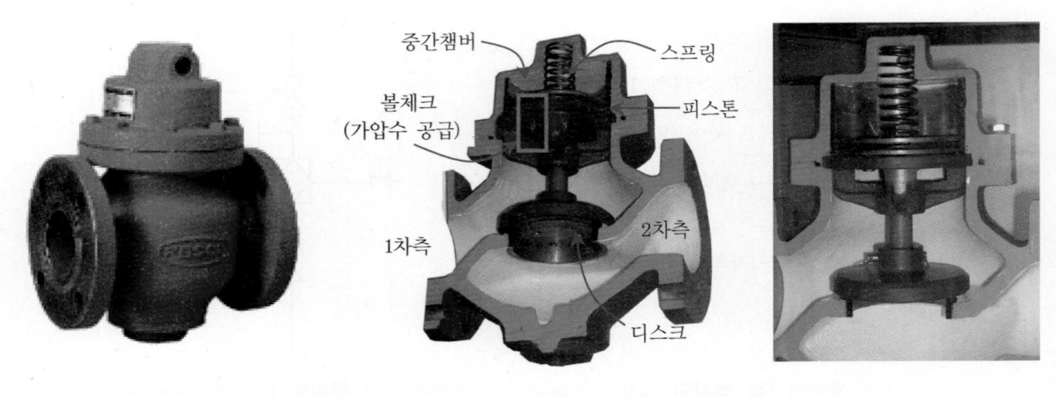

[그림 38] **FCV형 일제개방밸브의 외형 및 단면**

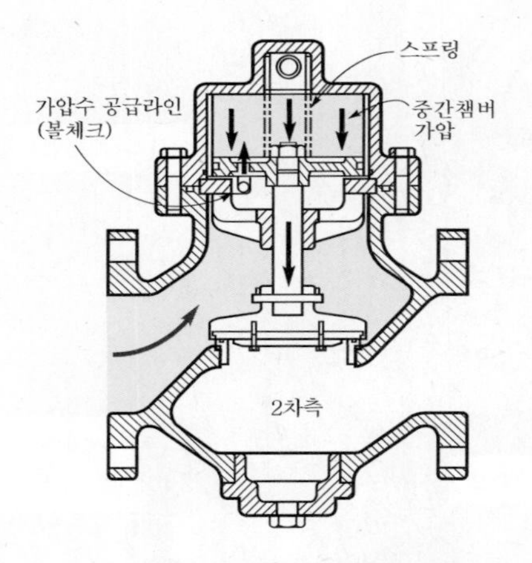

[그림 39] **일제개방밸브 동작 전**

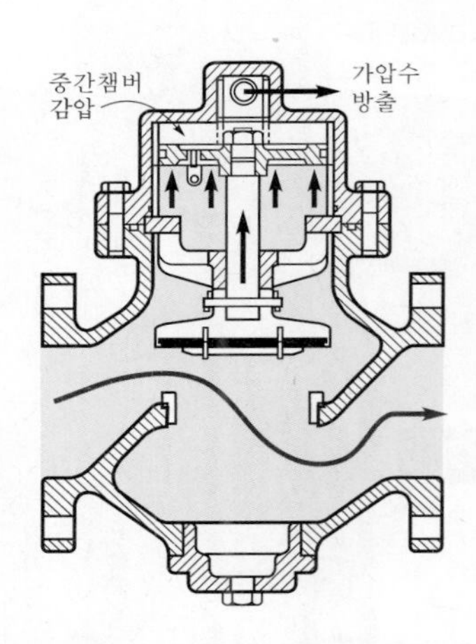

[그림 40] **일제개방밸브 동작 후**

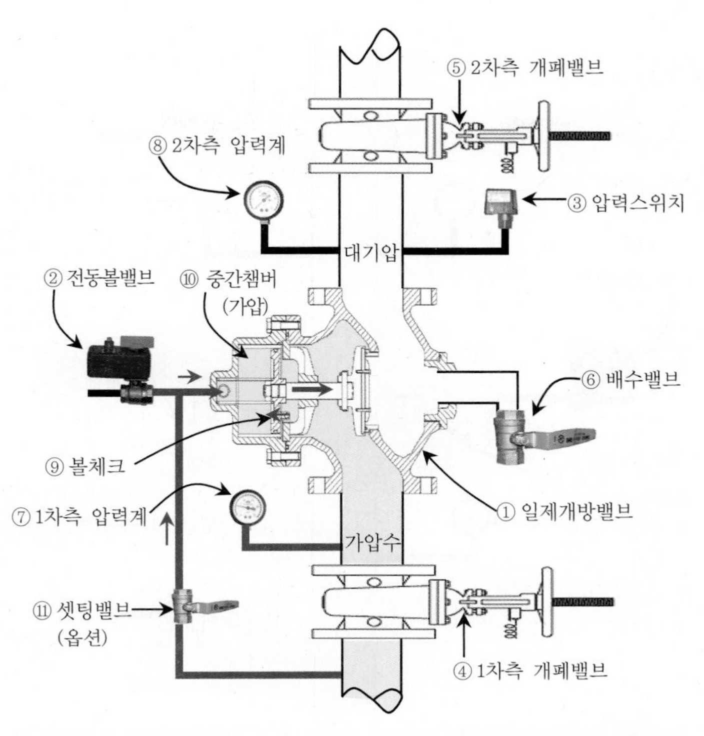

[그림 41] **일제개방밸브 개방 전 단면 및 명칭(셋팅밸브가 설치된 경우)**

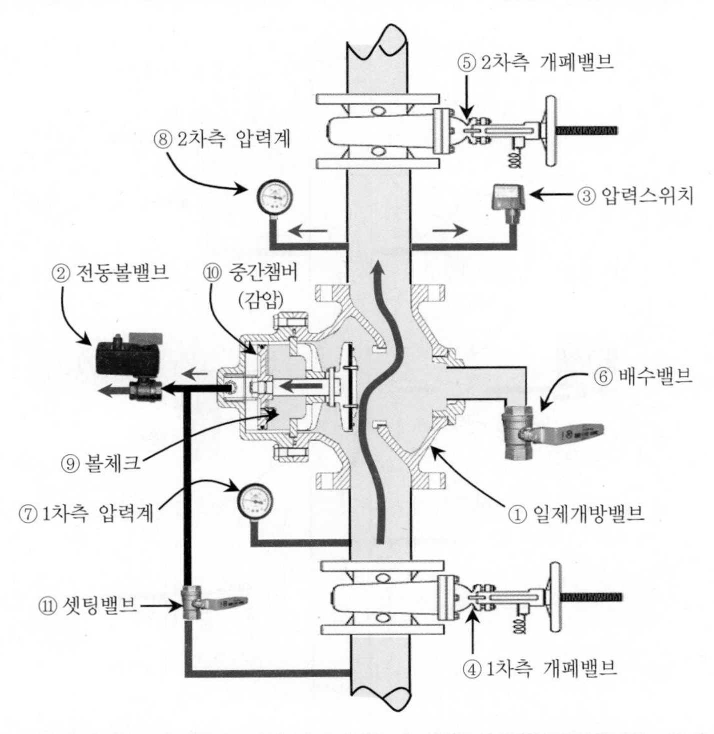

[그림 42] **일제개방밸브 개방 후 단면 및 명칭(셋팅밸브가 설치된 경우)**

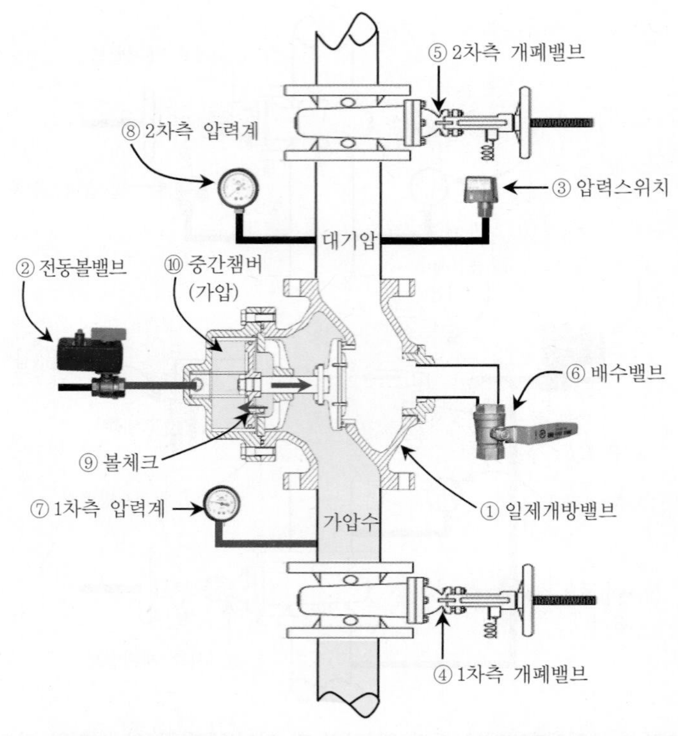

[그림 43] 일제개방밸브 개방 전 단면 및 명칭(셋팅밸브가 미설치된 경우)

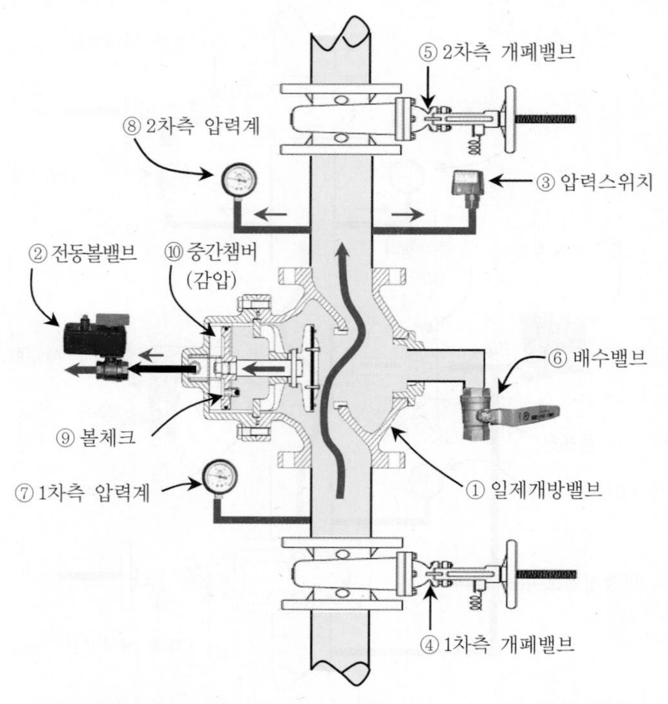

[그림 44] 일제개방밸브 개방 후 단면 및 명칭(셋팅밸브가 미설치된 경우)

1) 구성요소 및 기능설명

순 번	명 칭	설 명	평상시 상태
①	일제개방밸브	평상시 폐쇄되어 있다가 화재 시 셋팅이 풀려 가압수를 2차측으로 보내는 밸브	닫힘
②	전동볼밸브 (솔레노이드밸브)	일제개방밸브 작동 시 전자밸브작동(전동볼밸브는 수동복구형임.) (평상시 : 폐쇄 ⇒ 동작 시 : 개방, 복구 시에는 사람이 직접 수동 복구)	닫힘
③	압력스위치	일제개방밸브 개방 시 제어반에 개방(작동)신호를 보냄. (a접점 사용)	일제개방밸브 동작 시 작동
④	1차측 개폐밸브	일제개방밸브 1차측을 개폐 시 사용	열림
⑤	2차측 개폐밸브	일제개방밸브 2차측을 개폐 시 사용	열림
⑥	배수밸브	2차측의 소화수를 배수시키고자 할 때 사용(2차측에 연결됨.)	폐쇄
⑦	1차측 압력계	일제개방밸브의 1차측 압력을 지시	1차측 압력지시
⑧	2차측 압력계	일제개방밸브의 2차측 압력을 지시	2차측 압력지시
⑨	볼체크	가압수 공급라인에 설치되어 중간챔버(실린더실)로만 가압수가 공급되고 중간챔버(실린더실)의 가압수는 1차측으로 역류되지 못하게 하는 역할을 한다.	폐쇄 (중간챔버로만 가압수 공급)
⑩	중간챔버 (실린더실)	1차측 가압수에 의해 피스톤이 작동하여 1차측의 소화수가 2차측으로 넘어가지 않도록 밀어주는 작은 챔버	1차측 압력과 동일
⑪	셋팅밸브	중간챔버 급수용(셋팅 시 개방하여 사용하고, 평상시에는 폐쇄시켜 놓는다.) 참고 셋팅라인을 설치하는 것이 좋으나 현장에서는 대부분 설치되어 있지 않다.	폐쇄

2) 작동 방법

(1) 준비

가. 2차측 개폐밸브 ⑤ 잠금, 배수밸브 ⑥ 개방(2차측으로 가압수를 넘기지 않고 배수밸브를 통해 배수하여 시험실시)

주의 일제개방밸브가 여러 개 있는 경우는 안전조치 사항으로 다른 구역으로의 일제개방밸브 2차측 밸브도 폐쇄한 후 점검에 임한다.

나. 경보발령 여부 결정(수신기 경보스위치 "ON" or "OFF")

tip 경보스위치 선택

1. 경보스위치를 "ON" : 감지기 동작 및 일제개방밸브 동작 시 음향경보 즉시 발령된다.

2. 경보스위치를 "OFF" : 감지기 동작 및 일제개방밸브 동작 시 수신기에서 확인 후 필요시 경보스위치를 잠깐 풀어서 동작 여부만 확인한다.
⇒ 통상 점검 시에는 '2'를 선택하여 실시한다.

(2) 작동

가. 일제개방밸브를 작동시킨다. "다)"를 선택하여 시험을 실시하는 것으로 기술함.

가) 수신기에서 동작시험스위치 및 회로선택 스위치로 작동(2회로 작동)
(※ 자동복구는 하지 말 것)

나) 수신기측의 일제개방밸브 수동기동스위치 작동

다) 해당 방수구역의 감지기 2개 회로 동작

라) 방수구역 내 수동조작함의 누름버튼을 눌러서 동작

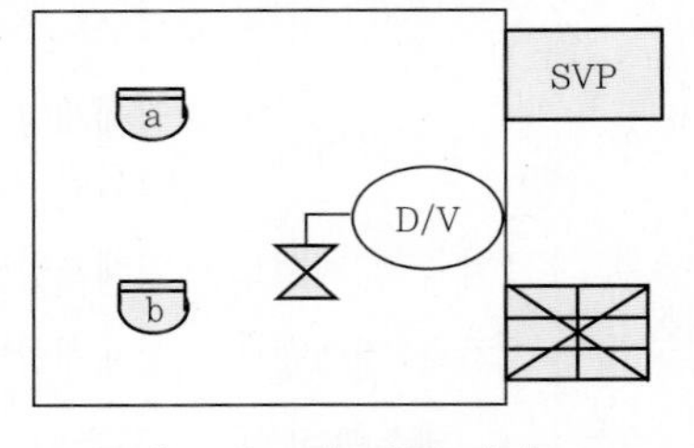

[그림 45] **작동 방법**

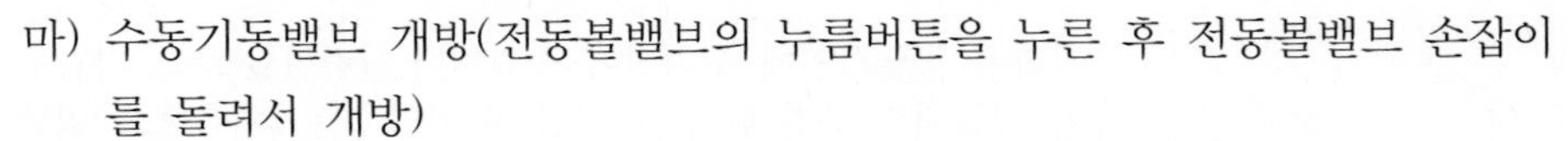

마) 수동기동밸브 개방(전동볼밸브의 누름버튼을 누른 후 전동볼밸브 손잡이를 돌려서 개방)

나. 감지기 1개 회로 동작 ⇒ 경보 발령(경종)

다. 감지기 2개 회로 동작 ⇒ 전동볼밸브 ② 개방

라. 중간챔버(실린더실) 내 압력저하로 균압이 상실
⇒ 일제개방밸브 개방
⇒ 배수밸브 ⑥을 통해 유수

마. 유입된 가압수에 의해 압력스위치 ③ 작동

(3) 확인

가. 감시제어반(수신기) 확인사항

가) 화재표시등 점등 확인

나) 해당 구역 감지기 동작표시등 점등 확인

다) 해당 구역 일제개방밸브 개방표시등 점등 확인

라) 수신기 내 경보 부저 작동 확인

나. 해당 방호구역의 경보(싸이렌)상태 확인

다. 소화펌프 자동기동 여부 확인

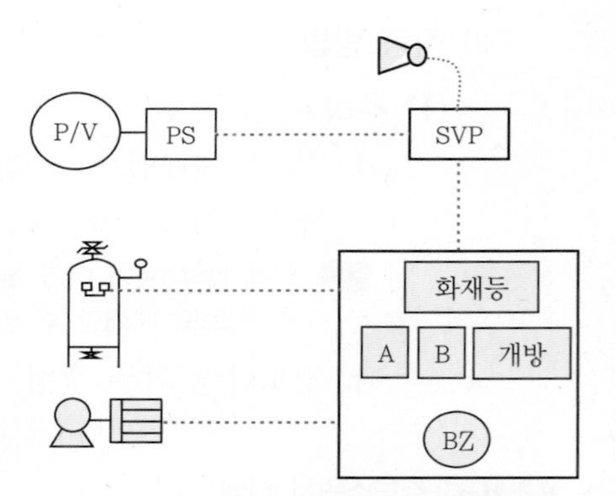

[그림 46] **일제개방밸브 점검 시 확인사항**

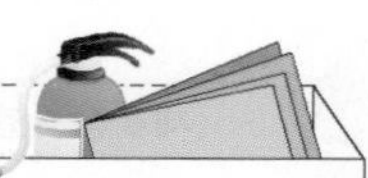

3) 배수 및 복구

(1) 배수

펌프 자동정지의 경우	펌프 수동정지의 경우
가. 1차측 개폐밸브 ④ 잠금 ⇒ 펌프정지 확인 나. 개방된 배수밸브 ⑥을 통해 ⇒ 2차측 소화수 배수 다. 수신기 스위치 확인복구	가. 펌프 수동정지 나. 1차측 개폐밸브 ④ 잠금 다. 개방된 배수밸브 ⑥을 통해 ⇒ 2차측 소화수 배수 라. 수신기 스위치 확인복구

tip 점검 시 펌프운전상태 관련

실제 현장에서는 충압펌프로도 일제개방밸브의 동작시험은 충분히 가능하고, 또한 시험 시 안전사고를 대비하여 통상 주펌프는 정지위치로 놓고, 충압펌프만 자동상태로 놓고 시험한다.

(2) 복구(Setting) : 셋팅배관이 있는 경우

참고 셋팅배관은 원활한 셋팅을 위해 현장에서 추가 설치하는 옵션사항이며, 복구는 전동볼밸브 타입의 프리액션밸브와 동일하다.

가. 배수밸브 ⑥ 잠금

나. 전동볼밸브 ② 복구(전자밸브 푸시버튼을 누르고, 전동볼밸브 폐쇄)

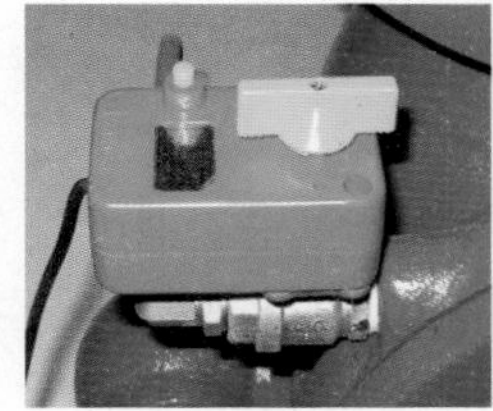

(a) 개방된 상태

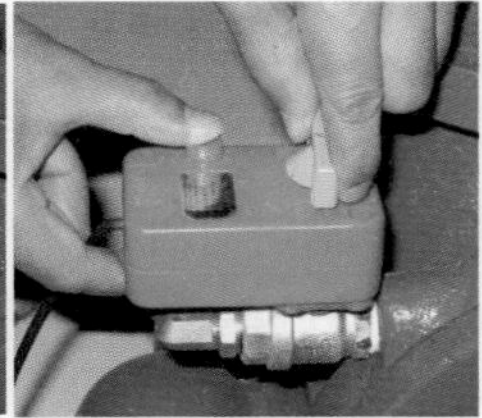

(b) 푸시버튼 누르고, 개방레버 폐쇄

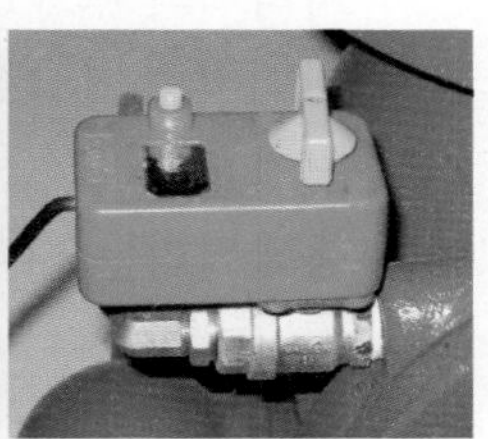

(c) 폐쇄된 상태

[그림 47] **전자밸브 복구모습**

다. 셋팅밸브 ⑪ 개방 ⇒ 중간챔버 내 가압수 공급으로 디스크 자동복구
[중간챔버(실린더실)로 유입된 가압수에 의하여 디스크는 자동복구]

라. 1차측 개폐밸브 ④ 서서히 개방(수격현상이 발생되지 않도록)
이때, 2차측 압력계가 상승하지 않으면 정상 셋팅된 것이다.
만약, 2차측 압력계가 상승하면 배수부터 다시 실시한다.

마. 셋팅밸브 ⑪ 잠금

바. 수신기 스위치 상태 확인

사. 소화펌프 자동전환(펌프 수동정지의 경우에 한함.)

아. 2차측 개폐밸브 ⑤ 서서히 완전개방

(3) 복구(압력 셋팅의 경우 ; Pressure Setting) : 셋팅배관이 없는 경우

참고 셋팅배관이 없는 일제개방밸브의 공통적인 복구 방법이다.

가. 배수밸브 ⑥ 잠금

나. 전동볼밸브 ② 복구(전동볼밸브의 누름버튼을 누른 후 전동볼밸브 손잡이를 돌려서 폐쇄)

다. 1차측 개폐밸브 ④를 서서히 개방
⇒ 중간챔버(실린더실)에 피스톤에 부착된 가압수 공급라인(볼체크)을 통하여 가압수 (자동)공급

라. 일제개방밸브는 자동 셋팅된다.
[중간챔버(실린더실)로 유입된 가압수에 의하여 디스크는 자동복구]

마. 셋팅 시 2차측으로 어느 정도 유수(Over Flow)가 발생하므로, 배수밸브 ⑥으로 완전배수 후 다시 잠금

바. 수신기 스위치 상태 확인

사. 소화펌프 자동전환(펌프 수동정지의 경우에 한함.)

아. 2차측 개폐밸브 ⑤ 개방

6. FCVB형(파라텍) 일제개방밸브의 점검 ★★★★

파라텍의 FCVB형 일제개방밸브는 다이어프램을 이용한 감압개방방식이다. 1차측에서 중간챔버로 가압수 공급라인이 동관으로 외부에 연결・설치되어 있으며, 조절볼트와 셋팅밸브가 없어 작동시험 후 복구는 압력 셋팅으로만 가능하다.
동작원리는 다이어프램타입의 프리액션밸브와 동일하다. 평상시 중간챔버에 1차측의 가압수가 가압수 공급라인을 통하여 공급되어 압력수에 의한 압력으로 다이어프램을 밀어 디스크를 막고 있다가 화재발생 시 전자밸브(또는 수동기동밸브)가 개방되어 중간챔버의 압력이 저하되면 1차측의 가압수가 디스크를 밀고 2차측으로 방출된다.

[그림 48] FCVB형 외형

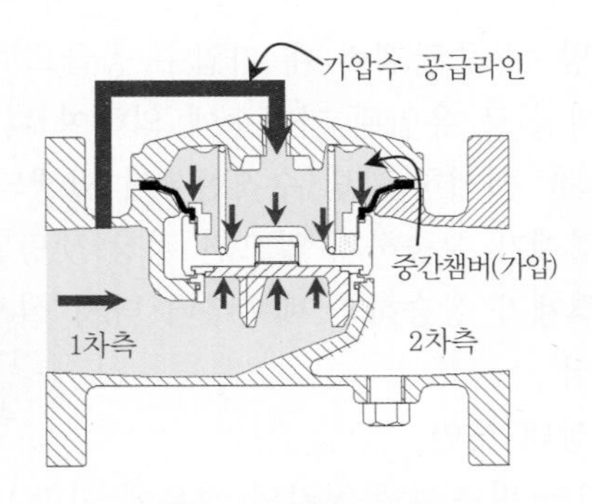

[그림 49] 동작 전 단면

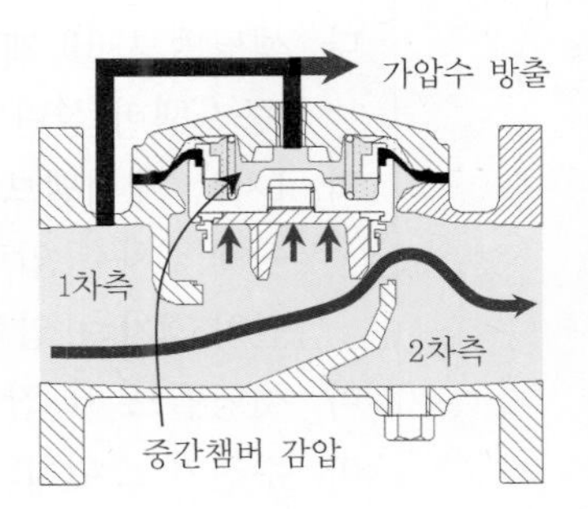

[그림 50] 동작 후 단면

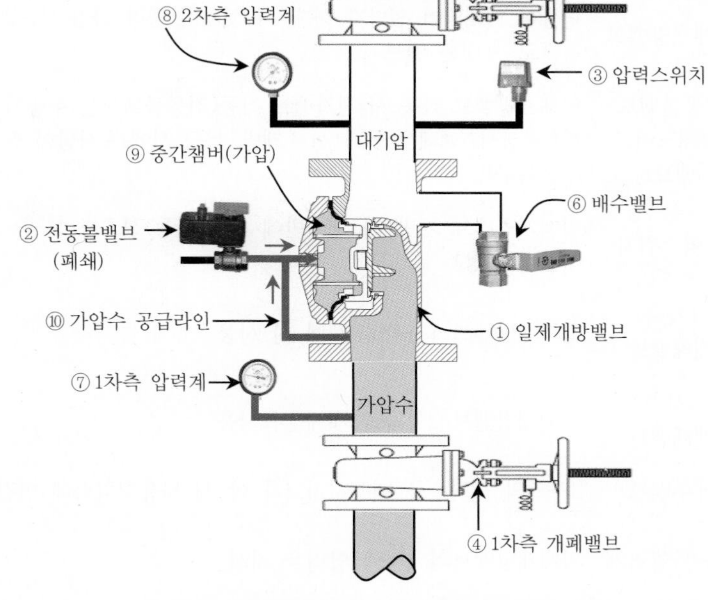

[그림 51] **일제개방밸브 개방 전 단면 및 명칭**

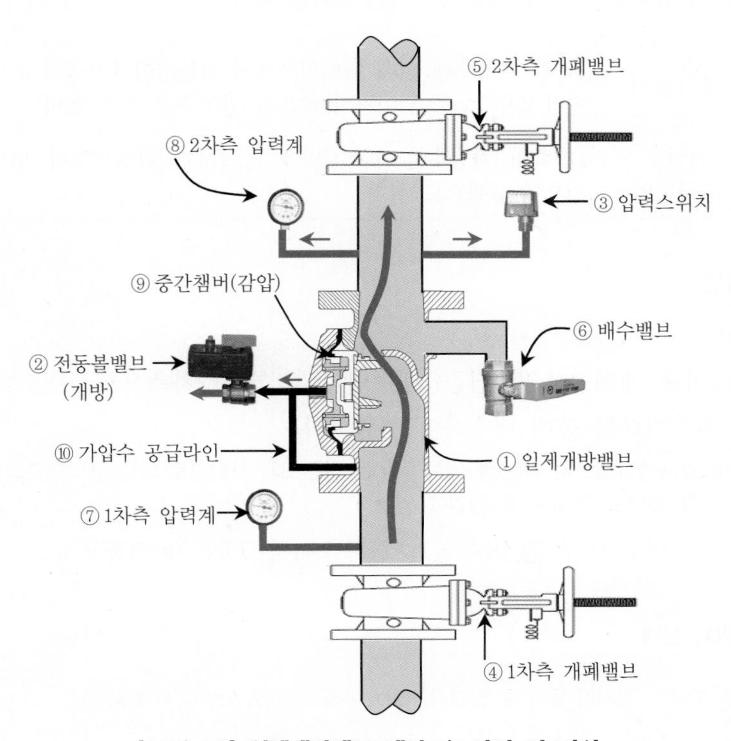

[그림 52] **일제개방밸브 개방 후 단면 및 명칭**

1) 구성요소 및 기능설명

순 번	명 칭	설 명	평상시 상태
①	일제개방밸브	평상시 폐쇄되어 있다가 화재 시 셋팅이 풀려 가압수를 2차측으로 보내는 밸브	닫힘
②	전동볼밸브 (솔레노이드 밸브)	일제개방밸브 작동 시 전자밸브 작동(전동볼밸브는 수동복귀형)(평상시 : 폐쇄 ⇒ 동작 시 : 개방, 복구 시에는 사람이 직접 수동복구)	닫힘
③	압력스위치	일제개방밸브 개방 시 제어반에 개방(작동)신호를 보냄. (a접점 사용)	일제개방밸브 동작 시 작동
④	1차측 개폐밸브	일제개방밸브 1차측을 개폐 시 사용	열림
⑤	2차측 개폐밸브	일제개방밸브 2차측을 개폐 시 사용	열림
⑥	배수밸브	2차측의 소화수를 배수시키고자 할 때 사용(2차측에 연결)	폐쇄
⑦	1차측 압력계	일제개방밸브의 1차측 압력을 지시	1차측 압력지시
⑧	2차측 압력계	일제개방밸브의 2차측 압력을 지시	2차측 압력지시
⑨	중간챔버	1차측 가압수에 의해 다이어프램이 작동하여 1차측의 소화수가 2차측으로 넘어가지 않도록 밀어주는 작은 챔버	1차측 압력과 동일함.
⑩	가압수 공급라인	1차측의 가압수를 중간챔버에 공급하는 라인으로서 밸브 외부에 동관으로 설치	개방

2) 작동 방법

(1) 준비

가. 2차측 개폐밸브 ⑤ 잠금, 배수밸브 ⑥ 개방(2차측으로 가압수를 넘기지 않고 배수밸브를 통해 배수하여 시험실시)

주의 일제개방밸브가 여러 개 있는 경우는 안전조치 사항으로 다른 구역으로의 일제개방밸브 2차측 밸브도 폐쇄한 후 점검에 임한다.

나. 경보발령 여부 결정(수신기 경보스위치 “ON” or “OFF”)

tip 경보스위치 선택

1. 경보스위치를 “ON” : 감지기 동작 및 일제개방밸브 동작 시 음향경보 즉시 발령된다.

2. 경보스위치를 "OFF" : 감지기 동작 및 일제개방밸브 동작 시 수신기에서 확인 후 필요시 경보스위치를 잠깐 풀어서 동작 여부만 확인한다.
⇒ 통상 점검 시에는 '2'를 선택하여 실시한다.

(2) 작동

가. 일제개방밸브를 작동시킨다. "다)"를 선택하여 시험을 실시하는 것으로 기술함.

가) 수신기에서 동작시험스위치 및 회로선택스위치로 작동(2회로 작동)
(※ 자동복구는 하지 말 것)

나) 수신기측의 일제개방밸브 수동기동스위치 작동

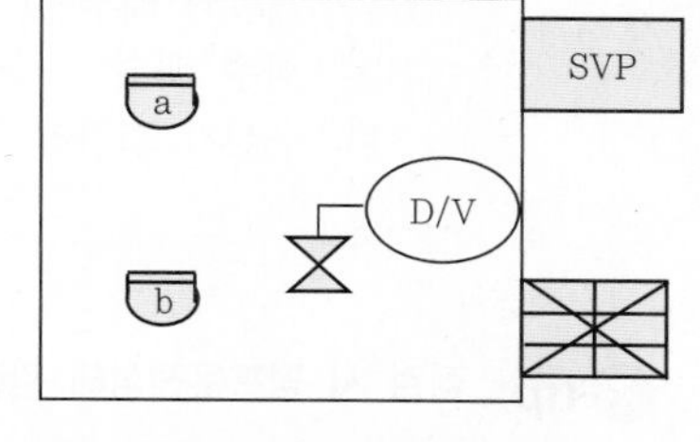

[그림 53] 작동 방법

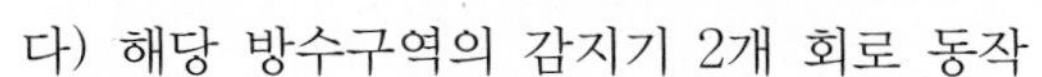
다) 해당 방수구역의 감지기 2개 회로 동작

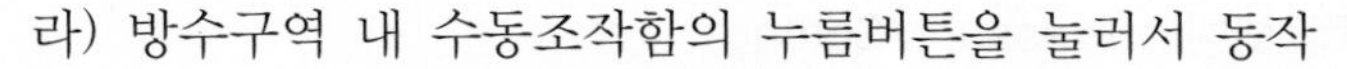
라) 방수구역 내 수동조작함의 누름버튼을 눌러서 동작

마) 수동기동밸브 개방(전동볼밸브의 누름버튼을 누른 후 전동볼밸브 손잡이를 돌려서 개방)

나. 감지기 1개 회로 동작 ⇒ 경보 발령(경종)

다. 감지기 2개 회로 동작 ⇒ 전동볼밸브 ② 개방

라. 중간챔버 내 압력저하로 균압이 상실
⇒ 일제개방밸브 개방
⇒ 배수밸브 ⑥을 통해 유수

마. 유입된 가압수에 의해 압력스위치 ③ 작동

(3) 확인

가. 감시제어반(수신기) 확인사항

가) 화재표시등 점등 확인

나) 해당 구역 감지기 동작표시등 점등 확인

다) 해당 구역 일제개방밸브 개방표시등 점등 확인

라) 수신기 내 경보 부저 작동 확인

나. 해당 방호구역의 경보(싸이렌)상태 확인

다. 소화펌프 자동기동 여부 확인

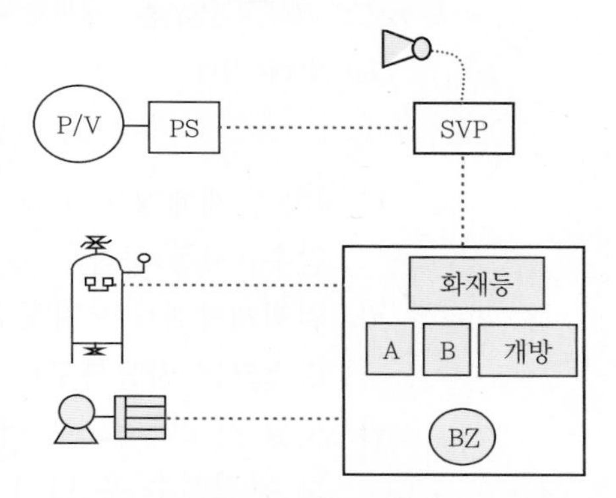

[그림 54] 일제개방밸브 점검 시 확인사항

3) 배수 및 복구

(1) 배수

펌프 자동정지의 경우	펌프 수동정지의 경우
가. 1차측 개폐밸브 ④ 잠금 ⇒ 펌프정지 확인 나. 개방된 배수밸브 ⑥을 통해 ⇒ 2차측 소화수 배수 다. 수신기 스위치 확인복구	가. 펌프 수동정지 나. 1차측 개폐밸브 ④ 잠금 다. 개방된 배수밸브 ⑥을 통해 ⇒ 2차측 소화수 배수 라. 수신기 스위치 확인복구

tip 점검 시 펌프운전상태 관련

실제 현장에서는 충압펌프로도 일제개방밸브의 동작시험은 충분히 가능하고, 또한 시험 시 안전사고를 대비하여 통상 주펌프는 정지위치로 놓고, 충압펌프만 자동상태로 놓고 시험한다.

(2) 복구(압력 셋팅 ; Pressure Setting)

참고 셋팅배관이 없는 일제개방밸브의 공통적인 복구 방법이다.

가. 배수밸브 ⑥ 잠금

나. 전동볼밸브 ② 복구(전동볼밸브의 누름버튼을 누른 후 전동볼밸브 손잡이를 돌려서 폐쇄)

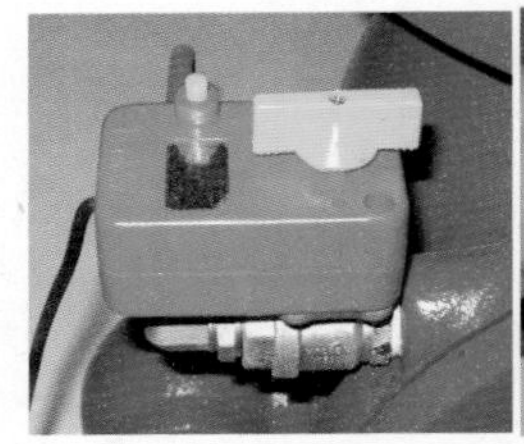
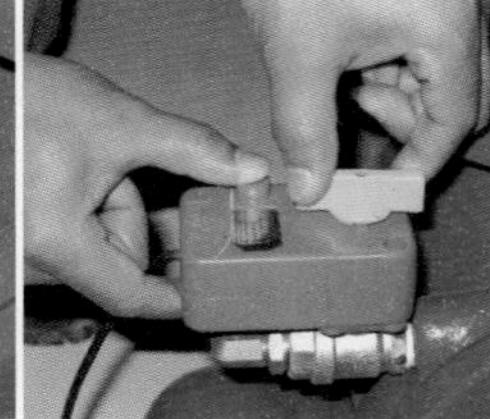
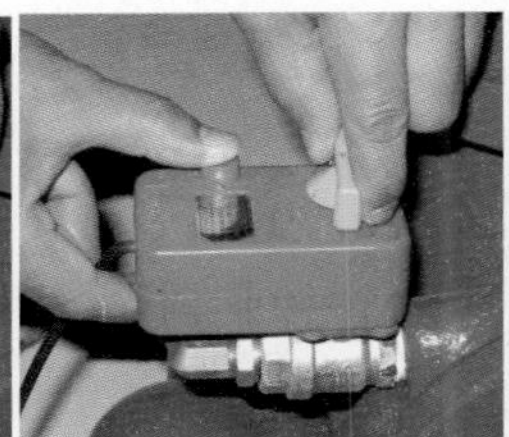
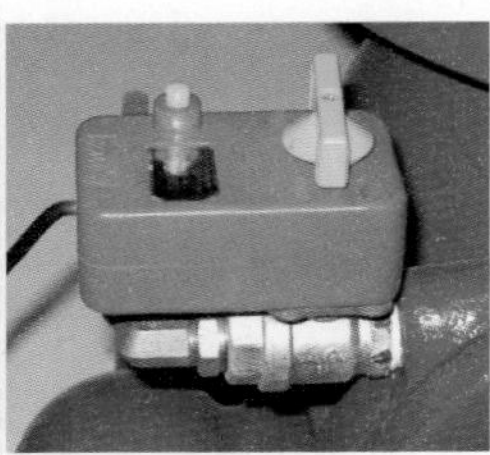

(a) 개방된 상태 (b) 푸시버튼 누르고, 개방레버 폐쇄 (c) 폐쇄된 상태

[그림 55] **전동볼밸브 복구모습**

다. 1차측 개폐밸브 ④를 서서히 개방 ⇒ 중간챔버에 가압수 공급라인을 통하여 가압수 (자동)공급

라. 일제개방밸브는 자동 셋팅된다.(중간챔버(실린더실)로 유입된 가압수에 의하여 디스크는 자동복구)

마. 셋팅 시 2차측으로 어느 정도 유수(Over Flow)가 발생하므로, 배수밸브 ⑥으로 완전배수 후 다시 잠금

바. 수신기 스위치 상태 확인

사. 소화펌프 자동전환(펌프 수동정지의 경우에 한함.)

아. 2차측 개폐밸브 ⑤ 개방

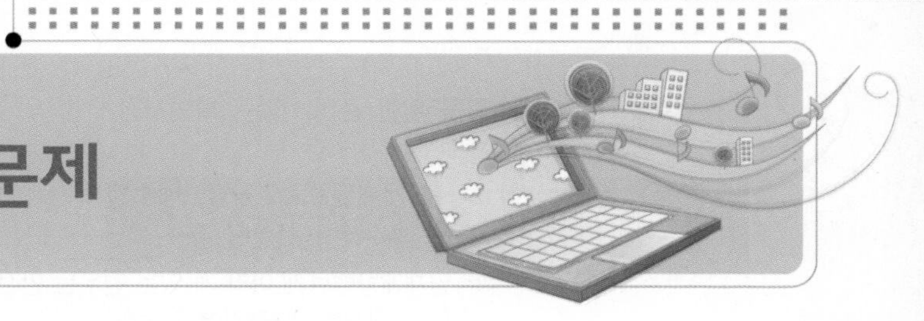

기출 및 예상 문제

★★★★

01 다음 그림과 같은 일제개방밸브 [WDV－1]에 대한 작동시험을 하고자 한다. 다음 물음에 답하시오.

[조건] 소화펌프는 자동정지되며, 일제개방밸브의 동작은 화재감지기에 의한 개방방식이며, 전동볼밸브(수동복구형)가 설치되어 있다.

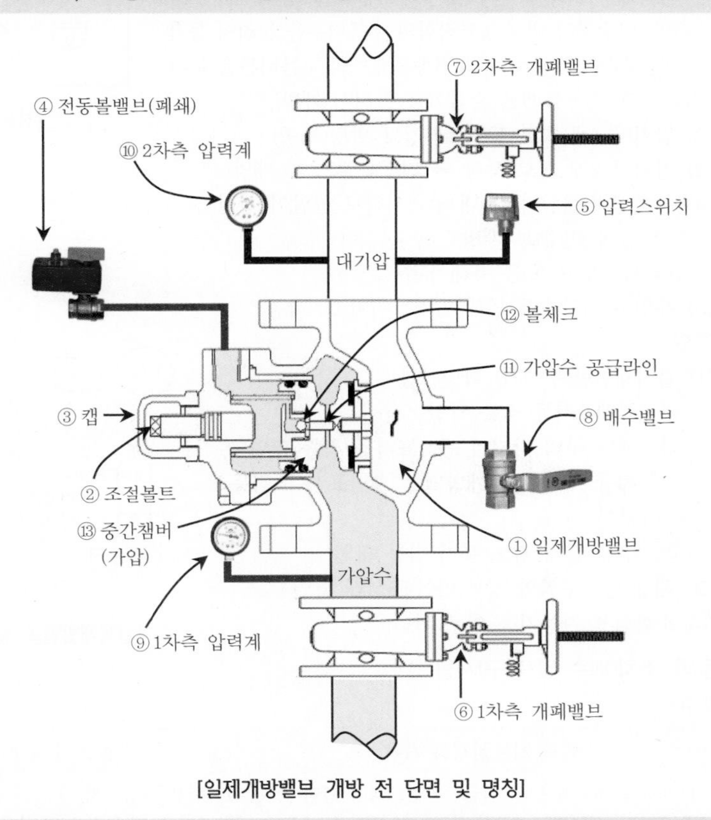

[일제개방밸브 개방 전 단면 및 명칭]

1. 작동시험을 위한 준비, 작동, 확인사항을 기술하시오. (단, 작동시험은 해당 방호구역의 감지기를 동작하는 것으로 기술하시오.)
2. 작동 후 조치(배수 및 복구)사항을 기술하시오. (단, 복구는 압력 셋팅과 볼트 셋팅으로 구분하여 기술하시오.)

1. 작동시험을 위한 준비, 작동, 확인사항

1) 준비

(1) 2차측 개폐밸브 ⑦ 잠금, 배수밸브 ⑧ 개방(2차측으로 가압수를 넘기지 않고 배수밸브를 통해 배수하여 시험실시)

주의 일제개방밸브가 여러 개 있는 경우는 안전조치 사항으로 다른 구역의 일제개방밸브 2차측 밸브도 폐쇄한 후 점검에 임한다.

(2) 경보발령 여부 결정(수신기 경보스위치 "ON" or "OFF")

2) 작동

(1) 일제개방밸브를 작동시킨다.("다."를 선택하여 시험을 실시하는 것으로 기술함.)

가. 수신기에서 동작시험스위치 및 회로선택스위치로 작동(2회로 작동) (※ 자동복구는 하지 말 것)

나. 수신기측의 일제개방밸브 수동기동스위치 작동

다. 해당 방수구역의 감지기 2개 회로 동작

라. 방수구역 내 수동조작함의 누름버튼을 눌러서 동작

마. 수동기동밸브 개방(전동볼밸브의 누름버튼을 누른 후 전동볼밸브 손잡이를 돌려서 개방)

[작동시험 방법]

(2) 감지기 1개 회로 동작 ⇒ 경보 발령(경종)

(3) 감지기 2개 회로 동작 ⇒ 전동볼밸브 ④ 개방

(4) 중간챔버(실린더실) 내 압력저하로 균압이 상실
⇒ 일제개방밸브 개방
⇒ 배수밸브 ⑧을 통해 유수

(5) 유입된 가압수에 의해 압력스위치 ⑤ 작동

3) 확인

(1) 감시제어반(수신기) 확인사항

가. 화재표시등 점등 확인

나. 해당 구역 감지기 동작표시등 점등 확인

다. 해당 구역 일제개방밸브 개방표시등 점등 확인

라. 수신기 내 경보 부저 작동 확인

(2) 해당 방호구역의 경보(싸이렌)상태 확인

(3) 소화펌프 자동기동 여부 확인

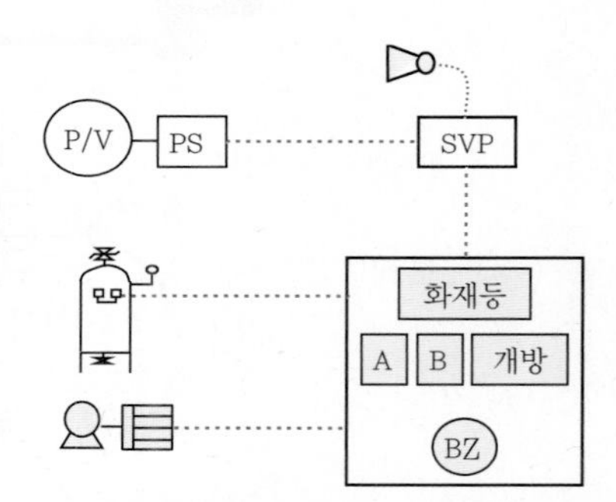

[일제개방밸브 점검 시 확인사항]

2. 작동 후 조치(배수 및 복구)사항

1) 배수

펌프 자동정지의 경우	펌프 수동정지의 경우
(1) 1차측 개폐밸브 ⑥ 잠금 ⇒ 펌프정지 확인 (2) 개방된 배수밸브 ⑧을 통해 ⇒ 2차측 소화수 배수 (3) 수신기 스위치 확인복구	(1) 펌프 수동정지 (2) 1차측 개폐밸브 ⑥ 잠금 (3) 개방된 배수밸브 ⑧을 통해 ⇒ 2차측 소화수 배수 (4) 수신기 스위치 확인복구

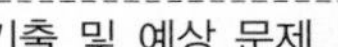

2) 복구(압력 셋팅의 경우 ; Pressure Setting) ☞ 국내 일제개방밸브의 공통적인 셋팅 방법이다.

(1) 배수밸브 ⑧ 잠금

(2) 전동볼밸브 ④ 복구(전동볼밸브의 누름버튼을 누른 후 전동볼밸브 손잡이를 돌려서 폐쇄)

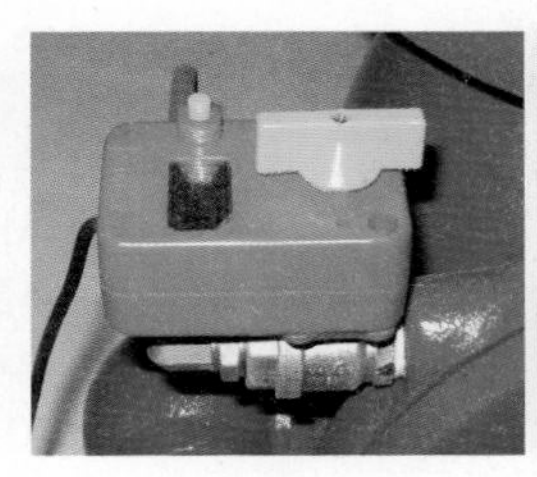

(a) 개방된 상태

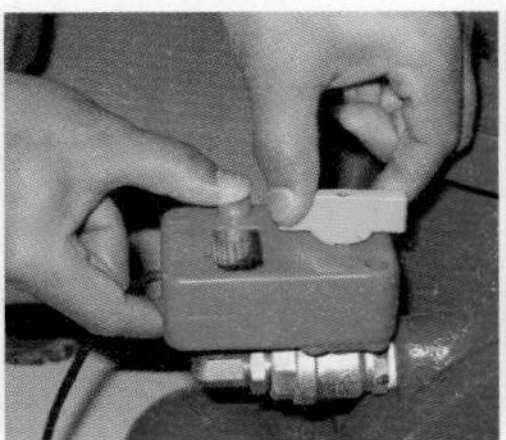

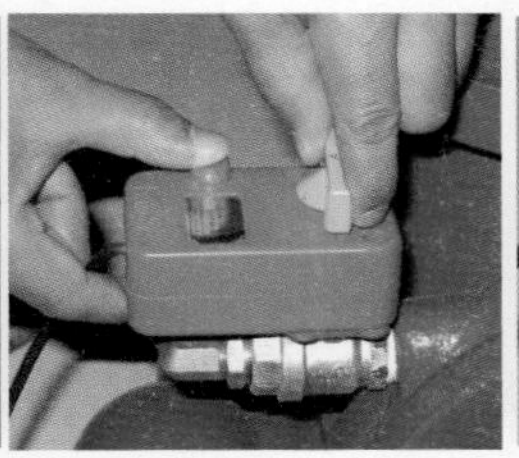

(b) 푸시버튼 누르고, 개방레버 폐쇄

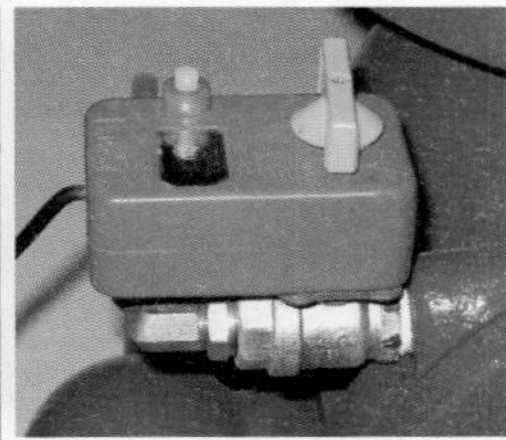

(c) 폐쇄된 상태

[전동볼밸브 복구모습]

(3) 덮개의 캡을 열어 조절볼트가 완전히 상승되어 있는지 확인 후 캡을 닫는다.(이미 상승되어져 있는 상태임.)

(4) 1차측 개폐밸브 ⑥을 서서히 개방 ⇒ 중간챔버(실린더실)에 가압수 공급라인을 통하여 가압수 자동공급

(5) 일제개방밸브는 자동 셋팅(중간챔버(실린더실)로 유입된 가압수에 의하여 디스크는 자동으로 복구)

(6) 셋팅 시 2차측으로 어느 정도 유수(Over Flow)가 발생하므로, 배수밸브 ⑧로 완전배수 후 다시 잠금

(7) 수신기 스위치 상태 확인

(8) 소화펌프 자동전환(펌프 수동정지의 경우에 한함.)

(9) 2차측 개폐밸브 ⑦ 개방

3) 복구(볼트 셋팅의 경우 ; Stem Setting) ☞ 국내 생산제품 중 우당제품에만 적용

(1) 배수밸브 ⑧ 잠금

(2) 전동볼밸브 ④ 복구(전동볼밸브의 누름버튼을 누른 후 전동볼밸브 손잡이를 돌려서 폐쇄)

(3) 덮개의 캡을 열고, 조절볼트 ②를 완전히 잠금

참고 가압수를 중간챔버(실린더실)로 공급하기 전에 디스크를 강제로 폐쇄하는 조치

(4) 1차측 개폐밸브 ⑥ 개방 ⇒ 실린더실(중간챔버)에 가압수 공급

참고 이때는 디스크는 조절볼트에 의해 누르는 힘과 중간챔버(실린더실)에 유입된 가압수에 의하여 폐쇄된 상태

(5) 조절볼트 ②를 다시 상승시켜 놓는다.(꼭 필요한 조치임, 상승시켜 놓지 않으면 밸브 미작동)

참고 이때는 디스크는 중간챔버(실린더실)에 유입된 가압수에 의하여 폐쇄된 상태

(6) 덮개의 캡을 닫아 놓는다.

(7) 배수밸브 ⑧을 약간 개방하여 누수가 없으면 정상 셋팅된 것이다.(누수 여부 확인 후 배수밸브는 폐쇄)

(8) 수신기 스위치 상태 확인

(9) 소화펌프 자동전환(펌프 수동정지의 경우에 한함.)

(10) 2차측 개폐밸브 ⑦ 개방

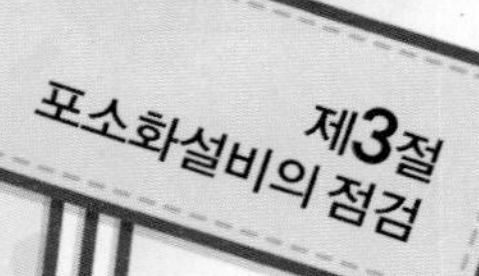

출제 경향 분석

번 호	기출 문제	출제 시기 및 배점
1	10. 고정 포소화설비의 종합정밀 점검 방법을 기술하시오.	점검실무행정 [1회 10점]
2	2. 포소화설비의 약제혼합방식에 대하여 설명하시오.	설계 및 시공 [1회 10점]
3	3. 위험물을 저장하는 옥외저장탱크에 포소화설비를 설계 시 다음의 조건을 참고하여 다음 각 물음에 답하시오. [조건] ① Ⅱ형 방출구 사용 ② 직경 35m, 높이 15m인 휘발유 탱크이다. ③ 6%형 수성막포 사용 ④ 보조 포소화전은 5개가 설치되어 있다. ⑤ 설치된 송액관의 구경 및 길이는 150mm 100m, 125mm 80m, 80mm 70m, 65mm 50m이다. 1) 포소화약제 저장량(m^3)을 계산하시오. 2) 고정포방출구의 개수 3) 혼합장치의 방출량(m^3/min)을 산출하시오.	설계 및 시공 [5회 20점]
4	1. 포소화설비의 약제혼합방식에 대하여 4가지 종류를 간단히 설명하시오.	설계 및 시공 [7회 6점]
5	2. 콘루프형 위험물저장 옥외탱크(내경 15m×높이 10m)에 Ⅱ형 포방출구 2개를 설치할 경우 다음 각 물음에 답하시오. [조건] ① 포수용액량 : $220l/m^2$ ② 포방출률 : $4l/m^2 \cdot min$ ③ 소화약제(포)의 사용농도 : 3% ④ 보조 포소화전 4개 설치 ⑤ 송액관 내경 100mm, 길이 500m 1) 고정포방출구에서 방출하기 위하여 필요한 소화약제 저장량(15점) 2) 보조 포소화전에서 방출하기 위하여 필요한 소화약제 저장량(5점) 3) 탱크까지 송액관에 충전하기 위하여 필요한 소화약제 저장량(5점) 4) 그 합을 구하시오.(5점)	설계 및 시공 [8회 30점]

학습방향	
1	고정포방출설비, 포헤드설비 점검 방법
2	포약제탱크점검 및 약제교체 방법, 기동장치점검 방법 등은 화재안전기준과 연계하여 숙지
☞	설계 및 시공에서는 약제혼합방식과 약제량 계산문제가 지속적으로 출제되고 있는 반면, 점검실무에서는 출제빈도는 낮지만 중요 부분에 대한 준비는 필요하다.

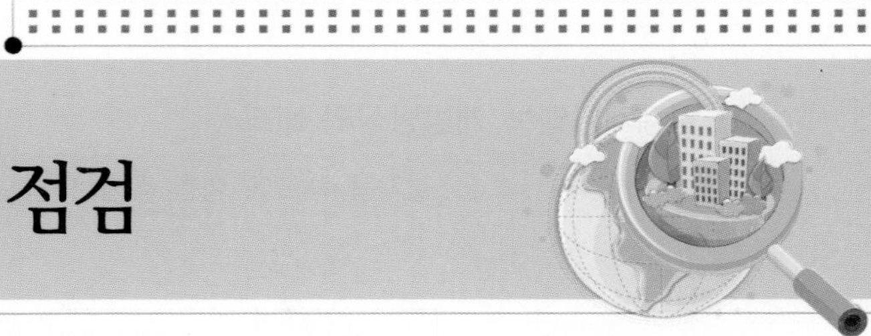

제3절 포소화설비의 점검

1 계통도 및 동작설명

1. 포헤드설비

포헤드설비는 일제살수식 스프링클러설비와 유사하며, 포소화약제 저장탱크, 혼합장치가 추가되고 개방형 헤드가 아닌 포를 형성하고 방출하는 포헤드가 설치되는 점과 자동식 기동장치로서 화재감지기를 이용한 개방방식 뿐만 아니라 감지용 헤드를 이용한 개방방식도 가능하다는 것이 차이점이다. 포헤드에 사용되는 일제개방밸브는 앞에서 언급한 스프링클러설비와 동일하다.

경보밸브의 종류	1차측	2차측	헤드 종류	화재감지
일제개방밸브 • Deluge Valve =Autocontrol Valve • 프리액션밸브 (하나의 방수구역일 경우)	가압수 (포수용액)	대기압 (개방상태)	포헤드 또는 포워터 스프링클러헤드	감지기 또는 감지용 헤드 (폐쇄형 헤드)

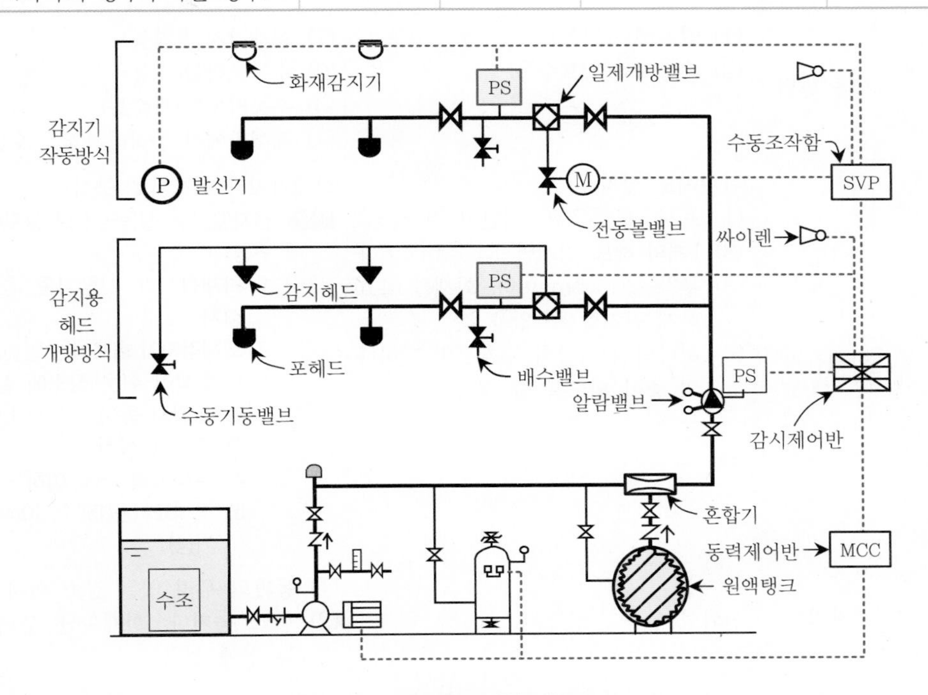

[그림 1] 포헤드설비 계통도

1) 일제개방밸브 개방방식의 비교

종 류		감지용 헤드에 의한 작동 방법	화재감지기에 의한 작동 방법
계통도	하나의 방수 구역	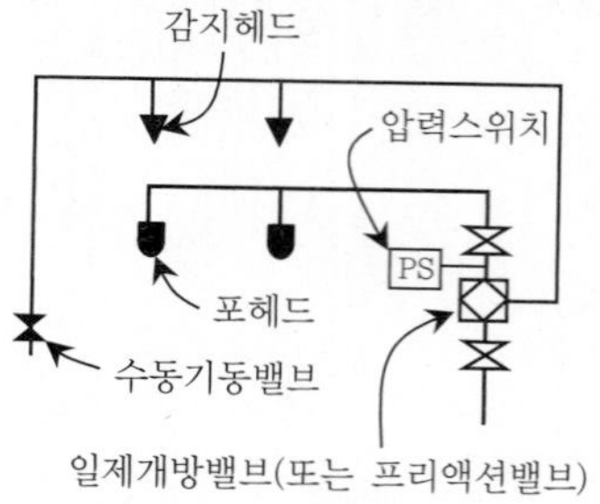 감지헤드 압력스위치 PS 포헤드 수동기동밸브 일제개방밸브(또는 프리액션밸브)	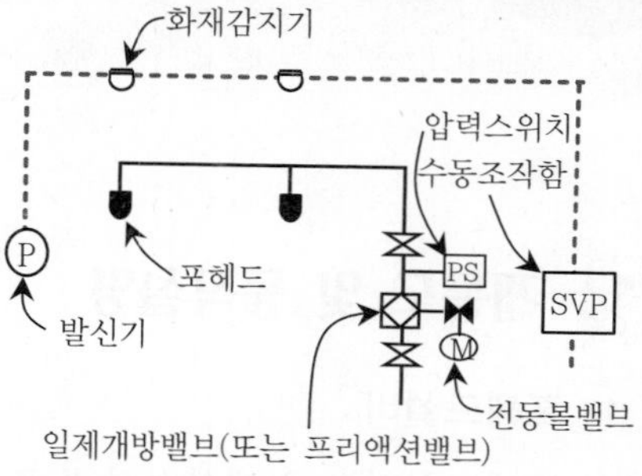 화재감지기 압력스위치 수동조작함 P PS SVP 포헤드 발신기 M 전동볼밸브 일제개방밸브(또는 프리액션밸브)
	2개 이상의 방수 구역	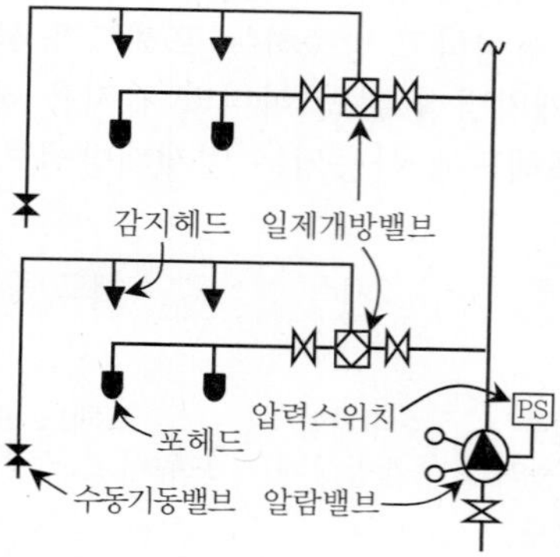 감지헤드 일제개방밸브 압력스위치 PS 포헤드 수동기동밸브 알람밸브	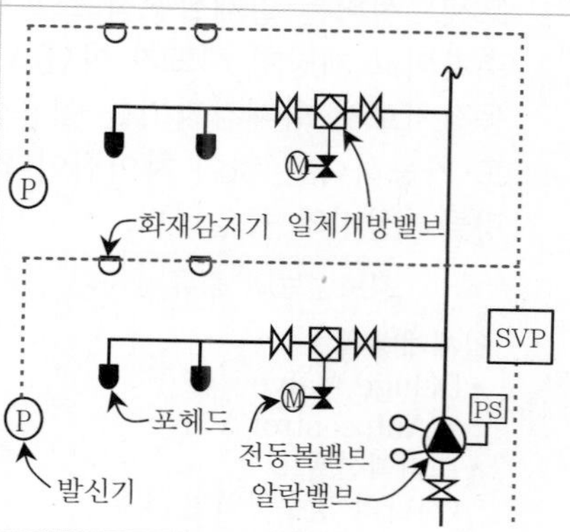 P M 화재감지기 일제개방밸브 SVP P 포헤드 PS 전동볼밸브 발신기 알람밸브
기동 방법		(1) 감지헤드(자동) (2) 수동기동밸브(수동)	(1) 화재감지기(자동) (2) 수동조작함(수동) (3) 수동기동밸브(수동) (4) 제어반에서 동작(2가지 : 수동)
화재감지		감지헤드 설치 (1) 표시온도 : 79℃ 미만인 것 사용 (2) 1개의 헤드 경계면적 : $20m^2$ 이하 (3) 부착높이 : 5m 이하, 화재를 유효하게 감지할 수 있을 것 (4) 하나의 감지장치 경계구역 : 하나의 층이 되도록 할 것	화재감지기(교차회로 구성) **참고** 전자밸브는 전동볼밸브 설치(수동복구형) 1. 화재감지기 : 자탐기준 준용하여 설치 2. 화재감지기 회로에는 발신기 설치 1) 조작이 쉬운 장소에 설치 2) 스위치 높이 : 0.8~1.5m 3) 층마다 설치 4) 수평거리 25m 이하 5) 적색표시등(15° ↑, 10m ↓ 식별 가능)
장점		신뢰성 우수	(1) 동파의 우려 있는 장소 설치 가능 (2) 층고 높거나, 화재확산 우려가 있는 곳에 설치
단점		동파의 우려가 있는 곳에는 부적합	감지기 오동작 우려 있어 신뢰도 낮음.

2) 일제개방밸브와 프리액션밸브의 비교 · 검토

구 분	일제개방밸브 (Deluge Valve=Autocontrol Valve)	프리액션밸브 (Preaction Valve)
밸브 출고 상태	(1) 일제개방밸브 몸체만 검정받아 출고 (2) 주변배관 : 현장시공 예 압력스위치, 배수밸브, 솔레노이드밸브	프리액션밸브와 주변배관을 포함하여 검정받아 출고
외형		
계통도	화재감지기, SVP, P, 감지헤드, 전동볼밸브, 일제개방밸브, PS, 포헤드, 수동기동밸브, 알람밸브	압력스위치, 화재감지기, PS, SVP, P, 감지헤드, 전동볼밸브, 프리액션밸브, 포헤드, 수동기동밸브
장점	방수구역이 여러 개 있는 경우, 일제개방밸브 전단에 알람밸브를 설치하여 유수검지	(1) 프리액션밸브 자동복구방지장치 자체에 내장됨.(기계식 : PORV, 전기식 : 전동볼밸브) (2) 일체형이므로 설치가 용이 (3) 각 방수구역마다 밸브 동작확인 가능 (4) 안정적인 복구가능(셋팅밸브 설치) (5) 유수검지를 위한 알람밸브 설치 불필요
단점	(1) 주변배관을 현장에서 시공해야 한다. (2) 감지형 헤드 이용방식의 경우 유수검지를 알람밸브로 할 경우 방수 시 어느 구역의 밸브가 개방되었는지 확인 불가하다. (3) 프리액션밸브에 비해 안정적인 셋팅이 불가하다. (4) 일제개방밸브 2차측에 배수밸브를 별도로 설치해야 한다. (5) 각 일제개방밸브에 압력스위치를 설치하지 않을 경우 일제개방밸브 전단에 유수검지를 위한 알람밸브를 설치해야 한다.	일제개방밸브에 비해 프리액션밸브가 약간 고가이기는 하지만 일제개방밸브의 경우 주변배관을 설치하는 인건비와 자재비가 추가되며 또한 별도의 유수검지를 위한 알람밸브를 설치하여야 하므로 경제성 면에서도 별 차이가 없다.

구 분	일제개방밸브 (Deluge Valve=Autocontrol Valve)	프리액션밸브 (Preaction Valve)
설치 시 주의 사항	(1) 감지용 헤드를 이용한 개방방식의 경우 밸브개방 시 방수구역 확인을 위해 각 일제개방밸브마다 압력스위치 설치 고려 (2) 감지기를 이용한 개방방식의 경우 일제개방밸브 자동복구방지를 위해 전동볼밸브(수동복구형)를 사용해야 한다. (3) 안정적인 셋팅을 위해 셋팅라인 및 셋팅밸브 추가 설치 고려	감지용 헤드를 이용한 개방방식의 경우 중간챔버에 감지용 헤드 배관을 연결 설치한다.
종합 의견	종합적으로 고려해 볼 때 다음과 같은 이유로 인하여 방수구역마다 프리액션밸브를 설치하는 것이 바람직하다 판단된다. (1) 각 방수구역마다 밸브의 동작 여부 확인이 가능하다. (2) 일제개방밸브 전단에 유수검지를 위한 알람밸브를 설치할 필요가 없다. (3) 프리액션밸브 내에 자동복구방지장치(PORV 또는 전동볼밸브)가 내장되어 있어 안정적인 소화가 가능하다. (4) 프리액션밸브는 주변부속을 포함해서 검정·출고되므로 설치가 용이하다. (5) 셋팅밸브가 설치되어 있어 점검 후 셋팅 및 유지관리가 용이하다.	

3) 감지용 헤드에 의한 작동방식 동작설명

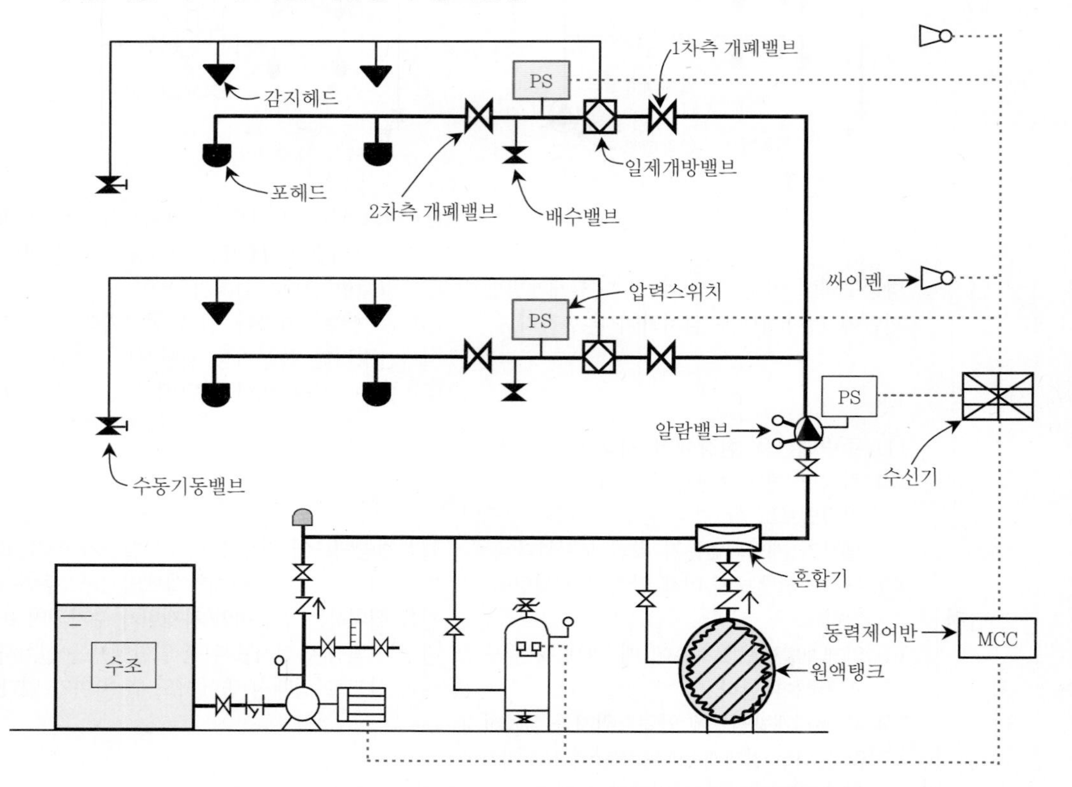

[그림 2] **포헤드설비 계통도(감지용 헤드에 의한 개방방식)**

동작순서	관련 사진
(1) 화재발생	 [그림 3] **화재발생**
(2) 화열에 의하여 감지용 헤드가 개방된다.	    [그림 4] **감지형 헤드 개방**
(3) 일제개방밸브 중간챔버(또는 실린더실) 감압으로 밸브가 개방된다.	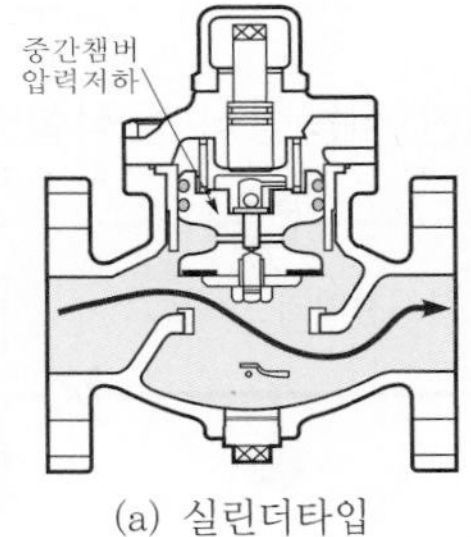 (a) 실린더타입 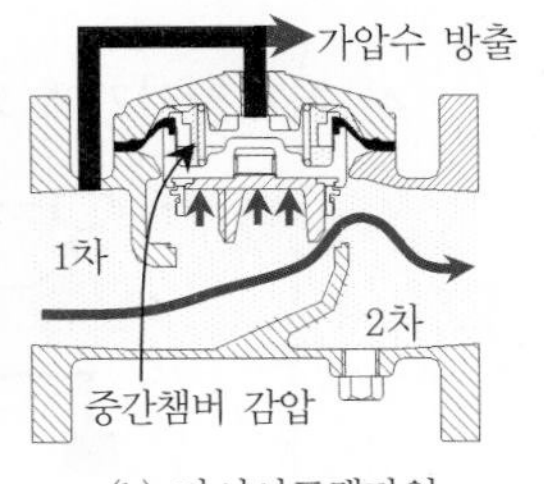 (b) 다이어프램타입 [그림 5] **일제개방밸브 개방**
(4) 배관 내 감압으로 가. 기동용 수압개폐장치의 압력스위치 동작 나. 소화펌프 기동	 [그림 6] **압력챔버의 압력스위치 동작**  [그림 7] **소화펌프 기동**
(5) 포원액과 물이 혼합된 포수용액이 방수구역의 모든 포헤드로 공급 가. 포헤드로부터 일제히 포방사 나. 소화	 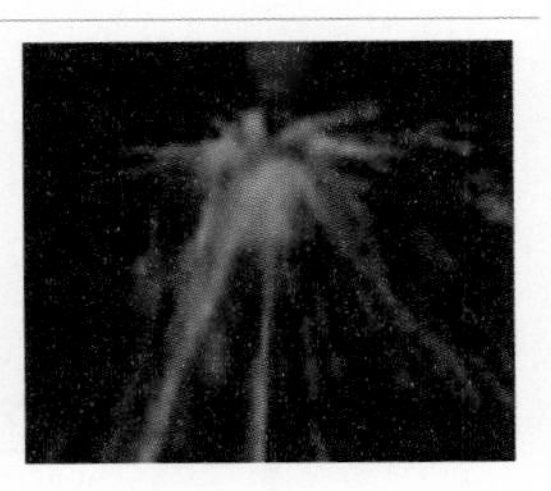 [그림 8] **포헤드 외형 및 방사모습**

동작순서	관련 사진
(6) 알람밸브(일제개방밸브)의 압력스위치 작동(일제개방밸브는 일제개방밸브의 2차측에 압력스위치를 설치한 경우에 한함.) 참고 압력스위치 동작 1. 하나의 방수구역일 경우 : 일제개방밸브의 압력스위치 동작 2. 여러 개의 방수구역일 경우 : 알람밸브의 압력스위치 동작	 (a) 일제개방밸브  (b) 알람밸브 [그림 9] **압력스위치 작동**
(7) 제어반 화재표시 및 경보 가. 화재등, 밸브개방표시등 점등 나. 제어반 내 부저 명동 ⇒ 해당 구역 경보(싸이렌) 발령	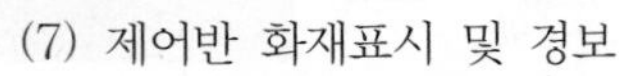  [그림 10] **제어반 화재 및 밸브 개방등 점등**

4) 화재감지기에 의한 작동방식 동작설명

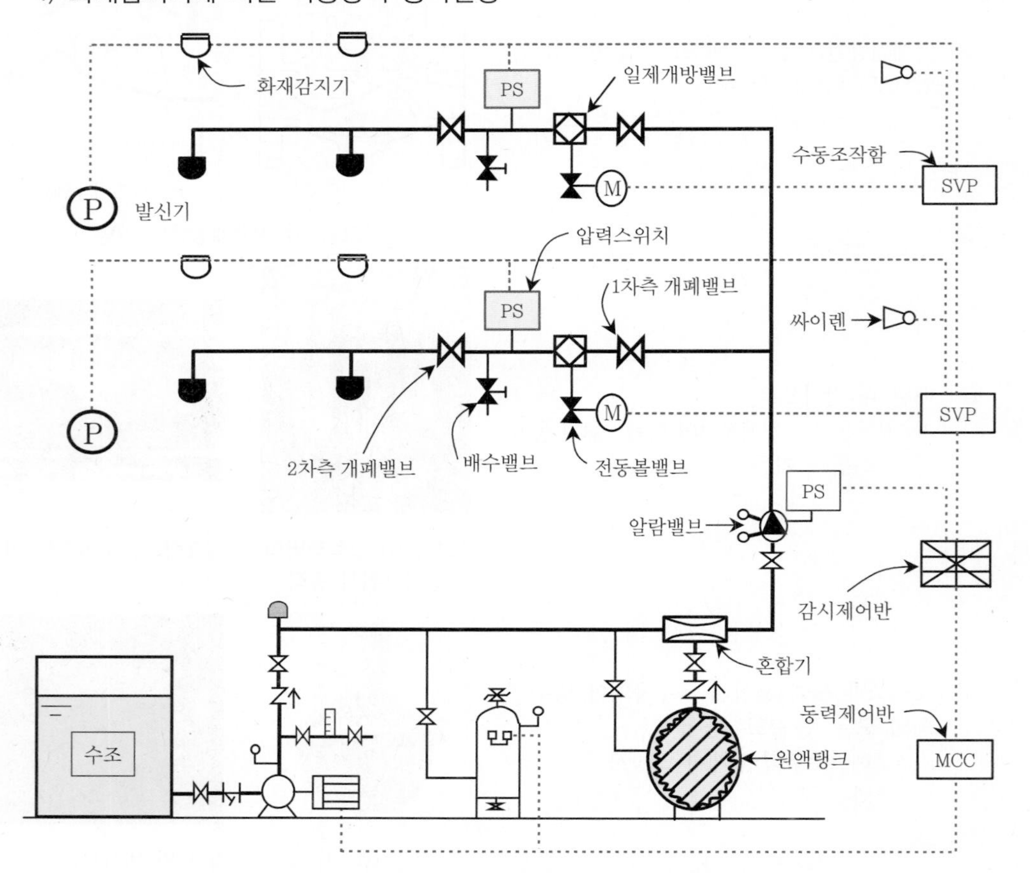

[그림 11] **포헤드설비 계통도(화재감지기에 의한 작동방식)**

동작순서	관련 사진
(1) 화재발생	 [그림 12] **화재발생**
(2) 화재감지 가. 자동 : 화재감지기 동작 가) a or b 감지기 동작 : 경보 나) a and b 감지기 동작 : 설비작동 나. 수동 : 수동조작함(SVP) 수동조작	  [그림 13] **감지기 동작** [그림 14] **수동조작함 동작**
(3) 제어반 화재표시 및 경보 가. 화재등, a, b 감지기 동작표시등, 솔레노이드밸브 기동등(옵션), 싸이렌 동작등 점등 나. 제어반 내 부저 명동 ⇒ 해당 구역 경보발령	화재표시등 a 감지기 / b 감지기 / S/V 기동 / 싸이렌 / 개방 확인 [그림 15] **제어반 표시등 점등**
(4) 해당 구역 일제개방밸브의 솔레노이드밸브 작동	  [그림 16] **일제개방밸브의 솔레노이드밸브**
(5) 일제개방밸브 중간챔버(또는 실린더실) 감압으로 밸브가 개방된다.	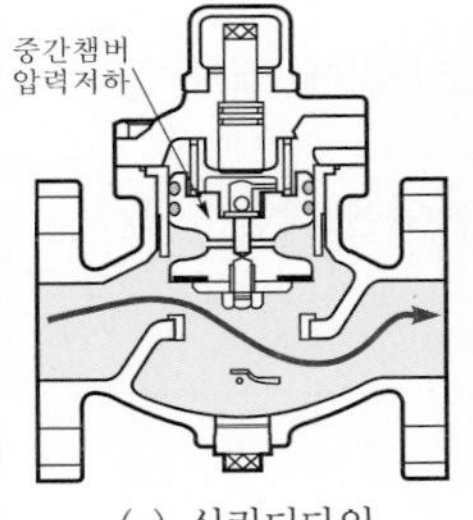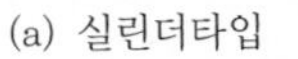 (a) 실린더타입 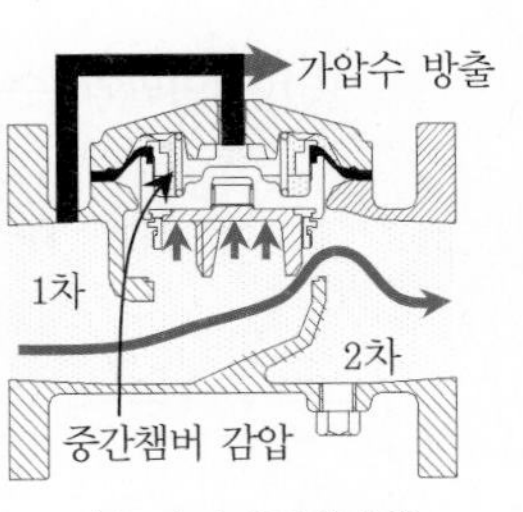 (b) 다이어프램타입 [그림 17] **일제개방밸브 개방**

동작순서	관련 사진
(6) 배관 내 감압으로 가. 기동용 수압개폐장치의 압력스위치 동작 나. 소화펌프 기동	  [그림 18] **압력챔버의 압력스위치 동작** [그림 19] **소화펌프 기동**
(7) 포원액과 물이 혼합된 포수용액이 방수구역의 모든 포헤드로 공급 가. 포헤드로부터 일제히 포방사 나. 소화	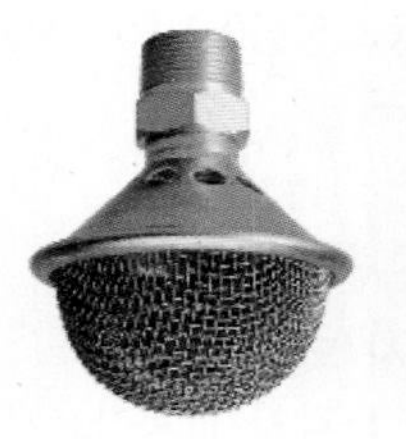  [그림 20] **포헤드 외형 및 방사모습**
(8) 알람밸브(일제개방밸브)의 압력스위치 작동(일제개방밸브는 일제개방밸브의 2차측에 압력스위치를 설치한 경우에 한함.) 참고 압력스위치 동작 1. 하나의 방수구역일 경우 일제개방밸브의 압력스위치 동작 2. 여러 개의 방수구역일 경우 알람밸브의 압력스위치 동작	 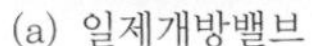 (a) 일제개방밸브 (b) 알람밸브 [그림 21] **압력스위치 작동**
(9) 제어반과 수동조작함에 밸브 동작(개방)표시등 점등 ⇒ 해당 구역 싸이렌 작동	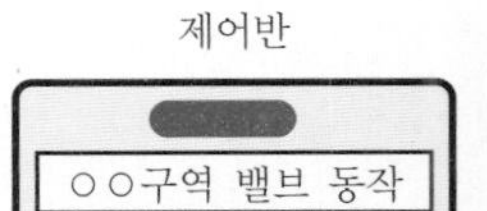  [그림 22] **제어반 표시등 점등** [그림 23] **수동조작함 동작표시등 점등**

2. 고정포방출설비

고정포방출설비는 옥외 위험물 저장탱크에 설치하여 유류화재 시 탱크 내부의 화재유면에 포를 방출하여 화재를 진압하는 설비로서, 설비의 작동은 화재를 사람이 발견 후 수동으로 화재가 발생한 구역의 밸브를 개방하여 설비를 동작시킨다. 하지만 일부 대상처에서는 유류저장탱크 천장 내부에 화재감지기를 교차회로로 설치하여 화재 시 일제개방밸브를 자동으로 개방하여 포를 방사하도록 된 곳도 있으니 참고하기 바란다.

1) 계통도

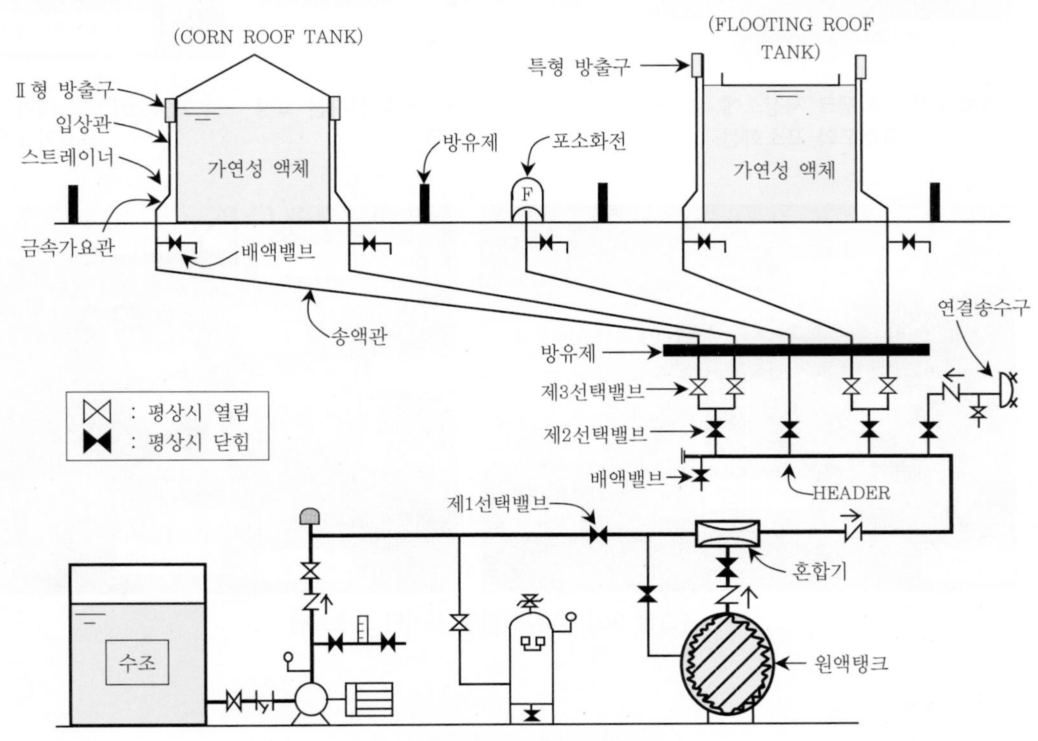

[그림 24] **고정포방출설비 계통도**

[그림 25] **포약제탱크 설치모습**

[그림 26] **선택밸브 설치모습**

[그림 27] **옥외탱크 저장소에 설치된 고정포와 포소화전**

[그림 28] **탱크측면에 설치된 고정포출구**

[그림 29] **스트레이너와 금속가요관**

[그림 30] **방유제 밖에 설치된 포소화전**

2) 작동 설명

(1) 화재발생

(2) 제1선택밸브를 개방하여 가압수를 공급한다.

(3) 화재가 발생한 구역의 밸브(제2선택밸브)를 개방한다.

(4) 약제공급밸브(흡입, 토출밸브)를 개방한다.

참고 이때 약제탱크 내부의 다이어프램 손상방지를 위해 약제탱크의 토출밸브 개방 후 가압수 공급밸브를 개방한다.

(5) 가압수와 약제가 포혼합장치를 통과하면서 혼합된 포수용액이 고정포방출구에 공급되며, 공기를 흡입하여 유면에 포를 방출하여 화재를 진압한다.

tip 고정포방출설비 사용 후 조치사항

1. 배관 및 고정포방출구를 클리닝
2. 고정포방출구의 봉인판 교환
3. 라이저스트레이너 클리닝(이물질 제거)
4. 포소화약제 보충 및 포소화설비를 점검 후 정상상태로 전환

2 포헤드설비 점검 방법

1. 감지용 헤드에 의한 작동방식

방수구역이 2개인 감지용 헤드를 이용한 감압개방방식으로서 일제개방밸브에는 셋팅밸브가 설치되지 않았고 조절볼트가 있는 타입의 일제개방밸브가 설치된 포헤드설비에 대한 작동기능점검에 대하여 기술한다.

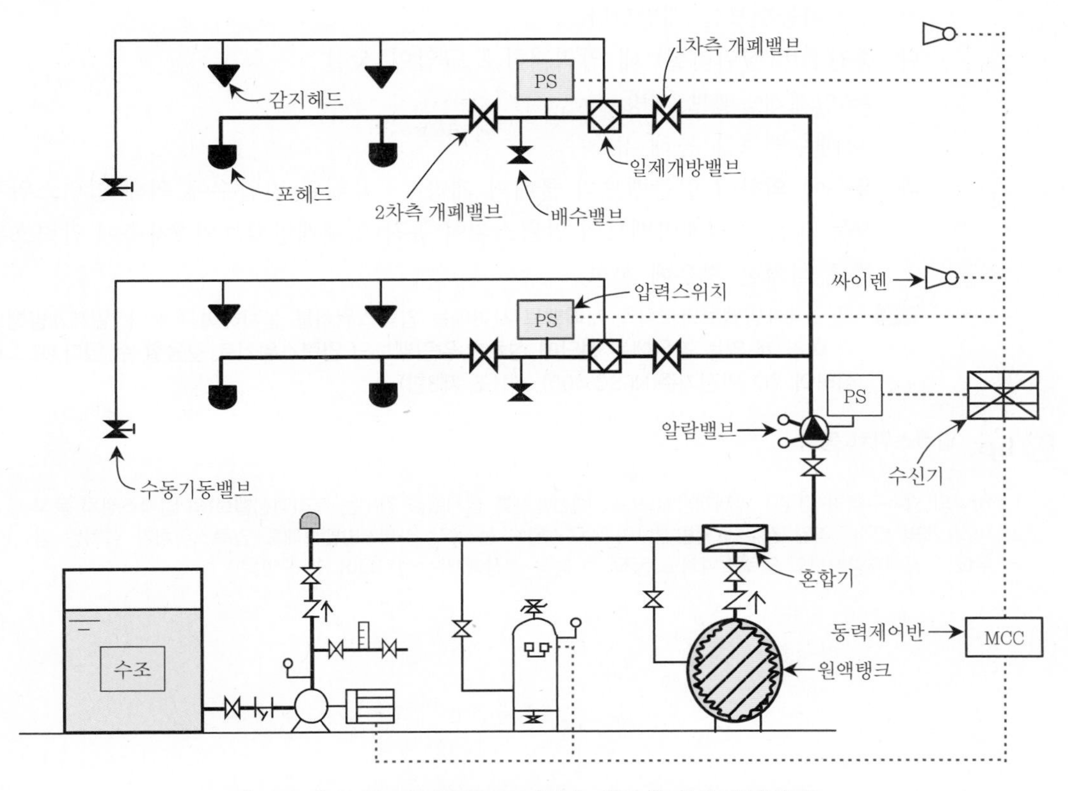

[그림 1] 포헤드설비 계통도(감지용 헤드에 의한 개방방식)

1) 작동 방법

(1) 준비

가. 알람밸브에 연결된 모든 일제개방밸브의 2차측 개폐밸브를 잠그고, 시험하고자 하는 일제개방밸브의 배수밸브를 개방한다.(2차측으로 가압수를 넘기지 않고 배수밸브를 통해 배수하여 시험실시)

나. 원액탱크의 약제 흡입·토출밸브를 잠근다.

다. 경보발령 여부 결정(수신기 경보스위치 "ON" or "OFF")

tip 경보스위치 선택

1. 경보스위치를 "ON" : 일제개방밸브 동작 시 음향경보 즉시 발령된다.
2. 경보스위치를 "OFF" : 일제개방밸브 동작 시 수신기에서 확인 후 필요시 경보스위치를 잠깐 풀어서 동작 여부만 확인한다.

⇒ 통상 점검 시에는 '2'를 선택하여 실시한다.

(2) 작동

가. 수동기동밸브를 개방한다.

나. 중간챔버(실린더실) 내 압력저하로 균압이 상실
⇒ 일제개방밸브 개방
⇒ 배수밸브를 통해 유수

다. 유수에 의하여 알람밸브의 클래퍼 개방 ⇒ 유입된 가압수에 의해 압력스위치 작동 또는 일제개방밸브의 압력스위치 동작(일제개방밸브의 2차측에 압력스위치를 설치한 경우에 한함.)

참고 각 일제개방밸브와 2차측 개폐밸브 사이에는 압력스위치를 설치하여야 하나, 일제개방밸브가 여러 개 있는 경우에는 전단에 설치한 알람밸브의 압력스위치로 갈음할 수 있다.(포소화설비의 화재안전기준(NFSC 105) 제11조 제3항)

tip 압력스위치 동작

1. 하나의 방수구역일 경우 : 일제개방밸브(프리액션밸브를 설치했을 경우는 프리액션밸브)의 압력스위치 동작
2. 여러 개의 방수구역일 경우 : 알람밸브의 압력스위치 동작(각 일제개방밸브에도 압력스위치가 설치된 경우에는 일제개방밸브의 압력스위치도 동작 ⇒ 통상 현장에서는 설치되어 있지 않음.)

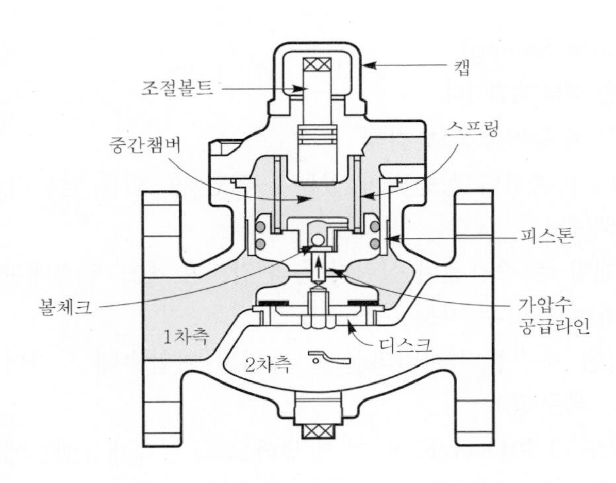

[그림 2] 일제개방밸브 동작 전

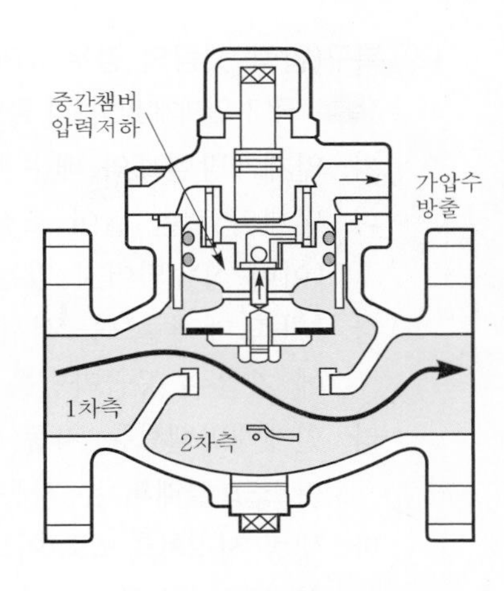

[그림 3] 일제개방밸브 동작 후

(3) 확인

가. 감시제어반(수신기) 확인사항

가) 화재표시등 점등 확인

나) 해당 구역 밸브개방 표시등 점등 확인

다) 수신기 내 경보 부저 작동 확인

나. 해당 방호구역의 경보(싸이렌)상태 확인

다. 소화펌프 자동기동 여부 확인

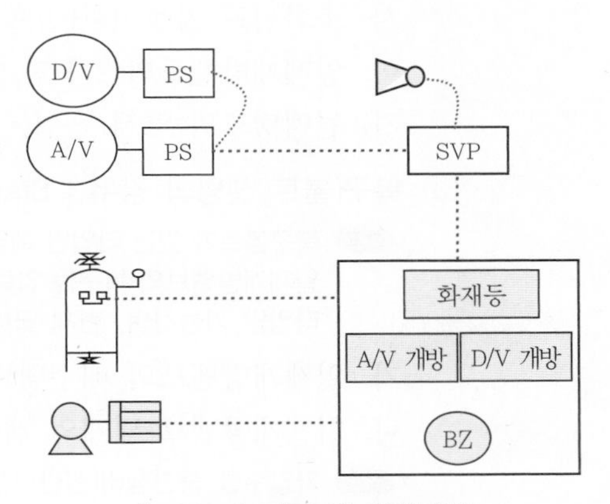

[그림 4] 점검 시 확인사항

2) 배수 및 복구

(1) 배수

펌프 자동정지의 경우	펌프 수동정지의 경우
가. 일제개방밸브(또는 알람밸브) 1차측 개폐밸브 잠금 ⇒ 펌프정지 확인 ⇒ 알람밸브 자동복구 나. 개방된 배수밸브를 통해 ⇒ 2차측 소화수 배수 다. 수신기 스위치 확인복구	가. 펌프 수동정지 나. 일제개방밸브(또는 알람밸브) 1차측 개폐밸브 잠금 ⇒ 알람밸브 자동복구 다. 개방된 배수밸브를 통해 ⇒ 2차측 소화수 배수 라. 수신기 스위치 확인복구

(2) 복구(압력 셋팅의 경우 ; Pressure Setting)

참고 국내 일제개방밸브의 공통적인 셋팅 방법이다.

가. 일제개방밸브의 배수밸브와 수동기동밸브 잠금

나. 덮개의 캡을 열어 조절볼트가 완전히 상승되어 있는지 확인 후 캡을 닫는다.(이미 상승되어져 있는 상태임.)

다. 1차측 개폐밸브를 서서히 개방 ⇒ 중간챔버(실린더실)와 감지용 헤드 연결배관에 가압수 공급라인을 통하여 가압수 자동공급

라. 일제개방밸브는 자동 셋팅됨.(중간챔버(실린더실)로 유입된 가압수에 의하여 디스크(클래퍼)는 자동으로 복구됨.)

마. 셋팅 시 2차측으로 어느 정도 유수(Over Flow)가 발생하므로, 일제개방밸브에 설치된 배수밸브로 완전 배수 후 다시 잠금

바. 수신기 스위치 상태확인

사. 소화펌프 자동전환(펌프 수동정지의 경우에 한함.)

아. 일제개방밸브의 2차측 개폐밸브 개방

자. 원액탱크의 약제 흡입·토출밸브 개방

(3) 복구(볼트 셋팅의 경우 ; Stem Setting)

참고 복구볼트가 있는 타입만 해당(국내 생산제품 중 우당제품에만 적용) : 복구볼트가 있는 타입의 일제개방밸브의 복구는 압력 셋팅과 볼트 셋팅 모두 가능하다. 볼트 셋팅은 복구볼트가 있는 타입만 가능하며, 현재 국내 생산제품 중에서는 우당제품에만 해당

가. 일제개방밸브의 배수밸브와 수동기동밸브 잠금

나. 일제개방밸브 덮개의 캡을 열고 조절볼트를 완전히 잠금

참고 가압수를 중간챔버(실린더실)로 공급하기 전에 디스크를 강제로 폐쇄하는 조치

다. 1차측 개폐밸브 개방 ⇒ 중간챔버(실린더실)와 감지용 헤드 연결배관에 가압수 공급

참고 이때 디스크는 조절볼트에 의해 누르는 힘과 중간챔버(실린더실)에 유입된 가압수에 의하여 폐쇄된 상태

라. 조절볼트를 다시 상승시켜 놓는다.(꼭 필요한 조치임. 상승시켜 놓지 않으면 밸브 미작동)

참고 이때 디스크는 중간챔버(실린더실)에 유입된 가압수에 의하여 폐쇄된 상태

마. 덮개의 캡을 닫아 놓는다.

바. 배수밸브를 약간 개방하여 누수가 없으면 정상 셋팅된 것(누수 여부 확인 후 배수밸브는 폐쇄)

사. 수신기 스위치 상태 확인

아. 소화펌프 자동전환(펌프 수동정지의 경우에 한함.)

자. 2차측 개폐밸브 개방

차. 원액탱크의 약제 흡입(토출)밸브 개방

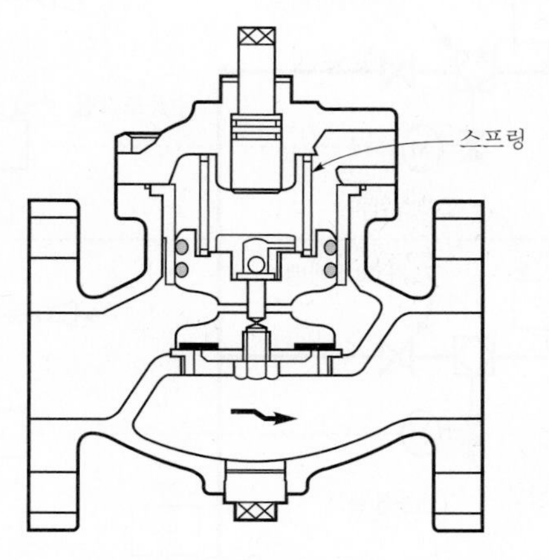

(a) 캡을 분리하고 중간챔버에는 가압수가 없는 스프링의 힘만으로 폐쇄된 상태

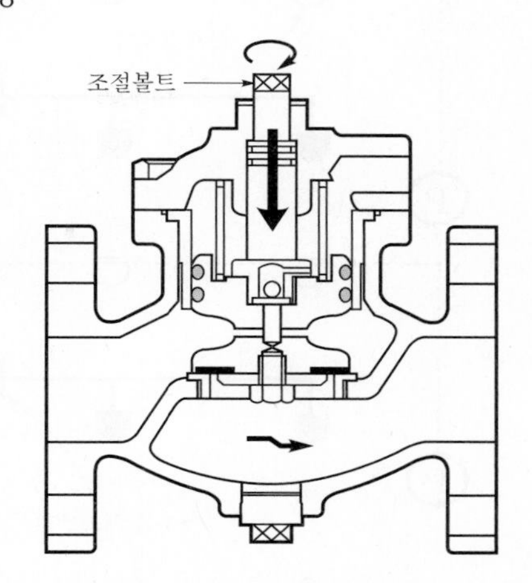

(b) 중간챔버에 가압수가 없는 상태에서 조절볼트를 하강시켜 디스크를 폐쇄시킨 상태

[그림 5] **1차측에 가압수 공급 전 상태**

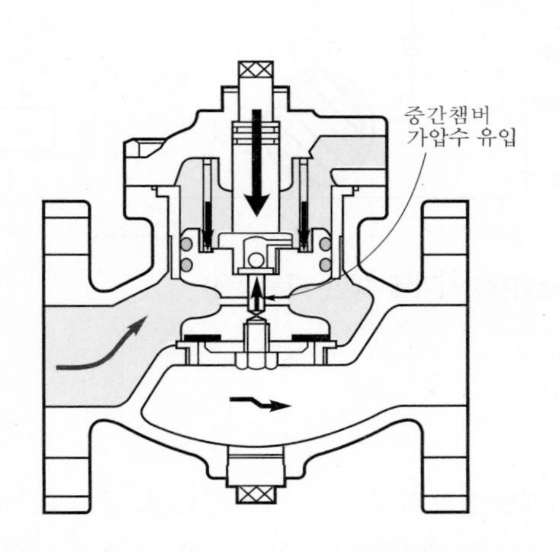

(a) 중간챔버 내의 가압수에 의한 힘과 하강된 조절볼트로 인해 디스크가 폐쇄된 모습

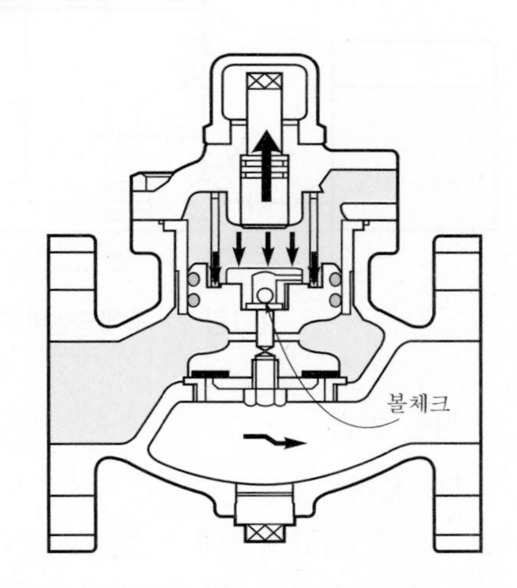

(b) 조절볼트를 상승시켜 중간챔버 내의 수압에 의하여 디스크가 폐쇄된 셋팅완료된 상태

[그림 6] **1차측에 가압수 공급 후 상태**

2. 화재감지기에 의한 작동방식

방수구역이 2개인 화재감지기를 이용한 감압개방방식으로서 일제개방밸브에는 셋팅밸브가 설치되지 않았고 조절볼트가 있는 타입의 일제개방밸브가 설치된 포헤드설비에 대한 작동기능점검에 대하여 기술한다.

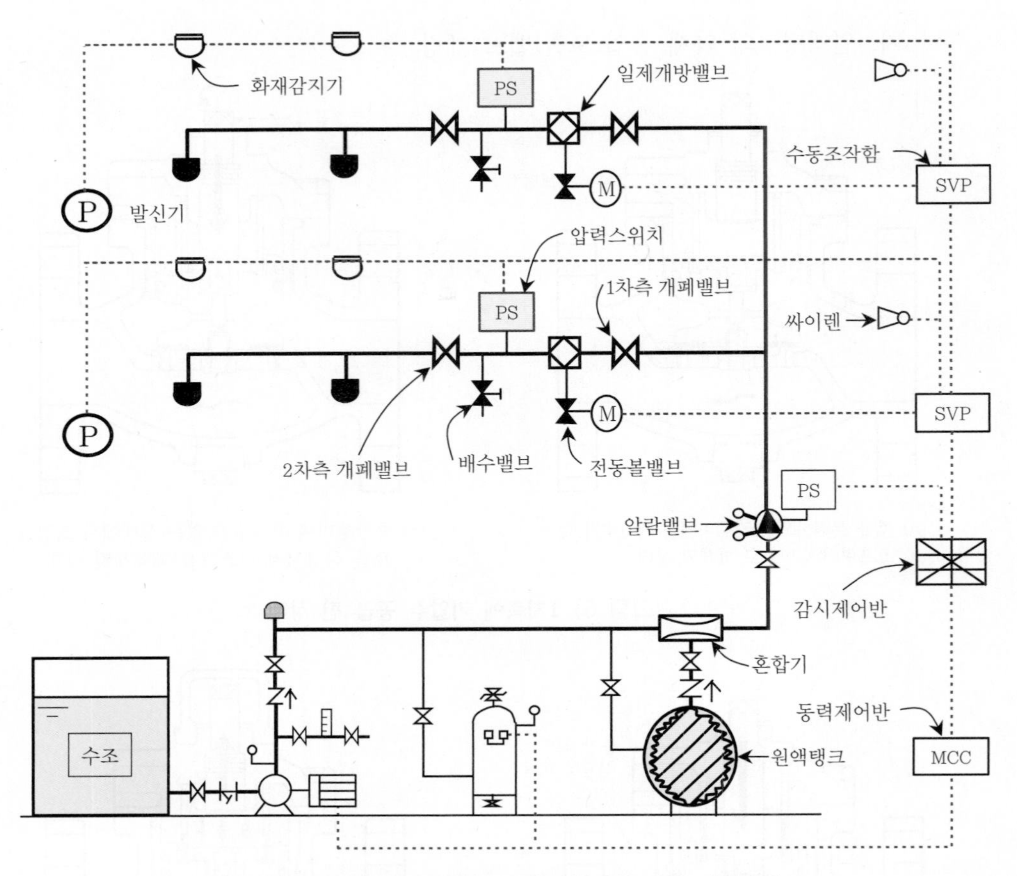

[그림 7] **포헤드설비 계통도(화재감지기에 의한 작동방식)**

1) 작동 방법

(1) 준비

가. 알람밸브에 연결된 모든 일제개방밸브의 2차측 개폐밸브를 잠그고, 시험하고자 하는 일제개방밸브의 배수밸브를 개방한다.(2차측으로 가압수를 넘기지 않고 배수밸브를 통해 배수하여 시험실시)

나. 원액탱크의 약제 흡입·토출밸브를 잠근다.

다. 경보발령 여부 결정(수신기 경보스위치 "ON" or "OFF")

tip 경보스위치 선택

1. 경보스위치를 "ON" : 일제개방밸브 동작 시 음향경보 즉시 발령된다.
2. 경보스위치를 "OFF" : 일제개방밸브 동작 시 수신기에서 확인 후 필요시 경보스위치를 잠깐 풀어서 동작여부만 확인

⇒ 통상 점검 시에는 '2'를 선택하여 실시한다.

(2) 작동

가. 일제개방밸브를 작동시킨다. "다)"를 선택하여 시험을 실시하는 것으로 기술함.

가) 수신기에서 동작시험스위치 및 회로선택스위치로 작동(2회로 작동)
(※ 자동복구는 하지 말 것)

나) 수신기측의 일제개방밸브 수동기동스위치 작동

다) 해당 방수구역의 감지기 2개 회로 동작

라) 방수구역 내 수동조작함의 누름버튼을 눌러서 동작

마) 수동기동밸브 개방(전동볼밸브의 누름버튼을 누른 후 전동볼밸브 손잡이를 돌려서 개방)

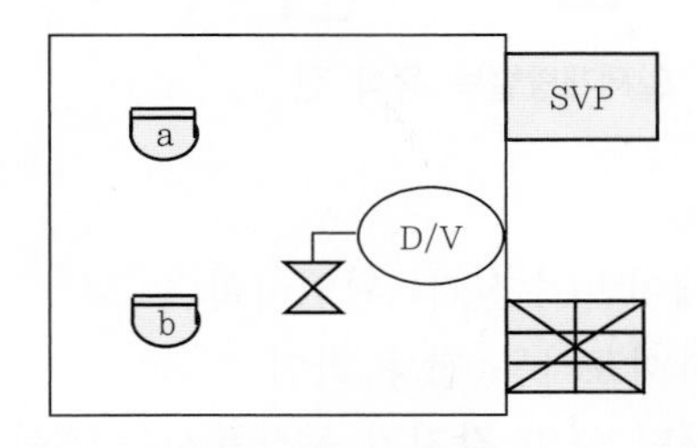

[그림 8] 작동 방법

나. 감지기 1개 회로 동작 ⇒ 경보 발령(경종)

다. 감지기 2개 회로 동작 ⇒ 솔레노이드밸브 개방

라. 중간챔버(실린더실) 내 압력저하로 균압이 상실되어
⇒ 일제개방밸브 개방
⇒ 배수밸브를 통해 유수

마. 유수에 의하여 알람밸브의 클래퍼 개방 ⇒ 유입된 가압수에 의해 압력스위치 작동 또는 일제개방밸브의 압력스위치 동작(일제개방밸브의 2차측에 압력스위치를 설치한 경우에 한함.)

참고 각 일제개방밸브와 2차측 개폐밸브 사이에는 압력스위치를 설치하여야 하나, 일제개방밸브가 여러 개 있는 경우에는 전단에 설치한 알람밸브의 압력스위치로 갈음할 수 있다.(포소화설비의 화재안전기준(NFSC 105) 제11조 제③항)

tip 압력스위치 동작

1. 하나의 방수구역일 경우 : 일제개방밸브(프리액션밸브를 설치했을 경우는 프리액션밸브)의 압력스위치 동작
2. 여러 개의 방수구역일 경우 : 알람밸브의 압력스위치 동작(각 일제개방밸브에도 압력스위치가 설치된 경우에는 일제개방밸브의 압력스위치도 동작 ⇒ 통상 현장에서는 설치되어 있지 않음.)

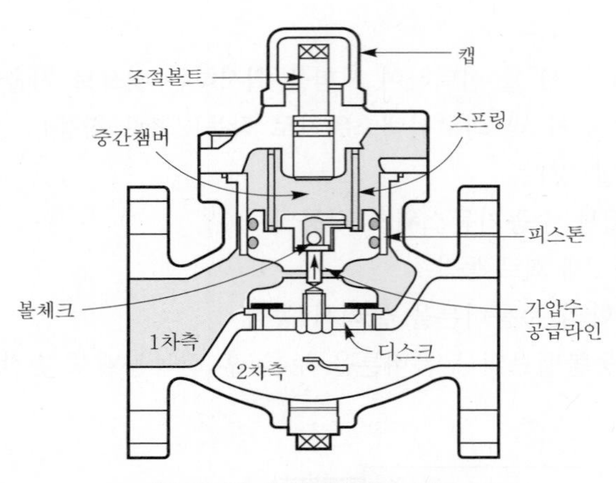

[그림 9] **일제개방밸브 동작 전**

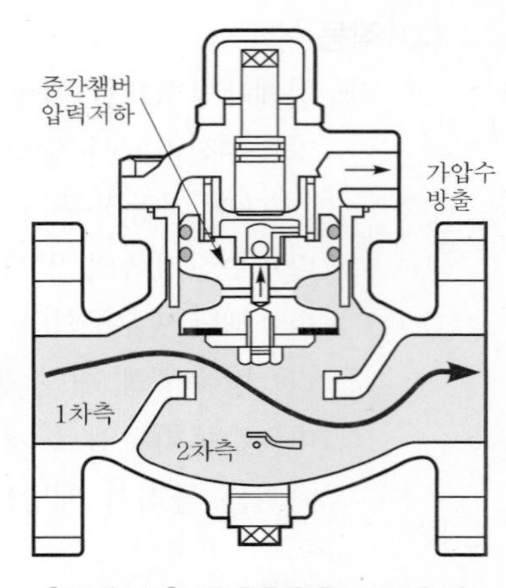

[그림 10] **일제개방밸브 동작 후**

(3) 확인

가. 감시제어반(수신기) 확인사항

가) 화재표시등 점등 확인

나) 해당 구역 감지기 동작표시등 점등 확인

다) 해당 구역 밸브개방 표시등 점등 확인

라) 수신기 내 경보 부저 작동 확인

나. 해당 방호구역의 경보(싸이렌)상태 확인

다. 소화펌프 자동기동 여부 확인

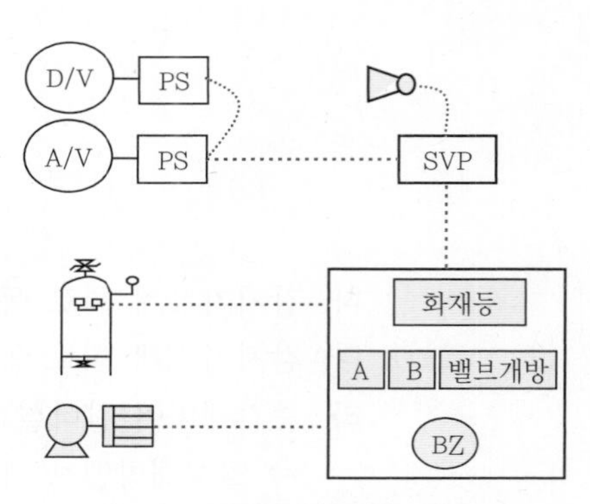

[그림 11] **점검 시 확인사항**

2) 배수 및 복구

(1) 배수

펌프 자동정지의 경우	펌프 수동정지의 경우
가. 일제개방밸브(또는 알람밸브) 1차측 개폐밸브 잠금 ⇒ 펌프정지 확인 ⇒ 알람밸브 자동복구 나. 개방된 배수밸브를 통해 ⇒ 2차측 소화수 배수 다. 수신기 스위치 확인복구	가. 펌프 수동정지 나. 일제개방밸브(또는 알람밸브) 1차측 개폐밸브 잠금 ⇒ 알람밸브 자동복구 다. 개방된 배수밸브를 통해 ⇒ 2차측 소화수 배수 라. 수신기 스위치 확인복구

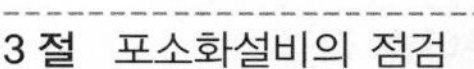

(2) 복구(압력 셋팅의 경우 ; Pressure Setting)

참고 국내 일제개방밸브의 공통적인 셋팅 방법이다.

가. 일제개방밸브의 배수밸브 잠금

나. 전동볼밸브 복구(전동볼밸브의 누름버튼을 누른 후 전동볼밸브 손잡이를 돌려서 폐쇄)

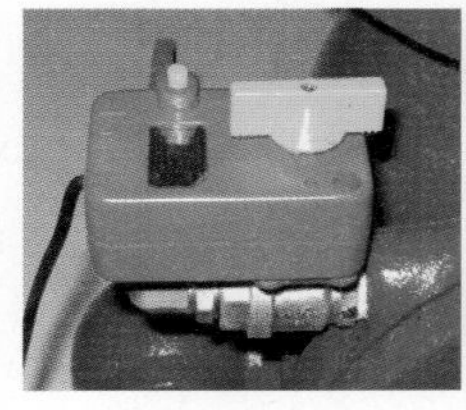

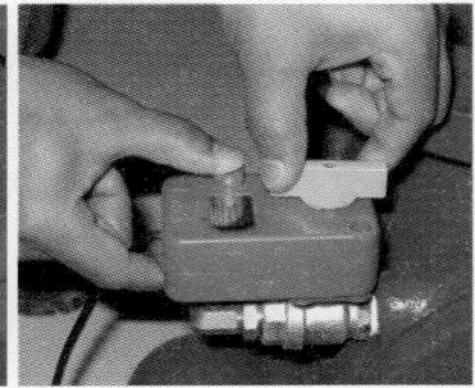

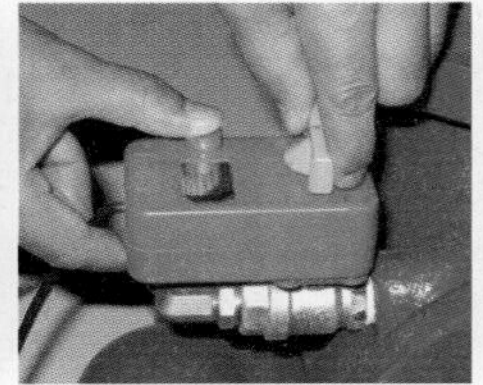

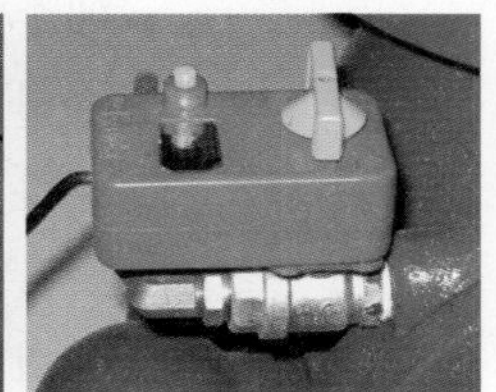

(a) 개방된 상태 (b) 푸시버튼 누르고, 개방레버 폐쇄 (c) 폐쇄된 상태

[그림 12] 전자밸브 복구모습

다. 덮개의 캡을 열어 조절볼트가 완전히 상승되어 있는지 확인 후 캡을 닫는다.(이미 상승되어져 있는 상태임.)

라. 1차측 개폐밸브를 서서히 개방 ⇒ 중간챔버(실린더실)에 가압수 공급라인을 통하여 가압수 자동공급

마. 일제개방밸브는 자동 셋팅됨.(중간챔버(실린더실)로 유입된 가압수에 의하여 디스크(클래퍼)는 자동으로 복구됨.)

바. 셋팅 시 2차측으로 어느 정도 유수(Over Flow)가 발생하므로, 일제개방밸브에 설치된 배수밸브로 완전배수 후 다시 잠금

사. 수신기 스위치 상태 확인

아. 소화펌프 자동전환(펌프 수동정지의 경우에 한함.)

자. 일제개방밸브의 2차측 개폐밸브 개방

차. 원액탱크의 약제 흡입・토출밸브 개방

(3) 복구(볼트 셋팅의 경우 ; Stem Setting)

참고 복구볼트가 있는 타입만 해당(국내 생산제품 중 우당제품에만 적용) : 복구볼트가 있는 타입의 일제개방밸브의 복구는 압력 셋팅과 볼트 셋팅 모두 가능하다. 볼트 셋팅은 복구볼트가 있는 타입만 가능하며, 현재 국내 생산제품 중에서는 우당제품에만 해당된다.

가. 일제개방밸브의 배수밸브 잠금

나. 전동볼밸브 복구(전동볼밸브의 누름버튼을 누른 후 전동볼밸브 손잡이를 돌려서 폐쇄)

다. 일제개방밸브 덮개의 캡을 열고 조절볼트를 완전히 잠금

참고 가압수를 중간챔버(실린더실)로 공급하기 전에 디스크를 강제로 폐쇄하는 조치

라. 1차측 개폐밸브 개방 ⇒ 실린더실(중간챔버)에 가압수 공급

참고 이때 디스크는 조절볼트에 의해 누르는 힘과 중간챔버(실린더실)에 유입된 가압수에 의하여 폐쇄된 상태

마. 조절볼트를 다시 상승시켜 놓는다.(꼭 필요한 조치임. 상승시켜 놓지 않으면 밸브 미작동)

참고 이때 디스크는 중간챔버(실린더실)에 유입된 가압수에 의하여 폐쇄된 상태

바. 덮개의 캡을 닫아 놓는다.

사. 배수밸브를 약간 개방하여 누수가 없으면 정상 셋팅된 것(누수 여부 확인 후 배수밸브는 폐쇄)

아. 수신기 스위치 상태 확인

자. 소화펌프 자동전환(펌프 수동정지의 경우에 한함.)

차. 2차측 개폐밸브 개방

카. 원액탱크의 약제 흡입・토출밸브 개방

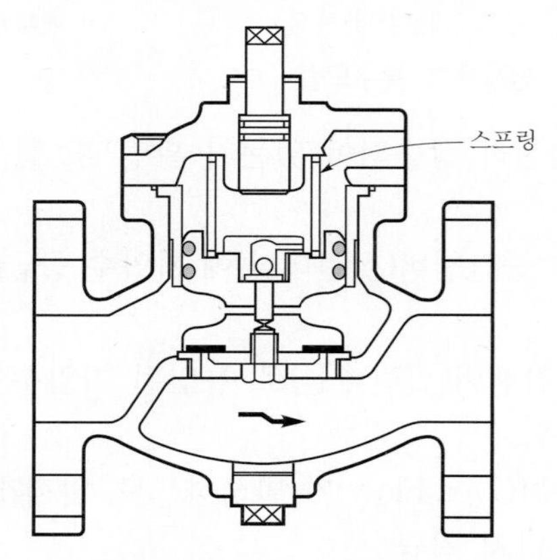

(a) 캡을 분리하고 중간챔버에는 가압수가 없는 스프링의 힘만으로 폐쇄된 상태

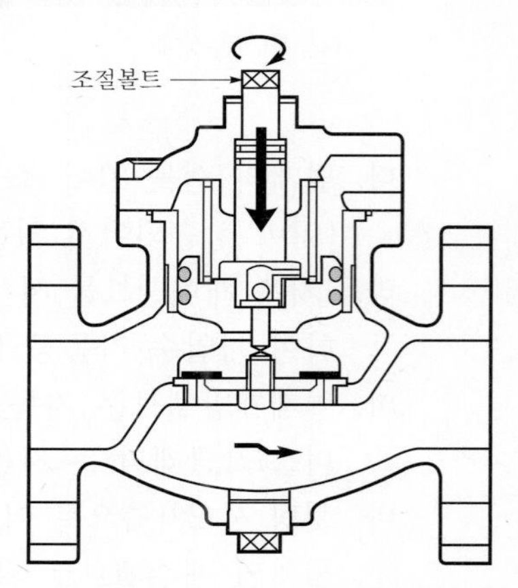

(b) 중간챔버에 가압수가 없는 상태에서 조절볼트를 하강시켜 디스크를 폐쇄시킨 상태

[그림 13] 1차측에 가압수 공급 전 상태

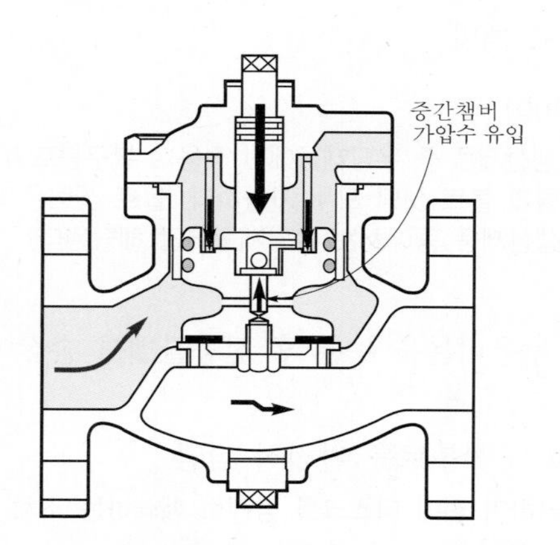

(a) 중간챔버 내의 가압수에 의한 힘과 하강된 조절볼트로 인해 디스크가 폐쇄된 모습

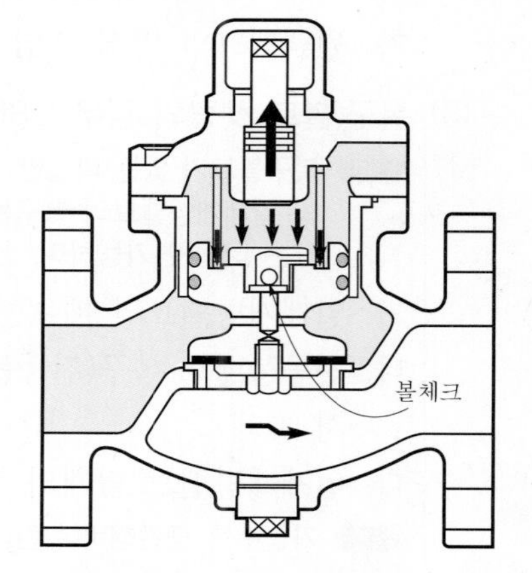

(b) 조절볼트를 상승시켜 중간챔버 내의 수압에 의하여 디스크가 폐쇄된 셋팅완료된 상태

[그림 14] 1차측에 가압수 공급 후 상태

기출 및 예상 문제

★★

01 전역방출방식의 고발포용 고정표 방출구의 종합정밀 점검방법을 기술하시오. [1회 10점]

1. 개구부 자동폐쇄장치 설치 여부
2. 방호구역의 관포체적에 대한 포수용액 방출량 적정 여부
3. 고정포방출구 설치 개수 적정 여부
4. 고정포방출구 설치 위치(높이) 적정 여부

★★★

02 포소화약제 저장탱크 내의 포소화약제를 보충 시 조작순서와 주의사항을 기술하시오. [17회 6점]

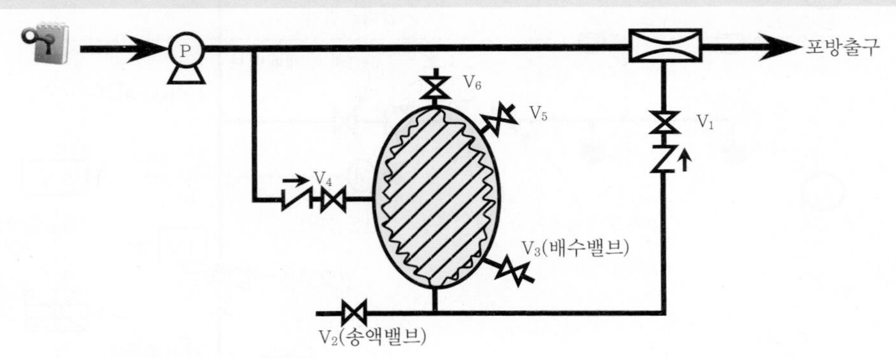

1. 조작순서
   1) V_1, V_4를 잠근다.(V_4 : 약제탱크로의 가압수 공급차단, V_1 : 혼합기로의 포약제 공급차단)
   2) V_3, V_5를 개방하여 약제탱크 내의 물을 배수시킨다.
   3) 배수완료 후 V_3를 잠근다.
   4) V_6를 개방한다.
   5) V_2에 포소화약제 송액장치를 접속한다.
   6) V_2를 개방하여 서서히 포소화약제를 주입(송액)한다.
   7) 포소화약제 보충 후 V_2를 잠근다.
   8) 소화펌프를 기동시킨다.
   9) V_4를 서서히 개방하여 탱크 내를 가압하여, 탱크 내 공기 제거 후 V_5, V_6를 잠근다.
   10) 소화펌프를 정지한다.
   11) V_1을 개방한다.

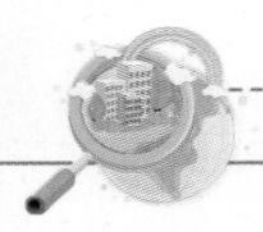

2. 약제 주입 시 주의사항
   1) 약제의 종별 · 형식 · 성능 등을 확인하여, 동일한 포소화약제를 보충할 것
   2) 보충작업 시 탱크 하부에서 포가 발생되지 않도록 서서히 송액할 것
   3) 가압 시 다이어프램이 손상되지 않도록 서서히 가압할 것
   4) 탱크 내의 공기는 완전히 배출할 것

★★★

03 다음 그림과 같은 포헤드방식에 대한 작동점검을 실시하고자 한다. 다음 물음에 답하시오.

[조건] 일제개방밸브에는 셋팅밸브와 조절볼트는 없고 전자밸브는 전동볼밸브(수동복구형)가 설치되어 있으며, 일제개방밸브의 동작은 화재감지기에 의한 감압개방방식이다.

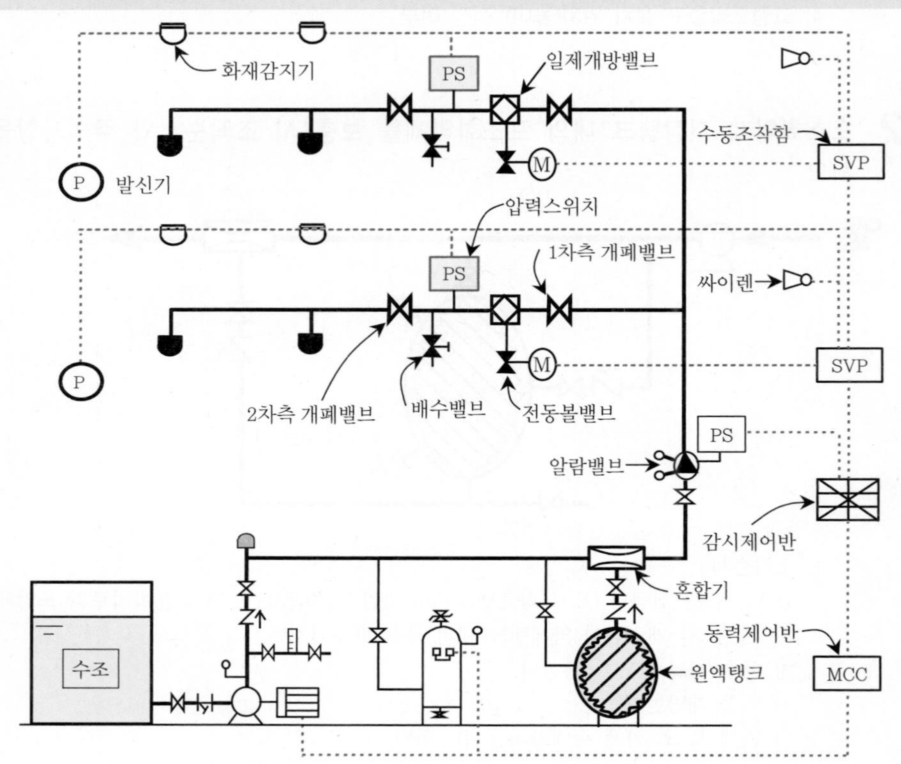

[포헤드설비 계통도(화재감지기에 의한 작동방식)]

1. 작동시험을 위한 준비, 작동, 확인사항을 기술하시오. (단, 작동시험은 해당 방수구역의 수동조작함의 스위치를 조작하는 것으로 기술)
2. 작동 후 조치(배수 및 복구) 사항을 기술하시오.

1. 작동 방법

1) 준비

(1) 알람밸브에 연결된 모든 일제개방밸브의 2차측 개폐밸브를 잠그고, 시험하고자 하는 일제개방밸브의 배수밸브를 개방한다.(2차측으로 가압수를 넘기지 않고 배수밸브를 통해 배수하여 시험실시)

(2) 원액탱크의 약제 흡입·토출밸브를 잠근다.

(3) 경보발령 여부 결정(수신기 경보스위치 "ON" or "OFF")

2) 작동

(1) 방수구역 내 수동조작함의 누름버튼을 누른다.

(2) 일제개방밸브의 솔레노이드밸브 개방

(3) 중간챔버(실린더실) 내 압력저하로 균압이 상실되어
⇒ 일제개방밸브 개방
⇒ 배수밸브를 통해 유수

(4) 유수에 의하여 알람밸브의 클래퍼 개방 ⇒ 유입된 가압수에 의해 압력스위치 작동 또는 일제개방밸브의 압력스위치 동작(일제개방밸브의 2차측에 압력스위치를 설치한 경우에 한함.)

참고 각 일제개방밸브와 2차측 개폐밸브 사이에는 압력스위치를 설치하여야 하나, 일제개방밸브가 여러 개 있는 경우에는 전단에 설치한 알람밸브의 압력스위치로 갈음할 수 있다. [포소화설비의 화재안전기준(NFSC 105) 제11조 제③항]

3) 확인

(1) 감시제어반(수신기) 확인사항
가. 화재표시등 점등 확인
나. 해당 구역 일제개방밸브 개방표시등 점등 확인
다. 수신기 내 경보 부저 작동 확인

(2) 해당 방호구역의 경보(싸이렌)상태 확인

(3) 소화펌프 자동기동 여부 확인

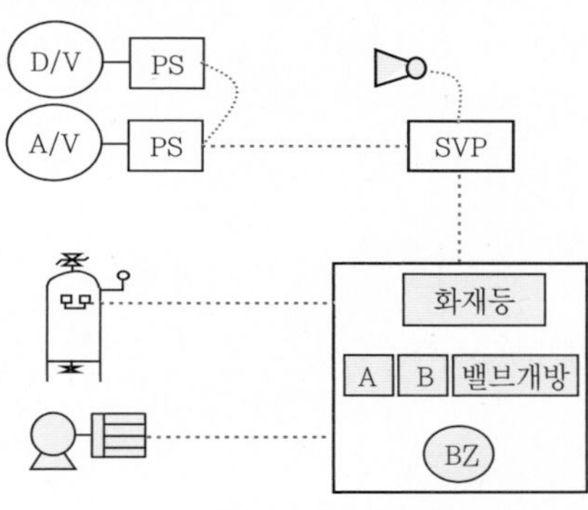

[점검 시 확인사항]

2. 배수 및 복구

1) 배수

펌프 자동정지의 경우	펌프 수동정지의 경우
(1) 일제개방밸브(또는 알람밸브) 1차측 개폐밸브 잠금 ⇒ 펌프정지 확인 ⇒ 알람밸브 자동복구 (2) 개방된 배수밸브를 통해 ⇒ 2차측 소화수 배수 (3) 수신기 스위치 확인복구	(1) 펌프 수동정지 (2) 일제개방밸브(또는 알람밸브) 1차측 개폐밸브 잠금 ⇒ 알람밸브 자동복구 (3) 개방된 배수밸브를 통해 ⇒ 2차측 소화수 배수 (4) 수신기 스위치 확인복구

2) 복구(압력 셋팅의 경우 ; Pressure Setting)

(1) 일제개방밸브의 배수밸브 잠금

(2) 전동볼밸브 복구(전동볼밸브의 누름버튼을 누른 후 전동볼밸브 손잡이를 돌려서 폐쇄)

(3) 덮개의 캡을 열어 조절볼트가 완전히 상승되어 있는지 확인 후 캡을 닫는다.(이미 상승되어져 있는 상태임.)

(4) 1차측 개폐밸브를 서서히 개방 ⇒ 중간챔버(실린더실)에 가압수 공급라인을 통하여 가압수 자동공급

(5) 일제개방밸브는 자동 셋팅된다.(중간챔버(실린더실)로 유입된 가압수에 의하여 디스크(클래퍼)는 자동으로 복구됨.)

(6) 셋팅 시 2차측으로 어느 정도 유수(Over Flow)가 발생하므로, 일제개방밸브에 설치된 배수밸브로 완전배수 후 다시 잠금

(7) 수신기 스위치 상태 확인

(8) 소화펌프 자동전환(펌프 수동정지의 경우에 한함.)

(9) 일제개방밸브의 2차측 개폐밸브 개방

(10) 원액탱크의 약제 흡입 · 토출밸브 개방

출제 경향 분석

번 호	기출 문제	출제 시기 및 배점
1	5. 그림은 이산화탄소소화설비의 계통도이다. 그림을 참고하여 다음 물음에 답하시오. (1) 전역방출방식에서 화재발생 시부터 헤드방사까지의 동작흐름을 제시된 그림을 이용하여 Block Diagram으로 표시하시오. (2) 이산화탄소소화설비의 분사헤드 설치제외 장소를 기술하시오.	3회 20점
2	3. 불연성 가스계소화설비의 가스압력식 기동방식 점검 시 오동작으로 가스방출이 일어날 수 있다. 소화약제의 방출을 방지하기 위한 대책을 쓰시오.	4회 20점
3	1. 이산화탄소소화설비가 오작동으로 방출되었다. 방출 시 미치는 영향에 대하여 농도별로 쓰시오.	5회 20점
4	1. 가스계소화설비의 이너젠가스 저장용기, 이산화탄소 저장용기, 기동용 가스용기의 가스량 산정(점검) 방법을 각각 설명하시오.	6회 20점
5	4. 이산화탄소소화설비 기동장치의 설치기준을 기술하시오.(화재안전기준)	6회 20점
6	2. 이산화탄소소화설비에 대하여 다음 물음에 각각 답하시오. (1) 가스압력식 기동장치가 설치된 이산화탄소소화설비의 작동시험 관련 물음에 답하시오.(18점) 가. 작동시험 시 가스압력식 기동장치의 전자개방밸브 작동 방법 중 4가지만 쓰시오.(8점) 나. 방호구역 내에 설치된 교차회로 감지기를 동시에 작동시킨 후 이산화탄소소화설비의 정상작동 여부를 판단할 수 있는 확인사항들에 대해 쓰시오.(10점) (2) 화재안전기준에서 정하는 소화약제 저장용기를 설치하기에 적합한 장소에 대한 기준 6가지만 쓰시오.(12점) (화재안전기준)	10회 30점
7	1. 할론 1301 소화설비 약제저장용기의 저장량을 측정하려고 한다. 다음 물음에 답하시오. (1) 액위측정법을 설명하시오.(3점) (2) 다음 그림의 레벨메터(Level meter) 구성부품 중 각 부품(㉠~㉢)의 명칭을 쓰시오.(3점) (3) 레벨메터(Level meter) 사용 시 주의사항 6가지를 쓰시오.(3점)	21회 12점

학습 방향	
1	CO_2 소화설비 계통도, 설치제외 장소
2	이산화탄소소화설비 작동 방법(자동, 수동, 정전 시), 약제방출 후 조치 방법
3	소화약제의 오방출원인과 방출을 방지하기 위한 대책
4	가스계 점검 전·후 안전대책
5	이산화탄소소화설비 방출 시 인체에 미치는 영향
6	가스량 산정(점검) 방법 : 이너젠저장용기, 이산화탄소 저장용기, 기동용 가스용기 가스량 산정 방법
7	패키지 점검 방법
☞	계통도, 작동 방법, 점검 전·후 안전조치 방법, 가스량 산정 방법, 패키지 점검 방법, 이산화탄소 농도별 인체에 미치는 영향 및 화재안전기준과 이에 수반되는 점검 항목 숙지 요함.

제4절 가스계소화설비의 점검

1 계통도 및 동작설명

1. 가스계소화설비의 계통도

고정식 가스계소화설비의 자동식 기동장치의 종류는 전기식, 기계식 및 가스압력식이 있으나, 국내에서는 기동용 가스압력을 이용한 가스압력식이 주로 설치되고 있으므로 가스압력개방방식을 중심으로 설명한다.

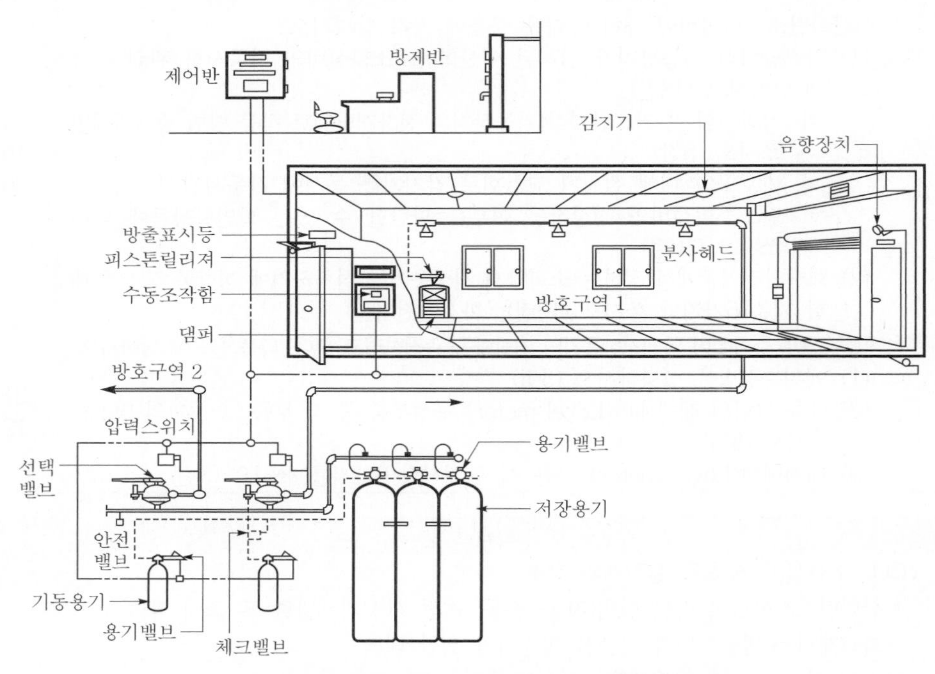

[그림 1] 가스계소화설비의 계통도(가스압력식)

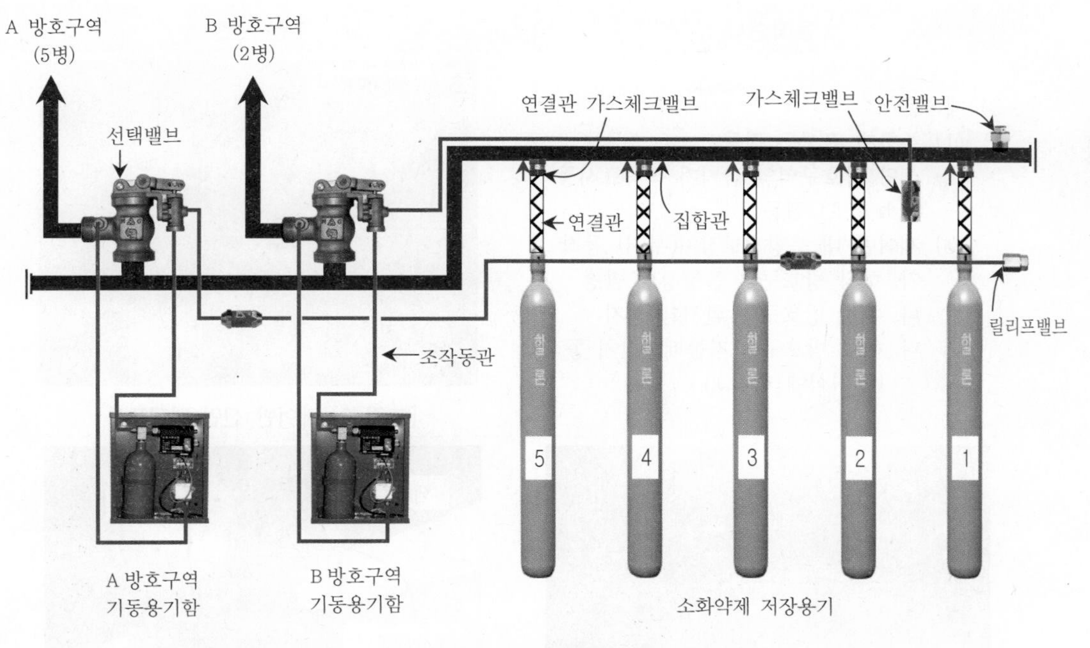

[그림 2] **저장용기실 계통도**

2. 가스계소화설비의 동작설명 [7회 30점 : 설계 및 시공－작동설명 기술]

동작순서	관련 사진
1) 화재발생	[그림 3] **화재발생**
2) 화재감지기 동작 또는 수동조작함 작동	[그림 4] **감지기 동작**　[그림 5] **수동조작함 작동**

동작순서	관련 사진
3) 제어반 (1) 주화재 표시등 점등 (2) 해당 방호구역의 감지기 작동표시등 (a, b 회로) 점등 (3) 제어반 내 음향경보장치(부저) 동작 가. 해당 방호구역 음향경보 발령 나. 해당 방호구역 환기휀 정지 다. 해당 방호구역 자동폐쇄장치 동작 (전기식에 한함.)	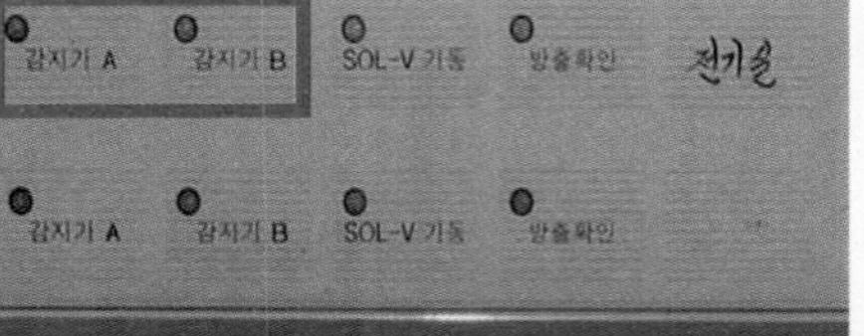 [그림 6] **제어반 전면 화재표시**
 [그림 7] **제어반에 해당구역 댐퍼 동작표시**	 [그림 8] **해당 방호구역 댐퍼폐쇄**
4) 지연장치 동작 : 방호구역 내부의 사람이 피난할 수 있도록 a, b 회로 감지기 동작 또는 수동기동 이후부터 솔레노이드밸브 동작 전까지 약 30초의 지연시간을 둔다.	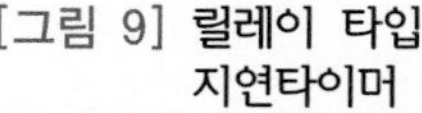 [그림 9] **릴레이 타입 지연타이머** [그림 10] **IC 타입 지연타이머**
5) 기동용기의 솔레노이드밸브 동작으로 ⇒기동용기 개방	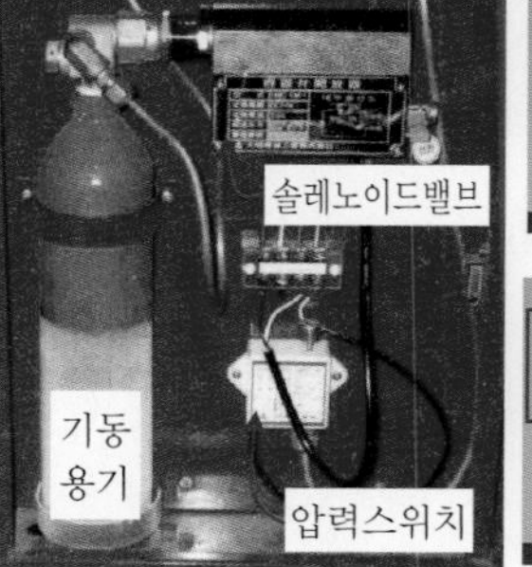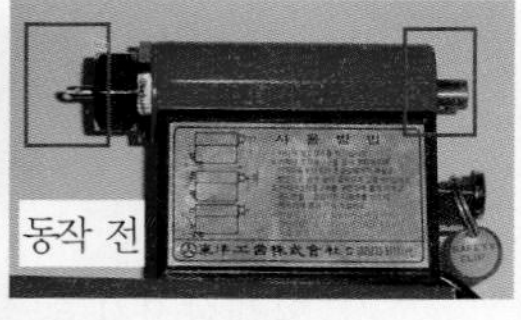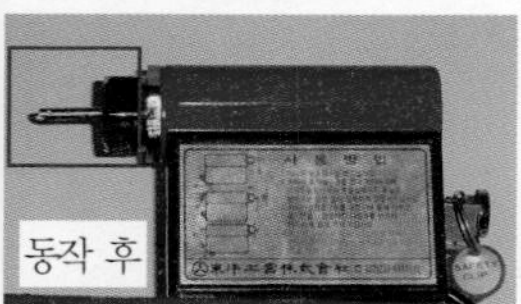 [그림 11] **기동용기함** [그림 12] **솔레노이드밸브 동작 전 · 후 모습**

동작순서	관련 사진
기동용기 내 가압용 가스가 동관으로 이동하여 선택밸브와 저장용기밸브를 개방시킨다. ⇒선택밸브 개방	 [그림 13] 선택밸브 동작 전  [그림 14] 선택밸브 동작 후
⇒저장용기 개방  [그림 15] 저장용기 설치모습	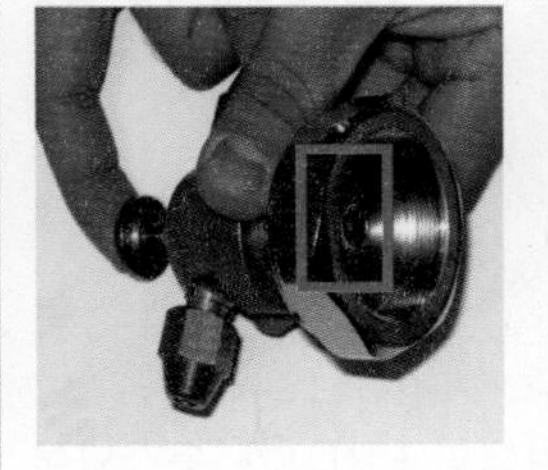 [그림 16] 니들밸브 동작 전 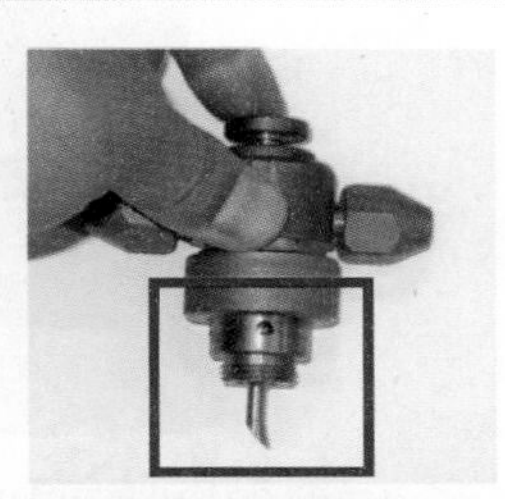 [그림 17] 니들밸브 동작 후
6) 압력스위치 작동 ⇒ 방출표시등 점등(제어반, 수동조작함, 방호구역 출입구 상단) 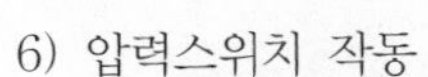	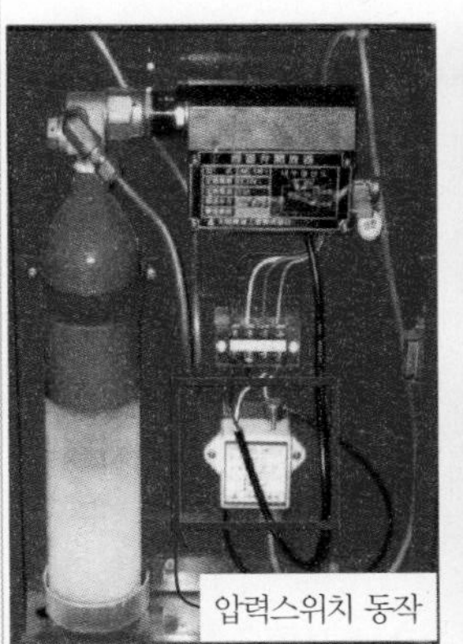 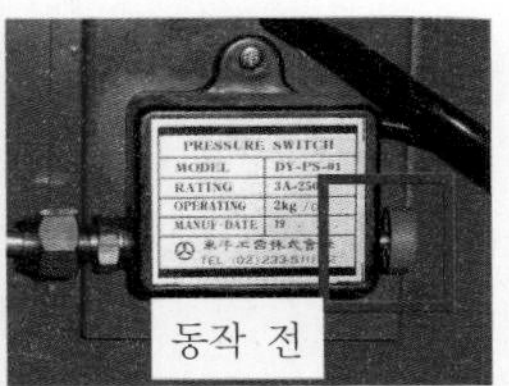  [그림 18] 압력스위치 동작

동작순서	관련 사진
	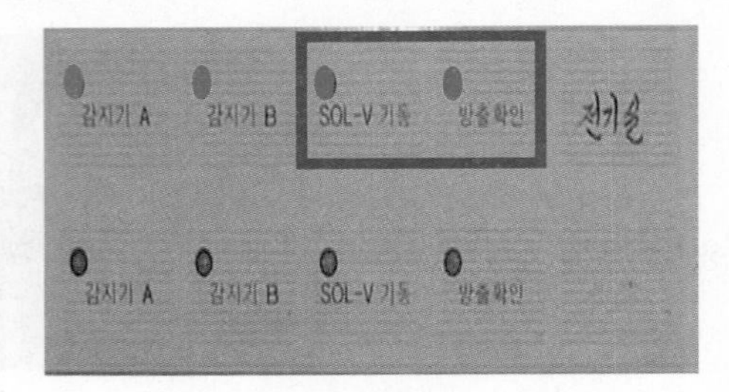 [그림 19] **제어반의 방출표시등 점등**
 [그림 20] **방호구역 출입문 상단 방출표시등 점등**	 [그림 21] **수동조작함 방출표시등 점등**
7) 자동폐쇄장치 동작(가스압력식) ⇒ 피스톤릴리져댐퍼(PRD)가 동작되어 해당 방호구역의 댐퍼를 폐쇄한다.	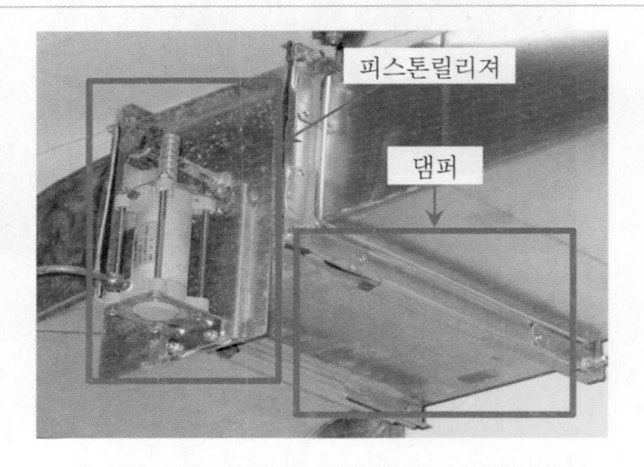 [그림 22] **댐퍼에 설치된 피스톤릴리져**
8) 해당 방호구역에 소화약제 방출 ⇒ 소화	 [그림 23] **헤드로부터 소화약제 방사모습**

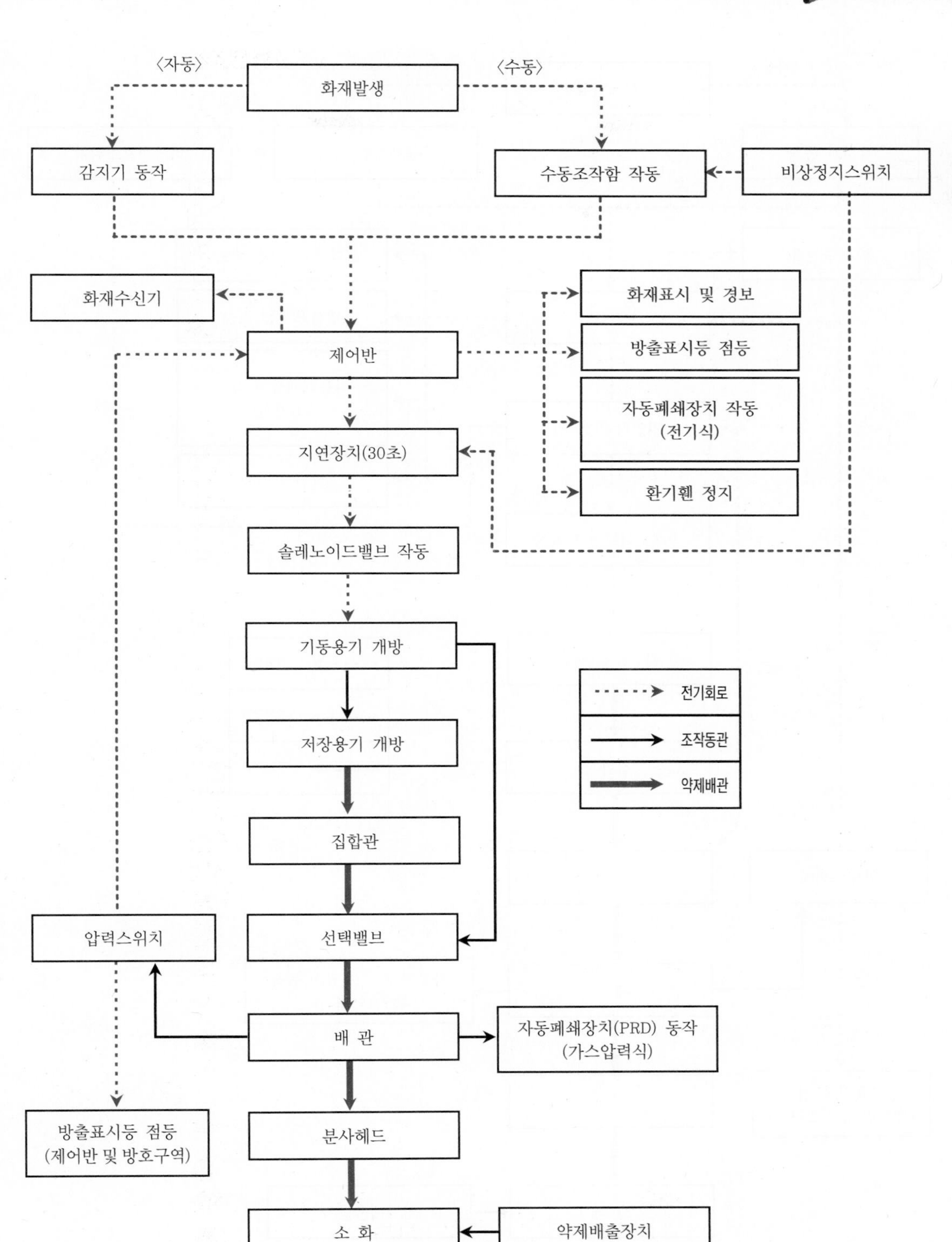

[그림 24] **가스압력식 동작 블록다이어그램**

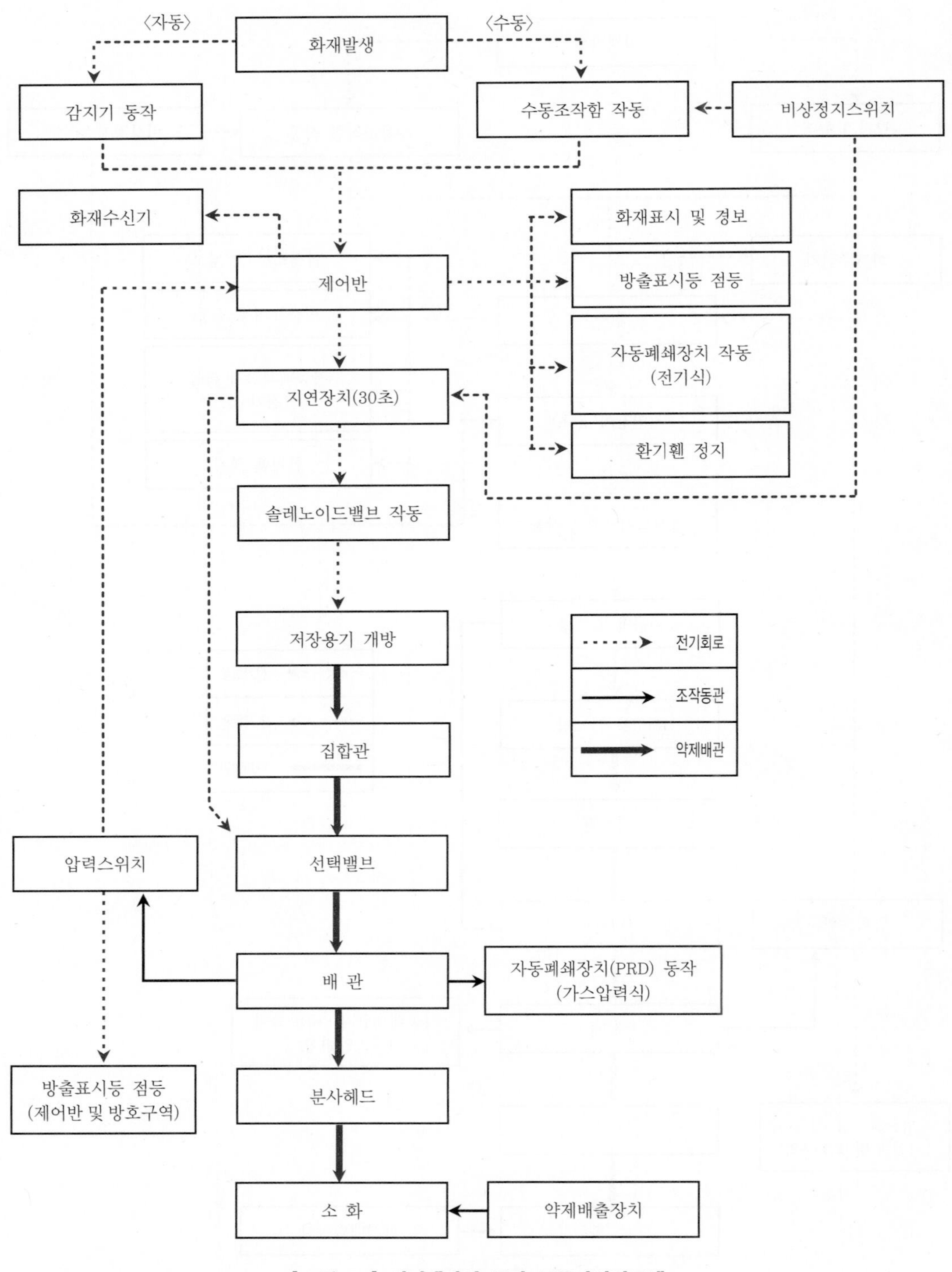

[그림 25] 전기개방식 동작 블록다이어그램

3. 수동작동 방법

화재감지기 동작 이전에 실내 거주자가 화재를 먼저 발견했을 경우 신속한 소화를 위하여 수동으로 조작을 하여 소화설비를 작동시켜야 한다. 소화설비가 정상적으로 동작되는 경우와 모든 전원(비상전원 포함.)이 차단되었을 경우로 구분하여 알아보자.

1) 소화설비가 정상적으로 동작되는 경우 수동조작 방법

이 경우 화재를 발견하였을 경우 화재실 내의 사람이 없는지를 확인 후 조작을 하여야 한다.

(1) 화재실 내 근무자가 있는지 확인한다.
(2) 수동기동 조작함의 문을 열면 화재발생 경보음인 싸이렌이 울린다.
(3) 실내 근무자가 모두 대피한 것을 확인 후, 수동조작스위치를 누른다.
(4) 제어반으로 화재발생이 통보되어 화재감지기 동작 시와 같이 설비가 자동으로 동작된다.

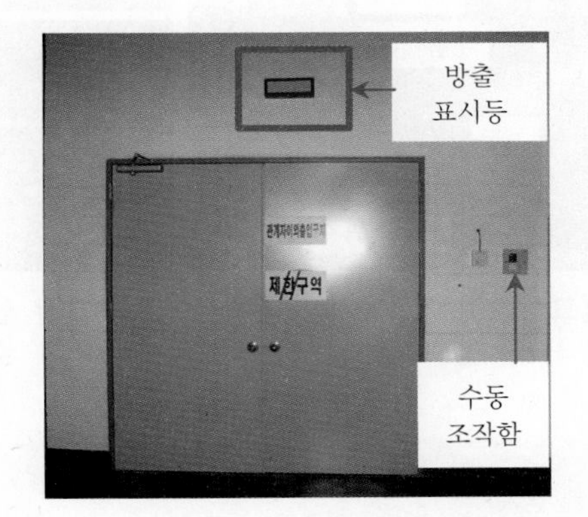

[그림 26] 방호구역 외부에 설치된 수동조작함

[그림 27] 수동조작함 작동

2) 모든 전원(비상전원 포함.)이 차단되었을 경우 수동조작 방법

⇒ 조건 : 기동방식은 가스가압식이며, 피스톤릴리져에 의해 작동되는 방화댐퍼가 설치된 것으로 가정

모든 전원이 차단된 상태이므로 수동조작함으로 소화설비를 작동시킬 수 없다. 따라서 방호구역 내 사람을 대피시키고 저장용기실로 이동하여 다음과 같이 해당 방호구역의 기동용기함을 수동으로 조작시킨다.

(1) 화재가 발생한 방호구역 내 사람이 없는지 시각 및 음성으로 확인한다.
(2) 개구부 및 출입문 등을 수동으로 폐쇄한다.
(3) 저장용기실로 신속하게 이동하여,
(4) 해당 구역 기동용기함의 문을 열고, 솔레노이드의 안전클립을 빼낸다.

(5) 수동조작버튼을 눌러서 작동시킨다.

주의 이 경우 시간지연 없이 약제가 방출됨.

(6) 기동용기의 가스압력으로 해당 선택밸브와 약제 저장용기가 개방되고 소화약제가 방출된다.

⇒ 화재를 소화시킨다.

(7) 방사되는 가스압력으로 피스톤릴리져가 작동되어 방화댐퍼(또는 환기장치)가 폐쇄된다.

(8) 소화 중 외부인의 출입을 금지시킨다.

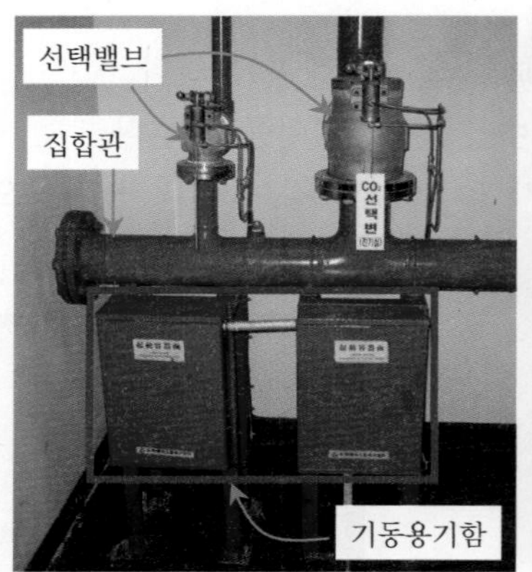

[그림 28] **기동용기함 설치모습**

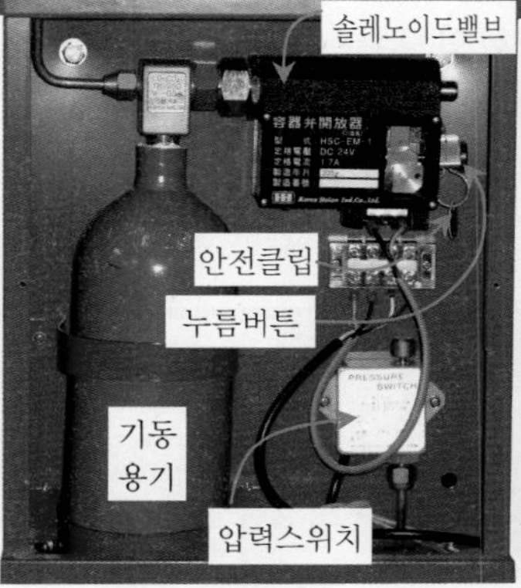

[그림 29] **기동용기함 내부**

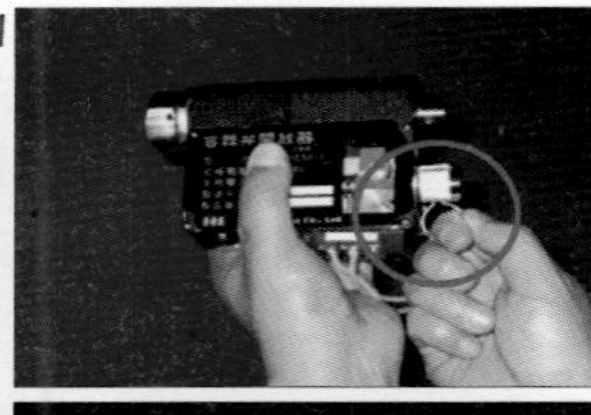
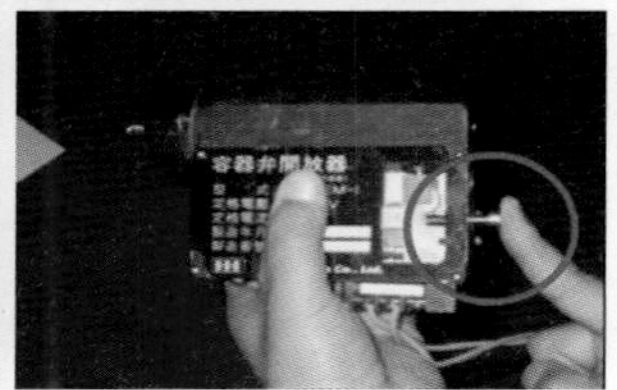

[그림 30] **안전클립 분리 후 수동조작버튼을 누름**

tip

1. 환기장치 : 통상 전기식으로 제어(댐퍼폐쇄, 휀 정지)
2. 개구부, 통기구 : 통상 기계식으로 제어(피스톤릴리져 이용)

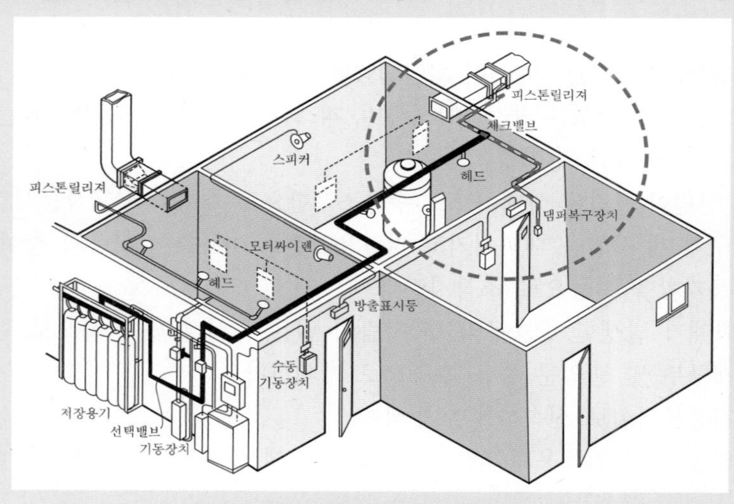

[그림 31] **피스톤릴리져 설치위치**

2 제어반의 표시등 및 스위치 기능

1. 가스계소화설비 제어반 표시등의 기능

가스계소화설비의 제어반은 통상 저장용기실에 설치되며, 제조사마다 제어반의 표시등과 조작스위치의 모양이 약간의 차이가 있으나 여기서는 일반적인 사항을 소개한다.

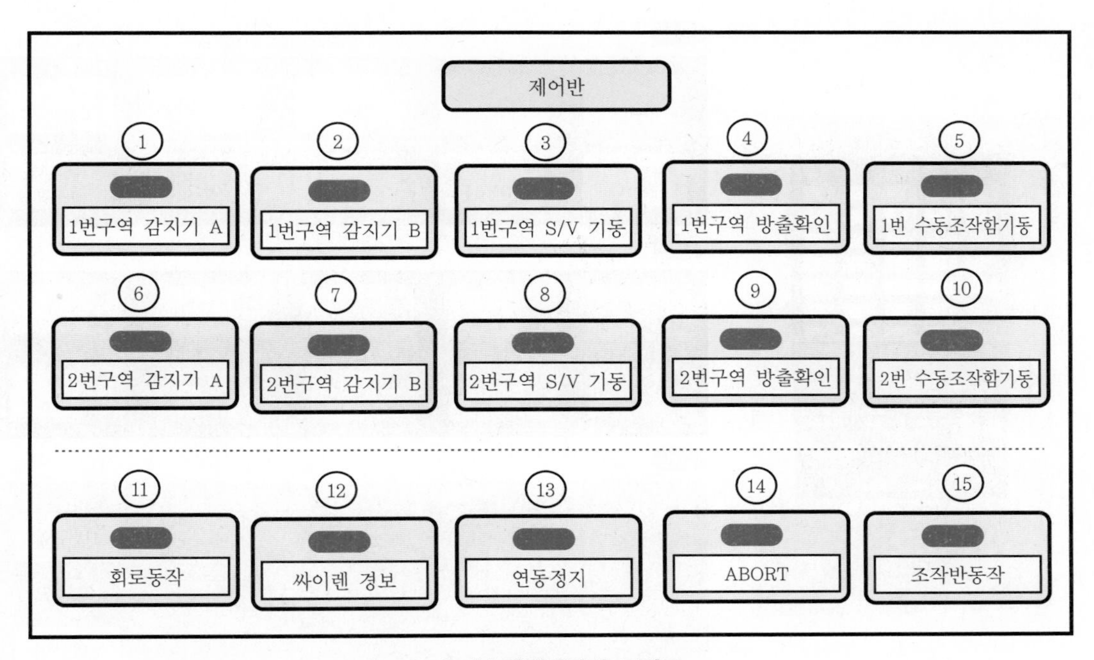

[그림 1] 가스계제어반의 표시등

구 분	기 능	관련 그림
(1) 일반적인 가스계소화설비 제어반의 표시등(공통사항)		
① 1번구역 감지기 a회로	1번구역 감지기 a회로 동작 시 점등	1번구역 감지기 A
② 1번구역 감지기 b회로	1번구역 감지기 b회로 동작 시 점등	1번구역 감지기 B
③ 1번구역 S/V 기동	1번구역 S/V 기동출력이 나갈 때 점등	1번구역 S/V 기동

구 분	기 능	관련 그림
④ 1번구역 방출 확인	1번구역 약제 방출 시 점등 (해당 방호구역 선택밸브 2차측 압력스위치의 작동신호를 수신하여 방출표시등이 점등된다.)	1번구역 방출 확인
⑤ 1번구역 수동조작함 기동	1번구역 수동조작함의 기동스위치 조작 시 점등	1번 수동조작함 기동

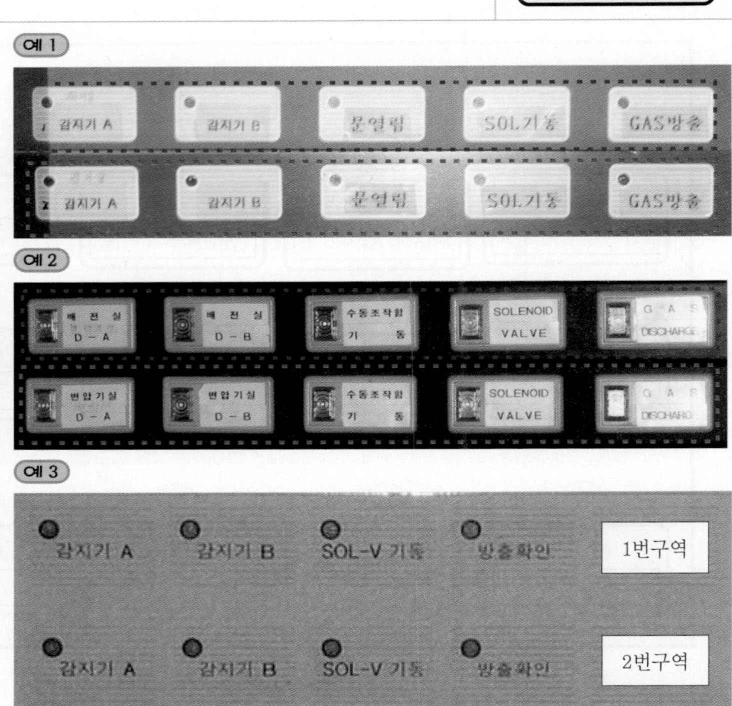

[그림 2] **가스계제어반의 표시등**

(2) 지멘스 제어반 표시등(추가사항)

⑪ 회로동작	화재감지기 동작 시 점등	회로동작
⑫ 싸이렌 경보	방호구역의 싸이렌 작동 시 점등	싸이렌 경보
⑬ 연동정지	설비 "연동정지" 위치에 있을 경우 점등	연동정지

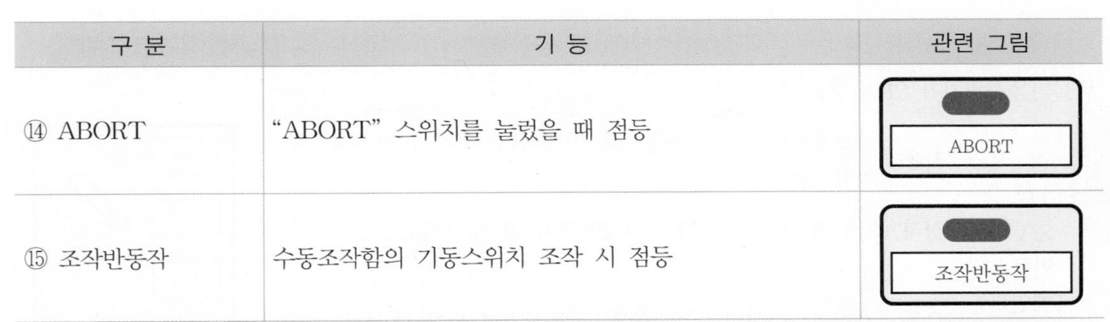

구 분	기 능	관련 그림
⑭ ABORT	"ABORT" 스위치를 눌렀을 때 점등	ABORT
⑮ 조작반동작	수동조작함의 기동스위치 조작 시 점등	조작반동작

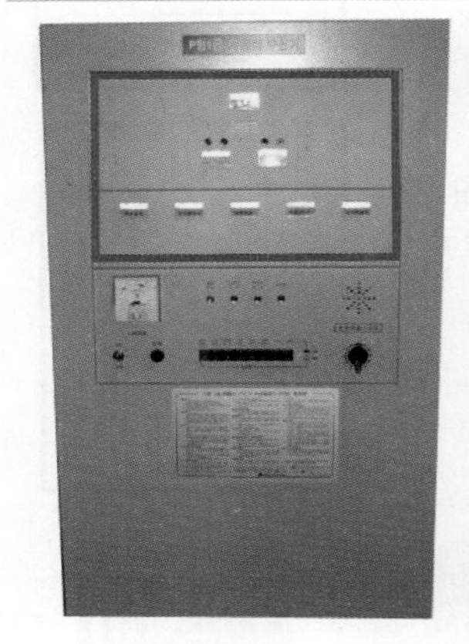

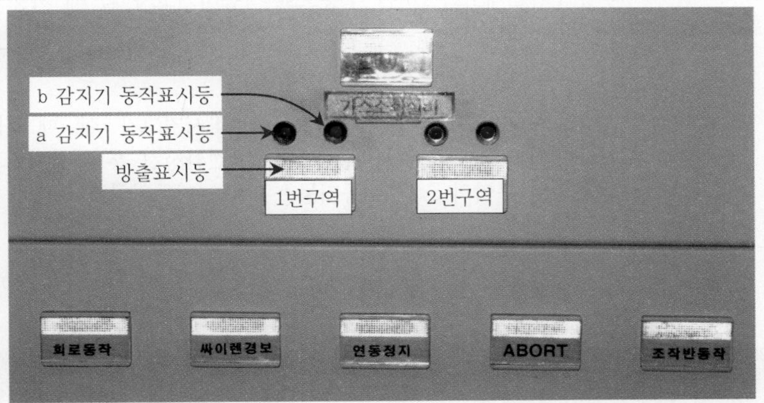

[그림 3] 지멘스 가스계제어반의 표시등

2. 조작스위치의 기능

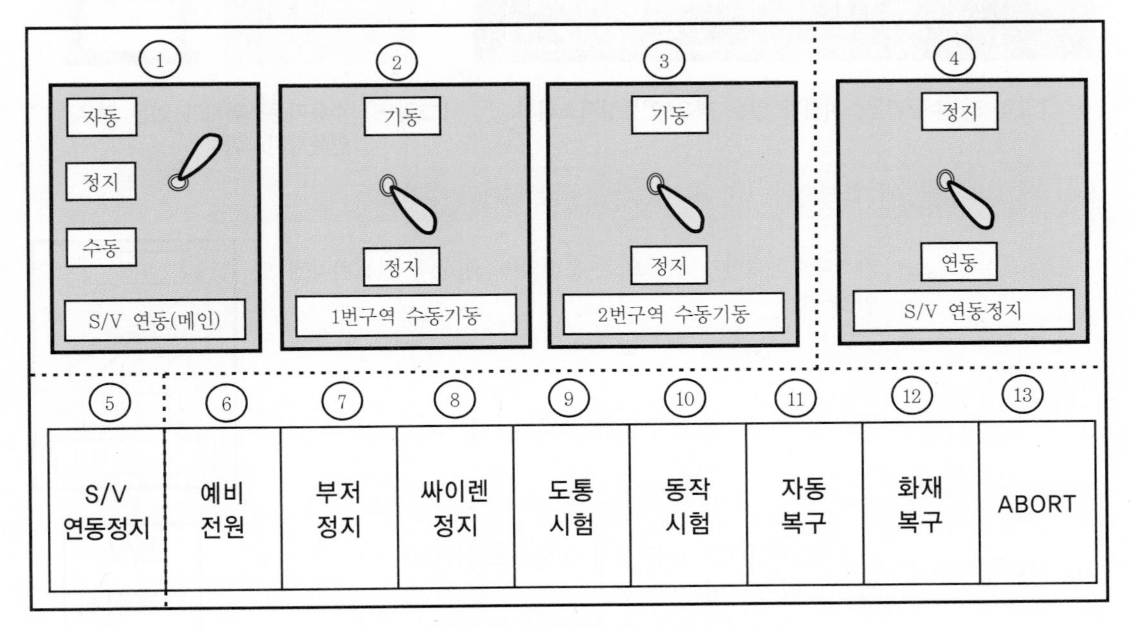

[그림 4] 가스계제어반의 조작스위치

구 분		기 능	관련 그림
(1) 기동스위치가 있는 경우			
① S/V 연동 (메인)	자동	가스계소화설비가 자동으로 작동되며, 평상시 자동위치에 있어야 함.	자동 / 정지 / 수동 / S/V 연동(메인)
	정지	가스계소화설비를 연동정지하고자 할 때 사용	
	수동	가스계소화설비를 수동으로 작동시키고자 할 때 사용	
②~③ S/V 수동기동	기동	가스계소화설비를 수동으로 동작시키고자 할 때 사용하며, "S/V 연동스위치"를 수동으로 전환시킨 후 개방시키고자 하는 구역의 S/V 수동기동스위치를 기동위치로 전환	기동 / 정지 / 1번구역
	정지	평상시 정지위치로 관리	

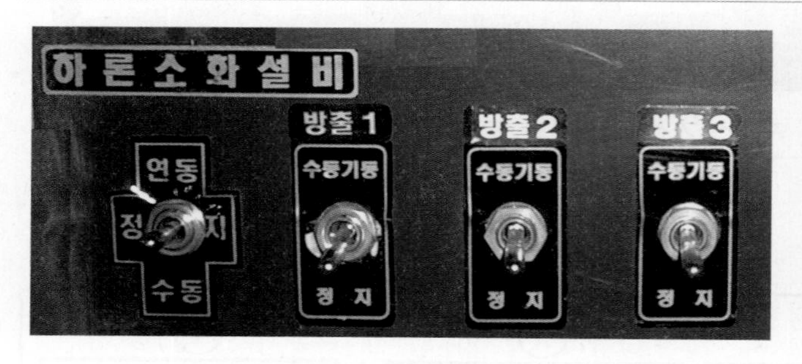

[그림 5] **수동기동스위치가 있는 경우 연동정지스위치**

[그림 6] **수동기동스위치가 없는 경우 연동정지스위치**

구 분		기 능	관련 그림
(2) 수동기동스위치가 없는 경우 (☞ ④, ⑤ 스위치 중 하나만 설치됨.)			
④ S/V 연동/정지	연동	가스계소화설비가 자동으로 운전되며, 평상시 연동위치에 있어야 함.	연동 / 정지 / S/V 연동/정지
	정지	가스계소화설비를 연동정지하고자 할 때 사용	
⑤ S/V 연동정지		가스계소화설비를 연동/정지시키는 스위치로서, 평상시 연동위치에 있어야 함.	**S/V 연동정지**

(3) 공통 조작스위치		
⑥ 예비전원	예비전원을 시험하기 위한 스위치로 스위치를 누르면 전압이 정상/높음/낮음으로 표시되며, 전압계가 있는 경우는 전압이 전압계에 나타남.	**예비 전원**
⑦ 부저 정지	제어반 내부의 부저를 정지하고자 할 때 사용	**부저 정지**
⑧ 싸이렌 정지	방호구역 내 싸이렌을 정지하고자 할 때 사용	**싸이렌 정지**
⑨ 도통시험	도통시험스위치는 도통시험스위치를 누르고 회로선택스위치를 회전시켜, 선택된 회로의 선로의 결선상태를 확인할 때 사용	**도통 시험**
⑩ 동작시험	제어반에 화재신호를 수동으로 입력하여 제어반이 정상적으로 동작되는지를 확인하는 시험스위치	**동작 시험**
⑪ 자동복구	화재동작시험 시 사용하는 스위치로서 자동복구스위치를 누르면 스위치 신호가 입력될 때만 동작하고 신호가 없으면 자동으로 복구된다.	**자동 복구**
⑫ 화재복구	제어반의 동작상태를 정상으로 복구할 때 사용	**화재 복구**
⑬ ABORT	가스계소화설비 동작 시 타이머의 기능을 일시 정지시키고자 할 때 사용	**ABORT**

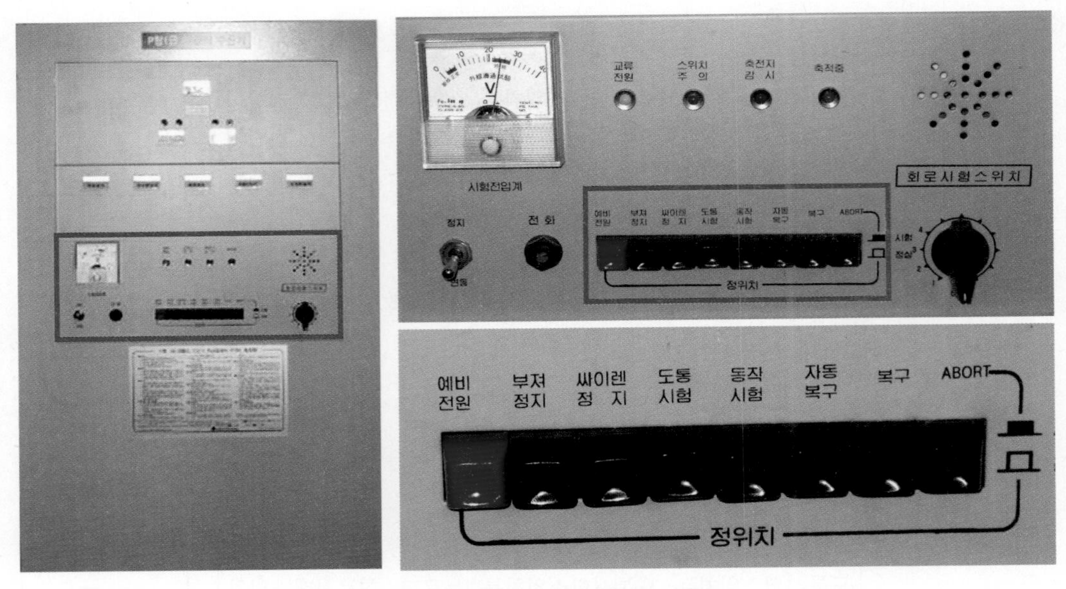

[그림 7] 지멘스 제어반 조작스위치

3 가스계소화설비의 공통부속

① 기동용기함
② 기동용기
③ 솔레노이드밸브
④ 압력스위치
⑤ 선택밸브
⑥ 조작동관
⑦ 감지기
⑧ 방사헤드
⑨ 약제 저장용기
⑩ 용기밸브
⑪ 연결관
⑫ 집합관
⑬ 니들밸브
⑭ 수동조작함
⑮ 방출표시등
⑯ 제어반

[그림 1] 가스계소화설비 주변 구성품

[가스계 공통부속 목록]

순 번	부속명	순 번	부속명
①	저장용기	⑨	릴리프밸브
②	저장용기밸브	⑩	안전밸브
③	니들밸브	⑪	선택밸브
④	기동용기함	⑫	수동조작함
⑤	기동용기	⑬	방출표시등
⑥	솔레노이드밸브	⑭	전자싸이렌
⑦	압력스위치	⑮	피스톤릴리져
⑧	체크밸브 (1) 가스체크밸브 (2) 연결관체크밸브	⑯	댐퍼복구밸브
		⑰	모터댐퍼
		⑱	방출헤드

1. 저장용기

1) 기능

소화약제를 저장하기 위한 용기

2) 설치위치

저장용기실 내부

참고 저장용기 색상 : 이산화탄소(청색), 할론, NAF S-Ⅲ(회색), INERGEN(적색)

[그림 2] 이산화탄소 저장용기

[그림 3] NAF S-Ⅲ 저장용기

[그림 4] INERGEN 저장용기

2. 저장용기밸브

1) 기능

평상시 용기밸브가 닫혀 있다가 화재 시 니들밸브(또는 전기식의 경우 전자밸브)에 의하여 용기밸브의 봉판이 파괴되면 저장용기밸브가 개방되어 저장용기 내부의 약제를 방출시키는 역할을 하며 용기밸브 개방을 위한 니들밸브(전기식의 경우 전자밸브)가 부착된다.

2) 설치위치

소화약제 저장용기 상부

[그림 5] **용기밸브 외형**

[그림 6] **용기밸브 가스압력개방식**

[그림 7] **용기밸브 전기개방식**

3. 니들밸브

1) 기능

화재 시 기동용기가 개방되면 기동용기의 가스압력에 의하여 니들밸브 내부의 피스톤이 이동되는데, 피스톤 끝에는 파괴침(니들)이 있어 이 파괴침이 용기밸브의 봉판을 뚫어 저장용기밸브를 개방시키는 역할을 한다.

2) 설치위치

각 저장용기밸브마다 설치한다.

[그림 8] **니들밸브 설치모습**

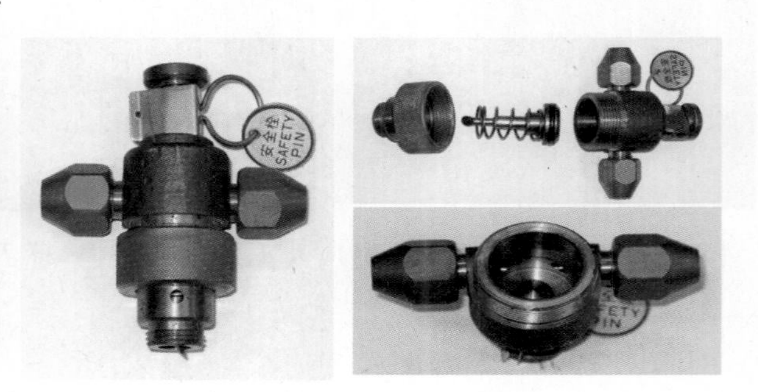

[그림 9] **니들밸브 외형 및 분해모습**

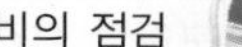

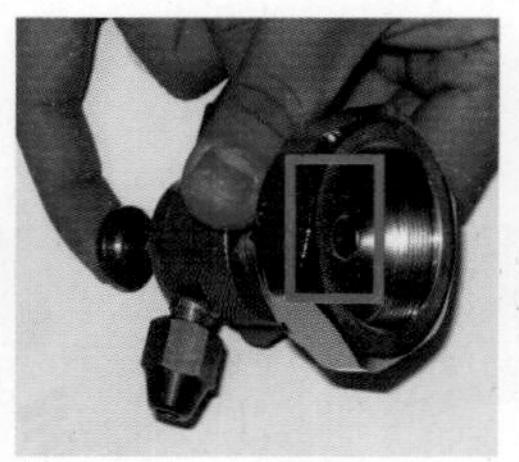

[그림 10] **니들밸브 동작 전**

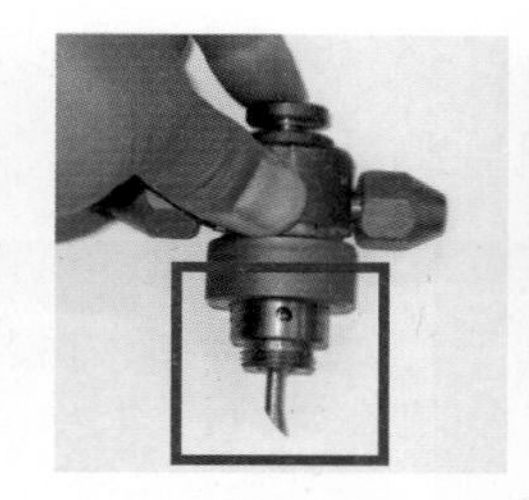

[그림 11] **니들밸브 동작 후**

4. 기동용기함

1) 기능

기동용 가스용기, 솔레노이드밸브와 압력스위치를 내장함으로써 선택밸브와 같이 방호구역마다 1개씩 설치된다.

2) 설치위치

저장용기실 내에 통상 선택밸브 하단에 설치된다.

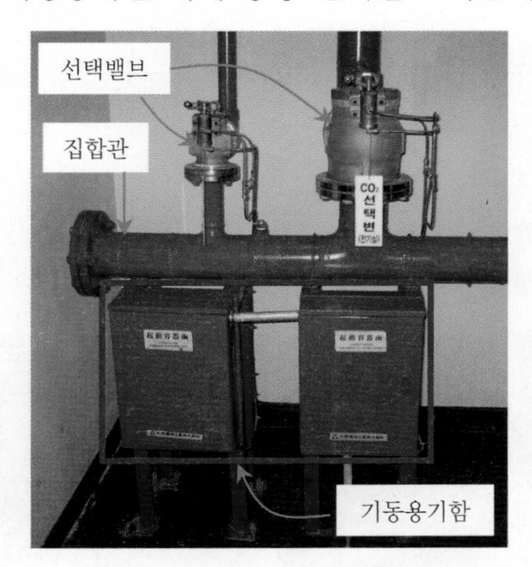

[그림 12] **기동용기함 설치모습**

[그림 13] **기동용기함 내부**

5. 기동용기

1) 기능

가스압력식 개방방식에서 저장용기밸브를 개방시키기 위한 가압용 가스를 저장하는 용기로서 내용적이 1*l* 이상으로 이산화탄소가 액상으로 0.6kg 이상(이산화탄소소화설비의 경우, 기동용 가스용기의 용적은 5*l* 이상, 질소 등의 비활성 기체로 6.0MPa 이상 충전, 충전 여부 확인을 위한 압력게이지 설치) 충전되어 있으며, 기동용기 개방 시 기동용 가스가 동관을 타고 이동하여 선택밸브와 저장용기를 개방시킨다.

2) 설치위치

기동용기함 내부에 설치된다.

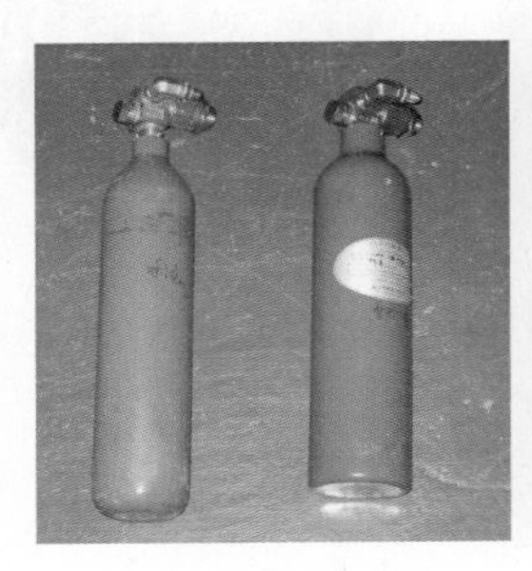

[그림 14] **기동용기 외형** [그림 15] **기동용기밸브와 몸체 상부에 각인된 모습**

6. 솔레노이드밸브(전자밸브)

1) 기능

솔레노이드밸브의 파괴침이 기동용기밸브의 봉판을 파괴하여 기동용기를 개방하는 역할을 한다.

참고 전기식의 경우 : 솔레노이드밸브를 저장용기와 선택밸브에 설치하여 솔레노이드밸브 작동으로 저장용기와 선택밸브를 개방시킨다.

2) 설치위치

기동용기함 내 기동용기밸브에 설치한다.

참고 전기식의 경우 : 저장용기와 선택밸브에 설치한다.

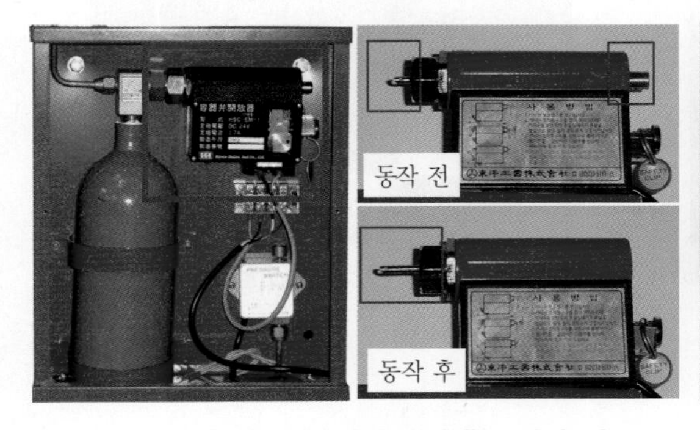

[그림 16] **가스가압식의 전자밸브 설치 및 동작 전·후 모습** [그림 17] **전기개방식의 선택밸브와 저장용기에 설치된 전자밸브 모습**

7. 압력스위치

1) 기능

압력스위치는 저장용기의 소화약제가 선택밸브를 통해 해당 방호구역에 방출될 때 가스압력에 의해 접점신호를 제어반에 입력시켜 방출표시등을 점등시키는 역할을 한다.

tip 압력스위치 동작 시 점등되는 표시등

1. 방호구역 출입문 상단에 설치된 방출표시등
2. 수동조작함의 방출표시등
3. 제어반의 방출표시등

2) 설치위치

선택밸브 2차측 배관에 설치하는 경우도 있으나, 선택밸브 2차측의 배관에서 동관으로 분기하여 동관을 연장시켜 기동용기함 내에 주로 설치한다.

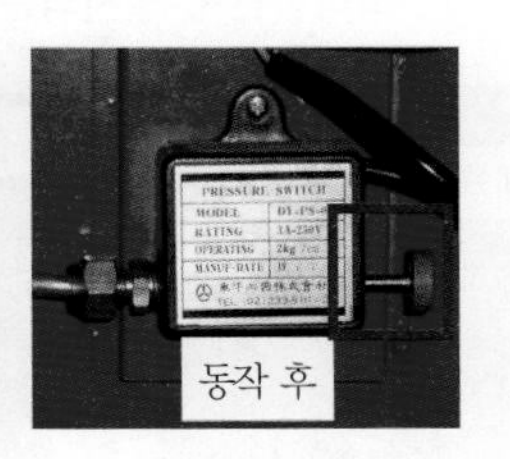

[그림 18] 압력스위치 동작 전·후 모습

[그림 19] 압력스위치 내부

[그림 20] 선택밸브 2차측 배관에 설치된 모습

8. 체크밸브

1) 가스체크밸브 [16회 2점]

(1) 기능 : 체크밸브는 동관 내 흐르는 기동용 가스를 한쪽방향으로만 흐르게 하여 원하는 수량의 저장용기를 개방시키기 위하여 조작동관에 설치하며 체크밸브에는 가스흐름방향이 화살표(→)로 표시되어 있으므로 설치 시 방향이 바뀌지 않도록 주의하여야 한다.

(2) 설치위치 : 방호구역별 기동용 조작동관에 설치한다.

2) 연결관 체크밸브

(1) 기능 : 집합관으로 모인 소화가스가 연결관을 통하여 저장용기밸브로 흐르지 못하도록 하는 역할을 하며 조작동관에 설치되는 체크밸브와 마찬가지로 가스흐름방향이 화살표(→)로 표시되어 있다.

(2) 설치위치 : 저장용기밸브와 집합관을 연결하는 연결관에 설치

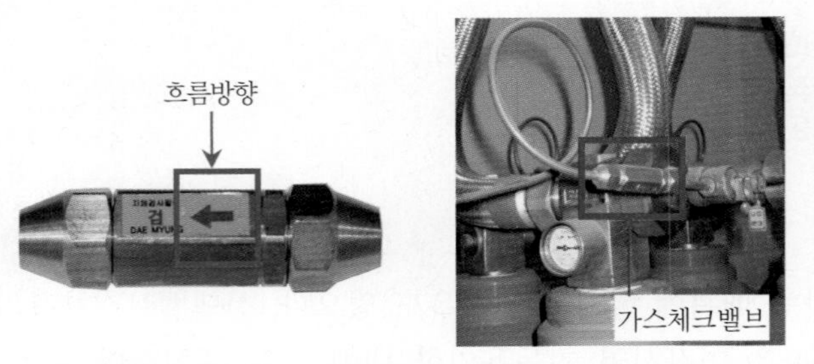

[그림 21] **조작동관에 설치되는 가스체크밸브 외형 및 설치모습**

[그림 22] **연결관에 설치되는 체크밸브 외형 및 설치모습**

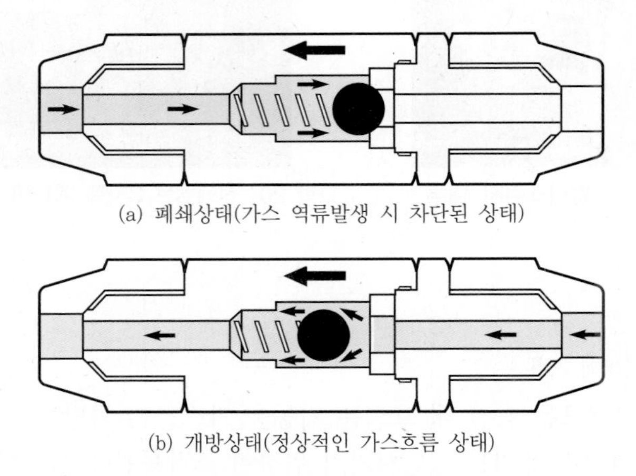

(a) 폐쇄상태(가스 역류발생 시 차단된 상태)

(b) 개방상태(정상적인 가스흐름 상태)

[그림 23] **가스체크밸브 동작 전·후 단면**

9. 릴리프밸브

1) 기능

기동용기에서 기동용 가스가 조작동관에 비정상적으로 서서히 누설되는 경우 누설되는 가스를 대기 중으로 배출시켜 설비의 오동작을 방지하여 주고, 화재 시 솔레노이드 밸브 동작으로 일시에 조작동관으로 기동용 가스가 유입되는 경우에는 기동용 가스의 압력으로 차단되는 구조로서 수계소화설비의 자동배수밸브와 같은 원리이다.

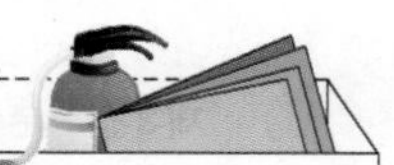

2) 설치위치

릴리프밸브는 방호구역이 가장 큰 구역의 조작동관에 주로 설치하지만, 각 방호구역마다 설치하는 경우도 있다.

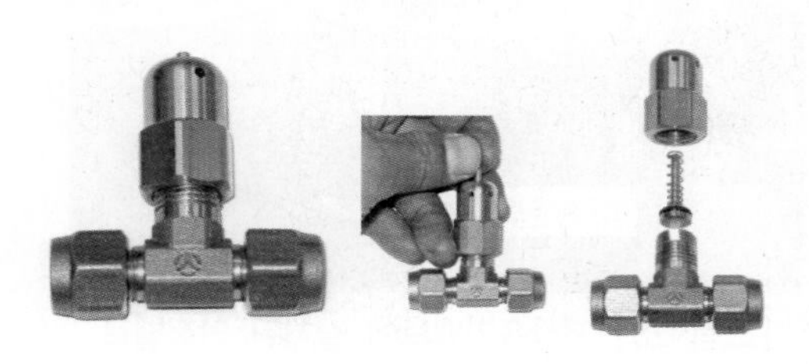

[그림 24] **릴리프밸브 외형 및 분해모습**

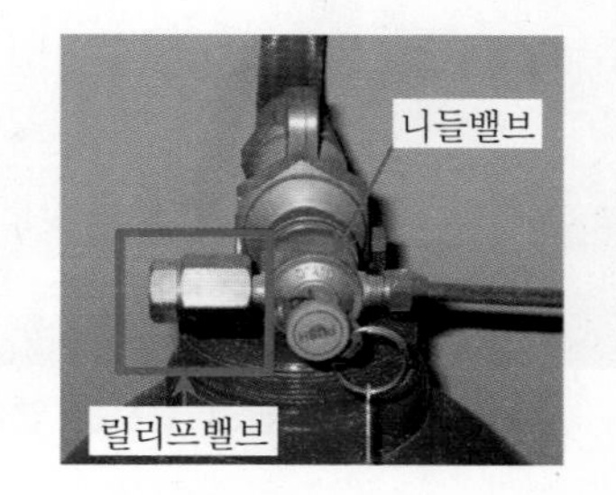

[그림 25] **릴리프밸브가 조작동관 말단 니들밸브에 설치된 모습**

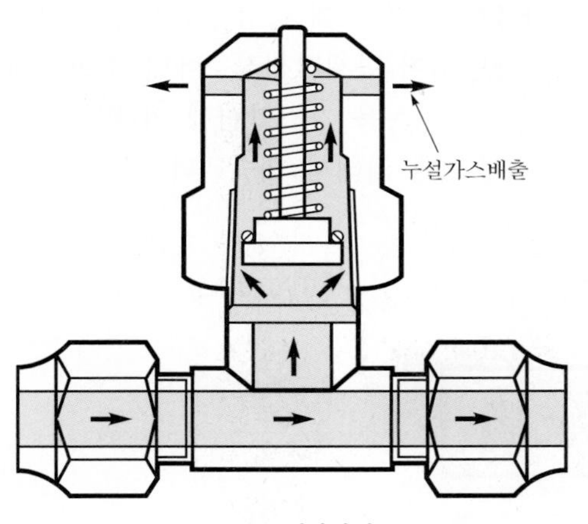

(a) 개방상태
(기동용 가스 동관 내 저압으로 누기 시)

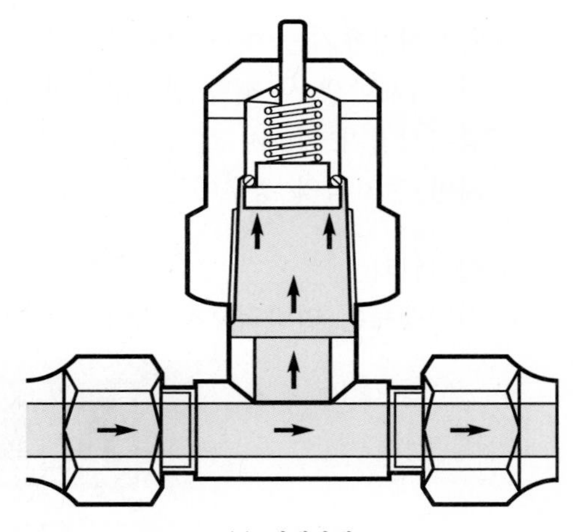

(b) 폐쇄상태
(기동용 가스 개방으로 인한 동관 내 고압상태)

[그림 26] **릴리프밸브 동작 전·후 단면**

10. 안전밸브

1) 기능

집합관 또는 저장용기 내부에서 과압발생 시 과압을 대기로 배출시켜 집합관과 집합관에 연결되는 부속 그리고 저장용기를 보호하기 위해서 설치한다.

2) 설치위치

저장용기와 선택밸브 사이 및 저장용기의 용기밸브에 설치한다.

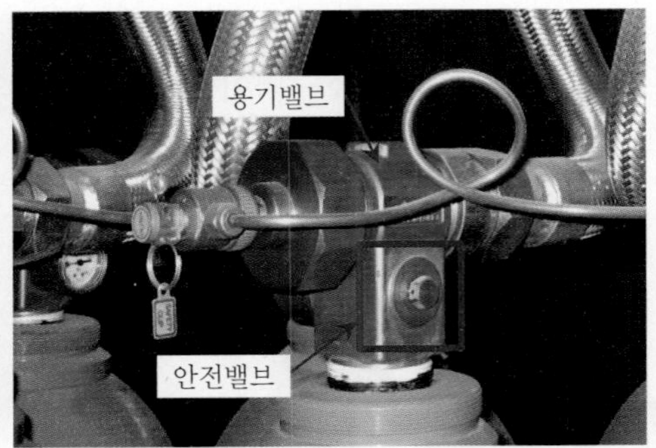

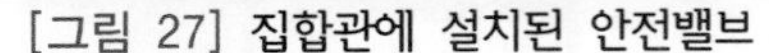
[그림 27] **집합관에 설치된 안전밸브**

[그림 28] **저장용기밸브에 설치된 안전밸브**

11. 선택밸브

1) 기능

약제저장용기를 여러 방호구역에 겸용으로 사용하는 경우 해당 방호구역마다 설치하여, 화재발생 시 해당 방호구역의 선택밸브가 개방되어 화재발생장소에만 소화약제를 방사시키기 위해서 설치한다. 가스가압식의 경우는 기동용 가스압력에 의해서 개방되지만 전기식의 경우에는 선택밸브 개방용 전자밸브에 의해서 개방된다.

2) 설치위치

선택밸브는 일반적으로 집합관 상부에 설치한다.

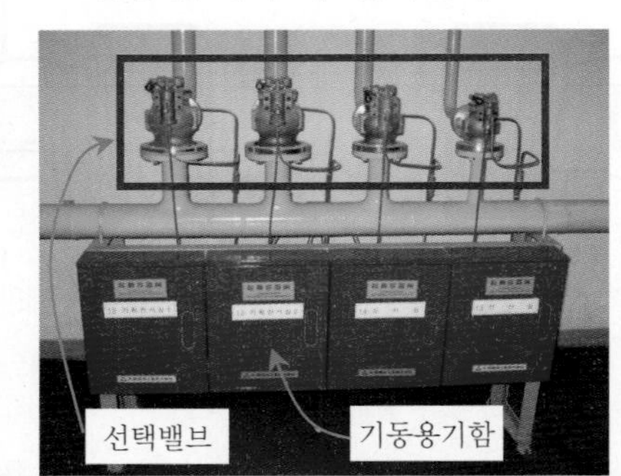

[그림 29] **가스압력식 선택밸브 설치 및 동작 전·후 모습**

[그림 30] **전기개방식 선택밸브 동작 전 · 후 모습**

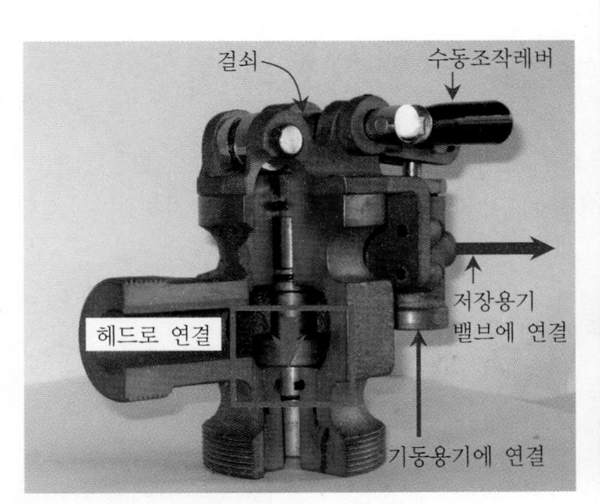

[그림 31] **선택밸브 개방 전**

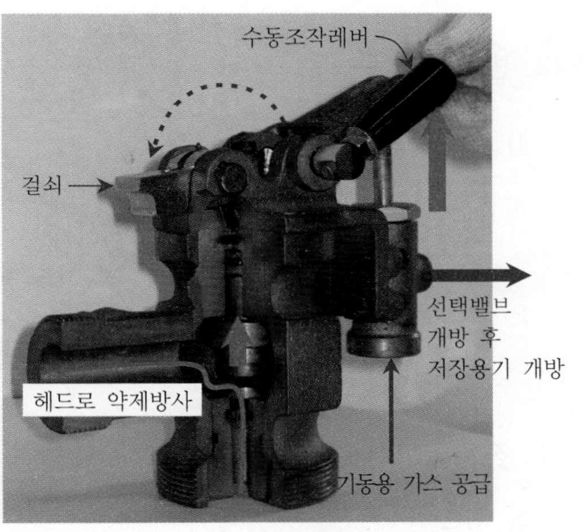

[그림 32] **선택밸브 개방 후**

12. 수동조작함

1) 기능

화재 시 수동조작 또는 오동작 시 방출을 지연시킬 수 있는 역할을 하며, 전원표시등, 방출표시등, 기동스위치 및 Abort 스위치로 구성되어 있다.

2) 설치위치

방호구역 밖의 출입문 근처에 조작하기 쉬운 위치에 설치한다.

[그림 33] **방호구역 외부에 설치된 방출표시등과 수동조작함**

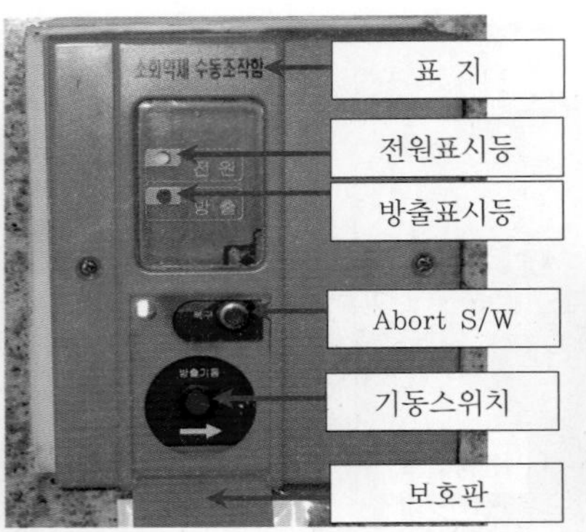

[그림 34] **수동조작함**

[그림 35] **방출표시등**

13. 방출표시등

1) 기능

방호구역 내 소화약제가 방출되면 압력스위치의 동작으로 방출표시등이 점등되어 소화약제가 방출되고 있음을 알려 옥내로 사람이 입실하는 것을 방지하기 위하여 설치한다.

2) 설치위치

방호구역의 출입구마다 바깥쪽 출입구 상단에 설치한다.

14. 전자싸이렌

1) 기능

화재의 발생을 방호구역 내부의 사람에게 알려주기 위해서 설치한다.

2) 설치위치

방호구역에 설치한다.

[그림 36] **전자싸이렌**

15. 피스톤릴리져(PRD : Piston Releaser Damper)

1) 기능

자동폐쇄장치는 소화약제를 방사하는 실내의 출입문, 창문, 환기구 등 개구부가 있을 때 약제 방출 전 이들 개구부를 폐쇄하여 방사된 가스의 누출로 인한 소화효과의 감소를 최소화하기 위하여 설치한다. 이는 방출되는 소화약제의 방사압력으로 피스톤릴리져가 작동되어 개구부를 폐쇄하게 된다.

2) 설치위치

방호구역 내부의 개구부(출입문, 창문, 댐퍼 등)

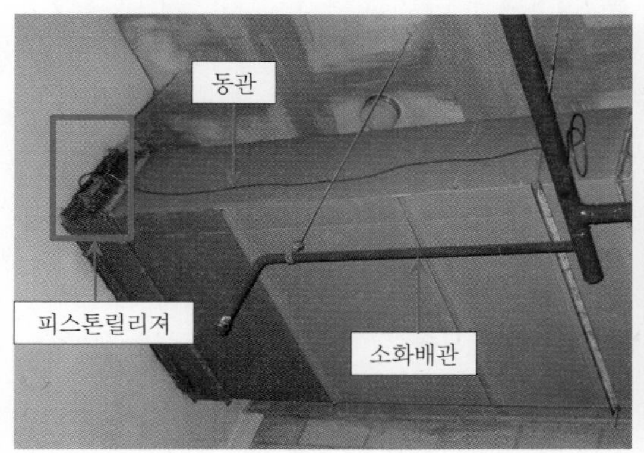

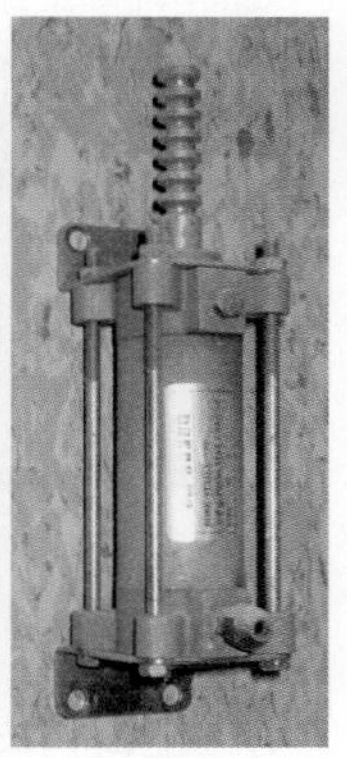

[그림 37] **피스톤릴리져 설치모습 및 외형**

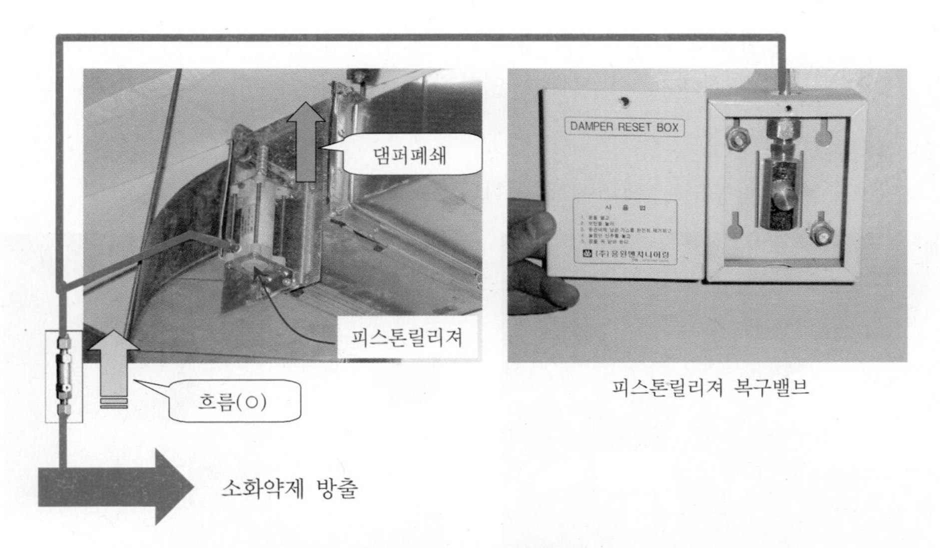

[그림 38] **피스톤릴리져와 댐퍼 복구밸브**

16. 댐퍼 복구밸브

1) 기능

복구밸브를 개방하여 조작동관과 피스톤릴리져 사이의 잔압을 배출하여 피스톤릴리져를 복구하기 위해서 설치한다.

2) 설치위치

방호구역 밖에 설치하며 피스톤릴리져와 동관으로 연결되어 있다.

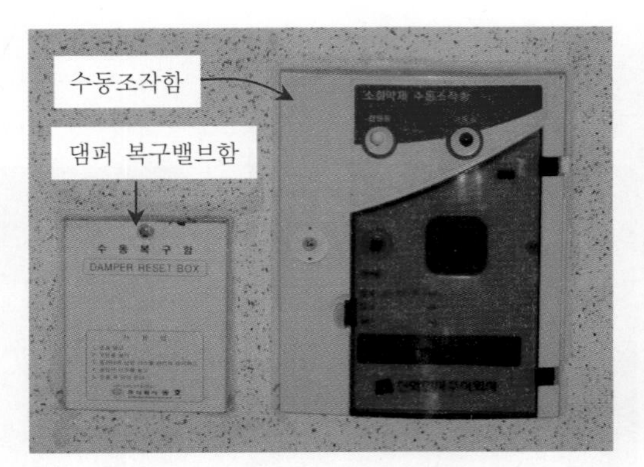

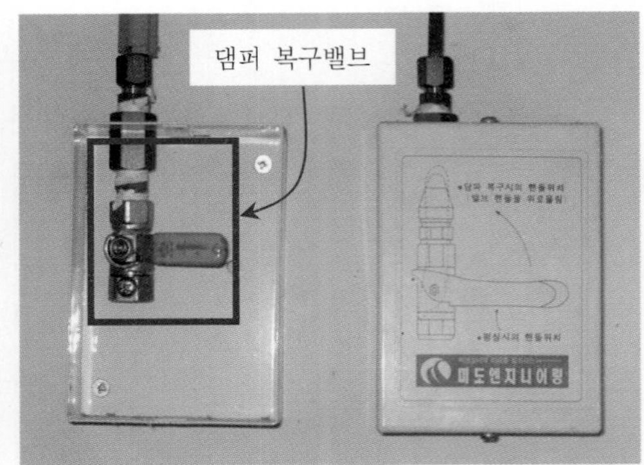

[그림 39] **댐퍼 복구밸브함 설치된 모습**

17. 모터댐퍼

1) 기능

전기적인 방법으로서 방호구역 내 소화약제가 배기댐퍼를 통하여 누설되는 것을 방지하기 위하여 약제방사 시 모터를 이용하여 댐퍼를 폐쇄하는 역할을 한다.

2) 설치위치

방호구역을 관통하는 댐퍼에 설치한다.

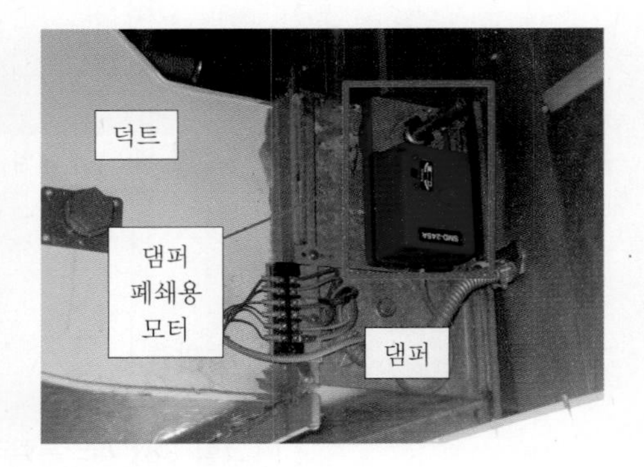

[그림 40] **댐퍼 폐쇄용 모터**

18. 방출 헤드

1) 기능

소화약제를 방사하는 역할

2) 설치위치

방호구역 내부 천장 또는 벽

[그림 41] 헤드 외형 및 설치모습

4 가스계소화설비의 점검

1. 점검 전 안전조치

전기실, 발전실, 통신기기실, 전산실 등에는 전기화재에 대한 적응성과 피연소물에 대한 피해가 작고 소화 후 환기만 시키면 되는 등의 장점 때문에 주로 가스계소화설비가 설치되고 있다. 전역방출방식의 고정식 가스계소화설비를 중심으로 점검 시 오방출되는 사고 없이 안전하게 점검하는 방법에 대하여 알아보자. 먼저 점검 전 소화약제 방출을 방지하기 위한 안전조치 방법 및 순서는 다음과 같다.

1) 점검실시 전에 도면 등에 의한 기능, 구조, 성능을 정확히 파악한다.

2) 설비별로 그 구조와 작동원리가 다를 수 있으므로 이들에 관하여 숙지한다.

3) 제어반의 솔레노이드밸브 연동스위치를 연동정지 위치로 전환한다.
점검 시 첫번째 안전조치로서, 제어반에서 전기적으로 솔레노이드밸브에 기동신호를 주지 않도록 솔레노이드밸브를 연동정지 위치로 전환한다.

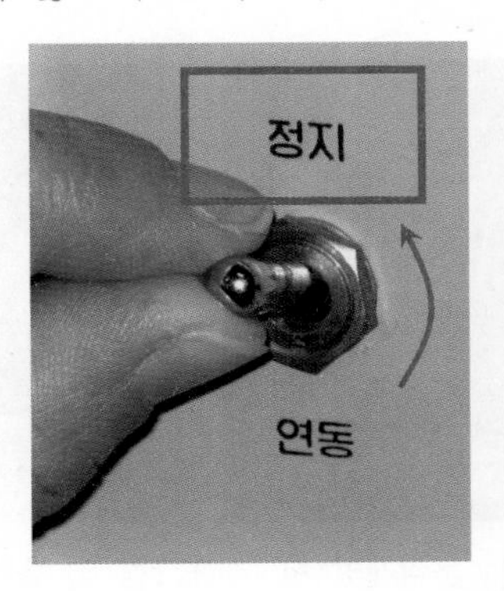

[그림 1] 솔레노이드밸브 연동정지

4) 기동용 가스 조작동관을 분리한다.

다음의 3개소 중 점검 시 편리한 곳을 선택하여 조작동관을 분리한다.

(1) 기동용기에서 선택밸브에 연결되는 동관 (2) 선택밸브에서 저장용기밸브로 연결되는 동관	방호구역마다 분리 (방호구역이 적을 경우)
(3) 저장용기 개방용 동관	저장용기로 연결되는 동관마다 분리 (방호구역이 많을 경우)

tip 기동용기에서 선택밸브 또는 저장용기로 연결되는 동관을 분리하는 이유

점검을 위하여 솔레노이드밸브 분리 시 솔레노이드밸브가 오격발이 된다 하여도, 기동용 가스를 대기 중으로 방출시켜 기동용가스가 저장용기를 개방시키지 못하도록 하기 위한 것이며, 점검 시 꼭 필요한 조치이다.

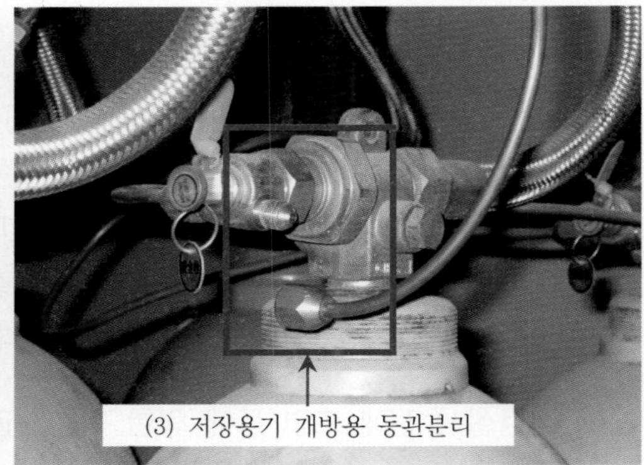

[그림 2] **조작동관분리(니들밸브와 선택밸브)**

5) 기동용기함의 문짝을 살며시 개방한다.

솔레노이드밸브가 완전히 복구가 되지 않은 경우에는 약간의 충격으로 격발이 될 수 있으므로, 기동용기함을 살며시 개방한다.

[그림 3] **기동용기함 문짝개방**

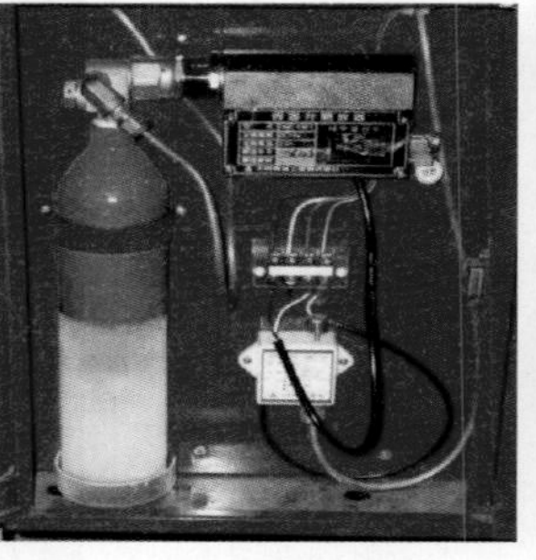

[그림 4] **문짝개방 시 솔레노이드밸브 격발 사례**

[그림 5] **솔레노이드밸브 분리 시 격발된 사례**

6) 솔레노이드밸브에 안전핀을 체결한다.

솔레노이드밸브 분리 시 솔레노이드밸브의 오격발을 방지하기 위한 조치이다.

7) 기동용기에서 솔레노이드밸브를 분리한다.

8) 솔레노이드밸브에서 안전핀을 분리한다.

참고 전체의 방호구역에 대해 이상과 같은 안전조치 완료 후 작동기능 · 종합정밀점검을 실시한다.

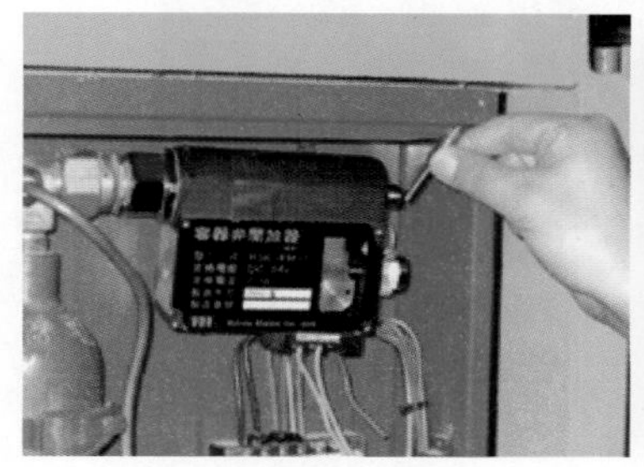

[그림 6] **솔레노이드밸브에 안전핀 체결**

[그림 7] **솔레노이드밸브 분리**

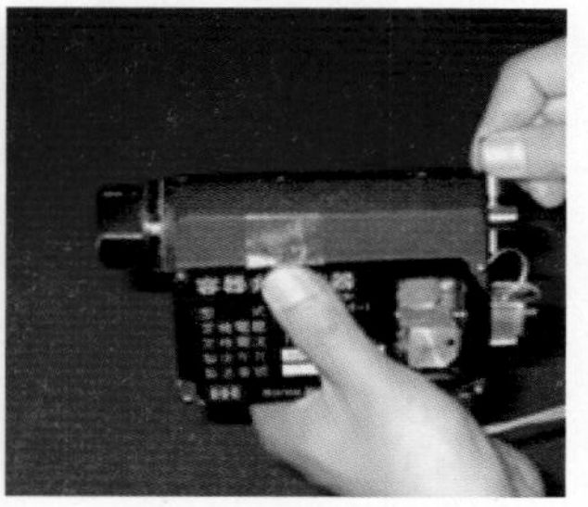

[그림 8] **솔레노이드밸브에서 안전핀 분리**

tip 솔레노이드밸브 작동시험 시 주의사항

1. 파괴침의 끝부분이 배관, 용기 또는 벽에 가까이 있는 경우는 작동 시 파괴침이 튀어나와 손상을 입을 수 있으므로 배관, 용기 또는 벽과 이격을 시킨 후에 시험한다.
2. 동작시험 시 솔레노이드밸브 파괴침이 튀어나오는 경우 안전사고가 우려되므로, 파괴침의 방향은 사람이 없는 쪽을 향하도록 하여 시험한다.

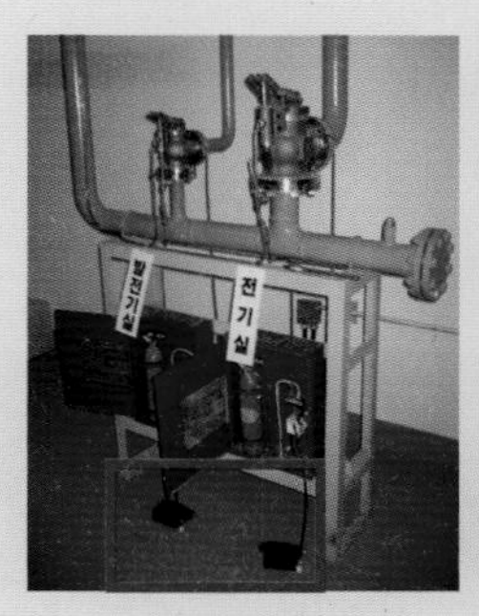

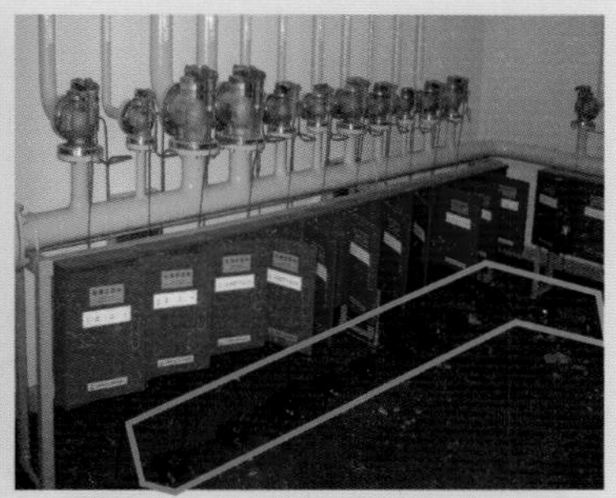

[그림 9] **솔레노이드밸브를 분리해 놓은 모습**

3. 작약식 솔레노이드밸브가 설치된 경우는 한번 격발하면 솔레노이드밸브를 교체하여야 하기 때문에 시험용 테스트램프를 이용하여 시험한다.

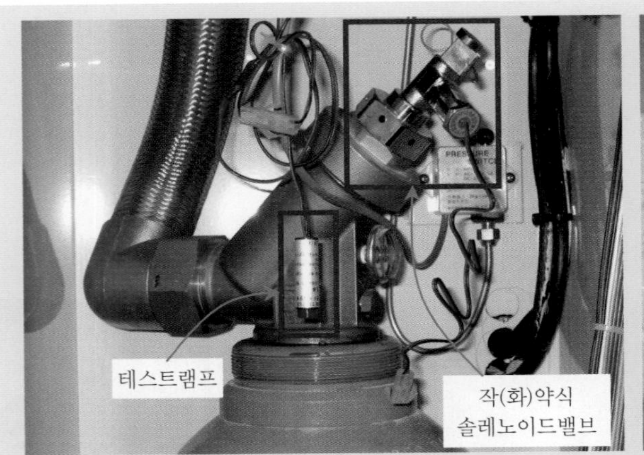

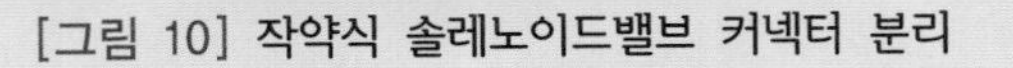
[그림 10] 작약식 솔레노이드밸브 커넥터 분리

[그림 11] 기동출력단자를 테스트램프에 연결한 모습

2. 점검 후 복구 방법

점검을 실시한 후, 설비를 정상상태로 복구해야 하는데 복구하는 것 또한 안전사고가 발생하지 않도록 다음 순서에 입각하여 실시한다.

1) 제어반의 모든 스위치를 정상상태로 놓아 이상이 없음을 확인한다.
   복구를 위한 첫번째 조치로 제어반의 모든 스위치를 정상상태로 놓고 복구스위치를 눌러 표시창에 이상이 없음을 확인한다.

2) 제어반의 솔레노이드밸브 연동스위치를 연동정지 위치로 전환한다.
   이때 또한 제어반의 전면에 이상신호가 없음을 확인한다. 만약 이상신호가 뜨면 원인파악 및 조치 후에 복구를 하여야 하겠다.

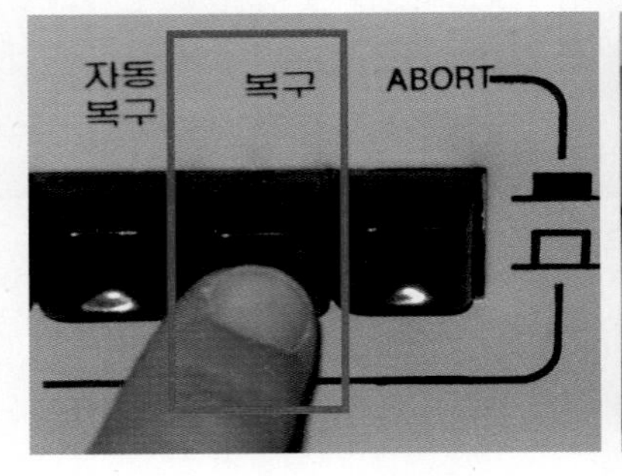

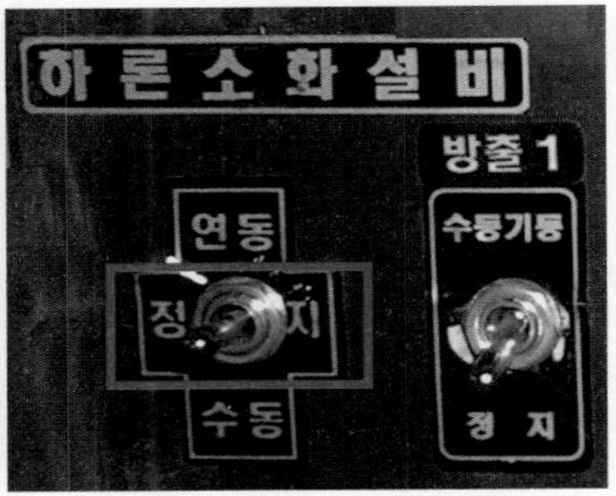

[그림 12] 제어반 복구

[그림 13] 솔레노이드밸브 연동스위치 연동정지

3) 솔레노이드밸브를 복구한다.

작동점검 시 격발된 솔레노이드밸브를 복구해야 하는데, 솔레노이드밸브의 복구는 안전핀을 이용하여 다음 그림과 같이 안전핀을 솔레노이드의 파괴침 끝에 끼우고 누르면, 파괴침이 밀려 들어가 원위치로 된다.(소리로 감지 : "딸가닥~~"하는 소리가 남.)

4) 솔레노이드밸브에 안전핀을 체결한다.

솔레노이드밸브를 체결 시 오격발되는 사고를 대비한 조치이다.

[그림 14] **안전핀을 파괴침에 끼우는 모습**

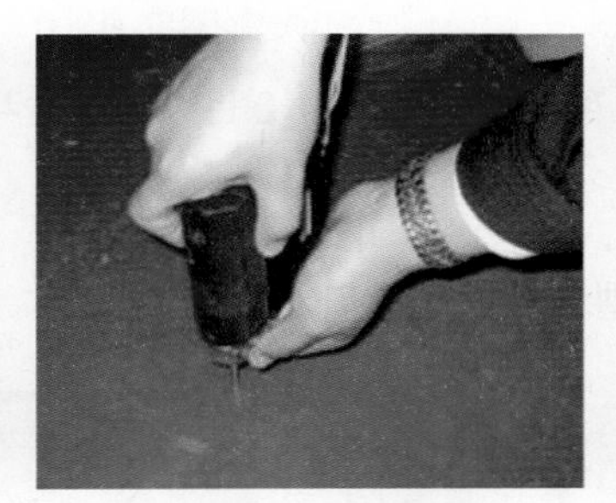

[그림 15] **솔레노이드밸브를 눌러 파괴침을 복구하는 모습**

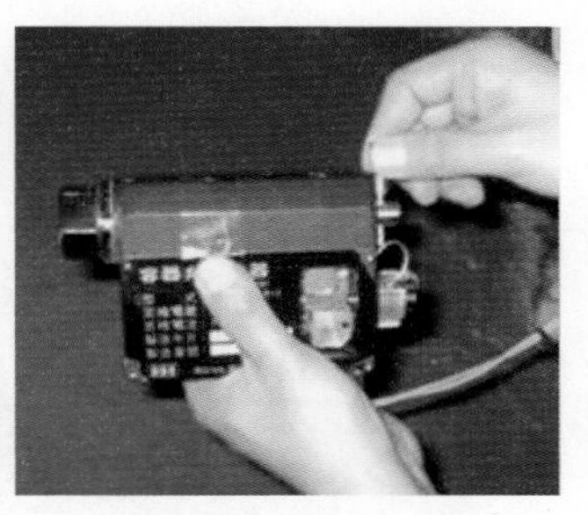

[그림 16] **안전핀 체결**

tip 솔레노이드밸브 복구 시 주의사항

1. 안전핀을 이용하여 복구 시 "딸가닥~" 하는 소리가 들리면서 복구가 되는데, 확실히 복구가 될 수 있도록 2~3번 확인 복구를 해준다. 왜냐하면 확실히 복구가 되지 않을 경우 구조적으로(그렇지 않은 경우도 있음.) 솔레노이드밸브에 약간의 충격으로 격발이 될 수 있기 때문이다.
2. 안전핀을 이용하여 복구 시 힘의 불균형으로 파괴침이 부러지거나 휘어질 수 있으므로 주의한다.
3. 파괴침이 부러지거나 휘어진 경우, 파괴침의 교체가 가능한 타입의 것은 파괴침만을 교체하고 파괴침이 분리되지 않는 타입의 경우는 솔레노이드밸브를 교체한다.
4. 복구 시 파괴침의 나사가 풀려져 있는 것은 파괴침을 돌려 조여준 후에 복구한다.
5. 기동용기함의 단자대에서 솔레노이드밸브에 연결된 전선이 단선으로 연결된 경우 또는 터미널을 쓰지 않는 경우가 있는데, 이 경우 여러 번 시험을 하다보면 단자대에서 전선이 빠지거나 전선이 단선이 되는 경우가 있으므로, 연선을 이용하고 전선은 터미널을 이용하여 단자대에서 빠지지 않도록 견고히 조여줄 필요가 있다.

(a) 솔레노이드밸브 외형

(b) 정상적인 파괴침

(c) 부러진 파괴침

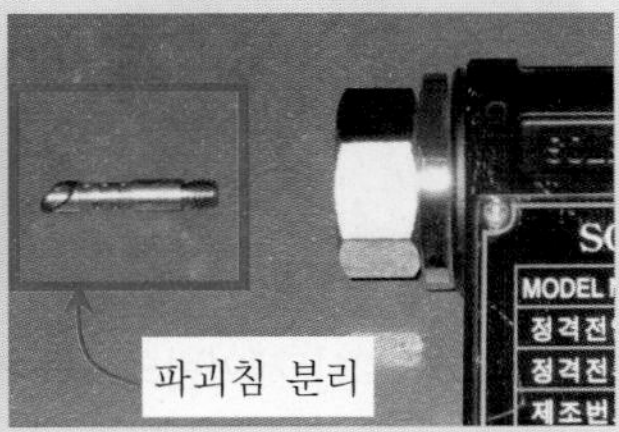

(d) 파괴침 돌려서 분리

[그림 17] **파괴침이 분리되는 타입의 솔레노이드밸브**

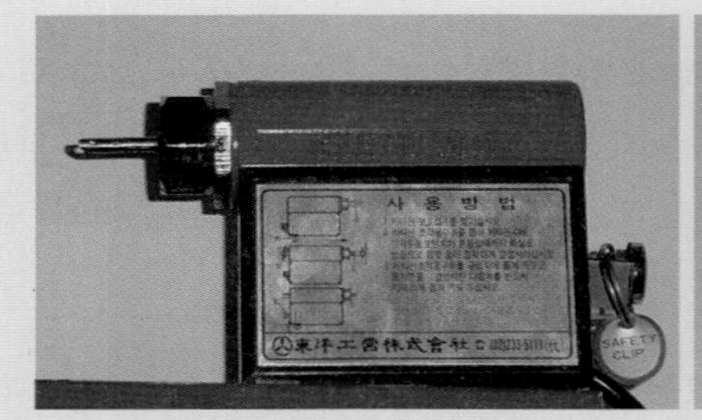

(a) 솔레노이드밸브 외형

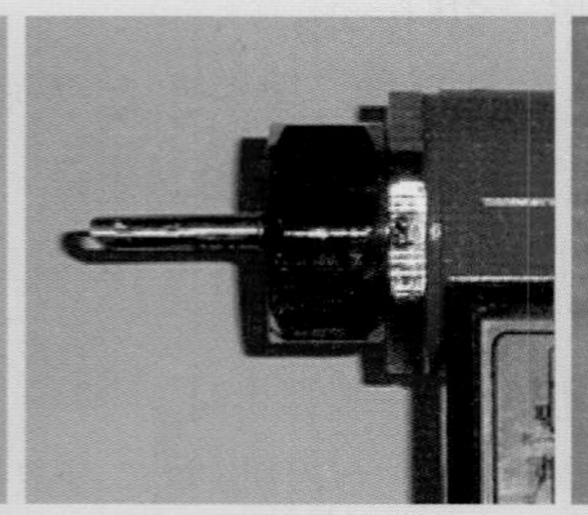

(b) 정상적인 파괴침

(c) 휘어진 파괴침

[그림 18] 파괴침이 분리되지 않는 타입의 솔레노이드밸브

5) 기동용기에 솔레노이드밸브를 결합한다.

[그림 19] **솔레노이드밸브 체결모습**

[그림 20] **솔레노이드밸브 체결 후 모습**

6) 제어반의 연동스위치를 정상위치로 놓아 이상이 없을 시 연동스위치를 연동위치로 전환한다.

[그림 21] **제어반의 표시창 정상상태 모습**

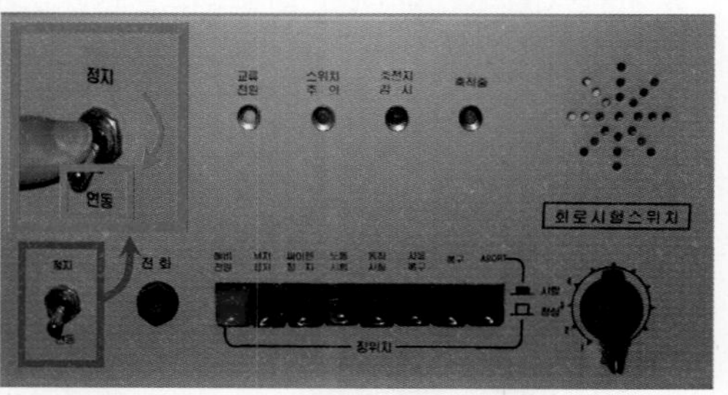

[그림 22] **제어반의 스위치 정상상태 모습**

7) 솔레노이드밸브에서 안전핀을 분리한다.

8) 기동용기함의 문짝을 살며시 닫는다.

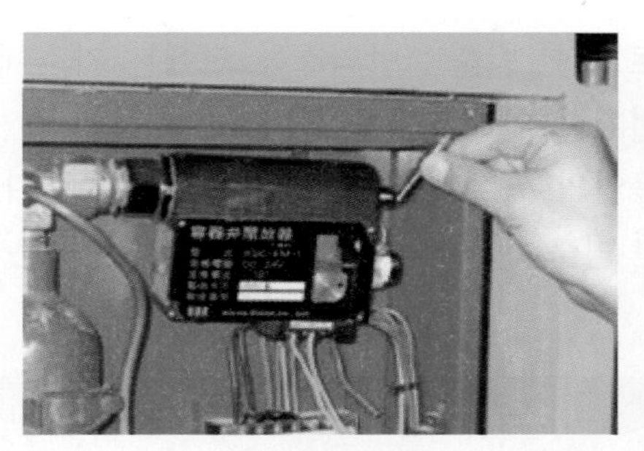

[그림 23] 솔레노이드밸브에서 안전핀을 분리하는 모습

[그림 24] 기동용기함의 문짝을 닫는 모습

9) 점검 전 분리했던 조작동관을 결합한다.

점검 후 복구 마지막 단계로서, 분리했던 조작동관을 모두 견고하게 체결하여야 한다. 만약 하나라도 빠뜨리게 된다면 소화실패의 원인이 되므로 반드시 누락된 곳이 없는지 재차 확인을 한다.

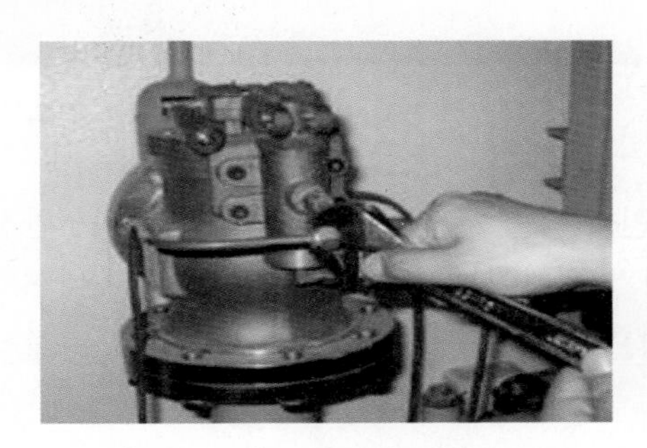

[그림 25] 조작동관 결합모습

[그림 26] 조작동관 결합 후

3. 소화약제 오방출 사례별 대책 [4회 10점]

1) 평상시 또는 보수공사 시 오방출 사례별 대책

(1) 제3자의 수동조작함 조작 : 장난삼아 수동조작함을 누르지 못하도록 경고표지를 부착한다.

[그림 27] 경고표지를 부착한 경우

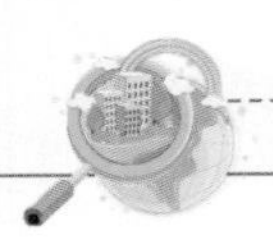

(2) **방역소독 시 감지기의 오동작으로 인한 방출** : 방역소독 전에는 가스계소화설비가 방출되지 않도록 연동정지 등 철저한 안전조치를 한다.

(3) **감지기가 오동작한 경우** : 방호구역의 특성에 맞는 감지기를 설치한다.

(4) **수동조작함 내 빗물의 침투로 인한 방출** : 빗물의 침투 우려가 있는 곳은 방수형으로 설치하여 오동작을 방지한다.

[그림 28] **방수조치를 하지 않은 경우**

[그림 29] **방수형으로 설치한 경우**

(5) **제어반에서 조작미흡 및 실수로 인한 방출** : 관리자는 제어반스위치를 완전히 숙지하고, 실수로 인한 오동작을 방지하기 위하여 필요시 보호커버를 설치하여 관리한다.

(6) **솔레노이드밸브 결함으로 인한 방출** : 주기적인 점검으로 문제가 있는 솔레노이드밸브는 교체한다.

(7) **시험 후 수동조작함의 기동스위치를 원상태로 복구하지 않아 솔레노이드밸브가 격발된 경우** : 점검 후 수동조작함의 기동스위치를 반드시 원상태로 복구하고 제어반에 이상이 없는 것을 확인 후 정상상태로 놓는다.

(8) **니들밸브에 안전클립을 분리하여 관리하고 있는 상태에서, 점검 시 잘못하여 누름버튼을 누른 경우** : 평상시 니들밸브에 안전클립은 체결하여 관리한다.

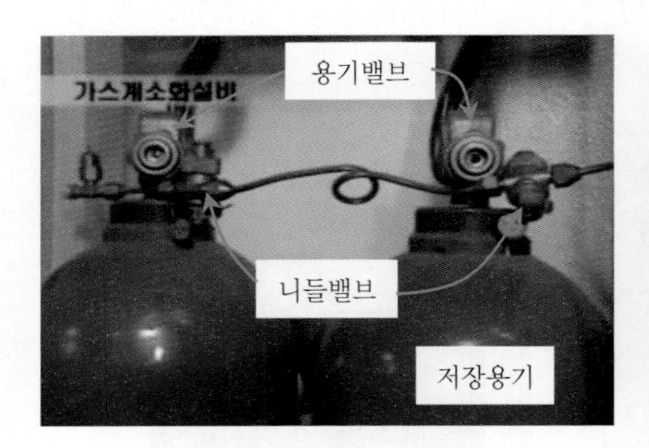

[그림 30] **니들밸브 분리**

[그림 31] **니들밸브에 안전클립을 분리하여 관리하고 있는 상태**

(9) **보수공사 시 회로 오결선으로 인한 사고** : 보수공사 시 감시제어반에서 설비연동정지, 기동용기에서 저장용기로 연결되는 조작동관분리 및 기동용기함에서 솔레노이드밸브를 분리 후에 보수공사를 실시한다.

2) 점검 시 오방출 사례별 대책

(1) **연동정지를 하지 않고 점검을 실시한 경우** : 철저한 안전조치 후 점검을 실시한다. (감시제어반에서 연동정지 위치로 전환하고 필요시 연동전환하여 확인·점검한다.)

(2) **기동용 가스 조작동관을 분리하지 않고 점검을 실시한 경우** : 다음의 3개소 중 점검 시 편리한 곳을 선택하여 조작동관을 분리한다.

가. 기동용기에서 선택밸브에 연결되는 동관 나. 선택밸브에서 저장용기밸브로 연결되는 동관	방호구역마다 분리 (방호구역이 적을 경우)
다. 저장용기 개방용 동관	저장용기로 연결되는 동관마다 분리 (방호구역이 많을 경우)

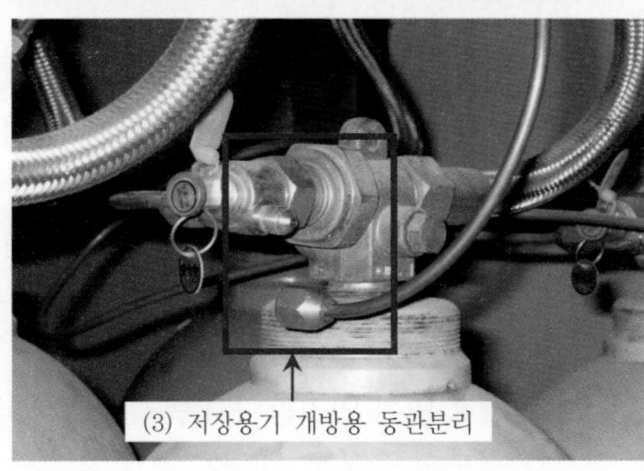

[그림 32] **조작동관분리(니들밸브와 선택밸브)**

(3) **점검 시 솔레노이드밸브 분리 및 체결 도중에 작동**

가. 기동용기에 연결되는 조작동관 분리 후에 점검을 실시한다.

나. 솔레노이드밸브에 안전핀을 체결한 후 솔레노이드밸브를 분리·부착한다.

[그림 33] **솔레노이드밸브 분리 시 격발된 사례**

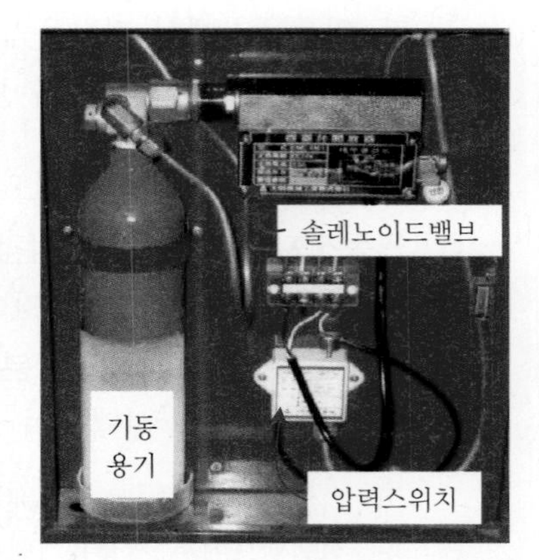

[그림 34] **문짝개방 시 솔레노이드밸브 격발 사례**

(4) **솔레노이드밸브 완전 미복구 시 약간의 충격으로 솔레노이드밸브가 격발된 경우** : 점검 시 솔레노이드밸브를 복구할 경우에는 2~3번 확인복구하고, 기동용기함의 문짝을 개방할 때에는 살며시 개방·폐쇄한다. 패키지의 경우 고정이 되지 않은 경우가 많으므로 특히 주의를 요한다.

(5) **저장용기의 용기밸브에 기밀시험용 가스가 흘러들어 갔을 때** : 기동관 누설시험 시에는 저장용기밸브에서 니들밸브를 반드시 분리한 후에 점검한다.

(6) **타 구역의 감지기시험 시 패키지 동작** : 패키지가 설치된 장소의 구획변경으로 감지기회로를 정리하지 않은 경우 자동화재탐지설비 감지기시험 시 패키지의 감지기 동작으로 약제방출사고가 자주 발생하고 있으므로 점검 전에는 철저한 도면검토 및 소방안전관리자와의 확인을 통해서 필요한 자료를 확인한 후에 점검에 임한다.

(7) **하나의 방호구역 내 여러 개의 패키지가 분산 설치된 경우 하나의 패키지에만 안전조치를 하고 작동시험 도중 다른 패키지의 약제방출** : 점검현장에서 흔히 발생하고 있는 약제방출사고 사례로서 방호구역이 클 경우에는 패키지를 분산 설치하는 경우가 있다. 따라서 약제방출사고를 방지하기 위해서는 패키지 점검 전에 방호구역을 반드시 둘러보아 다른 패키지가 같은 방호구역 내에 있는지 확인을 하고 나서 점검에 임한다.

(8) **점검 후 잔류 스프레이로 인한 연기감지기 동작으로 약제방출** : 점검 후 가스계소화설비는 약 2~3시간 정도의 충분한 시간이 경과 후에도 이상이 없을 경우 정상상태로 전환한다.

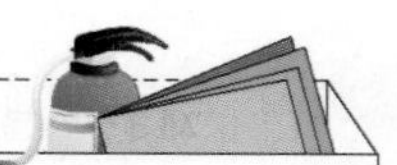

tip 가스계소화약제 오방출관련

1. 사고 사례
   1) 금호미술관 방출사고
      (1) 개요 : 2001. 5. 28(월) 17 : 17 ~ 17 : 32(15분) 종로구 사간동 소재 금호미술관에서 관람하던 어린이가 장난삼아 수동조작함을 눌러 이산화탄소소화설비가 동작하여 2층 전시실 내에 이산화탄소가스가 방출되어 내부에서 관람 중이던 어린이·보호자 등이 제때 거실 밖으로 대피하지 못하여 질식한 사고이다.
      (2) 피해상황 : 중상 1명, 경상 54명
   2) 금강대학교 방출사고
      (1) 개요 : 2008. 9. 13(토) 06 : 34경 논산시 상월면 대명리 금강대학교 지하 전기실의 변압기 화재로 이산화탄소소화설비가 동작되어 금강대학교 직원 2명이 질식한 사고이다.
      (2) 피해상황 : 사망 1명, 중태 1명
2. 인체에 대한 이산화탄소 위험성 [5회 20점, 86회 기술사 10점]
   1) 방사 후의 산소농도가 14~16%로 저하되면서 질식의 위험과 이산화탄소 농도가 증감함에 따라 아래와 같은 생리적 위험성이 있다.

공기중의 CO_2 농도	인체에 미치는 영향
2%	불쾌감이 있다.
4%	눈의 자극, 두통, 귀울림, 현기증, 혈압상승
8%	호흡 곤란
9%	구토, 감정 둔화
10%	시력장애, 1분 이내 의식상실, 장기간 노출 시 사망
20%	중추신경 마비, 단기간 내 사망

   2) 액화 이산화탄소가 기화되면서 -83℃까지 하강하면서 동상의 위험이 있다.
   3) 가스계소화약제 방출 시 대처 방법
      (1) 화재 시 감지기 등 설비작동 후 소화약제 방출 전
         가. 화재가 발생한 방호구역 내에서 사람을 방호구역 외의 안전한 곳으로 대피시킨다.
         나. 관계인을 포함하여 방호구역 내로 출입을 금지시킨다.
         다. 방호구역 내에 재실자가 있는 경우에는 비상정지스위치(일명 "Abort S/W")를 작동시켜 안전하게 대피시킨 후에 비상정지스위치를 정상상태로 전환한다.
      (2) 소화약제 방출 후 조치 방법
         가. 제어반을 복구한다.(음향장치 정지, 설비 연동정지, 기동장치 등 복구)
         나. 배출설비(배기휀)를 작동시켜 방호구역 내의 소화약제를 안전한 장소로 배출시킨다.

[그림 35] **비상정지스위치 조작모습**

> ☞ 이산화탄소소화설비의 화재안전성능기준(NFPC 106) 제16조
> 제16조(배출설비) 지하층, 무창층 및 밀폐된 거실 등에 이산화탄소소화설비를 설치한 경우에는 소화약제의 농도를 희석시키기 위한 배출설비를 갖추어야 한다.

         다. 일정량 이상 배기 후에 출입구를 개방한다.
         라. 이산화탄소의 경우 농도측정 후 안전하다고 판단될 때 방호구역 내에 진입한다.
         마. 방출된 저장용기와 동작된 기동용기를 충전 또는 교체한다.
         바. 가스계소화설비의 구성요소 중 문제가 있는 부분을 정비한다.
         사. 외관점검과 작동기능점검을 시행하여 이상이 없으면 가스계소화설비를 정상상태로 복구한다.

4. 작동시험 방법 [10회 8점]

가스계소화설비의 동작시험하는 방법은 다음의 5가지 방법이 있다.

순 번	작동 방법	지연장치 동작여부	자·수동 여부
①	방호구역 내 감지기 2개 회로 동작	동작	자동
②	수동조작함의 수동조작스위치 동작	동작	수동
③	제어반에서 동작시험스위치와 회로 선택스위치로 동작	동작	수동
④	제어반의 수동조작스위치 동작	동작	수동
⑤	기동용기 솔레노이드밸브의 수동조작버튼 누름	미동작	수동

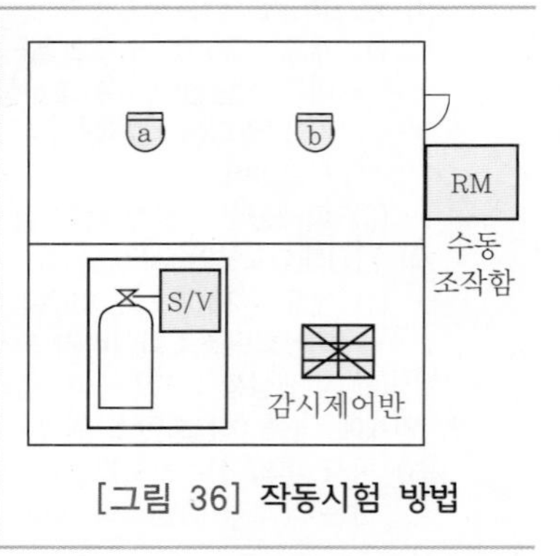

[그림 36] 작동시험 방법

1) 방호구역 내 감지기 2개 회로 동작
   이 시험 방법은 실제 화재 시 설비가 자동으로 화재를 감지하여 정상적으로 설비가 작동되는지의 여부를 확인하는 시험이다.
   (1) **방호구역 내 설치된 a회로 화재감지기 동작** : 화재감지기의 동작으로 제어반에 해당 방호구역의 a회로 화재표시 및 경보를 발하는지 확인한다.
   (2) **방호구역 내 설치된 b회로 화재감지기 동작** : 화재감지기의 동작으로 제어반에 해당 방호구역의 b회로 화재표시가 되는지와 지연타이머가 동작을 하는지 확인한다.
   (3) 지연타이머의 셋팅된 시간지연 후에 해당 방호구역의 솔레노이드밸브가 격발되는지 확인한다.

[그림 37] 감지기 동작

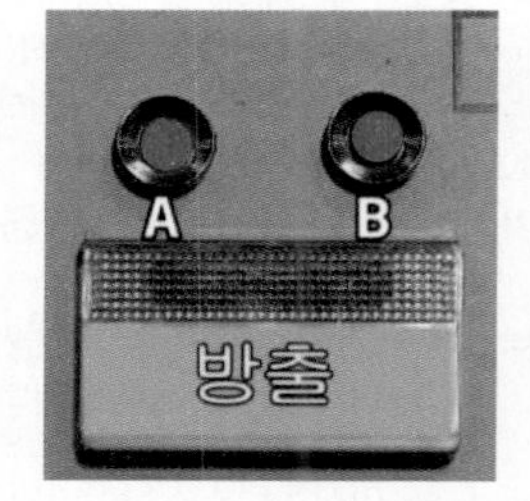

[그림 38] 제어반 감지기 동작표시등 점등

[그림 39] 지연타이머 동작

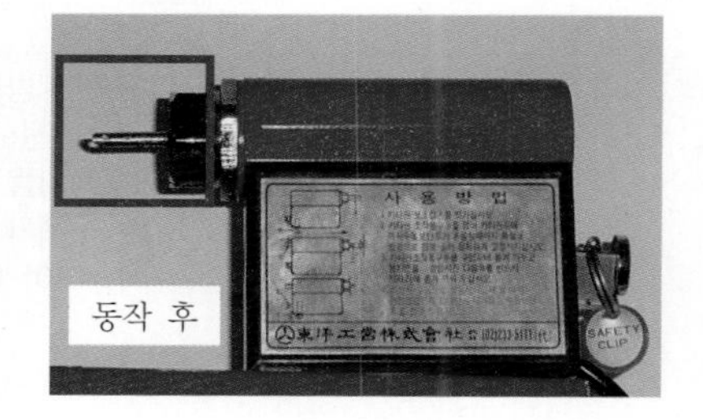

[그림 40] 해당 구역의 솔레노이드밸브 동작

2) 수동조작함의 수동조작스위치 동작

수동조작함은 실내의 거주자가 화재를 먼저 발견한 경우 수동조작으로 설비를 동작시키고자 설치하는 것으로서, 시험 방법은 수동조작함의 조작스위치를 조작하여 시험하며, 확인사항으로는 지연타이머의 셋팅된 시간지연 후에 해당 구역의 솔레노이드밸브가 정상적으로 동작되는지를 확인하면 된다.

[그림 41] **수동조작함 작동**

[그림 42] **제어반의 수동조작 표시등 점등**

[그림 43] **지연타이머 동작**

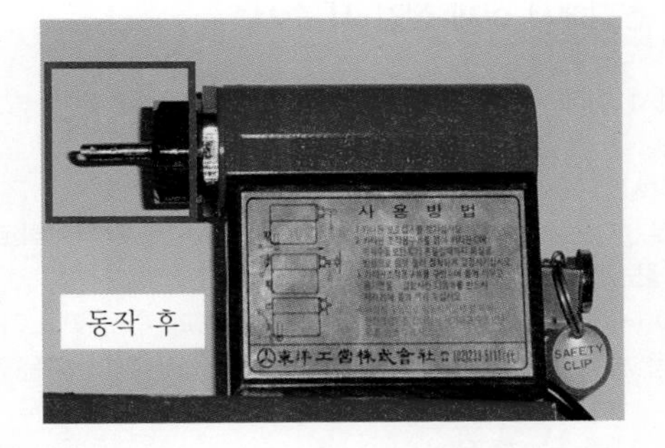

[그림 44] **해당 구역의 솔레노이드밸브 동작**

3) 제어반에서 동작시험스위치와 회로선택스위치로 동작

제어반에서 동작시험스위치와 회로선택스위치를 이용하여 동작시험을 하는 방법으로서, 시험하는 방법은 다음과 같다. 여러 개의 방호구역 중에서 하나의 방호구역에 대해서만 시험을 하는 경우에는 해당 방호구역만을 시험하기 때문에 다음의 순서를 반드시 지켜주어야 한다. 만약 동작시험스위치를 먼저 누르고 회로선택스위치를 돌릴 경우 다른 방호구역의 솔레노이드밸브가 동작할 우려가 있기 때문이다.

(1) 제어반의 회로선택스위치를 시험하고자 하는 방호구역의 "a회로" 선택
(2) 동작시험스위치를 누른다.
(3) 회로선택스위치를 "b회로"로 전환
(4) 솔레노이드밸브 연동위치로 전환 ⇒ 타이머릴레이 동작
(5) 타이머의 동작으로 설정된 지연시간 경과 후
(6) 솔레노이드밸브 작동으로 파괴침 돌출

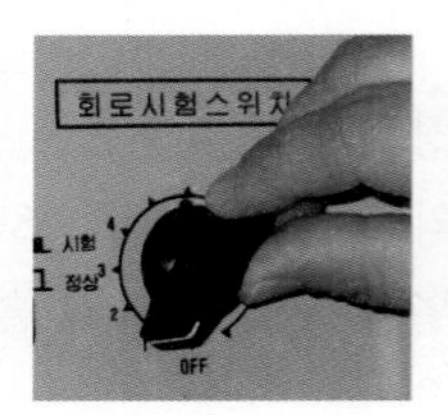
(a) a회로 선택

(b) 동작시험스위치 누름

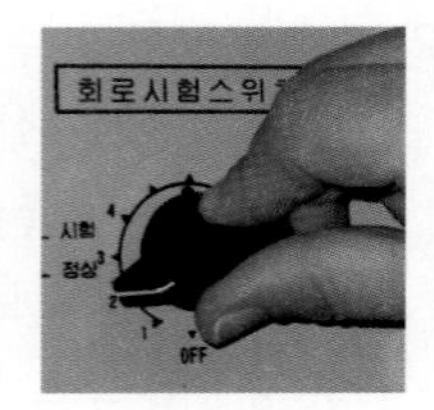
(c) b회로 선택

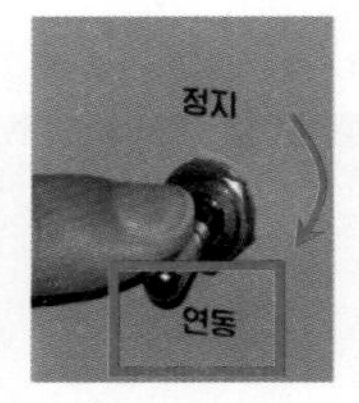

(d) 연동전환

(e) 타이머 동작

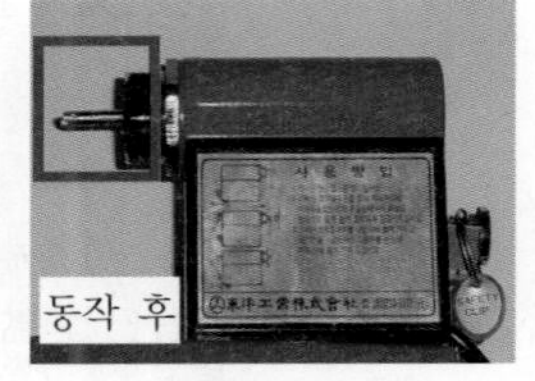

(f) 솔레노이드밸브 동작

[그림 45] 제어반에서 동작시험스위치와 회로선택스위치로 동작시험하는 순서

tip 현장에서 실제 점검 시 순서

현장에서 실제 점검 시에는 점검 전 안전조치를 전체 방호구역에 대하여 실시하므로 다음과 같이 점검을 실시한다.

1. 동작시험스위치를 누른다.
2. 회로선택스위치를 첫번째 방호구역의 a · b 감지기회로 위치로 전환한다.
3. 솔레노이드밸브 연동위치로 전환한다.
4. 타이머가 동작되어 설정된 지연시간 경과 후 솔레노이드밸브 파괴침이 동작되는 것을 확인한다.
5. 다음 방호구역별로 회로선택스위치를 돌려 위와 같은 방법으로 시험을 실시한다.

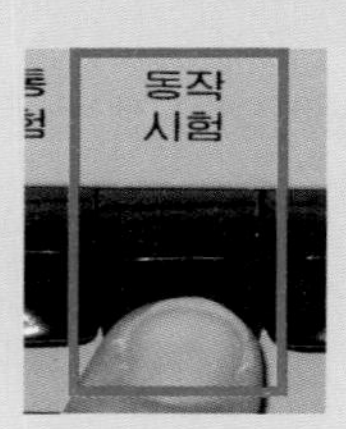

(a) 동작시험스위치 누름

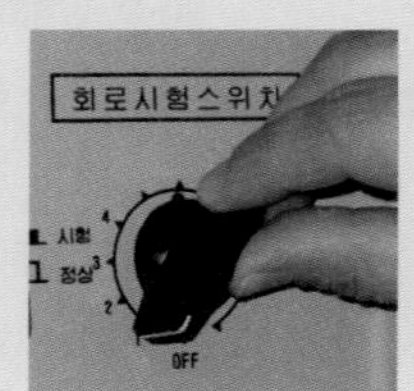
(b) a회로 선택

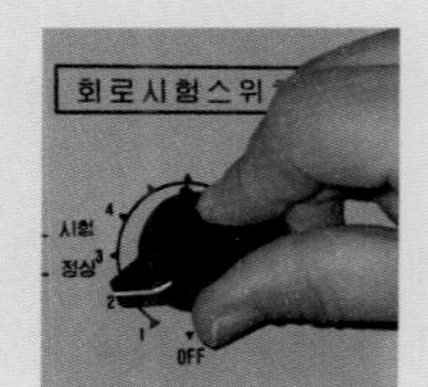
(c) b회로 선택

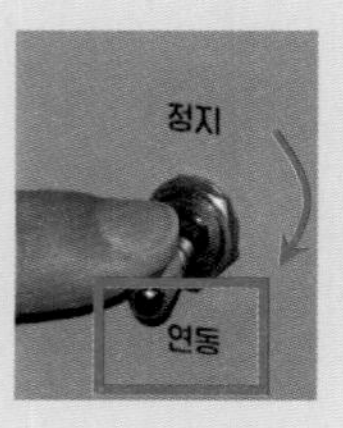

(d) 연동전환

(e) 타이머동작

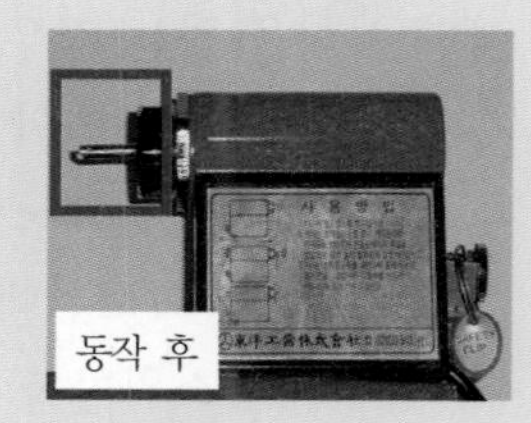

(f) 솔레노이드밸브 동작

[그림 46] 제어반에서 동작시험스위치와 회로선택스위치로 동작시험하는 순서 (전구역 안전조치된 경우)

4) 제어반의 수동조작스위치 동작

제어반에 설치된 수동조작스위치를 조작하여 방호구역마다 시험을 하는 방법이다. 동작시키는 방법은 솔레노이드밸브 연동스위치를 수동위치로 전환하고 해당 방호구역의 수동기동스위치를 기동위치로 전환하면 타이머의 동작으로 설정된 지연시간 경과 후 솔레노이드밸브 작동으로 파괴침이 돌출한다.

참고 수동조작스위치는 옵션사항으로서 제어반에 없는 경우도 있다.

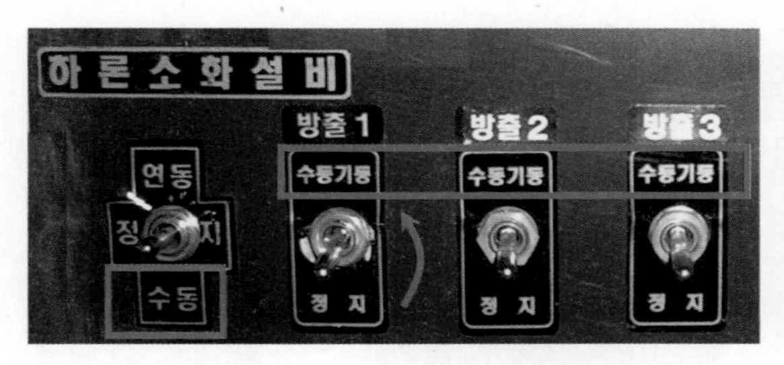

[그림 47] 제어반의 수동기동스위치

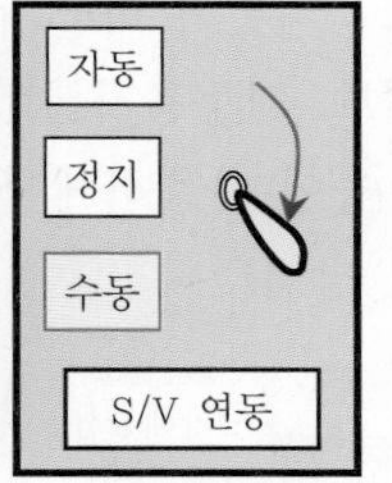

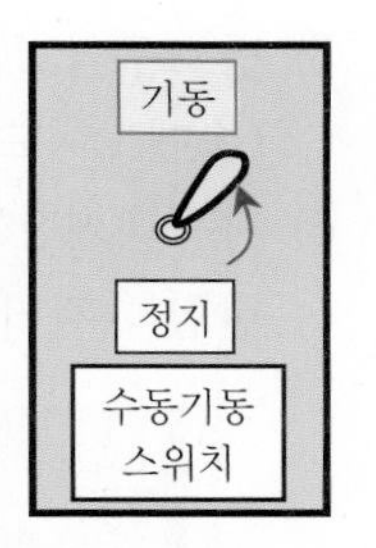

[그림 48] 제어반의 수동기동스위치 동작

5) 기동용기 솔레노이드밸브의 수동조작버튼 누름

점검 시에는 솔레노이드밸브를 기동용기에서 분리하여 솔레노이드밸브의 안전클립을 제거하고 수동조작버튼을 누르면 솔레노이드밸브가 지연타이머 동작 없이 즉시 동작된다. 따라서 이 방법은 화재 시 모든 전원이 차단되는 등 설비에 이상이 있어 자동으로 설비가 동작되지 않을 경우 수동으로 설비를 작동시키는 방법으로 사용되며, 안전클립에는 봉인(납)이 되어 있어 일반적으로 점검 시에는 수동조작버튼을 조작하는 점검은 생략하고 있다.

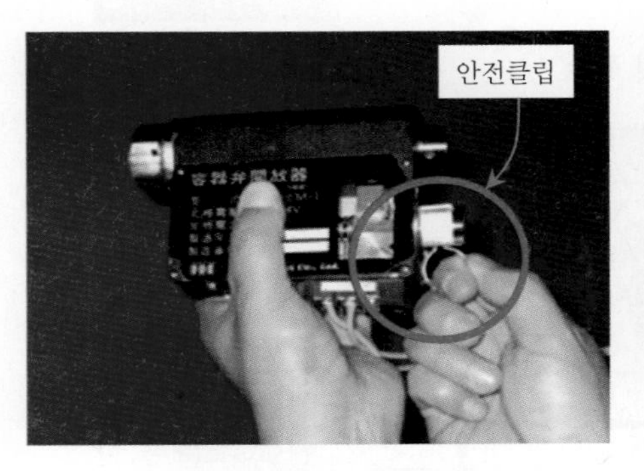

[그림 49] 안전클립을 제거

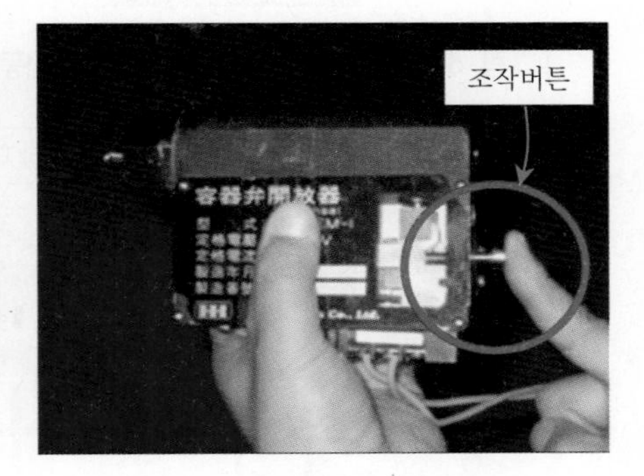

[그림 50] 수동조작버튼을 누름

5. 작동시험 시 확인사항 [10회 10점]

작동시험 방법에 의하여 시험 후 확인사항은 다음과 같다.(단, 솔레노이드밸브의 수동조작버튼을 직접 누른 경우에는 솔레노이드밸브 동작여부만을 확인한다.)

1) 제어반에서 주화재표시등 및 해당 방호구역의 감지기(a・b 회로) 동작표시등 점등 여부

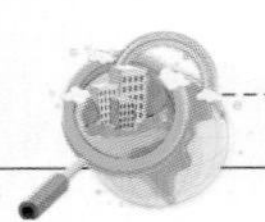

2) 제어반과 해당 방호구역에서의 경보발령 여부(제어반 : 부저 명동, 방호구역 : 싸이렌 명동)
3) 제어반에서 지연장치의 정상작동 여부(지연시간 체크)

참고 지연시간 : a · b 복수회로 작동 후부터 솔레노이드밸브 파괴침 작동까지의 시간

4) 제어반의 솔레노이드밸브 기동표시등 점등 여부(설치된 경우에 한함.) 및 해당 방호구역의 솔레노이드밸브 정상작동 여부
5) 방호구역별 작동계통이 바른지 확인(∵ 방호구역이 여러 구역이 있으므로)
   (솔레노이드밸브, 기동용기, 선택밸브, 감지기등 계통 확인)
6) 자동폐쇄장치 등이 유효하게 작동하고, 환기장치 등의 정지 여부 확인(설치된 경우에 한함 : 전기적 방법)

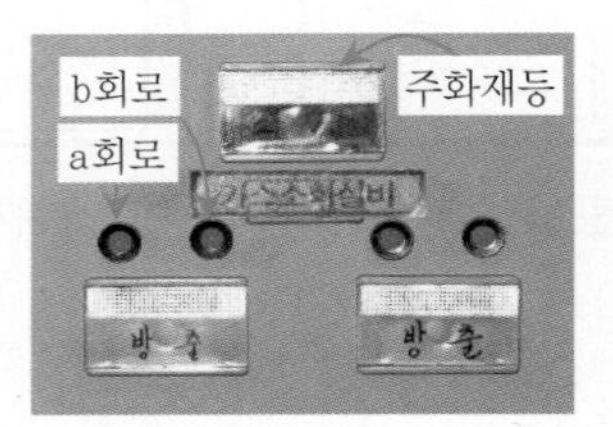

[그림 51] 주화재등과 감지기 작동등 점등

[그림 52] 방호구역 경보발령

[그림 53] 지연타이머 동작

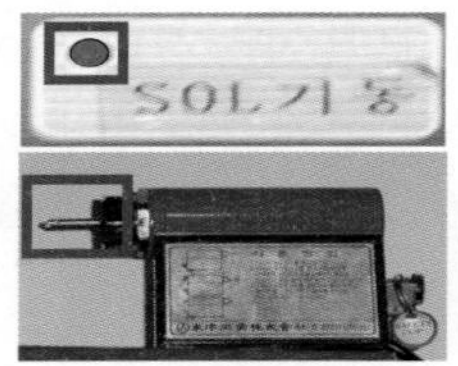

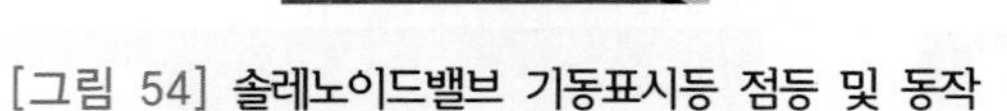

[그림 54] 솔레노이드밸브 기동표시등 점등 및 동작

[그림 55] 자동폐쇄장치 동작

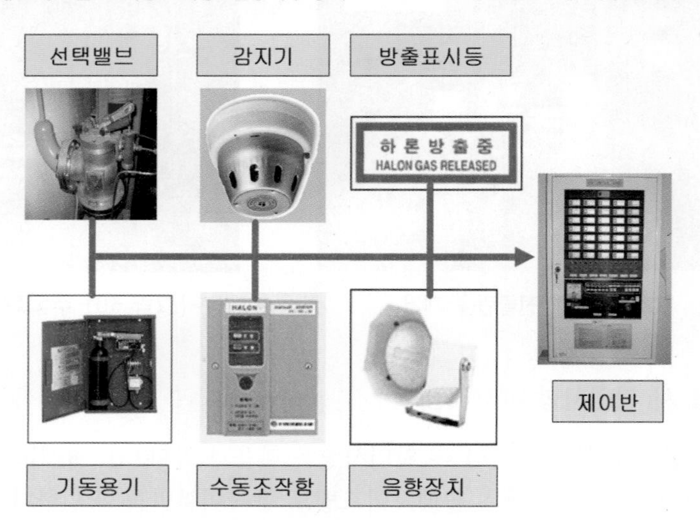

[그림 56] 작동계통이 바른지 확인

6. 제어반 내 지연타이머

1) 가스계소화설비에서 소화약제 방사 전에 지연시간을 두는 이유

(1) 방호구역 내 인명의 피난을 위한 시간확보

(2) 중요 보안장치가 있는 경우는 보안확보의 시간을 벌기 위한 목적

참고 지연시간 : 감지기 2회로 복수동작 또는 수동조작함의 누름버튼을 누른 후부터, 파괴침이 동작할 때까지의 시간을 지연시간이라 하며, 지연시간은 통상 30초 이내로 설정을 하고 있다.

2) 지연타이머의 설치 방법

제어반 내에는 지연타이머가 설치되어 있는데, 대표로 하나만 설치된 경우와 방호구역마다 설치된 경우가 있다. 그 일반적인 차이점을 비교해 보면 다음과 같다.

구 분	지연타이머가 대표로 1개만 설치된 경우	방호구역마다 지연타이머가 설치된 경우
지연시간 셋팅	하나의 타이머에 지연시간을 셋팅	방호구역별 특성에 맞게 지연시간을 적절히 셋팅
첫번째 방호구역 화재 시	a·b 회로 동작 후 타이머에 셋팅된 시간 지연 후에 솔레노이드밸브 동작	a·b 회로 동작 후 각 방호구역별로 지연타이머에 셋팅된 시간지연 후에 솔레노이드밸브 동작
두번째 방호구역 화재 시	a·b 회로 동작 후 시간지연 없이 솔레노이드밸브 동작(예외적인 타입도 있음.)	a·b 회로 동작 후 각 방호구역별로 지연타이머에 셋팅된 시간지연 후에 솔레노이드밸브 동작
특징	첫번째 방호구역의 시간지연 후에 연이은 화재의 경우 시간지연이 없이 바로 약제가 방사되는 단점이 있다.	방호구역별 특성에 맞게 지연시간을 각각 셋팅하여 운영할 수 있는 장점이 있다.

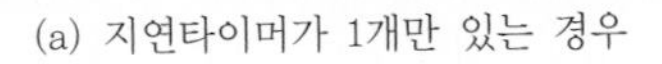

(a) 지연타이머가 1개만 있는 경우

(b) 방호구역별로 타이머가 있는 경우

[그림 57] **타이머 릴레이타입**

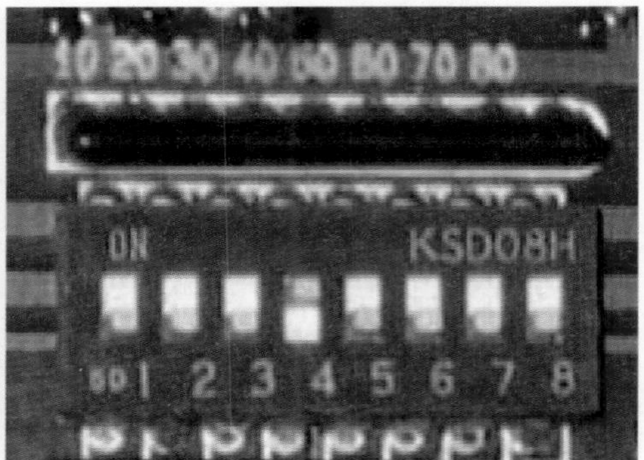

방호구역별로 타이머가 있는 경우

[그림 58] IC 타이머타입

tip 점검 시 유의사항

점검 시 점검시간 단축을 위하여 타이머의 설정시간을 짧게 조정하여 점검을 실시하는 경우가 많다. 이 경우 점검 후 반드시 지연타이머 지연시간을 원래대로 셋팅해 놓아야 한다.

7. 저장용기 약제량 측정 [6회 20점]

소화약제를 저장용기에 저장하는 상태에 따라 약제량 측정 방법에 차이가 있다. 소화약제를 이너젠처럼 기상으로 압축해서 저장하는 경우에는 용기밸브에 부착된 압력계로 저장량을 확인하지만, 이산화탄소나 할론소화약제처럼 액상상태로 저장하는 경우에는 법상장비인 검량계로 점검을 하여야 하나 저장용기의 무게(약 75~80kg)와 약제량의 무게(45~50kg)를 합하면 120~130kg의 중량물이며 또한 측정을 위하여 조작동관과 연결관을 분리하여야 하는 불편한 점 때문에 점검 시에는 주로 액화가스 레벨메터를 이용하여 약제량을 측정하고 있는 상황이다.

1) 기상으로 저장하는 경우의 약제량 측정

이너젠 할로겐화합물 및 불활성기체 소화설비는 기상상태로 압축해서 저장하므로 약제량 측정은 용기밸브에 부착된 압력계를 확인하여 판정한다.

(1) **산정 방법** : 압력측정 방법

(2) **점검 방법** : 용기밸브의 고압용 압력계를 확인하여 저장용기 내부의 압력을 확인

(3) **판정 방법** : 압력손실이 5%를 초과할 경우 재충전하거나 저장용기를 교체할 것

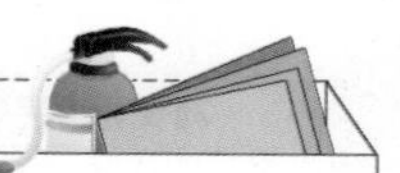

tip 판정기준(NFPC 107A 제6조 ②항 3호 : 할로겐화합물 및 불활성기체 소화설비 기준) [10회 4점 ; 설계]

1. 약제량의 측정 결과를 중량표와 비교하여 약제량 손실이 5% 초과하거나 압력손실이 10%를 초과하는 경우에는 재충전하거나 저장용기를 교체할 것
   ☞ 액상으로 저장하는 경우
2. 불활성기체 소화약제의 경우에는 압력손실이 5%를 초과 시 재충전하거나 저장용기 교체
   ☞ 기상으로 저장하는 경우

[그림 59] **이너젠 소화설비에 부착된 압력계**

2) 액상으로 저장하는 경우의 약제량 측정

(1) 액화가스 레벨메터를 사용한 점검 방법 : LD 45S형 [21회 12점]

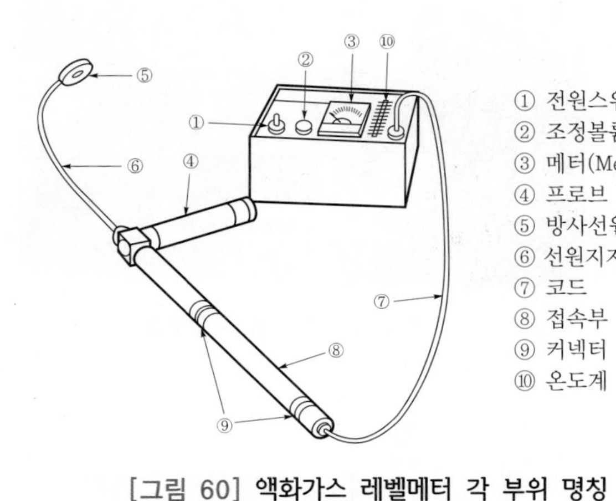

[그림 60] **액화가스 레벨메터 각 부위 명칭 (LD 45S형)** [21회 3점]

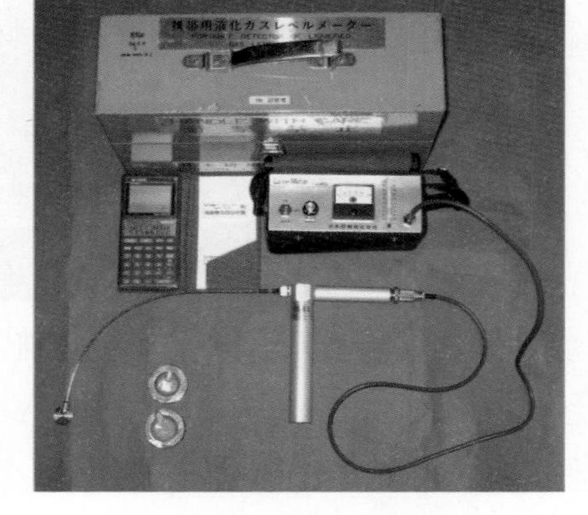

[그림 61] **액화가스 레벨메터 외형 (LD 45S형)**

가. 배터리 체크

가) 전원스위치 ①을 "Check" 위치로 전환한다.

나) Meter의 지침이 안정되지 않고, 바로 내려갈 경우에는 건전지를 교체한다.

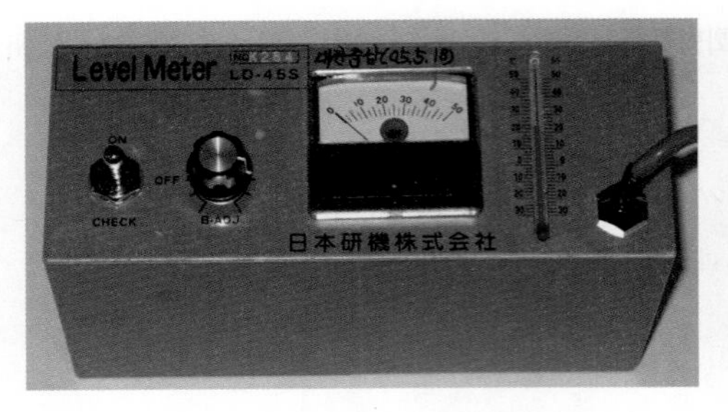

[그림 62] 전원스위치 OFF 상태

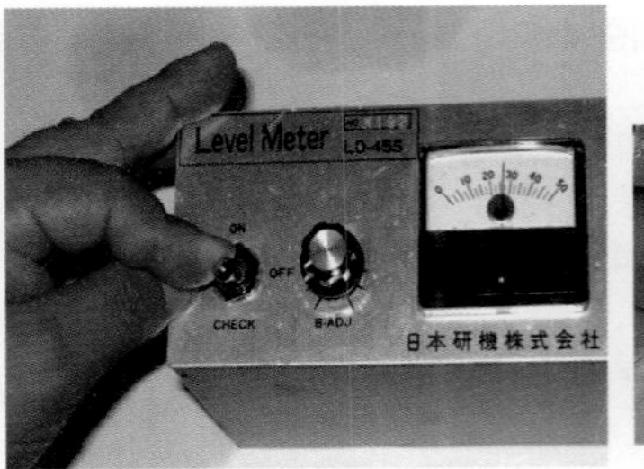

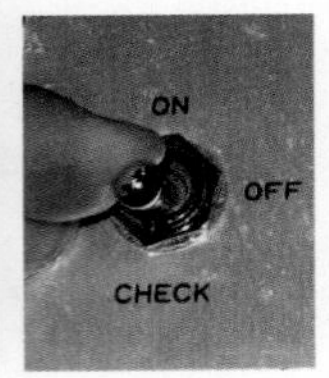

[그림 63] 전원스위치를 "Check" 위치로 전환

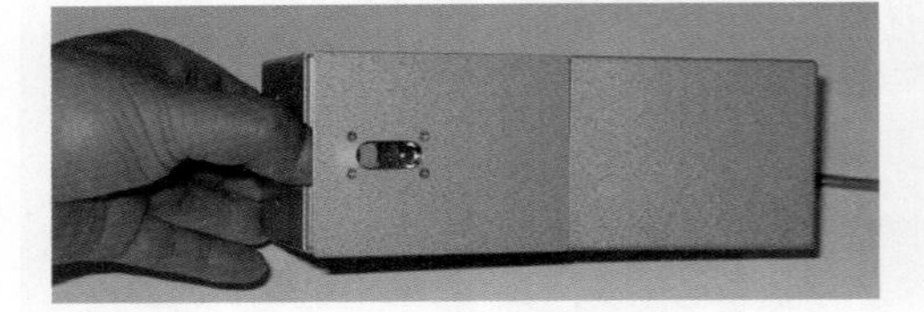

[그림 64] 뒷면 커버분리

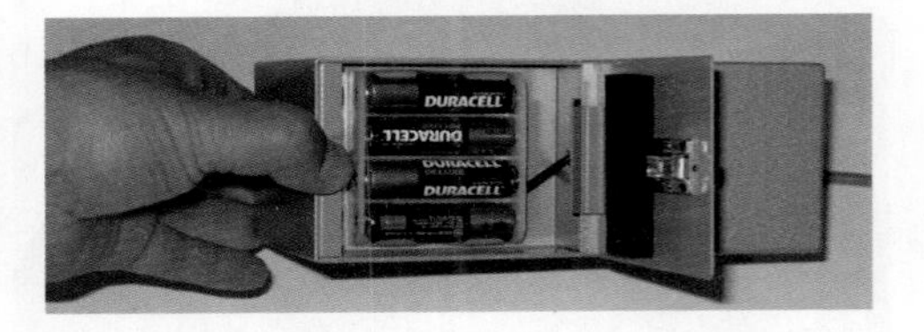

[그림 65] 뒷면 건전지가 부착된 모습

나. 온도측정 : 온도계 ⑩을 보고 온도를 기재한다.

참고 이산화탄소의 경우 측정장소의 주위온도가 높을 경우 액면의 판별이 곤란(CO_2 임계점 31.35℃)

다. Meter 조정

가) 전원스위치 ①을 "ON" 위치로 전환한다.

나) Meter ③의 지침이 잠시 후 안정된다.

다) 조정볼륨 ②를 돌려 지침이 측정(판독)하기 좋은 위치에 오도록 조정한다.

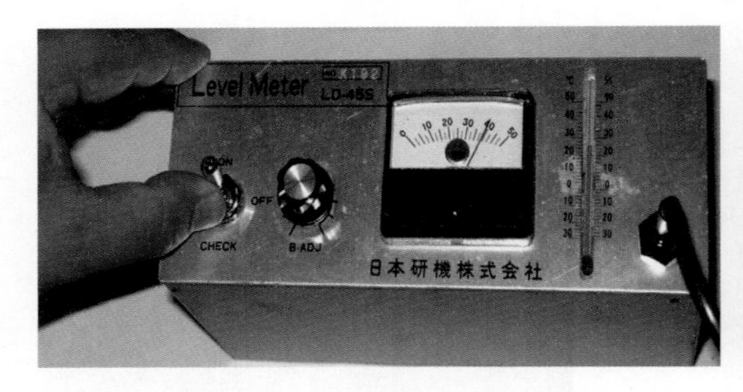

[그림 66] 전원스위치 ON 상태

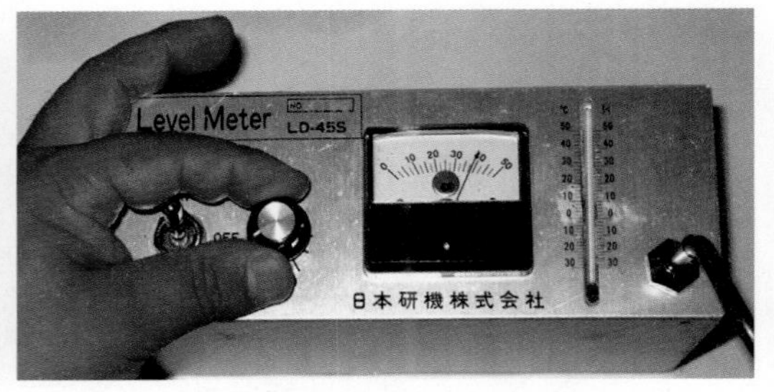

[그림 67] 조정볼륨 조정모습

라. 측정

가) 프로브 ④와 방사선원 ⑤를 저장용기에 삽입한다.

나) 지시계를 보면서 액면계 검출부를 저장용기의 상하로 서서히 움직인다.

다) 메터지시계의 흔들림이 작은 부분과 크게 흔들리는 부분의 중간부분의 위치를 체크한다.

라) 이 부분이 약제의 충전(액상) 높이이므로 줄자로 용기의 바닥에서부터 높이를 측정한다.

마) 측정이 끝나면 전원스위치를 끈다.(OFF 위치로 전환)

[그림 68] **약제량 측정모습**

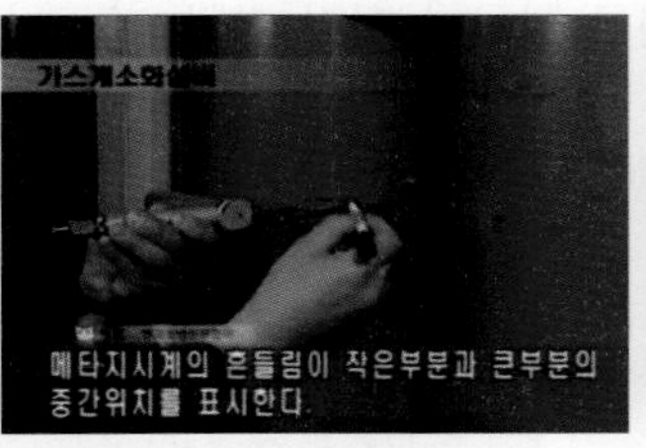

[그림 69] **액상부분 표시모습**

[그림 70] **높이 측정모습**

마. 약제량 산정(레벨메터 공통사항)

가) 레벨메터로 측정된 높이 a를 줄자로 실측하여 조정값 55mm를 뺀 b의 높이를 구한다.

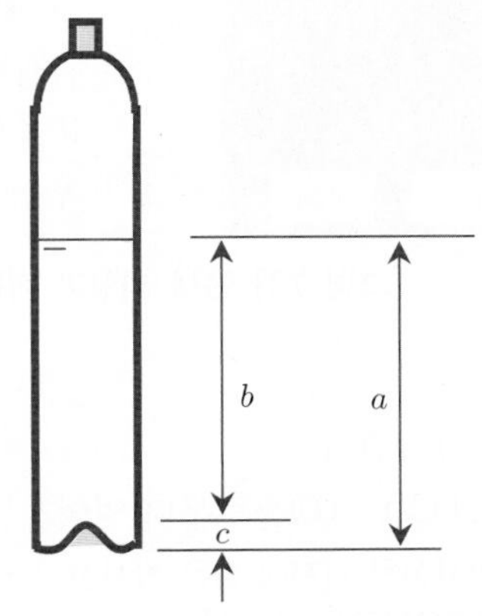

a : 실측높이(mm)
b : 산정높이($b=a-c$)(mm)
c : 조정값(55mm)

[그림 71] **저장용기 약제량 측정높이**

나) 약제의 종류, 실측장소의 온도, 약제량의 높이를 해당용기의 환산표에 적용하여 총 중량을 환산하거나, 전용환산기에 의하여 산정한다.

다) 레벨메터의 사용 시 오차는 3mm이므로 산출한 양에 온도와 약제의 중량에 따라서 오차를 보정해야 한다.

tip 전용환산기를 이용하지 않는 경우 약제량 산정 방법

1. 약제량 환산표 이용
2. 저장량을 계산하는 방법

$$저장량 = A \cdot H \cdot \rho_l + A \cdot (L-H) \cdot \rho_g$$

여기서, A : 저장용기의 단면적(cm^2)
H : 측정된 액면의 높이(cm)
L : 저장용기의 길이(cm)
ρ_l : 액체 CO_2의 밀도(g/cm^3)
ρ_g : 기체 CO_2의 밀도(g/cm^3)

(2) 액화가스 레벨메터를 사용한 점검 방법 : Level Checker(LC-5119) – 국내 생산제품

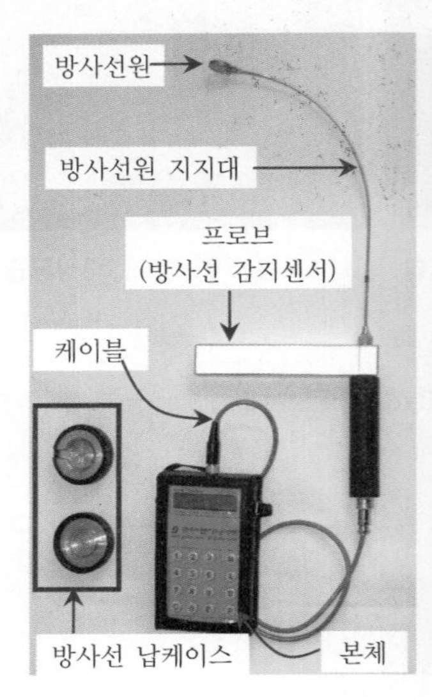

버 튼	기 능
P	전원버튼 : 전원을 인가 시 누름
C	숫자수정버튼 : 숫자를 잘못 입력했을 경우 "C" 버튼을 누르면 입력한 숫자가 지워진다.
E	엔터버튼 : 액상부분의 높이를 입력하고 "E" 버튼을 눌러 약제량을 계산하고자 할 때 사용한다.
M	화면전환버튼 : LCD창의 측정모드와 약제량 계산모드를 전환하고자 할 때 사용한다.
L	LCD 화면이 어두운 경우 화면을 밝게 하고자 할 때 사용한다.
B	부저음 버튼 : 부저음 ON/OFF버튼

[그림 72] **외형 및 명칭** [그림 73] **본체 외형과 버튼 기능**

가. 준비

가) "P" 버튼을 눌러 전원을 인가한다.

⇒ 이때 약 10초간 방사선원(CO – 60)으로부터 얻어지는 방사선량을 계산한다.

주의 방사선량을 계산하는 동안 방사선원 지지대 혹은 방사선원 감지센서가 흔들릴 경우 정확한 방사선량을 계산할 수 없으므로 주의 요함.

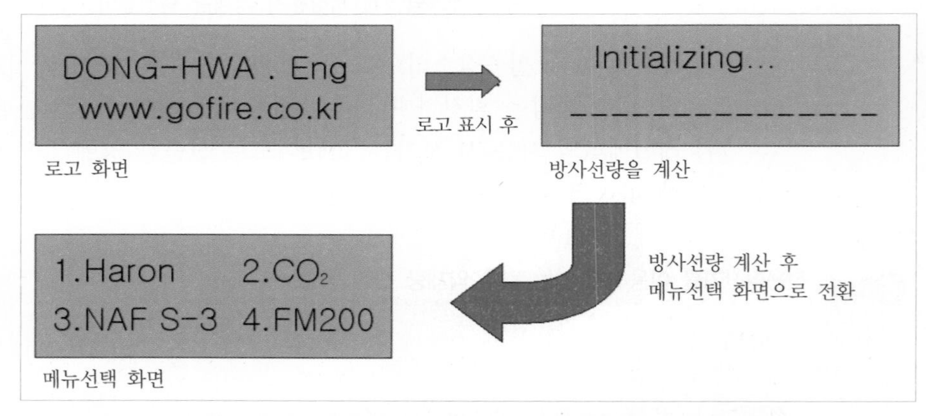

[그림 74] **"P" 버튼을 눌러 전원 인가 시 LCD 표시창의 상태전환 화면**

나) 계산이 끝나면 메뉴선택 화면으로 전환되는데, LCD 창의 화면에서 측정하고자 하는 가스를 선택(번호를 조작버튼에서 입력)하면 측정모드로 화면이 전환된다.

☞ 1. Halon 2. CO_2 3. NAF S-3 4. FM 200

다) LCD 표시창에서 배터리 잔량을 확인한다.

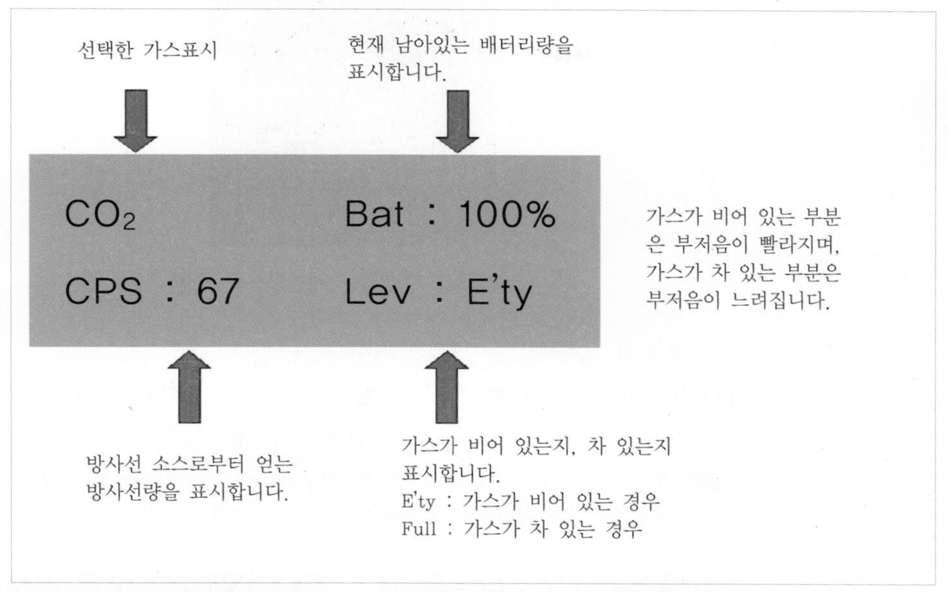

[그림 75] **메뉴선택 화면에서 이산화탄소를 선택했을 경우 측정모드 화면**

나. 측정

가) 프로브(방사선 감지센서)와 방사선원을 저장용기에 삽입한다.

나) LCD 표시창을 보거나 부저음을 청취하면서 액면계 검출부를 저장용기의 상하로 서서히 움직이면서 액상과 기상의 경계점을 찾는다.

참고 저장용기의 액상부분은 LCD창에 "FULL"로 기상부분은 "E'ty"로 표시되며, 부저를 ON 상태로 놓았을 경우, 액상부분은 부저음이 1초 간격으로 울리며 기상부분은 부저음이 0.5초 간격으로 빨리 울린다.

다) LCD 표시창 또는 부저음으로 액상과 기상부분의 경계점을 체크한다.

라) 이 부분이 약제의 충전(액상) 높이이므로 줄자로 용기의 바닥에서부터 높이를 측정한다.

다. 약제량 계산

가) "M" 버튼을 눌러 "측정모드"에서 "가스용량계산" 모드로 전환한다.

[그림 76] **측정모드**

[그림 77] **가스용량 계산모드로 전환**

나) 측정한 높이를 숫자로 입력한다.

다) "E" 버튼을 누르면 계산된 가스용량(kg)이 LCD창에 표시된다.(측정장소의 온도는 본체에서 자동으로 입력되어 계산됨.)

참고 계속하여 약제량을 계산하고자 할 경우에는 "E" 버튼을 누르면 다음 용기의 높이를 입력할 수 있는 화면으로 전환되어 계산을 계속할 수 있다.

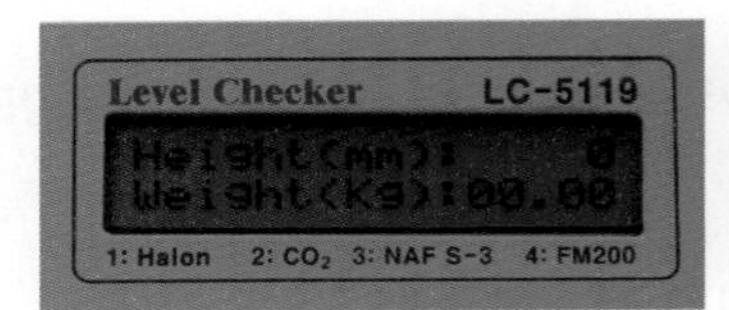

[그림 78] **가스량 계산모드**

[그림 79] **높이 입력**

[그림 80] **엔터**

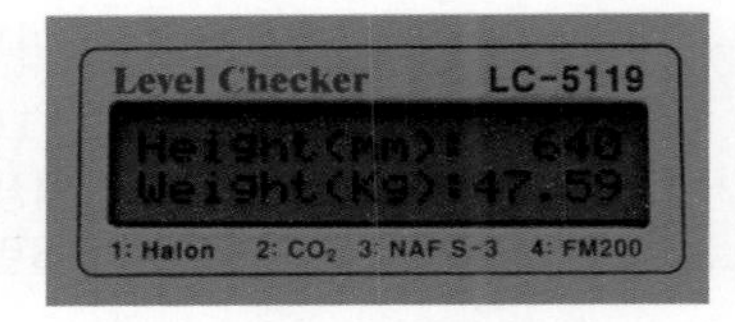

[그림 81] **약제량 자동계산**

tip 레벨메터 사용, 운송, 보관 시 유의사항

1. 사용 시 유의사항 [21회 3점]
   1) 레벨메터 본체와 탐침은 충격에 아주 민감하므로 레벨메터 측정을 위한 조립 시 및 측정 시에 충격이 가해지지 않도록 주의할 것
   2) 측정 시에는 장갑을 착용하고 방사선(CO－60)원이 직접 피부에 닿지 않도록 주의할 것
   3) 약제량 측정을 마친 경우는 전원을 꺼 놓을 것
   4) 측정장소의 주위온도가 높을 경우 액면의 판별이 곤란하게 되는 것에 주의할 것(CO_2 임계점 31.35℃)
   5) 지시계는 둔감해지거나, 10회 사용 후에는 재조정하여 사용할 것
   6) 중량표, 점검표 등에는 용기번호, 충전량 등을 기록하여 둘 것
   7) 용기는 중량물(약 150kg)이므로, 거친 취급, 전도 등에 주의할 것
   8) 방사선원의 수명은 3년이므로, 3년마다 교체할 것
   9) 지지암은 용기의 크기가 다르더라도 그 용기에 맞게 조정하지 말 것

2. 운송, 보관 시 유의사항
   1) 사람이 출입하지 않는 안전한 곳에 보관할 것
   2) 먼지, 온도변화, 온도가 적은 곳에 보관할 것
   3) 레벨메터를 운송, 취급 시에는 진동, 충격이 가해지지 않도록 세심한 주의를 할 것
   4) 레벨메터를 사용 후에는 방사선(CO－60)을 케이스(납)에 싸서 안전하게 보관할 것
   5) 장시간 보관할 때에는 건전지는 빼 놓을 것
   6) 방사선(CO－60) 분실 시 취급점(한국원자력안전기술원) 등에 연락할 것

[그림 82] **방사선(CO－60)을 납케이스에 싸서 보관**

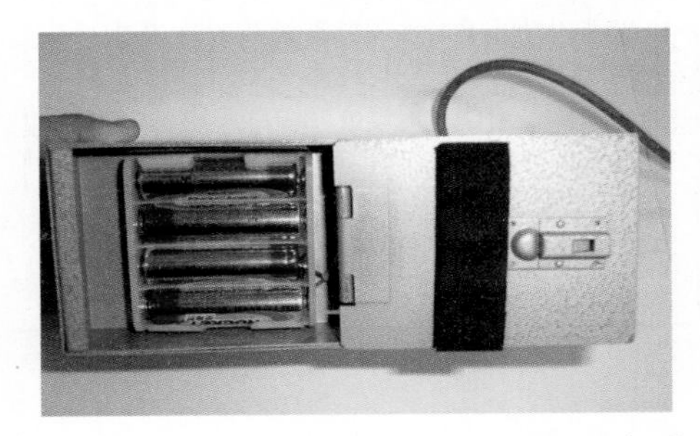

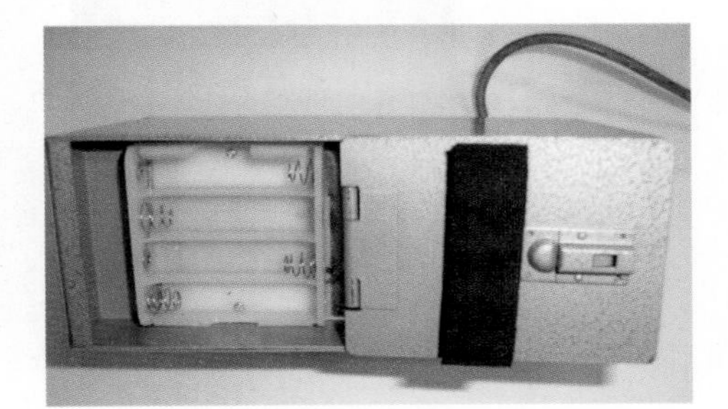

[그림 83] **사용 후 건전지 분리 전·후 모습**

(3) **휴대용 초음파 액화가스 액면측정기** : Portalevel Standard(판매처 : 원우EF ENG)

가. 특징

가) 방사선 대신 초음파 이용으로 위험성 감소

나) 소형 경량(본체 무게 500g)으로 조작 간단

다) 약제 측정의 다양성(CO_2, FM 200, NOVEC 1230, Halon, FE-13, FE-25, NAF S-III 등)

라) 신속 정확한 약제량 측정

마) 고품질, 고성능대비 저렴한 가격

나. 장비구성

가) 본체

나) 센서

다) 초음파젤(의료용품 파는 데서 쉽게 구입 가능)

라) Extension Rod(별매품)

마) 휴대용 하드케이스

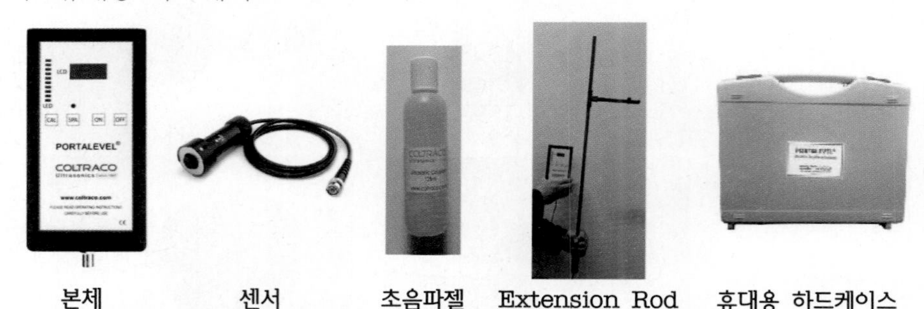

본체 **센서** **초음파젤** **Extension Rod** **휴대용 하드케이스**

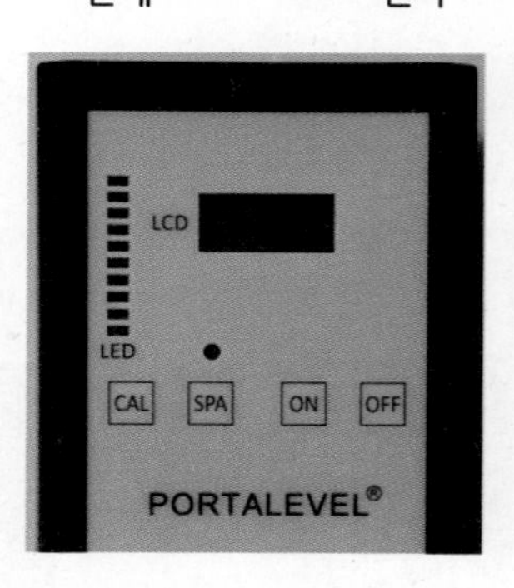

LCD	LCD Digital Display
LED	LED Light Display
CAL	CAL 버튼은 정확하고 신뢰할 수 있는 측정값을 보정하기 위해 각각의 용기에 시험을 하기 전에 자기 보정을 가능하게 하는 표준절차기능을 하는 버튼
SPA	SPA 버튼은 상태가 불량인 실린더와 어려운 적용 및 대량 용적 사용을 위해 더 나은 수치를 출력할 수 있게 해주는 버튼
ON	전원 ON
OFF	전원 OFF

다. 보정방법

LED

- P5 전체 LED 점등
- P4 액면근처에서 1~2개 점등
- P3 LED 소등
- P2 LED 소등
- P1 LED 소등

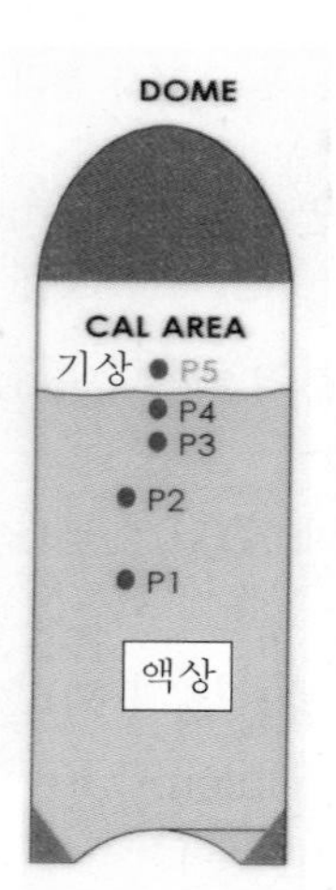

LCD

- P5 액면 위에서 P4보다 훨씬 큰 값 표시
- P4 숫자 증가
- P3 숫자 증가
- P2 숫자 증가
- P1 CAL AREA보다 더 낮은 값 표시

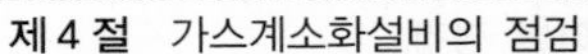

가) 센서를 계산된 액면보다 약 50mm 위에 위치(P5)한다.

나) "ON" 버튼을 눌러 전원을 켠다.

다) "CAL" 버튼을 약 5초간 누른 후 떼면,

라) LED가 점등되며, LCD에 큰 숫자가 표시되면 보정이 완료된다.

마) 센서를 액면 아래에 위치하면 LED가 점등하지 않으며, 만약 점등되면 사라질 때까지 내린다.

바) LED에 P5보다 P1~P4는 더 낮은 숫자가 표시되며 실제 사용을 위한 보정이 완료된 것이다.

참고 LCD 숫자 : 시험 중에 LCD 숫자는 항상 변화하며 이 숫자는 단지 참조적인 값이다.

라. 측정방법

가) 용기의 측면에 수직 아래로 초음파젤을 발라준다.

나) 본체에 센서를 연결한다.

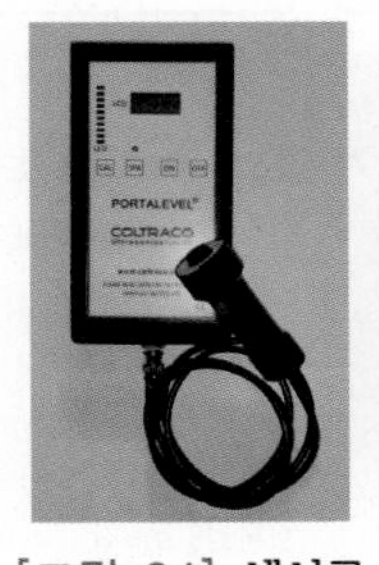

[그림 84] **센서를 본체에 연결**

[그림 85] **"ON" 버튼을 눌러 전원을 켬**

[그림 86] **"CAL" 버튼을 눌러 보정**

다) 용기 상단에 센서를 부착하고, "ON" 버튼을 눌러 전원을 켠다.

라) "CAL" 버튼을 약 5초간 누른 후 떼면, LED가 점등되고, LCD에 큰 숫자가 표시된 것을 확인한다.

마) 천천히 실린더에 센서를 이동하여 액체레벨 위치를 파악한다.

바) 액면 근처에서는 LED가 1~2개의 등이 점등되며 표시되는 숫자는 3~4자리로 표시된다.

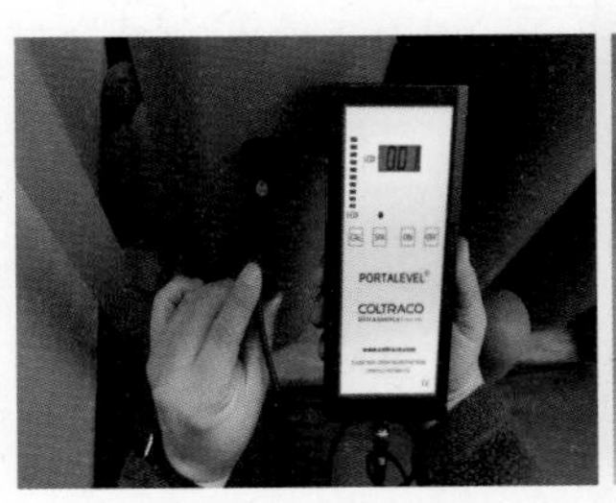

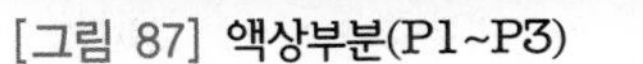

[그림 87] **액상부분(P1~P3)**

[그림 88] **액면위치(P4)**

[그림 89] **기상부분(P5)**

사) 측정이 완료되면 "OFF"를 눌러 전원을 끈다.

마. 측정 시 주의사항

가) 매 용기마다 측정 후 전원을 끈다.

나) 매 용기 측정 시마다 "CAL" 버튼을 눌러 보정을 해야 한다.

다) 센서의 붉은 점이 항상 위쪽으로 향하도록 한다.

라) 센서를 용기 아래로 천천히 이동하며 측정하되, 센서를 드래그하지 않도록 한다.

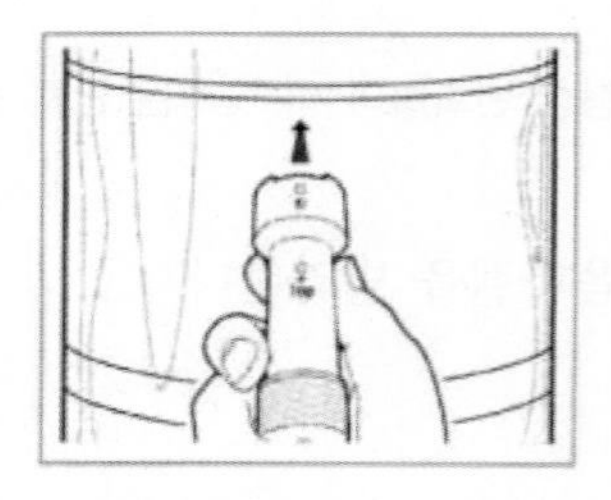

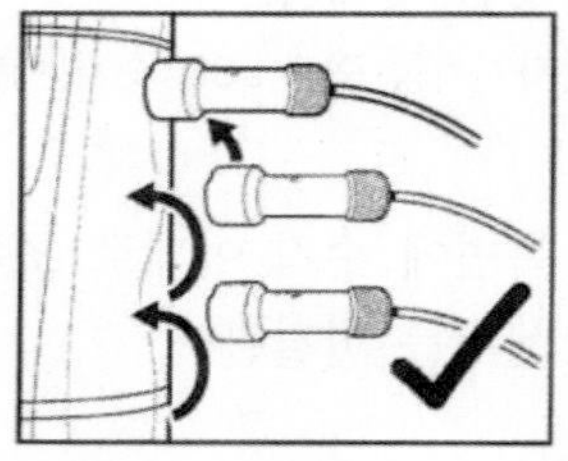

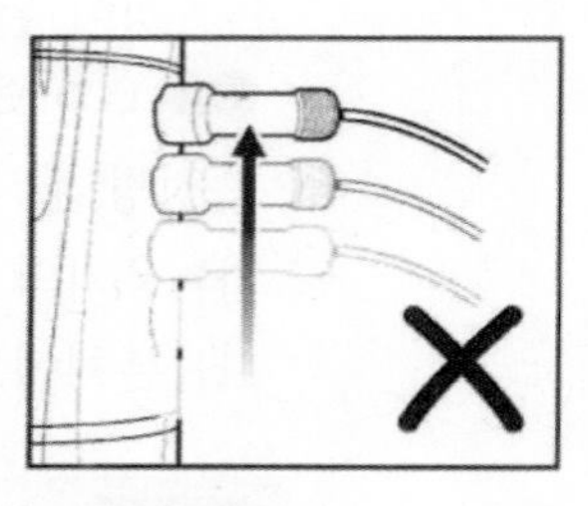

참고 Portalevel Max(판매처 : 건국이엔아이)

Portalevel Max는 Portalevel Standard보다 한 단계 업그레이드된 초음파 액화가스 액면 측정기로서 측정방법은 Portalevel Standard와 동일하며 Standard에 비해 비싸다.

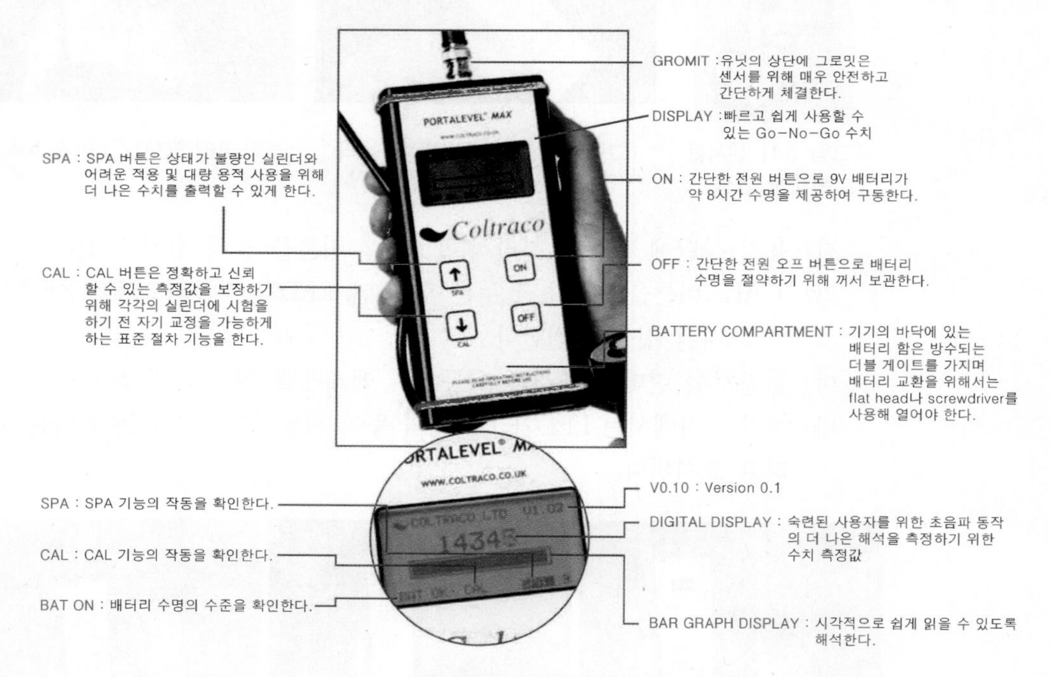

[그림 90] Portalevel Max 표시기능

(4) 검량계를 사용한 점검방법

가. 검량계를 수평면에 설치한다.

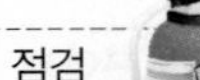

나. 용기밸브에 설치되어 있는 용기밸브 개방장치(니들밸브, 동관, 전자밸브), 연결관을 분리한다.

다. 약제저장용기를 전도되지 않도록 주의하면서 검량계에 올린다.

라. 약제내장용기의 총 무게에서 빈 용기의 무게 차를 계산한다.

[그림 91] **검량계를 이용한 방법**

[그림 92] **간평계를 이용한 방법**

(5) 간평계를 사용한 점검방법

가. 용기밸브에 설치되어 있는 용기밸브 개방장치(니들밸브, 동관, 전자밸브), 연결관을 분리한다.

나. 측정기 지지부의 고리를 용기지지구의 행가에 부착한 다음 측정기 선단의 고리를 용기밸브에 확실하게 부착한다.

다. 측정기의 손잡이를 쥐고 천천히 끌어내려 측정기의 막대가 수평이 되었을 때의 중량을 측정한다.

(6) **판정 방법** : 약제량의 측정결과를 중량표와 비교하여 약제량 손실이 5% 초과하거나 압력손실이 10%를 초과하는 경우에는 재충전하거나 저장용기를 교체할 것

참고 할로겐화합물 및 불활성기체 소화설비 재충전 또는 교체에 대한 기준은 있으나, 이산화탄소와 할론에 대한 기준은 없는 상황이므로 할로겐화합물 및 불활성기체 소화설비의 기준 중에서 액상으로 저장하는 약제의 기준을 준용하여 기술하였다.

tip **판정기준(NFPC 107A 제6조 ②항 3호 : 할로겐화합물 및 불활성기체 소화설비 기준)**

1. 약제량의 측정결과를 중량표와 비교하여 약제량 손실이 5% 초과하거나 압력손실이 10%를 초과하는 경우에는 재충전하거나 저장용기를 교체할 것
   ☞ 액상으로 저장하는 경우
2. 불활성기체 소화약제의 경우에는 압력손실이 5%를 초과 시 재충전하거나 저장용기 교체
   ☞ 기상으로 저장하는 경우

3) 약제량 점검 시 참고사항

(1) 이산화탄소소화약제량 측정 시 주변온도와의 관계

[80회 기술사 25점 : 이산화탄소 임계온도, 약제량 측정 시 관련 사항 기술]

이산화탄소소화약제의 경우 임계온도는 31.35℃로서 액상과 기상이 함께 존재하므로, 액화가스 레벨메터로 측정 시 온도가 30℃ 근처에서는 측정이 불가하므로 유의해야 한다.

(2) **용도변경에 따른 약제량** : 가스계소화설비가 최초 시공된 후에 용도변경 등에 따른 실의 변경 또는 개구부의 증가로 인하여 소화약제량이 부족한 경우가 발생할 수도 있으므로 점검 시에는 용도변경 또는 개구부의 증가된 부분이 있는지를 확인하여 약제량에 이상이 없는지를 면밀히 검토해야 한다.

(3) **저장용기의 고정** : 소화가스의 방출 시 저장용기가 잘 고정되어 있지 않으면 저장용기가 움직일 수가 있는데, 이를 방지하기 위하여 견고하게 고정을 해야 한다. 특히 패키지의 경우는 고정하지 않고 세워만 놓는 경우를 점검 시 종종 볼 수 있는데, 이러한 경우는 저장용기를 외함에 고정하고 또한 외함은 바닥 또는 벽에 견고히 고정을 해주어야 한다.

(4) **저장용기 가대위치** : 액화가스 레벨메터로 점검 시 소화약제의 액상부분에 저장용기 고정용 가대가 설치되어 있는 경우가 있다. 이 경우는 약제량의 측정이 어려우므로 가대의 위치조정이 필요하다.

[그림 93] **저장용기 고정용 가대**

참고 약제의 종류별 일반적인 높이(20℃ 기준)

약제의 종류	약제량의 높이	약제량
할론	640~650mm	50kg
이산화탄소	1,100~1,200mm	45kg
NAF S-Ⅲ	870~880mm	50kg

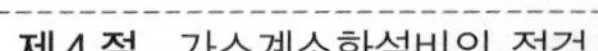

(5) **환산기 사용 예시(LD 45S형)** : 제품에 따라 약간의 차이는 있으나 "LD 45S"의 환산기 사용법을 소개한다.

가. 이산화탄소소화약제의 경우

예1 이산화탄소의 경우 : 이산화탄소소화설비가 설치되어 있는 실내의 온도가 20℃이고 저장용기 내경이 255mm, 저장용기 용량이 68*l*이고, 처음에 충전시킨 양이 45kg이고 액면 높이가 1,100mm일 경우

가) 처음 POWER "ON"을 누르고, 하단중앙에 있는 메모리 "M"을 누르면 아래와 같은 표시가 화면에 나타난다.

(Ⅰ) 할론 소화약제 1301 (Ⅱ) 이산화탄소 (Ⅲ) NAF S-Ⅲ

⇒ 약제에 따라 (Ⅰ), (Ⅱ), (Ⅲ)을 선택하여 사용

나) "(Ⅱ)"을 누르면 이산화탄소의 계산이 시작된다.

다) 화면에는 프린트의 사용여부를 나타내는 "YES=1, NO=0"이 표시되는데 본 장비는 프린트가 없으므로 "0"을 누른다.

라) 측정장소 온도 : 20 ENTER

마) 저장용기 용량 : 68 ENTER

바) 저장용기 내경 : 255 ENTER

사) 측정높이 : 1,100 ENTER를 누르면 화면에 45.27kg이 표시된다.
따라서 이 저장용기에 들어있는 이산화탄소 약제량은 45.27kg이다.

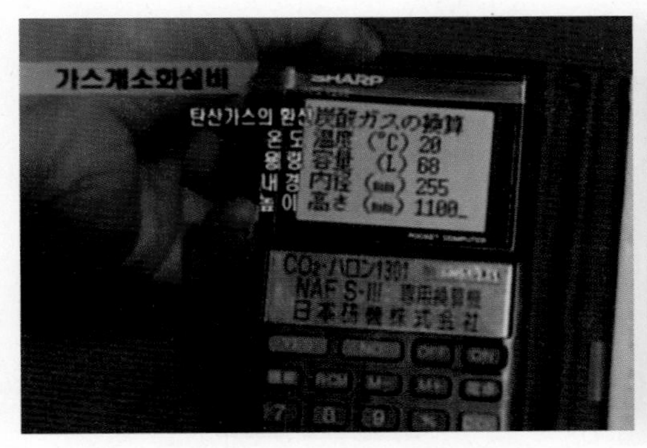

[그림 94] **환산기에 기본사항 입력**

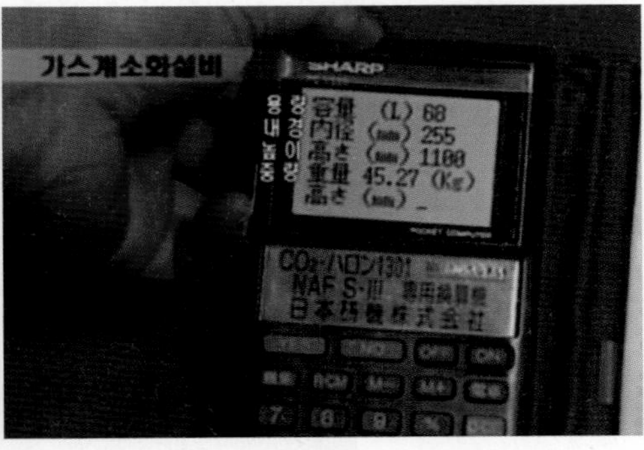

[그림 95] **약제량 환산결과 모습**

나. 할론 1301의 경우

예2 할론의 경우 : 할론 1301이 설치되어 있는 방 안의 온도가 17℃이고 저장용기 내경이 255mm, 저장용기 용량이 70*l*이고, 처음에 충전시킨 양이 50kg이고 액면 높이가 600mm 일 경우

가) 처음 POWER "ON"을 누르고, 하단중앙에 있는 메모리 "M"을 누르면 아래와 같은 표시가 화면에 나타난다.

(Ⅰ) 할론 소화약제 1301 (Ⅱ) 이산화탄소 (Ⅲ) NAF S-Ⅲ

⇒ 약제에 따라 (Ⅰ), (Ⅱ), (Ⅲ)을 선택하여 사용

나) "(I)"을 누르면 할론 소화약제 1301의 계산이 시작된다.

다) 화면에는 프린트의 사용여부를 나타내는 "YES=1, NO=0"이 표시되는데 본 장비는 프린트가 없으므로 "0"을 누른다.

라) 측정장소온도 : 17 ENTER

마) 충전비 : 70(l)÷50(kg) ENTER

바) 내경 : 255 ENTER

사) 높이 : 600 ENTER를 누르면 화면에 47.06kg이 표시된다.
따라서 이 저장용기에 들어있는 할론 소화약제의 양은 47.06kg이다.

8. 기동용기 약제량 측정 [6회 20점]

가스가압식 기동장치로 사용되는 기동용기 내 액상의 이산화탄소는 화재 시 기화되어 조작동관을 통하여 해당 방호구역의 선택밸브와 저장용기의 용기밸브를 개방시키는 역할을 하게 되는데, 만약 공병인 경우는 고가인 설비가 아무리 잘 되어 있어도 자동으로 설비를 동작시키지 못하게 된다. 또한 기동용기의 약제용량이 부족한 경우에는 개방되어야 할 저장용기가 전부 개방되지 못하는 경우가 발생하게 된다. 따라서 점검 시 저장용기 뿐만이 아니라 기동용기의 약제량 또한 확인을 반드시 하여야 할 부분이다.

1) 산정 방법

전자(지시)저울을 사용하여 약제량 측정

[그림 96] 전자저울

[그림 97] 지시저울

2) 점검순서

(1) 기동용기함 문짝을 개방한다.

(2) 솔레노이드밸브에 안전핀을 체결한다.

(3) 용기밸브에 설치되어 있는 솔레노이드밸브와 조작동관을 떼어낸다.

(4) 용기 고정용 가대를 분리 후 기동용기함에서 기동용기를 분리한다.

(5) 저울에 기동용기를 올려놓아 총 중량을 측정한다.

(6) 기동용기와 용기밸브에 각인된 중량을 확인한다.

(7) 약제량은 측정값(총 중량)에서 용기밸브 및 용기의 중량을 뺀 값이다.

[그림 98] **기동용기함 문짝개방**

[그림 99] **안전핀 체결**

[그림 100] **솔레노이드밸브 분리**

[그림 101] **기동용기 분리모습**

[그림 102] **기동용기 약제량 측정**

3) 판정 방법

저장약제량(kg)=측정한 총 중량(kg)−용기밸브 중량(kg)−기동용기 중량(kg)

이산화탄소의 양은 법정 중량(0.6kg) 이상일 것

(1) **용기밸브 중량** : 용기밸브에는 다음과 같이 각인되어 있는데, "W−0.5" 부분이 용기밸브의 중량(0.5kg)을 나타낸다.

TP−250 W−0.5

[그림 103] **기동용기밸브의 중량 각인된 모습**

(2) **기동용기의 중량** : 기동용기 상부 부분에 다음과 같이 각인되어 있는데, "W 2.42" 부분이 기동용기 자체의 중량(2.42kg)을 나타낸다.

CO_2
V 1.0l, W－2.42

[그림 104] **기동용기의 중량 각인된 모습**

예 전기실에 설치된 기동용기의 총 중량 : 3.56kg, 기동용기밸브 중량 0.5kg, 기동용기 2.42kg일 경우 기동용기 약제량의 중량을 구해보면 다음 표와 같다.

순 번	방호구역명	측정한 총 중량①	용기밸브무게②	기동용기③	약제량 ①－(②+③)
①	전기실	3.56kg	0.5kg	2.42kg	3.56－(0.5+2.42) =0.64kg

⇒ 전기실에 설치된 기동용기의 약제량은 0.64kg으로서 법정 용량(0.6kg) 이상이므로 정상이다.

9. 방출표시등 점검

방호구역 내에 약제가 방출하고 있음을 알려줄 수 있도록 방호구역 밖의 출입문 상단에 설치되는 방출표시등의 점검은 실제로 약제를 방사하여 시험을 할 수 없으므로 압력스위치를 이용하여 다음과 같이 점검을 실시한다.

1) 시험 방법

선택밸브 2차측에 설치된 압력스위치의 테스트버튼을 당긴다.

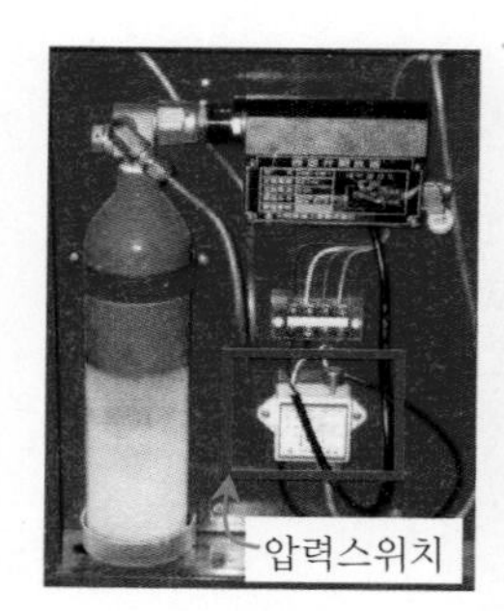

[그림 105] **기동용기함**

테스트버튼
압력스위치

[그림 106] **압력스위치 시험하는 모습**

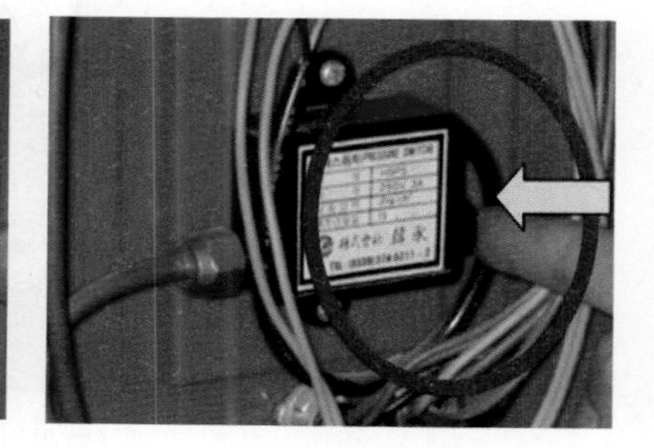

[그림 107] **복구하는 모습**

2) 확인사항

다음 각 방출표시등의 점등 여부를 확인한다.

(1) 방호구역 출입문에 설치된 방출표시등

(2) 수동조작함의 방출표시등

(3) 제어반의 방출표시등

[그림 108] **출입문의 방출표시등**

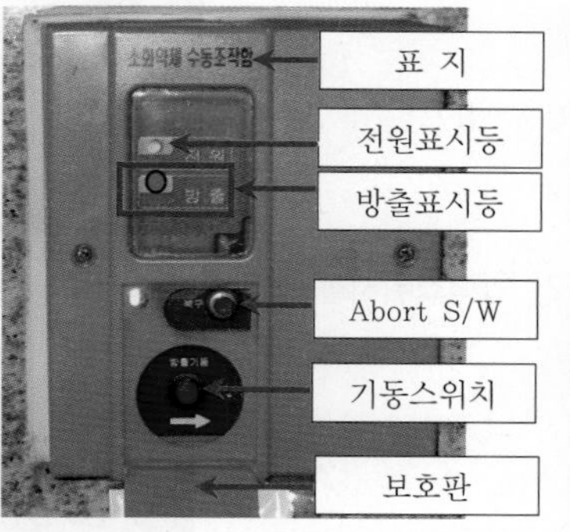

[그림 109] **수동조작함의 방출표시등**

[그림 110] **제어반의 방출표시등**

3) 복구 방법

압력스위치의 테스트버튼을 다시 눌러 정상상태로 놓는다.

tip 압력스위치의 설치위치

압력스위치는 선택밸브 2차측에 설치하여 해당 방호구역으로 소화약제의 방출되는 압력으로 동작하여 약제가 방출이 되고 있음을 알려주는 기능을 하며, 설치위치는 간혹 선택밸브 2차측 배관에 설치하는 경우도 있으나 거의 대부분이 선택밸브 2차측의 배관에서 동관으로 분기하여 동관을 연장시켜 기동용기함 내에 설치하고 있다. 만약 기동용 동관에서 직접 분기하여 압력스위치를 설치하였다면 잘못 시공된 경우이다.

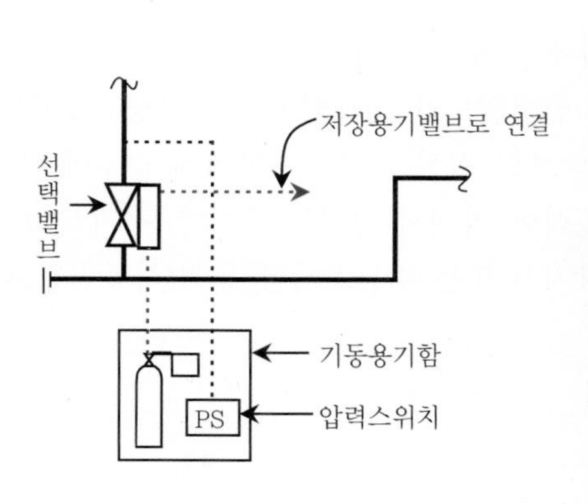

[그림 111] **압력스위치를 기동용기함 내 설치한 일반적인 예**

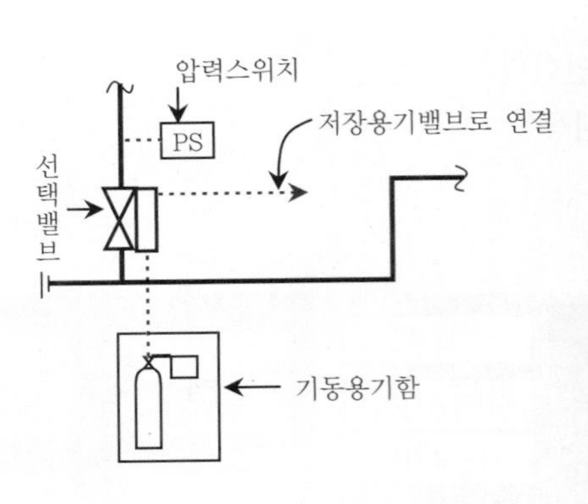

[그림 112] 압력스위치를 선택밸브 2차측 배관에 직접 설치한 경우

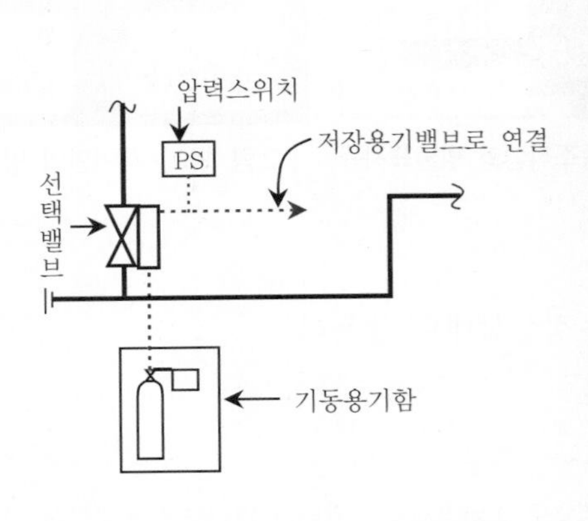

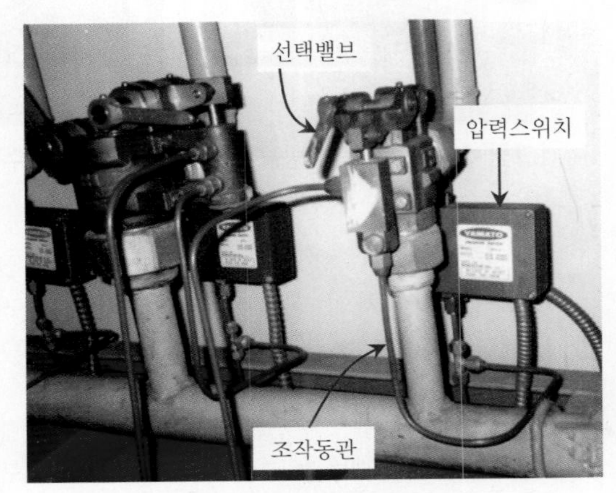

[그림 113] 기동용 동관에서 분기하여 압력스위치를 설치한 잘못 시공된 예

10. 선택밸브의 점검

선택밸브는 약제저장용기를 여러 방호구역에 겸용으로 사용하는 경우 해당 방호구역마다 설치하여 화재발생 시 해당 방호구역의 선택밸브가 개방되어 화재발생장소에만 소화약제를 방사시키기 위해서 설치한다. 선택밸브의 점검은 가스가압식의 경우에는 기동용 가스압력에 의해서 개방되기 때문에 수동조작에 의해서 점검을 하지만, 전기식의 경우는 선택밸브 개방용 전자밸브를 부착하므로 감지기 또는 수동조작함 등의 작동점검 시 선택밸브가 개방되는지 확인한다.

1) 작동(가스압력 개방식 선택밸브)

☞ 수동조작에 의한 확인만 가능하다.

(1) 선택밸브의 수동조작레버를 들어 올린다.

(2) 선택밸브를 잠그고 있던 걸쇠가 위로 튕겨 올라간다.

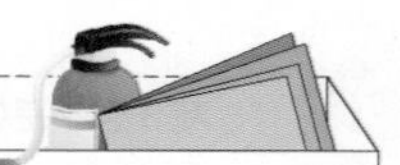

(3) 선택밸브가 개방된다.

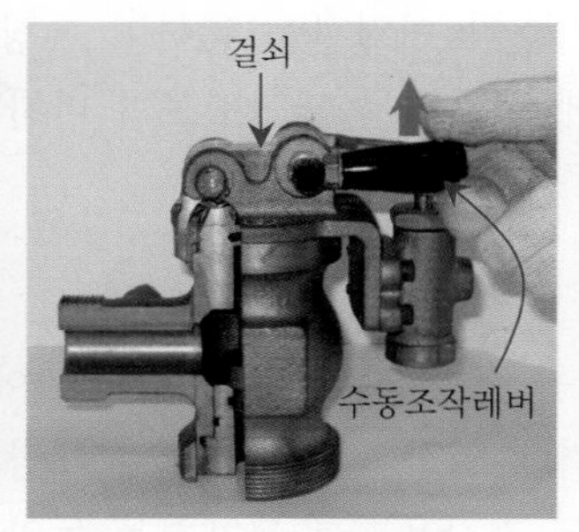

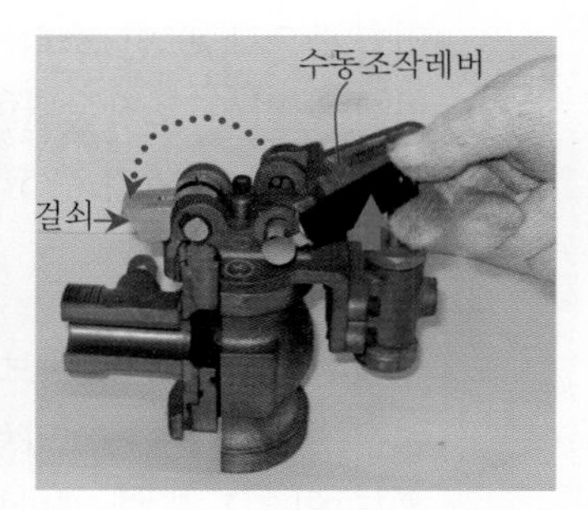

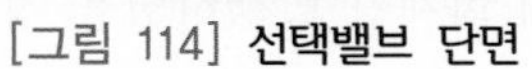

[그림 114] **선택밸브 단면**　[그림 115] **수동조작레버를 위로 들어 올린다.**　[그림 116] **선택밸브가 개방된 모습**

2) 복구

걸쇠를 손으로 누르면서 수동조작레버로 걸어준다.

[그림 117] **걸쇠를 손으로 누르는 모습**　[그림 118] **걸쇠를 수동조작레버로 걸어주는 모습**　[그림 119] **복구된 모습**

tip 선택밸브 점검 시 주의사항

1. 가스가압식의 경우 : 선택밸브는 육안으로 보아 걸쇠는 수동조작레버에 걸려 닫혀 있는 것으로 보이는데, 혹 잘 걸려 있지 않은 경우가 있을 수 있으므로 점검 시에는 걸쇠를 다시 한번 눌러 수동조작레버로 잘 걸려 있는지를 확인 점검해야 하겠다.
2. 전기 개방식의 경우 : 점검 전에 저장용기밸브에 부착된 전자개방밸브를 분리한 후 점검한다.

11. 연결관상의 체크밸브의 점검

1) 설치위치

저장용기밸브와 집합관을 연결하는 연결관에 체크밸브를 설치한다.

2) 기능

집합관으로 모인 소화가스가 연결관을 통하여 저장용기밸브로 흐르지 못하도록 하는 역할을 하며 조작동관에 설치되는 체크밸브와 마찬가지로 가스흐름방향이 화살표(→)로 표시되어 있다.

3) 설치목적

연결관에 가스체크밸브를 설치하는 이유는 연결관에 가스체크밸브를 설치하지 않았을 경우 방출되는 가스압력에 의하여 용기밸브가 개방이 될 수도 있으며(그렇지 않은 경우도 있음.), 또한 개방된 저장용기를 교체하는 동안에 화재가 발생하였을 경우 연결관을 통해서 약제가 방출되기 때문이다. 따라서 점검 시에는 연결관에 가스체크밸브가 부착되어 있는지 확인하고, 가스체크밸브가 부착되어 있는지 없는지 육안으로 보아 확실하지 않을 경우에는 연결관을 분리하여 확인을 해야 한다.

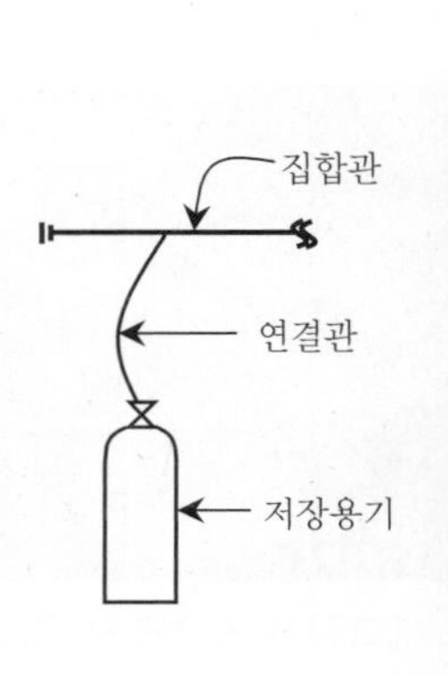

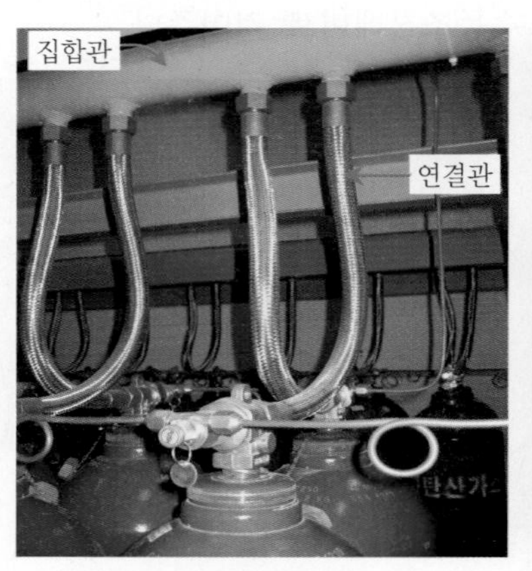

[그림 120] **체크밸브 미설치된 경우**

[그림 121] **연결관 확인모습**

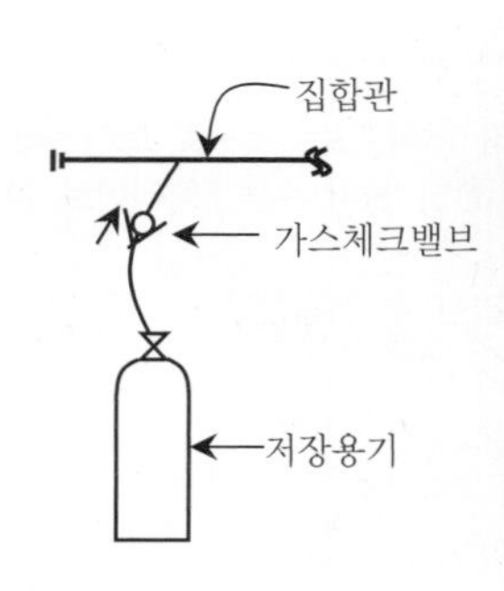

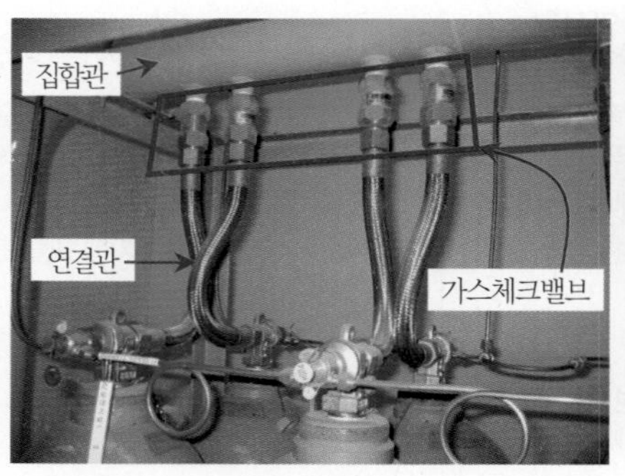

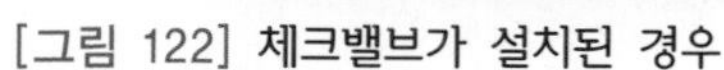
[그림 122] **체크밸브가 설치된 경우**

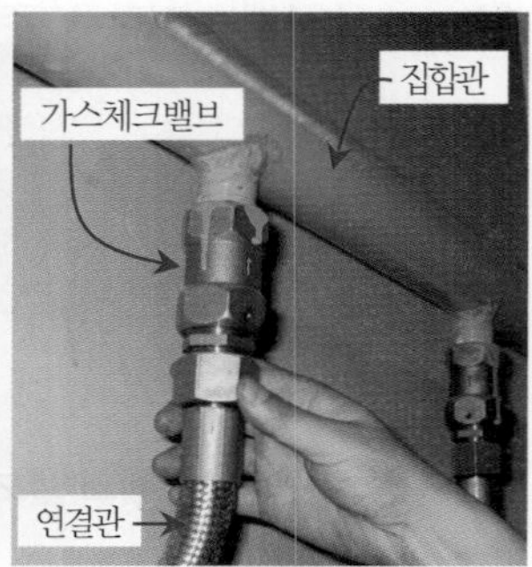

[그림 123] **체크밸브 확인**

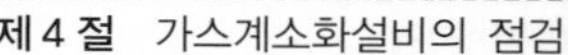

12. 조작동관의 점검

기동용기 개방 시 액상의 이산화탄소가 기화되면서 동관으로 이동하여 이산화탄소 가스 압력으로 선택밸브와 저장용기를 개방시키게 된다. 만약 동관 연결부분에서 가스가 누설될 경우 개방되어야 할 저장용기가 일부 개방되지 않을 우려가 있으며, 또한 조작동관의 연결계통이 바르지 않을 경우에는 설계 시 방사되어야 할 약제량보다 적게 또는 많게 방사될 우려가 있다. 따라서 조작동관 점검 시 확인해야 할 사항을 보면 다음과 같다.

1) 조작동관 계통확인

방호구역별 저장용기가 설계도면대로 개방될 수 있도록 조작동관의 연결계통이 바른지 동관을 따라 확인한다. 즉 방호구역별 개방되어야 할 저장용기수가 맞는지 동관을 따라 가면서 확인한다.

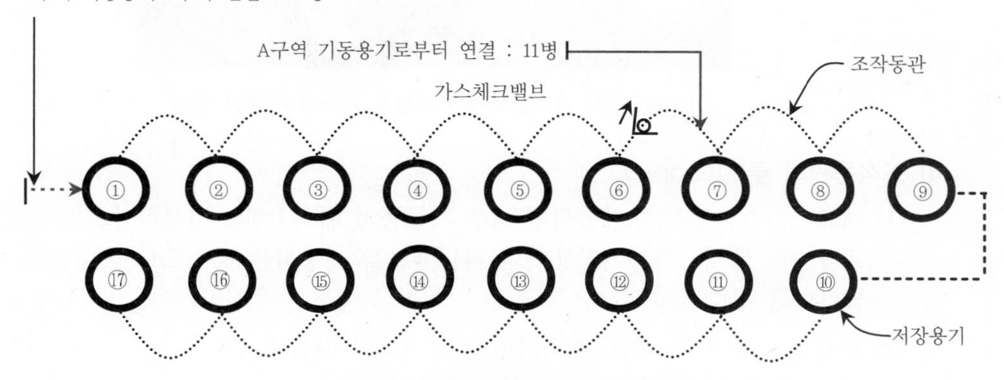

[그림 124] **조작동관에 연결된 저장용기**

2) 체크밸브 설치방향 확인

조작동관에 설치된 가스체크밸브의 설치위치와 방향이 맞는지 확인한다.

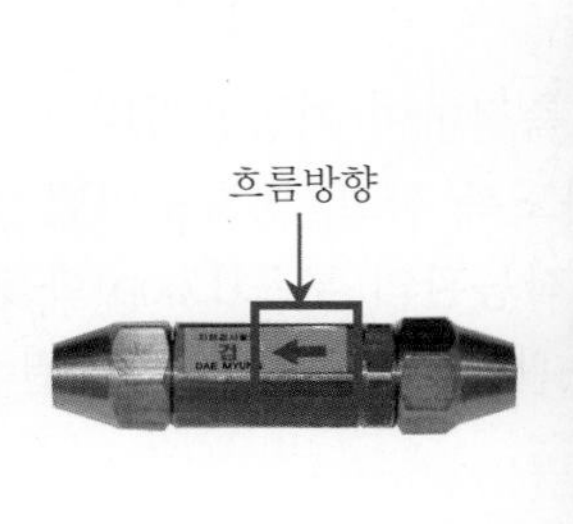

[그림 125] **체크밸브 외형 및 조작동관에 설치된 가스체크밸브**

3) 조작동관의 누설 여부 확인

조작동관의 연결부분은 기동용 가스가 누설되는 부분이 없는지 기동관 누설시험기를 이용하여 확인한다. 다음 그림은 할론 소화약제가 15병 방사되어야 하는데 조작동관 연결부분에서 기동용 가스의 누설로 인하여 12병만 개방되었던 방출사고로, 용기밸브에서 가스가 누설된 경우이다.

[그림 126] **용기밸브에서 기동용 가스가 누설된 모습**

4) 조작동관의 루프(Loop)화

(1) **개요** : 가스가압식 개방방식의 경우 기동용기 내의 0.6kg 이산화탄소가스로 선택밸브를 개방한 후, 약제저장용기의 니들밸브를 개방하는 방식으로 국내 현장에 주로 설치되어 있다.

(2) **문제점** : 점검 시 주요 지적사항을 살펴보면 다음과 같다.

가. 기동용기의 가스가 전혀 없는 경우

나. 기동용기의 가스량이 법정 확보량(0.6kg)보다 적은 경우

다. 기동용기의 가스가 법정 확보량을 유지하는 경우에도 개방되어야 할 저장용기가 10병 이상인 경우 기동용 가스가 방출 시 조작동관이나 니들밸브에서 누설될 경우 설계 시의 개방되어야 할 저장용기가 100% 개방되지 못하는 경우가 발생할 수 있다.

(3) **개선방안(권고사항)** : 점검 시 기동용기의 가스량을 측정하여 기동용기의 가스량이 부족한 경우는 법정 가스량(0.6kg)이 되도록 충전하도록 하고, 방호구역별 개방되어야 할 저장용기의 수가 10병 이상인 경우에는 조작동관의 루프(Loop)화를 통해 설계 시의 약제량을 100% 방출할 수 있도록 조작동관을 루프화 할 것을 권장하는 것이 바람직하다.

(4) 조작동관의 루프(Loop)화 방법

가. 설치위치 : 압력스위치에 연결되는 동관과 기동용기에서 선택밸브(또는 선택밸브에서 저장용기)에 연결되는 동관을 연결하고 연결부분에는 가스체크밸브(압력스위치에서 저장용기방향)를 설치한다.

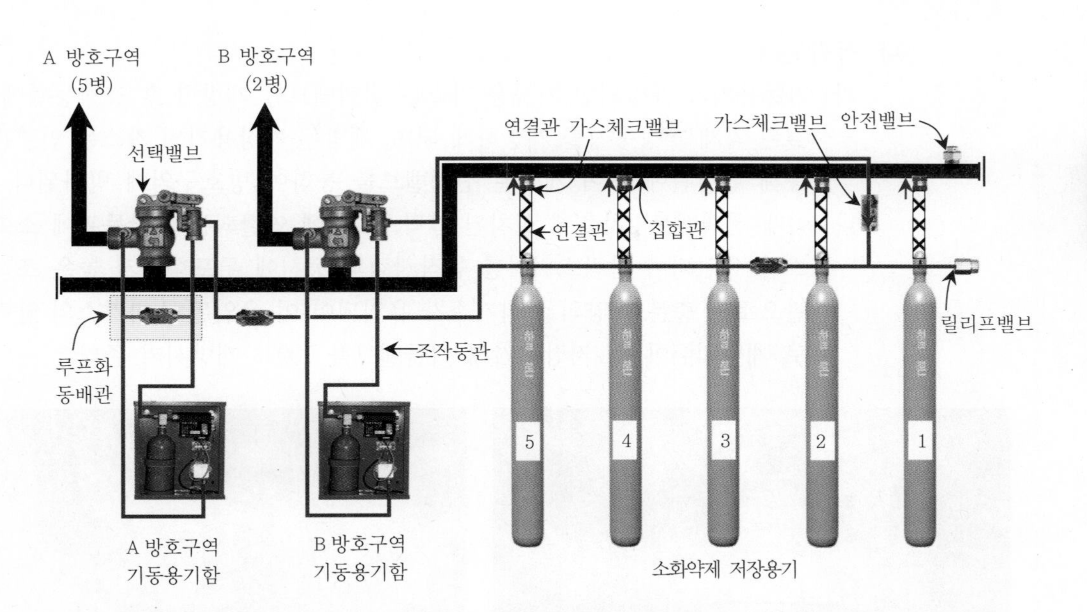

[그림 127] 조작동관의 루프화 예(기동용기와 선택밸브를 연결하는 동관에 설치한 경우)

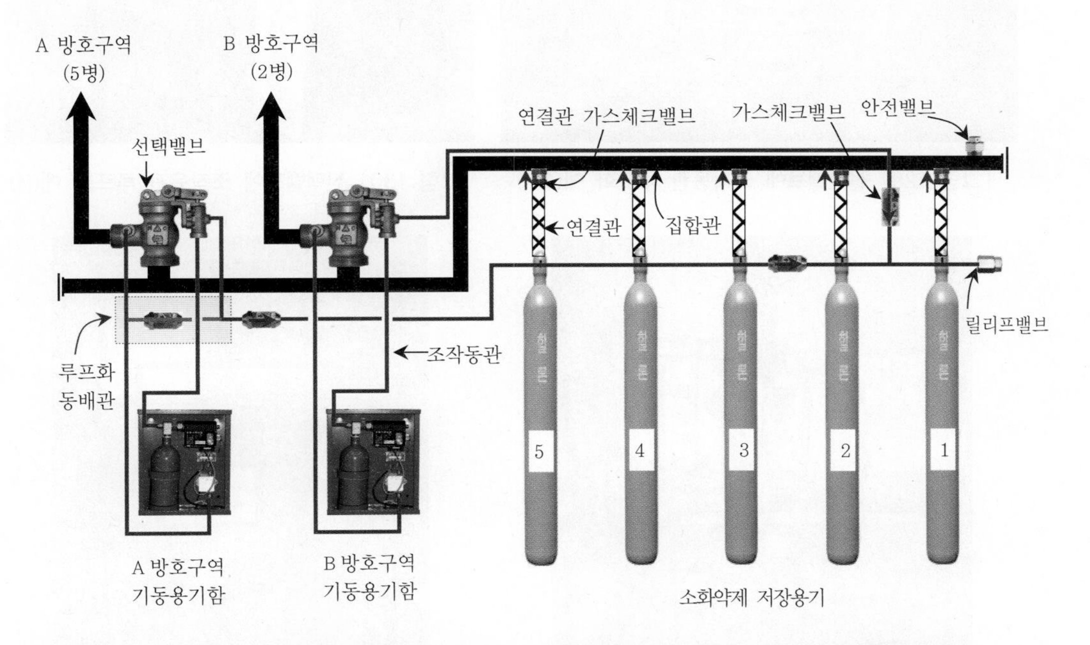

[그림 128] 조작동관의 루프화 예(선택밸브와 저장용기를 연결하는 동관에 설치한 경우)

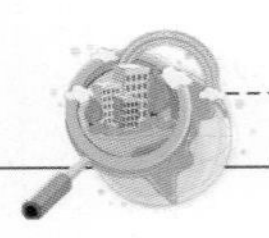

나. 동작원리

가) 기동용기가 개방되면 기동용 가스는 선택밸브를 개방한 후 조작동관에 연결된 약제 저장용기를 개방하게 되며, 개방된 저장용기의 가스는 연결관을 통해 집합관에 모여 개방된 선택밸브를 통하여 방호구역에 방사된다.

나) 이때 선택밸브 2차측에 설치된 압력스위치에 연결되는 조작동관에 소화가스가 유입되어 압력스위치를 동작시킴과 동시에 루프화시켜 놓은 조작동관으로도 충분한 양의 소화가스가 유입되어 이 유입된 소화가스의 압력으로 개방되어야 할 저장용기의 니들밸브를 100% 개방시켜 준다.

[그림 129] 선택밸브에 조작동관 루프화 예(1)

[그림 130] 선택밸브에 조작동관 루프화 예(2)

[그림 131] 선택밸브에 조작동관 루프화 예(3)

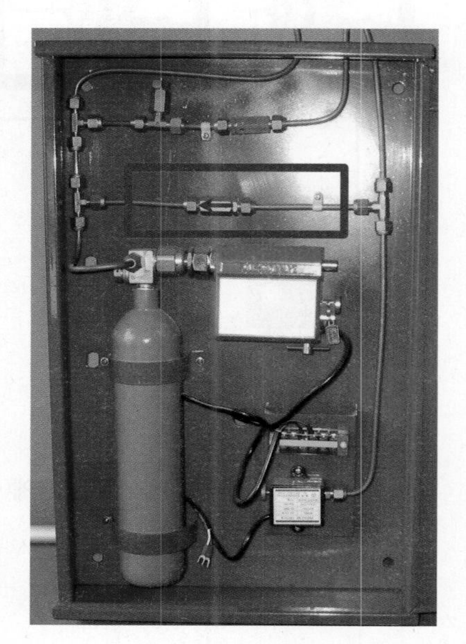

[그림 132] 기동용기함에 조작동관의 루프화 예(4)

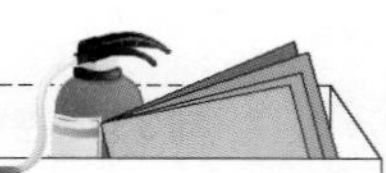

13. 수동조작함의 점검

수동조작함은 방호구역 밖의 출입문 근처에 조작하기 쉬운 위치에 설치하여 화재를 사람이 먼저 발견했을 때 조작하기 위한 것으로 전원표시등, 방출표시등, 기동스위치 및 Abort 스위치로 구성되어 있다. 수동조작함의 점검 시 확인사항은 다음과 같다.

1) 수동조작함의 문짝을 열 때 음향경보와 연동되는지
2) 수동조작스위치를 조작하였을 때 셋팅된 지연시간 이후에 설비가 정상동작이 되는지
3) 전원표시등은 항상 점등되어 있는지
4) 압력스위치를 동작시켰을 때 수동조작함의 전면의 방출표시등이 점등되는지
5) 방호구역의 출입구마다 수동조작함이 설치되어 있는지
6) 소화약제의 방출을 지연시킬 수 있는 비상스위치(자동복귀형 스위치로서 수동 시 기동장치의 타이머를 순간 정지시키는 기능의 스위치)의 기능은 정상인지
7) 옥외에 설치된 수동조작함의 경우 빗물 침투방지 조치는 되어 있는지

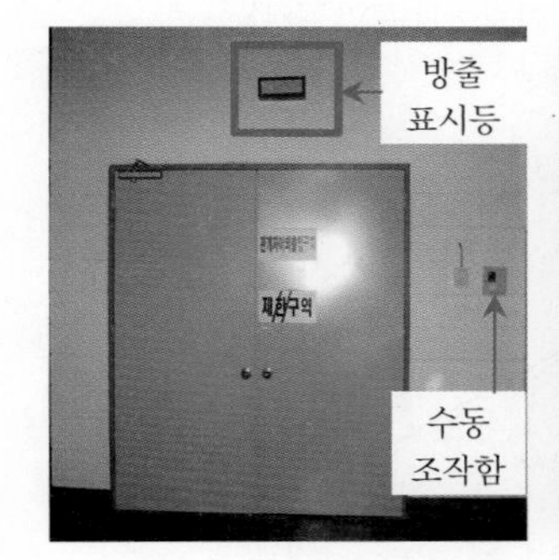

[그림 133] **방호구역 밖에 설치된 수동조작함**

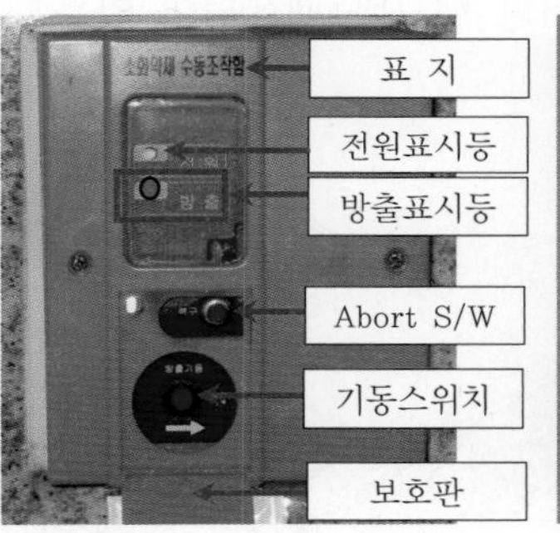

[그림 134] **수동조작함 외형**

[그림 135] **방수형으로 설치한 옥외의 수동조작함**

14. 자동폐쇄장치 확인

자동폐쇄장치는 소화약제를 방사하는 실내의 출입문, 창문, 환기구 등 개구부가 있을 때 약제방출 전 이들 개구부를 폐쇄하여 방사된 가스의 누출로 인한 소화효과의 감소를 최소화하기 위하여 설치하며 자동폐쇄장치는 전기적인 방식과 기계적인 방식으로 구분된다.

1) 전기적 방식

전기적으로 환기장치가 정지되는 타입의 경우는 약제방출 전에 환기장치가 정지되는지 또는 댐퍼가 폐쇄되는 타입의 경우는 해당 댐퍼가 폐쇄되는지 여부를 확인한다.

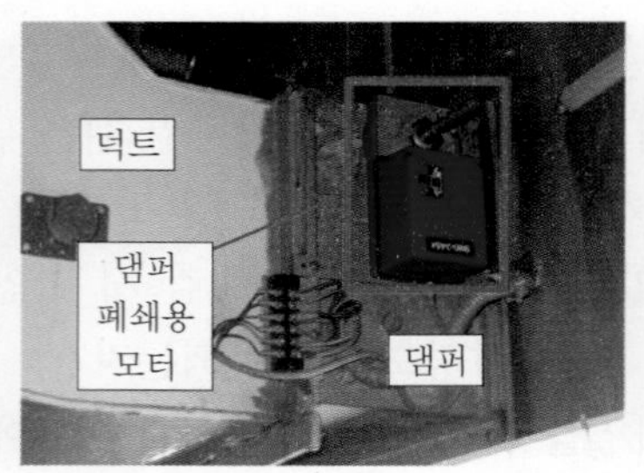

[그림 136] **댐퍼폐쇄용 모터**

[그림 137] **제어반의 댐퍼기동 확인표시등**

2) 기계적 방식

방사되는 가스압력을 이용하여 피스톤릴리져를 작동시켜 댐퍼를 폐쇄시키는 경우이다. 이 경우 방호구역 밖에서 조작동관과 피스톤릴리져 사이의 잔압을 배출하기 위한 복구밸브가 설치되어 있는지와 밸브가 폐쇄되어 있는지 확인한다.

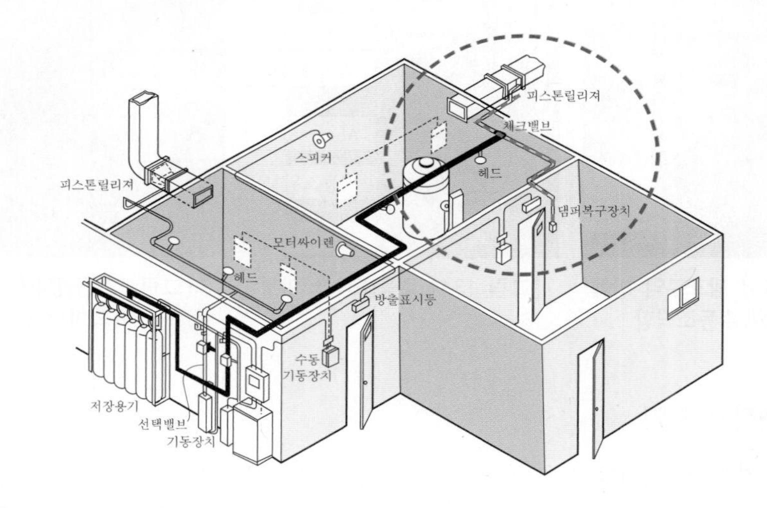

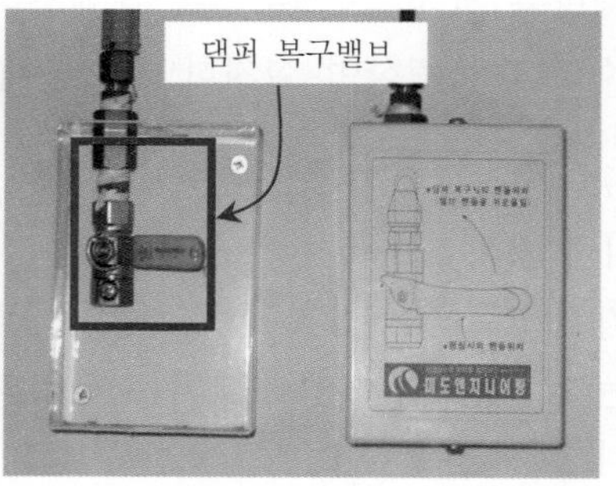

[그림 138] **피스톤릴리져와 댐퍼 복구밸브 설치위치**

5 캐비닛형 자동소화장치 점검

1. 캐비닛형 자동소화장치 개요

1) 캐비닛형 자동소화장치의 개요

캐비닛형 자동소화장치는 패키지설비라고도 하며 하나의 방호구역 내에 제어반과 가스용기를 하나의 캐비닛에 수납하여 두고, 감지기나 수동조작반의 작동에 의하여 해당 구역에 가스를 분출하는 시스템으로 동작원리는 고정식과 같다.

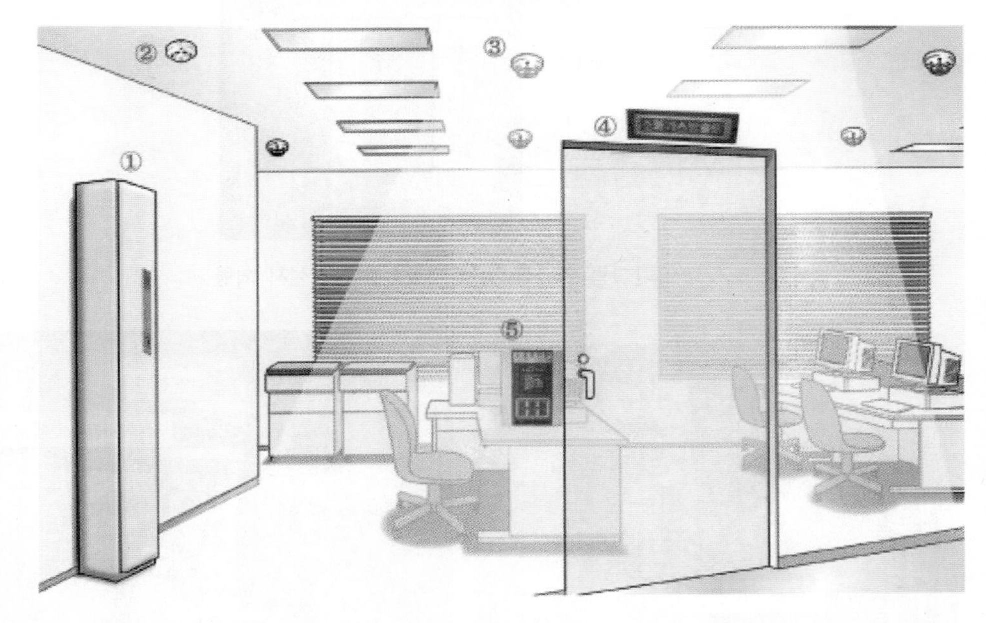

① 캐비닛형 자동소화장치 본체 ②, ③ 화재감지기 ④ 방출표시등 ⑤ 수동조작함

[그림 1] **캐비닛형 자동소화장치 구성도**

2) 설치하는 경우

캐비닛형 자동소화장치를 설치하는 주요 장소를 보면 다음과 같다.

(1) 엘리베이터 기계실과 같이 지하의 고정식 가스계소화설비 구역과 멀리 떨어져 있는 장소

(2) 통신기기실, 현금지급기 기계실, MDF실 등 소화대상이 작은 장소

(3) 설계변경 장소로서 가스계소화설비를 추가로 설치해야 하는 장소 등

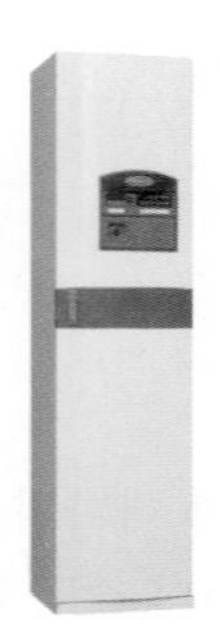

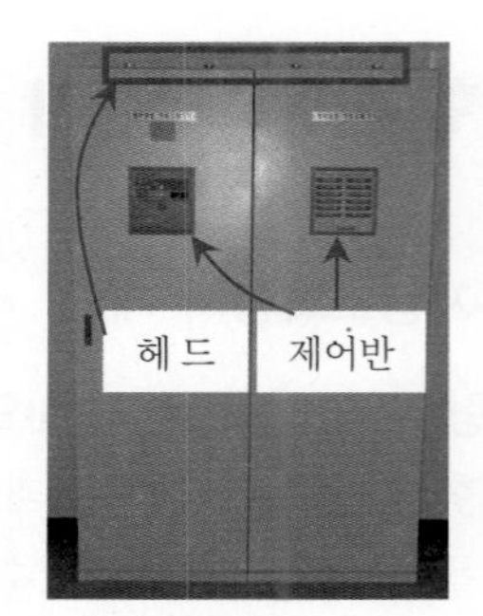

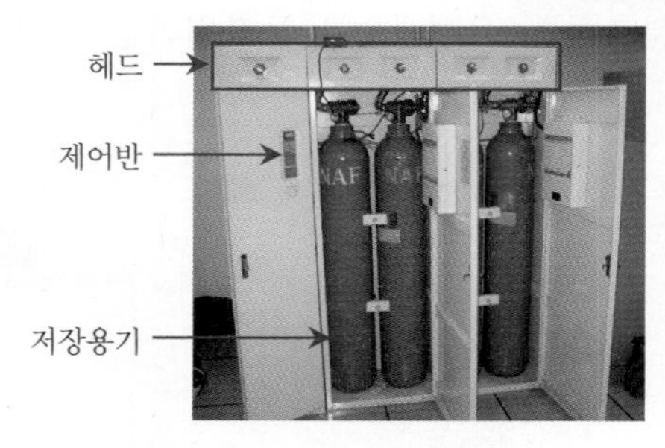

[그림 2] 캐비닛형 자동소화장치 설치 외형

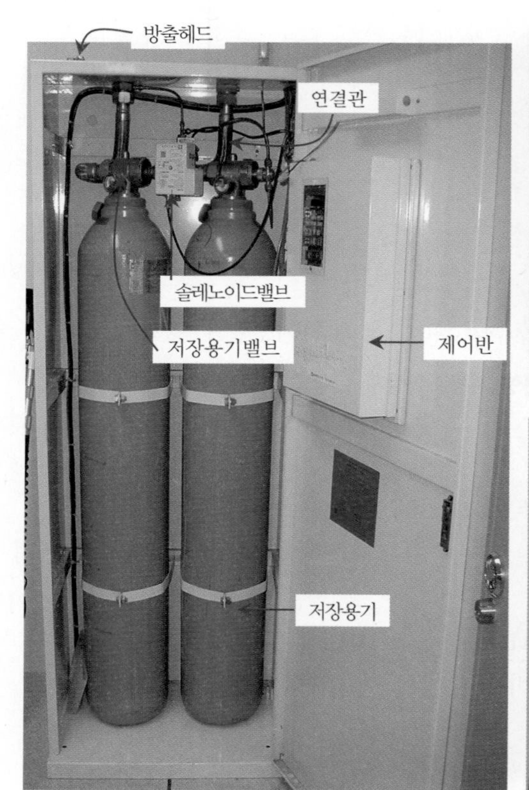

[그림 3] 캐비닛형 자동소화장치 설치 외형 및 명칭

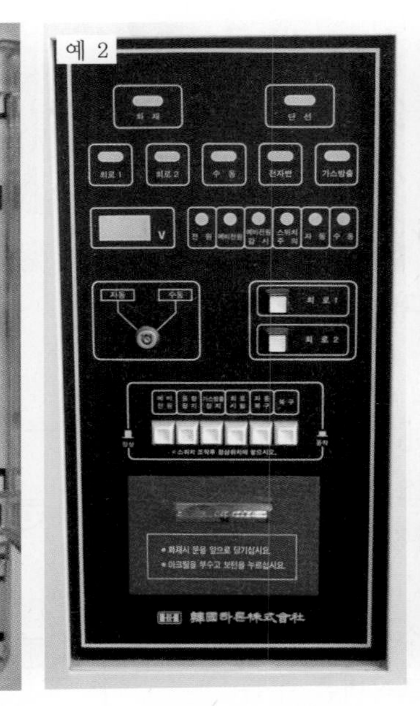

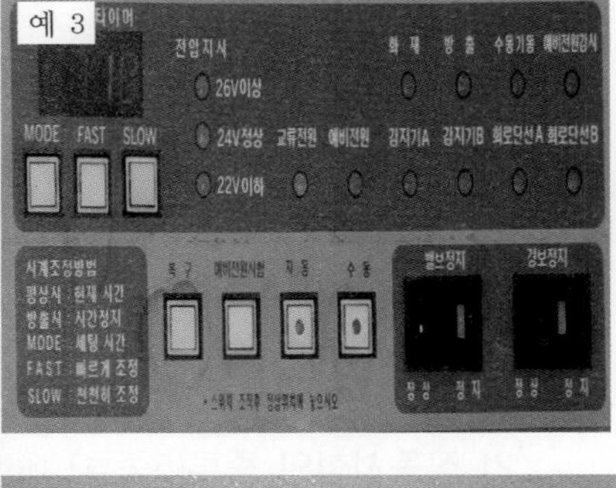

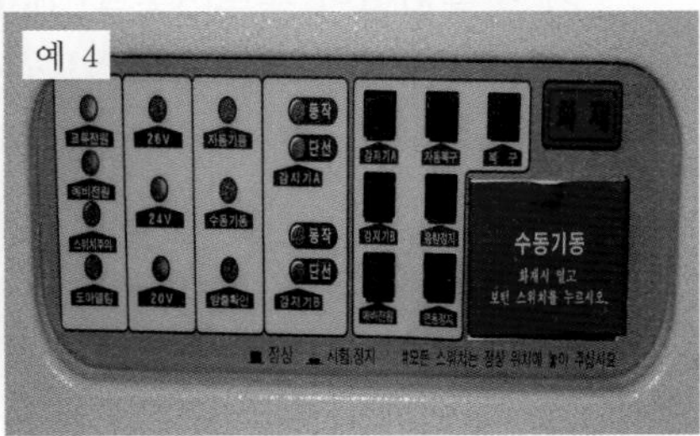

[그림 4] **캐비닛형 자동소화장치 전면에 설치된 제어반 예**

2. 일반 솔레노이드밸브타입 캐비닛형 자동소화장치 점검

가스계소화설비의 솔레노이드밸브는 동작시험 후 복구하여 재사용이 가능한 일반 솔레노이드밸브가 거의 대부분 설치되어 있는데, 이 캐비닛형 자동소화장치에 대한 작동시험 방법은 다음과 같다.

1) 점검 전 준비

(1) 솔레노이드밸브를 연동정지 위치로 전환

(2) 캐비닛 문짝을 살며시 개방(캐비닛이 고정이 되지 않은 경우가 있으므로 주의할 것)

(3) 안전핀을 솔레노이드밸브에 체결

(4) 솔레노이드밸브를 저장용기에서 분리

(5) 안전핀을 솔레노이드밸브에서 분리

[그림 5] **연동정지**

[그림 6] **문짝개방**

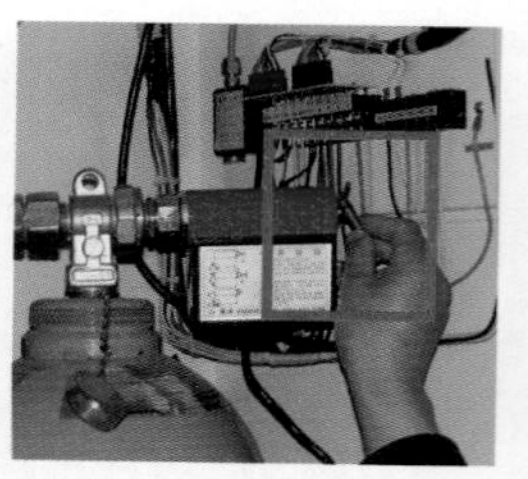

[그림 7] 안전핀 체결

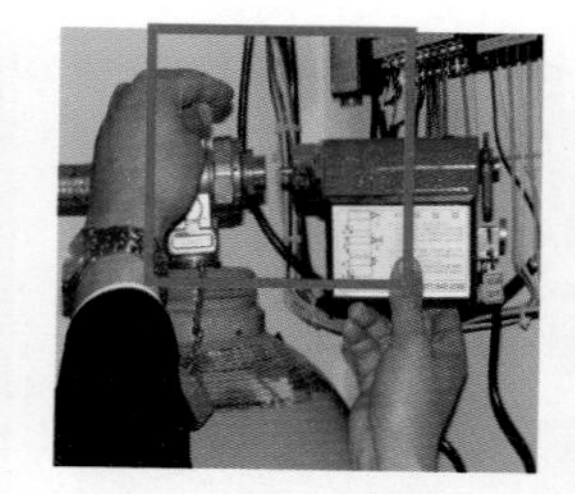

[그림 8] 솔레노이드밸브 분리

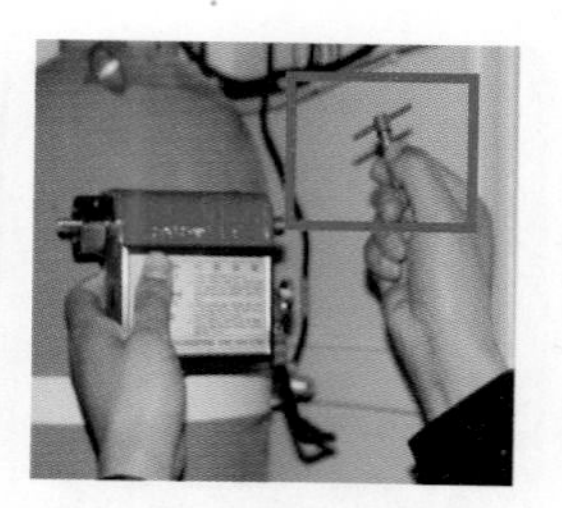

[그림 9] 안전핀 분리

2) 작동시험의 종류(5종류) [10회 8점]

(1) 방호구역 내 감지기(a·b 회로) 동작

(2) 수동조작함의 수동조작스위치 동작

(3) 캐비닛 전면 제어반의 동작시험스위치와 회로 시험스위치 동작

(4) 캐비닛 전면 제어반의 수동조작스위치 동작

(5) 솔레노이드밸브의 수동조작버튼 누름

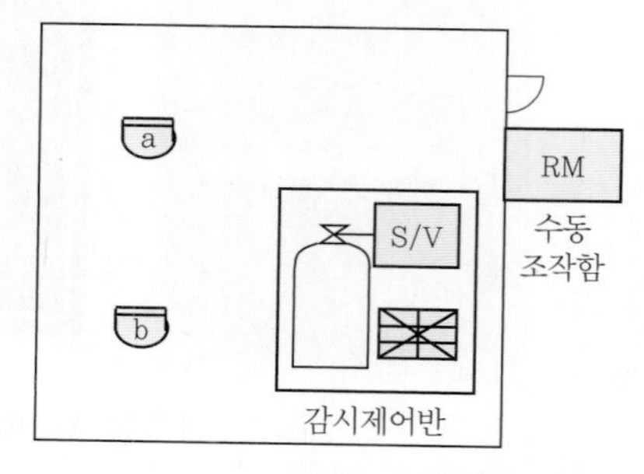

[그림 10] 작동시험의 종류

[그림 11] 캐비닛 전면 수동조작스위치 조작모습

[그림 12] 수동조작함의 기동스위치 조작모습

3) 작동(방법 : 제어반에서 동작시험스위치와 회로선택스위치를 동작시킬 경우)

(1) 동작시험스위치(회로시험스위치) 누름

(2) 제어반의 회로선택스위치를 시험하고자 하는 방호구역의 a회로로 선택 ⇒ 싸이렌 명동

(3) 제어반의 회로선택스위치를 시험하고자 하는 방호구역의 b회로로 선택

(4) 솔레노이드밸브 연동위치로 전환 ⇒ 타이머릴레이 동작 및 음성명동

(5) 타이머의 동작으로 설정된 지연시간 경과 후

(6) 솔레노이드밸브 작동으로 파괴침 돌출

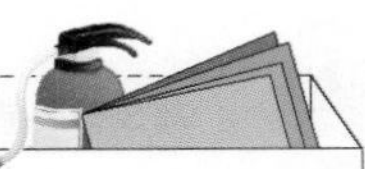

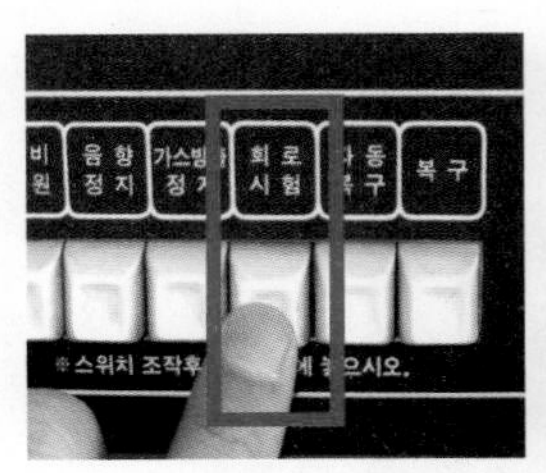

[그림 13] 회로시험스위치 조작모습

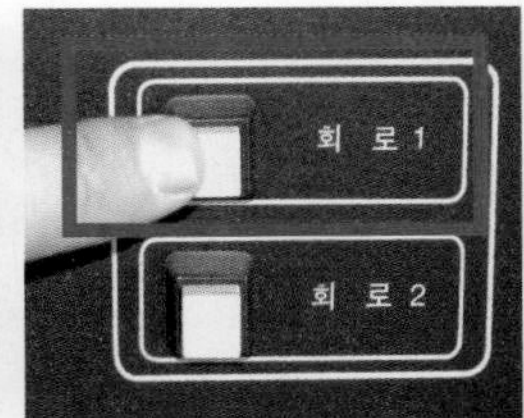

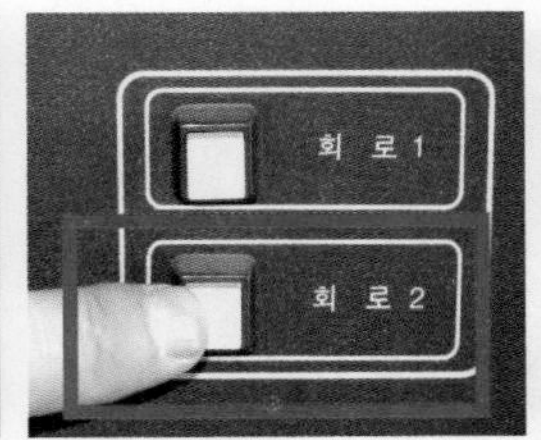

[그림 14] 회로선택스위치를 누르는 모습

[그림 15] 연동위치로 전환된 모습

4) 확인사항 [10회 10점]

작동시험 방법에 의하여 시험 후 확인사항은 다음과 같다.(단, 솔레노이드의 수동조작 버튼을 직접 누른 경우는 솔레노이드밸브 동작 여부만 확인)

(1) 제어반과 화재표시반에 주화재표시등 및 감지기(a · b 회로) 동작표시등 점등 여부

(2) **음향장치 작동 여부** : 감지기가 동작 시에는 싸이렌이 명동되며, 지연타이머에 전원이 인가되면 패키지 자체에 녹음된 음성으로 화재발생 사실과 잠시 후 소화약제가 방출되오니 신속히 대피하라는 음성명동이 나옴.

(3) 제어반에서 지연장치의 정상작동 여부(지연시간 체크)

tip 지연시간

a · b 복수회로 작동 후부터 솔레노이드밸브 파괴침 작동까지의 시간을 말하며 캐비닛의 경우 지연시간을 조절할 수 있는 절환스위치가 제어반 뒷면 기판에 설치되어 있다.

(4) 제어반의 솔레노이드 기동표시등 점등 여부(설치된 경우에 한함.) 및 해당 방호구역의 솔레노이드밸브 정상작동 여부

(5) 자동폐쇄장치 등이 유효하게 작동하고, 환기장치 등의 정지 여부 확인(설치된 경우에 한함.)

참고 수동조작함과 캐비닛 제어반에 설치된 비상스위치("Abort" 스위치)의 적정 여부도 점검 중간에 확인한다.

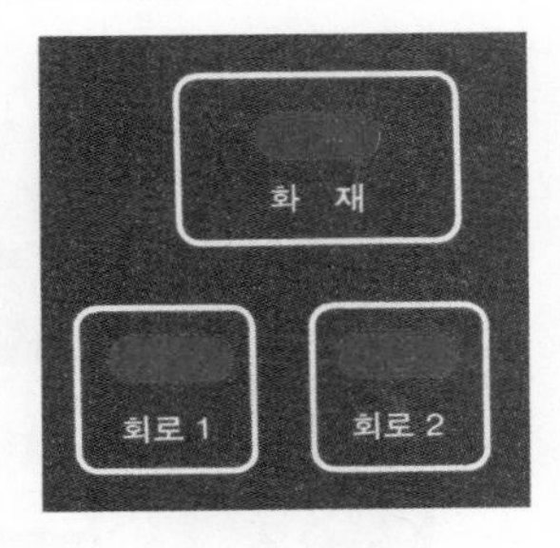

[그림 16] 화재표시등 점등

[그림 17] 지연시간 절환스위치

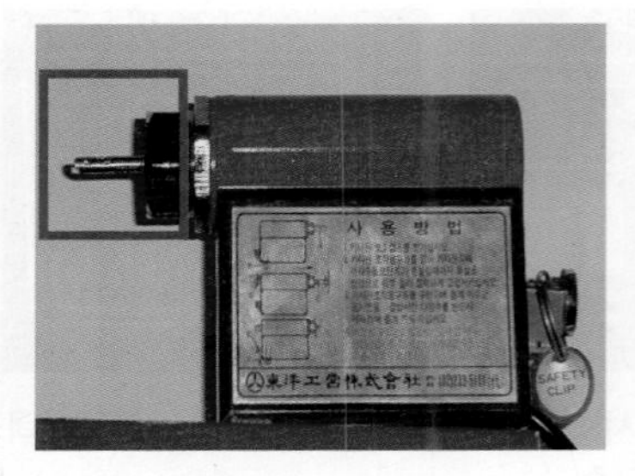

[그림 18] **솔레노이드밸브 기동표시등 점등 및 동작**

5) 점검 후 복구 방법

(1) 제어반의 모든 스위치를 복구(2~3번) 후 이상 없을 시 ⇒ 연동정지 위치로 전환

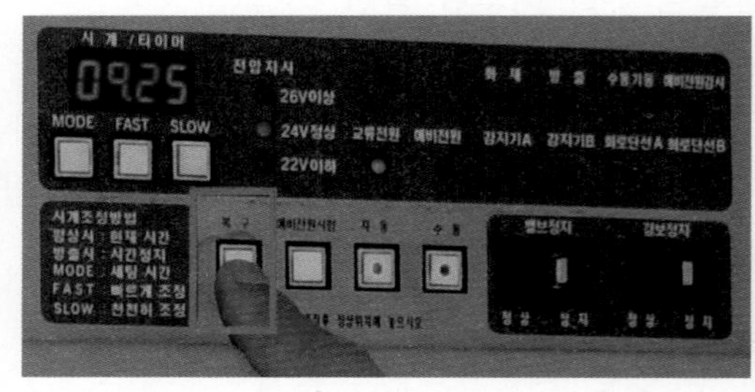

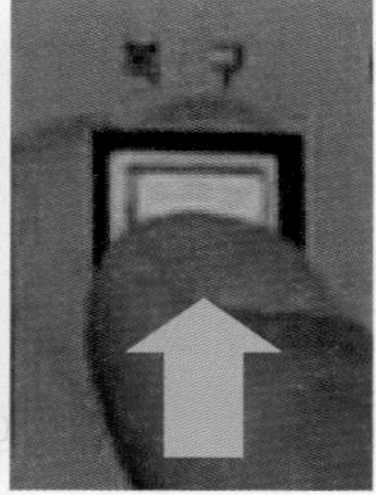

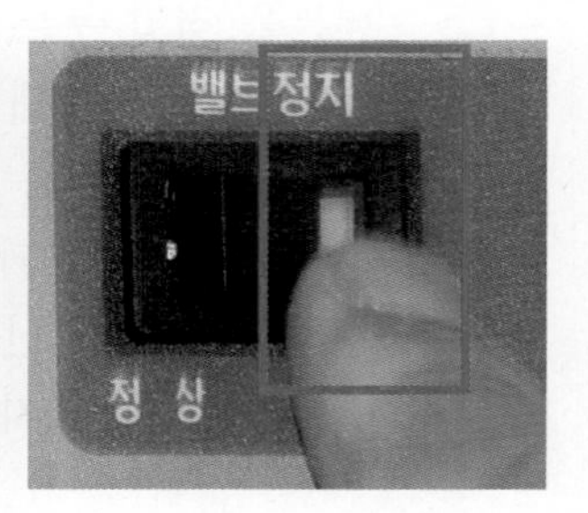

[그림 19] **제어반 복구(2~3회)** [그림 20] **연동정지**

(2) 안전핀을 이용하여 솔레노이드밸브 복구 후 안전핀 체결

(3) 용기밸브에 솔레노이드밸브 결합

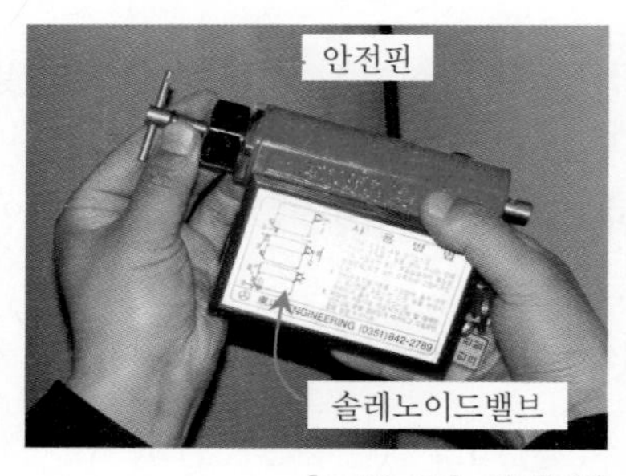

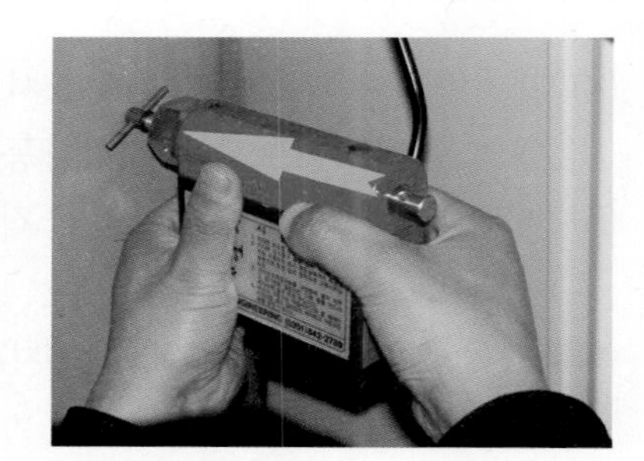

[그림 21] **안전핀을 이용 솔레노이드밸브 복구**

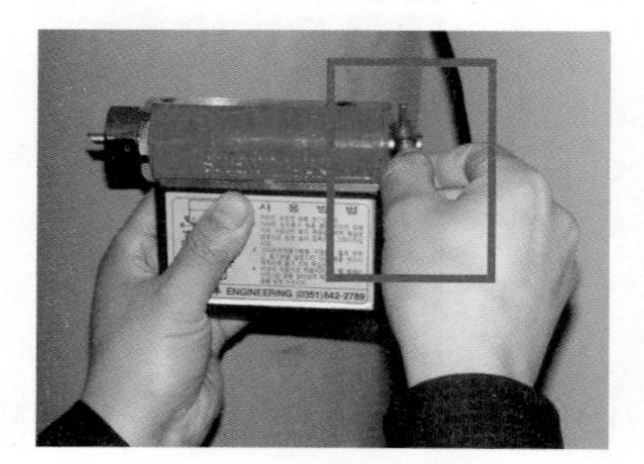
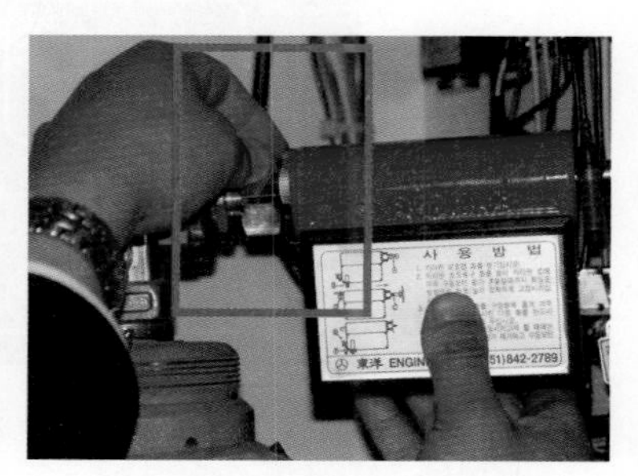

[그림 22] **안전핀 체결** [그림 23] **솔레노이드밸브 결합**

(4) 제어반의 연동스위치를 정상위치로 놓아 이상이 없을 시
⇒ 연동스위치 정상위치로 전환
(5) 솔레노이드밸브에서 안전핀을 분리
(6) 캐비닛설비의 문짝을 살며시 닫는다.(캐비닛이 고정이 되지 않는 경우가 있으므로 주의할 것)

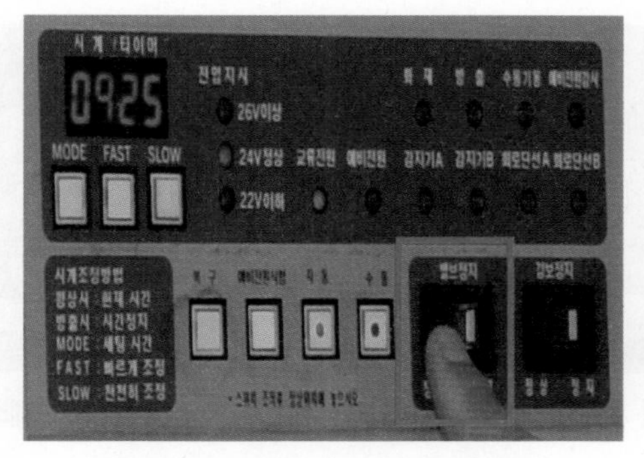

[그림 24] **모든 스위치 정상전환**

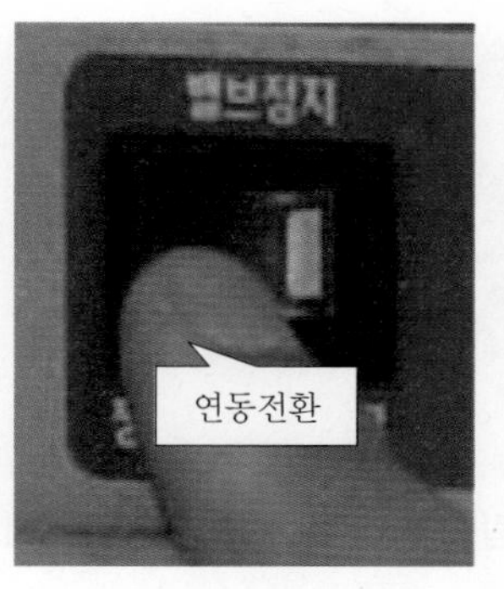

[그림 25] **설비 연동전환**

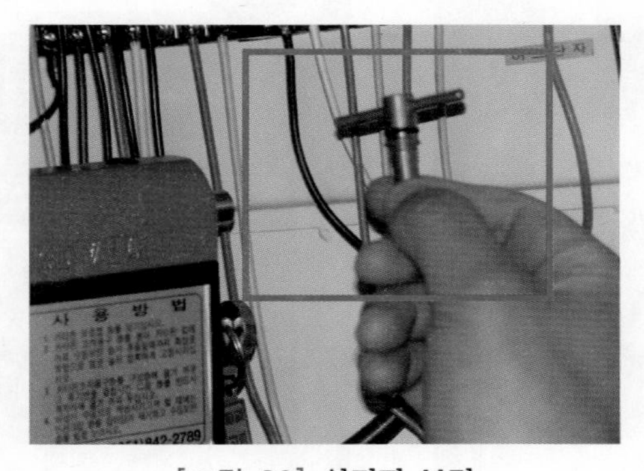

[그림 26] **안전핀 분리**

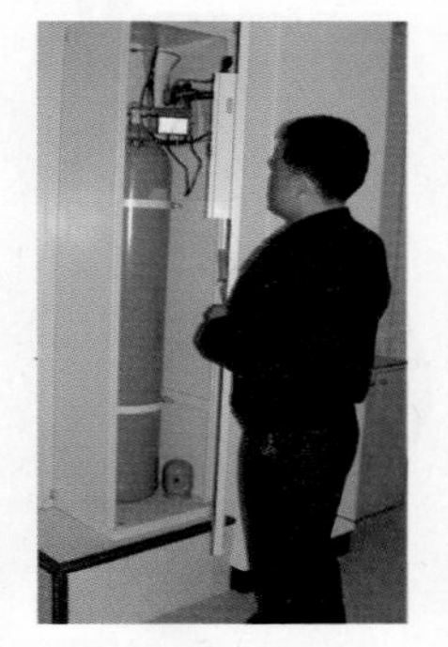

[그림 27] **문짝닫음**

6) 점검 시 유의사항

점검 시 하나의 방호구역 내 캐비닛을 여러 개 분산 설치하는 경우가 있으므로 도면 확인(도면에 표시가 되지 않은 경우가 많이 있음, 중간에 캐비닛 설치 및 용도변경한 경우), 소방안전관리자의 안내 및 현장을 반드시 확인한 후 점검에 임할 것(약제 오방출방지를 위한 대책임.)

3. 작(화)약식 솔레노이드밸브타입 캐비닛형 자동소화장치 점검

극히 일부분의 대상처에 작약식(화약식) 솔레노이드밸브타입의 캐비닛설비가 설치되어 있는데, 점검 시 주의할 점은 작약식 솔레노이드밸브는 한번 동작하면 교체를 하여야 한다는 것이다. 따라서 작동점검 시에는 솔레노이드밸브 연결커넥터를 분리하고 테스트램프를 접속하여 다음과 같이 시험한다.

1) 점검 전 준비

(1) 솔레노이드밸브를 연동정지 위치로 전환

(2) 캐비닛 문짝을 살며시 개방

(3) 기동출력 단자대와 솔레노이드밸브를 연결하는 전선 중간에 설치된 커넥터 분리

(4) 단자대 연결용 커넥터를 테스트램프 커넥터와 접속

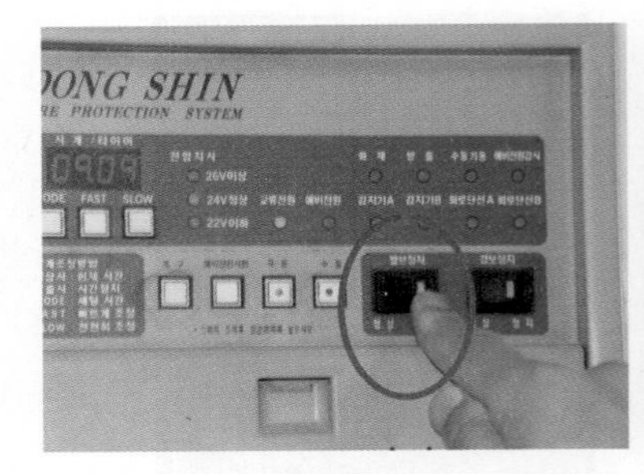

[그림 28] 솔레노이드밸브 연동정지

[그림 29] 작약식 솔레노이드밸브

[그림 30] 테스트램프

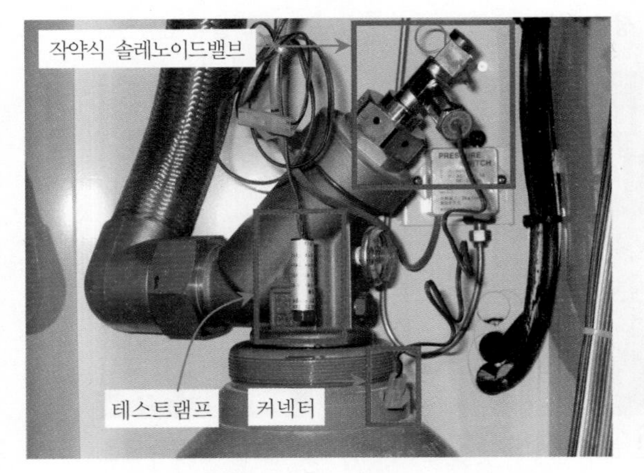

[그림 31] 작약식 솔레노이드밸브 커넥터 분리

[그림 32] 기동출력단자에 테스트램프를 연결한 모습

2) 작동시험의 종류(4종류)

(1) 방호구역 내 감지기(a · b 회로) 동작

(2) 수동조작함의 수동조작스위치 동작

(3) 캐비닛 전면 제어반의 동작시험스위치와 회로 시험스위치 동작

(4) 캐비닛 전면 제어반의 수동조작스위치 동작

주의 캐비닛 내의 솔레노이드밸브 수동조작 시 교체하여야 함.

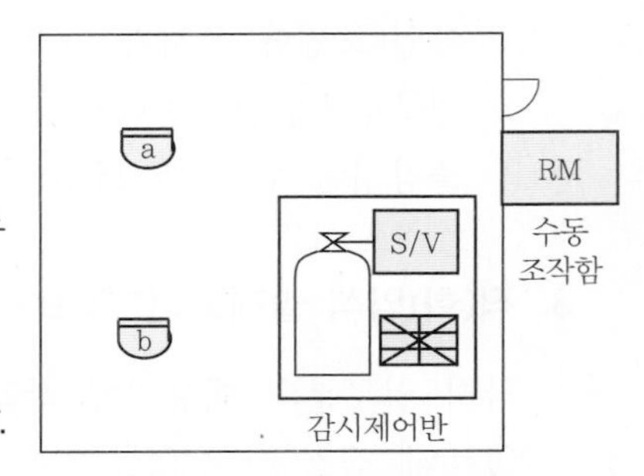

[그림 33] 작동시험의 종류

[그림 34] **캐비닛형 자동소화장치 전면 수동조작스위치 조작모습**

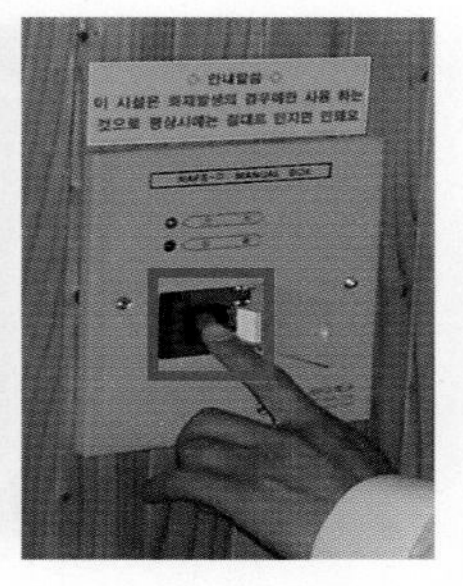

[그림 35] **수동조작함의 기동스위치 조작모습**

3) 확인사항

작동시험 방법에 의하여 시험 후 확인사항은 다음과 같다.

(1) 제어반과 화재표시반에 주화재표시등 및 감지기(a · b 회로) 동작표시등 점등 여부

(2) **음향장치 작동 여부** : 감지기가 동작 시에는 싸이렌이 명동되며, 지연타이머에 전원이 인가되면 캐비닛 자체에 녹음된 음성으로 화재발생 사실과 잠시 후 소화약제가 방출되니 신속히 대피하라는 음성명동이 나옴.

(3) 제어반에서 지연장치의 정상작동 여부(지연시간 체크)

tip 지연시간

a · b 복수회로 작동 후부터 솔레노이드밸브 파괴침 작동까지의 시간을 말하며, 캐비닛형 자동소화장치의 경우 지연시간을 조절할 수 있는 절환스위치가 제어반 뒷면 기판에 설치되어 있다.

(4) 제어반의 솔레노이드 기동표시등(설치된 경우에 한함.) 및 테스트램프 정상점등 여부

(5) 자동폐쇄장치 등이 유효하게 작동하고, 환기장치 등의 정지 여부 확인(설치된 경우에 한함.)

참고 수동조작함과 캐비닛 제어반에 설치된 비상스위치("Abort" 스위치)의 적정 여부도 점검 중간에 확인한다.

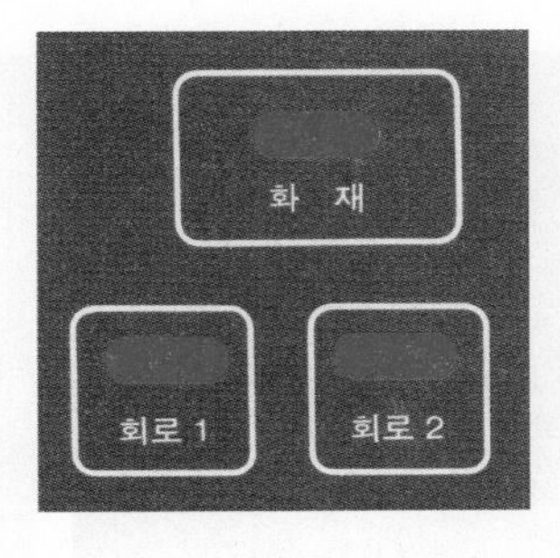

[그림 36] **화재표시등 점등**

[그림 37] **지연시간 조절용 스위치**

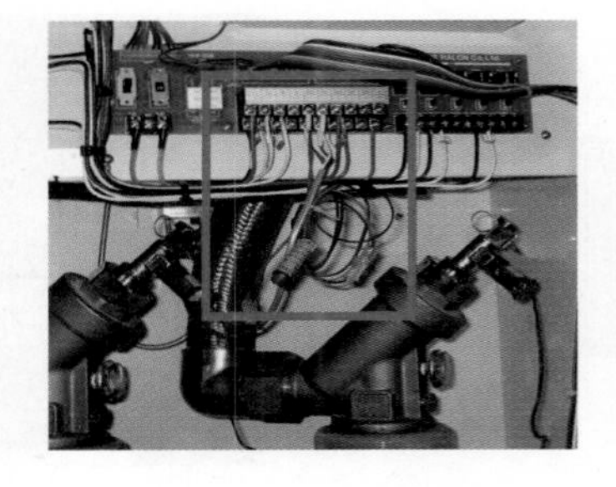

[그림 38] **솔레노이드밸브 기동표시등 점등** [그림 39] **테스트램프 점등**

4) 점검 후 복구 방법

(1) 제어반의 모든 스위치 복구(2~3번) 후 이상 없을 시 ⇒ 연동정지 위치로 전환

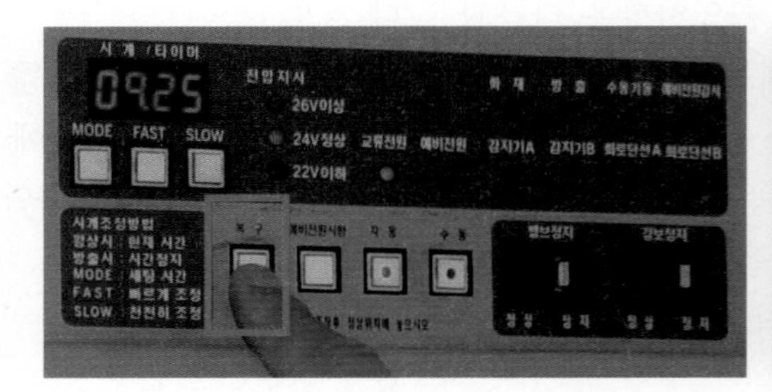

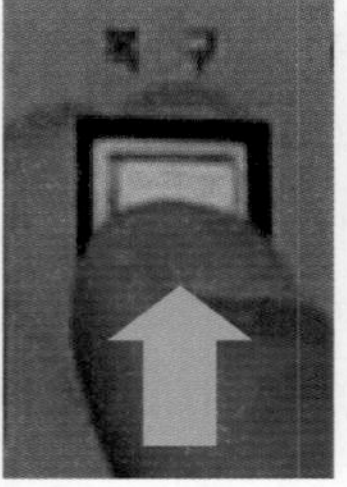

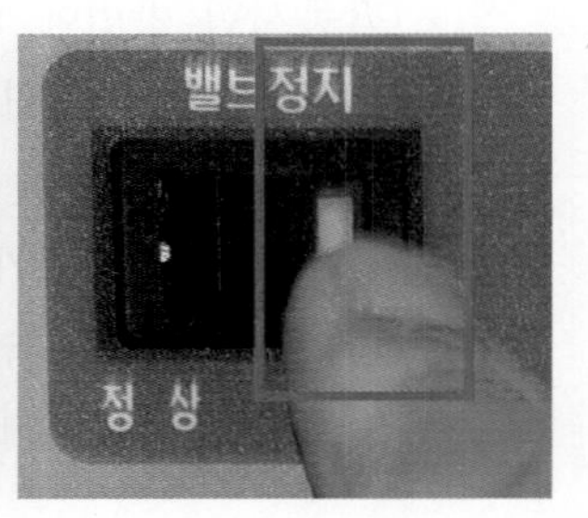

[그림 40] **제어반 복구(2~3회)** [그림 41] **연동정지**

(2) 단자대 연결용 커넥터에서 테스트램프 연결용 커넥터를 분리한다.

(3) 솔레노이드밸브 연결용 커넥터를 단자대 연결용 커넥터에 결합시켜 놓는다.

(4) 제어반의 연동스위치를 정상위치로 전환한다.

(5) 캐비닛설비의 문짝을 살며시 닫는다.

주의 점검 후의 복원 : 점검 전 테스트램프와 접속했던 연결커넥터를 반드시 솔레노이드밸브와 결합시켜 놓아야 한다.

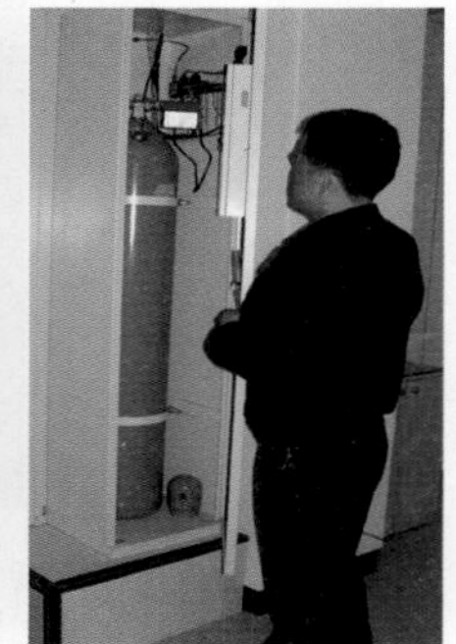

[그림 42] **솔레노이드밸브 단자대에 연결** [그림 43] **정상위치로 전환** [그림 44] **문짝닫음**

6 고장진단

1. 가스계소화설비가 정상적으로 동작하였으나 약제가 방출되지 않았을 경우의 원인

1) 기동용 가스가 없는 경우
2) 저장용기에 소화약제가 없는 경우
3) 기동용 솔레노이드밸브에 안전핀이 체결된 상태
4) 기동용 솔레노이드밸브 자체 고장
   (1) 솔레노이드밸브의 파괴침이 찌그러진 경우
   (2) 파괴침이 손상된 경우
   (3) 파괴침의 길이가 짧은 경우
   (4) 오동작을 우려해 솔레노이드밸브의 파괴침을 고의로 빼놓은 경우
   (5) 솔레노이드밸브의 코일이 탄(불량) 경우

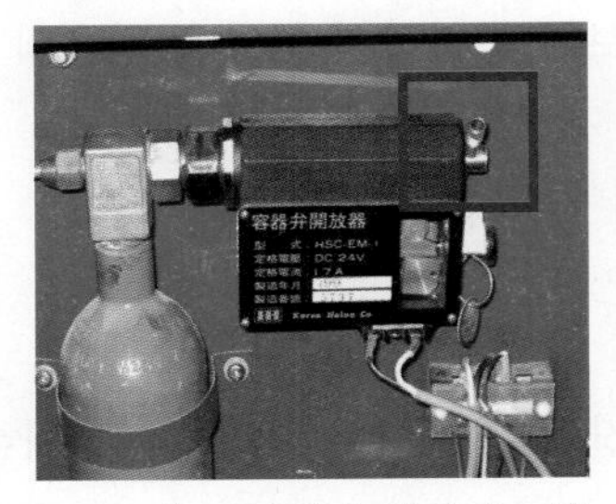

[그림 1] **안전핀이 체결된 경우**

[그림 2] **파괴침이 손상된 경우**

[그림 3] **파괴침이 부러진 경우**

[그림 4] **파괴침을 빼놓은 경우**

5) 조작동관의 연결이 잘못 시공된 경우
   (1) 연결계통이 잘못된 경우
   (2) 조작동관이 확실하게 결합되지 않아 기동용 가스가 누설된 경우
6) 조작동관의 가스체크밸브 흐름방향이 반대로 시공된 경우
7) 선택밸브의 고장 등으로 개방되지 않은 경우(선택밸브의 미동작)
8) 제어반에서 조작스위치가 "연동정지" 상태에 있는 경우
9) 기동용 솔레노이드밸브 제어용 전선의 접속불량 또는 단선된 경우

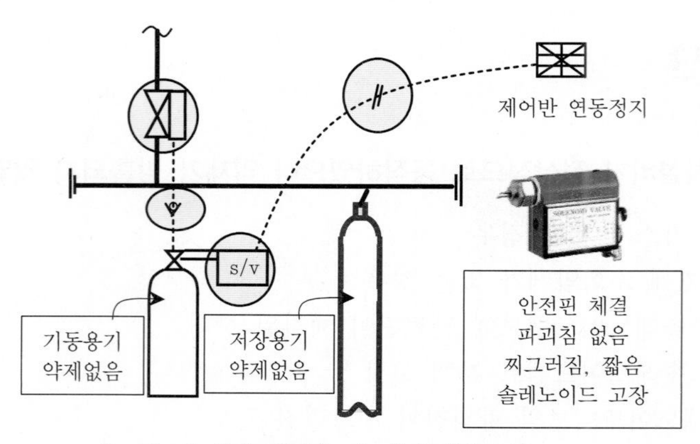

[그림 5] **약제 미방출 시 예상 원인부위**

2. 솔레노이드밸브 미동작 원인

가스계소화설비가 설치된 방호구역 내에서 화재가 발생하여 화재감지기 a 및 b 회로가 동작되었으나, 해당 방호구역의 솔레노이드밸브가 동작하지 않았을 경우의 원인으로 예상되는 원인을 보면 다음과 같다.(단, 가스압력 개방방식으로 가정함.)

1) 제어반의 "연동스위치"가 연동정지 위치에 있는 경우
2) 솔레노이드밸브에 안전핀이 체결된 경우
3) 솔레노이드밸브가 불량인 경우
4) 타이머릴레이를 분리해 놓은 경우(지연장치로 타이머릴레이를 설치한 경우에 한함.)

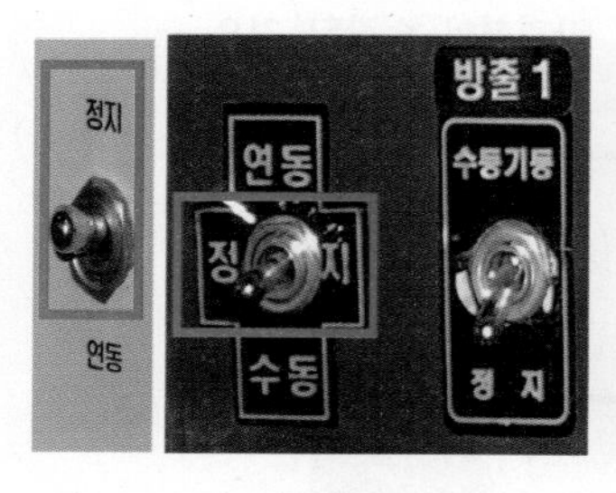

[그림 6] **연동정지위치에 있는 경우**

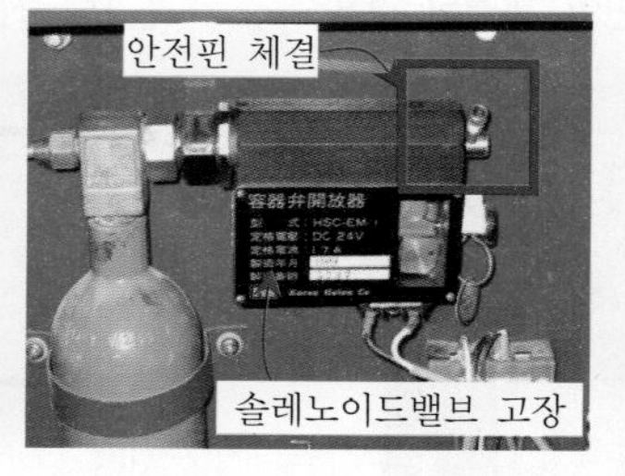

[그림 7] **솔레노이드밸브에 안전핀이 체결된 경우**

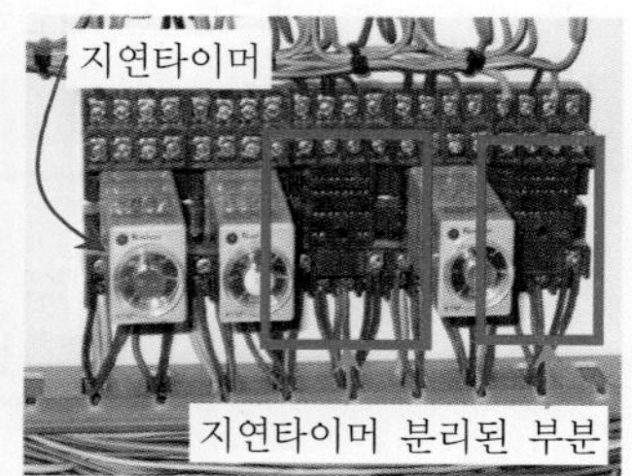

[그림 8] **타이머릴레이를 분리해 놓은 경우**

5) 제어반이 고장난 경우
6) 제어반과 솔레노이드밸브 연결용 배선이 단선된 경우
7) 제어반과 솔레노이드밸브 연결용 배선이 접속불량인 경우
8) 솔레노이드밸브 연결용 배선의 오결선(타 구역과 바뀌어서 결선되거나 단자의 위치가 틀리게 결선된 경우)

3. 방출표시등 미점등 원인

선택밸브 2차측에 설치된 압력스위치의 테스트버튼을 당겼음에도 불구하고 해당 방호구역의 출입문 상단에 설치된 방출표시등이 점등되지 않았을 경우 예상되는 원인을 보면 다음과 같다.

1) 압력스위치가 불량인 경우
2) 방출표시등 내부의 램프가 단선된 경우
3) 배선의 단선 또는 접속불량인 경우
   (1) 압력스위치와 제어반 사이의 배선
   (2) 방출표시등과 제어반 사이의 배선
4) 방출표시등의 배선이 오결선된 경우
   여러 개의 방호구역이 있는 경우 방출표시등에 연결되는 배선이 다른 방호구역과 바뀐 경우

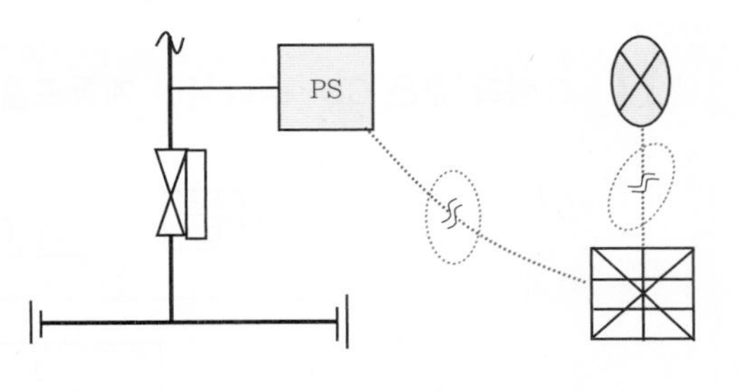

[그림 9] 방출표시등 미점등 시 예상부분

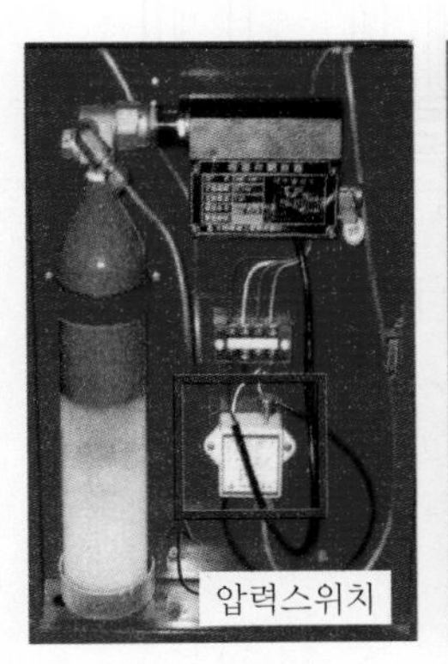

[그림 10] 기동용기함

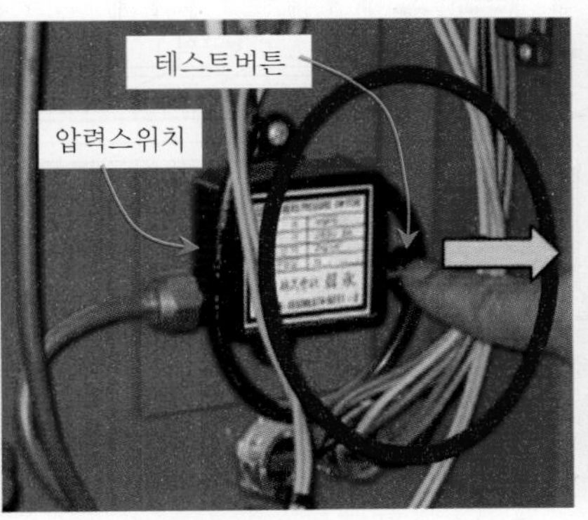

[그림 11] 압력스위치를 시험하는 모습

[그림 12] 압력스위치 내부

[그림 13] 동작된 방출표시등

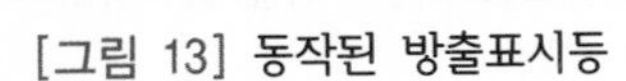

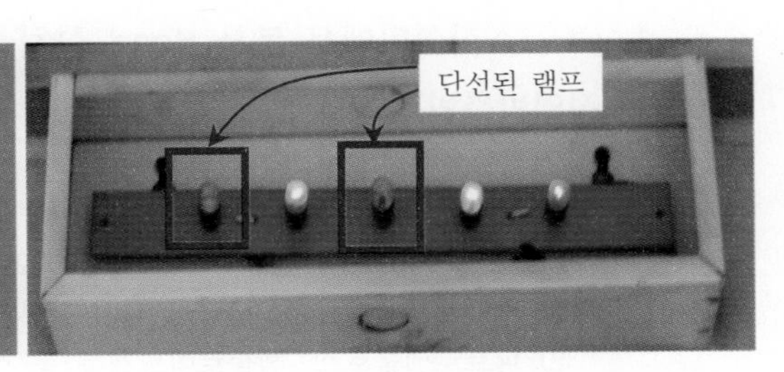

[그림 14] 단선된 방출표시등 램프

chapter 3 분야별 점검

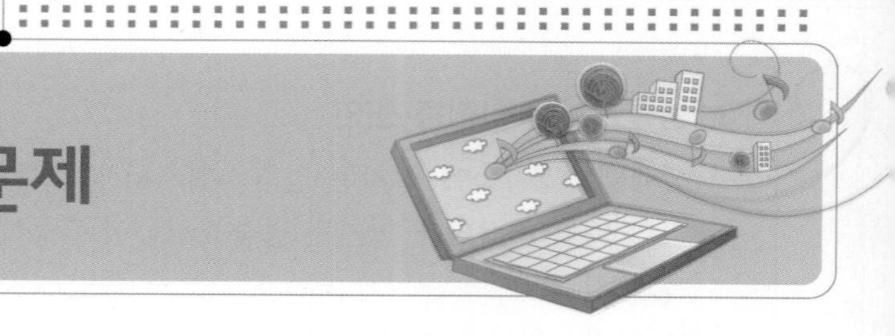

기출 및 예상 문제

★★★★★

01 그림과 같은 CO_2 소화설비 계통도를 보고 다음의 항목에 대하여 답하여라. [3회 30점]

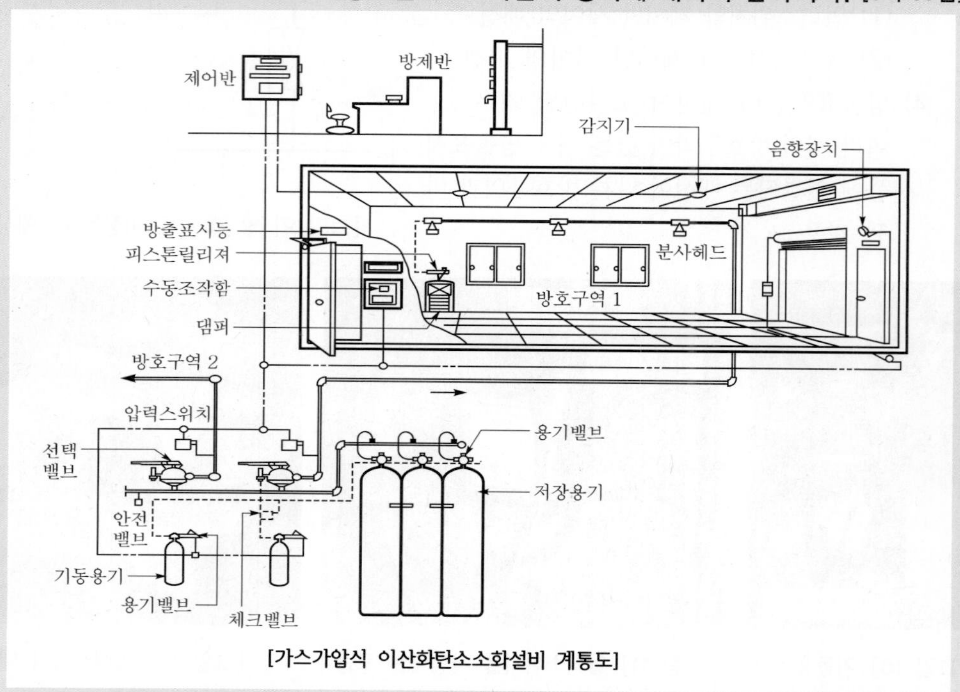

[가스가압식 이산화탄소소화설비 계통도]

1. CO_2 소화설비에서 분사 Head 설치 제외 장소를 기술하여라.
2. 전역방출방식에서 화재발생 시부터 Head 방사까지의 동작흐름을 제시된 그림을 이용하여 Block Diagram으로 표시하라.(예 : →)

1. CO_2 소화설비에서 분사 Head 설치 제외 장소 [M : 방 · 니 · 나 · 전]
   1) 방재실, 제어실 등 사람이 상시 근무하는 장소
   2) 니트로셀룰로스, 셀룰로이드제품 등 자기연소성 물질을 저장 · 취급하는 장소
   3) 나트륨, 칼슘 등 활성금속물질을 저장 · 취급하는 장소
   4) 전시장 등의 관람을 위하여 다수인이 출입 · 통행하는 통로 및 전시실 등

2. 동작흐름 Block Diagram [7회 30점 : 설계 및 시공 작동설명 기술]

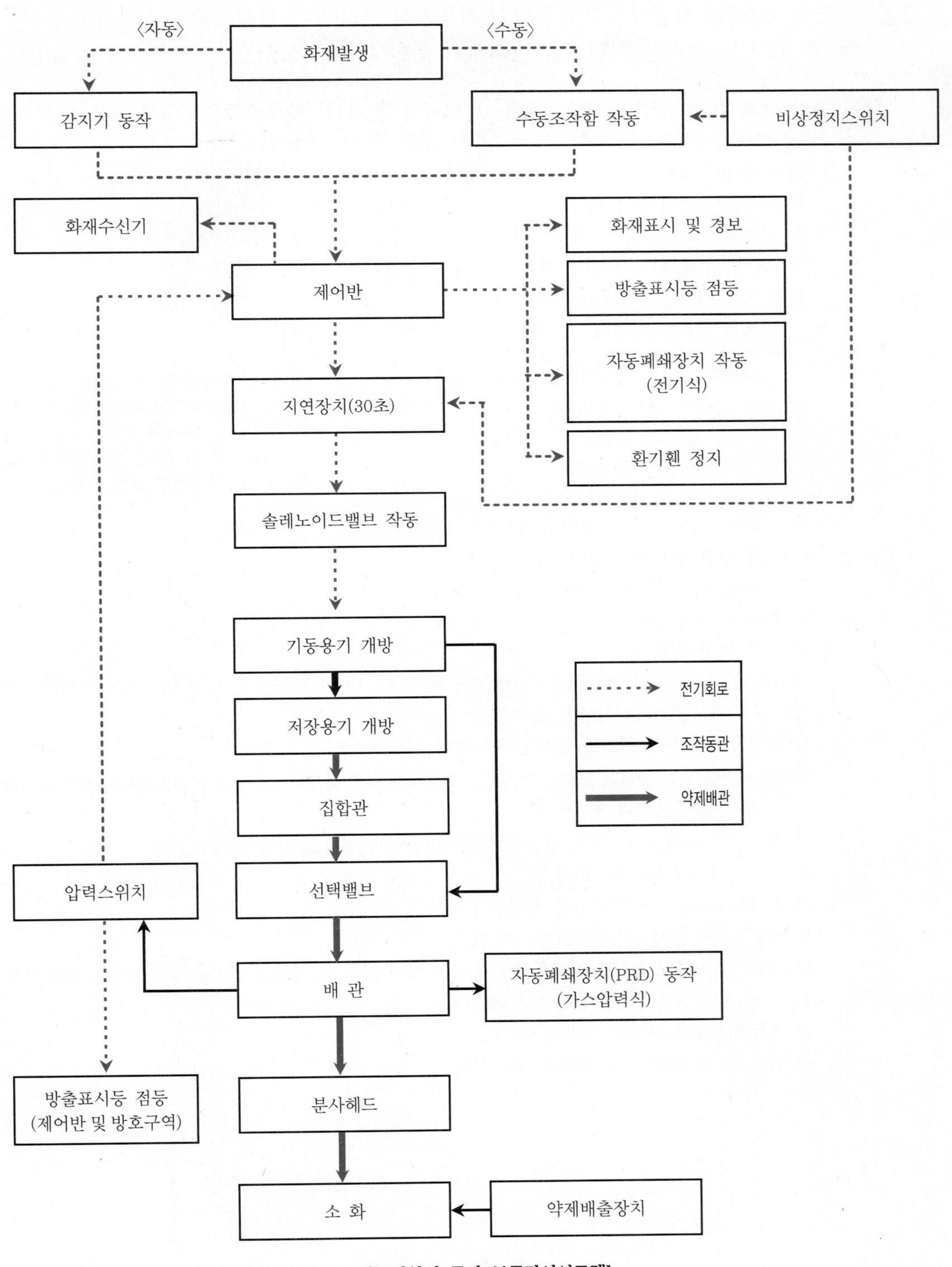

[가스가압식 동작 블록다이어그램]

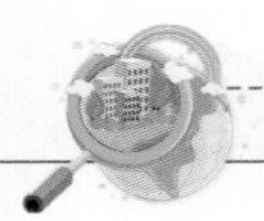

★★★★★

02 불연성 가스계소화설비의 가스압력식 기동방식 점검 시 오동작으로 가스방출이 일어날 수 있다. 소화약제의 방출을 방지하기 위한 대책을 쓰시오. [4회 20점]

가스계소화설비의 점검 시 오동작으로 가스방출을 방지하기 위한 대책은 다음의 점검 전 안전조치 및 점검 후 복구 방법의 순서에 입각하여 점검함으로써 가능하다.

1. 점검 전 안전조치
   1) 점검실시 전에 도면 등에 의한 기능, 구조, 성능을 정확히 파악한다.
   2) 설비별로 그 구조와 작동원리가 다를 수 있으므로 이들에 관하여 숙지한다.
   3) 제어반의 솔레노이드밸브 연동스위치를 연동정지 위치로 전환한다.
   4) 기동용 가스 조작동관을 분리한다.
   다음의 3개소 중 점검 시 편리한 곳을 선택하여 조작동관을 분리한다.

(1) 기동용기에서 선택밸브에 연결되는 동관 (2) 선택밸브에서 저장용기밸브로 연결되는 동관	방호구역마다 분리 (방호구역이 적을 경우)
(3) 저장용기 개방용 동관	저장용기로 연결되는 동관마다 분리 (방호구역이 많을 경우)

   5) 기동용기함의 문짝을 살며시 개방한다.
   6) 솔레노이드밸브에 안전핀을 체결한다.
   7) 기동용기에서 솔레노이드밸브를 분리한다.
   8) 솔레노이드밸브에서 안전핀을 분리한다.
2. 점검 후 복구 방법
   점검을 실시한 후 설비를 정상상태로 복구해야 하는데 복구하는 것 또한 안전사고가 발생하지 않도록 다음 순서에 입각하여 실시한다.
   1) 제어반의 모든 스위치를 정상상태로 놓아 이상이 없음을 확인한다.

   참고 복구를 위한 첫번째 조치로 제어반의 모든 스위치를 정상상태로 놓고 복구스위치를 눌러 표시창에 이상이 없음을 확인한다.

   2) 제어반의 솔레노이드밸브 연동스위치를 연동정지 위치로 전환한다.
   3) 솔레노이드밸브를 복구한다.
   4) 솔레노이드밸브에 안전핀을 체결한다.
   5) 기동용기에 솔레노이드밸브를 결합한다.
   6) 제어반의 연동스위치를 정상위치로 놓아 이상이 없을 시, 연동스위치를 연동위치로 전환한다.
   7) 솔레노이드밸브에서 안전핀을 분리한다.
   8) 기동용기함의 문짝을 살며시 닫는다.
   9) 점검 전 분리했던 조작동관을 결합한다.

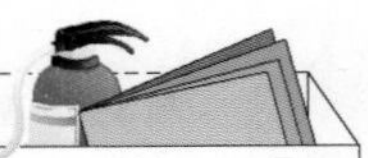

★★★★★

03 이산화탄소소화설비가 오작동으로 방출되었다. 방출 시 미치는 영향에 대하여 농도별로 쓰시오. [5회 20점, 86회 기술사 10점]

공기 중의 CO_2 농도	인체에 미치는 영향
2%	불쾌감이 있다.
4%	눈의 자극, 두통, 귀울림, 현기증, 혈압상승
8%	호흡 곤란
9%	구토, 감정 둔화
10%	시력장애, 1분 이내 의식상실, 장기간 노출 시 사망
20%	중추신경 마비, 단기간 내 사망

★★★★★

04 이산화탄소소화설비가 설치된 전기실에 화재가 발생해 소화약제가 방출되어 화재를 진압하였다. 소화약제 방출 후 조치 방법을 기술하시오.

1. 제어반을 복구한다.(음향장치 정지, 설비 연동정지, 기동장치 등 복구)
2. 배출설비(배기휀)를 작동시켜 방호구역 내의 소화약제를 안전한 장소로 배출시킨다.

참고 이산화탄소소화설비의 화재안전성능기준(NFPC 106) 제16조
제16조(배출설비) 지하층, 무창층 및 밀폐된 거실 등에 이산화탄소소화설비를 설치한 경우에는 소화약제의 농도를 희석시키기 위한 배출설비를 갖추어야 한다.

3. 일정량 이상 배기 후에 출입구를 개방한다.
4. 이산화탄소 농도측정 후 안전하다고 판단될 때 방호구역 내에 진입한다.
5. 방출된 저장용기와 동작된 기동용기를 충전 또는 교체한다.
6. 가스계소화설비의 구성요소 중 문제가 있는 부분을 정비한다.
7. 외관점검과 작동기능점검을 시행하여 이상이 없으면 가스계소화설비를 정상상태로 복구한다.

★★★★★

05 가스압력식 기동장치가 설치된 이산화탄소소화설비의 작동시험 관련 다음 물음에 답하시오. [10회 18점]

1. 작동시험 시 가스압력식 기동장치의 전자개방밸브 작동 방법 중 4가지만 쓰시오. (8점)
2. 방호구역 내에 설치된 교차회로 감지기를 동시에 작동시킨 후 이산화탄소소화설비의 정상작동 여부를 판단할 수 있는 확인사항들에 대해 쓰시오. (10점)

 1. 작동시험 시 가스압력식 기동장치의 전자개방밸브 작동 방법

1) 방호구역 내 감지기 2개 회로 동작
2) 수동조작함의 수동조작스위치 동작
3) 제어반에서 동작시험스위치와 회로선택스위치 동작
4) 제어반의 수동조작스위치 동작
5) 기동용기 솔레노이드밸브의 수동조작버튼 누름

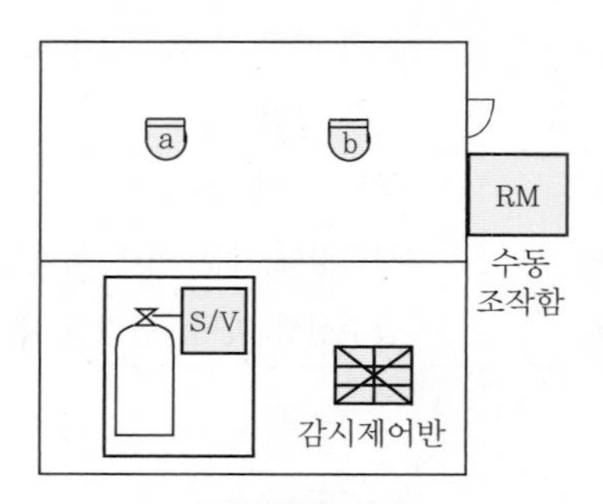

[작동시험 방법]

2. 방호구역 내에 설치된 교차회로 감지기를 동시에 작동시킨 후 이산화탄소소화설비의 정상작동 여부를 판단할 수 있는 확인사항

1) 제어반에서 주화재표시등 및 해당 방호구역의 감지기(a · b 회로) 동작표시등 점등 여부
2) 제어반과 해당 방호구역에서의 경보발령 여부(제어반 : 부저 명동, 방호구역 : 싸이렌 명동)
3) 제어반에서 지연장치의 정상작동 여부(지연시간 체크)

참고 지연시간 : a · b 복수회로 작동 후부터 솔레노이드밸브 파괴침 작동까지의 시간

4) 제어반의 솔레노이드밸브 기동표시등 점등 여부 및 해당 방호구역의 솔레노이드밸브 정상작동 여부
5) 방호구역별 작동계통이 바른지 확인(∵ 방호구역이 여러 구역이 있으므로)
(솔레노이드밸브, 기동용기, 선택밸브, 감지기등 계통 확인)
6) 자동폐쇄장치 등이 유효하게 작동하고, 환기장치 등의 정지 여부 확인(설치된 경우에 한함 : 전기적 방법)

★★★★★

06 가스계소화설비의 이너젠가스 저장용기, 이산화탄소 저장용기, 기동용 가스용기의 가스량 산정(점검) 방법을 각각 설명하시오. [6회 20점]

[80회 기술사 25점 : 이산화탄소 임계온도, 약제량 측정 시 관련사항 기술]

 1. 이너젠 가스용기 가스량 점검 방법

1) 산정 방법 : 압력측정 방법
2) 점검 방법 : 용기밸브의 고압용 압력계를 확인하여 저장용기 내부의 압력을 확인
3) 판정 방법 : 압력손실이 5%를 초과할 경우 재충전하거나 저장용기를 교체할 것

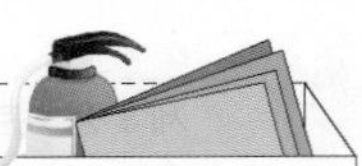

2. 이산화탄소 저장용기 가스량 점검 방법

1) 산정 방법

(1) 액면계(액화가스 레벨메터)를 사용하여 행하는 방법

(2) 검량계를 사용하여 행하는 방법

(3) 간평계(저울)를 사용하여 행하는 방법

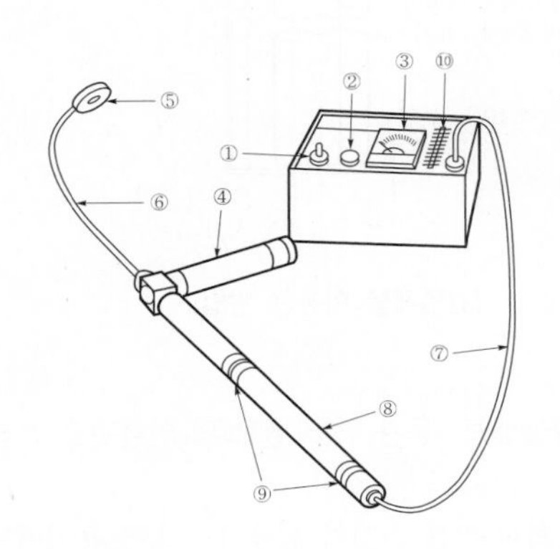

① 전원스위치
② 조정볼륨
③ 메터(Meter)
④ 프로브
⑤ 방사선원
⑥ 선원지지 암(arm)
⑦ 코드
⑧ 접속부
⑨ 커넥터
⑩ 온도계

[액화가스 레벨메터 부위별 명칭(LD 45S형)]

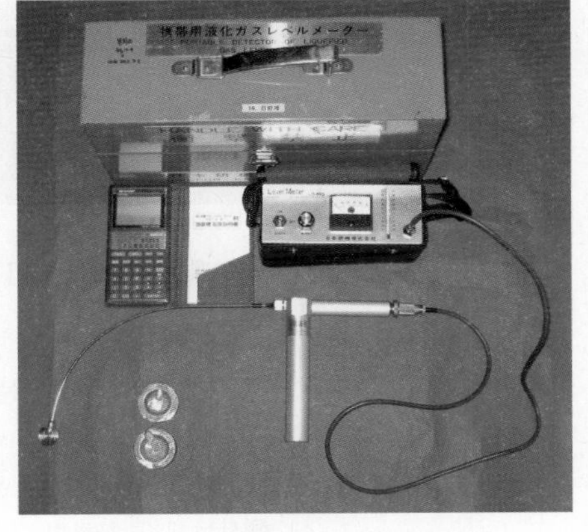

[액화가스 레벨메터 외형(LD 45S형)]

2) 액면계(액화가스 레벨메터)를 사용한 점검 방법

(1) 배터리체크

가. 전원스위치 ①을 "Check" 위치로 전환한다.

나. Meter의 지침이 안정되지 않고, 바로 내려갈 경우에는 건전지를 교체한다.

(2) 온도측정 : 온도계 ⑩을 보고 온도를 기재한다.

참고 이산화탄소의 경우 측정장소의 주위온도가 높을 경우 액면의 판별이 곤란(CO_2 임계점 31.35℃)

(3) Meter 조정

가. 전원스위치 ①을 "ON" 위치로 전환한다.

나. Meter ③의 지침이 잠시 후 안정되게 한다.

다. 조정볼륨 ②를 돌려 지침이 측정(판독)하기 좋은 위치에 오도록 조정한다.

(4) 측정

가. 프로브 ④와 방사선원 ⑤를 저장용기에 삽입한다.

나. 지시계를 보면서 액면계 검출부를 저장용기의 상하로 서서히 움직인다.

다. 메터지시계의 흔들림이 작은 부분과 크게 흔들리는 부분의 중간 부분의 위치를 체크한다.

라. 이 부분이 약제의 충전(액상) 높이이므로 줄자로 용기의 바닥에서부터 높이를 측정한다.

마. 측정이 끝나면 전원스위치를 끈다.(OFF 위치로 전환)

3) 검량계를 사용한 점검 방법

(1) 검량계를 수평면에 설치한다.

(2) 용기밸브에 설치되어 있는 용기밸브 개방장치(니들밸브, 동관, 전자밸브)의 연결관을 분리한다.

(3) 약제저장용기를 전도되지 않도록 주의하면서 검량계에 올린다.

(4) 약제내장용기의 총 무게에서 빈 용기의 무게 차를 계산한다.

[검량계를 이용한 방법]

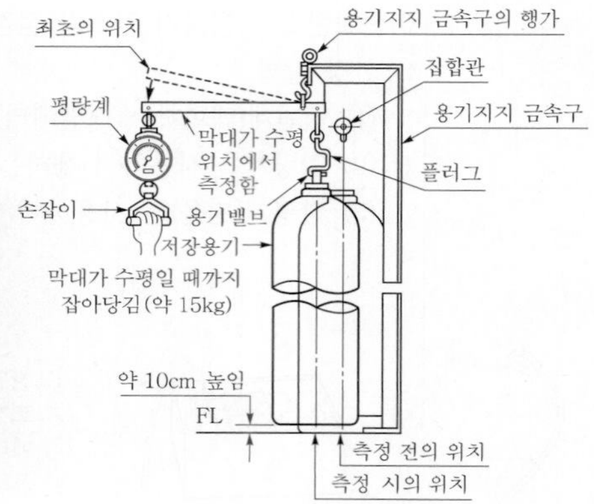

[간평계를 이용한 방법]

4) 간평계를 사용한 점검 방법
   (1) 용기밸브에 설치되어 있는 용기밸브 개방장치(니들밸브, 동관, 전자밸브)의 연결관을 분리한다.
   (2) 측정기 지지부의 고리를 용기지지구의 행가에 부착한 다음 측정기 선단의 고리를 용기밸브에 확실하게 부착한다.
   (3) 측정기의 손잡이를 쥐고 천천히 끌어내려 측정기의 막대가 수평이 되었을 때의 중량을 측정한다.
5) 판정 방법 : 약제량의 측정 결과를 중량표와 비교하여 약제량 손실이 5% 초과하는 경우에는 재충전하거나 저장용기를 교체할 것

참고 할로겐화합물 및 불활성기체 소화약제의 재충전 또는 교체에 대한 기준은 있으나, 이산화탄소와 할론에 대한 기준은 없는 상황이므로 할로겐화합물 및 불활성기체 소화약제의 기준 중에서 액상으로 저장하는 약제의 기준을 준용한다.

참고 판정기준(NFPC 107A 제6조 ②항 3호 : 할로겐화합물 및 불활성기체 소화약제 기준)
1. 약제량의 측정 결과를 중량표와 비교하여 약제량 손실이 5% 초과하거나 압력손실이 10%를 초과하는 경우에는 재충전하거나 저장용기를 교체할 것
   ☞ 액상으로 저장하는 경우
2. 불활성기체 소화약제의 경우에는 압력손실이 5%를 초과 시 재충전하거나 저장용기 교체
   ☞ 기상으로 저장하는 경우

3. 기동용기 가스량 점검 방법
1) 산정 방법 : 전자(지시)저울을 사용하여 약제량 측정
2) 점검순서
   (1) 기동용기함 문짝을 개방한다.
   (2) 솔레노이드밸브에 안전핀을 체결한다.
   (3) 용기밸브에 설치되어 있는 솔레노이드밸브와 조작동관을 떼어낸다.
   (4) 용기 고정용 가대를 분리 후 기동용기함에서 기동용기를 분리한다.
   (5) 저울에 기동용기를 올려놓아 총 중량을 측정한다.
   (6) 기동용기와 용기밸브에 각인된 중량을 확인한다.
   (7) 약제량은 측정값(총 중량)에서 용기밸브 및 용기의 중량을 뺀 값이다.
3) 판정 방법 : 이산화탄소의 양은 법정 중량(0.6kg) 이상일 것

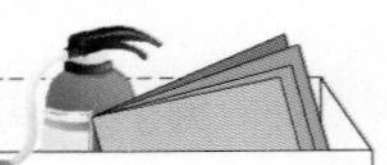

★★★★★

07 이산화탄소소화설비 기동장치의 설치기준을 기술하시오.

[6회 20점] [81회 기술사 10점 : 설치기준]

☞ 과년도 출제 문제 풀이 참조

★★★★★

08 화재안전기준에서 정하는 이산화탄소소화약제 저장용기를 설치하기에 적합한 장소에 대한 기준을 6가지만 쓰시오.

[10회 12점] [83회 기술사 25점]

☞ 가스계 공통 [할로겐화합물 및 불활성기체 소화약제의 경우만 온도가 55°C]

1. 방호구역 외의 장소에 설치할 것
   다만, 방호구역 내에 설치할 경우에는 피난 및 조작이 용이하도록 피난구 부근에 설치
2. 온도가 40℃ 이하(할로겐화합물 및 불활성기체 소화약제 : 55℃↓)이고, 온도변화가 작은 곳에 설치할 것
3. 직사광선 및 빗물이 침투할 우려가 없는 곳에 설치할 것
4. 방화문으로 구획된 실에 설치할 것
5. 용기의 설치장소에는 당해 용기가 설치된 곳임을 표시하는 표지를 할 것
6. 용기 간의 간격은 점검에 지장이 없도록 3cm 이상의 간격을 유지할 것
7. 저장용기와 집합관을 연결하는 연결배관에는 체크밸브를 설치할 것
   다만, 저장용기가 하나의 방호구역만을 담당하는 경우에는 그러하지 아니하다.

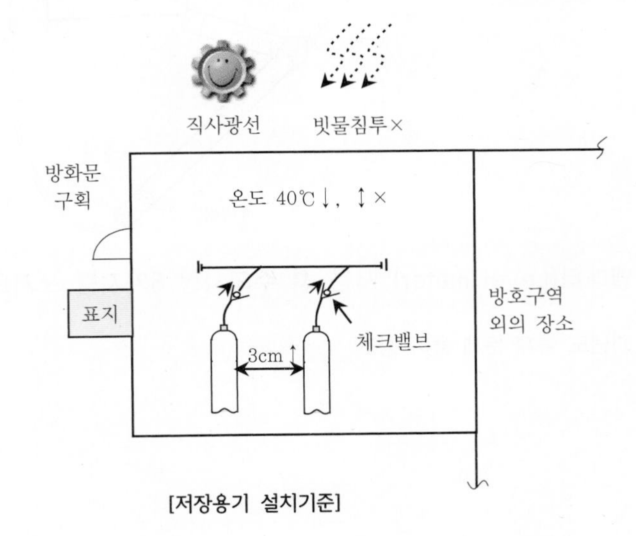

[저장용기 설치기준]

★★★★★

09 이산화탄소소화설비의 비상스위치 작동점검 순서를 쓰시오. [19회 4점]

1. 제어반에서 연동정지 누르고, 기동용기의 조작동관을 분리한다.
2. 솔레노이드밸브를 기동용기에서 분리하고 안전핀을 분리해 놓는다.
3. 방호구역의 감지기 A, B 동작 또는 수동조작함의 수동조작스위치를 눌러 설비를 동작시킨다.
4. 지연타이머 동작 중 비상스위치를 눌러 타이머 기능이 일시정지되는 것을 확인한다.
5. 비상정지스위치를 해제하여 타이머의 동작으로 솔레노이드밸브가 작동되는 것을 확인한다.

★★★

10 할론 1301 소화설비 약제저장용기의 저장량을 측정하려고 한다. 다음 물음에 답하시오. [21회 12점]

1. 액위측정법을 설명하시오.(3점)
2. 아래 그림의 레벨메터(Level meter) 구성부품 중 각 부품(㉠~㉢)의 명칭을 쓰시오.(3점)

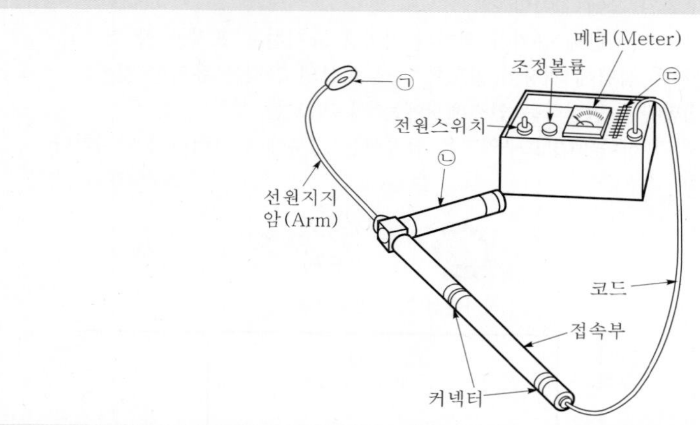

3. 레벨메터(Level meter) 사용 시 주의사항 6가지를 쓰시오.(3점)

☞ 과년도 출제 문제 풀이 참조

출제 경향 분석

번 호	기출 문제	출제 시기 및 배점
1	물분무등 소화설비 중 분말소화설비의 5가지 장점을 기술하시오.	설계 및 시공 1회 10점
2	어느 소방대상물에 분말소화설비를 설치하고자 한다. 이때 분말소화설비 배관시공 시 주의사항을 기술하시오.	설계 및 시공 3회 10점

	학습 방향
1	분말소화설비의 장단점, 배관시공 시 주의사항 및 점검항목 정리 요함.
2	계통도 도시 및 작동 설명, 정압작동장치의 종류 및 점검 방법, 분말약제의 점검, 가압용 가스의 점검, 크리닝 방법, 사용 후 처치 방법 숙지 요함.
☞	설계 및 시공에서는 분말소화약제의 장점과 배관시공 시 주의사항에 대하여 출제되었지만, 점검실무에서는 국내에 분말소화설비가 극소수 대상에만 설치되었고, 현재는 거의 설치가 되지 않는 관계로 현재까지 기출되지 않았지만 중요부분에 대한 준비는 필요함.

분말소화설비의 점검

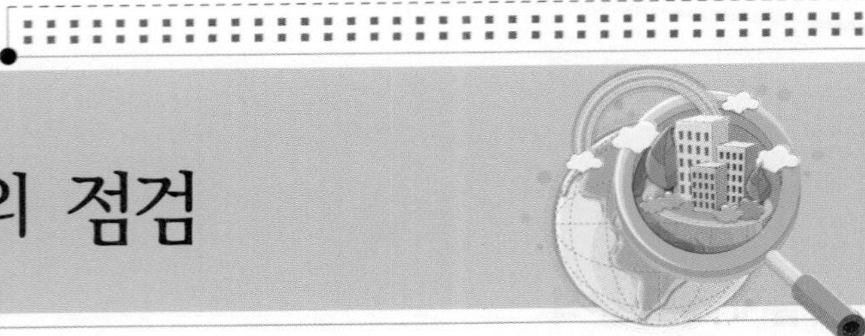

1 계통도 및 동작설명

분말소화설비는 물에 의한 소화가 어려운 위험물이나 고압의 전기설비 등으로 전기의 절연성이 요구되는 대상물에 설치하는 소화설비로서, 가압용 가스의 압력으로 분말소화약제를 배관을 통하여 방출시키는 설비를 말한다. 분말소화설비는 소화성능이 우수하여 연소속도가 빠른 인화성 액체나 고전압의 전기화재 등에 적합하며 소화약제의 수명도 반영구적인 장점이 있는 반면, 분말약제의 특성상 고압을 필요로 하며 특히 약제 방사 후 피연소물이 방사된 소화약제로 인하여 피해를 입는 단점이 있어, 현재 국내에 분말소화설비가 설치된 대상물도 극소수이며 일반적으로 설계할 때 분말소화설비 대신 가스계소화약제로 대체하고 있는 상황이다.

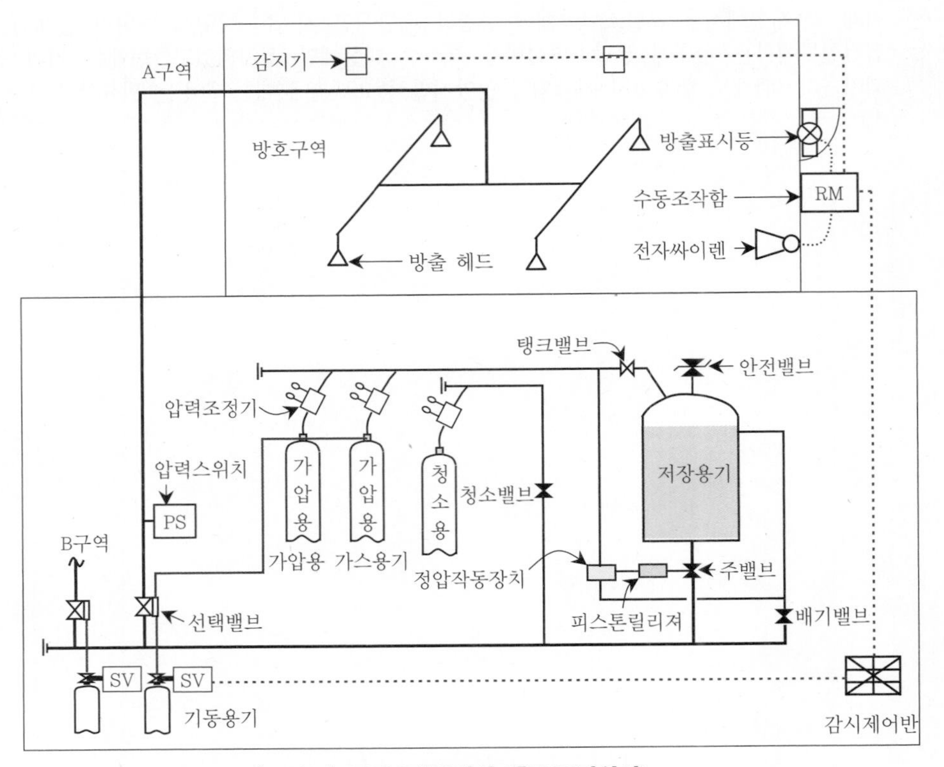

[그림 1] 분말소화설비의 계통도(가압식)

1. 가압식 가스압력 개방방식

분말소화설비의 저장용기는 가압식과 축압식으로 구분되지만 주로 가압식이 사용되고 있으며, 가압식은 분말소화약제탱크 이외에 별도의 저장용기에 가압용 가스를 저장하여 사용하는 방식이다. 개방방식은 전기식 · 기계식 · 가스압력식이 있으나 주로 사용되고 있는 가스압력 개방방식에 대하여 기술한다.

동작순서	관련 사진
1) 화재발생	[그림 2] 화재발생
2) 화재감지 (1) 자동 : 화재감지기 동작 가. a or b 감지기 동작 : 경보 나. a and b 감지기 동작 : 설비작동 (2) 수동 : 수동조작함(SVP) 수동조작	  [그림 3] 감지기 동작 [그림 4] 수동조작함 작동
3) 제어반 (1) 주화재표시등 점등 (2) 방호구역의 감지기 작동표시등 (a · b 회로) 점등 (3) 제어반 내 음향경보장치(부저) 동작 가. 해당 방호구역 음향경보 발령 나. 해당 방호구역 환기휀 정지 다. 해당 방호구역 자동폐쇄장치 동작 (전기식에 한함.)	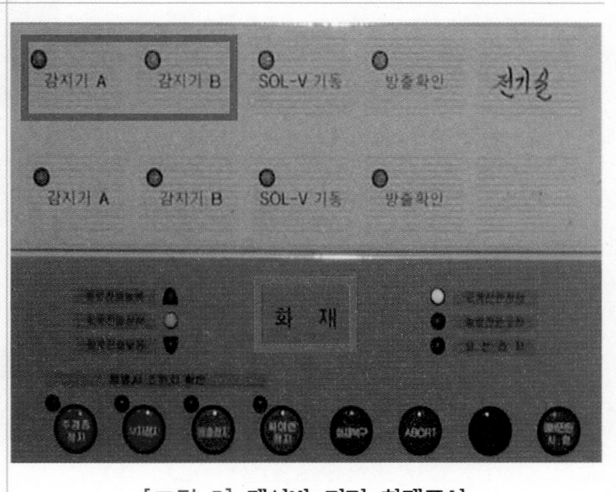 [그림 5] 제어반 전면 화재표시

동작순서	관련 사진

[그림 6] **제어반에 해당구역 댐퍼 동작표시**

[그림 7] **해당 방호구역 댐퍼폐쇄**

4) 지연장치 동작
방호구역 내부의 사람이 피난할 수 있도록 a·b 회로 감지기 동작 또는 수동기동 이후부터 솔레노이드밸브 동작 전까지 약 30초의 지연시간을 둔다.

[그림 8] **릴레이타입 지연타이머**

[그림 9] **IC 타입 지연타이머**

5) 기동용기의 솔레노이드밸브 동작으로
⇒ 기동용기 개방

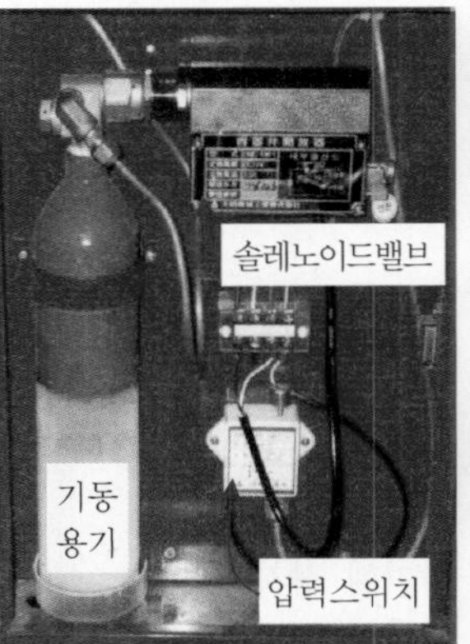

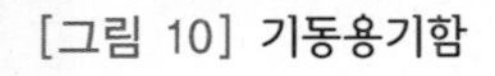
[그림 10] **기동용기함**

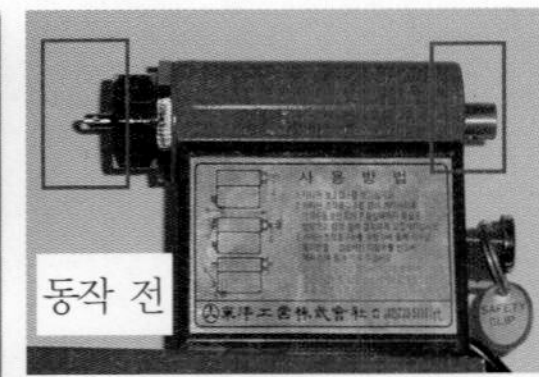

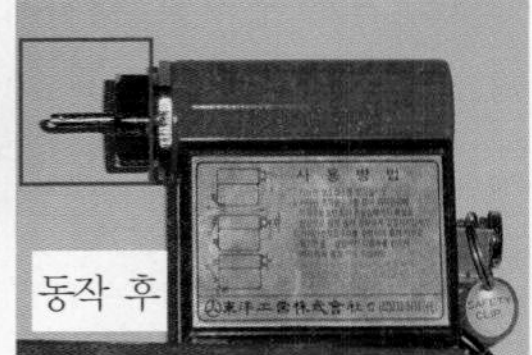

[그림 11] **솔레노이드밸브 동작 전·후 모습**

동작순서	관련 사진
6) 기동용기 내 가압용 가스가 동관으로 이동하여 (1) 선택밸브 개방	
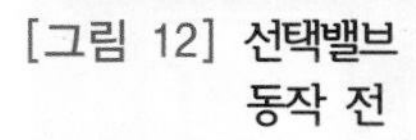 [그림 12] 선택밸브 동작 전  [그림 13] 선택밸브 동작 후	[그림 14] 피스톤릴리저를 이용한 선택밸브
(2) 가압용 가스용기 밸브를 개방시킨다.	 [그림 15] 가압용 가스용기 설치 외형
7) 분말약제탱크 내 가압용 가스 유입 ⇒ 각 가압용 가스용기의 가스가 압력조정기를 통해 감압되어 약제저장용기로 유입된다.	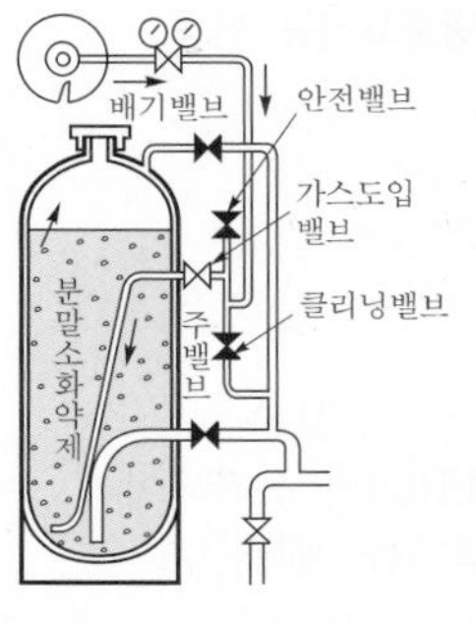 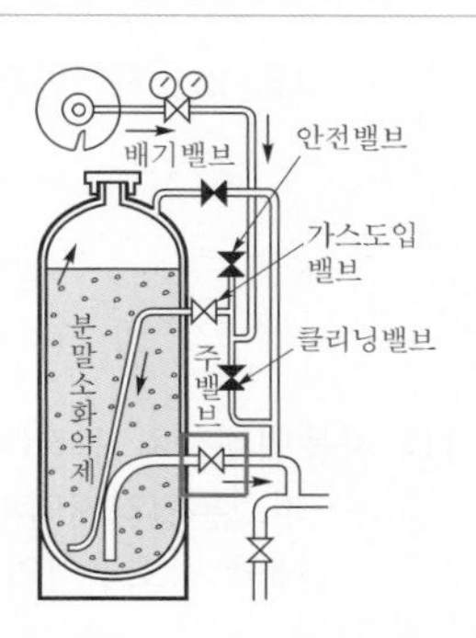
8) 정압작동장치 작동으로 주밸브 개방 ⇒ 가압용 가스가 약제를 혼합 유동하고 저장용기의 내압이 설정압력에 도달되면 정압작동장치가 작동하여 주밸브를 개방한다.	[그림 16] 저장탱크 내 가압용 가스 유입 [그림 17] 주밸브 개방

<table>
<tr><th>동작순서</th><th>관련 사진</th></tr>
<tr><td>9) 개방된 선택밸브를 통하여 약제방출
(1) 헤드를 통하여 약제 방사
(2) 소화

[그림 18] 헤드로부터 소화약제 방사모습</td><td>

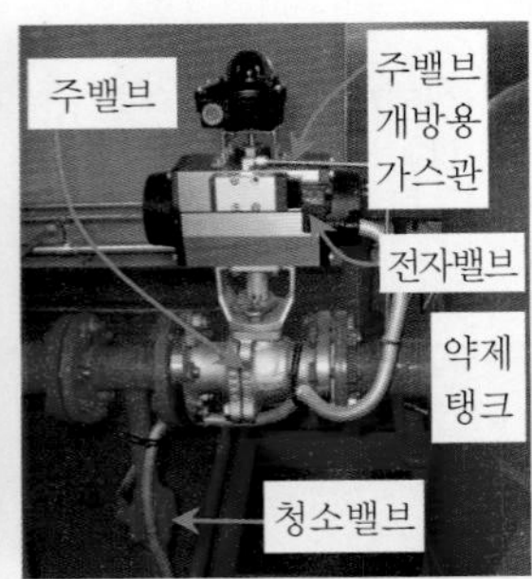

[그림 19] 주밸브 외형</td></tr>
<tr><td>10) 압력스위치 작동
⇒ 방출표시등 점등(제어반, 수동조작함, 방호구역 출입구 상단)</td><td>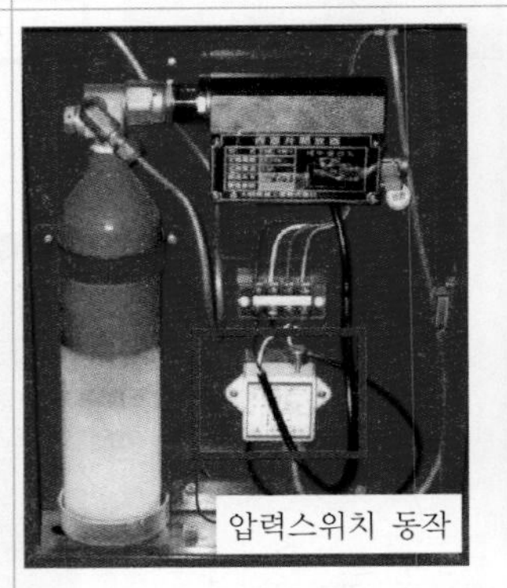

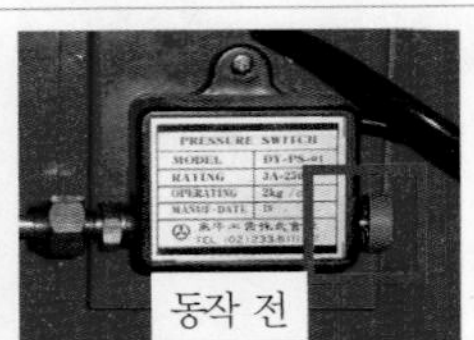

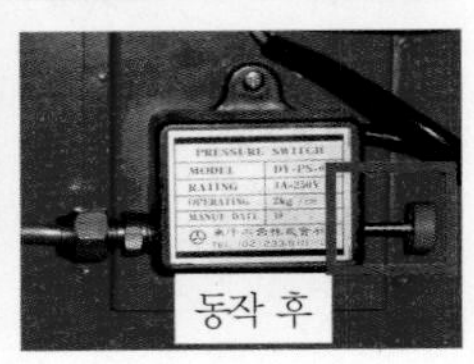

[그림 20] 압력스위치 동작</td></tr>
<tr><td>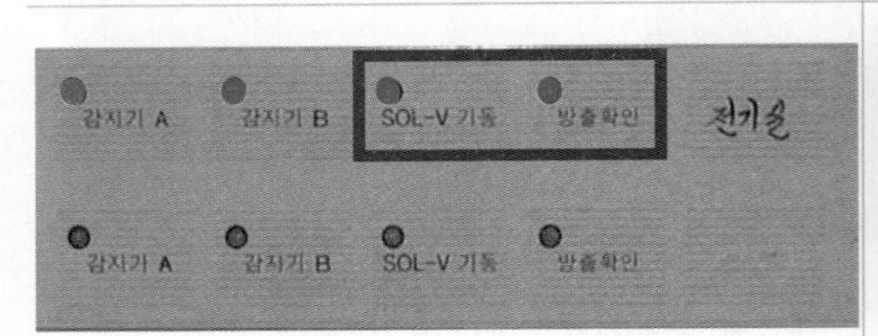

[그림 21] 제어반의 방출표시등 점등</td><td>

[그림 22] 출입문 상단 방출표시등 점등

[그림 23] 수동조작함 방출표시등 점등</td></tr>
<tr><td>11) 자동폐쇄장치 동작(가스압력식)
⇒ 피스톤릴리져댐퍼(PRD)가 동작되어 해당 방호구역의 댐퍼를 폐쇄한다.</td><td>

[그림 24] 댐퍼에 설치된 피스톤릴리져</td></tr>
</table>

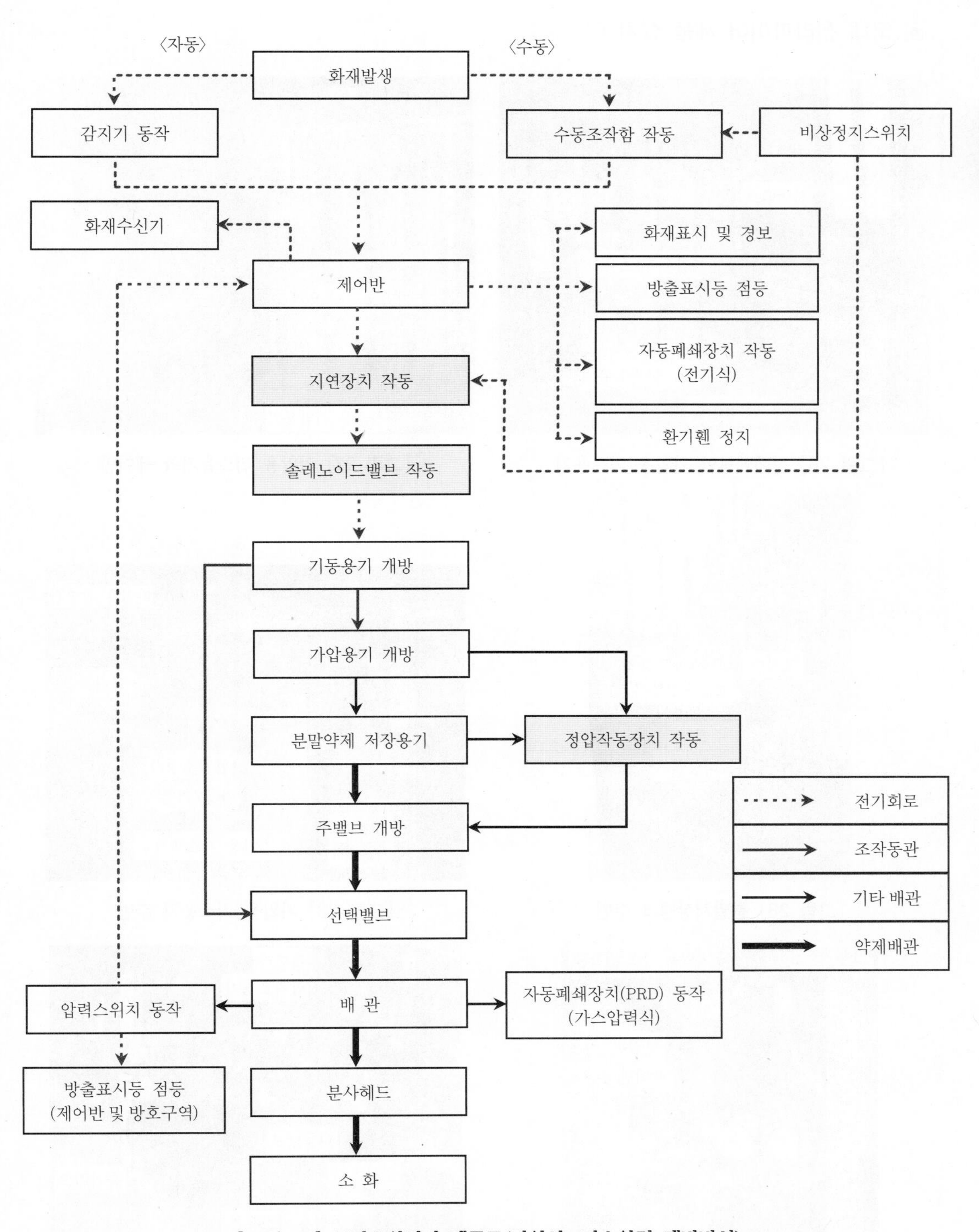

[그림 25] **분말소화설비 계통도(가압식－가스압력 개방방식)**

▣ 국내 신라파이어 제품 설치 예

[그림 26] **선택밸브와 가압용 가스용기**

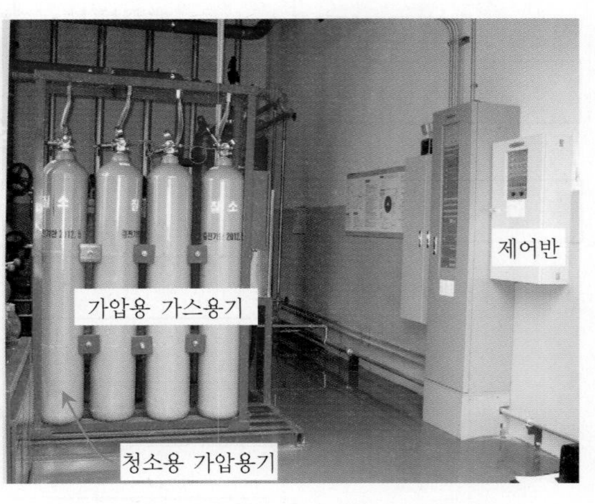

[그림 27] **가압용 가스용기와 제어반**

[그림 28] **분말저장탱크 주변**

[그림 29] **가압용 가스용기 주변**

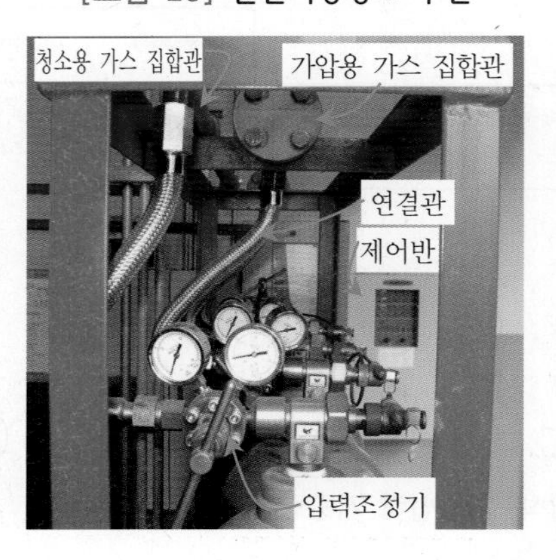

[그림 30] **가압용 가스용기밸브 주변**

[그림 31] **청소용 가압용기 주변**

안전밸브
압력계
분말저장탱크
주밸브

[그림 32] **분말소화약제 탱크**

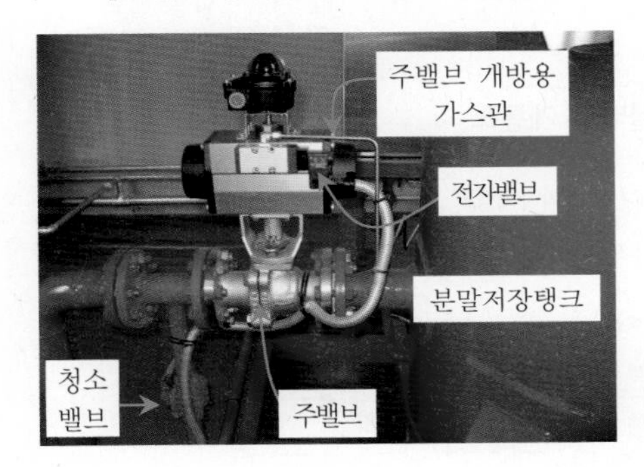

[그림 33] **주밸브**

[그림 34] **제어반**

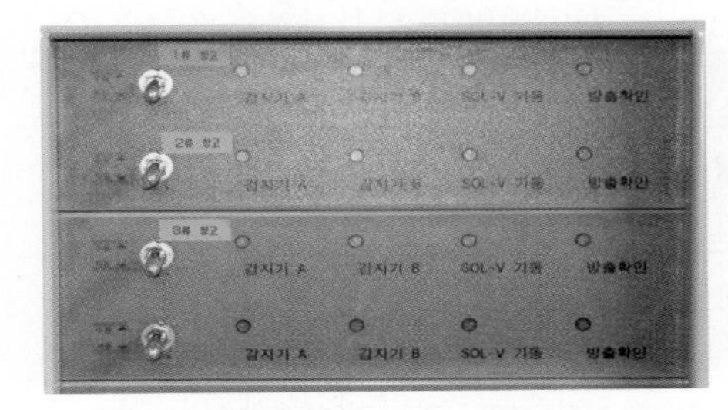

[그림 35] **제어반 표시등**

[그림 36] **제어반 스위치**

[그림 37] **조작반**

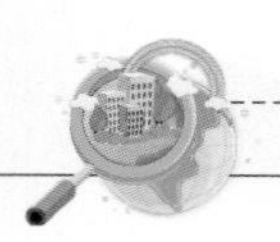

■ 일본 야마토사 제품 설치 예

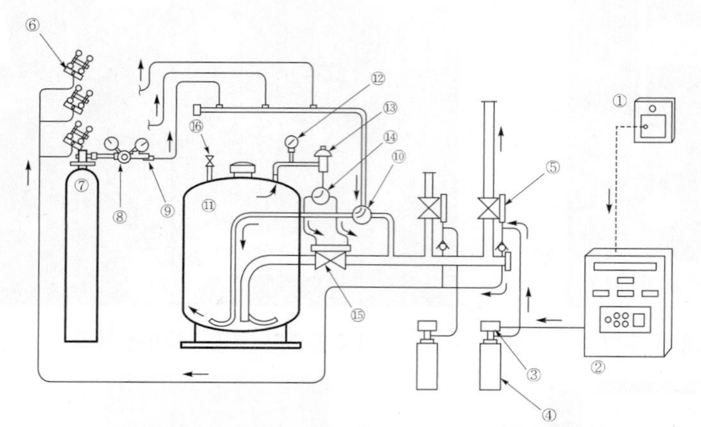

[그림 38] 분말소화설비의 계통도

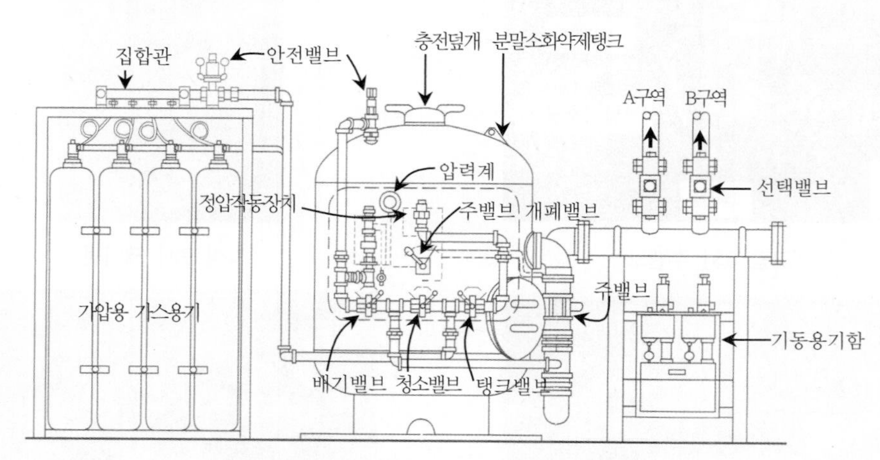

[그림 39] 분말저장탱크 주변 배관도[7)]

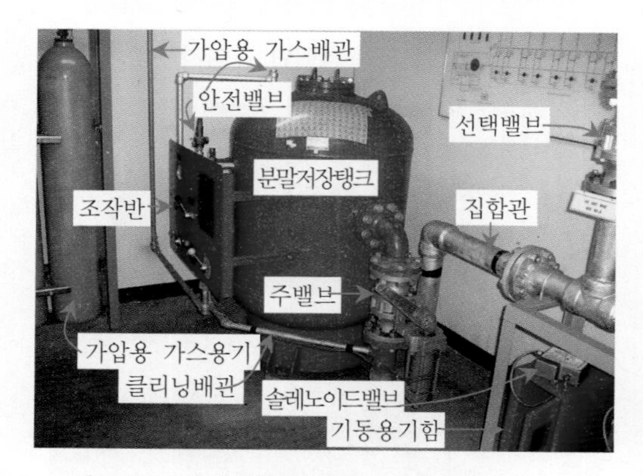

[그림 40] 분말저장탱크 주변 배관도 (1)

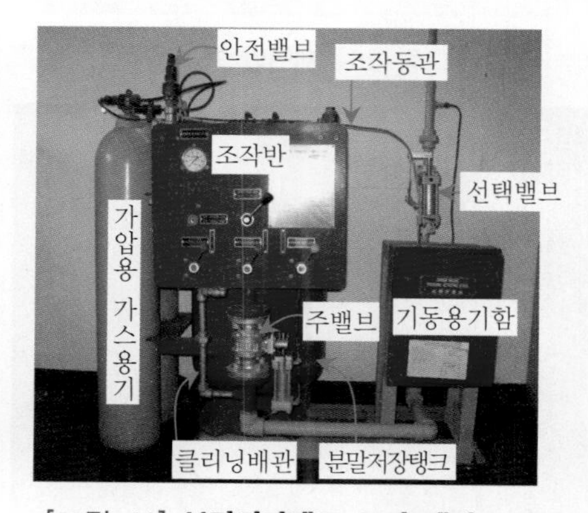

[그림 41] 분말저장탱크 주변 배관도 (2)

7) 소방시설의 설계 및 시공(성안당 : 남상욱저, 2008년판, p. 828~829)

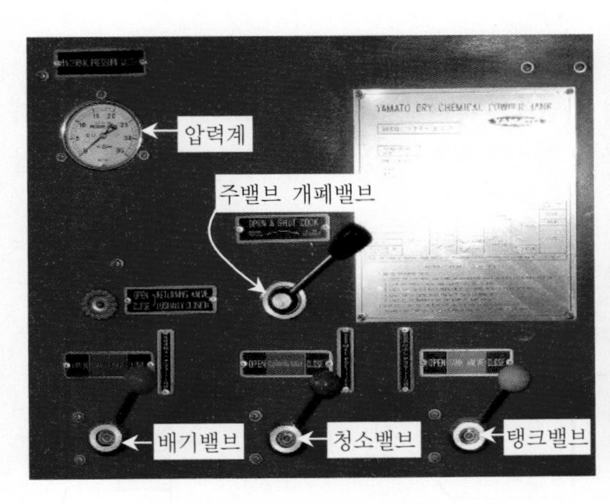

[그림 42] **조작 판넬**

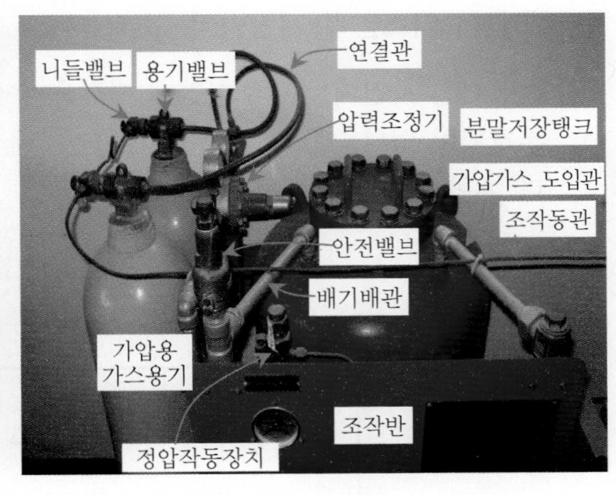

[그림 43] **분말저장탱크 주변배관**

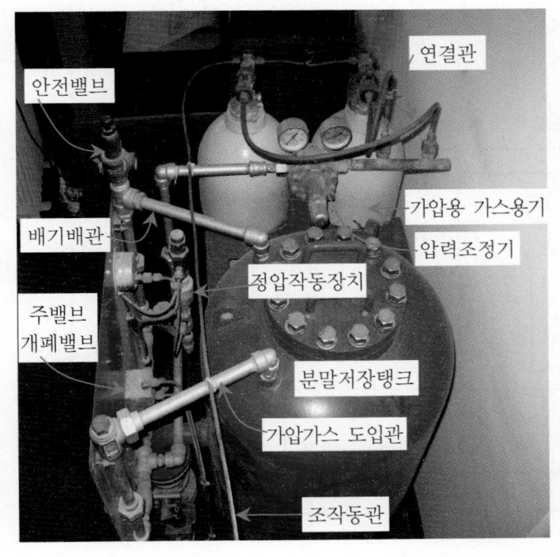

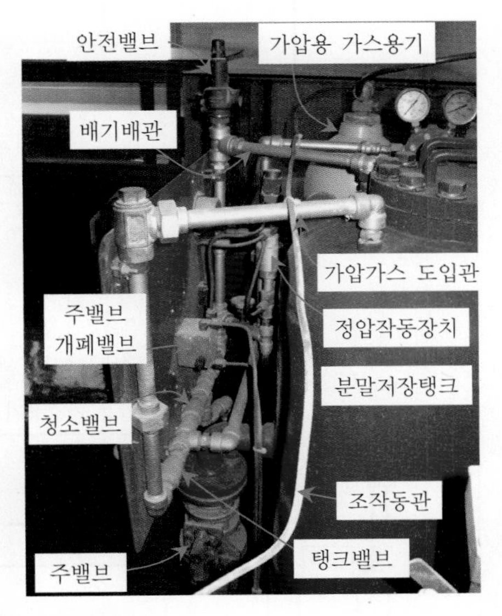

[그림 44] **분말저장탱크 주변배관**

[그림 45] **주밸브 외형**

[그림 46] **피스톤릴리저를 이용한 선택밸브**

2. 축압식 가스압력 개방방식

축압식은 사전에 분말소화약제 저장용기에 가압용 가스를 충전한 것으로서, 지시압력계가 부착되어 있다. 개방방식은 전기식 · 기계식 · 가스압력식이 있으나 주로 사용하는 가스압력 개방방식에 대하여 기술한다.

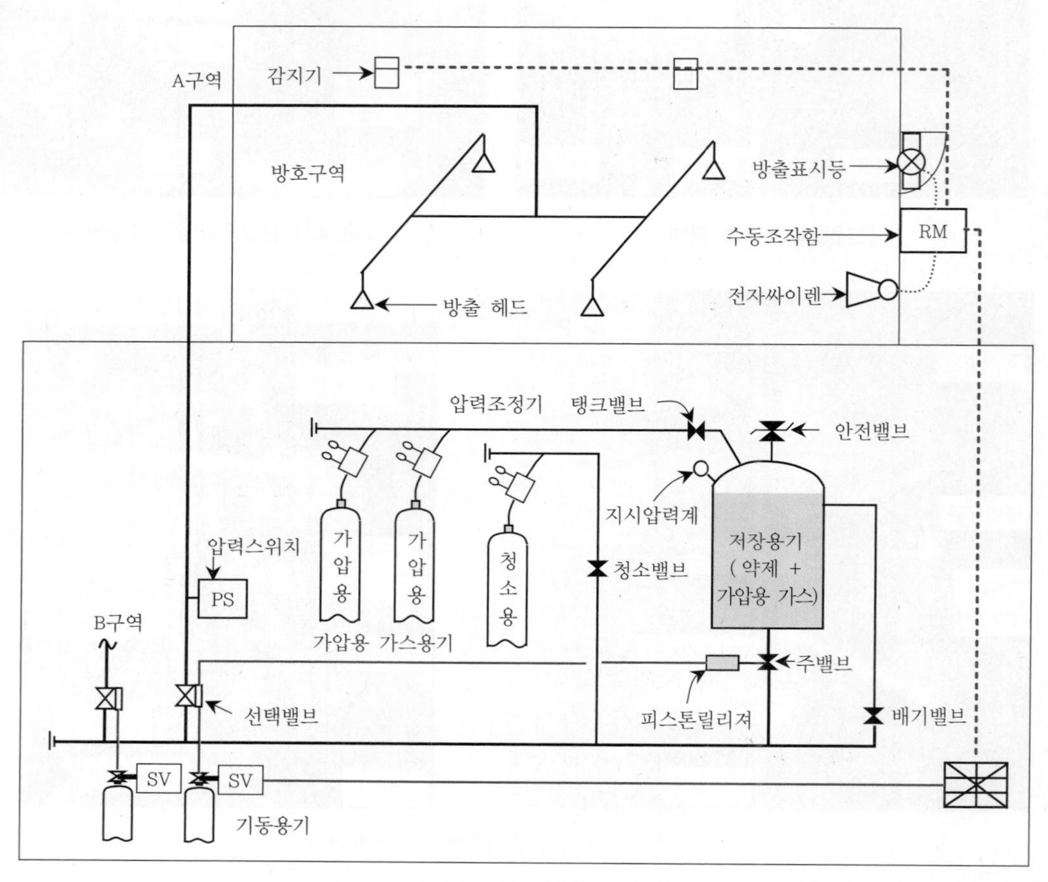

[그림 47] 분말소화설비의 계통도(축압식)

동작순서	관련 사진
1) 화재발생	[그림 48] 화재발생

동작순서	관련 사진

2) 화재감지
   (1) 자동 : 화재감지기 동작
      가. a or b 감지기 동작 : 경보
      나. a and b 감지기 동작 : 설비작동
   (2) 수동 : 수동조작함(SVP) 수동조작

[그림 49] 감지기 동작 [그림 50] 수동조작함 작동

3) 제어반
   (1) 주화재표시등 점등
   (2) 해당 방호구역의 감지기 작동표시등 (a・b 회로) 점등
   (3) 제어반 내 음향경보장치(부저) 동작
      가. 해당 방호구역 음향경보 발령
      나. 해당 방호구역 환기휀 정지
      다. 해당 방호구역 자동폐쇄장치 동작 (전기식에 한함.)

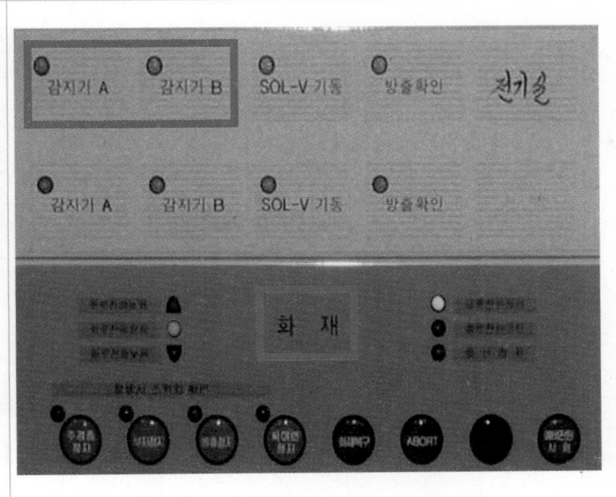

[그림 51] 제어반 전면 화재표시

[그림 52] 제어반에 해당구역 댐퍼 동작표시

[그림 53] 해당 방호구역 댐퍼폐쇄

동작순서	관련 사진
4) 지연장치 동작 ⇒ 방호구역 내부의 사람이 피난할 수 있도록 a·b 회로 감지기 동작 또는 수동기동 이후부터 솔레노이드밸브 동작 전까지 약 30초의 지연시간을 둔다.	  [그림 54] **릴레이타입 지연타이머** [그림 55] **IC 타입 지연타이머**
5) 기동용기의 솔레노이드밸브 동작으로 ⇒ 기동용기 개방	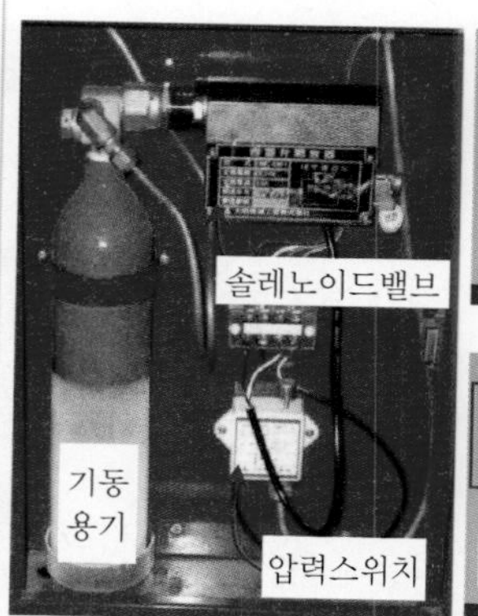 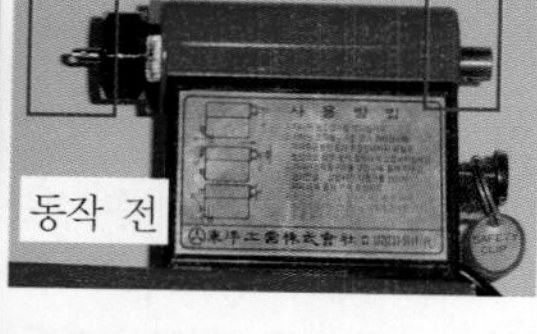 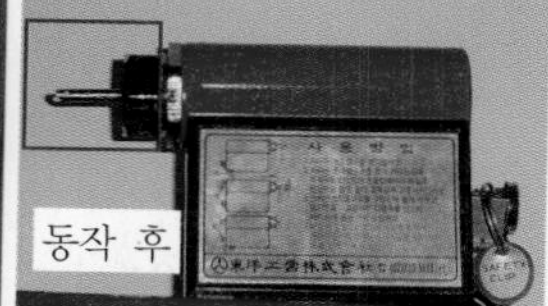 [그림 56] **기동용기함** [그림 57] **솔레노이드밸브 동작 전·후 모습**
6) 기동용기 내 가압용 가스가 동관으로 이동하여 (1) 선택밸브 개방   [그림 58] **선택밸브 동작 전** [그림 59] **선택밸브 동작 후**	 [그림 60] **피스톤릴리져를 이용한 선택밸브**

동작순서	관련 사진
(2) 주밸브 개방 : 분말소화약제 저장탱크 내부에는 평상시에 가압용 가스가 분말약제탱크에 가압되어 있는 상태이다. 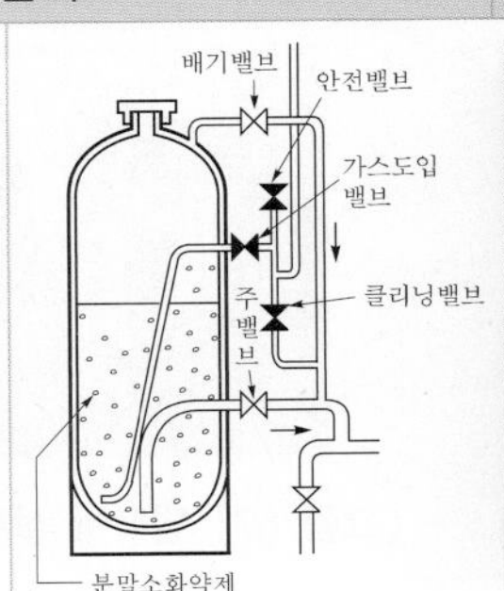	  [그림 61] **주밸브 개방**
7) 개방된 선택밸브를 통하여 약제방출 (1) 헤드를 통하여 약제 방사 (2) 소화	 [그림 62] **헤드로부터 소화약제 방사모습**
8) 압력스위치 작동 ⇒ 방출표시등 점등(제어반, 수동조작함, 방호구역 출입구 상단)	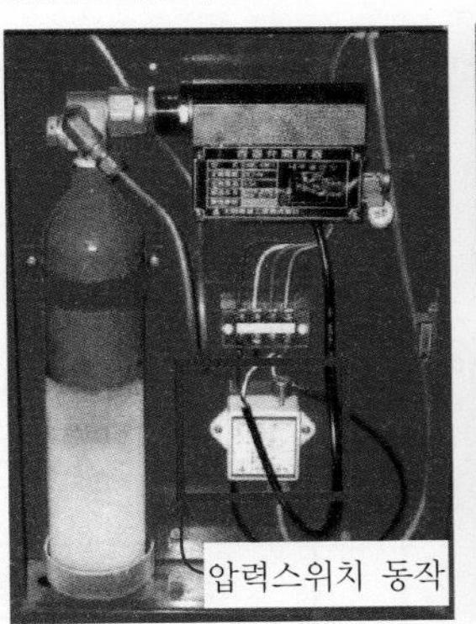 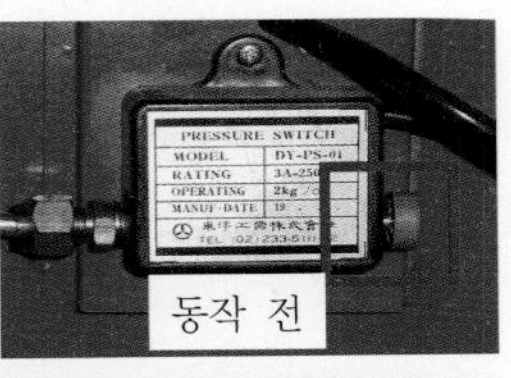  [그림 63] **압력스위치 동작**

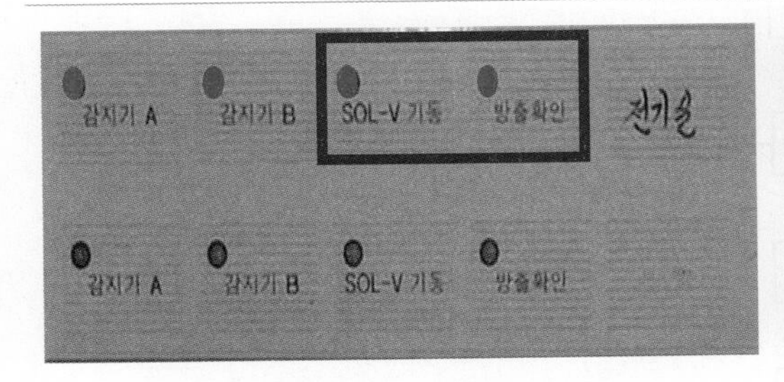

[그림 64] **제어반의 방출표시등 점등**

[그림 65] **출입문 상단 방출표시등 점등**

[그림 66] **수동조작함 방출표시등 점등**

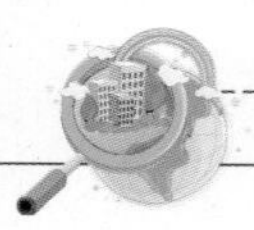

동작순서	관련 사진
9) 자동폐쇄장치 동작(가스압력식) ⇒ 피스톤릴리져댐퍼(PRD)가 동작되어 해당 방호구역의 댐퍼를 폐쇄한다.	 [그림 67] **댐퍼에 설치된 피스톤릴리져**

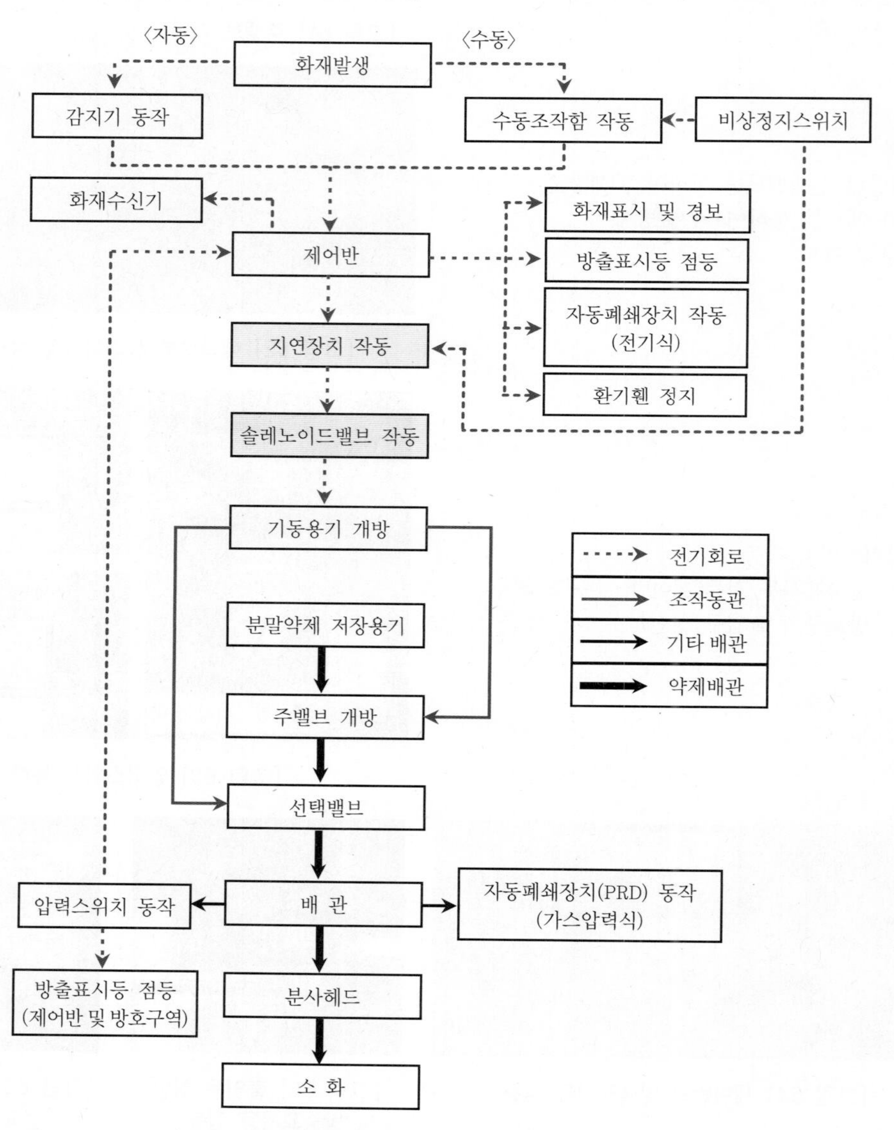

[그림 68] **분말소화설비 계통도(축압식–가스압력 개방방식)**

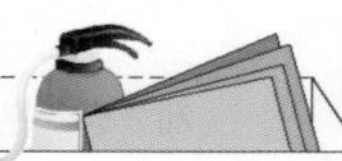

2 분말소화설비의 점검

1. 정압작동장치의 점검

정압작동장치의 기능이 정상적인지 이상 여부를 확인한다.

1) 가스압식(압력스위치 방식)

(1) 압력조정기가 부착된 시험용 가스용기를 정압작동장치에 동관으로 연결한다.

(2) 시험용 가스용기의 밸브를 연다.

(3) 압력조정기의 조정핸들을 돌려 조정압력 0kg/cm^{2}에서 조금씩 상승시켜 압력스위치가 동작(접점이 붙었을 때)하였을 때의 압력치를 읽어 둔다.

(4) **판정** : 설정압력치에서 압력스위치가 동작하면 정상이다.

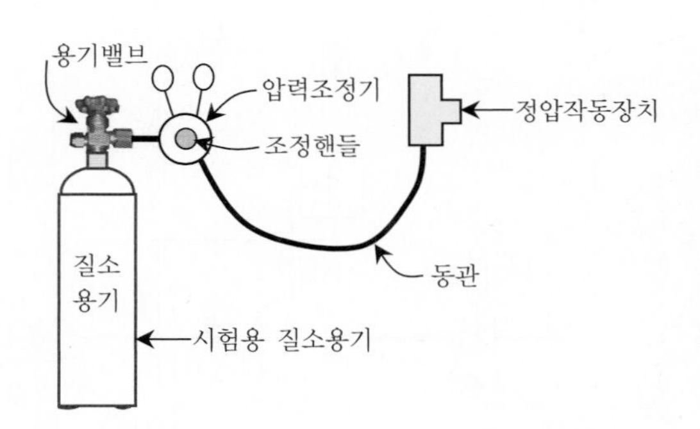

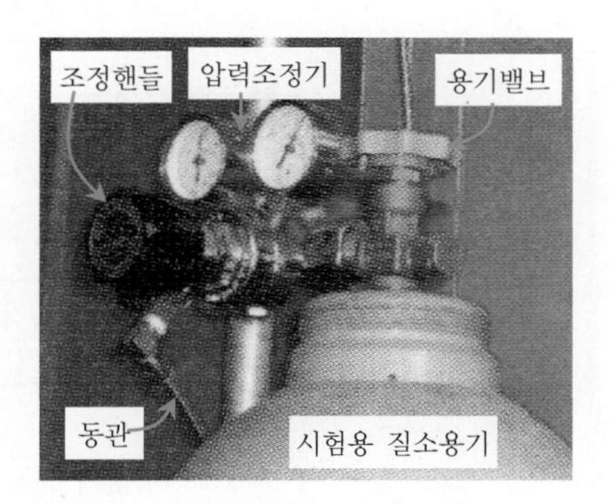

[그림 1] **정압작동장치시험 구성도(가스압식과 기계식)**

2) 기계식(스프링식)

(1) 압력조정기가 부착된 시험용 가스용기를 정압작동장치에 동관으로 연결한다.

(2) 시험용 가스용기의 밸브를 연다.

(3) 압력조정기의 조정핸들을 돌려 조정압력 0kg/cm^{2}에서 조금씩 상승시켜 로크가 해제되는 압력치를 읽어 둔다.

(4) **판정** : 설정압력치대로 밸브 잠금장치가 해제되면 정상이다.

3) 전기식(타이머방식)

(1) 약제가 방출되지 않도록 안전조치를 취한다.

(2) 설비를 수동으로 작동시킨다.

가. 방호구역 내 감지기 2개 회로 동작

나. 수동조작함의 수동조작스위치 동작

다. 제어반에서 동작시험스위치와 회로선택스위치로 동작

라. 제어반의 수동조작스위치 동작

(3) 타이머를 작동시켜 지연시간을 측정한다.

(4) 판정 : 설정시간대로 작동하면 정상이다.

tip 정압작동장치

1. 정압작동장치의 기능
   정압작동장치는 가압용 질소가스가 분말약제 저장용기 내에 유입되어 분말소화약제를 혼합·유동하여 설정된 방출압력에 도달(보통 15~30초 소요)하였을 때 주밸브를 개방시키기 위한 장치로서 가압식 저장용기에만 설치된다.
2. 정압작동장치의 종류
   1) 가스압식(압력스위치 방식) : 분말약제 저장용기에 유입된 가스압력이 설정압력에 도달하였을 때 압력스위치가 작동하여 전자밸브를 작동시킨다. 전자밸브의 동작에 의해 주밸브 개방용 가스를 이송시켜 피스톤릴리저를 움직여 주밸브를 개방한다.

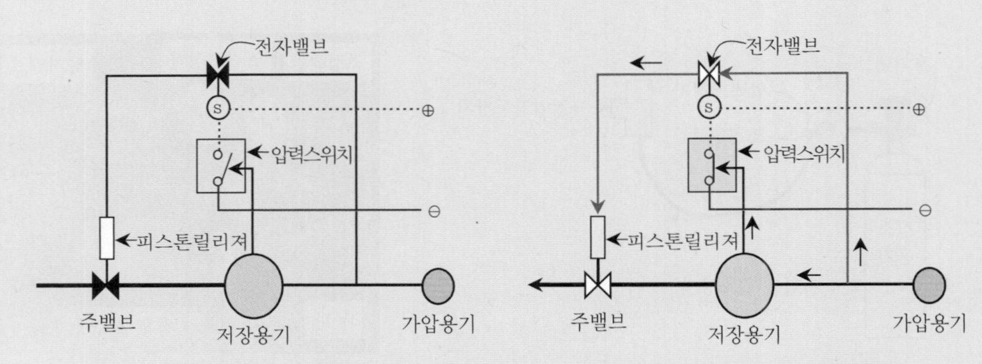

[그림 2] 압력스위치 동작 전　　[그림 3] 압력스위치 동작 후

[그림 4] 압력스위치 설치 외형

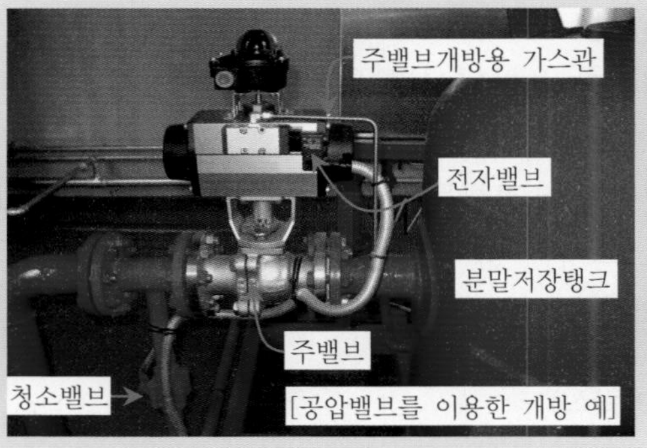

[공압밸브를 이용한 개방 예]

[피스톤릴리져를 이용한 개방 예]

[그림 5] 주밸브 설치 외형

2) 기계식(스프링식) : 약제탱크 내 압력이 적정압력에 도달하면 가압용 가스의 힘에 의해 밸브의 레버를 당겨서 밸브의 통로를 열어 주밸브 개방용 가스를 보내는 방식이다. 이때의 압력은 스프링으로 조절한다.

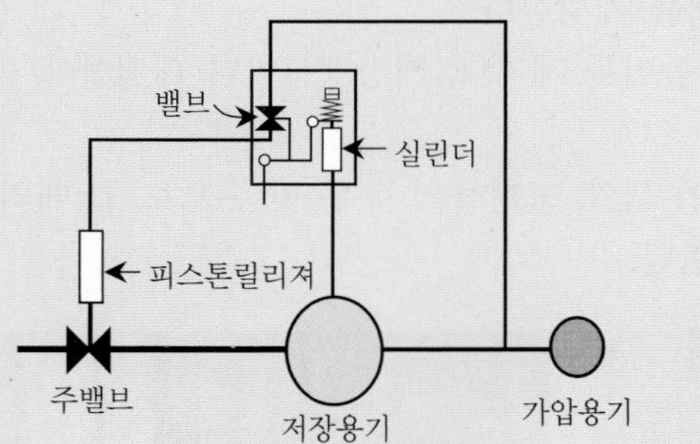

[그림 6] **압력스위치 동작 전**

밸브
실린더
피스톤릴리져
주밸브
저장용기
가압용기

[그림 7] **압력스위치 동작 후**

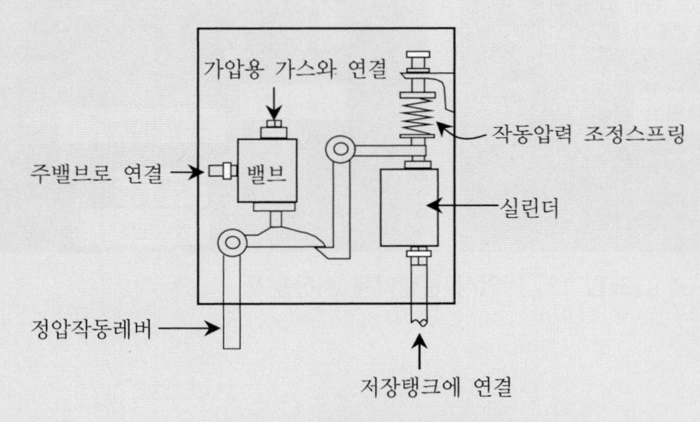

[그림 8] **기계식 정압작동장치**

[그림 9] **타이머릴레이 외형**

3) 전기식(타이머 방식) : 분말약제 저장용기에 유입된 가스가 설정된 압력에 도달하는 시간을 사전에 타이머에 설정하여 두고, 기동과 동시에 릴레이를 작동시켜 입력시간 지연 후 접점의 동작으로 전자밸브를 개방시켜 주밸브 개방용 가스를 보내 피스톤릴리져 동작에 의해 주밸브를 개방시킨다.

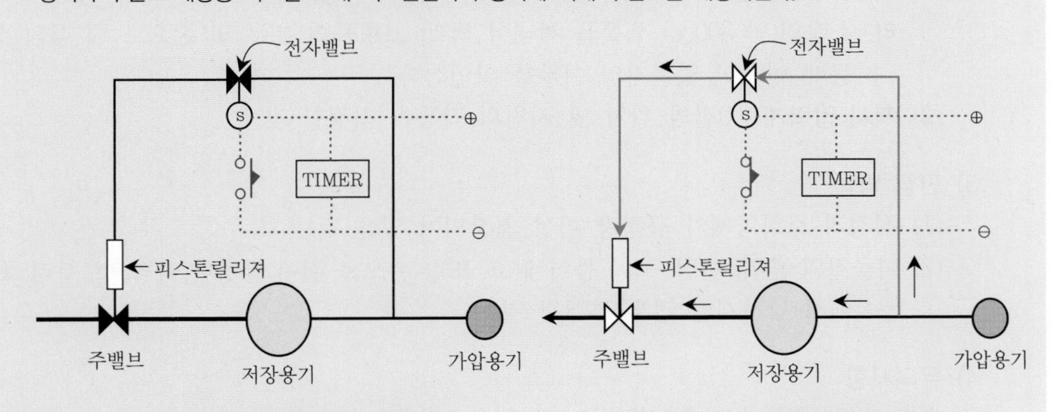

[그림 10] **타이머 접점 동작 전**

[그림 11] **타이머 접점 동작 후**

2. 분말소화약제의 점검

1) 가압식의 경우

(1) 소화약제 저장용기의 충전덮개를 개방한다.

(2) 충전구로부터 소화약제까지의 높이를 재거나, 저장탱크마다 대저울에 올려놓고 측정한다.

(3) 소량의(약 300cc) 샘플을 꺼내어 색깔, 고형물의 유무 및 손으로 쥘 때의 상태 등에 이상이 없는지의 여부를 확인한다.

[그림 12] **가압식 분말약제 저장용기**

2) 축압식의 경우

(1) **소화약제량**

가. 배압밸브에서 압력을 뽑고, 잔압이 없는가를 확인한다.

나. 소화약제 저장용기의 충전덮개를 개방한다.

다. 충전구로부터 소화약제까지의 높이를 재거나, 저장탱크마다 대저울에 올려놓고 측정한다.

라. 소량의(약 300cc) 샘플을 꺼내어 색깔, 고형물의 유무 및 손으로 쥘 때의 상태 등에 이상이 없는지의 여부를 확인한다.

(2) **지시 압력계** : 0점의 위치 및 지침의 작동이 적정할 것

3) 판정 방법

(1) 적정의 소화약제가 규정량 이상 저장되어 있을 것

(2) 이물질의 혼입, 변질, 고화 등이 없고, 또한 손으로 쥐어 굳거나 바닥으로부터 50cm 높이에서 낙하시킨 경우 부서질 것

4) 유의사항

온도 40℃ 이상, 습도 60%를 넘는 곳에서는 점검을 보류할 것(∵ 약제에 영향을 주지 않도록)

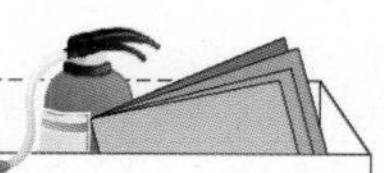

3. 분말소화설비의 사용 후 처치

1) 제어반을 복구한다.(음향장치 정지, 설비 연동정지, 기동장치 등 복구)
2) 실내를 환기한다.(연소가스와 분말약제를 실외로 배출)
3) 배기밸브를 개방하여 분말약제탱크 내의 잔여가스를 배출한다.
4) 클리닝밸브를 열어 별도의 청소용 가압용 가스로 배관 내의 잔류약제를 청소한다.

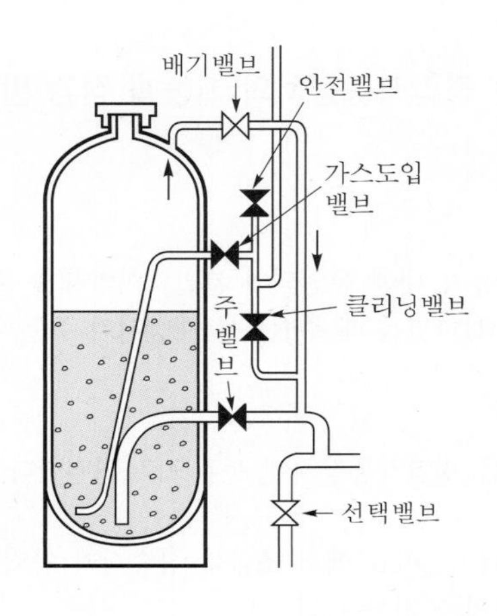

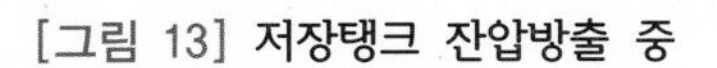

[그림 13] **저장탱크 잔압방출 중**

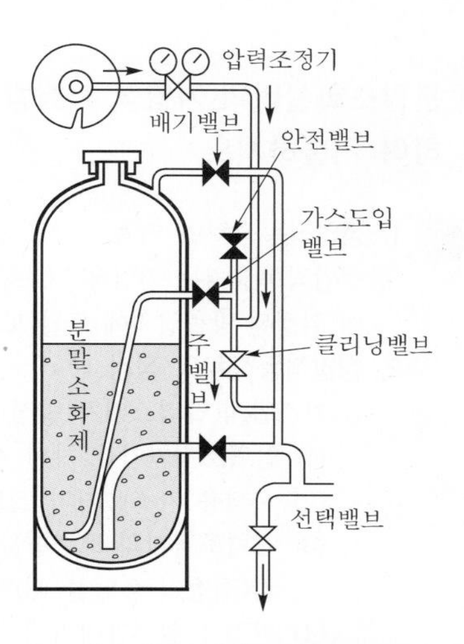

[그림 14] **클리닝 조작 중**

tip 소화약제 방출 후 즉시 배관 청소를 해야 하는 이유

배관 속의 잔류약제가 있을 경우 공기 중의 수분을 흡수하여 굳어지게 되어 배관의 굵기가 좁아지는 결과를 초래하게 되어 실제 화재 시 원활한 약제의 이송이 어려워지게 된다. 따라서 약제방사 후에 즉시 가압용 가스로 불어 배관 내를 청소해 주어야 한다.

5) 소화약제 방출 전에 폐쇄된 자동폐쇄장치 중 배출장치에 관계되는 장치를 개방한다.
   (1) 전기식 폐쇄장치 : 제어반 복구 ⇒ 폐쇄된 댐퍼 자동개방
   (2) 기계식 폐쇄장치(PRD 사용) : 약제가 방출된 방호구역 밖에 설치된 댐퍼 복구밸브를 개방하여 동관 내 가스배출
   ⇒ 작동된 피스톤릴리져 복구
6) 배출장치를 기동해서 대기 중에 날리는 소화약제를 배출한다.(설치된 경우에 한함.)
7) 방호구역 내 방출된 소화약제를 청소한다.
8) 방출된 가스 및 소화약제를 충전한다.(기동용 가스용기, 가압용 가스용기 및 분말소화약제)
9) 가스계소화설비의 구성요소 중 문제가 있는 부분을 정비한다.
10) 외관점검과 작동기능점검을 시행하여 이상이 없으면 정상상태로 복구한다.

기출 및 예상 문제

★★★

01 분말소화설비의 가압식 저장방식에 설치되는 정압작동장치의 기능과 점검 방법에 대하여 기술하시오.

1. 정압작동장치의 기능

정압작동장치는 가압용 가스가 분말약제 저장용기 내에 유입되어 분말소화약제를 혼합·유동하여 설정된 방출압력에 도달(보통 15 ~ 30초 소요)하였을 때 주밸브를 개방시켜 주는 역할을 한다.

2. 정압작동장치의 점검

1) 가스압식(압력스위치 방식)
   (1) 압력조정기가 부착된 시험용 가스용기를 정압작동장치에 동관으로 연결한다.
   (2) 시험용 가스용기의 밸브를 연다.
   (3) 압력조정기의 조정핸들을 돌려 조정압력 0kg/cm^{2}에서 조금씩 상승시켜 압력스위치가 동작(접점이 붙었을 때)하였을 때의 압력치를 읽어 둔다.
   (4) 판정 : 설정압력치에서 압력스위치가 동작하면 정상이다.

2) 기계식(스프링식)
   (1) 압력조정기가 부착된 시험용 가스용기를 정압작동장치에 동관으로 연결한다.
   (2) 시험용 가스용기의 밸브를 연다.
   (3) 압력조정기의 조정핸들을 돌려 조정압력 0kg/cm^{2}에서 조금씩 상승시켜 로크가 해제되는 압력치를 읽어 둔다.
   (4) 판정 : 설정압력치대로 밸브 잠금장치가 해제되면 정상이다.

3) 전기식(타이머 방식)
   (1) 약제가 방출되지 않도록 안전조치를 취한다.
   (2) 설비를 수동으로 작동시킨다.
      가. 방호구역 내 감지기 2개 회로 동작
      나. 수동조작함의 수동조작스위치 동작
      다. 제어반에서 동작시험스위치와 회로선택스위치로 동작
      라. 제어반의 수동조작스위치 동작
   (3) 타이머를 작동시켜 지연시간을 측정한다.
   (4) 판정 : 설정시간대로 작동하면 정상이다.

★★★

02 분말소화설비의 사용 후 처치 방법을 기술하시오.

1. 제어반을 복구한다.(음향장치 정지, 설비 연동정지, 기동장치 등 복구)
2. 실내를 환기한다.(연소가스와 분말약제를 실외로 배출)
3. 배기밸브를 개방하여 분말약제탱크 내의 잔여가스를 배출한다.
4. 클리닝밸브를 열어 별도의 청소용 가압용 가스로 배관 내의 잔류약제를 청소한다.
5. 소화약제 방출 전에 폐쇄된 자동폐쇄장치 중 배출장치에 관계되는 장치를 개방한다.
   1) 전기식 폐쇄장치 : 제어반 복구 ⇒ 폐쇄된 댐퍼 자동개방
   2) 기계식 폐쇄장치(PRD 사용) : 약제가 방출된 방호구역 밖에 설치된 댐퍼 복구밸브를 개방하여 동관 내 가스배출 ⇒ 작동된 피스톤릴리져 복구
6. 배출장치를 기동해서 대기 중에 날리는 소화약제를 배출한다.(설치된 경우에 한함.)
7. 방호구역 내 방출된 소화약제를 청소한다.
8. 방출된 가스 및 소화약제를 충전한다.(기동용 가스용기, 가압용 가스용기 및 분말소화약제)
9. 가스계소화설비의 구성요소 중 문제가 있는 부분을 정비한다.
10. 외관점검과 작동기능점검을 시행하여 이상이 없으면 정상상태로 복구한다.

출제 경향 분석

번 호	기출 문제	출제 시기 및 배점
1	3. 자동화재탐지설비 수신기의 화재표시작동시험, 도통시험, 공통선시험, 예비전원시험, 동시작동시험 및 회로저항시험의 작동시험 방법과 가부 판정기준에 대하여 기술하시오.	2회 30점
2	3. 공기주입시험기를 이용한 공기관식 감지기의 작동시험 방법과 주의사항에 대하여 기술하시오.	3회 20점
3	3. 자동화재탐지설비 P형 1급 수신기의 화재작동시험, 회로도통시험, 공통선시험, 동시작동시험, 저전압시험의 작동시험 방법과 가부 판정의 기준을 기술하시오.	6회 20점
4	3. 다음 각 설비의 구성요소에 대한 점검항목 중 소방시설 종합정밀점검표의 내용에 따라 답하시오.(40점) (1), (2), (3)－타설비 관련－(각 10점) (4) 지하 3층, 지상 5층, 연면적 5,000m^{2}인 경우 화재층이 다음과 같을 때 경보되는 층을 모두 쓰시오.(10점)－직상층, 발화층 우선경보방식 가. 지하 2층 나. 지상 1층 다. 지상 2층	8회 10점
5	2. 다음 그림은 차동식 분포형 공기관식 감지기의 계통도를 나타낸 것이다. 각 물음에 답하시오. (1) 동작시험 방법을 쓰시오.(5점) (2) 동작에 이상이 있는 경우를 2가지 쓰시오.(20점)	9회 25점
6	1. 국가화재안전기준에 의거하여 다음 물음에 답하시오.(40점) (1) 불꽃감지기의 설치기준 5가지를 쓰시오.(10점) (2) 자동화재탐지설비의 설치장소별 감지기 적응성기준 [별표 1]에서 연기감지기를 설치할 수 없는 장소의 환경상태가 “먼지 또는 미분 등이 다량으로 체류하는 장소”에 감지기를 설치할 때 확인사항 5가지를 쓰시오.(10점)	12회 20점
7	1. R형 복합형 수신기 화재표시 및 제어기능(스프링클러설비)의 조작·시험 시 표시창에 표시되어야 하는 성능시험 항목에 대하여 세부 확인사항 5가지를 각각 쓰시오.(10점) 2. R형 복합형 수신기 점검 중 1계통에 있는 전체 중계기의 통신램프가 점멸되지 않을 경우 발생원인과 확인 절차를 각각 쓰시오.(6점) 3. 아날로그방식 감지기에 관하여 다음 물음에 답하시오.(9점) (1) 감지기의 동작특성에 대하여 설명하시오.(3점) (2) 감지기의 시공 방법에 대하여 설명하시오.(3점) (3) 수신반 회로수 산정에 대하여 설명하시오.(3점) 6. 중계기 점검 중 감지기가 정상동작하여도 중계기가 신호입력을 못 받을 때의 확인 절차를 쓰시오.(5점)	18회 30점

<table>
<tr><th>번 호</th><th>기출 문제</th><th>출제 시기 및 배점</th></tr>
<tr><td>8</td><td>4. 소방대상물의 주요 구조부가 내화구조인 장소에 공기관식 차동식 분포형 감지기가 설치되어 있다. 다음 물음에 답하시오.
(1) 공기관식 차동식 분포형 감지기의 설치기준에 관하여 쓰시오.(6점)
(2) 공기관식 차동식 분포형 감지기의 작동계속시험 방법에 관하여 (　)에 들어갈 내용을 쓰시오.(4점)
가. 검출부의 시험구멍에 (㉠)을/를 접속한다.
나. 시험코크를 조작해서 (㉡)에 놓는다.
다. 검출부에 표시된 공기량을 (㉢)에 투입한다.
라. 공기를 투입한 후 (㉣)을/를 측정한다.
(3) 작동계속시험 결과 작동지속시간이 기준치 미만으로 측정되었다. 이러한 결과가 나타나는 경우의 조건 3가지를 쓰시오.(3점)</td><td>19회 13점</td></tr>
<tr><td>9</td><td>5. 자동화재탐지설비에 대한 작동기능점검을 실시하고자 한다. 다음 물음에 답하시오.(8점)
(2) 수신기에서 예비전원 감시등이 소등상태일 경우 예상원인과 점검방법이다. (　)에 들어갈 내용을 쓰시오.(4점)
<table>
<tr><th>점검항목</th><th>조치 및 점검방법</th></tr>
<tr><td>가. 퓨즈단선</td><td>(㉡)</td></tr>
<tr><td>나. 충전불량</td><td>(㉢)</td></tr>
<tr><td>다. (㉠)</td><td rowspan="2">(㉣)</td></tr>
<tr><td>라. 배터리 완전방전</td></tr>
</table></td><td>19회 4점</td></tr>
<tr><td>10</td><td>2. 자동화재탐지설비(NFSC 203)에 관하여 다음 물음에 답하시오.
※ 출제 당시 법령에 의함.
(1) 중계기 설치기준 3가지를 쓰시오.(3점)
(2) 다음 표에 따른 설비별 중계기 입력 및 출력 회로수를 각각 구분하여 쓰시오.(4점)
<table>
<tr><th>설비별</th><th>회 로</th><th>입력(감시)</th><th>출력(제어)</th></tr>
<tr><td>자동화재탐지설비</td><td>발신기, 경종, 시각경보기</td><td>(㉠)</td><td>(㉡)</td></tr>
<tr><td>습식 스프링클러설비</td><td>압력스위치, 탬퍼스위치, 싸이렌</td><td>(㉢)</td><td>(㉣)</td></tr>
<tr><td>준비작동식 스프링클러설비</td><td>감지기 A, 감지기 B, 압력스위치, 탬퍼스위치, 솔레노이드, 싸이렌</td><td>(㉤)</td><td>(㉥)</td></tr>
<tr><td>할로겐화합물 및 불활성기체 소화설비</td><td>감지기 A, 감지기 B, 압력스위치, 지연스위치, 솔레노이드, 싸이렌, 방출표시등</td><td>(㉦)</td><td>(㉧)</td></tr>
</table>
(3) 광전식 분리형 감지기 설치기준 6가지를 쓰시오.(6점)
(4) 취침·숙박·입원 등 이와 유사한 용도로 사용되는 거실에 설치하여야 하는 연기감지기 설치대상 특정소방대상물 4가지를 쓰시오.(4점)</td><td>19회 17점</td></tr>
<tr><td>11</td><td>1. 수신기의 기록장치에 저장하여야 하는 데이터는 다음과 같다. (　)에 들어갈 내용을 순서에 관계없이 쓰시오.(4점)
2. 연기감지기를 설치할 수 없는 경우, 건조실, 살균실, 보일러실, 주조실, 영사실, 스튜디오에 설치할 수 있는 적응열감지기 3가지를 쓰시오.(3점)
3. 감지기회로의 도통시험을 위한 종단저항의 기준 3가지를 쓰시오.(3점)</td><td>20회 10점</td></tr>
</table>

번 호	기출 문제	출제 시기 및 배점
12	1. 건축물의 소방점검 중 다음과 같은 사항이 발생하였다. 이에 대한 원인과 조치방법을 각각 3가지씩을 쓰시오.(2점) (1) 아날로그감지기 통신선로의 단선표시등 점등(6점) (2) 습식 스프링클러설비의 충압펌프의 잦은 기동과 정지(단, 충압펌프는 자동정지, 기동용 수압개폐장치는 압력챔버방식이다.)(6점)	21회 12점
13	1. 차동식 분포형 공기관식 감지기의 화재작동시험(공기주입시험)을 했을 경우 동작시간이 느린 경우(기준치 이상)의 원인 5가지 (5점)	23회 5점

학습 방향	
1	자동화재탐지설비 P형 1급 수신기시험 종류별 목적, 시험 방법, 가부 판정기준
2	차동식 분포형 공기관식 감지기시험의 종류별 시험 방법, 가부 판정기준
3	직상층, 발화층 우선경보방식기준
4	교차회로방식 : 채택이유, 해당설비, 그림, 점검 방법, 동작시험 시 주의사항
5	화재안전기준 : 경계구역 설정 방법, 감지기, 수신기, 중계기, 발신기, 음향장치, 전원, 배선 등
6	P형, R형 고장진단 : 상용 전원감시등 소등, 예비전원감시등 점등, 경종 미동작, 지구표시등 계속 동작, 통신이상, 중계기 불량
☞	P형과 R형 수신기 시험 방법, 차동식 분포형 감지기 시험 방법과 자동화재탐지설비의 고장진단 숙지 및 화재안전기준과 연계하여 점검항목 정리 요함.

제6절 자동화재탐지설비의 점검

1 P형 자동화재탐지설비의 점검

자동화재탐지설비는 화재 시 발생하는 열, 연기 또는 불꽃의 초기현상을 감지기에 의한 자동감지신호나 화재를 발견한 사람이 발신기를 눌러 발신한 수동신호를 수신기에서 수신하여, 화재발생 및 화재장소를 화재표시등 및 지구등에 의하여 표시하고 동시에 주경종 및 지구경종을 명동함으로써 특정소방대상물의 관계자와 화재가 발생한 지역의 거주민 또는 출입자에게 피난유도 및 초기소화 활동을 유효하게 하는 매우 중요한 설비이다.

1. P형 자동화재탐지설비의 구성

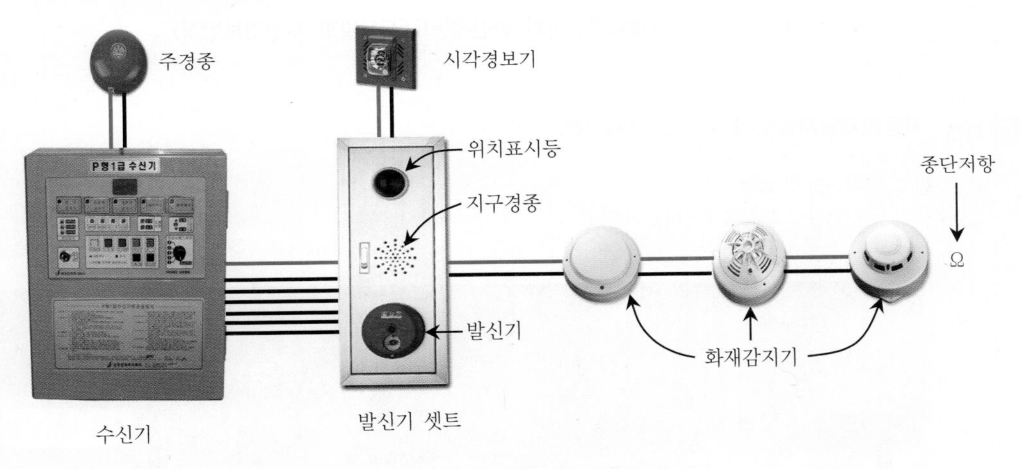

[그림 1] P형 자동화재탐지설비의 구성

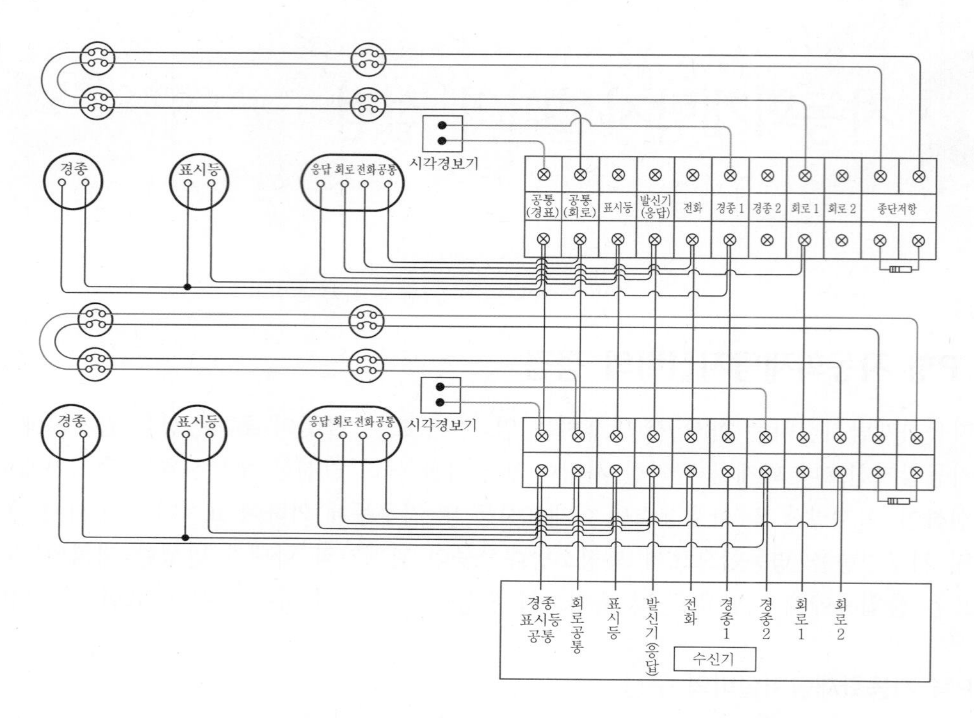

[그림 2] **자동화재탐지설비의 간선계통도(직상발화 우선경보방식)**

tip 자동화재탐지설비의 구간별 단자전압

1. 수신기 입력전압 : 교류 220V
2. 수신기 운영전압 : 직류 24V(회로기준)

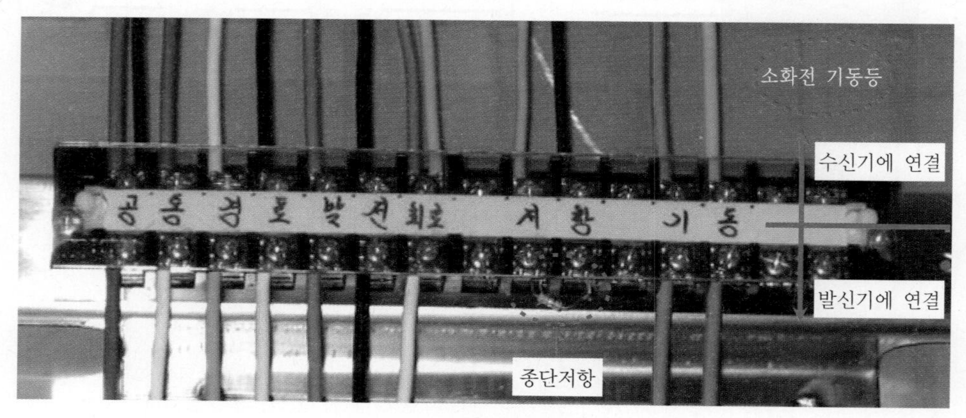

[그림 3] **발신기 단자대**

■ 각 구간별 단자전압(단자전압 측정지점 : 발신기 단자대) [단위 : DC V]

구 간	평상시	감지기 또는 발신기 작동 시	
회로 ↔ 공통	21~24	감지기 작동	• 감지기 작동 시 : 4~6 • 리드선 단락 시 : 0 ※ 리드선 단락 후 분리 : 21~24
		발신기 작동	0
전화 ↔ 공통	22~24	변화 없음. ※ 수신기에서 전화기능 삭제 <2022. 5. 9 개정>	
발신기 ↔ 공통 (응답등)	21~24	• 발신기 작동 시 : 2~13	
표시등 ↔ 공통	24~26 (표시등 접속 수량에 따라 다름.)	변화 없음.	
경종 ↔ 공통	0	• 경보 정지 시 : 0(수신기 경종 정지 시) • 경보 발령 시 : 23~24(수신기 경종 정지 해제 시)	
참고 소화전 기동 표시등	0	AC 220V(경우에 따라 R형 등 : DC 24~26V)	

주의 상기의 예시는 P형 1급 수신기(30회로)의 각 배선별 단자전압을 해당 회로의 단자대에서 측정한 경우이므로 선로의 길이, 사용연한 또는 제조사의 제품사양 등 현장 여건에 따라 전압의 오차가 있을 수 있다.

2. 자동화재탐지설비의 동작설명

동작순서	관련 사진
1) 화재발생	[그림 4] 화재발생
2) 화재감지기 동작 또는 수동발신기 버튼 누름	[그림 5] 감지기 동작 [그림 6] 발신기 누름

<table>
<tr><th>동작순서</th><th>관련 사진</th></tr>
<tr><td>3) 수신기에 화재표시등 및 주경종 작동
(1) 감지기 동작 시 : 주화재표시등 · 지구화재 표시등 점등, 주경종 동작
(2) 발신기 동작 시 : 주화재표시등 · 지구화재 표시등, 발신기등 점등, 주경종 동작
⇒ 지구경종 발령</td><td>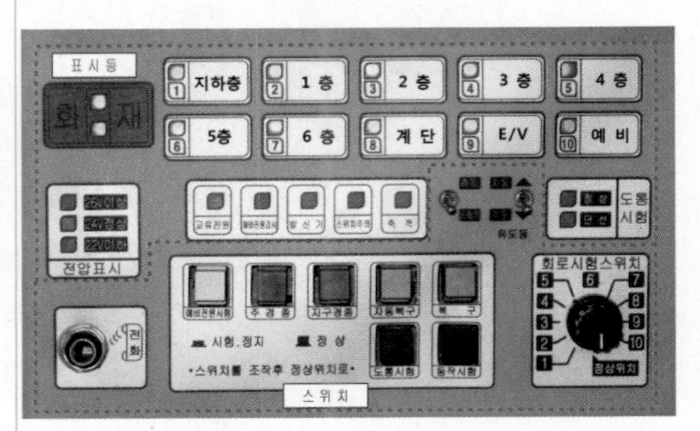

[그림 7] P-1급 수신기 전면</td></tr>
<tr><td colspan="2">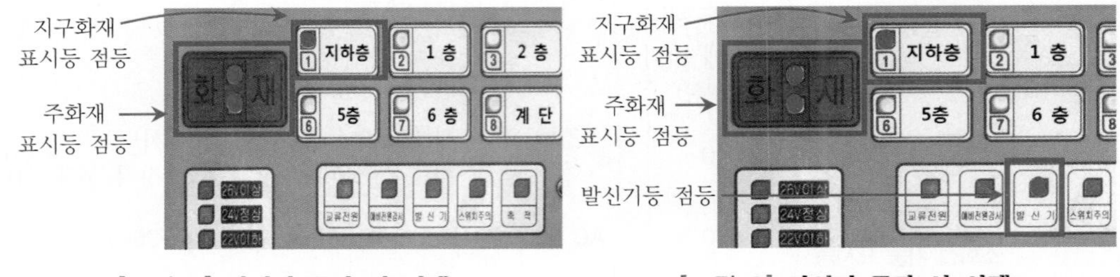
</td></tr>
<tr><td>[그림 8] 감지기 동작 시 상태</td><td>[그림 9] 발신기 동작 시 상태</td></tr>
</table>

3. 수신기의 표시등 및 스위치의 기능

1) 자동화재탐지설비의 수신기

"수신기"란 감지기나 발신기에서 발하는 화재신호를 직접 수신하거나 중계기를 통하여 수신하여 화재의 발생을 표시 및 경보하여 주는 장치를 말한다. 화재수신기는 P형과 R형으로 구분된다.

P형 수신기(Proprietary Type)는 입력신호 · 출력신호가 개별적으로 실선으로 수신기까지 연결되어 입력신호의 수신 및 설비를 제어해주는 방식이며, R형 수신기(Record Type)는 입력신호 · 출력신호를 디지털 통신을 통하여 직접 또는 중계기를 통하여 입력신호의 수신 및 설비를 제어해주는 방식이다.

복합형 수신기는 자동화재탐지설비 이외에도 소화설비 등의 설비의 감시제어반의 기능을 겸하게 되는데, 이러한 수신기를 P형 복합식 수신기, R형 복합식 수신기라고 하며 건축물에 설치되는 대부분이 복합형 수신기이다.

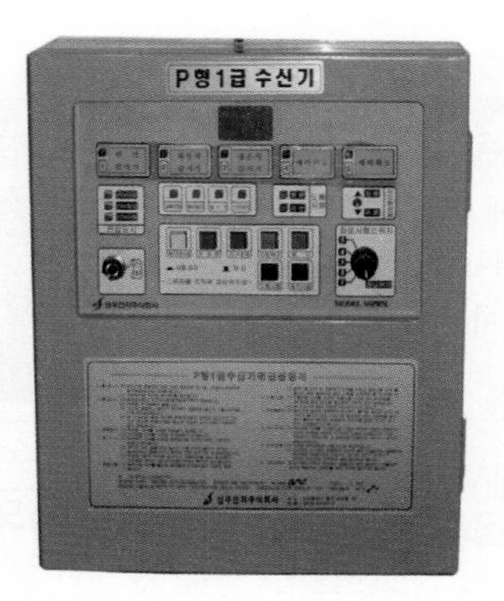

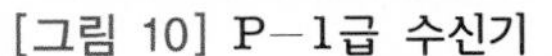

[그림 10] P-1급 수신기

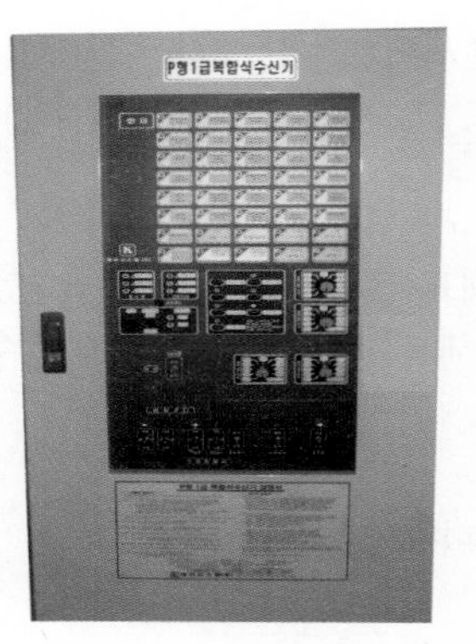

[그림 11] P-1급 복합형 수신기

[그림 12] R형 복합식 수신기

(1) P형 1급 수신기 외형

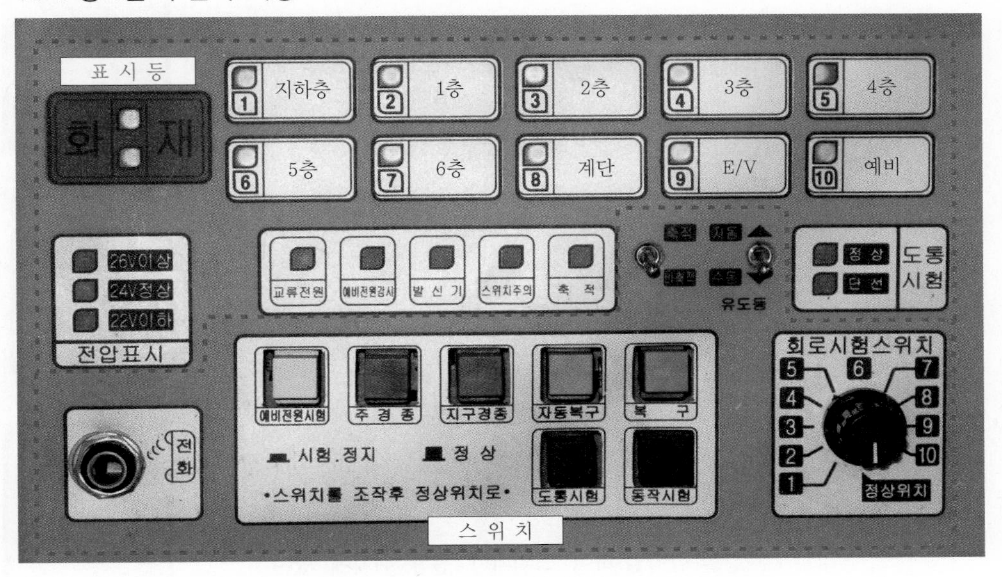

[그림 13] 수신기 표시등 및 스위치-P형 1급 10회로

(2) 표시등의 기능

구 분	기 능	관련 사진
화재표시등 (주화재표시등)	통상 수신기의 전면 상단에 설치된 것으로 화재가 발생되었을 경우 적색으로 표시되며 경계구역 구분 없이 지구표시등과 함께 점등된다.	
지구표시등	화재신호가 발생된 각 경계구역을 나타내는 표시등으로서, 창구식과 지도판식이 있다.	
교류전원등	내부회로에 상용전원이 공급되고 있음을 나타내며 상시 점등상태를 유지하여야 한다. **참고** 평상시 점등	
전압지시등	수신기는 교류전압 220V를 24V로 감압하고 직류로 변환하여 직류 24V로 자동화재탐지설비를 운용하는데, 수신기 전면에서 전압을 확인하는 표시등이다. 전압표시는 전압계가 설치된 타입과 다이오드 타입이 있으며, 평상시 DC 24V를 지시한다.	[LED 타입] [전압계 타입]
예비전원 감시등	예비전원의 이상 유무를 확인하여 주는 표시등으로서, 이 표시등이 점등되어 있으면 예비전원 충전이 완료되지 않았거나, 예비전원을 연결하는 전선의 일부분이 단선된 상태 또는 예비전원이 불량하여 충전이 되지 않고 있음을 나타낸다.	
발신기 작동(응답)등	수신기에 수신된 화재신호가 발신기의 조작에 의한 신호인지, 감지기의 작동에 의한 신호인지의 여부를 식별해 주는 표시장치로서, 이 표시등이 점등되면 해당 구역의 발신기의 누름버튼이 눌러진 상태이다.	
스위치주의등	수신기의 전면에 있는 스위치들의 정상위치 여부를 나타내는 표시장치로서 스위치가 정상위치에 있지 않을 경우 스위치주의등이 점멸(깜박임)하여 스위치가 정상 위치에 있지 않음을 알려준다.	

구 분	기 능	관련 사진
도통시험등	수신기에서 발신기·감지기 간의 선로 도통상태를 검사하는 시험등으로서, 도통시험 시 선로가 정상일 경우에는 정상(녹색)등에, 단선일 경우에는 단선(적색)등에 점등된다. 전압계타입도 있으며 도통시험 시 단선, 정상임을 알 수 있도록 표시가 되어 있다. **참고** 도통시험 시 선로의 도통상태를 전압계의 지시침으로 확인하는 수신기도 있으며 평상시 선로의 도통상태를 자동적으로 확인하여 단선 시 해당 지구표시등이 점멸되는 형태의 것도 있다.	

(3) 조작스위치의 기능

구 분	기 능	관련 사진
예비전원 시험스위치	예비전원을 시험하기 위한 스위치로, 스위치를 누르면 전압이 정상/높음/낮음으로 표시되며, 전압계가 있는 경우는 전압이 전압계에 나타난다.	
주경종 정지스위치	화재발생 시 또는 동작시험 시 수신기 내부 또는 인근에 설치된 주경종이 울리게 되는데, 이때 주경종을 정지하고자 할 때 주경종 정지스위치를 누르면 주경종이 울리지 않는다.	
지구경종 정지스위치	화재발생 시 또는 동작시험 시 지구경종이 울리게 되는데, 이때 지구경종을 정지하고자 할 때 지구경종 정지스위치를 누르면 건물 내에서는 소리가 나지 않는다.	
자동복구 스위치	화재동작시험 시 사용하는 스위치로서 신호가 입력될 때만 동작하며 신호가 없으면 자동으로 복구되는 스위치이다.	

구 분	기 능	관련 사진
복구스위치	수신기의 동작상태를 정상으로 복구할 때 사용한다.	
도통시험 스위치	도통시험스위치는 도통시험스위치를 누르고 회로선택 스위치를 회전시켜, 선택된 회로의 선로의 결선상태를 확인할 때 사용한다.	
동작시험 스위치	수신기에 화재신호를 수동으로 입력하여 수신기가 정상적으로 동작되는지를 확인하는 시험스위치이다.	
회로선택 스위치	동작시험이나 회로도통시험을 실시할 때 원하는 회로를 선택하기 위하여 사용한다.	
전화잭	화재경보 시 현장확인 혹은 보수·점검할 때 휴대용 송수화기를 이용하여 발신기 상단에 설치된 전화잭에 송수화기를 접속하면 수신기 내부의 부저가 명동하고, 이때 수신기에 부착된 전화잭에 송수화기 플러그를 삽입하면 수신기의 부저가 정지하고 발신자와 통화가 가능(화재 시와 무관하게 통화가능)하다. ※ 부저 : 발신기의 전화잭에 송수화기 연결 시 명동 ※ 수신기에서 전화기능 삭제 <2022. 5. 9 개정>	

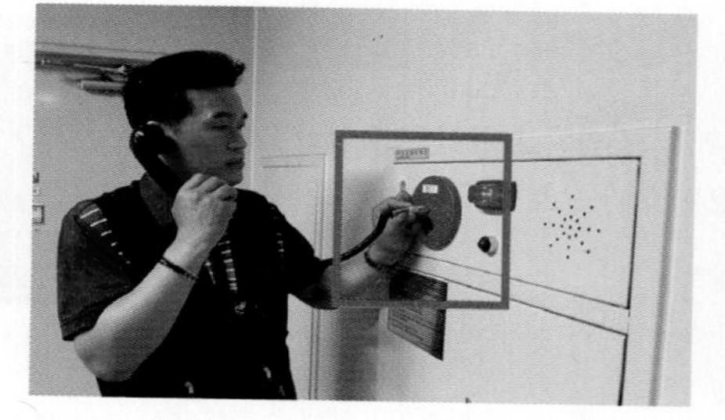

[그림 14] 발신기의 전화잭에 송수화기 삽입

[그림 15] 수신기의 부저 명동 시 송수화기를 전화잭에 삽입하여 통화

구 분	기 능	관련 사진
비상방송 연동정지 스위치	비상방송설비가 설치된 대상처만 있는 스위치로서 필요 시 비상방송설비를 연동 또는 정지로 전환하는 스위치이다. 평상시에는 정상(연동)상태로 놓아 관리한다.	
유도등 절환스위치	3선식 유도등이 설치된 경우에 설치되는 절환스위치로서, 자동의 위치로 놓으면 화재 시 유도등이 자동으로 점등되며, 유도등을 수동으로 점등시키고자 할 경우에는 수동위치로 전환하면 된다. 평상시에는 자동위치로 놓아 관리한다.	
축적 · 비축적 절환스위치	수신기의 내부 또는 외부에 설치되며, 축적위치로 놓아 관리한다. 점검 시에는 비축적위치로 놓아 시험하고 시험이 완료되면 다시 축적위치로 전환해 놓는다.	

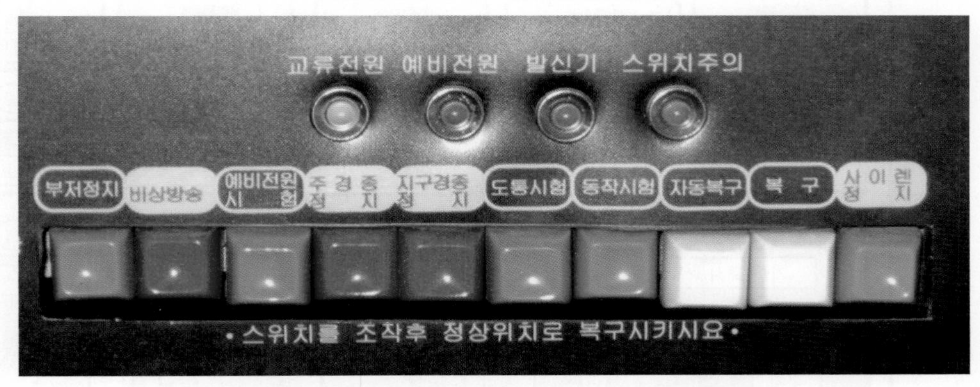

[그림 16] 복합형 수신기의 표시등 및 조작스위치 예 (1)

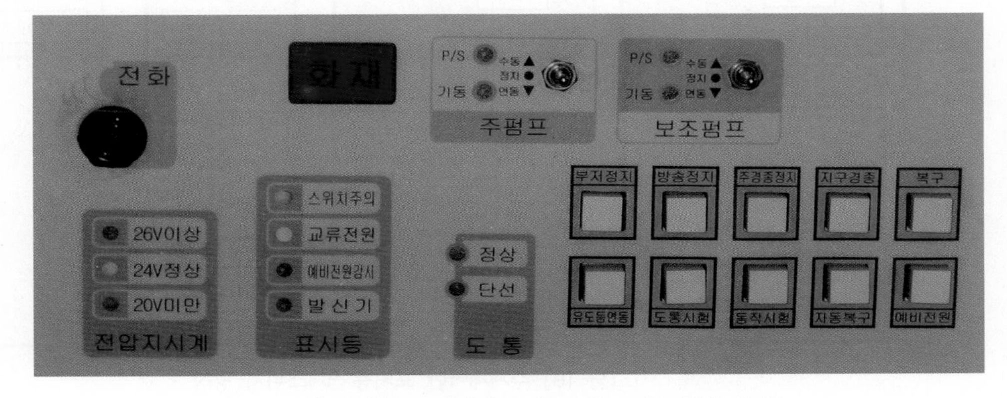

[그림 17] 복합형 수신기의 표시등 및 조작스위치 예 (2)

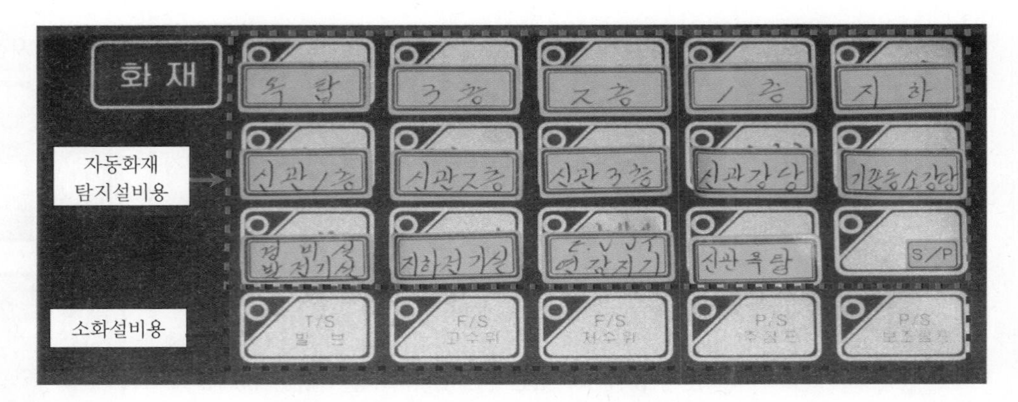

[그림 18] 복합형 수신기의 지구표시창 예

2) 수계소화설비의 제어반

(1) 제어반의 표시등 및 스위치 명칭

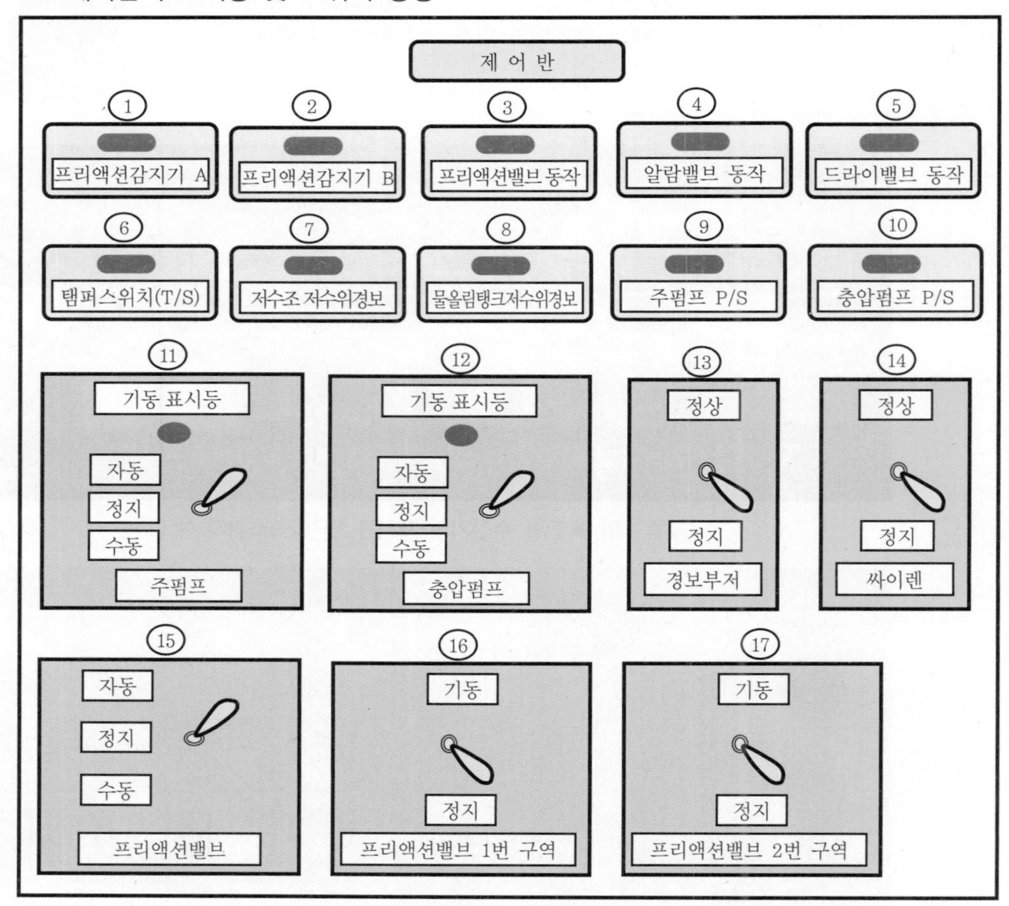

[그림 19] 수계제어반 표시등 및 스위치 명칭

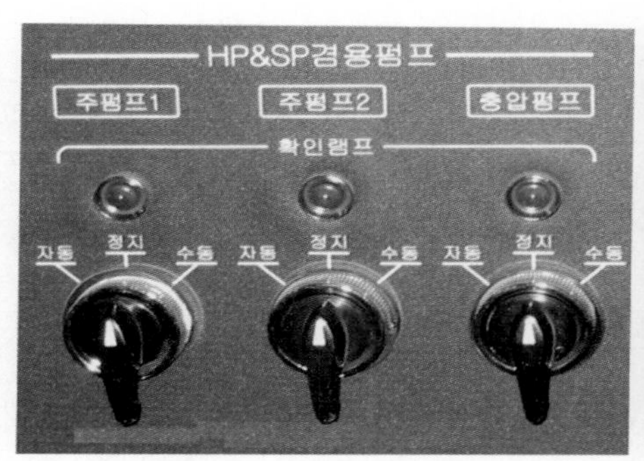

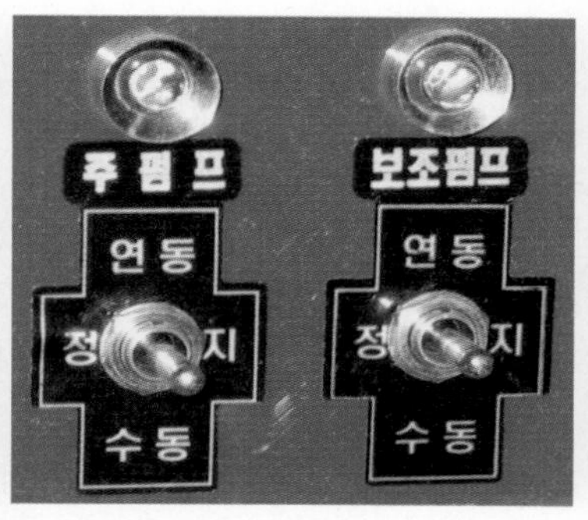

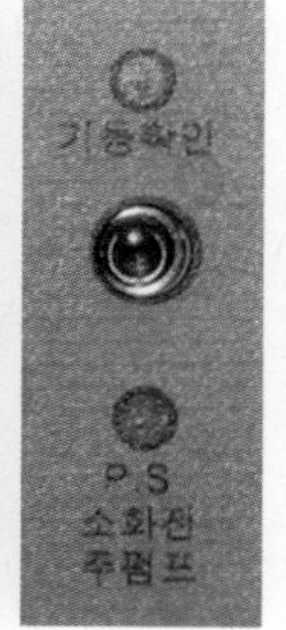

[그림 20] 제어반의 펌프 자동 · 수동 절환스위치

(2) 표시등 기능

구 분	기 능	관련 그림
프리액션 감지기 a회로	준비작동식 스프링클러설비의 감지기 a회로 동작 시 점등된다.	프리액션감지기 A
프리액션 감지기 b회로	준비작동식 스프링클러설비의 감지기 b회로 동작 시 점등된다.	프리액션감지기 B
프리액션밸브 (P/V) 동작	프리액션밸브(Pre−action Valve)가 동작 시 점등된다.	프리액션밸브 동작
알람밸브 (A/V) 동작	알람밸브(Alarm Valve)가 동작 시 점등된다.	알람밸브 동작
드라이밸브 (D/V) 동작	드라이밸브(Dry Valve)가 동작 시 점등된다.	드라이밸브 동작
탬퍼스위치 (T/S)	소화배관상에 설치된 개·폐 표시형 밸브가 폐쇄되었을 때 점등된다.	탬퍼스위치(T/S)
저수조 저수위경보	저수조와 옥상수조에는 소화수가 없을 시 경보가 되도록 저수위경보 스위치를 설치하게 되는데 저수조와 옥상수조에 소화수가 없을 시 점등된다.	저수조 저수위경보
물올림탱크 저수위경보	물올림탱크에 물이 없을 시 점등된다.	물올림탱크저수위경보
주펌프 P/S (압력스위치)	배관 내 압력이 주펌프에 셋팅된 압력범위 이하로 낮아질 때 점등된다. 각 펌프의 압력스위치 표시등의 점등과 동시에 해당 펌프는 기동되어야 한다.	주펌프 P/S
충압(보조)펌프 P/S (압력스위치)	배관 내 압력이 충압(보조)펌프에 셋팅된 압력범위 이하로 낮아질 때 점등된다.	충압펌프 P/S

(3) 조작스위치 기능

구 분		기 능	관련 그림
주·충압 펌프 자동·수동 절환 스위치	자동	펌프가 셋팅된 압력범위에서 자동으로 운전되며, 평상시 자동위치에 있어야 함.	기동 표시등 자동 정지 수동 주·충압 펌프
	정지	펌프를 정지하고자 할 때 사용	
	수동	펌프를 수동으로 기동시키고자 할 때 사용	
기동표시등		펌프가 기동될 때 점등됨.	
경보부저		자동화재탐지설비에서 주경종과 같은 역할을 하는 것이 바로 부저이다. 부저는 자동화재탐지설비(감지기 또는 발신기)를 제외한 다음의 신호가 입력될 때 제어반 내부의 부저가 울리게 되는데 부저를 정지하고자 할 때 정지위치로 놓으면 부저가 정지된다. 부저가 동작(울리는)되는 경우 가. 프리액션감지기가 동작된 경우 나. 프리액션밸브, 알람밸브, 드라이밸브가 동작된 경우 다. 탬퍼스위치, 저수위경보스위치가 동작된 경우 라. 펌프의 P/S(압력스위치) 등이 점등된 경우 마. 펌프가 기동된 경우 ※ 평상시 : 정상위치로 관리	정상 정지 경보부저
싸이렌		자동식 소화설비가 설치된 곳의 유수검지장치 작동 시 해당 구역의 싸이렌이 명동되는데 이를 정지하고자 할 때 사용한다. ※ 평상시 : 정상위치로 관리	정상 정지 싸이렌
프리액션 밸브 자동·수동 절환 스위치	자동	프리액션밸브가 설치된 장소의 감지기 작동(a회로 and b회로) 시 자동으로 스프링클러설비(프리액션밸브)가 작동(개방)된다. ※ 평상시 : 자동위치로 관리	자동 정지 수동 프리액션밸브
	정지	스프링클러설비를 일시정지시키고자 할 때 사용	
	수동	프리액션밸브를 수동으로 개방(작동)시키고자 할 때 사용	
프리액션 (솔레노이드 밸브) 수동기동	기동	프리액션밸브를 수동으로 개방하고자 할 때 사용하며, "프리액션밸브 자동·수동 절환스위치"를 수동으로 전환시킨 후 개방시키고자 하는 구역의 프리액션밸브 수동기동스위치를 기동위치로 전환한다.	기동 정지 프리액션밸브 수동기동스위치
	정지	평상시 정지위치로 관리	

[그림 21] 감시제어반 조작스위치 예(1)

[그림 22] 감시제어반 조작스위치 예(2)

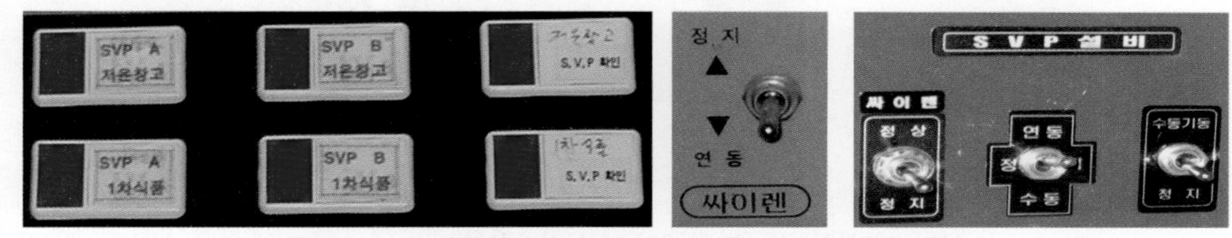

[그림 23] 감시제어반 조작스위치 예(프리액션밸브) (1)

[그림 24] 감시제어반 조작스위치 예(프리액션밸브) (2)

4. 수신기의 시험 방법

1) 화재표시 동작시험 ★★★★★ [2회, 6회 기출]

(1) 목적 : 감지기, 발신기 등이 동작하였을 때, 수신기가 정상적으로 작동하는지 확인하는 시험

tip 동작시험

로컬에 설치된 감지기, 발신기가 동작된 것과 같이 수신기에서 강제로 화재와 같은 상황을 만들어서, 수신기에 화재표시 및 로컬에 신호를 정상적으로 보내는지를 확인하는 시험을 말한다.

(2) 시험 방법

가. 회로선택스위치로 시험

가) 연동정지(소화설비, 비상방송 등 설비 연동스위치 연동정지)	사전조치

※ 안전조치 : 수신기의 모든 연동스위치는 정지위치로 전환

예 주경종, 지구경종, 싸이렌, 펌프, 방화셔터, 배연창, 가스계소화설비, 수계소화설비, 비상방송 등

[그림 25] 수신기의 조작스위치

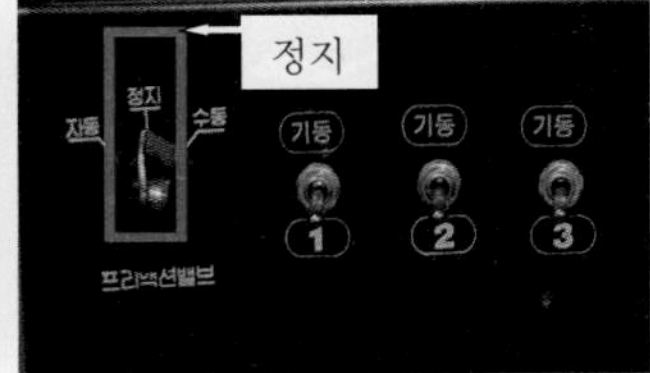

[그림 26] 프리액션밸브 조작스위치

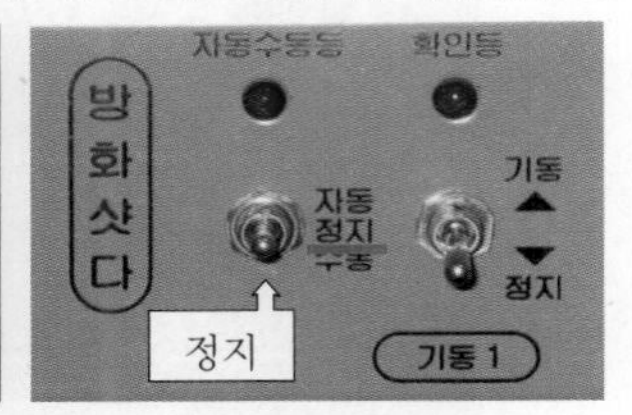

[그림 27] 방화셔터 조작스위치

나) 축적 · 비축적 선택스위치를 비축적위치로 전환	사전조치

[그림 28] 수신기 전면에 있는 경우

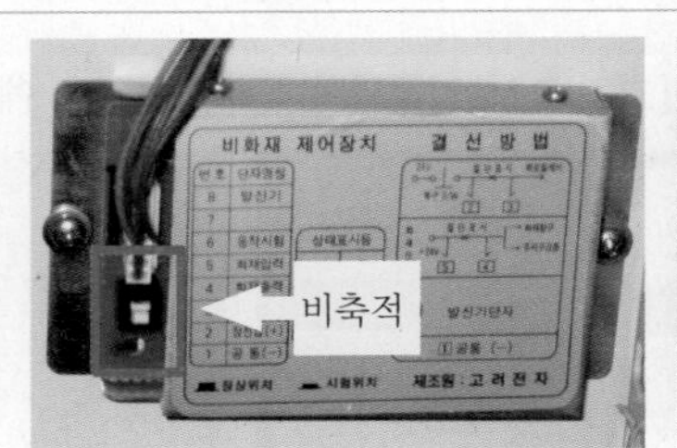

[그림 29] 수신기 내부에 있는 경우

[그림 30] 수신기 내부에 있는 경우

다) 동작시험스위치와 자동복구스위치를 누른다. 라) 회로선택스위치로 1회로씩 돌리거나 눌러 선택한다. 참고 회로선택스위치 종류 : ① 로터리방식, ② 버튼방식	시 험
마) 화재표시등, 지구표시등, 음향장치 등의 동작상황을 확인한다.	확 인

[그림 31] **동작시험, 자동복구스위치 누름** [그림 32] **회로선택스위치 선택**

나. 경계구역의 감지기 또는 발신기의 작동시험과 함께 행하는 방법(현장에서 동작) : 감지기 또는 발신기를 차례로 작동시켜 경계구역과 지구표시등과의 접속상태를 확인할 것

(3) 가부 판정기준

가. 각 릴레이의 작동, 화재표시등, 지구표시등, 음향장치 등이 작동하면 정상이다.

나. 경계구역 일치 여부 : 각 회선의 표시창과 회로번호를 대조하여 일치하는지 확인한다.

tip 회로선택스위치 종류 : ① 로터리방식, ② 버튼방식

P형 수신기의 동작·도통시험을 위한 회로선택스위치는 로터리방식과 버튼방식이 있다.
회로선택스위치는 대부분 로터리방식으로 설치되어 있고, 버튼방식은 회로수가 많을 경우 여러 개의 회로선택스위치를 하나의 버튼방식의 회로선택스위치로 설치된 경우도 있으며, 10회로 이하의 작은 수신기의 경우에는 경계구역별 지구창에 시험버튼이 부착된 타입도 있다.

[그림 33] **로터리방식**

[그림 34] **버튼방식(작은 회로)**

[그림 35] **버튼방식(큰 회로)**

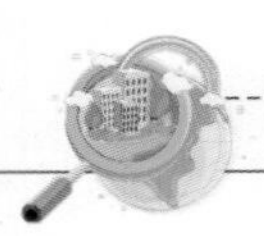

tip 점검현장에서의 참고사항

1. 동작시험 실시 시기
   1) 점검 전 안전조치를 철저히 한 후 실시하는 방법
   2) 로컬 기기를 동작시켜 수신기에서 신호수신 확인 후 잠깐 연동시켜서 로컬에서 확인하는 방법
      ⇒ 안전사고도 방지하고 점검도 해야 하므로 가능하면 동작시험은 2)번을 택하는 편이 좋다.
2. 존슨콘트롤즈 수신기 동작시험 시 알아두어야 할 사항
   일반 수신기와 다르게 수신기 커버 뒷면 기판에 "회로시험스위치(자동/수동)"과 "동작시험 수동 진행버튼"이 설치되어 있다.
   1) 자동으로 동작시험 시
      ※ 자동동작시험은 한 번하면 자동으로 계속 진행이 되므로 반드시 안전조치를 한 후에 해야 한다.
      (1) 연동정지(소화설비, 비상방송 등 설비 연동스위치 연동정지)
      (2) 축적·비축적 선택스위치를 비축적 위치 전환
      (3) 수신기 뒷면 기판의 "회로시험스위치"를 자동위치로 전환
      (4) 자동복구스위치를 누른다.
      (5) 수신기 전면 회로시험스위치를 누르면 자동으로 1번 회로부터 n번 회로까지 자동으로 진행된다.
      (6) 시험이 완료되면 자동으로 동작시험이 중지된다.
   2) 수동으로 동작시험 시
      (1) 연동정지(소화설비, 비상방송 등 설비 연동스위치 연동정지)
      (2) 축적·비축적 선택스위치를 비축적 위치 전환
      (3) 수신기 뒷면 기판의 "회로시험스위치"를 수동위치로 전환
      (4) 자동복구스위치를 누른다.
      (5) "동작시험 수동 진행버튼"을 누르면 1회로씩 동작시험이 된다.
      참고 동작시험 도중 복구스위치를 누르면 정상상태로 복구됨.

[그림 36] **존슨콘트롤즈 수신기 뒷면 기판**

[그림 37] **회로시험 전환스위치**

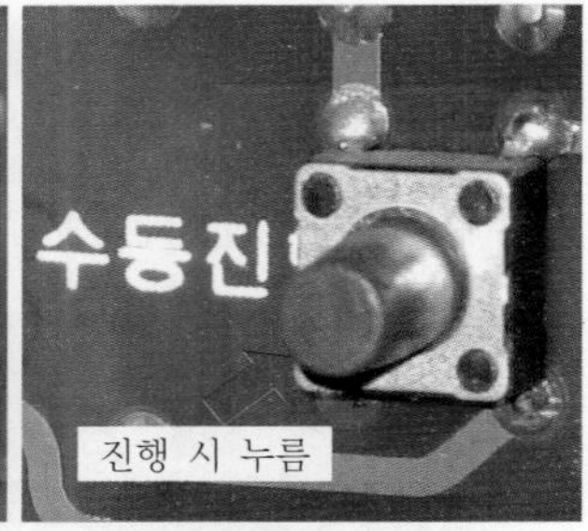

[그림 38] **동작시험 수동 진행버튼**

2) 동시작동시험 ★★★★★ [2회, 6회 기출]

(1) 목적 : 감지기가 동시에 수회선 동작하더라도 수신기의 기능에 이상이 없는가를 시험하고자 함이다.

(2) 시험 방법

가. 연동정지(소화설비, 비상방송 등 설비 연동스위치 연동정지) 나. 축적·비축적 선택스위치를 비축적 위치 전환	사전조치
다. 수신기의 동작시험스위치를 누른다. 참고 이때, 자동복구스위치는 누르지 말 것 라. 회로선택스위치를 차례로 돌리거나 눌러 "5회선"을 동작시킨다.	시 험
마. 주·지구 음향장치가 울리면서 수신기 화재표시등이 점등한다. 바. 부수신기를 설치하였을 때에도, 모두 정상상태로 놓고 시험한다.	확 인

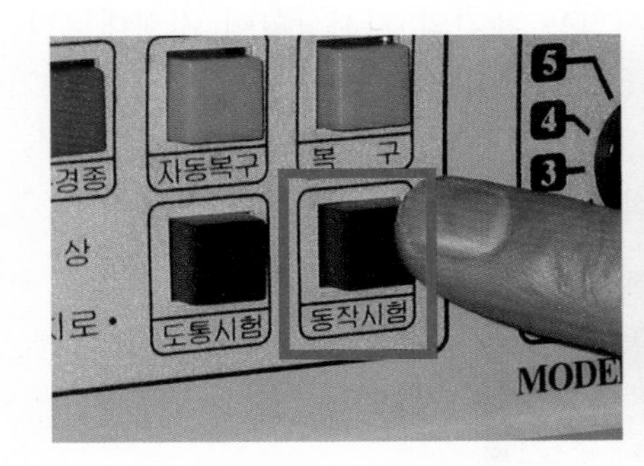

[그림 39] **동작시험스위치 누름**

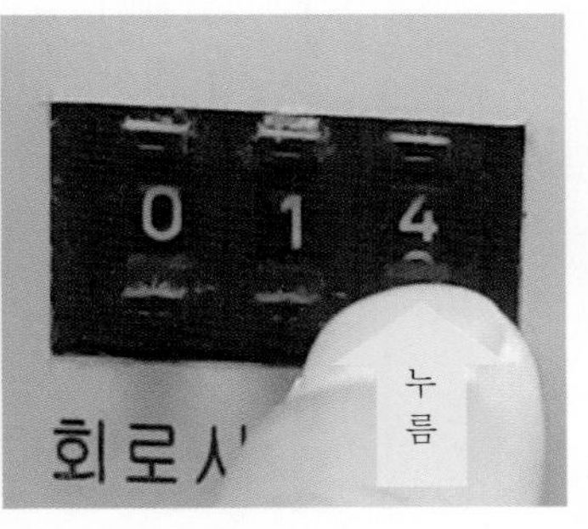

[그림 40] **회로선택스위치 선택**

(3) **가부 판정기준** : 각 회로를 동작시켰을 때 수신기, 부수신기, 표시기, 음향장치 등에 이상이 없을 것

3) 도통시험 ★★★★★ [2회, 6회 기출]

(1) **목적** : 수신기에서 감지기 간 회로의 단선 유무와 기기 등의 접속상황을 확인하기 위해서 실시한다.

(2) **시험 방법**

가. 수신기의 도통시험스위치를 누른다.(또는 시험측으로 전환한다.)

나. 회로선택스위치를 1회로씩 돌리거나 누른다.

다. 각 회선의 전압계의 지시상황 등을 조사한다.

참고 "도통시험 확인등"이 있는 경우는 정상(녹색), 단선(적색)램프 점등 확인

라. 종단저항 등의 접속상황을 조사한다.(단선된 회로조사)

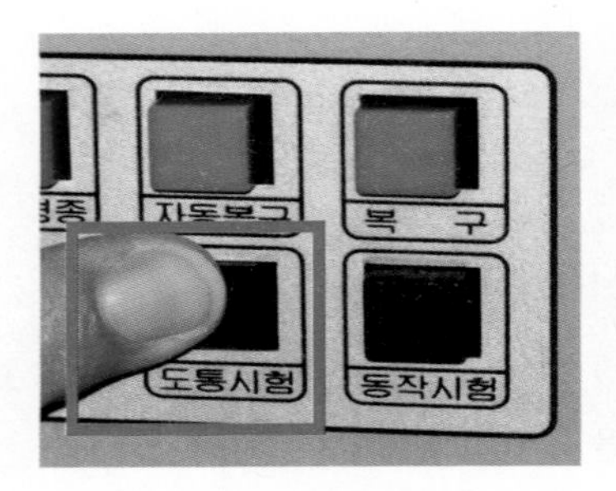

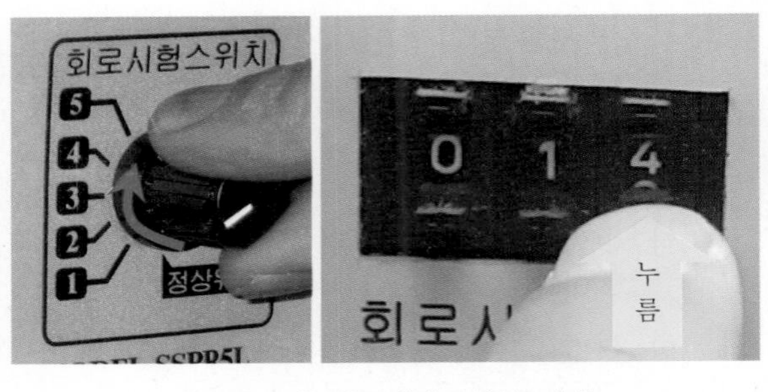

[그림 41] **도통시험스위치 누름** [그림 42] **회로선택스위치 선택**

(3) 가부 판정기준

가. 전압계가 있는 경우 : 각 회선의 시험용 계기의 지시상황이 지정대로일 것

가) 정상 : 전압계의 지시치가 2~6V 사이이면 정상

나) 단선 : 전압계의 지시치가 0V를 나타냄.

다) 단락 : 화재경보상태(지구등 점등상태)

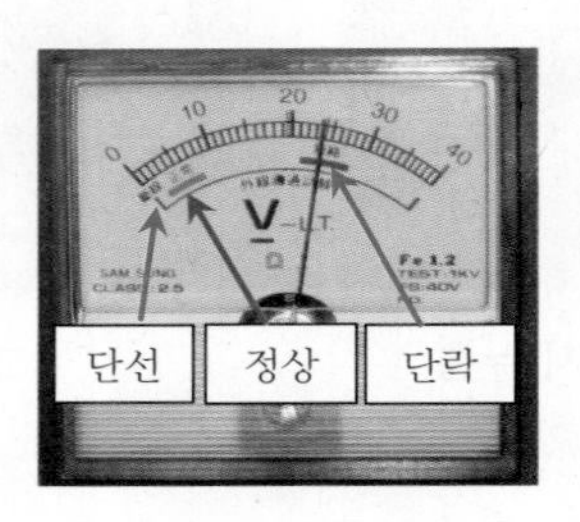

[그림 43] **도통시험 시 전압계**

나. 전압계가 없고, 도통시험 확인등이 있는 경우

가) 정상 : 정상 LED 확인등(녹색) 점등

나) 단선 : 단선 LED 확인등(적색) 점등

[그림 44] **도통시험등 정상인 경우** [그림 45] **도통시험등 단선인 경우**

tip 수신기에 도통시험스위치가 없는 경우

P형 수신기에는 대부분 도통시험이 있으나 일부 제품에는 도통시험스위치가 없는 경우도 있다. 이런 제품은 평상시 단선일 경우 단선인 회로의 지구창이 점멸하여 단선임을 알려준다.

tip 도통시험 시 단선으로 표시되는 경우의 원인

1. 예비회로인 경우
2. 감지기 회로 말단에 종단저항이 없는 경우
   ⇒ 종단저항 설치
3. 감지기 선로가 단선된 경우
   ⇒ 단선된 선로 정비

tip 선로말단에 종단저항을 설치하는 이유 [5회 : 설계 및 시공]

회로도통시험을 하기 위해서 설치한다.

tip 자동화재탐지설비의 중요한 기능 2가지

1. "자동으로 화재탐지"
   1) 자동화재탐지설비의 가장 중요한 기능은 화재를 탐지하는 것이다. 실내의 천장에 설치된 감지기가 화재를 자동으로 감지하게 되는데 감지기 선로가 단선이 된 경우는 제 역할을 할 수가 없으므로 주기적인 확인이 필요하다.
   2) 따라서 수신기에서 소방안전관리자는 도통시험을 통하여 주기적으로 감지기 선로의 정상 유무를 확인해야 한다. 점검 시에도 당연히 도통시험을 실시하고 점검에 임한다.
2. 화재 시 "경보"
   1) 화재 시 감지기에 의하여 화재감지를 하였으나, 주 · 지구 경종스위치가 눌러진 경우는 경보를 할 수가 없게 된다. 아무리 자동화재탐지설비가 잘 설치되어 있다 하더라도 경보를 하지 않는다면 설비는 무용지물이 되는 결과를 초래한다.
   2) 따라서 수신기 전면에 "스위치주의등"이 설치된 것이며 수신기 전면에 설치된 스위치 중의 어느 하나라도 정상위치에 있지 않으면 "스위치주의등"이 점멸(깜박거림)하여 소방안전관리자에게 스위치가 정상위치에 있지 않음을 알려준다.

tip 수신기에서 도통시험 시 전압이 2~6V를 지시하는 이유

1. 평상시 수신기에서 감지기 선로의 간략 회로도

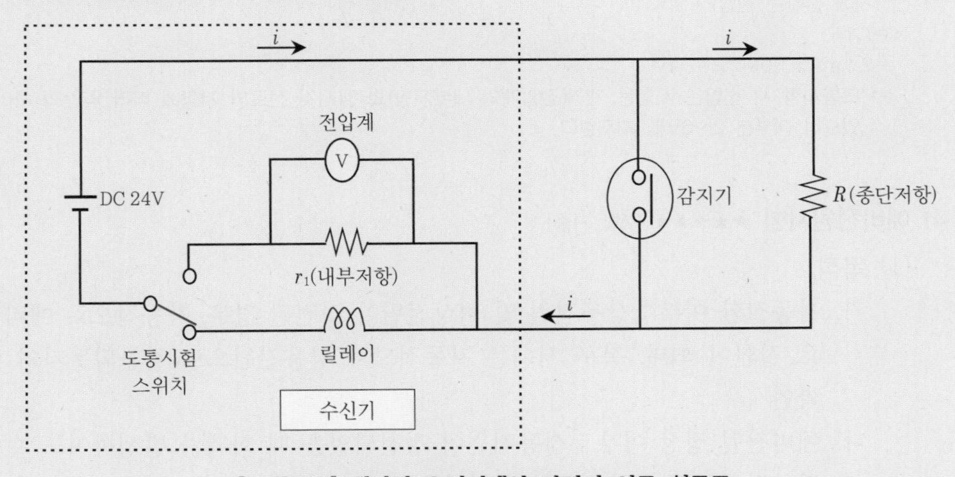

[그림 46] 평상시 수신기에서 감지기 선로 회로도

2. 도통시험 시 수신기 전압계에 표시되는 전압

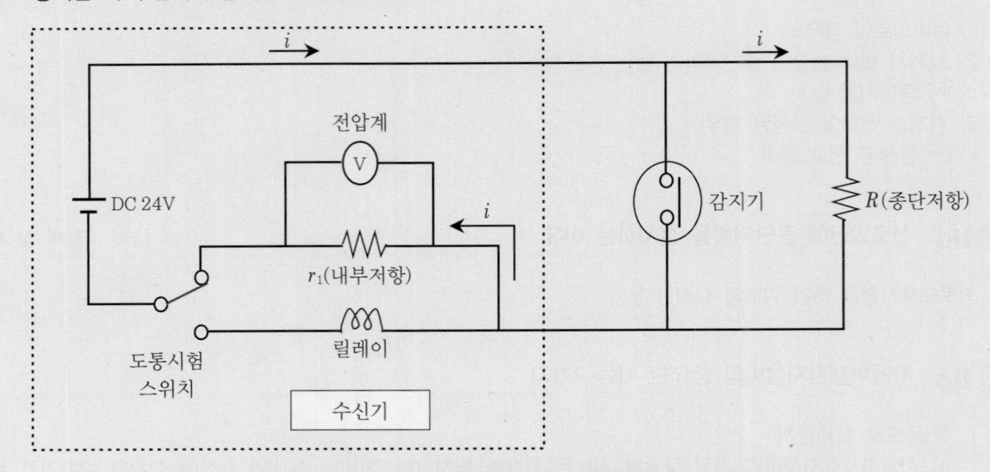

[그림 47] **도통시험 시 수신기에서 감지기 선로 회로도**

1) 일반적인 저항치
   (1) 감지기 선로 종단저항 : 10kΩ
   (2) 수신기 내부 전압계 내부저항(r_1) : 1kΩ
   (3) 수신기 내부 릴레이저항(r_2) : 1kΩ
   (4) 감지기 전로저항 : 50Ω(여기서는 40Ω이라 가정함.)
2) 도통시험 시 감지기 선로의 합성저항
   R=수신기 내부 전압계 내부저항(r_1)+종단저항(10kΩ)+전로저항(약 40Ω)
   =1,000Ω+10,000Ω+40Ω
   =11,040Ω
3) 도통시험 시 선로에 흐르는 전류
   $V=I\times R$에서
   $I=\frac{V}{R}=\frac{24\text{V}}{11{,}040\Omega}=2.1\text{mA}$
4) 전압계에 걸리는 전압
   $V=I\times R$
   $=2.1\text{ mA}\times1{,}000\ \Omega=2.1\text{V}$
   ⇒ 도통시험 시 전압은 시험용 계기(전압계의 내부저항)와 감지기 선로의 저항에 따라 약간의 차이가 있으나 대부분 2~6V를 지시한다.

4) 예비전원시험 ★★★★★ [2회 기출]

(1) 목적

가. 자동절환 여부 : 상용전원 및 비상전원이 정전된 경우, 자동적으로 예비전원으로 절환이 되며, 복구 시에는 자동적으로 상용전원으로 절환되는지의 여부를 확인

나. 예비전원 정상 여부 : 상용전원이 정전되었을 때 화재가 발생하여도 수신기가 정상적으로 동작할 수 있는 전압을 가지고 있는지를 검사하는 시험이다.

(2) 방법

가. 예비전원시험스위치를 누른다.

참고 예비전원시험은 스위치를 누르고 있는 동안만 시험이 가능하다.

나. 전압계의 지시치가 적정범위(24V) 내에 있는지를 확인한다.

참고 LED로 표시되는 제품 : 전압이 정상/높음/낮음으로 표시

다. 교류전원을 차단하여 자동절환 릴레이의 작동상황을 조사한다.

참고 입력전원 차단 : 차단기 OFF 또는 수신기 내부 전원스위치 OFF

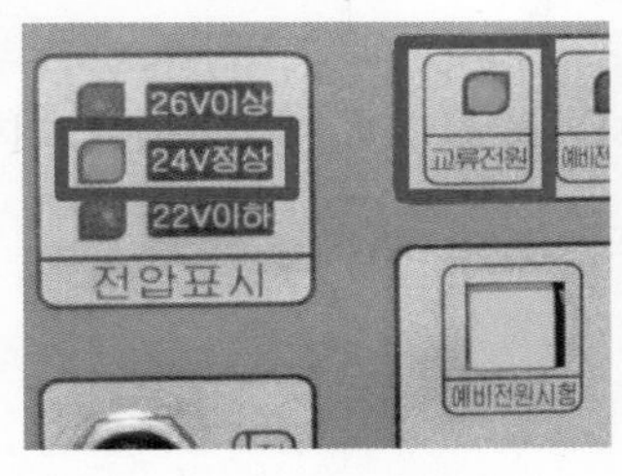

[그림 48] 시험 전(평상시)

[그림 49] 예비전원시험스위치 누름

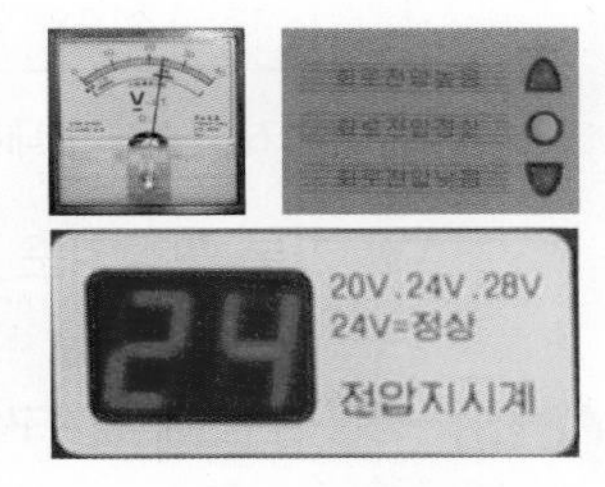

[그림 50] 전압확인

(3) 가부 판정기준 : 예비전원의 전압, 용량, 자동전환 및 복구 작동이 정상일 것

참고 수신기의 예비전원 용량 : 그 설비에 대한 감시상태를 60분간 지속한 후 유효하게 10분 이상 경보할 수 있는 축전지설비 설치

tip 예비전원 감시등 · 예비전원시험스위치

1. 평상시 : "예비전원 감시등"으로 예비전원 상태 확인(수신기 자체에서 이상 여부를 알아서 표시해 줌.)
2. 시험 시 : "예비전원시험스위치"를 눌러서 수동으로 확인(점검자가 직접 실시)

5) 공통선시험 ★★★★★ [2회, 6회 기출]

(1) 공통선시험의 목적 : 하나의 공통선이 담당하고 있는 경계구역이 7개 이하인지 확인하기 위해 실시한다.

(2) 시험 방법

가. 수신기 내의 단자대에서 공통선을 1선 분리한다.(감지기회로가 7개를 초과하는 경우에 한함.)

나. 도통시험스위치를 누른다.

다. 회로선택스위치를 1회로씩 돌리거나 누른다.

라. 전압계의 지시치가 "0V"를 표시하는 회로수를 조사한다.

참고 다이오드타입의 경우는 "단선등(적색)"이 점등되는 회로수를 조사한다.

마. 공통선이 여러 개 있는 경우에는 다음 공통선을 1선씩 단자대에서 분리하여 전 공통선에 대해서 상기와 같은 방법을 시험한다.

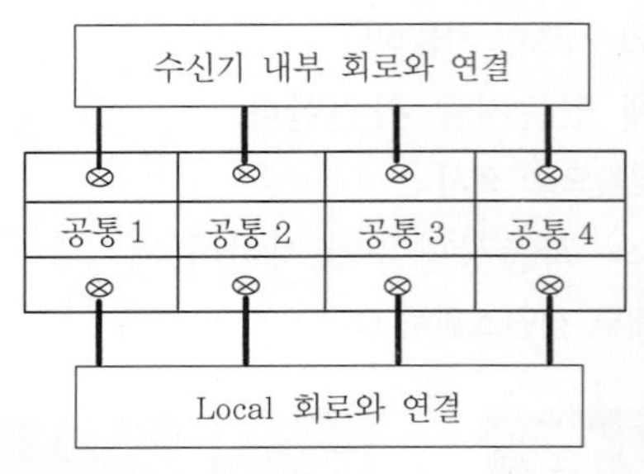

[그림 51] **수신기 내부 단자대**

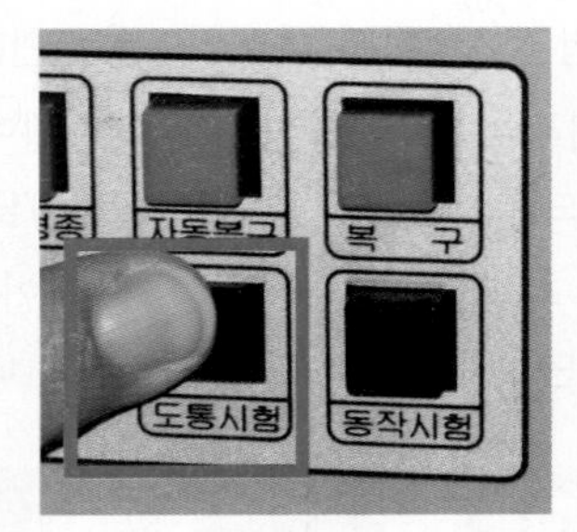

[그림 52] **도통시험스위치 누름**

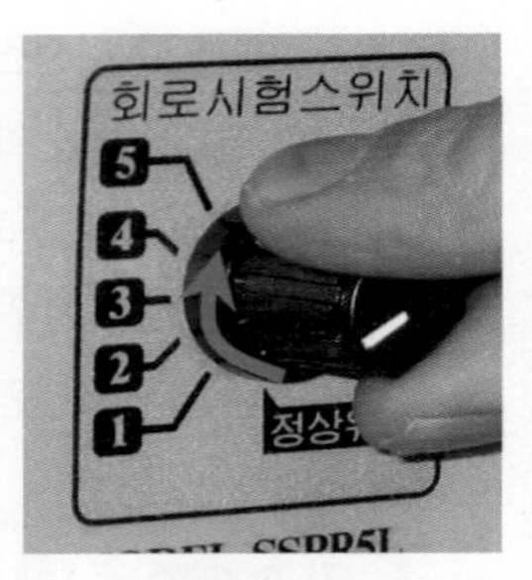

[그림 53] **회로선택스위치 선택**

(3) 가부 판정기준 : 공통선 1선이 담당하는 경계구역이 7개 이하일 것

tip 공통선 1선에 경계구역을 7개 이하로 제한하는 이유

하나의 공통선에 모든 감지기 회로를 연결하는 경우 공통선 단선 시 모든 감지기 회로가 단선되기 때문에 하나의 공통선에 경계구역을 7개 이하로 제한한 것이다.

tip 감지기 공통과 경종 · 표시등 공통선을 분리하는 이유

공통선 1선에 감지기, 경종, 표시등을 연결하여 사용하는 경우, 공통선 단선 시 감지기, 경종, 표시등의 기능이 모두 정지되므로 공통선을 분리하여 사용한 것이다.

6) 저전압시험 ★★★★★ [6회 기출]

(1) 목적 : 전원전압이 저하한 경우에 수신기가 정상적으로 작동되는지의 여부를 확인하는 시험

(2) 시험 방법

<table>
<tr><td>가. 자동화재탐지설비용 전압시험기(또는 가변저항기)를 사용하여 교류전원 전압을 정격전압의 80% 이하로 한다.
나. 축전지설비인 경우에는 축전지의 단자를 절환하여 정격전압의 80% 이하의 전압으로 한다.</td><td colspan="2">준 비</td></tr>
<tr><td>다. 연동정지(소화설비, 비상방송등 설비 연동스위치 연동정지)
라. 축적 · 비축적 절환스위치를 비축적위치로 전환한다.</td><td>안전조치</td><td rowspan="2">동작
시험과
동일</td></tr>
<tr><td>마. 동작시험스위치와 자동복구스위치를 누른다.
바. 회로선택스위치를 1회로씩 돌리거나 누른다.
사. 화재표시등, 지구표시등, 음향장치 등의 동작상황을 확인한다.</td><td>동작시험</td></tr>
</table>

(a) 안전조치

(b) 비축적전환

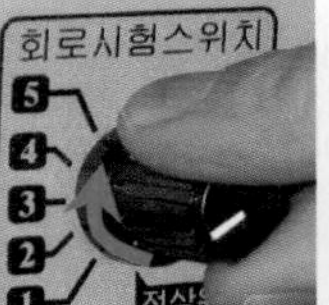

(c) 동작시험, 자동복구스위치 누름

(d) 회로선택스위치 선택

[그림 54] **저전압시험 절차**

(3) 가부 판정기준 : 화재신호를 정상적으로 수신할 수 있을 것

7) 회로저항시험 ★★★★★ [2회 기출]

(1) 목적 : 감지기회로의 선로저항치가 수신기의 기능에 이상을 초래하는지의 여부를 확인하는 시험

(2) 시험 방법

가. 수신기 내부 단자대에서 배선의 길이가 가장 긴 회로의 공통선과 회로선을 분리한다.

나. 배선의 길이가 가장 긴 감지기회로의 말단에 설치된 종단저항을 단락한다.

다. 전류전압 측정계를 사용하여, 공통선과 회로선 사이 전로에 대해 저항을 측정한다.

참고 선로저항치가 50Ω 이상이 되면 전로에서의 전압강하로 인하여 화재발생 시 수신기가 유효하게 작동하지 않을 우려가 있다.

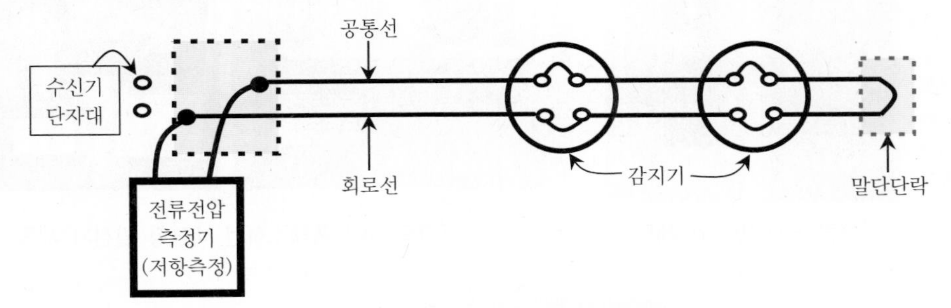

[그림 55] **감지기회로저항 측정**

(3) 가부 판정기준 : 하나의 회로의 합성저항치가 50Ω 이하일 것

8) 지구음향장치의 작동시험 ★

(1) 목적 : 감지기 또는 발신기의 작동과 연동하여 당해 지구음향장치가 정상적으로 작동하는지의 여부 확인

(2) 시험 방법

가. 수신기에서 경계구역별 동작시험 실시

나. 경계구역별 감지기 또는 발신기 작동

[그림 56] 감지기 작동

[그림 57] 발신기 작동

(3) 가부 판정기준 : 감지기, 발신기 동작 또는 동작시험 시 수신기의 지구경종스위치를 정상으로 놓았을 경우

가. 수신기에 연결된 해당 회로의 지구음향장치가 작동하고 음량이 정상적일 것

나. 음량은 음향장치의 중심에서 1m 떨어진 위치에서 90dB 이상일 것

[그림 58] 발신기 세트

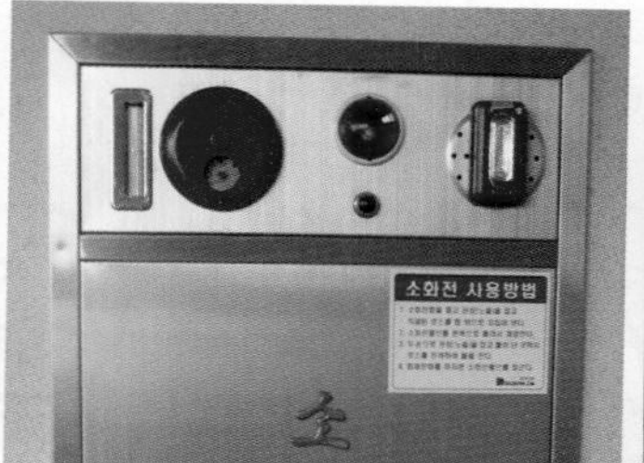

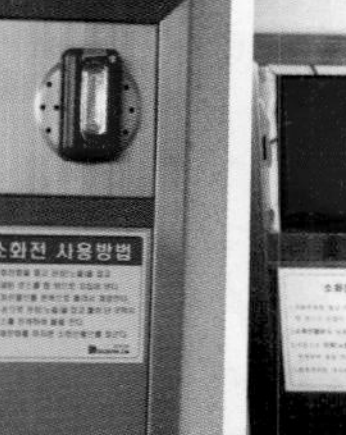

[그림 59] 옥내소화전 내장형 발신기 세트

2 R형 자동화재탐지설비의 점검

1. 개요

소규모 건축물에는 P형 시스템을 설치하는 반면 중규모 이상 건축물 등에는 전압강하와 전선수의 증가 문제를 해결하기 위하여 R형 시스템을 적용한다.

R형 시스템은 화재발생 시 입력신호, 출력신호를 디지털 통신을 통하여 직접 또는 중계기를 통하여 입력신호의 수신 및 설비를 제어해 주는 방식이다.

2. 구성

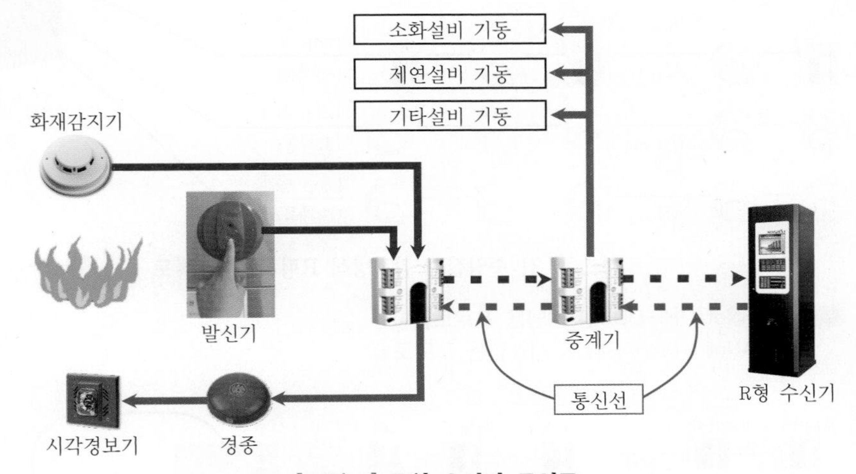

[그림 1] R형 수신기 구성도

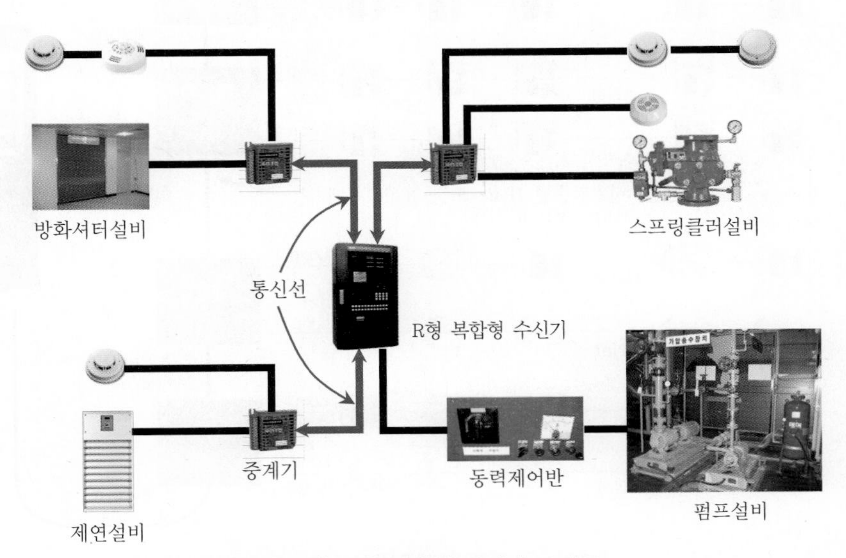

[그림 2] R형 복합형 수신기 구성도

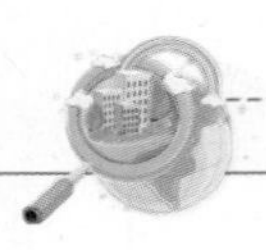

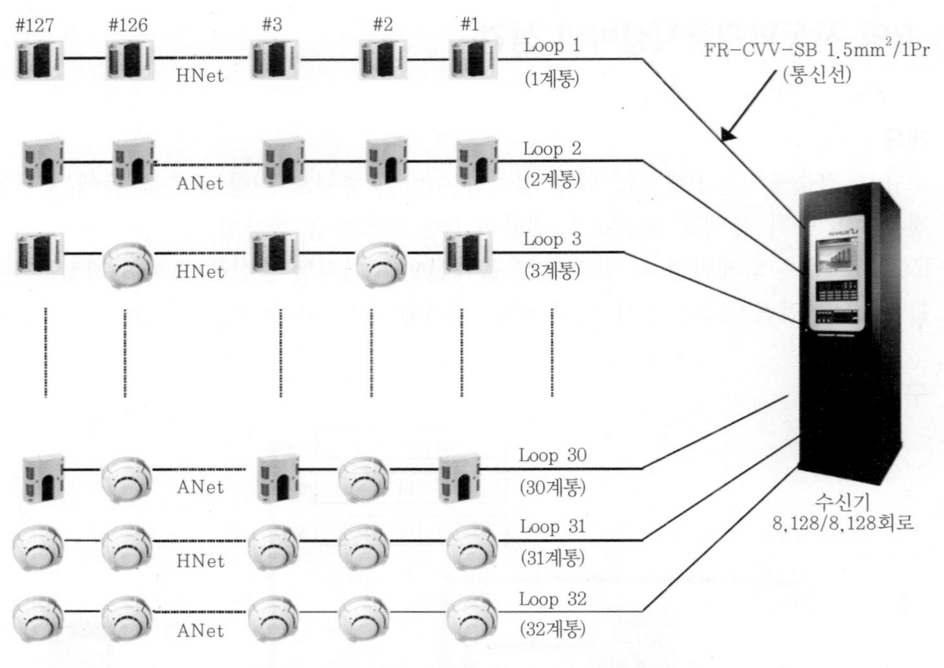

[그림 3] 중앙집중 감시방식 R형 간선 계통도

참고 ※ HNet : Hi-MUX 시스템용 프로토콜
ANet : Pro A-MUX 시스템용 프로토콜

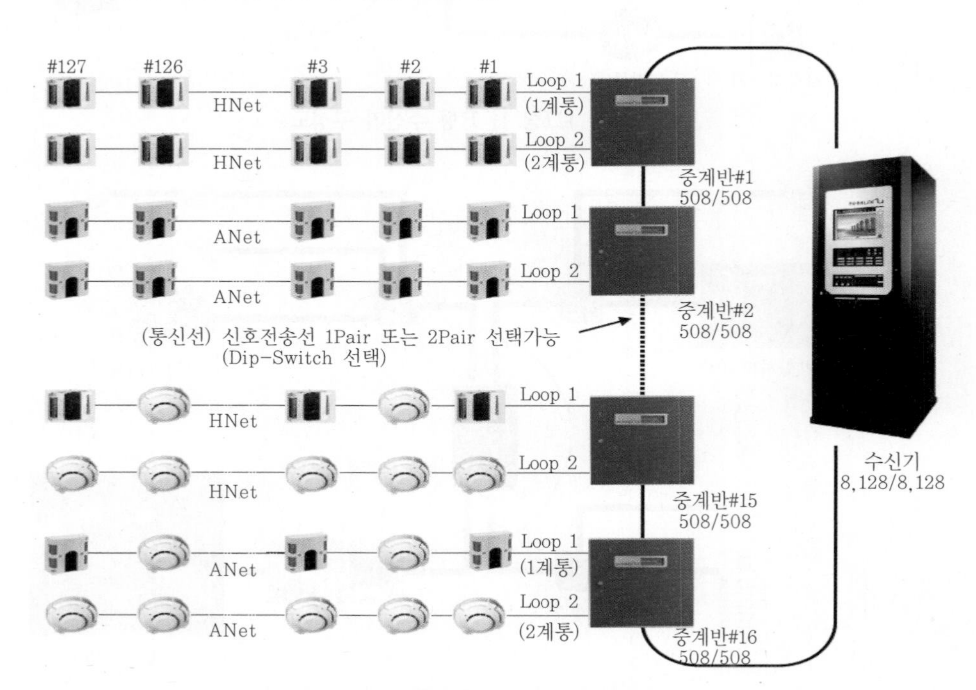

[그림 4] 중계반 사용방식 R형 간선 계통 예시도

3. 동작순서

동작순서	관련 사진
1) 화재발생	
2) 화재감지 ⇒ 자동화재탐지설비 감지기 화재감지 ⇒ 스프링클러헤드 개방	
3) 중계기에서 화재신호 수신기에 통보 ⇒ P형 접점신호를 R형 신호로 변환	
4) 수신기 화재표시	
5) 수신기에서 중계기에 해당 구역 출력신호 송출 ⇒ R형 통신신호를 P형 접점신호로 변환	
6) 해당 출력기기 작동 ⇒ 경종, 시각경보기 작동 ⇒ 소화설비 작동 ⇒ 피난설비 작동	

4. P형과 R형 수신기의 비교

구 분	P형 수신기	R형 수신기
1) 적용 소방대상물	소규모 건축물에 적합	중규모 이상의 건축물에 적합
2) 신호전달	개별신호선 방식에 의한 전회로 공통 신호방식	다중 통신방법에 의한 각 회선 고유신호방식
3) 화재표시방식	창구식, 지도식	창구식, 지도식, 디지털방식(LCD 이용 문자표시), CRT 방식
4) 신뢰성	수신기 고장 시 전체 시스템 마비	수신기 상호 간 Network를 구성할 경우 수신기 1개가 고장 시에도 다른 수신기는 독립적 기능을 수행
5) 배선	각 층의 Local 기기까지 직접 실선으로 연결	각 층의 Local 기기에서 중계기까지만 실선으로 연결하고, 중계기에서 수신기까지는 통신선으로 연결
6) 경제성	고층 건축물의 경우 배선수가 증가되므로 배관, 배선비 및 인건비가 많이 소요된다.	중계기에서 수신기까지 신호선만으로 연결하므로 배관, 배선비 및 인건비가 대폭 절감된다.
7) 공사의 편리성	건축물의 증·개축으로 인한 회로변경 시 Local 기기에서 수신기까지 실선으로 연결해야 하므로 공사가 용이하지 않다.	건축물의 증·개축 시에도 중계기에서 신호선만 분기하면 되므로 공사가 용이하다.
8) 자기진단기능	없음.	CPU에 의한 자동진단기능 있음.

5. 용어의 정의

용 어	용어의 정의
1) 중계기	"중계기"란 감지기·발신기 또는 전기적 접점 등의 작동에 따른 신호를 받아 이를 수신기에 전송하는 장치를 말한다.
2) 중계반	수신기와 중계기 간 통신거리가 1.2km 이상일 경우 또는 신호전송선 수량 간소화 요구 시 사용되는 장치
3) 전원공급장치 (전원반)	중계기, 경종, 댐퍼 등의 기기장치에 전원을 공급하기 위한 장치
4) 루프(Loop)	계통 또는 채널(Channel)이라고도 하며, 하나의 통신배선에 연결된 중계기 및 아날로그감지기의 그룹(Group)을 말하며 하나의 루프에는 중계기 및 아날로그감지기를 100여 개 이상 설치할 수 있다.

용 어	용어의 정의

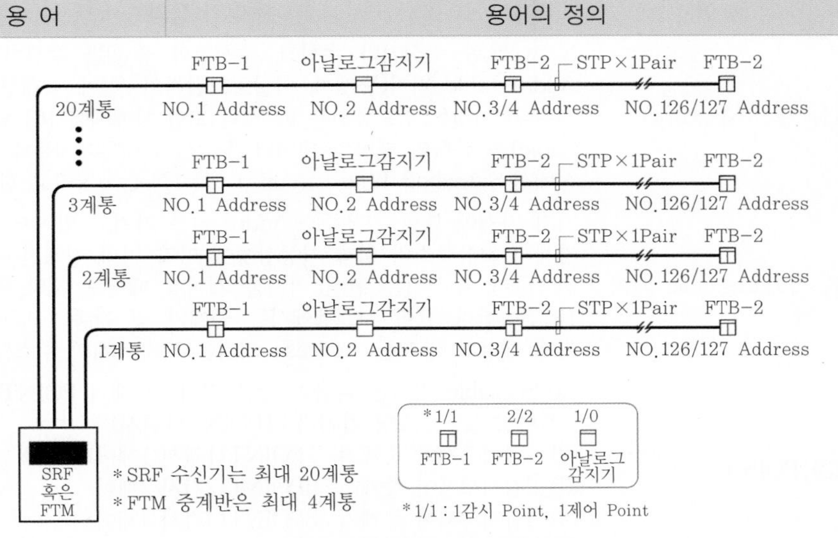

[그림 5] 루프(Loop) 설치모습

용 어	용어의 정의
5) 아날로그식 감지기	"아날로그식"이란 주위의 온도 또는 연기의 양의 변화에 따라 각각 다른 전류치 또는 전압치 등의 출력을 발하는 방식의 감지기를 말하며, 고유의 주소를 가지고 있어 정확한 동작 위치 확인이 가능하며, 연기농도 또는 온도값을 실시간으로 R형 수신기에서 감시하므로 신속한 조치가 가능하다.
6) 콘트롤데스크	R형 수신기에서 감시/제어하는 모든 회로에 대해 컴퓨터를 이용하여 건물 평면도에 기기별 위치를 표시하고 제어하는 장치로서 화재 시 위치 파악과 신속한 대응이 용이하다.
7) 신호전송선(통신선)	R형 시스템의 경우 수신기와 수신기 간, 수신기와 중계기 간에 다중 통신을 하는데 사용되는 전선으로 TSP AWG, 내열성 케이블(H-CVV-SB, 비닐 절연 비닐 시스 내열성 제어용 케이블), 난연성 케이블(FR-CVV-SB, 비닐 절연 비닐 시스 난연성 제어용 케이블)을 사용한다.
8) AWG	American Wire Gage의 약어로 미국 등에서 사용하는 전선규격

AWG(#)	외경(mm)	단면적(mm^2)	AWG(#)	외경(mm)	단면적(mm^2)
12	2.05	3.32	16	1.29	1.31
14	1.62	2.07	18	1.01	0.81

용 어	용어의 정의
9) TSP	Twist Shield Pair의 약어로, 꼬인 차폐전선이란 의미이며, 전자파 방해 방지를 위해 신호전송선에 사용한다. [그림 6] TSP 18 AWG
10) 프로토콜(Protocol)	수신기와 중계기 간 또는 수신기와 아날로그감지기 간의 통신에서 정보를 교환할 때 사용하는 규칙 또는 규약

용 어	용어의 정의
11) 통신(Network)	Network란 수신기와 수신기, 수신기와 중계반, 수신기 또는 중계반과 Addressable 기기(중계기, 아날로그감지기 등)에는 대량의 정보가 송수신된다. 이러한 정보통신은 한 쌍의 꼬인 차폐케이블(Twist Shield Pair Cable)을 통하여 대량의 데이터 송수신이 이루어지는데 이를 데이터 통신배선(Signaling Line Circuits) 또는 Network라고 한다.
12) Addressable 기기	기기 자체에 대한 고유주소(Address)를 가지고 있어서 기기의 작동 시 자체의 고유주소와 함께 작동상황에 따라 미리 정해진 부호로 수신기에 전송하며, 수신기는 관련 기기를 제어할 때에도 해당 주소로 제어신호를 전송한다. R형 시스템에서는 중계기 및 각종 아날로그감지기 등이 이에 해당되며, 모든 Address 기기는 각자 1개의 주소를 가진다.
13) POINT	Addressable 기기는 다음과 같은 감시 및 제어 POINT를 갖는다. (1) 아날로그/주소형 감지기 : 1POINT(1감시) (2) 1감시/1제어 중계기 : 2POINT(1감시/1제어) (3) 2감시/2제어 중계기 : 4POINT(2감시/2제어) (4) 4감시/4제어 중계기 : 8POINT(4감시/4제어) (5) 8감시/4제어 중계기 : 12POINT(8감시/4제어)
14) Unit	지멘스 SRF 시스템의 경우, SRF 시스템에 63개로 접속될 수 있는 통신단위로서 하나의 Unit에 4개의 계통이(508Add.) 접속될 수 있으며, 수신기와의 통신배선이 단선이나 단락 시에는 독립기능(Stand Alone)을 갖는 중계반을 의미한다. FTM형 중계반은 하나의 Unit이며, SRF형 수신기는 필요에 따라 구성방법이 다양하나, 표준 Size(700W×2,000H×400D)함의 경우 최대 5개의 Unit(2540Add.)을 수용한다.
15) M-Net	수신기와 중계반, 중계반과 중계반의 네트워크를 M-Net이라 한다. 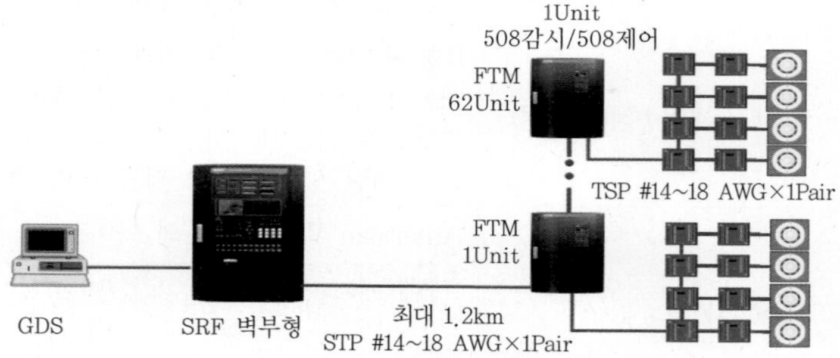 1Unit 508감시/508제어 FTM 62Unit TSP #14~18 AWG×1Pair FTM 1Unit GDS SRF 벽부형 최대 1.2km STP #14~18 AWG×1Pair [그림 7] **M-Net 구성도**
16) X-Net	수신기와 수신기의 네트워크를 X-Net이라 한다.  1번 수신기 2번 수신기 32번 수신기 GDS 최대 1.2km STP #14~18 AWG×1Pair [그림 8] **X-Net 구성도**
17) P-Net	수신기(또는 중계반)와 주소형 디바이스 간의 전용방식의 통신을 P-Net이라 한다.

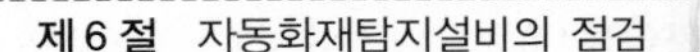

6. 중계기

1) 개요

R형 설비에 사용하는 신호변환장치로서 감지기, 발신기 등 Local 기기 장치와 수신기 사이에 설치하여, 화재신호를 수신기에 통보하고 이에 대응하는 출력신호를 Local 기기 장치에 송출하는 중계 역할을 하는 장치이다. 중계기는 전원장치의 내장 유무와 회로수용능력에 따라 집합형과 분산형으로 구분되며, 예전에는 집합형 중계기를 많이 설치했으나 최근에는 분산형 중계기로 거의 대부분 설치되고 있다.

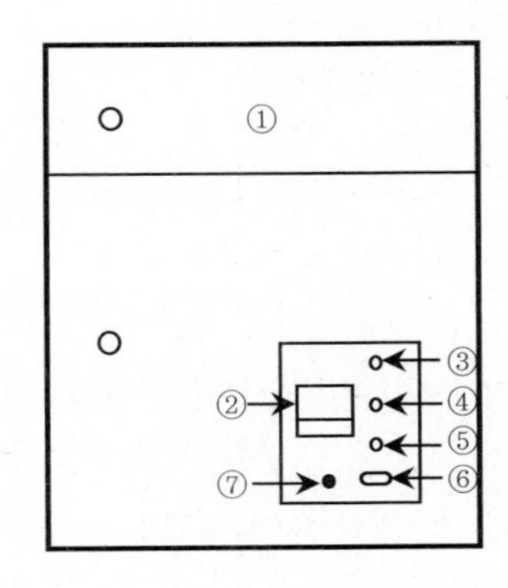

① TERMINAL BOX
② 전압계
③ 화재표시등
④ 교류전원표시등
⑤ 예비전원표시등
⑥ 예비전원시험스위치
⑦ 전화잭

[그림 9] **집합형 중계기**

[그림 10] **분산형 중계기**

2) 중계기의 종류

(1) 집합형 중계기

가. 전원장치를 내장(AC 110V/220V)하며 보통 전기 Pit실 등에 설치한다.

나. 회로는 대용량(30~40회로)의 회로를 수용하며 하나의 중계기당 1~3개 층을 담당한다.

(2) 분산형 중계기

가. 중계기의 전원(DC 24V)은 수신기에서 직접 공급 받으며, 발신기함 등에 내장하여 설치한다.

나. 회로는 소용량(5회로 미만)으로 각 Local 기기별로 중계기를 설치한다.

[중계기별 비교]

구 분	집합형 중계기	분산형 중계기
입력전원	AC 110V/220V	DC 24V
전원공급	• 외부 전원을 이용 • 정류기 및 비상전원 내장	• 수신기의 전원 및 비상전원 이용 • 중계기에 전원장치 없음.
회로 수용능력	대용량	소용량
외형 크기	대형	소형
설치방식	• 전기 Pit실 등에 설치 • 1~3개 층당 1대씩 설치	• 발신기함에 내장 또는 별도의 격납함에 설치 • 각 Local 기기별 1개씩 설치
전원공급사고	내장된 예비전원에 의해 정상적인 동작 수행이 가능하다.	중계기 전원선로의 사고 시 해당 선로의 전체 계통 시스템이 마비된다.
선로의 용량	중계기 직근에서 전원을 공급받으므로 전압강하가 적게 발생한다.	Local에 설치된 기기의 전원을 수신기로부터 공급받으므로 거리 용량이 크거나 거리가 멀 경우 전선의 용량이 커지거나 별도 전원장치를 설치한다.
설치 적용	• 전압강하가 우려되는 장소 • 수신기와 거리가 먼 초고층 빌딩	• 전기 피트가 좁은 건축물 • 아날로그감지기를 객실별로 설치하는 호텔

3) 분산형 중계기

(1) 외형

[그림 11] 제조사별 분산형 중계기 모습

(2) 존스콘트롤즈 중계기 단자명칭 및 기능

①	통신단자
평상시	27V
화재 시	27V(불변)
②	전원단자
평상시	24V±10%
화재 시	24V±10%
⑤	통신 LED(점멸)
⑦	딥스위치

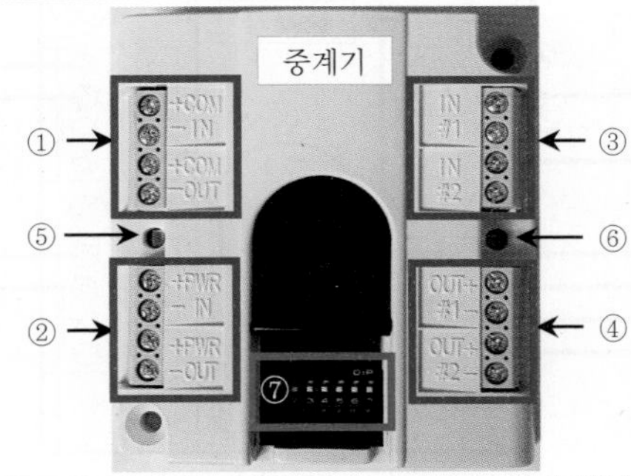

③	입력단자
평상시	24V
화재 시	감지기 동작 시 : 4V 단락 시 : 0V
④	출력단자
평상시	0V
화재 시	24V
⑥	전원 · 선로 감시 LED(점등)

[그림 12] **존스콘트롤즈 중계기 단자명칭**

[존스콘트롤즈 중계기 단자명칭 설명 및 단자전압]

구 분	단자명	기 능	평상시	동작(화재) 시
① 통신단자	+COM −IN	수신기와 통신을 하는 통신선을 접속한다.	DC 27V 펄스전압	DC 27V 펄스전압
	+COM −OUT			
② 전원단자	+PWR −IN	중계기에 전원을 공급하는 연결단자(감시회로 및 출력전원 공급단자)	DC 24V±10%	DC 24V±10% (불변)
	+PWR −OUT			
③ 입력단자	IN #1	감지기, 발신기, 탬퍼스위치 등 입력기기 연결단자(#1, #2)로서 말단에 종단저항(10kΩ) 설치	DC 24V	(1) 감지기 동작 시 : DC 4V (2) 단락 시 : 0V
	IN #2			
④ 출력단자	OUT+ #1−	경종, 싸이렌 등 출력신호선 연결단자 OUT+ : 출력(+) 단자 #1, 2− : 출력전원 공통(−)담당	0V	DC 24V
	OUT+ #2−			
⑤ 통신 LED	통신 LED	수신기와 중계기 간 통신이 잘 되고 있음을 알려주는 LED로서 평상시 점멸 ※ 통신에 이상이 있는 경우 : 미점등	적색 LED 점멸 (깜박거림)	적색 LED 점멸 (깜박거림)
⑥ 전원 · 선로 LED	전원 · 선로 LED	상시등으로서 전원이 잘 공급되고, IN #1, #2 입력이 정상 결선될 시 점등됨.	녹색등 점등	녹색등 점등
⑦ 딥스위치	딥스위치	중계기의 고유번호를 입력하는 스위치	−	−

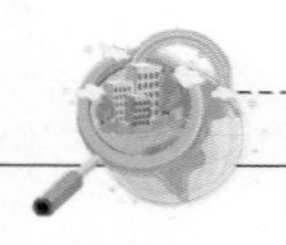

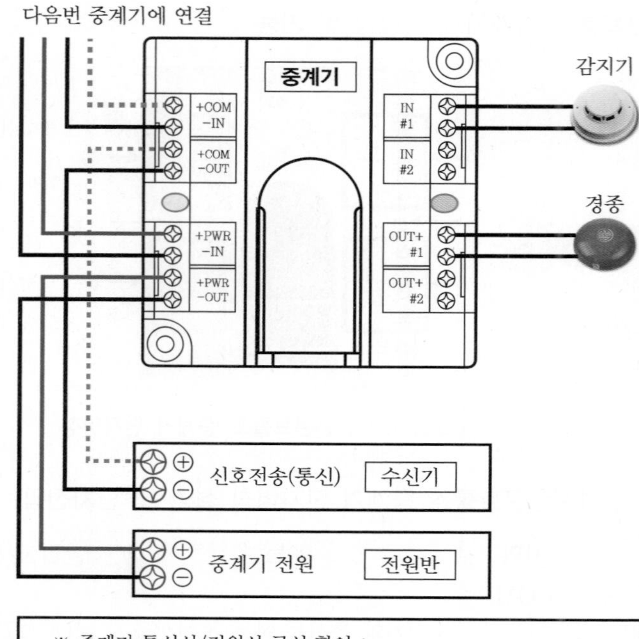

※ 중계기 통신선/전원선 극성 확인 :
테스터기를 이용하여 통신선과 전원선의 +, − 극성 확인 요함.

[그림 13] **중계기 결선 예시**

(3) 지멘스 중계기 단자명칭 및 기능

1차	단자설명
SC	통신공통(-)
S	통신(+)
DD	전원(+)
DDC	전원공통(-)

2차	단자설명
C	회로공통
L1	회로1
L2	회로2
X1, X2	이보접점
D1	제어1
D2	제어2
DD	전원
DDC	전원공통

[그림 14] **지멘스 중계기 단자명칭**

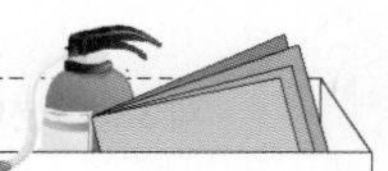

[지멘스 중계기 단자명칭 설명 및 단자전압]

구 분	단자명	기 능	평상시	동작(화재) 시
① 통신단자	SC, C	수신기와 중계기 간 통신선 연결 단자	DC 27V 펄스전압	DC 27V 펄스전압
② 전원단자	DD, DDC	중계기에 전원을 공급하는 연결 단자(감시회로 및 제어전원 공급 단자)	DC 24V±10%	DC 24V±10% (불변)
③ 입력단자	L1(L2), C	감지기, 발신기, 탬퍼스위치 등 입력기기 연결단자로서 말단에 종단저항(10kΩ) 설치 C : 감시회로 공통(−) L1(L2) : 감시회로(+)	DC 24V	(1) 감지기 동작 시 : DC 4V (2) 단락 시 : 0V
			* LED 항상 점멸	* LED 점등
④ 출력단자	D1(D2), DDC	경종, 싸이렌 등 출력기기 연결 단자 D1, D2 : 제어출력(+) 단자 DDC : 2차측 제어전원 공통(−) 담당	0V	DC 24V
			* LED 소등	* LED 점등
⑤ 이보접점	X1(X2)	D2 이보접점(무전압 a접점) X1, X2는 평상시 a접점 상태로 떨어져 있다가, D2에 출력이 되면 X1, X2의 내부 a접점이 붙는 무전압 이보 a접점	–	–
⑥ 전원단자	DD, DDC	중계기에서 로컬기기에 전원을 공급하는 단자 DD : 2차측 전원(+) DDC : 2차측 제어전원 공통(−) 담당	DC 24V	DC 24V
⑦ 통신 LED	통신 LED	수신기와 중계기 간 통신이 잘 되고 있음을 알려주는 LED로서 평상시 점멸 ※ 통신에 이상이 있는 경우 : 미점등	점멸(깜박거림)	점멸(깜박거림)
⑧ 딥스위치	딥스위치	중계기의 고유번호를 입력하는 스위치	–	–

참고 이보접점 X1(X2)과 입력단자 LED, 출력단자 LED는 지멘스 중계기만 설치됨.

(4) 중계기 결선 예

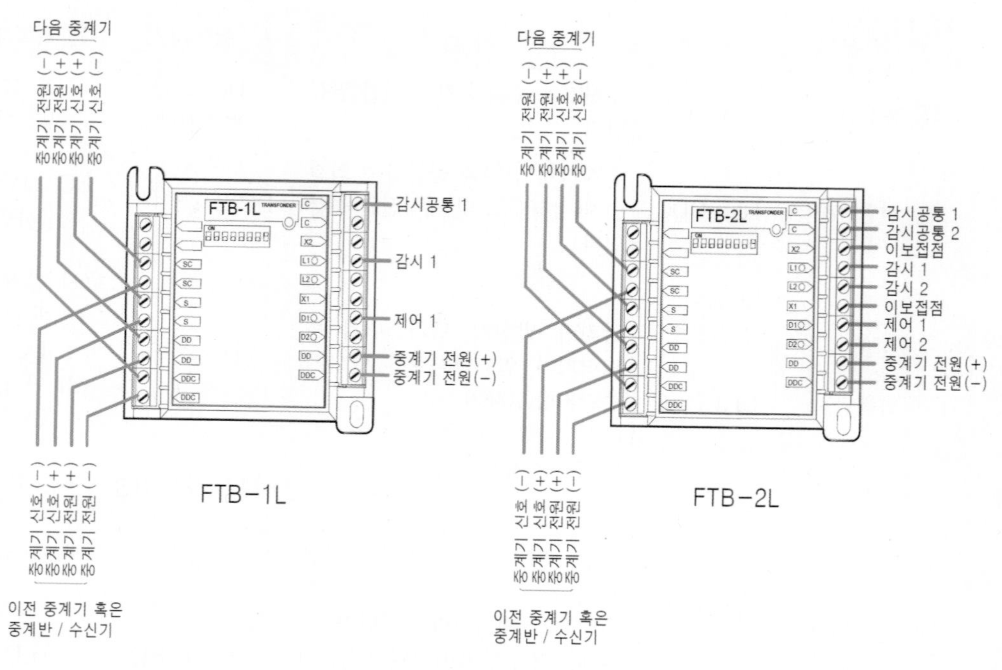

[그림 15] **중계기 결선 예**

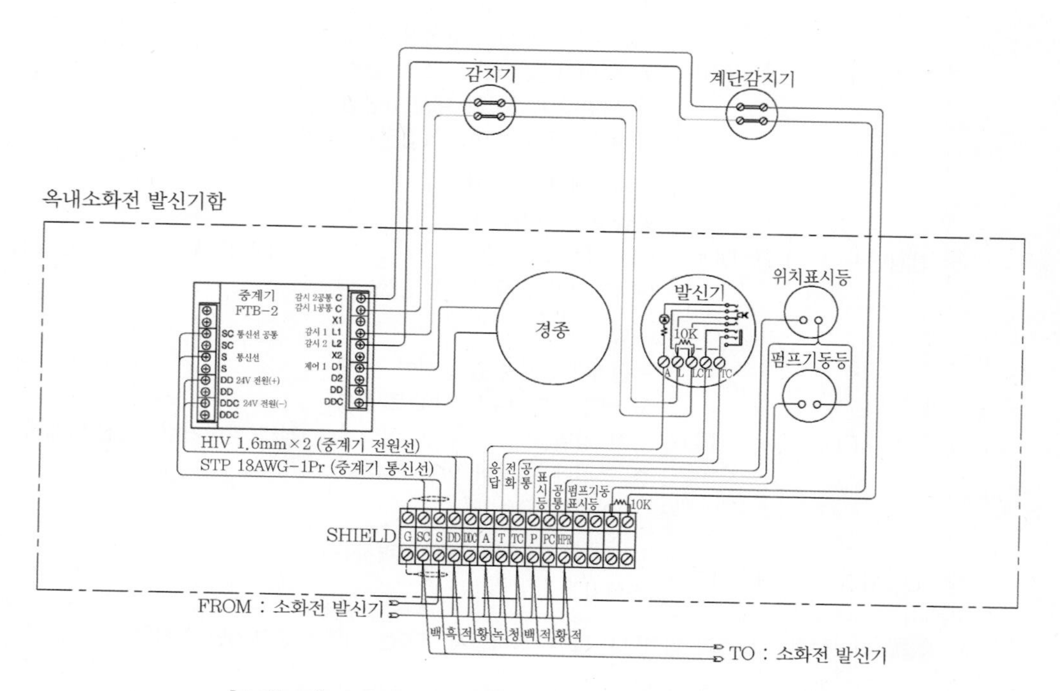

[그림 16] **중계기, 소화전발신기, 감지기, 계단감지기 결선도**

(5) **중계기 고유번호(Address) 설정 :** 중계기는 딥스위치를 이용하여 중계기마다 고유번호를 설정한다. 딥스위치가 "ON"이면 이진수는 1이고 "OFF"이면 이진수는 0에 해당하며 딥스위치 1~7번의 ON/OFF 조합으로 어드레스를 1~127번까지 지정한다. 딥스위치는 8개(또는 7개)가 있으며 제조회사마다 딥스위치를 올리고 내리는 설정방법의 차이가 있으므로 각 회사의 메뉴얼을 참고하기 바란다.

[딥스위치 8자리]

[그림 17] 지멘스 중계기 딥스위치

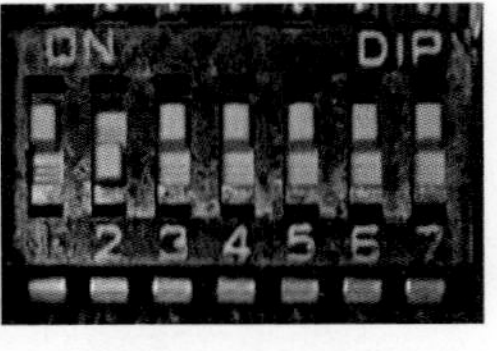

[딥스위치 7자리]

[그림 18] 존슨콘트롤즈 중계기 딥스위치

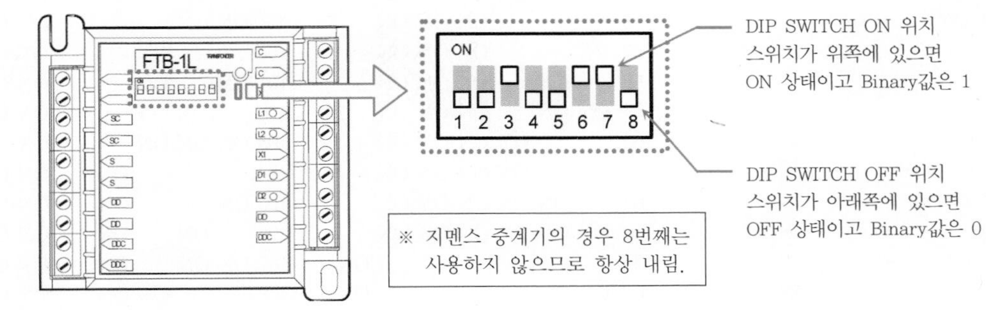

[그림 19] 중계기 딥스위치 설정방법

[중계기 번호 설정]

중계기 번호	딥스위치 넘버(DIP Switch Number)						
	1	2	3	4	5	6	7
번호(127)	1	2	4	8	16	32	64
(2진수)	$2^0=1$	$2^1=2$	$2^2=4$	$2^3=8$	$2^4=16$	$2^5=32$	$2^6=64$

[중계기 번호 설정 예]

중계기 번호	딥스위치 넘버(DIP Switch Number)						
	1	2	3	4	5	6	7
24				on	on		
54		on	on		on	on	
66		on					on
120				on	on	on	on
127	on	on	on	on	on	on	on

[중계기 설정표]

번호	딥스위치 넘버 (DIP Switch Number)							
	1	2	3	4	5	6	7	8
1	ON							
2		ON						
3	ON	ON						
4			ON					
5	ON		ON					
6		ON	ON					
7	ON	ON	ON					
8				ON				
9	ON			ON				
10		ON		ON				
11	ON	ON		ON				
12			ON	ON				
13	ON		ON	ON				
14		ON	ON	ON				
15	ON	ON	ON	ON				
16					ON			
17	ON				ON			
18		ON			ON			
19	ON	ON			ON			
20			ON		ON			
21	ON		ON		ON			
22		ON	ON		ON			
23	ON	ON	ON		ON			
24				ON	ON			
25	ON			ON	ON			
26		ON		ON	ON			
27	ON	ON		ON	ON			
28			ON	ON	ON			
29	ON		ON	ON	ON			
30		ON	ON	ON	ON			
31	ON	ON	ON	ON	ON			
32						ON		
33	ON					ON		
34		ON				ON		
35	ON	ON				ON		
36			ON			ON		
37	ON		ON			ON		
38		ON	ON			ON		
39	ON	ON	ON			ON		
40				ON		ON		
41	ON			ON		ON		
42		ON		ON		ON		
43	ON	ON		ON		ON		

번호	딥스위치 넘버 (DIP Switch Number)							
	1	2	3	4	5	6	7	8
44			ON	ON		ON		
45	ON		ON	ON		ON		
46		ON	ON	ON		ON		
47	ON	ON	ON	ON		ON		
48					ON	ON		
49	ON				ON	ON		
50		ON			ON	ON		
51	ON	ON			ON	ON		
52			ON		ON	ON		
53	ON		ON		ON	ON		
54		ON	ON		ON	ON		
55	ON	ON	ON		ON	ON		
56				ON	ON	ON		
57	ON			ON	ON	ON		
58		ON		ON	ON	ON		
59	ON	ON		ON	ON	ON		
60			ON	ON	ON	ON		
61	ON		ON	ON	ON	ON		
62		ON	ON	ON	ON	ON		
63	ON	ON	ON	ON	ON	ON		
64							ON	
65	ON						ON	
66		ON					ON	
67	ON	ON					ON	
68			ON				ON	
69	ON		ON				ON	
70		ON	ON				ON	
71	ON	ON	ON				ON	
72				ON			ON	
73	ON			ON			ON	
74		ON		ON			ON	
75	ON	ON		ON			ON	
76			ON	ON			ON	
77	ON		ON	ON			ON	
78		ON	ON	ON			ON	
79	ON	ON	ON	ON			ON	
80					ON		ON	
81	ON				ON		ON	
82		ON			ON		ON	
83	ON	ON			ON		ON	
84			ON		ON		ON	
85	ON		ON		ON		ON	
86		ON	ON		ON		ON	

번호	딥스위치 넘버 (DIP Switch Number)							
	1	2	3	4	5	6	7	8
87	ON	ON	ON		ON		ON	
88				ON	ON		ON	
89	ON			ON	ON		ON	
90		ON		ON	ON		ON	
91	ON	ON		ON	ON		ON	
92			ON	ON	ON		ON	
93	ON		ON	ON	ON		ON	
94		ON	ON	ON	ON		ON	
95	ON	ON	ON	ON	ON		ON	
96						ON	ON	
97	ON					ON	ON	
98		ON				ON	ON	
99	ON	ON				ON	ON	
100			ON			ON	ON	
101	ON		ON			ON	ON	
102		ON	ON			ON	ON	
103	ON	ON	ON			ON	ON	
104				ON		ON	ON	
105	ON			ON		ON	ON	
106		ON		ON		ON	ON	
107	ON	ON		ON		ON	ON	
108			ON	ON		ON	ON	
109	ON		ON	ON		ON	ON	
110		ON	ON	ON		ON	ON	
111	ON	ON	ON	ON		ON	ON	
112					ON	ON	ON	
113	ON				ON	ON	ON	
114		ON			ON	ON	ON	
115	ON	ON			ON	ON	ON	
116			ON		ON	ON	ON	
117	ON		ON		ON	ON	ON	
118		ON	ON		ON	ON	ON	
119	ON	ON	ON		ON	ON	ON	
120				ON	ON	ON	ON	
121	ON			ON	ON	ON	ON	
122		ON		ON	ON	ON	ON	
123	ON	ON		ON	ON	ON	ON	
124			ON	ON	ON	ON	ON	
125	ON		ON	ON	ON	ON	ON	
126		ON	ON	ON	ON	ON	ON	
127	ON	ON	ON	ON	ON	ON	ON	
–	–	–	–	–	–	–	–	–
–	–	–	–	–	–	–	–	–

[R형 시스템에서 각 설비별 입력·출력 회수로 및 중계기수]

설비명	회로내역					중계기(2/2)
	입 력		출 력		합계 (입/출력)	수 량
	회로명	회로수	회로명	회로수		
자동화재탐지설비	발신기	1	경종	1	1/1	1
습식(=건식) 스프링클러	밸브 동작확인(PS)	1	싸이렌 기동	1	2/1	1
	탬퍼스위치 확인(TS)	1				
준비작동식 스프링클러설비	감지기 A 동작확인	1	밸브 기동(S/V)	1	4/2	2
	감지기 B 동작확인	1				
	밸브 동작확인(PS)	1	싸이렌 기동	1		
	탬퍼스위치 확인(TS)	1				
가스소화설비 (고정식/패키지 공통적용)	감지기 A 동작확인	1	–	–	4/0	2
	감지기 B 동작확인	1				
	방출확인	1				
	수동기동확인	1				
급기댐퍼	수동기동확인	1	기동	1	2/1	1
	댐퍼 작동확인	1				
전실제연 (급기, 배기댐퍼)	급·배기 수동기동확인	2	급·배기 기동	2	4/2	2
	급·배기댐퍼 작동확인	2				
상가댐퍼 (=방화문, 배연창)	감지기 동작확인	1	기동	1	2/1	1
	동작확인	1				
방화셔터 (2단 강하)	연기감지기 동작확인	1	1차 기동	1	4/2	2
	열감지기 동작확인	1				
	1차 동작확인	1	2차 기동	1		
	2차 동작확인	1				
자동폐쇄장치 (쌍문기준)	작동확인(좌·우)	2	기동(좌·우)	2	2/2	1
소방용 물탱크	저수위 감시(F/S)	1	–	–	2/0	1
	탬퍼스위치 확인(TS)	1				

참고 중계기 수량은 입력2/출력2를 사용할 경우 수량을 표기한 것임.

7. R형 수신기 각 부의 명칭 및 기능(존슨콘트롤즈)

1) R형 수신기의 일반적인 내부구조

R형 수신기는 제조회사별 제품마다 차이가 있으나 본 서에서는 존슨콘트롤즈 Pro-N-MUX U에 대해서 간단히 소개하고자 한다.

[그림 20] Pro-N-MUX U 수신기 외부

2) 수신기의 전면 구성

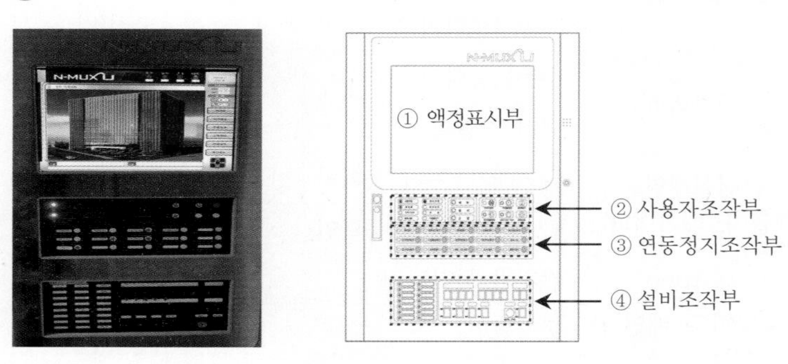

[그림 21] Pro-N-MUX U 벽부형 수신기 전면

(1) 액정표시부(TFT－LCD)

[그림 22] 평상시 초기화면

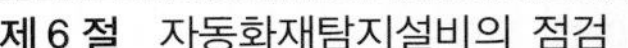

가. 액정표시부에는 시스템의 상태와 경보를 표시한다.
나. 액정표시부의 모든 입력은 Touch Panel을 통하여 이루어진다.
다. 화재 1보, 화재 2보, 최근 경보내용을 한 화면에 동시에 표시하여 신속한 화재 정보 파악이 가능하다.
라. 화재 1보와 2보 화면에는 구역수, 회로명을 표시한다.
마. 화재, 설비작동, 고장, 회로차단 수량을 표시한다.
바. 화면 상단에 년, 월, 일, 시, 분, 초를 표시하는 Clock 기능이 있다.
사. 전압을 표시하여 육안으로 확인이 가능하다.

(2) **사용자 조작부**

[그림 23] **사용자 조작부**

구 분	표시등 및 스위치 기능
교류전원	내부회로에 상용전원이 공급되고 있음을 나타내며 상시 점등상태를 유지하여야 함. • 평상시 : 점등
축적등	축적모드로 설정되어 있는 경우 화재 입력이 최초로 들어올 때 동작하는 LED • 평상시 : 소등 • 축적 시 : 점등
CPU RUN	수신기가 정상적으로 초기화하여서 감시상태가 되었을 경우 점멸되는 LED • 평상시 : 점멸(CPU RUN) • 이상이 있는 경우 : LED가 점멸하지 않음.
회로시험	회로시험은 관리자가 직접 중계기를 현장에서 시험하는 것이 아니라 방재실에서 수신기를 통해 가상의 화재시험을 하는 것이다. Point별로 시험이 가능하다. • 평상시 : 소등 • 회로시험을 하는 동안 : 점등(회로시험) ☞ 회로시험을 하는 동안에는 LED가 점등, 회로시험이 해제되면 이 LED는 소등됨.
예비전원	수신기에서 상용전원이 차단되고, 예비전원으로 동작하고 있는 것을 확인하는 LED • 평상시 : 소등 • 상용전원이 차단되어 예비전원 투입 시 또는 예비전원 불량 시 : 점등(예비전원)
회로차단	중계기 회로 차단을 확인하는 LED • 평상시 : 소등 • 회로차단 시 : 점등 ☞ 회로차단을 설정하면 회로차단 LED가 점등되며 이 모드의 설정을 해제하면 회로차단 LED는 소등됨. 회로차단은 현장에서 일정 구역의 수리 및 교체 시 사용

구 분	표시등 및 스위치 기능
	로컬 수동발신기 또는 수동조작함에 부착된 전화잭에 전화 송수화기를 꽂은 상태를 알려주는 LED • 평상시 : 소등( ) • 로컬 전화잭에 전화 송수화기를 꽂을 경우 : 점등( ) ☞ 로컬에 전화잭에 송수화기를 꽂으면 이 LED가 점등되고, 수신기 내 부저가 명동된다. 방재실의 관리자가 수신기에 설치된 전화잭에 꽂으면 부저가 정지되고 이 LED도 소등되면서 방재실과 로컬 송수화기를 꽂은 사람과 통화가 가능
	수신기에 수신된 화재신호가 발신기의 조작에 의한 신호인지, 감지기의 작동에 의한 신호인지의 여부를 식별해 주는 표시장치로서, 이 표시등이 점등되면 해당구역의 발신기의 누름버튼이 눌러진 상태이다. • 평상시 : 소등 • 로컬의 수동발신기 버튼을 누를 때 : 점등( )
	화재상태를 알려주는 표시등 • 평상시 : 소등 • 화재신호 입력 시 : 점등( )
	설비 입력상태를 확인하는 표시등 • 평상시 : 소등 • 동작 시 : 점등( ) ☞ 중계기에 연결된 설비 입력(탬퍼스위치 동작, 방화문 동작, 댐퍼 동작 등)이 있으면 이 LED는 점등 ※ 설비 입력이므로 화재로 인식하지 않는다. 따라서 수신기가 축적/비축적 어느 모드로 설정되어 있더라도 이 입력은 즉시 처리되어 수신기에 표시된다.
	고장(Fault)상태를 확인하는 LED • 평상시 : 소등 • 고장발생 시 : 점등( ) **참고** 다음과 같은 고장(Fault) 상황이 발생하면 이 LED는 점등됨. 1. 중계기의 종단저항 고장, 24V 전원고장, 통신고장 2. 중계반 통신고장 3. 예비전원 퓨즈 단선, 전압이 낮은 경우, 충전부가 불량인 경우 4. 교류전원이 인가되지 않은 상황에서 예비전원으로 전원을 공급할 경우
	주부저정지스위치 및 표시등 : 주부저를 정지하기 위한 스위치이며, 스위치가 눌려지면 이 LED는 점멸한다. • 평상시 : 소등 • 주부저정지스위치가 눌려진 경우 : 점멸 ☞ 정상상태에서는 소등상태이나, 설비 또는 고장 등의 이벤트가 발생하는 경우에는 주부저가 명동되며 주부저정지스위치를 누르면 부저가 정지하고 이 LED가 점멸된다. 새로운 설비 또는 고장 등의 이벤트가 발생하는 경우 주부저가 명동되며, LED는 소등된다.

<table>
<tr><th>구 분</th><th colspan="2">표시등 및 스위치 기능</th></tr>
<tr><td></td><td colspan="2">주경종정지스위치 및 표시등 : 화재발생 시 또는 동작시험 시 수신기에 설치된 주경종이 울리게 되는데, 이때 주경종을 정지하고자 할 때 주경종정지스위치를 누르면 주경종이 울리지 않으며, 스위치가 눌려 정지 시 이 LED는 점멸한다.
• 평상시 : 소등
• 주경종정지스위치가 눌려진 경우 : 점멸
☞ 정상상태에서 LED는 소등상태. 화재신호 입력 시 주경종이 명동되며 주경종 정지스위치를 누르면 주경종이 정지되며 LED는 점멸한다. 새로운 화재신호 입력 시 주경종은 자동으로 풀리며 LED는 소등된다.</td></tr>
<tr><td></td><td colspan="2">지구음향정지 스위치 및 표시등 : 지구음향을 정지시킬 때 사용하는 스위치이며, 지구음향정지 스위치가 눌려질 경우 이 LED는 점멸한다.
• 평상시 : 소등
• 지구음향정지 스위치가 눌려진 경우 : 점멸</td></tr>
<tr><td></td><td>예비전원시험스위치 및 표시등 : 예비전원을 시험하기 위한 스위치로서 스위치를 누르면 예비전원 전압이 표시되며 이 LED가 점등된다.
• 평상시 : 소등
• 예비전원시험 시 : 점등</td><td></td></tr>
<tr><td></td><td>화재복구스위치 : 중계기에 연결된 모든 입력기기들이 복구된다. 복구 중일 때 LCD 표시창에는 "화재복구" 메시지가 표시된다.</td><td></td></tr>
<tr><td></td><td colspan="2">화면좌표스위치 : 터치스크린의 좌표를 조정하기 위한 스위치
참고 사용법 : 스위치를 누르면 화면에 십자 표시가 좌상측부터 나타나며 순서적으로 좌표를 클릭하여 터치스크린의 좌표를 입력하면 된다.</td></tr>
</table>

(3) **연동정지 조작부** : 프리액션밸브, 싸이렌, 댐퍼, 방화셔터 등 연동설비의 작동을 정지시키기 위한 20여 개의 스위치를 부착한 조작부로서 현장여건에 따라 필요한 수량을 사용할 수 있도록 수신기가 제작된다. 스위치마다 1회 누르면 ON 상태가 되어 LED가 점멸되며, ON 상태에서 한번 더 누르면 LED가 소등되며 연동이 해제되어 설비 출력이 가능해진다.

[그림 24] **연동정지 조작부**

가. 평상시 : 소등(정상상태)

나. 스위치 누르면 : LED 점멸(연동정지 상태)

가) 첫번째 스위치 누르면 LED 점멸(설비 연동정지 상태) : 설비 연동정지 상태로, 해당 기기의 입력 시에도 연동되지 않음.

나) 다시 한번 스위치 누르면 LED 소등(설비 연동상태) : 설비 연동상태로 정상상태로서, 해당 기기의 입력 시 정상적인 연동이 이루어짐.

(4) **설비조작부** : 설비조작부는 옥내소화전용 펌프, 스프링클러용 펌프, 제연설비용 Fan, 발전기 등의 제어를 위한 조작부로서 다음과 같은 표기기능 및 제어기능이 있다.

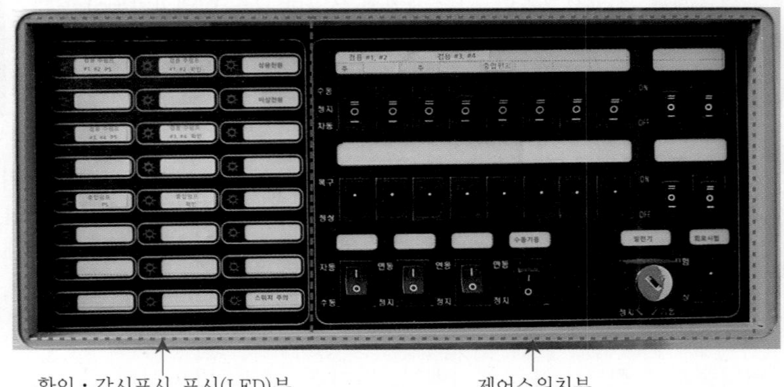

[그림 25] **설비조작부**

가. 확인·감시표시 기능

가) 소화펌프의 작동확인 LED

나) 소화펌프 압력스위치 작동확인 LED

다) 상용전원 입력확인 LED

라) 비상전원 작동확인 LED

나. 제어스위치 기능

가) 소화펌프 자동 · 정지 · 수동 선택스위치	
나) 수동기동스위치 : 수동기동하고자 하는 펌프를 수동으로 전환하고 수동기동스위치를 연동위치로 전환하면 해당 펌프가 수동으로 작동됨.	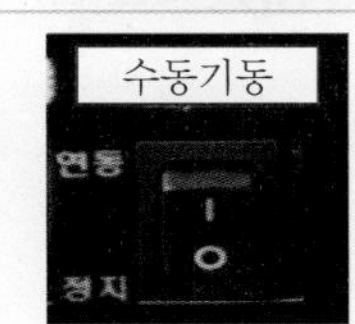
다) 회로시험스위치 : 확인 · 감시표시부의 동작시험을 진행할 때 사용. 시험스위치를 누르면 누르는 동안만 자동복구되면서 P형 수신기처럼 자동으로 시험 진행됨.	

3) 액정표시부(TFT－LCD)

(1) 액정표시부 초기화면

가. 초기화면으로서 해당하는 메뉴를 클릭하면 해당되는 메뉴로 이동

나. 메인메뉴 클릭

[그림 26] 초기화면

(2) 메인메뉴

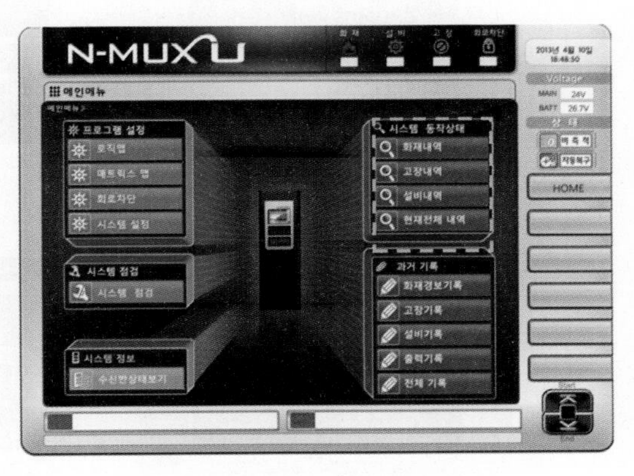

[그림 27] 메인메뉴

가. 초기화면에서 메인메뉴를 누르면 나타나는 화면으로, 각 메뉴에 해당하는 항목으로 이동하고자 하는 경우 해당 메뉴를 누른다.

나. 초기화면으로 이동하고자 하는 경우 HOME 버튼을 누르면 이동된다.

tip 메인메뉴 기능설명

구 분	내 용	설 명
시스템 동작상태	화재내역	현재 발생된 화재의 개수, 해당 지역 등 화재에 관련된 메시지 표시
	고장내역	현재 발생된 고장개수, 해당 지역 등 고장에 관련된 메시지 표시
	설비내역	현재 동작된 설비의 개수, 해당 지역 등 설비에 관련된 메시지 표시
	현재 전체내역	• 현재 발생된 모든 이벤트 정보에 관련된 메시지 표시 • 화재, 고장, 설비내역, Key 정보 등 수신기의 모든 이벤트에 대한 정보를 표시
과거기록	화재경보기록	과거의 특정시간 이후에서부터 현재까지의 화재정보에 관련된 메시지를 기록하여 표시해 주는 화면
	고장기록	과거의 특정시간 이후에서부터 현재까지의 고장(FAULT)정보에 관련된 메시지를 기록하여 표시해 주는 화면
	설비기록	과거의 특정시간 이후에서부터 현재까지의 동작된 설비 메시지를 보여주는 화면
	출력기록	과거의 특정시간 이후에서부터 현재까지의 출력 및 Key 제어 이벤트 정보와 관련된 메시지를 보여주는 화면
	전체기록	• 과거의 특정 시간 이후에서부터 현재까지 발생한 모든 이벤트 정보에 관련된 메시지를 기록하여 표시해 주는 화면 • Pro-n mux u의 기록할 수 있는 이벤트 수는 8,000개이며, 8,000개 초과 시 최초 입력된 정보부터 삭제됨.
시스템 정보	수신반 상태보기	이 메뉴는 수신기와 네트워크로 연결된 모든 수신기, 각 수신기에 연결된 중계반과 중계반에 연결된 중계기의 상태, 즉, 고장상태, 화재상태 및 강제 입출력시험을 할 수 있는 메뉴로 구성  [수신반 상태보기]  [중계반 상태보기]  [LOOP에 연결된 설비상태보기] 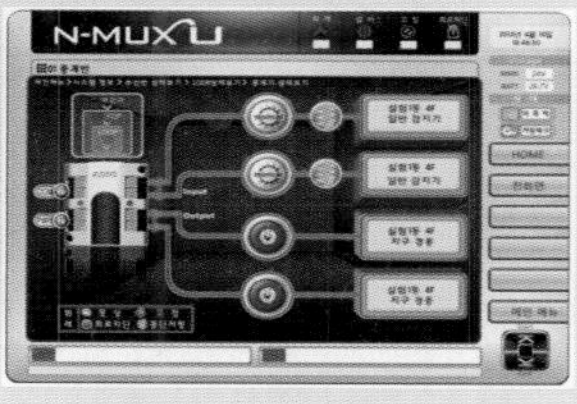 [중계기 상태보기]

구 분	내 용	설 명
시스템 점검	시스템 점검	전원전압, S/W 버전, 화면 테스트, 수신기 IP 주소, 시간설정메뉴로 구성되며, 유지보수 버튼을 이용하여 소프트웨어(맵) Up-down 로드 가능 
프로그램 설정 (Program set up)	로직맵 (AND MAP)	두 개 이상의 화재감시입력(중계기에 연결된 입력)이 동시에 입력되었을 때 화재입력으로 인정하는 방식을 AND MAP이라고 하며 이를 설정하는 메뉴
	매트릭스 맵 (MATRIX MAP)	입력에 연결된 출력상태, 즉 연동을 변경하고자 하는 경우에 사용하는 메뉴
	회로차단	각 중계반 또는 루프별로 선택하여 회로차단 가능하며, 차단 시 회로차단 개수와 Address 차단 개수를 상단에 표시 및 수신기의 전면부에 회로차단 LED 점등됨. **참고** 회로차단 시 화재복구를 해야지만 내용이 시스템에 적용되므로 설정 후에는 꼭 화재복구 실시 요함.
	시스템 설정	수신기의 축적/비축적 설정, 화재상태의 홀딩/화재 자동복구, 지구음향장치 홀딩/자동복구, 아날로그감지기 보상 등의 설정메뉴로 구성 

4) 화재발생 시 화면

[그림 28] **화재발생 시 화면**

(1) 초기화면에서 화재가 발생되면 나타나는 화면
(2) 하단부에는 화재 1보와 2보에 대한 정보도 함께 표시
(3) **세부내역 확인** : 이 상태에서 화재발생 아이콘을 클릭한 다음, 화재 내역 클릭

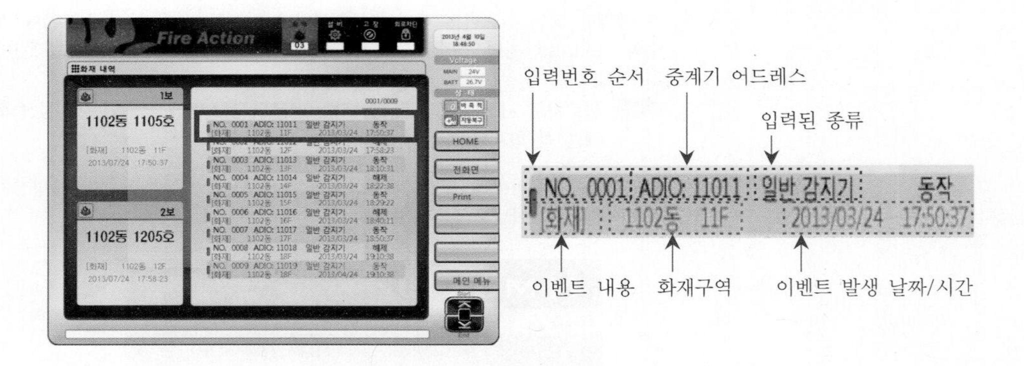

(4) 화재가 발생한 구역의 메시지 화면이며, 메인메뉴/화재내역을 클릭하면 나타나는 화면

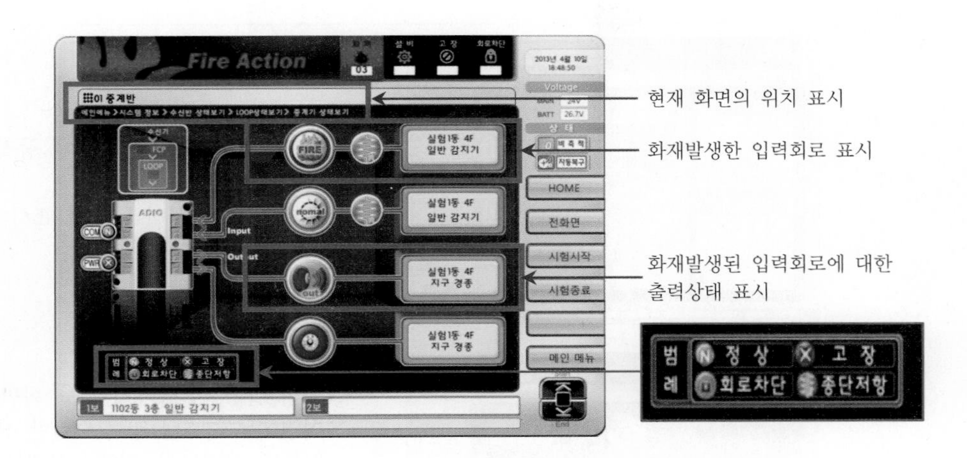

(5) 메인메뉴/수신기 상태보기 메뉴/LOOP 상태보기/중계기 상태보기 메뉴의 화면

(6) 중계기에 연결된 화재감지기가 동작되는 경우 화재아이콘이 표시되고 입출력 MAP에 의해 연결된 출력설비의 동작상태를 표시

(7) 수신기에는 화재 LED 점등 및 주경종 명동

5) 설비입력 발생 시 화면

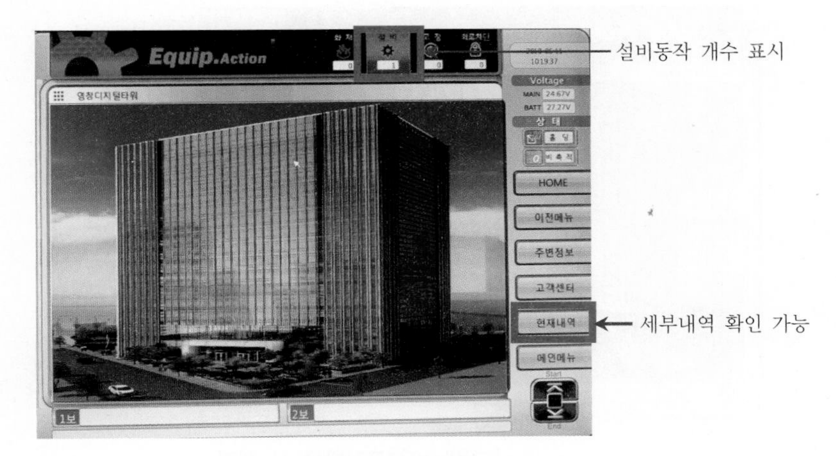

[그림 29] **설비입력 시 화면**

(1) 초기화면에서 설비(탬퍼스위치, 댐퍼, 방화문 동작 등)가 동작하면 나타나는 화면

(2) **세부내역 확인** : 이 화면에서 현재내역 확인

(3) 상단의 설비 개수가 0에서 설비동작 개수만큼 증가

(4) **동작상태** : 수신기에는 설비작동 LED 점등, 부저 명동

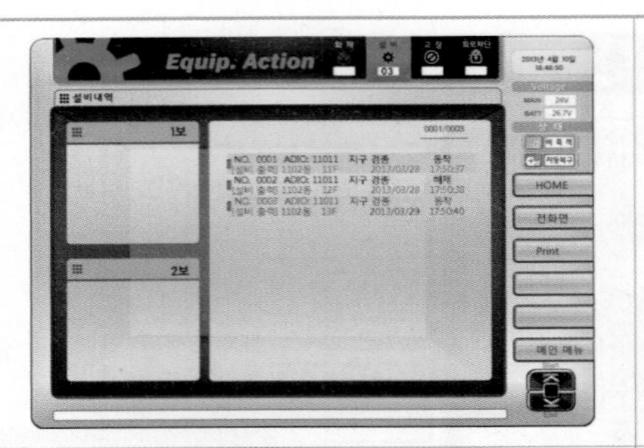	가. 설비내역 : 메인메뉴/시스템 동작상태/설비내역 나. 현재 입력된 설비에 대해 표시
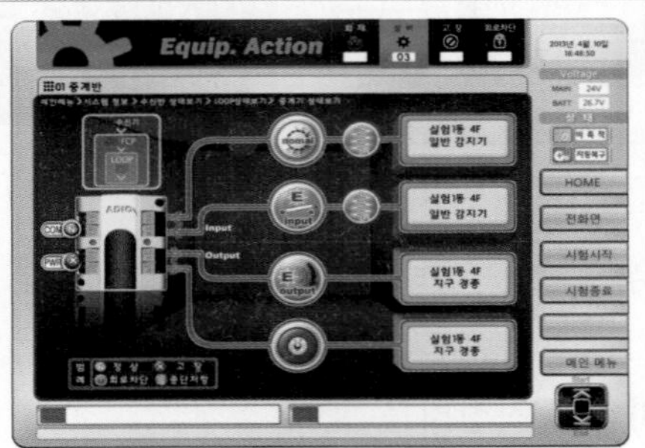	가. 설비 발생 시 중계기 정보 화면 메인메뉴/시스템 정보/수신반 상태보기/LOOP 상태보기/중계기 상태보기 나. 중계기에 연결된 입력설비가 동작되는 설비동작 아이콘이 표시되고 입출력 MAP에 의해 연결된 출력설비의 동작상태를 표시

6) 고장(Fault)발생 시 화면

[그림 30] **고장발생 시 화면**

(1) 초기화면에서 고장(FAULT)이 발생되면 나타나는 화면이다.

(2) 이 화면에서 현재내역을 클릭하면 다음의 화면이 나타난다.

(3) 상단의 고장개수가 0에서 발생된 고장개수만큼 증가한다.

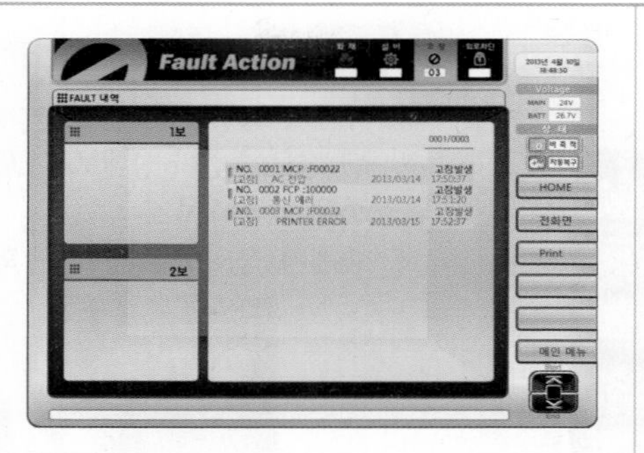

가. 고장(FAULT)내역 : 메인메뉴/시스템 동작상태/고장(FAULT)내역

나. 고장(FAULT)이 발생한 구역과 고장내용을 표시

(4) 중계반 고장발생 시 화면

가. 중계반 고장발생 시 화면 : 메인메뉴/시스템 정보/수신반 상태보기/중계기 상태보기

나. 중계반 통신고장 또는 중계반 배터리 고장 시 화면

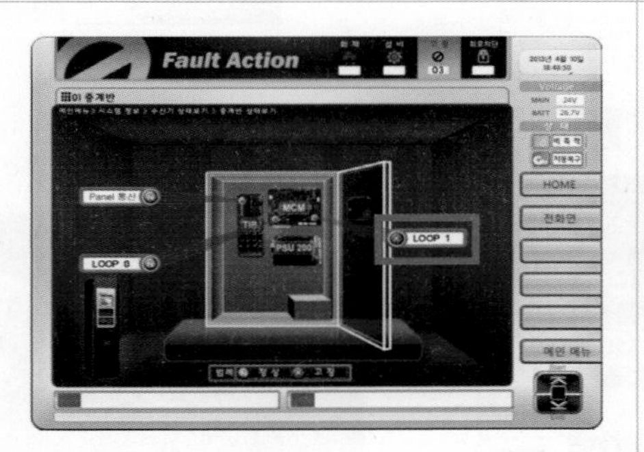

중계반 LOOP 1의 고장 화면

가. 중계반 LOOP1 고장발생 화면 : 메인메뉴/시스템 정보/수신반 상태보기/중계기 상태보기/LOOP1

나. LOOP에 FAULT 발생 시 표시하는 화면으로 좌측 화면은 1번 중계반의 1번 LOOP에 1번 중계기에 고장이 발생함을 의미한다.

다. 중계기의 고장을 알려면 고장 표시된 중계기를 클릭하면 확인이 가능하다.

⑸ 중계기 고장발생 화면

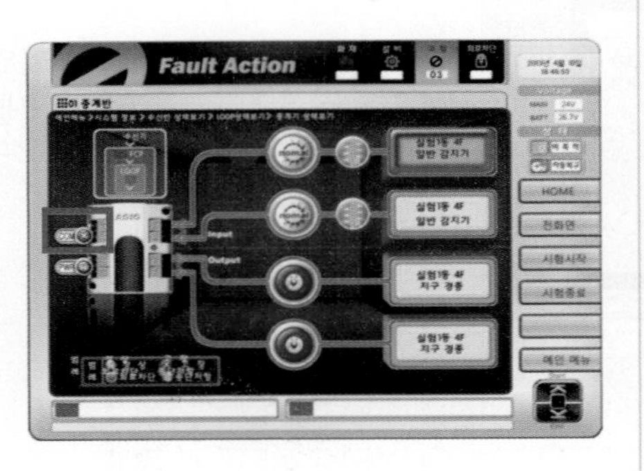	가. 중계기 고장발생 시 화면 : 메인메뉴/시스템 정보/수신반 상태보기/LOOP 상태보기/중계기 상태보기 나. 중계기 통신고장인 경우 화면 
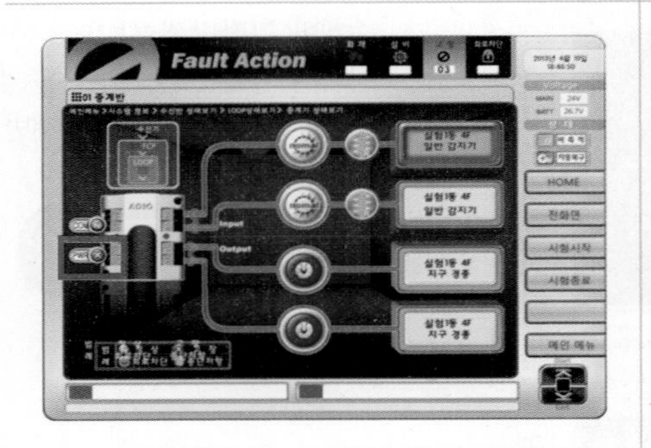	중계기 24V 전원고장인 경우 화면 
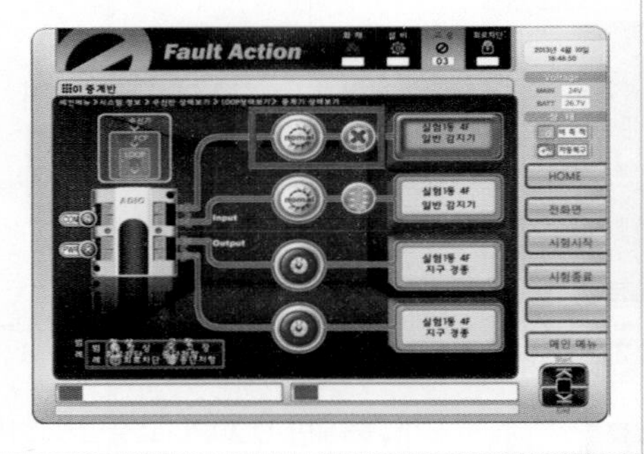	중계기 Port 1 종단저항 고장인 경우 화면 

8. R형 수신기의 시험

1) 도통시험

R형 수신기는 별도의 시험을 하지 않더라도 평상시 자기진단 기능이 있어 선로의 단선, 단락, 통신 이상이 발생할 경우 고장(장애)이 발생한 구역과 내용을 표시해 준다.

[그림 31] **고장발생 시 화면**

(1) 초기화면에서 고장(FAULT)이 발생되면 나타나는 화면이다.

(2) 이 화면에서 현재내역을 클릭하면 다음의 화면이 나타난다.

(3) 상단의 고장개수가 0에서 발생된 고장개수만큼 증가한다.

가. 고장(FAULT)내역 : 메인메뉴/시스템 동작상태/고장(FAULT)내역

나. 고장(FAULT)이 발생한 구역과 고장내용을 표시

2) 예비전원

R형 수신기의 예비전원시험도 P형과 시험목적과 방법은 동일하다.

(1) 목적

가. 자동절환 여부 : 상용전원 및 비상전원이 정전된 경우, 자동적으로 예비전원으로 절환되며, 복구 시에는 자동적으로 상용전원으로 절환되는지의 여부를 확인

나. 예비전원 정상 여부 : 상용전원이 정전되었을 때 화재가 발생하여도 수신기가 정상적으로 동작할 수 있는 전압을 가지고 있는지를 검사하는 시험이다.

(2) 방법

가. 예비전원시험스위치를 누른다.

참고 예비전원시험은 스위치를 누르고 있는 동안만 시험이 가능함.

나. 전압계의 지시치가 적정범위[24V] 내에 있는지를 확인한다.

다. 교류전원을 차단하여 자동절환 릴레이의 작동상황을 조사한다.

참고 입력전원 차단 : 차단기 OFF 또는 수신기 내부 전원스위치 OFF

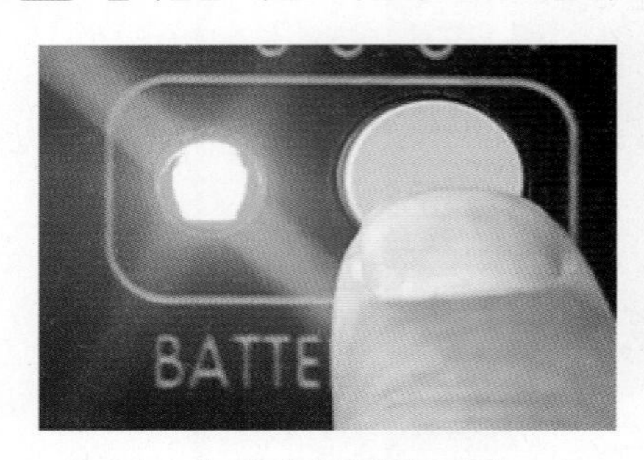

[그림 32] **예비전원시험스위치 누름**

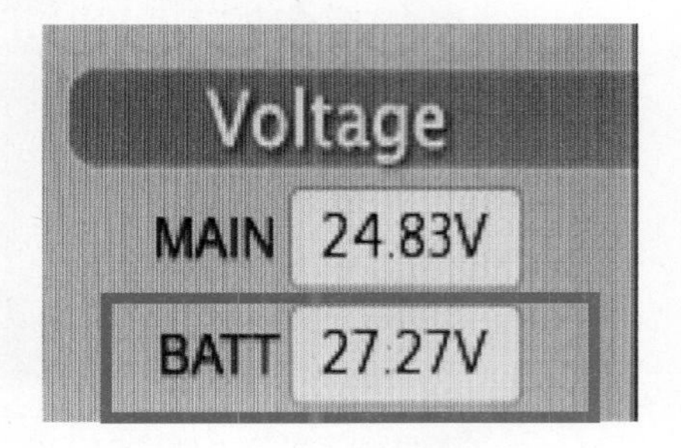

[그림 33] **전압확인**

(3) 가부 판정기준 : 예비전원의 전압, 용량, 자동전환 및 복구 작동이 정상일 것

3) 동작시험

(1) 목적 : 감지기, 발신기 등이 동작하였을 때, 수신기가 정상적으로 작동하는지 확인하는 시험

tip 동작시험

로컬에 설치된 감지기, 발신기가 동작된 것과 같이 수신기에서 강제로 화재와 같은 상황을 만들어서 수신기에 화재표시 및 로컬에 신호를 정상적으로 보내는지를 확인하는 시험을 말한다.

(2) 중계기 상태 화면에서 시험하는 방법(예 존슨콘트롤즈)

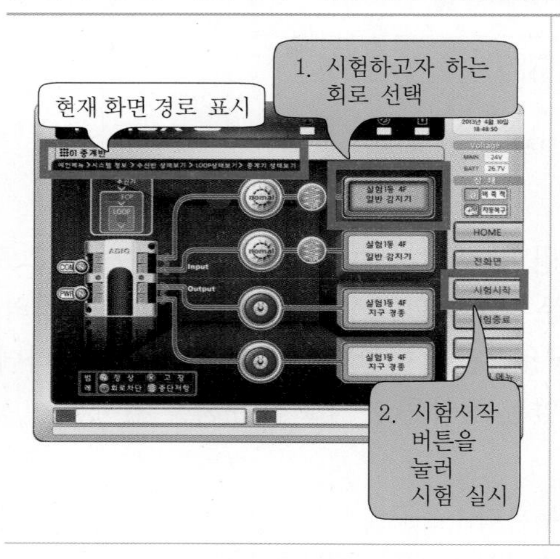

- 현재화면 위치 : 메인메뉴/시스템 정보/수신반 상태보기/LOOP 상태보기/중계기 상태보기
  - 가. 동작시험을 하고자 하는 회로를 선택 (입력 또는 출력회로 선택)
  - 나. 우측의 시험시작 버튼을 누름

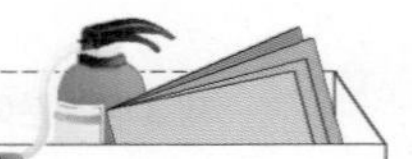

다. 동작시험을 했을 때 피해에 대한 경고 안내문 팝업창 질문선택(YES/NO)

라. 회로시험을 정말 할 것인지 물음에 대한 선택(YES/NO)

마. YES 선택 시 입출력표에 의해 출력설비들이 동작한다.

(3) LED 화면에서 회로번호를 입력하여 시험하는 방법(예 지멘스)

가. 메인화면 우측에 위치한 회로시험 버튼을 누르면 회로시험 화면으로 전환된다.

나. 화면의 숫자판(텐키)을 이용하여 시험하고자 하는 회선의 주소(어드레스)를 입력한다.(주소 : 수신기번호－중계반번호－계통번호－회선번호)

다. 화재시험(또는 기동시험) 버튼을 누르면 시험이 실시된다.

참고 1. 화재시험 : 입력회로의 동작시험 시 사용
2. 기동시험 : 제어출력회로의 동작시험 시 사용

화재시험
입력된 번호의 중계기 및 감지기 감시 동작시험

기동시험
입력된 번호의 중계기 제어출력 동작시험

어드레스 표시부
텐키로 입력된 어드레스를 표시함.

텐키
숫자 0~9, 증가, 감소, 초기화, 한자리지우기 버튼으로 이루어짐. 어드레스 입력 시 사용함.

닫기
처음화면으로 돌아감.

3 자동화재탐지설비의 경보방식

자동화재탐지설비의 경보방식으로는 일제명동방식과 직상층·발화층 우선경보방식이 있다. 층수가 낮고 연면적이 작을 경우에는 일제명동방식을 적용하지만, 층수가 높고 수용인원이 많은 건축물의 경우 화재 시 전층 경보로 인한 건물 내부의 사람이 일시에 피난하는 경우 계단에서 안전사고(압사)가 발생하는 것을 방지하기 위하여 구분명동을 하는 것이며, 피난시간을 고려하여 방재실에서는 단계적으로 비상방송설비를 이용하여 순차적으로 피난안내방송을 실시하게 된다. 따라서 방재실에서는 비상 시 안내방송을 위한 멘트를 미리 작성하여 비치하는 것이 바람직하다.

1. 우선경보 방식(발화층 및 직상 4층) 〈개정 2022. 5. 9〉

1) 대상

층수가 11층(공동주택의 경우에는 16층) 이상인 특정소방대상물

2) 우선경보 방식(발화층 및 직상 4개층) 기준

발화층	경보발령층
(1) 2층 이상의 층	발화층 및 그 직상 4개층
(2) 1층	발화층·그 직상 4개층 및 지하층 =1층~5층, 지하 전층
(3) 지하층	발화층·그 직상층 및 그 밖의 지하층

2. 전층 경보방식 : 1) 이외의 건축물

7층			
6층			
5층			
4층			
3층			
2층			화재
1층		화재	
지하 1층	화재		
지하 2층			
지하 3층			
층수	전층 경보방식		

범례	화재	화재층
		경보층

		화재
	화재	
화재		
우선경보방식 (발화층+직상층)		

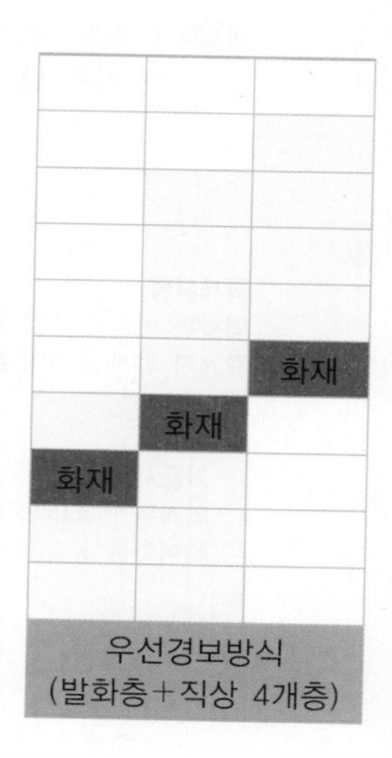

[자동화재탐지설비 경보방식의 구분]

tip 우선경보방식 변천

개정시기	경보발령층	대 상
1974.6.14	발화층+직상층 우선경보	지하층 제외 5층 이상, 연면적 3,000m^2 초과
2012.2.15	발화층+직상 4개층 우선경보	층수가 30층 이상
2022.5. 9	발화층+직상 4개층 우선경보	층수가 11층 이상(공동주택의 경우 16층 이상)

4 공기관식 차동식 분포형 감지기의 점검

tip

1. 공기관식 차동식 분포형 감지기 시험의 개념
   스포트형 감지기의 경우 가열 또는 가연시험기로 시험이 가능하나, 공기관식 차동식 분포형 감지기의 경우는 감지부분이 실 전체에 분포되어 있으므로 이러한 시험기로는 시험을 할 수가 없다. 따라서 인위적으로 공기관에 공기를 주입하여 검출부를 작동시켜 시험을 실시하고 있다.
2. 공기관식 차동식 분포형 감지기의 구성

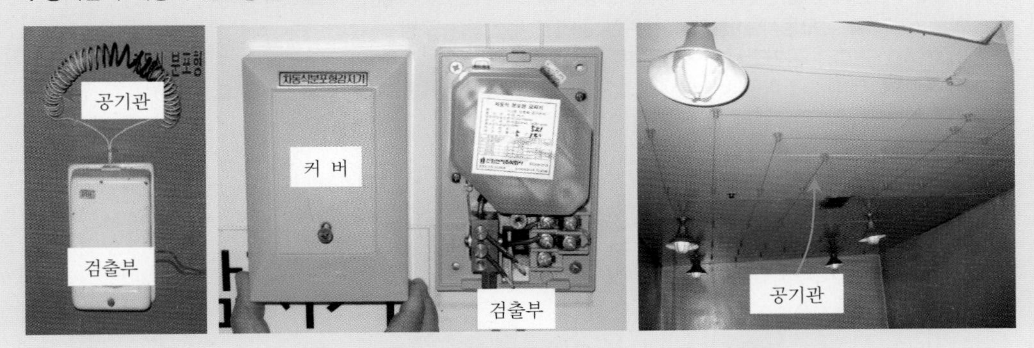

[그림 1] 공기관식 차동식 분포형 감지기 설치외형

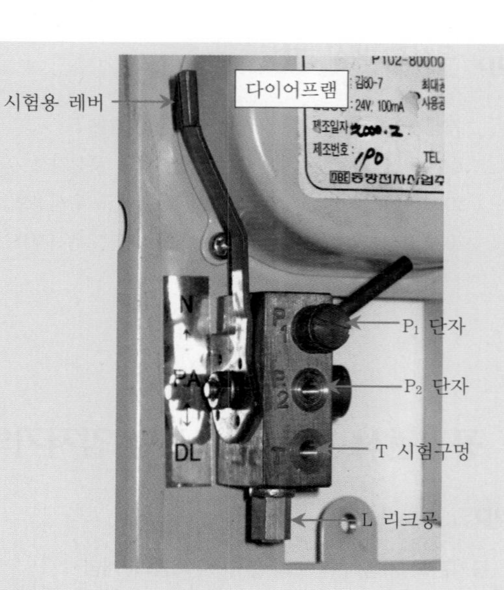

[그림 2] 검출부의 외형 및 명칭

[구성 명칭 및 기능]

1) P_1, P_2 단자 : 짧은 동관이 나사로 고정, 부착되어 있고 공기관을 접속하는 부분
2) L (리크공) : 오동작을 방지하기 위한 공기가 누설되는 구멍
3) T(시험구멍) : 공기관시험 시 공기를 주입하는 구멍
4) 시험용 레버 : 조작핸들(N 위치 : 평상시, P.A 위치 : 세움, D.L 위치 : 앞으로 당김.)
5) 다이어프램 : 검출부의 접점부분
6) 단자대 : 감지기 전선결선용 단자대

3. 공기관식 감지기 조작핸들 위치에 따른 계통도

레버위치	시험용 레버조작 사진	계통도
정상위치 [N] (Normal) – 평상시 상태	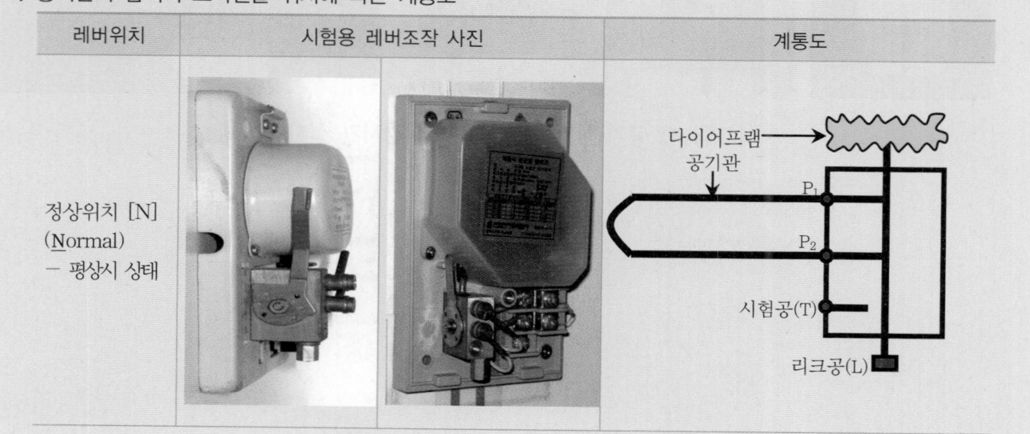	

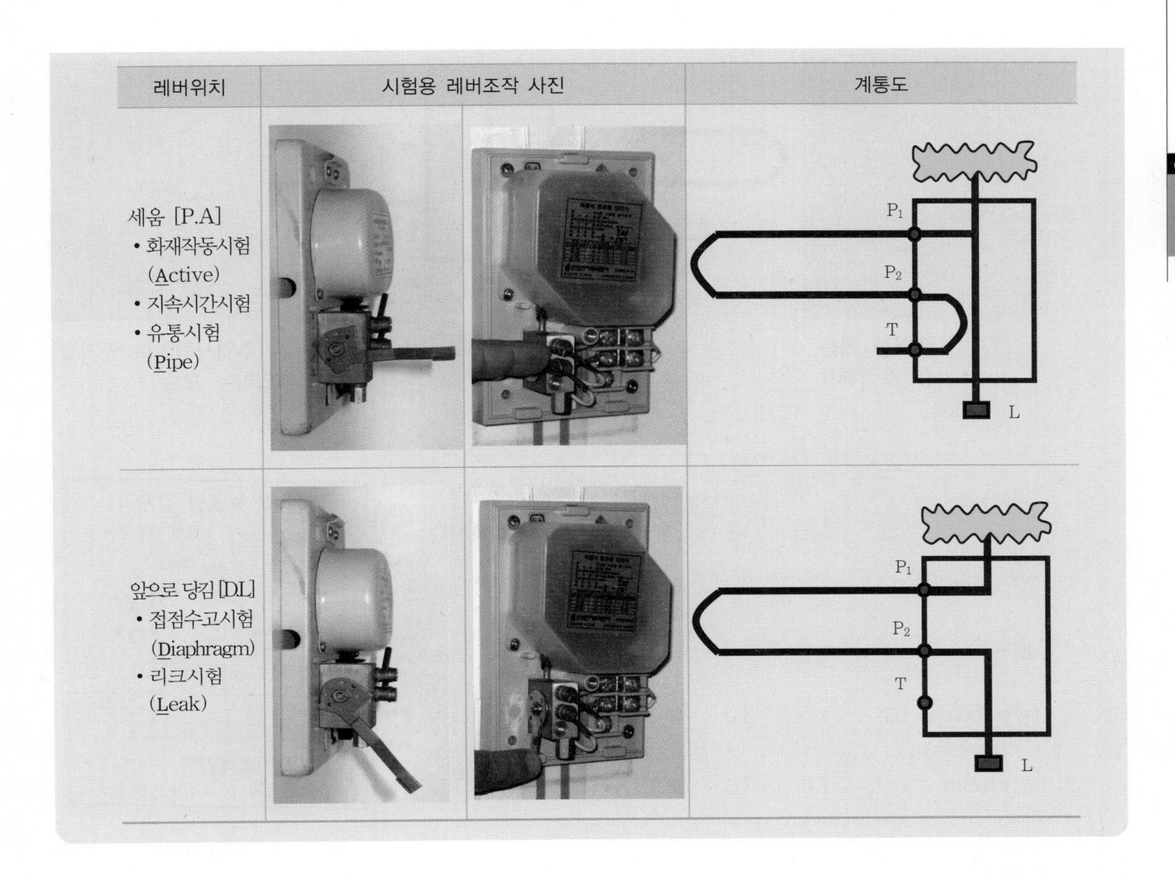

1. 화재작동시험 ★★★★★ [3회 10점, 9회 25점]

1) 목적

감지기의 작동 및 작동시간의 정상 여부를 시험하는 것

2) 방법 [M : 주 · 자 · 시 · 공 · 초 · RHL + − −]

(1) 주경종 ON, 지구경종 OFF

(2) 자동복구스위치 시험위치(누른다.)

참고 점검 시 대상처에서는 내부 근무자가 있으므로 경보로 혼선을 방지하기 위하여 감지기 동작 시만 주경종을 울리게 하기 위한 조치이다.

(3) 검출부의 시험용 레버를 P.A 위치로 돌린다.

(4) 공기주입시험기를 시험구멍(T)에 접속 후 검출부에 지정된 공기량을 공기관에 주입한다.

(5) 초시계로 측정 : 공기주입 후 감지기의 접점이 작동되기까지 검출부에 지정된 시간을 측정한다.

[그림 3] 레버를 세움 [P.A 위치]

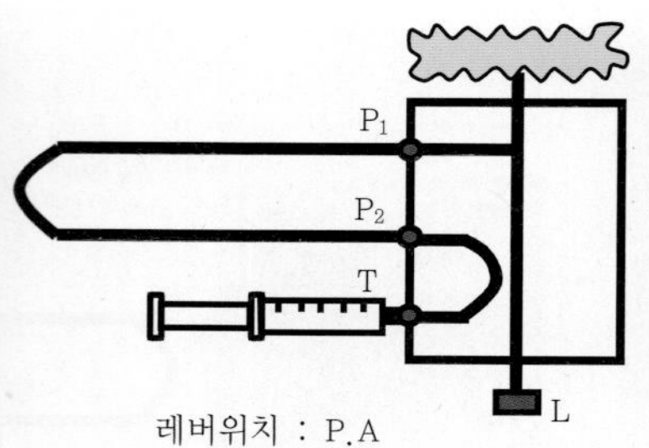

[그림 4] 화재작동시험 계통도

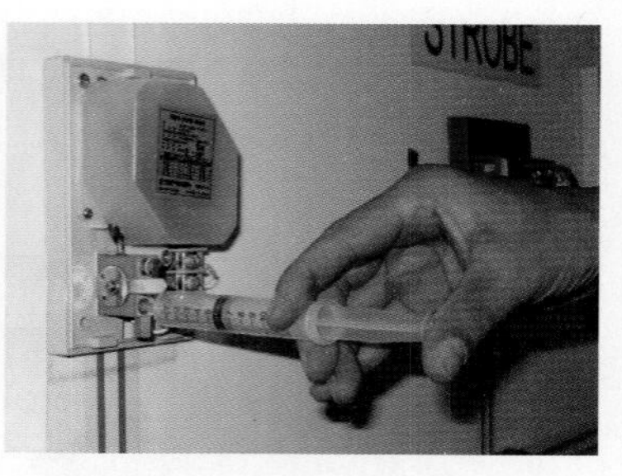

[그림 5] 공기주입시험기로 공기를 주입하는 모습

공기관	공기 주입량(cc)			시간(초)	
	1종	2종	3종	동작시간	지속시간
20~40m	0.5	1.0	2.0	0~4초 이내	2~30초
40~60m	0.6	1.2	2.4	1~6초 이내	4~42초
60~80m	0.8	1.5	3.0	1~10초 이내	6~56초
80~100m	0.9	1.8	3.6	2~15초 이내	8~73초

차동식 분포형 감지기

형 식:2종 보통형 공기관식
형 식 번 호:감 86-4
정격전압및전류:DC24V/100mA
공 기 관 경:외경2.0mm, 내경1.4mm
최대공기관길이:100M
제 조 번 호:
제 조 년 월:200 년 월

접점수고반치(H/2mm) : 10.8~13.2			
공기관길이(M)	주입량(cc)	동작시간(초)	동작지속시간(초)
20~40	1.0	0~4	2~30
40~60	1.2	1~6	4~42
60~80	1.5	1~11	6~56
80~100	1.8	2~15	8~73

신화전자주식회사 (02)558-0119
공장도가격 65,000원 소비자권장가격 75,000원

3) 판정

(1) 수신반에서 해당 경계구역과 일치할 것

(2) 작동 개시시간이 각 검출부에 표시된 시간범위 이내인지를 비교하여 양부를 판별한다.

(3) 작동 개시시간에 따른 판정기준 [23회 5점]

구 분	기준치 미달일 경우(RHL + − −) (작동시간이 빠른 경우=시간이 적게 걸림.) ⇒ 비화재보의 원인	기준치 이상일 경우 (동작시간이 늦은 경우 : 시간 초과) ⇒ 실보의 원인
작동 개시 시간	가. 리크저항치(R)가 규정치보다 크다(+). ⇒ 리크구멍이 작아서 공기누설이 지연된다.	가. 리크저항치(R)가 규정치보다 작다. ⇒ 리크구멍이 커서 공기누설이 잘 된다.
	나. 접점 수고값(H)이 규정치보다 낮다(−). ⇒ 접점간격이 가까워서 빨리 붙는다.	나. 접점 수고값(H)이 규정치보다 높다. ⇒ 접점간격이 멀어서 느리게 붙는다.
	다. 공기관의 길이(L)가 주입량에 비해 짧다(−).	다. 공기관의 길이(L)가 주입량에 비해 너무 길다.
		라. 공기관의 변형, 폐쇄(막힘, 압착), 누설상태

작동 개시 시간

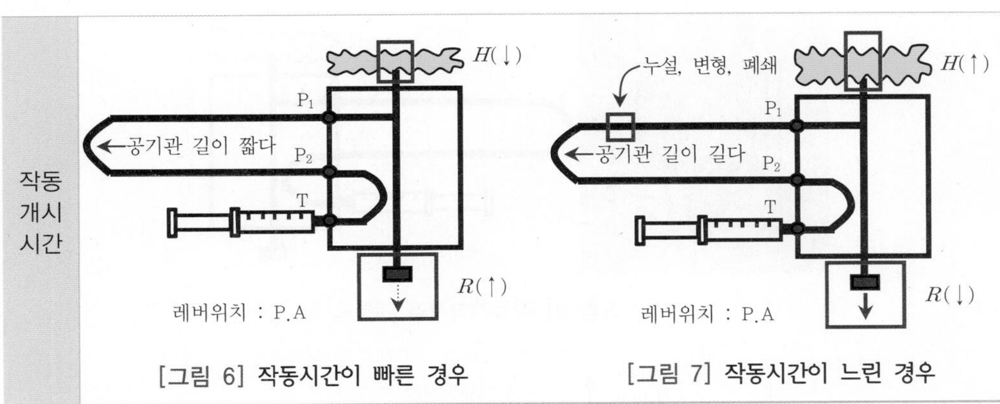

[그림 6] **작동시간이 빠른 경우**

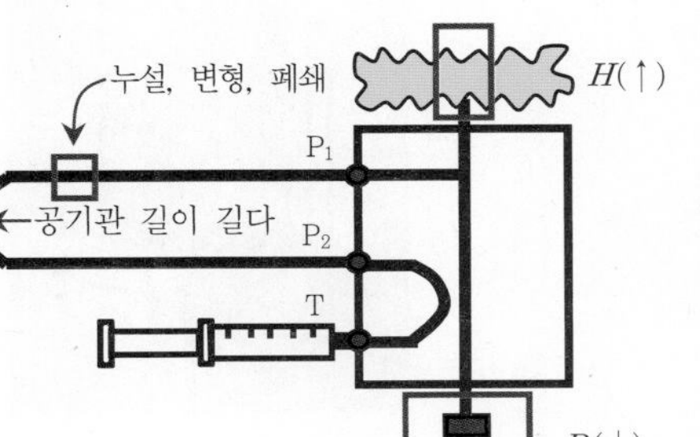

[그림 7] **작동시간이 느린 경우**

4) 주의사항

(1) 공기의 주입은 서서히 하며 규정값 이상을 가하지 않도록 한다.(∵ 다이어프램 손상 유의 목적)

(2) 공기관이 구부러지거나 꺾여지지 않도록 한다.

(3) 시험 시 작동하지 않거나 측정시간이 적정범위 외의 경우와 전회 점검 시의 측정치와 큰 폭으로 차이가 있는 경우에는 공기관과 검출부의 단자(P_1, P_2)에 확실히 조여져 있는지 확인한 후 유통시험 및 접점수고시험을 실시하여 확인할 것이다.

[그림 8] **검출부 단자(P_1, P_2) 조임 여부 확인**

2. 작동계속시험 ★★★★★ [19회 7점] [88회 기술사]

1) 목적

화재작동시험에 의해 감지기가 작동을 개시한 때부터 Leak Valve에 의해 공기가 누설되어 접점이 분리될 때까지의 시간을 측정하는 것으로써, 감지기의 접점이 형성된 후 일정시간 작동이 지속되는지를 시험하는 것이다.

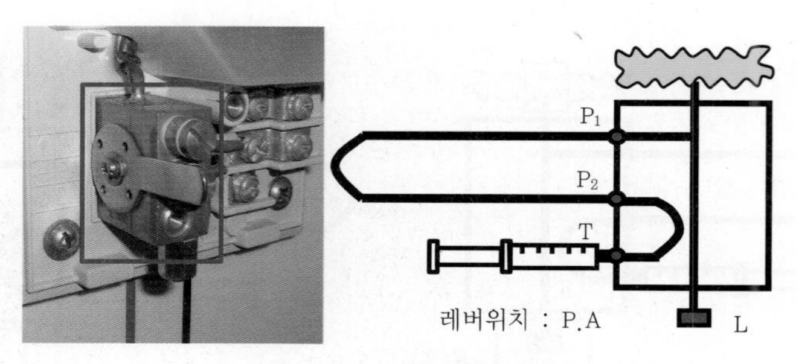

[그림 9] 작동계속시험 계통도

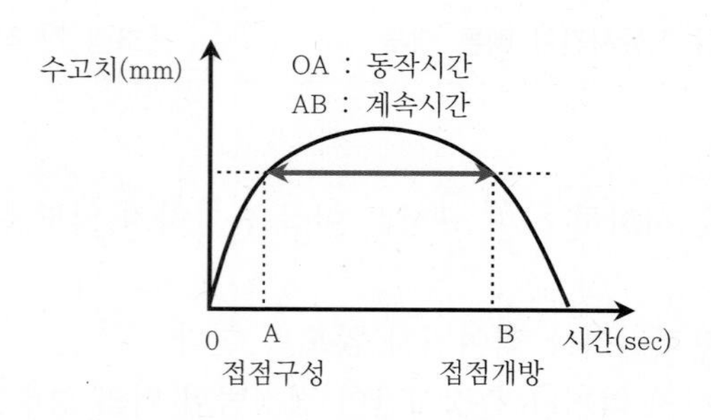

[그림 10] 작동시간과 작동시간 곡선

2) 방법 [M : 주・자・시・공・초・RH－＋]

(1) 주경종 ON, 지구경종 OFF

(2) 자동복구스위치 시험위치(누른다.)

(3) 검출부의 시험용 레버를 P.A 위치로 돌린다.

(4) 공기주입시험기를 시험구멍(T)에 접속 후 검출부에 지정된 공기량을 공기관에 주입한다.

(5) 초시계로 측정 : 공기주입 후 감지기의 접점이 작동되기까지 검출부에 지정된 시간을 측정한다.

(6) 화재작동시험 후 작동정지까지의 시간 측정(계속시간)
(수신기는 자동복구, 주경종의 음량을 청취하면서 초시계로 확인한다.)

공기관	공기 주입량(cc)			시간(초)	
	1종	2종	3종	동작시간	지속시간
20~40m	0.5	1.0	2.0	0~4초 이내	2~30초
40~60m	0.6	1.2	2.4	1~6초 이내	4~42초
60~80m	0.8	1.5	3.0	1~10초 이내	6~56초
80~100m	0.9	1.8	3.6	2~15초 이내	8~73초

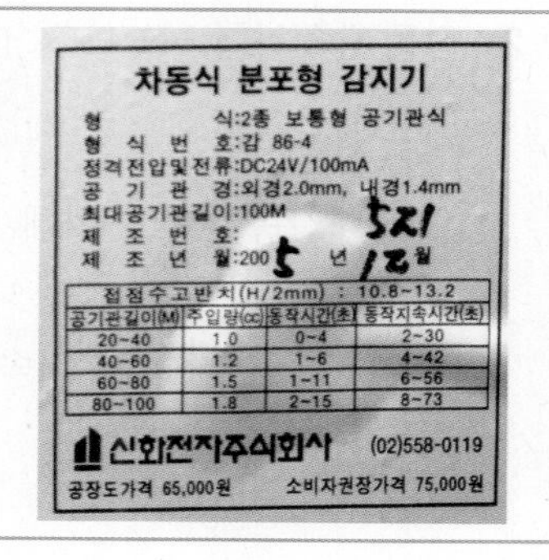

3) 판정

(1) 작동지속시간이 각 검출부에 표시된 시간 범위 이내인지를 비교하여 양·부를 판별한다.

(2) 작동지속시간에 따른 판정기준 [19회 3점]

구 분	기준치 미달일 경우(RH − +) (접점이 빨리 떨어진다.)	기준치 이상일 경우 (접점이 느리게 떨어진다.)
지속 시간	가. 리크저항치(R)가 규정치보다 작다(−). ⇒ 리크구멍이 커서 공기의 누설량이 많아 빨리 떨어진다.	가. 리크저항치(R)가 규정치보다 크다. ⇒ 리크구멍이 작아서 공기누설량이 작아 느리게 떨어진다.
	나. 접점 수고값(H)이 규정치보다 높다(+). ⇒ 접점간격이 멀어서 빨리 떨어진다.	나. 접점 수고값(H)이 규정치보다 낮다. ⇒ 접점간격이 가까워서 느리게 떨어진다.
	다. 공기관의 누설 ⇒ 공기가 누설되므로 접점이 빨리 떨어진다.	다. 공기관의 변형, 폐쇄(막힘, 압착) ⇒ 공기관이 막혀 있어 공기의 유동이 안 되어 접점이 느리게 떨어진다.
	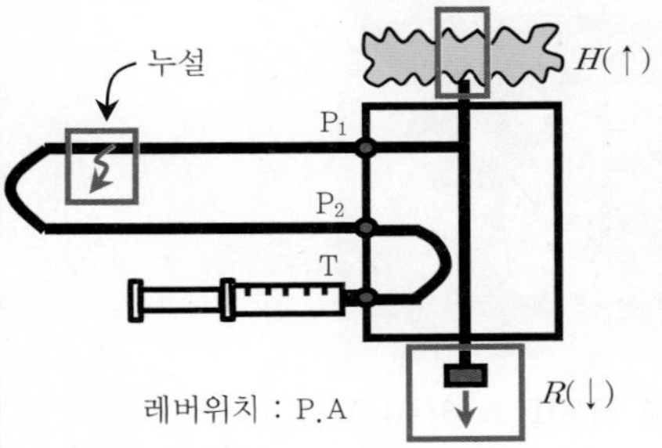 누설 / H(↑) / P_1 / P_2 / T / 레버위치 : P.A / R(↓) [그림 11] **작동시간이 빠른 경우**	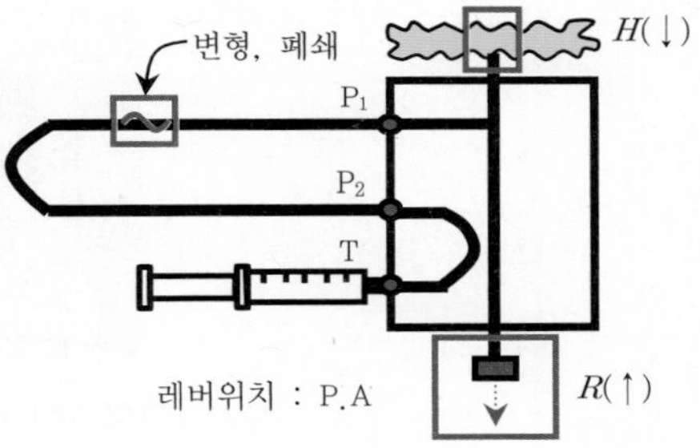 변형, 폐쇄 / H(↓) / P_1 / P_2 / T / 레버위치 : P.A / R(↑) [그림 12] **작동시간이 느린 경우**

3. 유통시험 ★★★★

1) 목적

공기관에 공기를 유입시켜 공기관의 누설, 변형, 폐쇄 등의 공기관의 상태와 공기관 길이의 적정성 여부를 확인하는 시험

2) 방법

방법	구분
(1) 공기관의 일단(P_1)을 제거한 후, 이 공기관의 한쪽(P_1) 끝에 마노미터를 접속시킨다. (2) 검출부의 시험용 레버를 유통시험위치[P.A]로 돌린다.	준 비
(3) 공기주입시험기를 시험구멍(T)에 접속하고 공기를 주입시켜 마노미터의 수위를 100mm로 상승시킨 후 공기주입을 멈추고 수위가 정상상태인지 확인한다. ※ 이때 만약 수위가 저하할 경우에는 어디에선가 공기가 누설되고 있는 경우이므로 시험을 중단하고 누설부위를 점검한다.	공기주입 (수위 100mm)

(4) 공기주입시험기를 시험구멍(T)에서 분리하여 공기관 내부의 공기를 시험구멍(T)을 통하여 빼낸다. (5) 이때 수위가 $\frac{1}{2}$(50mm)될 때까지의 시간(유통시간)을 초시계로 측정한다.	공기 빼면서 시간 측정 (50mm)

[그림 13] 레버 정상위치[N]에서 P_1 분리된 모습

[그림 14] 레버를 세운[P.A 위치] 모습

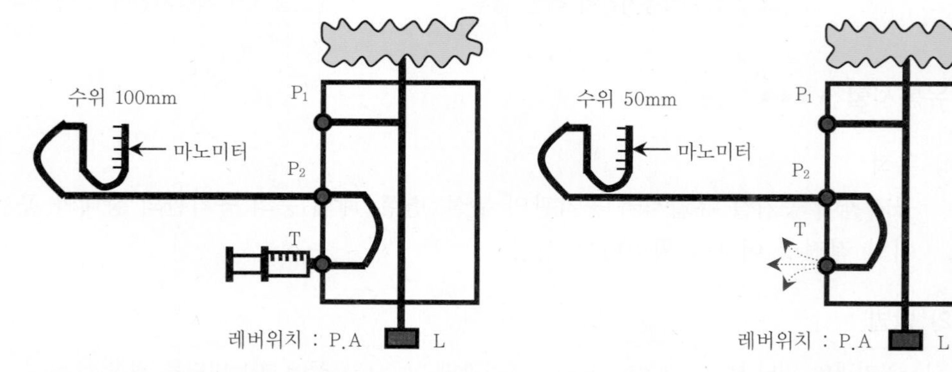

[그림 15] 레버를 세운[P.A] 상태에서 공기주입

[그림 16] 시험공으로 공기를 빼는 모습

3) 판정

(1) 공기관의 유통상태 확인

가. 마노미터의 수위가 올라가지 않는 경우 : 공기관의 변형 또는 막힘

나. 마노미터의 수위가 정지되지 않는 경우 : 공기관의 누설

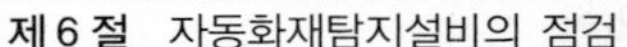

(2) 유통시간에 의한 공기관의 길이 적정 여부 확인

가. 유통시간에 의해 공기관의 길이를 산출한다.

나. 산출된 공기관의 길이가 유통곡선의 허용범위(상한~하한) 내에 있어야 하며, 공기관의 길이는 100m를 초과하지 말아야 한다.(※ 공기관 길이 : 20~100m)

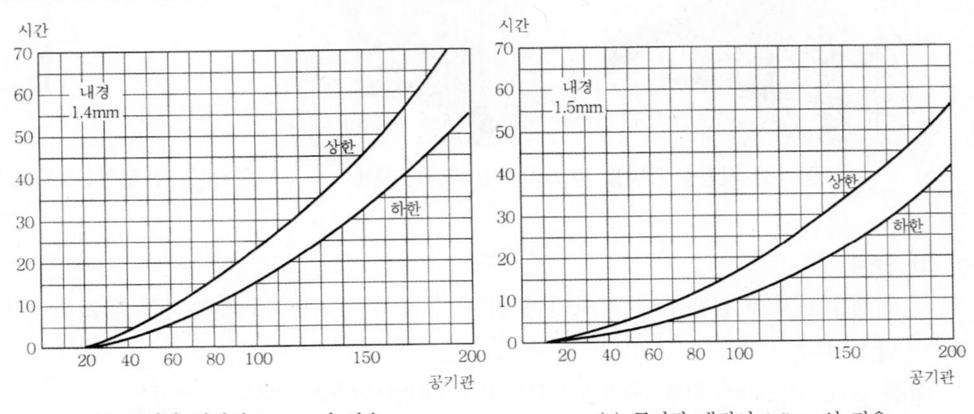

[그림 17] **공기관 유통곡선**

4. 접점수고시험 ★★★★

1) 목적

(1) 접점의 수고치가 너무 낮으면 감도가 예민해져서 비화재보의 원인이 된다.

(2) 접점의 수고치가 너무 높으면 감도가 둔감해져서 경보가 늦게 울리는 원인이 된다.

(3) 적정한 수고치를 유지하고 있는지를 확인하는 시험이다.

참고 접점수고란 다이어프램의 접점간격을 마노미터의 수고 절반치로 고쳐 읽어 표시한 것으로 단위는 [mm]이다.

2) 방법

(1) 검출부의 시험용 레버를 접점수고, 시험위치[D.L]로 돌린다. (2) P_1 동관단자 비스를 분리한다. (3) 공기관의 일단(P_1)을 해제한다. (4) 그곳에 마노미터와 테스트 펌프(공기주입시험기)를 접속한다.	준 비
(5) 테스트 펌프(공기주입시험기)로 미량의 공기를 서서히 주입한다.	공기주입
(6) 감지기의 접점이 붙는 순간 공기주입을 멈추고, 마노미터의 수위를 읽어 접점수고치를 측정한다.	측 정

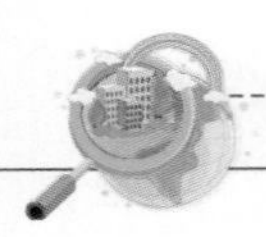

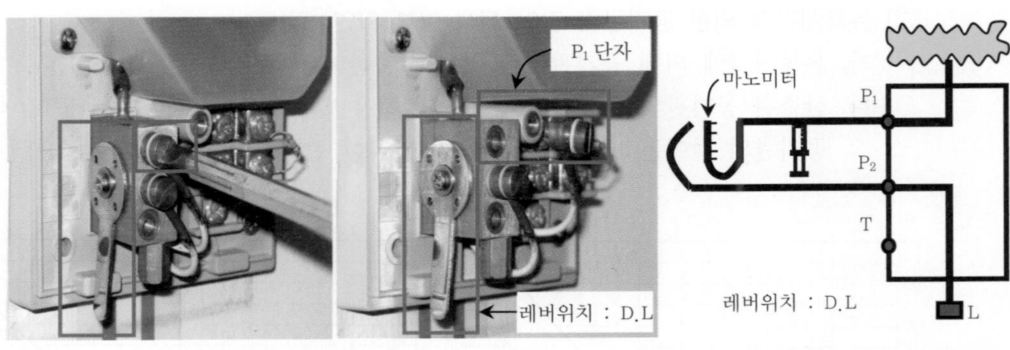

[그림 18] **시험용 레버를 앞으로 당김 [D.L 위치]** [그림 19] **접점수고시험 계통도**

3) 판정

접점수고치가 검출부에 명시되어 있는 수치의 범위 내에 있는지를 비교하여 양·부를 판정한다.

참고 접점수고는 15% 허용범위가 있으므로 15% 이내는 양호한 것으로 판단한다.

tip 접점수고치에 따른 접점간격, 감도 및 문제점

접점수고치	접점간격	감 도	문제점
낮다.	가깝다.	예민하다.	비화재보(잦은 오동작) 우려 有
높다.	멀다.	둔감하다.	실보(화재 시 미동작) 위험 有

5. 리크시험 ★★★

1) 목적

리크공의 저항이 적정한지의 여부를 확인하는 시험

tip 리크공

리크공은 화재가 아닌 실내의 온도가 서서히 상승할 경우 공기관의 공기를 배출시켜 비화재보를 방지하기 위해서 설치되며, 리크공은 유리관을 인발시켜 사용하거나 합성수지제의 흡습성이 적은 면을 사용하여 서서히 공기의 출입이 가능하도록 되어 있다.

2) 방법

(1) 검출부의 시험용 레버를 리크시험위치[D.L]로 돌린다.

(2) P_2의 동관단자 비스를 풀어 공기관을 분리한다.

(3) P_2에 공기주입구를 접속하고 공기를 서서히 주입하면서 리크공의 공기누설 여부를 점검한다.

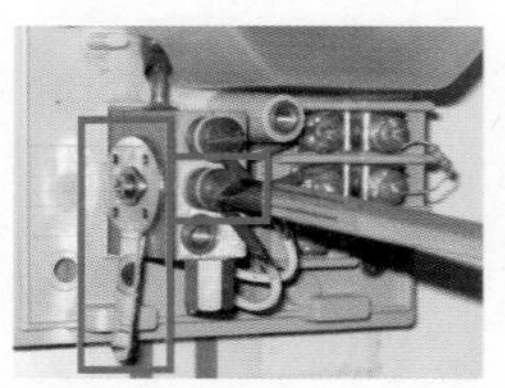

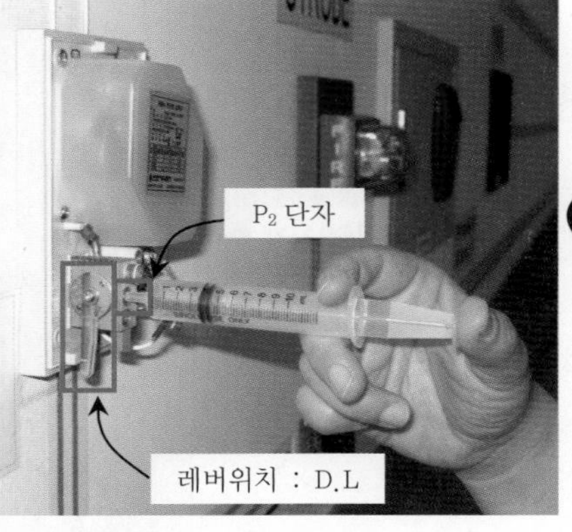

[그림 20] **레버 D.L 위치에서 P_2 분리 후 공기주입모습**

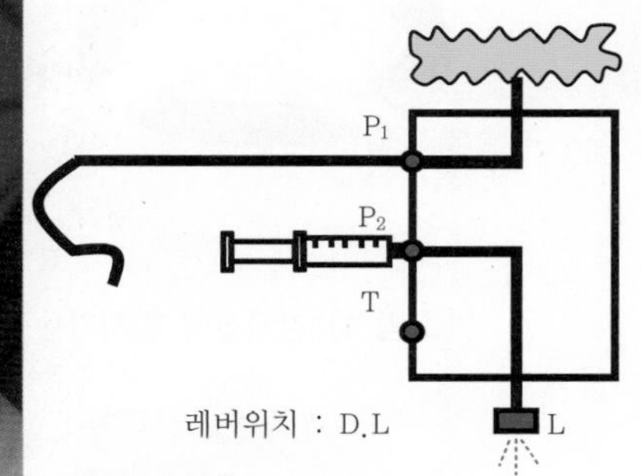

[그림 21] **리크시험 계통도**

3) 판정

(1) 리크공의 저항이 작으면 : 내부 공기압이 과누설되어 둔감해지므로 실보의 원인이 된다.

(2) 리크공의 저항이 너무 크면 : 내부 공기압이 잘 누설되지 않아 온도변화에 과민해져 비화재보의 원인이 된다.

tip 리크구멍의 크기에 따른 리크저항, 감도 및 문제점

리크구멍(D)	리크저항(R)	감 도	문제점
크다.	작다.	공기가 쉽게 누설되어 둔감	실보(화재 시 미동작) 원인
작다.	크다.	공기가 잘 누설되지 않아 예민	비화재보(잦은 오동작) 원인

5 감지선형 감지기의 점검 ★

1. 작동시험

감지기의 말단에 설치된 회로시험기를 조작(단락 : Short)하여 경계구역 표시가 적정한지 확인한다.

[그림 1] **감지선형 감지기**

[그림 2] **설치된 모습**

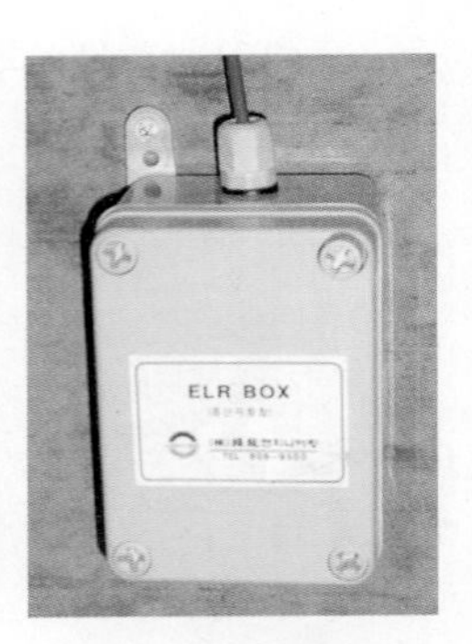

[그림 3] **종단저항함**

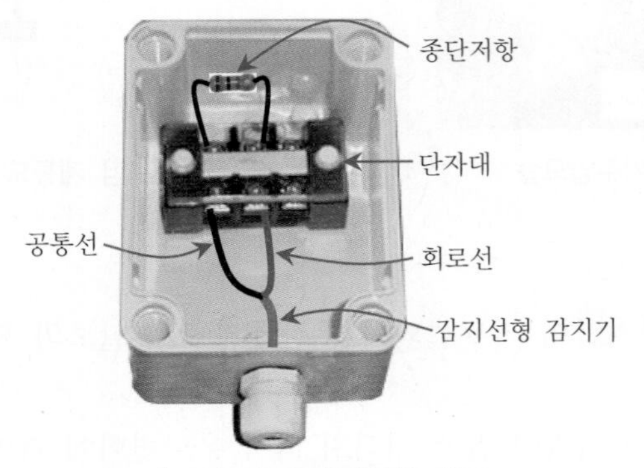

[그림 4] **종단저항함 내부**

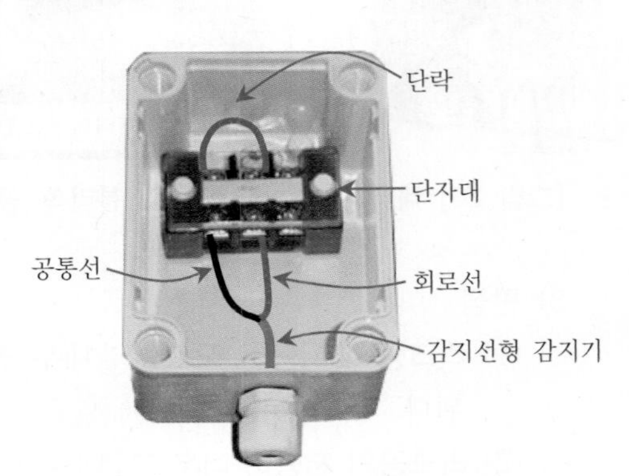

[그림 5] **말단을 단락시킨 모습**

2. 회로합성저항시험

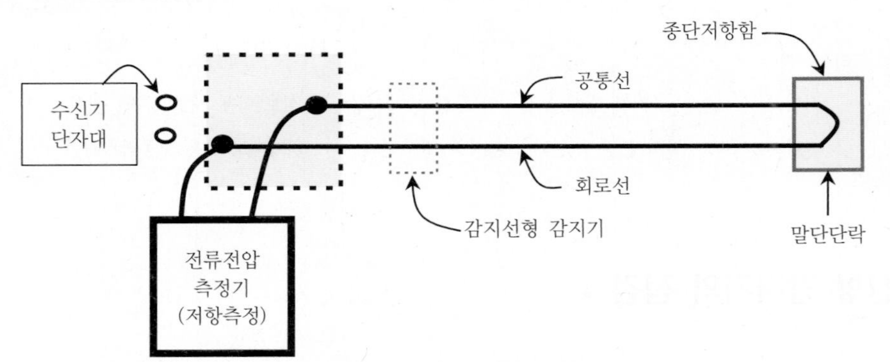

[그림 6] **회로합성저항시험**

1) 수신기 내부 단자대에서 측정하고자 하는 감지선형 감지기의 공통선과 회로선을 분리한다.
2) 측정하고자 하는 회로의 말단에 설치된 종단저항을 단락한다.
3) 수신기의 단자대에서 감지기회로(감지선형 감지기 : 공통선 ↔ 회로선)의 합성저항치를 전류전압측정계(Tester기)로 측정한다.
4) **판정** : 합성저항치가 감지기에 명시되어 있는 수치 이하일 것

6 열전대식 감지기의 점검

1. 화재동작시험

1) 목적

감지기의 작동전압(열기전력)에 상당하는 전압을 시험기에 의해 검출부(미터릴레이)에 가하여 그때의 작동전압이 정상인지를 확인하는 시험이다.

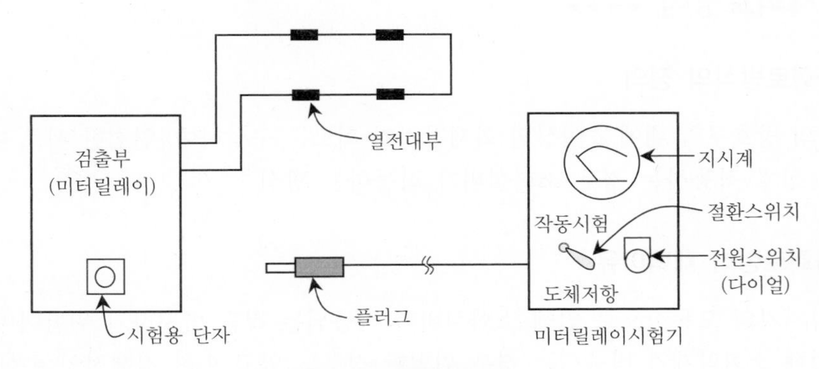

[그림 1] **미터릴레이시험기**

2) 시험 방법

(1) 시험기의 절환스위치를 작동시험 위치로 전환한다.

(2) 시험기의 플러그를 검출부(미터릴레이)의 시험용 단자에 삽입한다.

(3) 다이얼을 오른쪽으로 돌려 검출부에 서서히 전압을 가한다.

(4) 감지기가 동작할 때의 전압을 확인한다.(지시계 상단에 표시)

3) 판정

(1) 작동 전압치가 각 검출부에 표시되어 있는 수치의 범위 내에 있을 것

(2) 경계구역의 표시가 적정할 것

2. 회로합성저항시험

1) 목적

열전대회로의 합성저항치가 규정 저항치(검출부에 표시) 이상의 수치인 경우에 작동하지 않을 우려가 있으므로 합성저항치가 적정한지를 확인하는 시험이다.

2) 시험 방법

(1) 시험기의 절환스위치를 "도체저항" 위치로 전환한다.

(2) 다이얼을 오른쪽으로 돌려 전원을 넣고, 지침이 "∞" 위치에 오도록 한다.

(3) 시험기의 플러그를 검출부(미터릴레이)의 시험용 단자에 삽입한다.
(4) 지시계 하단에 지시된 합성저항치를 확인한다.

3) 판정
회로합성저항치가 각 검출부에 표시되어 있는 수치의 범위 내에 있을 것

7 교차회로방식 ★★★★

1. 교차회로방식의 정의

하나의 방호구역 내에 2 이상의 화재감지기 회로를 구성하여, 인접한 서로 다른 감지기회로가 상호 작동하는 경우 소화설비가 작동하는 방식

2. 교차회로방식 채택이유

1) 감지기의 오동작으로 인해 소화설비가 작동되는 것을 방지하기 위함이며, 오동작으로 인해 소화약제가 방출되는 경우 위험한 경우도 있고 또한 경제적인 손실도 발생할 수 있으므로 소화설비의 신뢰도 향상을 위하여 교차회로방식을 채택한다.

2) 감지기 동작에 따른 설비동작
(1) a or b 회로 동작 시 : 경보
(2) a and b 회로 동작 시 : 소화설비 작동

3. 교차회로방식 도시

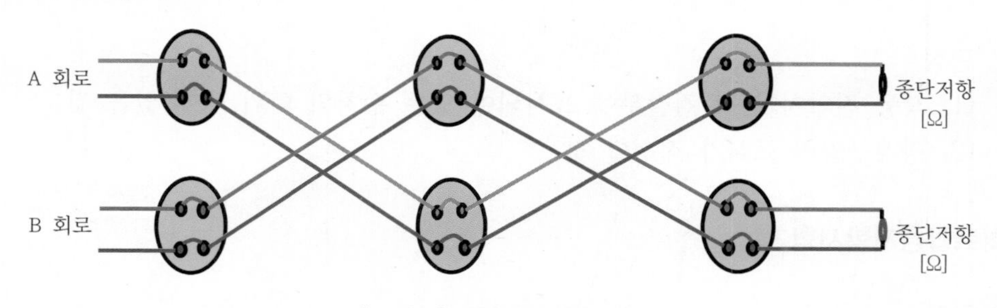

[그림 1] **교차회로방식 도시**

4. 교차회로방식을 사용하는 소방시설의 종류

1) 준비작동식 스프링클러설비
2) 일제살수식 스프링클러설비
3) 드렌처설비

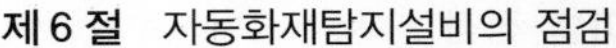

4) 물분무등소화설비(물분무, 미분무, 포, 이산화탄소, 할론, 할로겐화합물 및 불활성기체, 분말, 강화액, 고체 에어로졸 소화설비)

5. 교차회로방식을 적용하지 않는 감지기 [M : 불 · 광 · 아 · 다 · 복 · 정 · 선 · 분 · 축]

(=오동작의 우려가 있는 곳에 적응성 있는 감지기 : 축적형 수신기를 설치하지 않아도 되는 감지기)

1) 불꽃감지기
2) 광전식감지기 중 분리형 감지기
3) 아날로그방식의 감지기
4) 다신호방식의 감지기
5) 복합형 감지기
6) 정온식 감지선형 감지기
7) 분포형 감지기
8) 축적방식의 감지기

6. 교차회로방식을 사용하는 소화설비 작동 방법의 종류

1) 해당 방호구역의 감지기 2개 회로 작동
2) 수동조작함의 수동조작스위치 작동
3) 수신기의 수동기동스위치 작동
4) 수신기에서 동작시험스위치 및 회로선택스위치로 작동(2회로 작동)
5) 각 로컬(방호 · 방수구역, 저장용기실)에 설치된 설비에서 직접조작
   (1) **수계** : 프리액션밸브(일제개방밸브) 자체에 부착된 수동기동밸브 개방
   (2) **가스계** : 기동용기 솔레노이드밸브의 수동조작버튼 누름

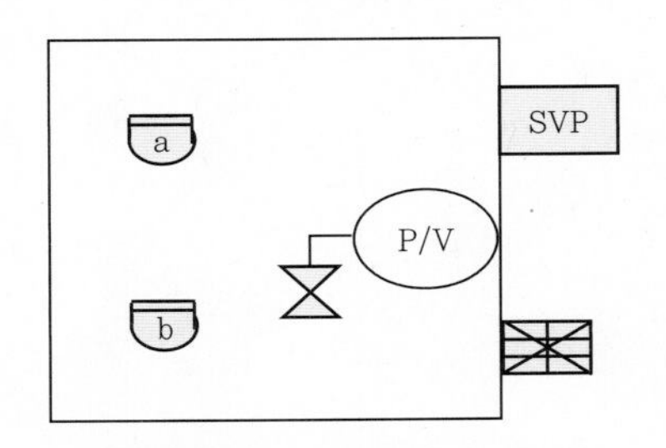

[그림 2] **수계소화설비 작동 방법**

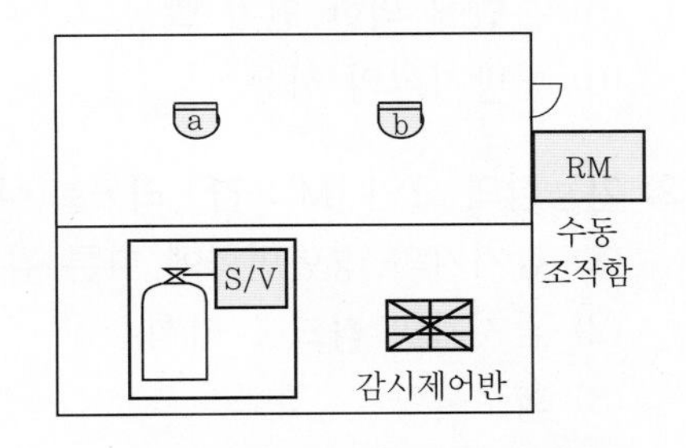

[그림 3] **가스계소화설비 작동 방법**

7. 감지기가 2배가 되어야 하는 이유

1) 동일 방호구역에 2개의 회로를 구성하였을 때, 교차회로방식의 화재감지기 1개가 담당하는 바닥면적은 자동화재탐지설비용 감지기의 바닥면적으로 하여 설치하도록 규정하고 있다.
2) 교차회로방식으로 구성되는 화재감지기의 수량은 자동화재탐지설비용 감지기에 비하여 2배가 되어야 한다.

8 비화재보의 원인과 방지대책

1. 비화재보의 정의

화재에 의한 열 또는 연기 이외의 요인에 의하여 자동화재탐지설비가 작동하여 화재가 발생한 것으로 알리는 것을 비화재보라 한다. 즉, 자동화재탐지설비가 정상적으로 작동하였다 하더라도 화재가 아닌 다른 요인에 의해 신호를 알리는 것을 비화재보라 한다.

tip

1. 일과성 비화재보 : 주위 상황이 순간적으로 화재와 같은 상태로 되었다가 정상상태로 복귀하는 경우가 많은데, 이것을 일과성 비화재보라 한다.
2. 실보 : 화재가 발생했음에도 불구하고 감지하지 못하는 것을 실보라 한다.

2. 발생원인 [M : 인 · 기 · 환 · 유 · 설]

1) **인**위적인 원인 [M : 공 · 자 · 조 · 연 · 방]
   (1) **공**사 중의 먼지, 분진 등
   (2) **공**조설비에 의한 바람 등
   (3) **자**동차 등의 배기가스 발생
   (4) **조**리에 의한 열, 연기 발생
   (5) 흡**연**에 의한 연기 발생
   (6) 난**방**시설의 사용

2) **기**능상의 요인 [M : 감 · 리 · 회 · 부]
   (1) 감지기의 경년변화에 따른 **감**도저하
   (2) 감지기의 **리**크홀 막힘.
   (3) **회**로불량
   (4) 감지기 접점의 부식, **부**품불량

3) **환**경적 요인
   (1) 연기, 먼지, 수증기 등 발생
   (2) 바람, 습도, 온도, 기압 등의 이상변화 발생

4) **유**지관리상의 요인 [M : 청 · 부 · 미]
   (1) **청**소불량 등 유지관리 미비
   (2) 감지기 주위의 **부**적합한 환경(실내의 분진, 습기, 증기 등) 미제거
   (3) 건축물의 갈라진 틈새 또는 **미**방수처리로 인한 누수로 감지기 내부회로의 부식

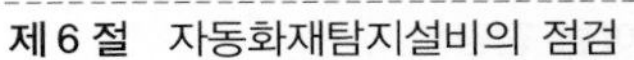

5) **설**치상의 요인
  (1) 비적응성 감지기가 설치된 경우(감지기의 선정이 잘못된 경우)
  (2) 감지기 설치 후에 설치장소의 환경이 변화된 경우
  (3) 감지기가 고전압선로에 근접하여 설치된 경우
  (4) 배선의 접속불량, 부착불량 등 시공이 잘못된 경우

3. 방지대책 [M : 적 · 오 · 감 · 수 · 구 · 유]

1) 설치장소에 **적**응성 있는 감지기 선정

2) **오**동작의 우려가 작은 **감**지기 선정
  (1) 연기감지기보다는 열감지기로 선정
  (2) 스포트형보다는 분포형으로 선정
  (3) 오동작의 우려가 적은 축적형, 복합형, 보상식, 다신호식, 아날로그형으로 선정

3) **오**동작의 우려가 작은 **수**신기 선정
  (1) 축적형 수신기 설치
  (2) 다신호식 수신기 설치
  (3) 수신기에 축적부가장치 설치

4) **구**조적인 대책
  (1) 감지기의 방수시험 강화
  (2) 충의 침입을 방지하는 등 내부회로 보호

5) **유**지관리상의 대책
  (1) 감지기 내부의 먼지 등을 정기적으로 청소 및 습기 제거
  (2) 감지기 주위에서 취사, 난방기구 사용 등 오동작 환경요인 제거
  (3) 환기구에서 1.5m 이상 이격하여 설치
  (4) 연기감지기는 벽, 보로부터 0.6m 이상 이격하여 설치
  (5) 고압전로 등과는 일정거리 이격

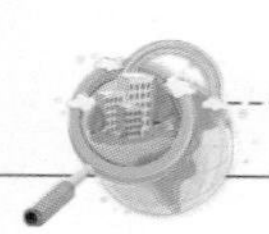

9 P형 수신기의 고장진단

1. 상용전원감시등이 소등된 경우 ★★★

1) 고장진단 방법

수신기 전면 상용전원등이 소등된 경우로서 다음 순서에 의하여 확인한다.

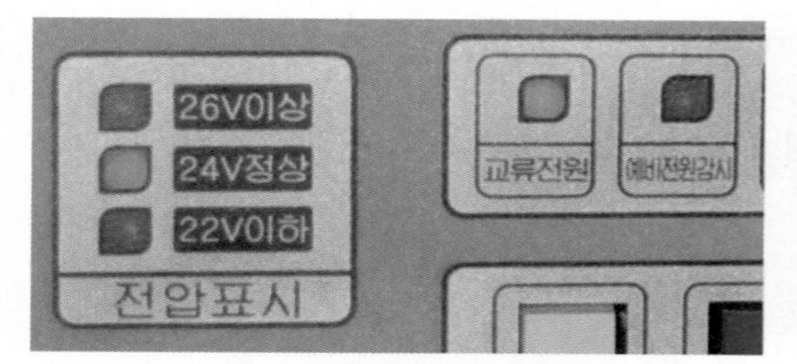

[그림 1] **상용전원감시등 점등상태**

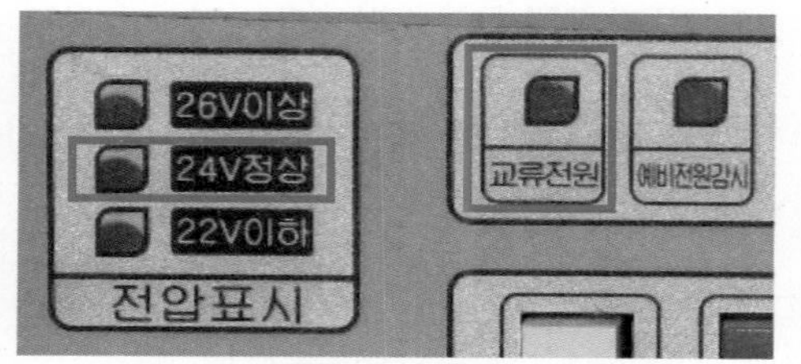

[그림 2] **상용전원감시등 소등상태**

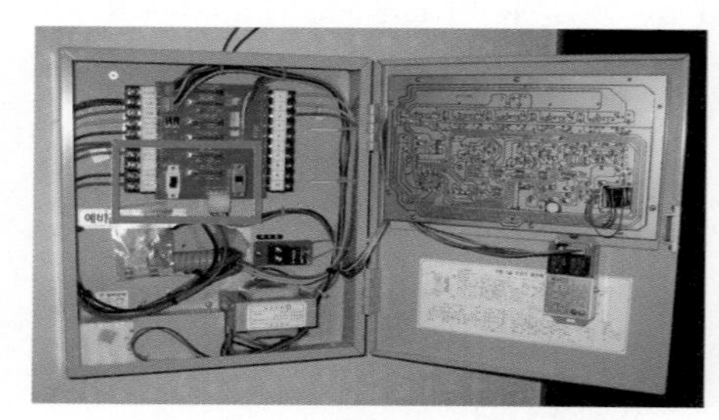

[그림 3] **수신기 커버 개방된 모습**

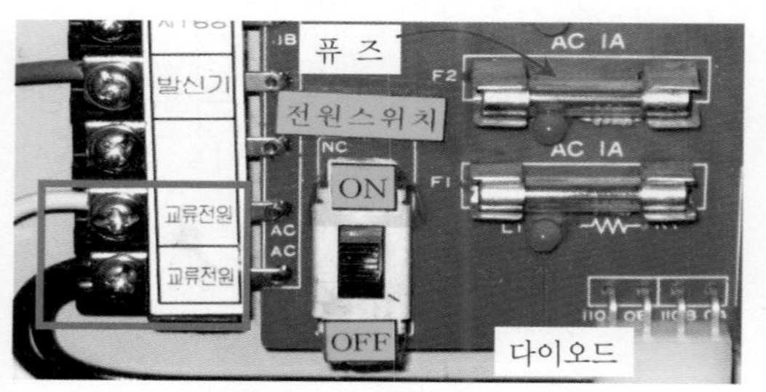

[그림 4] **수신기 내부**

(1) 수신기 커버를 연다.

(2) 수신기 내부 기판의 전원스위치가 “OFF” 위치에 있는지 확인한다.
⇒ 만약 “OFF” 위치에 있다면 “ON” 위치로 전환한다.

(3) 수신기 내부 기판에 퓨즈의 단선을 알리는 다이오드(LED)가 적색으로 점등되어져 있는지 확인한다. 만약 점등되어져 있다면 기판에 표시된 정격용량의 퓨즈로 교체한다.

(4) 전원스위치와 퓨즈가 이상이 없다면, 전류전압측정계를 이용하여 수신기 전원입력단자의 전압을 확인한다.

가. 입력전원이 “0V”로 전압이 뜨지 않으면
가) 수신기 전원공급용 차단기가 트립되었거나
나) 정전된 경우이다.

나. 입력전원이 “220V”로 전압이 정상적으로 측정되면, 수신기까지 교류전원이 공급되는 상황이므로 다음 상황을 확인한다.
가) 수신기 내부의 퓨즈가 단선되었는지 재확인
나) 수신기 내부의 전원스위치가 “OFF” 위치에 있는지 재확인
다) 퓨즈와 전원스위치가 문제가 없을 경우는 수신기 자체의 문제

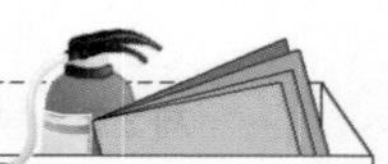

2) 상용전원감시등이 소등되었을 때의 원인

원 인	조치 방법
(1) 정전된 경우	AC 입력전원을 전류전압계로 확인하여 정전인지 다른 문제인지 확인한다. 가. 입력전원이 “0V”일 경우 가) 정전이거나 나) 수신기 전원공급 차단기 트립(OFF, 차단)된 경우 나. 입력전원이 “정상(AC 220V)”일 경우 가) 수신기 내부의 문제이므로 퓨즈 단선 유무 확인, 전원스위치 정상 여부를 확인한다. 나) 만약 퓨즈 및 전원스위치가 문제가 없을 시는 수신기 자체의 문제
(2) 수신기 전원공급용 차단기가 트립(OFF, 차단)된 경우	수신기 전원공급 차단기를 확인 후 정상 조치한다.
(3) 수신기 내부 전원스위치가 OFF 상태인 경우	전원스위치가 OFF 시는 ON 위치로 전환한다. OFF ON [그림 5] **전원스위치**
(4) 퓨즈(FUSE)가 단선된 경우(퓨즈 단선 시 퓨즈 옆에 있는 적색 다이오드가 점등됨.)	단선된 퓨즈를 교체한다. ※ 전원 퓨즈가 없거나 단선 시 교체 방법 1. 전원스위치 끄고 2. 예비전원 커넥터 분리 후 3. 기판에 표시된 용량의 퓨즈로 교체 (복구 : 예비전원 커넥터 연결 후 전원스위치를 올림.) 지구경종 2A, B3 2A, 표시등 3A, 5A [그림 6] **수신기 내부 퓨즈**
(5) 전원회로부가 훼손된 경우	훼손 확인 시는 제조업체에 문의하여 정비한다.

2. 예비전원감시등이 점등된 경우 ★★★ [19회 4점]

평상시 예비전원감시등이 소등되어 있어야 하나, 점등된 경우에는 예비전원에 이상이 생긴 경우이다. 이 경우의 원인과 조치 방법은 다음과 같다.

[그림 7] **예비전원감시등이 소등된 상태**

[그림 8] **예비전원감시등이 점등된 상태**

원 인	조치 방법
1) 퓨즈(FUSE)가 단선된 경우	퓨즈 단선이나 퓨즈가 없을 시는 전원스위치를 끄고, 예비전원 커넥터 분리 후 기판에 표시된 용량의 퓨즈로 교체한다. 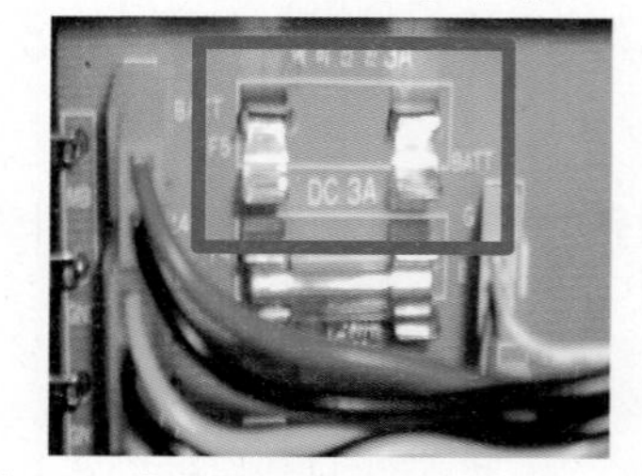 [그림 9] **예비전원 퓨즈가 없는 경우**  [그림 10] **퓨즈를 교체한 경우**
2) 예비전원 충전부가 불량인 경우	충전부를 정비한다. ※ **충전부 정상 여부 확인 방법** 제조회사별로 약간 다를 수 있으나 대부분 28~32V 정도이므로 해당 전압의 정상 유무를 확인하고 이상 시는 제조업체에 문의하여 정비한다.
3) 예비전원이 불량인 경우	예비전원을 교체한다. ※ **예비전원 정상 여부 확인 방법** 충전부는 정상이나 예비전원 부분에서 제조회사에서 권장하는 시간 이상 예비전원에 충전하였음에도 불구하고 정격전압, 즉 24V의 ±20%(19.2~28.8V)가 아니면 비정상이므로 이때는 연결 커넥터를 분리하고 예비전원을 교체한다. 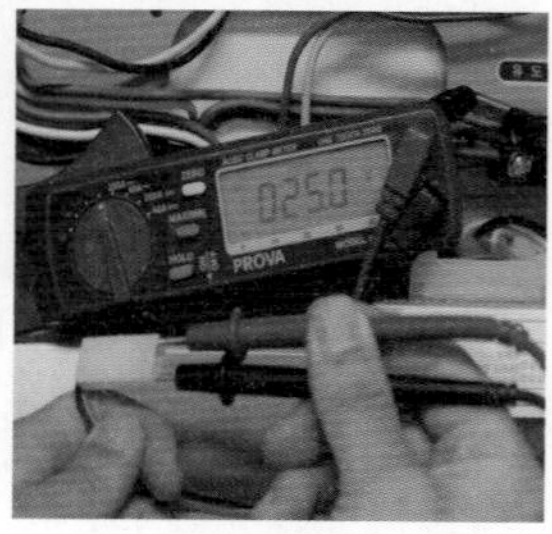 [그림 11] **예비전원 정상인 경우** 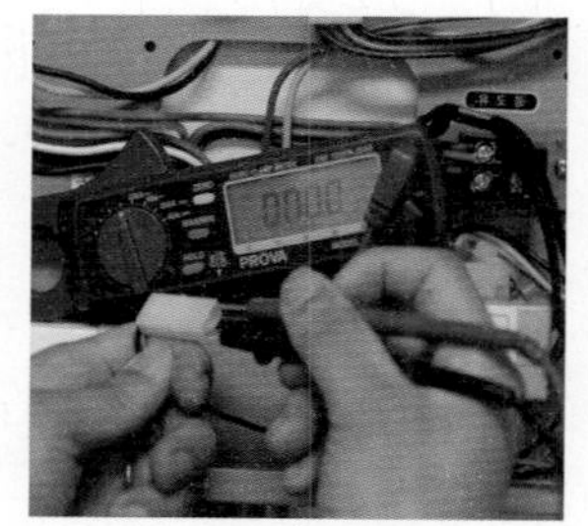 [그림 12] **예비전원 불량인 경우**

원 인	조치 방법
4) 예비전원 연결 커넥터 분리 / 접속불량인 경우	(1) 예비전원 연결 커넥터가 분리된 경우 : 체결하여 놓는다. (2) 예비전원 연결 커넥터가 접촉불량인 경우 : 확실하게 체결한다. [그림 13] 커넥터 체결모습
5) 예비전원이 방전되어 아직 만충전 상태에 도달하지 않은 경우	제조회사에서 권장하는 시간 이상 충전한다. ※ 제조회사에서 권장하는 시간 통상적으로 8시간 이상 예비전원에 충전하였을 때 예비전원감시등이 소등되었다면 예비전원은 정상이다.

tip 점검 시 퓨즈 지참

점검 시작 전 또는 점검 도중 수신기 내부 퓨즈가 단선되는 경우 점검일정에 차질이 생기는 경우가 종종 발생한다. 따라서 퓨즈를 종류별로 지참하는 것이 좋으며, 퓨즈의 규격은 상단에 표시되어 있다.
퓨즈를 교체할 경우에는 반드시 기판에 명시되어 있는 규격(A)을 확인 후 교체하여야 한다.

1. 큰 통퓨즈 : 1~5A
2. 작은 통퓨즈 : 1~5A

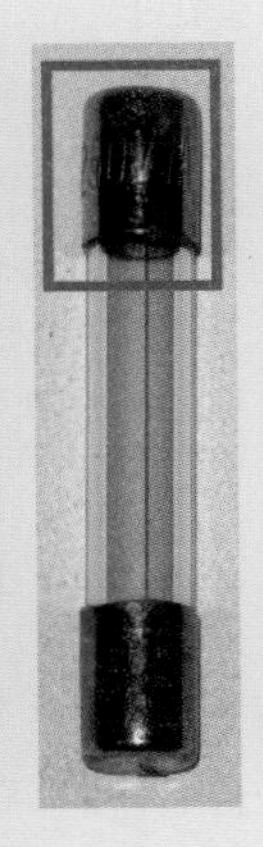

[그림 14] 기판에 설치된 퓨즈

3. 주화재표시등 또는 지구표시등 미점등 원인 ★

P형 1급 수신기에서 감지기, 발신기 동작 또는 동작시험 시 경종은 동작되는데 주화재표시등 또는 지구표시등이 점등되지 않는 경우가 있다. 이 경우의 원인을 보면 다음과 같으며, 점검에 앞서 주·지구경종을 정지위치에 놓고, 수신기 단자대에서 해당 회로의 전압(4~6V)을 확인 후 점검을 한다.

원 인	조치 방법
1) 발광다이오드가 불량인 경우 [LED 타입 수신기]	지구회로의 발광다이오드(LED) 부분의 전압을 확인 (1) 전압 지시치 약 2~3V인 경우 : 발광다이오드를 교체 (2) 전압 지시치 0V(단선)인 경우 : 제조업체에 문의하여 정비 [그림 15] **표시등 전압확인 장면 : 정상인 경우**
2) 표시전구가 단선된 경우 [전구타입 수신기]	전구의 단선 유무를 확인 후 단선 시 교체한다.
3) 퓨즈(FUSE)가 단선된 경우	퓨즈(FUSE)가 단선된 경우는 퓨즈를 교체하고, 없을 시 퓨즈를 체결한다. [그림 16] **회로 퓨즈가 없는 경우**
4) 릴레이가 불량인 경우	릴레이의 가동접점이 검게 탄 흔적으로 해당 릴레이가 과부하로 인해 코일이 단선되었음을 확인하거나 동작시험할 때 해당 릴레이 동작 시 나는 소리로서 확인하여 해당될 경우 릴레이를 교체한다.

4. 화재표시등과 지구표시등이 점등되어 복구되지 않을 경우 ★★★★★

P형 1급 수신기의 화재표시등과 지구표시등이 점등되어 복구스위치를 눌렀으나 복구되지 않을 때의 원인과 조치 방법을 크게 2가지로 분류하여 보면 다음과 같다.

1) 복구스위치를 누르면 OFF, 떼면 즉시 ON되는 경우

원 인	조치 방법
(1) 수동발신기가 눌러진 경우	수동발신기를 복구한다. 해당 경계구역의 발신기 누름스위치를 당기거나 한 번 더 눌러 복구한 후 수신기에서 복구스위치를 누르면 정상으로 복구된다.

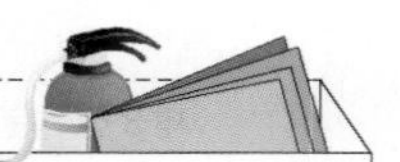

원 인	조치 방법
(1) 수동발신기가 눌러진 경우	[그림 17] **발신기가 눌러진 경우 수신기의 발신기등 점등**  [그림 18] **발신기 응답등 소등 및 점등된 상태**
(2) 감지기가 불량인 경우(감지기 내부회로 불량)	가. 감지기 작동표시등이 점등된 경우 : 불량인 감지기를 교체한다. 감지기 내부회로 불량으로 동작표시등이 점등된 경우로서 해당 구역의 작동표시등에 점등된 감지기를 찾아 교체하고 수신기를 복구한다.  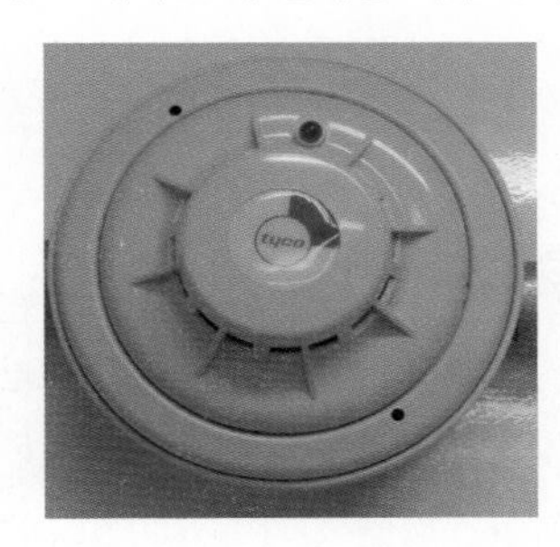 [그림 19] **감지기 작동표시등이 점등** [그림 20] **감지기 동작표시등이 소등된 경우** 나. 감지기 작동표시등 미점등 시 : 불량인 감지기를 교체한다. 전류전압계로 회로선(+, −)의 전압을 확인한 후 측정전압이 "4~6V"인 경우는 해당 구역의 감지기가 동작(감지기 내부회로 불량)된 경우이므로 해당 구역의 감지기를 정상적인 감지기로 교체한 후 수신기에서 복구한다. ※ 불량인 감지기 찾는 방법 1. 해당 구역의 감지기 체임버를 분리한 후 수신기에서 차례로 복구하여 본다. 2. 이때 복구가 되는 감지기가 있다면 복구되는 감지기가 불량인 감지기이다.
(3) 감지기 선로의 합선(단락, Short)인 경우	선로를 정비한다. **참고** 전류전압계로 회로선(+, −)의 전압을 확인하여 측정전압이 "0V"인 경우는 감지기 선로의 합선(단락, Short)인 경우이므로 선로를 정비한다.

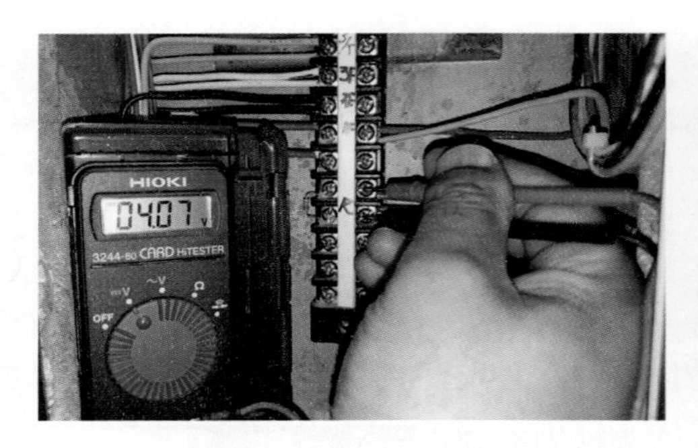

[그림 21] **회로의 감지기가 동작한 경우**

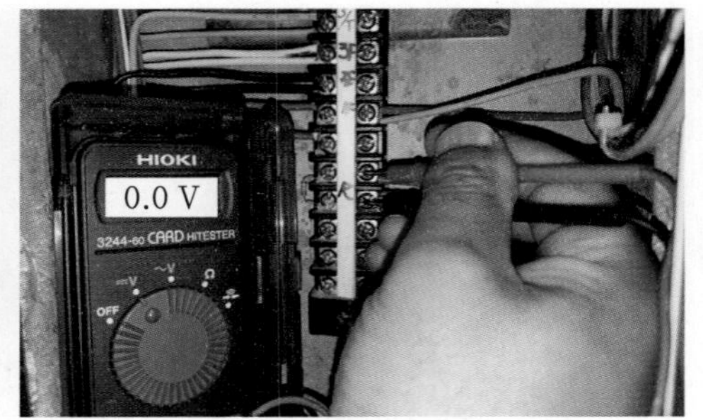

[그림 22] **회로가 합선이나 누전된 경우**

2) 복구는 되나 다시 동작하는 경우

원 인	확인(조치)사항
현장의 감지기가 오동작한 경우	이 경우는 일과성 비화재보로 인한 감지기가 불량인 경우이므로 현장의 오동작감지기를 확인하고 청소 또는 교체한다. **참고** 복구스위치를 눌렀다 떼는 순간 1. 약 "1~2초" 후에 다시 동작하면 ⇒ 차동식(열) 감지기가 통상 동작한 경우 2. 약 3~10초 후에 동작하면 ⇒ 연기감지기가 통상 동작한 경우

tip 일과성 비화재보

주위 상황이 대부분 순간적으로 화재와 같은 상태로 되었다가 다시 정상상태로 복구되는 경우가 많은데, 이것을 일과성 비화재보라 한다.

5. 경종이 동작하지 않는 경우 ★★★

수신기 작동시험 시 주화재표시등과 지구표시등은 점등이 되는데, 주경종 또는 지구경종이 동작하지 않을 경우가 있다. 이때의 원인과 조치 방법은 다음과 같다.

1) 주경종이 동작되지 않는 경우

원 인	조치 방법
(1) 주경종 정지스위치가 눌러진 경우	확인 후 정상조치한다.
(2) 주경종 정지스위치가 불량인 경우	이상 시는 교체한다. (접속불량 : 이물질로 인하여 스위치가 들어가서 나오지 않는 경우)

원 인	조치 방법
(3) 경종이 불량인 경우	주경종의 단자전압을 측정하여 "24V"일 경우는 주경종이 불량이므로 주경종을 교체한다.
(4) 수신기 내부회로가 불량인 경우	전압이 "0V"로 표시되는 경우는 수신기 내부회로의 문제이므로 수신기를 정비한다.

2) 지구경종이 동작되지 않는 경우 [16회 10점]

원 인	조치 방법
(1) 지구경종 정지스위치가 눌러진 경우	확인 후 정상조치한다.
(2) 지구경종 정지스위치가 불량인 경우	이상 시는 교체한다. (접속불량 : 이물질로 인하여 스위치가 들어가서 나오지 않는 경우)
(3) 퓨즈가 단선된 경우	퓨즈 단선 시는 전원을 차단하고, 예비전원 분리 후 퓨즈를 교체한다.
(4) 지구 릴레이가 불량인 경우	릴레이의 정상 동작 여부를 확인하고, 불량일 경우 릴레이를 교체한다.
(5) 경종이 불량인 경우	경종선로의 전압을 체크(공통↔지구경종 단자)하여 측정전압이 "24V"인 경우 ⇒ 지구경종이 불량이므로 경종을 교체한다.
(6) 경종선이 단선된 경우	경종선로의 전압을 체크(공통↔지구경종 단자)하여 측정전압이 "0V"인 경우 ⇒ 경종선이 단선이므로 원인을 찾아 정비한다.

10 R형 수신기 고장진단

1. 수신기와 중계반 간 통신이상 시 조치 방법

수신기에서 수신기와 중계반 간의 통신장애가 발생할 경우의 원인과 조치 방법은 다음과 같다.

원 인	조치 방법
1) 수신기와 중계반 간 통신선로의 단선, 단락 및 오결선인 경우	(1) 수신기와 중계반 간 통신선로의 단선, 단락 및 오결선을 확인하여 조치한다.
2) 유닛(Unit)주소가 불일치한 경우	(2) 해당 유닛의 주소를 딥스위치(Dip Switch)로 설정 확인한다.
3) 중계반 전원이 차단된 경우	(3) 중계반 전원투입 상태를 확인한다.
4) 회로모듈 통신회로가 불량인 경우	(4) 불량인 회로모듈을 교체한다.
5) CPU 모듈 통신회로가 불량인 경우	(5) 불량인 CPU 모듈을 교체한다.

2. 통신선로의 단락 시 조치 방법

수신기에서 통신선로 단락 장애 표시등이 점등될 경우 원인 및 조치 방법은 다음과 같다.

원 인	조치 방법
중계기 통신선로의 단락이 발생한 경우	1) 단락된 계통의 통신선로의 단락 여부를 확인·정비한다.
	2) 통신선로가 이상 없으면 회로모듈을 확인·교체한다.

3. 통신선로 계통 전체 단선 시 조치 방법

수신기에서 통신선로 단선 장애표시등이 점등되어 확인해보니, 계통 전체 통신선로가 단선되어 중계기의 통신램프가 점멸하지 않을 경우의 원인과 조치 방법은 다음과 같다.

원 인	조치 방법
1) 수신기의 통신카드 불량(회로기판 불량)인 경우	(1) 수신기 통신카드 불량이면 교체하고, 접속불량인 경우 슬롯에 다시 꽂는다.
2) 수신기와 중계기 간 통신선이 단선된 경우 또는 통신선로의 접촉불량인 경우	(2) 단선된 계통의 통신선로를 정비한다. 참고 확인방법 1. 전류전압측정계(테스터기)를 DC로 전환하고, 2. 중계기 통신 +단자와 −단자에 리드봉을 접속하여 3. 전압이 뜨지 않으면(0V) : 통신을 못하고 있는 것임. 4. 전압이 DC 26~28V로 뜨면 : 통신전압은 정상(전압차는 제조사별로 차이가 있음.)
3) 중계기 제어 전원선로의 단선 또는 전원이 차단된 경우	(3) 중계기의 제어 전원선을 전류전압측정계로 측정하여 DC 21~27V 범위 밖이면 가. 전원차단 여부 확인 및 전원부의 DC Fuse를 점검하여 단선 시 교체한다. 나. 전원부 이상 없을 시 전원선로를 점검정비한다. 참고 확인방법 1. 전류전압측정계(테스터기)를 DC로 전환하고, 2. 중계기 전원선 +단자와 −단자에 리드봉을 접속하여 3. 전압이 뜨지 않으면(0V) : 전원차단된 것임. 4. 전압이 DC 21~27V로 뜨면 : 제어공급 전압은 정상임.

①	통신단자
평상시	27V
화재 시	27V(불변)
②	전원단자
평상시	24V±10%
화재 시	24V±10%
⑤	통신 LED(점멸)
⑦	딥스위치

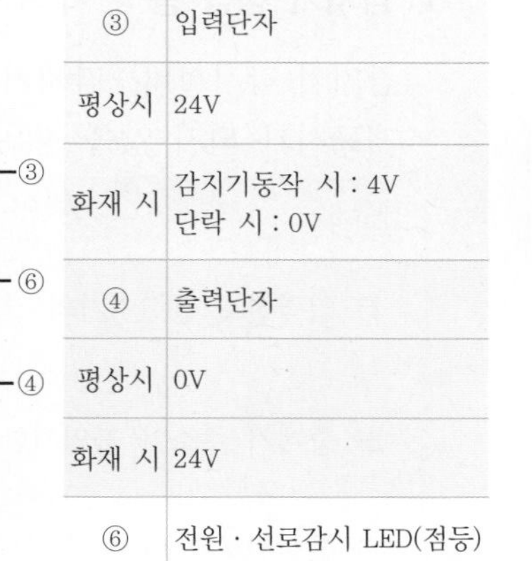

③	입력단자
평상시	24V
화재 시	감지기동작 시 : 4V 단락 시 : 0V
④	출력단자
평상시	0V
화재 시	24V
⑥	전원 · 선로감시 LED(점등)

[그림 1] 존슨콘트롤즈 중계기 단자명칭

4. 통신선로의 단선 시 조치 방법

수신기에서 통신선로 단선 장애표시등이 점등될 경우 원인과 조치 방법은 다음과 같다.

원 인	조치 방법
1) 수신기와 중계기 간 통신선이 단선된 경우	(1) 수신기와 중계기 간의 통신선을 전류전압측정계로 측정하여 DC 26~28V 범위 밖이면 선로를 점검한다.
2) 중계기 제어 전원선로의 단선 또는 전원이 차단된 경우	(2) 중계기의 제어 전원선을 전류전압측정기로 측정하여 DC 21~27V 범위 밖이면 가. 전원차단 여부 확인 및 전원부의 DC Fuse를 점검하여 단선 시 교체한다. 나. 전원부 이상 없을 시 전원선로를 점검정비한다.
3) 중계기 감시회로가 단선된 경우	(3) 중계기 감시회로의 단선 여부를 확인하여 조치한다.
4) 중계기 감시회로 말단 종단저항이 탈락 또는 접속불량인 경우	(4) 중계기 감시회로의 말단 종단저항이 접속을 확인하여 조치한다.
5) 입력신호 발신기기(감지기, 발신기, 탬퍼스위치, 수동조작함 등)가 고장인 경우	(5) 입력신호 발신기기를 점검하여 정상 여부를 확인 후 정상 조치한다.
6) 중계기가 고장인 경우	(6) 상기 내용이 정상이면 중계기 불량으로 교체한다.

5. 감지기 정상 동작 시 수신기 미확인

감지기(감시설비 : 감지기, 발신기, 탬퍼스위치 등)는 정상적으로 동작되는데 수신기에 화재표시가 되지 않을 경우의 원인과 조치 방법은 다음과 같다.

원 인	조치 방법
1) 입력신호 발신기기의 결선 불량인 경우	(1) 중계기의 결선도를 참고하여 중계기 결선 상태를 확인·점검한다.
2) 중계기 주소가 불일치한 경우	(2) 중계기 입·출력표를 확인 후 주소를 재설정한다.
3) 통신선로가 단선, 단락된 경우	(3) 해당 단선, 단락된 통신선로를 정비한다.
4) 중계기가 불량인 경우	(4) 불량인 중계기를 교체한다. 참고 확인방법 1. 전류전압측정계(테스터기)를 DC로 전환하고, 2. 해당구역 중계기 입력단자에 리드봉을 접속하여 3. 전압이 뜨지 않으면(0V) : 중계기 불량 4. 전압이 평상시 DC 24V 정도 나오다가 1) 감지기 동작 시 : 약 4V로 떨어지고 2) 선로 단락 시는 : 0V로 떨어짐.
5) 통신선로의 상(+, −)이 바뀐 경우	(5) 통신선로를 정비한다. (통신선로의 상이 바뀔 경우, 수신기가 중계기 고장으로 인식하여 신호를 받지 못함.)
6) 수신기 내 회로모듈이 불량인 경우	(6) 불량인 회로모듈을 교체한다.

6. 중계기 동작 시 제어출력 미동작 시 조치 방법

수신기에 화재신호가 입력되어 입·출력표에 의해 해당 제어(경종, 싸이렌 등) 출력신호가 나가게 되는데, 제어출력이 나오지 않을 경우의 원인과 조치 방법은 다음과 같다.

원 인	조치 방법
1) 연동정지스위치를 설정에 놓은 경우	(1) 연동정지스위치를 확인하여 연동상태로 놓는다.

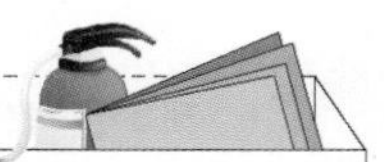

원 인	조치 방법
2) 중계기가 불량인 경우 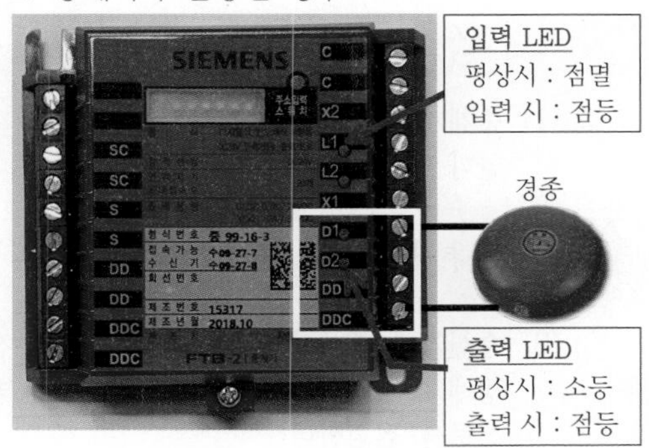 [그림 2] 지멘스 중계기	(2) 불량인 중계기를 교체한다. 참고 확인방법 1. 중계기 출력단자의 전압을 측정하여 DC 21V 미만이면 중계기를 교체한다. 1) 전압이 나오지 않으면 중계기 불량 2) 정상일 경우 평상시 0V 상태에서 제어 출력 시에는 24V 정도가 나온다. 2. 지멘스 중계기의 경우 해당 중계기의 출력 LED가 소등상태일 경우 중계기 불량임. 참고 제어 LED : 평상시 소등, 출력 시 점등됨.
3) 제어기기가 불량인 경우	(3) 불량인 제어기기를 교체한다. 참고 확인방법 1. 중계기 출력단자의 전압을 측정하여 DC 24V가 나오면 중계기는 정상이며, 2. 제어기기에서 전압을 측정하여 1) 전압이 DC 24V로 뜨면 제어기기 불량이며 2) 전압이 뜨지 않으면 중계기에서 제어기기까지의 선로단선 또는 결선 불량인 경우이다.
4) 제어기기의 결선 불량인 경우	(4) 중계기와 제어기기 간의 선로를 점검하여 조치한다.

1차	단자 설명
SC	통신공통(-)
S	통신(+)
DD	전원(+)
DDC	전원공통(-)

2차	단자 설명
C	회로공통
L1	회로1
L2	회로2
X1, X2	이보접점
D1	제어1
D2	제어2
DD	전원
DDC	전원공통

[그림 3] 지멘스 중계기 단자명칭

7. 개별 중계기 통신램프 점등 불량 시 조치 방법

개별 중계기 전면 통신램프(LED)의 점등 불량 시 원인 및 조치 방법은 다음과 같다.

원 인	조치 방법
1) 중계기 주소가 불일치한 경우	(1) 중계기 입·출력표를 확인 후 주소를 재설정한다.
2) 중계기가 불량인 경우	(2) 불량 중계기를 교체한다.
3) 수신기와 중계기 간 통신선이 단선된 경우	(3) 수신기와 중계기 간의 통신선을 전류전압측정계로 측정하여 DC 26~28V 범위 밖이면 선로를 점검한다.
4) 중계기 제어 전원선로의 단선 또는 전원이 차단된 경우	(4) 중계기의 제어 전원선을 전류전압측정계로 측정하여 DC 21~27V 범위 밖이면 가. 전원차단 여부 확인 및 전원부의 DC Fuse를 점검하여 단선 시 교체한다. 나. 전원부 이상 없을 시 전원선로를 정비한다.

8. 아날로그감지기 선로단선 시 조치 방법 [21회 6점]

수신기에서 아날로그감지기 통신선로 단선 장애표시등이 점등될 경우 원인 및 조치 방법은 다음과 같다.

원 인	조치 방법
1) 아날로그감지기의 주소가 불일치한 경우	(1) 해당 감지기 탈착 후 뒷면의 주소를 입·출력표와 비교하여 같은 번호로 설정한다.
2) 수신기와 아날로그감지기 간의 통신선이 단선된 경우	(2) 해당 구간의 통신선로를 점검한다.
3) 아날로그감지기가 불량인 경우	(3) 불량인 아날로그감지기를 교체한다.

11 자동화재속보설비의 점검 ★★★

1. 개요

자동화재속보설비는 화재발생 시 자동으로 화재발생 신호를 통신망을 통하여 음성 등의 방법으로 신속하게 소방관서에 통보하여 주는 설비를 말한다.

2. 종류

1) 자동화재속보설비의 속보기(일반형)

자동화재탐지설비 수신기의 화재신호와 연동으로 작동하며, 관할소방서와 관계인에게 화재발생 신호를 자동적으로 20초 이내에 통신망을 이용하여 3회 이상 통보한다.

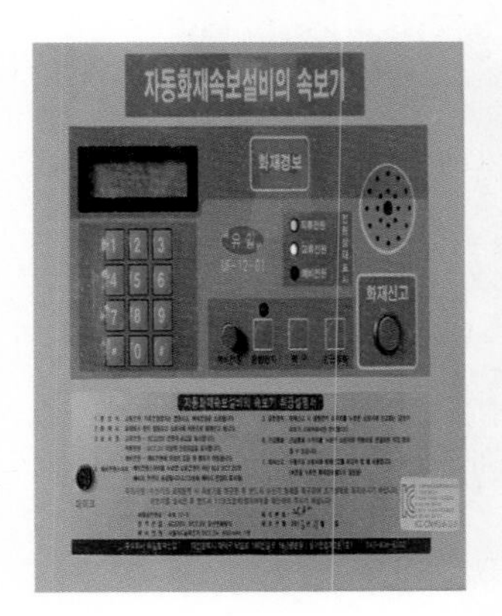

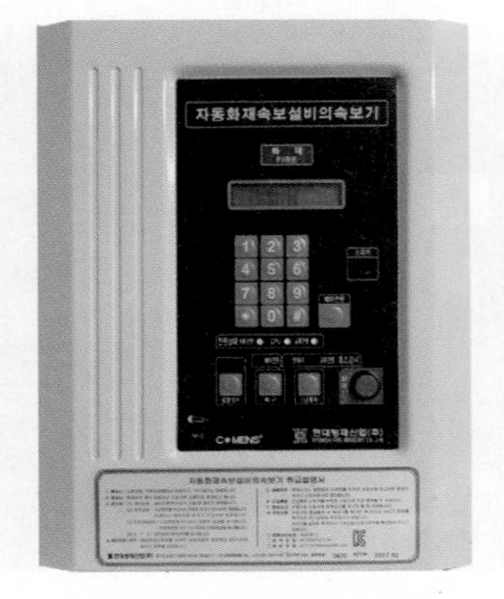

[그림 1] **자동화재속보설비의 속보기 외형**

2) 문화재형 자동화재속보설비의 속보기

자동화재탐지설비가 설치되지 않은 곳에서 속보기에 감지기를 직접 연결하여 화재를 수신하고, 화재발생 시 관할소방서와 관계인에게 화재발생 신호를 자동적으로 20초 이내에 통신망을 이용하여 3회 이상 통보한다.

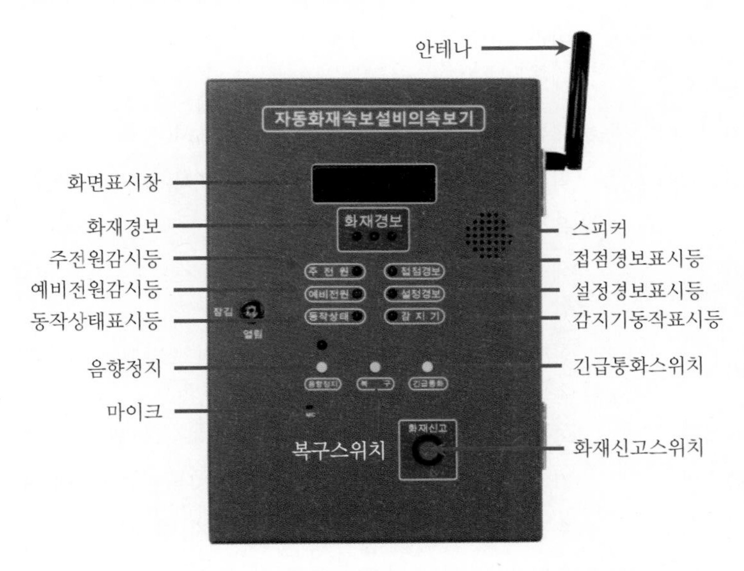

[그림 2] **문화재형 자동화재속보설비의 속보기 외형**

3. 속보기 스위치 기능설명

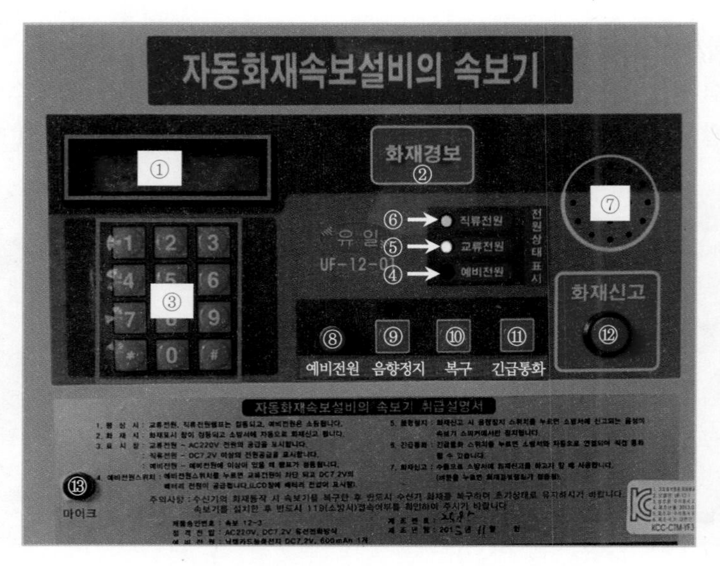

[그림 3] 자동화재속보설비의 속보기 외형

tip 스위치 기능설명 〈각 제조사별 약간의 차이는 있음.〉

① 화면표시창	LCD 화면으로 메뉴설정 등 각종 정보 표시
② 화재경보등	화재신호를 수신하거나 속보기를 수동으로 동작시키는 경우 점등됨.
③ 숫자판	여러 가지 설정 시 사용
④ 예비전원감시등	예비전원 불량 시 점등
⑤ 교류전원 상태표시등	교류전원이 정상 공급되고 있음을 표시(상시 점등)
⑥ 직류전원 상태표시등	직류전원이 정상 공급되고 있음을 표시(상시 점등)
⑦ 스피커	음성녹음 등 출력
⑧ 예비전원시험스위치	예비전원시험스위치를 눌러 예비전원으로 자동절환 여부 및 예비전원 적합 여부를 시험하는 스위치
⑨ 음향정지스위치	화재신고 시 음향정지스위치를 누르면 소방서에 신고되는 음성이 속보기 스피커에서만 정지된다.
⑩ 복구스위치	화재로 인한 동작 후 속보기를 복구하는 스위치
⑪ 긴급통화스위치	긴급통화스위치를 누르면 소방서와 자동으로 연결되어 직접 통화 가능
⑫ 화재신고스위치	수동으로 소방서에 화재신고를 하고자 할 때 사용
⑬ 마이크	음성 녹음 및 소방서와 통화 시 사용

4. 자동화재속보기 동작순서

1) 자동화재속보기(일반형)

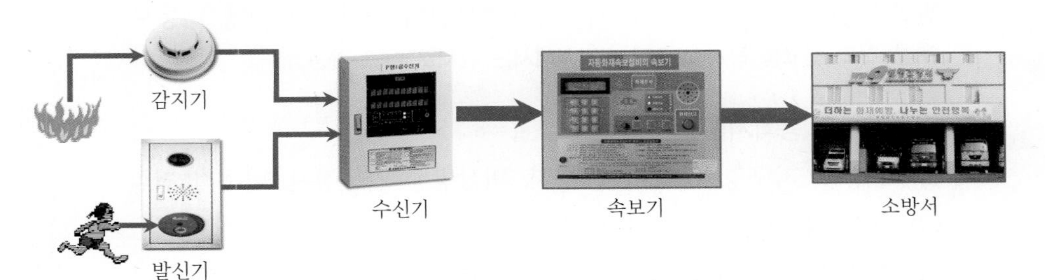

(1) 화재발생

(2) 자동으로 화재감지 또는 수동으로 발신기 작동으로 수신기 화재수신

(3) 화재수신기에서 속보기로 화재연동신호 송출

(4) 자동화재속보기에서 자동으로 관할소방서에 화재통보

tip 자동화재속보기 입력정보(음성) 표준 예시

서울특별시 중구 세종대로 110, OO빌딩 화재발생, 관계자 홍길동
전화번호는 000-0000-0000(상시 통화 가능한 전화번호)입니다. (3회 이상 반복)

2) 문화재형 자동화재속보기

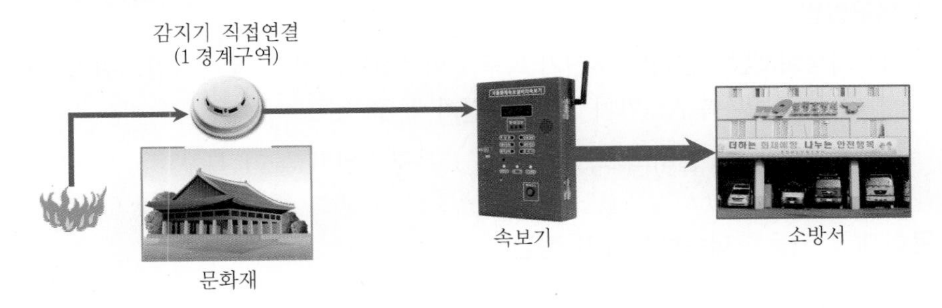

(1) 화재발생

(2) 자동으로 화재감지하여 자동화재속보기 화재수신

(3) 자동화재속보기에서 자동으로 관할소방서에 화재통보

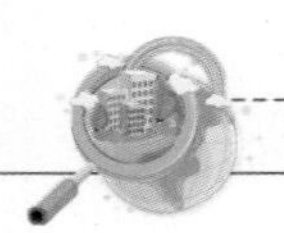

5. 자동화재속보설비(일반형)의 점검

1) 점검 전 조치

관할소방서 통보 : 잠시 후 자동화재속보설비 동작시험 진행을 통보

주의 미리 신고를 하지 않으면 소방서에서는 화재로 알고 출동함.

2) 수신기에서 동작시험 실시

(1) 주경종, 지구경종, 싸이렌, 부저, 비상방송 연동정지, 비축적 전환

(2) 동작시험 시험위치를 누른다.

(3) 회로선택스위치를 이용하여 1개 회로 선택한다.

(4) 주경종을 정상위치로 전환하면,

(5) 화재신호가 수신기로부터 자동화재속보설비로 입력된다.

3) 자동화재속보기 동작 확인

(1) **속보기의 화재경보표시등 점등 및 관할소방서 발신 확인** : 속보기의 화재경보표시등 점등 및 동작시간이 LCD 표시창에 표시됨과 동시에 자동으로 "119" 발신을 확인한다.

(2) **관할소방서 수신 확인 및 음성내용 확인** : 관할소방서에 전화가 수신되면 음성송출(화재발생 사실을 육하원칙에 의거)이 3회 반복되는지 확인한다.(음성송출내용은 이미 녹음되어 내장되어 있음.)

4) 복구방법

(1) **자동화재탐지설비의 수신기 복구** : 회로선택스위치, 동작시험스위치, 경보스위치 원상복구 및 복구스위치 눌러 수신기 복구

(2) **자동화재속보설비의 속보기 복구** : 복구스위치 눌러 복구

6. 문화재형 자동화재속보설비의 점검

1) 점검 전 조치

관할소방서 통보 : 잠시 후 자동화재속보설비 동작시험 진행을 통보

2) 감지기 동작

(1) 화재감지기를 동작시킨다.

(2) 자동화재속보기에 화재신호가 입력된다.

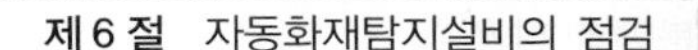

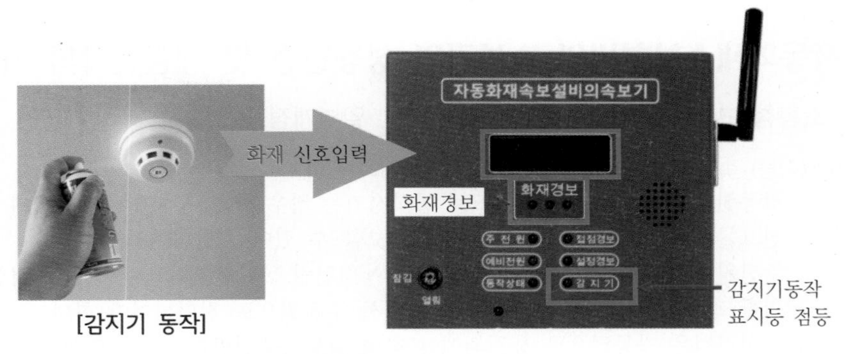

[그림 4] **문화재형 자동화재속보기에 연결된 감지기 동작**

3) 자동화재속보기 동작 확인

(1) **속보기의 화재경보표시등, 감지기동작표시등 점등 및 관할소방서 발신 확인 :** 속보기의 화재경보표시등 점등, 감지기동작표시등 점등 및 동작시간이 LCD 표시창에 표시됨과 동시에 자동으로 "119" 발신을 확인한다.

(2) **관할소방서 수신 확인 및 음성내용 확인 :** 관할소방서에 전화가 수신되면 음성송출(화재발생 사실을 육하원칙에 의거)이 3회 반복되는지 확인한다.

4) 복구방법

자동화재속보설비 속보기 복구 : 복구스위치 눌러 복구

tip 자동화재속보설비 동작시험 관련

1. 시험 중 속보기 주변에서도 음성송출내용을 들을 수 있음.
2. 음성송출 횟수 : 3회 반복
3. 소방서에 전화가 수신되지 아니하면 계속하여 119 다이얼을 발신함.
4. 수동통화를 원할 때 : 음성송출 시 수동통화버튼을 누르면 음성은 자동으로 차단되고, 속보기에 내장된 전화기로 소방공무원과 직접 통화를 할 수 있음.

tip 점검 시작 전·후 조치사항

상기와 같은 자동화재속보설비의 점검은 점검 시작 전 또는 점검 종료 후에 주로 실시하고 있는데, 점검 도중에 소방서에 화재신고가 계속 송출되지 않도록 조치를 한 후에 점검에 임해야 한다.

1. 점검 전 조치

   다음 중 하나를 선택하여 조치한다.

   1) 자동화재속보설비와 수신기를 연결해 주는 신호선을 분리

      통상 수신기 내부의 주경종 단자에서 연결하게 되는데 이 선을 단자대에서 분리한다.

   2) 자동화재속보설비의 전원선 차단

      주전원과 내부의 배터리선을 분리한다.

2. 점검 후 조치

   점검 전 조치한 사항을 반드시 원상복구해 놓아야 한다.

자동화재속보설비의 속보기의 성능인증 및 제품검사의 기술기준

☞ 소방청 고시 제2023-19호(2023. 5. 31, 일부개정)

제5조(기능) 속보기는 다음에 적합한 기능을 가져야 한다.

1. 작동신호를 수신하거나 수동으로 동작시키는 경우 20초 이내에 소방관서에 자동적으로 신호를 발하여 통보하되, 3회 이상 속보할 수 있어야 한다.
2. 주전원이 정지한 경우에는 자동적으로 예비전원으로 전환되고, 주전원이 정상상태로 복귀한 경우에는 자동적으로 예비전원에서 주전원으로 전환되어야 한다.
3. 예비전원은 자동적으로 충전되어야 하며 자동과충전방지장치가 있어야 한다.
4. 화재신호를 수신하거나 속보기를 수동으로 동작시키는 경우 자동적으로 적색 화재표시등이 점등되고 음향장치로 화재를 경보하여야 하며 화재표시 및 경보는 수동으로 복구 및 정지시키지 않는 한 지속되어야 한다.
5. 연동 또는 수동으로 소방관서에 화재발생 음성정보를 속보 중인 경우에도 송수화장치를 이용한 통화가 우선적으로 가능하여야 한다.
6. 예비전원을 병렬로 접속하는 경우에는 역충전 방지 등의 조치를 하여야 한다.
7. 예비전원은 감시상태를 60분간 지속한 후 10분 이상 동작(화재속보 후 화재표시 및 경보를 10분간 유지하는 것을 말한다)이 지속될 수 있는 용량이어야 한다.
8. 속보기는 연동 또는 수동 작동에 의한 다이얼링 후 소방관서와 전화접속이 이루어지지 않는 경우에는 최초 다이얼링을 포함하여 10회 이상 반복적으로 접속을 위한 다이얼링이 이루어져야 한다. 이 경우 매회 다이얼링 완료 후 호출은 30초 이상 지속되어야 한다.
9. 속보기의 송수화장치가 정상위치가 아닌 경우에도 연동 또는 수동으로 속보가 가능하여야 한다.
10. <삭제>
11. 음성으로 통보되는 속보내용을 통하여 당해 소방대상물의 위치, 화재발생 및 속보기에 의한 신고임을 확인할 수 있어야 한다.
12. 속보기는 음성속보방식 외에 데이터 또는 코드전송방식 등을 이용한 속보기능을 부가로 설치할 수 있다. 이 경우 데이터 및 코드전송방식은 [별표 1]에 따른다.
13. 제12호 후단의 [별표 1]에 따라 소방관서 등에 구축된 접수시스템 또는 별도의 시험용 시스템을 이용하여 시험한다.

제5조의2(무선식 감지기와 접속되는 문화재용 속보기의 기능)

① 무선식 감지기와 접속되는 문화재용 속보기는 다음 각 호에 적합한 기능을 가져야 한다.

1. 속보기는 「감지기의 형식승인 및 제품검사의 기술기준」 제5조의4 제2항 제4호에 해당되는 신호 발신개시로부터 200초 이내에 감지기의 건전지 성능이 저하되었음을 확인할 수 있도록 표시등 및 음향으로 경보되어야 한다.
2. 제3조 제14호 다목 및 라목에 의한 통신점검 개시로부터 「감지기의 형식승인 및 제품검사의 기술기준」 제5조의4 제2항 제2호에 의해 발신된 확인신호를 수신하는 소요시간은 200초 이내이어야 하며, 수신 소요시간을 초과할 경우 통신점검 이상을 확인할 수 있도록 표시등 및 음향으로 경보하여야 한다.
3. 제3조 제14호 다목 및 라목에 의한 통신점검시험 중에도 다른 감지기로부터 화재신호를 수신하는 경우 화재표시등이 점등되고 음향장치로 화재를 경보하여야 한다.

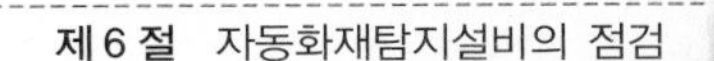

② 무선식 감지기와 접속되는 문화재용 속보기는 다음 각 호에 적합한 기록장치를 설치하여야 한다.

1. 기록장치는 999개 이상의 데이터를 저장할 수 있어야 하며, 용량이 초과할 경우 가장 오래된 데이터부터 자동으로 삭제한다.
2. 문화재용 속보기는 임의로 데이터의 수정이나 삭제를 방지할 수 있는 기능이 있어야 한다.
3. 저장된 데이터는 문화재용 속보기에서 확인할 수 있어야 하며, 복사 및 출력도 가능하여야 한다.
4. 수신기의 기록장치에 저장하여야 하는 데이터는 다음 각 목과 같다. 이 경우 데이터의 발생 시각을 표시하여야 한다.
   가. 주전원과 예비전원의 ON/OFF 상태
   나. 제1항 제1호에 해당하는 신호
   다. 제1항 제2호에 의한 확인신호를 수신하지 못한 감지기 내역
   라. 제3조 제7호에 해당하는 스위치의 조작 내역
   마. 제5조 제1호에 해당하는 작동신호・수동 조작에 의한 속보 내역 [본조신설 2023. 5. 31.]

기출 및 예상 문제

★★★★★

01 자동화재탐지설비 P형 1급 수신기의 화재작동시험, 동시작동시험, 회로도통시험, 예비전원시험, 공통선시험, 저전압시험, 회로저항시험의 작동시험 방법과 가부 판정의 기준을 기술하시오. [2회 30점, 6회 20점]

1. 화재표시 작동시험
   1) 작동시험 방법
      (1) 회로선택스위치로 시험

가. 연동정지(소화설비, 비상방송 등 설비 연동스위치 연동정지) 나. 축적·비축적 선택스위치를 비축적 위치 전환	사전조치
다. 동작시험스위치와 자동복구스위치를 누른다. 라. 회로선택스위치를 1회로씩 돌린다.	시 험
마. 화재표시등, 지구표시등, 음향장치 등의 동작상황을 확인한다.	확 인

      (2) 경계구역의 감지기 또는 발신기의 작동시험과 함께 행하는 방법 [현장에서 동작]
      감지기 또는 발신기를 차례로 작동시켜 경계구역과 지구표시등과의 접속상태를 확인할 것
   2) 가부 판정기준
      (1) 각 릴레이의 작동, 화재표시등, 지구표시등, 음향장치 등이 작동하면 정상이다.
      (2) 경계구역 일치 여부 : 각 회선의 표시창과 회로번호를 대조하여 일치하는지 확인한다.
2. 동시작동시험
   1) 작동시험 방법

(1) 연동정지(소화설비, 비상방송 등 설비 연동스위치 연동정지) (2) 축적·비축적 선택스위치를 비축적 위치 전환	사전조치
(3) 수신기의 동작시험스위치를 누른다. ※ 이때, 자동복구스위치는 누르지 말 것 (4) 회로선택스위치를 차례로 돌려서 "5회선"을 동작시킨다.	시 험
(5) 주·지구 음향장치가 울리면서 수신기 화재표시등이 점등한다. (6) 부수신기를 설치하였을 때에도, 모두 정상상태로 놓고 시험한다.	확 인

   2) 가부 판정기준
   각 회로를 동작시켰을 때 수신기, 부수신기, 표시기, 음향장치 등에 이상이 없을 것
3. 회로도통시험
   1) 작동시험 방법
      (1) 수신기의 도통시험스위치를 누른다.(또는 시험측으로 전환한다.)
      (2) 회로선택스위치를 1회로씩 돌린다.
      (3) 각 회선의 전압계의 지시상황 등을 조사한다.

참고 "도통시험 확인등"이 있는 경우는 정상(녹색), 단선(적색)램프 점등 확인

(4) 종단저항 등의 접속상황을 조사한다.(단선된 회로조사)

2) 가부 판정기준

(1) 전압계가 있는 경우 : 각 회선의 시험용 계기의 지시상황이 지정대로 일 것

가. 정상 : 전압계의 지시치가 2~6V 사이이면 정상

나. 단선 : 전압계의 지시치가 0V를 나타냄.

다. 단락 : 화재경보상태(지구등 점등상태)

(2) 전압계가 없고, 도통시험 확인등이 있는 경우

가. 정상 : 정상 LED 확인등 점등

나. 단선 : 단선 LED 확인등 점등

4. 예비전원시험

1) 방법

(1) 예비전원시험스위치를 누른다.

※ 예비전원시험은 스위치를 누르고 있는 동안만 시험이 가능

(2) 전압계의 지시치가 적정범위(24V) 내에 있는지를 확인한다.

※ LED로 표시되는 제품 : 전압이 정상/높음/낮음으로 표시

(3) 교류전원을 차단하여 자동절환 릴레이의 작동상황을 조사한다.

※ 입력전원 차단 : 차단기 OFF 또는 수신기 내부 전원스위치 OFF

2) 가부 판정기준

예비전원의 전압, 용량, 자동전환 및 복구작동이 정상일 것

5. 공통선시험

1) 작동시험 방법

(1) 수신기 내의 단자대에서 공통선을 1선 분리한다.(감지기회로가 7개를 초과하는 경우에 한함.)

(2) 도통시험스위치를 누르고,

(3) 회로선택스위치를 1회로씩 돌린다.

(4) 전압계의 지시치가 "0V"를 표시하는 회로수를 조사한다.

※ 다이오드타입의 경우는 "단선등(적색)"이 점등되는 회로수를 조사한다.

(5) 공통선이 여러 개 있는 경우

다음 공통선을 1선씩 단자대에서 분리하여 전 공통선에 대해서 상기와 같은 방법을 시험한다.

2) 가부 판정기준

공통선 1선이 담당하는 경계구역이 7개 이하일 것

6. 저전압시험

1) 작동시험 방법

<table>
<tr><td>(1) 자동화재탐지설비용 전압시험기(또는 가변저항기)를 사용하여 교류전원 전압을 정격전압의 80% 이하로 한다.
(2) 축전지설비인 경우에는 축전지의 단자를 절환하여 정격전압의 80% 이하의 전압으로 한다.</td><td colspan="2">준 비</td></tr>
<tr><td>(3) 연동정지(소화설비, 비상방송 등 설비 연동스위치 연동정지)
(4) 축적·비축적 절환스위치를 비축적 위치로 전환한다.</td><td>안전조치</td><td rowspan="2">동작 시험과 동일</td></tr>
<tr><td>(5) 동작시험스위치와 자동복구스위치를 누른다.
(6) 회로선택스위치를 1회로씩 돌린다.
(7) 화재표시등, 지구표시등, 음향장치 등의 동작상황을 확인한다.</td><td>동작시험</td></tr>
</table>

2) 가부 판정기준
화재신호를 정상적으로 수신할 수 있을 것

7. 회로저항시험
1) 시험 방법
(1) 수신기 내부 단자대에서 배선의 길이가 가장 긴 회로의 공통선과 회로선을 분리한다.
(2) 배선의 길이가 가장 긴 감지기 회로의 말단에 설치된 종단저항을 단락한다.
(3) 전류전압측정계를 사용하여, 공통선과 회로선 사이 전로에 대해 저항을 측정한다.

참고 선로저항치가 50Ω 이상이 되면 전로에서의 전압강하로 인하여 화재발생 시 수신기가 유효하게 작동하지 않을 우려가 있다.

2) 가부 판정기준
하나의 회로의 합성저항치가 50Ω 이하일 것

★★★★★

02 **공기주입시험기를 이용하여 공기관식 감지기의 작동시험을 하려고 한다. 다음 물음에 답하시오.** [3회 10점, 9회 25점]

1. 화재작동시험 방법을 기술하시오.
2. 판정 방법을 기술하시오.
3. 시험 시 주의사항을 쓰시오.

☞ 과년도 출제 문제 풀이 참조

★★★★★

03 **공기주입시험기를 이용하여 공기관식 감지기의 작동계속시험을 하려고 한다. 다음 물음에 답하시오.**

1. 화재작동계속시험 방법을 기술하시오.
2. 판정 방법을 기술하시오.

1. 방법 [M : 주 · 자 · 시 · 공 · 초 · RH－＋]
1) 주경종 ON, 지구경종 OFF
2) 자동복구스위치 시험위치(누른다.)
3) 검출부의 시험용 레버를 P.A 위치로 돌린다.
4) 공기주입시험기를 시험구멍(T)에 접속 후 검출부에 지정된 공기량을 공기관에 주입한다.
5) 초시계로 측정 : 공기주입 후 감지기의 접점이 작동되기까지 검출부에 지정된 시간을 측정한다.
6) 화재작동시험 후 작동정지까지의 시간 측정(계속시간)
(수신기는 자동복구, 주경종의 음량을 청취하면서 초시계로 확인한다.)

2. 판정
1) 작동 지속시간이 각 검출부에 표시된 시간 범위 이내인지를 비교하여 양 · 부를 판별한다.
2) 작동 지속시간에 따른 판정기준

구 분	기준치 미달일 경우(RH - +) (접점이 빨리 떨어진다.)	기준치 이상일 경우 (접점이 느리게 떨어진다.)
지속 시간	(1) 리크저항치(R)가 규정치보다 작다.(-)	(1) 리크저항치(R)가 규정치보다 크다.
	(2) 접점 수고값(H)이 규정치보다 높다.(+)	(2) 접점 수고값(H)이 규정치보다 낮다.
	(3) 공기관의 누설	(3) 공기관의 변형, 폐쇄(막힘, 압착)

★★★

04 지하 3층, 지상 5층, 연면적 5,000m^{2}인 경우 화재층이 다음과 같을 때 경보되는 층을 모두 쓰시오. [8회 10점, 9회 10점 : 설계 및 시공]

1. 지하 2층
2. 지상 1층
3. 지상 2층

※ 출제 당시 법령에 의한 풀이임.

발화층	경보 발령층
1. 지하 2층	지하 1층, 지하 2층, 지하 3층
2. 지상 1층	지하 1층, 지하 2층, 지하 3층, 지상 1층, 지상 2층
3. 지상 2층	지상 2층, 지상 3층

참고 현행 법령으로 답안 작성하면 아래와 같음

1. 2022년 5월 9일 법령 개정으로 상기 문제는 16층이 되지 않으므로 전층 경보 대상임.
2. 발화층 및 경보발령층

발화층	경보 발령층
1. 지하 2층	지하 3층 ~ 지상 5층 전층
2. 지상 1층	지하 3층 ~ 지상 5층 전층
3. 지상 2층	지하 3층 ~ 지상 5층 전층

★★★★★

05 화재감지기 설치와 관련하여 다음 물음에 답하시오.

1. 축적형 감지기를 설치해야 하는 장소를 쓰시오.
2. 축적형 감지기를 설치하지 않아도 되는 감지기를 쓰시오.
3. 축적형 감지기를 사용할 수 없는 장소를 쓰시오.

1. 축적형 감지기를 설치해야 하는 장소

☞ 자동화재탐지설비의 화재안전성능기준(NFPC 203) 제7조 제①항 단서

일시적으로 발생한 열기·연기·먼지 등으로 인하여 화재신호를 발신할 우려가 있는 다음의 장소

1) 지하층·무창층 등으로서 환기가 잘 되지 않는 장소
2) 실내면적이 40m^2 미만인 장소
3) 감지기의 부착면과 실내바닥과의 거리가 2.3m 이하인 장소

2. 축적형 감지기를 설치하지 않아도 되는 감지기 [M : 불 · 광 · 아 · 다 · 복 · 정 · 선 · 분 · 축]
   =교차회로방식으로 설치하지 않아도 되는 감지기=오동작의 적응성이 있는 감지기
   =축적형 수신기를 설치하지 않아도 되는 감지기
   1) 불꽃감지기
   2) 광전식 분리형 감지기
   3) 아날로그방식의 감지기
   4) 다신호방식의 감지기
   5) 복합형 감지기
   6) 정온식 감지선형 감지기
   7) 분포형 감지기
   8) 축적방식의 감지기
3. 축적형 감지기를 사용할 수 없는 장소 [M : 유 · 교 · 축]
   ☞ NFPC 203 제7조 제③항 단서
   1) 유류취급장소와 같은 급속한 연소확대가 우려되는 장소에 사용되는 감지기(∵ 신속경보 목적)
   2) 교차회로방식에 사용되는 감지기(∵ 지연동작 방지목적)
   3) 축적기능이 있는 수신기에 연결하여 사용하는 감지기(∵ 이중축적방지 목적)

★★★

06 **P형 1급 수신기 전면에 상용 전원감시등이 소등되었을 경우의 원인과 조치 방법을 쓰시오.**

 ☞ 과년도 출제 문제 풀이 참조

★★★

07 **P형 1급 수신기 전면에 예비전원감시등이 점등되었을 경우의 원인과 조치 방법을 쓰시오.**

 ☞ 과년도 출제 문제 풀이 참조

★★★

08 **스프링클러설비의 감시제어반에서 확인되어야 하는 스프링클러설비의 구성기기의 비정상상태 감시신호 4가지를 쓰시오. (단, 물올림탱크는 설치하지 않은 것으로 하며 수신기는 P형 기준이다.)** [7회 15점 : 설계 및 시공]

1. 프리액션밸브나 일제개방밸브의 화재감지기 작동표시등 점등 및 경보
   준비작동식 스프링클러설비나 일제살수식 스프링클러설비의 화재감지기 동작 시 수신기에 감지기 작동표시등이 점등되고 부저(경보)가 울린다.
2. 유수검지장치 또는 일제개방밸브의 개방(작동)표시등 점등 및 경보
   각 유수검지장치 또는 일제개방밸브가 동작되면 압력스위치의 작동으로 수신기에 밸브동작표시등이 점등되고 부저(경보)가 울린다.

3. 탬퍼스위치표시등 점등 및 경보
   급수배관에 설치된 각 개폐표시형 개폐밸브가 폐쇄될 경우 탬퍼스위치의 동작으로 수신기에 탬퍼스위치표시등이 점등되고 부저(경보)가 울린다.
4. 수조의 저수위감시표시등 점등 및 경보
   수조에 소화수가 없을 때 저수위경보스위치 작동으로 수신기에 저수위경보 표시등이 점등되고 부저(경보)가 울린다.
5. 기동용 수압개폐장치의 압력스위치 표시등 점등 및 경보
   각 펌프마다 설정된 압력 이하로 배관 내 압력이 저하되면 수신기에 압력스위치 표시등이 점등되고 부저(경보)가 울린다.

★★★★

09 불꽃감지기의 설치기준 5가지를 쓰시오. [12회 10점]

☞ 과년도 출제 문제 풀이 참조

★★★

10 자동화재탐지설비의 설치장소별 감지기 적응성기준 [별표 1]에서 연기감지기를 설치할 수 없는 장소의 환경상태가 "먼지 또는 미분 등이 다량으로 체류하는 장소"에 감지기를 설치할 때 확인사항 5가지를 쓰시오. [12회 10점]

☞ 과년도 출제 문제 풀이 참조

★★★★

11 화재 시 감지기가 동작하지 않고 화재 발견자가 화재구역에 있는 발신기를 눌렀을 경우, 자동화재탐지설비 수신기에서 발신기 동작상황 및 화재구역을 확인하는 방법을 쓰시오. [16회 3점]

☞ 16회 과년도 출제 문제 풀이 참조

★★★

12 P형 1급 수신기(10회로 미만)에 대한 절연저항시험과 절연내력시험을 실시하였다. [16회 9점]

1. 수신기의 절연저항시험 방법(측정개소, 계측기, 측정값)을 쓰시오.(3점)
2. 수신기의 절연내력시험 방법을 쓰시오.(3점)
3. 절연저항시험과 절연내력시험의 목적을 각각 쓰시오.(3점)

☞ 16회 과년도 출제 문제 풀이 참조

★★★★

13 P형 수신기에 연결된 지구경종이 작동되지 않는 경우 그 원인 5가지를 쓰시오. [16회 10점]

☞ 16회 과년도 출제 문제 풀이 참조

★★★★

14 다음 물음에 답하시오. [18회 30점]

1. R형 복합형 수신기 화재표시 및 제어기능(스프링클러설비)의 조작 · 시험 시 표시창에 표시되어야 하는 성능시험 항목에 대하여 세부 확인사항 5가지를 각각 쓰시오.(10점)
2. R형 복합형 수신기 점검 중 1계통에 있는 전체 중계기의 통신램프가 점멸되지 않을 경우 발생원인과 확인 절차를 각각 쓰시오.(6점)
3. 소방펌프 동력제어반의 점검 시 화재신호가 정상출력되었음에도 동력제어반의 전로기구 및 관리상태 이상으로 소방펌프의 자동기동이 되지 않을 수 있는 주요 원인 5가지를 쓰시오.(5점)
4. 아날로그방식 감지기에 관하여 다음 물음에 답하시오.(9점)
   1) 감지기의 동작특성에 대하여 설명하시오.(3점)
   2) 감지기의 시공 방법에 대하여 설명하시오.(3점)
   3) 수신반 회로수 산정에 대하여 설명하시오.(3점)
5. 중계기 점검 중 감지기가 정상동작하여도 중계기가 신호입력을 못 받을 때의 확인 절차를 쓰시오.(5점)

 ☞ 18회 과년도 출제 문제 풀이 참조

★★★★

15 다음 물음에 답하시오. [19회 17점]

1. 소방대상물의 주요 구조부가 내화구조인 장소에 공기관식 차동식 분포형 감지기가 설치되어 있다. 다음 물음에 답하시오.(13점)
   1) 공기관식 차동식 분포형 감지기의 설치기준에 관하여 쓰시오.(6점)
   2) 공기관식 차동식 분포형 감지기의 작동계속시험 방법에 관하여 ( )에 들어갈 내용을 쓰시오.(4점)

1. 검출부의 시험구멍에 (㉠)을/를 접속한다.
2. 시험코크를 조작해서 (㉡)에 놓는다.
3. 검출부에 표시된 공기량을 (㉢)에 투입한다.
4. 공기를 투입한 후 (㉣)을/를 측정한다.

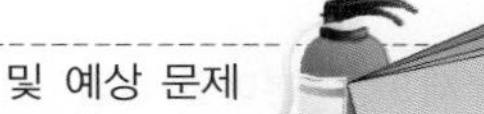

3) 작동계속시험 결과 작동지속시간이 기준치 미만으로 측정되었다. 이러한 결과가 나타나는 경우의 조건 3가지를 쓰시오.(3점)

2. 자동화재탐지설비에 대한 작동기능점검을 실시하고자 한다. 다음 물음에 답하시오.(8점)

1) 수신기에서 예비전원감시등이 소등상태일 경우 예상원인과 점검 방법이다. ( )에 들어갈 내용을 쓰시오.(4점)

점검항목	조치 및 점검 방법
(1) 퓨즈단선	(㉡)
(2) 충전불량	(㉢)
(3) (㉠)	(㉣)
(4) 배터리 완전방전	

☞ 19회 과년도 출제 문제 풀이 참조

★★★★

16 자동화재탐지설비(NFSC 203)에 관하여 다음 물음에 답하시오. [19회 17점]

1. 중계기 설치기준 3가지를 쓰시오.(3점)
2. 다음 표에 따른 설비별 중계기 입력 및 출력 회로수를 각각 구분하여 쓰시오.(4점)

설비별	회 로	입력(감시)	출력(제어)
자동화재탐지설비	발신기, 경종, 시각경보기	(㉠)	(㉡)
습식 스프링클러설비	압력스위치, 탬퍼스위치, 싸이렌	(㉢)	(㉣)
준비작동식 스프링클러설비	감지기 A, 감지기 B, 압력스위치, 탬퍼스위치, 솔레노이드, 싸이렌	(㉤)	(㉥)
할로겐화합물 및 불활성기체 소화설비	감지기 A, 감지기 B, 압력스위치, 지연스위치, 솔레노이드, 싸이렌, 방출표시등	(㉦)	(㉧)

3. 광전식 분리형 감지기 설치기준 6가지를 쓰시오.(6점)
4. 취침 · 숙박 · 입원 등 이와 유사한 용도로 사용되는 거실에 설치하여야 하는 연기감지기 설치대상 특정소방대상물 4가지를 쓰시오.(4점)

☞ 19회 과년도 출제 문제 풀이 참조

★★★★

17 차동식 분포형 공기관식 감지기의 화재작동시험(공기주입시험)을 했을 경우 동작시간이 느린 경우(기준치 이상)의 원인 5가지를 쓰시오. [23회 5점]

☞ 과년도 출제 문제 풀이 참조

★★★★

18 수신기의 기록장치에 저장하여야 하는 데이터는 다음과 같다. ( )에 들어갈 내용을 순서에 관계없이 쓰시오. [20회 4점]

1. (㉠)
2. (㉡)
3. 수신기와 외부배선(지구음향장치용의 배선, 확인장치용의 배선 및 전화장치용의 배선을 제외한다)과의 단선상태
4. (㉢)
5. 수신기의 주경종스위치, 지구경종스위치, 복구스위치 등 기준 수신기 형식승인 및 제품검사의 기술기준 제11조(수신기의 제어기능)를 조작하기 위한 스위치의 정지상태
6. (㉣)
7. 수신기 형식승인 및 제품검사의 기술기준 제15조의2 제2항에 해당하는 신호(무선식 감지기, 무선식 중계기, 무선식 발신기와 접속되는 경우에 한함)
8. 수신기 형식승인 및 제품검사의 기술기준 제15조의2 제3항에 의한 확인신호를 수신하지 못한 내역(무선식 감지기, 무선식 중계기, 무선식 발신기와 접속되는 경우에 한함)

☞ 과년도 출제 문제 풀이 참조

★★★★

19 자동화재탐지설비 및 시각경보장치의 화재안전기준(NFSC 203)상 감지기에 관한 다음 물음에 답하시오. [20회 6점]

1. 연기감지기를 설치할 수 없는 경우, 건조실, 살균실, 보일러실, 주조실, 영사실, 스튜디오에 설치할 수 있는 적응열감지기 3가지를 쓰시오. (3점)
2. 감지기회로의 도통시험을 위한 종단저항의 기준 3가지를 쓰시오. (3점)

※ 출제 당시 법령에 의함.
☞ 과년도 출제 문제 풀이 참조

★★★★

20 아날로그감지기 통신선로의 단선표시등 점등원인과 조치방법 3가지를 쓰시오. [21회 6점]

☞ 과년도 출제 문제 풀이 참조

출제 경향 분석

번 호	기출 문제	출제 시기 및 배점
1	4. 급기가압제연설비의 점검표에 의한 점검항목을 쓰시오.(10가지만)	점검실무행정 5회 20점
2	1. 특별피난계단의 계단실 및 부속실의 제연설비의 종합정밀점검표에 나와 있는 점검항목 20가지를 쓰시오.	점검실무행정 9회 20점
3	1. 거실제연설비 설치장소의 제연구획 기준 5가지를 기술하시오.	설계 및 시공 7회 6점
4	1. 전실제연설비의 제어반 기능 5가지를 쓰시오.	설계 및 시공 9회 20점
5	2. 특별피난계단의 계단실 및 부속실제연설비에 대하여 설명하시오. (1) 제연방식기준 3가지를 쓰시오.(12점) (2) 제연구역 선정기준 3가지를 쓰시오.(12점)	설계 및 시공 10회 24점
6	5. 예상제연구역의 바닥면적이 400m^2 미만인 예상제연구역(통로인 예상제연구역 제외)에 대한 배출구의 설치기준 2가지를 쓰시오.	설계 및 시공 14회 4점
7	1. 특정소방대상물의 관계인이 특정소방대상물의 규모·용도 및 수용인원 등을 고려하여 갖추어야 하는 소방시설의 종류 중 제연설비에 대하여 다음 물음에 답하시오.(15점) (1) 화재예방, 소방시설 설치·유지 및 안전관리에 관한 법률에 따라 '제연설비를 설치하여야 하는 특정소방대상물' 6가지를 쓰시오.(6점) (2) 화재예방, 소방시설 설치·유지 및 안전관리에 관한 법률에 따라 '제연설비를 면제할 수 있는 기준'을 쓰시오.(6점) (3) 제연설비의 화재안전기준(NFSC 501)에 따라 '제연설비를 설치하여야 할 특정소방대상물 중 배출구·공기유입구의 설치 및 배출량 산정에서 이를 제외할 수 있는 부분(장소)'을 쓰시오.(3점) 2. 특별피난계단의 계단실 및 부속실의 제연설비 점검항목 중 방연풍속과 유입공기 배출량 측정방법을 각각 쓰시오.(12점)	점검실무행정 16회 27점
8	1. 하나의 특정소방대상물에 특별피난계단의 계단실 및 부속실 제연설비를 화재안전기준(NFSC 501A)에 의하여 설치한 경우 "시험, 측정 및 조정 등"에 관한 "제연설비시험 등의 실시 기준"을 모두 쓰시오. ※ 출제 당시 법령에 의함.	점검실무행정 18회 8점
9	1. 피난안전구역에 설치하는 소방시설 중 제연설비 및 휴대용 비상조명등의 설치기준을 고층 건축물의 화재안전기준(NFSC 604)에 따라 각각 쓰시오. ※ 출제 당시 법령에 의함.	점검실무행정 18회 6점
10	4. 제연설비의 설치장소 및 제연구획의 설치기준에 관하여 쓰시오. (1) 설치장소에 대한 구획기준(5점) (2) 제연구획의 설치기준(3점)	점검실무행정 19회 8점

번 호	기출 문제	출제 시기 및 배점
11	1. 특별피난계단의 계단실 및 부속실 제연설비의 화재안전기준(NFSC 501A)상 방연풍속측정방법, 측정결과 부적합 시 조치방법을 각각 쓰시오.(4점) ※ 출제 당시 법령에 의함. 2. 특별피난계단의 계단실 및 부속실 제연설비의 성능시험조사표에서 송풍기 풍량측정의 일반사항 중 측정점에 대하여 쓰고, 풍속·풍량 계산식을 각각 쓰시오.(8점)	20회 12점
12	1. 특별피난계단의 부속실(전실) 제연설비에서 다음 물음에 답하시오. (1) 전층이 닫힌 상태에서 차압이 과다한 원인 3가지를 쓰시오.(2점) (2) 방연풍속이 부족한 원인 3가지를 쓰시오.(3점)	21회 5점
13	특별피난계단의 계단실 및 부속실 제연설비의 화재안전성능기준(NFPC 501A)상 제연설비의시험기준 5가지를 쓰시오. (5점) ※ 출제 당시 법령에 의함.	23회 5점

	학습 방향
1	거실제연설비 (1) 점검항목 : 화재안전기준과 연계하여 완전 숙지 (2) 화재안전기준 : 제연구역(구획)기준, 제연방식 등
2	전실제연설비 (1) 점검항목 : 화재안전기준과 연계하여 완전 숙지 (2) 화재안전기준 : 제연방식, 제연구역의 선정, 차압기준, 방연풍속기준, 제어반의 기능 등 (3) 각종 측정 : 차압측정 방법, 방연풍속 측정, 폐쇄력 측정 및 시험, 측정 및 조정(TAB)
☞	제연설비의 점검항목은 완전 숙지 및 주요 내용에 대한 화재안전기준은 정리 요하며, 제연설비에 대한 시험, 측정 및 조정(TAB)과 차압측정 방법, 방연풍속 측정, 폐쇄력 측정 방법 정리 요함.

제7절 제연설비의 점검

1 제연설비의 구성요소

1. 공통 구성요소

1) 휀
신선한 공기를 공급하는 급기휀과 연기를 배출하는 배기휀으로 구분된다.

2) 덕트
신선한 공기를 공급하거나 연기를 배출하는 이송통로로서, 수계소화설비의 배관과 같은 역할을 한다.

[그림 1] 급·배기 휀 설치모습

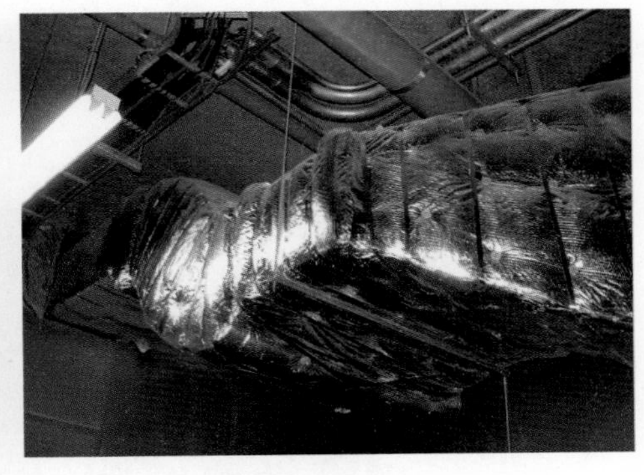

[그림 2] 덕트 설치모습

2. 거실제연설비 구성요소

1) 댐퍼
덕트에 설치하여 덕트의 관로를 개폐하는 역할을 하는 것으로서, 수계소화설비의 밸브와 같은 역할을 한다.

2) 수동조작함
사람이 먼저 화재를 발견하였을 경우 수동으로 조작하기 위하여 해당 제연구역에 설치한다.

(a) 폐쇄된 모습

(b) 개방된 모습

[그림 3] 댐퍼 개방 전·후 모습

[그림 4] 댐퍼 수동조작함

3. 전실제연설비 구성요소

1) 댐퍼

덕트에 설치하여 급기구와 배기구를 개·폐하는 역할을 하며, 종류는 다음과 같다.

(1) **급기댐퍼** : 제연구역 급기구에 설치하여 평상시 닫혀 있다가 화재 시 전층의 급기댐퍼가 개방되어 신선한 공기를 제연구역에 공급하는 역할을 한다. 참고로 급기댐퍼 상단에는 수동조작함이 설치된다.

가. 일반 급기댐퍼 : 평상시 닫혀 있다가 화재 시 개방되어 신선한 공기를 제연구역에 공급하는 역할을 한다. 이 경우 제연구역에 과압발생 시 과압배출을 위한 플랩댐퍼가 설치된다.

[그림 5] 급기댐퍼 설치된 모습

나. 자동차압·과압조절형 급기댐퍼(2001. 10. 20 이후 KFI 인정 의무화) : 제연구역과 옥내 사이의 차압을 압력센서 등으로 감지하여 제연구역에 공급되는 풍량을 조절하여 제연구역의 차압유지 및 과압방지를 자동으로 제어할 수 있는 댐퍼를 말한다.

덕트
틈새 실리콘 마감
미장마감
120
미장마감
슬리브
덕트
슬리브
슬리브
미장마감
댐퍼슬리브 마감은
미장마감과 일치하여야 한다.
제연댐퍼

(a) 폐쇄상태 (b) 개방상태

[그림 6] 자동차압 · 과압조절형 댐퍼 개 · 폐 전후 모습 및 설치상세도

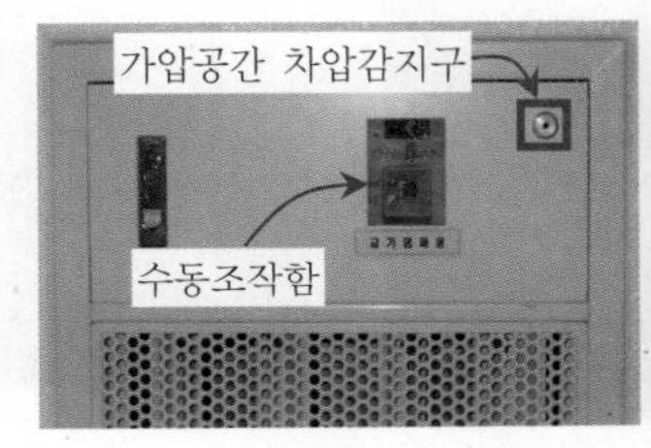

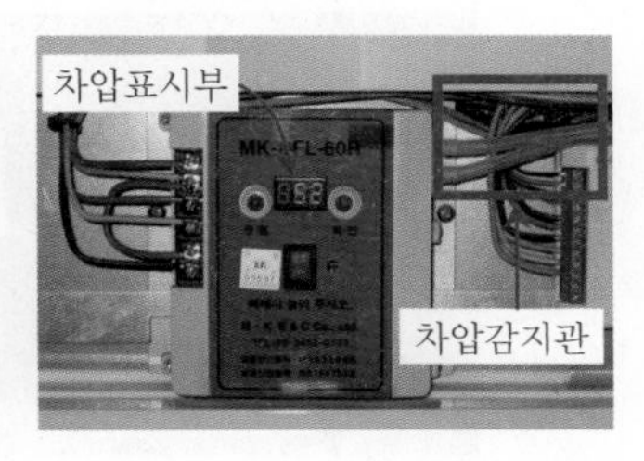

[그림 7] 자동차압 · 과압조절형 댐퍼 수동조작함 **[그림 8] 수동조작함 내부**

(2) **배기댐퍼** : 유입공기의 배출을 수직풍도를 이용할 경우에 설치하며, 배기댐퍼는 평상시 닫혀 있다가 화재발생 시 화재가 발생한 층의 배기댐퍼만 개방되어 제연구역으로부터 옥내로 유입된 공기를 배출하는 역할을 한다.

[그림 9] 배기댐퍼 설치모습

(3) **플랩댐퍼** : 일반 급기댐퍼를 이용하는 경우에 한하여 설치되며, 부속실의 설정압력 범위를 초과하는 경우 압력을 배출하여 설정압 범위를 유지하게 하는 과압방지장치로서, 적정차압일 경우에는 닫히고 설정압력 초과 시 개방되어 적정차압을 유지하여 준다.

[그림 10] **플랩댐퍼 외형 및 동작 전 · 후 모습**

(4) **풍량조절댐퍼** : 덕트에 설치하여 수동 또는 자동으로 댐퍼의 개구율을 조절하여 필요한 풍량을 조절하기 위해서 설치하는 댐퍼를 말한다.

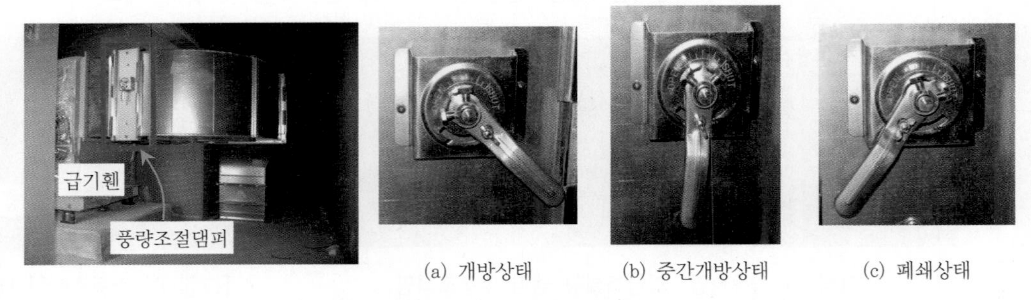

(a) 개방상태 (b) 중간개방상태 (c) 폐쇄상태

[그림 11] **풍량조절댐퍼 설치외형 및 댐퍼조작 전 · 중 · 후 모습**

2) 차압감지관

자동차압 · 과압조절형 급기댐퍼를 설치하는 경우 제연구역과 옥내와의 차압을 감지하기 위하여 설치하는 관을 말한다.

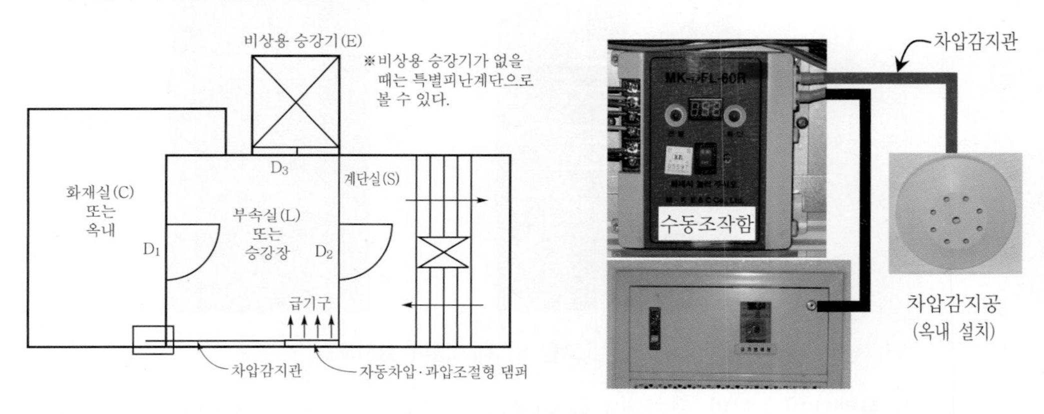

[그림 12] **차압감지관 설치위치**

3) 차압측정공

제연구역과 옥내와의 출입문에 차압측정공을 설치하여 출입문을 개방하지 않고 제연구역과 옥내와의 실제 차압이 적정한지의 여부를 확인하기 위해서 설치한다.

☞ 2007. 12. 28 이후 건축허가 동의 대상물의 경우 차압측정공 설치가 의무화되었다.

[그림 13] 출입문에 차압측정공이 설치된 경우 차압측정 모습

[그림 14] 차압측정공 외형

[그림 15] 차압측정공 정면

[그림 16] 차압측정공 뒷면

[그림 17] 설치된 모습

[그림 18] 설치된 단면

2 거실제연설비

1. 동작설명

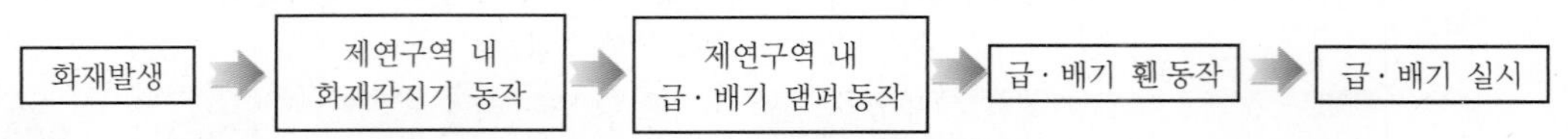

[그림 1] **거실제연설비 동작흐름도**

동작순서	관련 사진
1) 화재발생	[그림 2] **화재발생**
2) 제연구역 내 화재감지기 동작 또는 수동조작함 작동	[그림 3] **감지기 동작** [그림 4] **수동조작함 작동**
3) 제연구역 내 급·배기 댐퍼 동작	(a) 폐쇄된 모습 (b) 개방된 모습 [그림 5] **댐퍼 개방 전·후 모습**
4) 급·배기 휀 동작	[그림 6] **급·배기 휀 동작**

동작순서	관련 사진
5) 급·배기 실시	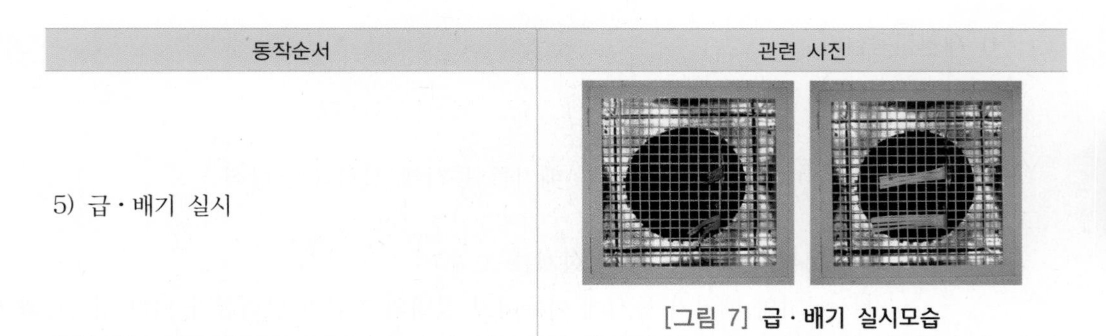 [그림 7] **급·배기 실시모습**

2. 거실제연설비의 점검

거실제연설비는 설계 시부터 대상처의 특성을 고려하여 대상처에 적합한 제연설비를 설계하기 때문에 대상처마다 약간의 차이가 있으며, 설계도서에는 제연방식에 대한 설명과 화재 시 열리고 닫히는 댐퍼가 표시되어 있다. 거실제연설비의 종류는 다양하므로 일반적인 작동점검 순서는 다음의 순서에 따른다.

1) 설계도서의 검토

설계도서를 검토하여 제연방식을 숙지하고 다음 사항을 파악한다.

(1) 급·배기 덕트 확인

(2) 급·배기 휀 확인

(3) 제연구역별 개방·폐쇄되어야 하는 댐퍼의 현황 파악

2) 제연구역의 화재감지기 동작

제연구역별로 화재감지기를 동작시킨다.

3) 댐퍼동작 확인

해당 제연구역 화재 시 열리고 닫히는 댐퍼가 설계도서와 일치하는지의 여부를 확인한다.

4) 휀동작 확인

급·배기 휀의 동작 여부를 확인한다.

5) 급·배기 상태확인

제연구역별로 급·배기되는 상태가 설계도서와 일치하는지의 여부를 확인한다.

3. 거실제연설비의 종류

거실제연설비는 소방전용으로 사용하는 제연전용 설비와 평상시에는 공조설비로 사용하다가 화재 시 제연설비로 전환되는 공조 겸용 설비로 구분된다.

1) 제연전용설비

(1) 동일실 급·배기 방식

가. 적용 : 소규모 거실에 적용

나. 방식 : 화재실에서 급기와 배기를 동시에 실시하는 방식

다. 단점

가) 화원에 급기될 경우 화재를 조장

나) 급기와 배기가 동시에 이루어져 실내의 기류가 난기류가 되어 청결층과 연기층 형성방해

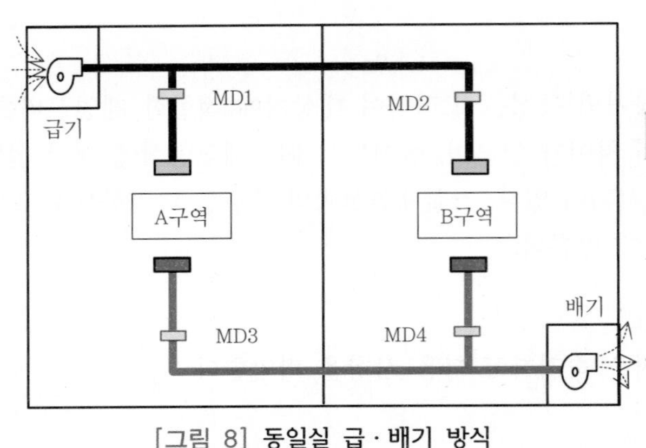

[그림 8] **동일실 급·배기 방식**

[동일실 급·배기 방식의 댐퍼 동작상황]

제연구역	급 기	배 기
A구역 화재 시	MD1 : Open	MD3 : Open
	MD2 : Close	MD4 : Close
B구역 화재 시	MD1 : Close	MD3 : Close
	MD2 : Open	MD4 : Open

(2) 인접구역 상호제연방식

가. 거실 급·배기 방식

가) 적용 : 복도가 없는 개방된 대규모 거실에 적용(예 마트, 백화점)

나) 방식 : 화재구역에서 연기를 배출하고, 인접구역에서 급기를 실시하는 방식

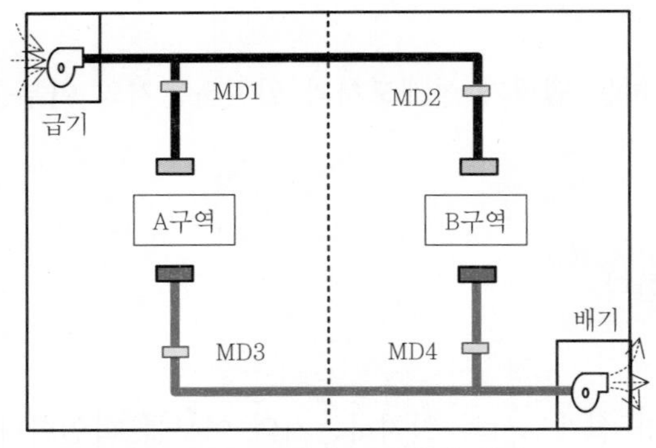

[그림 9] **동일실 급·배기 방식**

[인접구역 거실 급·배기 방식의 댐퍼 동작상황]

제연구역	급 기	배 기
A구역 화재 시	MD1 : Close	MD3 : Open
	MD2 : Open	MD4 : Close
B구역 화재 시	MD1 : Open	MD3 : Close
	MD2 : Close	MD4 : Open

나. 거실배기·통로급기 방식

가) 적용 : 각 실로 구획되어 통로에 면해 있는 경우(예 지하상가)

나) 방식 : 화재실에서는 배기 실시, 통로에서는 급기를 실시하는 방식

다) 구획된 각 실의 복도측 외벽에는 급기되는 공기가 유입될 수 있도록 하부에 그릴을 설치한다.

급기 통로 거실 배기

[출입문에 설치된 그릴]

[그림 10] **거실배기 · 통로급기 방식**

다. 통로 배출방식 : 통로에 배기만 실시

가) 적용 : 거실이 50m^2 미만으로 구획되어 있고, 통로에 면한 경우에 한하여 적용한다.

나) 방식 : 급기는 하지 않고 통로에 배기만 실시하는 방식으로서, 통로로 유입된 연기를 배출함으로써 통로를 피난경로로 사용하는 방식이다.

다) 경유 거실이 있는 경우는 경유 거실도 별도의 배기를 실시한다.

[그림 11] **통로 배출방식**

2) 공조겸용 설비

(1) **적용** : 반자 위의 제한된 공간으로 대형 건축물의 경우 대부분 적용

(2) **방식** : 평상시 공조설비로 동작하다가 화재 시 제연설비로 전환되어 동작

(3) 제연전용 설비보다 신뢰도가 낮음.

(4) 층별로 공조기가 설치되어 있지 않으면 층별 구획관계로 MFD(방화댐퍼) 필요

(5) **구성**

가. 동작상황

구 분	MD1	MD2	MD3	공조기	배기휀	급기휀	상 태
평상시	Close	Open	Open	동작	정지	정지	공기조화
화재 시	Open	Close	Close	정지	동작	동작	제연

나. 구성 계통도

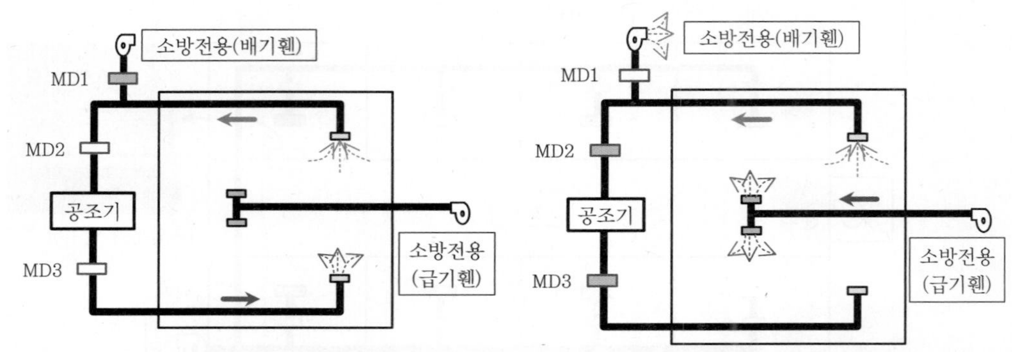

[그림 12] **평상시 공기조화설비로 동작하는 모습** [그림 13] **화재 시 제연설비로 동작하는 모습**

다. 평면도상의 실 예

가) 동작상황

구 분	MD1	MD2	MD3	MD4	MD5	MD6	MD7	공조기	배기휀	급기휀	상 태
평상시	Close	Open	Open	Open	Open	Open	Open	동작	정지	정지	공기 조화
A실 화재 시	Open	Close	Close	Open	Close	Close	Close	정지	동작	동작	제연
B실 화재 시	Open	Close	Close	Close	Close	Open	Close	정지	동작	동작	제연

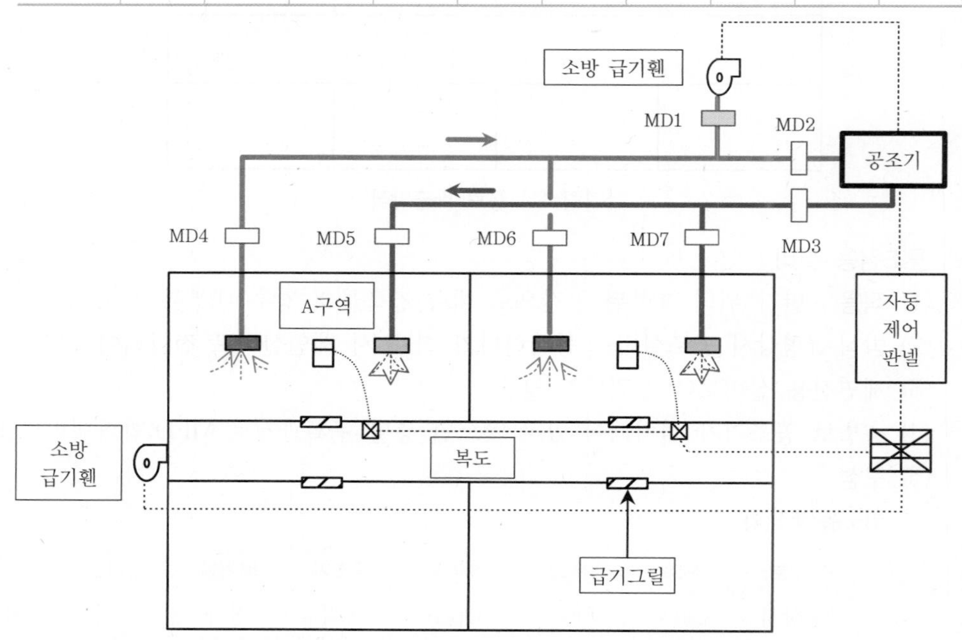

[그림 14] **공조겸용 설비의 평면도상의 실 예(평상시)**

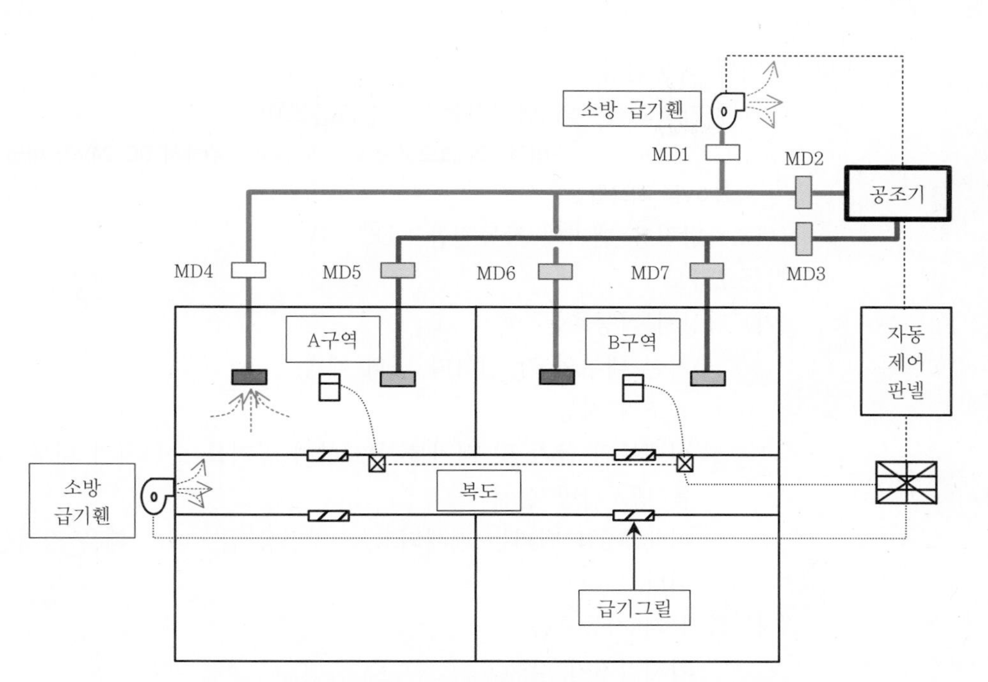

[그림 15] 공조겸용 설비의 평면도상의 실 예(A실 화재 시)

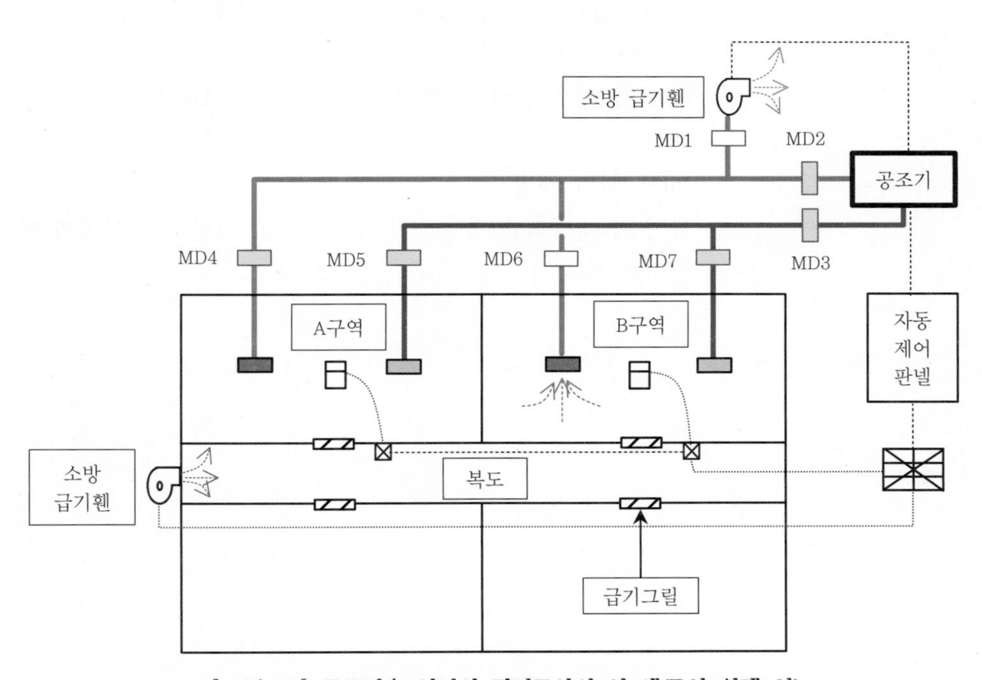

[그림 16] 공조겸용 설비의 평면도상의 실 예(B실 화재 시)

나) 댐퍼의 작동전압

(가) 공기조화설비의 댐퍼작동전압 : AC 220V

(∵ 개소도 많고 소비전력이 크므로 신뢰도를 높이기 위해서 DC 24V가 아닌 AC 220V를 사용함.)

(나) 소방전용 댐퍼의 작동전압 : DC 24V

다) 작동흐름도

(가) 평상시 작동흐름

- 거실 내부의 각 실마다 댐퍼 개방
- 공조기 작동
- 실내부의 급기 및 배기를 실시하여 공기를 순환시켜 내부 공기를 냉·난방 실시
- 이때 MD1 댐퍼는 폐쇄되고, 소방전용 급·배기 휀은 정지상태이다.

(나) 화재 시 작동흐름

- 화재감지기 작동
- 제어반에 화재신호 접수
- 제어반에서 공조기 자동제어 판넬로 화재발생장소 신호송출
- 자동제어 판넬에서는 공조기 정지
- 화재발생장소의 배기덕트에 설치된 댐퍼를 제외한 기타 모든 댐퍼 폐쇄
- MD1 댐퍼 개방
- 급기휀, 배기휀을 작동하여 제연설비로 전환되어 실내의 연기를 실외로 배출시킨다.

3 전실제연설비

1. 전실제연설비의 계통도 및 동작설명

1) 전실제연설비의 계통도

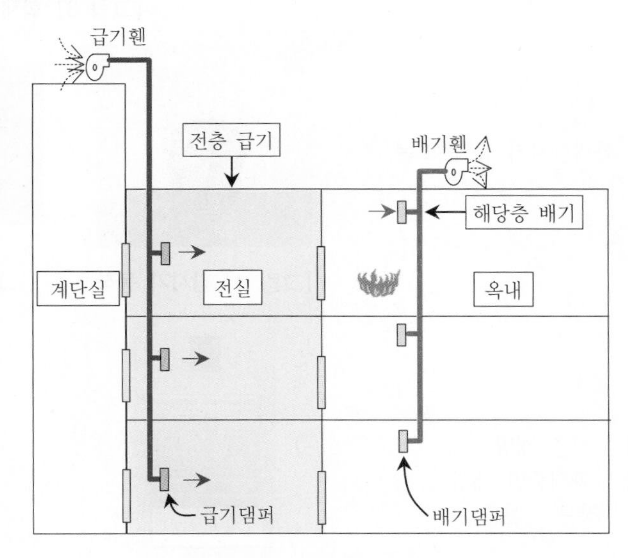

[그림 1] **전실제연설비의 계통도**

2) 전실제연설비의 동작설명

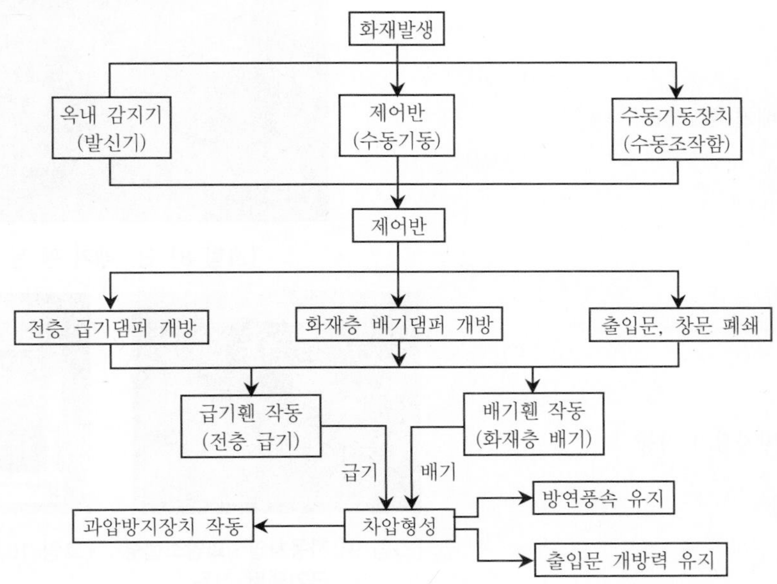

[그림 2] **전실제연설비 작동흐름도**

동작순서	관련 사진
(1) 화재발생	 [그림 3] 화재발생
(2) 제연구역 내 화재감지기 동작 또는 수동조작함 작동	 [그림 4] 감지기 동작  [그림 5] 수동조작함 작동
(3) 댐퍼 개방 가. 급기댐퍼 : 전층 개방 나. 배기댐퍼 : 화재층만 개방 다. 출입구 및 창문 : 전층 폐쇄	 [개방상태] [그림 6] 급기댐퍼 개방  [그림 7] 배기댐퍼 개방
(4) 급·배기 휀 작동	 [그림 8] 급·배기 휀 동작
(5) 과압방지장치 작동	 [그림 9] 자동차압·과압조절형 급기댐퍼 작동 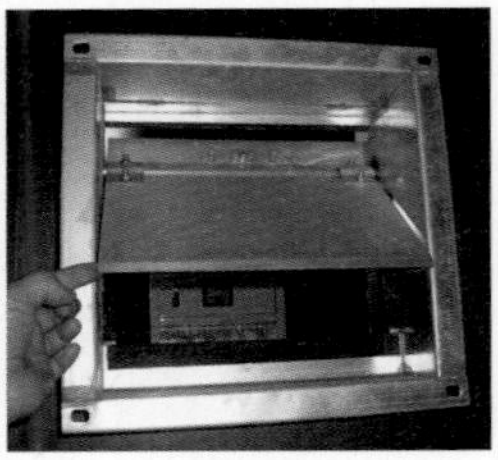 [그림 10] 플랩댐퍼 작동

동작순서	관련 사진
(6) 부속실 급기가압 실시	전층 급기 / 해당층 배기 / 계단실 / 전실 / 옥내 [그림 11] 부속실 급기가압 실시

tip 건축허가 시점에 따른 댐퍼 작동

건축허가	댐퍼 작동층	비 고
1992. 7. 27 이전	해당층	배연설비로 적용, 배기방식(건축법 근거)
1992. 7. 28 이후	화재층	급·배기 방식(부속실에 급기와 배기 실시)
	화재층	급기가압방식(유권해석 근거 : 화재층의 부속실에만 급기)
1995. 7. 9 이후	전층	급기가압방식(전층 급기, 화재층 배기)
	직상·발화층	급·배기 방식(적용된 사례 거의 없음.)
	3개층 급기	급·배기 방식(지침근거 : 2000. 9. 8 : 소방시설 설치관련 지침.) – 1995. 7. 9~1996. 12. 23 건축허가된 건물에 한하여 적용
1996. 9. 23 이후	전층	급기가압방식(전층 급기, 화재층 배기)

2. TAB(시험, 측정, 조정)

[82회 TAB, 84회 기술사 25점] – 전실제연설비 설치 시 고려사항, 성능시험기준/방법에 대하여 기술

[86회 기술사 : TAB 정의, 적용대상, 절차 및 내용, 기대효과] [18회 8점]

1) TAB의 정의

(1) T : Testing 시험, 측정을 의미

(2) A : Adjusting 풍량, 풍속, 개폐력 등의 조정을 의미

(3) B : Balancing 균형(압력, 풍량 등)을 의미

(4) 제연설비의 시공이 완성되는 시점부터 시험(측정), 조정 등을 하여 설계목적에 적합한 성능을 발할 수 있도록 하는 것으로서, 시공과정에서 필요한 부분마다 부분적으로 TAB도 실시하고, 시스템이 시공완료되었을 때 전반적으로 시스템의 작동시험이 적합한지, 적정차압이 나오며 출입문의 개방력이 110N 이하인지, 방연풍속이 적정한지와 출입문의 자동폐쇄상태 등을 시험을 통하여 확인하고 필요시 제성능을 발할 수 있도록 조정을 하는 필수적인 일련의 과정이다.

2) TAB의 실 예

(1) 출입문의 확인

가. 제연구역의 모든 출입문 등의 크기와 열리는 방향이 설계 시와 동일한지 여부를 확인

⇒ 동일하지 아니한 경우

가) 급기량과 보충량 등을 다시 산출

나) 조정가능 여부 또는 재설계·개수의 여부를 결정

나. 출입문마다 그 바닥 사이의 틈새가 평균적으로 균일한지 여부를 확인

⇒ 큰 편차가 있는 출입문이 있을 경우

가) 그 바닥의 마감을 재시공

나) 출입문 등에 불연재료를 사용하여 틈새를 조정

다. 출입문의 폐쇄력 측정(제연설비 미작동한 상태에서 측정)

⇒ 대상 : 제연구역의 출입문 및 복도와 거실 사이의 출입문마다 측정

(2) 제연설비 정상 작동 여부 확인 : 옥내의 층별로 화재감지기(수동기동장치 포함.)를 동작시켜 제연설비가 작동하는지 여부를 확인할 것

(3) 제연설비 작동 시 확인사항

가. 출입문이 모두 닫혀진 상태에서 제연설비를 가동시킨 후

가) 차압의 적정 여부 확인

(가) 차압을 측정하는 출입문 : 부속실과 면하는 옥내의 출입문

(나) 측정 방법 : 출입문에 설치된 차압측정공을 통하여 차압계로 측정

(다) 최저 차압 : 40Pa 이상(스프링클러설비 설치 시 12.5Pa 이상)

(라) 출입문을 일시 개방 시 다른 층의 차압 적정 여부 확인 : 기준 차압의 70% 이상일 것

나) 출입문 개방에 필요한 힘(개방력) 측정

(가) 개방력 : 110N 이하일 것

(나) 적합하지 아니한 경우

- 급기구의 개구율 조정
- 플랩댐퍼(설치하는 경우)의 조정
- 송풍기의 풍량조절용 댐퍼 개구율 조정

나. 방연풍속 적정 여부 [16회 6점]

가) 조건 : 부속실과 면하는 옥내 및 계단실의 출입문을 동시 개방할 경우

(가) 부속실이 20개 이하 시 : 1개층

(나) 부속실이 20개 초과 시 : 2개층

나) 측정 : 유입공기의 풍속은 출입문의 개방에 따른 개구부를 대칭적으로 균등분할하는 10 이상의 지점에서 측정하는 풍속의 평균치로 할 것

다) 판정 : 유입공기의 풍속이 방연풍속에 적합한지 여부를 확인

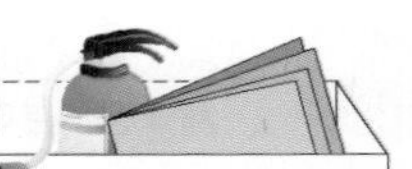

tip NFPC 501A

제10조(방연풍속) 방연풍속은 제연구역의 선정방식에 따라 다음 표의 기준에 따라야 한다.

제연구역		방연풍속
계단실 및 그 부속실을 동시에 제연하는 것 또는 계단실만 단독으로 제연하는 것		0.5 m/s 이상
부속실만 단독으로 제연하는 것 또는 비상용승강기의 승강장만 단독으로 제연하는 것	부속실 또는 승강장이 면하는 옥내가 거실인 경우	0.7 m/s 이상
	부속실 또는 승강장이 면하는 옥내가 복도로서 그 구조가 방화구조(내화시간이 30분 이상인 구조를 포함한다.)인 것	0.5 m/s 이상

라) 적합하지 아니한 경우

(가) 급기구의 개구율을 조정

(나) 송풍기의 풍량조절댐퍼를 조정하여 적합하게 할 것

다. 출입문의 자동폐쇄상태 확인

가) 부속실의 개방된 출입문이 자동으로 완전히 닫히는지 여부를 확인

나) 필요시 닫힌상태를 유지할 수 있도록 도어클로저의 폐쇄력을 조정

tip 차압 · 방연풍속 과다 · 부족원인

1. 전층이 닫힌 상태에서 차압 부족원인
   1) 송풍기 용량이 작게 설계된 경우
   2) 송풍기의 실제 성능이 미달된 경우
   3) 급기풍도 규격 미달로 인한 과다손실이 발생하는 경우
   4) 전실 내 출입문의 틈새로 누설량이 과다한 경우
2. 전층이 닫힌 상태에서 차압 과다원인 [21회 2점]
   1) 송풍기 용량이 과다 설계된 경우
   2) 플랩댐퍼의 설치누락 또는 기능 불량인 경우
   3) 자동차압과압조절형 댐퍼가 닫힌 상태에서 누설량이 많은 경우
   4) 휀룸에 설치된 풍량조절 댐퍼로 풍량조절이 안 된 경우
3. 비개방층의 차압 부족원인
   1) 급기댐퍼 규격과다로 출입문이 열린층에서 풍량이 과다 누설되는 경우
   2) 송풍기 용량이 과소 설계된 경우
   3) 덕트 부속류의 손실이 과다한 경우
   4) 급기풍도 규격 미달로 인한 과다손실이 발생하는 경우
4. 방연풍속 부족원인 [21회 3점]
   1) 송풍기의 용량이 과소 설계된 경우
   2) 충분한 급기댐퍼 누설량에 필요한 풍도정압 부족 또는 급기댐퍼 규격이 과소 설계된 경우
   3) 배출휀의 정압성능이 과소 설계된 경우
   4) 급기풍도의 규격 미달로 과다손실이 발생된 경우
   5) 덕트 부속류의 손실이 과다한 경우
   6) 전실 내 출입문 틈새 누설량이 과다한 경우

tip 제연설비 TAB [18회 8점, 23회 5점]

구 분	TAB 항목	내 용	조정내용
제연설비 작동 전	출입문 등	1. 출입문 등의 크기, 열리는 방향 설계도서와 일치 여부	1. 급기량과 보충량 재산정 후 2. 조정가능 여부, 재설계, 개수 여부 결정
		2. 출입문 등과 바닥과의 틈새 균일 여부	1. 그 바닥의 마감을 재시공 2. 불연재료를 사용하여 틈새 조정
		3. 출입문의 폐쇄력 확인	필요시 도어클로저의 폐쇄력 조정
제연설비 작동 후	기능의 적정성	1. 층별 화재감지기(수동기동장치) 동작하여 제연설비가 정상작동되는지 여부 확인 2. 제어반의 각 기능과 관련 장치와의 연동성(확인기능 포함)	필요시 정상작동하도록 정비
	차압 측정	차압의 적정 여부 확인 1. 조건 : 승강기 운행중단, 계단실과 부속실의 모든 출입문 폐쇄 2. 측정문 : 부속실과 옥내의 출입문 3. 최저 차압 : 40Pa↑(SP 12.5Pa↑) 4. 출입문 일시 개방 시 다른 층의 차압 : 기준 차압의 70%↑	1. 급기구의 개구율 조정 2. 송풍기의 풍량조절댐퍼 개구율 조정 3. 자동차압과압조절형 댐퍼의 경우 당해 표시계로 차압범위 조정
	개방력 측정	출입문의 개방력 측정 1. 조건 : 승강기 운행중단, 계단실과 부속실의 모든 출입문 폐쇄 2. 측정문 : 전층 부속실과 면하는 옥내의 출입문 3. 개방력 : 110N↓	1. 급기구의 개구율 조정 2. 플랩댐퍼(설치 시)의 조정 3. 송풍기의 풍량조절댐퍼 개구율 조정
	방연풍속 측정 [16회 6점]	방연풍속의 적정 여부 확인 1. 조건 : 승강기 운행중단, 계단실과 부속실의 모든 출입문 폐쇄, 부속실과 면하는 옥내 및 계단실의 출입문 동시 개방 1) 20개층 이하 : 1개층 2) 20개층 초과 : 2개층 2. 측정문 : 전층 부속실과 면하는 옥내의 출입문 3. 측정 방법 : 대칭적으로 균등 분할하는 10 이상의 지점에서의 측정·평균치 4. 판정 : 방연풍속이 0.5~0.7↑	1. 급기구의 개구율 조정 2. 송풍기의 풍량조절댐퍼 개구율 조정
	출입문의 자동폐쇄기능	1. 제연설비 작동 시 개방된 출입문이 자동으로 완전폐쇄되는지 확인 2. 닫힌상태를 계속 유지 여부 확인 3. 쌍여닫이문의 경우 개방 후 닫힐 때 두 문의 닫힘순서	필요시 도어클로저의 폐쇄력 조정

기출 및 예상 문제

★★★★

01 거실제연설비 설치장소의 제연구획의 구획기준을 쓰시오. [7회 설계 및 시공 6점] [19회 5점]

☞ 제연설비의 화재안전성능기준(NFPC 501) 제4조 제1항
[M : 1,000 · 거실 · 통로 · 2층]
1. 하나의 제연구역의 면적은 1,000m^2 이내로 할 것
2. 거실과 통로(복도를 포함한다.)는 각각 제연구획할 것
3. 거실 : 하나의 제연구역은 직경 60m 원내에 들어갈 수 있을 것
4. 통로상의 제연구역 : 보행중심선의 길이가 60m를 초과하지 아니할 것
5. 하나의 제연구역은 2개 이상 층에 미치지 아니하도록 할 것
   다만, 층의 구분이 불분명한 부분은 그 부분을 다른 부분과 별도로 제연구획하여야 한다.

★★★★

02 특별피난계단의 계단실 및 부속실 제연설비에 대하여 설명하시오.

[10회 설계 및 시공 24점]

1. 제연방식기준 3가지를 쓰시오.(12점)
2. 제연구역 선정기준 3가지를 쓰시오.(12점)

1. 특별피난계단의 계단실 및 부속실 제연설비에서 제연방식기준
   1) 제연구역에 옥외의 신선한 공기를 공급하여 제연구역의 기압을 제연구역 이외의 옥내보다 높게 하되 일정한 "차압"을 유지하게 함으로써 옥내로부터 제연구역 내로 연기가 침투하지 못하도록 할 것
   2) 피난을 위하여 제연구역의 출입문이 일시적으로 개방되는 경우 방연풍속을 유지하도록 옥외의 공기를 제연구역 내로 보충 공급하도록 할 것
   3) 출입문이 닫히는 경우 제연구역의 과압을 방지할 수 있는 유효한 조치를 하여 차압을 유지할 것
2. 특별피난계단의 계단실 및 부속실 제연설비에서 제연구역의 선정기준
   1) 계단실 및 그 부속실을 동시에 제연하는 것
   2) 부속실만을 단독으로 제연하는 것〈2008. 12. 15 개정〉
   3) 계단실을 단독 제연하는 것
   4) 비상용 승강기 승강장을 단독 제연하는 것

★★★★

03 전실제연설비에서 제어반의 기능을 쓰시오. [9회 설계 및 시공 20점]

☞ 특별피난계단의 계단실 및 부속실 제연설비의 화재안전기술기준(NFTC 501A)
[M : 수 · 감 · 자 · 댐 · 배 · 송 · 출 · 예]
1. 수동 · 기동장치의 작동 여부에 대한 감시 기능
2. 감시선로의 단선에 대한 감시 기능

3. 급기구 개구율의 자동조절장치(설치하는 경우에 한한다.)의 작동 여부에 대한 감시기능. 다만, 급기구에 차압표시계를 고정부착한 자동차압급기댐퍼를 설치하고 당해 제어반에도 차압표시계를 설치한 경우에는 그러하지 않다.
4. 급기용 댐퍼의 개폐에 대한 감시 및 원격조작 기능
5. 배출댐퍼 또는 개폐기의 작동 여부에 대한 감시 및 원격조작 기능
6. 급기송풍기와 유입공기의 배출용 송풍기(설치한 경우에 한한다.)의 작동 여부에 대한 감시 및 원격조작 기능
7. 제연구역의 출입문의 일시적인 고정개방 및 해정에 대한 감시 및 원격조작 기능
8. 예비전원이 확보되고 예비전원의 적합 여부를 시험할 수 있어야 할 것

tip 급기가압제연설비 축전지 용량

제어반에는 제어반의 기능을 1시간 이상 유지할 수 있는 용량의 비상용 축전지를 내장할 것
다만, 당해 제어반이 종합방재제어반에 함께 설치되어 종합방재제어반으로부터 이 기준에 따른 용량의 전원을 공급받을 수 있는 경우에는 그러하지 아니한다.

★★★★

04 **예상제연구역의 바닥면적이 400m^2 미만인 예상제연구역(통로인 예상제연구역 제외)에 대한 배출구의 설치기준 2가지를 쓰시오.** [14회 설계 및 시공 4점]

☞ 제연설비의 화재안전성능기준(NFPC 501) 제7조 제①항
1. 예상제연구역이 벽으로 구획되어 있는 경우의 배출구는 천장 또는 반자와 바닥 사이의 중간 윗부분에 설치할 것
2. 예상제연구역 중 어느 한 부분이 제연경계로 구획되어 있는 경우에는 천장·반자 또는 이에 가까운 벽의 부분에 설치할 것. 다만, 배출구를 벽에 설치하는 경우에는 배출구의 하단이 해당 예상제연구역에서 제연경계의 폭이 가장 짧은 제연경계의 하단보다 높이 되도록 하여야 한다.

★★★★

05 **다음 각 물음에 답하시오.** [16회 27점]

1. 특정소방대상물의 관계인이 특정소방대상물의 규모·용도 및 수용인원 등을 고려하여 갖추어야 하는 소방시설의 종류 중 제연설비에 대하여 다음 물음에 답하시오.(15점)
   (1) 화재예방, 소방시설 설치·유지 및 안전관리에 관한 법률에 따라 '제연설비를 설치하여야 하는 특정소방대상물' 6가지를 쓰시오.(6점)
   (2) 화재예방, 소방시설 설치·유지 및 안전관리에 관한 법률에 따라 '제연설비를 면제할 수 있는 기준'을 쓰시오.(6점)
   (3) 제연설비의 화재안전기준(NFSC 501)에 따라 '제연설비를 설치하여야 할 특정소방대상물 중 배출구·공기유입구의 설치 및 배출량 산정에서 이를 제외할 수 있는 부분(장소)'을 쓰시오.(3점)
2. 특별피난계단의 계단실 및 부속실의 제연설비 점검항목 중 방연풍속과 유입공기 배출량 측정방법을 각각 쓰시오.(12점)

※ 출제 당시 법령에 의함.
☞ 16회 과년도 출제 문제 풀이 참조

★★★★★

06 하나의 특정소방대상물에 특별피난계단의 계단실 및 부속실 제연설비를 화재안전기준(NFSC 501A)에 의하여 설치한 경우 "시험, 측정 및 조정 등"에 관한 "제연설비 시험 등의 실시기준"을 모두 쓰시오. [18회 8점]

※ 출제 당시 법령에 의함.
☞ 18회 과년도 출제 문제 풀이 참조

★★★★★

07 피난안전구역에 설치하는 소방시설 중 제연설비 및 휴대용비상조명등의 설치기준을 고층 건축물의 화재안전기준(NFSC 604)에 따라 각각 쓰시오. [18회 6점]

※ 출제 당시 법령에 의함.
☞ 18회 과년도 출제 문제 풀이 참조

★★★★★

08 제연설비의 설치장소 및 제연구획의 설치기준에 관하여 쓰시오. [19회 8점]

1. 설치장소에 대한 구획기준(5점)
2. 제연구획의 설치기준(3점)

☞ 19회 과년도 출제 문제 풀이 참조

★★★★★

09 다음 물음에 답하시오. [20회 12점]

1. 특별피난계단의 계단실 및 부속실 제연설비의 화재안전기준(NFSC 501A)상 방연풍속측정방법, 측정결과 부적합 시 조치방법을 각각 쓰시오.(4점)
2. 특별피난계단의 계단실 및 부속실 제연설비의 성능시험조사표에서 송풍기 풍량측정의 일반사항 중 측정점에 대하여 쓰고, 풍속, 풍량 계산식을 각각 쓰시오.(8점)

※ 출제 당시 법령에 의함.
☞ 과년도 출제 문제 풀이 참조

★★★★★

10 특별피난계단의 부속실(전실) 제연설비에 대하여 다음 물음에 답하시오. [21회 5점]

1. 전층이 닫힌 상태에서 차압이 과다한 원인 3가지를 쓰시오.(2점)
2. 방연풍속이 부족한 원인 3가지를 쓰시오.(3점)

☞ 과년도 출제 문제 풀이 참조

★★★★★

11 특별피난계단의 계단실 및 부속실 제연설비의 화재안전성능기준(NFPC 501A)상 제연설비의 시험기준 5가지를 쓰시오. [23회 5점]

☞ 과년도 출제 문제 풀이 참조

제8절
유도등의 점검

출제 경향 분석

번 호	기출 문제	출제 시기 및 배점
1	2. 유도등의 3선식 배선과 2선식 배선을 간략하게 설명하고 점멸기를 설치할 경우, 점등되어야 할 때를 기술하시오.	1회 10점
2	2. 유도등에 대한 다음 물음에 대하여 기술하시오. (1) 유도등의 평상시 점등상태(6점) (2) 예비전원감시등이 점등되었을 경우의 원인(12점) (3) 3선식 유도등이 점등되어야 하는 경우의 원인(12점)	8회 30점
3	1. 국가화재안전기준에 의거하여 다음 물음에 답하시오.(40점) (2) 광원점등방식 피난유도선의 설치기준 6가지를 쓰시오.(12점) (4) 피난구유도등의 설치제외 조건 4가지를 쓰시오.(8점)	12회 20점
4	1. 복도통로유도등과 계단통로유도등의 설치목적과 각 조도기준을 쓰시오.	16회 8점
5	1. 유도등 및 유도표지의 화재안전기준(NFSC 303)에서 공연장 등 어두워야 할 필요가 있는 장소에 3선식 배선으로 상시 충전되는 유도등의 전기회로에 점멸기를 설치하는 경우, 점등되어야 하는 때에 해당하는 것 5가지를 쓰시오.(5점) ※ 출제 당시 법령에 의함.	21회 5점
6	2. 유도등 및 유도표지의 화재안전성능기준(NFPC 303)상 유도등 및 유도표지를 설치하지 않을 수 있는 경우 4가지(4점)	23회 4점

	학습 방향
1	유도등 : 2선식, 3선식 배선방식의 비교설명, 3선식 점등조건, 예비전원감시등 점등 시 원인
2	비상조명등, 휴대용 비상조명등 : 화재안전기준 및 점검항목
3	피난유도선에 대한 용어의 정의와 설치기준
☞	주기적으로 출제되는 부분으로서 유도등의 점검관련사항, 비상조명등 및 휴대용 비상조명등 등의 화재안전기준을 철저히 학습 요함.

유도등의 점검

1 유도등의 종류별 일반사항

구 분	피난구유도등	통로유도등	객석유도등
외형	 	 	 
표시면 색상	녹색바탕 백색문자	백색바탕 녹색문자	백색바탕 녹색문자
설치목적	피난구 위치표시	피난구까지의 경로 위치표시	객석 내에서 피난구까지의 경로 위치표시
설치장소	1. 옥내로부터 직접 지상으로 통하는 출입구 및 그 부속실의 출입구 2. 직통계단 · 직통계단의 계단실 및 그 부속실의 출입구 3. 제1호 및 제2호의 규정에 따른 출입구에 이르는 복도 또는 통로로 통하는 출입구 4. 안전구획된 거실로 통하는 출입구	소방대상물의 각 거실과 그로부터 지상에 이르는 복도 또는 계단의 통로	공연장, 집회장, 관람장, 운동시설 등의 객석의 통로, 바닥 또는 벽

구 분	피난구유도등	통로유도등		객석유도등
설치위치	피난구의 바닥으로부터 1.5m 이상	복도	바닥으로부터 1m 이하(지하·무창층의 시장, 지하역사·상가는 복도·통로 중앙바닥에 설치)	객석의 통로, 바닥, 벽
		거실	바닥으로부터 1.5m 이상(기둥 있는 경우: 1.5m 이하)	
		계단	바닥으로부터 1m 이하	
설치수량	각 출입구마다	복도	구부러진 모퉁이 및 보행거리 20m마다	$\frac{\text{통로의 직선길이(m)}}{4}-1$ ※ 소수점 이하의 수는 1로 본다.
		거실	구부러진 모퉁이 및 보행거리 20m마다	
		계단	각 층의 경사로참 또는 계단참마다	
조도	<2008. 12. 26. 삭제>	1. 벽체 매설 : 수평하방 0.5m 이격 1lx 이상 2. 바닥 매설 : 직상부 1m 위치 1lx 이상		통로바닥 중심선 0.5m 높이에서 측정 ⇒ 조도 0.2lx 이상

2 배선의 종류에 따른 구분

구 분	2선식	3선식
개요	1. 유도등에 2선이 입선되는 방식 2. 광원과 예비전원에 동시에 전원이 공급된다. ⇒ 평상시 및 화재 시에 유도등은 점등되어 있으며 전원이 차단되어도 예비전원으로 자동절환되어 20분(또는 60분) 이상 점등이 지속된 후 꺼진다. ※ **점멸스위치 부착금지** : 소등하게 되면 예비전원에 자동충전이 되지 않아 유도등으로서의 기능이 상실된다.	1. 유도등에 3선이 입선되는 방식 2. 평상시에는 예비전원에 전원이 공급되어 예비전원은 상시 충전을 하며, 광원에는 전원이 공급되지 않아 유도등은 소등상태에 있다. 3. 화재 시, 점검 시, 정전 또는 단선 시에는 광원에 전원이 공급되어 점등된다. ⇒ 상용전원에 의하여 점등 도중 전원이 차단되어도 예비전원으로 자동절환되어 20분(또는 60분) 이상 점등이 지속된 후 꺼진다.

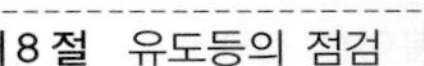

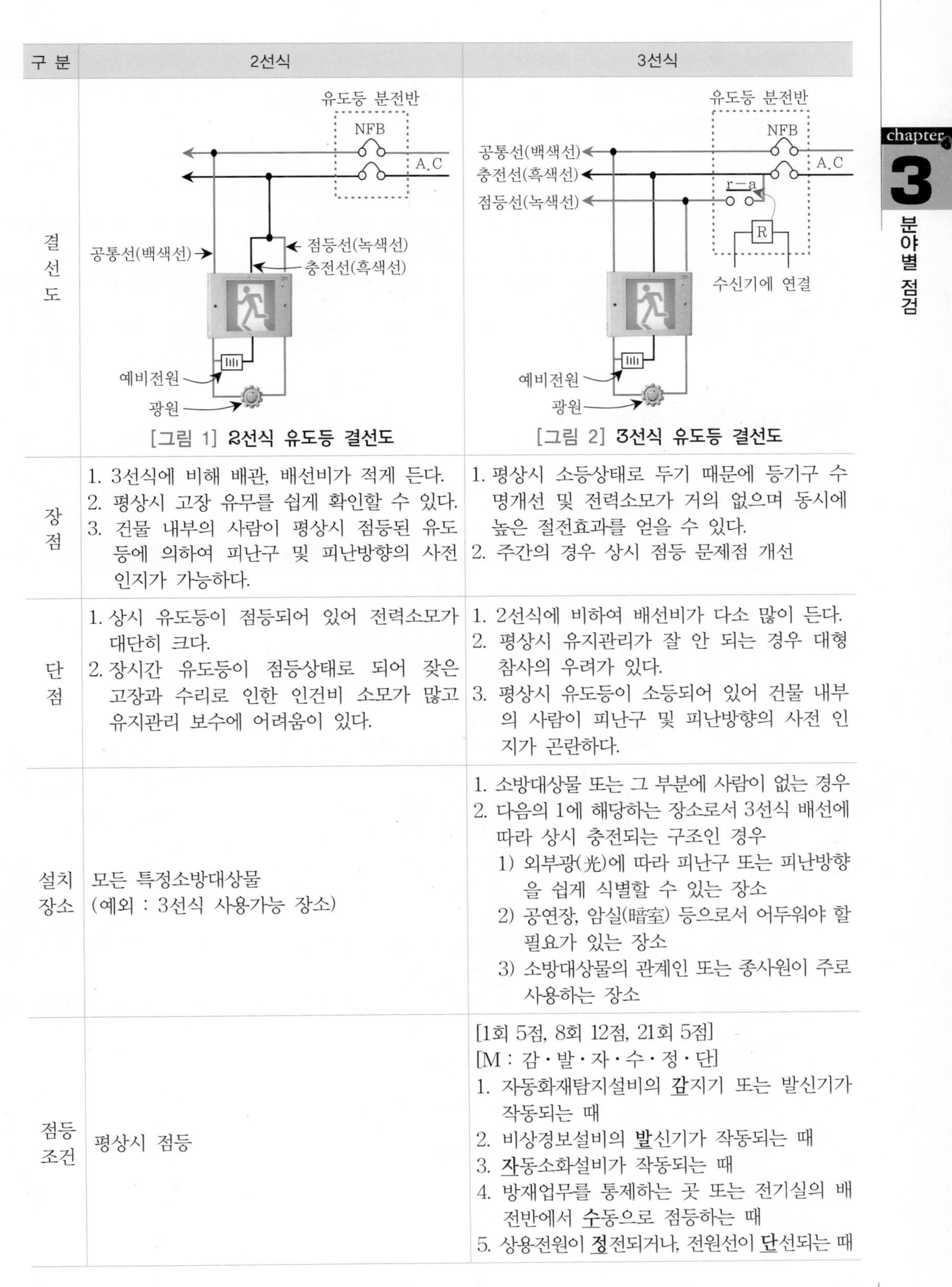

구 분	2선식	3선식
결선도	[그림 1] 2선식 유도등 결선도	[그림 2] 3선식 유도등 결선도
장점	1. 3선식에 비해 배관, 배선비가 적게 든다. 2. 평상시 고장 유무를 쉽게 확인할 수 있다. 3. 건물 내부의 사람이 평상시 점등된 유도등에 의하여 피난구 및 피난방향의 사전 인지가 가능하다.	1. 평상시 소등상태로 두기 때문에 등기구 수명개선 및 전력소모가 거의 없으며 동시에 높은 절전효과를 얻을 수 있다. 2. 주간의 경우 상시 점등 문제점 개선
단점	1. 상시 유도등이 점등되어 있어 전력소모가 대단히 크다. 2. 장시간 유도등이 점등상태로 되어 잦은 고장과 수리로 인한 인건비 소모가 많고 유지관리 보수에 어려움이 있다.	1. 2선식에 비하여 배선비가 다소 많이 든다. 2. 평상시 유지관리가 잘 안 되는 경우 대형 참사의 우려가 있다. 3. 평상시 유도등이 소등되어 있어 건물 내부의 사람이 피난구 및 피난방향의 사전 인지가 곤란하다.
설치장소	모든 특정소방대상물 (예외 : 3선식 사용가능 장소)	1. 소방대상물 또는 그 부분에 사람이 없는 경우 2. 다음의 1에 해당하는 장소로서 3선식 배선에 따라 상시 충전되는 구조인 경우 1) 외부광(光)에 따라 피난구 또는 피난방향을 쉽게 식별할 수 있는 장소 2) 공연장, 암실(暗室) 등으로서 어두워야 할 필요가 있는 장소 3) 소방대상물의 관계인 또는 종사원이 주로 사용하는 장소
점등조건	평상시 점등	[1회 5점, 8회 12점, 21회 5점] [M : 감·발·자·수·정·단] 1. 자동화재탐지설비의 **감**지기 또는 발신기가 작동되는 때 2. 비상경보설비의 **발**신기가 작동되는 때 3. **자**동소화설비가 작동되는 때 4. 방재업무를 통제하는 곳 또는 전기실의 배전반에서 **수**동으로 점등하는 때 5. 상용전원이 **정**전되거나, 전원선이 **단**선되는 때

구 분	2선식	3선식
상용 전원	1. 유도등의 전원 : 축전지 또는 교류전압의 옥내간선 2. 전원까지의 배선 : 전용	
예비 전원	1. 종류 : 축전지 2. 용량 : 유도등을 20분 이상 유효하게 작동시킬 수 있는 용량 단, 다음의 장소는 60분 용량의 유도등 설치(그 부분에서 피난층에 이르는 부분까지) 1) 지하층을 제외한 층수가 11층 이상의 층 2) 지하층 또는 무창층으로서 용도가 도매시장·소매시장·여객자동차터미널·지하역사 또는 지하상가	

3 유도등의 점검

1. 유도등의 작동기능 점검항목

점검항목		점검내용
설치위치		• 피난구의 윗부분, 지상으로 통하는 출입구 및 그 부속실 등에 설치되어 있는지의 여부 • 장애가 되는 등화·광고 게시물이 없는지의 여부
전원	3선식	다음의 경우 점등 확인 • 자동화재탐지설비의 감지기, 발신기 작동 시 • 비상경보설비 발신기 작동 시 • 상용전원 정전 시 또는 전원선 단선 시 • 방재실 또는 전기실에서 수동으로 점등 시 • 자동소화설비 작동 시
	2선식	항상 점등상태 여부
전구		정상적인 점등 여부, 오손·노화 등의 유무
점검스위치		절환기능의 정상 여부, 변형·손상·탈락·단자의 풀림이 없는가 여부
퓨즈류		적정의 종류 및 용량의 사용 여부
결선접속		단선·단자의 풀림·탈락·손상 등의 유무
예비전원		LED 램프 점등 여부 확인

외형

2선식 : 점등 여부
3선식 : 자/수/정 점등

전구(광원)

예비전원감시등/점검스위치

[그림 1] 유도등 점검착안사항

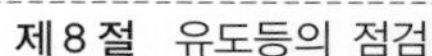

2. 예비전원의 점검

1) 예비전원감시등 점등 여부 확인
   (1) 예비전원감시등 소등 시 : 정상
   (2) 예비전원감시등 점등 시 : 예비전원 이상

2) 예비전원 점검스위치를 조작하여 자동절환 및 점등 여부 확인
   점검스위치를 당기거나 눌러 상용전원에서 예비전원으로 자동절환 여부와 예비전원에 의하여 자동점등 여부를 확인

[그림 2] **점검스위치를 당기는 모습**

[그림 3] **점검스위치를 누르는 모습**

3. 예비전원감시등 점등 시 원인 [8회 12점]

1) 예비전원 불량
2) 예비전원 충전부 불량
3) 예비전원 연결 커넥터(소켓) 접속불량
4) 예비전원 완전방전
5) 예비전원이 아직 완충전이 안 된 상태(충전불량)
6) 예비전원의 분리(누락)
7) 퓨즈단선
8) 유도등 연결 상용전원의 장시간 정전으로 인한 방전

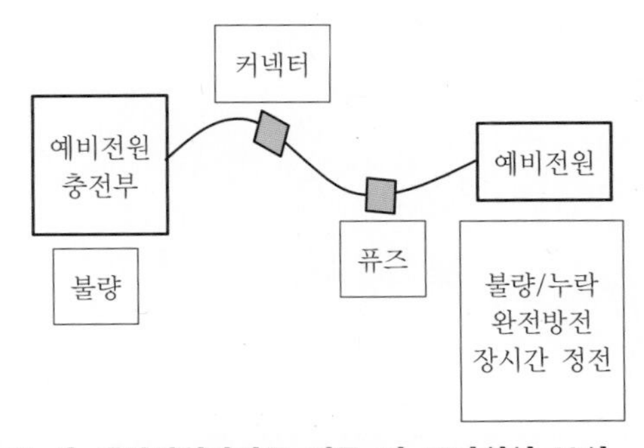

[그림 4] **예비전원감시등 점등 시 고장원인 부위**

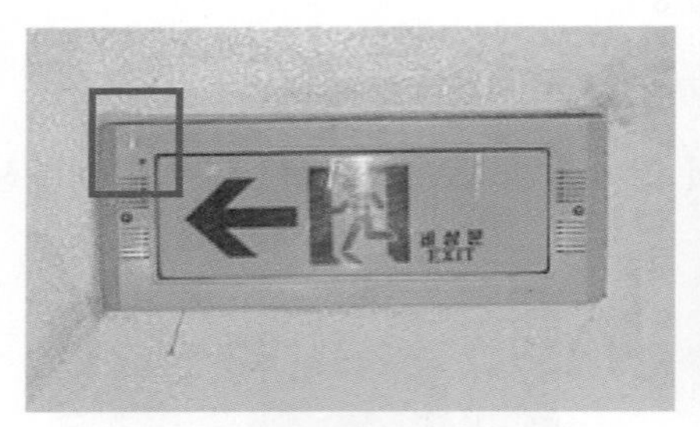

[그림 5] 예비전원감시등 점등 예

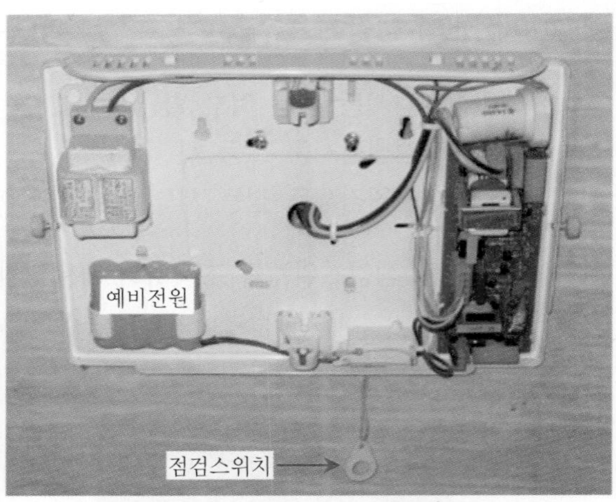

[그림 6] 유도등 커버 분리 후 모습

기출 및 예상 문제

★★★★

01 유도등의 3선식 배선과 2선식 배선을 간략하게 설명하고 점멸기를 설치할 경우, 점등되어야 할 때를 기술하시오. [1회 10점]

1. 유도등의 3선식 배선과 2선식 배선

구 분	2선식	3선식
개요	1) 유도등에 2선이 입선되는 방식 2) 광원과 예비전원에 동시에 전원이 공급된다. ⇒ 평상시 및 화재 시에 유도등은 점등되어 있으며 전원이 차단되어도 예비전원으로 자동절환되어 20분(또는 60분) 이상 점등이 지속된 후 꺼진다. ※ **점멸스위치 부착금지** : 소등하게 되면 예비전원에 자동충전이 되지 않아 유도등으로서의 기능이 상실된다.	1) 유도등에 3선이 입선되는 방식 2) 평상시에는 예비전원에 전원이 공급되어 예비전원은 상시 충전을 하며, 광원에는 전원이 공급되지 않아 유도등은 소등상태에 있다. 3) 화재 시, 점검 시, 정전 또는 단선 시에는 광원에 전원이 공급되어 점등된다. ⇒ 상용전원에 의하여 점등 도중 전원이 차단되어도 예비전원으로 자동절환되어 20분(또는 60분) 이상 점등이 지속된 후 꺼진다.
결선도	유도등 분전반 / NFB / A.C / 공통선(백색선) / 점등선(녹색선) / 충전선(흑색선) / 예비전원 / 광원 **[2선식 유도등 결선도]**	유도등 분전반 / NFB / A.C / 공통선(백색선) / 충전선(흑색선) / 점등선(녹색선) / r−a / R / 수신기에 연결 / 예비전원 / 광원 **[3선식 유도등 결선도]**
장점	1) 3선식에 비해 배관, 배선비가 적게 든다. 2) 평상시 고장 유무를 쉽게 확인할 수 있다. 3) 건물 내부의 사람이 평상시 점등된 유도등에 의하여 피난구 및 피난방향의 사전 인지가 가능하다.	1) 평상시 소등상태로 두기 때문에 등기구 수명개선 및 전력소모가 거의 없으며 동시에 높은 절전효과를 얻을 수 있다. 2) 주간의 경우 상시 점등 문제점 개선
단점	1) 상시 유도등이 점등되어 있어 전력소모가 대단히 크다. 2) 장시간 유도등이 점등상태로 되어 잦은 고장과 수리로 인한 인건비 소모가 많고 유지관리 보수에 어려움이 있다.	1) 2선식에 비하여 배선비가 다소 많이 든다. 2) 평상시 유지관리가 잘 안 되는 경우 대형참사의 우려가 있다. 3) 평상시 유도등이 소등되어 있어 건물 내부의 사람이 피난구 및 피난방향의 사전 인지가 곤란하다.

구 분	2선식	3선식
설치장소	모든 특정소방대상물 (예외 : 3선식 사용가능 장소)	1) 소방대상물 또는 그 부분에 사람이 없는 경우 2) 다음의 1에 해당하는 장소로서 3선식 배선에 따라 상시 충전되는 구조인 경우 (1) 외부광(光)에 따라 피난구 또는 피난 방향을 쉽게 식별할 수 있는 장소 (2) 공연장, 암실(暗室) 등으로서 어두워야 할 필요가 있는 장소 (3) 소방대상물의 관계인 또는 종사원이 주로 사용하는 장소

2. 3선식 배선의 경우 유도등 점등조건 [1회 5점, 8회 12점, 21회 5점] [M : 감 · 발 · 자 · 수 · 정 · 단]

1) 자동화재탐지설비의 **감**지기 또는 발신기가 작동되는 때 2) 비상경보설비의 **발**신기가 작동되는 때 3) **자**동소화설비가 작동되는 때	화재 시 점등
4) 방재업무를 통제하는 곳 또는 전기실의 배전반에서 **수**동으로 점등하는 때	수동으로 점등
5) 상용전원이 **정**전되거나, 전원선이 **단**선되는 때	정전/단전 시 점등

★★★★

02 유도등의 예비전원감시등이 점등되었을 경우의 원인을 쓰시오. [8회 12점]

1. 예비전원 불량
2. 예비전원 충전부 불량
3. 예비전원 연결 커넥터(소켓) 접속불량
4. 예비전원 완전방전
5. 예비전원이 아직 완충전이 안 된 상태 (충전불량)
6. 예비전원의 분리(누락)
7. 퓨즈 단선
8. 유도등 연결 상용전원의 장시간 정전으로 인한 방전

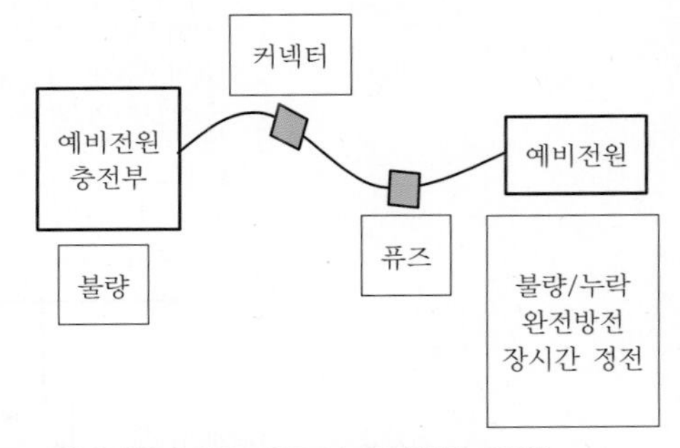

[예비전원감시등 점등 시 고장원인 부위]

★★★★

03 복도통로유도등과 계단통로유도등의 설치목적과 각 조도기준을 쓰시오. [16회 8점]

☞ 유도등의 형식승인 및 제품검사의 기술기준 제23조

1. 복도통로유도등
   1) 설치목적 : 피난통로가 되는 복도에 설치하는 통로유도등으로서 피난구의 방향을 명시하는 것
   2) 조도기준 : 비상전원의 성능에 따라 유효점등시간 동안 등을 켠 후 주위조도가 0lx인 상태에서, 바닥면으로부터 1m 높이에 설치하고 그 유도등의 중앙으로부터 0.5m 떨어진 위치의 바닥면 조도와 유도등의 전면 중앙으로부터 0.5m 떨어진 위치의 조도가 1lx 이상이어야 한다. 다만, 바닥면에 설치하는 통로유도등은 그 유도등의 바로 윗부분 1m의 높이에서 법선조도가 1lx 이상이어야 한다.
2. 계단통로유도등
   1) 설치목적 : 피난통로가 되는 계단이나 경사로에 설치하는 통로유도등으로 바닥면 및 디딤 바닥면을 비추는 것
   2) 조도기준 : 비상전원의 성능에 따라 유효점등시간 동안 등을 켠 후 주위조도가 0lx인 상태에서, 바닥면 또는 디딤바닥면으로부터 높이 2.5m의 위치에 그 유도등을 설치하고 그 유도등의 바로 밑으로부터 수평거리로 10m 떨어진 위치에서의 법선조도가 0.5lx 이상이어야 한다.

출제 경향 분석

번 호	기출 문제	출제 시기 및 배점
1	방화셔터를 설치한 후 외관점검과 기능점검을 하고자 한다. 그 방법을 설명하시오.	85회 기술사 10점
2	다음은 방화구획선상에 설치되는 자동방화셔터에 관한 내용이다. 각 물음에 답하시오. 1) 자동방화셔터의 정의를 쓰시오.(5점) 2) 다음 문장의 ①~⑥ 빈칸에 알맞은 용어를 쓰시오.(18점) • 자동방화셔터는 화재발생 시 (①)에 의한 일부폐쇄와 (②)에 의한 완전폐쇄가 이루어질 수 있는 구조를 가진 것이어야 한다. • 자동방화셔터에 사용되는 열감지기는 화재예방, 소방시설 설치·유지 및 안전관리에 관한 법률 제36조에서 정한 형식승인에 합격한 (③) 또는 (④)의 것으로서 특종의 공칭작동온도가 각각 (⑤)~(⑥)℃인 것으로 하여야 한다. 3) 일체형 자동방화셔터의 출입구 설치기준을 쓰시오.(9점) 4) 자동방화셔터의 작동기능점검을 하고자 한다. 셔터 작동 시 확인사항 4가지를 쓰시오.(8점)	11회 40점

학습 방향	
1	자동방화셔터의 구성
2	일체형 자동방화셔터의 정의, 설치요건 및 기준 <삭제된 기준임>
3	자동방화셔터, 방화문, 방화댐퍼, 하향식 피난구 성능기준
4	자동방화셔터의 외관점검 및 기능점검방법
☞	점검현장에서 자주 접하는 설비이고 방화문 및 자동방화셔터의 인정 및 관리기준이 폐지되고 건축자재등 품질인정 및 관리기준이 제정됨에 따라 점검방법 및 제정 고시된 주요 내용 숙지 필요함.

제9절 자동방화셔터의 점검

1 개요

건축자재등 품질인정 및 관리기준 [국토교통부고시 제2023-24호 (2023. 1. 9, 일부개정)]

1. 자동방화셔터의 용어정의 [11회 5점]

"자동방화셔터"란 내화구조로 된 벽을 설치하지 못하는 경우 화재 시 연기 및 열을 감지하여 자동 폐쇄되는 셔터로서 건축자재 등 품질인정기관이 이 기준에 적합하다고 인정한 제품을 말한다.

2. 자동방화셔터의 적용범위 [관리사 8회 30점]

층별, 면적별, 용도별 방화구획 대상건물에 방화구획선상에 설치

3. 자동방화셔터 설치 요건

☞ 건축물의 피난·방화구조 등의 기준에 관한 규칙 제14조 제1항 제4호

1) 피난이 가능한 60분+방화문 또는 60분 방화문으로부터 3m 이내에 별도로 설치할 것
2) 전동방식이나 수동방식으로 개폐할 수 있을 것
3) 불꽃감지기 또는 연기감지기 중 하나와 열감지기를 설치할 것
4) 불꽃이나 연기를 감지한 경우 일부 폐쇄되는 구조일 것
5) 열을 감지한 경우 완전 폐쇄되는 구조일 것

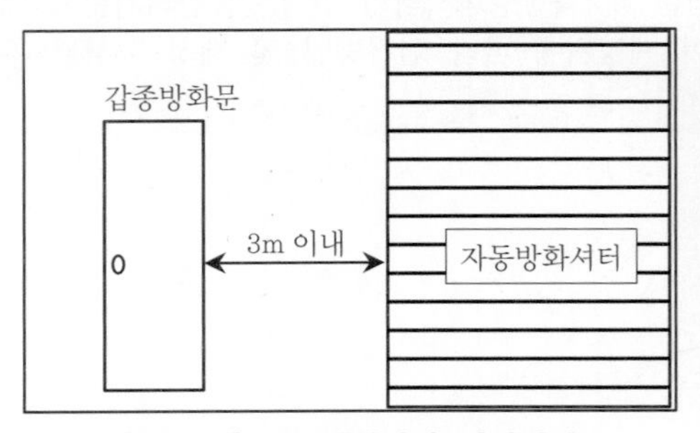

[그림 1] 자동방화셔터 설치위치

[그림 2] 자동방화셔터 설치된 모습

2 자동방화셔터의 구성

자동방화셔터는 방화구획선상에 설치하여 평상시에는 셔터를 올려 놓고 있다가 화재 시 자동으로 하강시켜 방화구획을 하는 설비이다. 원리는 일반셔터에 화재 시 셔터를 하강시키기 위해 전자브레이크를 해제시켜 주기 위한 폐쇄기가 추가로 설치된 것이며, 이는 화재 시 자동으로 방화셔터를 자중에 의해 폐쇄를 시켜주는 역할을 한다.

1. 자동방화셔터와 일반셔터의 차이점

구 분	자동방화셔터	일반셔터
설치위치	방화구획선상의 개구부	필요한 임의 장소
연동제어기	유(有)	무(無)
화재 시 동작	동작(자동폐쇄)	미동작
폐쇄기	설치	미설치

2. 자동방화셔터의 구분

구 분	1단 강하 자동방화셔터	2단 강하 자동방화셔터
구성도	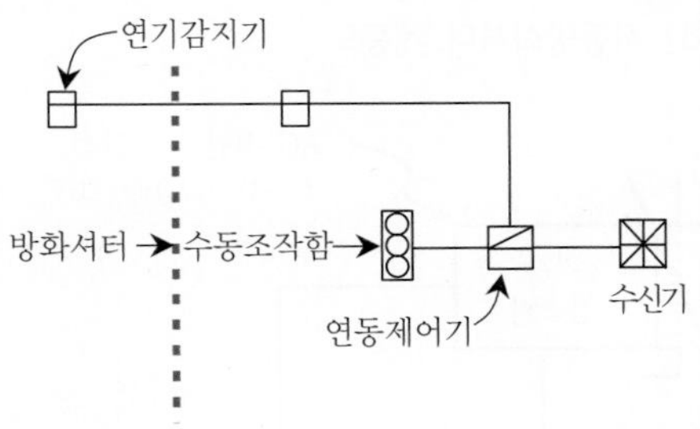 연기감지기 / 방화셔터 / 수동조작함 / 연동제어기 / 수신기 [그림 1] 1단 강하 자동방화셔터 구성도	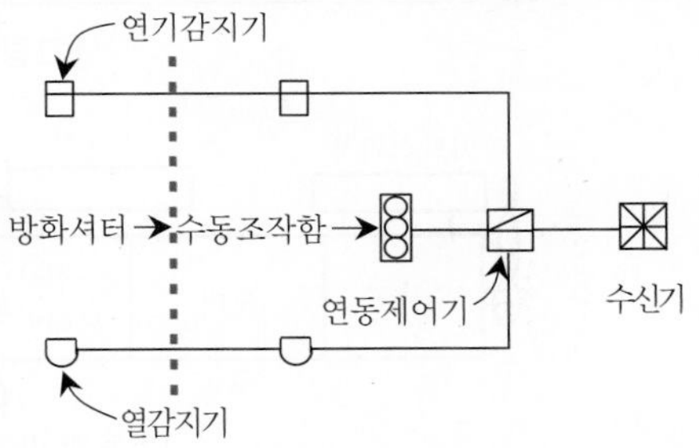 연기감지기 / 방화셔터 / 수동조작함 / 연동제어기 / 수신기 / 열감지기 [그림 2] 2단 강하 자동방화셔터 구성도
셔터 폐쇄	화재감지기 동작 ⇒ 셔터 완전폐쇄	1) 연기감지기 동작 : 1단 강하 ⇒ 바닥으로부터 약 1.8m까지 하강 ⇒ 셔터가 약간 폐쇄되어 연기의 흐름을 차단하고 사람은 안전하게 피난 2) 열감지기 동작 : 2단 강하 ⇒ 바닥까지 완전폐쇄
적용시점	2005. 7. 26 이전	2005. 7. 27 이후

3. 자동방화셔터의 구성요소별 기능설명

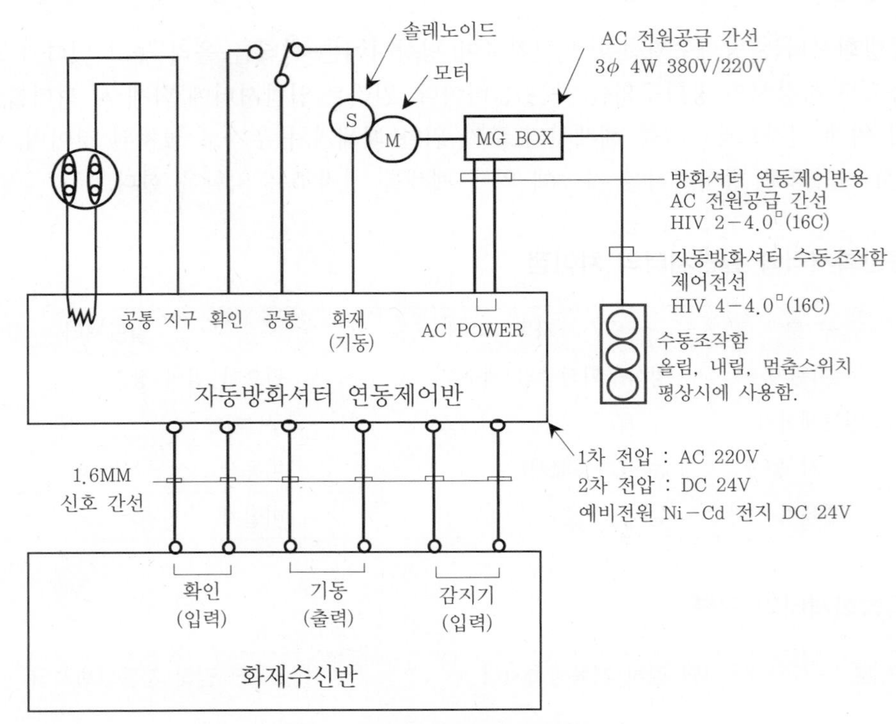

[그림 3] 자동방화셔터 계통도

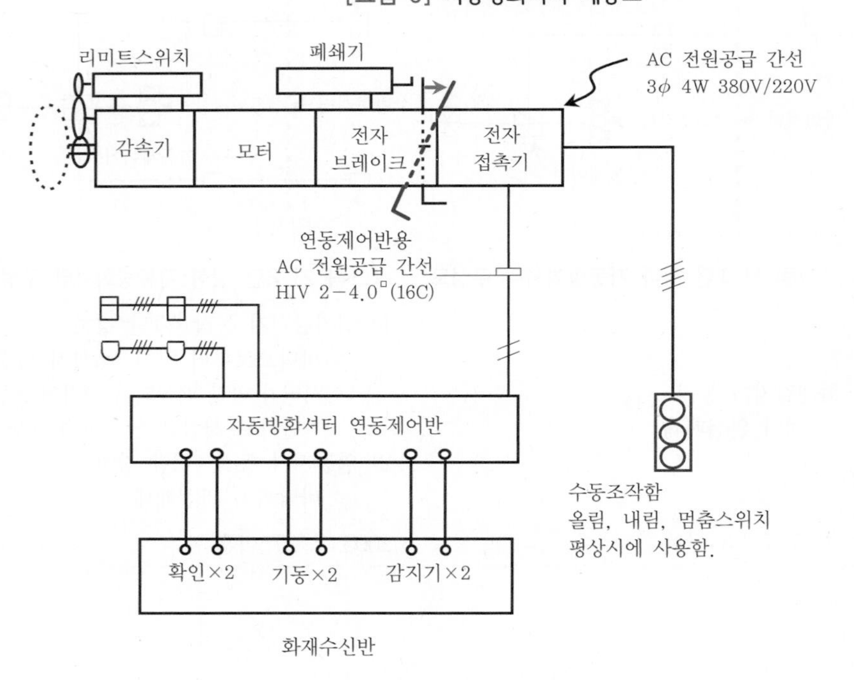

[그림 4] 자동방화셔터 구성도

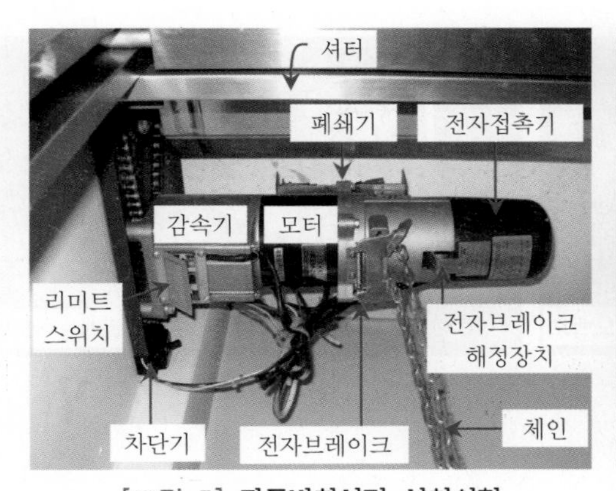

[그림 5] **자동방화셔터 설치외형**

[그림 6] **폐쇄기 설치외형(동작모습)**

1) 폐쇄기

(1) 화재 시 : 폐쇄기 동작용 솔레노이드(小) 작동으로, 전자브레이크를 해제
⇒ 셔터가 자중에 의하여 폐쇄

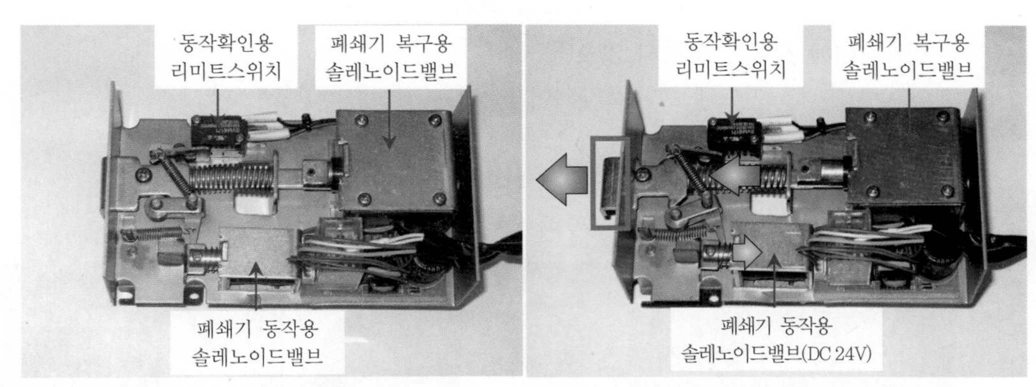

[그림 7] **폐쇄기 동작 전**

[그림 8] **폐쇄기 동작 후**

(2) 복구 시

가. 수신반 복구(DC 24V)
⇒ 폐쇄기 내 폐쇄기 동작용 솔레노이드밸브(小) 복구

나. 연동제어반 복구(AC 220V)
⇒ 폐쇄기 내 폐쇄기 복구용 솔레노이드밸브(大) 복구

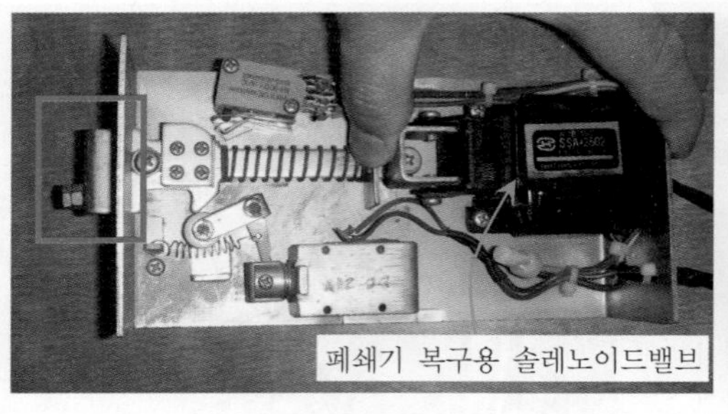

[그림 9] **폐쇄기 복구 전**

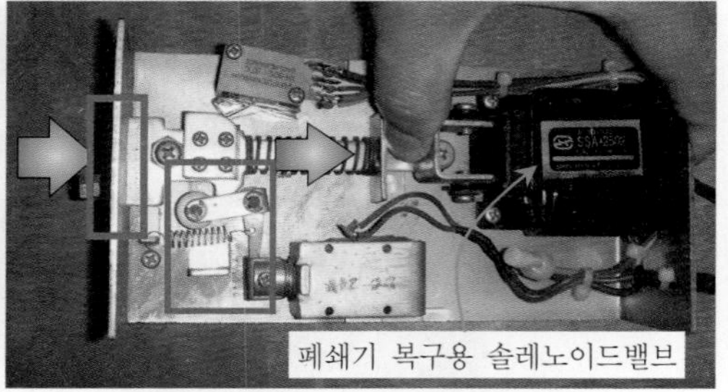

[그림 10] **폐쇄기 복구 후**

2) 전자브레이크

☞ 자동차의 사이드 브레이크와 같은 개념

(1) 모터에 전류가 흐르면

⇒ 솔레노이드 동작으로

⇒ 전자브레이크가 해제되어

⇒ 셔터가 동작이 될 수 있도록 해준다.

(2) 모터에 전류가 흐르지 않으면

⇒ 솔레노이드밸브가 소자되어

⇒ 전자브레이크가 작동됨으로써

⇒ 셔터가 움직이지 않도록 모터의 축을 잡아준다.

참고 평상시 전자브레이크 수동해제 레버를 당겨 셔터를 폐쇄시킬 수도 있다.

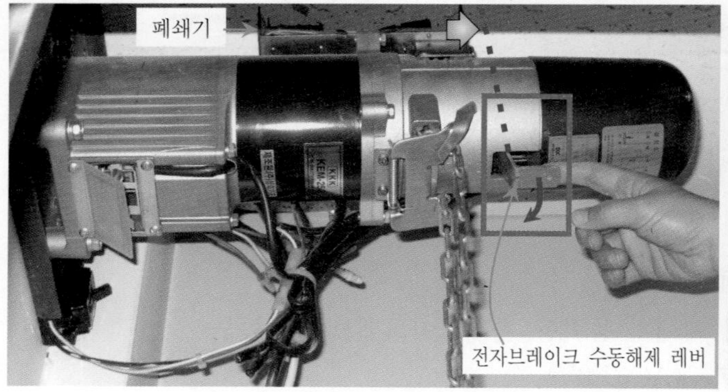

[그림 11] **전자브레이크 수동해제 레버**

3) 감속기

감속기는 작은 모터의 힘으로 큰 중량의 셔터를 올리고 내릴 수 있도록 하는 기능이 있으며 모터 옆에 설치된다.(감속기가 있어 모터의 용량이 작아도 큰 힘을 낼 수 있음.)

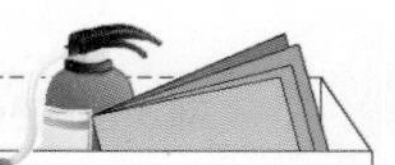

4) 체인

평상시 또는 방화셔터 모터에 이상이 있을 때 체인을 이용하여 셔터를 올리고 내리는 데 사용한다.

[그림 12] **방화셔터 설치외형**

[그림 13] **체인을 이용한 셔터 조작모습**

5) 수동조작함

평상시 방화셔터를 수동으로 올리거나 내리거나 정지시킬 때 사용하며, 점검 전에는 수동조작함의 스위치를 조작하여 셔터가 정상적으로 동작되는지 확인 후에 점검에 임한다.

(1) Up 스위치 : 셔터를 올리고자 할 때 Up 스위치를 누르면 셔터는 상승되며, 상리미트스위치에 의하여 설정된 위치에서 자동으로 정지된다.

(2) 정지스위치 : 셔터 동작 중에 정지스위치를 누르면 누르는 위치에서 셔터는 정지된다.

(3) Down 스위치 : 셔터를 내리고자 할 때 Down 스위치를 누르면 셔터는 하강되며, 하리미트스위치에 의하여 설정된 위치에서 자동으로 정지된다.

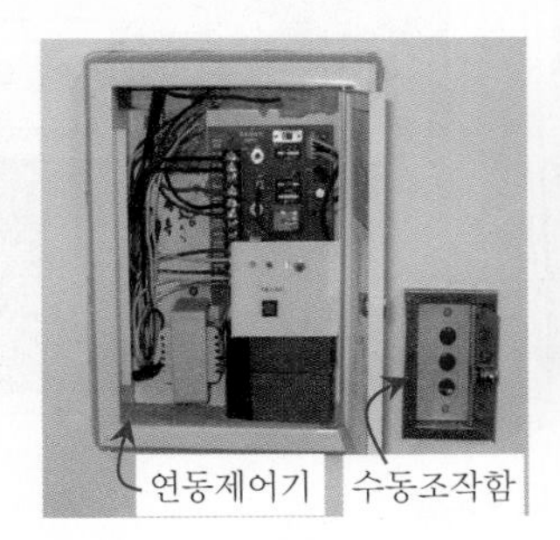

[그림 14] **연동제어기 및 수동조작함**

(a) 상승

(b) 정지

(c) 하강

[그림 15] **수동조작함 조작모습**

6) 리미트스위치

평상시 수동조작에 의해 셔터를 올리고 내릴 때 상승부와 하강부의 원하는 위치에서 자동으로 정지시킬 수 있도록 하기 위해서 설치하며, 셔터의 이동으로 상·하 셋팅지점에서 접점신호를 송출한다.

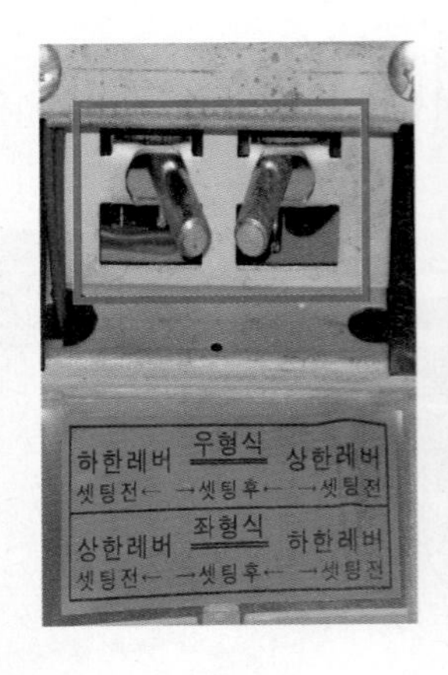

[그림 16] **리미트스위치 외형**

7) 연동제어기

화재감지기의 신호를 수신하여 화재수신기에 송출하고 수신기에서의 신호를 받아 방화셔터를 폐쇄하고 음향경보를 발하며 셔터의 폐쇄 시 확인신호를 수신기에 송출하는 역할을 수행하며 방화셔터 직근에 설치된다.

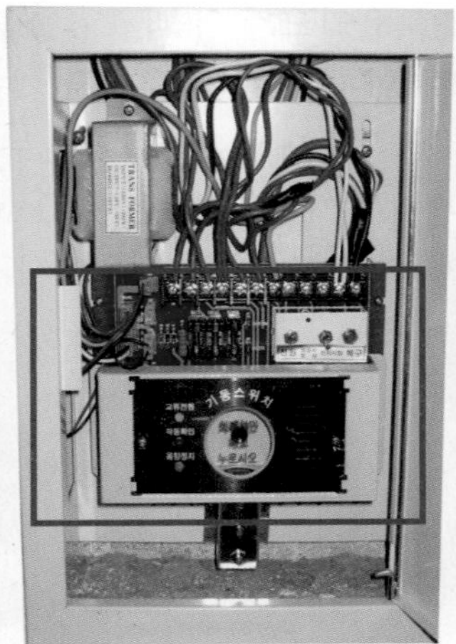

[그림 17] **연동제어기 외형 및 내부모습**

(1) **전원스위치** : 연동제어기 전원 ON · OFF 스위치

(2) **복구스위치** : 시험 후 폐쇄기를 복구하기 위한 스위치(복구스위치를 누르면 폐쇄기 복구용 솔레노이드밸브에 AC 200V가 인가되어 폐쇄기가 복구됨.)

(3) **기동스위치** : 화재 시 기동스위치를 누르면 감지기가 동작된 것과 마찬가지로 셔터가 동작함.

(4) **예비전원시험 스위치** : 예비전원시험을 위한 스위치

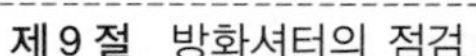

(5) **교류전원등** : 교류전원이 인가되고 있음을 나타내는 표시등
(6) **작동확인등** : 셔터가 작동 시 점등되는 표시등
(7) **음향장치등** : 셔터의 작동으로 음향장치(부저)가 작동 시 점등되는 표시등

4. 자동 · 수동 폐쇄기능을 갖춘 장치로 구성

1) 수동 폐쇄기능
전동 또는 수동에 의해서 셔터를 개폐할 수 있는 장치(수동조작함 또는 체인)

2) 자동 폐쇄기능
연기감지기 · 열감지기 등을 갖추고, 화재발생 시 연기 및 열에 의하여 자동폐쇄할 수 있는 장치(감지기에 의한 자동폐쇄)

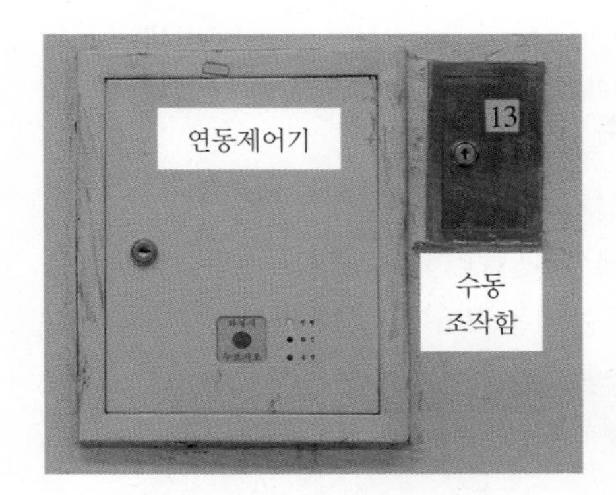

[그림 18] **연동제어기와 수동조작함**

[그림 19] **수동조작함**

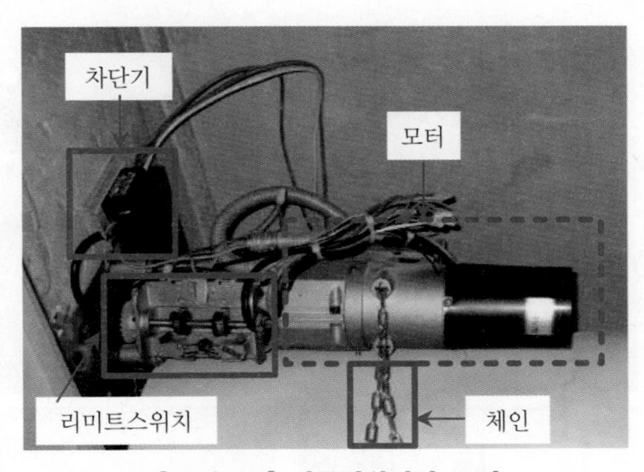

[그림 20] **자동방화셔터 모터**

5. 자동방화셔터의 상부 마감 처리

1) 자동방화셔터의 상부는 상층 바닥에 직접 닿도록 하여야 하며,
2) 그렇지 않은 경우 방화구획 처리를 하여 연기와 화염의 이동통로가 되지 않도록 하여야 한다.

3 일체형 자동방화셔터

자동방화셔터, 방화문 및 방화댐퍼의 기준 [국토교통부 고시 제2020-44호 일부 개정(2020년 1월 30일)으로 일체형 방화셔터 기준 삭제됨.(공포 후 2년 후 시행)]

1. 일체형 자동방화셔터의 용어정의

일체형 자동방화셔터(일체형 셔터)란 방화셔터의 일부에 피난을 위한 출입구가 설치된 셔터를 말한다.

2. 설치요건

시장 · 군수 · 구청장이 정하는 기준에 따라 별도의 방화문을 설치할 수 없는 부득이한 경우에 한하여 설치

3. 일체형 자동방화셔터의 출입구 설치기준 [11회 10점]

1) 비상구유도등 또는 비상구유도표지 설치
2) 출입구 부분은 셔터의 다른 부분과 색상을 달리하여 쉽게 구분할 수 있을 것
3) 출입구의 유효너비는 0.9m 이상, 유효높이는 2m 이상일 것

[그림 1] 일체형 자동방화셔터 설치된 외형 및 출입구 개방모습

4 자동방화셔터의 작동점검

1. 준비

1) 사다리 및 손전등 준비(자동방화셔터의 점검 시 생길 수 있는 상황에 대비하기 위함.)
2) 자동방화셔터 하강 부분에 물건 방치 여부 확인
3) 수신기의 자동방화셔터 연동스위치를 "정지" 위치로 전환
4) 수동조작함의 Up · 정지 · Down 스위치를 조작하여 셔터가 정상적으로 동작되는지 확인
5) 한 장소에 여러 개의 자동방화셔터가 설치된 경우 동시 작동되는지 확인

[그림 1] 점검 전 사다리 준비

[그림 2] 연동정지위치로 전환

2. 작동(연동시험)

☞ 자동방화셔터 작동시험방법은 4가지 방법이 있으나 여기서는 "1)번"을 선택하여 시험한다.

1) 해당 자동방화셔터 전 · 후에 설치된 감지기 작동
2) 연동제어기의 수동조작스위치 작동
3) 수신기의 자동방화셔터 수동기동스위치 작동
4) 수신기에서 동작시험스위치 및 회로선택스위치로 작동

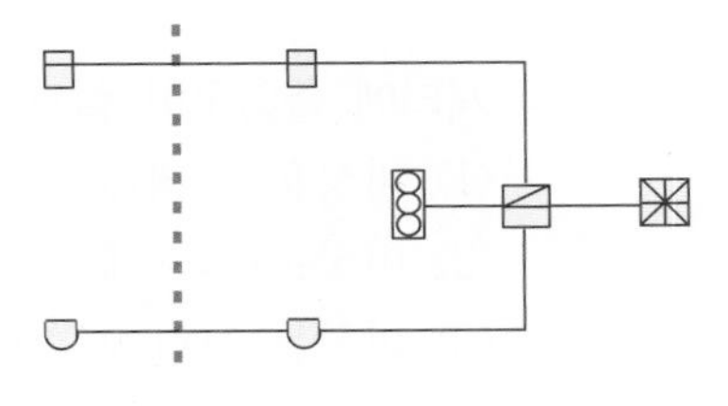

1단 강하 자동방화셔터	2단 강하 자동방화셔터
(1) 셔터의 전·후에 설치된 화재감지기를 동작시킨다. (2) 수신기에서 해당 화재감지기 동작을 확인한다. (3) 수신기에서 자동방화셔터의 연동스위치를 "연동"위치로 전환한다. (4) 폐쇄기의 동작으로 셔터가 폐쇄된다.	(1) 셔터의 전·후에 설치된 연기감지기를 동작시킨다. (2) 수신기에서 해당 화재감지기 동작을 확인한다. (3) 수신기에서 자동방화셔터의 연동스위치를 "연동" 위치로 전환한다. (4) 폐쇄기의 동작으로 셔터가 1단 강하한다. (5) 1단 강하 확인 후, 셔터의 전·후에 설치된 열감지기를 동작시킨다. (6) 폐쇄기 동작으로 셔터가 완전히 폐쇄된다.

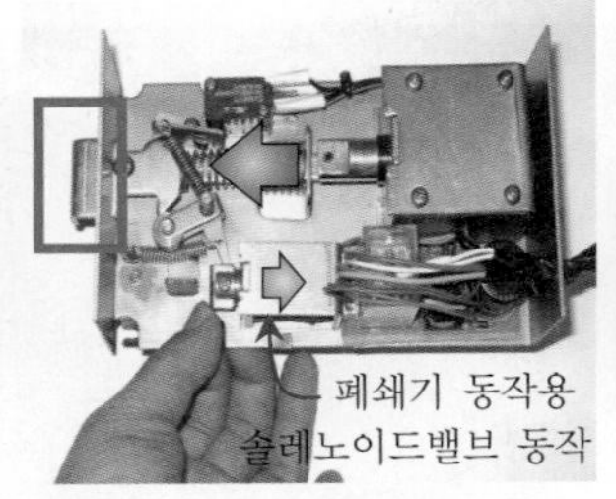

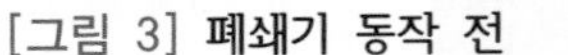
[그림 3] **폐쇄기 동작 전** [그림 4] **폐쇄기 동작 후** [그림 5] **폐쇄기 동작모습**

3. 확인 [11회 8점]

1) 해당 구역의 자동방화셔터가 정상적으로 폐쇄되는지의 여부(자동방화셔터가 완전히 폐쇄되었을 때, 바닥에 완전히 닿았는지와 정상적으로 완전폐쇄가 되었는지의 여부 확인)
2) 연동제어기에서 음향(부저)명동 여부
3) 여러 개의 자동방화셔터가 동시에 작동되는 경우에는 동시에 폐쇄되는지의 여부
4) 수신기에서 자동방화셔터의 작동표시등의 점등 여부(작동계통이 바른지도 확인)

[그림 6] **완전폐쇄 여부 확인** [그림 7] **여러 개의 자동방화셔터 동시동작 모습** [그림 8] **동시동작되지 않은 사례**

5) 셔터에 출입문이 설치된 경우는 다음 사항을 추가로 확인
   (1) 비상문이 제대로 잘 열리고, 닫히는지의 여부
   (2) 비상문이 폐쇄 시 틈이 발생하지 않는지의 여부
   (3) 비상문 상단에 피난구임을 알릴 수 있는 피난구유도등(또는 표지)의 설치 여부

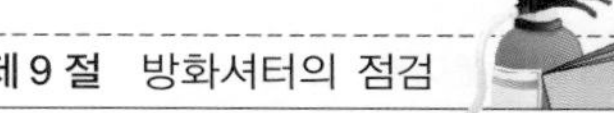

(4) 출입구 부분은 셔터의 다른 부분과 색상을 달리하여 쉽게 구분되는지의 여부
(5) 출입구의 유효너비는 0.9m 이상, 유효높이는 2m 이상인지의 여부

[그림 9] **개폐확인 모습**

[그림 10] **틈이 발생한 사례**

[그림 11] **비상문 크기 등 확인사항**

4. 복구

1) 수신기의 복구스위치를 눌러 방화셔터의 감지기를 복구시킨다.
2) 수신기에서 자동방화셔터의 연동스위치를 "연동정지" 위치로 전환한다.(전기적 연동차단)
   (∵ 잔류 스프레이에 의해서 연기감지기가 재동작하는 경우 셔터가 다시 동작하기 때문)
3) 연동제어기의 복구스위치를 복구시킨다.(폐쇄기가 복구됨.)

주의 수신기 복구 후에, 연동제어기의 복구스위치를 누른다. [순서 주의]

[그림 12] **연동제어기 복구**

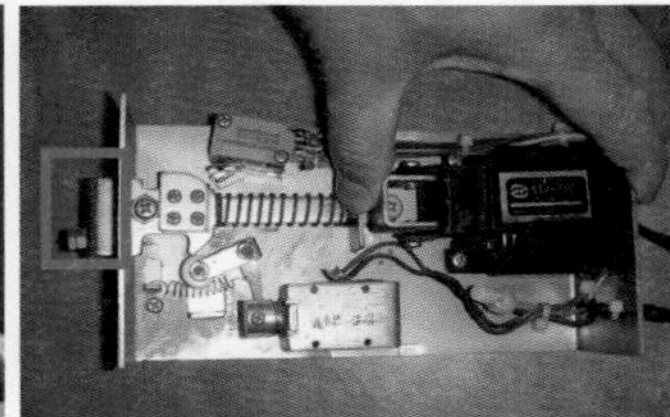

[그림 13] **폐쇄기 복구 전**

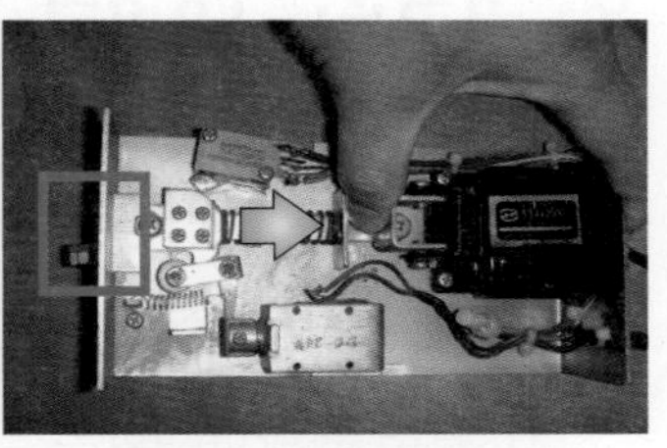

[그림 14] **폐쇄기 복구 후**

4) 수동조작함의 Up 스위치를 눌러 셔터를 올린다.

주의 완전히 올라가기 전에 중간에 정지스위치를 눌러 셔터가 제대로 정지되는지를 확인한 후에 다시 Up 스위치를 눌러서 완전히 올려놓는다.

5. 자동방화셔터 점검 시 유의사항

1) 점검 전 자동방화셔터 하강 부분에 물건 방치 여부 확인
2) 점검 전 자동방화셔터 수동조작함을 조작하여 셔터의 정상작동 여부 확인
3) 하나의 연동제어기에 여러 개의 자동방화셔터가 연동되는지 확인한 후에 점검한다.
4) 점검 시 차량 및 사람 통제 철저(안전사고방지)

5) 감지기에 의해 셔터가 하강할 때 자중에 의해 폐쇄되는지 확인할 것
   폐쇄기를 설치하여 전자브레이크를 해제하여 셔터 자중에 의한 폐쇄가 아닌 모터를 기동시켜서 셔터를 폐쇄하는 경우가 간혹 있는데 이 경우 정전 시에는 자동폐쇄가 불가하므로 주의할 것

참고 모터에 의한 폐쇄는 모터가 작동되는 소리와 함께 셔터가 일정한 속도로 하강하지만, 자중에 의한 폐쇄는 모터가 작동되는 소리가 없으며 셔터가 내려올수록 가속도가 붙어 빨리 폐쇄되는 차이점이 있기 때문에 쉽게 구분이 가능하다.

[그림 15] **셔터 하강부분에 장애물이 방치된 모습**

5 방화문, 자동방화셔터, 방화댐퍼 및 하향식 피난구의 성능기준 및 구성

건축자재등 품질인증 및 관리기준 [국토교통부 고시 제2023-24호(2023.1.9. 일부개정)]

1. 방화문 성능기준 및 구성

1) 건축물 방화구획을 위해 설치하는 방화문은 건축물의 용도 등 구분에 따라 화재 시의 가열에 규칙 제14조 제3항 또는 제26조에서 정하는 시간 이상을 견딜 수 있어야 한다. 화재감지기가 설치되는 경우에는 자동화재탐지설비 및 시각경보장치의 화재안전기준(NFSC 203) 제7조의 기준에 적합하여야 한다.
2) 차연성능, 개폐성능 등 방화문이 갖추어야 하는 세부 성능에 대해서는 제39조에 따라 국토교통부장관이 승인한 세부운영지침에서 정한다.
3) 방화문은 항상 닫혀있는 구조 또는 화재발생 시 불꽃, 연기 및 열에 의하여 자동으로 닫힐 수 있는 구조이어야 한다.

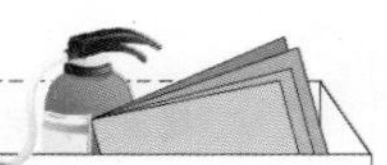

2. 자동방화셔터 성능기준 및 구성

1) 건축물 방화구획을 위해 설치하는 자동방화셔터는 건축물의 용도 등 구분에 따라 화재 시의 가열에 규칙 제14조 제3항에서 정하는 성능 이상을 견딜 수 있어야 한다.
2) 차연성능, 개폐성능 등 자동방화셔터가 갖추어야 하는 세부 성능에 대해서는 제39조에 따라 국토교통부장관이 승인한 세부운영지침에서 정한다.
3) 자동방화셔터는 규칙 제14조 제2항 제4호에 따른 구조를 가진 것이어야 하나, 수직방향으로 폐쇄되는 구조가 아닌 경우는 불꽃, 연기 및 열감지에 의해 완전폐쇄가 될 수 있는 구조여야 한다. 이 경우 화재감지기는 자동화재탐지설비 및 시각경보장치의 화재안전기준(NFSC 203) 제7조의 기준에 적합하여야 한다.
4) 자동방화셔터의 상부는 상층 바닥에 직접 닿도록 하여야 하며, 그렇지 않은 경우 방화구획 처리를 하여 연기와 화염의 이동통로가 되지 않도록 하여야 한다.

3. 방화댐퍼 성능기준 및 구성

1) 건축물의 피난・방화구조 등의 기준에 관한 규칙 제14조 제2항 제3호에 따라 방화댐퍼는 다음의 성능을 확보하여야 하며, 성능 확인을 위한 시험은 영 제63조에 따른 건축자재 성능 시험기관에서 할 수 있다.
   (1) [별표 10]에 따른 내화성능시험 결과 비차열 1시간 이상의 성능
   (2) KS F 2822(방화 댐퍼의 방연 시험 방법)에서 규정한 방연성능
2) "1)"의 방화댐퍼의 성능 시험은 다음의 기준을 따라야 한다.
   (1) 시험체는 날개, 프레임, 각종 부속품 등을 포함하여 실제의 것과 동일한 구성・재료 및 크기의 것으로 하되, 실제의 크기가 3m 곱하기 3m의 가열로 크기보다 큰 경우에는 시험체 크기를 가열로에 설치할 수 있는 최대 크기로 한다.
   (2) 내화시험 및 방연시험은 시험체 양면에 대하여 각 1회씩 실시한다. 다만, 수평부재에 설치되는 방화댐퍼의 경우 내화시험은 화재노출면에 대해 2회 실시한다.
   (3) 내화성능 시험체와 방연성능 시험체는 동일한 구성・재료로 제작되어야 하며, 내화성능 시험체는 가장 큰 크기로, 방연성능 시험체는 가장 작은 크기로 제작되어야 한다.
3) 시험성적서는 2년간 유효하다. 다만, 시험성적서와 동일한 구성 및 재질로서 내화성능 시험체 크기와 방연성능 시험체 크기 사이의 것인 경우에는 이미 발급된 성적서로 그 성능을 갈음할 수 있다.
4) 방화댐퍼는 다음에 적합하게 설치되어야 한다.
   (1) 미끄럼부는 열팽창, 녹, 먼지 등에 의해 작동이 저해받지 않는 구조일 것
   (2) 방화댐퍼의 주기적인 작동상태, 점검, 청소 및 수리 등 유지・관리를 위하여 검사구・점검구는 방화댐퍼에 인접하여 설치할 것

(3) 부착 방법은 구조체에 견고하게 부착시키는 공법으로 화재 시 덕트가 탈락, 낙하해도 손상되지 않을 것

(4) 배연기의 압력에 의해 방재상 해로운 진동 및 간격이 생기지 않는 구조일 것

4. 하향식 피난구의 성능시험 및 성능 기준

1) 규칙 제14조 제4항에 따른 하향식 피난구는 다음의 성능을 확보하여야 하며, 성능 확인을 위한 시험은 영 제63조에 따른 건축자재 성능 시험기관에서 할 수 있다.

(1) KS F 2257-1(건축부재의 내화시험방법-일반요구사항)에 적합한 수평가열로에서 시험한 결과 KS F 2268-1(방화문의 내화시험방법)에서 정한 비차열 1시간 이상의 내화성능이 있을 것. 다만, 하향식 피난구로서 사다리가 피난구에 포함된 일체형인 경우에는 모두를 하나로 보아 성능을 확보하여야 한다.

(2) 사다리는 「소방시설설치유지 및 안전관리에 관한 법률 시행령」 제37조에 따른 "피난사다리의 형식승인 및 제품검사의 기술기준"의 재료기준 및 작동시험기준에 적합할 것

(3) 덮개는 장변 중앙부에 637N/0.2m^{2}의 등분포하중을 가했을 때 중앙부 처짐량이 15mm 이하일 것

2) 시험성적서는 3년간 유효하다.

tip 용어의 정의 [81회 10점 기술사 기출]

1. "방화문"이라 함은 화재의 확대, 연소를 방지하기 위해 건축물의 개구부에 설치하는 문으로 건축물의 피난 · 방화구조 등의 기준에 관한 규칙 (이하 "규칙"이라 한다) 제26조의 규정에 따른 성능을 확보하여 한국건설기술연구원장(이하 "원장"이라 한다)이 성능을 인정한 구조를 말한다.
2. "방화댐퍼"라 함은 「건축물의 피난 · 방화구조 등의 기준에 관한 규칙」 제14조 제2항 제3호 나목에 따라 이 기준에서 정하는 성능을 확보한 댐퍼를 말한다.
3. "하향식 피난구"란 규칙 제14조 제4항의 구조로서 발코니 바닥에 설치하는 수평 피난설비를 말한다.
4. 비차열성능 : 화염차단(차염) - 갑종방화문(비차열 1시간 이상), 을종방화문(비차열 30분 이상)
5. 차열성능 : 화염차단(차염) + 열전달차단(차열)
6. 차연성능 : 연기차단

성능구분	화염차단(차염)	열전달차단(차열)	연기차단(차연)
비차열성능	○	–	–
차열성능	○	○	–
차연성능	–	–	○

7. 차열성 방화문 : 화염차단(차염) + 열전달차단(차열) + 차연
   ⇒ 문 뒤쪽으로의 고온의 열전달을 차단하는 성능인 차열성이 요구되는 방화문
   ⇒ 비차열방화문에 비해 좋은 방화문임.
8. 비차열성 방화문 : 화염차단(차염) + 차연
   ⇒ 화염을 차단하는 성능인 차염성능만을 요구하는 방화문

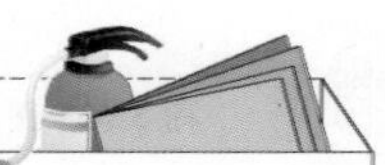

6 고장진단

1. 시험 후 자동방화셔터를 수동조작함의 Up 스위치를 조작하여 올렸는데 정지하지 않고 다시 내려올 때의 원인과 조치 방법 ★★★

1) 자동방화셔터의 폐쇄기가 복구되지 않은 경우

⇒ 수신기를 복구시킨 후 연동제어기의 복구스위치를 눌러 폐쇄기를 복구시킨다. 만약 폐쇄기의 불량으로 복구가 되지 않을 경우에는 점검구를 열고 폐쇄기를 수동으로 복구시킨 후 셔터를 상승시킨다.

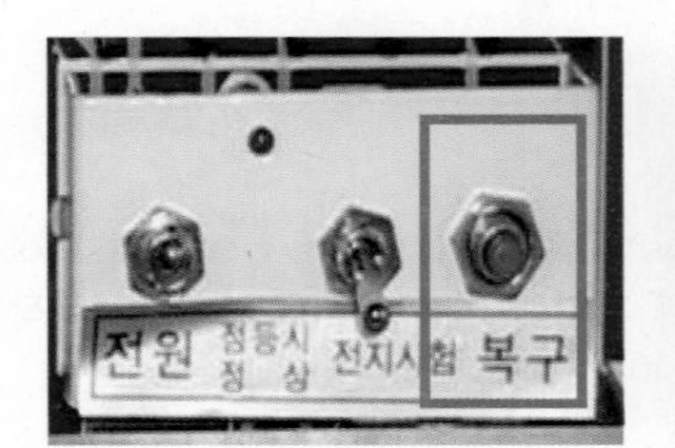

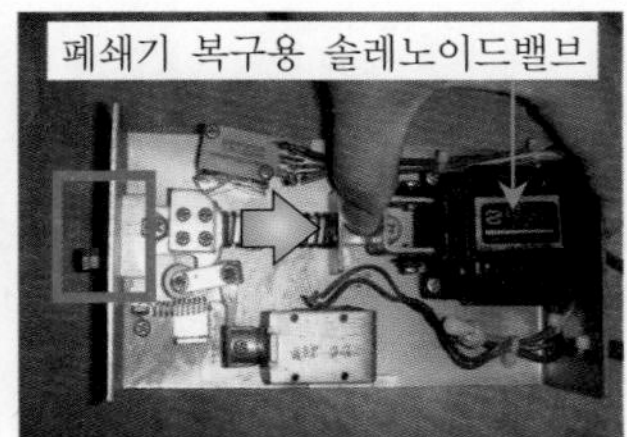

[그림 1] 연동제어기의 복구버튼을 누르면 폐쇄기는 자동복구됨

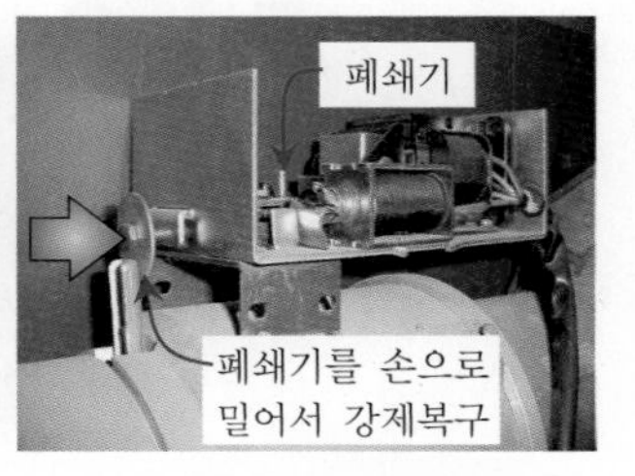

[그림 2] 폐쇄기 강제복구

2) 폐쇄기가 불량인 경우

⇒ 이 경우는 점검구를 열고 폐쇄기를 분리하여 교체한다. 폐쇄기를 분리한 후 셔터를 상승시켜 놓는다.

2. 폐쇄된 자동방화셔터가 수동조작함에서 Up 스위치를 눌러도 셔터가 올라가지 않을 경우의 원인과 조치 방법 ★★★

1) 전원이 차단된 경우(차단기가 트립된 경우)

⇒ 자동방화셔터 전원공급용 차단기는 통상 천장 속 점검구를 개방하면 방화셔터 모터 직근에 있는데 이 트립된 차단기를 투입(ON)시킨다.

2) 자동방화셔터의 모터에 이상이 있는 경우

⇒ 자동방화셔터 모터를 정비한다.

☞ 이러한 경우 자동방화셔터를 올려 놓는 방법

점검구를 개방하면 자동방화셔터 제어장치 부근에 체인이 있는데 이 체인을 사용하여 셔터를 올려 놓는다.

3) 수동조작함의 Up · 정지 · Down 스위치의 오결선

⇒ 재결선한다.

참고 이러한 상황이 발생하지 않도록 점검 전에 수동조작함의 스위치를 조작하여 셔터가 정상 동작하는지를 확인 후에 점검에 임한다.

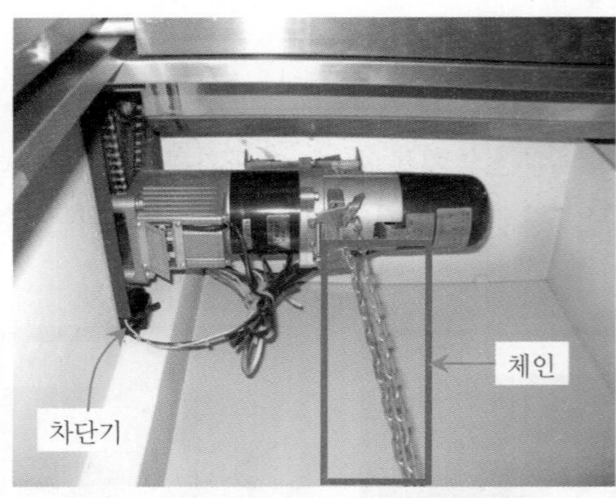

[그림 3] 자동방화셔터에 부착된 체인

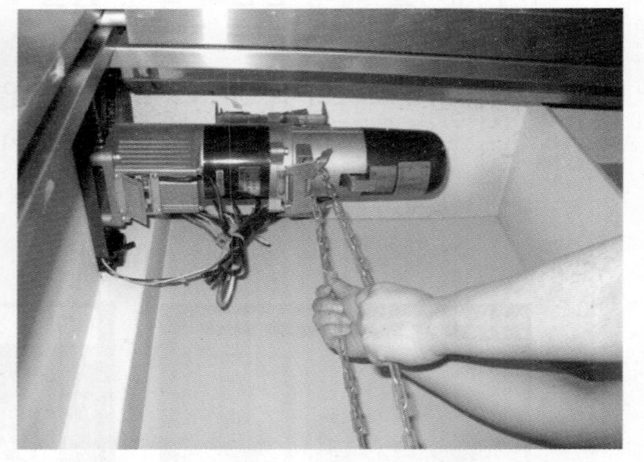

[그림 4] 체인을 이용한 자동방화셔터 조작모습

기출 및 예상 문제

★★★

01 자동방화셔터에 대한 다음 물음에 답하시오.

1. 자동방화셔터의 용어정의를 쓰시오. [11회 5점]
2. 자동방화셔터의 적용 범위를 쓰시오.
3. 자동방화셔터 설치 요건을 쓰시오.

☞ 건축자재등 품질인정 및 관리기준[국토교통부고시 제2023-24호 (2023. 1. 9, 일부개정)]

1. 자동방화셔터의 용어의 정의 [11회 5점]
   "자동방화셔터"란 내화구조로 된 벽을 설치하지 못하는 경우 화재 시 연기 및 열을 감지하여 자동 폐쇄되는 셔터로서 건축자재등 품질인정기관이 이 기준에 적합하다고 인정한 제품을 말한다.
2. 자동방화셔터의 적용 범위 [관리사 8회 30점]
   층별, 면적별, 용도별 방화구획 대상건물에 방화구획선상에 설치
3. 자동방화셔터 설치 요건
   1) 피난이 가능한 60분+방화문 또는 60분 방화문으로부터 3m 이내에 별도로 설치할 것
   2) 전동방식이나 수동방식으로 개폐할 수 있을 것
   3) 불꽃감지기 또는 연기감지기 중 하나와 열감지기를 설치할 것
   4) 불꽃이나 연기를 감지한 경우 일부 폐쇄되는 구조일 것
   5) 열을 감지한 경우 완전 폐쇄되는 구조일 것

★★★★★

02 일체형 자동방화셔터의 정의, 설치요건 및 출입구 설치기준을 쓰시오. [11회 9점]

☞ 자동방화셔터 및 방화문의 기준 제3조 제②항[국토해양부 고시 제2010-528호(2010년 8월 3일)]

1. 일체형 자동방화셔터의 용어정의
   일체형 자동방화셔터(일체형 셔터)란 방화셔터의 일부에 피난을 위한 출입구가 설치된 셔터
2. 설치요건
   시장·군수·구청장이 정하는 기준에 따라 별도의 방화문을 설치할 수 없는 부득이한 경우에 한하여 설치
3. 일체형 자동방화셔터의 출입구 설치기준
   1) 비상구유도등 또는 비상구유도표지 설치
   2) 출입구 부분은 셔터의 다른 부분과 색상을 달리하여 쉽게 구분할 수 있을 것
   3) 출입구의 유효너비는 0.9m 이상, 유효높이는 2m 이상

★★★★

03 자동방화셔터를 설치한 후 외관점검을 하는 방법을 설명하시오. [85회 기술사 5점]

1. 설치위치의 점검
   피난상 유효한 갑종방화문으로부터 3m 이내에 설치되어져 있는지 확인

   참고 다만, 일체형 셔터의 경우에는 갑종방화문 설치 시 제외

2. 자동방화셔터 하강 부분에 물건의 방치 여부 확인
3. 출입구 부근에 유도등이나 유도표지가 설치되어 있는지 확인
4. 구성확인
   1) 수동폐쇄장치 : 전동 또는 수동에 의해서 셔터를 개폐할 수 있는 장치(수동조작함 또는 체인) 확인
   2) 자동폐쇄장치 : 연기(또는 불꽃)·열감지기 등을 갖추고, 화재발생 시 연기(또는 불꽃) 및 열에 의하여 자동폐쇄할 수 있는 장치(감지기에 의한 자동폐쇄) 확인
5. 자동방화셔터의 상부 마감처리 상태점검
   1) 자동방화셔터의 상부는 상층 바닥에 직접 닿도록 되어 있는지 점검
   2) 부득이하게 발생한 바닥과의 틈새는 화재 시 연기와 화염의 이동통로가 되지 않도록 방화구획 처리를 하였는지 점검
6. 일체형 자동방화셔터의 경우 점검사항
   1) 출입구 부분은 셔터의 다른 부분과 색상을 달리하여 구분을 쉽게 하였는지 점검
   2) 출입구의 유효너비는 0.9m 이상, 유효높이는 2m 이상인지의 여부 점검

★★★★

04 자동방화셔터를 설치한 후 기능점검을 하는 방법을 설명하시오. [85회 기술사 5점, 11회 8점]

1. 전동(수동조작함) 또는 수동(체인)으로 개폐가 원활한지 확인
2. 감지기 동작에 의하여 자동방화셔터가 정상적으로 자동폐쇄되는 지 여부
   1) 1단 강하 자동방화셔터의 경우 : 화재감지기 동작 시 자동방화셔터의 완전폐쇄 여부 확인
   2) 2단 강하 자동방화셔터의 경우 : 2단 강하 여부 확인
      (1) 연기(또는 불꽃) 감지기 동작 시(1단 강하) : 일부 폐쇄 (바닥에서 약 1.8m 정도까지 하강) 되고,
      (2) 열감지기 동작 시(2단 강하) : 완전 폐쇄되는지 확인
3. 수신기에서 수동동작에 의하여 자동방화셔터가 폐쇄되는 지의 여부
4. 연동제어기의 수동조작스위치 조작 시 자동방화셔터가 폐쇄되는 지의 여부
5. 자동방화셔터가 폐쇄되었을 때
   1) 바닥에 완전히 닿았는지의 여부
   2) 출입문이 내장된 경우 틈이 없고, 출입문 개폐가 원활한지의 여부
6. 화재감지기 동작 시 연동제어기에서 음향(부저) 명동이 되는지의 여부
7. 자동방화셔터 동작 시 수신기에서 방한셔터의 감지기 및 작동표시등 점등 여부(작동계통이 바른지도 확인)
8. 여러 개의 자동방화셔터가 동시에 폐쇄되는 경우에는 동시에 폐쇄되는 지의 여부

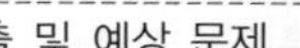

★★★

05 **구형(1단 강하) 자동방화셔터 점검 후 다음과 같은 현상이 발생하였다. 다음에 답하시오.**

1. 시험 후 자동방화셔터를 수동조작함의 Up 스위치를 조작하여 올렸는데 정지하지 않고 다시 내려올 때의 원인과 조치 방법을 쓰시오.
2. 폐쇄된 자동방화셔터가 수동조작함에서 Up 스위치를 눌러도 자동방화셔터가 올라가지 않을 경우의 원인과 조치 방법을 쓰시오.

1. 수동조작함의 Up 스위치를 조작하여 올렸는데 정지하지 않고 다시 내려올 때의 원인과 조치 방법
   1) 자동방화셔터의 폐쇄기가 복구되지 않은 경우
      ⇒ 수신기를 복구시킨 후 연동제어기의 복구스위치를 눌러 폐쇄기를 복구시킨다. 만약 폐쇄기의 불량으로 복구되지 않을 경우에는 점검구를 열고 폐쇄기를 수동으로 복구시킨 후 자동방화셔터를 상승시킨다.
   2) 폐쇄기가 불량인 경우
      ⇒ 이 경우는 점검구를 열고 폐쇄기를 분리하여 교체한다. 폐쇄기를 분리한 후 자동방화셔터를 상승시켜 놓는다.
2. 수동조작함에서 Up 스위치를 눌러도 자동방화셔터가 올라가지 않을 경우의 원인과 조치 방법
   1) 전원이 차단된 경우(차단기가 트립된 경우)
      ⇒ 자동방화셔터 전원공급용 차단기는 통상 천장 속 점검구를 개방하면 자동방화셔터 모터 직근에 있는데 이 트립된 차단기를 투입(ON)시킨다.
   2) 자동방화셔터의 모터에 이상이 있는 경우
      ⇒ 자동방화셔터 모터를 정비한다.
      ☞ 이러한 경우 자동방화셔터를 올려놓는 방법 : 점검구를 개방하면 자동방화셔터 제어장치 부근에 체인이 있는데 이 체인을 사용하여 자동방화셔터를 올려 놓는다.
   3) 수동조작함의 Up · 정지 · Down 스위치의 오결선
      ⇒ 재결선한다.

참고 이러한 상황이 발생하지 않도록 점검 전에 수동조작함의 스위치를 조작하여 자동방화셔터가 정상동작하는지를 확인 후에 점검에 임한다.

★★★

06 다음은 방화구획선상에 설치되는 자동방화셔터에 관한 내용이다. 다음에 답하시오.

[11회 40점]

1. 자동방화셔터의 정의를 쓰시오.(5점)
2. 다음 문장의 ①~⑥ 빈칸에 알맞은 용어를 쓰시오.(18점)

> • 자동방화셔터는 화재발생 시 (①)에 의한 일부 폐쇄와 (②)에 의한 완전 폐쇄가 이루어질 수 있는 구조를 가진 것이어야 한다.
>
> • 자동방화셔터에 사용되는 열감지기는 화재예방, 소방시설 설치・유지 및 안전관리에 관한 법률 제36조에서 정한 형식승인에 합격한 (③) 또는 (④)의 것으로서 특종의 공칭작동온도가 각각 (⑤)~(⑥)℃인 것으로 하여야 한다.

3. 일체형 자동방화셔터의 출입구 설치기준을 쓰시오.(9점)
4. 자동방화셔터의 작동기능점검을 할 때 셔터 작동 시 확인사항 4가지를 쓰시오.(8점)

1. 자동방화셔터 용어의 정의
   "자동방화셔터"란 내화구조로 된 벽을 설치하지 못하는 경우 화재 시 연기 및 열을 감지하여 자동 폐쇄되는 셔터로서, 건축자재 등 품질인정기관이 이 기준에 적합하다고 인정한 제품을 말한다.
2. 자동방화셔터 및 방화문의 기준 제4조 제2항(KS F 4510(중량셔터) 6.9 연동폐쇄기구 a)
   ① 연기감지기, ② 열감지기, ③ 보상식, ④ 정온식, ⑤ 60, ⑥ 70
3. 일체형 자동방화셔터의 출입구 설치기준 〈고시 개정 전 답안임.〉
   ☞ 자동방화셔터 및 방화문의 기준 제3조 제2항
   1) 행정안전부장관이 정하는 기준에 적합한 비상구유도등 또는 비상구유도표지를 하여야 한다.
   2) 출입구 부분은 셔터의 다른 부분과 색상을 달리하여 쉽게 구분되도록 하여야 한다.
   3) 출입구의 유효너비는 0.9m 이상, 유효높이는 2m 이상이어야 한다.
4. 자동방화셔터 작동 시 확인사항 4가지(8점)
   1) 전동(수동조작함) 또는 수동(체인)으로 개폐가 원활한지 확인
   2) 감지기 동작에 의하여 자동방화셔터가 정상적으로 자동폐쇄되는지 여부 확인
      (1) 1단 강하 자동방화셔터의 경우 : 화재감지기 동작 시 자동방화셔터의 완전폐쇄 여부 확인
      (2) 2단 강하 자동방화셔터의 경우 : 2단 강하 여부 확인
         가. 연기(또는 불꽃)감지기 동작 시(1단 강하) : 일부폐쇄(바닥에서 약 1.8m 정도까지 하강)되고,
         나. 열감지기 동작 시(2단 강하) : 완전폐쇄되는지 확인
   3) 수신기에서 수동동작에 의하여 자동방화셔터가 폐쇄되는지의 확인
   4) 연동제어기의 수동조작스위치 조작 시 자동방화셔터가 폐쇄되는지의 확인
   5) 자동방화셔터가 폐쇄되었을 때
      (1) 바닥에 완전히 닿았는지의 여부 확인
      (2) 출입문이 내장된 경우 틈이 없고 출입문 개폐가 원활한지의 여부 확인
   6) 화재감지기 동작 시 연동제어기에서 음향(부저) 명동이 되는지의 확인
   7) 자동방화셔터 동작 시 수신기에서 방화셔터 감지기 및 작동표시등 점등 여부 확인(작동계통이 바른지도 확인)
   8) 여러 개의 자동방화셔터가 동시에 폐쇄되는 경우에는 동시에 폐쇄되는지의 확인

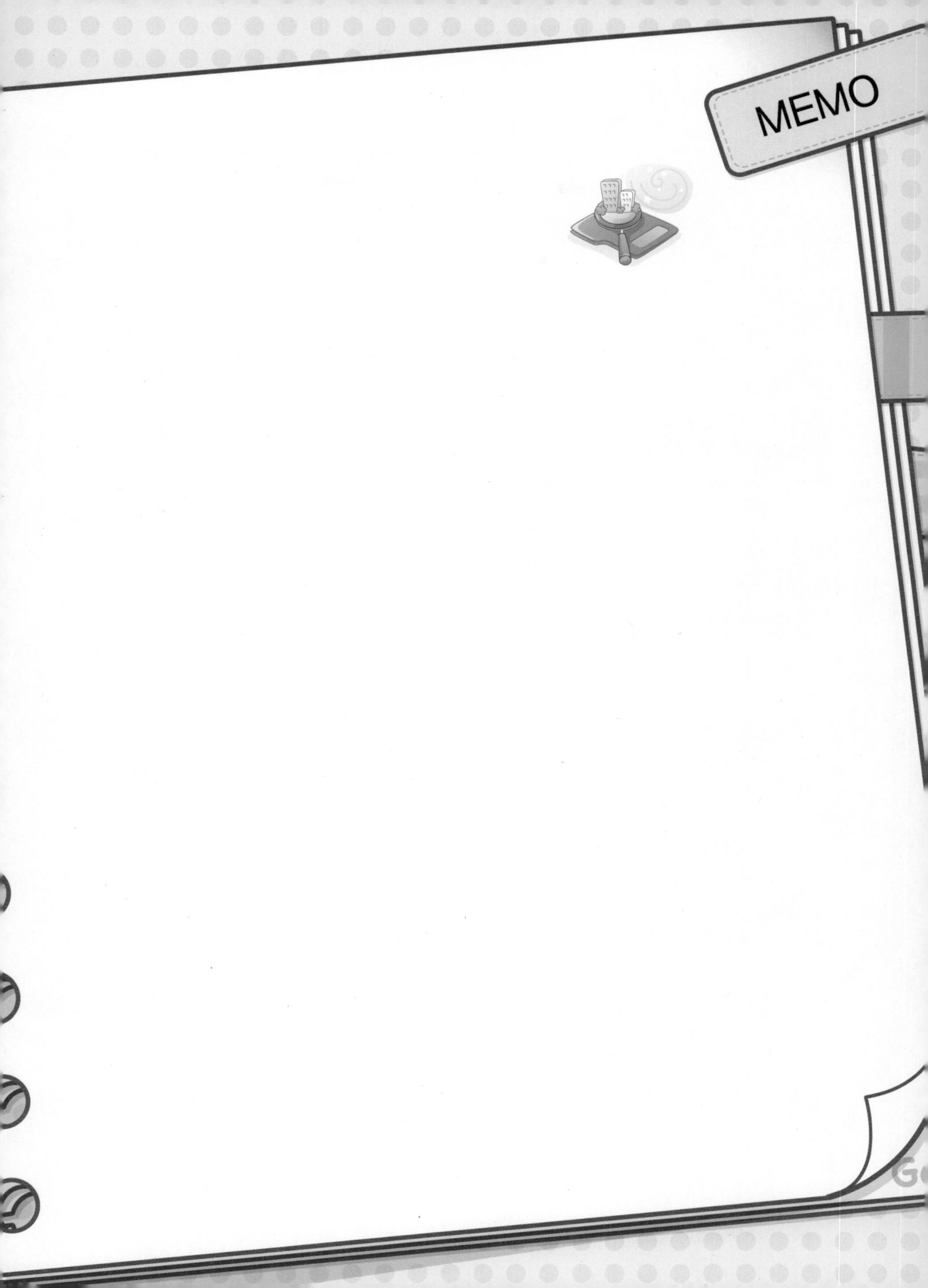
MEMO

소 방 시 설 의   점 검 실 무 행 정

점검항목

제 1 절 설비별 점검항목

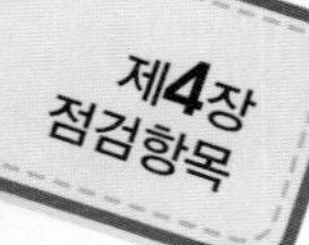

출제 경향 분석

번 호	기출 문제	출제 시기 및 배점
1	5. 연결살수설비의 살수헤드 점검항목과 내용을 기술하시오.	1회 10점
2	4. 급기가압 제연설비의 점검표에 의한 점검항목을 쓰시오.(10가지만)	5회 20점
3	2. 피난기구의 점검착안 사항에 대하여 쓰시오.	5회 20점
4	5. 소방용수시설에 있어서 수원의 기준과 종합정밀점검항목을 기술하시오.	6회 20점
5	3. 다음 각 설비의 구성요소에 대한 점검항목 중 소방시설 종합정밀점검표의 내용에 따라 답하시오. 1) 옥내소화전설비의 구성요소 중 하나인 "수조"의 점검항목 중 5항목을 기술하시오.(10점) 2) 스프링클러설비의 구성요소 중 하나인 "가압송수장치"의 점검항목 중 5항목을 기술하시오.(단, 펌프방식임.) (10점) 3) 청정소화설비의 구성요소 중 하나인 "저장용기"의 점검항목 중 5항목을 기술하시오. (10점)	8회 30점
6	1. 다음 물음에 답하시오.(35점) 1) 특별피난계단의 계단실 및 부속실의 제연설비의 종합정밀점검표에 나와 있는 점검항목 20가지를 쓰시오.(20점)	9회 20점
7	1. 다음 각 물음에 답하시오. 1) 스프링클러설비의 화재안전기준에서 정하는 감시제어반의 설치기준 중 도통시험 및 작동시험을 하여야 하는 확인회로 5가지를 쓰시오.(10점) 2) 소방시설 종합정밀점검표에서 자동화재탐지설비의 시각경보장치 점검항목 5가지를 쓰시오.(10점) 3) 소방시설 종합정밀점검표에서 청정소화설비의 수동식 기동장치 점검항목 5가지를 쓰시오.(10점)	11회 30점
8	1. 다중이용업소의 영업주는 안전시설 등을 정기적으로 "안전시설 등 세부점검표"를 사용하여 점검하여야 한다. "안전시설 등 세부점검표"의 점검사항 9가지만 쓰시오.	11회 18점 20회 4점
9	2. 다음 물음에 답하시오.(26점) 1) 무선통신보조설비 종합정밀점검표에서 분배기, 분파기, 혼합기의 점검항목 2가지를 쓰시오.(2점) 2) 무선통신보조설비 종합정밀점검표에서 누설동축케이블 등의 점검항목 6가지를 쓰시오.(12점) 3) 제연설비 작동기능점검표에서 배연기의 점검항목 및 점검내용 6가지를 쓰시오.(12점)	14회 26점
10	3. 다음은 종합정밀점검표에 관한 사항이다. 각 물음에 답하시오. 1) 다중이용업소의 종합정밀점검 시 "가스누설경보기" 점검내용 5가지를 쓰시오.(5점) 2) 청정소화약제소화설비의 "개구부의 자동폐쇄장치" 점검항목 3가지를 쓰시오.(3점) 3) 거실제연설비의 "기동장치" 점검항목 3가지를 쓰시오.(3점)	16회 11점
11	1. "소방시설 자체점검사항 등에 관한 고시" 중 소방시설외관점검표에 의한 스프링클러, 물분무, 포소화설비의 점검내용 6가지를 쓰시오.	18회 4점
12	1. 고원업{구획된 실(실) 안에 학습자가 공부할 수 있는 시설을 갖추고 숙박 또는 숙식을 제공하는 형태의 영업}의 영업장에 설치된 간이스프링클러설비에 대하여 작동기능점검표에 의한 점검내용과 종합정밀점검표에 의한 점검내용을 모두 쓰시오.	18회 10점
13	5. 자동화재탐지설비에 대한 작동기능점검을 실시하고자 한다. 다음 물음에 답하시오.(8점) 1) 수신기에 관한 점검항목과 점검내용이다. (　　)에 들어갈 내용을 쓰시오.(4점)	19회 4점

번 호	기출 문제	출제 시기 및 배점
13	점검항목 / 점검내용 (㉠) / (㉡) 절환장치(예비전원) / 상용전원 OFF시 자동 예비전원 절환 여부 스위치 / 스위치 정위치(자동) 여부 (㉢) / (㉣) (㉤) / (㉥) (㉦) / (㉧)	19회 4점
14	1. 공동주택(아파트)에 설치된 옥내소화전설비에 대해 작동기능점검을 실시하려고 한다. 소화전 방수압 시험의 점검내용과 점검결과에 따른 가부 판정기준에 관하여 각각 쓰시오. 1) 점검내용(2점) 2) 방사시간, 방사압력과 방사거리에 대한 가부 판정기준(3점)	19회 5점
15	1. 이산화탄소소화설비의 종합정밀점검 시 "전원 및 배선"에 대한 점검항목 중 5가지를 쓰시오.	19회 5점
16	1. 통합감시시설 종합정밀점검 시 주·보조수신기 점검항목을 쓰시오.(5점) 2. 거실제연설비 종합정밀점검 시 송풍기 점검사항을 쓰시오.(4점)	20회 9점
17	1. 소방시설 자체점검사항 등에 관한 고시에서 규정하고 있는 조사표에 관한 사항이다. 다음 물음에 답하시오.(16점) 1) 내진설비 성능시험 조사표의 종합정밀점검표 중 가압송수장치, 지진분리이음, 수평배관 흔들림 방지 버팀대의 점검항목을 각각 쓰시오.(10점) 2) 미분무소화설비 성능시험 조사표의 성능 및 점검항목 중 "설계도서 등"의 점검항목을 쓰시오.(6점)	20회 16점
18	1. 소방시설 자체점검사항 등에 관한 고시의 소방시설외관점검표에 대하여 다음 물음에 답하시오.(7점) 1) 소화기의 점검내용 5가지를 쓰시오.(3점) 2) 스프링클러설비의 점검내용 6가지를 쓰시오.(4점)	21회 7점
19	1. 상업용 주방자동소화장치의 점검항목을 쓰시오.(3점)	21회 3점
20	1. 소방시설 자체점검사항 등에 관한 고시의 소방시설 등(작동기능, 종합정밀) 점검표에 대하여 다음 물음에 답하시오.(10점) 1) 제연설비 배출기의 점검항목 5가지를 쓰시오.(5점) 2) 분말소화설비 가압용 가스용기의 점검항목 5가지를 쓰시오.(5점)	21회 10점
21	1. 누전경보기의 수신부(4가지), 전원(3가지)의 종합정밀 점검항목(7점) 2. 무선통신보조설비의 종합정밀점검표의 누설동축케이블(5가지)과 증폭기 및 무선이동중계기(3가지)의 종합정밀 점검항목 (8점) 3. 자동화재탐지설비, 자동화재속보설비, 비상경보설비의 외관점검항목 6가지 (6점) 4. 이산화탄소소화설비의 수동식 기동장치의 종합정밀 점검항목 4가지와 안전시설 등의 점검항목 3가지 (7점) 5. 휴대용 비상조명등의 점검항목 7가지 (7점) 6. 비상경보설비 점검항목 8가지(8점)	22회 43점

번 호	기출 문제	출제 시기 및 배점
22	1. 소방시설등 점검표상 분말소화설비 점검표의 저장용기 점검항목 중 종합 점검의 경우에만 해당하는 점검항목 6가지를 쓰시오. (6점) 2. 스프링클러설비 성능시험조사표에서 수압시험 점검항목 3가지 (3점) 3. 스프링클러설비 성능시험조사표 중 수압시험 방법 기술 (4점) 4. 도로터널 성능시험조사표의 성능 및 점검항목 중 제연설비 점검항목 (7점) 5. 스프링클러설비 성능시험조사표의 감시제어반의 전용실 점검항목 5가지 (5점) 6. 소방시설등(작동점검·종합점검) 점검표의 작성 및 유의사항 2가지 (2점) 7. 연결살수설비 점검표에서 송수구 점검항목 중 종합점검의 경우에만 해당하는 점검항목 3가지와 배관 등 점검항목 중 작동점검에 해당하는 점검항목 2가지 (5점)	23회 32점

학습 방향	
1	수계소화설비 : 수원·수조, 물올림장치, 송수구, 가압송수장치, 배관, 제어반, 헤드, 포약제탱크, 기동장치
2	가스계소화설비 : 저장용기(기준, 설치장소), 기동용기, 선택밸브, 방출표시등, 분사헤드, 개구부의 자동폐쇄장치, 배관, 기동장치, 제어반
3	경보설비 : 자동화재탐지설비(경계구역, 수신기, 감지기, 음향장치, 시각경보장치, 중계기, 배선), 가스누설경보기, 비상방송설비, 단독경보형감지기
4	소화기구 : 수동식, 자동식 소화기(설치기준, 점검항목), 투척용 소화기
5	피난설비 : 유도등, 피난기구, 휴대용 비상조명등, 비상조명등
6	소화활동설비 : 제연설비(거실·전실), 소화용수설비, 비콘, 무통, 연송, 연살, 연방
☞	작동점검표와 종합점검표를 화재안전기준과 비교하면서 설비별 주요 점검항목을 정리 요함.

설비별 점검항목

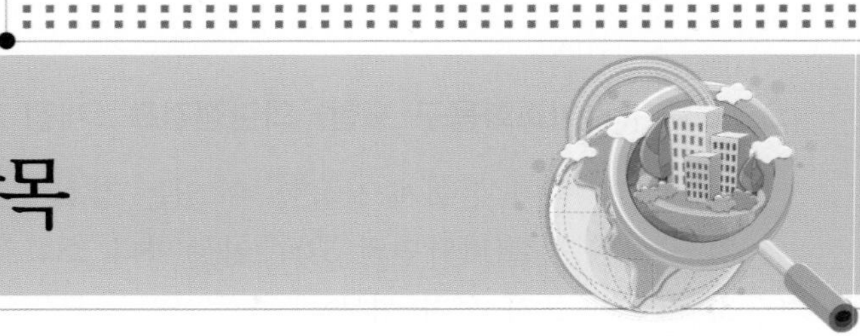

※ 소방시설등(작동점검, 종합점검(최초점검, 그 밖의 점검)) 점검표 개정 <2022. 12. 1>

1 소화기구 ★★★★★

1. 소화기구(소화기, 자동확산소화기, 간이소화용구) 점검항목 〈개정 2022. 12. 1〉

번 호	점검항목	점검결과
1-A. 소화기구(소화기, 자동확산소화기, 간이소화용구)		
1-A-001	○ 거주자 등이 손쉽게 사용할 수 있는 장소에 설치되어 있는지 여부	
1-A-002	○ 설치높이 적합 여부	
1-A-003	○ 배치거리(보행거리 소형 20m 이내, 대형 30m 이내) 적합 여부	
1-A-004	○ 구획된 거실(바닥면적 $33m^2$ 이상)마다 소화기 설치 여부	
1-A-005	○ 소화기 표지 설치상태 적정 여부	
1-A-006	○ 소화기의 변형·손상 또는 부식 등 외관의 이상 여부	
1-A-007	○ 지시압력계(녹색범위)의 적정 여부	
1-A-008	○ 수동식 분말소화기 내용연수(10년) 적정 여부	
1-A-009	● 설치수량 적정 여부	
1-A-010	● 적응성 있는 소화약제 사용 여부	

※ 점검항목 중 "●"는 종합점검의 경우에만 해당한다.
※ 점검결과란은 양호 "○", 불량 "×", 해당없는 항목은 "/"로 표시한다.
※ 점검항목 내용 중 "설치기준" 및 "설치상태"에 대한 점검은 정상적인 작동 가능 여부를 포함한다.
※ "비고"란에는 특정소방대상물의 위치·구조·용도 및 소방시설의 상황 등이 이 표의 항목대로 기재하기 곤란하거나 이 표에서 누락된 사항을 기재한다.(이하 같다.)

2. 소화기(간이소화용구 포함) 외관점검표 〈개정 2022. 12. 1〉 [21회 3점]

1) 거주자 등이 손쉽게 사용할 수 있는 장소에 설치되어 있는지 여부
2) 구획된 거실(바닥면적 33㎡ 이상)마다 소화기 설치 여부
3) 소화기 표지 설치 여부
4) 소화기의 변형·손상 또는 부식이 있는지 여부
5) 지시압력계(녹색범위)의 적정 여부
6) 수동식 분말소화기 내용연수(10년) 적정 여부

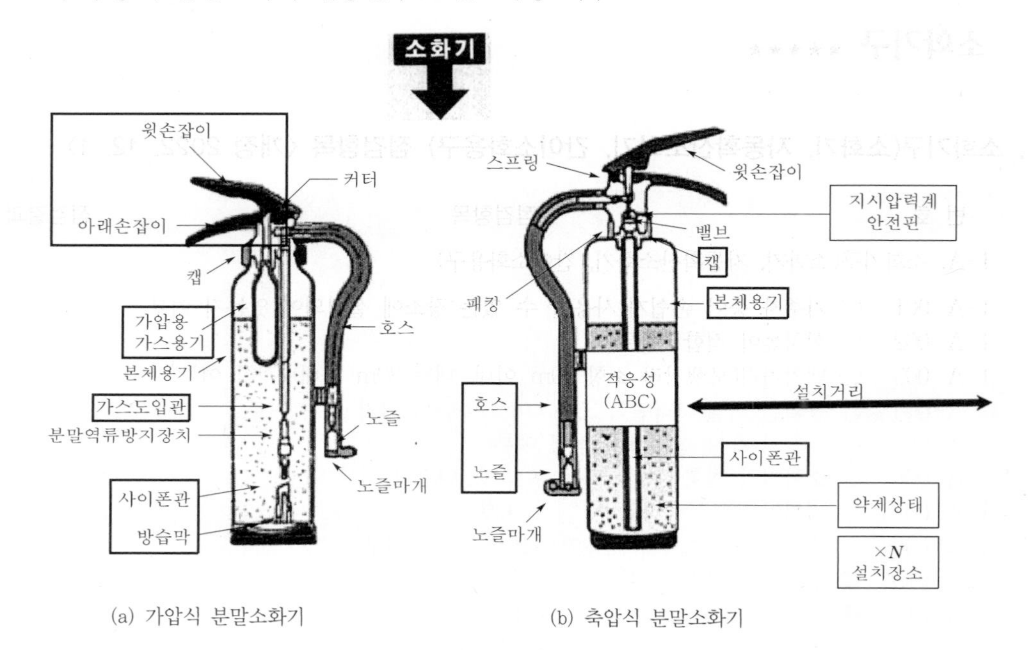

(a) 가압식 분말소화기 (b) 축압식 분말소화기

[그림 1] 소화기 점검항목

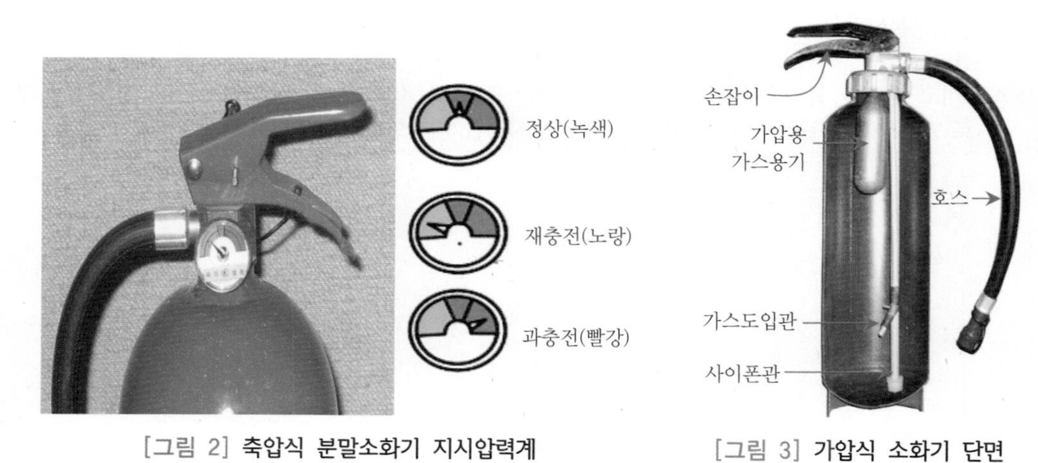

[그림 2] 축압식 분말소화기 지시압력계

[그림 3] 가압식 소화기 단면

3. 자동확산소화기 외관점검표 ★★★ 〈개정 2022. 12. 1〉

1) 견고하게 고정되어 있는지 여부
2) 소화기의 변형·손상 또는 부식이 있는지 여부
3) 지시압력계(녹색범위)의 적정 여부

[그림 4] 자동확산소화기 설치 외형

4. 자동소화장치 점검항목 ★★★★★ 〈개정 2022. 12. 1〉

번 호	점검항목	점검결과
1-B. 자동소화장치		
	[주거용 주방자동소화장치]	
1-B-001	○ 수신부의 설치상태 적정 및 정상(예비전원, 음향장치 등) 작동 여부	
1-B-002	○ 소화약제의 지시압력 적정 및 외관의 이상 여부	
1-B-003	○ 소화약제 방출구의 설치상태 적정 및 외관의 이상 여부	
1-B-004	○ 감지부 설치상태 적정 여부	
1-B-005	○ 탐지부 설치상태 적정 여부	
1-B-006	○ 차단장치 설치상태 적정 및 정상 작동 여부	
	[상업용 주방자동소화장치] [21회 3점]	
1-B-011	○ 소화약제의 지시압력 적정 및 외관의 이상 여부	
1-B-012	○ 후드 및 덕트에 감지부와 분사헤드의 설치상태 적정 여부	
1-B-013	○ 수동기동장치의 설치상태 적정 여부	
	[캐비닛형 자동소화장치]	
1-B-021	○ 분사헤드의 설치상태 적합 여부	
1-B-022	○ 화재감지기 설치상태 적합 여부 및 정상 작동 여부	
1-B-023	○ 개구부 및 통기구 설치 시 자동폐쇄장치 설치 여부	
	[가스·분말·고체에어로졸 자동소화장치]	
1-B-031	○ 수신부의 정상(예비전원, 음향장치 등) 작동 여부	
1-B-032	○ 소화약제의 지시압력 적정 및 외관의 이상 여부	
1-B-033	○ 감지부(또는 화재감지기) 설치상태 적정 및 정상 작동 여부	
비고		

※ 점검항목 중 "●"는 종합점검의 경우에만 해당한다.
※ 점검결과란은 양호 "○", 불량 "×", 해당없는 항목은 "/"로 표시한다.
※ 점검항목 내용 중 "설치기준" 및 "설치상태"에 대한 점검은 정상적인 작동 가능 여부를 포함한다.
※ "비고"란에는 특정소방대상물의 위치·구조·용도 및 소방시설의 상황 등이 이 표의 항목대로 기재하기 곤란하거나 이 표에서 누락된 사항을 기재한다.(이하 같다.)

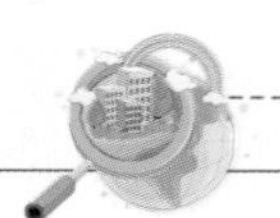

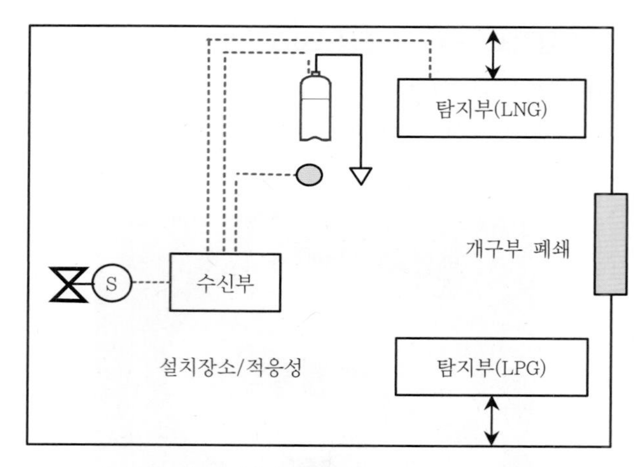

[그림 5] 주거용 주방자동소화장치 점검항목

5. 자동소화장치 외관점검표 〈개정 2022. 12. 1〉

1) 수신부가 설치된 경우 수신부 정상(예비전원, 음향장치 등) 여부
2) 본체용기, 방출구, 분사헤드 등의 변형·손상 또는 부식이 있는지 여부
3) 소화약제의 지시압력 적정 및 외관의 이상 여부
4) 감지부(또는 화재감지기) 및 차단장치 설치 상태 적정 여부

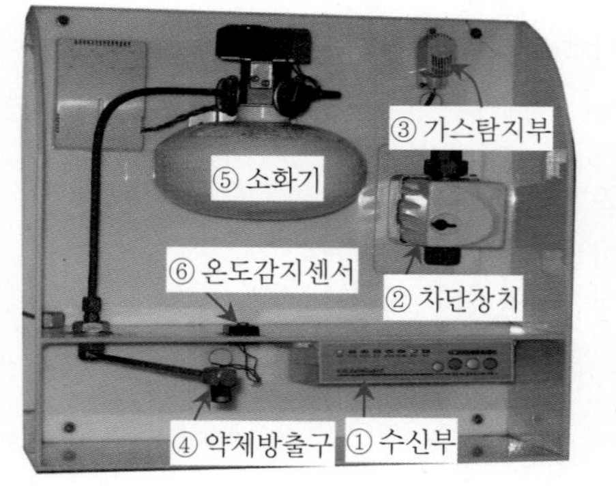

[그림 6] 주거용 주방자동식 소화기 외형

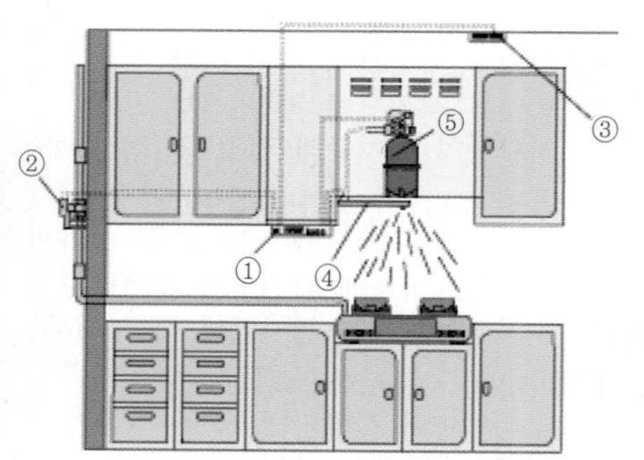

[그림 7] 주거용 주방자동식 소화기 설치 예

tip 주거용 주방자동소화장치의 설치대상 및 설치기준 ★★★★★

☞ 소화기구 및 자동소화장치의 화재안전성능기준(NFPC 101) 제4조 〈개정 2022. 12. 1〉 [21회 3점]

1. 설치대상 : 아파트의 세대별 주방 및 오피스텔의 각 실별 주방

참고 주거용 주방자동소화장치 : 주거용 주방에 설치된 열발생 조리기구의 사용으로 인한 화재 발생 시 열원(전기 또는 가스)을 자동으로 차단하며 소화약제를 방사하는 소화장치를 말한다.

2. 주거용 주방자동소화장치 설치기준 [M : 감 · 방 · 차 · 수 · 탐]
   1) **감**지부의 위치
      형식승인된 유효한 높이 및 위치에 설치할 것
   2) 소화약제 **방**출구
      (1) 소화약제 방출구는 환기구의 청소부분과 분리되어 있어야 할 것
      (2) 형식승인 받은 유효설치 높이 및 방호면적에 따라 설치할 것
   3) **차**단장치(전기 또는 가스)
      상시 확인 및 점검이 가능하도록 설치할 것
   4) **수**신부
      (1) 주위의 열기류 또는 습기 등과 주위온도에 영향을 받지 아니할 것
      (2) 사용자가 상시 볼 수 있는 장소에 설치할 것
   5) 가스용 주방자동소화장치를 사용하는 경우 **탐**지부 [21회 3점]
      (1) 탐지부는 수신부와 분리하여 설치할 것
      (2) 공기보다 가벼운 가스를 사용하는 경우에는 천장면으로부터 30cm 이하의 위치에 설치할 것
      (3) 공기보다 무거운 가스를 사용하는 장소에는 바닥면으로부터 30cm 이하의 위치에 설치할 것

tip 투척용 소화기 설치대상, 설치 능력단위 ★★

1. 설치대상 : 노유자시설
2. 투척용 소화기 설치 능력단위 : 산출된 소요능력 단위의 $\frac{1}{2}$ 이상 투척용 소화기 설치

〈근거〉 소방시설 설치 및 관리에 관한 법률 시행령 [별표 4]

[별표 4]
1. 소화설비
   가. 화재안전기준에 따라 소화기구를 설치하여야 하는 특정소방대상물은 다음의 어느 하나와 같다.
      1) 연면적 $33m^2$ 이상인 것. 다만, 노유자시설의 경우에는 투척용 소화용구 등을 화재안전기준에 따라 산정된 소화기 수량의 2분의 1 이상으로 설치할 수 있다.

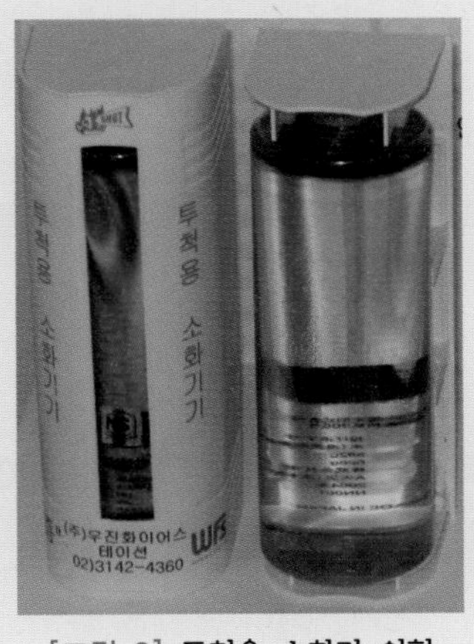

[그림 8] **투척용 소화기 외형**

기출 및 예상 문제

☞ 정답은 본문 및 과년도 출제 문제 풀이 참조

★★★★

01 소화기구의 종합점검항목을 10가지 쓰시오.

★★★★

02 주거용 주방자동소화장치의 작동점검항목을 6가지 쓰시오.

★★★

03 상업용 주방자동소화장치의 점검항목을 3가지 쓰시오. [21회 3점]

★★★

04 캐비닛형 자동소화장치의 작동점검항목을 3가지 쓰시오.

★★★★

05 소화기(간이소화용구 포함)의 외관점검 내용 6가지를 쓰시오. [21회 3점]

※ 출제 당시 법령에 의함.

★★★★

06 소화기구 및 자동소화장치의 화재안전기준(NFSC 101)에서 가스용 주방자동소화장치를 사용하는 경우 탐지부 설치위치를 쓰시오. [21회 3점]

★★★★

07 소화기구 및 자동소화장치의 화재안전기술기준(NFTC 101)상 용어의 정의에서 정한 자동확산소화기의 종류 3가지를 설명하시오. [23회 6점]

2 옥내 · 외 소화전설비 ★★★★★

1. 수원 및 수조 점검항목 〈개정 2021. 3. 25〉

구 분	옥내소화전설비 점검항목	옥외소화전설비 점검항목
수원	○ 주된 수원의 유효수량 적정 여부 (겸용설비 포함.) ○ 보조수원(옥상)의 유효수량 적정 여부	○ 수원의 유효수량 적정 여부 (겸용설비 포함.) –
수조 [8회 10점]	● 동결방지조치 상태 적정 여부 ○ 수위계 설치상태 적정 또는 수위 확인 가능 여부 ● 수조 외측 고정사다리 설치상태 적정 여부(바닥보다 낮은 경우 제외) ● 실내설치 시 조명설비 설치상태 적정 여부 ○ "옥내소화전설비용 수조" 표지 설치상태 적정 여부 ● 다른 소화설비와 겸용 시 겸용설비의 이름 표시한 표지 설치상태 적정 여부 ● 수조-수직배관 접속부분 "옥내소화전설비용 배관" 표지 설치상태 적정 여부	● 동결방지조치 상태 적정 여부 ○ 수위계 설치 또는 수위 확인 가능 여부 ● 수조 외측 고정사다리 설치 여부(바닥보다 낮은 경우 제외) ● 실내설치 시 조명설비 설치 여부 ○ "옥외소화전설비용 수조" 표지 설치 여부 및 설치상태 ● 다른 소화설비와 겸용 시 겸용설비의 이름 표시한 표지 설치 여부 ● 수조-수직배관 접속부분 "옥외소화전설비용 배관" 표지 설치 여부

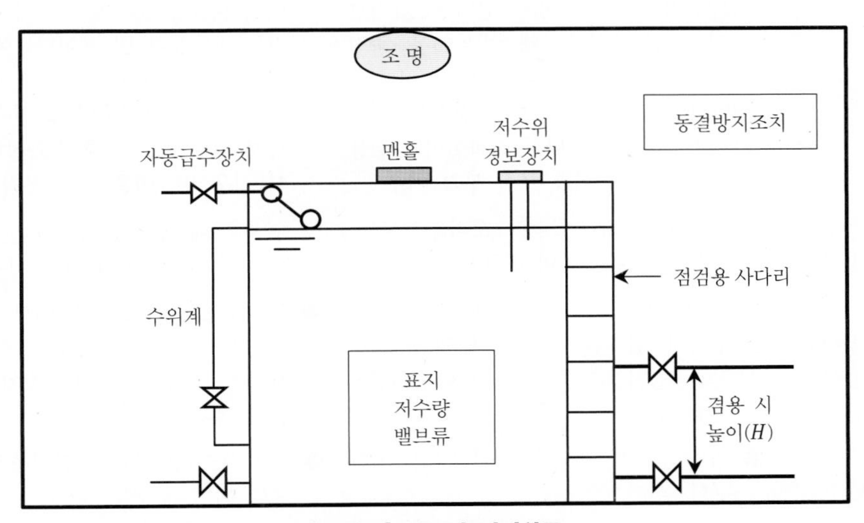

[그림 1] 수조의 점검항목

2. 가압송수장치 점검항목 〈개정 2021. 3. 25〉

[8회 10점 ; 5항목 기술] [81회 기술사 25점 ; 펌프방식 가압송수장치 설치기준]

구 분	옥내소화전설비 점검항목	옥외소화전설비 점검항목
펌프방식	● 동결방지조치 상태 적정 여부 ○ 옥내소화전 방수량 및 방수압력 적정 여부 ● 감압장치 설치 여부(방수압력 0.7MPa 초과 조건) ○ 성능시험배관을 통한 펌프성능시험 적정 여부 ● 다른 소화설비와 겸용인 경우 펌프성능 확보 가능 여부 ○ 펌프 흡입측 연성계 · 진공계 및 토출측 압력계 등 부속장치의 변형 · 손상 유무 ● 기동장치 적정 설치 및 기동압력 설정 적정 여부 ○ 기동스위치 설치 적정 여부(ON/OFF 방식) ● 주펌프와 동등 이상 펌프 추가설치 여부 ● 물올림장치 설치 적정(전용 여부, 유효수량, 배관구경, 자동급수) 여부 ● 충압펌프 설치 적정(토출압력, 정격토출량) 여부 ○ 내연기관 방식의 펌프 설치 적정[정상기동(기동장치 및 제어반) 여부, 축전지상태, 연료량] 여부 ○ 가압송수장치의 "옥내소화전펌프" 표지 설치 여부 또는 다른 소화설비와 겸용 시 겸용설비 이름 표시 부착 여부	● 동결방지조치 상태 적정 여부 ○ 옥외소화전 방수량 및 방수압력 적정 여부 ● 감압장치 설치 여부(방수압력 0.7MPa 초과 조건) ○ 성능시험배관을 통한 펌프성능시험 적정 여부 ● 다른 소화설비와 겸용인 경우 펌프성능 확보 가능 여부 ○ 펌프 흡입측 연성계 · 진공계 및 토출측 압력계 등 부속장치의 변형 · 손상 유무 ● 기동장치 적정 설치 및 기동압력 설정 적정 여부 ○ 기동스위치 설치 적정 여부(ON/OFF 방식) - ● 물올림장치 설치 적정(전용 여부, 유효수량, 배관구경, 자동급수) 여부 ● 충압펌프 설치 적정(토출압력, 정격토출량) 여부 ○ 내연기관 방식의 펌프 설치 적정[정상기동(기동장치 및 제어반) 여부, 축전지 상태, 연료량] 여부 ○ 가압송수장치의 "옥외소화전펌프" 표지 설치 여부 또는 다른 소화설비와 겸용 시 겸용설비 이름 표시 부착 여부
고가수조 방식	○ 수위계 · 배수관 · 급수관 · 오버플로우관 · 맨홀 등 부속장치의 변형 · 손상 유무	○ 수위계 · 배수관 · 급수관 · 오버플로우관 · 맨홀 등 부속장치의 변형 · 손상 유무
압력수조 방식	● 압력수조의 압력 적정 여부 ○ 수위계 · 급수관 · 급기관 · 압력계 · 안전장치 · 공기압축기 등 부속장치의 변형 · 손상 유무	● 압력수조의 압력 적정 여부 ○ 수위계 · 급수관 · 급기관 · 압력계 · 안전장치 · 공기압축기 등 부속장치의 변형 · 손상 유무
가압수조 방식	● 가압수조 및 가압원 설치장소의 방화구획 여부 ○ 수위계 · 급수관 · 배수관 · 급기관 · 압력계 등 부속장치의 변형 · 손상 유무	● 가압수조 및 가압원 설치장소의 방화구획 여부 ○ 수위계 · 급수관 · 배수관 · 급기관 · 압력계 등 부속장치의 변형 · 손상 유무

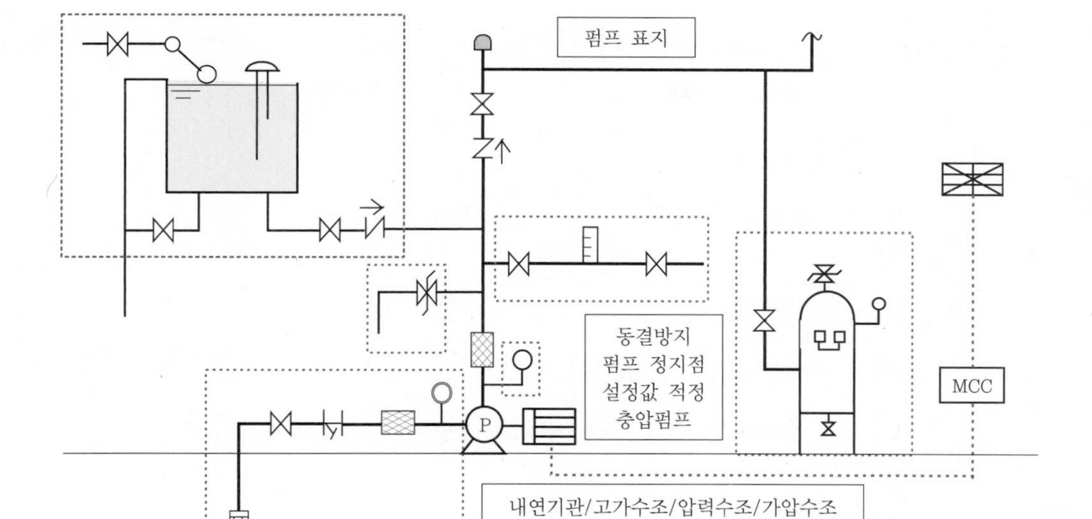

[그림 2] **가압송수장치 점검항목(종합)**

3. 송수구 점검항목 〈개정 2021. 3. 25〉

구 분	옥내소화전설비 점검항목	옥외소화전설비 점검항목
송수구	○ 설치장소 적정 여부 ● 연결배관에 개폐밸브를 설치한 경우 개폐상태 확인 및 조작가능 여부 ● 송수구 설치높이 및 구경 적정 여부 ● 자동배수밸브(또는 배수공)·체크밸브 설치 여부 및 설치상태 적정 여부 ○ 송수구 마개 설치 여부	-

▣ 설비별 연결송수구 설치기준 ★★★

설치기준		옥내	SP	간이 SP	연송	연살	연방
설치 장소	소방차가 쉽게 접근, 노출된 장소	○	○	○	○	-	-
	소방차가 쉽게 접근할 수 있는 노출된 장소, 눈에 띄기 쉬운 보도 또는 차도에 설치	-	-	-	-	-	○
	• 소방차가 쉽게 접근할 수 있고, 노출된 장소에 설치 • 가연성 가스의 저장·취급시설에 설치하는 연결살수설비의 송수구는 그 방호대상물로부터 20m 이상의 거리를 두거나 방호대상물에 면하는 부분이 높이 1.5m 이상 폭 2.5m 이상의 철근 콘크리트벽으로 가려진 장소에 설치	-	-	-	-	○	-

	설치기준	옥내	SP	간이 SP	연송	연살	연방
설치장소	송수구는 화재층으로부터 지면으로 떨어지는 유리창 등이 송수 및 그 밖의 소화작업에 지장을 주지 아니하는 장소에 설치	○	○	○	○	-	-
높이	지면으로부터 높이가 0.5m 이상 1m 이하의 위치	○	○	○	○	○	○
마개	송수구에 이물질을 막기 위한 마개를 씌울 것	○	○	○	○	○	○
쌍구단구	송수구 구경 65mm의 쌍구형 또는 단구형	쌍/단	쌍	쌍/단 (40A↑)	쌍	쌍/단 10↓	쌍
배수	송수구의 가까운 부분에 자동배수밸브, 체크밸브 설치	○	○	○	○	○	○
개폐밸브	송수구 연결배관에 개폐밸브 설치금지 (단, SP, 물분무, 포, 연송과 겸용 시 제외)	○	-	-	-	○	○
	개폐밸브를 설치한 때에는 그 개폐상태를 쉽게 확인 및 조작할 수 있는 옥외 또는 기계실 등의 장소에 설치	-	○	○	○	-	-
표지	송수구에는 그 가까운 곳의 보기 쉬운 곳에 송수압력 범위를 표시한 표지를 할 것	-	○	-	○	-	-
	송수구에는 가까운 곳의 보기 쉬운 곳에 "연결송수관설비 송수구"라고 표시한 표지를 설치	-	-	-	○	-	-
	폐쇄형 스프링클러헤드를 사용하는 스프링클러설비의 송수구는 하나의 층의 바닥면적이 3,000m²를 넘을 때마다 1개 이상(5개를 넘을 경우에는 5개로 한다.)을 설치	-	○	-	-	-	-
	송수구의 부근에 "송수구역 일람표"와 "연결살수설비 송수구" 표지 설치	-	-	-	-	○	-
	송수구로부터 1m 이내에 살수구역 안내표지를 설치	-	-	-	-	-	○
송수구 개수	송수구는 연결송수관의 수직배관마다 1개 이상 설치	-	-	-	○	-	-
	개방형 헤드 사용 시 송수구의 호스접결구는 각 송수구역마다 설치	-	-	-	-	○	-

※ 화재 조기진압용 스프링클러설비, 물분무소화설비, 포소화설비는 스프링클러설비의 송수구 기준과 동일

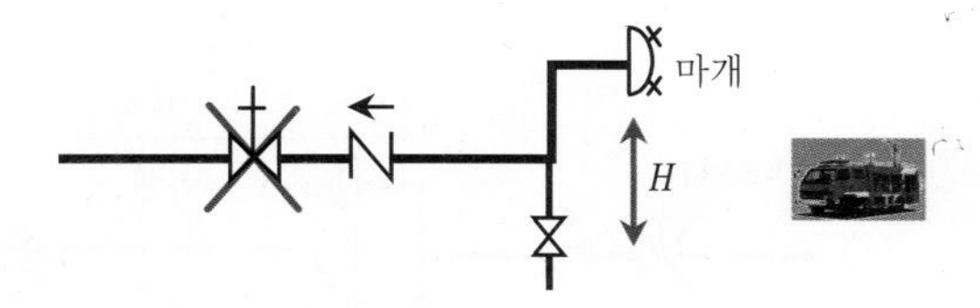

[그림 3] **옥내소화전 송수구**

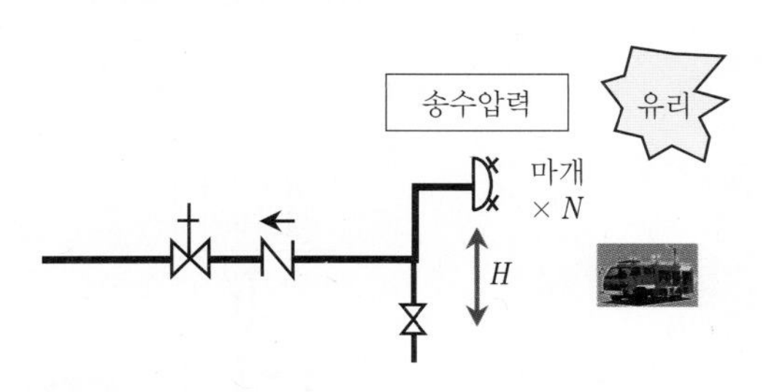

[그림 4] **스프링클러설비 송수구**

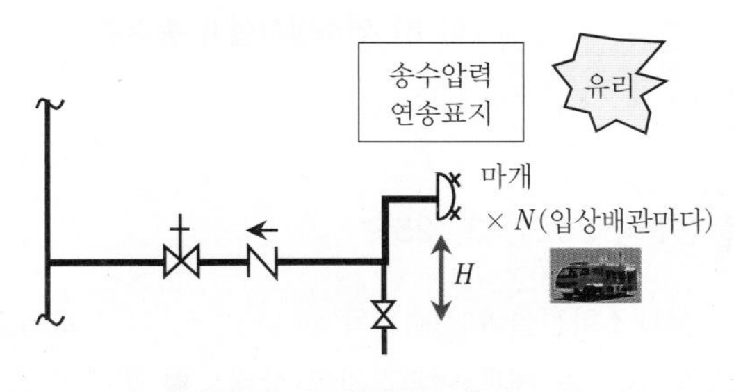

[그림 5] **연결송수관 송수구**

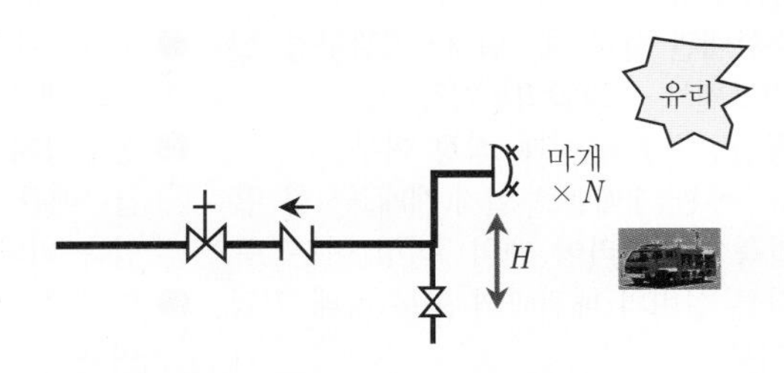

※ 다중이용업소로서 상수도 직결방식일 경우 송수구, 유수검지장치 면제가능 <개정 2007. 12. 28>

[그림 6] **간이스프링클러설비 송수구**

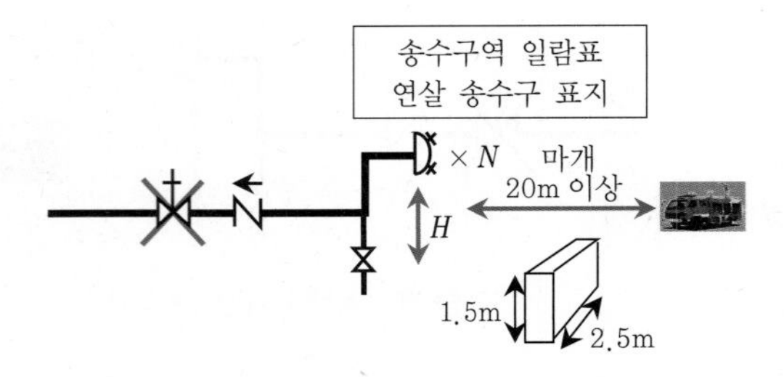

[그림 7] **연결살수설비 송수구**

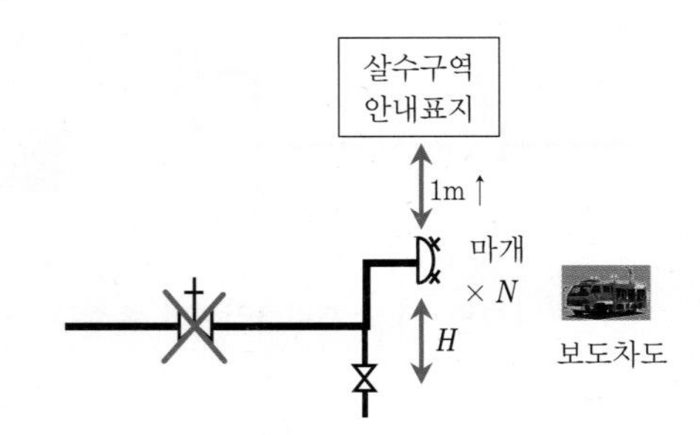

[그림 8] **연소방지설비 송수구**

4. 배관 등 점검항목 〈개정 2021. 3. 25〉

구 분	옥내소화전설비 점검항목	옥외소화전설비 점검항목
배관 등	● 펌프의 흡입측 배관 여과장치의 상태 확인 ● 성능시험배관 설치(개폐밸브, 유량조절 밸브, 유량측정장치) 적정 여부 ● 순환배관 설치(설치위치·배관구경, 릴리프밸브 개방압력) 적정 여부 ● 동결방지조치 상태 적정 여부 ○ 급수배관 개폐밸브 설치(개폐표시형, 흡입측 버터플라이 제외) 적정 여부 ● 다른 설비의 배관과의 구분 상태 적정 여부 – –	● 펌프의 흡입측 배관 여과장치의 상태 확인 ● 성능시험배관 설치(개폐밸브, 유량조절 밸브, 유량측정장치) 적정 여부 ● 순환배관 설치(설치위치·배관구경, 릴리프밸브 개방압력) 적정 여부 ● 동결방지조치 상태 적정 여부 ○ 급수배관 개폐밸브 설치(개폐표시형, 흡입측 버터플라이 제외) 적정 여부 ● 다른 설비의 배관과의 구분 상태 적정 여부 ● 호스접결구 높이 및 각 부분으로부터 호스접결구까지의 수평거리 적정 여부 ○ 호스 구경 적정 여부

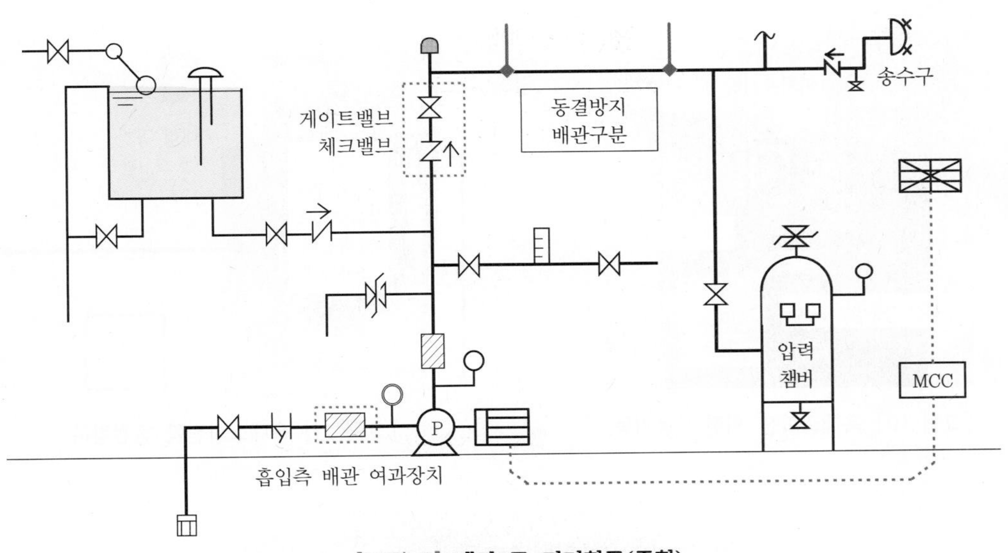

[그림 9] **배관 등 점검항목(종합)**

5. 함 및 방수구 등 점검항목 〈개정 2021. 3. 25〉

구 분	옥내소화전설비 점검항목	옥외소화전설비 점검항목
소화전함 및 방수구 등	○ 함 개방 용이성 및 장애물 설치 여부 등 사용 편의성 적정 여부	○ 함 개방 용이성 및 장애물 설치 여부 등 사용 편의성 적정 여부
	○ 위치·기동 표시등 적정 설치 및 정상 점등 여부	○ 위치·기동 표시등 적정 설치 및 정상 점등 여부
	○ "소화전" 표시 및 사용요령(외국어 병기) 기재 표지판 설치상태 적정 여부	○ "옥외소화전" 표시 설치 여부
	○ 함 내 소방호스 및 관창 비치 적정 여부	○ 옥외소화전함 내 소방호스, 관창, 옥외소화전 개방장치 비치 여부
	○ 호스의 접결상태, 구경, 방수압력 적정 여부	○ 호스의 접결상태, 구경, 방수거리 적정 여부
	● 대형공간(기둥 또는 벽이 없는 구조) 소화전 함 설치 적정 여부	● 소화전함 설치 수량 적정 여부
	● 방수구 설치 적정 여부	-
	● 호스릴방식 노즐 개폐장치 사용 용이 여부	-

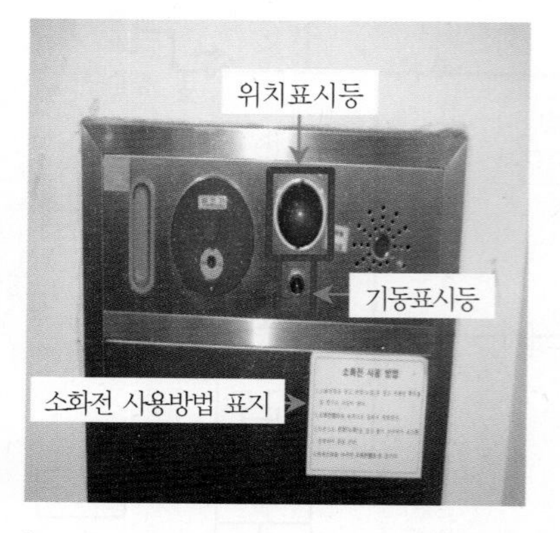

[그림 10] **옥내소화전 외형(자동기동)**

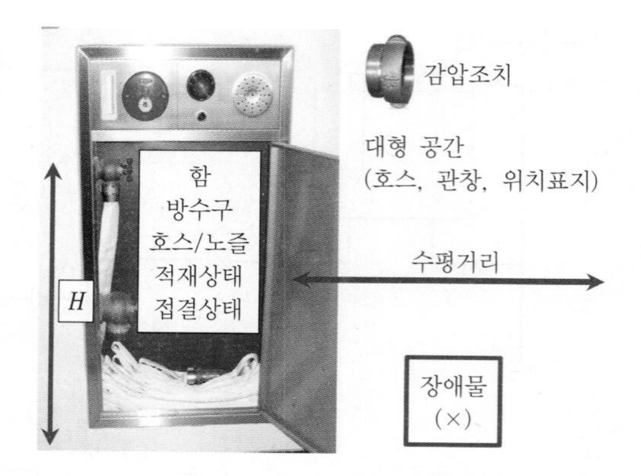

[그림 11] **옥내소화전함 점검항목**

[그림 12] **옥내소화전 외형(수동기동방식)**

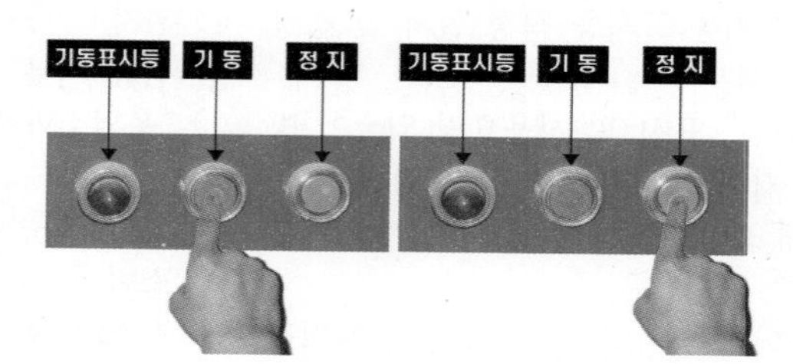

[그림 13] **펌프 기동표시등 및 스위치**

6. 전원 점검항목 〈개정 2021. 3. 25〉

(※ 옥내·외 소화전 점검항목 동일함.)

번 호	점검항목	점검결과
2-G. 전원		
2-G-001 2-G-002 2-G-003 2-G-004	● 대상물 수전방식에 따른 상용전원 적정 여부 ● 비상전원 설치장소 적정 및 관리 여부 ○ 자가발전설비인 경우 연료 적정량 보유 여부 ○ 자가발전설비인 경우 「전기사업법」에 따른 정기점검 결과 확인	

tip 전원의 설치기준

☞ 옥내소화전설비의 화재안전기준(NFPC 102 제8조, NFTC 102 2.5) 〈2022. 12. 1 제정〉

1. 상용전원회로의 배선 : 다만, 가압수조방식으로서 모든 기능이 20분 이상 유효하게 지속될 수 있는 경우에는 그러지 아니하다.
   1) **저압수전**인 경우 : 인입개폐기의 직후에서 분기, 전용배선, 전용의 전선관에 보호
   2) **특별고압수전 또는 고압수전**인 경우 : 전력용 변압기 2차측의 주차단기 1차측에서 분기하여 전용배선, 상용전원의 상시 공급에 지장이 없을 경우에는 주차단기 2차측에서 분기하여 전용배선으로 할 것 다만, 가압송수장치의 정격입력전압이 수전전압과 같은 경우에는 "1)"의 기준에 따른다.
2. 비상전원의 종류, 설치대상, 면제조건
   1) 종류 : 자가발전기설비, 축전지설비 또는 전기저장장치
   2) 설치대상
      (1) 층수가 7층 이상으로서 연면적이 2,000m^2 이상
      (2) 지하층 바닥면적의 합계가 3,000m^2 이상
   3) 면제조건
      (1) 2 이상의 변전소에서 전력을 동시에 공급받을 수 있는 경우
      (2) 하나의 변전소로부터 전력의 공급이 중단되는 때에는 자동으로 다른 변전소로부터 전력을 공급받을 수 있도록 상용전원을 설치한 경우
      (3) 가압수조방식〈신설 2008. 12. 15〉

tip 비상전원 설치기준 [M : 점 · 20 · 자 · 방 · 조]

1. **점**검에 편리하고 화재 및 침수 등의 재해로 인한 피해를 받을 우려가 없는 곳에 설치
2. 옥내소화전설비를 유효하게 **20분 이상**, **층수가 30층 이상 49층 이하는 40분 이상**, **50층 이상은 60분 이상 작동**할 수 있어야 할 것〈개정 2012. 2. 15〉
3. 상용전원으로부터 전력의 공급이 중단된 때에는 **자**동으로 비상전원으로부터 전력을 공급받을 수 있도록 할 것
4. 비상전원(내연기관의 기동 및 제어용 축전지 제외)의 설치장소는 다른 장소와 **방**화구획을 할 것. 이 경우 그 장소에는 비상전원의 공급에 필요한 기구나 설비 외의 것을 두지 말 것
5. 비상전원을 실내에 설치하는 때에는 그 실내에 비상**조**명등을 설치할 것

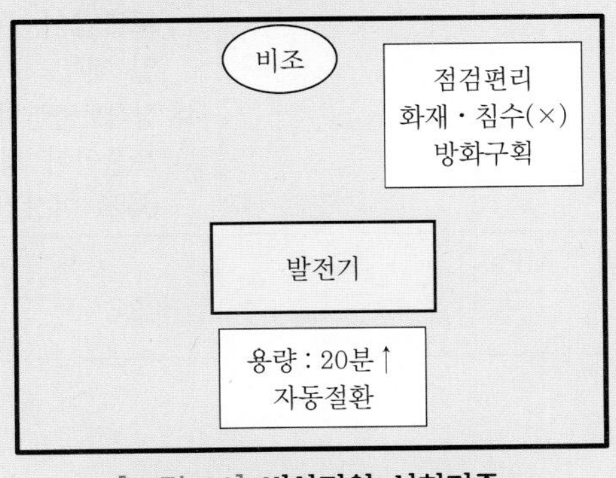

[그림 14] **비상전원 설치기준**

7. 제어반 점검항목 〈개정 2021. 3. 25〉

(※ 옥내·외 소화전 점검항목 동일함.)

번 호	점검항목	점검결과
2-H. 제어반 [감시제어반 기능 : 10회 10점]		
2-H-001	● 겸용 감시·동력 제어반 성능 적정 여부(겸용으로 설치된 경우)	
	[감시제어반]	
2-H-011	○ 펌프 작동 여부 확인 표시등 및 음향경보장치 정상작동 여부	
2-H-012	○ 펌프별 자동·수동 전환스위치 정상작동 여부	
2-H-013	● 펌프별 수동기동 및 수동중단 기능 정상작동 여부	
2-H-014	● 상용전원 및 비상전원 공급 확인 가능 여부(비상전원 있는 경우)	
2-H-015	● 수조·물올림탱크 저수위 표시등 및 음향경보장치 정상작동 여부	
2-H-016	○ 각 확인회로별 도통시험 및 작동시험 정상작동 여부	
2-H-017	○ 예비전원 확보 유무 및 시험 적합 여부	
2-H-018	● 감시제어반 전용실 적정 설치 및 관리 여부	
2-H-019	● 기계·기구 또는 시설 등 제어 및 감시설비 외 설치 여부	
	[동력제어반]	
2-H-021	○ 앞면은 적색으로 하고, "옥내소화전설비용 동력제어반" 표지 설치 여부	
	[발전기제어반]	
2-H-031	● 소방전원보존형발전기는 이를 식별할 수 있는 표지 설치 여부	

※ 펌프성능시험(펌프 명판 및 설계치 참조)

<table>
<tr><th colspan="2">구 분</th><th>체절운전</th><th>정격운전
(100%)</th><th>정격유량의
150% 운전</th><th>적정 여부</th><th rowspan="5">• 설정압력 :
• 주펌프
기동 : MPa
정지 : MPa
• 예비펌프
기동 : MPa
정지 : MPa
• 충압펌프
기동 : MPa
정지 : MPa</th></tr>
<tr><td rowspan="2">토출량
(l/min)</td><td>주</td><td></td><td></td><td></td><td rowspan="4">1) 체절운전 시 토출압은 정격토출압의 140% 이하일 것(　)
2) 정격운전 시 토출량과 토출압이 규정치 이상일 것(　)
3) 정격토출량의 150%에서 토출압이 정격토출압의 65% 이상일 것(　)</td></tr>
<tr><td>예 비</td><td></td><td></td><td></td></tr>
<tr><td rowspan="2">토출압
(MPa)</td><td>주</td><td></td><td></td><td></td></tr>
<tr><td>예 비</td><td></td><td></td><td></td></tr>
</table>

※ 릴리프밸브 작동압력 : MPa

비고	

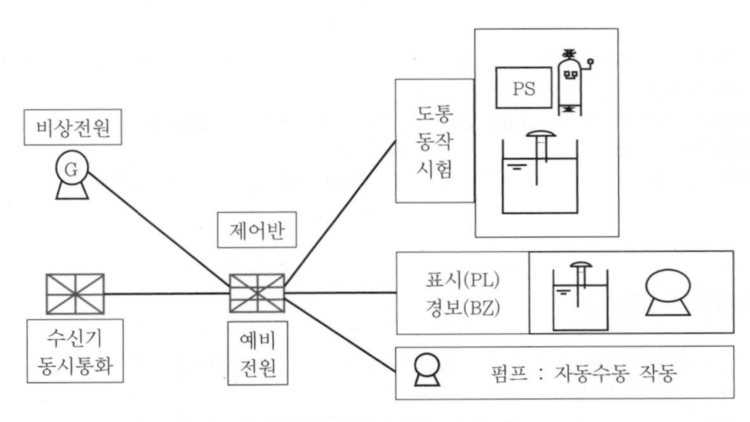

[그림 15] **옥내소화전설비 감시제어반 점검항목** ★★★★

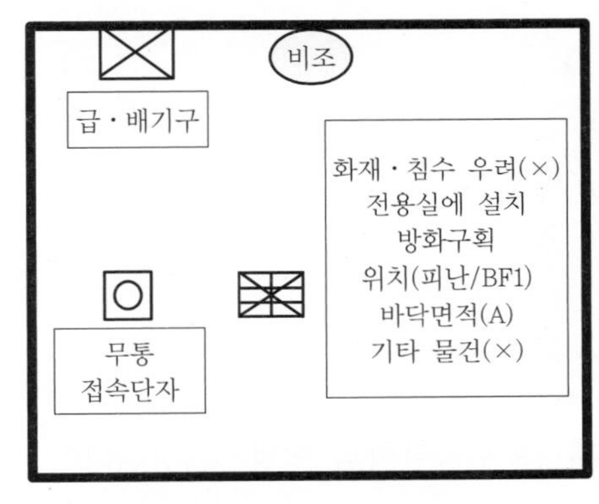

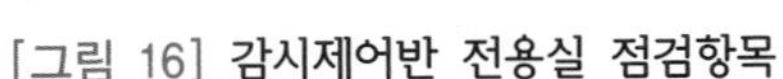

[그림 16] **감시제어반 전용실 점검항목**

[그림 17] **동력제어반 점검항목**

tip 감시제어반 설치장소 기준 [81회 기술사 10점]

1. 화재 및 침수 등의 재해로 인한 피해를 받을 우려가 없는 곳에 설치
2. 감시제어반은 옥내소화전설비의 전용으로 할 것
   다만, 옥내소화전설비의 제어에 지장이 없는 경우에는 다른 설비와 겸용할 수 있다.
3. 감시제어반은 다음 각 목의 기준에 따른 전용실 안에 설치할 것
   1) 다른 부분과 방화구획을 할 것
      이 경우 전용실의 벽에는 기계실 또는 전기실 등의 감시를 위하여 두께 7mm 이상의 망입유리(두께 16.3mm 이상의 접합유리 또는 두께 28mm 이상의 복층유리를 포함한다.)로 된 $4m^2$ 미만의 붙박이창을 설치할 수 있다.
   2) 피난층 또는 지하 1층에 설치할 것
      다만, 다음의 1에 해당하는 경우에는 지상 2층에 설치하거나 지하 1층 외의 지하층에 설치할 수 있다.
      (1) 특별피난계단이 설치되고 그 계단(부속실을 포함한다.) 출입구로부터 보행거리 5m 이내에 전용실의 출입구가 있는 경우
      (2) 아파트의 관리동(관리동이 없는 경우에는 경비실)에 설치하는 경우
   3) 비상조명등 및 급 · 배기설비를 설치할 것

4) 무선통신보조설비가 설치된 층의 모든 부분에서 유효하게 통신이 가능할 것(무선통신보조설비가 설치된 곳에 한함.)
5) 바닥면적은 감시제어반의 설치에 필요한 면적 외에 화재 시 소방대원이 그 감시제어반의 조작에 필요한 최소면적 이상으로 할 것

4. 전용실에는 소방대상물의 기계 · 기구 또는 시설 등의 제어 및 감시설비 외의 것을 두지 아니할 것

tip 동력제어반 설치기준

1. 화재 및 침수 등의 재해로 인한 피해를 받을 우려가 없는 곳에 설치할 것
2. 감시제어반은 옥내소화전설비의 전용으로 할 것
3. 앞면은 적색으로 하고 "옥내소화전설비용 동력제어반"이라고 표시한 표지를 설치할 것
4. 외함은 두께 1.5mm 이상의 강판 또는 이와 동등 이상의 강도 및 내열성능이 있는 것으로 할 것

8. 옥내 · 외 소화전 외관점검표 〈개정 2022. 12. 1〉

1) 수원
   (1) 주된 수원의 유효수량 적정 여부(겸용설비 포함)
   (2) 보조수원(옥상)의 유효수량 적정 여부
   (3) 수조 표시 설치상태 적정 여부

2) 가압송수장치
   펌프 흡입측 연성계 · 진공계 및 토출측 압력계 등 부속장치의 변형 · 손상 유무

3) 송수구
   송수구 설치장소 적정 여부(소방차가 쉽게 접근할 수 있는 장소)

4) 배관
   급수배관 개폐밸브 설치(개폐표시형, 흡입측 버터플라이 제외) 적정 여부

5) 함 및 방수구 등
   (1) 함 개방 용이성 및 장애물 설치 여부 등 사용 편의성 적정 여부
   (2) 위치표시등 적정 설치 및 정상 점등 여부
   (3) 소화전 표시 및 사용요령(외국어 병기) 기재 표지판 설치상태 적정 여부
   (4) 함 내 소방호스 및 관창 비치 적정 여부

6) 제어반
   펌프 별 자동 · 수동 전환스위치 위치 적정 여부

기출 및 예상 문제

☞ 정답이 없는 문제는 본문 및 과년도 출제 문제 풀이 참조

★★★★★

01 수조의 종합정밀 점검항목 중 5항목을 기술하시오. [8회 10점]

★★★★

02 옥내소화전설비의 구성요소 중 하나인 "가압송수장치"의 점검항목 중 5항목을 기술하시오.(단, 펌프방식임.) [8회 10점 : 5항목 기술] [81회 기술사 25점 : 펌프방식의 가압송수장치 설치기준]

★★★

03 옥내소화전설비의 배관 등에 대한 종합정밀 점검항목을 쓰시오.

★★★

04 옥내소화전 송수구의 종합정밀 점검항목을 쓰시오.

★★★★

05 옥내소화전설비 전원의 종합정밀 점검항목을 쓰시오.

★★★

06 옥내소화전설비의 소화전함 및 방수구에 대한 종합정밀 점검항목을 쓰시오.

★★★★★

07 옥내소화전설비의 화재안전기준(NFSC 102)에서 가압송수장치의 압력수조에 설치해야 하는 것을 5가지만 쓰시오. [22회 5점]

※ 출제 당시 법령에 의함.
압력수조에는 수위계 · 급수관 · 배수관 · 급기관 · 맨홀 · 압력계 · 안전장치 및 압력저하 방지를 위한 자동식 공기압축기를 설치

★★★★★

08 옥내소화전설비의 화재안전기술기준에서 정하는 감시제어반의 기능에 대한 기준을 5가지만 쓰시오.

[10회 10점]

☞ 옥내소화전설비의 화재안전기술기준(NFTC 102) 2.6.2

1. 각 펌프의 작동 여부를 확인할 수 있는 표시등 및 음향경보 기능이 있어야 할 것
2. 각 펌프를 자동 및 수동으로 작동시키거나 작동을 중단시킬 수 있어야 할 것
3. 비상전원이 있는 경우 상용 및 비상전원 공급 여부 확인
4. 수조 또는 물올림탱크가 저수위로 될 때 표시등 및 음향으로 경보할 것
5. 각 확인회로(기동용 수압개폐장치의 압력스위치회로·수조 또는 물올림탱크의 감시회로를 말한다.)마다 도통시험 및 작동시험을 할 수 있어야 할 것
6. 예비전원 확보상태 및 적합 여부 시험기능

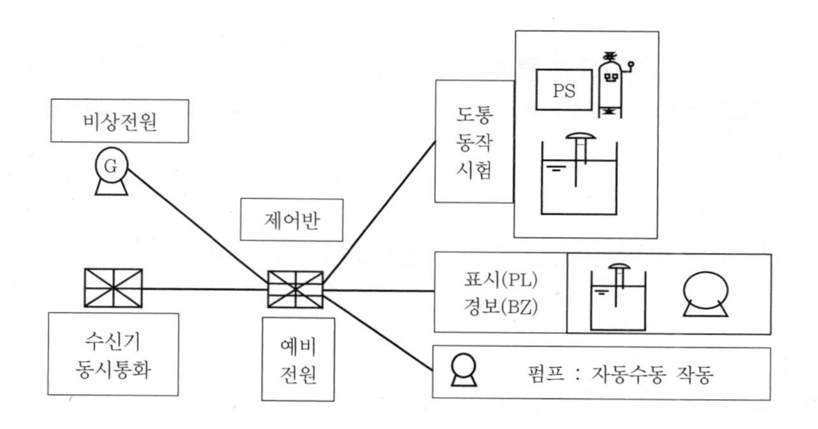

[옥내소화전설비 감시제어반의 기능(점검항목)]

★★★★★

09 공동주택(아파트)에 설치된 옥내소화전설비에 대해 작동기능점검을 실시하려고 한다. 소화전 방수압 시험의 점검내용과 점검결과에 따른 가부 판정기준에 관하여 각각 쓰시오.

[19회 5점]

1. 점검내용(2점)
2. 방사시간, 방사압력과 방사거리에 대한 가부 판정기준(3점)

☞ 19회 과년도 출제 문제 풀이 참조

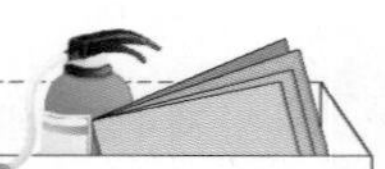

3 스프링클러설비 및 간이스프링클러 ★★★★★

1. 수원 및 수조 점검항목 ★★★★★ 〈개정 2021. 3. 25〉

구 분	스프링클러설비 점검항목	간이스프링클러설비 점검항목
수원	○ 주된 수원의 유효수량 적정 여부(겸용설비 포함.) ○ 보조수원(옥상)의 유효수량 적정 여부	○ 수원의 유효수량 적정 여부(겸용설비 포함.) -
수조	- ● 동결방지조치 상태 적정 여부 ○ 수위계 설치 또는 수위 확인 가능 여부 ● 수조 외측 고정사다리 설치 여부(바닥보다 낮은 경우 제외) ● 실내설치 시 조명설비 설치 여부 ○ "스프링클러설비용 수조" 표지 설치 여부 및 설치상태 ● 다른 소화설비와 겸용 시 겸용설비의 이름 표시한 표지 설치 여부 ● 수조-수직배관 접속부분 "스프링클러설비용 배관" 표지 설치 여부	○ 자동급수장치 설치 여부 ● 동결방지조치 상태 적정 여부 ○ 수위계 설치 또는 수위 확인 가능 여부 ● 수조 외측 고정사다리 설치 여부(바닥보다 낮은 경우 제외) ● 실내설치 시 조명설비 설치 여부 ○ "간이스프링클러설비용 수조" 표지 설치상태 적정 여부 ● 다른 소화설비와 겸용 시 겸용설비의 이름 표시한 표지 설치 여부 ● 수조-수직배관 접속부분 "간이스프링클러설비용 배관" 표지 설치 여부

2. 가압송수장치 점검항목 ★★ 〈개정 2021. 3. 25〉

구 분	스프링클러설비 점검항목	간이스프링클러설비 점검항목
상수도직결형		○ 방수량 및 방수압력 적정 여부
펌프방식	● 동결방지조치 상태 적정 여부 ○ 성능시험배관을 통한 펌프성능시험 적정 여부 ● 다른 소화설비와 겸용인 경우 펌프성능 확보 가능 여부 ○ 펌프 흡입측 연성계·진공계 및 토출측 압력계 등 부속장치의 변형·손상 유무 ● 기동장치 적정 설치 및 기동압력 설정 적정 여부 ● 물올림장치 설치 적정(전용 여부, 유효수량, 배관구경, 자동급수) 여부 ● 충압펌프 설치 적정(토출압력, 정격토출량) 여부 ○ 내연기관 방식의 펌프 설치 적정[정상기동(기동장치 및 제어반) 여부, 축전지 상태, 연료량] 여부 ○ 가압송수장치의 "스프링클러펌프" 표지 설치 여부 또는 다른 소화설비와 겸용 시 겸용설비 이름 표시 부착 여부	● 동결방지조치 상태 적정 여부 ○ 성능시험배관을 통한 펌프성능시험 적정 여부 ● 다른 소화설비와 겸용인 경우 펌프성능 확보 가능 여부 ○ 펌프 흡입측 연성계·진공계 및 토출측 압력계 등 부속장치의 변형·손상 유무 ● 기동장치 적정 설치 및 기동압력 설정 적정 여부 ● 물올림장치 설치 적정(전용 여부, 유효수량, 배관구경, 자동급수) 여부 ● 충압펌프 설치 적정(토출압력, 정격토출량) 여부 ○ 내연기관 방식의 펌프 설치 적정[정상기동(기동장치 및 제어반) 여부, 축전지 상태, 연료량] 여부 ○ 가압송수장치의 "간이스프링클러펌프" 표지 설치 여부 또는 다른 소화설비와 겸용 시 겸용설비 이름 표시 부착 여부

구 분	스프링클러설비 점검항목	간이스프링클러설비 점검항목
고가수조 방식	○ 수위계 · 배수관 · 급수관 · 오버플로우관 · 맨홀 등 부속장치의 변형 · 손상 유무	○ 수위계 · 배수관 · 급수관 · 오버플로우관 · 맨홀 등 부속장치의 변형 · 손상 유무
압력수조 방식	● 압력수조의 압력 적정 여부 ○ 수위계 · 급수관 · 급기관 · 압력계 · 안전장치 · 공기압축기 등 부속장치의 변형 · 손상 유무	● 압력수조의 압력 적정 여부 ○ 수위계 · 급수관 · 급기관 · 압력계 · 안전장치 · 공기압축기 등 부속장치의 변형 · 손상 유무
가압수조 방식	● 가압수조 및 가압원 설치장소의 방화구획 여부 ○ 수위계 · 급수관 · 배수관 · 급기관 · 압력계 등 부속장치의 변형 · 손상 유무	● 가압수조 및 가압원 설치장소의 방화구획 여부 ○ 수위계 · 급수관 · 배수관 · 급기관 · 압력계 등 부속장치의 변형 · 손상 유무

3. 폐쇄형 스프링클러설비 방호구역 및 유수검지장치 점검항목 ★★★★ 〈개정 2021. 3. 25〉

구 분	스프링클러설비 점검항목	간이스프링클러설비 점검항목
폐쇄형 스프링클러설비 방호구역 및 유수검지장치	● 방호구역 적정 여부 ● 유수검지장치 설치 적정(수량, 접근 · 점검 편의성, 높이) 여부 ○ 유수검지장치실 설치 적정(실내 또는 구획, 출입문 크기, 표지) 여부 ● 자연낙차에 의한 유수압력과 유수검지장치의 유수검지압력 적정 여부 ● 조기반응형헤드 적합 유수검지장치 설치 여부	● 방호구역 적정 여부 ● 유수검지장치 설치 적정(수량, 접근 · 점검 편의성, 높이) 여부 ○ 유수검지장치실 설치 적정(실내 또는 구획, 출입문 크기, 표지) 여부 ● 자연낙차에 의한 유수압력과 유수검지장치의 유수검지압력 적정 여부 ● 주차장에 설치된 간이스프링클러 방식 적정(습식 외의 방식) 여부

4. 개방형 스프링클러설비 방수구역 및 일제개방밸브 점검항목 ★★★★ 〈개정 2021. 3. 25〉

번 호	점검항목	점검결과
3-E. 개방형 스프링클러설비 방수구역 및 일제개방밸브		
3-E-001	● 방수구역 적정 여부	
3-E-002	● 방수구역별 일제개방밸브 설치 여부	
3-E-003	● 하나의 방수구역을 담당하는 헤드 개수 적정 여부	
3-E-004	○ 일제개방밸브실 설치 적정[실내(구획), 높이, 출입문, 표지] 여부	

tip 방호구역 · 방수구역관련 화재안전기준 [80회 소방기술사 25점]

폐쇄형 스프링클러설비의 방호구역 · 유수검지장치의 설치기준[13회 10점]	개방형 스프링클러설비의 방수구역 및 일제개방밸브 설치기준
[M : 1 · 2 · 3 · 밸브 · 통과 · 낙차 · 조기]	[M : 1 · 2 · 50 · 밸브]
1. 하나의 방호구역에는 1개 이상의 유수검지장치를 설치, 화재발생 시 접근이 쉽고 점검하기 편리한 장소에 설치	1. **방수구역마다** 일제개방밸브 설치
2. 하나의 방호구역은 2개층에 미치지 아니할 것. 다만, 1개층 헤드 수가 10개↓, 3개층 이내 가능	2. 하나의 방수구역은 **2개**층에 미치지 아니할 것
3. 하나의 방호구역의 **바닥면적은 3,000m²**를 초과하지 아니할 것(폐쇄형 스프링클러설비에 격자형 배관방식을 채택하는 때에는 3,700m² 범위 내에서 펌프의 용량, 배관의 구경 등을 수리학적으로 계산한 결과 헤드의 방수압 및 방수량이 방호구역 범위 내에서 소화목적을 달성할 것) <단서개정 2011. 11. 24>	3. 하나의 방수구역을 담당하는 헤드의 개수는 **50개 이하**로 할 것(2개 이상의 방수구역으로 나눌 경우, 하나의 방수구역을 담당하는 헤드의 개수는 25개 이상)
4. 스프링클러헤드에 공급되는 물은 **유수검지장치 등을 지나도록** 할 것 [**통과**]	
5. 자연낙차에 따른 압력수가 흐르는 배관상에 설치된 유수검지장치는 화재 시 물의 흐름을 검지할 수 있는 최소한의 압력이 얻어질 수 있도록 수조의 하단으로부터 **낙차**를 두어 설치	
6. **조기반응형 스프링클러헤드**를 설치하는 경우에는 습식 유수검지장치를 설치할 것	

▣ **일제개방밸브 · 유수검지장치의 설치위치, 출입문, 표지 [공통]**
1) 설치위치 : 실내에 설치하거나, 보호용철망 등으로 구획
2) 설치높이 : 바닥으로부터 0.8m 이상 1.5m 이하의 위치에 설치
3) 출입문 : 가로 0.5m 이상, 세로 1m 이상의 출입문을 설치
4) 표지 : 그 출입문 상단에 "일제개방밸브실" 또는 "유수검지장치실" 표지 설치

5. 배관 및 밸브 점검항목 ★★★ 〈개정 2021. 3. 25〉

구 분	스프링클러설비 점검항목	간이스프링클러설비 점검항목
배관 및 밸브	- ○ 급수배관 개폐밸브 설치(개폐표시형, 흡입측 버터플라이 제외) 및 작동표시스위치 적정(제어반 표시 및 경보, 스위치 동작 및 도통시험) 여부 ● 펌프의 흡입측 배관 여과장치의 상태 확인 ● 성능시험배관 설치(개폐밸브, 유량조절밸브, 유량측정장치) 적정 여부 ● 순환배관 설치(설치위치 · 배관구경, 릴리프밸브 개방압력) 적정 여부 ● 동결방지조치 상태 적정 여부	○ 상수도직결형 수도배관 구경 및 유수검지에 따른 다른 배관 자동 송수 차단 여부 ○ 급수배관 개폐밸브 설치(개폐표시형, 흡입측 버터플라이 제외) 및 작동표시스위치 적정(제어반 표시 및 경보, 스위치 동작 및 도통시험) 여부 ● 펌프의 흡입측 배관 여과장치의 상태 확인 ● 성능시험배관 설치(개폐밸브, 유량조절밸브, 유량측정장치) 적정 여부 ● 순환배관 설치(설치위치 · 배관구경, 릴리프밸브 개방압력) 적정 여부 ● 동결방지조치 상태 적정 여부

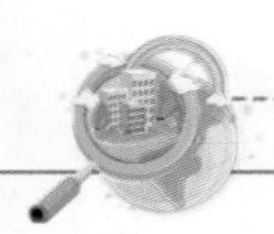

구 분	스프링클러설비 점검항목	간이스프링클러설비 점검항목
배관 및 밸브	○ 준비작동식 유수검지장치 및 일제개방밸브 2차측 배관 부대설비 설치 적정(개폐표시형 밸브, 수직배수배관, 개폐밸브, 자동배수장치, 압력스위치 설치 및 감시제어반 개방 확인) 여부 ○ 유수검지장치 시험장치 설치 적정(설치위치, 배관구경, 개폐밸브 및 개방형 헤드, 물받이 통 및 배수관) 여부 ● 주차장에 설치된 스프링클러 방식 적정(습식 외의 방식) 여부 ● 다른 설비의 배관과의 구분 상태 적정 여부	○ 준비작동식 유수검지장치 2차측 배관 부대설비 설치 적정(개폐표시형 밸브, 수직배수배관·개폐밸브, 자동배수장치, 압력스위치 설치 및 감시제어반 개방 확인) 여부 ○ 유수검지장치 시험장치 설치 적정(설치위치, 배관구경, 개폐밸브 및 개방형 헤드, 물받이 통 및 배수관) 여부 ● 간이스프링클러설비 배관 및 밸브 등의 순서의 적정 시공 여부 ● 다른 설비의 배관과의 구분 상태 적정 여부

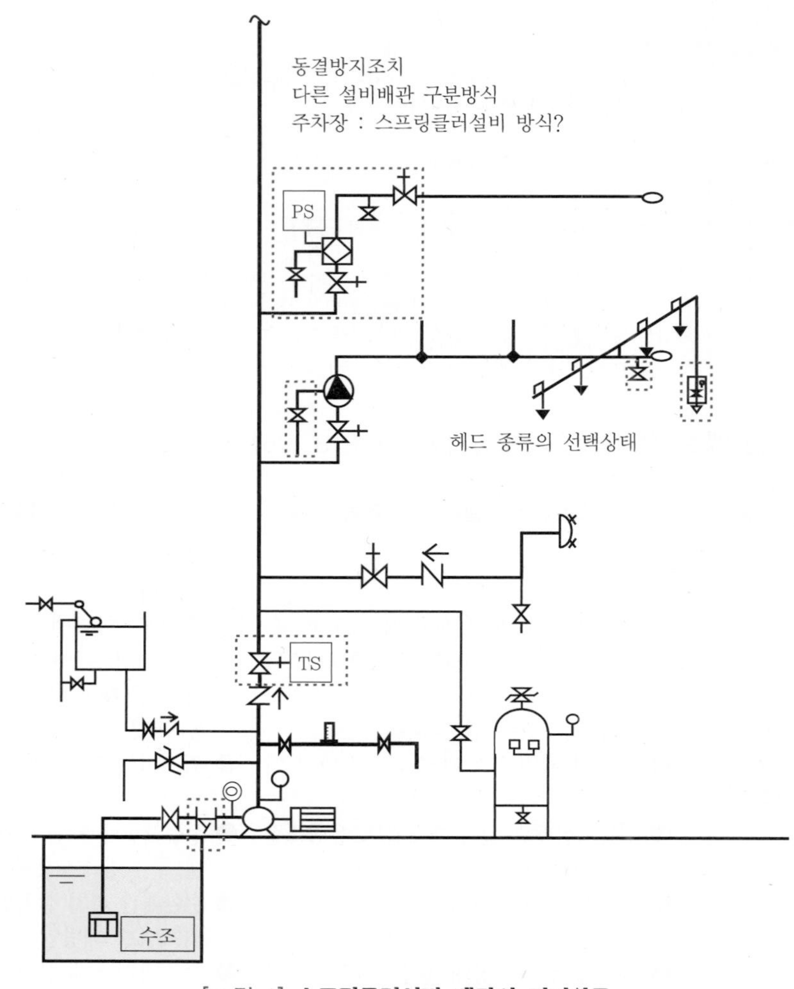

[그림 1] **스프링클러설비 배관의 점검항목**

6. 음향장치 및 기동장치 점검항목 ★★★★★ 〈개정 2021. 3. 25〉

구 분	스프링클러설비 점검항목	간이스프링클러설비 점검항목
음향장치	○ 유수검지에 따른 음향장치 작동 가능 여부(습식·건식의 경우) ○ 감지기 작동에 따라 음향장치 작동 여부(준비작동식 및 일제개방밸브의 경우) ● 음향장치 설치 담당구역 및 수평거리 적정 여부 ● 주 음향장치 수신기 내부 또는 직근 설치 여부 ● 우선경보방식에 따른 경보 적정 여부 ○ 음향장치(경종 등) 변형·손상 확인 및 정상 작동(음량 포함) 여부	○ 유수검지에 따른 음향장치 작동 가능 여부(습식의 경우) - ● 음향장치 설치 담당구역 및 수평거리 적정 여부 ● 주 음향장치 수신기 내부 또는 직근 설치 여부 ● 우선경보방식에 따른 경보 적정 여부 ○ 음향장치(경종 등) 변형·손상 확인 및 정상 작동(음량 포함) 여부
펌프작동	○ 유수검지장치의 발신이나 기동용 수압개폐장치의 작동에 따른 펌프 기동 확인(습식·건식의 경우) ○ 화재감지기의 감지나 기동용 수압개폐장치의 작동에 따른 펌프 기동 확인(준비작동식 및 일제개방밸브의 경우)	○ 유수검지장치의 발신이나 기동용 수압개폐장치의 작동에 따른 펌프 기동 확인(습식의 경우) ○ 화재감지기의 감지나 기동용 수압개폐장치의 작동에 따른 펌프 기동 확인(준비작동식의 경우)
준비작동식 유수검지장치 또는 일제개방밸브 작동	[준비작동식 유수검지장치 또는 일제개방밸브 작동] ○ 담당구역 내 화재감지기 동작(수동기동 포함.)에 따라 개방 및 작동 여부 ○ 수동조작함(설치높이, 표시등) 설치 적정 여부	[준비작동식 유수검지장치 작동] ○ 담당구역 내 화재감지기 동작(수동기동 포함.)에 따라 개방 및 작동 여부 ○ 수동조작함(설치높이, 표시등) 설치 적정 여부

7. 헤드 점검항목 ★★★★★ 〈개정 2021. 3. 25〉

※ 헤드별 점검 착안사항[1회 10점, 12회 30점]

구 분	스프링클러설비 점검항목	간이스프링클러설비 점검항목
헤드	○ 헤드의 변형·손상 유무 ○ 헤드 설치위치·장소·상태(고정) 적정 여부 ○ 헤드 살수장애 여부 ● 무대부 또는 연소의 우려가 있는 개구부 개방형 헤드 설치 여부 ● 조기반응형 헤드 설치 여부(의무 설치장소의 경우) ● 경사진 천장의 경우 스프링클러헤드의 배치상태 ● 연소할 우려가 있는 개구부 헤드 설치 적정 여부 ● 습식·부압식 스프링클러 외의 설비 상향식 헤드 설치 여부 ● 측벽형 헤드 설치 적정 여부 ● 감열부에 영향을 받을 우려가 있는 헤드의 차폐판 설치 여부	○ 헤드의 변형·손상 유무 ○ 헤드 설치위치·장소·상태(고정) 적정 여부 ○ 헤드 살수장애 여부 ● 헤드 설치 제외 적정 여부(설치 제외된 경우) ● 감열부에 영향을 받을 우려가 있는 헤드의 차폐판 설치 여부

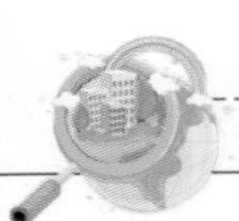

구 분	스프링클러설비 점검항목	간이스프링클러설비 점검항목
헤드 설치 제외	● 헤드 설치 제외 적정 여부(설치 제외된 경우) ● 드렌처설비 설치 적정 여부	-

tip 반응시간지수(RTI), 스프링클러헤드의 표시사항 및 점검사항 ★★★★

1. "반응시간지수(RTI)"라 함은 기류의 온도 · 속도 및 작동시간에 대하여 스프링클러헤드의 반응을 예상한 지수로서 아래 식에 의하여 계산하고 (m · s)0.5를 단위로 한다.

   $\mathrm{RTI} = r\sqrt{u}$

   여기서, r : 감열체의 시간상수(s)

   u : 기류속도(m/s)

2. 헤드의 표시사항 [12회 10점]
   1) 종별
   2) 형식
   3) 형식승인번호
   4) 제조번호 또는 로트번호
   5) 제조년도
   6) 제조업체명 또는 상호
   7) 표시온도(폐쇄형 헤드에 한함.)
   8) 표시온도에 따른 색 표시(폐쇄형 헤드에 한함.)
   9) 최고주위온도(폐쇄형 헤드에 한함.)
   10) 취급상의 주의사항
   11) 품질보증에 관한 사항

   ※ 다만, 2), 3), 4), 9), 10), 11)은 포장 또는 취급설명서에 표시할 수 있다.

[그림 2] 스프링클러헤드 점검항목

3. 표시온도에 따른 색 표시

글라스벌브형 헤드		퓨즈블링크형 헤드	
표시온도[℃]	액체의 색	표시온도[℃]	프레임의 색
57℃	오렌지	77℃ 미만	표시 없음
68℃	빨강	78~120℃	흰색
79℃	노랑	121~162℃	파랑
93℃	초록	162~203℃	빨강
141℃	파랑	204~259℃	초록
182℃	연한 자주	260~319℃	오렌지
227℃ 이상	검정	320℃ 이상	검정

4. 헤드의 점검사항(작동기능점검+종합정밀점검)
   1) 외형
      (1) 검정품을 사용하였는지
      (2) 헤드는 변형, 손상, 탈락, 부식, 누설되지 않았는지
      (3) 헤드는 주위 최고온도에 적합한 것을 사용하였는지
      (4) 헤드에 물건을 기대거나, 매달지는 않았는지
      (5) 퓨즈블링크의 손상, 접합부는 불안정하지 않은지
      (6) 헤드에 보호커버가 설치되어 있는 것은 보호커버의 손상, 탈락 등이 없을 것
      (7) 헤드의 반사판 등 외부의 손상부분은 없는지 여부
   2) 설치(배치)상태
      (1) 천장과 헤드 반사판과의 거리는 맞는지(30cm↓)
      (2) 스프링클러헤드의 배치거리 및 수평거리는 맞는지

(3) 측벽형 헤드의 경우 배치상태는 적정한지
(4) 무대부 또는 연소우려가 있는 개구부의 경우 개방형 헤드 설치상태는 적정한지
(5) 경사진 천장의 경우 스프링클러헤드의 배치상태는 적정한지

3) 감열 및 살수분포 장애
(1) 헤드 주위에 감열, 살수분포 장애물이 없을 것
(2) 헤드에 도장, 이물질의 부착 등이 없을 것
(3) 헤드가 설치되어 있는 장소의 사용목적 변경 등으로 인해 헤드 표시온도에 영향을 미치는 실온 변경 여부

4) 미경계부분
(1) 스프링클러헤드의 설치위치와 보의 수평거리는 맞는지
(2) 칸막이, 벽, 덕트, 선반 등의 변경, 증설, 신설 등으로 인한 미경계부분이 없을 것

8. 송수구 점검항목 ★★★★ 〈개정 2021. 3. 25〉

구 분	스프링클러설비 점검항목	간이스프링클러설비 점검항목
송수구	○ 설치장소 적정 여부 ● 연결배관에 개폐밸브를 설치한 경우 개폐상태 확인 및 조작가능 여부 ● 송수구 설치높이 및 구경 적정 여부 ● 자동배수밸브(또는 배수공)·체크밸브 설치 여부 및 설치상태 적정 여부 ○ 송수구 마개 설치 여부 ● 송수구 설치개수 적정 여부(폐쇄형 스프링클러설비의 경우) ○ 송수압력범위 표시 표지 설치 여부	○ 설치장소 적정 여부 ● 연결배관에 개폐밸브를 설치한 경우 개폐상태 확인 및 조작가능 여부 ● 송수구 설치높이 및 구경 적정 여부 ● 자동배수밸브(또는 배수공)·체크밸브 설치 여부 및 설치상태 적정 여부 ○ 송수구 마개 설치 여부

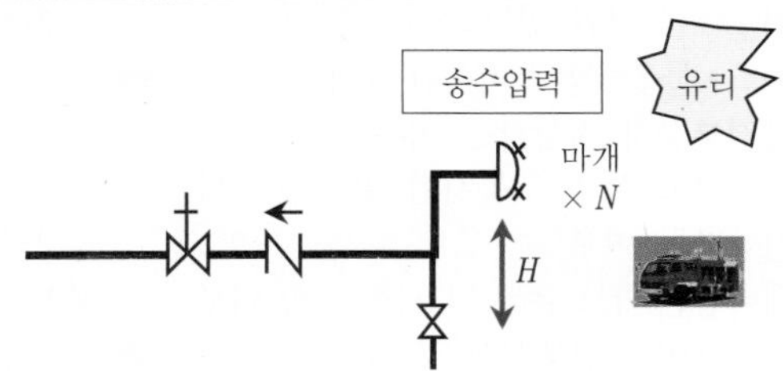

[그림 3] **스프링클러설비 송수구**

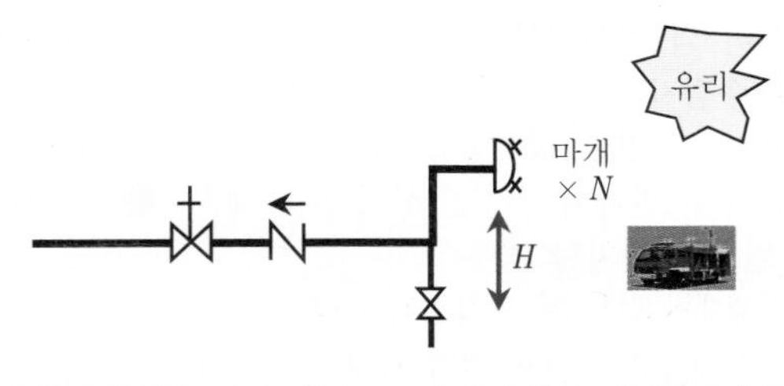

※ 다중이용업소로서 상수도 직결방식일 경우 송수구, 유수검지장치 면제 가능 <개정 2007. 12. 28>

[그림 4] **간이스프링클러설비 송수구**

9. 스프링클러설비 전원 점검항목 ★★ 〈개정 2021. 3. 25〉

(※ 스프링클러설비, 간이스프링클러설비 전원 점검항목 동일함.)

번 호	점검항목	점검결과
3-J. 전원		
3-J-001 3-J-002 3-J-003 3-J-004	● 대상물 수전방식에 따른 상용전원 적정 여부 ● 비상전원 설치장소 적정 및 관리 여부 ○ 자가발전설비인 경우 연료 적정량 보유 여부 ○ 자가발전설비인 경우 「전기사업법」에 따른 정기점검 결과 확인	

10. 제어반 점검항목 ★★★★★ 〈개정 2021. 3. 25〉

구 분	스프링클러설비 점검항목	간이스프링클러설비 점검항목
제어반	● 겸용 감시·동력제어반 성능 적정 여부 (겸용으로 설치된 경우)	● 겸용 감시·동력제어반 성능 적정 여부 (겸용으로 설치된 경우)
감시제어반	○ 펌프 작동 여부 확인 표시등 및 음향경보장치 정상작동 여부 ○ 펌프별 자동·수동 전환스위치 정상작동 여부 ● 펌프별 수동기동 및 수동중단 기능 정상작동 여부 ● 상용전원 및 비상전원 공급 확인 가능 여부(비상전원 있는 경우) ● 수조·물올림탱크 저수위 표시등 및 음향경보장치 정상작동 여부 ○ 각 확인회로별 도통시험 및 작동시험 정상작동 여부 ○ 예비전원 확보 유무 및 시험 적합 여부 ● 감시제어반 전용실 적정 설치 및 관리 여부 ● 기계·기구 또는 시설 등 제어 및 감시설비 외 설치 여부 ○ 유수검지장치·일제개방밸브 작동 시 표시 및 경보 정상작동 여부 ● 감시제어반과 수신기 간 상호 연동 여부 (별도로 설치된 경우) ○ 일제개방밸브 수동조작스위치 설치 여부 ● 일제개방밸브 사용 설비 화재감지기 회로별 화재표시 적정 여부	○ 펌프 작동 여부 확인 표시등 및 음향경보장치 정상작동 여부 ○ 펌프별 자동·수동 전환스위치 정상작동 여부 ● 펌프별 수동기동 및 수동중단 기능 정상작동 여부 ● 상용전원 및 비상전원 공급 확인 가능 여부(비상전원 있는 경우) ● 수조·물올림탱크 저수위 표시등 및 음향경보장치 정상작동 여부 ○ 각 확인회로별 도통시험 및 작동시험 정상작동 여부 ○ 예비전원 확보 유무 및 시험 적합 여부 ● 감시제어반 전용실 적정 설치 및 관리 여부 ● 기계·기구 또는 시설 등 제어 및 감시설비 외 설치 여부 ○ 유수검지장치 작동 시 표시 및 경보 정상작동 여부 ● 감시제어반과 수신기 간 상호 연동 여부 (별도로 설치된 경우) - -

구 분	스프링클러설비 점검항목	간이스프링클러설비 점검항목
동력제어반	○ 앞면은 적색으로 하고, "스프링클러설비용 동력제어반" 표지 설치 여부	○ 앞면은 적색으로 하고, "간이스프링클러설비용 동력제어반" 표지 설치 여부
발전기 제어반	● 소방전원보존형발전기는 이를 식별할 수 있는 표지 설치 여부	● 소방전원보존형발전기는 이를 식별할 수 있는 표지 설치 여부

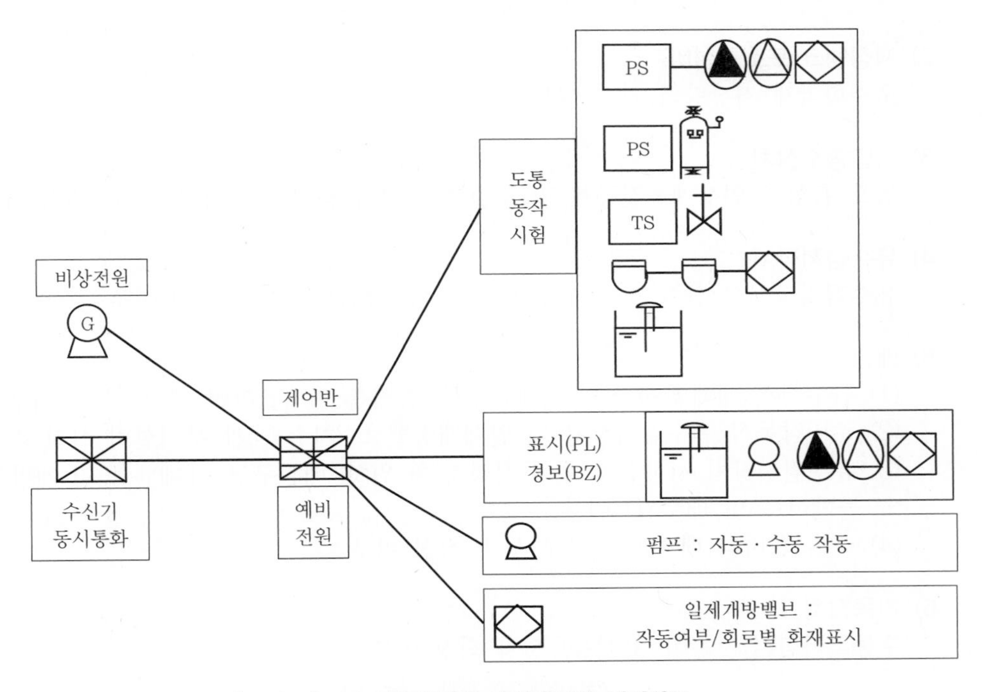

[그림 5] **스프링클러설비 감시제어반 점검항목**

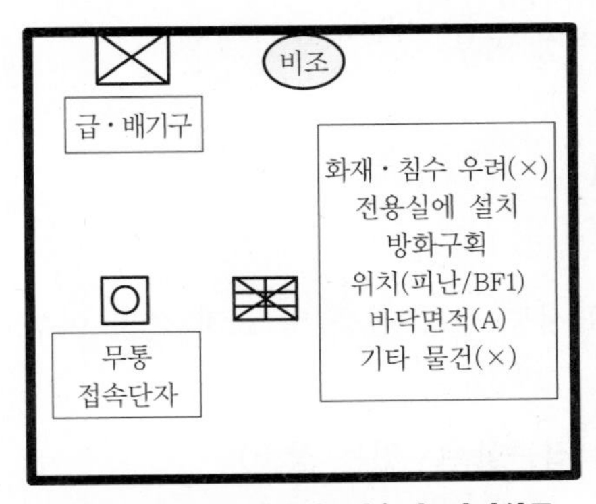

[그림 6] **감시제어반 전용실 점검항목**

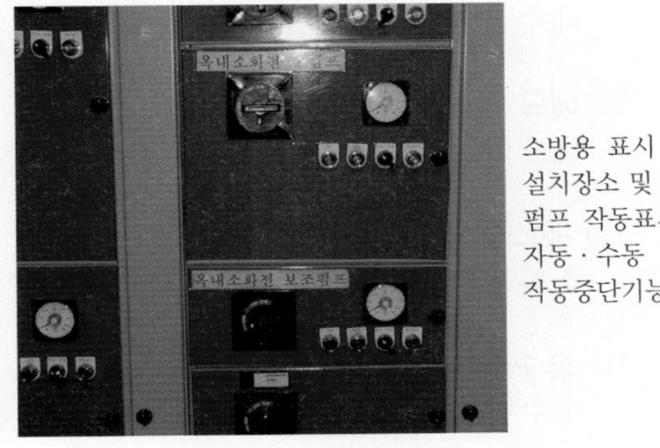

[그림 7] **동력제어반 점검항목**

11. 외관점검표((간이)스프링클러, 물분무, 미분무, 포소화설비 공통) ★★★★ 〈개정 2022. 12. 1〉

[19회 4점, 21회 4점]

1) 수원
   (1) 주된 수원의 유효수량 적정 여부(겸용설비 포함)
   (2) 보조수원(옥상)의 유효수량 적정 여부
   (3) 수조 표시 설치상태 적정 여부

2) 저장탱크(포소화설비)
   포소화약제 저장량의 적정 여부

3) 가압송수장치
   펌프 흡입측 연성계·진공계 및 토출측 압력계 등 부속장치의 변형·손상 유무

4) 유수검지장치
   유수검지장치실 설치 적정(실내 또는 구획, 출입문 크기, 표지) 여부

5) 배관
   (1) 급수배관 개폐밸브 설치(개폐표시형, 흡입측 버터플라이 제외) 적정 여부
   (2) 준비작동식 유수검지장치 및 일제개방밸브 2차측 배관 부대설비 설치 적정
   (3) 유수검지장치 시험장치 설치 적정(설치 위치, 배관구경, 개폐밸브 및 개방형 헤드, 물받이통 및 배수관) 여부
   (4) 다른 설비의 배관과의 구분 상태 적정 여부

6) 기동장치
   수동조작함(설치높이, 표시등) 설치 적정 여부

7) 제어밸브 등(물분무소화설비)
   제어밸브 설치 위치 적정 및 표지 설치 여부

8) 배수설비(물분무소화설비가 설치된 차고·주차장)
   배수설비(배수구, 기름분리장치 등) 설치 적정 여부

9) 헤드
   헤드의 변형·손상 유무 및 살수장애 여부

10) 호스릴방식(미분무소화설비, 포소화설비)
   소화약제저장용기 근처 및 호스릴함 위치표시등 정상 점등 및 표지 설치 여부

11) 송수구
   송수구 설치장소 적정 여부(소방차가 쉽게 접근할 수 있는 장소)

12) 제어반
   펌프 별 자동·수동 전환스위치 정상위치에 있는지 여부

기출 및 예상 문제

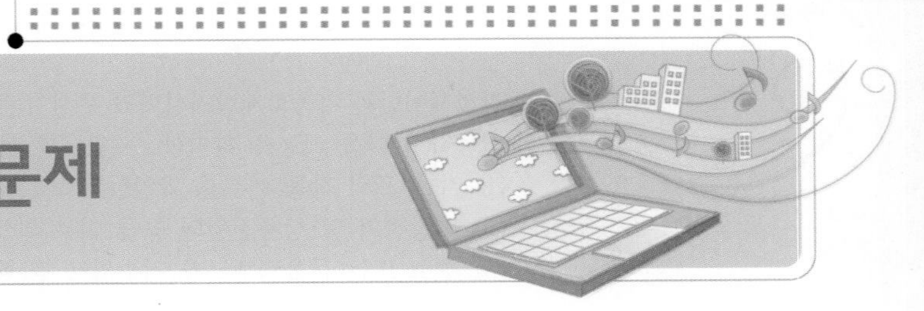

☞ 정답이 없는 문제는 본문 및 과년도 출제 문제 풀이 참조

★★★★

01 스프링클러헤드의 종합정밀 점검항목을 10가지 쓰시오.

★★★

02 스프링클러설비의 방호구역에 대한 종합정밀 점검항목을 5가지 쓰시오.

[80회 기술사 25점]

★★★★

03 스프링클러설비 감시제어반의 기능과 감시제어반의 설치장소 기준을 쓰시오.

[81회 기술사, 10회 10점]

 1. 감시제어반의 기능 〈개정 2013. 6. 10〉

1) 각 펌프의 작동 여부를 확인할 수 있는 표시등 및 음향경보 기능이 있어야 할 것
2) 각 펌프를 자동 및 수동으로 작동시키거나 작동을 중단시킬 수 있어야 할 것
3) 비상전원 및 상용전원의 공급 여부 확인
4) 수조 또는 물올림탱크가 저수위로 될 때 표시등 및 음향으로 경보할 것
5) 예비전원 확보상태 및 적합 여부 시험기능
6) 각 유수검지장치 또는 일제개방밸브의 작동 여부를 확인할 수 있는 표시 및 경보기능이 있도록 할 것
7) 일제개방밸브를 개방시킬 수 있는 수동조작스위치를 설치할 것
8) 일제개방밸브를 사용하는 설비의 화재감지는 각 경계회로별로 화재표시가 되도록 할 것
9) 다음의 각 확인회로마다 도통시험 및 작동시험을 할 수 있도록 할 것 [10회 10점]
   (1) 기동용 수압개폐장치의 압력스위치회로
   (2) 수조 또는 물올림탱크의 저수위감시회로
   (3) 유수검지장치 또는 일제개방밸브의 압력스위치회로
   (4) 일제개방밸브를 사용하는 설비의 화재감지기회로
   (5) 개폐밸브의 폐쇄상태 확인회로(탬퍼스위치)
   (6) 그 밖에 이와 비슷한 회로

10) 감시제어반과 자동화재탐지설비의 수신기를 별도의 장소에 설치하는 경우에는 이들 상호 간 연동하여 다음 기능을 확인할 수 있도록 할 것 〈개정 2013. 6. 10〉
   (1) 각 펌프의 작동 여부를 확인할 수 있는 표시등 및 음향경보 기능이 있을 것
   (2) 비상전원 및 상용전원의 공급 여부 확인
   (3) 수조 또는 물올림탱크가 저수위로 될 때 표시등 및 음향으로 경보할 것

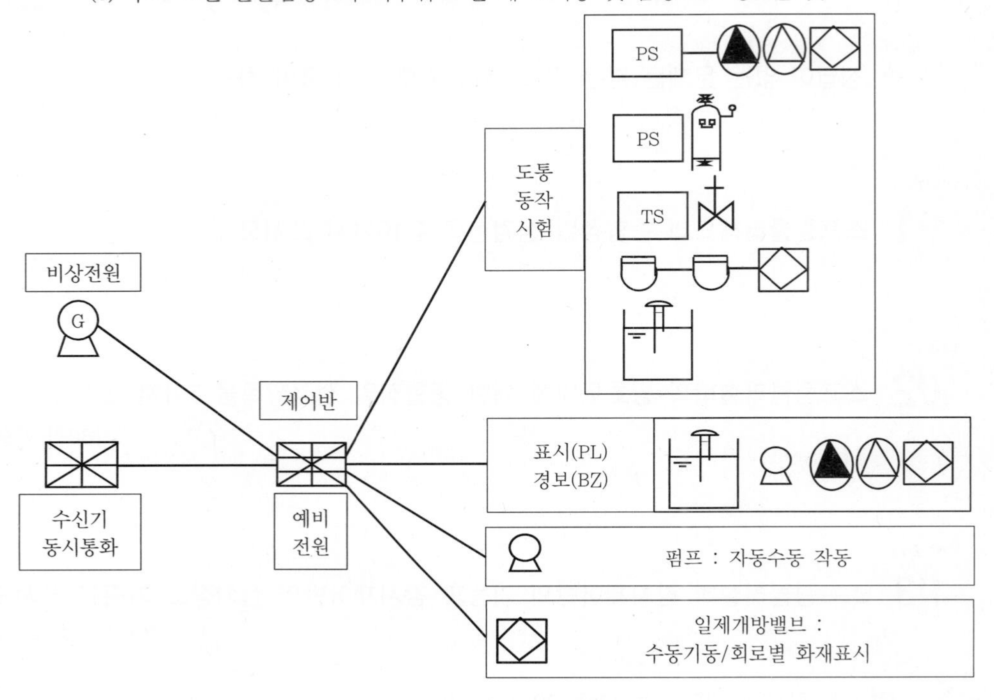

[스프링클러설비 감시제어반 기능(점검항목)]

2. 감시제어반의 설치장소 기준 [81회 기술사]
   ⇒ 본문 참조

★★

04 준비작동식 유수검지장치 또는 일제개방밸브 2차측 배관의 부대설비 기준을 쓰시오.

 ☞ 스프링클러설비의 화재안전기술기준(NFTC 103) 2.5.11

1. 2차측에는 개폐표시형 밸브를 설치할 것
2. 2차측 개폐밸브와 준비작동식 유수검지장치 또는 일제개방밸브 사이의 배관은 다음과 같은 구조로 할 것
   1) 수직배수배관과 연결하고 동 연결배관상에는 개폐밸브를 설치할 것
   2) 자동배수장치 및 압력스위치를 설치할 것
   3) 압력스위치는 수신부에서 준비작동식 유수검지장치 또는 일제개방밸브의 개방 여부를 확인할 수 있게 설치할 것

05 준비작동식 유수검지장치 또는 일제개방밸브 작동기준을 쓰시오.

☞ 스프링클러설비의 화재안전기술기준(NFTC 103) 2.6.3 [M : 감 · 교 · 자 · 수 · 발]

1. 담당구역 내의 화재감지기의 동작에 따라 개방 및 작동될 것
2. 화재감지기회로는 교차회로방식으로 할 것

   다만, 다음의 1에 해당하는 경우에는 그러하지 아니하다.

   1) 스프링클러설비의 배관 또는 헤드에 누설경보용 물 또는 압축공기가 채워지거나 부압식 스프링클러설비의 경우
   2) 화재감지기를 자동화재탐지설비의 화재안전기술기준(NFTC 203) 2.4.1 단서의 각 감지기로 설치한 때 [M : 불 · 광 · 아 · 다 · 복 · 정 · 선 · 분 · 축]
      (1) 불꽃감지기
      (2) 광전식 분리형 감지기
      (3) 아날로그방식의 감지기
      (4) 다신호방식의 감지기
      (5) 복합형 감지기
      (6) 정온식 감지선형 감지기
      (7) 분포형 감지기
      (8) 축적방식의 감지기
3. 감지기에 관한 규정은 자동화재탐지설비를 준용할 것
   1) 이 경우 교차회로방식에 있어서의 화재감지기의 설치는 각 화재감지기 회로별로 설치한다.
   2) 각 화재감지기회로별 화재감지기 1개가 담당하는 바닥면적은 자동화재탐지설비의 화재안전기술기준(NFTC 203) 2.4.3.5, 2.4.3.8부터 2.4.3.10에 따른 바닥면적으로 한다.
4. 준비작동식 유수검지장치 또는 일제개방밸브의 인근에서 수동기동(전기식 및 배수식)에 따라서도 개방 및 작동될 수 있게 할 것
5. 화재감지기회로에는 다음의 기준에 따른 발신기를 설치할 것

   다만, 자동화재탐지설비의 발신기가 설치된 경우에는 그러하지 아니하다.

   1) 조작이 쉬운 장소에 설치하고, 스위치는 바닥으로부터 0.8m 이상 1.5m 이하의 높이에 설치할 것
   2) 소방대상물의 층마다 설치하되, 당해 소방대상물의 각 부분으로부터 하나의 발신기까지의 수평거리가 25m 이하가 되도록 할 것. 다만, 복도 또는 별도로 구획된 실로서 보행거리가 40m 이상일 경우에는 추가로 설치하여야 한다.
   3) 발신기의 위치를 표시하는 표시등은 함의 상부에 설치하되, 그 불빛은 부착면으로부터 15° 이상의 범위 안에서 부착지점으로부터 10m 이내의 어느 곳에서도 쉽게 식별할 수 있는 적색등으로 할 것

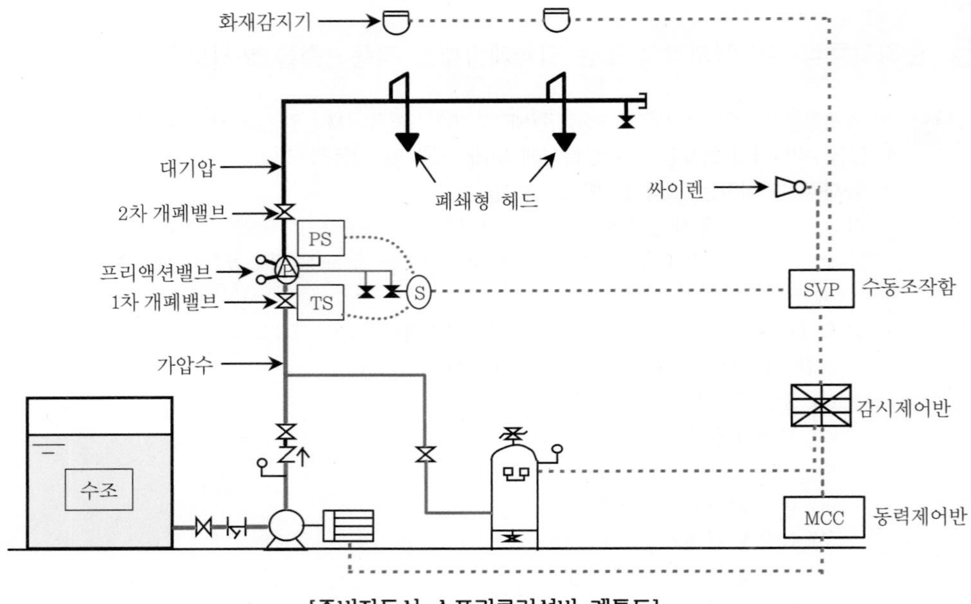

[준비작동식 스프링클러설비 계통도]

★★★★

06 스프링클러설비의 화재안전기준에서 정하고 있는 폐쇄형 스프링클러헤드를 사용하는 유수검지장치 설치기준 5가지를 쓰시오. [13회 기술사, 10점]

★★★★

07 화재조기진압용 스프링클러설비의 설치금지 장소 2가지를 쓰시오. [17회 2점]

★★★★

08 미분무소화설비의 가압송수장치 중 압력수조를 이용한 가압송수장치 점검항목 4가지를 쓰시오. [17회 4점]

★★★★

09 "소방시설 자체점검사항 등에 관한 고시" 중 소방시설외관점검표에 의한 스프링클러, 물분무, 포소화설비의 점검내용 6가지를 쓰시오. [18회 4점, 21회 4점]

☞ 18회 과년도 출제 문제 풀이 참조

4 포소화설비 ★★★

1. 종류 및 적응성, 수원, 수조, 가압송수장치 점검항목 〈개정 2021. 3. 25〉

번 호	점검항목	점검결과
8-A. 종류 및 적응성		
8-A-001	● 특정소방대상물별 포소화설비 종류 및 적응성 적정 여부	
8-B. 수원		
8-B-001	○ 수원의 유효수량 적정 여부(겸용설비 포함.)	
8-C. 수조		
8-C-001 8-C-002 8-C-003 8-C-004 8-C-005 8-C-006 8-C-007	● 동결방지조치 상태 적정 여부 ○ 수위계 설치 또는 수위 확인 가능 여부 ● 수조 외측 고정사다리 설치 여부(바닥보다 낮은 경우 제외) ● 실내설치 시 조명설비 설치 여부 ○ "포소화설비용 수조" 표지 설치 여부 및 설치상태 ● 다른 소화설비와 겸용 시 겸용설비의 이름 표시한 표지 설치 여부 ● 수조-수직배관 접속부분 "포소화설비용 배관" 표지 설치 여부	
8-D. 가압송수장치		
 8-D-001 8-D-002 8-D-003 8-D-004 8-D-005 8-D-006 8-D-007 8-D-008 8-D-009	[펌프방식] ● 동결방지조치 상태 적정 여부 ○ 성능시험배관을 통한 펌프성능시험 적정 여부 ● 다른 소화설비와 겸용인 경우 펌프성능 확보 가능 여부 ○ 펌프 흡입측 연성계·진공계 및 토출측 압력계 등 부속장치의 변형·손상 유무 ● 기동장치 적정 설치 및 기동압력 설정 적정 여부 ● 물올림장치 설치 적정(전용 여부, 유효수량, 배관구경, 자동급수) 여부 ● 충압펌프 설치 적정(토출압력, 정격토출량) 여부 ○ 내연기관 방식의 펌프 설치 적정[정상기동(기동장치 및 제어반) 여부, 축전지 상태, 연료량] 여부 ○ 가압송수장치의 "포소화설비펌프" 표지 설치 여부 또는 다른 소화설비와 겸용 시 겸용설비 이름 표시 부착 여부	
8-D-021	[고가수조방식] ○ 수위계·배수관·급수관·오버플로우관·맨홀 등 부속장치의 변형·손상 유무	
 8-D-031 8-D-032	[압력수조방식] ● 압력수조의 압력 적정 여부 ○ 수위계·급수관·급기관·압력계·안전장치·공기압축기 등 부속장치의 변형·손상 유무	
 8-D-041 8-D-042	[가압수조방식] ● 가압수조 및 가압원 설치장소의 방화구획 여부 ○ 수위계·급수관·배수관·급기관·압력계 등 부속장치의 변형·손상 유무	
비고		

2. 배관 등 점검항목 〈개정 2021. 3. 25〉

번 호	점검항목	점검결과
8-E. 배관 등		
8-E-001	● 송액관 기울기 및 배액밸브 설치 적정 여부	
8-E-002	● 펌프의 흡입측 배관 여과장치의 상태 확인	
8-E-003	● 성능시험배관 설치(개폐밸브, 유량조절밸브, 유량측정장치) 적정 여부	
8-E-004	● 순환배관 설치(설치위치 · 배관구경, 릴리프밸브 개방압력) 적정 여부	
8-E-005	● 동결방지조치 상태 적정 여부	
8-E-006	○ 급수배관 개폐밸브 설치(개폐표시형, 흡입측 버터플라이 제외) 적정 여부	
8-E-007	○ 급수배관 개폐밸브 작동표시스위치 설치 적정(제어반 표시 및 경보, 스위치 동작 및 도통시험, 전기배선 종류) 여부	
8-E-008	● 다른 설비의 배관과의 구분 상태 적정 여부	

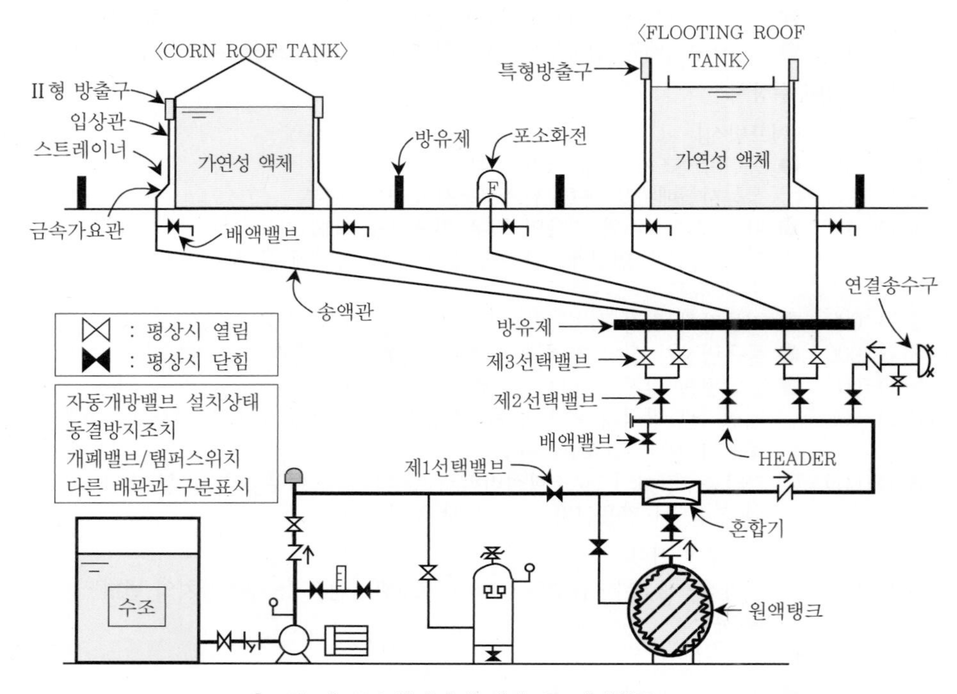

[그림 1] **포소화설비의 배관 등 점검항목**

3. 송수구, 저장탱크 점검항목 〈개정 2021. 3. 25〉

번 호	점검항목	점검결과
8-F. 송수구(=스프링클러설비와 동일)		
8-F-001 8-F-002 8-F-003 8-F-004 8-F-005 8-F-006 8-F-007	○ 설치장소 적정 여부 ● 연결배관에 개폐밸브를 설치한 경우 개폐상태 확인 및 조작가능 여부 ● 송수구 설치높이 및 구경 적정 여부 ○ 송수압력범위 표시 표지 설치 여부 ● 송수구 설치개수 적정 여부 ● 자동배수밸브(또는 배수공)·체크밸브 설치 여부 및 설치상태 적정 여부 ○ 송수구 마개 설치 여부	
8-G. 저장탱크 ★★★★★		
8-G-001 8-G-002 8-G-003 8-G-004	● 포약제 변질 여부 ● 액면계 또는 계량봉 설치상태 및 저장량 적정 여부 ● 그라스게이지 설치 여부(가압식이 아닌 경우) ○ 포소화약제 저장량의 적정 여부	

tip 포소화설비의 저장탱크 설치기준(NFTC 105) 2.5 ★★★★★

제8조(저장탱크 등) ① 포소화약제의 저장탱크는 다음의 기준에 따라 설치하고 제9조의 규정에 따른 혼합장치와 배관 등으로 연결하여 두어야 한다.

1. 화재 등의 재해로 인한 피해를 받을 우려가 없는 장소에 설치할 것
2. 기온의 변동으로 포의 발생에 장애를 주지 아니하는 장소에 설치할 것. 다만, 기온의 변동에 영향을 받지 아니하는 포소화약제의 경우에는 그러하지 아니할 것
3. 포소화약제가 변질될 우려가 없고 점검에 편리한 장소에 설치할 것
4. 가압송수장치 또는 포소화약제 혼합장치의 기동에 따라 압력이 가해지는 것 또는 상시 가압된 상태로 사용되는 것에 있어서는 압력계를 설치할 것
5. 포소화약제 저장량의 확인이 쉽도록 액면계 또는 계량봉 등을 설치할 것
6. 가압식이 아닌 저장탱크는 글라스게이지를 설치하여 액량을 측정할 수 있는 구조로 할 것

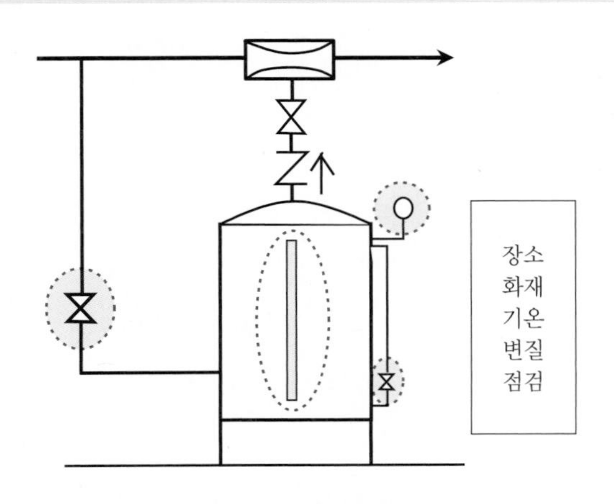

[그림 2] **포약제탱크의 설치기준**

4. 개방밸브, 기동장치 점검항목 〈개정 2021. 3. 25〉

번 호	점검항목	점검결과
8-H. 개방밸브		
8-H-001 8-H-002	○ 자동개방밸브 설치 및 화재감지장치의 작동에 따라 자동으로 개방되는지 여부 ○ 수동식개방밸브 적정 설치 및 작동 여부	
8-I. 기동장치		
 8-I-001 8-I-002 8-I-003 8-I-004	[수동식 기동장치] ○ 직접・원격조작 가압송수장치・수동식 개방밸브・소화약제혼합장치 기동 여부 ● 기동장치 조작부의 접근성 확보, 설치높이, 보호장치 설치 적정 여부 ○ 기동장치 조작부 및 호스접결구 인근 "기동장치의 조작부" 및 "접결구" 표지 설치 여부 ● 수동식기동장치 설치개수 적정 여부	
 8-I-011 8-I-012 8-I-013 8-I-014	[자동식 기동장치] ○ 화재감지기 또는 폐쇄형 스프링클러헤드의 개방과 연동하여 가압송수장치・일제개방밸브 및 포소화약제 혼합장치 기동 여부 ● 폐쇄형 스프링클러헤드 설치 적정 여부 ● 화재감지기 및 발신기 설치 적정 여부 ● 동결우려 장소 자동식기동장치 자동화재탐지설비 연동 여부	
 8-I-021 8-I-022 8-I-023	[자동경보장치] ○ 방사구역마다 발신부(또는 층별 유수검지장치) 설치 여부 ○ 수신기는 설치 장소 및 헤드개방・감지기 작동 표시장치 설치 여부 ● 2 이상 수신기 설치 시 수신기간 상호 동시 통화 가능 여부	

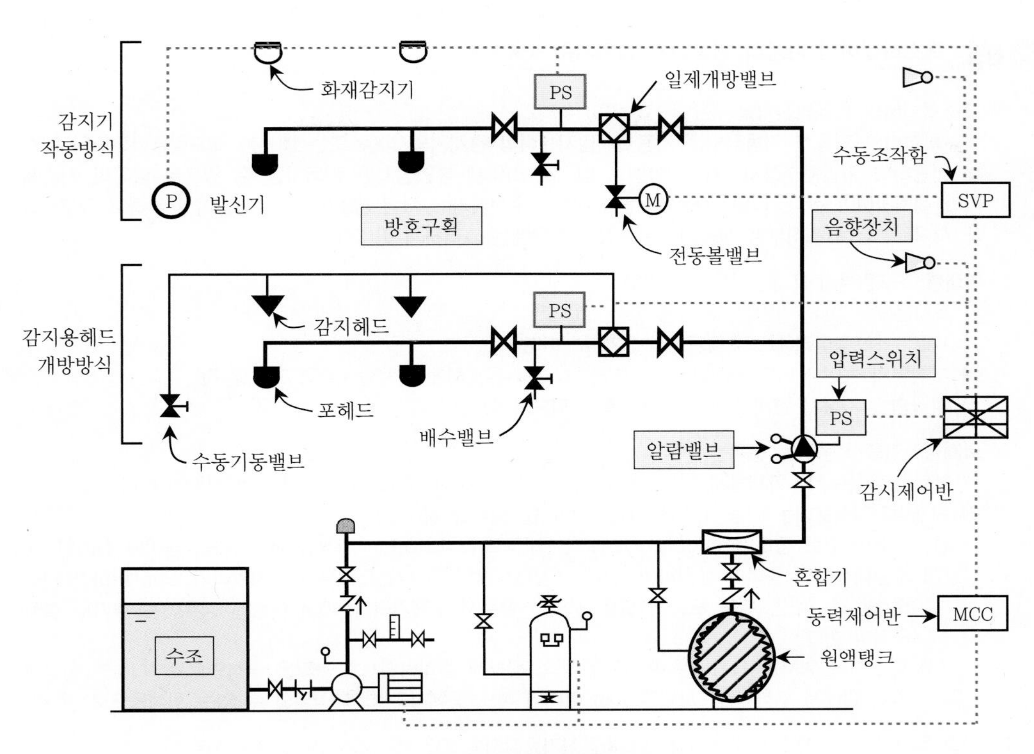

[그림 3] **유수검지장치 점검항목**

tip 포소화설비의 수동식 기동장치 설치기준 [M : 직 · 2 · 기 · 표 · 차 · 항] ★★★★

☞ 포소화설비의 화재안전기술기준(NFTC 105) 2.8.1

1. **직**접조작 또는 원격조작에 따라 가압송수장치 · 수동식 개방밸브 및 소화약제혼합장치를 기동할 수 있는 것으로 할 것
2. **2** 이상의 방사구역을 가진 포소화설비에는 방사구역을 선택할 수 있는 구조로 할 것
3. **기**동장치의 조작부
   1) 화재 시 쉽게 접근할 수 있는 곳에 설치
   2) 바닥으로부터 0.8m 이상 1.5m 이하의 위치에 설치
   3) 유효한 보호장치를 설치
4. 기동장치의 조작부 및 호스 접결구에는 가까운 곳의 보기 쉬운 곳에 각각 “기동장치의 조작부” 및 “접결구”라고 표시한 **표**지를 설치할 것
5. **차**고 또는 주차장에 설치하는 포소화설비의 수동식 기동장치는 방사구역마다 1개 이상 설치할 것
6. **항**공기격납고에 설치하는 포소화설비의 수동식 기동장치는 각 방사구역마다 2개 이상 설치할 것
   1) 1개는 각 방사구역으로부터 가장 가까운 곳 또는 조작에 편리한 장소에 설치할 것
   2) 1개는 화재감지수신기를 설치한 감시실 등에 설치할 것

tip 포소화설비의 자동식 기동장치 설치기준 ★★★★

☞ 포소화설비의 화재안전기술기준(NFTC 105) 2.8.2
포소화설비의 자동식 기동장치는 자동화재탐지설비의 감지기의 작동 또는 폐쇄형 스프링클러헤드의 개방과 연동하여 가압송수장치 · 일제개방밸브 및 포소화약제 혼합장치를 기동시킬 수 있도록 다음의 기준에 따라 설치하여야 한다. 다만, 자동화재탐지설비의 수신기가 설치된 장소에 상시 사람이 근무하고 있고, 화재 시 즉시 당해 조작부를 작동시킬 수 있는 경우에는 그러하지 아니하다.

1. 폐쇄형 스프링클러헤드를 사용하는 경우
   1) 표시온도 : 79℃ 미만인 것 사용
   2) 1개의 스프링클러헤드의 경계면적 : 20m^2 이하
   3) 부착면의 높이 : 바닥으로부터 5m 이하, 화재를 유효하게 감지할 수 있도록 할 것
   4) 하나의 감지장치 경계구역 : 하나의 층이 되도록 할 것
2. 화재감지기를 사용하는 경우
   1) 화재감지기는 자동화재탐지설비의 화재안전기술기준(NFTC 203) 2.4(감지기)의 기준에 따라 설치
   2) 화재감지기회로에는 다음 기준에 따른 발신기를 설치할 것
      (1) 조작이 쉬운 장소에 설치하고, 스위치는 바닥으로부터 0.8m 이상 1.5m 이하의 높이에 설치할 것
      (2) 소방대상물의 층마다 설치하되, 당해 소방대상물의 각 부분으로부터 수평거리가 25m 이하가 되도록 할 것. 다만, 복도 또는 별도로 구획된 실로서 보행거리가 40m 이상일 경우에는 추가로 설치하여야 한다.
      (3) 발신기의 위치를 표시하는 표시등은 함의 상부에 설치하되, 그 불빛은 부착면으로부터 15° 이상의 범위 안에서 부착지점으로부터 10m 이내의 어느 곳에서도 쉽게 식별할 수 있는 적색등으로 할 것
3. 동결 우려가 있는 장소의 포소화설비의 자동식기동장치는 자동화재탐지설비와 연동으로 할 것

5. 포헤드 및 고정포방출구 점검항목 〈개정 2021. 3. 25〉

번 호	점검항목	점검결과
8-J. 포헤드 및 고정포방출구		
	[포헤드]	
8-J-001	○ 헤드의 변형·손상 유무	
8-J-002	○ 헤드 수량 및 위치 적정 여부	
8-J-003	○ 헤드 살수장애 여부	
	[호스릴포소화설비 및 포소화전설비]	
8-J-011	○ 방수구와 호스릴함 또는 호스함 사이의 거리 적정 여부	
8-J-012	○ 호스릴함 또는 호스함 설치높이, 표지 및 위치표시등 설치 여부	
8-J-013	● 방수구 설치 및 호스릴·호스길이 적정 여부	
	[전역방출방식의 고발포용 고정포방출구]	
8-J-021	○ 개구부 자동폐쇄장치 설치 여부	
8-J-022	● 방호구역의 관포체적에 대한 포수용액 방출량 적정 여부	
8-J-023	● 고정포방출구 설치개수 적정 여부	
8-J-024	○ 고정포방출구 설치위치(높이) 적정 여부	
	[국소방출방식의 고발포용 고정포방출구]	
8-J-031	● 방호대상물 범위 설정 적정 여부	
8-J-032	● 방호대상물별 방호면적에 대한 포수용액 방출량 적정 여부	

[그림 4] **포헤드 점검항목**

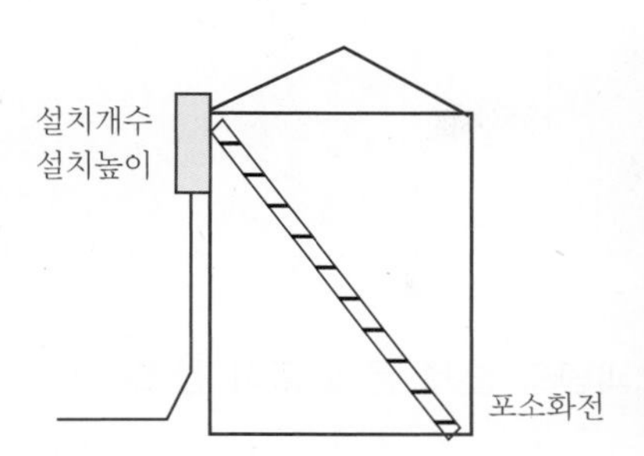

[그림 5] **고정포방출구 점검항목**

6. 송수구, 전원, 제어반 점검항목 〈개정 2021. 3. 25〉 (=스프링클러설비와 동일함.)

번 호	점검항목	점검결과
8-F. 송수구		
8-F-001 8-F-002 8-F-003 8-F-004 8-F-005 8-F-006 8-F-007	○ 설치장소 적정 여부 ● 연결배관에 개폐밸브를 설치한 경우 개폐상태 확인 및 조작가능 여부 ● 송수구 설치높이 및 구경 적정 여부 ○ 송수압력범위 표시 표지 설치 여부 ● 송수구 설치개수 적정 여부 ● 자동배수밸브(또는 배수공)·체크밸브 설치 여부 및 설치상태 적정 여부 ○ 송수구 마개 설치 여부	
8-K. 전원		
8-K-001 8-K-002 8-K-003 8-K-004	● 대상물 수전방식에 따른 상용전원 적정 여부 ● 비상전원 설치장소 적정 및 관리 여부 ○ 자가발전설비인 경우 연료 적정량 보유 여부 ○ 자가발전설비인 경우 「전기사업법」에 따른 정기점검 결과 확인	
8-L. 제어반		
8-L-001	● 겸용 감시·동력 제어반 성능 적정 여부(겸용으로 설치된 경우)	
 8-L-011 8-L-012 8-L-013 8-L-014 8-L-015 8-L-016 8-L-017	[감시제어반] ○ 펌프 작동 여부 확인 표시등 및 음향경보장치 정상작동 여부 ○ 펌프별 자동·수동 전환스위치 정상작동 여부 ● 펌프별 수동기동 및 수동중단 기능 정상작동 여부 ● 상용전원 및 비상전원 공급 확인 가능 여부(비상전원 있는 경우) ● 수조·물올림탱크 저수위 표시등 및 음향경보장치 정상작동 여부 ○ 각 확인회로별 도통시험 및 작동시험 정상작동 여부 ○ 예비전원 확보 유무 및 시험 적합 여부	
8-L-018 8-L-019	● 감시제어반 전용실 적정 설치 및 관리 여부 ● 기계·기구 또는 시설 등 제어 및 감시설비 외 설치 여부	
 8-L-031	[동력제어반] ○ 앞면은 적색으로 하고, "포소화설비용 동력제어반" 표지 설치 여부	
 8-L-041	[발전기제어반] ● 소방전원보존형 발전기는 이를 식별할 수 있는 표지 설치 여부	

기출 및 예상 문제

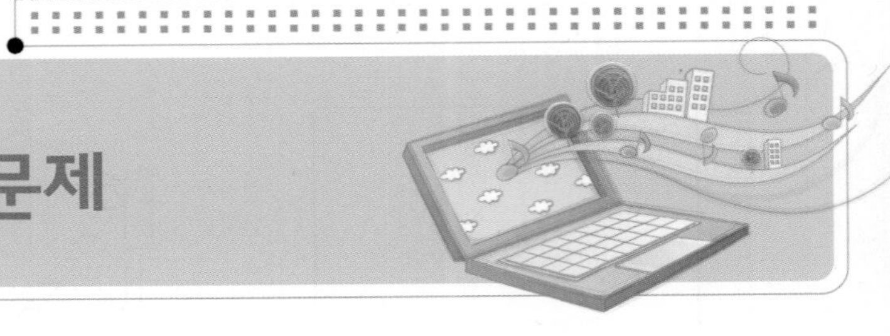

☞ 정답은 본문 및 과년도 출제 문제 풀이 참조

★★★★★

01 포소화약제 저장탱크의 종합정밀점검항목 4가지를 쓰시오.

★★★

02 포소화설비 자동식 기동장치에 대한 종합정밀점검항목 4가지를 쓰시오.

★★★★

03 포소화설비의 자동식 기동장치와 수동식 기동장치의 설치기준을 쓰시오.

★★★★

04 포헤드에 대한 작동기능 점검항목 3가지를 쓰시오.

★★★★

05 전역방출방식 고발포용 고정포방출구의 종합정밀점검항목 4가지를 쓰시오.

★★★★

06 포소화설비의 화재안전기술기준(NFTC 105)상 다음 용어의 정의를 쓰시오. [23회 5점]

1. 펌프 프로포셔너방식 (1점)
2. 프레셔 프로포셔너방식 (1점)
3. 라인 프로포셔너방식 (1점)
4. 프레셔사이드 프로포셔너방식 (1점)
5. 압축공기포 믹싱챔버방식 (1점)

5 가스계소화설비 ★★★★★

1. 저장용기의 점검항목 ★★★★★ 〈개정 2021. 3. 25〉

(종합) [8회 10점, 83회 기술사 25점 저장용기 설치기준/설치장소 기준 기술] [23회 6점]

이산화탄소	할 론	할로겐화합물 및 불활성기체	분 말 [23회 6점]
● 설치장소 적정 및 관리 여부 ○ 저장용기 설치장소 표지 설치 여부 ● 저장용기 설치 간격 적정 여부 ○ 저장용기 개방밸브 자동·수동 개방 및 안전장치 부착 여부 ● 저장용기와 집합관 연결배관상 체크밸브 설치 여부 ● 저장용기와 선택밸브(또는 개폐밸브) 사이 안전장치 설치 여부 [저압식] ● 안전밸브 및 봉판 설치 적정(작동 압력) 여부 ● 액면계·압력계 설치 여부 및 압력강하경보장치 작동 압력 적정 여부 ○ 자동냉동장치의 기능	● 설치장소 적정 및 관리 여부 ○ 저장용기 설치장소 표지 설치상태 적정 여부 ● 저장용기 설치 간격 적정 여부 ○ 저장용기 개방밸브 자동·수동 개방 및 안전장치 부착 여부 ● 저장용기와 집합관 연결배관상 체크밸브 설치 여부 ● 저장용기와 선택밸브(또는 개폐밸브) 사이 안전장치 설치 여부 ○ 축압식 저장용기의 압력 적정 여부 ● 가압용 가스용기 내 질소가스 사용 및 압력 적정 여부 ● 가압식 저장용기 압력 조정장치 설치 여부	● 설치장소 적정 및 관리 여부 ○ 저장용기 설치장소 표지 설치 여부 ● 저장용기 설치 간격 적정 여부 ○ 저장용기 개방밸브 자동·수동 개방 및 안전장치 부착 여부 ● 저장용기와 집합관 연결배관상 체크밸브 설치 여부	● 설치장소 적정 및 관리 여부 ○ 저장용기 설치장소 표지 설치 여부 ● 저장용기 설치 간격 적정 여부 ○ 저장용기 개방밸브 자동·수동 개방 및 안전장치 부착 여부 ● 저장용기와 집합관 연결배관상 체크밸브 설치 여부 ● 저장용기 안전밸브 설치 적정 여부 ● 저장용기 정압작동장치 설치 적정 여부 ● 저장용기 청소장치 설치 적정 여부 ○ 저장용기 지시압력계 설치 및 충전압력 적정 여부(축압식의 경우)

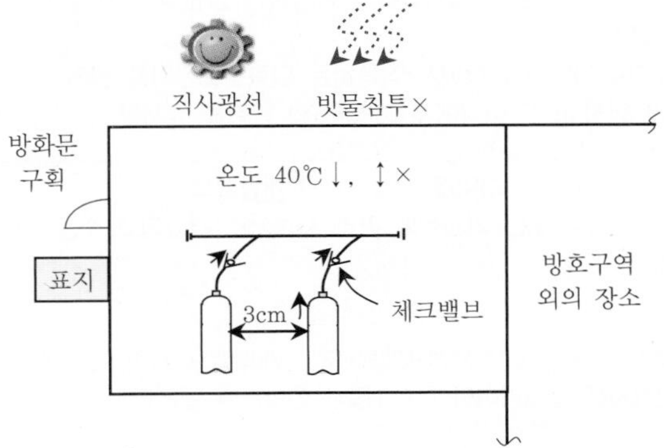

[그림 1] 저장용기 설치장소 기준

2. 분말소화설비 가압용 가스용기 점검항목 ★ 〈개정 2021. 3. 25〉

번 호	점검항목	점검결과
12-B. 가압용 가스용기 [21회 5점]		
12-B-001	○ 가압용 가스용기 저장용기 접속 여부	
12-B-002	○ 가압용 가스용기 전자개방밸브 부착 적정 여부	
12-B-003	○ 가압용 가스용기 압력조정기 설치 적정 여부	
12-B-004	○ 가압용 또는 축압용 가스 종류 및 가스량 적정 여부	
12-B-005	● 배관 청소용 가스 별도 용기 저장 여부	

tip 이산화탄소소화설비 저장용기 설치장소 기준 ★★★★★ [10회 12점, 83회 기술사 25점]

※ 가스계 공통[할로겐화합물 및 불활성기체 소화약제의 경우만 온도가 55℃]

1. 방호구역 외의 장소에 설치할 것
   다만, 방호구역 내에 설치할 경우에는 피난 및 조작이 용이하도록 피난구 부근에 설치
2. 온도가 40℃ 이하[할로겐화합물 및 불활성기체 소화약제 : 55℃↓]이고, 온도변화가 적은 곳에 설치할 것
3. 직사광선 및 빗물이 침투할 우려가 없는 곳에 설치할 것
4. 방화문으로 구획된 실에 설치할 것
5. 용기의 설치장소에는 당해 용기가 설치된 곳임을 표시하는 표지를 할 것
6. 용기 간의 간격은 점검에 지장이 없도록 3cm 이상의 간격을 유지할 것
7. 저장용기와 집합관을 연결하는 연결배관에는 체크밸브를 설치할 것
   다만, 저장용기가 하나의 방호구역만을 담당하는 경우에는 그러하지 아니하다.

tip 이산화탄소소화약제의 저장용기 설치기준 [M : 충 · 내 · 저압식 · 개방 · 안전] ★★★★ [13회 5점 : 설계시공, 83회 기술사 25점]

1. 저장용기의 **충**전비
   1) 고압식 : 1.5 이상 1.9 이하
   2) 저압식 : 1.1 이상 1.4 이하
2. 저장용기는 고압식은 25MPa 이상, 저압식은 3.5MPa 이상의 **내**압시험압력에 합격한 것으로 할 것
3. **저압식** 저장용기 기준
   1) 내압시험압력의 0.64배 내지 0.8배의 압력에서 작동하는 안전밸브 설치
   2) 내압시험압력의 0.8배 내지 내압시험압력에서 작동하는 봉판을 설치
   3) 액면계 및 압력계 설치
   4) 2.3MPa 이상 1.9MPa 이하의 압력에서 작동하는 압력경보장치를 설치
   5) 용기 내부의 온도가 영하 18℃ 이하에서 2.1MPa의 압력을 유지할 수 있는 자동냉동장치를 설치

☞ 가스계 공통 : 이산화탄소소화약제 저장용기의 **개방**밸브
1. 전기식 · 가스압력식 또는 기계식에 따라 자동으로 개방되고 수동으로도 개방
2. 안전장치 부착

☞ **안전**장치 설치
이산화탄소소화약제 저장용기와 선택밸브 또는 개폐밸브 사이에는 내압시험압력 0.8배에서 작동하는 안전장치를 설치하여야 한다.(통상 집합관에 설치됨.)

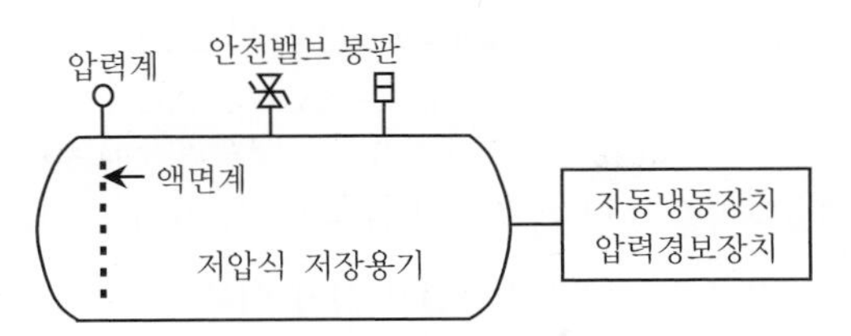

충전비 : 고 1.5~1.9, 저 1.1~1.4
내압시험 : 고 25, 저 3.5MPa

[그림 2] **저장용기 설치기준**

[그림 3] **저장용기에 설치된 안전밸브** [그림 4] **집합관에 설치된 안전밸브**

tip 할로겐화합물 및 불활성기체 소화약제의 저장용기 설치기준 [M : 표 · 표시 · 동일 · 확 · 충 · 별도] ★★★★

1. 저장용기의 충전밀도 및 충전압력은 **표**(NFTC 107A) 2.3.2.(1), (2)에 따를 것
2. 저장용기는 약제명 · 저장용기의 자체중량과 총 중량 · 충전일시 · 충전압력 및 약제의 체적을 **표시**할 것
3. 집합관에 접속되는 저장용기는 **동일**한 내용적, 충전량 및 충전압력일 것
4. 저장용기에 충전량 및 충전압력을 **확**인할 수 있는 장치를 하는 경우에는 해당 소화약제에 적합한 구조로 할 것
5. 저장용기 재**충**전(또는 교체) 조건 [제10회 설계 및 시공 4점]
   1) 저장 시 액상약제
      (1) 저장용기의 약제량 손실이 5%를 초과할 경우
      (2) 압력손실이 10%를 초과할 경우
   2) 저장 시 기상약제(불활성기체 소화약제) : 저장용기의 압력손실이 5%를 초과할 경우

☞ **별도** 독립방식
하나의 방호구역을 담당하는 저장용기의 소화약제의 체적합계보다 소화약제의 방출 시 방출경로가 되는 배관(집합관을 포함한다.)의 내용적의 비율이 할로겐화합물 및 불활성기체 소화약제 제조업체의 설계기준에서 정한 값 이상일 경우에는 당해 방호구역에 대한 설비는 별도 독립방식으로 하여야 한다.

3. 소화약제 점검항목(가스계 공통) 〈개정 2021. 3. 25〉

번 호	점검항목	점검결과
9-B. 소화약제		
9-B-001	○ 소화약제 저장량 적정 여부	

4. 기동장치 점검항목(가스계 공통) ★★★★★ 〈개정 2021. 3. 25〉 [6회 10점, 11회 10점]

구 분	점검항목
공통	○ 방호구역별 출입구 부근 소화약제 방출표시등 설치 및 정상 작동 여부
수동식 기동장치	○ 기동장치 부근에 비상스위치 설치 여부 ● 방호구역별 또는 방호대상별 기동장치 설치 여부 ○ 기동장치 설치 적정(출입구 부근 등, 높이, 보호장치, 표지, 전원표시등) 여부 ○ 방출용 스위치 음향경보장치 연동 여부
자동식 기동장치	○ 감지기 작동과의 연동 및 수동기동 가능 여부 ● 저장용기 수량에 따른 전자개방밸브 수량 적정 여부(전기식 기동장치의 경우) ○ 기동용 가스용기의 용적, 충전압력 적정 여부(가스압력식 기동장치의 경우) ● 기동용 가스용기의 안전장치, 압력게이지 설치 여부(가스압력식 기동장치의 경우) ● 저장용기 개방구조 적정 여부(기계식 기동장치의 경우)

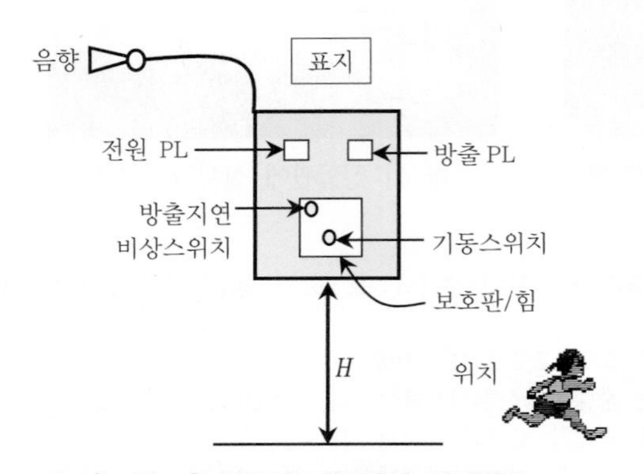

[그림 5] 수동식 기동장치 점검항목

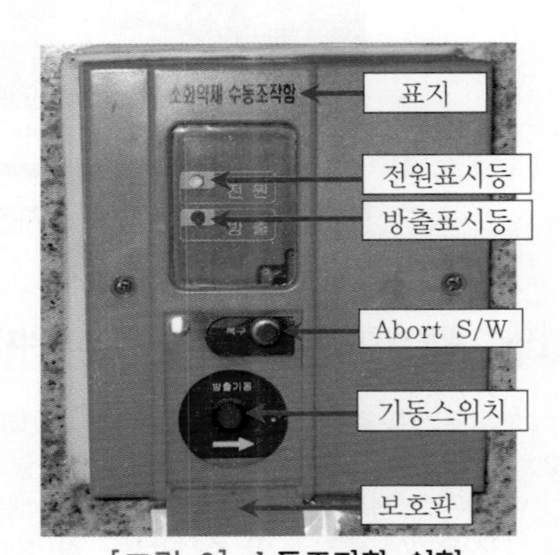

[그림 6] 수동조작함 외형

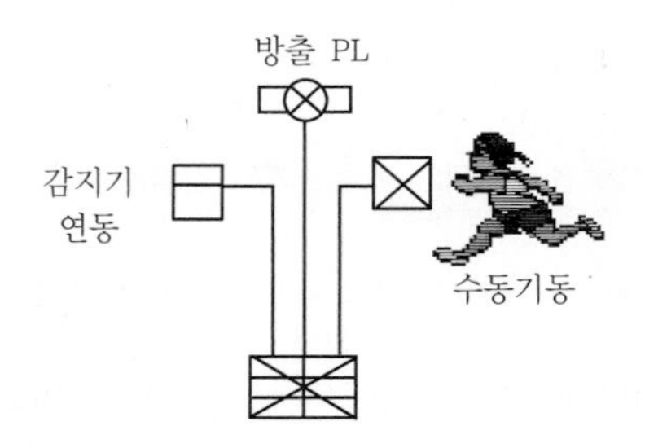

[그림 7] 자동식 기동장치 점검항목

tip 이산화탄소소화설비 수동식 기동장치의 설치기준 [6회 10점, 81회 기술사 10점 : 설치기준] ★★★★

※ 이산화탄소, 할론, 분말 공통 사항임. [할로겐화합물 및 불활성기체 소화약제는 약간 차이 있음.]

이산화탄소소화설비의 수동식 기동장치는 다음의 기준에 따라 설치하여야 한다.

1. 전역방출방식에 있어서는 방호구역마다, 국소방출방식에 있어서는 방호대상물마다 설치
   ※ 할로겐화합물 및 불활성기체 소화약제의 경우 : 방호구역마다 설치
2. 당해 방호구역의 출입구 부분 등 조작을 하는 자가 쉽게 피난할 수 있는 장소에 설치
3. 기동장치의 조작부는 바닥으로부터 높이 0.8m 이상 1.5m 이하의 위치에 설치하고, 보호판 등에 따른 보호장치를 설치(설치높이, 보호장치)
4. 기동장치의 방출용스위치는 음향경보장치와 연동하여 조작될 수 있는 것
5. 수동식 기동장치의 부근에는 소화약제의 방출을 지연시킬 수 있는 비상스위치(자동복귀형 스위치로서 수동식 기동장치의 타이머를 순간정지시키는 기능의 스위치를 말한다.)를 설치
6. 전기를 사용하는 기동장치에는 전원표시등을 설치
7. 기동장치에는 그 가까운 곳의 보기 쉬운 곳에 "이산화탄소소화설비 기동장치"라고 표시한 표지 부착
8. 5kg 이하의 힘을 가하여 기동할 수 있는 구조로 설치(할로겐화합물 및 불활성기체 소화약제만 해당)

tip 이산화탄소소화설비 자동식 기동장치의 설치기준 [6회 10점] ★★★★

※ 이산화탄소, 할론, 분말 공통 사항임. [할로겐화합물 및 불활성기체 소화약제는 약간 차이 있음.]

1. 자동화재탐지설비의 감지기의 작동과 연동할 것
2. 수동으로도 기동할 수 있는 구조로 할 것
3. 전기식 기동장치로서 7병 이상의 저장용기를 동시에 개방하는 설비에 있어서는 2병 이상의 저장용기에 전자개방밸브를 부착할 것
4. 기계식 기동장치에 있어서는 저장용기를 쉽게 개방할 수 있는 구조로 할 것
5. 가스압력식 기동장치는 다음의 기준에 따를 것
   1) 기동용 가스용기 및 당해 용기에 사용하는 밸브는 25MPa 이상의 압력에 견딜 수 있는 것으로 할 것(내압)
   2) 기동용 가스용기에는 내압시험압력의 0.8배 내지 내압시험압력 이하에서 작동하는 안전장치를 설치할 것
   3) 기동용 가스용기의 용적은 1ℓ 이상으로 하고, 당해 용기에 저장하는 이산화탄소의 양은 0.6kg 이상으로 하며, 충전비는 1.5 이상으로 할 것
   ※ 방출표시등 설치 : 이산화탄소소화설비가 설치된 부분의 출입구 등의 보기 쉬운 곳에 소화약제의 방사를 표시하는 표시등을 설치하여야 한다.

tip 할로겐화합물 및 불활성기체 소화설비 기동장치 설치기준 ★★★★★

1. 수동식 기동장치 설치기준
   1) 방호구역마다 설치
   2) 당해 방호구역의 출입구 부분 등 조작을 하는 자가 쉽게 피난할 수 있는 장소에 설치
   3) 기동장치의 조작부는 바닥으로부터 높이 0.8m 이상 1.5m 이하의 위치에 설치하고, 보호판 등에 따른 보호장치를 설치(설치높이, 보호장치)
   4) 기동장치의 방출용 스위치는 음향경보장치와 연동하여 조작될 수 있는 것
   5) 수동식 기동장치의 부근에는 소화약제의 방출을 지연시킬 수 있는 비상스위치(자동복귀형 스위치로서 수동식 기동장치의 타이머를 순간정지시키는 기능의 스위치를 말한다.)를 설치
   6) 전기를 사용하는 기동장치에는 전원표시등을 설치
   7) 기동장치에는 그 가까운 곳의 보기 쉬운 곳에 "할로겐화합물 및 불활성기체 소화설비 기동장치"라고 표시한 표지 부착
   8) 5kg 이하의 힘을 가하여 기동할 수 있는 구조로 설치(할로겐화합물 및 불활성기체 소화설비만 해당)

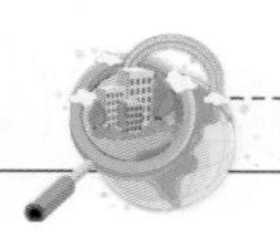

2. 자동식 기동장치 설치기준
   1) 자동화재탐지설비의 감지기의 작동과 연동할 것
   2) 자동식 기동장치에는 제1호의 기준에 따른 수동식 기동장치를 함께 설치할 것
   3) 기계식, 전기식 또는 가스압력식에 따른 방법으로 기동하는 구조로 설치할 것
3. 할로겐화합물 및 불활성기체 소화설비가 설치된 구역의 출입구에는 소화약제가 방출되고 있음을 나타내는 표시등을 설치할 것(방출표시등)

5. 제어반 및 화재표시반(가스계 공통사항) 점검항목 ★★★ 〈개정 2021. 3. 25〉 [15회 8점]

구 분	점검항목
공통	○ 설치장소 적정 및 관리 여부 ○ 회로도 및 취급설명서 비치 여부 ● 수동잠금밸브 개폐 여부 확인 표시등 설치 여부 <이산화탄소설비만 해당>
제어반	○ 수동기동장치 또는 감지기 신호 수신 시 음향경보장치 작동 기능 정상 여부 ○ 소화약제 방출·지연 및 기타 제어기능 적정 여부 ○ 전원표시등 설치 및 정상 점등 여부
화재표시반	○ 방호구역별 표시등(음향경보장치 조작, 감지기 작동), 경보기 설치 및 작동 여부 ○ 수동식기동장치 작동표시 표시등 설치 및 정상 작동 여부 ○ 소화약제 방출표시등 설치 및 정상 작동 여부 ● 자동식 기동장치 자동·수동 절환 및 절환표시등 설치 및 정상 작동 여부

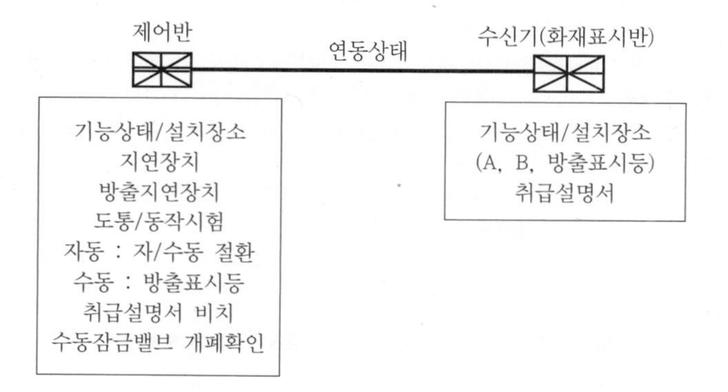

[그림 8] **제어반 점검항목**

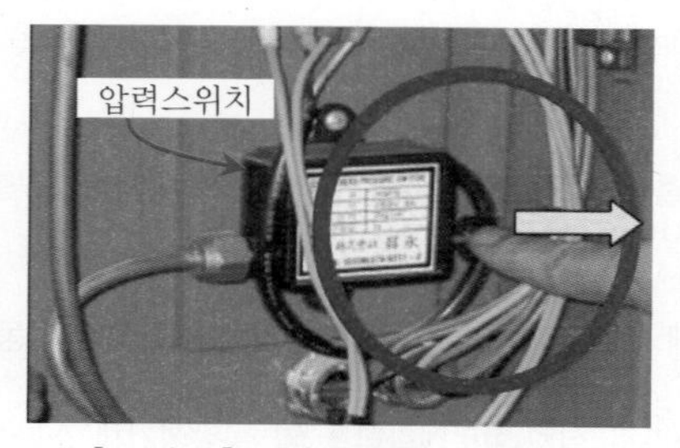

[그림 9] **방출표시등 점검모습**

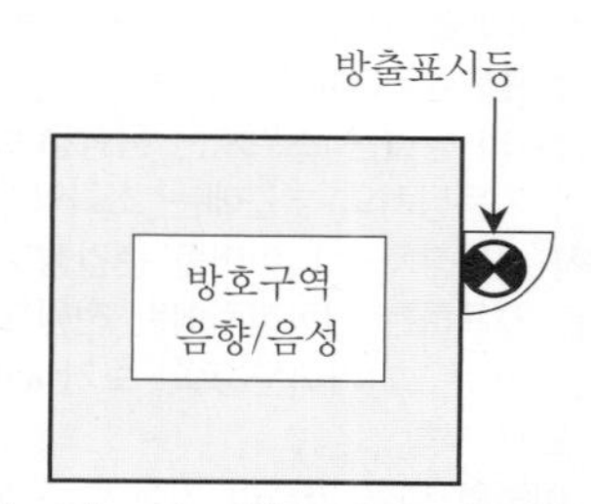

[그림 10] **방출표시등 설치위치**

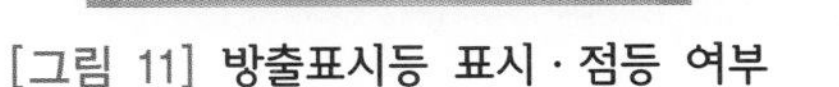

[그림 11] **방출표시등 표시·점등 여부** [그림 12] **싸이렌 작동 여부**

tip 이산화탄소소화설비의 제어반 설치기준 ★★★

☞ 이산화탄소소화설비의 화재안전기술기준(NFTC 106) 2.4

1. 제어반의 기능
   1) 제어반은 수동기동장치 또는 감지기에서의 신호를 수신하여
      (1) 음향경보장치의 작동
      (2) 소화약제의 방출
      (3) 지연 기타의 제어기능이 있을 것
   2) 제어반에는 전원표시등을 설치
2. 화재표시반의 기능 [M : 각·자·수·방]
   화재표시반은 제어반에서의 신호를 수신하여 작동하는 기능을 가진 것으로서
   1) **각** 방호구역마다 음향경보장치의 조작 및 감지기의 작동을 명시하는 표시등과 이와 연동하여 작동하는 벨·부저 등의 경보기를 설치할 것
   2) **자**동식 기동장치에 있어서는 자동·수동의 절환을 명시하는 표시등을 설치할 것
   3) **수**동식 기동장치에 있어서는 그 방출용 스위치의 작동을 명시하는 표시등을 설치할 것
   4) 소화약제의 **방**출을 명시하는 표시등을 설치할 것
3. 제어반 및 화재표시반의 설치장소 [M : 화·진·부·검]
   1) **화**재에 따른 영향
   2) **진**동 및 충격에 의한 영향
   3) **부**식의 우려가 없고
   4) 점**검**에 편리한 장소에 설치할 것
4. 제어반 및 화재표시반에는 당해 회로도 및 취급설명서를 비치할 것
5. 수동잠금밸브의 개폐 여부를 확인할 수 있는 표시등을 설치할 것

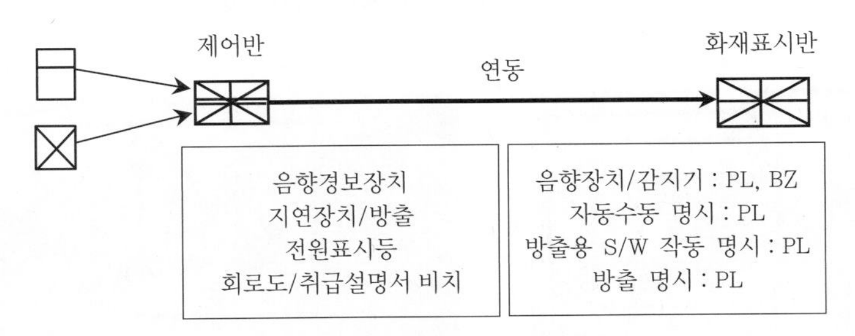

[그림 13] **제어반의 설치기준**

6. 배관 등 점검항목(가스계 공통) ★ 〈개정 2021. 3. 25〉

구 분	점검항목
공통	○ 배관의 변형·손상 유무 ● 수동잠금밸브 설치위치 적정 여부 <이산화탄소설비만 해당>

tip 이산화탄소소화설비 수동잠금밸브 〈신설 2015. 1. 23〉

☞ 이산화탄소소화설비의 화재안전기술기준(NFTC 106) 2.5.3
소화약제의 저장용기와 선택밸브 사이의 집합배관에는 수동잠금밸브를 설치하되 선택밸브 직전에 설치할 것. 다만, 선택밸브가 없는 설비의 경우에는 저장용기실 내에 설치하되 조작 및 점검이 쉬운 위치에 설치하여야 한다.

7. 선택밸브 점검항목(가스계 공통사항) ★ 〈개정 2021. 3. 25〉

번 호	점검항목	점검결과
9-F. 선택밸브		
9-F-001	● 선택밸브 설치기준 적합 여부	

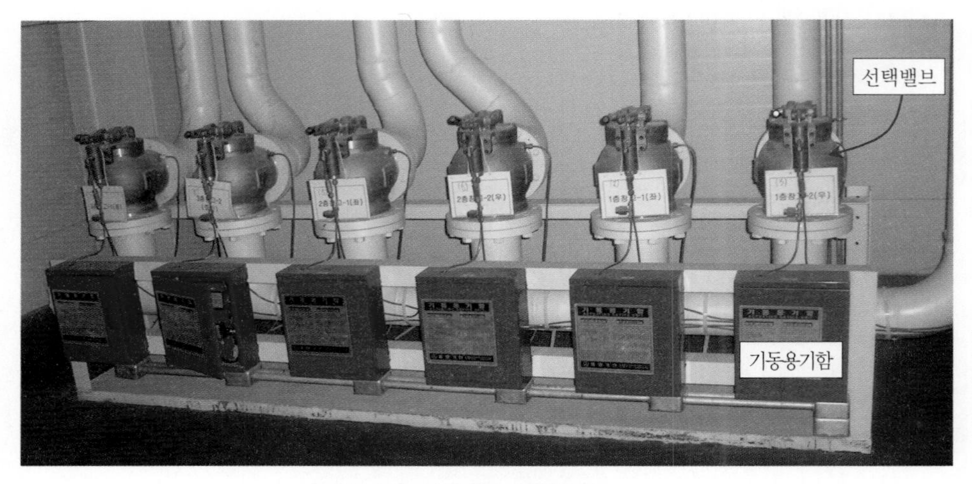

[그림 14] **선택밸브 설치외형**

[그림 15] **기동용 가스용기 점검항목**

[그림 16] **선택밸브 점검항목**

8. 분사헤드 점검항목 ★★★ 〈개정 2021. 3. 25〉

구 분	이산화탄소, 할론, 분말〈공통〉	할로겐화합물 및 불활성기체
전역방출방식	○ 분사헤드의 변형·손상 유무 ● 분사헤드의 설치위치 적정 여부	○ 분사헤드의 변형·손상 유무 ● 분사헤드의 설치높이 적정 여부
국소방출방식	○ 분사헤드의 변형·손상 유무 ● 분사헤드의 설치장소 적정 여부	–
호스릴방식	● 방호대상물 각 부분으로부터 호스접결구까지 수평거리 적정 여부 ○ 소화약제저장용기의 위치표시등 정상 점등 및 표지 설치 여부 ● 호스릴소화설비 설치장소 적정 여부	–

9. 화재감지기 점검항목(가스계 공통) ★★★ 〈개정 2021. 3. 25〉

번 호	점검항목	점검결과
10-H. 화재감지기		
10-H-001 10-H-002 10-H-003	○ 방호구역별 화재감지기 감지에 의한 기동장치 작동 여부 ● 교차회로(또는 NFSC 203 제7조 제1항 단서 감지기) 설치 여부 ● 화재감지기별 유효 바닥면적 적정 여부	

tip 이산화탄소소화설비의 자동식 기동장치의 화재감지기 설치기준 [M : 감·교·자] ★★★

☞ 이산화탄소소화설비의 화재안전기술기준(NFTC 106) 2.9

1. 각 방호구역 내의 화재**감**지기의 감지에 따라 작동되도록 할 것
2. 화재감지기의 회로는 **교**차회로방식으로 설치할 것
   다만, 화재감지기를 자동화재탐지설비의 화재안전기술기준(NFTC 203) 2.4.1 단서의 각 호의 감지기로 설치하는 경우에는 그러하지 아니하다. [M : 불·광·아·다·복·정선·분·축]
   1) **불**꽃감지기
   2) **광**전식 분리형 감지기
   3) **아**날로그방식의 감지기
   4) **다**신호방식의 감지기
   5) **복**합형 감지기
   6) **정**온식 감지**선**형 감지기
   7) **분**포형 감지기
   8) **축**적방식의 감지기
3. 교차회로 내의 각 화재감지기회로별로 설치된 화재감지기 1개가 담당하는 바닥면적은 **자**동화재탐지설비의 화재안전기술기준(NFTC 203) 2.4.3.5, 2.4.3.8부터 2.4.3.10까지의 규정에 따른 바닥면적으로 할 것

10. 음향경보장치 점검항목(가스계 공통) ★★★ 〈개정 2021. 3. 25〉

구 분	이산화탄소, 할론, 할로겐화합물 및 불활성기체〈공통〉	분 말
음향경보장치	○ 기동장치 조작 시(수동식-방출용 스위치, 자동식-화재감지기) 경보 여부 ○ 약제 방사 개시(또는 방출 압력스위치 작동) 후 경보 적정 여부 ● 방호구역 또는 방호대상물 구획 안에서 유효한 경보 가능 여부	○ 기동장치 조작 시(수동식-방출용 스위치, 자동식-화재감지기) 경보 여부 ○ 약제 방사 개시(또는 방출 압력스위치 작동) 후 1분 이상 경보 여부 ● 방호구역 또는 방호대상물 구획 안에서 유효한 경보 가능 여부
방송에 따른 경보장치	● 증폭기 재생장치의 설치장소 적정 여부 ● 방호구역·방호대상물에서 확성기 간 수평거리 적정 여부 ● 제어반 복구스위치 조작 시 경보 지속 여부	● 증폭기 재생장치의 설치장소 적정 여부 ● 방호구역·방호대상물에서 확성기 간 수평거리 적정 여부 ● 제어반 복구스위치 조작 시 경보 지속 여부

11. 자동폐쇄장치 점검항목(가스계 공통 – 분말 제외) ★★★ 〈개정 2021. 3. 25〉

번 호	점검항목	점검결과
9-J. 자동폐쇄장치		
9-J-001 9-J-002	○ 환기장치 자동정지 기능 적정 여부 ○ 개구부 및 통기구 자동폐쇄장치 설치장소 및 기능 적합 여부 ● 자동폐쇄장치 복구장치 설치기준 적합 및 위치표지 적합 여부	

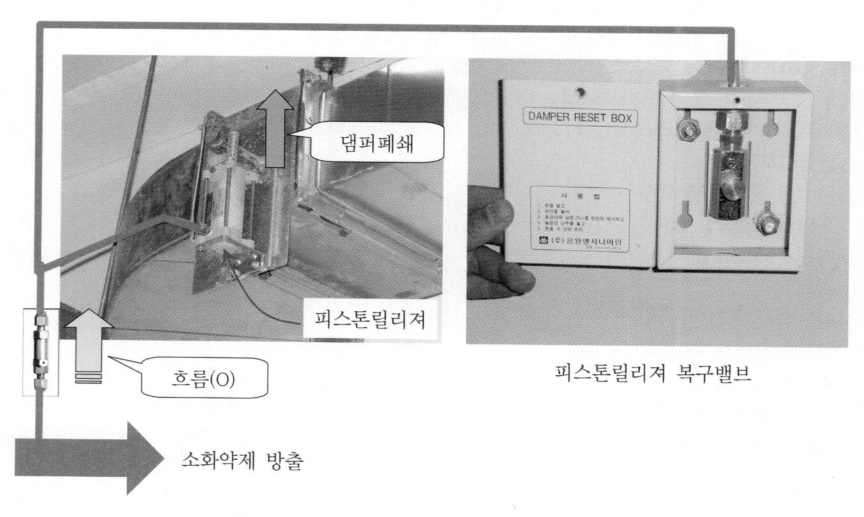

[그림 17] **피스톤릴리져와 댐퍼복구밸브**

tip 전역방출방식의 이산화탄소소화설비의 자동폐쇄장치의 설치기준 ★★★★ [10회 6점 : 설계 및 시공]

☞ 이산화탄소소화설비의 화재안전기술기준(NFTC 106) 2.11

1. 환기장치를 설치한 것에 있어서는 이산화탄소가 방사되기 전에 당해 환기장치가 정지할 수 있도록 할 것
2. 개구부가 있거나 통기구가 있을 경우 : 개구부가 있거나 천장으로부터 1m 이상의 아랫부분 또는 바닥으로부터 당해 층 높이의 3분의 2 이내의 부분에 통기구가 있어 이산화탄소의 유출에 따라 소화효과를 감소시킬 우려가 있는 것에 있어서는 이산화탄소가 방사되기 전에 당해 개구부 및 통기구를 폐쇄할 수 있도록 할 것
3. 자동폐쇄장치
   1) 방호구역 또는 방호대상물이 있는 구획의 밖에서 복구할 수 있는 구조
   2) 그 위치를 표시하는 표지 부착

참고 배출설비 설치 : 지하층, 무창층 및 밀폐된 거실 등에 이산화탄소소화설비를 설치한 경우에는 소화약제의 농도를 희석시키기 위한 배출설비를 갖추어야 한다.

참고 과압배출구 설치장소 기술 [10회 설계 및 시공 6점]
방호구역에 소화약제가 방출 시 과압으로 인하여 구조물 등에 손상이 생길 우려가 있는 장소

☞ 이산화탄소, 할로겐화합물 및 불활성기체 소화설비 공통사항
제17조(과압배출구) 이산화탄소소화설비의 방호구역에 소화약제가 방출 시 과압으로 인하여 구조물 등에 손상이 생길 우려가 있는 장소에는 과압배출구를 설치하여야 한다.

12. 비상전원 점검항목(가스계 공통) ★★★ 〈개정 2021. 3. 25〉

번 호	점검항목	점검결과
9-K-001	● 설치장소 적정 및 관리 여부	
9-K-002	○ 자가발전설비인 경우 연료 적정량 보유 여부	
9-K-003	○ 자가발전설비인 경우 「전기사업법」에 따른 정기점검 결과 확인	

13. 배출설비 점검항목(이산화탄소소화설비만 해당) ★ 〈개정 2021. 3. 25〉

번 호	점검항목	점검결과
9-L-001	● 배출설비 설치상태 및 관리 여부	

14. 과압배출구 점검항목(이산화탄소 & 할로겐화합물 및 불활성기체만 해당) ★ 〈개정 2021. 3. 25〉

번 호	점검항목	점검결과
9-M-001	● 과압배출구 설치상태 및 관리 여부	

15. 안전시설 등 점검항목(이산화탄소소화설비만 해당) ★★★ 〈개정 2021. 3. 25〉

번 호	점검항목	점검결과
9-N-001	○ 소화약제 방출알림 시각경보장치 설치기준 적합 및 정상 작동 여부	
9-N-002	○ 방호구역 출입구 부근 잘 보이는 장소에 소화약제 방출 위험경고표지 부착 여부	
9-N-003	○ 방호구역 출입구 외부 인근에 공기호흡기 설치 여부	

[그림 18] 시각경보기

[그림 19] 위험경보표지

[그림 20] 공기호흡기

16. 외관점검표(이산화탄소, 할론, 할로겐화합물 및 불활성기체, 분말소화설비) ★★★★ 〈개정 2022. 12. 1〉

1) 저장용기
   (1) 설치장소 적정 및 관리 여부
   (2) 저장용기 설치장소 표지 설치 여부
   (3) 소화약제 저장량 적정 여부

2) 기동장치
   기동장치 설치 적정(출입구 부근 등, 높이 보호장치, 표지 전원표시등) 여부

3) 배관 등

배관의 변형·손상 유무

4) 분사헤드

분사헤드의 변형·손상 유무

5) 호스릴방식

소화약제저장용기의 위치표시등 정상점등 및 표지 설치 여부

6) 안전시설 등(이산화탄소소화설비)

(1) 방호구역 출입구 부근 잘 보이는 장소에 소화약제 방출 위험경고표지 부착 여부

(2) 방호구역 출입구 외부 인근에 공기호흡기 설치 여부

17. 약제저장량 점검 리스트 〈개정 2021. 3. 25〉

1) 이산화탄소, 할론소화설비 약제저장량 점검리스트

(결과 : 양호 ○, 불량 ×, 해당없음 /)

설치위치	용기 No.	실내 온도(℃)	약제높이 (cm)	충전량 (kg)	손실량 (kg)	점검결과	비 고
							※ 약제량 손실 5% 초과 시 불량으로 판정합니다.

2) 할로겐화합물 및 불활성기체 소화설비 약제저장량 점검리스트

(결과 : 양호 ○, 불량 ×, 해당없음 /)

설치위치	용기 No.	실내 온도(℃)	약제높이 (cm)	충전량(압) (kg)(kg/cm^2)	손실량 (kg)	점검결과	비고 (손실 5% 초과)
							※ 약제량 손실(불활성기체는 압력손실) 5% 초과 시 불량으로 판정합니다. ※ 불활성기체는 손실량에 압력게이지 값을 기록합니다.

기출 및 예상 문제

☞ 정답은 본문 및 과년도 출제 문제 풀이 참조

★★★★★

01 할로겐화합물 및 불활성기체 소화설비의 구성요소 중 하나인 "저장용기"의 점검항목 중 5항목을 기술하시오. [8회 10점]

★★★★★

02 이산화탄소소화설비 소화약제의 저장용기 설치기준과 설치기준이 적합한 장소에 대해서 기술하시오. [10회 12점, 83회 기술사 25점]

★★★

03 이산화탄소소화설비의 기동용 가스용기의 작동기능 점검항목을 기술하시오.

★★★

04 이산화탄소소화설비의 화재감지기 종합정밀 점검항목 3가지를 쓰시오.

★★★★★

05 이산화탄소소화설비 기동장치의 설치기준을 기술하시오. [6회 20점, 81회 기술사 10점]

★★★★

06 가스계소화설비의 제어반에 대한 종합정밀 점검항목 3가지를 기술하시오.

★★★★

07 전역방출방식의 이산화탄소소화설비의 자동폐쇄장치의 설치기준을 기술하시오. [10회 6점 : 설계 및 시공]

★★★★

08 할로겐화합물 및 불활성기체 소화설비의 분사헤드에 대한 종합정밀 점검항목을 기술하시오.

★★★★

09 할로겐화합물 및 불활성기체 소화설비의 수동식기동장치에 대한 종합정밀 점검항목을 기술하시오. [11회 10점]

★★★★

10 이산화탄소소화약제 저장용기 설치기준 5가지를 쓰시오. [13회 5점 : 설계 및 시공]

★★★★

11 호스릴이산화탄소소화설비의 설치기준 5가지를 쓰시오. [14회 10점]

★★★★

12 이산화탄소소화설비 종합정밀점검표에서 제어반 및 화재표시등의 점검항목 8가지를 쓰시오. [15회 8점]

★★★★

13 할로겐화합물 및 불활성기체 소화설비의 "개구부의 자동폐쇄장치" 종합정밀 점검항목 3가지를 쓰시오. [16회 3점]

★★★★

14 분말소화설비의 자동식 기동장치에서 가스압력식 기동장치의 설치기준 3가지를 쓰시오. [17회 3점]

★★★★

15 이산화탄소소화설비의 종합정밀점검 시 '전원 및 배선'에 대한 점검항목 중 5가지를 쓰시오. [19회 5점]

★★★★

16 분말소화설비 가압용 가스용기의 점검항목 5가지를 쓰시오. [21회 5점]

★★★★

17 소방시설 등(작동점검 · 종합점검) 점검표상 분말소화설비 점검표의 저장용기 점검항목 중 종합점검의 경우에만 해당하는 점검항목 6가지를 쓰시오. [23회 6점]

6 자동화재탐지설비 ★★★★★

1. 경계구역 점검항목 ★★★★ 〈개정 2021. 3. 25〉

번 호	점검항목	점검결과
15-A-001 15-A-002	● 경계구역 구분 적정 여부 ● 감지기를 공유하는 경우 스프링클러 · 물분무소화 · 제연설비 경계구역 일치 여부	

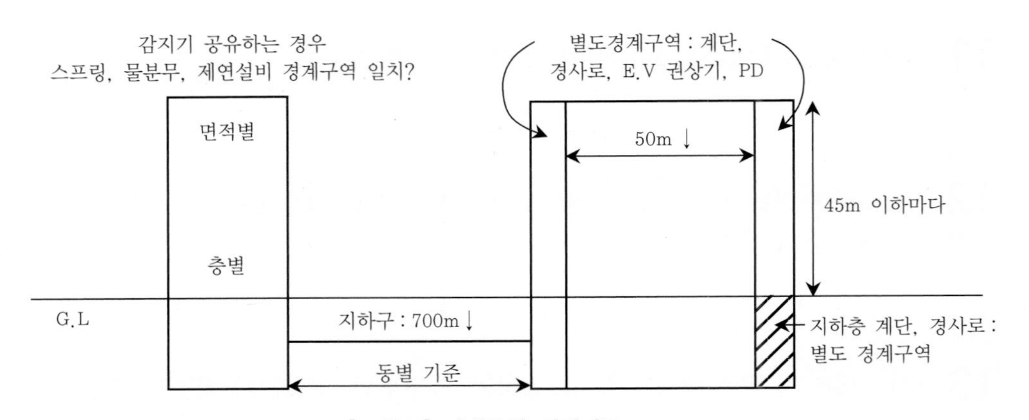

[그림 1] **경계구역 설정기준**

tip 자동화재탐지설비의 경계구역 설정 방법

[M : 건 · F · A · 수직 · 외기 · 스프링] [81회 기술사 25점] [경계구역 설정방법/설정 시 주의점]

☞ 자동화재탐지설비의 화재안전기술기준(NFTC 203) 2.1

※ “경계구역”이라 함은 소방대상물 중 화재신호를 발신하고, 그 신호를 수신 및 유효하게 제어할 수 있는 구역을 말한다.

1. **건**축물 기준 : 하나의 경계구역이 2개 이상의 건축물에 미치지 아니하도록 할 것
2. 층(**F**) 기준 : 하나의 경계구역이 2개 이상의 층에 미치지 아니하도록 할 것
   다만, 500m^2 이하의 범위 안에서는 2개의 층을 하나의 경계구역으로 할 수 있다.
3. 면적(**A**) · 길이 기준 : 하나의 경계구역의 면적은 600m^2 이하로 하고, 한 변의 길이는 50m 이하로 할 것
   다만, 당해 소방대상물의 주된 출입구에서 그 내부 전체가 보이는 것에 있어서는 한 변의 길이가 50m의 범위 내에서 1,000m^2 이하로 할 수 있다.
4. **수직** 경계구역
   1) 계단 · 경사로(에스컬레이터 경사로 포함) · 엘리베이터 권상기실 · 린넨슈트 · 파이프 피트 및 덕트, 기타 이와 유사한 부분 : 별도 경계구역 설정
   2) 지하층의 계단 및 경사로(지하층의 층수가 1일 경우는 제외) : 별도 경계구역 설정
   3) 하나의 경계구역의 높이 : 45m 이하(계단 및 경사로에 한한다.)
5. **외기**에 면하여 상시 개방된 부분이 있는 차고 · 주차장 · 창고 등의 경우 : 외기에 면하는 각 부분으로부터 5m 미만의 범위 안에 있는 부분은 경계구역의 면적에 산입하지 아니한다.
6. **스프링**클러설비 · 물분무 등 소화설비 또는 제연설비의 화재감지장치로서 화재감지기를 설치한 경우의 경계구역 또는 제연구역 : 당해 소화설비의 방사구역 또는 제연구역과 동일하게 설정할 수 있다.

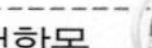

2. 수신기 점검항목 ★★★★★ 〈개정 2022. 12. 1〉

[15회 10점, 19회 4점, 수신기/감시제어반 설치위치(81회 기술사)]

번 호	점검항목	점검결과
15-B-001	○ 수신기 설치장소 적정(관리 용이) 여부	
15-B-002	○ 조작스위치의 높이는 적정하며 정상 위치에 있는지 여부	
15-B-003	● 개별 경계구역 표시 가능 회선수 확보 여부	
15-B-004	● 축적기능 보유 여부(환기 · 면적 · 높이 조건 해당할 경우)	
15-B-005	○ 경계구역 일람도 비치 여부	
15-B-006	○ 수신기 음향기구의 음량 · 음색 구별 가능 여부	
15-B-007	● 감지기 · 중계기 · 발신기 작동 경계구역 표시 여부(종합방재반 연동 포함.)	
15-B-008	● 1개 경계구역 1개 표시등 또는 문자 표시 여부	
15-B-009	● 하나의 대상물에 수신기가 2 이상 설치된 경우 상호 연동되는지 여부	
15-B-010	○ 수신기 기록장치 데이터 발생 표시시간과 표준시간 일치 여부	

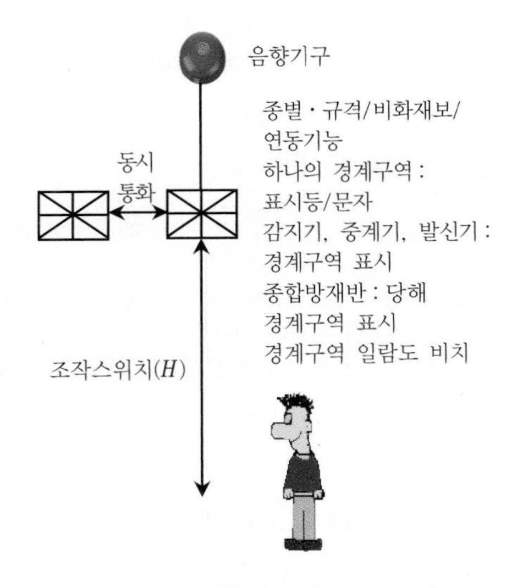

[그림 2] **수신기 종합정밀 점검항목**

tip 수신기 설치기준 [81회 기술사 : 수신기/감시제어반 설치위치] ★★★

☞ 자동화재탐지설비의 화재안전성능기준(NFPC 203)

1. 수위실 등 상시 사람이 근무하는 장소에 설치할 것
   다만, 사람이 상시 근무하는 장소가 없는 경우에는 관계인이 쉽게 접근할 수 있고 관리가 용이한 장소에 설치할 수 있다.
2. 수신기가 설치된 장소에는 경계구역 일람도를 비치할 것
3. 수신기의 음향기구는 그 음량 및 음색이 다른 기기의 소음 등과 명확히 구별될 수 있는 것으로 할 것
4. 하나의 경계구역은 하나의 표시등 또는 하나의 문자로 표시되도록 할 것
5. 수신기는 감지기 · 중계기 또는 발신기가 작동하는 경계구역을 표시할 수 있는 것으로 할 것

6. 화재 · 가스 · 전기 등에 대한 종합방재반을 설치한 경우에는 당해 조작반에 수신기의 작동과 연동하여 감지기 · 중계기 또는 발신기가 작동하는 경계구역을 표시할 수 있는 것으로 할 것
7. 수신기의 조작스위치는 바닥으로부터의 높이가 0.8m 이상 1.5m 이하인 장소에 설치할 것
8. 하나의 소방대상물에 2 이상의 수신기를 설치하는 경우에는 수신기를 상호 간 연동하여 화재발생 상황을 각 수신기마다 확인할 수 있도록 할 것
9. 화재로 인하여 하나의 층의 지구음향장치 배선이 단락되어도 다른 층의 화재통보에 지장이 없도록 각 층 배선 상에 유효한 조치를 할 것

3. 중계기 점검항목 ★★★ 〈개정 2021. 3. 25〉

번 호	점검항목	점검결과
15-C-001	● 중계기 설치위치 적정 여부(수신기에서 감지기회로 도통시험하지 않는 경우)	
15-C-002	● 설치장소(조작 · 점검 편의성, 화재 · 침수 피해 우려) 적정 여부	
15-C-003	● 전원입력측 배선상 과전류차단기 설치 여부	
15-C-004	● 중계기 전원 정전 시 수신기 표시 여부	
15-C-005	● 상용전원 및 예비전원 시험 적정 여부	

tip 자동화재탐지설비의 중계기 설치기준 [19회 3점]

1. 수신기에서 직접 감지기회로의 도통시험을 행하지 아니하는 것에 있어서는 수신기와 감지기 사이에 설치할 것
2. 조작 및 점검에 편리하고 화재 및 침수 등의 재해로 인한 피해를 받을 우려가 없는 장소에 설치할 것
3. 수신기에 따라 감시되지 아니하는 배선을 통하여 전력을 공급받는 것에 있어서는 전원입력측의 배선에 과전류차단기를 설치하고 당해 전원의 정전이 즉시 수신기에 표시되는 것으로 하며, 상용전원 및 예비전원의 시험을 할 수 있도록 할 것

4. 감지기 점검항목 ★★★★ 〈개정 2021. 3. 25〉

번 호	점검항목	점검결과
15-D-001	● 부착높이 및 장소별 감지기 종류 적정 여부	
15-D-002	● 특정장소(환기 불량, 면적 협소, 저층고)에 적응성이 있는 감지기 설치 여부	
15-D-003	○ 연기감지기 설치장소 적정 설치 여부	
15-D-004	● 감지기와 실내로의 공기유입구 간 이격거리 적정 여부	
15-D-005	● 감지기 부착면 적정 여부	
15-D-006	○ 감지기 설치(감지면적 및 배치거리) 적정 여부	
15-D-007	● 감지기별 세부 설치기준 적합 여부	
15-D-008	● 감지기 설치제외 장소 적합 여부	
15-D-009	○ 감지기 변형 · 손상 확인 및 작동시험 적합 여부	

L
× N L
공기유입구
감지기 변형, 손상/작동시험
부착높이/장소별 감지기 종류
특정장소 적응 감지기 설치
연기감지기 설치장소 적정
부착면/설치(면적, 거리) 적정 여부
세부 설치기준/설치제외 장소
미경계구역

[그림 3] **감지기 점검항목**

tip 차동식 분포형 감지기의 설치기준 ★★★ [19회 6점]

☞ 자동화재탐지설비의 화재안전성능기준(NFPC 203) 제7조 제③항 제7호

1. 공기관의 노출부분은 감지구역마다 20m 이상이 되도록 할 것
2. 하나의 검출부분에 접속하는 공기관의 길이는 100m 이하로 할 것
3. 검출부는 5° 이상 경사되지 아니하도록 부착할 것
4. 검출부는 바닥으로부터 0.8m 이상 1.5m 이하의 위치에 설치할 것
5. 공기관은 도중에서 분기하지 아니하도록 할 것
6. 공기관과 감지구역의 각 변과의 수평거리는 1.5m 이하가 되도록 할 것
7. 공기관 상호 간의 거리는 6m(주요 구조부 내화구조 : 9m) 이하가 되도록 할 것

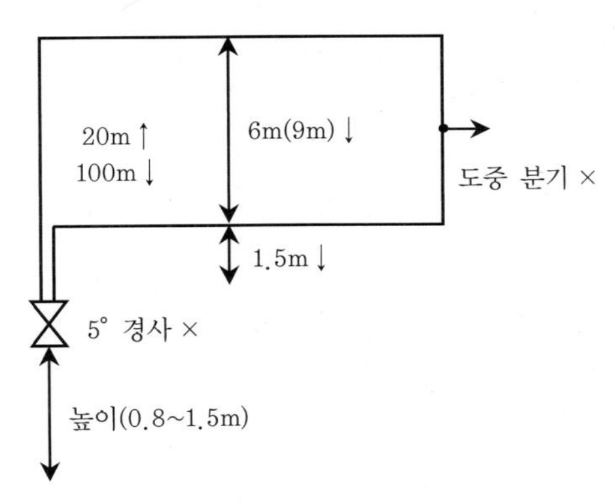

[그림 4] **차동식 분포형 감지기 설치기준**

tip 불꽃감지기의 설치기준 ★★★ [12회 10점]

1. 공칭감시거리 및 공칭시야각은 형식승인 내용에 따를 것
2. 감지기는 공칭감시거리와 공칭시야각을 기준으로 감시구역이 모두 포용될 수 있도록 설치할 것
3. 감지기는 화재감지를 유효하게 감지할 수 있는 모서리 또는 벽 등에 설치할 것
4. 감지기를 천장에 설치하는 경우에는 바닥을 향하여 설치할 것
5. 수분이 많이 발생할 우려가 있는 장소에는 방수형으로 설치할 것
6. 그 밖의 설치기준은 형식승인 내용에 따르며 형식승인 사항이 아닌 것은 제조사의 시방에 따라 설치할 것

5. 음향장치 점검항목 ★★★ 〈개정 2021. 3. 25〉

[81회 기술사 10점 발신기 설치기준]

번 호	점검항목	점검결과
15-E-001	○ 주음향장치 및 지구음향장치 설치 적정 여부	
15-E-002	○ 음향장치(경종 등) 변형·손상 확인 및 정상 작동(음량 포함.) 여부	
15-E-003	● 우선경보기능 정상 작동 여부	

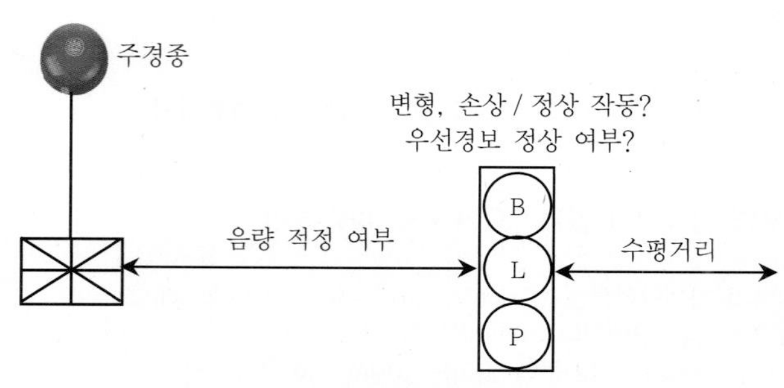

[그림 5] **음향장치 점검항목**

6. 시각경보장치 점검항목 ★★★★ 〈개정 2021. 3. 25〉

[11회 10점]

번 호	점검항목	점검결과
15-F-001	○ 시각경보장치 설치장소 및 높이 적정 여부	
15-F-002	○ 시각경보장치 변형·손상 확인 및 정상 작동 여부	

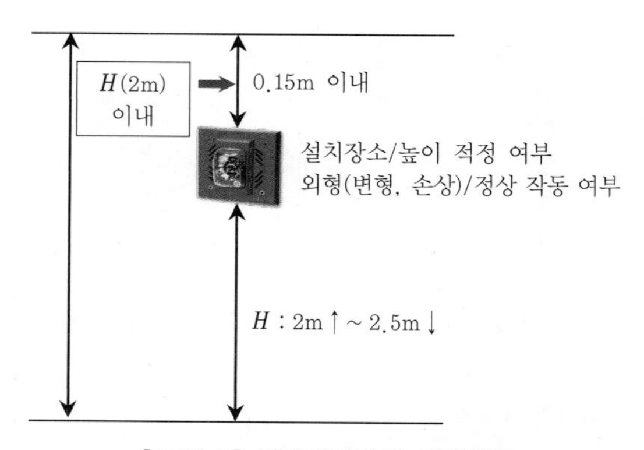

[그림 6] **시각경보장치 점검항목**

tip 시각경보기 설치기준

1. 설치위치
   1) 복도 · 통로 · 청각장애인용 객실 및 공용으로 사용하는 거실(로비, 회의실, 강의실, 식당, 휴게실, 오락실, 대기실, 체력단련실, 접객실, 안내실, 전시실, 기타 이와 유사한 장소를 말한다.)에 설치 〈개정 2013. 6. 11〉
   2) 각 부분으로부터 유효하게 경보를 발할 수 있는 위치에 설치
   3) 공연장 · 집회장 · 관람장 또는 이와 유사한 장소에 설치하는 경우에는 시선이 집중되는 무대부 부분 등에 설치
2. 설치높이 : 바닥으로부터 2m 이상 2.5m 이하
   다만, 천장의 높이가 2m 이하인 경우에는 천장으로부터 0.15m 이내의 장소에 설치
3. 시각경보장치의 광원 : 전용의 축전지설비에 의하여 점등되도록 할 것
   다만, 시각경보기에 작동전원을 공급할 수 있도록 형식승인을 얻은 수신기를 설치한 경우에는 그러하지 아니하다.

tip 시각경보기를 설치해야 하는 특정소방대상물

☞ 「소방시설 설치 및 관리에 관한 법률 시행령」 [별표 4]
시각경보기를 설치해야 하는 특정소방대상물은 자동화재탐지설비를 설치해야 하는 특정소방대상물 중 다음의 어느 하나에 해당하는 것으로 한다.
1. 근린생활시설, 문화 및 집회시설, 종교시설, 판매시설, 운수시설, 의료시설, 노유자 시설
2. 운동시설, 업무시설, 숙박시설, 위락시설, 창고시설 중 물류터미널, 발전시설 및 장례시설
3. 교육연구시설 중 도서관, 방송통신시설 중 방송국
4. 지하가 중 지하상가

7. 발신기 점검항목 〈개정 2021. 3. 25〉

[81회 기술사 수동발신기 설치기준]

번 호	점검항목	점검결과
15-G-001	○ 발신기 설치장소, 위치(수평거리) 및 높이 적정 여부	
15-G-002	○ 발신기 변형 · 손상 확인 및 정상 작동 여부	
15-G-003	○ 위치표시등 변형 · 손상 확인 및 정상 점등 여부	

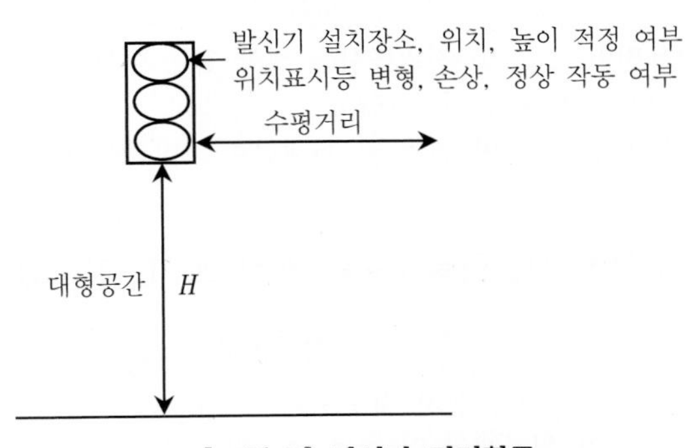

[그림 7] **발신기 점검항목**

tip 발신기 설치기준 [81회 기술사 수동발신기 설치기준]

1. 조작이 쉬운 장소에 설치
2. 스위치 설치높이 : 바닥으로부터 0.8m 이상 1.5m 이하
3. 발신기 배치
   1) 소방대상물의 층마다 설치
   2) 당해 소방대상물의 각 부분으로부터 하나의 발신기까지의 수평거리가 25m 이하
      다만, 복도 또는 별도로 구획된 실로서 보행거리가 40m 이상일 경우에는 추가 설치
   3) 기둥 또는 벽이 설치되지 아니한 대형공간의 경우 : 발신기는 설치대상 장소의 가장 가까운 장소의 벽 또는 기둥 등에 설치
   4) 발신기의 위치를 표시하는 표시등은 함의 상부에 설치하되, 그 불빛은 부착면으로부터 15° 이상의 범위 안에서 부착지점으로부터 10m 이내의 어느 곳에서도 쉽게 식별할 수 있는 적색등으로 할 것

8. 전원 점검항목 ★★ 〈개정 2021. 3. 25〉

번 호	점검항목	점검결과
15-H. 전원		
15-H-001 15-H-002	○ 상용전원 적정 여부 ○ 예비전원 성능 적정 및 상용전원 차단 시 예비전원 자동전환 여부	

9. 배선 점검항목 ★★ 〈개정 2021. 3. 25〉

번 호	점검항목	점검결과
15-I-001 15-I-002 15-I-003 15-I-004 15-I-005	● 종단저항 설치장소, 위치 및 높이 적정 여부 ● 종단저항 표지 부착 여부(종단감지기에 설치할 경우) ○ 수신기 도통시험회로 정상 여부 ● 감지기회로 송배전식 적용 여부 ● 1개 공통선 접속 경계구역 수량 적정 여부(P형 또는 GP형의 경우)	

10. 자동화재속보설비 점검항목 ★★★★ 〈개정 2021. 3. 25〉

번 호	점검항목	점검결과
17-A-001 17-A-002 17-A-003	○ 상용전원 공급 및 전원표시등 정상 점등 여부 ○ 조작스위치 높이 적정 여부 ○ 자동화재탐지설비 연동 및 화재신호 소방관서 전달 여부	

11. 통합감시시설 속보설비 점검항목 ★★★ 〈개정 2021. 3. 25〉

번 호	점검항목	점검결과
17-B-001 17-B-002 17-B-003	● 주·보조 수신기 설치 적정 여부 ○ 수신기 간 원격제어 및 정보공유 정상 작동 여부 ● 예비선로 구축 여부	

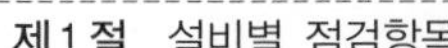

12. 자동화재탐지설비, 비상경보설비, 시각경보기, 비상방송설비, 자동화재속보설비 외관점검표 〈개정 2022. 12. 1〉

[22회 6점]

1) 수신기
   (1) 설치장소 적정 및 스위치 정상 위치 여부
   (2) 상용전원 공급 및 전원표시등 정상점등 여부
   (3) 예비전원(축전지) 상태 적정 여부

2) 감지기
   감지기의 변형 또는 손상이 있는지 여부(단독경보형 감지기 포함)

3) 음향장치
   음향장치(경종 등) 변형·손상 여부

4) 시각경보장치
   시각경보장치 변형·손상 여부

5) 발신기
   (1) 발신기 변형·손상 여부
   (2) 위치표시등 변형·손상 및 정상점등 여부

6) 비상방송설비
   (1) 확성기 설치 적정(층마다 설치, 수평거리) 여부
   (2) 조작부 상 설비 작동층 또는 작동구역 표시 여부

7) 자동화재속보설비
   상용전원 공급 및 전원표시등 정상점등 여부

기출 및 예상 문제

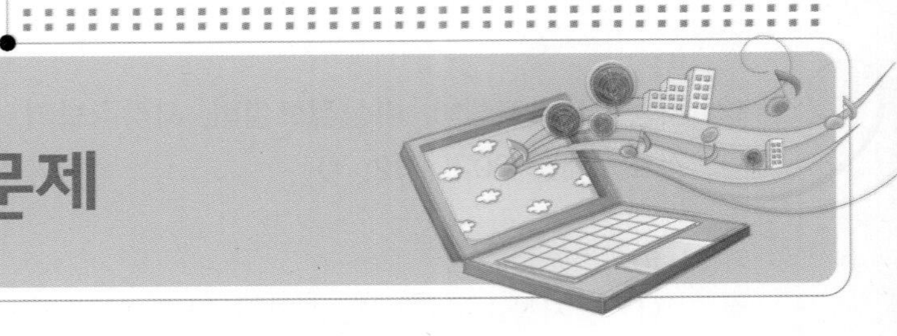

☞ 정답이 없는 문제는 본문 및 과년도 출제 문제 풀이 참조

★★★★★

01 자동화재탐지설비의 경계구역에 대한 종합정밀 점검항목과 경계구역 설정 방법을 기술하시오. [81회 기술사 25점 : 경계구역 설정 방법 · 설정 시 주의점]

★★★

02 자동화재탐지설비의 수신기 설치기준을 기술하시오. [81회 기술사]

★★★★

03 자동화재탐지설비의 감지기의 종합정밀 점검항목을 기술하시오.

★★★★

04 자동화재탐지설비의 발신기의 종합정밀 점검항목을 기술하시오. [81회 기술사 : 발신기 설치기준]

★★★★

05 시각경보장치를 설치해야 하는 특정소방대상물과 종합정밀 점검항목을 기술하시오.

★★★

06 축적형 수신기를 설치해야 하는 경우와 설치할 필요가 없는 경우를 쓰시오.

☞ 자동화재탐지설비의 화재안전기술기준(NFTC 203) 2.2.2

1. 축적형 수신기를 설치해야 하는 경우(=축적형 감지기를 설치해야 하는 경우)
   일시적으로 발생한 열기 · 연기 · 먼지 등으로 인하여 화재신호를 발신할 우려가 있는 다음의 장소
   1) 지하층 · 무창층 등으로서 환기가 잘 되지 않는 장소
   2) 실내면적이 $40m^2$ 미만인 장소
   3) 감지기의 부착면과 실내 바닥과의 거리가 2.3m 이하인 장소
2. 축적형 수신기를 설치할 필요가 없는 경우 [M : 불 · 광 · 아 · 다 · 복 · 정 · 선 · 분 · 축]
   =교차회로방식으로 설치하지 않아도 되는 감지기
   ☞ NFTC 203 2.4.1 단서

다음의 감지기를 설치하였을 경우에는 축적기능의 수신기를 설치하지 않을 수 있다.

1) 불꽃감지기
2) 광전식 분리형 감지기
3) 아날로그방식의 감지기
4) 다신호방식의 감지기
5) 복합형 감지기
6) 정온식 감지선형 감지기
7) 분포형 감지기
8) 축적방식의 감지기

★★★★★

07 축적형 감지기를 사용해야 하는 장소, 사용하지 않아도 되는 장소와 사용할 수 없는 장소를 쓰시오.

☞ 자동화재탐지설비의 화재안전기술기준(NFTC 203) 2.4.1 단서

1. 축적형 감지기를 설치해야 하는 장소

일시적으로 발생한 열기·연기·먼지 등으로 인하여 화재신호를 발신할 우려가 있는 다음의 장소

1) 지하층·무창층 등으로서 환기가 잘 되지 않는 장소
2) 실내면적이 40m^2 미만인 장소
3) 감지기의 부착면과 실내바닥과의 거리가 2.3m 이하인 장소

2. 축적형 감지기를 설치하지 않아도 되는 감지기 [M : 불·광·아·다·복·정·선·분·축]

=교차회로방식으로 설치하지 않아도 되는 감지기=오동작의 적응성이 있는 감지기

1) 불꽃감지기
2) 광전식 분리형 감지기
3) 아날로그방식의 감지기
4) 다신호방식의 감지기
5) 복합형 감지기
6) 정온식 감지선형 감지기
7) 분포형 감지기
8) 축적방식의 감지기

3. 축적형 감지기를 사용할 수 없는 장소 [M : 유·교·축]

☞ NFTC 203 2.4.3 단서

1) 유류취급 장소와 같은 급속한 연소 확대가 우려되는 장소에 사용되는 감지기
2) 교차회로방식에 사용되는 감지기
3) 축적기능이 있는 수신기에 연결하여 사용하는 감지기

★★★★

08 시각경보장치의 종합정밀 점검항목을 기술하시오. [11회 10점]

★★★★

09 자동화재탐지설비·시각경보기·자동화재속보설비의 작동기능점검표에서 수신기의 점검항목 및 점검내용 10가지를 쓰시오. [15회 10점]

★★★★ ※ 출제 당시 법령에 의함.

10 자동화재탐지설비 및 시각경보장치의 화재안전기준(NFSC 203) [별표 1]에서 규정한 연기감지기를 설치할 수 없는 장소 중 도금공장 또는 축전지실과 같이 부식성 가스의 발생 우려가 있는 장소에 감지기 설치 시 유의사항을 쓰시오. [15회 5점]

★★★★

11 설치장소별 감지기 적응성(연기감지기를 설치할 수 없는 경우 적용)에서 설치장소의 환경상태가 "물방울이 발생하는 장소"에 설치할 수 있는 감지기의 종류별 설치조건을 쓰시오. [17회 3점]

★★★★

12 설치장소별 감지기 적응성(연기감지기를 설치할 수 없는 경우 적용)에서 설치장소의 환경상태가 "부식성 가스가 발생할 우려가 있는 장소"에 설치할 수 있는 감지기의 종류별 설치조건을 쓰시오. [17회 4점]

★★★★★

13 자동화재탐지설비에 대한 작동기능점검을 실시하고자 한다. 수신기에 관한 점검항목과 점검내용이다. ( )에 들어갈 내용을 쓰시오. [19회 4점]

점검항목	점검내용
(㉠)	(㉡)
절환장치(예비전원)	상용전원 OFF 시 자동 예비전원 절환 여부
스위치	스위치 정위치(자동) 여부
(㉢)	(㉣)
(㉤)	(㉥)
(㉦)	(㉧)

★★★★★

14 「화재예방, 소방시설 설치ㆍ유지 및 안전관리에 관한 법령」에 따른 특정소방대상물의 관계인이 특정소방대상물의 규모ㆍ용도 및 수용인원 등을 고려하여 갖추어야 하는 소방시설의 종류에서 다음 물음에 답하시오. [19회 10점]

1. 단독경보형 감지기를 설치하여야 하는 특정소방대상물에 관하여 쓰시오.(6점)
2. 시각경보기를 설치하여야 하는 특정소방대상물에 관하여 쓰시오.(4점)

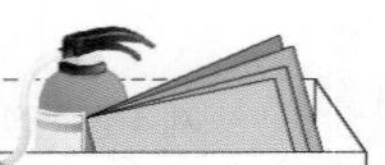

★★★★★

15 소방시설 자체점검사항 등에 관한 고시에 관한 다음 물음에 답하시오. [20회 9점]

1. 통합감시시설 종합정밀점검 시 주 · 보조 수신기 점검항목을 쓰시오.(5점)
2. 거실제연설비 종합정밀점검 시 송풍기 점검사항을 쓰시오.(4점)

★★★★★

16 소방시설 자체점검사항 등에 관한 고시에서 소방시설외관점검표의 자동화재탐지설비, 자동화재속보설비, 비상경보설비의 점검항목 6가지를 쓰시오. [22회 6점]

7 가스누설경보기 ★★

1. 수신부 점검항목 ★★★ 〈개정 2021. 3. 25〉

번 호	점검항목	점검결과
19-A. 수신부		
19-A-001 19-A-002 19-A-003	○ 수신부 설치장소 적정 여부 ○ 상용전원 공급 및 전원표시등 정상 점등 여부 ○ 음향장치의 음량·음색·음압 적정 여부	

2. 탐지부 점검항목 ★★ 〈개정 2021. 3. 25〉

번 호	점검항목	점검결과
19-B-001 19-B-002	○ 탐지부의 설치방법 및 설치상태 적정 여부 ○ 탐지부의 정상 작동 여부	

3. 차단기구 점검항목 ★★ 〈개정 2021. 3. 25〉

번 호	점검항목	점검결과
19-C-001 19-C-002	○ 차단기구는 가스 주배관에 견고히 부착되어 있는지 여부 ○ 시험장치에 의한 가스차단밸브의 정상 개·폐 여부	

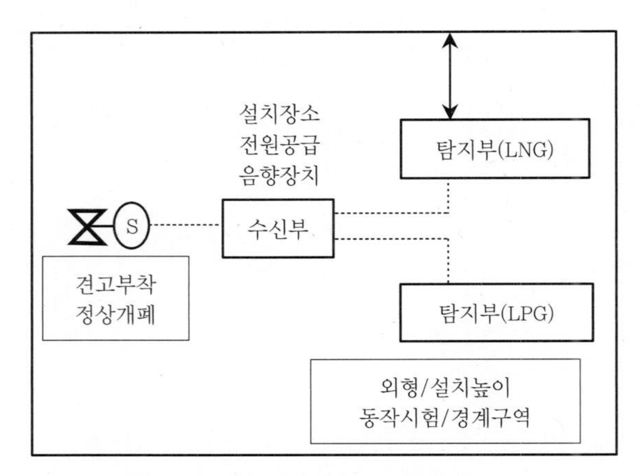

[그림 1] 가스누설경보기 점검항목

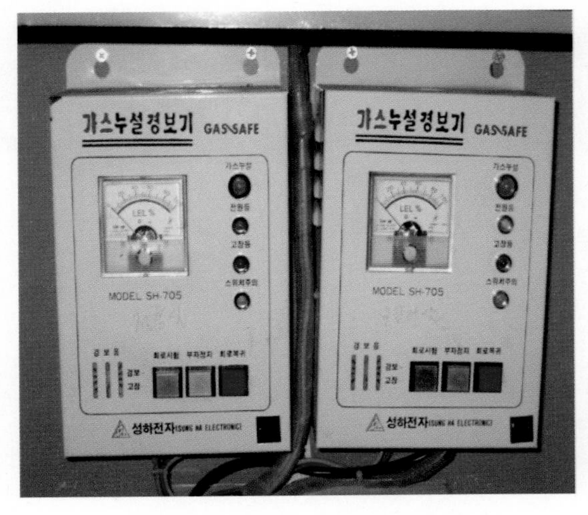

[그림 2] 가스누설경보기 수신기

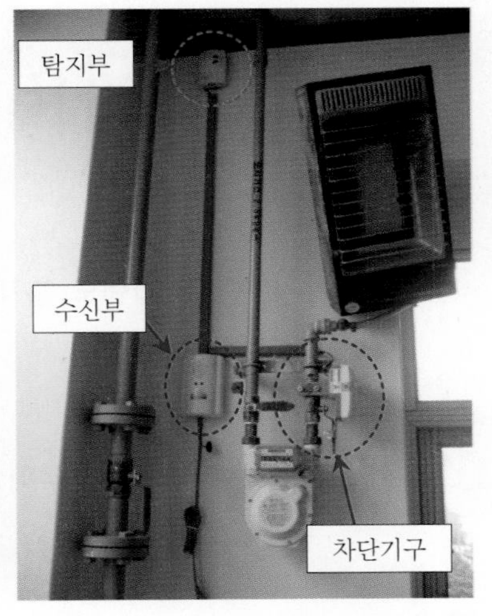

[그림 3] 가스누설경보기 설치 예

[그림 4] 가스누설경보기 차단기구

[그림 5] 가스누설경보기 탐지부

기출 및 예상 문제

☞ 정답은 본문 및 과년도 출제 문제 풀이 참조

★★★

01 가스누설경보기의 수신부에 대한 작동기능 점검항목을 기술하시오.

★★★

02 가스누설경보기의 탐지부에 대한 작동기능 점검항목을 기술하시오.

★★★

03 가스누설경보기의 차단기구에 대한 작동기능 점검항목을 기술하시오.

8 누전경보기 ★★

1. 누전경보기 설치방법 점검항목 ★★★ 〈신설 2021. 3. 25〉

번 호	점검항목	점검결과
18-A-001 18-A-002	● 정격전류에 따른 설치형태 적정 여부 ● 변류기 설치위치 및 형태 적정 여부	

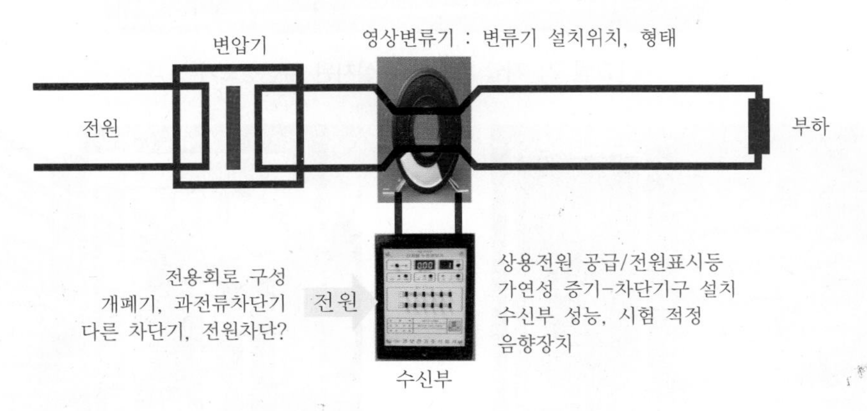

[그림 1] **누전경보기 점검항목**

tip 누전경보기 설치방법 [22회 7점]

☞ 누전경보기의 화재안전기술기준(NFTC 205) 2.1.1

1. 경계전로의 정격전류가 60A를 초과하는 전로에 있어서는 1급 누전경보기를, 60A 이하의 전로에 있어서는 1급 또는 2급 누전경보기를 설치할 것. 다만, 정격전류가 60A를 초과하는 경계전로가 분기되어 각 분기회로의 정격전류가 60A 이하로 되는 경우 당해 분기회로마다 2급 누전경보기를 설치한 때에는 당해 경계전로에 1급 누전경보기를 설치한 것으로 본다.
2. 변류기는 특정소방대상물의 형태, 인입선의 시설방법 등에 따라 옥외 인입선의 제1지점의 부하측 또는 제2종 접지선측의 점검이 쉬운 위치에 설치할 것. 다만, 인입선의 형태 또는 특정소방대상물의 구조상 부득이한 경우에는 인입구에 근접한 옥내에 설치할 수 있다.
3. 변류기를 옥외의 전로에 설치하는 경우에는 옥외형으로 설치할 것

2. 수신부 점검항목 ★★★ 〈신설 2021. 3. 25〉

[22회 4점]

번 호	점검항목	점검결과
18-B-001 18-B-002 18-B-003 18-B-004	○ 상용전원 공급 및 전원표시등 정상 점등 여부 ● 가연성 증기, 먼지 등 체류 우려 장소의 경우 차단기구 설치 여부 ○ 수신부의 성능 및 누전경보시험 적정 여부 ○ 음향장치 설치장소(상시 사람이 근무) 및 음량·음색 적정 여부	

[그림 2] 저압 배전반에 설치된 누전경보기

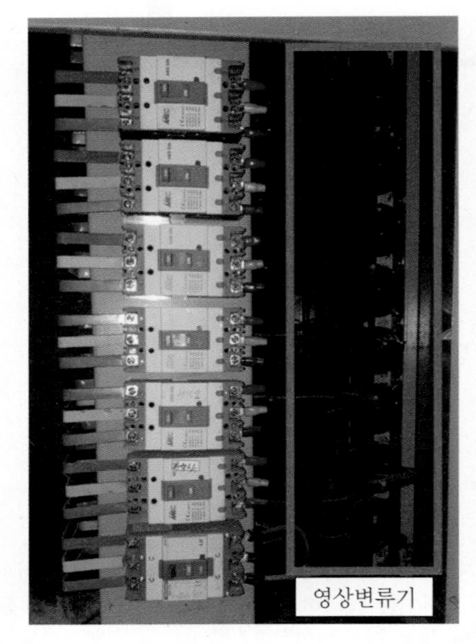

[그림 3] 영상변류기 설치모습

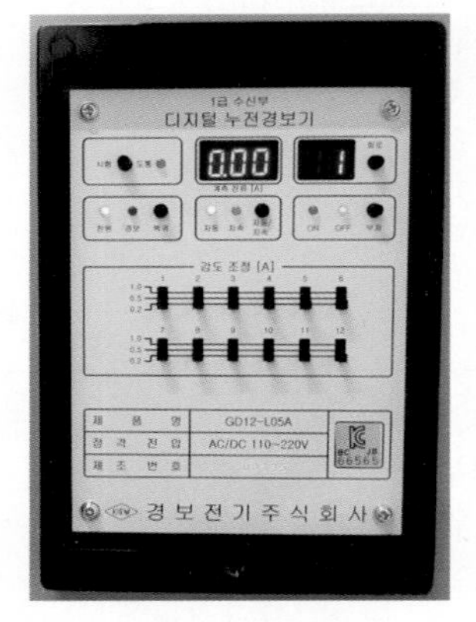

[그림 4] 누전경보기 수신부 전면

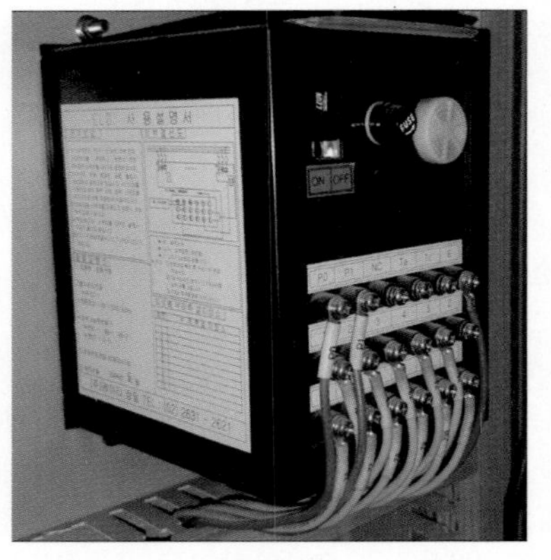

[그림 5] 누전경보기 수신부 뒷면

tip 누전경보기 수신부 설치기준

☞ 누전경보기의 화재안전기술기준(NFTC 205) 2.2

1. 수신부 설치장소
   누전경보기의 수신부는 옥내의 점검에 편리한 장소에 설치하되, 가연성의 증기·먼지 등이 체류할 우려가 있는 장소의 전기회로에는 해당 부분의 전기회로를 차단할 수 있는 차단기구를 가진 수신부를 설치하여야 한다. 이 경우 차단기구의 부분은 해당 장소 외의 안전한 장소에 설치하여야 한다.
2. 수신부 설치 제외 장소 [M : 화·가(부)·습·온·대(고)]
   (다만, 해당 누전경보기에 대하여 방폭·방식·방습·방온·방진 및 정전기 차폐 등의 방호조치를 한 것은 그러하지 아니하다.)
   1) **화**약류를 제조하거나 저장 또는 취급하는 장소
   2) **가**연성의 증기·먼지·가스 등이나 **부**식성의 증기·가스 등이 다량으로 체류하는 장소
   3) **습**도가 높은 장소
   4) **온**도의 변화가 급격한 장소
   5) **대**전류회로·**고**주파 발생회로 등에 따른 영향을 받을 우려가 있는 장소
3. 음향장치
   음향장치는 수위실 등 상시 사람이 근무하는 장소에 설치하여야 하며, 그 음량 및 음색은 다른 기기의 소음 등과 명확히 구별할 수 있는 것으로 하여야 한다.

3. 전원 점검항목 ★★ 〈신설 2021. 3. 25〉

[22회 3점]

번 호	점검항목	점검결과
18-C-001	● 분전반으로부터 전용회로 구성 여부	
18-C-002	● 개폐기 및 과전류차단기 설치 여부	
18-C-003	● 다른 차단기에 의한 전원차단 여부(전원을 분기할 경우)	

기출 및 예상 문제

☞ 정답은 본문 및 과년도 출제 문제 풀이 참조

★★★

01 누전경보기 수신부에 대한 종합정밀 점검항목을 기술하시오. [22회 4점]

★★★

02 누전경보기 전원에 대한 종합정밀 점검항목을 기술하시오. [22회 3점]

★★★

03 누전경보기의 화재안전기술기준(NFTC 205)에서 누전경보기의 설치방법에 대하여 쓰시오. [22회 7점]

9 비상방송설비 · 비상경보설비 · 단독경보형 감지기 ★

1. 비상방송설비의 점검항목 ★★ 〈개정 2021. 3. 25〉

번 호	점검항목	점검결과
16-A. 음향장치		
16-A-001	● 확성기 음성입력 적정 여부	
16-A-002	● 확성기 설치 적정(층마다 설치, 수평거리, 유효하게 경보) 여부	
16-A-003	● 조작부 조작스위치 높이 적정 여부	
16-A-004	● 조작부상 설비 작동층 또는 작동구역 표시 여부	
16-A-005	● 증폭기 및 조작부 설치장소 적정 여부	
16-A-006	● 우선경보방식 적용 적정 여부	
16-A-007	● 겸용설비 성능 적정(화재 시 다른 설비 차단) 여부	
16-A-008	● 다른 전기회로에 의한 유도장애 발생 여부	
16-A-009	● 2 이상 조작부 설치 시 상호 동시통화 및 전구역 방송 가능 여부	
16-A-010	● 화재신호 수신 후 방송개시 소요시간 적정 여부	
16-A-011	○ 자동화재탐지설비 작동과 연동하여 정상 작동 가능 여부	
16-B. 배선 등		
16-B-001	● 음량조절기를 설치한 경우 3선식 배선 여부	
16-B-002	● 하나의 층에 단락, 단선 시 다른 층의 화재통보 적부	
16-C. 전원		
16-C-001	○ 상용전원 적정 여부	
16-C-002	● 예비전원 성능 적정 및 상용전원 차단 시 예비전원 자동전환 여부	

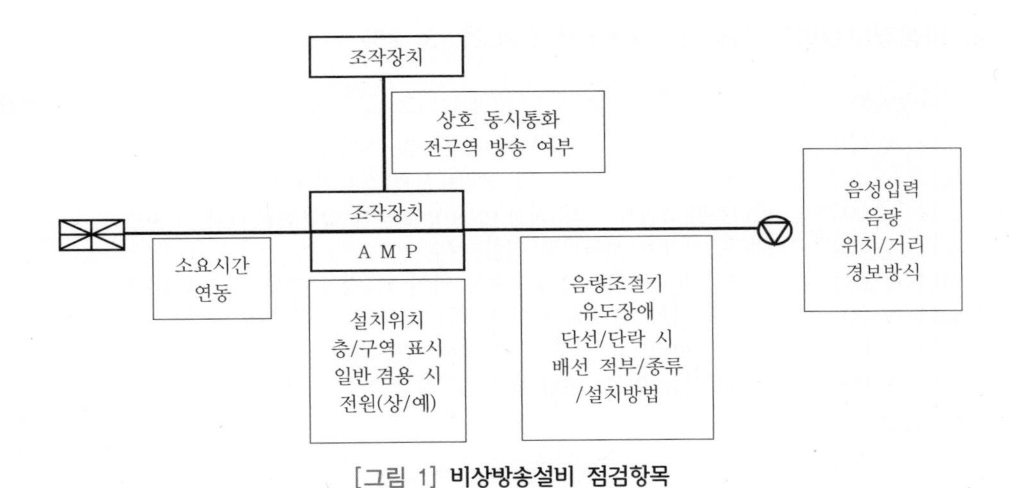

[그림 1] **비상방송설비 점검항목**

tip 비상방송설비의 음향장치 설치기준 ★★ [80회 기술사 25점 : 비상방송설비의 목적, 적용범위, 음향장치, 배선, 전원설치 기준]

☞ 비상방송설비의 화재안전기술기준(NFTC 202) 2.1 [M : 3 · 각 · 3 · 바 · 우 · 10 · 2 · 수 · 타 · 연 · 유도 · 음향]

1. 확성기의 음성입력 : 3W(실내 1W) 이상
2. 확성기는 각 층마다 설치하되,
   1) 그 층의 각 부분으로부터 하나의 확성기까지의 수평거리가 25m 이하
   2) 당해 층의 각 부분에 유효하게 경보를 발할 수 있도록 설치할 것
3. 음량조정기를 설치하는 경우 음량조정기의 배선 : 3선식
4. 조작부의 조작스위치 높이 : 바닥으로부터 0.8m 이상 1.5m 이하
5. 발화층 · 직상층 우선경보방식
   1) 조건 : 11층(공동주택은 16층) 이상의 특정소방대상물
   2) 2층 이상 발화 : 발화층 및 그 직상 4개층에 경보
   3) 1층에서 발화 : 발화층 · 그 직상 4개층 및 지하층에 경보
   4) 지하층에서 발화 : 발화층 · 그 직상층 및 기타의 지하층에 경보
6. 기동장치에 따른 화재신고를 수신한 후 필요한 음량으로 화재발생 상황 및 피난에 유효한 방송이 자동으로 개시될 때까지의 소요시간은 10초 이하로 할 것
7. 하나의 소방대상물에 2 이상의 조작부가 설치되는 경우
   1) 상호 간에 동시 통화가 가능한 설비를 설치
   2) 어느 조작부에서도 전구역 방송이 가능할 것
8. 증폭기 및 조작부는 수위실 등 상시 사람이 근무하는 장소로서 점검이 편리하고 방화상 유효한 곳에 설치할 것
9. 타 방송설비와 공용하는 것에 있어서는 화재 시 비상경보 외의 방송을 차단할 수 있는 구조일 것
10. 조작부는 기동장치의 작동과 연동하여 당해 기동장치가 작동한 층 또는 구역을 표시할 수 있는 것으로 할 것
11. 다른 전기회로에 따라 유도장애가 생기지 아니하도록 할 것
12. 음향장치의 구조 및 성능
    1) 정격전압의 80% 전압에서 음향을 발할 수 있을 것
    2) 자동화재탐지설비의 작동과 연동하여 작동

2. 비상경보설비의 점검항목 ★★ 〈개정 2021. 3. 25〉

번 호	점검항목	점검결과
14-A-001	○ 수신기 설치장소 적정(관리 용이) 및 스위치 정상 위치 여부	
14-A-002	○ 수신기 상용전원 공급 및 전원표시등 정상점등 여부	
14-A-003	○ 예비전원(축전지) 상태 적정 여부(상시 충전, 상용전원 차단 시 자동절환)	
14-A-004	○ 지구음향장치 설치기준 적합 여부	
14-A-005	○ 음향장치(경종 등) 변형 · 손상 확인 및 정상 작동(음량 포함) 여부	
14-A-006	○ 발신기 설치장소, 위치(수평거리) 및 높이 적정 여부	
14-A-007	○ 발신기 변형 · 손상 확인 및 정상 작동 여부	
14-A-008	○ 위치표시등 변형 · 손상 확인 및 정상 점등 여부	

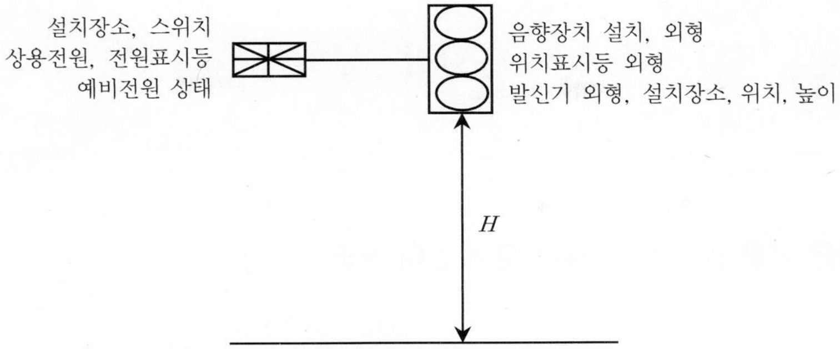

[그림 2] **비상경보설비 점검항목**

3. 단독경보형 감지기의 점검항목 ★ 〈개정 2021. 3. 25〉

번 호	점검항목	점검결과
14-B-001 14-B-002 14-B-003	○ 설치위치(각 실, 바닥면적 기준 추가설치, 최상층 계단실) 적정 여부 ○ 감지기의 변형 또는 손상이 있는지 여부 ○ 정상적인 감시상태를 유지하고 있는지 여부(시험작동 포함.)	

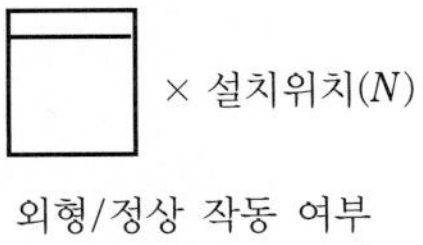

[그림 3] **단독경보형 감지기 점검항목**

기출 및 예상 문제

☞ 정답은 본문 및 과년도 출제 문제 풀이 참조

★

01 비상방송설비 음향장치에 대한 종합정밀 점검항목 10가지를 기술하시오.

★

02 비상경보설비에 대한 작동기능 점검항목 5가지를 기술하시오.

★

03 단독경보형 감지기의 작동기능 점검항목 3가지를 기술하시오.

10 피난기구 ★★★★★

1. 피난기구 공통사항 점검항목 ★★★★★ 〈개정 2021. 3. 25〉

피난기구의 점검착안사항 기술 [5회 20점]

번 호	점검항목	점검결과
20-A-001	● 대상물 용도별·층별·바닥면적별 피난기구 종류 및 설치개수 적정 여부	
20-A-002	○ 피난에 유효한 개구부 확보(크기, 높이에 따른 발판, 창문 파괴장치) 및 관리상태	
20-A-003	● 개구부 위치 적정(동일 직선상이 아닌 위치) 여부	
20-A-004	○ 피난기구의 부착위치 및 부착방법 적정 여부	
20-A-005	○ 피난기구(지지대 포함)의 변형·손상 또는 부식이 있는지 여부	
20-A-006	○ 피난기구의 위치표시 표지 및 사용방법 표지 부착 적정 여부	
20-A-007	● 피난기구의 설치 제외 및 설치 감소 적합 여부	

※ 피난기구의 종류 [M : 구·미·완·피·공] ★★★
구조대, 미끄럼대, 완강기, 피난사다리, 피난밧줄, 피난교, 공기안전매트

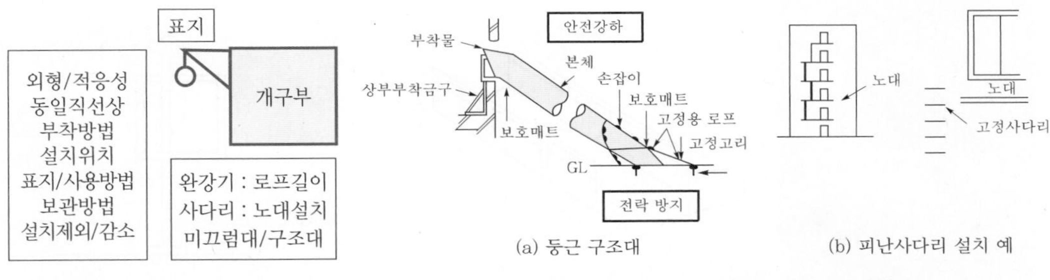

[그림 1] **피난기구 점검항목**

[그림 2] **구조대 및 피난사다리 점검항목**

2. 공기안전매트·피난사다리·(간이)완강기·미끄럼대·구조대 점검항목 〈개정 2021. 3. 25〉

번 호	점검항목	점검결과
20-B-001	● 공기안전매트 설치 여부	
20-B-002	● 공기안전매트 설치공간 확보 여부	
20-B-003	● 피난사다리(4층 이상의 층)의 구조(금속성 고정사다리) 및 노대 설치 여부	
20-B-004	● (간이)완강기의 구조(로프 손상방지) 및 길이 적정 여부	
20-B-005	● 숙박시설의 객실마다 완강기(1개) 또는 간이완강기(2개 이상) 추가 설치 여부	
20-B-006	● 미끄럼대의 구조 적정 여부	
20-B-007	● 구조대의 길이 적정 여부	

tip 피난기구 설치기준 ★★★

☞ 피난기구의 화재안전성능기준(NFPC 301) 제5조 제3~4항 〈개정 2022. 12. 25〉

1. 피난기구는 계단 · 피난구 기타 피난시설로부터 적당한 거리에 있는 안전한 구조로 된 피난 또는 소화활동상 유효한 개구부(가로 0.5m 이상, 세로 1m 이상인 것을 말한다. 이 경우 개구부 하단이 바닥에서 1.2m 이상이면 발판 등을 설치하여야 하고, 밀폐된 창문은 쉽게 파괴할 수 있는 파괴장치를 비치하여야 한다.)에 고정하여 설치하거나 필요한 때에 신속하고 유효하게 설치할 수 있는 상태에 둘 것
2. 피난기구를 설치하는 개구부는 서로 동일 직선상이 아닌 위치에 있을 것
   다만, 미끄럼봉 · 피난교 · 피난용 트랩 · 피난밧줄 또는 간이완강기 · 아파트에 설치되는 피난기구, 기타 피난상 지장이 없는 것에 있어서는 그러하지 아니하다.
3. 피난기구는 소방대상물의 기둥 · 바닥 · 보, 기타 구조상 견고한 부분에 볼트조임 · 매입 · 용접, 기타의 방법으로 견고하게 부착할 것
4. 4층 이상의 층에 피난사다리를 설치하는 경우에는 금속성 고정사다리를 설치하고, 당해 고정사다리에는 쉽게 피난할 수 있는 구조의 노대를 설치할 것
5. 완강기는 강하 시 로프가 소방대상물과 접촉하여 손상되지 아니하도록 할 것
6. 완강기, 미끄럼봉 및 피난로프의 길이는 부착위치에서 지면 기타 피난상 유효한 착지면까지의 길이로 할 것
7. 미끄럼대는 안전한 강하속도를 유지하도록 하고, 전락방지를 위한 안전조치를 할 것
8. 구조대의 길이는 피난상 지장이 없고 안정한 강하속도를 유지할 수 있는 길이로 할 것
9. 피난기구를 설치한 장소에는 가까운 곳의 보기 쉬운 곳에 피난기구의 위치를 표시하는 발광식 또는 축광식 표지와 그 사용방법을 표시한 표지를 부착할 것

[그림 3] **피난사다리 설치 예**

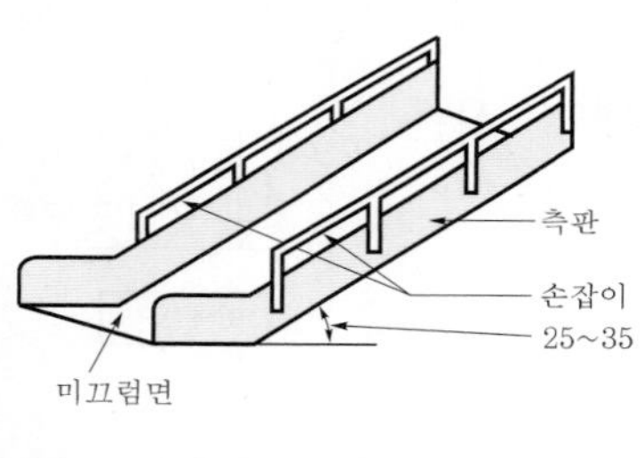

[그림 4] **미끄럼대**

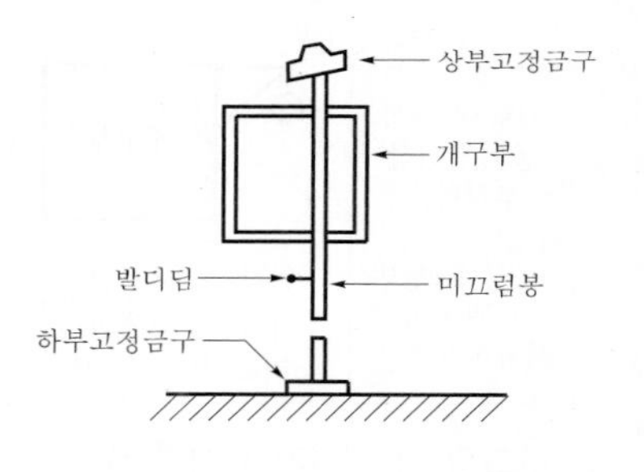

[그림 5] **미끄럼봉**

3. 다수인 피난장비 점검항목 〈개정 2021. 3. 25〉

번 호	점검항목	점검결과
20-C-001 20-C-002 20-C-003 20-C-004	● 설치장소 적정(피난 용이, 안전하게 하강, 피난층의 충분한 착지 공간) 여부 ● 보관실 설치 적정(건물 외측 돌출, 빗물 · 먼지 등으로부터 장비 보호) 여부 ● 보관실 외측문 개방 및 탑승기 자동 전개 여부 ● 보관실 문 오작동 방지조치 및 문 개방 시 경보설비 연동(경보) 여부	

tip 다수인 피난장비 설치기준 〈신설 2011. 11. 24〉

☞ 피난기구의 화재안전성능기준(NFPC 301) 제5조 제3항 제8호

1. 피난에 용이하고 안전하게 하강할 수 있는 장소에 적재하중을 충분히 견딜 수 있도록 「건축물의 구조기준 등에 관한 규칙」 제3조에서 정하는 구조안전의 확인을 받아 견고하게 설치할 것
2. 다수인 피난장비 보관실(이하 "보관실"이라 한다.)은 건물 외측보다 돌출되지 아니하고, 빗물 · 먼지 등으로부터 장비를 보호할 수 있는 구조일 것
3. 사용 시에 보관실 외측 문이 먼저 열리고 탑승기가 외측으로 자동으로 전개될 것
4. 하강 시에 탑승기가 건물 외벽이나 돌출물에 충돌하지 않도록 설치할 것
5. 상 · 하층에 설치할 경우에는 탑승기의 하강경로가 중첩되지 않도록 할 것
6. 하강 시에는 안전하고 일정한 속도를 유지하도록 하고 전복, 흔들림, 경로이탈 방지를 위한 안전조치를 할 것
7. 보관실의 문에는 오작동 방지조치를 하고, 문 개방 시에는 당해 소방대상물에 설치된 경보설비와 연동하여 유효한 경보음을 발하도록 할 것
8. 피난층에는 해당 층에 설치된 피난기구가 착지에 지장이 없도록 충분한 공간을 확보할 것
9. 한국소방산업기술원 또는 법 제42조 제1항에 따라 성능시험기관으로 지정받은 기관에서 그 성능을 검증받은 것으로 설치할 것

4. 승강식 피난기 · 하향식 피난구용 내림식 사다리 점검항목 〈개정 2021. 3. 25〉

번 호	점검항목	점검결과
20-D-001	● 대피실 출입문 갑종방화문 설치 및 표지 부착 여부	
20-D-002	● 대피실 표지(층별 위치표시, 피난기구 사용설명서 및 주의사항) 부착 여부	
20-D-003	● 대피실 출입문 개방 및 피난기구 작동 시 표시등 · 경보장치 작동 적정 여부 및 감시제어반 피난기구 작동 확인 가능 여부	
20-D-004	● 대피실 면적 및 하강구 규격 적정 여부	
20-D-005	● 하강구 내측 연결금속구 존재 및 피난기구 전개 시 장애발생 여부	
20-D-006	● 대피실 내부 비상조명등 설치 여부	

tip 승강식 피난기 및 하향식 피난구용 내림식 사다리 설치기준 〈신설 2011. 11. 24〉

☞ 피난기구의 화재안전성능기준(NFPC 301) 제5조 제3항 제9호

1. 승강식 피난기 및 하향식 피난구용 내림식 사다리는 설치경로가 설치층에서 피난층까지 연계될 수 있는 구조로 설치할 것. 다만, 건축물의 구조 및 설치 여건상 불가피한 경우에는 그러하지 아니 한다. 〈개정 2017. 6. 7〉
2. 대피실의 면적은 $2m^2$(2세대 이상일 경우에는 $3m^2$) 이상으로 하고, 「건축법 시행령」 제46조 제4항의 규정에 적합하여야 하며, 하강구(개구부) 규격은 직경 60cm 이상일 것. 단, 외기와 개방된 장소에는 그러하지 아니 한다.
3. 하강구 내측에는 기구의 연결 금속구 등이 없어야 하며, 전개된 피난기구는 하강구 수평투영면적 공간 내의 범위를 침범하지 않는 구조이어야 할 것. 단, 직경 60cm 크기의 범위를 벗어난 경우이거나, 직하층의 바닥면으로부터 높이 50cm 이하의 범위는 제외한다.
4. 대피실의 출입문은 60분+방화문 또는 60분 방화문으로 설치하고, 피난방향에서 식별할 수 있는 위치에 "대피실" 표지판을 부착할 것. 단, 외기와 개방된 장소에는 그러하지 아니 한다.

5. 착지점과 하강구는 상호 수평거리 15cm 이상의 간격을 둘 것
6. 대피실 내에는 비상조명등을 설치할 것
7. 대피실에는 층의 위치표시와 피난기구 사용설명서 및 주의사항 표지판을 부착할 것
8. 대피실 출입문이 개방되거나, 피난기구 작동 시 해당층 및 직하층 거실에 설치된 표시등 및 경보장치가 작동되고, 감시제어반에서는 피난기구의 작동을 확인할 수 있어야 할 것
9. 사용 시 기울거나 흔들리지 않도록 설치할 것
10. 승강식 피난기는 한국소방산업기술원 또는 법 제42조 제1항에 따라 성능시험기관으로 지정받은 기관에서 그 성능을 검증받은 것으로 설치할 것

5. 인명구조기구 점검항목 〈개정 2021. 3. 25〉

번 호	점검항목	점검결과
20-E-001	○ 설치장소 적정(화재 시 반출 용이성) 여부	
20-E-002	○ "인명구조기구" 표시 및 사용방법 표지 설치 적정 여부	
20-E-003	○ 인명구조기구의 변형 또는 손상이 있는지 여부	
20-E-004	● 대상물 용도별·장소별 설치 인명구조기구 종류 및 설치개수 적정 여부	

tip 인명구조기구 설치대상 [86회 기술사 10점 : 설치대상 및 설치기준]

1. 방열복 또는 방화복(안전모, 보호장갑 및 안전화를 포함한다.), 인공소생기 및 공기호흡기를 설치해야 하는 특정소방대상물 : 지하층을 포함하는 층수가 7층 이상인 것 중 관광호텔 용도로 사용하는 층
2. 방열복 또는 방화복(안전모, 보호장갑 및 안전화를 포함한다.) 및 공기호흡기를 설치해야 하는 특정소방대상물 : 지하층을 포함하는 층수가 5층 이상인 것 중 병원 용도로 사용하는 층
3. 공기호흡기를 설치해야 하는 특정소방대상물
   1) 수용인원 100명 이상인 문화 및 집회시설 중 영화상영관
   2) 판매시설 중 대규모점포
   3) 운수시설 중 지하역사
   4) 지하가 중 지하상가
   5) 이산화탄소소화설비(호스릴 이산화탄소소화설비는 제외한다.)를 설치해야 하는 특정소방대상물

6. 피난기구의 외관점검 항목 ★★★ 〈개정 2022. 12. 1〉

1) 피난에 유효한 개구부 확보(크기, 높이에 따른 발판, 창문 파괴장치) 및 관리 상태
2) 피난기구(지지대 포함)의 변형·손상 또는 부식이 있는지 여부
3) 피난기구의 위치표시 표지 및 사용방법 표지 부착 적정 여부

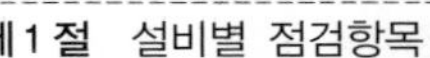

tip 완강기의 점검착안사항 ★★★★

1. 외형의 변형 · 손상 · 탈락되지는 않았는지
2. 로프는 지면에 닿을 수 있는 충분한 길이인지
3. 로프의 손상 여부 및 강하 시 잘 풀어질 수 있는지
4. 강하 시 열에 의한 내구성은 있는지
5. 조속기의 작동이 원활한지
6. 조속기에 봉인이 되어 있는가
7. 완강기 전 부분의 나사의 이완, 부식, 손상 등이 없는가
8. 완강기는 쉽게 분해되지 않도록 견고한지
9. 사용에 지장이 되는 장애물 방치 여부
10. 완강기의 지지금구는 견고하게 부착되어 있는지
11. 지지금구는 쉽게 사용할 수 있는 상태인가
12. 창문을 열고 사용하는 경우, 창문은 완전개방이 가능한지(사용 가능한 상태인지)
13. 사용방법 표지 부착 여부

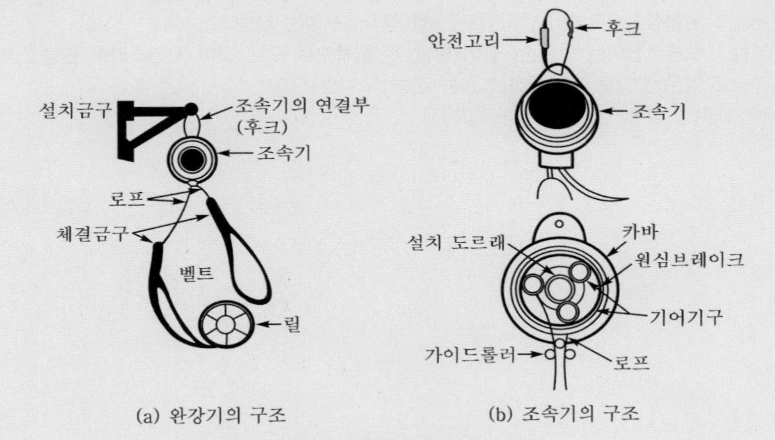

(a) 완강기의 구조 (b) 조속기의 구조

[그림 6] **완강기 외형 및 설치된 모습**

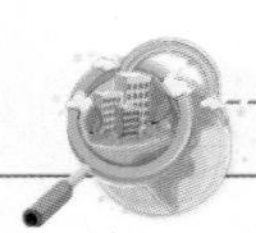

tip 피난계획 시 고려해야 할 원칙 [M : 경 · 수 · 로 · 대 · 구 · 설 · 고 · 양 · 피 · 심 · 약]

1. 피난**경**로 : 간단명료
2. 피난**수**단 : 원시적 방법에 의하는 것을 원칙
3. 피난**로** : 정전 시 피난방향을 알 수 있도록 유도등 설치
4. 피난**대**책
   1) FOOL PROOF : 저지능아도 알 수 있는 그림, 색채, 화살표 사용
   2) FAIL SAFE : 제2의 대안 준비(㉑ 양방향 피난, 자동과 수동)
5. 피난**구** : 언제나 사용할 수 있도록 개방관리
6. 피난**설**비 : 고정적인 시설
7. **고**층건축물 : 안전구획 ⇒ 단계적으로 설정하여 안전성을 높임.
8. **양**방향 피난로 확보
9. **피**난시설의 보호
10. 인간의 **심**리 · 생리에 대응 [M : 추 · 소 · 피 · 좌 · 지]
    1) **추**종 본능 : 비상 시 많은 군중이 한 사람의 리더를 추종하려는 경향이 있는 본능
    2) 귀**소** 본능 : 원래 온 길 또는 늘 사용하는 경로에 의해 되돌아가려는 본능
    3) 퇴**피** 본능 : 위험상황으로부터 반사적으로 멀어지려고 하는 본능
    4) **좌**회 본능 : 오른손잡이는 오른손, 팔이 발달 ⇒ 왼쪽으로 도는 것이 자연스러운 본능
    5) **지**광 본능 : 밝은 곳으로 피난하려고 하는 본능
11. **약**자에 대한 배려 : 환자, 장애자, 유아, 고령자

기출 및 예상 문제

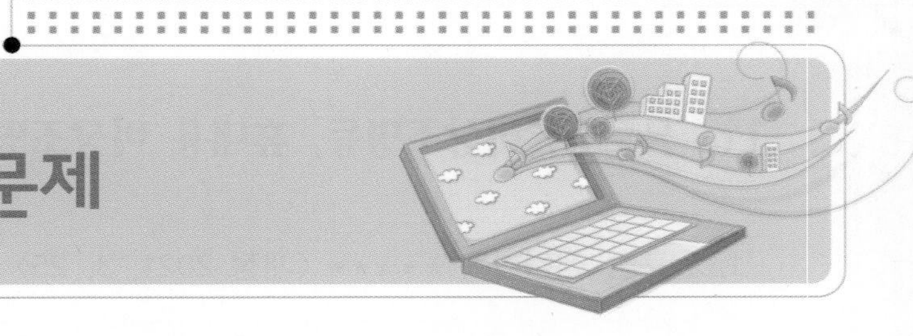

☞ 정답은 본문 및 과년도 출제 문제 풀이 참조

★★★★★

01 피난기구의 공통사항 점검항목을 기술하시오.

★★★★

02 인명구조기구의 설치대상과 종합정밀 점검항목 4가지를 기술하시오.

[86회 기술사 10점 : 설치대상 및 설치기준]

※ 출제 당시 법령에 의함.

★★★★

03 피난기구의 화재안전기준에서 정하고 있는 다수인 피난장비의 설치기준 9가지를 쓰시오. [13회 10점]

※ 출제 당시 법령에 의함.

★★★★

04 피난기구의 화재안전기준(NFSC 301) 제6조 피난기구 설치의 감소기준을 쓰시오.

[15회 10점]

★★★★

05 피난기구 및 인명구조기구의 공통사항을 제외한 승강식 피난기 · 피난사다리 점검항목을 모두 쓰시오. [17회 6점]

※ 출제 당시 법령에 의함.

★★★★★

06 「화재예방, 소방시설 설치 · 유지 및 안전관리에 관한 법률」 시행령 제15조에 근거한 인명구조기구 중 공기호흡기를 설치해야 할 특정소방대상물과 설치기준을 각각 쓰시오. [18회 7점]

★★★★★

07 고층건축물의 화재안전기술기준(NFTC 604)상 「초고층 및 지하연계 복합건축물 재난관리에 관한 특별법 시행령」에 따른 피난안전구역에 설치하는 소방시설 중 인명구조기구의 설치기준 4가지를 쓰시오. [23회 4점]

11 유도등, 비상조명등, 휴대용 비상조명등 ★★★★★

1. 유도등 점검항목 ★★★★★ 〈개정 2021. 3. 25〉

번 호	점검항목	점검결과
21-A-001	○ 유도등의 변형 및 손상 여부	
21-A-002	○ 상시(3선식의 경우 점검스위치 작동 시) 점등 여부	
21-A-003	○ 시각장애(규정된 높이, 적정위치, 장애물 등으로 인한 시각장애 유무) 여부	
21-A-004	○ 비상전원 성능 적정 및 상용전원 차단 시 예비전원 자동전환 여부	
21-A-005	● 설치장소(위치) 적정 여부	
21-A-006	● 설치높이 적정 여부	
21-A-007	● 객석유도등의 설치개수 적정 여부	

2. 유도표지 점검항목 〈개정 2021. 3. 25〉

번 호	점검항목	점검결과
21-B-001	○ 유도표지의 변형 및 손상 여부	
21-B-002	○ 설치상태(유사 등화광고물 · 게시물 존재, 쉽게 떨어지지 않는 방식) 적정 여부	
21-B-003	○ 외광 · 조명장치로 상시 조명 제공 또는 비상조명등 설치 여부	
21-B-004	○ 설치방법(위치 및 높이) 적정 여부	

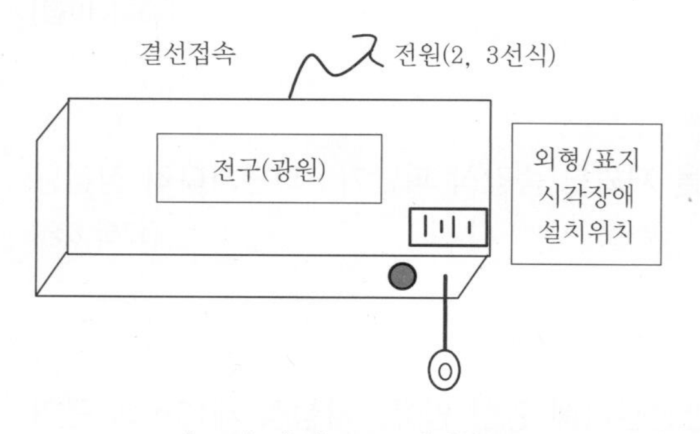

[그림 1] 유도등 점검항목

[그림 2] 유도등과 유도표지

3. 피난유도선 점검항목 〈개정 2021. 3. 25〉

번 호	점검항목	점검결과
21-C-001 21-C-002	○ 피난유도선의 변형 및 손상 여부 ○ 설치방법(위치·높이 및 간격) 적정 여부	
 21-C-011 21-C-012	[축광방식의 경우] ● 부착대에 견고하게 설치 여부 ○ 상시조명 제공 여부	
 21-C-021 21-C-022 21-C-023 21-C-024	[광원점등방식의 경우] ○ 수신기 화재신호 및 수동조작에 의한 광원점등 여부 ○ 비상전원 상시 충전상태 유지 여부 ● 바닥에 설치되는 경우 매립방식 설치 여부 ● 제어부 설치위치 적정 여부	

tip 피난유도선에 대한 용어의 정의와 설치기준 ★★★★ [90회 기술사] [12회 12점]

☞ 유도등 및 유도표지의 화재안전기술기준(NFTC 303) 1.7.1.10, 2.6 〈개정 2022. 12. 1〉

1. 피난유도선의 정의 〈신설 2009. 10. 22〉
   "피난유도선"이라 함은 햇빛이나 전등불에 따라 축광(이하 "축광방식"이라 한다.)하거나 전류에 따라 빛을 발하는(이하 "광원점등방식"이라 한다.) 유도체로서, 어두운 상태에서 피난을 유도할 수 있도록 띠 형태로 설치되는 피난유도시설을 말한다.
2. 피난유도선 설치기준 〈신설 2009. 10. 22〉
   1) 축광방식의 피난유도선 설치기준
      (1) 구획된 각 실로부터 주출입구 또는 비상구까지 설치할 것
      (2) 바닥으로부터 높이 50cm 이하의 위치 또는 바닥면에 설치할 것
      (3) 피난유도 표시부는 50cm 이내의 간격으로 연속되도록 설치할 것
      (4) 부착대에 의하여 견고하게 설치할 것
      (5) 외광 또는 조명장치에 의하여 상시 조명이 제공되거나 비상조명등에 의한 조명이 제공되도록 설치할 것

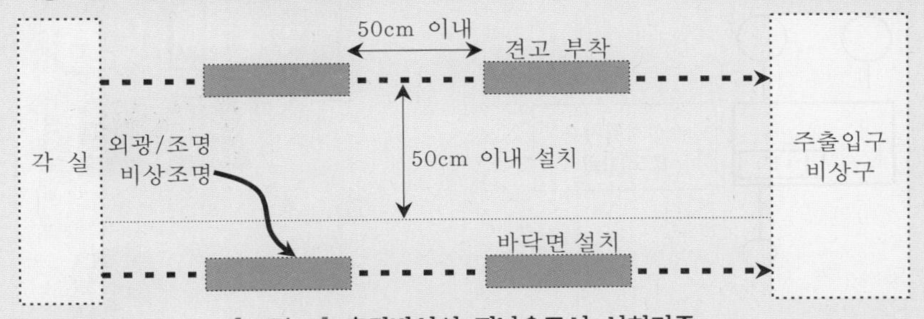

[그림 3] **축광방식의 피난유도선 설치기준**

   2) 광원점등방식의 피난유도선 설치기준 [12회 12점]
      (1) 구획된 각 실로부터 주출입구 또는 비상구까지 설치할 것
      (2) 피난유도 표시부는 바닥으로부터 높이 1m 이하의 위치 또는 바닥면에 설치할 것
      (3) 피난유도 표시부는 50cm 이내의 간격으로 연속되도록 설치하되, 실내장식물 등으로 설치가 곤란할 경우 1m 이내로 설치할 것
      (4) 수신기로부터의 화재신호 및 수동조작에 의하여 광원이 점등되도록 설치할 것
      (5) 비상전원이 상시 충전상태를 유지하도록 설치할 것

(6) 바닥에 설치되는 피난유도 표시부는 매립하는 방식을 사용할 것

(7) 피난유도 제어부는 조작 및 관리가 용이하도록 바닥으로부터 0.8m 이상 1.5m 이하의 높이에 설치할 것

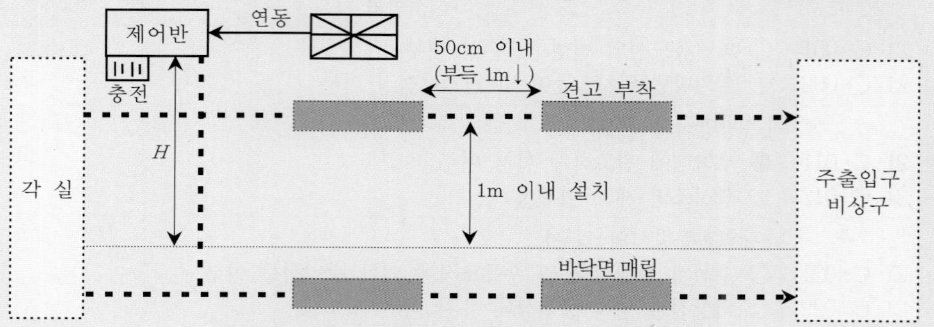

[그림 4] **광원점등방식의 피난유도선 설치기준**

3. 피난유도선은 「소방용 기계·기구의 형식승인 등에 관한 규칙」 제31조 [별표 14] 제30호에 적합한 것으로 설치하여야 한다.

4. 비상조명등의 점검항목 ★★★ 〈개정 2021. 3. 25〉

번 호	점검항목	점검결과
22-A-001	○ 설치위치(거실, 지상에 이르는 복도·계단, 그 밖의 통로) 적정 여부	
22-A-002	○ 비상조명등 변형·손상 확인 및 정상 점등 여부	
22-A-003	● 조도 적정 여부	
22-A-004	○ 예비전원 내장형의 경우 점검스위치 설치 및 정상 작동 여부	
22-A-005	● 비상전원 종류 및 설치장소 기준 적합 여부	
22-A-006	○ 비상전원 성능 적정 및 상용전원 차단 시 예비전원 자동전환 여부	

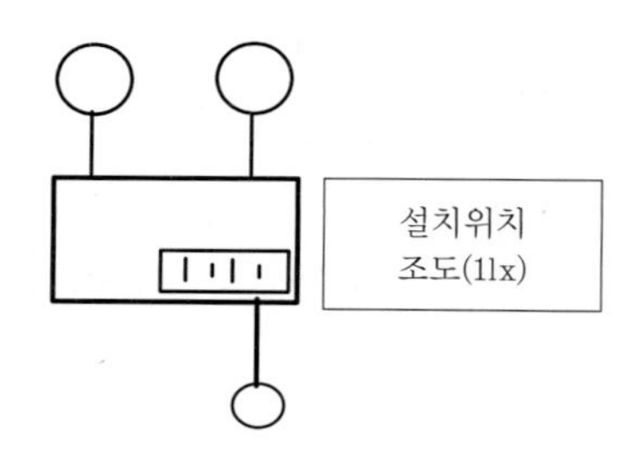

[그림 5] **비상조명등 점검항목**

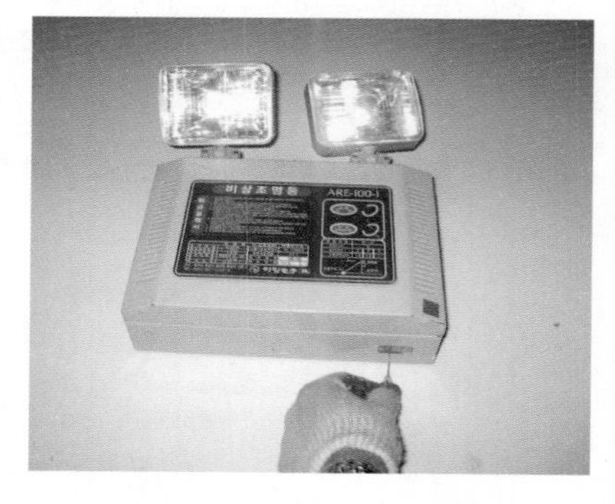

[그림 6] **비상조명등 예비전원 점검모습**

5. 휴대용 비상조명등의 점검항목 ★★★★★ 〈개정 2021. 3. 25〉

[83회 기술사 10점 : 휴대용 비상조명등 설치장소와 설치기준] [22회 7점]

번 호	점검항목	점검결과
22-B-001	○ 설치대상 및 설치수량 적정 여부	
22-B-002	○ 설치높이 적정 여부	
22-B-003	○ 휴대용 비상조명등의 변형 및 손상 여부	
22-B-004	○ 어둠 속에서 위치를 확인할 수 있는 구조인지 여부	
22-B-005	○ 사용 시 자동으로 점등되는지 여부	
22-B-006	○ 건전지를 사용하는 경우 유효한 방전 방지조치가 되어 있는지 여부	
22-B-007	○ 충전식 배터리의 경우에는 상시 충전되도록 되어 있는지의 여부	

tip 휴대용 비상조명등 설치대상 [83회 기술사 기출 : 설치대상 · 기준]

1. 숙박시설, 다중이용업소의 객실 또는 영업장
2. 수용인원 100인 이상의 영화상영관, 판매시설 중 대규모점포, 철도 및 도시철도 시설 중 지하역사, 지하가 중 지하상가

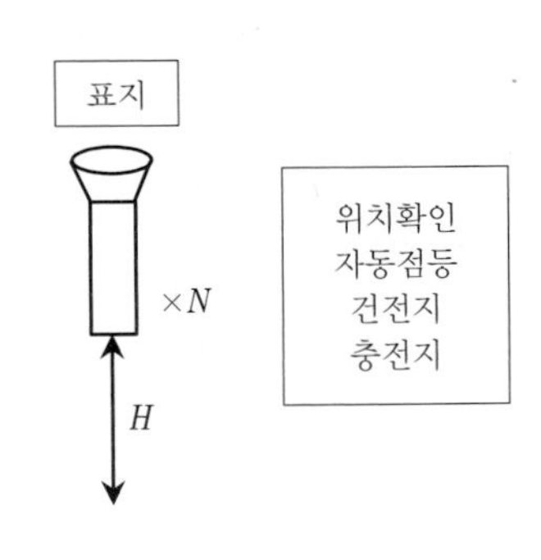

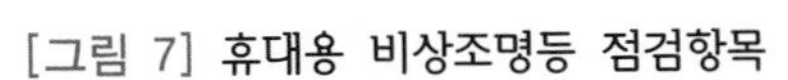

[그림 7] 휴대용 비상조명등 점검항목

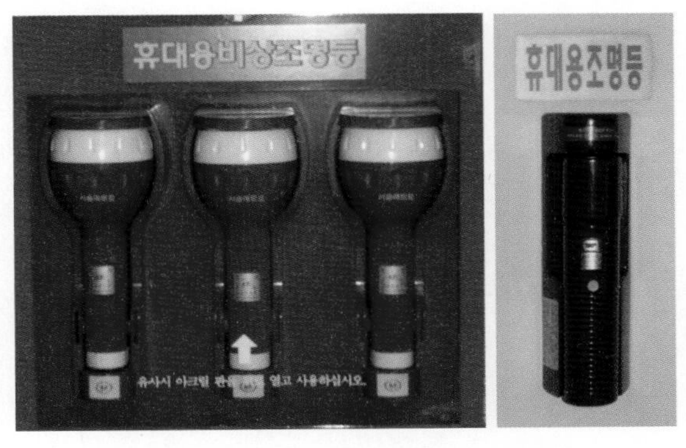

[그림 8] 휴대용 비상조명등 설치 예

6. 유도등(유도표지), 비상조명등 및 휴대용 비상조명등 외관점검항목 〈개정 2022. 12. 1〉

1) 유도등
   (1) 유도등 상시(3선식의 경우 점검스위치 작동 시) 점등 여부
   (2) 유도등의 변형 및 손상 여부
   (3) 장애물 등으로 인한 시각장애 여부

2) 유도표지

(1) 유도표지의 변형 및 손상 여부

(2) 설치 상태(쉽게 떨어지지 않는 방식, 장애물 등으로 시각장애 유무) 적정 여부

3) 비상조명등

(1) 비상조명등 변형·손상 여부

(2) 예비전원 내장형의 경우 점검스위치 설치 및 정상 작동 여부

4) 휴대용 비상조명등

(1) 휴대용 비상조명등의 변형 및 손상 여부

(2) 사용 시 자동으로 점등되는지 여부

기출 및 예상 문제

☞ 정답은 본문 및 과년도 출제 문제 풀이 참조

☆☆☆☆☆

01 유도등의 종합정밀 점검항목 7가지를 기술하시오.

☆☆☆☆☆

02 휴대용 비상조명등 설치장소와 점검항목 6가지를 기술하시오.

☆☆☆☆☆

03 광원점등방식 피난유도선의 설치기준 6가지를 쓰시오. [12회 12점]

※ 출제 당시 법령에 의함.

☆☆☆☆☆

04 피난안전구역에 설치하는 소방시설 중 제연설비 및 휴대용 비상조명등의 설치기준을 고층건축물의 화재안전기준(NFSC 604)에 따라 각각 쓰시오. [18회 6점]

☆☆☆☆☆

05 비상조명등 종합정밀 점검항목 6가지를 기술하시오.

☆☆☆☆☆

06 소방시설 자체점검사항 등에 관한 고시에서 비상조명등 및 휴대용 비상조명등 점검표상의 휴대용 비상조명등의 점검항목 7가지를 쓰시오. [22회 7점]

☆☆☆☆☆

07 유도등 및 유도표지의 화재안전성능기준(NFPC 303)상 유도등 및 유도표지를 설치하지 않을 수 있는 경우 4가지를 쓰시오. [23회 4점]

12 소화용수설비 ★★★★★

1. 소화수조 및 저수조의 점검항목 ★★★★ 〈개정 2021. 3. 25〉

번 호	점검항목	점검결과
23-A. 소화수조 및 저수조		
	[수원]	
23-A-001	○ 수원의 유효수량 적정 여부	
	[흡수관투입구]	
23-A-011	○ 소방차 접근 용이성 적정 여부	
23-A-012	● 크기 및 수량 적정 여부	
23-A-013	○ "흡수관투입구" 표지 설치 여부	
	[채수구]	
23-A-021	○ 소방차 접근 용이성 적정 여부	
23-A-022	● 결합금속구 구경 적정 여부	
23-A-023	● 채수구 수량 적정 여부	
23-A-024	○ 개폐밸브의 조작 용이성 여부	
	[가압송수장치]	
23-A-031	○ 기동스위치 채수구 직근 설치 여부 및 정상 작동 여부	
23-A-032	○ "소화용수설비펌프" 표지 설치상태 적정 여부	
23-A-033	● 동결방지조치 상태 적정 여부	
23-A-034	● 토출측 압력계, 흡입측 연성계 또는 진공계 설치 여부	
23-A-035	○ 성능시험배관 적정 설치 및 정상 작동 여부	
23-A-036	○ 순환배관 설치 적정 여부	
23-A-037	● 물올림장치 설치 적정(전용 여부, 유효수량, 배관구경, 자동급수) 여부	
23-A-038	○ 내연기관 방식의 펌프 설치 적정(제어반 기동, 채수구 원격조작, 기동표시등 설치, 축전지설비) 여부	

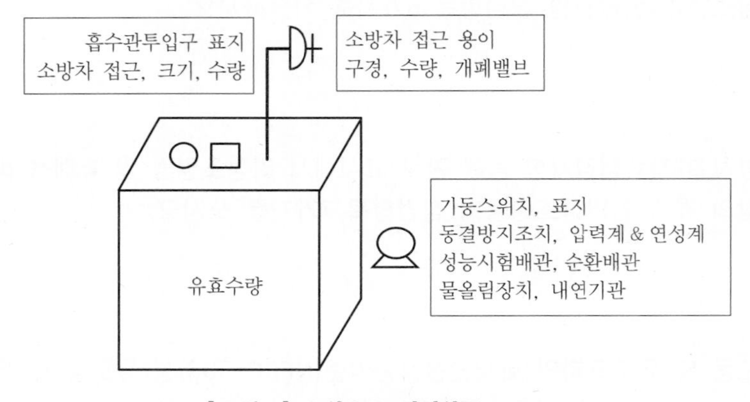

[그림 1] 소화수조 점검항목

2. 상수도소화용수설비의 점검항목 ★★★ 〈개정 2021. 3. 25〉

번 호	점검항목	점검결과
23-B-001 23-B-002	○ 소화전 위치 적정 여부 ○ 소화전 관리상태(변형·손상 등) 및 방수 원활 여부	

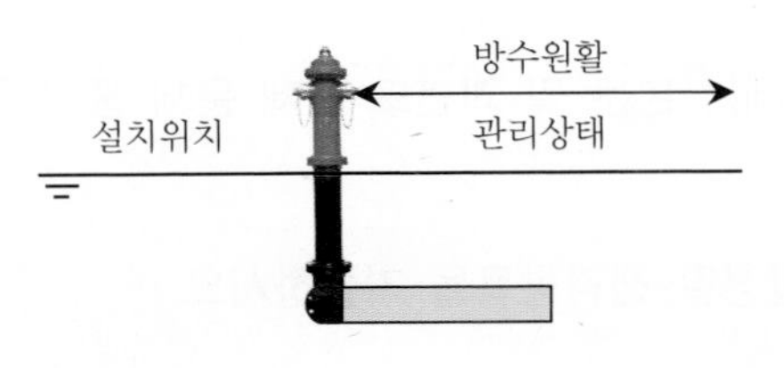

[그림 2] **상수도 소화전 점검항목**

기출 및 예상 문제

☞ 정답이 없는 문제는 본문 및 과년도 출제 문제 풀이 참조

★★★★

01 소화수조의 종합정밀 점검항목을 기술하시오.

★★★★★

02 소방용수시설에 있어서 수원의 기준과 종합정밀 점검항목을 기술하시오. [6회 20점]

1. 소방용수시설의 종류 : 소화전, 급수탑, 저수조[소방기본법 제10조]
2. 소방용수시설의 설치·관리자 : 시·도지사[소방기본법 제10조]
3. 소방용수시설의 설치기준[소방기본법 시행규칙 제6조, 별표 3]
4. 수원의 종합정밀 점검항목 : 수원의 유효수량 적정 여부

★★★★

03 소화수조의 설치기준을 쓰시오. [80회, 82회 소방기술사 25점 : 소화용수시설의 설치기준]

☞ 소화수조 및 저수조의 화재안전기술기준(NFTC 402) 2.1

 용어의 정의

1. "소화수조 또는 저수조"라 함은 수조를 설치하고 여기에 소화에 필요한 물을 항시 채워두는 것을 말한다.
2. "채수구"라 함은 소방차의 소방호스와 접결되는 흡입구를 말한다.

1. 설치위치 : 소화수조, 저수조의 채수구 또는 흡수관투입구는 소방차가 2m 이내의 지점까지 접근할 수 있는 위치에 설치
2. 소화수조 또는 저수조의 저수량 : 소방대상물의 연면적을 다음 표에 따른 기준면적으로 나누어 얻은 수(소수점 이하의 수는 1로 본다.)에 $20m^3$를 곱한 양 이상

소방대상물의 구분	면 적
1) 1층 및 2층의 바닥면적 합계가 $15,000m^2$ 이상인 소방대상물	$7,500m^2$
2) 제1호에 해당되지 아니하는 그 밖의 소방대상물	$12,500m^2$

3. 소화수조(저수조)의 흡수관투입구 또는 채수구 설치기준
   1) 지하에 설치하는 소화용수설비의 흡수관투입구 설치기준
      (1) 크기 : 한 변이 0.6m 이상이거나 직경이 0.6m 이상
      (2) 흡수관투입구 개수

소요수량	$80m^3$ 미만	$80m^3$ 이상
흡수관투입구 개수	1개	2개

(3) "흡수관투입구"라고 표시한 표지 설치

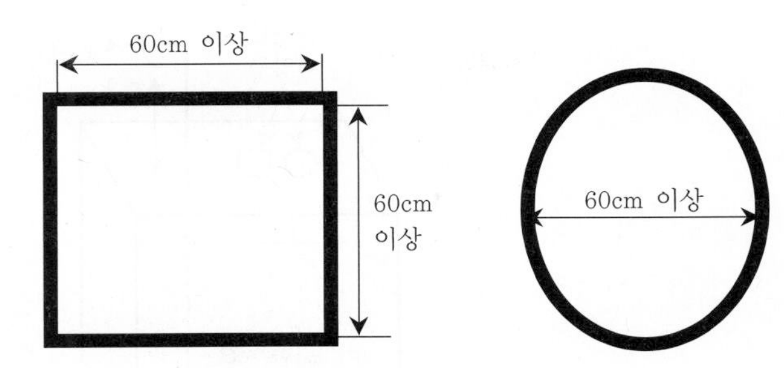

[흡수관투입구의 형태별 크기]

[소화수조의 흡수관투입구]

2) 소화용수설비에 설치하는 채수구 설치기준

(1) 채수구는 다음 표에 따라 소방용 호스 또는 소방용 흡수관에 사용하는 구경 65mm 이상의 나사식 결합 금속구를 설치할 것

(2) 채수구의 개수

소요수량	$20m^3$ 이상 $40m^3$ 미만	$40m^3$ 이상 $100m^3$ 미만	$100m^3$ 이상
채수구의 개수	1개	2개	3개

(3) 설치높이 : 채수구는 지면으로부터의 높이가 0.5m 이상 1m 이하의 위치에 설치

(4) "채수구"라고 표시한 표지 설치

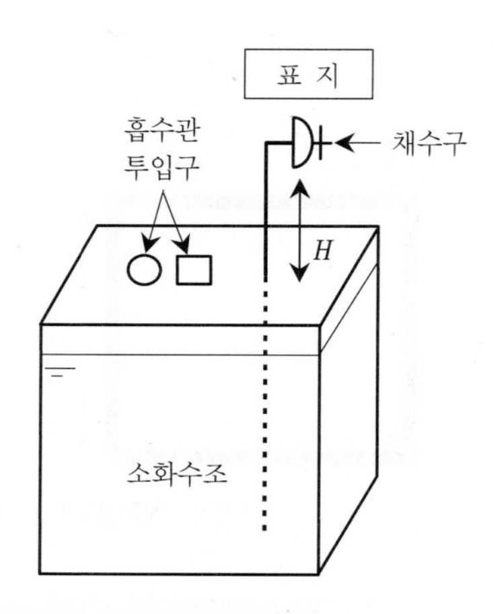

[소화수조 설치 예]

[채수구 설치 예]

★★★

04 소화수조 및 저수조에서 흡수관투입구의 점검항목 3가지를 쓰시오.

★★★

05 소화수조 및 저수조에서 채수구의 점검항목 4가지를 쓰시오.

13 연결송수관설비 ★★★

1. 연결송수관설비의 점검항목 ★★★ 〈개정 2021. 3. 25〉

번 호	점검항목	점검결과
26-A. 송수구		
26-A-001	○ 설치장소 적정 여부	
26-A-002	○ 지면으로부터 설치높이 적정 여부	
26-A-003	○ 급수개폐밸브가 설치된 경우 설치상태 적정 및 정상 기능 여부	
26-A-004	○ 수직배관별 1개 이상 송수구 설치 여부	
26-A-005	○ "연결송수관설비송수구" 표지 및 송수압력범위 표지 적정 설치 여부	
26-A-006	○ 송수구 마개 설치 여부	
26-B. 배관 등		
26-B-001	● 겸용 급수배관 적정 여부	
26-B-002	● 다른 설비의 배관과의 구분 상태 적정 여부	
26-C. 방수구		
26-C-001	● 설치기준(층, 개수, 위치, 높이) 적정 여부	
26-C-002	○ 방수구 형태 및 구경 적정 여부	
26-C-003	○ 위치표시(표시등, 축광식 표지) 적정 여부	
26-C-004	○ 개폐기능 설치 여부 및 상태 적정(닫힌 상태) 여부	
26-D. 방수기구함		
26-D-001	● 설치기준(층, 위치) 적정 여부	
26-D-002	○ 호스 및 관창 비치 적정 여부	
26-D-003	○ "방수기구함" 표지 설치상태 적정 여부	
26-E. 가압송수장치		
26-E-001	● 가압송수장치 설치장소 기준 적합 여부	
26-E-002	● 펌프 흡입측 연성계·진공계 및 토출측 압력계 설치 여부	
26-E-003	● 성능시험배관 및 순환배관 설치 적정 여부	
26-E-004	○ 펌프 토출량 및 양정 적정 여부	
26-E-005	○ 방수구 개방 시 자동기동 여부	
26-E-006	○ 수동기동스위치 설치상태 적정 및 수동스위치 조작에 따른 기동 여부	
26-E-007	○ 가압송수장치 "연결송수관펌프" 표지 설치 여부	
26-E-008	● 비상전원 설치장소 적정 및 관리 여부	
26-E-009	○ 자가발전설비인 경우 연료 적정량 보유 여부	
26-E-010	○ 자가발전설비인 경우 「전기사업법」에 따른 정기점검 결과 확인	

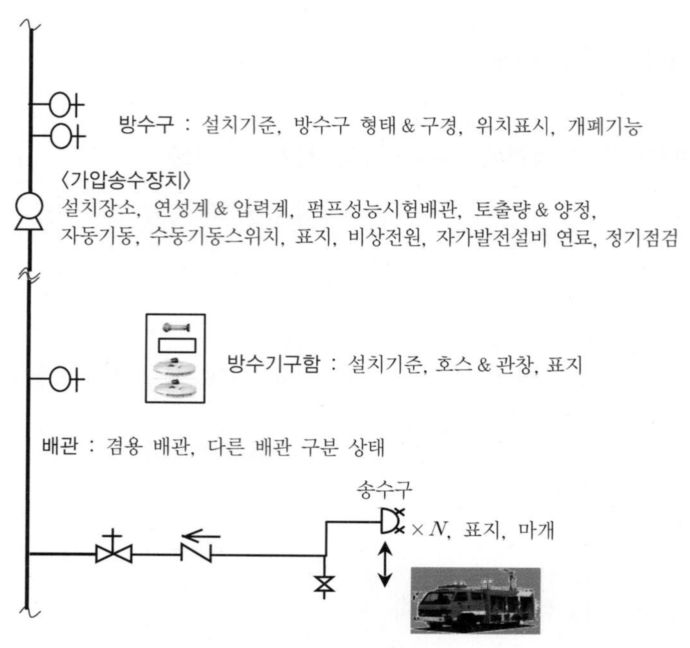

[그림 1] **연결송수관 점검항목**

tip 연결송수관설비의 방수기구함 설치기준 ★★★ [M : 3 · 5 · 15 · 방 · 표]

1. 방수기구함은 피난층과 가장 가까운 층을 기준으로 3개층마다 설치하되, 그 층의 방수구마다 보행거리 5m 이내에 설치할 것
2. 방수기구함에는 길이 15m의 호스와 방사형 관창을 다음의 기준에 따라 비치할 것
   1) 호스는 방수구에 연결하였을 때 그 방수구가 담당하는 구역의 각 부분에 유효하게 물이 뿌려질 수 있는 개수 이상을 비치할 것
      이 경우 쌍구형 방수구는 단구형 방수구의 2배 이상의 개수를 설치하여야 한다.
   2) **방**사형 관창은 단구형 방수구의 경우에는 1개, 쌍구형 방수구의 경우에는 2개 이상 비치할 것
3. 방수기구함에는 "방수기구함"이라고 표시한 축광식 표지를 할 것

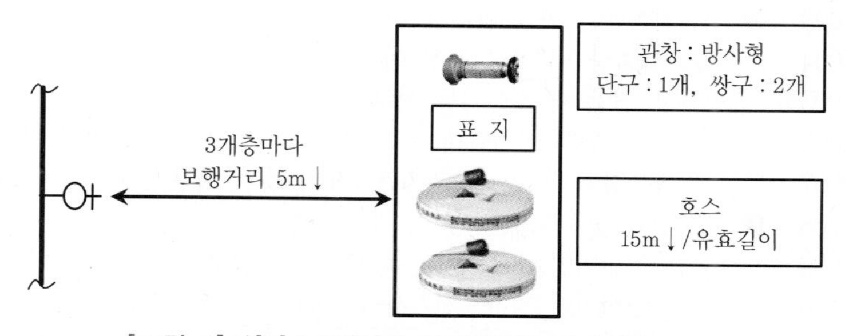

[그림 2] **연결송수관설비 방수기구함 설치기준**

[그림 3] **연결송수관 방수구 · 함**

[그림 4] **연결송수관 방수기구함**

tip 연결송수관 방수구 설치기준 ★★★ [M : 수 · 바 · 위 · 11 · 층 · 개 · 방]

1. 방수구 배치
   1) 방수구는 아파트 또는 바닥면적이 1,000m² 미만인 층 : 계단(계단의 부속실을 포함하며 계단이 2 이상 있는 경우에는 그 중 1개의 계단을 말한다.)으로부터 5m 이내
   2) 바닥면적 1,000m² 이상인 층(아파트를 제외한다.) : 각 계단(계단의 부속실을 포함하며, 계단이 3 이상 있는 층의 경우에는 그 중 2개의 계단을 말한다.)으로부터 5m 이내에 설치
   3) 그 방수구로부터 그 층의 각 부분까지의 거리가 다음의 기준을 초과하는 경우에는 그 기준 이하가 되도록 방수구를 추가하여 설치할 것
      (1) 지하가(터널은 제외한다.) 또는 지하층의 바닥면적의 합계가 3,000m² 이상 : **수**평거리 25m
      (2) "(1)"에 해당하지 아니하는 것 : 수평거리 50m
2. 방수구의 호스접결구 높이
   바닥으로부터 높이 0.5m 이상 1m 이하의 위치에 설치할 것
3. 방수구의 **위**치표시
   표시등 또는 축광식 표지로 하되 다음의 기준에 따라 설치할 것
   (1) 표시등을 설치하는 경우에는 함의 상부에 설치하되, 국민안전처장관이 고시한 「표시등의 성능인증 및 제품검사의 기술기준」에 적합한 것으로 설치하여야 한다. 〈개정 2014. 8. 18〉
   (2) 축광식 표지를 설치하는 경우에는 국민안전처장관이 고시한 「축광표지의 성능인증 및 제품검사의 기술기준」에 적합한 것으로 설치하여야 한다. 〈개정 2014. 8. 18〉
4. **11**층 이상의 부분에 설치하는 방수구는 쌍구형으로 할 것
   다만, 다음의 1에 해당하는 층에는 단구형으로 설치할 수 있다.
   (1) 아파트의 용도로 사용되는 층
   (2) 스프링클러설비가 유효하게 설치되어 있고 방수구가 2개소 이상 설치된 층
5. 연결송수관설비의 방수구는 그 소방대상물의 **층**마다 설치할 것
   다만, 다음의 1에 해당하는 층에는 설치하지 아니할 수 있다.
   (1) 아파트의 1층 및 2층
   (2) 소방차의 접근이 가능하고 소방대원이 소방차로부터 각 부분에 쉽게 도달할 수 있는 피난층
   (3) 송수구가 부설된 옥내소화전을 설치한 소방대상물(집회장 · 관람장 · 백화점 · 도매시장 · 소매시장 · 판매시설 · 공장 · 창고시설 또는 지하가를 제외한다.)로서 다음의 1에 해당하는 층
      가. 지하층을 제외한 층수가 4층 이하이고, 연면적이 6,000m² 미만인 소방대상물의 지상층
      나. 지하층의 층수가 2 이하인 소방대상물의 지하층
6. 방수구는 **개**폐 기능을 가진 것으로 설치하여야 하며, 평상시 닫힌 상태를 유지할 것
7. **방**수구는 연결송수관설비의 전용방수구 또는 옥내소화전 방수구로서 구경 65mm의 것으로 설치할 것

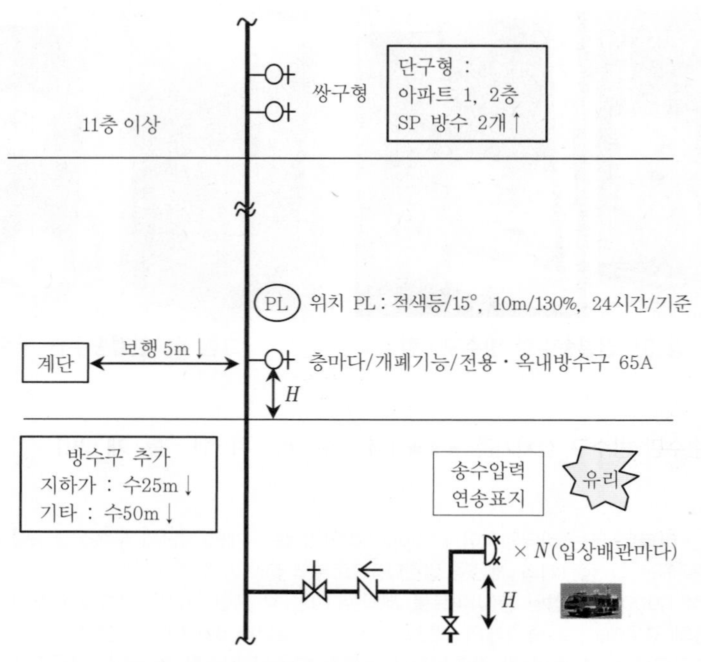

[그림 5] 연결송수관설비 방수구 설치기준

2. 연결송수관의 외관점검표 ★★★ 〈개정 2022. 12. 1〉

1) 연결송수관설비 송수구
   표지 및 송수압력범위 표지 적정 설치 여부

2) 방수구
   위치표시(표시등, 축광식 표지) 적정 여부

3) 방수기구함
   (1) 호스 및 관창 비치 적정 여부
   (2) “방수기구함” 표지 설치상태 적정 여부

기출 및 예상 문제

☞ 정답은 본문 및 과년도 출제 문제 풀이 참조

★★★

01 연결송수관설비의 송수구에 대한 점검항목 6가지를 기술하시오.

★★★

02 연결송수관설비의 방수구에 대한 점검항목 4가지를 기술하시오.

★★★

03 연결송수관설비의 가압송수장치에 대한 점검항목 10가지를 기술하시오.

★★★

04 연결송수관설비의 방수기구함에 대한 점검항목 3가지를 기술하시오.

★★★

05 연결송수관설비의 외관점검항목 3가지를 기술하시오.

14 연결살수설비 · 연소방지설비 ★

1. 연결살수설비의 점검항목 ★★★ 〈개정 2021. 3. 25〉

번 호	점검항목	점검결과
27-A. 송수구 [23회 2점]		
27-A-001	○ 설치장소 적정 여부	
27-A-002	○ 송수구 구경(65mm) 및 형태(쌍구형) 적정 여부	
27-A-003	○ 송수구역별 호스접결구 설치 여부(개방형 헤드의 경우)	
27-A-004	○ 설치높이 적정 여부	
27-A-005	● 송수구에서 주배관 상 연결배관 개폐밸브 설치 여부	
27-A-006	○ "연결살수설비 송수구" 표지 및 송수구역 일람표 설치 여부	
27-A-007	○ 송수구 마개 설치 여부	
27-A-008	○ 송수구의 변형 또는 손상 여부	
27-A-009	● 자동배수밸브 및 체크밸브 설치 순서 적정 여부	
27-A-010	○ 자동배수밸브 설치상태 적정 여부	
27-A-011	● 1개 송수구역 설치 살수헤드 수량 적정 여부(개방형 헤드의 경우)	
27-B. 선택밸브		
27-B-001	○ 선택밸브 적정 설치 및 정상 작동 여부	
27-B-002	○ 선택밸브 부근 송수구역 일람표 설치 여부	
27-C. 배관 등		
27-C-001	○ 급수배관 개폐밸브 설치 적정(개폐표시형, 흡입측 버터플라이 제외) 여부	
27-C-002	● 동결방지조치 상태 적정 여부(습식의 경우)	
27-C-003	● 주배관과 타설비 배관 및 수조 접속 적정 여부(폐쇄형 헤드의 경우)	
27-C-004	○ 시험장치 설치 적정 여부(폐쇄형 헤드의 경우)	
27-C-005	● 다른 설비의 배관과의 구분 상태 적정 여부	
27-D. 헤드 [1회 10점]		
27-D-001	○ 헤드의 변형 · 손상 유무	
27-D-002	○ 헤드 설치위치 · 장소 · 상태(고정) 적정 여부	
27-D-003	○ 헤드 살수장애 여부	

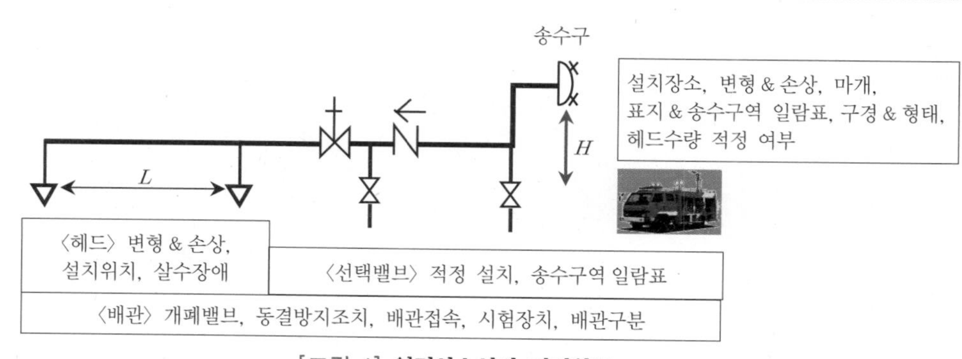

[그림 1] 연결살수설비 점검항목

tip 연결살수설비의 헤드 설치기준 ★★ [기술사 88회 10점]

☞ 연결살수설비의 화재안전성능기준(NFPC 503) 제6조

1. 연결살수설비의 헤드 : 연결살수설비 전용헤드 또는 스프링클러헤드로 설치
2. 건축물에 설치하는 연결살수설비의 헤드 설치기준
   1) 천장 또는 반자의 실내에 면하는 부분에 설치
   2) 천장 또는 반자의 각 부분으로부터 하나의 살수헤드까지의 수평거리
      (1) 연결살수설비 전용헤드 : 3.7m 이하
      (2) 스프링클러헤드 : 2.3m 이하
      다만, 살수헤드의 부착면과 바닥과의 높이가 2.1m 이하인 부분에 있어서는 살수헤드의 살수분포에 따른 거리로 할 수 있다.
3. 가연성 가스의 저장 · 취급시설에 설치하는 연결살수설비의 헤드 설치기준
   다만, 지하에 설치된 가연성 가스의 저장 · 취급시설로서 지상에 노출된 부분이 없는 경우에는 그러하지 아니하다.
   1) 사용헤드 : 연결살수설비 전용의 개방형 헤드
   2) 헤드 설치위치 : 가스 저장탱크 · 가스 홀더 및 가스 발생기의 주위에 설치
   3) 헤드 상호 간의 거리 : 3.7m 이하
   4) 헤드의 살수범위 : 가스 저장탱크 · 가스 홀더 및 가스 발생기 몸체의 중간 윗부분의 모든 부분이 포함되도록 하여야 하고 살수된 물이 흘러내리면서 살수범위에 포함되지 아니한 부분에도 모두 적셔질 수 있도록 할 것

2. 연결살수설비의 외관점검표 ★★★ 〈개정 2022. 12. 1〉

1) 연결살수설비 송수구
   (1) 표지 및 송수구역 일람표 설치 여부
   (2) 송수구의 변형 또는 손상 여부

2) 연결살수설비 헤드
   (1) 헤드의 변형·손상 유무
   (2) 헤드 살수장애 여부

3. 연소방지설비의 점검항목 ★★ 〈개정 2021. 3. 25〉

번 호	점검항목	점검결과
30-A. 배관		
30-A-001 30-A-002	○ 급수배관 개폐밸브 적정(개폐표시형) 설치 및 관리상태 적합 여부 ● 다른 설비의 배관과의 구분 상태 적정 여부	
30-B. 방수헤드		
30-B-001 30-B-002 30-B-003 30-B-004	○ 헤드의 변형·손상 유무 ○ 헤드 살수장애 여부 ○ 헤드 상호 간 거리 적정 여부 ● 살수구역 설정 적정 여부	
30-C. 송수구		
30-C-001 30-C-002 30-C-003 30-C-004 30-C-005 30-C-006 30-C-007	○ 설치장소 적정 여부 ● 송수구 구경(65mm) 및 형태(쌍구형) 적정 여부 ○ 송수구 1m 이내 살수구역 안내표지 설치상태 적정 여부 ○ 설치높이 적정 여부 ● 자동배수밸브 설치상태 적정 여부 ● 연결배관에 개폐밸브를 설치한 경우 개폐상태 확인 및 조작 가능 여부 ○ 송수구 마개 설치상태 적정 여부	
30-D. 방화벽		
30-D-001 30-D-002	● 방화문 관리상태 및 정상기능 적정 여부 ● 관통부위 내화성 화재차단제 마감 여부	

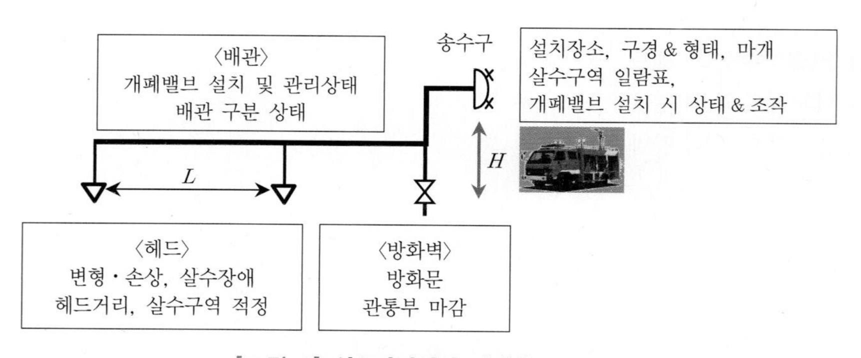

[그림 2] 연소방지설비 점검항목

기출 및 예상 문제

☞ 정답이 없는 문제는 본문 및 과년도 출제 문제 풀이 참조

★★★★

01 연결살수설비의 살수헤드 점검항목을 기술하시오. [1회 10점]

★★★★

02 연소방지설비의 송수구에 대한 종합정밀 점검항목 7가지를 기술하시오.

★★★★

03 연소방지설비의 화재안전기준에서 정하고 있는 연소방지도료를 도포하여야 하는 부분 5가지를 쓰시오. [13회 10점]

※ 출제 당시 법령에 의함.

★★★★

04 연소방지설비의 화재안전기준(NFSC 506)에서 정하는 방수헤드의 설치기준 3가지를 쓰시오. [3점]

★★

05 연소방지설비의 방화벽에 대한 종합정밀 점검항목 2가지를 쓰시오.

★★★

06 연결살수설비 점검표에서 송수구 점검항목 중 종합점검의 경우에만 해당하는 점검항목 3가지와 배관 등 점검항목 중 작동점검에 해당하는 점검항목 2가지를 쓰시오. [23회 5점]

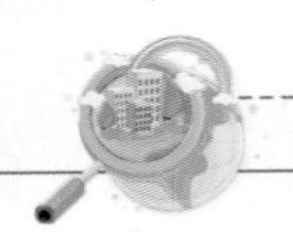

15 무선통신보조설비 ★★★

1. 무선통신보조설비 누설동축케이블 등 점검항목 ★★★★ 〈개정 2021. 3. 25〉 [22회 5점]

번 호	점검항목	점검결과
29-A-001	○ 피난 및 통행 지장 여부(노출하여 설치한 경우)	
29-A-002	● 케이블 구성 적정(누설동축케이블+안테나 또는 동축케이블+안테나) 여부	
29-A-003	● 지지금구 변형·손상 여부	
29-A-004	● 누설동축케이블 및 안테나 설치 적정 및 변형·손상 여부	
29-A-005	● 누설동축케이블 말단 '무반사 종단저항' 설치 여부	

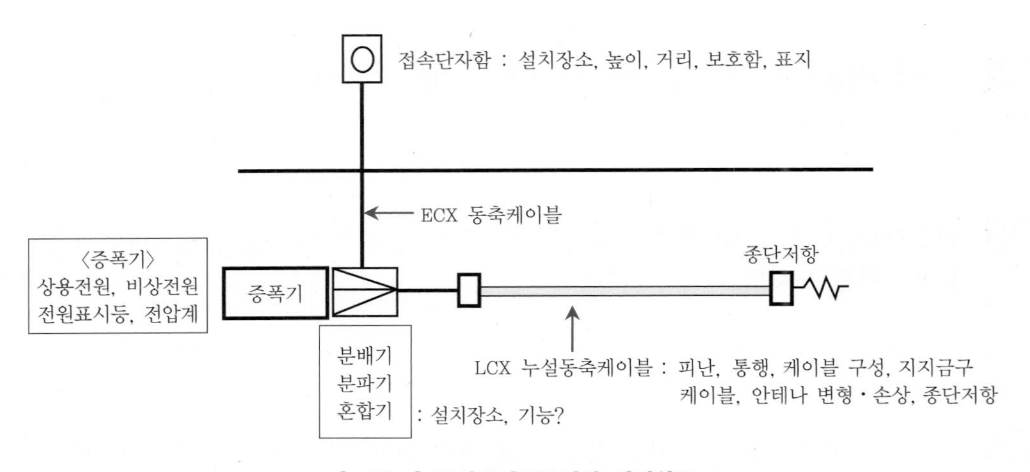

[그림 1] **무선통신보조설비 점검항목**

tip 무선통신보조설비의 누설동축케이블 설치기준 ★★★ [M : 종·1.5·4·습·주·임·금·방]

☞ 무선통신보조설비의 화재안전기술기준(NFTC 505) 2.2

1. **종**단저항 : 누설동축케이블의 끝부분에는 무반사 종단저항을 견고하게 설치할 것
2. 고압전로와의 이격 : 누설동축케이블 및 공중선은 고압의 전로로부터 **1.5**m 이상 떨어진 위치에 설치할 것 다만, 당해 전로에 정전기 차폐장치를 유효하게 설치한 경우에는 그러하지 아니하다.
3. 케이블의 고정 : 누설동축케이블은 화재에 따라 당해 케이블의 피복이 소실된 경우에 케이블 본체가 떨어지지 아니하도록 **4**m 이내마다 금속제 또는 자기제 등의 지지금구로 벽·천장·기둥 등에 견고하게 고정시킬 것. 다만, 불연재료로 구획된 반자 안에 설치하는 경우에는 그러하지 아니하다.
4. 불연·난연성 : 누설동축케이블은 불연 또는 난연성의 것으로서 **습**기에 따라 전기의 특성이 변질되지 아니하는 것으로 하고, 노출하여 설치한 경우에는 피난 및 통행에 장애가 없도록 할 것
5. 소방전용 : 소방전용 **주**파수대에서 전파의 전송 또는 복사에 적합한 것으로서 소방전용의 것으로 할 것 다만, 소방대 상호 간의 무선연락에 지장이 없는 경우에는 다른 용도와 겸용할 수 있다.

6. **임**피던스 : 누설동축케이블 또는 동축케이블의 임피던스는 50Ω으로 하고, 이에 접속하는 공중선 · 분배기 기타의 장치는 당해 임피던스에 적합한 것으로 하여야 한다.
7. 설치위치 : 누설동축케이블 및 공중선은 **금**속판 등에 따라 전파의 복사 또는 특성이 현저하게 저하되지 아니하는 위치에 설치할 것
8. 무통**방**식 [85회 기술사 25점 : 무통 종류 관련 화재안전기준 설명]
   1) 누설동축케이블과 이에 접속하는 공중선
   2) 동축케이블과 이에 접속하는 공중선에 따른 것으로 할 것

2. 무선통신보조설비, 무선기기접속단자, 옥외안테나 점검항목 ★★★ 〈개정 2022. 12. 1〉

번 호	점검항목	점검결과
29-B-001	○ 설치장소(소방활동 용이성, 상시 근무장소) 적정 여부	
29-B-002	● 단자 설치높이 적정 여부	
29-B-003	● 지상 접속단자 설치거리 적정 여부	
29-B-004	● 보호함 구조 적정 여부	
29-B-005	○ 보호함 "무선기기접속단자" 표지 설치 여부	
29-B-006	○ 옥외안테나 통신장애 발생 여부	
29-B-007	○ 안테나 설치 적정(견고함, 파손우려) 여부	
29-B-008	○ 옥외안테나에 "무선통신보조설비 안테나" 표지 설치 여부	
29-B-009	○ 옥외안테나 통신 가능거리 표지 설치 여부	
29-B-010	○ 수신기 설치장소 등에 옥외안테나 위치표시도 비치 여부	

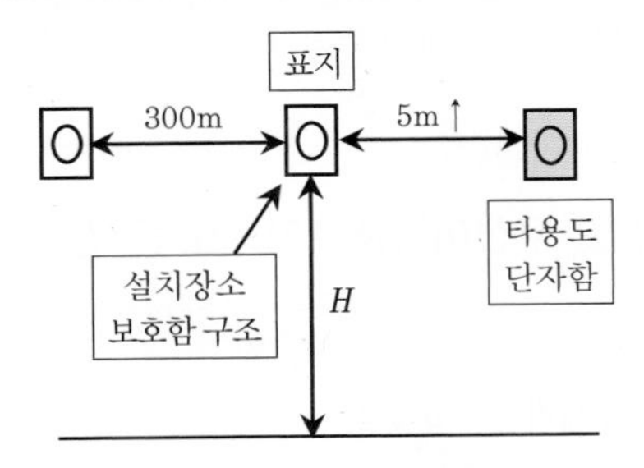

[그림 2] **무선기 접속단자 점검항목**

[그림 3] **무선기 접속단자 외형**

[그림 4] **무선기 접속단자에 무전기를 연결한 모습**

tip 옥외안테나 설치기준 [M : 통 · 장 · 파 · 표 · 도]

☞ 무선통신보조설비의 화재안전기술기준(NFTC 505) 2.3
1. 건축물, 지하가, 터널 또는 공동구의 출입구(「건축법 시행령」 제39조에 따른 출구 또는 이와 유사한 출입구를 말한다) 및 출입구 인근에서 **통**신이 가능한 장소에 설치할 것
2. 다른 용도로 사용되는 안테나로 인한 통신**장**애가 발생하지 않도록 설치할 것
3. 옥외안테나는 견고하게 **파**손의 우려가 없는 곳에 설치하고 그 가까운 곳의 보기 쉬운 곳에 "무선통신보조설비 안테나"라는 표시와 함께 통신 가능거리를 **표**시한 표지를 설치할 것
4. 수신기가 설치된 장소 등 사람이 상시 근무하는 장소에는 옥외안테나의 위치가 모두 표시된 옥외안테나 위치표시**도**를 비치할 것

3. 무선통신보조설비 분배기, 분파기, 혼합기의 점검항목 ★★★ 〈개정 2021. 3. 25〉

번 호	점검항목	점검결과
29-C-001 29-C-002	● 먼지, 습기, 부식 등에 의한 기능 이상 여부 ● 설치장소 적정 및 관리 여부	

tip 무선통신보조설비의 분배기 등의 설치기준 [M : 임 · 먼 · 점 · 화] ★★★

☞ 무선통신보조설비의 화재안전기술기준(NFTC 505) 2.4
1. **임**피던스는 50Ω의 것으로 할 것
2. **먼**지 · 습기 및 부식 등에 따라 기능에 이상을 가져오지 아니하도록 할 것
3. **점**검에 편리하고 **화**재 등의 재해로 인한 피해의 우려가 없는 장소에 설치할 것

4. 무선통신보조설비 증폭기 및 무선이동중계기, 기능점검 점검항목 ★★ 〈개정 2022. 12. 1〉

번 호	점검항목	점검결과
29-D. 증폭기 및 무선이동중계기 [22회 3점]		
29-D-001 29-D-002 29-D-003 29-D-004	● 상용전원 적정 여부 ○ 전원표시등 및 전압계 설치상태 적정 여부 ● 증폭기 비상전원 부착 상태 및 용량 적정 여부 ○ 적합성 평가 결과 임의 변경 여부	
29-E. 기능점검		
29-E-001	● 무선통신 가능 여부	

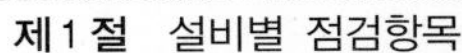

tip 무선통신보조설비 증폭기 설치기준 ★★

☞ 무선통신보조설비의 화재안전기술기준(NFTC 505) 2.5

1. 전원
   1) 전기가 정상적으로 공급되는 축전지 또는 교류전압 옥내간선
   2) 전원까지의 배선은 전용
2. 표시등 및 전압계 설치 : 증폭기의 전면에는 표시등 및 전압계 설치
3. 비상전원 용량 : 30분 이상
4. 증폭기 및 무선중계기를 설치하는 경우 : 「전파법」 제58조의2에 따른 적합성 평가를 받은 제품으로 설치하고 임의로 변경하지 않도록 할 것
5. 디지털방식의 무전기를 사용하는데 지장이 없도록 설치할 것

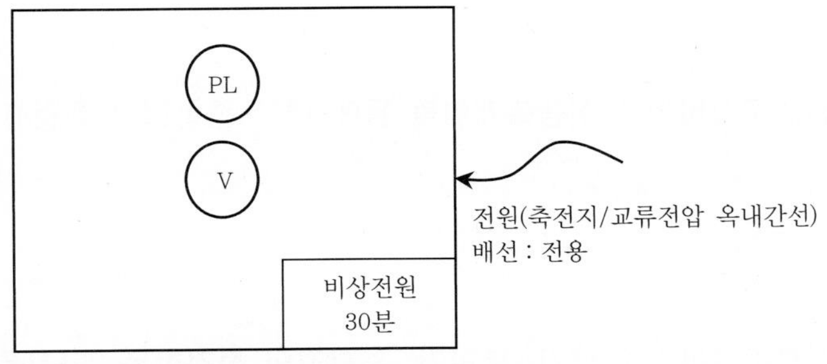

[그림 5] **증폭기 설치기준**

4. 무선통신보조설비 무선기기접속단자 외관점검항목 ★★ 〈개정 2022. 12. 1〉

1) 설치장소(소방활동 용이성, 상시 근무장소) 적정 여부
2) 보호함 "무선기기접속단자" 표지 설치 여부

기출 및 예상 문제

☞ 정답은 본문 및 과년도 출제 문제 풀이 참조

★★★

01 무선통신보조설비의 접속단자에 대한 종합정밀 점검항목을 기술하시오.

★★★★

02 무선통신보조설비의 누설동축케이블 등에 대한 종합정밀 점검항목을 기술하시오.
[14회 12점, 22회 5점]

★★★★

03 무선통신보조설비의 분배기, 분파기, 혼합기의 점검항목 2가지를 기술하시오.
[14회 12점]

★★★★

04 무선통신보조설비의 증폭기 및 무선이동중계기의 점검항목 3가지를 기술하시오.
[22회 3점]

★★★★★

※ 출제 당시 법령에 의함.

05 화재예방, 소방시설 설치 · 유지 및 안전관리에 관한 법령에 따라 무선통신보조설비를 설치하여야 하는 특정소방대상물(위험물 저장 및 처리 시설 중 가스시설은 제외한다.) 5가지를 쓰시오.
[22회 5점]

16 비상콘센트설비 ★★★★

1. 비상콘센트의 점검항목 ★★★★ 〈개정 2021. 3. 25〉

번 호	점검항목	점검결과
28-A. 전원		
28-A-001	● 상용전원 적정 여부	
28-A-002	● 비상전원 설치장소 적정 및 관리 여부	
28-A-003	○ 자가발전설비인 경우 연료 적정량 보유 여부	
28-A-004	○ 자가발전설비인 경우 「전기사업법」에 따른 정기점검 결과 확인	
28-B. 전원회로		
28-B-001	● 전원회로 방식(단상 교류 220V) 및 공급용량(1.5kVA 이상) 적정 여부	
28-B-002	● 전원회로 설치개수(각 층에 2 이상) 적정 여부	
28-B-003	● 전용 전원회로 사용 여부	
28-B-004	● 1개 전용 회로에 설치되는 비상콘센트 수량 적정(10개 이하) 여부	
28-B-005	● 보호함 내부에 분기배선용 차단기 설치 여부	
28-C. 콘센트		
28-C-001	○ 변형·손상·현저한 부식이 없고 전원의 정상 공급 여부	
28-C-002	● 콘센트별 배선용 차단기 설치 및 충전부 노출 방지 여부	
28-C-003	○ 비상콘센트 설치높이, 설치위치 및 설치수량 적정 여부	
28-D. 보호함 및 배선		
28-D-001	○ 보호함 개폐 용이한 문 설치 여부	
28-D-002	○ "비상콘센트" 표지 설치상태 적정 여부	
28-D-003	○ 위치표시등 설치 및 정상 점등 여부	
28-D-004	○ 점검 또는 사용상 장애물 유무	

2. 비상콘센트설비의 외관점검항목 ★★ 〈개정 2022. 12. 1〉

1) 비상콘센트설비 콘센트

변형·손상·현저한 부식이 없고 전원의 정상 공급 여부

2) 비상콘센트설비 보호함

(1) "비상콘센트" 표지 설치상태 적정 여부

(2) 위치표시등 설치 및 정상 점등 여부

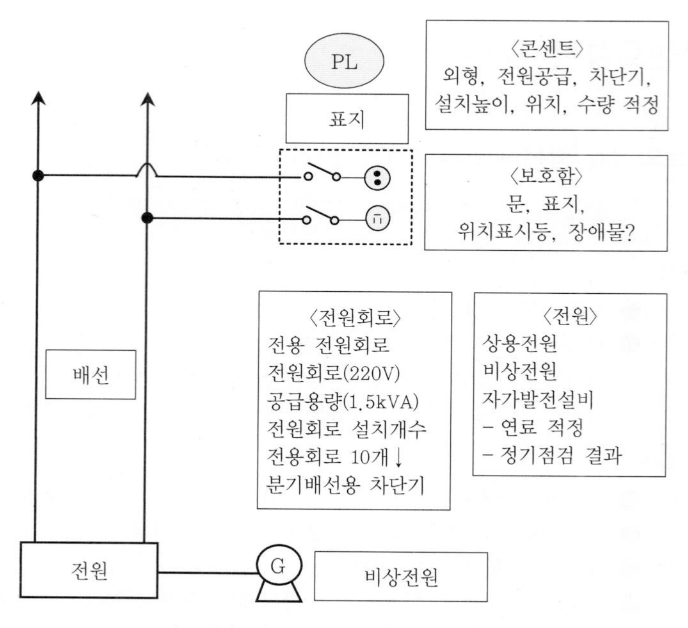

[그림 1] **비상콘센트 점검항목**

[그림 2] **비상콘센트 보호함**

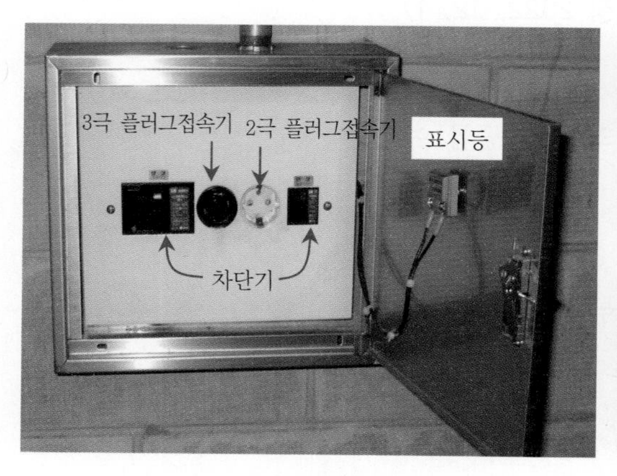

[그림 3] **비상콘센트 내부**

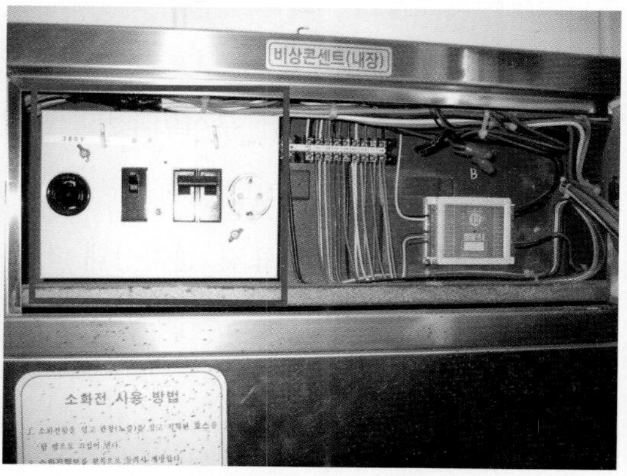

[그림 4] **비상콘센트 내부(소화전 내장형)**

tip 비상콘센트설비의 전원 설치기준 ★★★ [7회 8점]

☞ 비상콘센트설비의 화재안전기술기준(NFTC 504) 2.1

1. 상용전원회로의 배선
   1) 저압수전인 경우 : 인입개폐기의 직후에서 분기
   2) 특별고압수전 또는 고압수전인 경우 : 전력용 변압기 2차측의 주차단기 1차측 또는 2차측에서 분기하여 전용 배선으로 할 것
2. 비상전원
   1) 종류 : 자가발전기설비, 비상전원수전설비 또는 전기저장장치(외부 전기에너지를 저장해 두었다가 필요한 때 전기를 공급하는 장치) [7회 8점]
   2) 설치대상
      (1) 지하층을 제외한 층수가 7층 이상으로서 연면적이 2,000m^2 이상
      (2) 지하층의 바닥면적의 합계가 3,000m^2 이상
   3) 면제조건
      (1) 2 이상의 변전소에서 전력을 동시에 공급받을 수 있는 경우
      (2) 하나의 변전소로부터 전력의 공급이 중단되는 때에는 자동으로 다른 변전소로부터 전력을 공급받을 수 있도록 상용전원을 설치한 경우
3. 자가발전설비 설치기준 [M : 점 · 20 · 자 · 방 · 조]
   1) **점**검에 편리하고 화재 및 침수 등의 재해로 인한 피해를 받을 우려가 없는 곳에 설치
   2) 비상콘센트설비를 유효하게 **20**분 이상 작동시킬 수 있는 용량
   3) 상용전원으로부터 전력의 공급이 중단된 때에는 **자**동으로 비상전원으로부터 전력을 공급받을 수 있도록 할 것
   4) 비상전원의 설치장소는 다른 장소와 **방**화구획할 것
      이 경우 그 장소에는 비상전원의 공급에 필요한 기구나 설비 외의 것을 두지 말 것
   5) 비상전원을 실내에 설치하는 때에는 그 실내에 비상**조**명등을 설치할 것

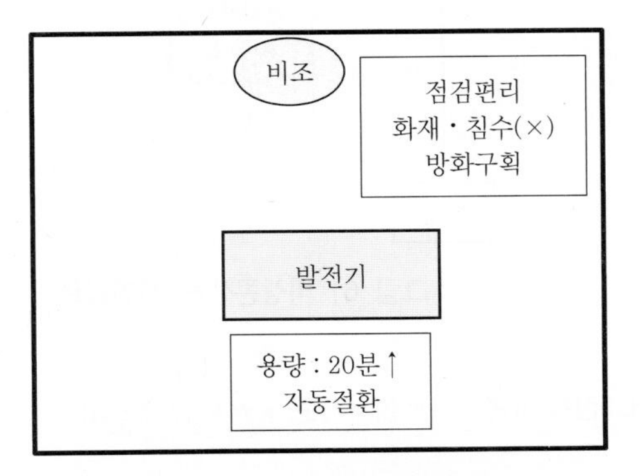

[그림 5] **자가발전설비 설치기준**

tip 비상콘센트 전원회로 설치기준 ★★★★ [7회 8점]

☞ 비상콘센트설비의 화재안전기술기준(NFTC 504) 2.1.2

1. 전원회로는 주배전반에서 전용 회로로 할 것
   다만, 다른 설비회로의 사고에 따른 영향을 받지 아니하도록 되어 있는 것에 있어서는 그러하지 아니하다.
2. 전원회로는 각 층에 있어서 2 이상이 되도록 설치할 것
   다만, 설치하여야 할 층의 비상콘센트가 1개인 때에는 하나의 회로로 할 수 있다.
3. 비상콘센트설비의 전원회로는 단상 교류 220V인 것으로서, 그 공급용량은 1.5kVA 이상인 것으로 할 것 〈개정 2008. 12. 15, 2013. 9. 3〉 [7회 8점]
4. 하나의 전용 회로에 설치하는 비상콘센트는 10개 이하로 할 것 [7회 8점]
5. 전선의 용량은 각 비상콘센트의 공급용량을 합한 용량 이상의 것(비상콘센트가 3개 이상인 경우에는 3개)
6. 전원으로부터 각 층의 비상콘센트에 분기되는 경우에는 분기배선용 차단기를 보호함 안에 설치할 것
7. 콘센트마다 배선용 차단기(KS C 8321)를 설치하여야 하며, 충전부가 노출되지 아니하도록 할 것
8. 개폐기에는 "비상콘센트"라고 표시한 표지를 할 것
9. 비상콘센트용의 풀박스 등은 방청도장을 한 것으로서, 두께 1.6mm 이상의 철판으로 할 것

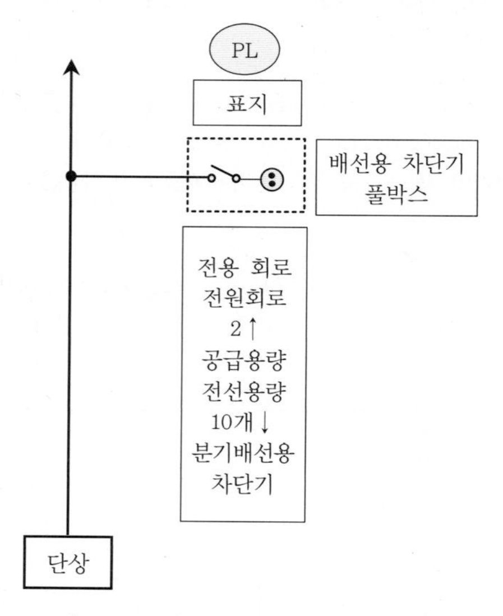

[그림 6] **비상콘센트 전원회로 설치기준**

tip 비상콘센트 플러그접속기(콘센트) 설치기준 ★★★ [7회 8점]

☞ 비상콘센트설비의 화재안전기술기준(NFTC 504) 2.1.3

1. 비상콘센트 배치

구 분	배 치
아파트 또는 바닥면적이 1,000m² 미만인 층	계단의 출입구로부터 5m 이내(계단의 부속실을 포함하며 계단이 2 이상 있는 경우에는 그중 1개의 계단)
바닥면적 1,000m² 이상인 층 (아파트를 제외한다.)	각 계단의 출입구 또는 계단부속실의 출입구로부터 5m 이내(계단의 부속실을 포함하며 계단이 3 이상 있는 층의 경우에는 그중 2개의 계단)

2. 비상콘센트의 수평거리
   1) 지하상가 또는 지하층의 바닥면적의 합계가 3,000m^2 이상 : 수평거리 25m
   2) 기타 : 수평거리 50m
3. 비상콘센트의 플러그접속기는 접지형 2극 플러그접속기(KS C 8305) 사용 〈개정 2013. 9. 3〉
4. 접지공사 : 비상콘센트의 플러그접속기의 칼받이의 접지극에는 접지공사(제3종)
5. 설치높이 〈개정 2008. 12. 15〉 [7회 8점]
   바닥으로부터 높이 0.8m 이상 1.5m 이하의 위치에 설치

tip 비상콘센트 보호함 설치기준 ★★★ [7회 8점]

☞ 비상콘센트설비의 화재안전기술기준(NFTC 504) 2.2
1. 보호함에는 쉽게 개폐할 수 있는 문을 설치할 것
2. 보호함 표면에 "비상콘센트"라고 표시한 표지를 할 것
3. 보호함 상부에 적색의 표시등을 설치할 것
   다만, 비상콘센트의 보호함을 옥내소화전함 등과 접속하여 설치하는 경우에는 옥내소화전함 등의 표시등과 겸용할 수 있다.

tip 비상콘센트의 전원부와 외함 사이의 절연저항 및 절연내력의 기준 ★★ [84회 기술사]

☞ 비상콘센트설비의 화재안전기술기준(NFTC 504) 2.1.6
1. 절연저항 : 절연저항은 전원부와 외함 사이를 500V 절연저항계로 측정할 때 20MΩ 이상일 것
2. 절연내력

절연내력은 전원부와 외함 사이의 정격전압	가하는 전압
정격전압이 150V 이하인 경우	1,000V의 실효전압을 가하는 시험에서 1분 이상 견디는 것으로 할 것
정격전압이 150V 이상인 경우	그 정격전압에 2를 곱하여 1,000을 더한 실효전압을 가하는 시험에서 1분 이상 견디는 것으로 할 것

기출 및 예상 문제

☞ 정답은 본문 및 과년도 출제 문제 풀이 참조

★★

01 비상콘센트의 전원부와 외함 사이의 절연저항 및 절연내력의 기준을 쓰시오.

[84회 기술사 기출]

※ 출제 당시 법령에 의함.

★★★★

02 지하층을 제외한 11층 건물의 비상콘센트설비의 종합정밀 점검을 실시하려 한다. 비상콘센트설비의 화재안전기준(NFSC 504)에 의거하여 다음 각 물음에 답하시오.

[7회 40점]

1. 원칙적으로 설치 가능한 비상전원 2종류
2. 전원회로별 공급용량 2종류
3. 층별 비상콘센트가 5개씩 설치되어 있다면 전원회로의 최소 회로수
4. 비상콘센트의 바닥으로부터 설치높이
5. 보호함의 설치기준 3가지

★★

03 비상콘센트설비에서 전원의 종합정밀 점검항목을 4가지 쓰시오.

★★

04 비상콘센트설비에서 전원회로의 종합정밀 점검항목을 5가지 쓰시오.

★★

05 비상콘센트설비에서 콘센트의 종합정밀 점검항목을 3가지 쓰시오.

★★

06 비상콘센트설비에서 보호함 및 배선의 작동기능 점검항목을 4가지 쓰시오.

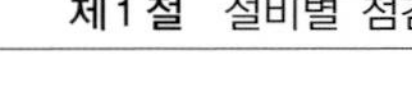

17 제연설비 ★★★★★

1. 거실제연설비 점검항목 ★★★★★ 〈개정 2021. 3. 25〉

번 호	점검항목	점검결과
24-A. 제연구역의 구획 [7회 6점 설계 및 시공 ; 거실제연설비 구획기준]		
24-A-001	● 제연구역의 구획 방식 적정 여부 - 제연경계의 폭, 수직거리 적정 설치 여부 - 제연경계벽은 가동 시 급속하게 하강되지 아니하는 구조	
24-B. 배출구		
24-B-001 24-B-002	● 배출구 설치위치(수평거리) 적정 여부 ○ 배출구 변형·훼손 여부	
24-C. 유입구		
24-C-001 24-C-002 24-C-003	○ 공기유입구 설치위치 적정 여부 ○ 공기유입구 변형·훼손 여부 ● 옥외에 면하는 배출구 및 공기유입구 설치 적정 여부	
24-D. 배출기 [14회 12점, 20회 4점, 21회 5점]		
24-D-001 24-D-002 24-D-003 24-D-004 24-D-005	● 배출기와 배출풍도 사이 캔버스 내열성 확보 여부 ○ 배출기 회전이 원활하며 회전방향 정상 여부 ○ 변형·훼손 등이 없고 V-벨트 기능 정상 여부 ○ 본체의 방청, 보존상태 및 캔버스 부식 여부 ● 배풍기 내열성 단열재 단열처리 여부	
24-E. 비상전원		
24-E-001 24-E-002 24-E-003	● 비상전원 설치장소 적정 및 관리 여부 ○ 자가발전설비인 경우 연료 적정량 보유 여부 ○ 자가발전설비인 경우 「전기사업법」에 따른 정기점검 결과 확인	
24-F. 기동 [16회 3점]		
24-F-001 24-F-002 24-F-003	○ 가동식의 벽·제연경계벽·댐퍼 및 배출기 정상 작동(화재감지기 연동) 여부 ○ 예상제연구역 및 제어반에서 가동식의 벽·제연경계벽·댐퍼 및 배출기 수동기동 가능 여부 ○ 제어반 각종 스위치류 및 표시장치(작동표시등 등) 기능의 이상 여부	

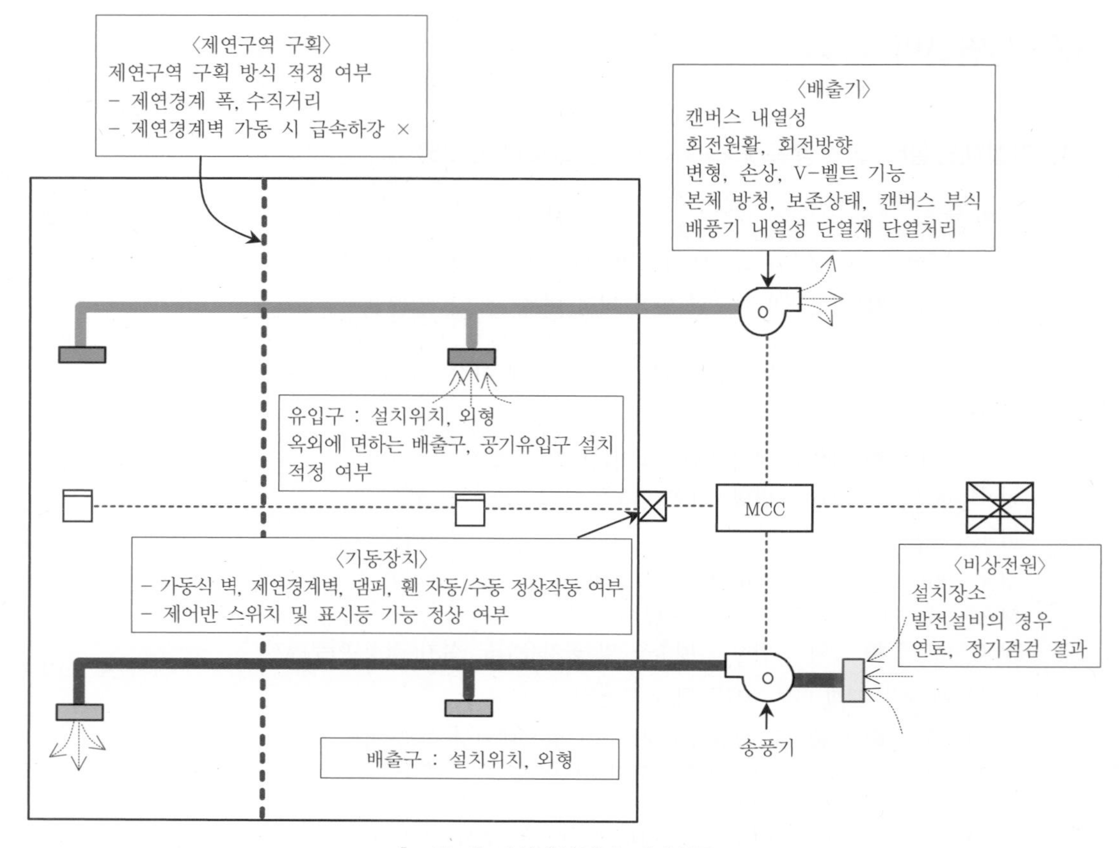

[그림 1] 거실제연설비 점검항목

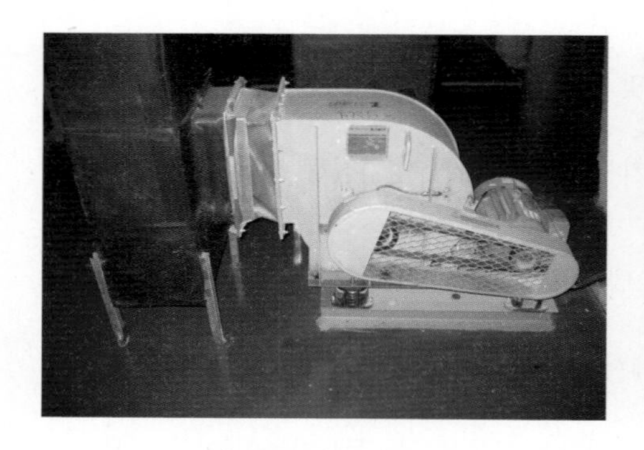

[그림 2] 제연휀

[그림 3] 제연덕트

[그림 4] **제연댐퍼**

[그림 5] **급기구**

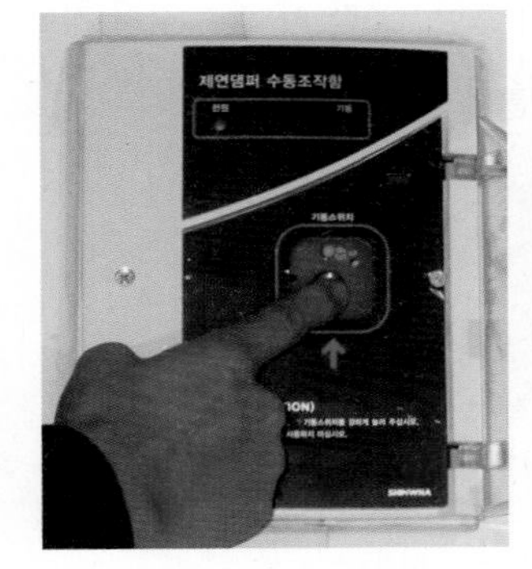

[그림 6] **수동조작함**

[그림 7] **제연경계벽(가동식)**

2. 전실제연설비 점검항목 ★★★★★ 〈개정 2021. 3. 25〉

☞ 5회 20점 : 급기가압 제연설비 작동기능점검항목 10가지 기술

9회 20점 : 급기가압 제연설비 종합정밀점검항목 20가지 기술

번 호	점검항목	점검결과
25-A. 과압방지조치		
25-A-001	● 자동차압·과압조절형 댐퍼(또는 플랩댐퍼)를 사용한 경우 성능 적정 여부	
25-B. 수직풍도에 따른 배출		
25-B-001 25-B-002	○ 배출댐퍼 설치(개폐 여부 확인 기능, 화재감지기 동작에 따른 개방) 적정 여부 ○ 배출용 송풍기가 설치된 경우 화재감지기 연동 기능 적정 여부	
25-C. 급기구		
25-C-001	○ 급기댐퍼 설치상태(화재감지기 동작에 따른 개방) 적정 여부	
25-D. 송풍기 [20회 4점]		
25-D-001 25-D-002 25-D-003	○ 설치장소 적정(화재영향, 접근·점검 용이성) 여부 ○ 화재감지기 동작 및 수동조작에 따라 작동하는지 여부 ● 송풍기와 연결되는 캔버스 내열성 확보 여부	

번 호	점검항목	점검결과
25-E. 외기취입구		
25-E-001 25-E-002	○ 설치위치(오염공기 유입방지, 배기구 등으로부터 이격거리) 적정 여부 ● 설치구조(빗물·이물질 유입방지, 옥외의 풍속과 풍향에 영향) 적정 여부	
25-F. 제연구역의 출입문		
25-F-001 25-F-002	○ 폐쇄상태 유지 또는 화재 시 자동폐쇄 구조 여부 ● 자동폐쇄장치 폐쇄력 적정 여부	
25-G. 수동기동장치		
25-G-001 25-G-002	○ 기동장치 설치(위치, 전원표시등 등) 적정 여부 ○ 수동기동장치(옥내 수동발신기 포함.) 조작 시 관련 장치 정상 작동 여부	
25-H. 제어반 [9회 20점 설계 및 시공/88회 기술사 10점 : 제어반의 기능]		
25-H-001 25-H-002	○ 비상용 축전지의 정상 여부 ○ 제어반 감시 및 원격조작 기능 적정 여부	
25-I. 비상전원		
25-I-001 25-I-002 25-I-003	● 비상전원 설치장소 적정 및 관리 여부 ○ 자가발전설비인 경우 연료 적정량 보유 여부 ○ 자가발전설비인 경우 「전기사업법」에 따른 정기점검 결과 확인	

3. 제연설비, 특별피난계단의 계단실 및 부속실 제연설비 외관점검항목 ★★★★ 〈개정 2022. 12. 1〉

1) 제연구역의 구획

제연경계의 폭, 수직거리 적성 설치 여부

2) 배출구, 유입구

배출구, 공기유입구 변형·훼손 여부

3) 기동장치

제어반 각종 스위치류 표시장치(작동표시등 등) 정상 여부

4) 외기취입구(특별피난계단의 계단실 및 부속실 제연설비)

(1) 설치위치(오염공기 유입방지, 배기구 등으로부터 이격거리) 적정 여부

(2) 설치구조(빗물·이물질 유입방지 등) 적정 여부

5) 제연구역의 출입문(특별피난계단의 계단실 및 부속실 제연설비)

폐쇄상태 유지 또는 화재 시 자동폐쇄 구조 여부

6) 수동기동장치(특별피난계단의 계단실 및 부속실 제연설비)

기동장치 설치(위치, 전원표시등 등) 적정 여부

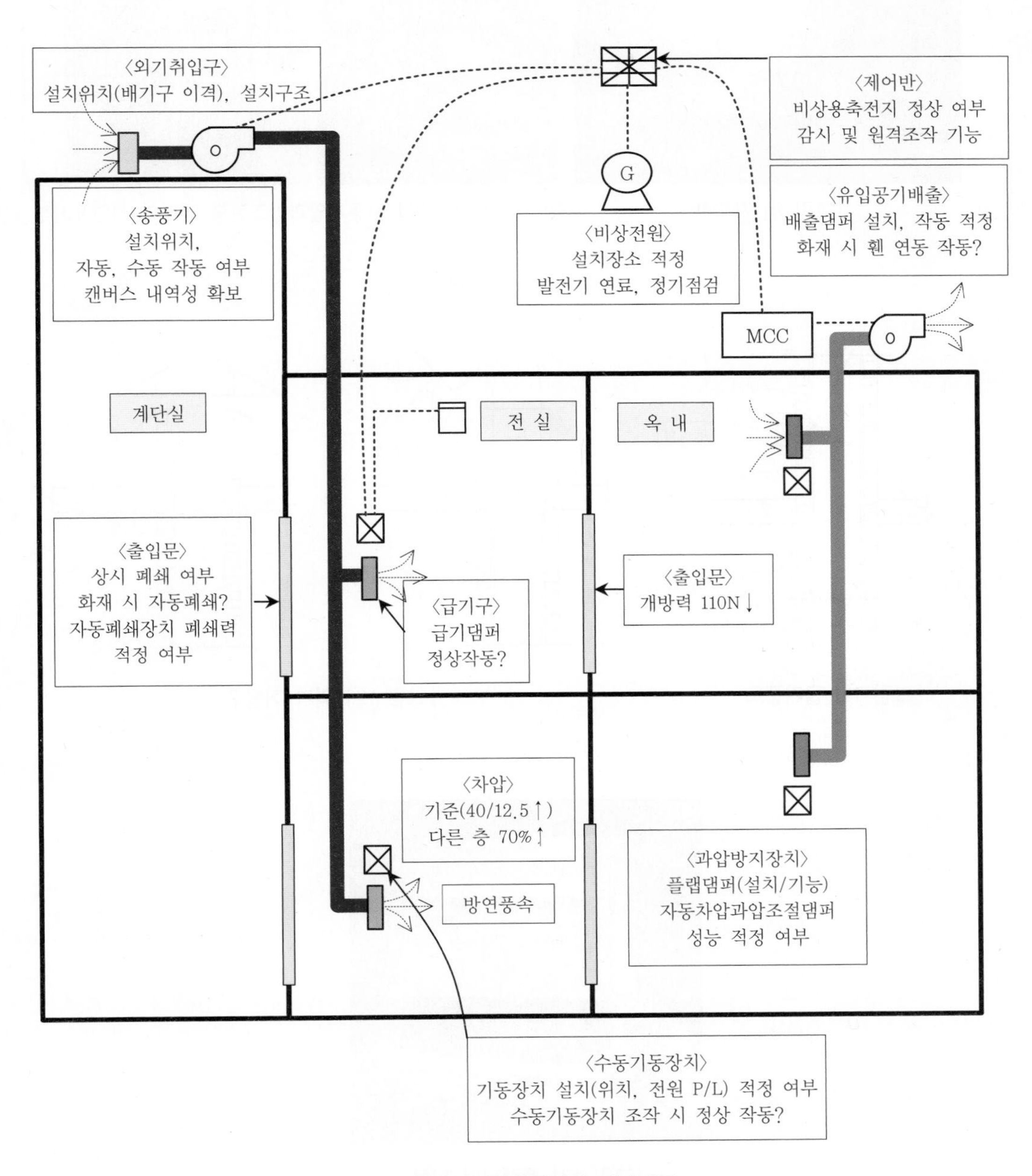

[그림 8] **전실제연설비 점검항목**

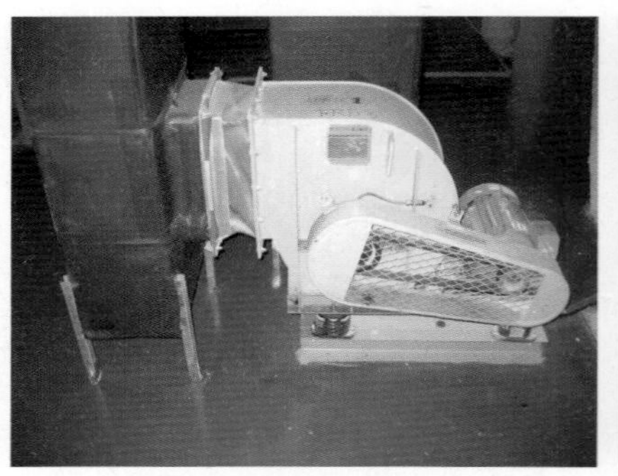

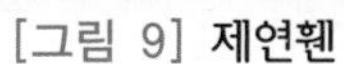
[그림 9] 제연휀

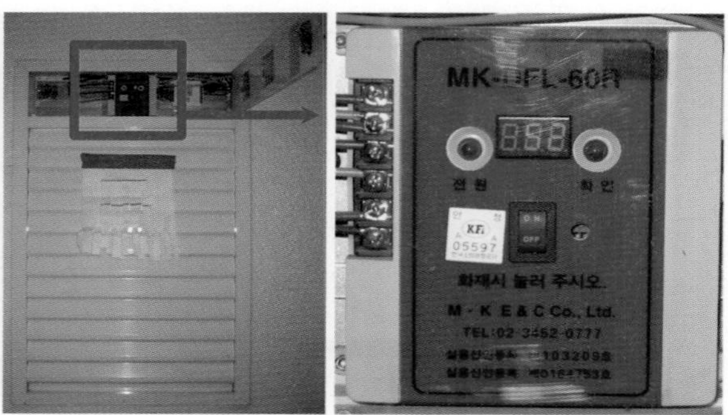

[그림 10] 자동차압과압조절형 댐퍼와 차압표시부

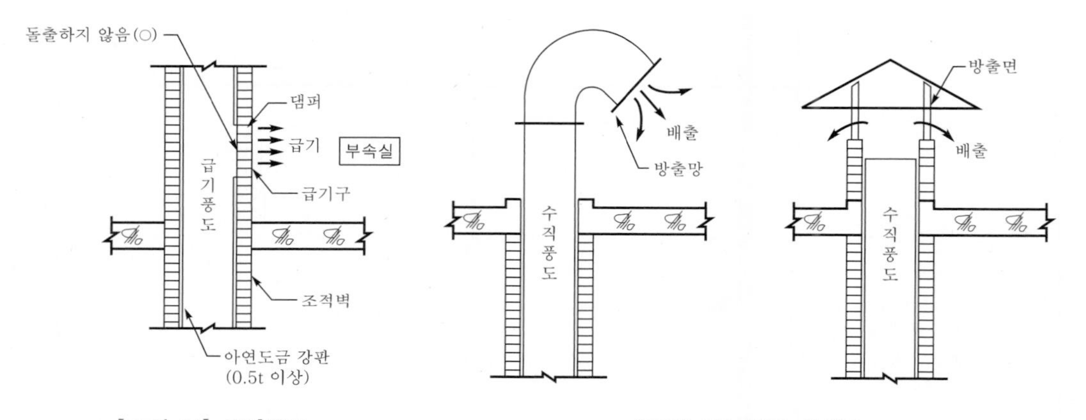

[그림 11] 급기풍도

[그림 12] 외기 취입구

[그림 13] 플랩댐퍼 외형

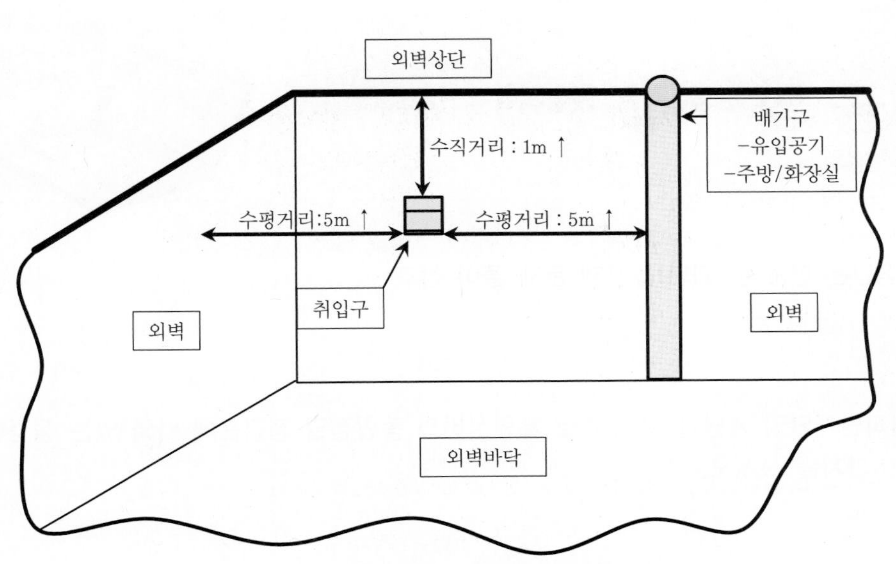

[그림 14] 옥상에 설치한 옥외취입구 설치 예시

기출 및 예상 문제

☞ 정답은 본문 및 과년도 출제 문제 풀이 참조

★★★★★

01 특별피난계단의 계단실 및 부속실 제연설비의 종합정밀 점검표에 나와 있는 점검항목 20가지를 쓰시오.

★★★★★

02 특별피난계단의 계단실 및 부속실 제연설비의 제어반의 작동기능 점검내용을 기술하시오.

★★★★★

03 거실제연설비의 종합정밀 점검항목 6가지를 기술하시오.

★★★★★

04 소방시설 종합정밀 점검표에서 거실제연설비의 제어반에 대한 점검항목을 쓰시오.

[13회 10점]

★★★★★

05 예상제연구역의 바닥면적이 400m^2 미만인 예상제연구역(통로인 예상제연구역 제외)에 대한 배출구의 설치기준 2가지를 쓰시오. [14회 4점]

★★★★★

06 제연설비 작동기능 점검표에서 배연기의 점검항목 및 점검내용 6가지를 쓰시오.

[14회 12점, 21회 5점]

★★★★★

07 거실제연설비의 “기동장치” 종합정밀 점검항목 3가지를 쓰시오. [16회 3점]

★★★★★

08 소방시설 자체점검사항 등에 관한 고시에 관한 다음 물음에 답하시오. [20회 9점]

1. 통합감시시설 종합정밀점검 시 주·보조 수신기 점검항목을 쓰시오.(5점)
2. 거실제연설비 종합정밀점검 시 송풍기 점검사항을 쓰시오.(4점)

18 다중이용업소 점검표 ★★★★★

1. 다중이용업소 점검표 〈개정 2021. 3. 25〉

번 호	점검항목	점검결과
32-A. 소화설비		
 32-A-001 32-A-002 32-A-003 32-A-004 32-A-005	[소화기구(소화기, 자동확산소화기)] ○ 설치수량(구획된 실 등) 및 설치거리(보행거리) 적정 여부 ○ 설치장소(손쉬운 사용) 및 설치높이 적정 여부 ○ 소화기 표지 설치상태 적정 여부 ○ 외형의 이상 또는 사용상 장애 여부 ○ 수동식 분말소화기 내용연수 적정 여부	
 32-A-011 32-A-012 32-A-013 32-A-014 32-A-015 32-A-016 32-A-017 32-A-018	[간이스프링클러설비] [18회 10점] ○ 수원의 양 적정 여부 ○ 가압송수장치의 정상 작동 여부 ○ 배관 및 밸브의 파손, 변형 및 잠김 여부 ○ 상용전원 및 비상전원의 이상 여부 ● 유수검지장치의 정상 작동 여부 ● 헤드의 적정 설치 여부(미설치, 살수장애, 도색 등) ● 송수구 결합부의 이상 여부 ● 시험밸브 개방 시 펌프기동 및 음향 경보 여부	

※ 펌프성능시험(펌프 명판 및 설계치 참조)

구 분		체절운전	정격운전 (100%)	정격유량의 150% 운전	적정 여부	
토출량 (l/min)	주				1. 체절운전 시 토출압은 정격토출압의 140% 이하일 것(　) 2. 정격운전 시 토출량과 토출압이 규정치 이상일 것(　) 3. 정격토출량의 150%에서 토출압이 정격토출압의 65% 이상일 것(　)	• 설정압력 : • 주펌프 기동 : MPa 정지 : MPa • 예비펌프 기동 : MPa 정지 : MPa • 충압펌프 기동 : MPa 정지 : MPa
	예 비					
토출압 (MPa)	주					
	예 비					

※ 릴리프밸브 작동압력 : 　　MPa

번 호	점검항목	점검결과
32-B. 경보설비		
 32-B-001 32-B-002 32-B-003	[비상벨·자동화재탐지설비] ○ 구획된 실마다 감지기(발신기), 음향장치 설치 및 정상 작동 여부 ○ 전용 수신기가 설치된 경우 주수신기와 상호 연동되는지 여부 ○ 수신기 예비전원(축전지) 상태 적정 여부(상시 충전, 상용전원 차단 시 자동절환)	
 32-B-011	[가스누설경보기] [16회 5점] ● 주방 또는 난방시설이 설치된 장소에 설치 및 정상 작동 여부	

번 호	점검항목	점검결과
32-C. 피난구조설비		
	[피난기구]	
32-C-001	● 피난기구 종류 및 설치개수 적정 여부	
32-C-002	○ 피난기구의 부착위치 및 부착방법 적정 여부	
32-C-003	○ 피난기구(지지대 포함.)의 변형·손상 또는 부식이 있는지 여부	
32-C-004	○ 피난기구의 위치표시 표지 및 사용방법 표지 부착 적정 여부	
32-C-005	● 피난에 유효한 개구부 확보(크기, 높이에 따른 발판, 창문 파괴장치) 및 관리상태	
	[피난유도선]	
32-C-011	○ 피난유도선의 변형 및 손상 여부	
32-C-012	● 정상 점등(화재신호와 연동 포함.) 여부	
	[유도등]	
32-C-021	○ 상시(3선식의 경우 점검스위치 작동 시) 점등 여부	
32-C-022	○ 시각장애(규정된 높이, 적정위치, 장애물 등으로 인한 시각장애 유무) 여부	
32-C-023	○ 비상전원 성능 적정 및 상용전원 차단 시 예비전원 자동전환 여부	
	[유도표지]	
32-C-031	○ 설치상태(유사 등화광고물·게시물 존재, 쉽게 떨어지지 않는 방식) 적정 여부	
32-C-032	○ 외광·조명장치로 상시 조명 제공 또는 비상조명등 설치 여부	
	[비상조명등]	
32-C-041	○ 설치위치의 적정 여부	
32-C-042	● 예비전원 내장형의 경우 점검스위치 설치 및 정상 작동 여부	
	[휴대용 비상조명등]	
32-C-051	○ 영업장 안의 구획된 실마다 잘 보이는 곳에 1개 이상 설치 여부	
32-C-052	● 설치높이 및 표지의 적합 여부	
32-C-053	● 사용 시 자동으로 점등되는지 여부	
32-D. 비상구		
32-D-001	○ 피난동선에 물건을 쌓아두거나 장애물 설치 여부	
32-D-002	○ 피난구, 발코니 또는 부속실의 훼손 여부	
32-D-003	○ 방화문·방화셔터의 관리 및 작동상태	
32-E. 영업장 내부 피난통로·영상음향차단장치·누전차단기·창문		
32-E-001	○ 영업장 내부 피난통로 관리상태 적합 여부	
32-E-002	● 영상음향차단장치 설치 및 정상 작동 여부	
32-E-003	● 누전차단기 설치 및 정상 작동 여부	
32-E-004	○ 영업장 창문 관리상태 적합 여부	
32-F. 피난안내도·피난안내영상물		
32-F-001	○ 피난안내도의 정상 부착 및 피난안내영상물 상영 여부	
32-G. 방염		
32-G-001	● 선처리 방염대상물품의 적합 여부(방염성능시험 성적서 및 합격표시 확인)	
32-G-002	● 후처리 방염대상물품의 적합 여부(방염성능검사결과 확인)	
[비고] 방염성능시험 성적서, 합격표시 및 방염성능검사결과의 확인이 불가한 경우 비고에 기재한다.		

2. 다중이용업소 안전시설 등 세부점검표 〈개정 2023. 8. 1〉 [11회 10점, 20회 4점]

☞「다중이용업소의 안전관리에 관한 특별법 시행규칙」 별지 제10호 서식

안전시설 등 세부점검표

1) 점검대상

대상명			전화번호		
소재지			주용도		
건물구조		대표자		소방안전관리자	

2) 점검사항 [11회 10점]

점검사항	점검결과	조치사항
① 소화기 또는 자동확산소화기의 외관점검 - 구획된 실마다 설치되어 있는지 확인 - 약제 응고상태 및 압력게이지 지시침 확인 ② 간이스프링클러설비 작동기능점검 - 시험밸브 개방 시 펌프기동, 음향경보 확인 - 헤드의 누수·변형·손상·장애 등 확인 ③ 경보설비 작동기능점검 - 비상벨설비의 누름스위치, 표시등, 수신기 확인 - 자동화재탐지설비의 감지기, 발신기, 수신기 확인 - 가스누설경보기 정상작동 여부 확인 ④ 피난설비 작동기능점검 및 외관점검 [20회 4점] - 유도등·유도표지 등 부착상태 및 점등상태 확인 - 구획된 실마다 휴대용 비상조명등 비치 여부 - 화재신호 시 피난유도선 점등상태 확인 - 피난기구(완강기, 피난사다리 등) 설치상태 확인 ⑤ 비상구 관리상태 확인 - 비상구 폐쇄·훼손, 주변 물건 적치 등 관리상태 - 구조변형, 금속표면 부식·균열, 용접부·접합부 손상 등 확인(건축물 외벽에 발코니 형태의 비상구를 설치한 경우만 해당) ⑥ 영업장 내부 피난통로 관리상태 확인 - 영업장 내부 피난통로상 물건 적치 등 관리상태 ⑦ 창문(고시원) 관리상태 확인 ⑧ 영상음향차단장치 작동기능점검 - 경보설비와 연동 및 수동작동 여부 점검 (화재신호 시 영상음향차단이 되는지 확인) ⑨ 누전차단기 작동 여부 확인 ⑩ 피난안내도 설치위치 확인 ⑪ 피난안내영상물 상영 여부 확인 ⑫ 실내장식물·내부구획 재료 교체 여부 확인 - 커튼, 카펫 등 방염선처리제품 사용 여부 - 합판·목재 방염성능확보 여부 - 내부구획재료 불연재료 사용 여부 ⑬ 방염 소파·의자 사용 여부 확인 ⑭ 안전시설 등 세부점검표 분기별 작성 및 1년간 보관 여부 ⑮ 화재배상책임보험 가입 여부 및 계약기간 확인		

기출 및 예상 문제

☞ 정답은 본문 및 과년도 출제 문제 풀이 참조

★★★★★

01 다중이용업소의 비상구에 대한 작동기능점검 내용을 3가지 쓰시오.

★★★★★

02 다중이용업소의 피난구조설비 중 피난기구의 종합정밀 점검항목을 5가지 쓰시오.

★★★★★

03 다중이용업소의 방염에 대한 종합정밀 점검항목을 2가지 쓰시오.

★★★★★

04 다중이용업소의 영업주는 안전시설 등을 정기적으로 "안전시설 등 세부점검표"를 사용하여 점검하여야 한다. "안전시설 등 세부점검표"의 점검사항 9가지만 쓰시오.

[11회 18점, 20회 4점]

★★★★★

05 「다중이용업소의 안전관리에 관한 특별법」에서 다음 각 물음에 답하시오. [15회 7점]

1. 밀폐구조의 영업장에 대한 정의를 쓰시오. (1점)
2. 밀폐구조의 영업장에 대한 요건을 쓰시오. (6점)

★★★★★

06 「기존 다중이용업소 건축물의 구조상 비상구를 설치할 수 없는 경우에 관한 고시」에서 규정한 기존 다중이용업소 건축물의 구조상 비상구를 설치할 수 없는 경우를 쓰시오. [15회 15점]

★★★★★

07 다중이용업소의 종합정밀점검 시 "가스누설경보기" 점검내용 5가지를 쓰시오. [16회 5점]

★★★★★

08 고원업{구획된 실(실) 안에 학습자가 공부할 수 있는 시설을 갖추고 숙박 또는 숙식을 제공하는 형태의 영업}의 영업장에 설치된 간이스프링클러설비에 대하여 작동기능 점검표에 의한 점검내용과 종합정밀 점검표에 의한 점검내용을 모두 쓰시오. [18회 10점]

★★★★★

09 「다중이용업소의 안전관리에 관한 특별법 시행령」상 다중이용업소의 비상구 공통기준 중 비상구 구조, 문이 열리는 방향, 문의 재질에 대하여 규정된 사항을 각각 쓰시오. [20회 10점]

★★★★★

10 2층에 일반음식점영업(영업장 사용면적 100m^2)을 하고자 한다. 다음에 답하시오. [21회 7점]

1. 「다중이용업소의 안전관리에 관한 특별법」상 영업장의 비상구에 부속실을 설치하는 경우 부속실 입구의 문과 부속실에서 건물 외부로 나가는 문(난간높이 1m)에 설치하여야 하는 추락 등의 방지를 위한 시설을 각각 쓰시오.
2. 「다중이용업소의 안전관리에 관한 특별법」상 안전시설 등 세부점검표의 점검사항 중 피난설비 작동기능점검 및 외관점검에 관한 확인사항 4가지를 쓰시오.

19 기타 사항 점검항목 ★★★★★ 〈개정 2021. 3. 25〉

번 호	점검항목	점검결과
31-A. 피난·방화시설		
31-A-001	○ 방화문 및 방화셔터의 관리상태(폐쇄·훼손·변경) 및 정상 기능 적정 여부	
31-A-002	● 비상구 및 피난통로 확보 적정 여부(피난·방화시설 주변 장애물 적치 포함.)	
31-B. 방염		
31-B-001	● 선처리 방염대상물품의 적합 여부(방염성능시험 성적서 및 합격표시 확인)	
31-B-002	● 후처리 방염대상물품의 적합 여부(방염성능검사결과 확인)	
[비고] 방염성능시험 성적서, 합격표시 및 방염성능검사결과의 확인이 불가한 경우 비고에 기재한다.		

소방시설의 자체점검제도

출제 경향 분석

번 호	기출 문제	출제 시기 및 배점
1	3. 소방시설등의 자체점검에 있어서 작동기능점검과 종합정밀점검의 대상, 점검자의 자격, 점검횟수를 기술하시오.	7회 30점
2	1. 종합정밀점검을 받아야 하는 공공기관의 대상에 대하여 쓰시오.(5점)	10회 5점
3	2. 다음 물음에 답하시오.(30점) 1) 특정소방대상물에서 일반대상물과 공공기관대상물의 종합정밀점검시기 및 면제조건을 각각 쓰시오.(10점)	12회 10점
4	1. 공공기관의 소방안전관리에 관한 규정에서 정하고 있는 공공기관 종합정밀점검 점검인력 배치기준을 쓰시오.	13회 10점
5	1. 화재예방, 소방시설 설치·유지 및 안전관리에 관한 법령상 소방시설등의 자체점검 시 점검인력 배치기준에 관한 다음 물음에 답하시오.(15점)	20회 15점
6	1. 화재예방, 소방시설 설치·유지 및 안전관리에 관한 법령상 종합정밀점검의 대상인 특정소방대상물을 나열한 것 중 (　)에 들어갈 내용을 쓰시오.(5점) ※ 출제 당시 법령에 의함. 2. 주어진 조건에서 특정소방대상물에 대해 소방시설관리업자가 종합정밀점검을 실시할 경우 점검면적과 적정한 최소 점검일수를 계산하시오.(8점) 3. 소방시설관리업자가 위 특정소방대상물의 종합정밀점검을 실시한 후 부착해야 하는 점검기록표의 기재사항 5가지 중 3가지(대상명은 제외)만을 쓰시오.(3점) 4. 소방시설등의 자체점검의 횟수 및 시기, 점검결과보고서의 제출기한 등에 관한 내용에서 (　)에 들어갈 내용을 쓰시오.(7점) 5. 소방청장이 소방시설관리사의 자격을 취소하거나 2년 이내의 기간을 정하여 자격의 정지를 명할 수 있는 사유 7가지를 쓰시오.(7점)	22회 30점

	학습 방향
1	소방대상물의 점검구분, 대상, 점검자의 자격, 점검방법, 점검횟수 및 시기
2	소방대상물의 점검인력 배치기준
☞	소방대상물에 대한 점검구분, 대상, 점검횟수 및 시기와 점검인력 배치기준 숙지 요함.

1 소방대상물의 자체점검

1. 자체점검의 구분

□ 소방시설등 자체점검의 구분 및 대상, 점검자의 자격, 점검방법 및 횟수

☞「소방시설 설치 및 관리에 관한 법률 시행규칙」[별표 3]〈개정 2022. 12. 1〉

1) 작동점검

소방시설등을 인위적으로 조작하여 소방시설이 정상적으로 작동하는지를 소방청장이 정하여 고시하는 소방시설등 작동점검표에 따라 점검하는 것을 말한다.

2) 종합점검

소방시설등의 작동점검을 포함하여 소방시설등의 설비별 주요 구성부품의 구조기준이 화재안전기준과「건축법」등 관련 법령에서 정하는 기준에 적합한 지 여부를 소방청장이 정하여 고시하는 소방시설등 종합점검표에 따라 점검하는 것을 말하며, 다음과 같이 구분한다.

(1) **최초 점검** : 소방시설이 새로 설치되는 경우 건축물을 사용할 수 있게 된 날부터 60일 이내 점검하는 것을 말한다.

(2) **그 밖의 종합점검** : 최초 점검을 제외한 종합점검을 말한다.

2. 작동점검 [M : 사 · 대 · 자 · 방 · 횟수 · 시 · 서 · 보]

구 분	작동점검 내용
1) 점검사항	소방시설등을 인위적으로 조작하여 소방시설이 정상적으로 작동하는지를 소방시설등 작동점검표에 따라 점검하는 것을 말한다.
2) 점검대상	특정소방대상물 전체(소방안전관리자 선임대상) 다만, 다음 어느 하나에 해당하는 특정소방대상물은 제외 (1) 소방안전관리자를 선임하지 않는 특정소방대상물 (2)「위험물안전관리법」에 따른 제조소등 (3) 특급 소방안전관리대상물 가. 특정소방대상물 : 지하층 포함 30층 이상 또는 높이 120m 이상 또는 연면적 10만m^2 이상(아파트 제외) 나. 아파트 : 지하층 제외 50층 이상 또는 높이 200m 이상

구 분	작동점검 내용	
3) 점검자의 자격 (다음 분류에 따른 기술인력이 점검할 수 있으며, 점검인력 배치기준을 준수해야 한다.)	대 상	점검자의 자격
	(1) 간이스프링클러설비(주택용 간이스프링클러설비는 제외) 또는 자동화재탐지설비가 설치된 특정소방대상물(3급 대상)	(1) 관계인 (2) 소방안전관리자로 선임된 소방시설관리사 및 소방기술사 (3) 관리업에 등록된 소방시설관리사 (4) 특급점검자 <2024. 12. 1 시행>
	(2) "(1)"에 해당하지 않는 특정소방대상물 (1·2급 대상)	(1) 관리업에 등록된 소방시설관리사 (2) 소방안전관리자로 선임된 소방시설관리사 및 소방기술사 ※ 관계인은 종합점검대상의 작동점검 불가!
4) 점검방법	「소방시설법 시행규칙」 [별표 3]에 따른 소방시설별 점검장비를 이용하여 점검	
5) 점검횟수	연 1회 이상 실시	
6) 점검시기	(1) 종합점검 대상 : 종합점검을 받은 달부터 6개월이 되는 달에 실시 (2) 작동점검 대상 : 건축물의 사용승인일이 속하는 달의 말일까지 실시 다만, 건축물관리대장 또는 건물 등기사항증명서 등에 기입된 날이 서로 다른 경우에는 건축물관리대장에 기재되어 있는 날을 기준으로 점검한다.	
7) 점검서식	소방시설등 작동점검표	
8) 점검결과 보고서	관리업체 → 관계인에게 보고서 제출 : 점검일로부터 10일 이내 제출 관계인 → 소방서장에게 보고서 제출 : 점검일로부터 15일 이내 제출	

3. 종합점검 [M : 사·대·자·방·횟수·시·서·보]

구 분	종합점검 내용
1) 점검사항	소방시설등의 작동점검을 포함하여 소방시설등의 설비별 주요 구성부품의 구조기준이 화재안전기준과 「건축법」 등 관련 법령에서 정하는 기준에 적합한 지 여부를 소방시설등 종합점검표에 따라 점검하는 것을 말하며, 최초 점검과 그 밖의 종합점검으로 구분된다.
2) 대상 [22회 5점]	(1) 소방시설등이 신설된 특정소방대상물 (2) 스프링클러설비가 설치된 특정소방대상물 (3) 물분무등 소화설비(호스릴설비만 설치된 경우는 제외)가 설치된 연면적 5,000m^2 이상인 특정소방대상물(제조소등은 제외) (4) 단란주점, 유흥주점, 영화상영관, 비디오감상실업, 복합영상물제공업, 노래연습장, 산후조리원, 고시원, 안마시술소 등의 다중이용업의 영업장이 설치된 특정소방대상물로서 연면적 2,000m^2인 것 (5) 제연설비가 설치된 터널 (6) 공공기관 중 연면적(터널·지하구의 경우 그 길이와 평균폭을 곱하여 계산된 값) 1,000m^2 이상인 것으로서 옥내소화전 또는 자동화재탐지설비가 설치된 것 다만, 「소방기본법」 제2조 제5호에 따른 소방대가 근무하는 공공기관은 제외

구 분	종합점검 내용
3) 점검**자**의 자격	다음의 기술인력이 점검할 수 있으며, 점검인력 배치기준을 준수해야 한다. (1) 관리업에 등록된 소방시설관리사 (2) 소방안전관리자로 선임된 소방시설관리사 및 소방기술사
4) 점검**방**법	「소방시설법 시행규칙」 [별표 3]에 따른 소방시설별 점검장비를 이용하여 점검
5) 점검**횟수**	(1) 연 1회 이상(특급 소방안전관리대상물은 반기에 1회 이상) (2) 종합점검 면제 : 소방본부장 또는 소방서장은 소방청장이 소방안전관리가 우수하다고 인정한 특정소방대상물의 경우에는 3년의 범위 내에서 종합점검 면제(단, 면제기간 중 화재가 발생한 경우는 제외)
6) 점검**시**기	(1) 최초 점검대상 : 건축물을 사용할 수 있게 된 날로부터 60일 이내 실시 (2) 그 밖의 종합점검대상 : 건축물의 사용승인일이 속하는 달에 실시 (3) 국공립·사립학교 : 건축물의 사용승인일이 1월에서 6월 사이에 있는 경우에는 6월 30일까지 실시 [사용승인일 / 종합점검 시기] 1 ~ 6월 : 6월 30일까지 실시 / 7 ~ 12월 : 건축물 **사용승인일**이 속하는 달까지 실시 (4) 건축물 사용승인일 이후 다중이용업소가 설치되어 종합점검 대상에 해당하게 된 경우에는 그 다음 해부터 실시한다. (5) 하나의 대지경계선 안에 2개 이상의 점검대상 건축물 등이 있는 경우에는 그 건축물 중 사용승인일이 가장 빠른 연도의 건축물의 사용승인일을 기준으로 점검할 수 있다.
7) 점검**서**식	소방시설등 종합점검표
8) 점검결과 **보**고서	관리업체 → 관계인에게 보고서 제출 : 점검일로부터 10일 이내 제출 관계인 → 소방서장에게 보고서 제출 : 점검일로부터 15일 이내 제출

Nested table in 6) 점검시기:

사용승인일	종합점검 시기
1 ~ 6월	6월 30일까지 실시
7 ~ 12월	건축물 **사용승인일**이 속하는 달까지 실시

tip

1. 신축·증축·개축·재축·이전·용도변경 또는 대수선 등으로 소방시설이 새로 설치된 경우에는 해당 특정소방대상물의 소방시설 전체에 대하여 실시한다.
2. 작동점검 및 종합점검(최초 점검은 제외한다.)은 건축물 사용승인 후 그 다음 해부터 실시한다.
3. 특정소방대상물이 증축·용도변경 또는 대수선 등으로 사용승인일이 달라지는 경우 사용승인일이 빠른 날을 기준으로 자체점검을 실시한다.
4. 건축물의 사용승인일
   1) 건축물의 경우 : 건축물관리대장 또는 건물 등기사항증명서에 기재되어 있는 날
   2) 시설물의 경우 : 「시설물의 안전관리에 관한 특별법」 제55조 제1항에 따른 시설물통합정보관리체계에 저장·관리되고 있는 날
   3) 건축물관리대장, 건물 등기사항증명서 및 시설물통합정보관리체계를 통해 확인되지 아니하는 그 외의 경우 : 소방시설완공검사증명서에 기재된 날
   4) 건축물관리대장 또는 건물 등기사항증명서 등에 기입된 날이 서로 다른 경우에는 건축물관리대장에 기재되어 있는 날을 기준으로 점검
5. 건축물관리대장, 건축물 등기부등본 열람 신청가능한 홈페이지 : 정부24(http://www.gov.kr)
6. 자체점검 실시결과의 보고기간에는 공휴일 및 토요일은 산입하지 않는다.

4. 외관점검

1) 대상 : 「공공기관의 소방안전관리에 관한 규정」 제2조에 따른 공공기관
2) 외관점검 방법 : 소방시설등의 유지 · 관리상태를 맨눈 또는 신체감각을 이용하여 점검
3) 외관점검 횟수 : 월 1회 이상(작동점검 또는 종합점검 실시한 달에는 제외 가능)
4) 외관점검 점검자 : 특정소방대상물의 관계인, 소방안전관리자 또는 관리업자(소방시설관리사를 포함하여 등록된 기술인력을 말한다)
5) 사용 서식 : 소방시설등 외관점검표
6) 점검결과 보관 : 2년 이상 자체보관

5. 공동주택(아파트등으로 한정) 세대별 점검방법

참고 아파트등 : 주택으로 쓰는 층수가 5층 이상인 주택

1) 관리자(관리소장, 입주자대표회의 및 소방안전관리자를 포함한다) 및 입주민(세대 거주자를 말한다)은 2년 이내 모든 세대에 대하여 점검을 해야 한다.
2) "1)"에도 불구하고 아날로그감지기 등 특수감지기가 설치되어 있는 경우에는 수신기에서 원격점검할 수 있으며, 점검할 때마다 모든 세대를 점검해야 한다. 다만, 자동화재탐지설비의 선로 단선이 확인되는 때에는 단선이 일어난 세대 또는 그 경계구역에 대하여 현장점검을 해야 한다.
3) 관리자는 수신기에서 원격점검이 불가능한 경우 매년 작동점검만 실시하는 공동주택은 1회 점검 시 마다 전체 세대수의 50% 이상, 종합점검을 실시하는 공동주택은 1회 점검 시 마다 전체 세대수의 30% 이상 점검하도록 자체점검 계획을 수립 · 시행해야 한다.
4) 관리자 또는 해당 공동주택을 점검하는 관리업자는 입주민이 세대 내에 설치된 소방시설 등을 스스로 점검할 수 있도록 소방청 또는 사단법인 한국소방시설관리협회의 홈페이지에 게시되어 있는 공동주택 세대별 점검 동영상을 입주민이 시청할 수 있도록 안내하고, 점검서식(별지 제36호 서식 소방시설 외관점검표)을 사전에 배부해야 한다.
5) 입주민은 점검서식에 따라 스스로 점검하거나 관리자 또는 관리업자로 하여금 대신 점검하게 할 수 있다. 입주민이 스스로 점검한 경우에는 그 점검 결과를 관리자에게 제출하고 관리자는 그 결과를 관리업자에게 알려주어야 한다.
6) 관리자는 관리업자로 하여금 세대별 점검을 하고자 하는 경우에는 사전에 점검 일정을 입주민에게 공지하고 세대별 점검 일자를 파악하여 관리업자에게 알려주어야 한다. 관리업자는 사전 파악된 일정에 따라 세대별 점검을 한 후 관리자에게 점검현황을 제출해야 한다.
7) 관리자는 관리업자가 점검하기로 한 세대에 대하여 입주민의 사정으로 점검을 하지 못한 경우 입주민이 스스로 점검할 수 있도록 다시 안내해야 한다. 이 경우 입주민이 관리업자로 하여금 다시 점검받기를 원하는 경우 관리업자로 하여금 추가로 점검하게 할 수 있다.
8) 관리자는 세대별 점검현황(입주민 부재 등 불가피한 사유로 점검을 하지 못한 세대 현황을 포함)을 작성하여 자체점검이 끝난 날부터 2년간 자체 보관해야 한다.

□ 소방시설 설치 및 관리에 관한 법률 시행규칙[별지 제36호 서식]

소방시설 외관점검표(세대 점검용)

※ [ ]에는 해당되는 곳에 ✓표를 합니다.

대상명	OO아파트	점검자	□ 입주자 □ 소방안전관리자 (인)
동호수	동 호		
점검일	년 월 일	전화번호	

점검항목			점검내용	
소화설비	소화기	손쉽게 사용할 수 있는 장소에 설치 여부	□ 정상	□ 불량
		용기 변형·손상·부식 여부	□ 정상	□ 불량
		안전핀 체결 여부	□ 정상	□ 불량
		지시압력계의 정상 여부	□ 정상	□ 불량
		수동식 분말소화기 내용연수(10년) 적정 여부	□ 정상	□ 불량
	자동확산소화기	설치상태 및 외형의 변형·손상·부식 여부	□ 정상	□ 불량
		지시압력계의 정상 여부	□ 정상	□ 불량
	주거용 주방자동 소화장치	소화약제용기 지시압력계의 정상 여부	□ 정상	□ 불량
		수신부의 전원표시등 정상 점등 여부	□ 정상	□ 불량
	스프링클러	헤드 변형·손상·부식 유무	□ 정상	□ 불량
경보설비	자동화재 탐지설비	감지기 변형·손상·탈락 여부	□ 정상	□ 불량
	가스누설 경보기	전원표시등 정상 점등 여부	□ 정상	□ 불량
피난설비	완강기	피난기구 위치 적정성 여부	□ 정상	□ 불량
		완강기 외형의 변형·손상·부식 여부	□ 정상	□ 불량
		설치 여부 및 장애물로 인한 피난 지장 여부	□ 정상	□ 불량
	피난구용 내림식 사다리	피난기구 위치 표지 및 사용방법 표지 유무	□ 정상	□ 불량
		설치 여부 및 장애물로 인한 피난 지장 여부	□ 정상	□ 불량
기타설비	대피공간	방화문(방화구획)의 적정 여부	□ 정상	□ 불량
		적치물(쌓아놓은 물건)로 인한 피난 장애 여부	□ 정상	□ 불량
	경량칸막이	정보를 포함한 표지 부착 여부	□ 정상	□ 불량
		적치물(쌓아놓은 물건)로 인한 피난 장애 여부	□ 정상	□ 불량
비 고		비고란에는 특정소방대상물의 위치·구조·용도 및 소방시설의 상황 등이 이 표의 항목대로 기재하기 곤란하거나 이 표에서 누락된 사항을 기재합니다.		

210mm×297mm[백상지(80g/m^2) 또는 중질지(80g/m^2)]

2 점검인력 배치신고

소방시설관리업자가 자체점검을 실시하기 위하여 점검인력을 배치하는 경우 점검대상과 점검인력 배치상황 신고는 한국소방시설관리협회가 운영하는 전산망에 직접 접속하여 처리한다.

1) 신고자
   소방시설관리업자
2) 신고처
   한국소방시설관리협회(http://www.kfma.kr)
3) 신고시기
   소방시설관리업자가 점검인력을 배치하는 경우 점검대상과 점검인력 배치상황을 점검 전 또는 점검이 끝난 날로부터 5일 이내에 한국소방시설관리협회 전산망에 접속하여 점검인력배치상황을 신고
4) 관리업자는 점검인력 배치통보 시 최초 1회 및 점검인력 변경 시에는 규칙 별지 제31호 서식에 따른 소방기술인력 보유현황을 한국소방시설관리협회 전산망에 통보하여야 한다.

tip 배치신고 기간 산입기준

1. 초일 미산입
2. 공휴일 및 토요일 산입 제외
3. 신고 마감일이 공휴일 및 토요일인 경우 다음 날까지 신고

3 자체점검 결과보고서 제출 및 이행계획 등

1. 자체점검 결과보고서 관계인에게 제출

관리업자 또는 소방안전관리자로 선임된 소방시설관리사 및 소방기술사(관리업자 등)는 자체점검을 실시한 경우에는 그 점검이 끝난 날로부터 10일 이내에 자체점검 실시결과 보고서를 관계인에게 제출하여야 한다.

2. 자체점검 결과보고서 소방서에 제출

1) 관리업자 등으로부터 자체점검 결과보고서를 제출받거나, 스스로 점검을 실시한 관계인은 점검이 끝난 날부터 15일 이내에 자체점검 실시결과 보고서를 소방서장에게 제출해야 한다.
2) 불량내용이 있는 경우 소방시설 등에 대한 수리, 교체, 정비에 관한 이행계획서를 보고서에 첨부하여 소방서장에게 보고해야 한다.

tip 보고서 제출

구 분	제출기한	보고기간 산입기준
관리업자가 관계인에게 보고서 제출	점검이 끝난 날로부터 10일 이내	• 초일 미산입 • 공휴일 및 토요일 산입 제외 • 신고 마감일이 공휴일 및 토요일인 경우 다음 날까지 신고
관계인이 소방서에 보고서 제출	점검이 끝난 날로부터 15일 이내	

3. 자체점검결과 이행계획서 제출

1) 관계인은 자체점검결과 불량내용이 있는 경우 자체점검보고서에 소방시설등에 대한 수리, 교체, 정비에 관한 이행계획서(별지 제10호 서식)를 첨부하여 보고하여야 한다.

2) 이행계획 완료기한
관계인은 이행계획을 다음의 기한 이내에 완료하여야 한다.
다만, 소방시설등에 대한 수리·교체·정비의 규모 또는 절차가 복잡하여 다음의 기간 내에 이행을 완료하기가 어려운 경우에는 그 기간을 달리 정할 수 있다
(1) 소방시설등을 구성하고 있는 기계·기구를 수리하거나 정비하는 경우 : 보고일부터 10일 이내
(2) 소방시설등의 전부 또는 일부를 철거하고 새로 교체하는 경우 : 보고일부터 20일 이내

tip 300만원 이하의 과태료

1. 특정소방대상물의 관계인이 소방시설등의 자체점검 결과 수리, 조치, 정비사항 발생 시 이행계획서를 첨부하지 않거나 거짓으로 제출한 경우
2. 특정소방대상물의 관계인이 소방시설등의 수리, 조치, 정비 이행계획을 별도의 연기신청 없이 기한 내에 완료하지 않은 경우

□ 소방시설 설치 및 관리에 관한 법률 시행규칙 [별지 제10호 서식]

소방시설등의 자체점검 결과 이행계획서

특정소방대상물	대상물 명칭(상호)	대상물 구분(용도)
	관계인 (성명 : 　　　전화번호 : 　　　)	소방안전관리자 (성명 : 　　　전화번호 : 　　　)
	소재지	

	이행조치 사항	이행조치 일자
이행조치 계획사항	*예) 소화펌프(가압송수장치를 포함한다. 이하 같다.), 동력·감시 제어반 또는 소방시설용 전원(비상전원을 포함한다.)의 고장*	. . . ~ . . .
	예) 화재 수신기의 고장으로 화재경보음이 자동으로 울리지 않거나 화재 수신기와 연동된 소방시설의 작동 불량	. . . ~ . . .
	예) 소화배관 등이 폐쇄·차단되어 소화수(消火水) 또는 소화약제가 자동 방출 불량	. . . ~ . . .
	예) 기타 사항	. . . ~ . . .
이행조치 필요기간	년 월 일 ~ 년 월 일(총 일)	

「소방시설 설치 및 관리에 관한 법률」 제23조 제3항 및 같은 법 시행규칙 제23조 제2항에 따라 위와 같이 소방시설등의 수리·교체·정비에 대한 이행계획서를 제출합니다.

년 월 일

관계인 : (서명 또는 인)

○○ 소방본부장·소방서장 귀하

유의 사항	
「소방시설 설치 및 관리에 관한 법률」 제61조 제1항 제8호 및 제9호	1. 특정소방대상물의 관계인이 법 제22조에 따른 소방시설등의 자체점검 결과에 따른 수리·조치·정비사항의 발생 시 이행계획서를 첨부하지 않거나 거짓으로 제출한 경우 300만원 이하의 과태료를 부과합니다. 2. 특정소방대상물의 관계인이 소방시설등의 수리·조치·정비 이행계획을 별도의 연기신청 없이 기간 내에 완료하지 않은 경우 300만원 이하의 과태료를 부과합니다.

4. 자체점검결과 게시

소방서장에게 자체점검결과 보고를 마친 관계인은 보고한 날로부터 10일 이내에 [별표 5]의 자체점검기록표를 작성하여 특정소방대상물의 출입자가 쉽게 볼 수 있는 장소에 30일 이상 게시하여야 한다.

※ 300만원 이하 과태료 : 점검기록표를 기록하지 아니하거나 특정소방대상물의 출입자가 쉽게 볼 수 있는 장소에 게시하지 아니한 관계인

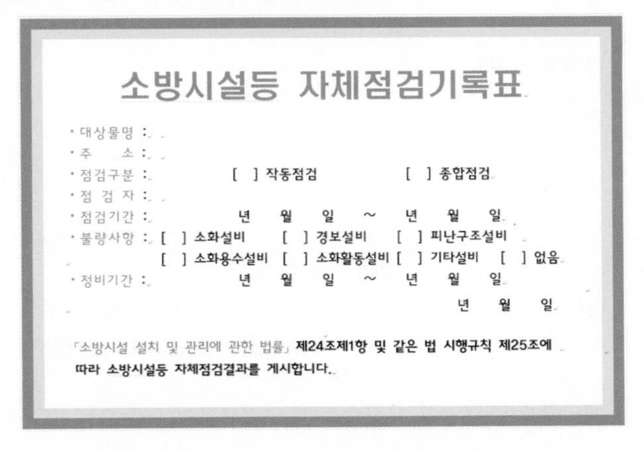

소방시설등 자체점검기록표

• 대상물명 :
• 주　　소 :
• 점검구분 : [ ] 작동점검 [ ] 종합점검
• 점 검 자 :
• 점검기간 : 년 월 일 ~ 년 월 일
• 불량사항 : [ ] 소화설비 [ ] 경보설비 [ ] 피난구조설비 [ ] 소화용수설비 [ ] 소화활동설비 [ ] 기타설비 [ ] 없음
• 정비기간 : 년 월 일 ~ 년 월 일

년 월 일

「소방시설 설치 및 관리에 관한 법률」 제24조제1항 및 같은 법 시행규칙 제25조에 따라 소방시설등 자체점검결과를 게시합니다.

5. 이행계획의 연기신청

1) 이행계획의 연기를 신청하려는 관계인은 이행기간의 만료 3일 전까지 이행계획을 완료함이 곤란함을 증명할 수 있는 서류를 첨부하여 소방서장에게 제출하여야 한다.(별지 제12호 서식)

2) 이행계획 연기신청서를 제출받은 소방서장은 이행기간의 연기 여부를 결정하여 소방시설등의 자체점검결과 이행 연기신청 결과통지서를 연기신청을 받은 날로부터 3일 이내에 관계인에게 통보하여야 한다.

6. 이행계획의 완료 보고

1) 이행계획을 완료한 관계인은 이행을 완료한 날로부터 10일 이내에 소방서에 보고하여야 한다.(별지 제11호 서식)

2) 이 경우 소방서장은 이행계획 완료 결과가 거짓 또는 허위로 작성되었다고 판단되는 경우에는 해당 특정소방대상물에 방문하여 그 이행계획 완료 여부를 확인할 수 있다.

3) 소방본부장 또는 소방서장은 관계인이 이행계획을 완료하지 아니한 경우에는 필요한 조치의 이행을 명할 수 있고, 관계인은 이에 따라야 한다.

□ 소방시설 설치 및 관리에 관한 법률 시행규칙 [별지 제11호 서식]

소방시설등의 자체점검 결과 이행완료 보고서

<table>
<tr><td rowspan="3">특정소방대상물</td><td>대상물 명칭(상호)</td><td>대상물 구분(용도)</td></tr>
<tr><td>관계인
(성명 : 전화번호 :)</td><td>소방안전관리자
(성명 : 전화번호 :)</td></tr>
<tr><td colspan="2">소재지</td></tr>
<tr><td rowspan="3">소방공사업체</td><td>업체명(상호)</td><td>사업자번호</td></tr>
<tr><td colspan="2">대표이사
(성명 : 전화번호 :)</td></tr>
<tr><td colspan="2">소재지</td></tr>
</table>

<table>
<tr><td rowspan="5">이행완료 사항</td><td>이행조치 내용</td><td>이행조치 일자</td></tr>
<tr><td>예) 소화펌프(가압송수장치를 포함한다. 이하 같다.), 동력·감시 제어반 또는 소방시설용 전원(비상전원을 포함한다.)의 고장사항 수리</td><td>. . . ~ . . .</td></tr>
<tr><td>예) 화재 수신기의 고장으로 화재경보음이 자동으로 울리지 않거나 화재 수신기와 연동된 소방시설의 작동 불량사항 수리</td><td>. . . ~ . . .</td></tr>
<tr><td>예) 소화배관 등이 폐쇄·차단되어 소화수(消火水) 또는 소화약제가 자동 방출 불량사항 수리</td><td>. . . ~ . . .</td></tr>
<tr><td>예) 기타 사항 수리</td><td>. . . ~ . . .</td></tr>
</table>

「소방시설 설치 및 관리에 관한 법률」 제23조 제4항 및 같은 법 시행규칙 제23조 제6항에 따라 위와 같이 소방시설등의 수리·교체·정비에 대한 이행완료 보고서를 제출합니다.

년 월 일

관계인 : (서명 또는 인)

○○ 소방본부장·소방서장 귀하

<table>
<tr><td>첨부서류</td><td>1. 이행계획 건별 이행 전·후 사진 증명자료 1부
2. 소방시설공사 계약서(이행조치 내용과 관련됩니다.) 1부</td></tr>
<tr><td colspan="2">유의 사항</td></tr>
<tr><td>「소방시설 설치 및 관리에 관한 법률」 제61조 제1항 제8호 및 제9호</td><td>1. 특정소방대상물의 관계인이 법 제22조에 따른 소방시설등의 자체점검 결과에 따른 수리·조치·정비사항 발생 시 이행계획서를 첨부하지 않거나 거짓으로 제출한 경우 300만원 이하의 과태료를 부과합니다.
2. 특정소방대상물의 관계인이 소방시설등의 수리·조치·정비 이행계획을 별도의 연기신청 없이 기간 내에 완료하지 않은 경우 300만원 이하의 과태료를 부과합니다.</td></tr>
</table>

□ 소방시설 설치 및 관리에 관한 법률 시행규칙 [별지 제12호 서식]

소방시설등의 자체점검 결과 이행계획 완료 연기신청서

※ [ ]에는 해당되는 곳에 √ 표기를 합니다.

접수번호	접수일자	처리기간 3일

신청인	성명	연락처
	대상물 명칭	대상물 주소

신청내용	연기기간 년 월 일 ~ 년 월 일(총 일)
	연기신청사유 [ ] 1. 「재난 및 안전관리 기본법」 제3조 제1호에 해당하는 재난이 발생한 경우 [ ] 2. 경매 등의 사유로 소유권이 변동 중이거나 변동된 경우 [ ] 3. 관계인의 질병, 사고, 장기출장 등의 경우 [ ] 4. 그 밖에 관계인이 운영하는 사업에 부도 또는 도산 등 중대한 위기가 발생하여 이행계획을 완료하기 곤란한 경우
	연기사유 상세

「소방시설 설치 및 관리에 관한 법률」 제23조 제5항 전단, 같은 법 시행령 제35조 제2항 및 같은 법 시행규칙 제24조 제1항에 따라 위와 같이 소방시설등의 자체점검 결과 이행계획 완료의 연기를 신청합니다.

년 월 일

신청인 : (서명 또는 인)

○○ 소방본부장·소방서장 귀하

첨부서류	「소방시설 설치 및 관리에 관한 법률 시행령」 제35조 제1항의 어느 하나에 해당하는 사유로 이행계획의 완료가 곤란함을 증명할 수 있는 서류	수수료 없음

처리절차

신청서 작성 ➡ 접수 ➡ 검토 ➡ 결제 ➡ 결과 통지

신청인 / 처리기관 : 시·도(소방업무담당부서)

기출 및 예상 문제

☞ 정답은 본문 및 과년도 출제 문제 풀이 참조

★★★★★

01 특정소방대상물 중 일반대상처에 대한 소방시설 등의 자체점검 사항, 대상, 점검자의 자격, 점검방법, 점검횟수 및 시기, 점검서식과 점검결과보고서의 제출과 관련된 내용을 쓰시오. [7회 30점]

★★★★★

02 공공기관의 점검대상, 점검횟수 및 시기, 점검자의 자격, 점검서식 및 점검결과보고서 등의 제출과 관련된 내용을 쓰시오. [10회 5점]

★★★★★

※ 출제 당시 법령에 의함.

03 「화재예방, 소방시설 설치·유지 및 안전관리에 관한 법령」상 소방시설등의 자체점검 시 점검인력 배치기준에 관한 다음 물음에 답하시오. [20회 15점]

1. 다음 (   )에 들어갈 내용을 쓰시오.(9점)

대상용도	가감계수
공동주택(아파트 제외), (㉠), 항공기 및 자동차 관련 시설, 동물 및 식물 관련 시설, 분뇨 및 쓰레기처리시설, 군사시설, 묘지 관련 시설, 관광휴게시설, 장례식장, 지하구, 문화재	(㉦)
문화 및 집회시설, (㉡), 의료시설(정신보건시설 제외), 교정 및 군사시설(군사시설 제외), 지하가, 복합건축물(1류에 속하는 시설이 있는 경우 제외), 발전시설, (㉢)	1.1
공장, 위험물 저장 및 처리시설, 창고시설	0.9
근린생활시설, 운동시설, 업무시설, 방송통신시설, (㉣)	(㉧)
노유자시설, (㉤), 위락시설, 의료시설(정신보건의료기관), 수련시설, (㉥)(1류에 속하는 시설이 있는 경우)	(㉨)

2. 「화재예방, 소방시설 설치 · 유지 및 안전관리에 관한 법령」상 소방시설의 자체점검 시 인력배치기준에 따라 지하구의 길이가 800m, 4차로인 터널의 길이가 1,000m 일 때 다음에 답하시오.(6점)
   1) 지하구의 실제점검면적(m^2)을 구하시오.
   2) 한쪽 측벽에 소방시설이 설치되어 있는 터널의 실제점검면적(m^2)을 구하시오.
   3) 한쪽 측벽에 소방시설이 설치되어 있지 않는 터널의 실제점검면적(m^2)을 구하시오.

★★★★★

※ 출제 당시 법령에 의함.

04 다음 물음에 답하시오. [22회 30점]

1. 화재예방, 소방시설 설치 · 유지 및 안전관리에 관한 법령상 종합정밀점검의 대상인 특정소방대상물을 나열한 것이다. ( )에 들어갈 내용을 쓰시오.(5점)
   1) (㉠)가 설치된 특정소방대상물
   2) (㉡) "호스릴(Hose Reel) 방식의 (㉡)만을 설치하는 경우는 제외한다."가 설치된 연면적 5,000m^2 이상인 특정소방대상물(위험물 제조소등은 제외한다.)
   3) 「다중이용업소의 안전관리에 관한 특별법 시행령」 제2조 제1호 나목, 같은 조 제2호(비디오물 소극장업은 제외한다.) · 제6호 · 제7호 · 제7호의2 및 제7호의5의 다중이용업의 영업장이 설치된 특정소방대상물로서 연면적이 2,000m^2 이상인 것
   4) (㉢)가 설치된 터널
   5) 「공공기관의 소방안전관리에 관한 규정」 제2조에 따른 공공기관 중 연면적(터널 · 지하구의 경우 그 길이와 평균폭을 곱하여 계산된 값을 말한다.)이 1,000m^2 이상인 것으로서 (㉣) 또는 (㉤)가 설치된 것. 다만, 「소방기본법」 제2조 제5호에 따른 소방대가 근무하는 공공기관은 제외한다.
2. 아래 조건을 참고하여 다음 물음에 답하시오.(11점)

   [조건] • 용도 : 복합건축물(1류 가감계수 : 1.2)
   • 연면적 : 450,000m^2(아파트, 의료시설, 판매시설, 업무시설)
     – 아파트 400세대(아파트용 주차장 및 부속용도 면적 합계 : 180,000m^2)
     – 의료시설, 판매시설, 업무시설 및 부속용도 면적 : 270,000m^2
   • 스프링클러설비, 이산화탄소 소화설비, 제연설비 설치됨
   • 점검인력 1단위+보조인력 2인

   1) 화재예방, 소방시설 설치 · 유지 및 안전관리에 관한 법령상 위 특정소방대상물에 대해 소방시설관리업자가 종합정밀점검을 실시할 경우 점검면적과 적정한 최소 점검일수를 계산하시오.(8점)
   2) 화재예방, 소방시설 설치 · 유지 및 안전관리에 관한 법령상 소방시설관리업자가 위 특정소방대상물의 종합정밀점검을 실시한 후 부착해야 하는 점검기록표의 기재사항 5가지 중 3가지(대상명은 제외)만을 쓰시오.(3점)

3. 화재예방, 소방시설 설치 · 유지 및 안전관리에 관한 법령상 소방시설등의 자체점검의 횟수 및 시기, 점검결과보고서의 제출기한 등에 관한 내용이다. ( )에 들어갈 내용을 쓰시오.(7점)
   1) 본 문항의 특정소방대상물은 연면적 1,500m^2의 종합정밀점검 대상이며, 공공기관, 특급소방안전관리대상물, 종합정밀점검 면제 대상물이 아니다.
   2) 위 특정소방대상물의 관계인은 종합정밀점검과 작동기능점검을 각각 연 (㉠) 이상 실시해야 하고, 관계인이 종합정밀점검 및 작동기능점검을 실시한 경우 (㉡) 이내에 소방본부장 또는 소방서장에게 점검결과보고서를 제출해야 하며, 그 점검결과를 (㉢)간 자체 보관해야 한다.
   3) 소방시설관리업자가 점검을 실시한 경우 점검이 끝난 날부터 (㉣) 이내에 점검인력 배치 상황을 포함한 소방시설등에 대한 자체점검실적을 평가기관에 통보하여야 한다.
   4) 소방본부장 또는 소방서장은 소방시설이 화재안전기준에 따라 설치 또는 유지 · 관리되어 있지 아니할 때에는 조치명령을 내릴 수 있다. 조치명령을 받은 관계인이 조치명령의 연기를 신청하려면 조치명령의 이행기간 만료 (㉤) 전까지 연기신청서를 소방본부장 또는 소방서장에게 제출하여야 한다.
   5) 위 특정소방대상물의 사용승인일이 2014년 5월 27일인 경우 특별한 사정이 없는 한 2022년에는 종합정밀점검을 (㉥)까지 실시해야 하고, 작동기능점검을 (㉦)까지 실시해야 한다.
4. 화재예방, 소방시설 설치 · 유지 및 안전관리에 관한 법령상 소방청장이 소방시설관리사의 자격을 취소하거나 2년 이내의 기간을 정하여 자격의 정지를 명할 수 있는 사유 7가지를 쓰시오.(7점)

★★★

05 소방시설등에 대한 자체점검의 구분과 내용을 기술하시오.

1. 작동점검
   소방시설등을 인위적으로 조작하여 소방시설이 정상적으로 작동하는지를 소방청장이 정하여 고시하는 소방시설등 작동점검표에 따라 점검하는 것을 말한다.
2. 종합점검
   소방시설등의 작동점검을 포함하여 소방시설등의 설비별 주요 구성부품의 구조기준이 화재안전기준과 「건축법」 등 관련 법령에서 정하는 기준에 적합한 지 여부를 소방청장이 정하여 고시하는 소방시설등 종합점검표에 따라 점검하는 것을 말하며, 다음과 같이 구분한다.
   1) 최초 점검 : 소방시설이 새로 설치되는 경우 건축물을 사용할 수 있게 된 날부터 60일 이내 점검하는 것을 말한다.
   2) 그 밖의 종합점검 : 최초 점검을 제외한 종합점검을 말한다.

★★★

06 간이스프링클러설비 또는 자동화재탐지설비(3급 소방안전관리 대상)가 설치된 특정소방대상물의 소방시설등에 대한 자체점검 중 작동점검을 실시할 수 있는 점검자의 자격을 쓰시오.

1. 관계인
2. 소방안전관리자로 선임된 소방시설관리사 또는 소방기술사
3. 소방시설관리업에 등록된 기술인력 중 소방시설관리사
4. 특급점검자〈2024. 12. 1. 시행〉

★★★

07 소방시설등의 자체점검에 있어서 작동점검의 횟수 및 시기와 점검 시 사용하는 서식을 쓰시오.

구 분	작동점검 내용
1) 점검횟수	연 1회 이상 실시
2) 점검시기	(1) 종합점검 대상 : 종합점검을 받은 달부터 6개월이 되는 달에 실시 (2) 작동점검 대상 : 건축물의 사용승인일이 속하는 달의 말일까지 실시 다만, 건축물관리대장 또는 건물 등기사항증명서 등에 기입된 날이 서로 다른 경우에는 건축물관리대장에 기재되어 있는 날을 기준으로 점검한다.
3) 점검서식	소방시설등 작동점검표

★★★★

08 소방시설등의 자체점검에 있어서 종합점검의 점검자의 자격, 점검방법, 점검횟수와 종합점검 면제조건을 쓰시오.

1. 점검자의 자격
   다음의 기술인력이 점검할 수 있으며, 점검인력 배치기준을 준수해야 한다.
   1) 관리업에 등록된 소방시설관리사
   2) 소방안전관리자로 선임된 소방시설관리사 또는 소방기술사
2. 점검방법
   소방시설별 점검장비를 이용하여 점검하여야 한다.
3. 점검횟수
   연 1회 이상(특급 소방안전관리대상물은 반기에 1회 이상)
4. 종합점검 면제
   소방본부장 또는 소방서장은 소방청장이 소방안전관리가 우수하다고 인정한 특정소방대상물의 경우에는 3년의 범위 내에서 종합점검 면제(단, 면제기간 중 화재가 발생한 경우는 제외)

★★★★

09 소방시설등의 자체점검에 있어서 종합점검 대상을 쓰시오.

1. 소방시설등이 신설된 특정소방대상물
2. 스프링클러설비가 설치된 특정소방대상물

3. 물분무등 소화설비(호스릴설비만 설치된 경우는 제외)가 설치된 연면적 5,000m^2 이상인 특정소방대상물(제조소등은 제외)
4. 단란주점, 유흥주점, 영화상영관, 비디오감상실업, 복합영상물제공업, 노래연습장, 산후조리원, 고시원, 안마시술소 등의 다중이용업의 영업장이 설치된 특정소방대상물로서, 연면적 2,000m^2 인 것
5. 제연설비가 설치된 터널
6. 공공기관 중 연면적(터널 · 지하구의 경우 그 길이와 평균폭을 곱하여 계산된 값) 1,000m^2 이상인 것으로서, 옥내소화전 또는 자동화재탐지설비가 설치된 것
   다만, 「소방기본법」 제2조 제5호에 따른 소방대가 근무하는 공공기관은 제외

★★★

10 소방시설등의 자체점검에 있어서 종합점검의 실시 시기를 쓰시오.

1. 최초 점검대상
   건축물을 사용할 수 있게 된 날로부터 60일 이내 실시
2. 그 밖의 종합점검대상
   건축물의 사용승인일이 속하는 달에 실시
3. 국공립 · 사립학교
   건축물의 사용승인일이 1월에서 6월 사이에 있는 경우에는 6월 30일까지 실시

사용승인일	종합점검 시기
1~6월	6월 30일까지 실시
7~12월	건축물 사용승인일이 속하는 달까지 실시

4. 건축물 사용승인일 이후 다중이용업소가 설치되어 종합점검 대상에 해당하게 된 경우에는 그 다음 해부터 실시한다.
5. 하나의 대지경계선 안에 2개 이상의 점검대상 건축물 등이 있는 경우에는 그 건축물 중 사용승인일이 가장 빠른 연도의 건축물의 사용승인일을 기준으로 점검할 수 있다.

★★★

11 소방시설의 자체점검을 완료하고 관리업자등으로부터 자체점검 결과보고서를 제출받거나, 스스로 점검을 실시한 관계인은 점검이 끝난 날로부터 며칠 이내에 소방서에 자체점검 결과보고서를 제출하여야 하는가?

관계인은 점검이 끝난 날로부터 15일 이내에 소방서에 자체점검 결과보고서를 제출하여야 한다.

★★★★★

12 관리업자등은 소방시설등의 자체점검 결과 즉각적인 수리 등 조치가 필요한 중대위반사항을 발견한 경우 관계인에게 즉시 알려야 한다. 대통령령으로 정하는 중대위반사항 4가지를 쓰시오. [23회 4점]

1. 화재 수신반의 고장으로 화재경보음이 자동으로 울리지 않거나 수신반과 연동된 소방시설의 작동이 불가능한 경우
2. 소화펌프(가압송수장치), 동력 · 감시 제어반 또는 소방시설용 전원(비상전원 포함)의 고장으로 소방시설이 작동되지 않는 경우

3. 소화배관 등이 폐쇄 · 차단되어 소화수 또는 소화약제가 자동 방출되지 않는 경우
4. 방화문, 자동방화셔터 등이 훼손 또는 철거되어 제기능을 못하는 경우

★★

13 소방시설 자체점검 기록표는 누가, 언제부터, 어느 곳에, 며칠 이상 게시하여야 하는지 쓰시오.

소방서장에게 자체점검결과 보고를 마친 관계인은 보고한 날로부터 10일 이내에 [별표 6]의 자체점검기록표를 작성하여 특정소방대상물의 출입자가 쉽게 볼 수 있는 장소에 30일 이상 게시하여야 한다.(※ 위반 시 300만원 이하 과태료)

★★

14 소방시설등에 대한 자체점검을 하지 아니하거나 관리업자 등으로 하여금 정기적으로 점검하게 하지 아니한 자에 대한 벌칙사항을 쓰시오.

1년 이하의 징역 또는 1천만원 이하의 벌금

★★

15 특정소방대상물의 관계인이 소방시설 등의 자체점검을 실시하고 점검 결과를 소방서에 보고하지 아니하거나 거짓으로 보고한 자에 대한 벌칙사항을 쓰시오.

300만원 이하의 과태료

★★

16 특정소방대상물의 관계인은 소방시설등의 자체점검을 실시하고 불량사항이 있는 경우 불량사항에 대한 이행계획을 제출하게 되는데, 이행계획을 기간 내에 완료하지 아니한 자 또는 이행계획 완료 결과를 보고하지 아니하거나 거짓으로 보고한 자에 대한 벌칙사항을 쓰시오.

300만원 이하의 과태료

★★★★★

17 관계인이 객관적으로 소방시설등의 자체점검을 실시하기 어려운 경우 자체점검 만료일 3일 전까지 자체점검을 실시하기 곤란함을 증명할 수 있는 서류를 첨부하여 소방서장에게 면제 또는 연기 신청을 할 수 있는데, 이때 대통령령으로 정하는 자체점검의 면제사유를 쓰시오.

☞「소방시설 설치 및 관리에 관한 법률 시행령」 제32조 제1항

1. 「재난 및 안전관리 기본법」 제3조 제1호에 해당하는 재난이 발생한 경우
2. 경매 등의 사유로 소유권이 변동 중이거나 변동된 경우

3. 관계인의 질병, 사고, 장기출장의 경우
4. 그 밖에 관계인이 운영하는 사업에 부도 또는 도산 등 중대한 위기가 발생하여 자체점검을 실시하기 곤란한 경우

☆☆☆☆

18 **「소방시설 설치 및 관리에 관한 법령」상 소방시설등 자체점검을 실시한 후 소방서장에게 자체점검결과 보고를 마친 관계인은 보고를 한 날로부터 10일 이내에 특정소방대상의 출입자가 쉽게 볼 수 있는 장소에 부착해야 하는 점검기록표의 기재사항 7가지 중 6가지(대상물명은 제외)를 쓰시오.** [23회 3점]

☞ 「소방시설 설치 및 관리에 관한 법률 시행규칙」 [별표 5]

1. 주소
2. 점검구분
3. 점검자
4. 점검기간
5. 불량사항
6. 정비기간

소방시설등 자체점검기록표

- 대상물명 :
- 주　　소 :
- 점검구분 : [ ] 작동점검 [ ] 종합점검
- 점 검 자 :
- 점검기간 : 년 월 일 ~ 년 월 일
- 불량사항 : [ ] 소화설비 [ ] 경보설비 [ ] 피난구조설비 [ ] 소화용수설비 [ ] 소화활동설비 [ ] 기타설비 [ ] 없음
- 정비기간 : 년 월 일 ~ 년 월 일

년 월 일

「소방시설 설치 및 관리에 관한 법률」 제24조 제1항 및 같은 법 시행규칙 제25조에 따라 소방시설등 자체점검결과를 게시합니다.

☆☆☆☆

19 **소방시설 자체점검사항 등에 관한 고시에 대하여 다음 물음에 답하시오.** [23회 12점]

1. **평가기관은 배치신고 시 오기로 인한 수정사항이 발생한 경우 점검인력 배치상황 신고사항을 수정해야 한다. 다만, 평가기관이 배치기준 적합 여부 확인 결과 부적합인 경우 관할 소방서의 담당자 승인 후에 평가기관이 수정할 수 있는 사항을 모두 쓰시오.**(8점)
2. **소방청장, 소방본부장 또는 소방서장이 부실점검을 방지하고 점검품질을 향상시키기 위하여 표본조사를 실시하여야 하는 특정소방대상물 대상 4가지를 쓰시오.** (4점)

☆☆☆

20 **소방시설등(작동점검 · 종합점검) 점검표의 작성 및 유의사항 2가지를 쓰시오.** [23회 2점]

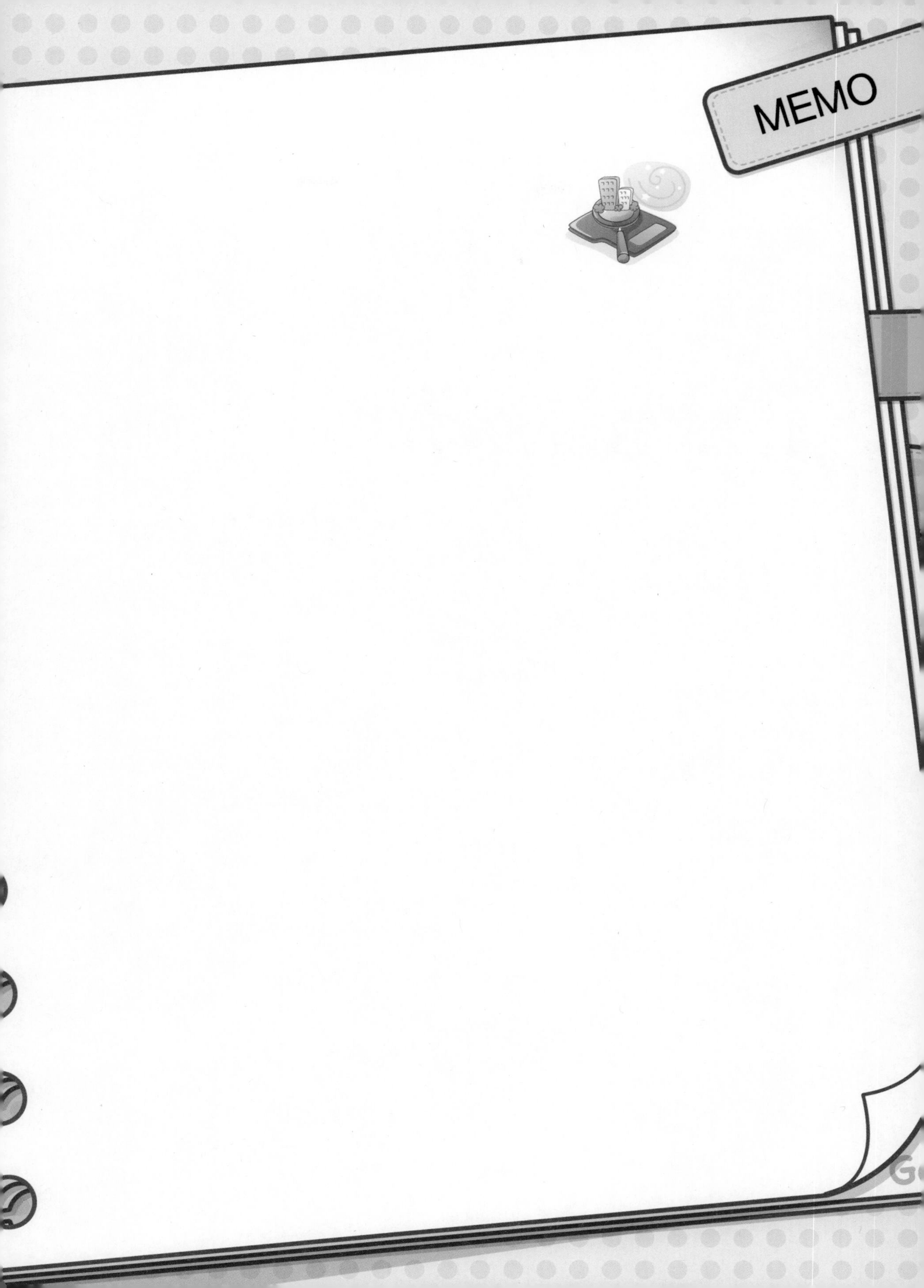
MEMO

소방시설의 점검실무행정

참고자료

1 소방시설 자체점검사항 등에 관한 고시

☞ [시행 2022. 12. 1] [소방청고시 제2022-71호, 2022. 12. 1, 전부개정]

제1조(목적)
이 고시는 「소방시설 설치 및 관리에 관한 법률 시행규칙」 제20조 제3항의 소방시설 자체점검 구분에 따른 점검사항·소방시설등점검표·점검인원 배치상황 통보·세부점검방법 및 그 밖에 자체점검에 필요한 사항과 같은 법 [별표 3] 제3호 라목의 종합점검 면제기간 등을 규정함을 목적으로 한다.

제2조(점검인력 배치상황 신고 등)
① 「소방시설 설치 및 관리에 관한 법률 시행규칙」(이하 "규칙"이라 한다.) 제20조 제2항에 따른 점검인력 배치상황 신고(이하 "배치신고"라 한다.)는 관리업자가 평가기관이 운영하는 전산망(이하 "전산망"이라 한다.)에 직접 접속하여 처리한다.
② 제1항의 배치신고는 다음의 기준에 따른다.
1. 1개의 특정소방대상물을 기준으로 별지 제1호 서식에 따라 신고한다.
2. 제1호에도 불구하고 2 이상의 특정소방대상물에 점검인력을 배치하는 경우에는 별지 제2호 서식에 따라 신고한다.
③ 관리업자는 점검인력 배치통보 시 최초 1회 및 점검인력 변경 시에는 규칙 별지 제31호 서식에 따른 소방기술인력 보유현황을 제1항의 평가기관에 통보하여야 한다.
④ 평가기관의 장은 관리업자가 제1항에 따라 배치신고하는 경우에는 신고인에게 별지 제3호 서식에 따라 점검인력 배치확인서를 발급하여야 한다.

제3조(점검인력 배치상황 신고사항 수정)
관리업자 또는 평가기관은 배치신고 시 오기로 인한 수정사항이 발생한 경우 다음 각 호의 기준에 따라 수정이력이 남도록 전산망을 통해 수정하여야 한다.
1. 공통기준
가. 배치신고 기간 내에는 관리업자가 직접 수정하여야 한다. 다만 평가기관이 배치기준 적합 여부 확인 결과 부적합인 경우에는 제2호에 따라 수정한다.
나. 배치신고 기간을 초과한 경우에는 제2호에 따라 수정한다.
2. 관할 소방서의 담당자 승인 후에 평가기관이 수정할 수 있는 사항은 다음과 같다.
가. 소방시설의 설비 유무
나. 점검인력, 점검일자
다. 점검 대상물의 추가·삭제
라. 건축물대장에 기재된 내용으로 확인할 수 없는 사항
1) 점검 대상물의 주소, 동수
2) 점검 대상물의 주용도, 아파트(세대수를 포함한다.) 여부, 연면적 수정
3) 점검 대상물의 점검 구분
3. 평가기관은 제2호에도 불구하고 건축물대장 또는 제출된 서류 등에 기재된 내용으로 확인이 가능한 경우에는 수정할 수 있다.

제4조(점검인력 배치상황의 확인)
소방본부장 또는 소방서장은 규칙 제23조 제2항에 따라 소방시설등 자체점검 실시결과 보고서를 접수한 때에는 다음 각 호의 사항을 확인하여야 한다. 이 경우 전산망을 이용하여 확인할 수 있다.
1. 해당 자체점검을 위한 점검인력 배치가 규칙 제20조 제2항에 따른 점검인력의 배치기준에 적합한지 여부
2. 제3조 제2호에 따른 점검인력 배치 수정사항이 적합한지 여부

제5조(점검사항 · 세부점검방법 및 소방시설등점검표 등)

① 특정소방대상물에 설치된 소방시설등에 대하여 자체점검을 실시하고자 하는 경우 별지 제4호 서식의 소방시설등(작동점검 · 종합점검)점검표에 따라 실시하여야 한다. 이 경우 전자적 기록방식을 활용할 수 있다.

② 제1항의 자체점검을 실시하는 경우 별지 제4호 서식의 점검표는 별표의 소방시설도시기호를 이용하여 작성할 수 있다.

③ 건축물을 신축 · 증축 · 개축 · 재축 · 이전 · 용도변경 또는 대수선 등으로 소방시설이 신설되는 경우에는 건축물의 사용승인을 받은 날 또는 소방시설 완공검사증명서(일반용)를 받은 날로부터 60일 이내 최초 점검을 실시하고, 다음 연도부터 작동점검과 종합점검을 실시한다.

제6조(소방시설 종합점검표의 준용)

「소방시설공사업법」 제20조 및 같은 법 시행규칙 제19조에 따른 감리결과보고서에 첨부하는 서류 중 소방시설 성능시험조사표 별지 제5호 서식의 소방시설 성능시험조사표에 의한다.

제7조(공공기관의 자체소방점검표 등)

공공기관의 기관장은 규칙 제20조 제3항에 따라 소방시설등의 자체점검을 실시한 경우 별지 제7호 서식의 소방시설 자체점검 기록부에 기재하여 관리하여야 하며, 외관점검을 실시하는 경우 별지 제6호 서식의 소방시설등 외관점검표를 사용하여 점검하여야 한다. 이 경우 전자적 기록방식을 활용할 수 있다.

제8조(자체점검대상 등 표본조사)

① 소방청장, 소방본부장 또는 소방서장은 부실점검을 방지하고 점검품질을 향상시키기 위하여 다음 각 호의 어느 하나에 해당하는 특정소방대상물에 대해 표본조사를 실시하여야 한다.

1. 점검인력 배치상황 확인 결과 점검인력 배치기준 등을 부적정하게 신고한 대상
2. 표준자체점검비 대비 현저하게 낮은 가격으로 용역계약을 체결하고 자체점검을 실시하여 부실점검이 의심되는 대상
3. 특정소방대상물 관계인이 자체점검한 대상
4. 그 밖에 소방청장, 소방본부장 또는 소방서장이 필요하다고 인정한 대상

③ 제1항에 따른 표본조사를 실시할 경우 소방본부장 또는 소방서장은 필요하면 소방기술사, 소방시설관리사, 그 밖에 소방 · 방재 분야에 관한 전문지식을 갖춘 사람을 참여하게 할 수 있다.

④ 제1항에 따른 표본조사 업무를 수행할 경우에는 「소방시설 설치 및 관리에 관한 법률」 제52조 제2항 및 제3항의 규정을 준용한다.

제9조(소방시설등 종합점검 면제 대상 및 기간)

① 소방청장, 소방본부장 또는 소방서장은 규칙 별표 3 제3호 다목에 따라 안전관리가 우수한 소방대상물을 포상하고 자율적인 안전관리를 유도하기 위해 다음 각 호의 어느 하나에 해당하는 특정소방대상물의 경우에는 각 호에서 정하는 기간 동안에는 종합점검을 면제할 수 있다. 이 경우 특정소방대상물의 관계인은 1년에 1회 이상 작동점검은 실시하여야 한다.

1. 「화재의 예방 및 안전관리에 관한 법률」 제44조 및 「우수소방대상물의 선정 및 포상 등에 관한 규정」에 따라 대한민국 안전대상을 수상한 우수소방대상물 : 다음 각 목에서 정하는 기간
   가. 대통령, 국무총리 표창(상장 · 상패를 포함한다. 이하 같다) : 3년
   나. 장관, 소방청장 표창 : 2년
   다. 시 · 도지사 표창 : 1년
2. 사단법인 한국안전인증원으로부터 공간안전인증을 받은 특정소방대상물 : 공간안전인증 기간(연장기간을 포함한다. 이하 같다.)
3. 사단법인 국가화재평가원으로부터 화재안전등급 지정을 받은 특정소방대상물 : 화재안전등급 지정 기간

4. 규칙 [별표 3] 제3호 가목에 해당하는 특정소방대상물로서, 그 안에 설치된 다중이용업소 전부가 안전관리우수업소로 인증 받은 대상 : 그 대상의 안전관리우수업소 인증기간

② 제1항의 종합점검 면제기간은 포상일(상장 명기일) 또는 인증(지정) 받은 다음 연도부터 기산한다. 다만, 화재가 발생한 경우에는 그러하지 아니하다.

③ 제1항에도 불구하고 특급 소방안전관리대상물 중 연 2회 종합점검 대상인 경우에는 종합점검 1회를 면제한다.

제10조(재검토기한)

소방청장은 「훈령·예규 등의 발령 및 관리에 관한 규정」에 따라 이 고시에 대하여 2023년 1월 1일 기준으로 매 3년이 되는 시점(매 3년째의 12월 31일까지를 말한다)마다 그 타당성을 검토하여 개선 등의 조치를 하여야 한다.

부 칙 〈제2022-71호, 2022.12.01.〉

제1조(시행일)

이 고시는 2022년 12월 1일부터 시행한다. 다만, 개정규정 중 자체점검 점검인력 배치상황 신고사항의 수정과 관련된 제3조 및 제4조의 개정규정은 2023년 7월 1일부터 시행한다.

제2조(소방시설 종합점검 면제에 관한 경과조치)

이 고시 시행 전에 「우수소방대상물 선정 및 포상 등에 관한 운영 규정」 제4조 및 「예방소방업무처리규정」 제3조에 따라 종합점검을 면제(갈음)받은 특정소방대상물은 제9조의 개정규정에도 불구하고 그 유효기간 동안에는 종합점검 면제대상으로 본다.

제3조(다른 고시와의 관계)

이 고시 시행 당시 다른 고시에서 종전의 「소방시설 자체점검사항 등에 관한 고시」 또는 그 규정을 인용한 경우에는 이 고시 가운데 그에 해당하는 규정이 있으면 종전의 규정을 갈음하여 이 고시 또는 이 고시의 해당 규정을 인용한 것으로 본다.

[별표] 소방시설 도시기호

[별지 1] 소방시설 점검인력 배치확인신청서(1대상 배치)
[별지 2] 소방시설 점검인력 배치확인신청서(2이상 대상 배치)
[별지 3] 점검인력 배치확인서
[별지 4] 소방시설등(작동점검, 종합점검(최초점검, 그 밖의 점검)) 점검표
[별지 5] 소방시설 성능시험조사표
[별지 6] 소방시설등 외관점검표
[별지 7] 소방시설 자체점검 기록부

[별표] 소방시설 도시기호 [1회 10점, 12회 10점] [83회 기술사 10점] [제15회 4점] [제16회 10점] [제17회 6점] [제18회 8점] [제19회 2점]

분 류	명 칭		도시기호
배관	일반배관		———
	옥내·외 소화전		— H —
	스프링클러		— SP —
	물분무		— WS —
	포소화		— F —
	배수관		— D —
	전선관	입상	
		입하	
		통과	
관이음쇠	후렌지		
	유니온		
	플러그		
	90° 엘보 [18회 기출]		
	45° 엘보		
	티 [18회 기출]		
	크로스		
	맹후렌지		
	캡		

분 류	명 칭	도시기호
[12회 기출]	**스프링클러헤드 폐쇄형 상향식(평면도)**	
	스프링클러헤드 폐쇄형 하향식(평면도)	
헤드류	스프링클러헤드 개방형 상향식(평면도)	
	스프링클러헤드 개방형 하향식(평면도)	
	스프링클러헤드 폐쇄형 상향식(계통도)	
	스프링클러헤드 폐쇄형 하향식(입면도)	
	스프링클러헤드 폐쇄형 상·하향식(입면도)	
	스프링클러헤드 상향형(입면도)	
	스프링클러헤드 하향형(입면도)	
	분말·탄산가스·할로겐헤드	
	연결살수헤드 [15회 기출]	
	물분무헤드(평면도) [1회 기출]	
	물분무헤드(입면도)	
	드랜처헤드(평면도)	
	드랜처헤드(입면도)	
	포헤드(입면도) [17회 1점]	
	포헤드(평면도)	
	감지헤드(평면도)	

분 류	명 칭	도시기호
헤드류	감지헤드 (입면도)	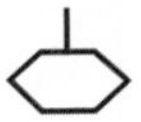
	청정소화약제 방출헤드 (평면도)	
	청정소화약제 방출헤드 (입면도)	
밸브류	**체크밸브 [18회 기출]**	
	가스체크밸브 [16회 2점]	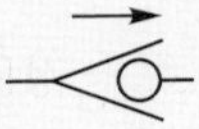
	게이트밸브 (상시 개방) [18회 기출]	
	게이트밸브 (상시 폐쇄)	
	선택밸브 [기술사 기출]	
	조작밸브 (일반)	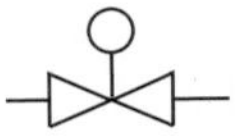
	조작밸브 (전자식)	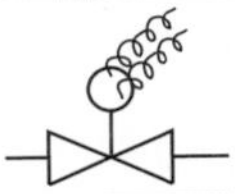
	조작밸브 (가스식)	
	경보밸브 (습식)	
	경보밸브 (건식)	
	프리액션밸브 [12회 기출]	 P
	경보델류지밸브 [12회 기출]	 D
	프리액션밸브 수동조작함	SVP
	후렉시블조인트	

분 류	명 칭	도시기호
밸브류	**솔레노이드밸브 [12회 기출]**	 S
	모터밸브	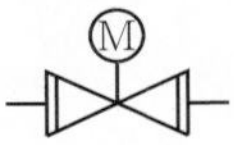 M
	릴리프밸브 (이산화탄소용)	
	릴리프밸브 (일반) [15회 기출]	
	동체크밸브	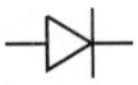
	앵글밸브 [16회 2점/18회, 19회 기출]	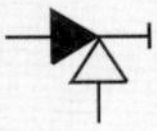
	FOOT 밸브 [16회 2점]	
	볼밸브 [18회 기출]	
	배수밸브	
	자동배수밸브	
	여과망	
	자동밸브	 G
	감압밸브 [16회 2점]	 R
	공기조절밸브	
계기류	압력계	
	연성계	
	유량계	 M

분 류	명 칭	도시기호
소화전	옥내소화전함	
	옥내소화전 방수용기구병설	
	옥외소화전	H
	포말소화전 [1회 기출]	F
	송수구	
	방수구	
스트레이너	Y형	
	U형	
저장탱크류	고가수조 (물올림장치)	
	압력챔버	
	포말원액탱크	(수직) (수평)
레듀샤	편심레듀샤	
	원심레듀샤	
혼합장치류	프레저 프로포셔너	
	라인프로포셔너	
	프레저사이드 프로포셔너	
	기타	P

분 류	명 칭	도시기호
펌프류	일반펌프	
	펌프모터 (수평)	M
	펌프모터 (수직)	M
경보설비 기기류	차동식 스포트형 감지기	
	보상식 스포트형 감지기	
	정온식 스포트형 감지기	
	연기감지기	S
	감지선	
	공기관	
	열전대	
	열반도체	
	차동식 분포형 감지기의 검출기	
	발신기세트 단독형	P B L
	발신기세트 옥내소화전 내장형	P B L
	경계구역번호	
	비상용 누름버튼	F
	비상전화기	ET
	비상벨	B

분 류	명 칭	도시기호
저장용기류	분말약제 저장용기	P.D
	저장용기 [1회 기출]	
경보설비 기기류	기동누름버튼	E
	이온화식 감지기 (스포트형)	S I
	광전식 연기감지기 (아날로그)	S A
	광전식 연기감지기 (스포트형)	S P
	감지기 간선, HIV 1.2mm×4(22C)	— F —////
	감지기 간선, HIV 1.2mm×8(22C)	— F —////—////—
	유도등 간선, HIV 2.0mm×3(22C)	— EX —
	싸이렌	
	모터싸이렌	M
	전자싸이렌	S
	조작장치	E P
	증폭기	AMP
	종단저항	

분 류	명 칭		도시기호
경보설비 기기류	경보 부저		BZ
	제어반		
	표시반		
	회로시험기 [15회 기출]		
	화재경보벨		B
	시각경보기 (스트로브) [17회 1점]		
	수신기		
	부수신기 [기술사 기출]		
	중계기 [1회 기출]		
	표시등		
	피난구 유도등		
	통로유도등		
	표시판		
	보조전원		T R
제연설비	댐퍼	연기댐퍼	
		화재/연기 댐퍼 [15회 기출]	

분 류	명 칭	도시기호
제연설비	접지	
	접지저항 측정용 단자	
	수동식 제어	
방연·방화문	연기감지기(전용)	S
	열감지기(전용)	
	자동폐쇄장치 [1회 기출]	ER
	연동제어기 [1회/17회 기출]	
	배연창 기동모터	M
	배연창 수동조작함	
피뢰침	피뢰부(평면도)	
	피뢰부(입면도)	
	피뢰도선 및 지붕위 도체	
소화기류	ABC 소화기	소
	자동확산소화기	자
	자동식 소화기	소
	이산화탄소 소화기	C
	할로겐화합물 소화기	
스위치류	압력스위치	PS
	탬퍼스위치	TS

분 류	명 칭		도시기호
제연설비	천장용 배풍기		
	벽부착용 배풍기		
	배풍기	일반 배풍기	
		관로 배풍기	
	댐퍼	화재댐퍼	
기타	비상콘센트		
	비상분전반		
	가스계소화설비의 수동조작함		RM
	전동기구동		M
	안테나		
	스피커		
	연기 방연벽		
	화재 방화벽		
	화재 및 연기방벽		
	엔진구동		E
	배관행거		
	기압계 [17회 1점]		
	배기구		
	바닥은폐선		
	노출배선		
	소화가스 패키지		PAC

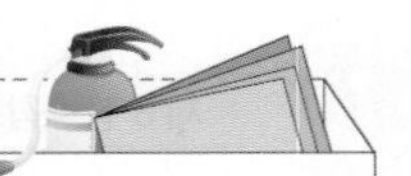

[별지 제1호 서식]

<table>
<tr><td colspan="9">소방시설 점검인력 배치확인신청서(1대상 배치)</td><td>처리기간
즉 시</td></tr>
<tr><td rowspan="4">배치장소
(점검대상)</td><td>상 호
(명 칭)</td><td colspan="5"></td><td>점검구분</td><td colspan="2">종합( ) 작동( )</td></tr>
<tr><td>소 재 지</td><td colspan="5"></td><td>관계인</td><td colspan="2"></td></tr>
<tr><td>미보유시설</td><td colspan="5">스프링클러설비( ), 제연설비( )
물분무등소화설비( )</td><td>용 도</td><td colspan="2"></td></tr>
<tr><td>소방대상물
현 황</td><td colspan="8">연면적 : m^2, 개동,
아파트 총세대수 : 세대(85m^2 초과 세대, 이하 세대)</td></tr>
<tr><td rowspan="9">배치인력
(점검인력)</td><td>구 분</td><td>성 명</td><td colspan="4">자격구분</td><td>자격증 번호</td><td colspan="2">비 고</td></tr>
<tr><td>주인력</td><td></td><td colspan="4"></td><td></td><td colspan="2"></td></tr>
<tr><td>보조인력①</td><td></td><td colspan="4"></td><td></td><td colspan="2"></td></tr>
<tr><td>보조인력②</td><td></td><td colspan="4"></td><td></td><td colspan="2"></td></tr>
<tr><td>보조인력③</td><td></td><td colspan="4"></td><td></td><td colspan="2"></td></tr>
<tr><td>보조인력④</td><td></td><td colspan="4"></td><td></td><td colspan="2"></td></tr>
<tr><td>보조인력⑤</td><td></td><td colspan="4"></td><td></td><td colspan="2"></td></tr>
<tr><td>보조인력⑥</td><td></td><td colspan="4"></td><td></td><td colspan="2"></td></tr>
<tr><td>보조인력⑦</td><td></td><td colspan="4"></td><td></td><td colspan="2"></td></tr>
<tr><td rowspan="7">배치상황</td><td>전체기간</td><td colspan="8">년 월 일부터 년 월 일까지(일간)</td></tr>
<tr><td>보조인력
배치 여부</td><td>보조
인력
①</td><td>보조
인력
②</td><td>보조
인력
③</td><td>보조
인력
④</td><td>보조
인력
⑤</td><td>보조
인력
⑥</td><td>보조
인력
⑦</td><td>계</td></tr>
<tr><td>1일차</td><td></td><td></td><td></td><td></td><td></td><td></td><td></td><td>명</td></tr>
<tr><td>2일차</td><td></td><td></td><td></td><td></td><td></td><td></td><td></td><td>명</td></tr>
<tr><td>3일차</td><td></td><td></td><td></td><td></td><td></td><td></td><td></td><td>명</td></tr>
<tr><td>4일차</td><td></td><td></td><td></td><td></td><td></td><td></td><td></td><td>명</td></tr>
<tr><td>5일차</td><td></td><td></td><td></td><td></td><td></td><td></td><td></td><td>명</td></tr>
</table>

「소방시설 설치 및 관리에 관한 법률」 제22조와 같은 법 시행규칙 제20조 제2항에 따라 위와 같이 소방시설 점검인력 배치를 통보합니다.

년 월 일

소방시설 관리업체 : 등록번호 : 제 호

대 표 자 : (서명 또는 인)

주 소 :

※ 배치일자는 필요시 추가

[별지 제2호 서식]

소방시설 점검인력 배치확인신청서 (2 이상 대상 배치)	처리기간 즉 시

☐ 점검대상수 : 개소 ☐ 이웃 점검대상물 간 최단주행거리 합계 : km

배치장소① (점검대상)	상 호 (명 칭)		점검구분	종합( ) 작동( )
	소 재 지		관계인	
	미보유시설	스프링클러설비( ), 제연설비( ) 물분무등소화설비( )	용 도	
	소방대상물 현 황	연면적 : m^2, 개동, 아파트 총세대수 : 세대(85m^2 초과 세대, 이하 세대)		
배치장소② (점검대상)	상 호 (명 칭)		점검구분	종합( ) 작동( )
	소 재 지		관계인	
	미보유시설	스프링클러설비( ), 제연설비( ) 물분무등소화설비( )	용 도	
	소방대상물 현 황	연면적 : m^2, 개동, 아파트 총세대수 : 세대(85m^2 초과 세대, 이하 세대)		

배치인력 (점검인력)	구 분	성 명	자격구분	자격증 번호	비 고
	주인력				
	보조인력①				
	보조인력②				
	보조인력③				
	보조인력④				
	보조인력⑤				
	보조인력⑥				
	보조인력⑦				

배치상황	전체기간	년 월 일부터 년 월 일까지(일간)							
	보조인력 배치 여부	보조 인력 ①	보조 인력 ②	보조 인력 ③	보조 인력 ④	보조 인력 ⑤	보조 인력 ⑥	보조 인력 ⑦	계
	1일차								명
	2일차								명
	3일차								명
	4일차								명
	5일차								명

「소방시설 설치 및 관리에 관한 법률」 제22조와 같은 법 시행규칙 제20조 제2항에 따라 위와 같이 소방시설 점검인력 배치를 통보합니다.

년 월 일

소방시설 관리업체 : 등록번호 : 제 호

대 표 자 : (서명 또는 인)

주 소 :

※ 배치장소 및 배치 일차는 필요시 추가

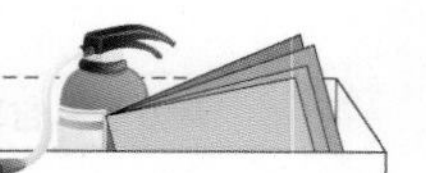

[별지 제3호 서식]

점검인력 배치확인서

<table>
<tr><td>일련번호</td><td colspan="3"></td><td colspan="2">배치기준 적합 여부 확인결과</td><td colspan="3">적합 ( ) 부적합 ( )</td></tr>
<tr><td>점검종료일자</td><td colspan="3"></td><td colspan="2">배치통보일자</td><td colspan="3"></td></tr>
<tr><td>점검업체</td><td colspan="3"></td><td colspan="2">등록번호</td><td colspan="3"></td></tr>
<tr><td>대표자</td><td colspan="3"></td><td colspan="2">연락처</td><td colspan="3"></td></tr>
<tr><td>주 소</td><td colspan="8"></td></tr>
<tr><td rowspan="6">배치장소
(점검대상)</td><td>상 호
(명 칭)</td><td colspan="2"></td><td colspan="2">대상물구분</td><td colspan="3">(류)</td></tr>
<tr><td>점검구분</td><td colspan="2">종합( ) 작동( )</td><td colspan="2">관할소방서</td><td colspan="3"></td></tr>
<tr><td>소재지</td><td colspan="7"></td></tr>
<tr><td>현 황</td><td colspan="7">연면적 : m^2, 개동, 아파트 총 세대수 : 세대</td></tr>
<tr><td>보유시설</td><td colspan="7">스프링클러설비( ), 제연설비( ), 물분무등소화설비( )</td></tr>
<tr><td colspan="3">□ 같은 기간 점검대상수 : 개소</td><td colspan="2">점검면적</td><td colspan="3">m^2(세대)</td></tr>
<tr><td rowspan="8">배치인력
(점검인력)</td><td>구 분</td><td>성 명</td><td colspan="2">자격구분</td><td colspan="2">자격증 번호</td><td colspan="2">비 고</td></tr>
<tr><td>주된 인력</td><td></td><td colspan="2"></td><td colspan="2"></td><td colspan="2"></td></tr>
<tr><td>보조인력①</td><td></td><td colspan="2"></td><td colspan="2"></td><td colspan="2"></td></tr>
<tr><td>보조인력②</td><td></td><td colspan="2"></td><td colspan="2"></td><td colspan="2"></td></tr>
<tr><td>보조인력③</td><td></td><td colspan="2"></td><td colspan="2"></td><td colspan="2"></td></tr>
<tr><td>보조인력④</td><td></td><td colspan="2"></td><td colspan="2"></td><td colspan="2"></td></tr>
<tr><td>보조인력⑤</td><td></td><td colspan="2"></td><td colspan="2"></td><td colspan="2"></td></tr>
<tr><td>보조인력⑥</td><td></td><td colspan="2"></td><td colspan="2"></td><td colspan="2"></td></tr>
</table>

<table>
<tr><td rowspan="8">배치상황
(배치장소)</td><td>전체기간</td><td colspan="8">년 월 일부터 년 월 일까지(일간)</td></tr>
<tr><td>인력
배치 여부</td><td>주인력</td><td>보조인력
①</td><td>보조인력
②</td><td>보조인력
③</td><td>보조인력
④</td><td>보조인력
⑤</td><td>보조인력
⑥</td><td>계</td></tr>
<tr><td>1일차</td><td></td><td></td><td></td><td></td><td></td><td></td><td></td><td>명</td></tr>
<tr><td>2일차</td><td></td><td></td><td></td><td></td><td></td><td></td><td></td><td>명</td></tr>
<tr><td>3일차</td><td></td><td></td><td></td><td></td><td></td><td></td><td></td><td>명</td></tr>
<tr><td>4일차</td><td></td><td></td><td></td><td></td><td></td><td></td><td></td><td>명</td></tr>
<tr><td>5일차</td><td></td><td></td><td></td><td></td><td></td><td></td><td></td><td>명</td></tr>
<tr><td>6일차</td><td></td><td></td><td></td><td></td><td></td><td></td><td></td><td>명</td></tr>
</table>

「소방시설 설치 및 관리에 관한 법률」 제22조와 같은 법 시행규칙 제20조 제1항, 2항에 따라 위와 같이 배치통보되었음을 확인합니다.

년 월 일

평가기관장 (인)

※ 배치인력 및 배치 일차는 필요시 추가

[별지 제6호 서식] 〈개정 2022. 12. 1〉

소방시설등 외관점검표

1. 소화기구 및 자동소화장치	2. 옥내·외 소화전 설비
• 소화기(간이소화용구 포함) – 거주자 등이 손쉽게 사용할 수 있는 장소에 설치되어 있는지 여부 – 구획된 거실(바닥면적 $33m^2$ 이상)마다 소화기 설치 여부 – 소화기 표지 설치 여부 – 소화기의 변형·손상 또는 부식이 있는지 여부 – 지시압력계(녹색범위)의 적정 여부 – 수동식 분말소화기 내용연수(10년) 적정 여부 • 자동확산소화기 – 견고하게 고정되어 있는지 여부 – 소화기의 변형·손상 또는 부식이 있는지 여부 – 지시압력계(녹색범위)의 적정 여부 • 자동소화장치 – 수신부가 설치된 경우 수신부 정상(예비전원, 음향장치 등) 여부 – 본체용기, 방출구, 분사헤드 등의 변형·손상 또는 부식이 있는지 여부 – 소화약제의 지시압력 적정 및 외관의 이상 여부 – 감지부(또는 화재감지기) 및 차단장치 설치 상태 적정 여부	• 수원 – 주된 수원의 유효수량 적정 여부(겸용설비 포함) – 보조수원(옥상)의 유효수량 적정 여부 – 수조 표시 설치상태 적정 여부 • 가압송수장치 – 펌프 흡입측 연성계·진공계 및 토출측 압력계 등 부속장치의 변형·손상 유무 • 송수구 – 송수구 설치장소 적정 여부(소방차가 쉽게 접근할 수 있는 장소) • 배관 – 급수배관 개폐밸브 설치(개폐표시형, 흡입측 버터플라이 제외) 적정 여부 • 함 및 방수구 등 – 함 개방 용이성 및 장애물 설치 여부 등 사용 편의성 적정 여부 – 위치표시등 적정 설치 및 정상 점등 여부 – 소화전 표시 및 사용요령(외국어 병기) 기재 표지판 설치상태 적정 여부 – 함 내 소방호스 및 관창 비치 적정 여부 • 제어반 – 펌프 별 자동·수동 전환스위치 위치 적정 여부
3. (간이)스프링클러설비, 물분무소화설비, 미분무소화설비, 포소화설비	
• 수원 – 주된 수원의 유효수량 적정 여부(겸용설비 포함) – 보조수원(옥상)의 유효수량 적정 여부 – 수조 표시 설치상태 적정 여부 • 저장탱크(포소화설비) – 포소화약제 저장량의 적정 여부 • 가압송수장치 – 펌프 흡입측 연성계·진공계 및 토출측 압력계 등 부속장치의 변형·손상 유무 • 유수검지장치 – 유수검지장치실 설치 적정(실내 또는 구획, 출입문 크기, 표지) 여부 • 배관 – 급수배관 개폐밸브 설치(개폐표시형, 흡입측 버터플라이 제외) 적정 여부 – 준비작동식 유수검지장치 및 일제개방밸브 2차측 배관 부대설비 설치 적정 – 유수검지장치 시험장치 설치 적정(설치위치, 배관구경, 개폐밸브 및 개방형 헤드, 물받이통 및 배수관) 여부 – 다른 설비의 배관과의 구분 상태 적정 여부	• 기동장치 – 수동조작함(설치높이, 표시등) 설치 적정 여부 • 제어밸브 등(물분무소화설비) – 제어밸브 설치 위치 적정 및 표지 설치 여부 • 배수설비(물분무소화설비가 설치된 차고·주차장) – 배수설비(배수구, 기름분리장치 등) 설치 적정 여부 • 헤드 – 헤드의 변형·손상 유무 및 살수장애 여부 • 호스릴방식(미분무소화설비, 포소화설비) – 소화약제저장용기 근처 및 호스릴함 – 위치표시등 정상 점등 및 표지 설치 여부 • 송수구 – 송수구 설치장소 적정 여부(소방차가 쉽게 접근할 수 있는 장소) • 제어반 – 펌프 별 자동·수동 전환스위치 정상위치에 있는지 여부

4. 이산화탄소, 할론소화설비, 할로겐화합물 및 불활성기체소화설비, 분말소화설비	5. 자동화재탐지설비, 비상경보설비, 시각경보기, 비상방송설비, 자동화재속보설비
• 저장용기 – 설치장소 적정 및 관리 여부 – 저장용기 설치장소 표지 설치 여부 – 소화약제 저장량 적정 여부 • 기동장치 – 기동장치 설치 적정(출입구 부근 등, 높이 보호장치, 표지 전원표시등) 여부 • 배관 등 – 배관의 변형・손상 유무 • 분사헤드 – 분사헤드의 변형・손상 유무 • 호스릴방식 – 소화약제저장용기의 위치표시등 정상 점등 및 표지 설치 여부 • 안전시설 등(이산화탄소소화설비) – 방호구역 출입구 부근 잘 보이는 장소에 소화약제 방출 위험경고표지 부착 여부 – 방호구역 출입구 외부 인근에 공기호흡기 설치 여부	• 수신기 – 설치장소 적정 및 스위치 정상 위치 여부 – 상용전원 공급 및 전원표시등 정상점등 여부 – 예비전원(축전지) 상태 적정 여부 • 감지기 – 감지기의 변형 또는 손상이 있는지 여부(단독경보형 감지기 포함) • 음향장치 – 음향장치(경종 등) 변형・손상 여부 • 시각경보장치 – 시각경보장치 변형・손상 여부 • 발신기 – 발신기 변형・손상 여부 – 위치표시등 변형・손상 및 정상점등 여부 • 비상방송설비 – 확성기 설치 적정(층마다 설치, 수평거리) 여부 – 조작부상 설비 작동층 또는 작동구역 표시 여부 • 자동화재속보설비 – 상용전원 공급 및 전원표시등 정상 점등 여부

6. 피난기구, 유도등(유도표지), 비상조명등 및 휴대용 비상조명등	7. 제연설비, 특별피난계단의 계단실 및 부속실 제연설비
• 피난기구 – 피난에 유효한 개구부 확보(크기, 높이에 따른 발판, 창문 파괴장치) 및 관리 상태 – 피난기구(지지대 포함)의 변형・손상 또는 부식이 있는지 여부 – 피난기구의 위치표시 표지 및 사용방법 표지 부착 적정 여부 • 유도등 – 유도등 상시(3선식의 경우 점검스위치 작동 시) 점등 여부 – 유도등의 변형 및 손상 여부 – 장애물 등으로 인한 시각장애 여부 • 유도표지 – 유도표지의 변형 및 손상 여부 – 설치 상태(쉽게 떨어지지 않는 방식, 장애물 등으로 시각장애 유무) 적정 여부 • 비상조명등 – 비상조명등 변형・손상 여부 – 예비전원 내장형의 경우 점검스위치 설치 및 정상 작동 여부 • 휴대용 비상조명등 – 휴대용 비상조명등의 변형 및 손상 여부 – 사용 시 자동으로 점등되는지 여부	• 제연구역의 구획 – 제연경계의 폭, 수직거리 적성 설치 여부 • 배출구, 유입구 – 배출구, 공기유입구 변형・훼손 여부 • 기동장치 – 제어반 각종 스위치류 표시장치(작동표시등 등) 정상 여부 • 외기취입구(특별피난계단의 계단실 및 부속실 제연설비) – 설치위치(오염공기 유입방지, 배기구 등으로부터 이격거리) 적정 여부 – 설치구조(빗물・이물질 유입방지 등) 적정 여부 • 제연구역의 출입문(특별피난계단의 계단실 및 부속실 제연설비) – 폐쇄상태 유지 또는 화재 시 자동폐쇄 구조 여부 • 수동기동장치(특별피난계단의 계단실 및 부속실 제연설비) – 기동장치 설치(위치, 전원표시등 등) 적정 여부

8. 연결송수관설비, 연결살수설비	9. 비상콘센트설비, 무선통신보조설비, 지하구
• 연결송수관설비 송수구 – 표지 및 송수압력범위 표지 적정 설치 여부 • 방수구 – 위치표시(표시등, 축광식표지) 적정 여부 • 방수기구함 – 호스 및 관창 비치 적정 여부 – "방수기구함" 표지 설치상태 적정 여부 • 연결살수설비 송수구 – 표지 및 송수구역 일람표 설치 여부 – 송수구의 변형 또는 손상 여부 • 연결살수설비 헤드 – 헤드의 변형·손상 유무 – 헤드 살수장애 여부	• 비상콘센트설비 콘센트 – 변형·손상·현저한 부식이 없고 전원의 정상 공급 여부 • 비상콘센트설비 보호함 – "비상콘센트" 표지 설치상태 적정 여부 – 위치표시등 설치 및 정상 점등 여부 • 무선통신보조설비 무선기기접속단자 – 설치장소(소방활동 용이성, 상시 근무장소) 적정 여부 – 보호함 "무선기기접속단지" 표지 설치 여부 • 지하구(연소방지설비 등) – 연소방지설비 헤드의 변형·손상 여부 – 연소방지설비 송수구 1m 이내 살수구역 안내 표지 설치상태 적정 여부 • 방화벽 – 방화문 관리상태 및 정상기능 적정 여부
10. 기타 사항 점검표	**11. 위험물 저장·취급시설**
• 피난·방화시설 – 방화문 및 방화셔터의 관리 상태(폐쇄·훼손·변경) 및 정상 기능 적정 여부 – 비상구 및 피난통로 확보 적정 여부(피난·방화시설 주변 장애물 적치 포함) • 방염 – 선처리 방염대상물품의 적합 여부(방염성능시험성적서 및 합격표시 확인) – 후처리 방염대상물품의 적합 여부(방염성능검사결과 확인)	– 가연물 방치 여부 – 채광 및 환기 설비 관리상태 이상 유무 – 위험물 종류에 따른 주의사항을 표시한 게시판 설치 유무 – 기름찌꺼기나 폐액 방치 여부 – 위험물 안전관리자 선임 여부 – 화재 시 응급조치 방법 및 소방관서 등 비상연락망 확보 여부
12. 화기시설	**13. 가연성 가스시설**
– 화기시설 주변 적정(거리, 수량, 능력단위) 소화기 설치 유무 – 건축물의 가연성 부분 및 가연성 물질로부터 1m 이상의 안전거리 확보 유무 – 가연성 가스 또는 증기가 발생하거나 체류할 우려가 없는 장소에 설치 유무 – 연료탱크가 연소기로부터 2m 이상의 수평 거리 확보 유무 – 채광 및 환기설비 설치 유무 – 방화환경조성 및 주의, 경고표시 유무	– 「도시가스사업법」 등에 따른 검사 실시 유무 – 채광이 되어 있고 환기 및 비를 피할 수 있는 장소에 용기 설치 유무 – 가스누설경보기 설치 유무 – 용기, 배관, 밸브 및 연소기의 파손, 변형, 노후 또는 부식 여부 – 환기설비 설치 유무 – 화재 시 연료를 차단할 수 있는 개폐밸브 설치 상태 적정 여부 – 방화환경조성 및 주의, 경고표시 유무
14. 전기시설	
– 「전기사업법」에 따른 점검 또는 검사 실시 유무 – 개폐기 설치상태 등 손상 여부 – 규격 전선 사용 여부 – 전선의 접속 상태 및 전선피복의 손상 여부	– 누전차단기 설치상태 적정 여부 – 방화환경조성 및 주의, 경고표시 설치 유무 – 전기 관련 기술자 등의 근무 여부

[별지 제7호 서식]

소방시설 자체 점검 기록부

① 점검일자	② 점검시설	③ 점검내용	④ 점검결과	⑤ 결과조치	⑥ 비고

점검 담당자 : (서명 또는 인)
관리 책임자 : (서명 또는 인)

2 공공기관의 소방안전관리에 관한 규정

☞ 대통령령 제33005호(2022.11.29)

제1조(목적)

이 영은 「화재의 예방 및 안전관리에 관한 법률」 제39조에 따라 공공기관의 건축물·인공구조물 및 물품 등을 화재로부터 보호하기 위하여 소방안전관리에 필요한 사항을 규정함을 목적으로 한다. <개정 2016. 1. 19, 2022. 11. 29>

제2조(적용 범위)

이 영은 다음 각 호의 어느 하나에 해당하는 공공기관에 적용한다.

1. 국가 및 지방자치단체
2. 국공립학교
3. 「공공기관의 운영에 관한 법률」 제4조에 따른 공공기관
4. 「지방공기업법」 제49조에 따라 설립된 지방공사 또는 같은 법 제76조에 따라 설립된 지방공단
5. 「사립학교법」 제2조 제1항에 따른 사립학교

제3조 삭제 <2009. 4. 6>

제4조(기관장의 책임)

제2조에 따른 공공기관의 장(이하 "기관장"이라 한다.)은 다음 각 호의 사항에 대한 감독책임을 진다.

1. 소방시설, 피난시설 및 방화시설의 설치·유지 및 관리에 관한 사항
2. 소방계획의 수립·시행에 관한 사항
3. 소방 관련 훈련 및 교육에 관한 사항
4. 그 밖의 소방안전관리 업무에 관한 사항

제5조(소방안전관리자의 선임)

① 기관장은 소방안전관리 업무를 원활하게 수행하기 위하여 감독직에 있는 사람으로서 다음 각 호의 구분에 따른 자격을 갖춘 사람을 소방안전관리자로 선임하여야 한다. 다만, 「소방시설 설치 및 관리에 관한 법률 시행령」 제11조에 따라 소화기 또는 비상경보설비만을 설치하는 공공기관의 경우에는 소방안전관리자를 선임하지 아니할 수 있다. <개정 2016. 1. 19, 2022. 11. 29>

1. 「화재의 예방 및 안전관리에 관한 법률 시행령」 [별표 4] 제1호 가목의 특급 소방안전관리대상물에 해당하는 공공기관 : 같은 호 나목 각 호의 어느 하나에 해당하는 사람
2. 제1호에 해당하지 않는 공공기관 : 다음 각 목의 어느 하나에 해당하는 사람
   가. 「화재의 예방 및 안전관리에 관한 법률 시행령」 [별표 4] 제1호 나목, 같은 표 제2호 나목 및 같은 표 제3호 나목 1)·3)·4)의 어느 하나에 해당하는 사람
   나. 「화재의 예방 및 안전관리에 관한 법률」(이하 "법"이라 한다.) 제34조 제1항 제1호에 따른 소방안전관리자 등에 대한 강습 교육(특급 소방안전관리대상물의 소방안전관리 업무 또는 공공기관의 소방안전관리 업무를 위한 강습 교육으로 한정하며, 이하 "강습교육"이라 한다.)을 받은 사람

② 기관장은 제1항 각 호에 해당하는 사람이 없는 경우에는 강습 교육을 받을 사람을 미리 지정하고 그 지정된 사람을 소방안전관리자로 선임할 수 있다.

③ 공공기관의 건축물이나 그 밖의 시설이 2개 이상의 구역(건축물대장의 건축물 현황도에 표시된 대지경계선 안쪽 지역을 말한다.)에 분산되어 위치한 경우에는 각 구역별로 소방안전관리자를 선임하여야 하며, 공공기관의 건축물이나 그 밖의 시설을 관리하는 기관이 따로 있는 경우에는 그 관리기

관의 장이 소방안전관리자를 선임하여야 한다.

④ 기관장은 소방안전관리자의 퇴직 등의 사유로 새로 소방안전관리자를 선임하여야 할 때에는 그 사유가 발생한 날부터 30일 이내에 소방안전관리자를 선임하여야 한다.

제6조(소방안전관리자의 선임 통보)

기관장은 제5조에 따라 소방안전관리자를 선임하였을 때에는 선임한 날부터 14일 이내에 그 선임 사실과 선임된 소방안전관리자의 소속·직위 및 성명을 관할 소방서장 및 「소방기본법」 제40조에 따른 한국소방안전원의 장에게 통보하여야 한다. 이 경우 소방안전관리자가 제5조 제1항 각 호의 어느 하나에 해당하는 사람임을 증명하는 서류를 함께 제출하여야 하고, 제5조 제2항에 따라 강습교육을 받을 사람을 미리 지정하여 소방안전관리자를 선임한 경우에는 선임된 소방안전관리자가 강습교육을 받은 경우 지체 없이 그 사실을 증명하는 서류를 제출하여야 한다. <개정 2022. 11. 29>

제7조(소방안전관리자의 책무)

제5조에 따라 선임된 소방안전관리자는 법 제24조 제5항 각 호의 소방안전관리 업무를 성실히 수행하여야 한다. <개정 2022. 11. 29>

제7조의2(소방안전관리자의 업무 대행)

기관장은 「소방시설 설치 및 관리에 관한 법률」 제29조에 따라 소방시설관리업의 등록을 한 자(이하 "소방시설관리업자"라 한다.)에게 소방안전관리 업무를 대행하게 할 수 있다. 이 경우 해당 공공기관의 소방안전관리자는 소방안전관리 업무를 대행하는 소방시설관리업자의 업무를 감독하여야 한다. <개정 2022. 11. 29>

제8조(소방안전관리자의 교육)

기관장은 제5조에 따라 선임된 소방안전관리자가 화재 예방 및 안전관리의 효율화, 새로운 기술의 보급과 안전의식의 향상을 위한 실무교육(법 제34조 제1항 제2호에 따른 실무교육으로 한다.)을 받도록 하여야 한다. <개정 2022. 11. 29>

제9조(화기 단속 등)

실(室)이 벽·칸막이 등으로 나누어진 경우 그 사용책임자는 해당 실 안의 화기 단속 및 화재 예방을 위한 조치를 하여야 한다.

제10조(공공기관의 방호원 등의 업무)

① 방호원(공공기관의 건축물·인공구조물 및 물품 등을 화재, 외부의 침입 또는 도난 등으로부터 보호하기 위하여 경비 업무를 담당하는 사람을 말하되, 군인·경찰 및 교도관은 제외한다.)·일직근무자 및 숙직자(일직근무자 및 숙직자를 두는 경우로 한정한다.)는 옥외·공중집합장소 및 공중사용시설의 화기 단속과 화재 예방을 위한 조치를 하여야 한다.

② 숙직자는 근무 중 화재 예방을 위하여 방호원을 지휘·감독한다.

제11조(기관장의 소방활동)

기관장은 화재가 발생하면 소방대가 현장에 도착할 때까지 경보를 울리거나 대피를 유도하는 등의 방법으로 사람을 구출하거나 불을 끄거나 불이 번지지 아니하도록 필요한 조치를 하여야 한다.

제12조(자위소방대의 편성)

① 기관장은 화재가 발생하는 경우에 화재를 초기에 진압하고 인명 및 재산의 피해를 최소화하기 위하여 자위소방대(自衛消防隊)를 편성·운영하여야 한다.

② 자위소방대는 해당 공공기관에 근무하는 모든 인원으로 구성하고, 자위소방대에는 대장·부대장 각 1명과 지휘반·진압반·구조구급반 및 대피유도반을 둔다.

③ 제2항에 따른 각 반(班)은 해당 기관에 근무하는 직원의 수를 고려하여 적절히 구성한다.

제13조(자위소방대의 임무)

자위소방대의 대장·부대장과 각 반의 임무는 다음 각 호와 같다.

1. 대장은 자위소방대를 총괄 · 지휘 · 운용한다.
2. 부대장은 대장을 보좌하고, 대장이 부득이한 사유로 임무를 수행할 수 없을 때에는 그 임무를 대행한다.
3. 지휘반은 대장의 지휘를 받아 다른 반의 임무를 조정하고, 화재진압 등에 관한 훈련계획을 수립 · 시행한다.
4. 진압반은 대장과 지휘반의 지휘를 받아 화재를 진압한다.
5. 구조구급반은 대장과 지휘반의 지휘를 받아 인명을 구조하고 부상자를 응급처치한다.
6. 대피유도반은 대장과 지휘반의 지휘를 받아 근무자 등을 안전한 장소로 대피하도록 유도한다.

제14조(소방훈련과 교육)

① 기관장은 해당 공공기관의 모든 인원에 대하여 연 2회 이상 소방훈련과 교육을 실시하되, 그 중 1회 이상은 소방관서와 합동으로 소방훈련을 실시하여야 한다. 다만, 상시 근무하는 인원이 10명 이하이거나 제5조 제1항 각 호 외의 부분 단서에 따라 소방안전관리자를 선임하지 아니할 수 있는 공공기관의 경우에는 소방관서와 합동으로 하는 소방훈련을 실시하지 아니할 수 있다.

② 기관장은 제1항에 따라 소방훈련과 교육을 실시할 때에는 소화 · 화재통보 · 피난 등의 요령에 관한 사항을 포함하여 실시하여야 한다.

③ 기관장은 제1항에 따라 실시한 소방훈련과 교육에 대한 기록을 2년간 보관하여야 한다.

제15조 삭제 <2014. 7. 7>

부 칙 〈대통령령 제33005호, 2022. 11. 29〉

(화재의 예방 및 안전관리에 관한 법률 시행령)

제1조(시행일)

이 영은 2022년 12월 1일부터 시행한다.

 3 소방실무경력 인정범위에 관한 기준

☞ 소방청고시 제2022-73호(2022. 12. 1)

제1조(목적)

이 고시는 「소방시설 설치 및 관리에 관한 법률 시행령」 제37조 제6호 및 제41조 제2호에 따른 소방에 관한 실무경력과 소방 관련 업무경력 인정에 관하여 필요한 사항을 정함을 목적으로 한다.

제2조(소방 관련 실무경력으로 인정하는 범위)

「소방시설 설치 및 관리에 관한 법률 시행령」(이하 "영"이라 한다.) 제37조 제6호 및 부칙 제6조에 따른 "소방에 관한 실무경력", "소방실무경력" 및 "실무경력"(이하 "실무경력"이라 한다.)으로 인정받을 수 있는 범위는 다음 각 호의 어느 하나에 해당하는 경력으로 한다.

1. 소방 관련 업체에 근무 중이거나 근무한 경력 중 다음 각 목의 어느 하나에 해당하는 경력
   가. 소방시설공사업체에서 소방시설의 공사 또는 정비업무를 담당한 경력
   나. 소방시설관리업체에서 소방시설의 점검 또는 정비업무를 담당한 경력
   다. 소방시설설계업체에서 소방시설의 설계업무를 담당한 경력
   라. 소방시설공사감리업체에서 소방공사감리업무를 담당한 경력
   마. 위험물탱크안전성능시험업체에서 안전성능시험 또는 점검업무를 담당한 경력

바. 위험물안전관리업무대행기관에서 안전관리업무를 담당한 경력
사. 소방용 기계 · 기구 제조업체에서 소방용 기계 · 기구의 설계 · 시험 또는 제조업무를 담당한 경력

2. 소방관계자로 근무 중이거나 근무한 경력 중 다음 각 목의 어느 하나에 해당하는 경력
가. 소방안전관리대상물의 소방안전관리자, 소방안전관리보조자 또는 건설현장 소방안전관리자로 선임되어 근무한 경력
나. 위험물 제조소등의 위험물 안전관리자로 근무한경력(선임된 경력에 한정한다.)
다. 위험물 제조소등의 위험물시설안전권으로 근무한 경력
라. 「위험물안전관리법」 제19조에 규정된 자체소방대에서 소방대원으로 근무한 경력
마. 의용소방대원으로 근무한 경력
바. 의무소방원으로 근무한 경력
사. 청원소방원으로 근무한 경력
아. 소방공무원으로 근무한 경력
자. 군(軍) 소방대원으로 근무한 경력 <개정 2019. 1. 22>
차. 시 · 도 소방본부 또는 소방서에서 화재안전특별조사요원으로 근무한 경력 <개정 2019. 4. 22>

3. 산하 · 관련 단체에서 근무 중이거나 근무한 경력 <개정 2018. 11. 6>
가. 「소방기본법」 제40조에 따라 설립된 한국소방안전원에서 교육 · 진단 · 점검 및 홍보업무를 담당한 경력
나. 「소방산업의 진흥에 관한 법률」 제14조에 따라 설립된 한국소방산업기술원에서 교육 · 검정 · 시험 및 연구업무를 담당한 경력
다. 「화재로 인한 재해보상과 보험가입에 관한 법률」 제11조에 따라 설립된 한국화재보험협회에서 교육 · 점검 · 시험 및 연구업무를 담당한 경력
라. 실무교육기관에서 교육업무를 담당한 경력
마. 성능시험기관에서 성능시험업무를 담당한 경력
바. 「소방시설공사업법」 제30조의2에 따라 설립된 한국소방시설협회 또는 사단법인 한국소방시설관리협회에서 소방청 위탁업무, 소방관련법령 지원 및 연구업무를 담당한 경력

4. 기타 근무경력
가. 손해보험회사의 소방점검부서에서 근무한 경력
나. 건설업 · 전기공사업체에서 소방시설공사 및 설계 · 감리부서에서 근무한 경력(소방기술사, 소방설비기사 · 소방설비산업기사의 자격을 취득한 자에 한한다.)
다. 국가 · 지방자치단체, 「공공기관의 운영에 관한 법률」에 따른 공공기관, 「지방공기업법」에 따른 지방공사 또는 지방공단, 국공립학교 및 「사립학교법」에 따른 사립학교에서 그 소속 공무원 또는 직원으로 소방시설의 설계 · 공사 · 감리 또는 소방안전관리 부서에서 안전 관련 업무를 수행한 경력(소방기술사, 소방설비기사 · 소방설비산업기사의 자격을 취득한 사람으로 한정한다.)

제3조(경력기간 산정방법)
실무경력의 기간 산정은 다음 각 호의 방법에 따른다.
1. 국가기술자격자의 실무경력 기간은 자격취득 후 경력에 한정하며 법령에 의한 자격정지 중의 처분 기간은 경력산정 기간에서 제외한다.
2. 1개월 미만의 잔여경력 중 15일 이상은 1개월로 계산한다.
3. 경력환산은 필기시험일을 기준으로 하여 기산한다. <개정 2019. 1. 22>
4. 2가지 이상의 경력이 동기간 내에 같이 이루어진 경우에는 이 중 1가지만 인정하며, 중복되지 않는 기간의 경력은 각 경력기간을 당해 인정하는 경력 기준기간으로 나누어 합산한 수치가 1 이상이면 응시자격이 있는 것으로 본다.

제4조(소방공무원의 소방 관련 업무경력 인정기준)
영 제41조 제2호 및 부칙 제6조 제3항 제2호에 따른 “소방청장이 정하여 고시하는 소방 관련 업무경력”이란 다음 각 호에 해당하는 업무를 말한다.

1. 화재안전조사업무
2. 건축허가등의 동의 관련 업무
3. 소방시설의 공사·감리·완공검사 관련 업무
4. 다중이용업소의 완비증명 관련 업무
5. 방염 관련 업무
6. 위험물 제조소등 설치 허가 관련 업무
7. 소방시설의 검정 관련 업무
8. 소방시설 자체점검 관련 업무
9. 소방특별사법경찰관리 관련 업무
10. 제1호에서 제9호까지의 업무와 관련하여 기획·대책·홍보·민원처리 및 감독 업무

제5조(경력증명 등)
경력인정을 받고자 하는 자는 「소방시설 설치 및 관리에 관한 법률 시행규칙」별지 제19호 서식의 경력·재직증명서에 그 내용을 사실대로 기재 후 시험실시권자에게 제출하여 증명을 받아야 한다. 다만, 한국소방시설협회에서 경력관리를 하고 있는 자의 경우는 한국소방시설협회장이 발행하는 경력증명서를 제출하여 경력증명을 받을 수 있다.

제6조(재검토기한)
소방청장은 「훈령·예규 등의 발령 및 관리에 관한 규정」에 따라 이 고시에 대하여 2023년 1월 1일 기준으로 매 3년이 되는 시점(매 3년째의 12월 31일까지를 말한다.)마다 그 타당성을 검토하여 개선 등의 조치를 하여야 한다.

부 칙 〈제2022-73호, 2022. 12. 1〉

제1조(시행일)
이 고시는 2022년 12월 1일부터 시행한다.

제2조(소방 관련 업무경력 특례)
제4조의 개정규정은 이 고시 시행 전에 근무한 경력도 포함하여 산정한다.

제3조(다른 고시와의 관계)
이 고시 시행 당시 다른 고시에서 종전의 「소방시설 자체점검사항 등에 관한 고시」 또는 그 규정을 인용한 경우에는 이 고시 가운데 그에 해당하는 규정이 있으면 종전의 규정을 갈음하여 이 고시 또는 이 고시의 해당 규정을 인용한 것으로 본다.

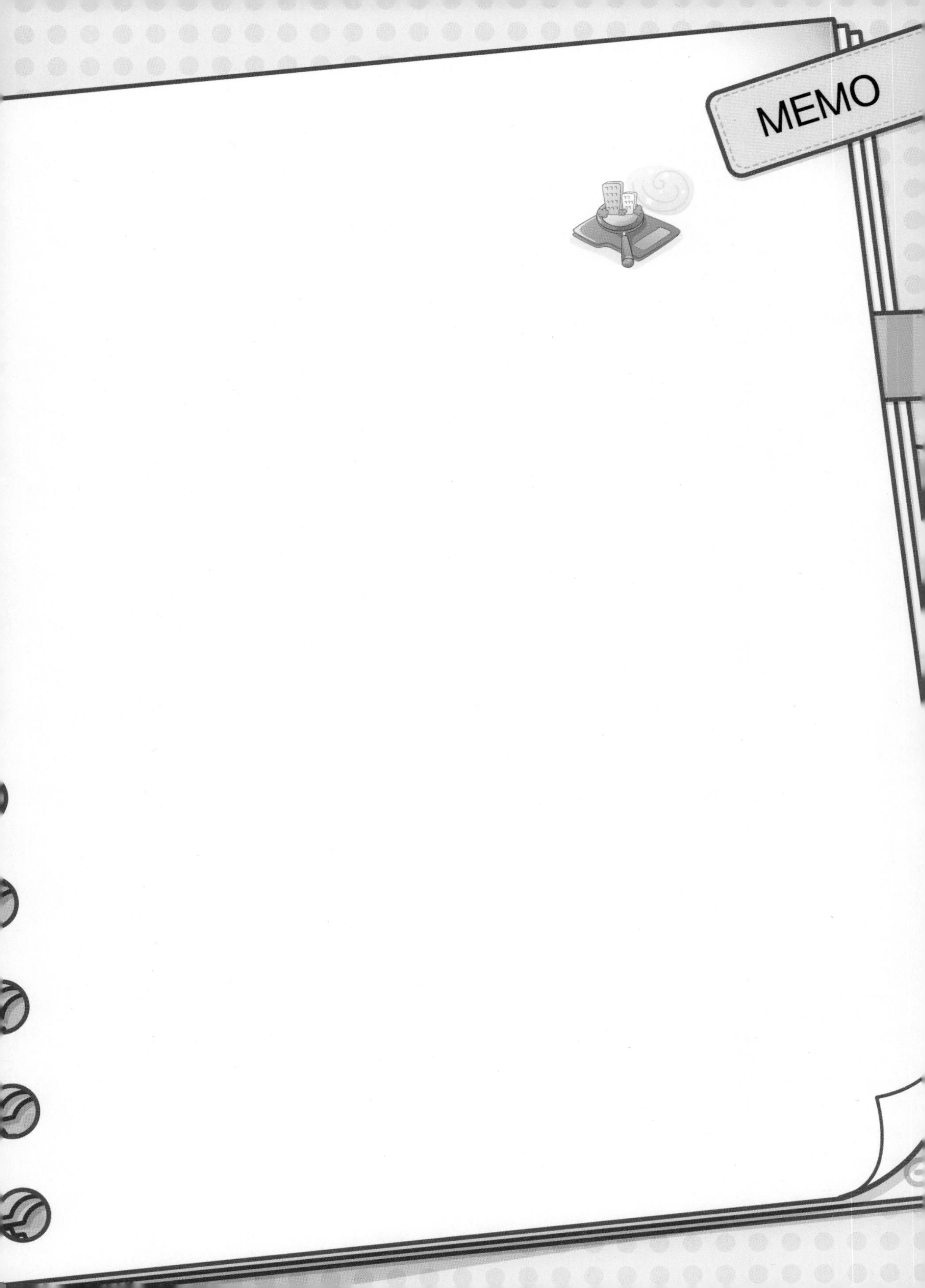
MEMO

소 방 시 설 의 점 검 실 무 행 정

소방시설의 점검실무행정 과년도 출제 문제

출제 경향 분석

출제범위	1. 점검공기구 점검대상, 서식	2. 점검항목 기술	3. 펌프주변 배관	4. 스프링클러 설비밸브	5. 가스계소화설비	6. 자동화재 탐지설비	7. 소방전기 (유도등/비콘)	8. 기타(법규)
1회 ('94.5.23)	1. 옥외점검기구	2. 연살헤드 3. 헤드종별 점검착안사항		2. 연살헤드 3. 헤드종별 점검착안사항			6.2. 3선식 설명 3선식 점등조건	7. 자체점검기록부 작성(8항목) 8. 도시기호 표시 9. 위관 선임대상 10. 정포종합 정밀점검 11. 전기화재경보기 설치 제외
2회 ('95.3.15)	1. 전류전압측정계		2. 압력챔버 공기교체	3. P/V(SDV형) 작동순서, 후 조치, 경보시험		4. P-1급 수신기 시험 · 판정		5. 점검결과 요식 절차
3회 ('96.3.11)	1. 소방시설별 점검기구(전체)		2.펌프성능시험	3. A/V 작동시험현상/ 시험방법	4. CO_2 –동작다이어그램 –헤드설치 제외	5. 공기관식감지기 작동시험, 주의사항		
4회 ('98.9.20)	1. 열감지기시험기 (SH-H-119)			2. DRY V/V(세코스프링클러) 3. P/V:시험방법, 오동작 원인	4. 약제오방출대책			5. 봉인, 검인
5회 ('00.10.15)	1. 옥내 · 외 방수압력 측정방법	2. 급기가압제연설비 점검항목 3. 피난기구 점검확인사항	4. 펌프성능시험, 성능곡선		5. CO_2 농도별 영향			
6회 ('02.11.3)		1. 소방용수시설		2. P/V :작동, 복구 방법	3. 이너젠, CO_2 저장용기, 기동용기 가스량 점검방법 4. CO_2 기동장치 설치기준	5. P–1급 수신기 시험 · 판정		
7회 ('04.10.16)				1. P/V 작동/복구(30점)			2. 비상콘센트(40점) –비상전원 종류 –전원공급용량 –전원 회로수 –비콘 설치높이 –보호함 설치기준	3. 점검의 대상, 자격, 횟수(30점)
8회 ('05.7.3)		1. 수조(10점), 가압송수장치(10점), 청정저장용기(10점)				2. 직상 · 발화 우선경보(10점)	3.유도등(30점) –평상시 상태 –예비전원감시등 점등 이유 –3선식 점등조건	4. 방화구획(30점) –10층 이하 구획 –11층 이상 구획 –층단위 구획 –용도단위 구획
9회 ('06.7.2)		1. 급기가압제연설비 점검항목(20점)	2. 펌프주변(40점) 계통도 부속설명 미기동원인 기동 · 정지 반복원인			3. 공기관식감지기 작동시험 (25점)		4. 다중이용업소 소방시설의 종류(15점)
10회 ('08.9.28)			1. 옥내감시제어반의 기능(10점) 2. '체절압력 확인, 릴리프밸브 조정(20점)		3. 가스압력식 작동방법(8점) 4. 작동 시 확인사항(10점) 5. 저장용기 설치장소기준(12점)			6. 공공기관 종합정밀점검대상 (5점) 7. 다중이용업소 비상구 위치, 규격기준(5점) 8.2 이상 소방대상물 하나/별개로 보는 경우(30점)
11회 ('10.9.5)		1. 시각경보기(10점) 2. 청정 수동식기동장치(10점)	3. s/p 감시제어반 도통 · 작동확인회로(10점)					4. 안전시설 세부점검표(18점) 5. 행정처분 경감조건(6점) 6. 소급적용대상(6점) 7. 방화셔터(40점)
12회 ('11.8.21)	2-2. 점검공기구표			3-1. 반응시간 지수 3-2. 헤드표시 사항 3-3. 헤드색상 표시		1-1. 불꽃감지기 설치기준 1-3. 연기감지기 설치환경상태	1-2. 광원점등방식 피난유도선 설치기준 1-4. 피난구유도등 설치 제외 조건	2-1. 종합정밀점검 시기 및 면제조건 2-3. 수용인원 산정방법(비숙박)

출제범위	1. 점검공기구 점검대상, 서식	2. 점검항목 기술	3. 펌프주변 배관	4. 스프링클러 설비밸브	5. 가스계소화설비	6. 자동화재 탐지설비	7. 소방전기 (유도등/비콘)	8. 기타(법규)
13회 ('13.5.11)		1. 연소방지도료 도포부분(10점) 2. 거실제연 제어반 점검항목 (10점)		1. 폐쇄형스프링클러설비 유수검지장치 설치기준(10점)	1. 위험물안전관리 세부기준 －이산화탄소소화설비 배관설치기준(10점) －포방출구(Ⅱ,Ⅵ) 설명(10점)			1. 공공기관 점검인력 배치기준(10점) 2. 초고층 및 지하연계 복합건축물(30점) －정의, 피난안전구역 설치기준, 피난설비 종류, 면적, 종합방재실
14회 ('14.5.17)		1. 무통 분배기, 분파기, 혼합기 점검항목(2점) 2. 무통 누설동축케이블 점검항목(12점) 3. 제연설비 배연기의 작동 점검 항목, 내용(12점)			1. 호스릴 이산화탄소소화설비 설치기준(10점)	1. 비화재보 우려 환경 장소구분 7가지(7점) 2. 정온식감지선형감지기 설치 기준(16점)	1. 옥외소화전설비 표지설치 기준(7점) 2. 예상제연구역 배출구 설치 기준(4점) 3. 비상전원수전설비 인입선 및 인입구 설치기준(2점) 및 큐비클방식 환기장치 설치 기준(8점)	1. 복합건축물에 해당이 되지 않는 경우(10점) 2. 형식승인을 받아야 할 소화, 경보, 피난설비의 제품 또는 기기(10점)
15회 ('15.9.5)		1. 피난방화시설 점검내용(8점) 2. 수신기의 점검항목 및 점검내용(10점) 3. 이산화탄소 제어반 및 화재표시등 점검항목(8점)					1. 피난기구의 설치 감소기준 (10점)	1. 다중이용업소 비상구 설치할 수 없는 구조(15점) 2. 보일러 사용 시 지켜야 하는 사항(12점) 3. 임시 소방시설의 종류 4. 밀폐구조의 영업장 정의 및 조건(7점) 5. 도시기호 표시(4종류) (4점) 6. 행정처분 일반기준(15점) 7. 부식성 가스 발생장소 감지기 설치 시 유의사항(5점)
16회 ('16.9.24)		1. 다중이용업소 가스누설경보기 점검항목(5점) 2. 청정 개구부 자동폐쇄장치 점검항목(3점) 3. 거실제연 기동장치 점검항목 (3점)	1. 압력챔버 공기교체 방법(14점) 2. 에어락현상 방지대책(8점)			1. 발신기 눌렀을 때 확인방법 (3점) 2. 수신기 절연저항시험 및 절연내력시험 방법 · 목적(18점) 3. 지구경종 울리지 않을 시 원인 (10점)	1. 복도, 거실통로유도등 설치 목적과 조도기준(8점)	1. 제연설비 설치대상, 면제기준, 배출구 면제기준(15점) 2. 방연풍속과 유입공기 배출량 측정방법(12점) 3. 도시기호(10점)
17회 ('17.9.23)	1. 피토게이지 측정압력에 따른 방수량 계산(5점)	1. 화재조기진압용 스프링클러 설치 금지장소(2점) 2. 미분무 압력수조를 이용한 가압송수장치 점검항목(4점) 3. 승강식피난기, 피난사다리 점검항목(6점)		1. 스프링클러설비 수원용량, 천장과 반자 사이 헤드 설치, 펌프성능시험(12점) 2. 포소화약제 보충순서(6점)	1. 청정소화약제 소화설비 비상스위치(3점)	1. 감지기 설치장소 적응성(7점)	2. 무통 설치하지 않을 수 있는 조건(2점)	1. 분말 기동장치 설치기준(3점) 2. 성능인증을 받아야 하는 소방용품(6점) 3. 도시기호(6점) 4. 화재안전기준을 적용하기 어려운 소방대상물(4점) 5. 연소 우려가 있는 곳에 설치하는 설비(4점) 6. 피난용승강기 예비전원 설치기준(4점) 7. 다중이용업소 화재위험평가 대상(3점) 8. 제연 TAB 계산문제(7점) 9. 특수가연물 저장 · 취급기준 (3점) 10. 제어반 고의로 정지 시 벌칙 (4점)

출제범위	1. 점검공기구 점검대상, 서식	2. 점검항목 기술	3. 펌프주변 배관	4. 스프링클러 설비밸브	5. 가스계소화설비	6. 자동화재 탐지설비	7. 소방전기 (유도등/비콘)	8. 기타(법규)
18회 ('18.10.13)		1. 스프링, 물분무, 포 외관점검(4점) 2. 고시원 간이스프링 작동기능점검/종합정밀점검내용(10점)	1. 소화펌프 자동기동되지 않을 시 원인(5점) 2. 유도전동기의 Y결선과 Δ결선의 피상전력이 같음을 증명(5점)			1. R형 수신기 화재 및 제어 표시창(10점) 2. R형 수신기 고장진단(6점) 3. 아날로그방식감지기(9점) 4. 중계기 고장진단(5점)	1. 무통 LCX케이블 표시사항(5점)	1. 도시기호(8점) 2. 제연설비 T.A.B(8점) 3. 고층건축물 제연, 휴비 기준(6점) 4. 연소방지설비 연소방지도료/방화벽(5점) 5. 공기호흡기 설치대상(7점) 6. 제5류 위험물 적응소화기(7점)
19회 ('19.9.21)	1. 옥내소화전 방수압력 측정(8점) 2. 자동화재탐지설비 점검장비(6점)	1. 이산화탄소 전원 및 배선 점검항목(5점) 2. 수신기 작동점검항목, 고장진단(8점)	1. 펌프성능시험방법(6점)	1. 프리액션밸브 작동점검, 복구방법(9점) 2. 간이헤드 설치기준 기준(2점)	1. 이산화탄소 비상스위치 점검(4점) 2. 이산화탄소 분사헤드(4점)	1. 분포형감지기 설치기준, 시험방법(13점) 2. 단독형감지기/시각경보기 설치대상(10점) 3. 중계기 설치기준/입출력수(7점) 4. 광전식분리형감지기 설치기준(6점). 5. 연기감지기 설치대상(4점)		1. 소방시설관리사 응시자격(3점) 2. 제연설비 설치장소/제연구획 기준(8점) 3. 연소방지설비 방수헤드 설치기준(3점)
20회 ('20.9.26)	1. 점검인력 배치기준 표(15점) 2. 지하구, 터널 배치기준(6점)	1. 연송 방수구 설치제외(3점) 2. 다중이 피난설비 작동 & 외관점검(4점) 3. 방연풍속 측정방법, 부합 시 조치(4점) 4. 제연 송풍기 풍량측정점, 계산식(8점) 5. 통합감시시설 주·보조수신기 점검항목(5점) 6. 거실제연 송풍기 점검항목(4점) 7. 내진설비 성능시험조사표(10점) 8. 미분무 성능시험조사표 설계도서(6점)				1. 수신기 기록장치 저장 데이터(4점) 2. 건조실, 보일러실 적응감지기(3점) 3. 감지기 종단저항 설치기준(3점)	1. 비상조명등 화재안전기준(5점) 2. 3선식 유도등 점등조건(5점)	1. 노인요양시설 설치 시 소방시설(2점) 2. 용접, 용단 작업 시 지켜야 할 사항(2점) 3. 다중이용업소 추락방지시설(3점) 4. 다중이용업소 비상구 공통기준(10점) 5. 내화성능, 내열성능(4점)
21회 ('21.9.18)	1. 방수압력측정계 계산문제(10점) 2. 액화가스 레벨메터 사용방법(12점)	1. 소화기, 스프링클러설비 외관점검(7점) 2. 제연설비 배출기 점검항목(5점) 3. 분말소화설비 가압용가스용기 점검항목(5점) 4. 상업용 주방자동소화장치 점검항목(3점) 5. 가스용 주방자동소화장치 탐지부 설치기준(3점) 6. 부속실제연 성능시험조사표에서 차압등 점검항목(4점)		1. 습식 충압펌프 잦은 동작원인(5점) 2. 준비작동식 스프링클러 가닥수(4점)		1. 비상경보설비 발신기 기준(5점) 2. 아날로그감지기 단선원인(2점)	1. 전실제연 차압 과다원인(2점) 2. 전실제연 방연풍속 부족원인(3점)	1. 건축물 바깥쪽에 설치하는 피난계단(4점) 2. 하향식피난구 구조기준(6점)

출제범위	1. 점검공기구 점검대상, 서식	2. 점검항목 기술	3. 펌프주변 배관	4. 스프링클러 설비밸브	5. 가스계소화설비	6. 자동화재 탐지설비	7. 소방전기 (유도등/비콘)	8. 기타(법규)
22회 ('22.9.24)	1. 종합정밀점검대상 (　)넣기 (5점) 2. 배치기준 계산문제(8점) 3. 점검기록표 기재사항(3점) 4. 자체점검 시기, 횟수, 보고서 제출 (　)넣기(7점) 5. 소방시설설관리사 행정처분 (7점) 6. 점검장비 (　)넣기 (5점)	1. 누전경보기 수신부, 전원 점검항목(7점) 2. 무통설비 누설통축케이블,증폭기 및 무선이동중계기 점검항목(8점) 3. 자탐, 자속, 비경 외관점검항목(6점) 4. 이산화탄소 수동기동장치, 안전시설 점검항목(7점) 5. 휴대용비상조명등 점검항목 (7점) 6. 비상경보설비 점검항목(8점)		1. 압력수조 설치사항(5점)			1. 누전경보기 설치방법(7점) 2. 무선통신보조설비 설치대상 (5점) 3. 가스누설경보기 분리형 경보기 및 단독형경보기 설치 제외 장소(5점)	
23회 ('23.9.16)		1. 소방시설등 점검표 작성 시 유의사항(2점) 2. 연결살수설비 송수구 · 배관 점검항목(7점) 3. 성능시험조사표 관련(19점) −스프링클러설비 수압시험 점검항목(3점) −스프링클러설비 수압시험 점검방법(4점) −스프링클러설비 감시제어반 전용실 점검항목(5점) −도로터널 제연설비 점검항목(7점) 4. 분말소화설비 저장용기 점검항목(6점) 5. 지하구 방화벽 설치기준(5점) 6. 특피 제연설비 시험기준(5점)		1. 화재조기진압용 스프링클러 수원계산(5점) 2. 포소화설비 혼합장치 용어정의(5점) 3. 자동확산소화기 용어정의 (6점)		1. 차동식분포형감지기 동작시험시 동작시간이 느린 원인 (5점)	1. 유도등 설체 면제 제외조건 (4점) 2. 전기저장시설 설치장소 배출설비(6점)	1. 소방시설 폐쇄 · 차단 시 행동요령(5점) 2. 배치신고 시 부적합 시 수정사항(8점) 3. 표본조사 실시대상(4점) 4. 자체점검결과 중대위반사항 (4점) 5. 자체점검결과 공개(2점) 6. 초고층 피난안전구역의 인명구조기준(4점)

소방시설의 점검실무행정 과년도 출제 문제

1회 소방시설의 점검실무행정 〈1993. 5. 23 시행〉

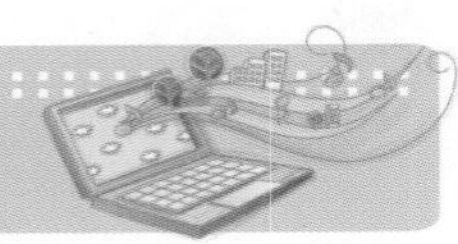

01 다음의 사항을 도시기호로 표시하시오.(5점)

1. 경보설비의 중계기
2. 포말소화전
3. 이산화탄소의 저장용기
4. 물분무헤드(평면도)
5. 자동방화문의 폐쇄장치

☞ 소방시설 자체점검사항 등에 관한 고시(소방청 고시 제2021-17호) 별표

1. 경보설비의 중계기 :
2. 포말소화전 : F
3. 이산화탄소의 저장용기 :
4. 물분무헤드(평면도) :
5. 자동방화문의 폐쇄장치 : ER

02 유도등의 3선식 배선과 2선식 배선을 간략하게 설명하고 점멸기를 설치할 경우, 점등되어야 할 때를 기술하시오.(10점)

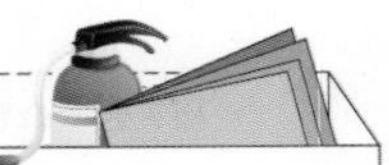

1. 유도등의 3선식 배선과 2선식 배선

구 분	2선식	3선식
개요	1) 유도등에 2선이 입선되는 방식이다. 2) 광원과 예비전원에 동시에 전원이 공급된다. ⇒ 평상시 및 화재 시에 유도등은 점등되어 있으며 전원이 차단되어도 예비전원으로 자동절환되어 20분(또는 60분) 이상 점등이 지속된 후 꺼진다. ※ 점멸스위치 부착금지 : 소등하게 되면 예비전원에 자동충전이 되지 않아 유도등으로서의 기능이 상실된다.	1) 유도등에 3선이 입선되는 방식이다. 2) 평상시에는 예비전원에 전원이 공급되어 예비전원은 상시 충전을 하며, 광원에는 전원이 공급되지 않아 유도등은 소등상태에 있다. 3) 화재 시, 점검 시, 정전 또는 단선 시에는 광원에 전원이 공급되어 점등된다. ⇒ 상용전원에 의하여 점등 도중 전원이 차단되어도 예비전원으로 자동절환되어 20분(또는 60분) 이상 점등이 지속된 후 꺼진다.
결선도	유도등 분전반 / NFB / A.C / 공통선(백색선) / 점등선(녹색선) / 충전선(흑색선) / 예비전원 / 광원 [2선식 유도등 결선도]	유도등 분전반 / NFB / A.C / 공통선(백색선) / 충전선(흑색선) / 점등선(녹색선) / r—a / R / 수신기에 연결 / 예비전원 / 광원 [3선식 유도등 결선도]
장점	1) 3선식에 비해 배관, 배선비가 적게 든다. 2) 평상시 고장 유무를 쉽게 확인할 수 있다. 3) 건물 내부의 사람이 평상시 점등된 유도등에 의하여 피난구 및 피난방향의 사전 인지가 가능하다.	1) 평상시 소등상태로 두기 때문에 등기구 수명개선 및 전력소모가 거의 없으며 동시에 높은 절전효과를 얻을 수 있다. 2) 주간의 경우 상시 점등 문제점이 개선된다.
단점	1) 상시 유도등이 점등되어 있어 전력소모가 대단히 크다. 2) 장시간 유도등이 점등상태로 되어 잦은 고장과 수리로 인한 인건비 소모가 많고 유지관리 보수에 어려움이 있다.	1) 2선식에 비하여 배선비가 다소 많이 든다. 2) 평상시 유지관리가 잘 안 되는 경우 대형참사의 우려가 있다. 3) 평상시 유도등이 소등되어 있어 건물 내부의 사람이 피난구 및 피난방향의 사전 인지가 곤란하다.
설치 장소	모든 특정소방대상물 (예외 : 3선식 사용가능 장소)	1) 소방대상물 또는 그 부분에 사람이 없는 경우 2) 다음 각 목의 1에 해당하는 장소로서 3선식 배선에 따라 상시 충전되는 구조인 경우 (1) 외부광(光)에 따라 피난구 또는 피난방향을 쉽게 식별할 수 있는 장소 (2) 공연장, 암실(暗室) 등으로서 어두워야 할 필요가 있는 장소 (3) 소방대상물의 관계인 또는 종사원이 주로 사용하는 장소

2. 3선식 배선의 경우 유도등 점등조건 [M : 감 · 발 · 자 · 수 · 정 · 단] [1회 5점, 8회 12점, 21회 5점]

1) 자동화재탐지설비의 감지기 또는 발신기가 작동되는 때
2) 비상경보설비의 발신기가 작동되는 때

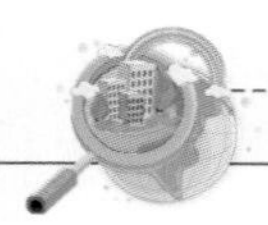

3) **자**동소화설비가 작동되는 때
4) 방재업무를 통제하는 곳 또는 전기실의 배전반에서 **수**동으로 점등하는 때
5) 상용전원이 **정**전되나, 전원선이 **단**선되는 때

03 옥외소화전설비의 법정 점검기구를 기술하시오.(10점) 〈개정 2021. 3. 25〉

소화전 밸브 압력계

04 위험물안전관리자(기능사, 취급자)의 선임대상을 기술하시오.(15점)

1. 위험물안전관리자의 자격
   ☞ 위험물안전관리법 시행령 [별표 5]

위험물취급자격자의 구분		취급할 수 있는 위험물
1) 「국가기술자격법」에 의하여 위험물의 취급에 관한 자격을 취득한 자	위험물기능장	모든 위험물
	위험물산업기사	모든 위험물
	위험물기능사	위험물 중 국가기술자격증에 기재된 유(類)의 위험물
2) 안전관리자 교육이수자(국민안전처장관이 실시하는 안전관리자교육을 이수한 자를 말한다.)		위험물 중 제4류 위험물
3) 소방공무원경력자(소방공무원으로 근무한 경력이 3년 이상인 자를 말한다.)		위험물 중 제4류 위험물

2. 제조소 등의 종류 및 규모에 따라 선임하여야 하는 안전관리자의 자격
   ☞ 위험물안전관리법 시행령 [별표 6]

제조소 등의 종류 및 규모			안전관리자의 자격
제조소	1) 제4류 위험물만을 취급하는 것으로서 지정수량 5배 이하의 것		위험물기능장, 위험물산업기사, 위험물기능사, 안전관리자 교육이수자 또는 소방공무원경력자
	2) 제1호에 해당하지 아니하는 것		위험물기능장, 위험물산업기사 또는 위험물기능사
저장소	1) 옥내저장소	제4류 위험물만을 저장하는 것으로서 지정수량 5배 이하의 것	위험물기능장, 위험물산업기사, 위험물기능사, 안전관리자 교육이수자 또는 소방공무원경력자
		제4류 위험물 중 알코올류 · 제2석유류 · 제3석유류 · 제4석유류 · 동식물유류만을 저장하는 것으로서 지정수량 40배 이하의 것	
	2) 옥외탱크 저장소	제4류 위험물만 저장하는 것으로서 지정수량 5배 이하의 것	
		제4류 위험물 중 제2석유류 · 제3석유류 · 제4석유류 · 동식물유류만을 저장하는 것으로서 지정수량 40배 이하의 것	

제조소 등의 종류 및 규모			안전관리자의 자격
저장소	3) 옥내탱크 저장소	제4류 위험물만을 저장하는 것으로서 지정수량 5배 이하의 것	
		제4류 위험물 중 제2석유류·제3석유류·제4석유류·동식물유류만을 저장하는 것	
	4) 지하탱크 저장소	제4류 위험물만을 저장하는 것으로서 지정수량 40배 이하의 것	
		제4류 위험물 중 제1석유류·알코올류·제2석유류·제3석유류·제4석유류·동식물유류만을 저장하는 것으로서 지정수량 250배 이하의 것	
	5) 간이탱크저장소로서 제4류 위험물만을 저장하는 것		
	6) 옥외저장소 중 제4류 위험물만을 저장하는 것으로서 지정수량의 40배 이하의 것		
	7) 보일러, 버너 그 밖에 이와 유사한 장치에 공급하기 위한 위험물을 저장하는 탱크저장소		
	8) 선박 주유취급소, 철도 주유취급소 또는 항공기 주유취급소의 고정주유설비에 공급하기 위한 위험물을 저장하는 탱크저장소로서 지정수량의 250배(제1석유류의 경우에는 지정수량의 100배) 이하의 것		
	9) 제1호 내지 제8호에 해당하지 아니하는 저장소		위험물기능장, 위험물산업기사 또는 위험물기능사
취급소	1) 주유취급소		위험물기능장, 위험물산업기사, 위험물기능사, 안전관리자 교육이수자 또는 소방공무원경력자
	2) 판매취급소	제4류 위험물만을 취급하는 것으로서 지정수량 5배 이하의 것	
		제4류 위험물 중 제1석유류·알코올류·제2석유류·제3석유류·제4석유류·동식물유류만을 취급하는 것	
	3) 제4류 위험물 중 제1류 석유류·알코올류·제2석유류·제3석유류·제4석유류·동식물유류만을 지정수량 50배 이하로 취급하는 일반취급소(제1석유류·알코올류의 취급량이 지정수량의 10배 이하인 경우에 한한다.)로서 다음 각 목의 어느 하나에 해당하는 것 (1) 보일러, 버너 그 밖에 이와 유사한 장치에 의하여 위험물을 소비하는 것 (2) 위험물을 용기 또는 차량에 고정된 탱크에 주입하는 것		
	4) 제4류 위험물만을 취급하는 일반취급소로서 지정수량 10배 이하의 것		
	5) 제4류 위험물 중 제2석유류·제3석유류·제4석유류·동식물유류만을 취급하는 일반취급소로서 지정수량 20배 이하의 것		
	6) 「농어촌 전기공급사업촉진법」에 의하여 설치된 자가발전시설용 위험물을 이송하는 이송취급소		
	7) 제1호 내지 제6호에 해당하지 아니하는 취급소		위험물기능장, 위험물산업기사 또는 위험물기능사

※ 비고 : 왼쪽란 제조소 등의 종류 및 규모에 따라 오른쪽란에 규정된 안전관리자의 자격이 있는 위험물취급자격자는 [별표 5]의 규정에 의하여 당해 제조소 등에서 저장 또는 취급하는 위험물을 취급할 수 있는 자격이 있어야 한다.

05 연결살수설비의 살수헤드 점검항목과 내용을 기술하시오.(10점) 〈개정 2021. 3. 25〉

1. 헤드의 변형 · 손상 유무
2. 헤드 설치 위치 · 장소 · 상태(고정) 적정 여부
3. 헤드 살수장애 여부

06 소방시설 자체점검기록부 작성 종목 8가지 작성요령을 기술하시오.(10점)

1. 점검일자
2. 점검시설
3. 점검내용
4. 점검결과
5. 결과조치
6. 비고
7. 점검담당자
8. 관리책임자

☞ 소방시설 자체점검사항 등에 관한 고시 [소방청 고시 제2021-17호] 서식 6

소방시설 자체점검기록부

1. 점검일자	2. 점검시설	3. 점검내용	4. 점검결과	5. 결과조치	6. 비고

7. 점검담당자 : (서명 또는 인)
8. 관리책임자 : (서명 또는 인)

[M : 일 · 시 · 내 · 결 · 조 · 비 · 담 · 관]

1. 점검일자 : 소방점검(외관점검)을 실시한 일자를 기재한다.
2. 점검시설 : 설치된 소방시설 중 점검한 소방시설의 종류를 기재한다.
3. 점검내용 : 각 시설 중의 점검한 내용을 간략하게 기재한다.
4. 점검결과 : 해당 소방시설을 점검한 결과 그 시설의 상태를 기재한다.
5. 결과조치 : 점검결과 문제점이 있을 경우 정비 또는 보완 등의 조치내용을 기재한다.
6. 비고 : 1~5까지의 기재사항 중 기타 특이사항이나 보충설명이 필요한 부분만 기재한다.
7. 점검담당자 : 점검담당자가 서명 날인한다.
8. 관리책임자 : 당해 시설의 실질적인 관리책임자가 서명 날인한다.

07 소방시설의 설치·유지 관리규정의 전기화재경보기의 수신기 설치가 제외되는 장소 5곳을 기술하시오.(10점)

[M : 화 · 가 · 습 · 온 · 대]

1. 화약류를 제조하거나 저장 또는 취급하는 장소
2. 가연성의 증기 · 먼지 · 가스 등이나 부식성의 증기 · 가스 등이 다량으로 체류하는 장소
3. 습도가 높은 장소
4. 온도의 변화가 급격한 장소
5. 대전류회로 · 고주파 발생회로 등에 따른 영향을 받을 우려가 있는 장소

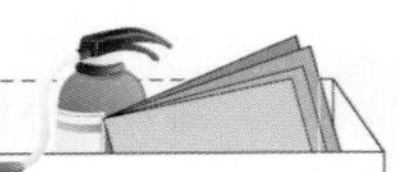

※ 다만, 당해 누전경보기에 대하여 방폭·방식·방습·방온·방진 및 정전기 차폐 등의 방호조치를 한 것에 있어서는 그러하지 아니하다.

08 스프링클러설비의 말단시험밸브의 시험작동 시 확인될 수 있는 사항을 간기하시오. (10점)

1. 감시제어반(수신기) 확인사항
   1) 화재표시등 점등확인
   2) 해당 구역 알람밸브 작동표시등 점등확인
   3) 수신기 내 경보 부저 작동확인
2. 해당 방호구역의 경보(싸이렌)상태 확인
3. 소화펌프 자동기동 여부 확인

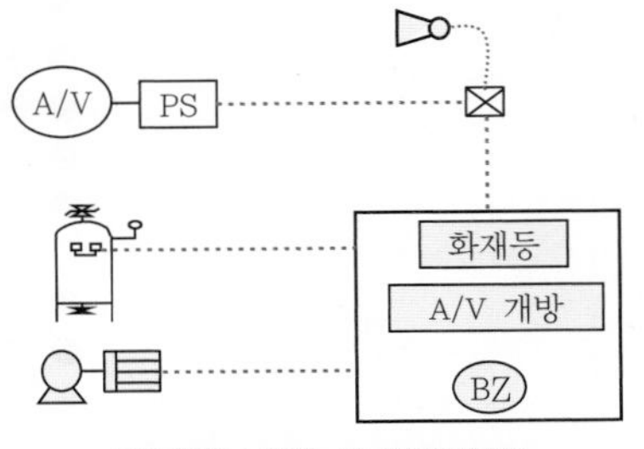

[알람밸브시험 시 확인사항]

09 스프링클러설비 헤드의 감열부 유무에 따른 헤드의 설치수와 급수관 구경과의 관계를 도표로 나타내고 설치된 헤드의 종류별로 점검착안 사항을 열거하시오.(10점)

1. 스프링클러헤드수별 급수관의 구경
   ☞ 스프링클러설비의 화재안전기술기준(NFTC 103) 2.5.3.3

(단위 : mm)

급수관의 구경 / 구 분	25	32	40	50	65	80	90	100	125	150
가	2	3	5	10	30	60	80	100	160	161 이상
나	2	4	7	15	30	60	65	100	160	161 이상
다	1	2	5	8	15	27	40	55	90	91 이상

〈주〉 1. 폐쇄형 스프링클러헤드를 사용하는 설비의 경우로서 1개 층에 하나의 급수배관(또는 밸브 등)이 담당하는 구역의 최대면적은 3,000m²를 초과하지 아니할 것
2. 폐쇄형 스프링클러헤드를 설치하는 경우에는 "가"란의 헤드수에 따를 것. 다만, 100개 이상의 헤드를 담당하는 급수배관(또는 밸브)의 구경을 100mm로 할 경우에는 수리계산을 통하여 제8조 제3항 제3호에서 규정한 배관의 유속에 적합하도록 할 것
3. 폐쇄형 스프링클러헤드를 설치하고 반자 아래의 헤드와 반자 속의 헤드를 동일 급수관의 가지관 상에 병설하는 경우에는 "나"란의 헤드수에 따를 것
4. 제10조 제3항 제1호의 경우로서 폐쇄형 스프링클러헤드를 설치하는 설비의 배관구경은 "다"란에 따를 것
5. 개방형 스프링클러헤드를 설치하는 경우 하나의 방수구역이 담당하는 헤드의 개수가 30개 이하일 때는 "다"란의 헤드수에 의하고, 30개를 초과할 때는 수리계산 방법에 따를 것

2. 헤드의 점검항목 〈개정 2021. 3. 25〉

구 분	스프링클러설비 점검항목
헤 드	○ 헤드의 변형·손상 유무 ○ 헤드 설치 위치·장소·상태(고정) 적정 여부 ○ 헤드 살수장애 여부 ● 무대부 또는 연소 우려가 있는 개구부 개방형 헤드 설치 여부 ● 조기반응형 헤드 설치 여부(의무 설치장소의 경우) ● 경사진 천장의 경우 스프링클러헤드의 배치상태 ● 연소할 우려가 있는 개구부 헤드 설치 적정 여부 ● 습식·부압식 스프링클러 외의 설비 상향식 헤드 설치 여부 ● 측벽형 헤드 설치 적정 여부 ● 감열부에 영향을 받을 우려가 있는 헤드의 차폐판 설치 여부
헤드 설치 제외	● 헤드 설치 제외 적정 여부(설치 제외된 경우) ● 드렌처설비 설치 적정 여부

10 고정포소화설비의 종합정밀점검 방법을 기술하시오.(10점)

구 분	점검항목 〈2022. 12. 1 개정〉
포헤드	○ 헤드의 변형·손상 유무 ○ 헤드 수량 및 위치 적정 여부 ○ 헤드 살수장애 여부
호스릴포소화설비 및 포소화전설비	○ 방수구와 호스릴함 또는 호스함 사이의 거리 적정 여부 ○ 호스릴함 또는 호스함 설치 높이, 표지 및 위치표시등 설치 여부 ● 방수구 설치 및 호스릴·호스 길이 적정 여부
전역방출방식의 고발포용 고정포 방출구	○ 개구부 자동폐쇄장치 설치 여부 ● 방호구역의 관포체적에 대한 포수용액 방출량 적정 여부 ● 고정포방출구 설치 개수 적정 여부 ○ 고정포방출구 설치 위치(높이) 적정 여부
국소방출방식의 고발포용 고정포 방출구	● 방호대상물 범위 설정 적정 여부 ● 방호대상물별 방호면적에 대한 포수용액 방출량 적정 여부

2회 소방시설의 점검실무행정 〈1995. 3. 15 시행〉

01 **스프링클러 준비작동밸브(SDV)형의 구성 명칭은 다음과 같다. 이때 작동순서, 작동 후 조치(배수 및 복구), 경보장치 작동시험 방법을 설명하시오.(20점)**

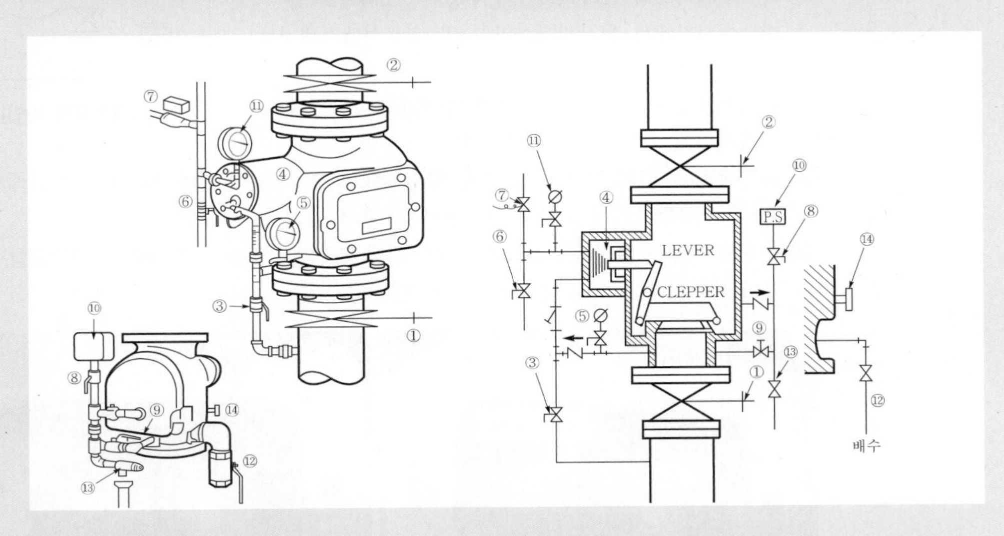

① 1차측 개폐밸브
② 2차측 개폐밸브
③ 셋팅밸브
④ 중간챔버
⑤ 1차측 압력계
⑥ 수동기동밸브
⑦ 전자밸브(Solenoid Valve)
⑧ 경보정지밸브
⑨ 경보시험밸브
⑩ 압력스위치
⑪ 중간챔버 압력계
⑫ 배수밸브(드레인밸브)
⑬ 배수밸브(드립체크밸브)
⑭ 복구레버

1. 작동점검
   1) 준비
      (1) 2차측 개폐밸브 ② 잠금, 배수밸브 ⑫ 개방(2차측으로 가압수를 넘기지 않고 배수밸브를 통해 배수하여 시험실시)

      주의 프리액션밸브가 여러 개 있는 경우는 안전조치 사항으로 다른 구역으로의 프리액션밸브 2차측 밸브도 폐쇄한 후 점검에 임한다.

      (2) 경보 여부 결정(수신기 경보스위치 "ON" or "OFF")

      참고 경보스위치 선택
      1. 경보스위치를 "ON": 감지기 동작 및 준비작동식 밸브 동작 시 음향경보 즉시 발령됨.
      2. 경보스위치를 "OFF": 감지기 동작 및 준비작동식 밸브 동작 시 수신기에서 확인 후 필요시 경보스위치를 잠깐 풀어서 동작 여부만 확인
      ⇒ 통상 점검 시에는 "2"번을 선택하여 실시

2) 작동

(1) 준비작동식 밸브를 작동시킨다.

준비작동식 밸브를 작동시키는 방법은 5가지 방법이 있으나 여기서는 '해당 구역의 감지기 2개 회로를 작동시켜 시험하는 것으로 기술한다. [4회 10점]

가. 해당 방호구역의 감지기 2개 회로 작동

나. SVP(수동조작함)의 수동조작스위치 작동

다. 프리액션밸브 자체에 부착된 수동기동밸브 개방

라. 수신기측의 프리액션밸브 수동기동스위치 작동

마. 수신기에서 동작시험스위치 및 회로선택스위치로 작동(2회로 작동)

SVP
P/V

[작동시험 방법]

(2) 감지기 1개 회로 작동 ⇒ 경보발령(경종)

(3) 감지기 2개 회로 작동 ⇒ 전자밸브 ⑦ 개방

(4) 중간챔버 ④ 압력 저하 ⇒ 클래퍼 개방(밀대 후진 ⇒ 걸쇠(레버) 락 해제 ⇒ 클래퍼 개방)

(5) 2차측 개폐밸브까지 소화수 가압 ⇒ 배수밸브 ⑫를 통해 유수

참고 한번 개방된 클래퍼는 레버에 걸려서 다시 복구되지 않는다. 즉, PORV 불필요함.

(6) 유입된 가압수에 의해 압력스위치 ⑩ 작동

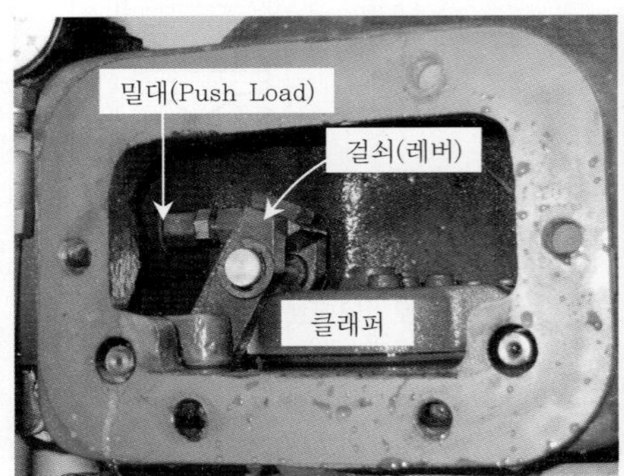

[클래퍼 동작 전]

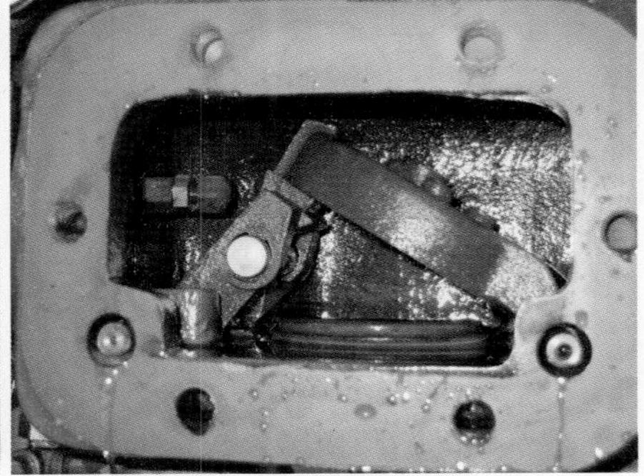

[클래퍼 동작 후]

3) 확인

(1) 감시제어반(수신기) 확인사항

가. 화재표시등 점등확인

나. 해당 구역 감지기 동작표시등 점등확인

다. 해당 구역 프리액션밸브 개방표시등 점등 확인

라. 수신기 내 경보 부저 작동확인

(2) 해당 방호구역의 경보(싸이렌)상태 확인

(3) 소화펌프 자동기동 여부확인

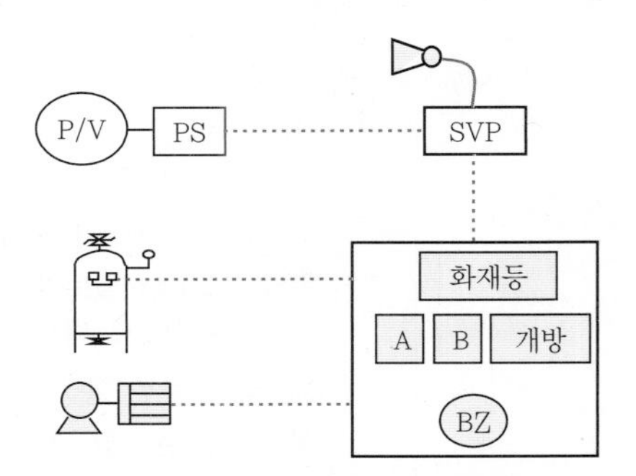

[프리액션밸브 동작 시 확인사항]

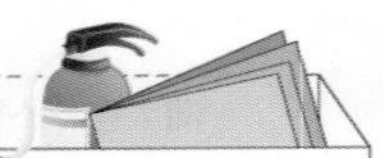

2. 작동 후 조치

1) 배수

펌프 자동정지의 경우	펌프 수동정지의 경우
(1) 셋팅밸브 잠금(개방 관리하는 경우만 해당) (2) 1차측 개폐밸브 ① 잠금 ⇒ 펌프 정지확인 (3) 개방된 배수밸브 ⑫를 통해 ⇒ 2차측 소화수 배수 (4) 경보시험밸브 ⑨를 개방하고 드립체크밸브 ⑬을 손으로 눌러 압력스위치 연결배관과 클래퍼 하부의 물을 배수시킨다.(∵ 클래퍼의 안정적인 안착을 위한 조치임.) (5) 제어반 스위치 확인복구 ⇒ 전자밸브 자동복구됨.	(1) 펌프 수동정지 (2) 셋팅밸브 잠금(개방 관리하는 경우만 해당) (3) 1차측 개폐밸브 ① 잠금 (4) 개방된 배수밸브 ⑫를 통해 ⇒ 2차측 소화수 배수 (5) 경보시험밸브 ⑨를 개방하고 드립체크밸브 ⑬을 손으로 눌러 압력스위치 연결배관과 클래퍼 하부의 물을 배수시킨다.(∵ 클래퍼의 안정적인 안착을 위한 조치임.) (6) 제어반 스위치 확인복구 ⇒ 전자밸브 자동복구됨.

2) 복구(Setting)

(1) 복구레버 ⑭를 돌려 클래퍼를 안착시킨다.(이때 둔탁한 "퍽~~"하는 소리가 나는데 이로써 클래퍼가 정상적으로 안착이 되었음을 알 수 있다.)

(2) 배수밸브 ⑫와 경보시험밸브 ⑨를 잠근다.

※ 점검 시 주의사항 : 배수밸브는 개폐상태를 육안으로 확인하지 못하므로 손으로 돌려보아 배수밸브가 잠겨져 있는지 반드시 재차 확인할 것. 만약 배수밸브가 개방되어져 있다면 화재진압 실패의 원인이 됨.

(3) 셋팅밸브 ③ 개방 ⇒ 중간챔버 ④에 급수

(4) 수동기동밸브 ⑥을 약간만 개방하여 중간챔버 내 에어(공기)를 제거 후 다시 잠근다.

참고 다이어프램타입의 경우 중간챔버 내용적이 크므로 셋팅 시 에어를 제거하지 않아도 기능상에는 문제가 없으나, 클래퍼타입의 경우 챔버용적이 작으므로 안정적인 셋팅을 위해 에어를 제거해 주는 것이 좋다.

(5) 중간챔버 내 가압수 공급으로 밀대가 걸쇠를 밀어 클래퍼를 개방되지 않도록 눌러준다.

⇒ 중간챔버 압력계 ⑪ 압력발생 확인

(6) 1차측 개폐밸브 ①을 물이 약간 흐를 수 있는 정도만 개방한다.

(7) 드립체크밸브 ⑬을 손으로 눌러 누수여부를 확인한다. 이때 누수가 되지 않으면 정상 셋팅된 것이다.

참고 셋팅이 안 될 경우의 조치 : 만약 누수가 되면 클래퍼가 정상적으로 안착이 되지 않은 경우이므로 다시 복구를 하여야 하며, 계속 복구가 되지 않을 경우에는 밸브 본체 볼트를 풀어 전면 커버를 분리하고 클래퍼 내부 이물질 제거 및 클래퍼 안착면을 깨끗이 닦아낸 후 정확하게 안착시켜서 복구한다.

(8) 1차측 개폐밸브 ①을 완전히 개방한다.

(9) 셋팅밸브 ③ 잠금(셋팅밸브를 잠그고 관리하는 경우만 해당)

(10) 수신기 스위치 상태확인

(11) 소화펌프 자동전환(펌프 수동정지의 경우에 한함.)

(12) 2차측 개폐밸브 ② 서서히 완전개방

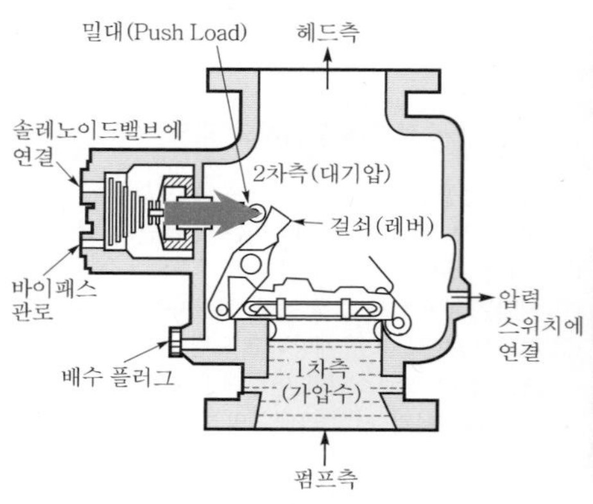

[셋팅된 모습]

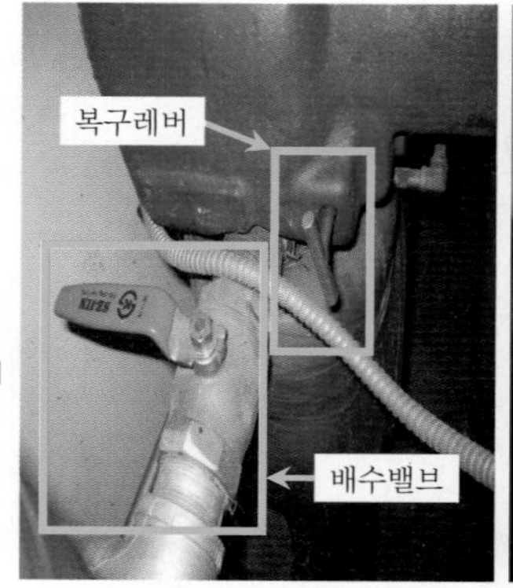

[복구레버 및 배수밸브]

[드립체크밸브 설치외형]

3. 경보장치 작동시험방법
   1) 2차측 개폐밸브 ② 잠금
   2) 경보시험밸브 ⑨ 개방 ⇒ 압력스위치 ⑩ 작동 ⇒ 경보장치 작동
   3) 경보확인 후 경보시험밸브 ⑨ 잠금
   4) 드립체크밸브 ⑬을 수동으로 눌러 경보시험 시 넘어간 물은 배수시켜 준다.
   5) 수신기 스위치 확인복구
   6) 2차측 개폐밸브 ②를 서서히 개방

02 전류전압 측정계의 0점 조정 콘덴서의 품질시험 방법 및 사용상의 주의사항에 대하여 설명하시오.(20점)

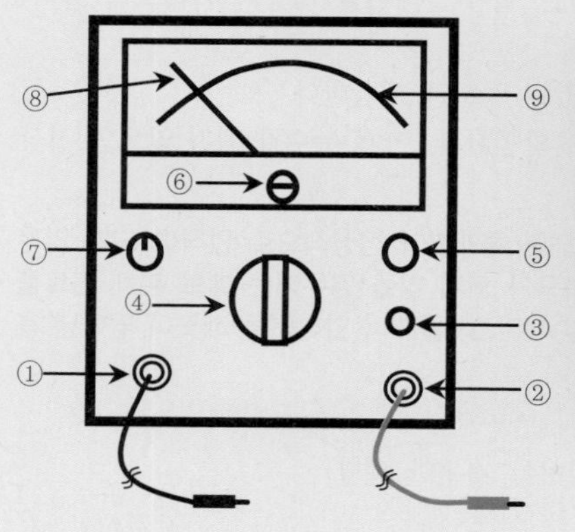

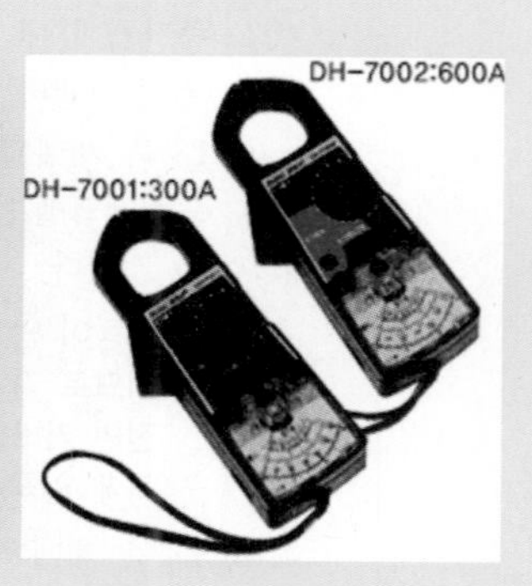

① 공통단자(−단자)
② A, V, Ω 단자(+단자)
③ 출력단자(Output Terminal)
④ 레인지선택스위치(Range Slecter S/W)
⑤ 저항 0점 조절기
⑥ 0점 조정나사(전압, 전류)
⑦ 극성선택스위치(DC, AC, Ω)
⑧ 지시계
⑨ 스케일(Scale)

[전류전압 측정계의 외형]

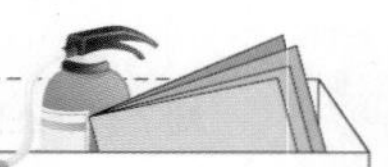

 1. 0점 조정

1) 모든 측정을 하기 전에 반드시 바늘의 위치가 0점에 고정되어 있는지 확인한다.
2) 0점에 있지 않을 경우, ⑥번 0점 조정나사로 조정하여 0점에 맞춘다.

2. 콘덴서 품질시험

1) 흑색도선을 측정기의 − 측 단자에, 적색도선을 + 측 단자에 접속시킨다. 2) ⑦번 극성선택 S/W를 Ω의 위치에 고정시킨다. 3) Range ④를 10kΩ의 위치에 고정시킨다.	준비 (공통사항)
4) 리드선을 콘덴서의 양단자에 접속시킨다.	도선연결
5) 판정기준	판 정

(1) 정상 콘덴서는 지침이 순간적으로 흔들리다 서서히 무한대(∞) 위치로 돌아온다.
(2) 불량 콘덴서는 지침이 움직이지 않는다.
(3) 단락된 콘덴서는 바늘이 움직인 채 그대로 있으며, 무한대(∞) 위치로 돌아오지 않는다.

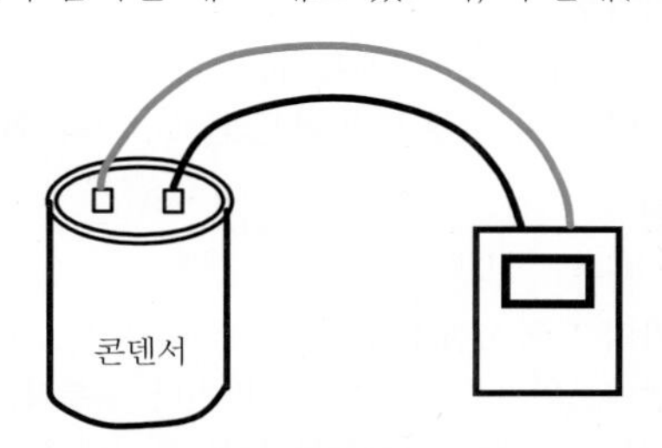

[콘덴서의 품질시험 방법]

3. 사용상 주의사항 [M : 수 · 영 · B · R · 고 · 전 · 차 · 콘]

1) 측정 시 시험기는 수평으로 놓을 것
2) 측정 시 사전에 0점 조정 및 전지[Battery] 체크를 할 것
   ※ 제 측정을 하기 전에 반드시 바늘의 위치가 0점에 고정되어 있는가를 확인하여야 한다.
   (0점 조정이 되어 있지 않을 경우는 ⑥번 0점 조정나사를 조정하여 0점에 맞춘다.)
3) 측정범위가 미지수일 때는 눈금의 최대범위에서 시작하여 범위를 낮추어 갈 것[Range]
4) ④번 선택 S/W가 DC mA에 있을 때는 고전압이 걸리지 않도록 할 것
   (시험기의 분로저항이 손상될 우려가 있음.)
5) 어떤 장비의 회로저항을 측정할 때에는 측정 전에 장비용 전원을 반드시 차단하여야 한다.
6) 콘덴서가 포함된 회로에서는 콘덴서에 충전된 전류는 방전시켜야 한다.

03 자동화재탐지설비 수신기의 화재표시 작동시험, 도통시험, 공통선시험, 예비전원시험, 동시작동시험 및 회로저항시험의 작동시험 방법과 가부 판정기준에 대하여 기술하시오.(30점)

 1. 화재표시 작동시험

1) 작동시험 방법

(1) 회로선택스위치로 시험

가. 연동정지(소화설비, 비상방송 등 설비 연동스위치 연동정지) 나. 축적 · 비축적 선택스위치를 비축적 위치 전환	사전조치
다. 동작시험스위치와 자동복구스위치를 누른다. 라. 회로선택스위치를 1회로씩 돌리거나 눌러 선택한다.	시 험
마. 화재표시등, 지구표시등, 음향장치 등의 동작상황을 확인한다.	확 인

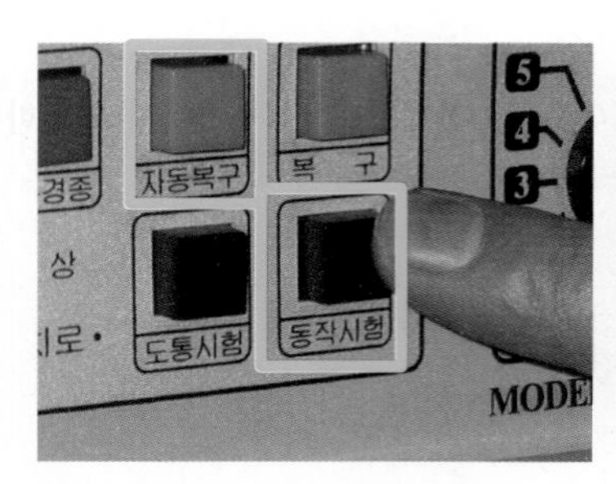

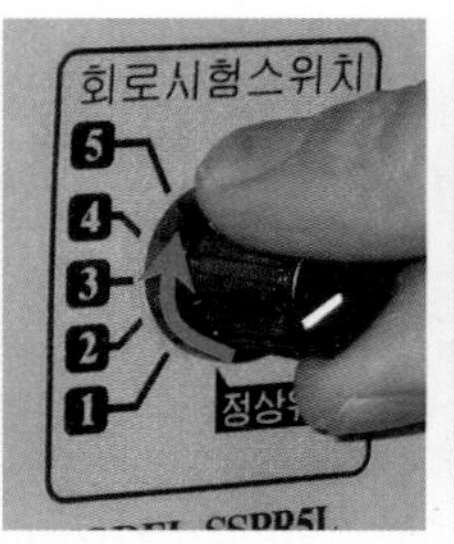

[동작시험, 자동복구스위치 누름] [회로선택스위치 선택]

(2) 경계구역의 감지기 또는 발신기의 작동시험과 함께 행하는 방법[현장에서 동작]
감지기 또는 발신기를 차례로 작동시켜 경계구역과 지구표시등과의 접속상태를 확인할 것

2) 가부 판정기준
(1) 각 릴레이의 작동, 화재표시등, 지구표시등, 음향장치 등이 작동하면 정상이다.
(2) 경계구역 일치 여부 : 각 회선의 표시창과 회로번호를 대조하여 일치하는지 확인한다.

2. 회로도통시험

1) 작동시험 방법
(1) 수신기의 도통시험스위치를 누른다.(또는 시험측으로 전환한다.)
(2) 회로선택스위치를 1회로씩 돌리거나 누른다.
(3) 각 회선 전압계의 지시상황 등을 조사한다.
※ "도통시험 확인등"이 있는 경우는 정상(녹색), 단선(적색)램프 점등확인
(4) 종단저항 등의 접속상황을 조사한다.(단선된 회로조사)

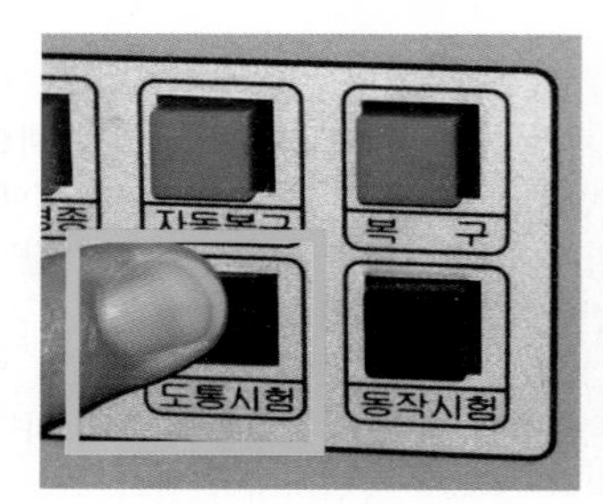

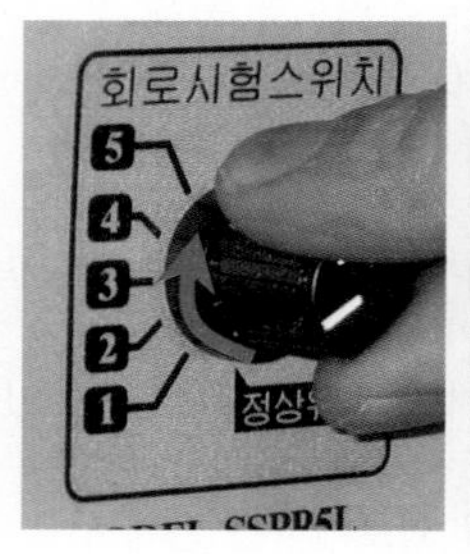

[도통시험스위치 누름] [회로선택스위치 선택]

2) 가부 판정기준
(1) 전압계가 있는 경우 : 각 회선의 시험용 계기의 지시상황이 지정대로일 것
가. 정상 : 전압계의 지시치가 2~6V 사이이면 정상
나. 단선 : 전압계의 지시치가 0V를 나타냄.
다. 단락 : 화재경보상태(지구등 점등상태)
(2) 전압계가 없고, 도통시험 확인등이 있는 경우
가. 정상 : 정상 LED 확인등(녹색) 점등
나. 단선 : 단선 LED 확인등(적색) 점등

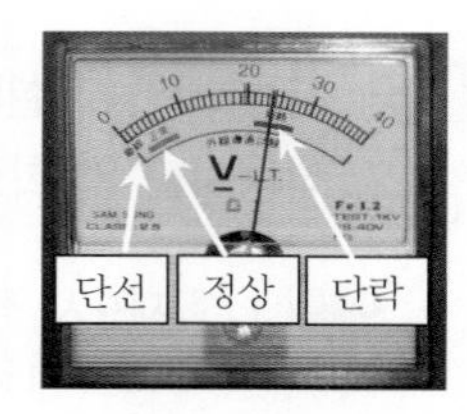

[도통시험 시 전압계]

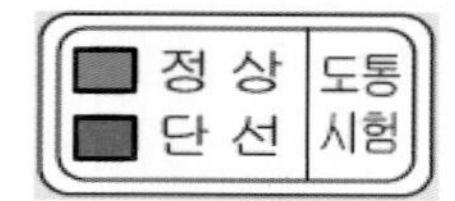

[도통시험등]

3. 공통선시험

1) 작동시험 방법

(1) 수신기 내의 단자대에서 공통선을 1선 분리한다.(감지기회로가 7개를 초과하는 경우에 한함.)

(2) 도통시험스위치를 누르고,

(3) 회로선택스위치를 1회로씩 돌리거나 누른다.

(4) 전압계의 지시치가 "0V"를 표시하는 회로수를 조사한다.

※ 다이오드타입의 경우는 "단선등(적색)"이 점등되는 회로수를 조사한다.

(5) 공통선이 여러 개 있는 경우에는 다음 공통선을 1선씩 단자대에서 분리하여 전 공통선에 대해서 상기와 같은 방법을 시험한다.

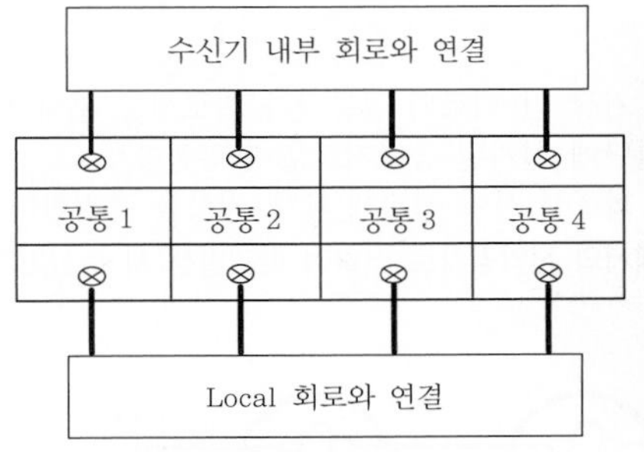

[수신기 내부 단자대]

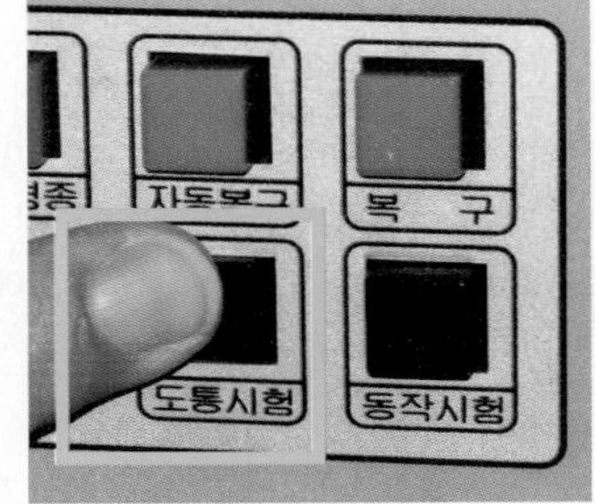

[도통시험스위치 누름]

[회로선택스위치 돌림]

2) 가부 판정기준 : 공통선 1선이 담당하는 경계구역이 7개 이하일 것

4. 예비전원시험

1) 방법

(1) 예비전원시험스위치를 누른다.

※ 예비전원시험은 스위치를 누르고 있는 동안만 시험이 가능하다.

(2) 전압계의 지시치가 적정범위[24V] 내에 있는지를 확인한다.

※ LED로 표시되는 제품 : 전압이 정상/높음/낮음으로 표시

(3) 교류전원을 차단하여 자동절환 릴레이의 작동상황을 조사한다.

※ 입력전원 차단 : 차단기 OFF 또는 수신기 내부 전원스위치 OFF

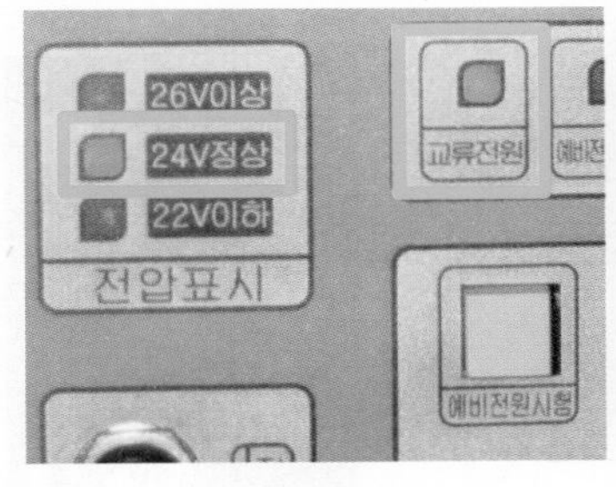

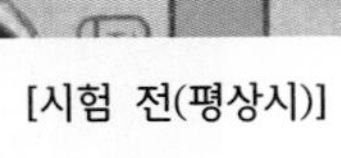
[시험 전(평상시)]

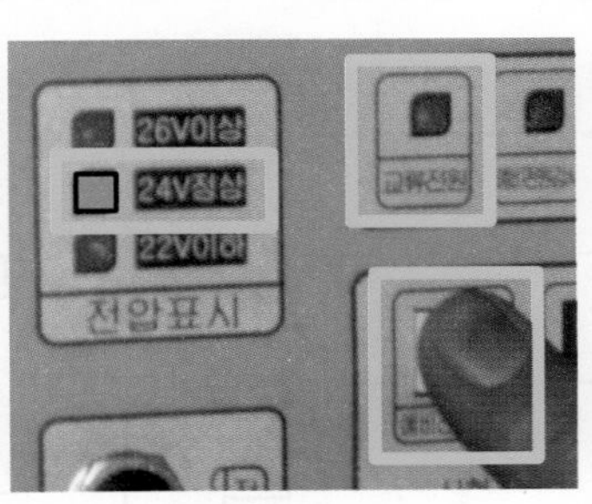

[예비전원시험스위치 누름]

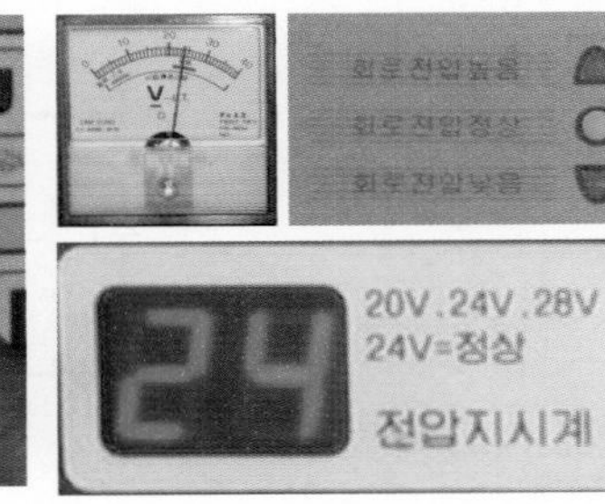

[전압확인]

2) 가부 판정기준 : 예비전원의 전압, 용량, 자동전환 및 복구작동이 정상일 것

5. 동시 작동시험
 1) 작동시험방법

(1) 연동정지(소화설비, 비상방송 등 설비 연동스위치 연동정지) (2) 축적·비축적 선택스위치를 비축적 위치 전환	사전조치
(3) 수신기의 동작시험스위치를 누른다. ※ 이때, 자동복구스위치는 누르지 말 것 (4) 회로선택스위치를 차례로 돌리거나 눌러서 "5회선"을 동작시킨다.	시 험
(5) 주·지구 음향장치가 울리면서 수신기 화재표시등이 점등한다. (6) 부수신기를 설치하였을 때에도, 모두 정상상태로 놓고 시험한다.	확 인

 2) 가부 판정기준 : 각 회로를 동작시켰을 때 수신기, 부수신기, 표시기, 음향장치 등에 이상이 없을 것

6. 회로저항시험
 1) 시험방법
  (1) 수신기 내부 단자대에서 배선의 길이가 가장 긴 회로의 공통선과 회로선을 분리한다.
  (2) 배선의 길이가 가장 긴 감지기회로의 말단에 설치된 종단저항을 단락한다.
  (3) 전류전압 측정계를 사용하여, 공통선과 회로선 사이 전로에 대해 저항을 측정한다.

 참고 선로 저항치가 50Ω 이상이 되면 전로에서의 전압강하로 인하여 화재발생 시 수신기가 유효하게 작동하지 않을 우려가 있다.

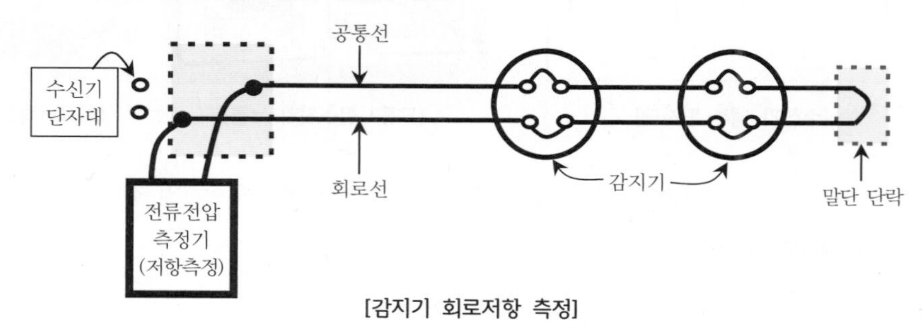

[감지기 회로저항 측정]

 2) 가부 판정기준 : 하나의 회로의 합성저항치가 50Ω 이하일 것

04 옥내소화전설비의 기동용 수압개폐장치를 점검결과 압력챔버 내에 공기를 모두 배출하고 물만 가득 채워져 있다. 기동용 수압개폐장치 압력챔버를 재조정하는 방법을 기술하시오.(20점)

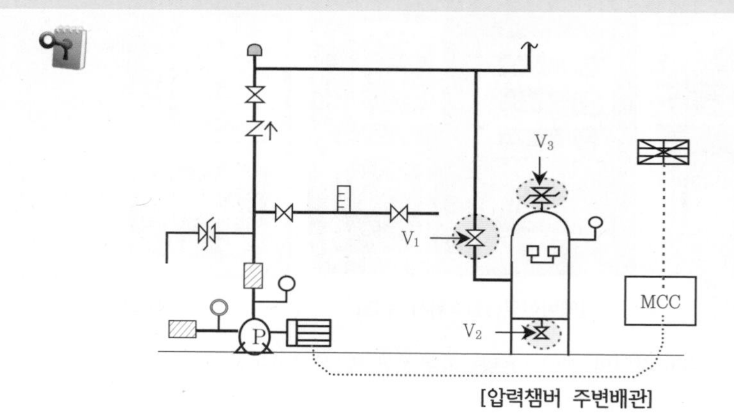

[압력챔버 주변배관]

내용	구분
1. 제어반에서 주·충압펌프의 기동을 중지시킨다.(펌프의 안전조치를 하지 않고 배수하면 펌프가 기동됨.)	안전조치

2. V_1밸브를 잠근다.(챔버 내 가압수 유입 차단)
3. V_2, V_3를 개방하여 압력챔버 내부의 물을 배수한다.
   ☞ V_2를 개방하여 챔버 내 압축공기에 의한 가압수를 배출시킨 후 V_3를 개방하여 에어를 공급시켜 완전 배수한다.

[안전밸브 개방모습]

참고 1. 챔버 내 청소 : 챔버 내부의 물을 배수시키고 나서 V_1밸브를 열었다 닫았다를 여러 번 반복하면 배관 내 가압수로 압력챔버 내부의 녹물 등 이물질을 청소할 수 있다.
2. 챔버 내 에어공급 : 만약 V_3가 안전밸브(밴트밸브)가 아니고, 릴리프밸브로 되어 있는 경우에는 압력스위치 연결용 동관 연결볼트를 풀어 신선한 공기를 유입시켜 챔버 내 물을 완전히 배수시키고 나서 다시 견고히 조립한다.

[안전밸브가 릴리프밸브로 설치된 경우]

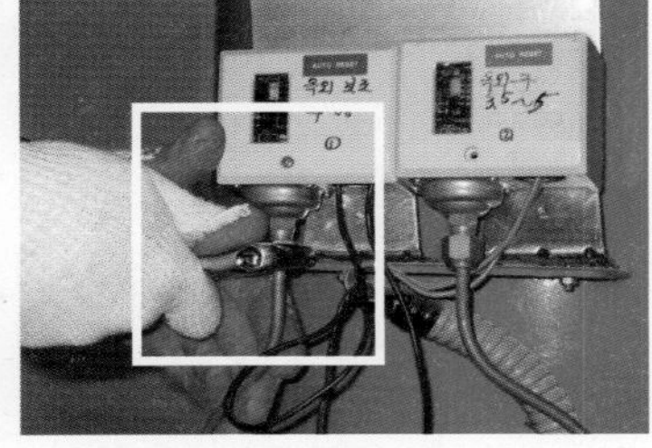

[조작동관을 풀어 에어를 넣는 모습]

(구분: 배 수)

4. V_2를 통하여 완전히 배수가 되면 V_2, V_3를 폐쇄시킨다.
5. V_1밸브를 개방하여 압력챔버 내 물을 서서히 채운다.(이 경우는 배관 내의 압력만으로 가압하는 경우이다.)

(구분: 급 수)

6. 충압펌프 자동전환
   ⇒ 배관 내를 가압하여 설정압력에 도달되면 충압펌프는 자동정지된다.(∵ 용량이 작은 충압펌프로 먼저 배관 내를 가압한다.)
7. 주펌프 자동전환
   ⇒ 배관 내를 가압하여 설정압력에 도달되면 주펌프는 자동정지된다.

☞ **주펌프 수동정지의 경우 자동전환 방법 :** 주펌프의 압력스위치의 동작확인침을 드라이버를 이용하여 상단으로 올려 압력스위치를 수동으로 복구시킨 후 주펌프를 자동전환시켜 놓는다.

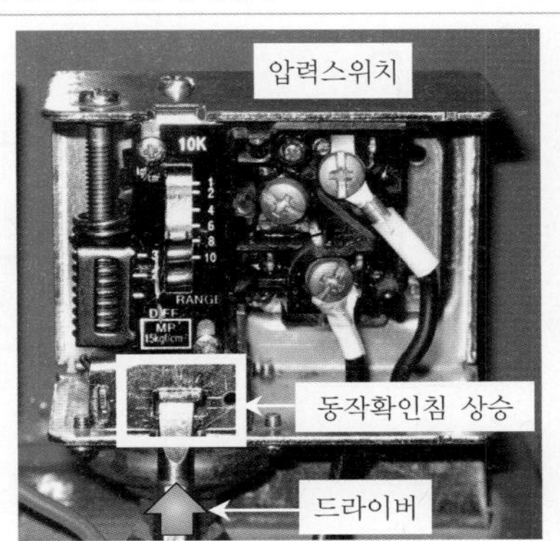

[주펌프 압력스위치 수동복구]

(구분: 자동전환)

05 소방시설 자체점검자가 소방시설에 대하여 작동점검하였을 때 그 점검결과에 대한 요식절차를 간기하시오. [2회 10점]

1. 점검자, 보고서 제출자 및 제출기한
   1) 점검자
      (1) 특정소방대상물의 관계인(자격이 있는 소방안전관리자)
      (2) 자체점검을 위탁 받은 소방시설관리업자
   2) 보고서 제출자 : 특정소방대상물의 관계인
   3) 보고서 제출기한 : 15일 이내에 관할 소방서에 제출
2. 관할 소방서의 점검결과 처리
   1) 점검결과의 처리
      (1) 지적내역이 없는 경우 : 상황 종료
      (2) 지적내역이 있는 경우 : 이행계획서 작성 제출
   2) 점검업무 흐름도

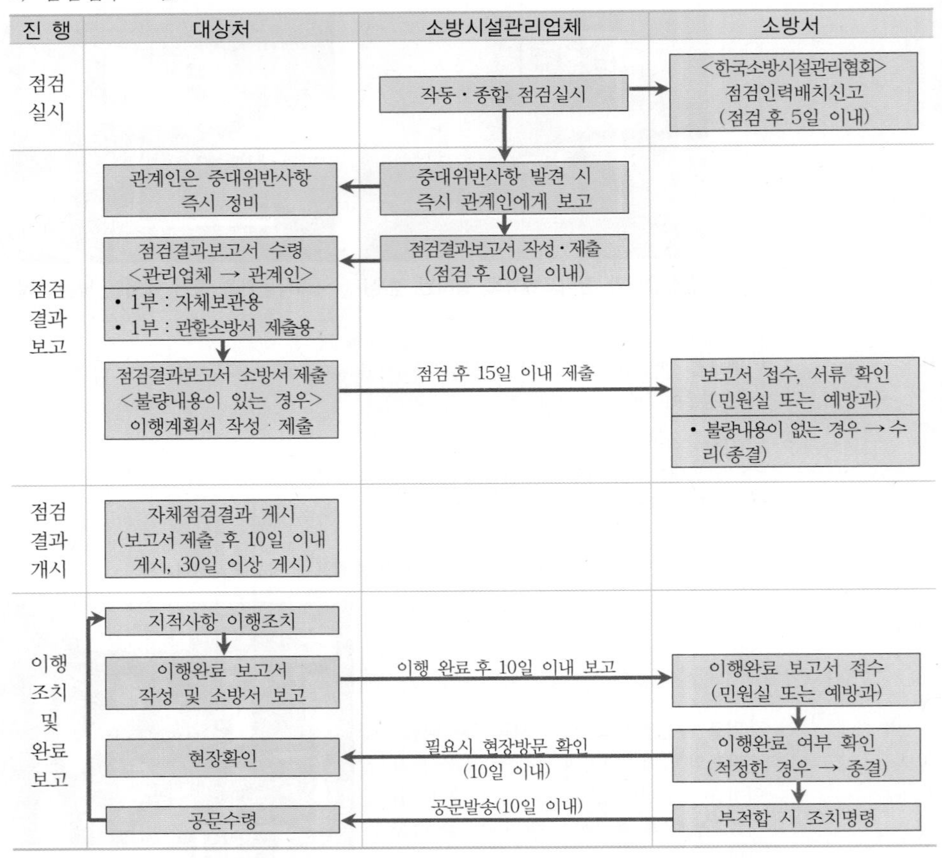

3회 소방시설의 점검실무행정 〈1996. 3. 11 시행〉

01 습식 유수검지장치의 시험작동 시 나타나는 현상과 작동시험 방법을 기술하시오.(20점)

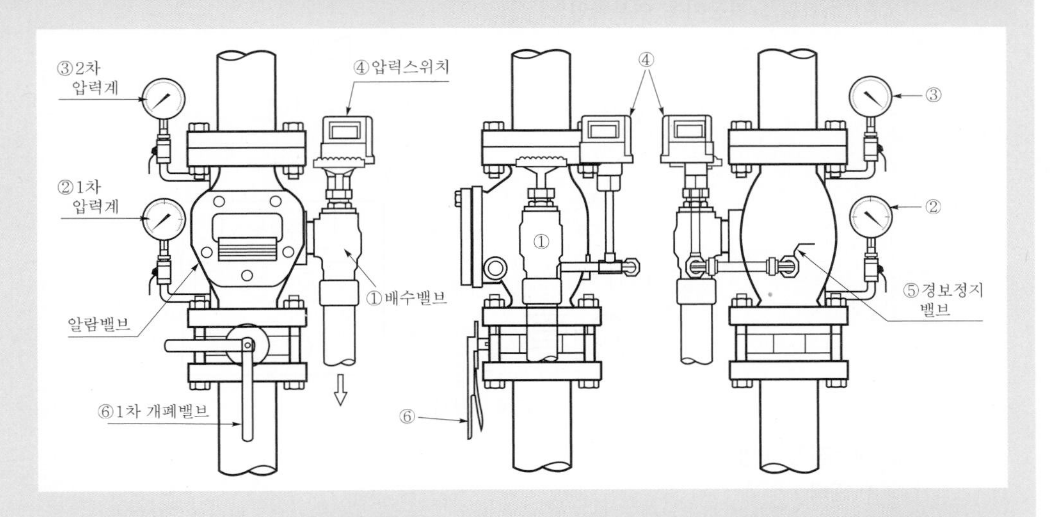

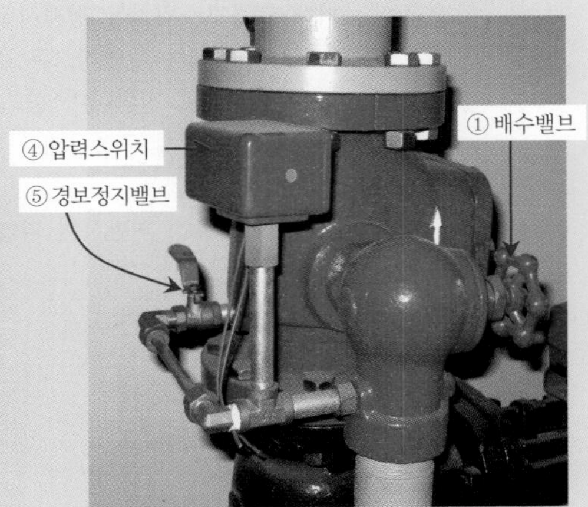

[신형 알람밸브 설치외형]

1. 작동시험 시 나타나는 현상(확인사항)
   1) 감시제어반(수신기) 확인사항
      (1) 화재표시등 점등확인
      (2) 해당 구역 알람밸브 작동표시등 점등확인
      (3) 수신기 내 경보 부저 작동확인
   2) 해당 방호구역의 경보(싸이렌)상태 확인
   3) 소화펌프 자동기동 여부확인

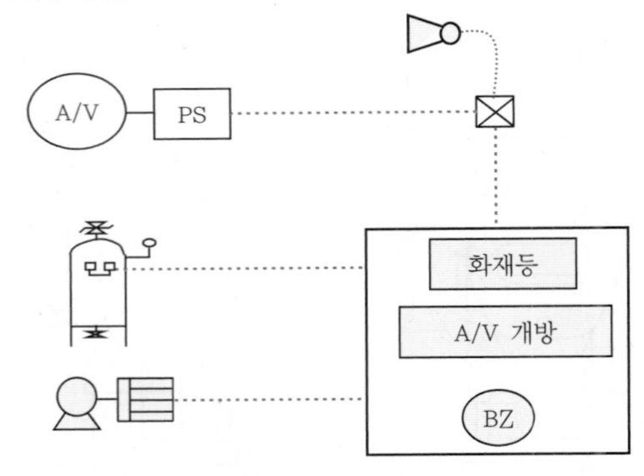

[알람밸브시험 시 확인사항]

2. 작동점검 방법
   1) 준비
      (1) 알람밸브 작동 시 경보로 인한 혼란을 방지하기 위해 사전 통보 후 점검하거나, 또는 수신기에서 경보스위치를 정지시킨 후 시험에 임한다.
         ☞ 점검 시에는 일반적으로 경보스위치는 정지위치로 놓으며 필요시 경보스위치를 잠깐 정상상태로 전환하여 경보되는지 확인한다.
      (2) 1 · 2차측 압력계 균압상태를 확인한다.
   2) 작동
      (1) 말단시험밸브를 개방하여 가압수를 배출시킨다.

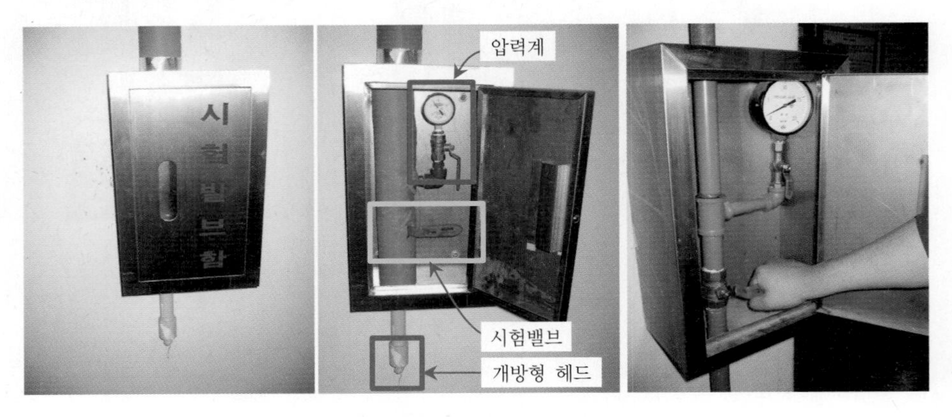

[말단시험밸브 및 시험밸브 개방모습]

(2) 알람밸브 2차측 압력이 저하되어 클래퍼가 개방(작동)된다.

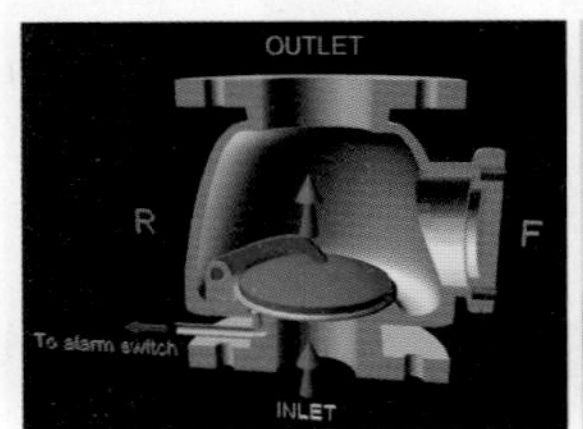

[알람밸브 동작 전]

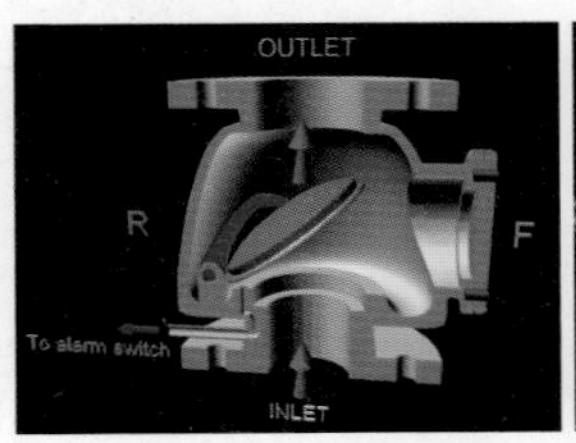

[알람밸브 동작 후]

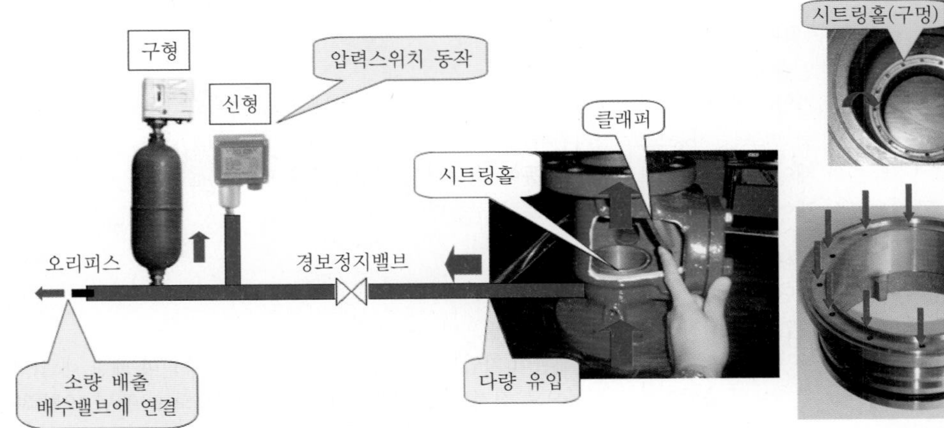

[클래퍼 개방에 따른 압력수 유입으로 압력스위치가 동작되는 흐름]

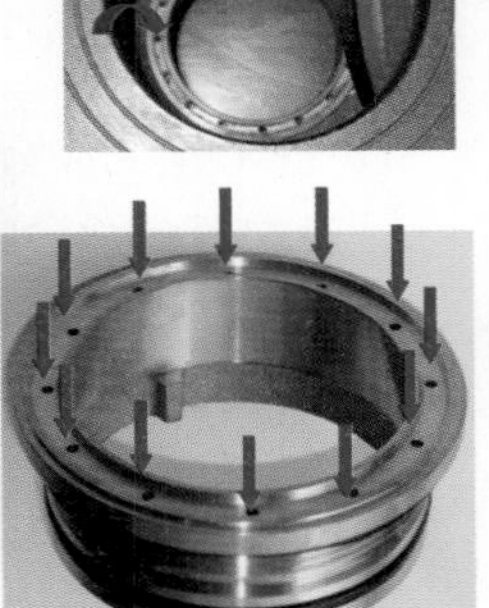

[시트링]

[압력스위치 연결배관]

(3) 지연장치에 의해 설정시간 지연 후 압력스위치가 작동된다.

참고 비화재 시 알람밸브의 경보로 인한 혼선을 방지하기 위한 장치

1. 구형의 경우 : 리타딩챔버(Retarding Chamber) 설치
2. 신형의 경우 : 최근 생산되는 알람밸브는 압력스위치 내부에 지연회로가 설치(약 4~7초 정도 지연)되어 대부분 출고되고 있으며, 일부제품의 경우에는 지연시간 조절이 가능한 타입도 있다.

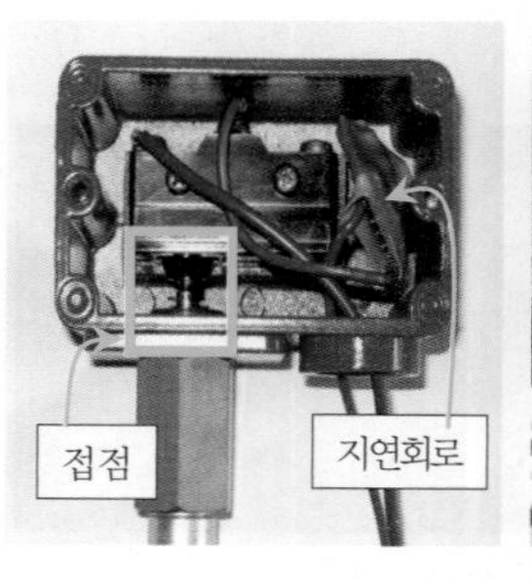

[압력스위치 외형 및 동작 전·후 모습]

[지연시간 조정가능한 압력스위치]

3) 복구(펌프 자동정지 시)
   (1) 말단시험밸브를 잠근다.
   (2) 가압수에 의해 2차측 배관이 가압되면 클래퍼가 자동으로 복구되며 배관 내 압력을 채운 뒤 펌프는 자동으로 정지된다.
   (3) 제어반의 알람밸브 동작표시등이 소등되면 정상복구된 것이다.
   (4) 제어반의 스위치를 정상상태로 복구한다.

4) 복구(펌프 수동정지 시)
   (1) 말단시험밸브를 잠근다.
   (2) 충압펌프는 자동상태로 두고, 주펌프만 수동으로 정지한다.
   ⇒ 가압수에 의해 2차측 배관이 가압되면 클래퍼가 자동으로 복구되며 배관 내 압력을 채운 뒤 충압펌프는 자동으로 정지된다.[화재안전기준의 개정으로 2006년 12월 30일 이후에 건축허가동의 대상물의 경우는 주펌프를 수동으로 정지시켜 준다.]
   (3) 제어반의 알람밸브 동작표시등이 소등되면 정상복구된 것이다.
   (4) 제어반의 스위치를 정상상태로 복구한다.
   (5) 주펌프를 자동으로 전환한다.

02 소방시설의 자체점검에서 사용하는 소방시설별 점검기구를 다음과 같이 칸을 그리고 10개의 항목으로 작성하시오.(단, 절연저항계의 규격은 비고에 기술하시오.)(30점)

구 분	소방시설	장 비	규 격
①			
②			
· · · ·			
⑨			
⑩			

※ 비고

※ 현행 법령에 의한 풀이임.

☞ 소방시설 설치 및 관리에 관한 법률 시행규칙 [별표 3] (개정 2022. 12. 1)

소방시설	장 비	규 격
모든 소방시설	방수압력측정계, 절연저항계(절연저항측정기), 전류전압측정계	* 방수압력측정계 [5회 20점]
소화기구	저울	
옥내소화전설비 옥외소화전설비	소화전밸브압력계	* 옥외 점검기구종류 [1회 10점]
스프링클러설비 포소화설비	헤드결합렌치(볼트, 너트, 나사 등을 죄거나 푸는 공구)	* 괄호 넣기[22회 1점]
이산화탄소소화설비 분말소화설비 할론소화설비 할로겐화합물 및 불활성기체소화설비	검량계, 기동관누설시험기, 그 밖에 소화약제의 저장량을 측정할 수 있는 점검기구	* 괄호 넣기[22회 2점]
자동화재탐지설비 시각경보기	열감지기시험기, 연(煙)감지기시험기, 공기주입시험기, 감지기시험기연결막대, 음량계	* 열감지기[4회 20점] * 시험기 종류[19회 3점] * 괄호 넣기[22회 2점]
누전경보기	누전계	누전전류 측정용
무선통신보조설비	무선기	통화시험용
제연설비	풍속풍압계, 폐쇄력측정기, 차압계(압력차 측정기)	
통로유도등 비상조명등	조도계(밝기 측정기)	최소눈금이 0.1럭스 이하인 것

※ 참고 : 할론소화설비(예전, 할로겐화합물소화설비)
할로겐화합물 및 불활성기체 소화설비(예전, 청정소화약제소화설비)

03 공기주입시험기를 이용한 공기관식 감지기의 작동시험 방법과 주의사항에 대하여 기술하시오.(10점)

1. 화재 작동시험 방법 [M : 주 · 자 · 시 · 공 · 초 · RHL + − −]
   1) 주경종 ON, 지구경종 OFF
   2) 자동복구스위치 시험위치(누른다.)
      ※ 점검 시 대상처에서는 내부 근무자가 있으므로 경보로 혼선을 방지하기 위하여 감지기 동작시만 주경종을 울리게 하기 위한 조치이다.
   3) 검출부의 시험용 레버를 P.A 위치로 돌린다.
   4) 공기주입시험기를 시험구멍(T)에 접속 후 검출부에 지정된 공기량을 공기관에 주입한다.
   5) 초시계로 측정 : 공기 주입 후 감지기의 접점이 작동되기까지 검출부에 지정된 시간을 측정한다.

[레버를 세움(P.A 위치)]

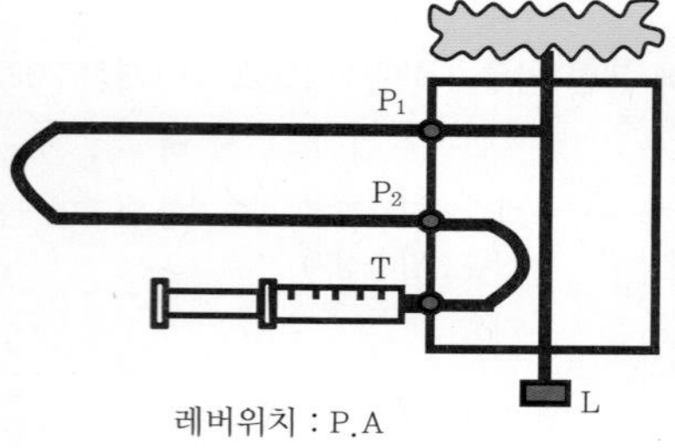

[화재작동시험 계통도]

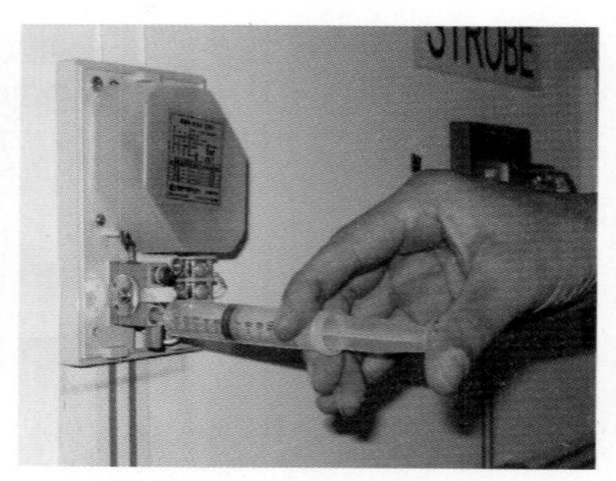

[공기주입시험기로 공기를 주입하는 모습]

2. 판정
   1) 수신기에서 해당 경계구역과 일치할 것
   2) 작동 개시시간이 각 검출부에 표시된 시간범위 이내인지를 비교하여 양부를 판별한다.
   3) 작동 개시시간에 따른 판정기준

구 분	기준치 미달일 경우(RHL + − −) (작동시간이 빠른 경우 = 시간이 적게 걸림.)	기준치 이상일 경우 (동작시간이 늦은 경우 : 시간 초과)
작동 개시 시간	(1) 리크저항치(*R*)가 규정치보다 크다.(+)	(1) 리크저항치(*R*)가 규정치보다 작다.
	(2) 접점 수고값(*H*)이 규정치보다 낮다.(−)	(2) 접점 수고값(*H*)이 규정치보다 높다.
	(3) 공기관의 길이(*L*)가 주입량에 비해 짧다.(−)	(3) 공기관의 길이(*L*)가 주입량에 비해 너무 길다.
		(4) 공기관의 변형, 폐쇄(막힘, 압착), 누설상태
	H(↓) P1 ←공기관 길이 짧다 P2 T *R*(↑) 레버위치 : P.A [작동시간이 빠른 경우]	누설, 변형, 폐쇄 *H*(↑) P1 ←공기관 길이 길다 P2 T *R*(↓) 레버위치 : P.A [작동시간이 느린 경우]

3. 시험 시 주의사항
   1) 공기의 주입은 서서히 하며 규정값 이상을 가하지 않도록 한다.(∵ 다이어프램 손상 유의 목적)
   2) 공기관이 구부러지거나 꺾여지지 않도록 한다.
   3) 시험 시 작동하지 않거나 측정시간이 적정범위 외의 경우와 전회 점검 시의 측정치와 큰 폭으로 차이가 있는 경우에는 공기관과 검출부의 단자(P_1, P_2)에 확실히 조여져 있는지 확인한 후 유통시험 및 접점수고시험을 실시하여 확인할 것

04 자동기동 방식인 경우 펌프의 성능시험 방법을 기술하시오.(20점)

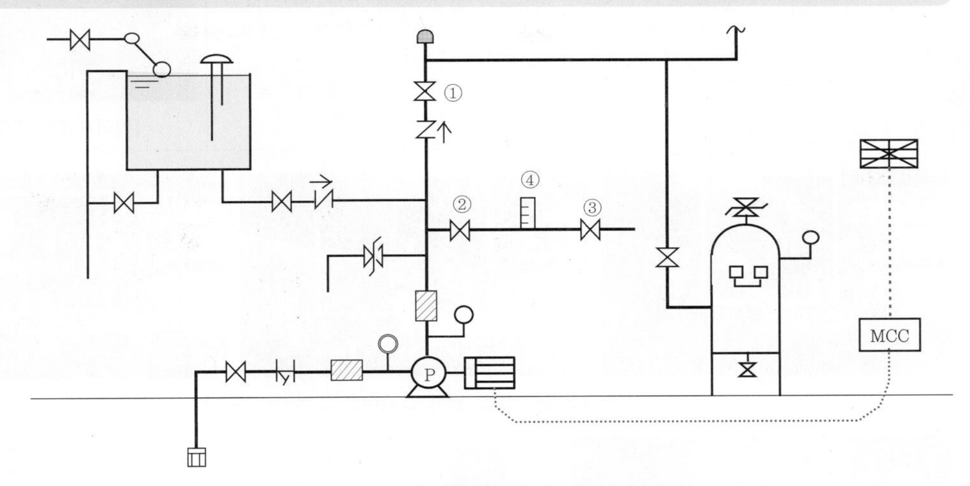

[펌프 주변배관 계통도]

1. 펌프성능시험 전 준비사항
   1) 제어반에서 주 · 충압펌프 정지
      (감시제어반 : 선택스위치 정지위치, 동력제어반 : 선택스위치 수동위치 및 차단기 OFF)
   2) 펌프 토출측밸브 ① 폐쇄
   3) 설치된 펌프의 현황(토출량, 양정)을 파악하여 펌프성능시험을 위한 표 작성
   4) 유량계에 100%, 150% 유량 표시(네임펜 사용)

2. 체절운전 방법(절차)

1) 성능시험 배관상의 개폐밸브 ② 폐쇄(이미 폐쇄되어져 있는 상태임.) 2) 릴리프밸브 상단 캡을 열고, 스패너를 이용하여 릴리프밸브 조절볼트를 오른쪽으로 돌려 작동압력을 최대로 높여 놓는다. ∵ 릴리프밸브가 개방되기 전에 설치된 펌프가 낼 수 있는 최대의 압력을 확인하기 위한 조치이다.	준 비
3) 주펌프 수동기동 4) 펌프 토출측 압력계의 압력이 급격히 상승하다가 정지할 때의 압력이 펌프가 낼 수 있는 최고의 압력(체절압력)이다. 이때의 압력을 확인하고 체크해 놓는다. 5) 주펌프 정지	체절압력 확인
6) 스패너로 릴리프밸브 조절볼트를 왼쪽으로 적당히 돌려 스프링의 힘을 작게 해준다. ∵ 릴리프밸브가 펌프의 체절압력 미만에서 개방되도록 조절하기 위한 조치이다. 7) 주펌프를 다시 기동시켜서 릴리프밸브에서 압력수가 방출되는지를 확인한다. 8) 만약 압력수를 방출하지 않으면, 릴리프밸브가 압력수를 방출할 때까지 조절볼트를 왼쪽으로 돌려준다. 9) 릴리프밸브에서 압력수를 방출하는 순간의 압력계상의 압력이 당해 릴리프밸브에 셋팅된 동작압력이 된다. 10) 주펌프 정지 11) 릴리프밸브 상단 캡을 덮어 조여 놓는다.	릴리프밸브 조정

참고 1. 체절운전 : 토출량이 "0"인 상태에서 펌프가 낼 수 있는 최고의 압력점에서의 운전을 말한다.
2. 체절압력(Churn Pressure) : 체절운전 시의 압력을 말한다.

※ 릴리프밸브 조정 방법

상단부의 조절볼트를 이용하여 현장상황에 맞게 셋팅한다.

1. 조절볼트를 조이면(오른쪽으로 돌림 : 스프링의 힘 세짐.)
   ⇒ 릴리프밸브 작동압력이 높아진다.
2. 조절볼트를 풀면(왼쪽으로 돌림 : 스프링의 힘 작아짐.)
   ⇒ 릴리프밸브 작동압력이 낮아진다.

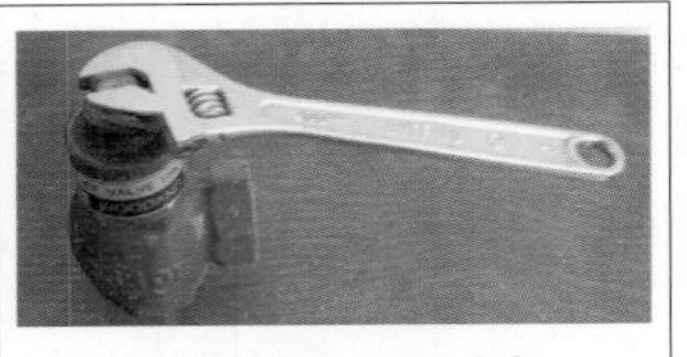

[릴리프밸브 조절 방법]

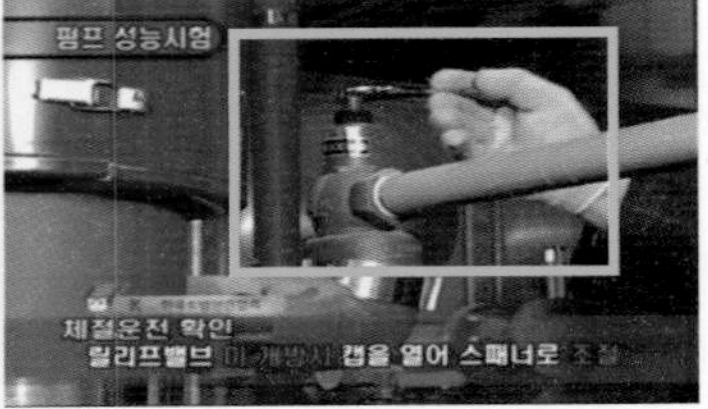

[릴리프밸브 캡을 열어 스패너로 조절하는 모습]

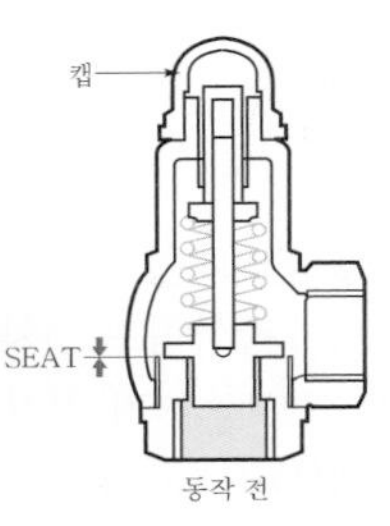

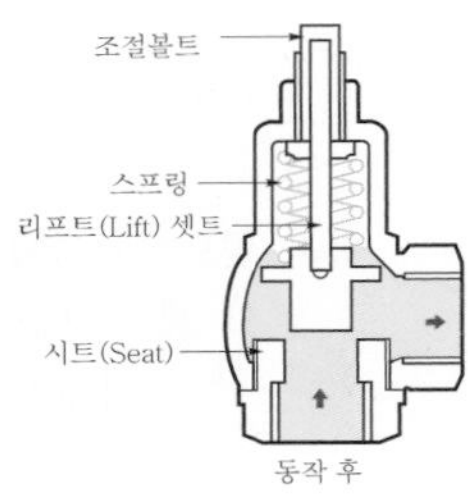

[릴리프밸브 외형 및 동작 전 · 후 단면]

3. 정격부하운전(100% 유량운전)
   1) 성능시험 배관상의 개폐밸브 ② 완전 개방, 유량조절밸브 ③ 약간 개방
   2) 주펌프 수동기동
   3) 유량조절밸브 ③을 서서히 개방하여 정격토출량(100% 유량)일 때의 흡입 · 토출압력을 조사 [펌프에 양압이 걸리는 경우에는 정격토출량(100% 유량)일 때의 토출압력을 조사]
   4) 주펌프 정지
      ※ 수조가 펌프보다 위에 있는 경우 ☞ 유량조절밸브 ③ 잠금(∵ 펌프를 정지하여도 성능시험 배관에서 물이 나오기 때문임.)

[유량조절밸브 개방]

[100% 유량운전]

[150% 유량운전]

4. 최대운전(150% 유량운전)

   정격부하운전 실시 후 집수정의 배수가 완료되면 실시(개폐밸브 ②는 이미 개방상태임.)
   1) 유량조절밸브 ③을 중간정도만 개방시켜 놓은 후(∵ 유량조절밸브를 완전히 폐쇄된 상태에서 펌프를 기동하면 밸브를 개방할 때 힘이 많이 들기 때문임.)
   2) 주펌프 수동기동

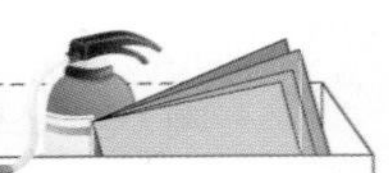

3) 유량계를 보면서 유량조절밸브 ③을 조절하여 정격토출량의 150%일 때의 흡입·토출압력을 조사(펌프에 양압이 걸리는 경우에는 정격토출량(100% 유량)일 때의 토출압력을 조사)

4) 주펌프 정지

참고 정격운전과 최대운전시험 방법

☞ 펌프성능시험 실시 순서에 대한 조건이 주어지지 않았을 경우에는 답안 작성 시 단서조항을 써줄 것

1. 정격운전과 최대운전시험을 연속하여 실시하는 방법
2. 시험 시마다 펌프를 기동·정지시키는 방법

⇒ 통상 점검현장에서는 정격운전 확인 후, 배수처리 상황을 보고 최대운전을 하는 "2번"의 방법으로 시험을 하고 있다.

05 다음 그림은 이산화탄소소화설비의 계통도이다. 그림을 참고하여 다음 물음에 답하시오.(20점)

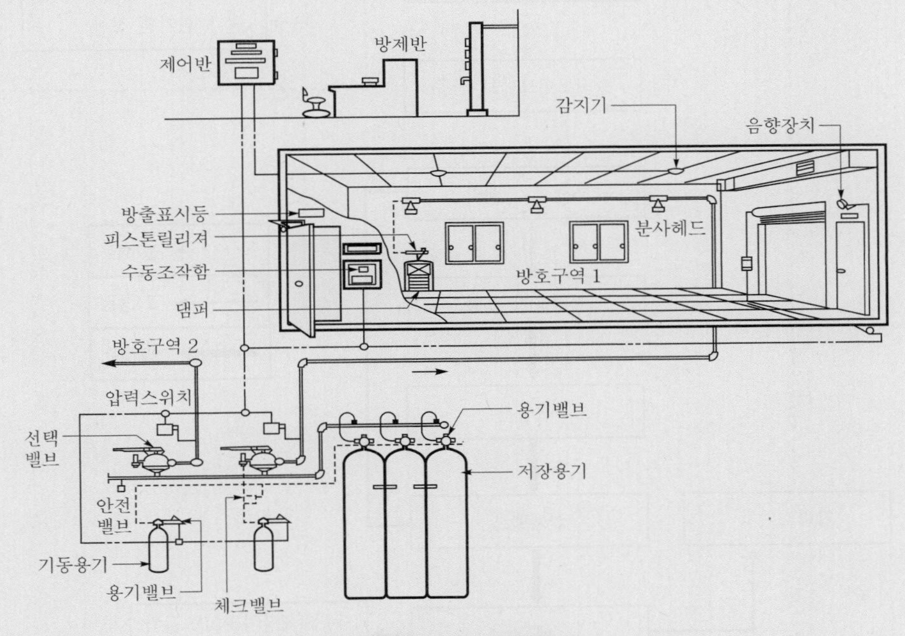

[이산화탄소소화설비 계통도]

1. 이산화탄소소화설비의 분사헤드 설치제외장소를 기술하시오.

2. 전역방출방식에서 화재발생 시부터 헤드 방사까지의 동작흐름을 제시된 그림을 이용하여 Block Diagram으로 표시하시오.

1. CO_2 소화설비에서 분사 Head 설치제외장소 [M : 방·니·나·전]

1) 방재실, 제어실 등 사람이 상시 근무하는 장소
2) 니트로셀룰로오스, 셀룰로이드 제품 등 자기연소성 물질을 저장, 취급하는 장소
3) 나트륨, 칼슘 등 활성금속물질을 저장, 취급하는 장소
4) 전시장 등의 관람을 위하여 다수인이 출입·통행하는 통로 및 전시실 등

2. 동작흐름 Block Diagram

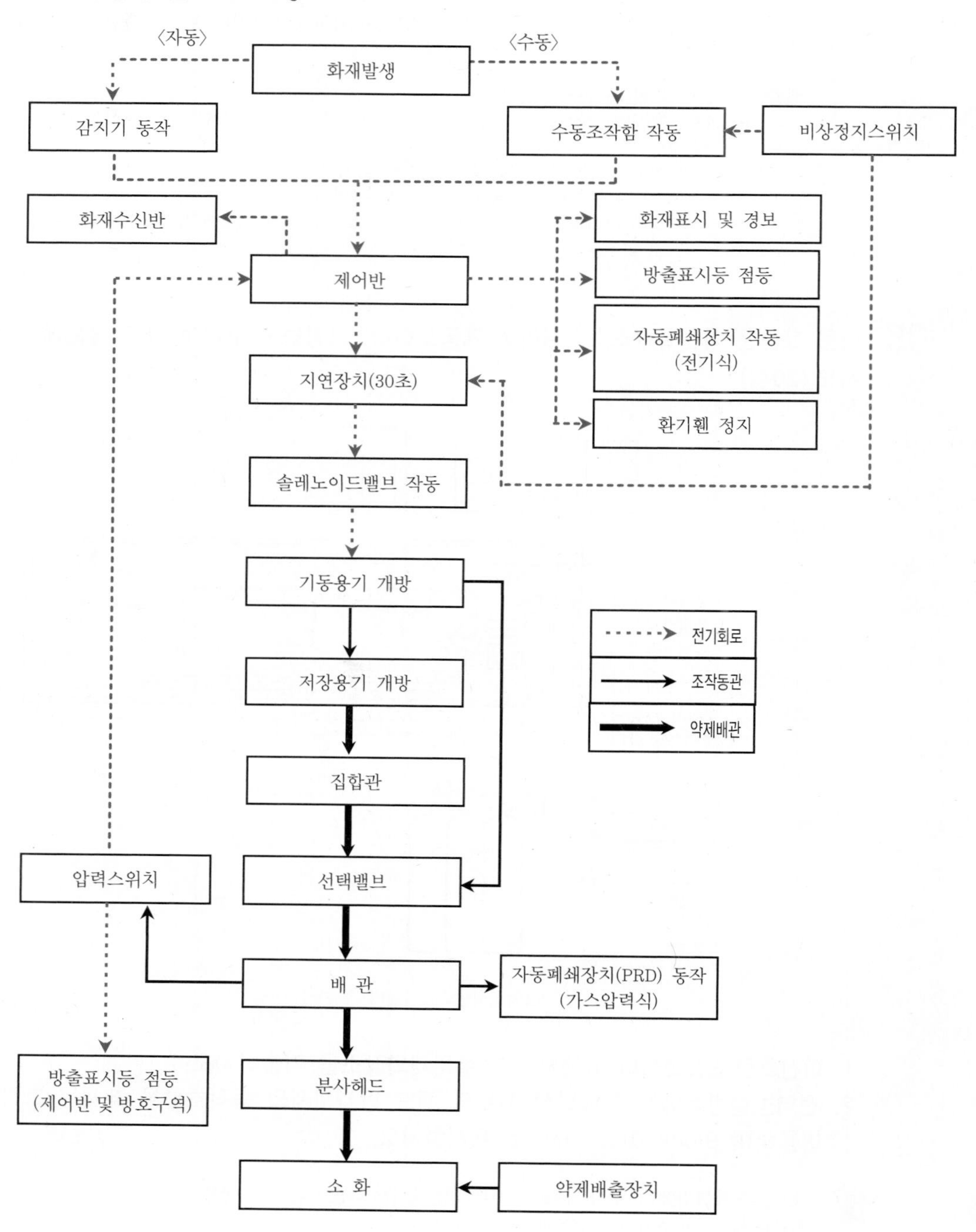

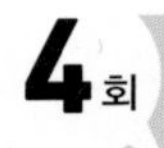

4회 소방시설의 점검실무행정 〈1998. 9. 20 시행〉

01 다음 건식 밸브[세코스프링클러 건식 밸브 : SDP－73]의 도면을 보고 물음에 답하시오.(20점)

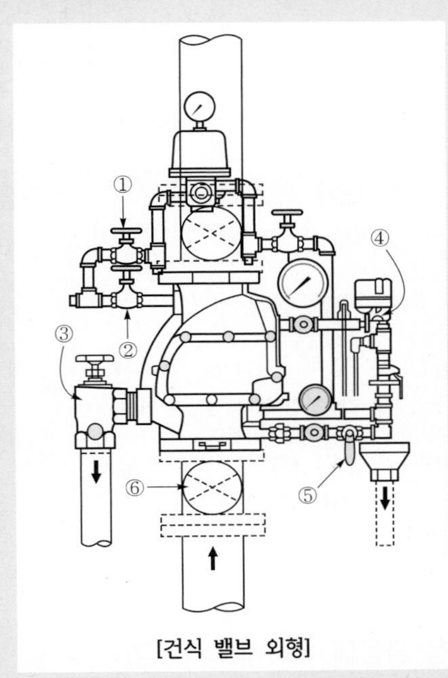

[건식 밸브 외형]

예 ⑥번 밸브의 명칭

밸브의 명칭	1차측 개폐밸브
밸브의 기능	드라이밸브 1차측을 개폐 시 사용
평상시 유지상태	개방

1. 건식 밸브의 작동시험 방법을 간략히 설명하시오.
   (단, 작동시험은 2차측 개폐밸브를 잠그고, ④번 밸브를 이용하여 시험한다.)
2. 다음의 ㉠와 같이 ①번에서 ⑤번까지의 밸브의 명칭, 밸브의 기능, 평상시 유지 상태를 설명하시오.

1. 작동시험 방법

작동시험하는 방법은 2차측 배관에 설치된 말단시험밸브를 개방하여 시스템 전체를 시험하는 방법과 드라이밸브 자체만을 시험하는 방법이 있다. 여기서는 드라이밸브 자체만을 시험하는 방법을 기술한다.

1) 준비
   (1) 2차측 개폐밸브 잠금
   (2) 경보 여부 결정(수신기 경보스위치 "ON" or "OFF")
2) 작동
   (1) 수위확인밸브 ④ 개방 ⇒ 수위확인밸브를 통하여 드라이밸브 2차측 공기압 누설
   (2) 엑셀레이터 작동 ⇒ 순간적으로 클래퍼 개방
      ※ 중간챔버로 압축공기가 유입되어 클래퍼를 강제로 개방시킨다.

(3) 1차측 소화수가 수위확인밸브 ④를 통해 방출
(4) 시트링을 통하여 유입된 가압수에 의해 압력스위치 작동

3) 확인사항
(1) 감시제어반(수신기) 확인사항
가. 화재표시등 점등확인
나. 해당 구역 드라이밸브 작동표시등 점등확인
다. 수신기 내 경보 부저 작동확인
(2) 해당 방호구역의 경보(싸이렌)상태 확인
(3) 소화펌프 자동기동 여부확인

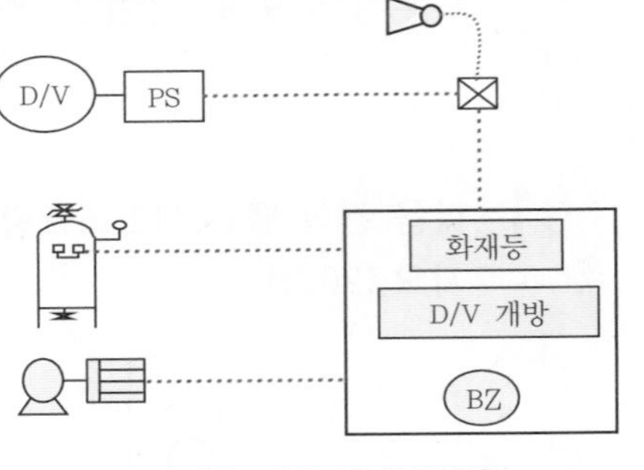

[드라이밸브시험 시 확인사항]

2. 밸브의 명칭, 밸브의 기능, 평상시 유지상태

순 번	명 칭	밸브의 기능	평상시 유지상태
①	공기차단밸브	2차측 관내를 공기로 완전 충압될 때까지 엑셀레이터로의 공기유입을 차단시켜 주는 밸브	열림유지
②	공기공급밸브	공압레귤레이터를 통한 공기를 2차측 관내로 유입시키는 것을 제어하는 밸브	열림유지
③	배수밸브	2차측의 소화수를 배수시키고자 할 때 사용(1차측에 연결됨.)	잠김유지
④	수위확인밸브	셋팅 시에는 개방하여 프라이밍 라인까지 물이 찼는지 확인하며 (프라이밍 라인까지 물이 차게 되면 수위확인밸브로 물이 나옴.) 시험 시에는 개방하여 2차측의 공기를 빼서 시험하는 데 사용	잠김유지
⑤	경보시험밸브	드라이밸브를 동작시키지 않고 압력스위치를 동작시켜 경보를 발하는지 시험할 때 사용	잠김유지

02 준비작동식 스프링클러설비에 대하여 다음 물음에 답하시오.(20점)

1. 준비작동식 밸브의 동작 방법을 기술하시오.
2. 준비작동식 밸브의 오동작 원인을 기술하시오.(단, 사람에 의한 것도 포함할 것)

1. 준비작동식 밸브의 동작 방법
1) 해당 방호구역의 감지기 2개 회로 작동
2) SVP(수동조작함)의 수동조작스위치 작동
3) 프리액션밸브 자체에 부착된 수동기동밸브 개방
4) 수신기측의 프리액션밸브 수동기동스위치 작동
5) 수신기에서 동작시험스위치 및 회로선택스위치로 작동(2회로 작동)

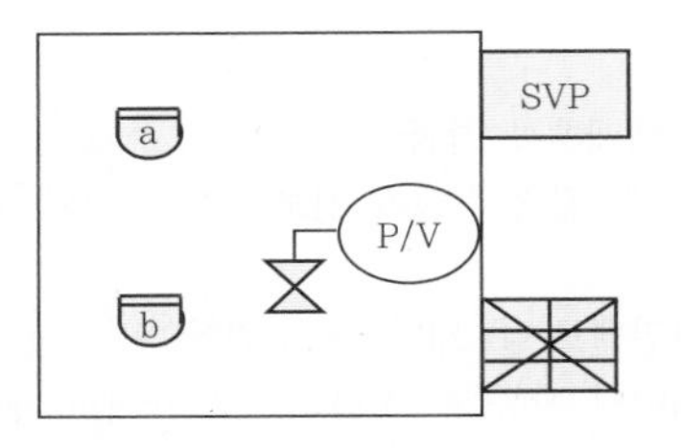

[프리액션밸브 동작 방법]

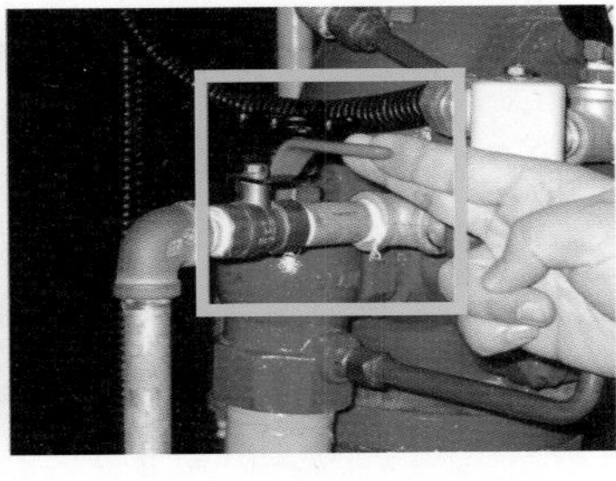

[감지기 동작] [수동조작함 조작] [수동기동밸브 개방]

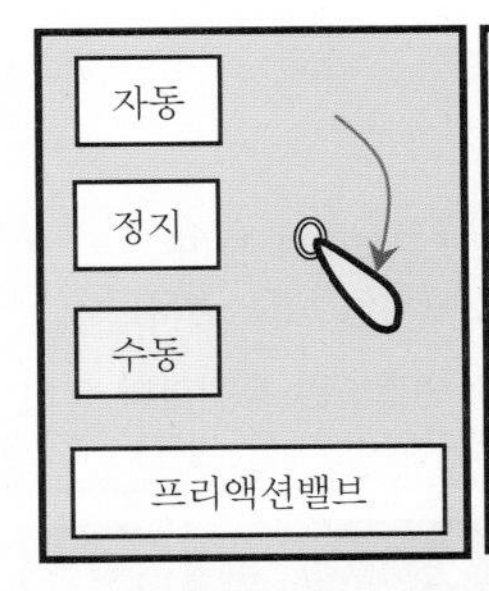

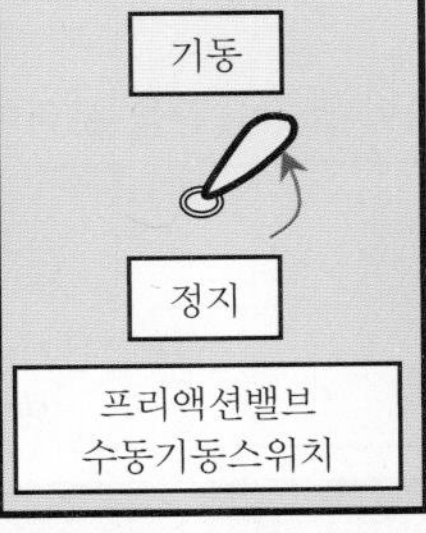

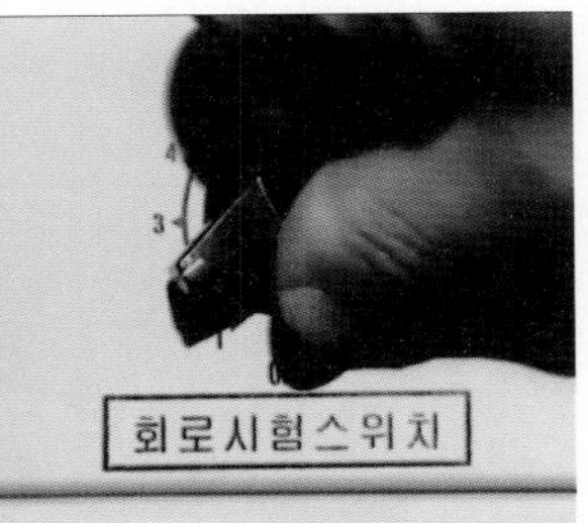

[제어반의 수동기동스위치 작동] [동작시험스위치와 회로선택스위치 조작]

2. 준비작동식 밸브의 오동작 원인

1) 해당 방호구역 내 화재감지기기(a and b 회로)가 오동작된 경우
2) 해당 방호구역 내 SVP(수동조작함)의 기동스위치를 누른 경우
3) 준비작동식 밸브에 설치된 수동기동밸브를 사람이 잘못하여 개방한 경우
4) 선로의 점검·정비 시 솔레노이드에 기동신호가 입력된 경우
5) 감시제어반의 프리액션밸브 기동스위치를 잘못하여 기동위치로 전환한 경우
6) 감시제어반에서 준비작동식 밸브 연동정지를 하지 않고 동작시험을 실시한 경우
7) 솔레노이드밸브의 고장으로 준비작동식 밸브의 셋팅이 풀린 경우

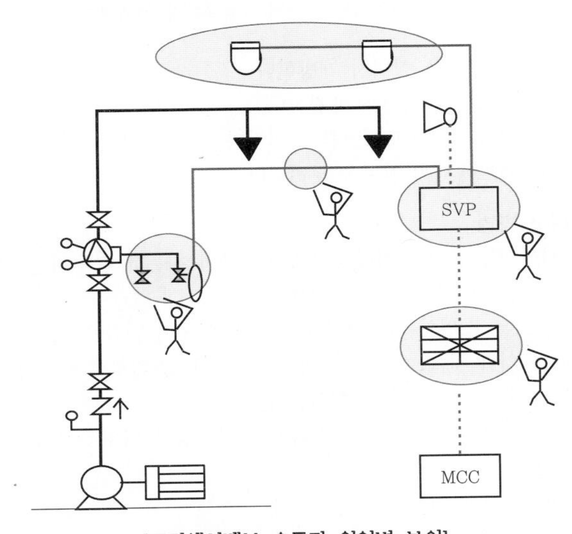

[프리액션밸브 오동작 원인별 부위]

03 불연성 가스계소화설비의 가스압력식 기동방식 점검 시 오동작으로 가스방출이 일어날 수 있다. 소화약제의 방출을 방지하기 위한 대책을 쓰시오.(20점)

가스계소화설비의 점검 시 오동작으로 가스방출을 방지하기 위한 대책은 다음의 점검 전 안전조치 및 점검 후 복구 방법의 순서에 입각하여 점검함으로써 가능하다.

1. 점검 전 안전조치
   1) 점검실시 전에 도면 등에 의한 기능, 구조, 성능을 정확히 파악한다.
   2) 설비별로 그 구조와 작동원리가 다를 수 있으므로 이들에 관하여 숙지한다.
   3) 제어반의 솔레노이드밸브 연동스위치를 연동정지 위치로 전환한다.
   4) 기동용 가스 조작동관을 분리한다.
   다음의 3개소 중 점검 시 편리한 곳을 선택하여 조작동관을 분리한다.

(1) 기동용기에서 선택밸브에 연결되는 동관 (2) 선택밸브에서 저장용기밸브로 연결되는 동관	방호구역마다 분리 (방호구역이 적을 경우)
(3) 저장용기 개방용 동관	저장용기로 연결되는 동관마다 분리 (방호구역이 많을 경우)

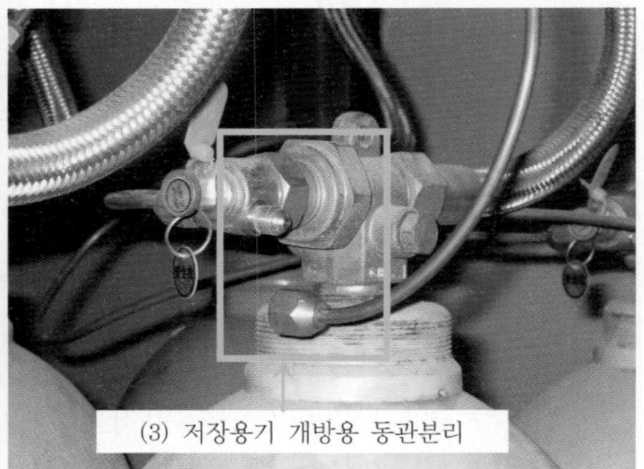

[조작동관 분리(니들밸브와 선택밸브)]

   5) 기동용기함의 문짝을 살며시 개방한다.
   6) 솔레노이드밸브에 안전핀을 체결한다.
   7) 기동용기에서 솔레노이드밸브를 분리한다.
   8) 솔레노이드밸브에서 안전핀을 분리한다.

2. 점검 후 복구 방법
   점검을 실시한 후, 설비를 정상상태로 복구해야 하는데 복구하는 것 또한 안전사고가 발생하지 않도록 다음 순서에 입각하여 실시한다.
   1) 제어반의 모든 스위치를 정상상태로 놓아 이상이 없음을 확인한다.
      ☞ 복구를 위한 첫 번째 조치로 제어반의 모든 스위치를 정상상태로 놓고 복구스위치를 눌러 표시창에 이상이 없음을 확인한다.
   2) 제어반의 솔레노이드밸브 연동스위치를 연동정지 위치로 전환한다.
   3) 솔레노이드밸브를 복구한다.
   4) 솔레노이드밸브에 안전핀을 체결한다.
   5) 기동용기에 솔레노이드밸브를 결합한다.

6) 제어반의 연동스위치를 정상위치로 놓아 이상이 없을 시, 연동스위치를 연동위치로 전환한다.
7) 솔레노이드밸브에서 안전핀을 분리한다.
8) 기동용기함의 문짝을 살며시 닫는다.
9) 점검 전 분리했던 조작동관을 결합한다.

04 열감지기시험기(SH－H－119형)에 대하여 다음 물음에 답하시오.(20점)

1. 미부착 감지기와 시험기의 접속 방법을 그리시오.
2. 미부착 감지기의 시험 방법을 쓰시오.

1. 미부착 감지기와 시험기의 접속 방법
미부착 감지기를 전선을 이용하여 D.T 단자 ⑪에 연결한다.

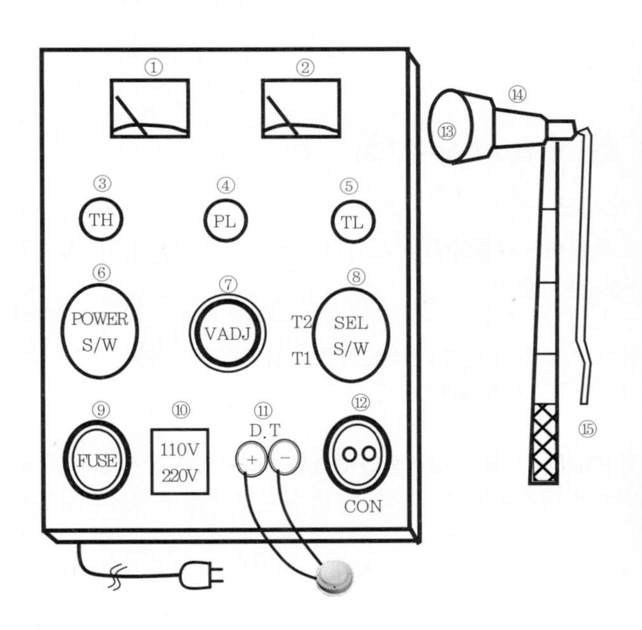

① 전압계
② 온도지시계
③ 실온감지소자(TH)
④ 전원램프(PL)
⑤ 미부착 감지기 동작램프(TL)
⑥ 전원스위치(POWER S/W)
⑦ 온도조정스위치(VADJ)
⑧ 온도절환스위치 : 실온 T_1과 보조기 T_2
⑨ 퓨즈(FUSE)
⑩ 110V/220V 절환스위치
⑪ D.T 단자 : 미부착 감지기 단자
⑫ 커넥터(Connector)
⑬ 보조기 온도감지소자(TH)
⑭ 보조기
⑮ 접속 플러그와 전선

[열감지기시험기 외형 및 명칭]

2. 미부착 감지기의 시험 방법

1) 준비

(1) 보조기의 접속플러그 ⑮를 커넥터 ⑫에 접속

(2) 현장전압을 확인하여, 절환스위치 ⑩을 현장 전압에 맞도록 절환

(3) 시험기의 전원플러그를 주전원에 접속

(4) 전원스위치 ⑥을 ON시키고, 전원램프(Pilot Lamp) ④ 점등확인

2) 시험

(1) 온도절환스위치 ⑧을 T_1으로 놓고 실온을 측정한 다음

(2) T_2로 올려서 보조기 ⑭의 온도가 필요 측정온도에 도달하도록, 온도조정스위치 ⑦을 시계방향으로 조정(이때 전압계의 전압은 50~60V 사이에서 서서히 조정한다.)

(3) 필요 측정온도가 지시되면, 보조기 ⑭로 감지기를 덮어 씌운다.

(4) 감지기 동작 시 T.L Lamp ⑤가 점등된다.

(5) 감지기가 동작할 때까지의 시간을 측정한다.

(6) 감지기 제조사에서 제시하는 동작시간 이내인지를 비교하여 판정한다.

05 봉인과 검인에 대한 다음 물음에 답하시오.(20점)

1. 봉인과 검인의 정의를 쓰시오.

2. 스프링클러설비, 분말소화설비, 자동화재탐지설비, 연결송수관설비의 봉인과 검인의 위치 표시에 대하여 쓰시오.

☞ 소방시설 자체점검 시 봉인 또는 표시 방법 : 행정안전부 고시 제1996-32호('96. 6. 20)
⇒ 봉인 · 검인 삭제됨. [1999. 9. 13 행정안전부령 65호]

1. 봉인 · 검인의 정의

1) 봉인 : 점검실시자가 점검한 소방시설 중 증거로 보존하여야 할 필요성이 있는 부분 또는 기능을 정지시킬 수 있는 부분에 대하여 임의로 변경 · 폐쇄 또는 조작할 수 없도록 일련의 조치를 하는 것을 말한다.

2) 검인 : 점검실시자가 점검한 소방시설 중 당해 결과가 소방법령에 적정함을 나타냄으로써 점검책임과 관계인이 적정관리유지 책임을 확실히 할 수 있도록 표지를 하는 것을 말한다.

2. 소방시설별 봉인 또는 검인 표시위치

소방시설	표시위치	
	봉 인	검 인
옥내소화전설비 스프링클러설비 물분무소화설비 포소화설비 옥외소화전설비	• 배관상의 개폐밸브 • 전원스위치	• 가압송수장치 • 유수검지장치 또는 일제개방밸브 • 동력 및 감시제어반 • 중간 가압송수장치 • 포혼합장치

소방시설	표시위치	
	봉 인	검 인
이산화탄소소화설비 할론소화설비 분말소화설비	• 안전장치를 해제한 부분 (또는 함의 뚜껑) • 전원스위치	• 기동장치 • 선택밸브 • 제어반
비상경보설비 자동화재탐지설비 자동화재속보설비	• 경보기능을 정지시킬 수 있는 스위치 등 • 전원스위치	• 수신기 • 중계기 • 조작부(앰프)
소화용수설비	• 전원스위치	• 가압송수장치, 제어반 (설치되어 있는 경우)
제연설비	• 전원스위치	• 제어반
연결송수관설비	• 전원스위치	• 가압송수장치, 제어반 (설치되어 있는 경우)
비상콘센트설비	• 전원스위치	• 비상콘센트함
무선통신보조설비	• 전원스위치	• 접속단자
그 밖의 소방시설	• 전원스위치	

※ 소방법 제32조에 의한 자체점검을 실시한 후 동법 시행규칙 제29조 제2항에 의한 "봉인" 또는 "검인"을 행정안전부 고시 제1996－32호('96. 6. 20)에 의한 봉인 · 검인을 하였으나, 1999. 9. 13일 삭제되었다.

5회 소방시설의 점검실무행정 〈2000. 10. 15 시행〉

01 이산화탄소소화설비가 오작동으로 방출되었다. 방출 시 미치는 영향에 대하여 농도별로 쓰시오.(20점)

공기 중의 CO_2 농도	인체에 미치는 영향
2%	불쾌감이 있다.
4%	눈의 자극, 두통, 귀울림, 현기증, 혈압상승
8%	호흡 곤란
9%	구토, 감정 둔화
10%	시력장애, 1분 이내 의식상실, 장기간 노출 시 사망
20%	중추신경 마비, 단기간 내 사망

02 피난기구의 점검착안 사항에 대하여 쓰시오.(20점)

1. 외형의 변형 · 손상이 없고 결합부 및 이음대의 견고한 결합 여부
2. 피난기구의 적응성 적부
3. 용도별, 바닥면적별 설치수 적부
4. 피난용 개구부의 피난, 소화활동상 유효성 여부
5. 피난용 개구부의 동일직선상이 아닌지의 여부
6. 피난기구는 견고하게 부착되었는지의 여부
7. 피난기구의 표지 및 사용 방법 표지의 부착 여부
8. 피난기구의 설치제외 및 감소를 적용한 경우의 적부
9. 보관 방법 : 쉽게 사용할 수 있는 상태의 여부
10. 완강기인 경우 로프 손상방지 및 길이의 적부
11. 고정식 사다리인 경우 노대설치 여부
12. 미끄럼대인 경우 안전강하 및 전락방지 조치 적부
13. 구조대인 경우 안전강하 및 전락방지 조치 적부
14. 4층 이상에 피난사다리 설치 시 금속성 고정사다리인지와 노대설치 여부

03 소화펌프의 성능시험 방법 중 무부하, 정격부하, 피크부하 시험 방법에 대하여 쓰고, 펌프의 성능곡선을 그리시오.(20점)

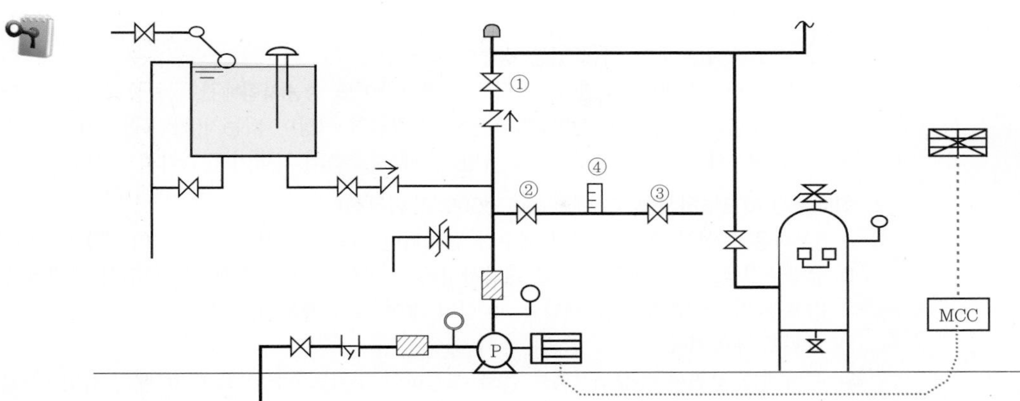

[펌프 주변배관 계통도]

1. 펌프성능시험 전 준비사항
   1) 제어반에서 주·충압펌프 정지(감시제어반 : 선택스위치 정지위치, 동력제어반 : 선택스위치 수동위치 및 차단기 OFF)
   2) 펌프 토출측밸브 ① 폐쇄
   3) 설치된 펌프의 현황(토출량, 양정)을 파악하여 펌프성능시험을 위한 표 작성
   4) 유량계에 100%, 150% 유량 표시(네임펜 사용)

2. 체절운전(무부하시험 : No Flow Condition) 방법(절차)

1) 성능시험 배관상의 개폐밸브 ② 폐쇄(이미 폐쇄되어져 있는 상태임.) 2) 릴리프밸브 상단 캡을 열고, 스패너를 이용하여 릴리프밸브 조절볼트를 오른쪽으로 돌려 작동압력을 최대로 높여 놓는다. ∵ 릴리프밸브가 개방되기 전에 설치된 펌프가 낼 수 있는 최대의 압력을 확인하기 위한 조치이다.	준 비
3) 주펌프 수동기동 4) 펌프 토출측 압력계의 압력이 급격히 상승하다가 정지할 때의 압력이 펌프가 낼 수 있는 최고의 압력(체절압력)이다. 이때의 압력을 확인하고 체크해 놓는다. ⇒ 체절압력은 정격토출압력의 140% 이하이어야 한다. 5) 주펌프 정지	체절압력 확인
6) 스패너로 릴리프밸브 조절볼트를 왼쪽으로 적당히 돌려 스프링의 힘을 작게 해준다. ∵ 릴리프밸브가 펌프의 체절압력 미만에서 개방되도록 조절하기 위한 조치이다. 7) 주펌프를 다시 기동시켜서 릴리프밸브에서 압력수가 방출되는지를 확인한다. 8) 만약 압력수를 방출하지 않으면, 릴리프밸브가 압력수를 방출할 때까지 조절볼트를 왼쪽으로 돌려준다. 9) 릴리프밸브에서 압력수를 방출하는 순간 압력계상의 압력이 당해 릴리프밸브에 셋팅된 동작압력이 된다. 10) 주펌프 정지 11) 릴리프밸브 상단 캡을 덮어 조여 놓는다.	릴리프밸브 조정

3. 정격부하운전(정격부하시험 : Rated Load, 100% 유량운전)
   1) 성능시험 배관상의 개폐밸브 ② 완전 개방, 유량조절밸브 ③ 약간 개방
   2) 주펌프 수동기동
   3) 유량조절밸브 ③을 서서히 개방하여 정격토출량(100% 유량)일 때의 흡입·토출압력을 조사 (펌프에 양압이 걸리는 경우에는 정격토출량(100% 유량)일 때의 토출압력을 조사)

4) 주펌프 정지
※ 수조가 펌프보다 위에 있는 경우
☞ 유량조절밸브 ③ 잠금(∵ 펌프를 정지하여도 성능시험배관에서 물이 나오기 때문임.)
⇒ 토출측과 흡입측 압력계의 차압이 정격압력 이상이 되는지 확인(펌프에 양압이 걸리는 경우에는 정격토출량(100% 유량)일 때 토출측의 압력이 정격압력 이상이 되는지 확인)

4. 최대운전(피크부하시험 : Peak Load, 150% 유량운전)
정격부하운전 실시 후 집수정의 배수가 완료되면 실시(개폐밸브 ②는 이미 개방상태임.)
1) 유량조절밸브 ③을 중간정도만 개방시켜 놓은 후(∵ 유량조절밸브를 완전히 폐쇄된 상태에서 펌프를 기동하면 밸브를 개방할 때 힘이 많이 들기 때문임.)
2) 주펌프 수동기동
3) 유량계를 보면서 유량조절밸브 ③을 조절하여 정격토출량의 150%일 때의 흡입 · 토출압력을 조사(펌프에 양압이 걸리는 경우에는 정격토출량(100% 유량)일 때의 토출압력을 조사)
4) 주펌프 정지
⇒ 토출측과 흡입측 압력계의 차압이 정격양정의 65% 이상이 되는지 확인(펌프에 양압이 걸리는 경우에는 정격토출량의 150% 유량일 때의 토출압력이 정격양정의 65% 이상이 되는지 확인)

5. 펌프성능시험 곡선

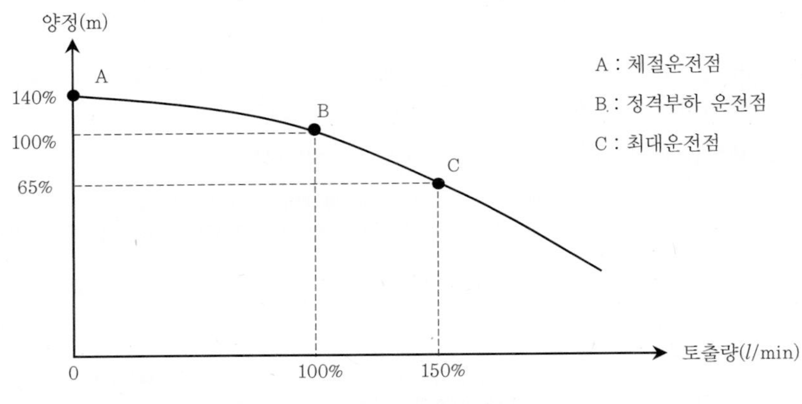

[펌프성능시험 곡선]

04 급기가압제연설비의 점검표에 의한 점검항목을 쓰시오.(10가지만)(20점)

〈개정 2021. 3. 25〉

번 호	점검항목	점검결과
25-A. 과압방지조치		
25-A-001	● 자동차압 · 과압조절형 댐퍼(또는 플랩댐퍼)를 사용한 경우 성능 적정 여부	
25-B. 수직풍도에 따른 배출		
25-B-001 25-B-002	○ 배출댐퍼 설치(개폐 여부 확인 기능, 화재감지기 동작에 따른 개방) 적정 여부 ○ 배출용송풍기가 설치된 경우 화재감지기 연동 기능 적정 여부	
25-C. 급기구		
25-C-001	○ 급기댐퍼 설치상태(화재감지기 동작에 따른 개방) 적정 여부	

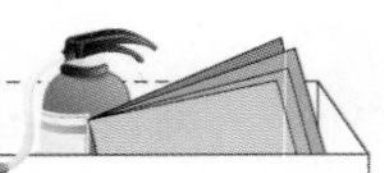

번 호	점검항목	점검결과
25-D. 송풍기[20회 4점]		
25-D-001 25-D-002 25-D-003	○ 설치장소 적정(화재영향, 접근·점검 용이성) 여부 ○ 화재감지기 동작 및 수동조작에 따라 작동하는지 여부 ● 송풍기와 연결되는 캔버스 내열성 확보 여부	
25-E. 외기취입구		
25-E-001 25-E-002	○ 설치위치(오염공기 유입방지, 배기구 등으로부터 이격거리) 적정 여부 ● 설치구조(빗물·이물질 유입방지, 옥외의 풍속과 풍향에 영향) 적정 여부	
25-F. 제연구역의 출입문		
25-F-001 25-F-002	○ 폐쇄상태 유지 또는 화재 시 자동폐쇄 구조 여부 ● 자동폐쇄장치 폐쇄력 적정 여부	
25-G. 수동기동장치		
25-G-001 25-G-002	○ 기동장치 설치(위치, 전원표시등 등) 적정 여부 ○ 수동기동장치(옥내 수동발신기 포함) 조작 시 관련장치 정상작동 여부	
25-H. 제어반[9회 20점 설계 및 시공, 88회 기술사 10점 ; 제어반의 기능]		
25-H-001 25-H-002	○ 비상용 축전지의 정상 여부 ○ 제어반 감시 및 원격조작 기능 적정 여부	
25-I. 비상전원		
25-I-001 25-I-002 25-I-003	● 비상전원 설치장소 적정 및 관리 여부 ○ 자가발전설비인 경우 연료 적정량 보유 여부 ○ 자가발전설비인 경우 「전기사업법」에 따른 정기점검 결과 확인	

05 옥내외 소화전설비의 직사노즐과 분무노즐 방수 시의 방수압력 측정 방법에 대하여 쓰고, 옥외소화전 방수압력이 75.42PSI일 경우 방수량은 몇 m^3/min인지 계산하시오.(20점)

1. 측정 전 준비사항(사전 조치사항)

   측정하고자 하는 층의 옥내소화전 방수구를 모두 개방시켜 놓는다.

   1) 옥내소화전이 5개 이상 : 5개 개방
   2) 옥내소화전이 5개 이하 : 실제 설치된 개수를 모두 개방

2. 방수압력 측정위치

   1) 소방대상물의 최상층 부분과(최저압 확인)
   2) 최하층 부분(과압 여부 확인), 그리고
   3) 소화전이 가장 많이 설치되어 있는 층에서 각 소화전마다 측정

3. 노즐 종류에 따른 측정 방법

   1) 직사형 노즐 : 노즐선단으로부터 노즐구경의 $\frac{1}{2}$ 떨어진 위치에서, 피토게이지 선단이 오게 하여 압력계의 지시치를 읽는다.
   2) 직·방사 겸용 노즐 : 2가지 방법 가능
      (1) 직사형 관창을 결합하여 직사형 노즐 측정 방법으로 측정한다.
      (2) 호스결합 금속구와 노즐 사이에 "압력계를 부착한 관로 연결금속구"를 부착·방수하여 방수 시 압력계의 지시치를 읽는다.

[직사형 관창]

[직 · 방사형 관창]

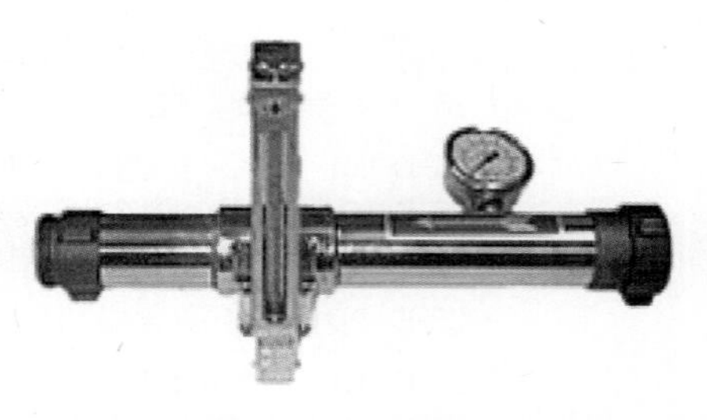
[워터 테스터기(방수압력 · 유량 측정기)]

4. 옥외소화전 방수압력이 75.42PSI일 경우 방수량(m^3/min) 계산

$$Q=0.653d^2\sqrt{P_1}=2.086d^2\sqrt{P_2}$$

여기서, Q(l/min) : 방수량

d(mm) : 노즐구경(옥내소화전 : 13mm, 옥외소화전 : 19mm)

P_1(kg_f/cm^2)/P_2(MPa) : 방사압력(Pitot 게이지 눈금)

$Q=0.653d^2\sqrt{P_1}(l/\text{min})$

조건에서 방수압력이 75.42PSI로 주어졌으므로 단위를 (kg_f/cm^2)로 변환하면,

$P(kg_f/cm^2)=\dfrac{75.42\text{PSI}\times 1.0332kg_f/cm^2}{14.7\text{PSI}}$

$P(kg_f/cm^2)=5.3kg_f/cm^2$

$Q=0.653\times 19^2\times\sqrt{5.3}\ l/\text{min}$

$=542.7l/\text{min}$

$=0.5427m^3/\text{min}≒0.54m^3/\text{min}$

6회 소방시설의 점검실무행정 〈2002. 11. 3 시행〉

01 가스계소화설비의 이너젠가스 저장용기, 이산화탄소저장용기, 기동용 가스용기의 가스량 산정(점검) 방법을 각각 설명하시오.(20점)

1. 이너젠 가스용기 가스량 점검 방법
   1) 산정 방법 : 압력측정 방법
   2) 점검 방법 : 용기밸브의 고압용 압력계를 확인하여 저장용기 내부의 압력을 확인
   3) 판정 방법 : 압력손실이 5%를 초과할 경우 재충전하거나 저장용기를 교체할 것

[이너젠 저장용기밸브]

2. 이산화탄소 저장용기 가스량 점검 방법
   1) 산정 방법
      (1) 액면계(액화가스 레벨메터)를 사용하여 행하는 방법
      (2) 검량계를 사용하여 행하는 방법
      (3) 간평계(저울)를 사용하여 행하는 방법

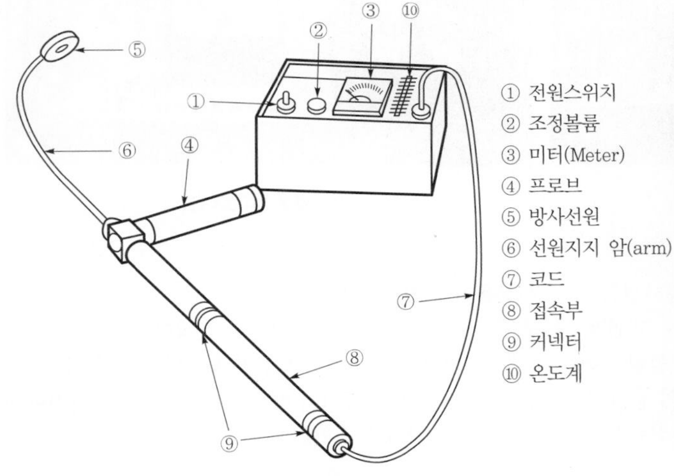

[액화가스 레벨메터 각 부위 명칭(LD 45S형)]

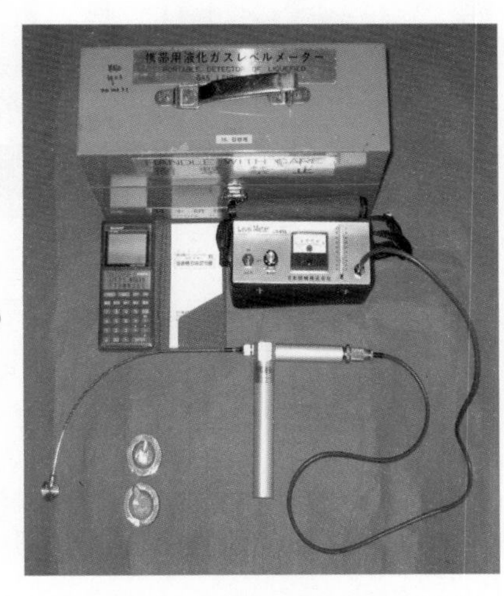

[액화가스 레벨메터 외형(LD 45S형)]

   2) 액면계(액화가스 레벨메터)를 사용한 점검 방법
      (1) 배터리체크
         가. 전원스위치 ①을 "Check" 위치로 전환한다.
         나. Meter의 지침이 안정되지 않고, 바로 내려갈 경우에는 건전지를 교체한다.

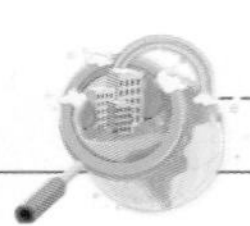

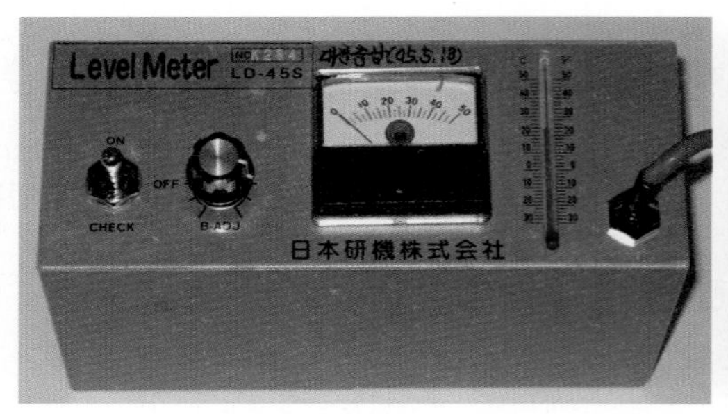

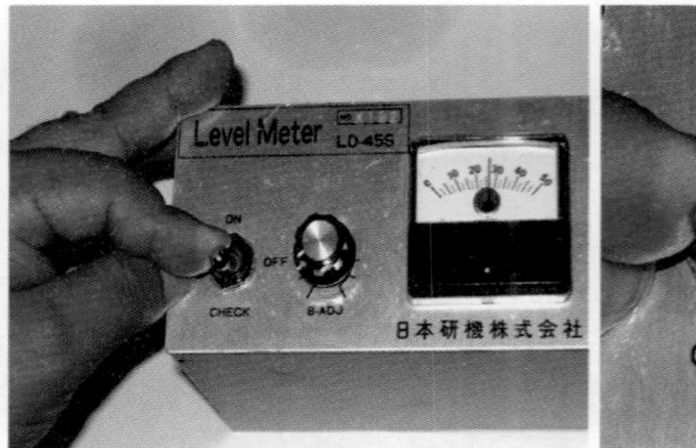

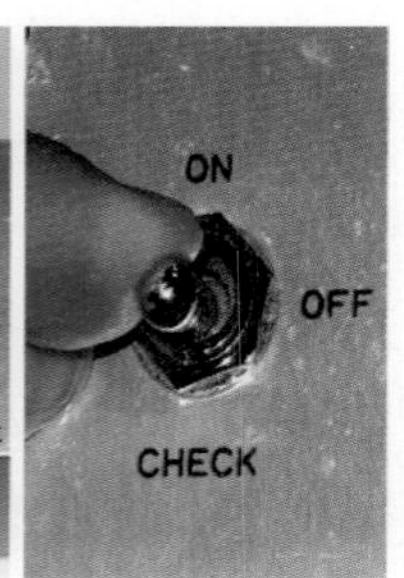

[전원스위치 OFF 상태] [전원스위치를 "Check" 위치로 전환]

(2) 온도측정

온도계 ⑩을 보고 온도를 기재한다.

참고 이산화탄소의 경우 측정장소의 주위온도가 높을 경우 액면의 판별이 곤란(CO_2 임계점 31.35℃)

(3) Meter 조정

가. 전원스위치 ①을 "ON" 위치로 전환한다.

나. Meter ③의 지침이 잠시 후 안정되게 한다.

다. 조정볼륨 ②를 돌려 지침이 측정(판독)하기 좋은 위치에 오도록 조정한다.

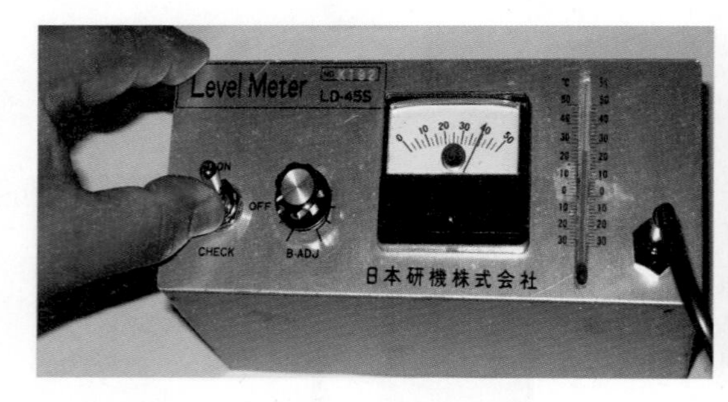

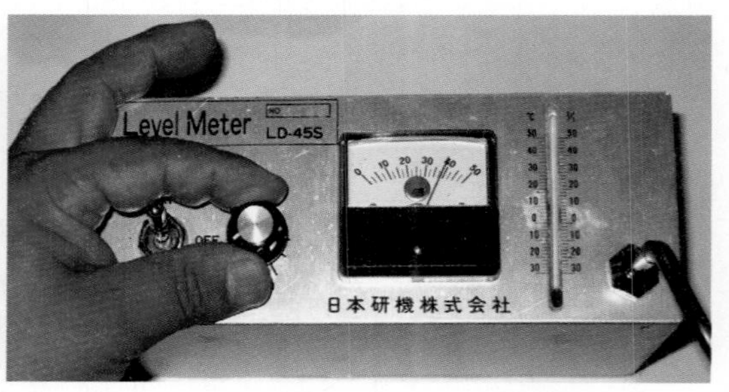

[전원스위치 ON 상태] [조정볼륨 조정모습]

(4) 측정

가. 프로브 ④와 방사선원 ⑤를 저장용기에 삽입하고,

나. 지시계를 보면서 액면계 검출부를 저장용기의 상하로 서서히 움직이면,

다. 미터지시계의 흔들림이 작은 부분과 크게 흔들리는 부분의 중간 부분의 위치를 체크한다.

라. 이 부분이 약제의 충전(액상) 높이이므로 줄자로 용기의 바닥에서부터 높이를 측정한다.

마. 측정이 끝나면 전원스위치를 끈다.(OFF 위치로 전환)

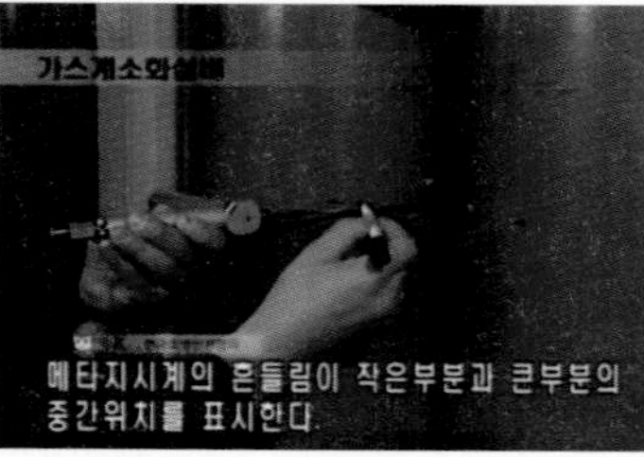

[약제량 측정모습] [액상부분 표시모습] [높이 측정모습]

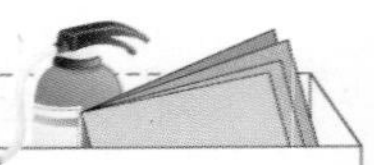

3) 검량계를 사용한 점검 방법
   (1) 검량계를 수평면에 설치한다.
   (2) 용기밸브에 설치되어 있는 용기밸브 개방장치(니들밸브, 동관, 전자밸브), 연결관을 분리한다.
   (3) 약제저장용기를 전도되지 않도록 주의하면서 검량계에 올린다.
   (4) 약제내장용기의 총 무게에서 빈 용기의 무게차를 계산한다.

[검량계를 이용한 방법]

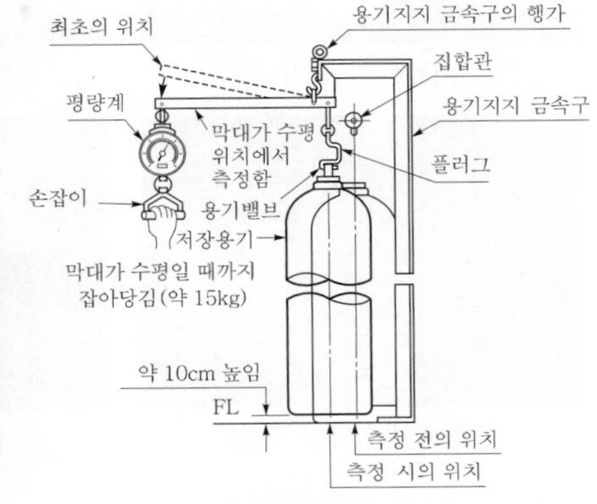

[간평계를 이용한 방법]

4) 간평계를 사용한 점검 방법
   (1) 용기밸브에 설치되어 있는 용기밸브 개방장치(니들밸브, 동관, 전자밸브), 연결관을 분리한다.
   (2) 측정기 지지부의 고리를 용기지지구의 행가에 부착한 다음 측정기 선단의 고리를 용기밸브에 확실하게 부착한다.
   (3) 측정기의 손잡이를 쥐고 천천히 끌어내려 측정기의 막대가 수평이 되었을 때의 중량을 측정한다.

5) 판정 방법 : 약제량의 측정 결과를 중량표와 비교하여 약제량 손실이 5% 초과하는 경우에는 재충전하거나 저장용기를 교체할 것

참고 할로겐화합물 및 불활성기체 소화약제의 재충전 또는 교체에 대한 기준은 있으나, 이산화탄소와 할론에 대한 기준은 없는 상황이므로 할로겐화합물 및 불활성기체 소화약제의 기준 중에서 액상으로 저장하는 약제의 기준을 준용함.

참고 판정기준(NFPC 107A 제6조 제2항 제3호 : 할로겐화합물 및 불활성기체 소화약제 기준임.)
1. 약제량의 측정 결과를 중량표와 비교하여 약제량 손실이 5% 초과하거나 압력손실이 10%를 초과하는 경우에는 재충전하거나 저장용기를 교체할 것
   ☞ 액상으로 저장하는 경우
2. 불활성기체 소화약제의 경우에는 압력손실이 5%를 초과 시 재충전하거나 저장용기 교체
   ☞ 기상으로 저장하는 경우

3. 기동용기 가스량 점검 방법
1) 산정 방법 : 전자(지시)저울을 사용하여 약제량 측정
2) 점검순서
   (1) 기동용기함 문짝을 개방한다.
   (2) 솔레노이드밸브에 안전핀을 체결한다.
   (3) 용기밸브에 설치되어 있는 솔레노이드밸브와 조작동관을 떼어낸다.
   (4) 용기 고정용 가대를 분리 후 기동용기함에서 기동용기를 분리한다.
   (5) 저울에 기동용기를 올려놓아 총 중량을 측정한다.
   (6) 기동용기와 용기밸브에 각인된 중량을 확인한다.
   (7) 약제량은 측정값(총 중량)에서 용기밸브 및 용기의 중량을 뺀 값이다.

[안전핀 체결]

[솔레노이드밸브 분리]

[분리된 기동용기]

[기동용기 약제량 측정]

[기동용기밸브 무게]

[기동용기 무게]

3) 판정 방법 : 이산화탄소의 양은 법정중량(0.6kg) 이상일 것

02 준비작동식 밸브의 작동 방법(3가지) 및 복구 방법을 기술하시오.(20점)

1. 준비작동식 밸브 작동 방법
   1) 해당 방호구역의 감지기 2개 회로 작동
   2) SVP(수동조작함)의 수동조작스위치 작동
   3) 프리액션밸브 자체에 부착된 수동기동밸브 개방
   4) 수신기측의 프리액션밸브 수동기동스위치 작동
   5) 수신기에서 동작시험스위치 및 회로선택스위치로 작동 (2회로 작동)

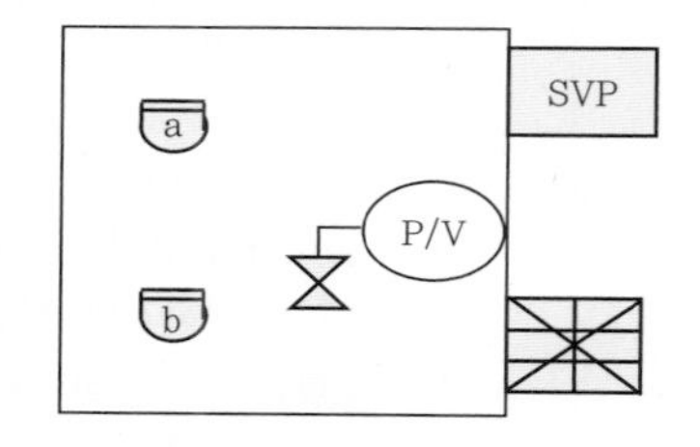

[프리액션밸브 동작 방법]

2. 복구 방법(작동 후 조치)

☞ 다이어프램타입의 전동 볼밸브 부착형에 대하여 기술한다.

1) 배수

펌프 자동정지의 경우	펌프 수동정지의 경우
(1) 셋팅밸브 잠금(개방 관리하는 경우만 해당) (2) 1차측 개폐밸브 ① 잠금 ⇒ 펌프 정지확인 (3) 개방된 배수밸브 ⑧을 통해 ⇒ 2차측 소화수 배수 (4) 수신기 스위치 확인복구	(1) 펌프 수동정지 (2) 셋팅밸브 잠금(개방 관리하는 경우만 해당) (3) 1차측 개폐밸브 ① 잠금 (4) 개방된 배수밸브 ⑧을 통해 ⇒ 2차측 소화수 배수 (5) 수신기 스위치 확인복구

2) 복구(Setting)

(1) 배수밸브 ⑧ 잠금

※ 점검 시 주의사항 : 배수밸브는 개폐상태를 육안으로 확인하지 못하므로 손으로 돌려보아 배수밸브가 잠겨져 있는지 반드시 재차 확인할 것. 만약 배수밸브가 개방되어져 있다면 화재진압 실패의 원인이 됨.

(2) 전자밸브 ⑨ 복구(전자밸브 푸시버튼을 누르고, 전동 볼밸브 폐쇄)

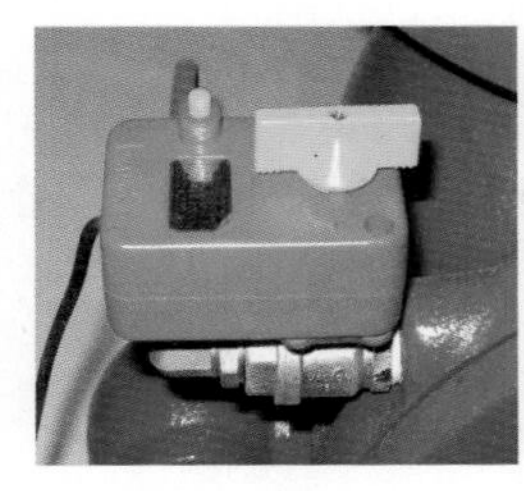
(a) 개방된 상태

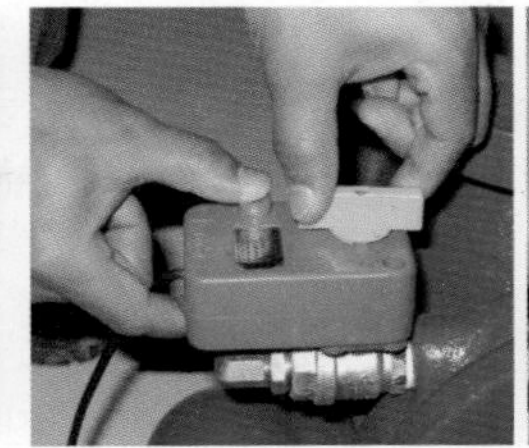
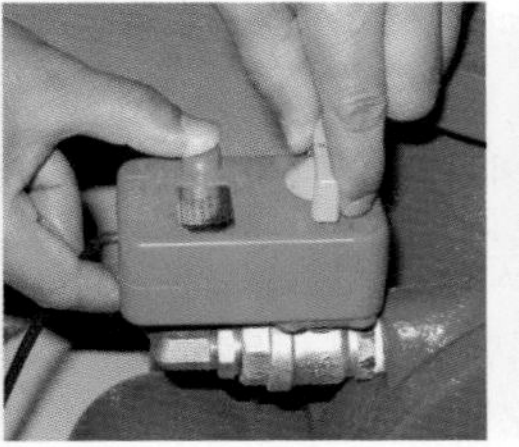
(b) 푸시버튼 누르고, 개방레버 폐쇄

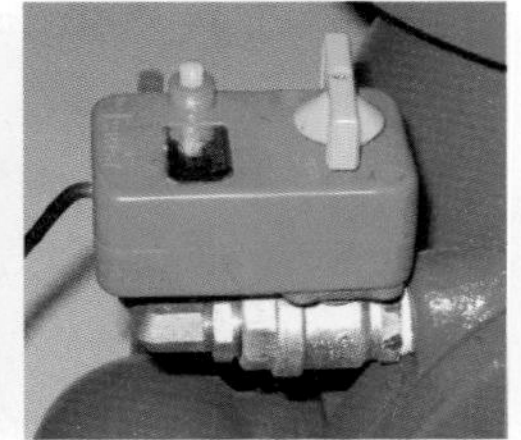
(c) 폐쇄된 상태

[전자밸브 복구모습]

(3) 셋팅밸브 ③ 개방 ⇒ 중간챔버 내 가압수 공급으로 밸브시트 자동복구 ⇒ 압력계 ④ 압력발생 확인
(4) 1차측 개폐밸브 ① 서서히 개방(수격현상이 발생되지 않도록) 이때, 2차측 압력계가 상승하지 않으면 정상 셋팅된 것임. 만약, 2차측 압력계가 상승하면 배수부터 다시 실시한다.
(5) 셋팅밸브 ③ 잠금(셋팅밸브를 잠그고 관리하는 경우만 해당)
(6) 수신기스위치 상태확인
(7) 소화펌프 자동전환(펌프 수동정지의 경우에 한함.)
(8) 2차측 개폐밸브 ② 서서히 완전개방

03 자동화재탐지설비 P형 1급 수신기의 화재작동시험, 회로도통시험, 공통선시험, 동시작동시험, 저전압시험의 작동시험 방법과 가부판정의 기준을 기술하시오.(20점)

1. 화재표시 작동시험
  1) 작동시험 방법
    (1) 회로선택스위치로 시험

가. 연동정지(소화설비, 비상방송 등 설비 연동스위치 연동정지) 나. 축적·비축적 선택스위치를 비축적 위치 전환	사전조치
다. 동작시험스위치와 자동복구스위치를 누른다. 라. 회로선택스위치를 1회로씩 돌리거나 누른다.	시 험
마. 화재표시등, 지구표시등, 음향장치 등의 동작상황을 확인한다.	확 인

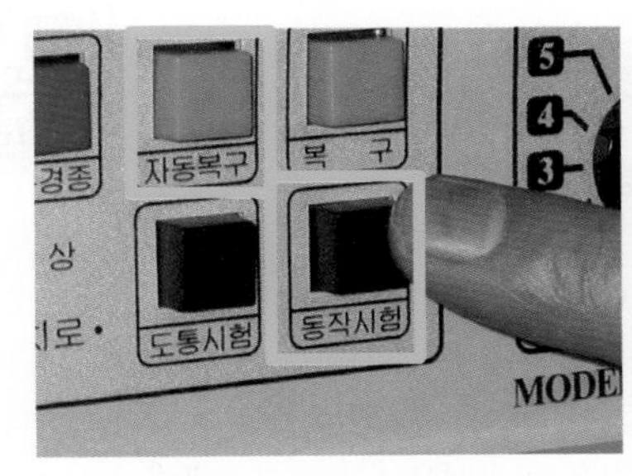

[동작시험, 자동복구스위치 누름]

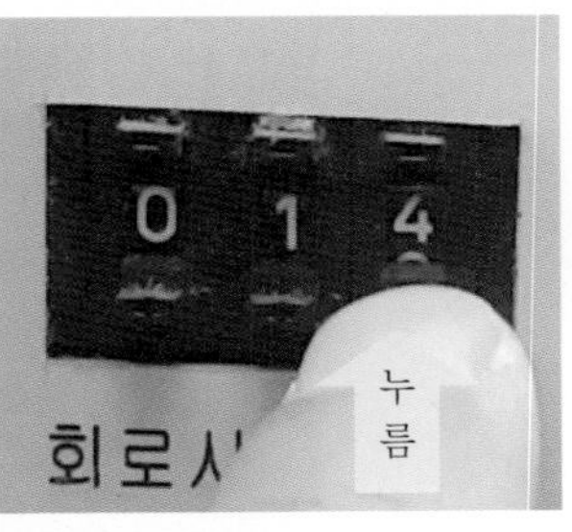

[회로선택스위치 선택]

(2) 경계구역의 감지기 또는 발신기의 작동시험과 함께 행하는 방법(현장에서 동작)
감지기 또는 발신기를 차례로 작동시켜 경계구역과 지구표시등과의 접속상태를 확인할 것

2) 가부 판정기준

(1) 각 릴레이의 작동, 화재표시등, 지구표시등, 음향장치 등이 작동하면 정상이다.

(2) 경계구역 일치 여부 : 각 회선의 표시창과 회로번호를 대조하여 일치하는지 확인한다.

2. 회로도통시험

1) 작동시험 방법

(1) 수신기의 도통시험스위치를 누른다.(또는 시험측으로 전환한다.)

(2) 회로선택스위치를 1회로씩 돌리거나 누른다.

(3) 각 회선의 전압계의 지시상황 등을 조사한다.

※ "도통시험 확인등"이 있는 경우는 정상(녹색), 단선(적색)램프 점등확인

(4) 종단저항 등의 접속상황을 조사한다.(단선된 회로조사)

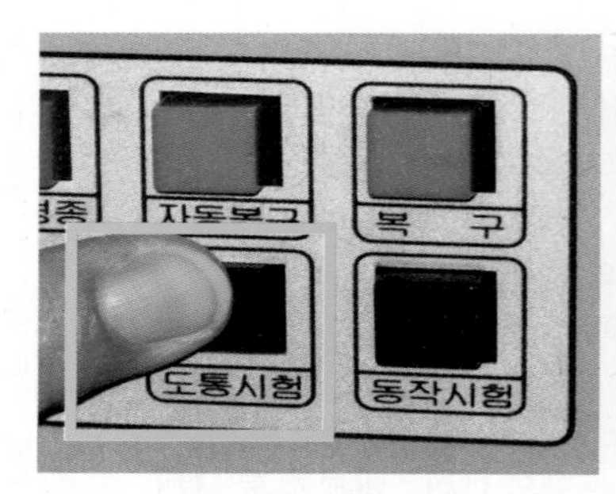

[도통시험스위치 누름]

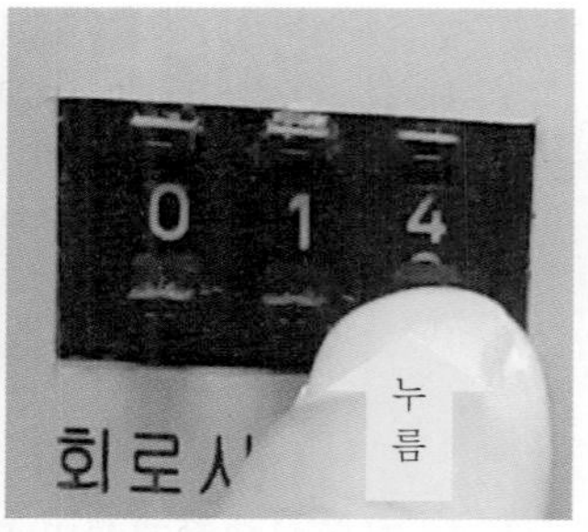

[회로선택스위치 선택]

2) 가부 판정기준

(1) 전압계가 있는 경우 : 각 회선의 시험용 계기의 지시상황이 지정대로 일 것

가. 정상 : 전압계의 지시치가 2~6V 사이이면 정상

나. 단선 : 전압계의 지시치가 0V를 나타냄.

다. 단락 : 화재경보상태(지구등 점등상태)

(2) 전압계가 없고, 도통시험 확인등이 있는 경우

가. 정상 : 정상 LED 확인등(녹색) 점등

나. 단선 : 단선 LED 확인등(적색) 점등

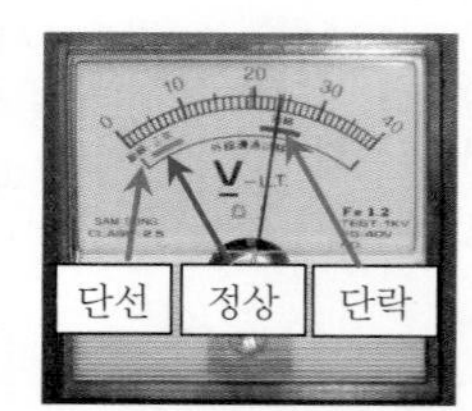

[도통시험 시 전압계]

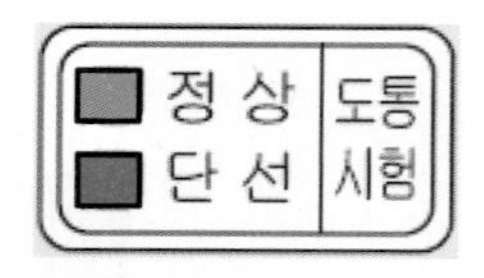

[도통시험등]

3. 공통선시험

1) 작동시험 방법

(1) 수신기 내의 단자대에서 공통선을 1선 분리한다.
(감지기 회로가 7개를 초과하는 경우에 한함.)

(2) 도통시험스위치를 누르고,

(3) 회로선택스위치를 1회로씩 돌리거나 누른다.

(4) 전압계의 지시치가 "0V"를 표시하는 회로수를 조사한다.

※ 다이오드타입의 경우는 "단선등(적색)"이 점등되는 회로수를 조사한다.

(5) 공통선이 여러 개 있는 경우에는 다음 공통선을 1선씩 단자대에서 분리하여 전 공통선에 대해서 상기와 같은 방법을 시험한다.

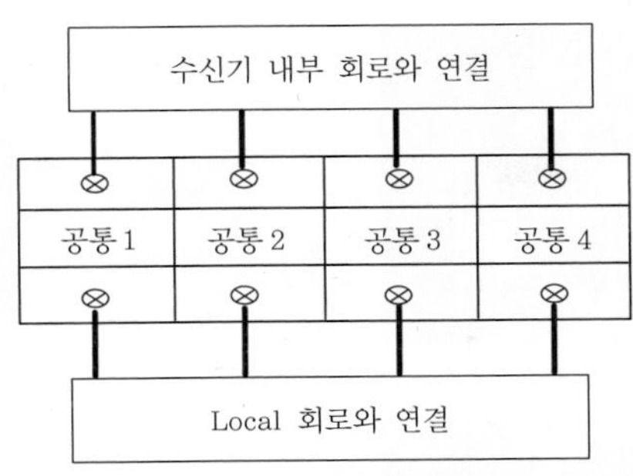

[수신기 내부 단자대]

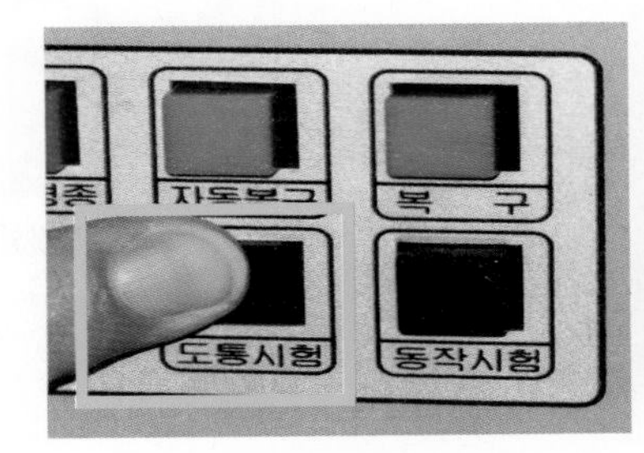

[도통시험스위치 누름]

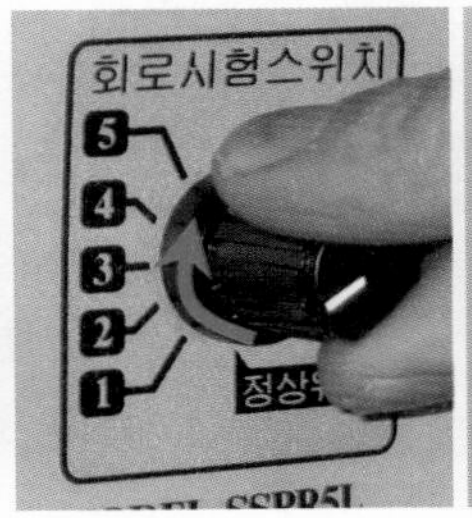

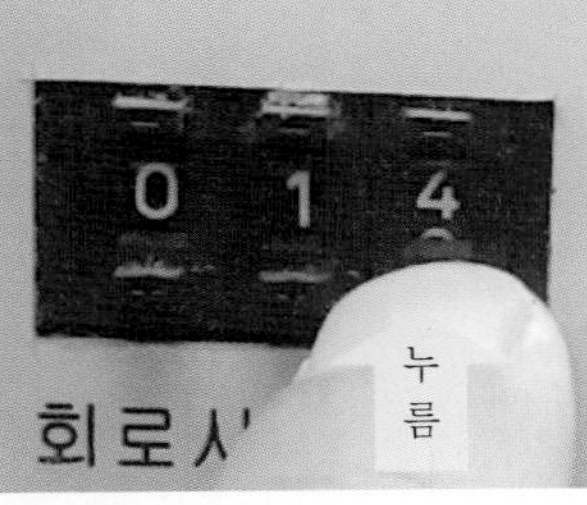

[회로선택스위치 선택]

2) 가부 판정기준 : 공통선 1선이 담당하는 경계구역이 7개 이하일 것

4. 동시 작동시험

1) 작동시험 방법

(1) 연동정지(소화설비, 비상방송 등 설비 연동스위치 연동정지) (2) 축적·비축적 선택스위치를 비축적 위치 전환	사전조치
(3) 수신기의 동작시험스위치를 누른다. ※ 이때, 자동복구스위치는 누르지 말 것 (4) 회로선택스위치를 차례로 돌리거나 눌러서 "5회선"을 동작시킨다.	시 험
(5) 주·지구 음향장치가 울리면서 수신기 화재표시등이 점등한다. (6) 부수신기를 설치하였을 때에도, 모두 정상상태로 놓고 시험한다.	확 인

2) 가부 판정기준 : 각 회로를 동작시켰을 때 수신기, 부수신기, 표시기, 음향장치 등에 이상이 없을 것

5. 저전압시험

1) 작동시험 방법

<table>
<tr><td>(1) 자동화재탐지설비용 전압시험기(또는 가변저항기)를 사용하여 교류전원 전압을 정격전압의 80% 이하로 한다.
(2) 축전지설비인 경우에는 축전지의 단자를 절환하여 정격전압의 80% 이하의 전압으로 한다.</td><td colspan="2">준 비</td></tr>
<tr><td>(3) 연동정지(소화설비, 비상방송 등 설비 연동스위치 연동정지)
(4) 축적·비축적 절환스위치를 비축적위치로 전환한다.</td><td>안전조치</td><td rowspan="2">동작
시험과
동일</td></tr>
<tr><td>(5) 동작시험스위치와 자동복구스위치를 누른다.
(6) 회로선택스위치를 1회로씩 돌리거나 누른다.
(7) 화재표시등, 지구표시등, 음향장치 등의 동작상황을 확인한다.</td><td>동작시험</td></tr>
</table>

(a) 안전조치

(b) 비축적전환

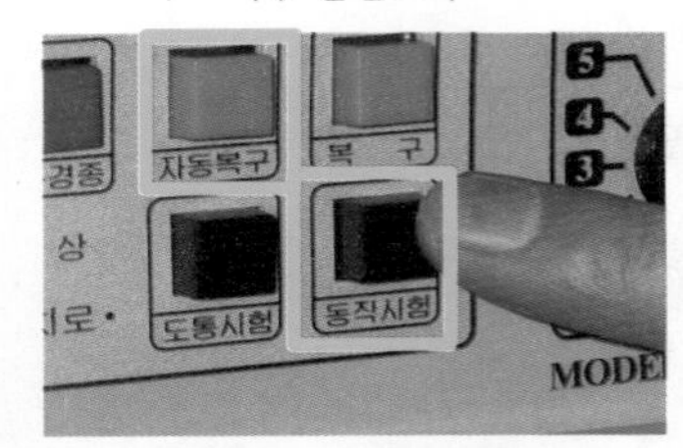

(c) 동작시험, 자동복구스위치 누름

(d) 회로선택스위치 전환

[저전압시험 절차]

2) 가부 판정기준 : 화재신호를 정상적으로 수신할 수 있을 것

04 이산화탄소소화설비 기동장치의 설치기준을 기술하시오.(20점)

1. 이산화탄소소화설비 수동식 기동장치의 설치기준

※ 이산화탄소, 할론 분말 공통사항임.(할로겐화합물 및 불활성기체 소화약제는 약간 차이 있음.)
이산화탄소소화설비의 수동식 기동장치는 다음의 기준에 따라 설치하여야 한다.

1) 전역방출방식에 있어서는 방호구역마다, 국소방출방식에 있어서는 방호대상물마다 설치
※ 할로겐화합물 및 불활성기체 소화약제의 경우 : 방호구역마다 설치
2) 당해 방호구역의 출입구부분 등 조작을 하는 자가 쉽게 피난할 수 있는 장소에 설치
3) 기동장치의 조작부는 바닥으로부터 높이 0.8m 이상 1.5m 이하의 위치에 설치하고, 보호판 등에 따른 보호장치를 설치(설치높이, 보호장치)
4) 기동장치의 방출용 스위치는 음향경보장치와 연동하여 조작될 수 있는 것
5) 수동식 기동장치의 부근에는 소화약제의 방출을 지연시킬 수 있는 비상스위치(자동복귀형 스위치로서 수동식 기동장치의 타이머를 순간정지시키는 기능의 스위치를 말한다.)를 설치
6) 전기를 사용하는 기동장치에는 전원표시등을 설치
7) 기동장치에는 그 가까운 곳의 보기 쉬운 곳에 "이산화탄소소화설비 기동장치"라고 표시한 표지부착
8) 5kg 이하의 힘을 가하여 기동할 수 있는 구조로 설치(할로겐화합물 및 불활성기체 소화약제만 해당)

2. 이산화탄소소화설비 자동식 기동장치의 설치기준

※ 이산화탄소, 할론, 분말 공통사항임.(할로겐화합물 및 불활성기체 소화약제는 약간 차이 있음.)

1) 자동화재탐지설비의 감지기의 작동과 연동할 것
2) 수동으로도 기동할 수 있는 구조로 할 것
3) 전기식 기동장치로서 7병 이상의 저장용기를 동시에 개방하는 설비에 있어서는 2병 이상의 저장용기에 전자 개방밸브를 부착할 것

4) 기계식 기동장치에 있어서는 저장용기를 쉽게 개방할 수 있는 구조로 할 것
5) 가스압력식 기동장치는 다음의 기준에 따를 것
(1) 기동용 가스용기 및 당해 용기에 사용하는 밸브는 25MPa 이상의 압력에 견딜 수 있는 것으로 할 것
(2) 기동용 가스용기에는 내압시험압력의 0.8배 내지 내압시험압력 이하에서 작동하는 안전장치를 설치할 것
(3) 기동용 가스용기의 용적은 1l 이상으로 하고, 당해 용기에 저장하는 이산화탄소의 양은 0.6kg 이상으로 하며, 충전비는 1.5 이상으로 할 것

※ 방출표시등 설치 : 이산화탄소소화설비가 설치된 부분의 출입구 등의 보기 쉬운 곳에 소화약제의 방사를 표시하는 표시등을 설치하여야 한다.

05 소방용수시설에 있어서 수원의 기준과 종합정밀 점검항목을 기술하시오.(20점)

1. 소방용수시설의 종류 : 소화전, 급수탑, 저수조 [소방기본법 제10조]
2. 소방용수시설의 설치 · 관리자 : 시 · 도지사 [소방기본법 제10조]
3. 소방용수시설의 설치기준 [소방기본법 시행규칙 제6조, 별표 3]

1) 공통기준
(1) 「국토의 계획 및 이용에 관한 법률」 제36조 제1항 제1호의 규정에 의한 주거지역 · 상업지역 및 공업지역에 설치하는 경우 : 소방대상물과의 수평거리를 100m 이하가 되도록 할 것
(2) "(1)" 외의 지역에 설치하는 경우 : 소방대상물과의 수평거리를 140m 이하가 되도록 할 것

2) 소방용수시설별 설치기준
(1) 소화전의 설치기준
가. 상수도와 연결하여 지하식 또는 지상식의 구조로 하고,
나. 소방용 호스와 연결하는 소화전의 연결금속구의 구경은 65mm로 할 것
(2) 급수탑의 설치기준
가. 급수배관의 구경은 100mm 이상으로 하고,
나. 개폐밸브는 지상에서 1.5m 이상 1.7m 이하의 위치에 설치하도록 할 것
(3) 저수조의 설치기준
가. 지면으로부터의 낙차가 4.5m 이하일 것
나. 흡수부분의 수심이 0.5m 이상일 것
다. 소방펌프 자동차가 쉽게 접근할 수 있도록 할 것
라. 흡수에 지장이 없도록 토사 및 쓰레기 등을 제거할 수 있는 설비를 갖출 것
마. 흡수관의 투입구가 사각형의 경우에는 한 변의 길이가 60cm 이상, 원형의 경우에는 지름이 60cm 이상일 것
바. 저수조에 물을 공급하는 방법은 상수도에 연결하여 자동으로 급수되는 구조일 것

4. 수원의 종합정밀 점검항목 〈개정 2021. 3. 25〉
수원의 유효수량 적정 여부

7회 소방시설의 점검실무행정 〈2004. 10. 16 시행〉

01 준비작동식 밸브의 작동 방법 및 복구 방법을 구체적으로 기술하시오.(30점)
(단, 준비작동식 밸브에는 1·2차측 개폐밸브가 모두 설치되어 있고, 다이어프램타입의 전동 볼밸브가 설치된 것으로 가정하며 작동 방법은 해당 방호구역의 감지기를 동작시키는 것으로 기술할 것)

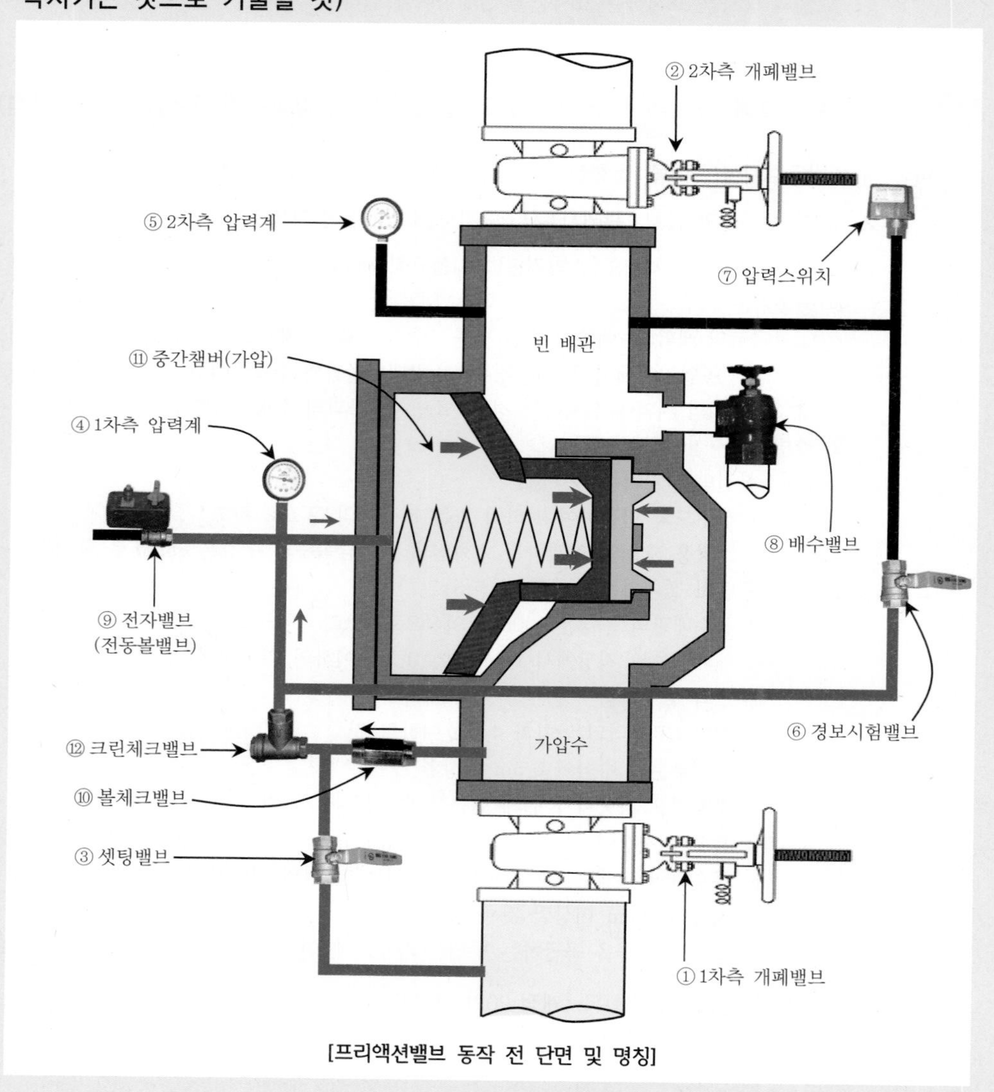

[프리액션밸브 동작 전 단면 및 명칭]

1. 작동점검

1) 준비

(1) 2차측 개폐밸브 ② 잠금, 배수밸브 ⑧ 개방(2차측으로 가압수를 넘기지 않고 배수밸브를 통해 배수하여 시험 실시)

주의 프리액션밸브가 여러 개 있는 경우는 안전조치 사항으로 다른 구역으로의 프리액션밸브 2차측 밸브도 폐쇄한 후 점검에 임한다.

(2) 경보여부 결정(수신기 경보스위치 "ON" 또는 "OFF")

참고 경보스위치 선택

1. 경보스위치를 "ON": 감지기 동작 및 준비작동식 밸브 동작 시 음향경보 즉시 발령됨.
2. 경보스위치를 "OFF": 감지기 동작 및 준비작동식 밸브 동작 시 수신기에서 확인 후 필요 시 경보스위치를 잠깐 풀어서 동작 여부만 확인함.

⇒ 통상 점검 시에는 "2"번을 선택하여 실시

2) 작동

(1) 준비작동식 밸브를 작동시킨다.

준비작동식 밸브를 작동시키는 방법은 5가지 방법이 있으나 조건에서 감지기를 동작시켜 시험한다 하였으므로 "가"번을 선택하여 시험한다.

가. 해당 방호구역의 감지기 2개 회로 작동
나. SVP(수동조작함)의 수동조작스위치 작동
다. 프리액션밸브 자체에 부착된 수동기동밸브 개방
라. 수신기측의 프리액션밸브 수동기동스위치 작동
마. 수신기에서 동작시험스위치 및 회로선택스위치로 작동(2회로 작동)

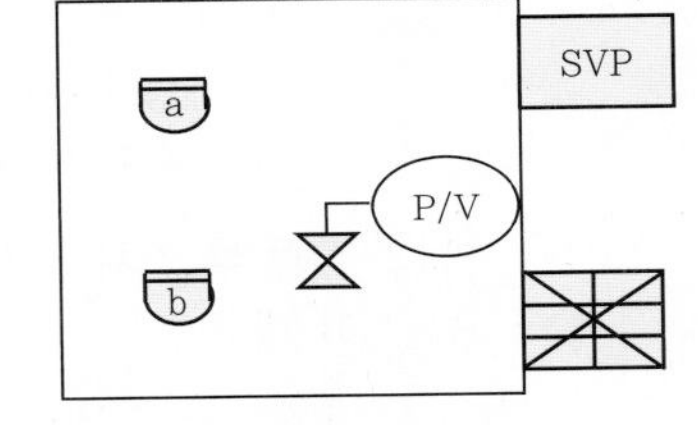

[작동시험 방법]

(2) 감지기 1개 회로 작동 ⇒ 경보발령(경종)

(3) 감지기 2개 회로 작동 ⇒ 전자밸브 ⑨ 개방

(4) 중간챔버 압력저하 ⇒ 밸브시트 개방

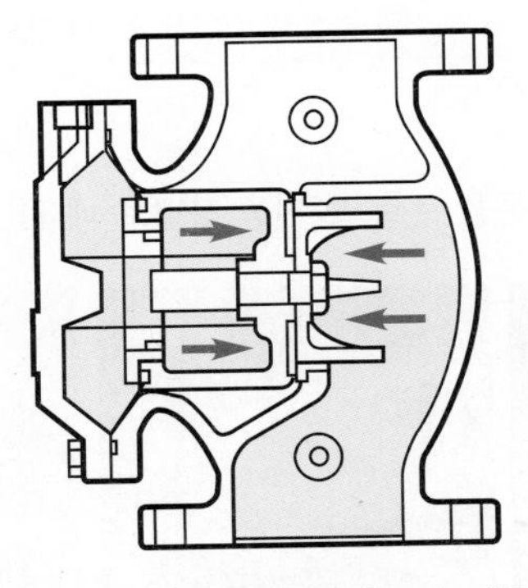

[프리액션밸브 단면(동작 전)]

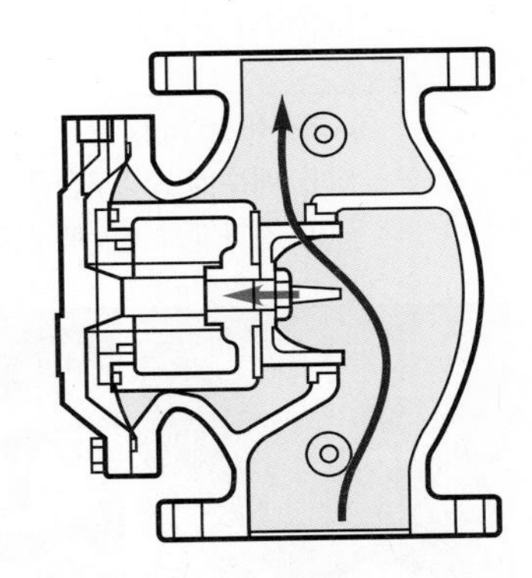

[프리액션밸브 단면(동작 후)]

(5) 2차측 개폐밸브까지 소화수 가압 ⇒ 배수밸브 ⑧을 통해 유수

(6) 전자밸브 ⑨는 한번 개방되면 사람이 수동으로 복구하기 전까지는 개방상태로 유지됨에 따라 ⇒ 중간챔버 압력저하 상태 유지

(7) 유입된 가압수에 의해 압력스위치 ⑦ 작동

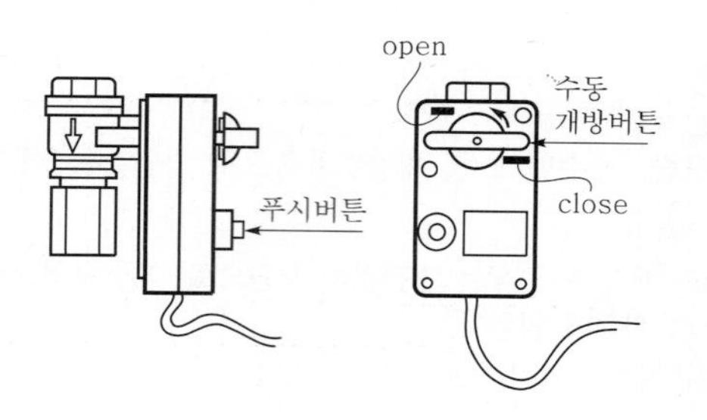

[전자밸브 외형]

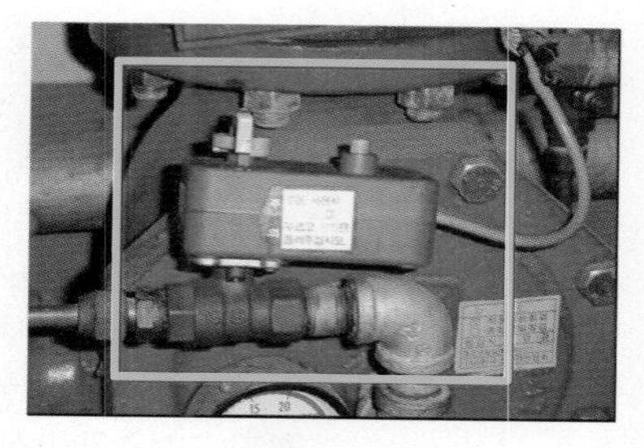

[전자밸브 외형]

3) 확인
   (1) 감시제어반(수신기) 확인사항
      가. 화재표시등 점등확인
      나. 해당 구역 감지기 동작표시등 점등확인
      다. 해당 구역 프리액션밸브 개방표시등 점등 확인
      라. 수신기 내 경보 부저 작동확인
   (2) 해당 방호구역의 경보(싸이렌)상태 확인
   (3) 소화펌프 자동기동 여부확인

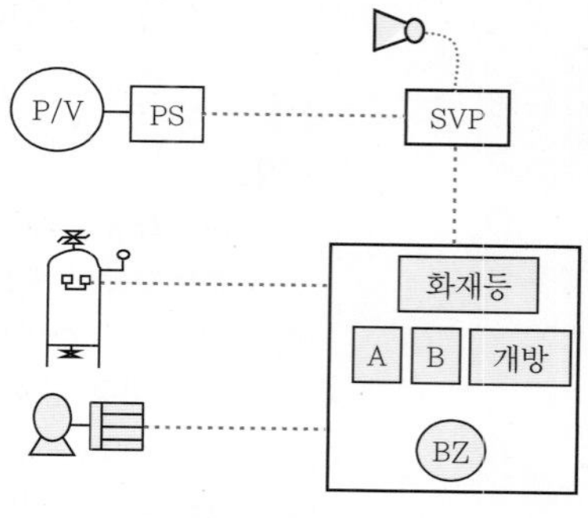

[프리액션밸브 동작 시 확인사항]

2. 작동 후 조치
   1) 배수

펌프 자동정지의 경우	펌프 수동정지의 경우
(1) 셋팅밸브 잠금(개방 관리하는 경우만 해당) (2) 1차측 개폐밸브 ① 잠금 ⇒ 펌프 정지확인 (3) 개방된 배수밸브 ⑧을 통해 ⇒ 2차측 소화수 배수 (4) 수신기 스위치 확인복구	(1) 펌프 수동정지 (2) 셋팅밸브 잠금(개방 관리하는 경우만 해당) (3) 1차측 개폐밸브 ① 잠금 (4) 개방된 배수밸브 ⑧을 통해 ⇒ 2차측 소화수 배수 (5) 수신기 스위치 확인복구

   2) 복구(Setting)
      (1) 배수밸브 ⑧ 잠금
      (2) 전자밸브 ⑨ 복구(전자밸브 푸시버튼을 누르고, 전동 볼밸브 폐쇄)

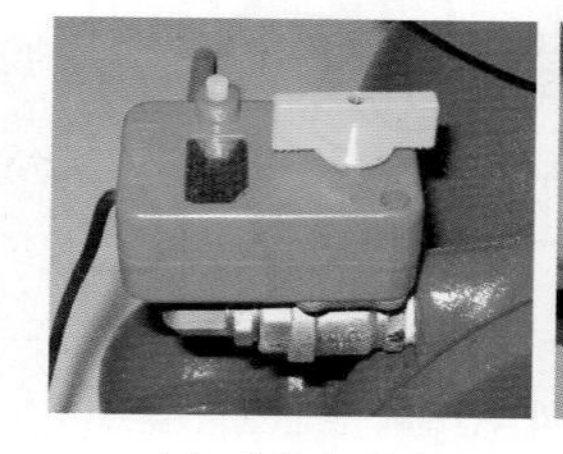

(a) 개방된 상태

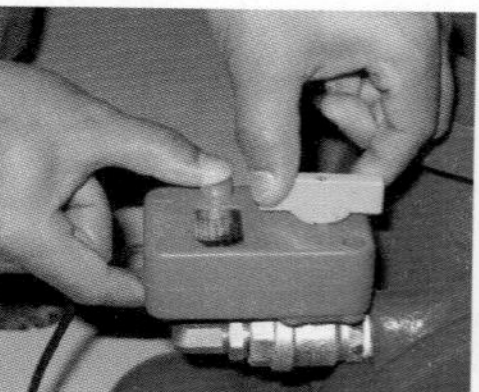

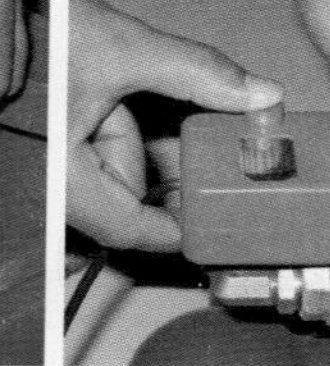

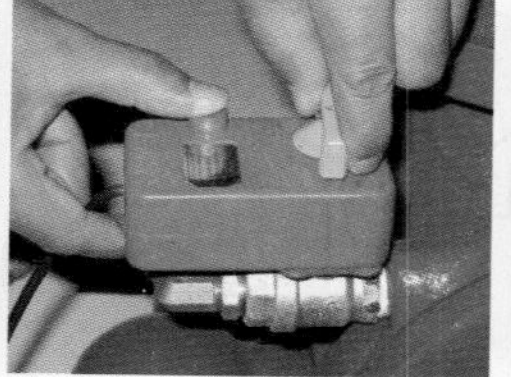

(b) 푸시버튼 누르고, 개방레버 폐쇄

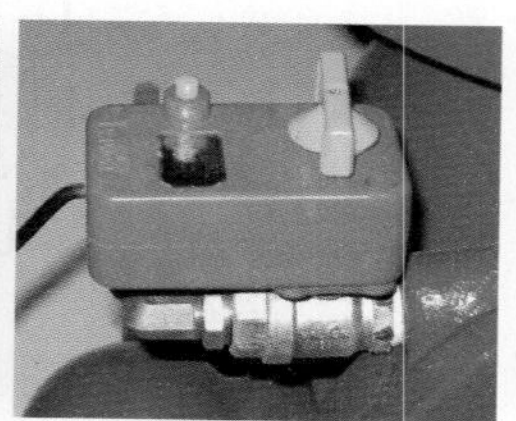

(c) 폐쇄된 상태

[전자밸브 복구모습]

      (3) 셋팅밸브 ③ 개방 ⇒ 중간챔버 내 가압수 공급으로 밸브시트 자동복구 ⇒ 압력계 ④ 압력발생 확인
      (4) 1차측 개폐밸브 ① 서서히 개방(수격현상이 발생되지 않도록) 이때, 2차측 압력계가 상승하지 않으면 정상 셋팅된 것임. 만약, 2차측 압력계가 상승하면 배수부터 다시 실시한다.

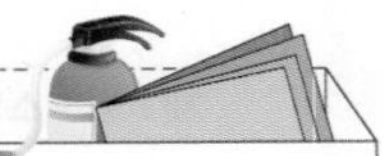

(5) 셋팅밸브 ③ 잠금(셋팅밸브를 잠그고 관리하는 경우만 해당)
(6) 수신기 스위치 상태확인
(7) 소화펌프 자동전환(펌프 수동정지의 경우에 한함.)
(8) 2차측 개폐밸브 ② 서서히 완전 개방

02 지하층을 제외한 11층 건물의 비상콘센트설비의 종합정밀점검을 실시하려 한다. 비상콘센트설비의 화재안전기준(NFSC 504)에 의거하여 다음 각 물음에 답하시오.(40점)

1. 원칙적으로 설치 가능한 비상전원의 종류 2가지를 쓰시오.
2. 전원회로별 공급용량 2종류를 쓰시오.
3. 층별 비상콘센트가 5개씩 설치되어 있다면 전원회로의 최소 회로수는?
4. 비상콘센트의 설치높이를 쓰시오.
5. 보호함의 설치기준 3가지를 쓰시오.

※ 출제 당시 법령에 의한 풀이임.

1. 비상전원 2종류
   1) 자가발전설비
   2) 비상전원수전설비
2. 전원회로별 공급용량 2종류〈개정 2008. 12. 15〉
   1) 3상 교류의 경우 3kVA 이상인 것
   2) 단상교류의 경우 1.5kVA 이상인 것
3. 전원회로의 최소 회로수 : 2회로

   참고 1. 본 문제는 화재안전기준 개정(2006. 12. 30) 이전에 출제된 문제로서, 지상 11층에만 비상콘센트가 설치된 경우임.(2006. 12. 30 NFSC 504 제4조 제5항 제1호 삭제됨.)
   2. 전원회로 설치기준 : 전원회로는 각 층에 있어서 2 이상이 되도록 설치할 것
   다만, 설치하여야 할 층의 비상콘센트가 1개인 때에는 하나의 회로로 할 수 있다.
4. 비상콘센트의 바닥으로부터 설치높이〈개정 2008. 12. 15〉
   바닥으로부터 높이 0.8m 이상 1.5m 이하
5. 보호함의 설치기준 3가지
   1) 보호함에는 쉽게 개폐할 수 있는 문을 설치할 것
   2) 보호함 표면에 "비상콘센트"라고 표시한 표지를 할 것
   3) 보호함 상부에 적색의 표시등을 설치할 것. 다만, 비상콘센트의 보호함을 옥내소화전함 등과 접속하여 설치하는 경우에는 옥내소화전함 등의 표시등과 겸용할 수 있다.

03 소방시설 등의 자체점검에 있어서 작동기능점검과 종합정밀점검의 대상, 점검자의 자격, 점검횟수를 기술하시오.(30점)

※ 현행 법령에 의한 풀이임.

☞ 소방시설 설치 및 관리에 관한 법률 시행규칙 [별표 3] 〈개정 2022. 12. 1〉

1. 작동점검 [M : 사 · 대 · 자 · 방 · 횟수 · 시 · 서 · 보]

<table>
<tr><th>구 분</th><th colspan="2">작동점검 내용</th></tr>
<tr><td>1) 점검사항</td><td colspan="2">소방시설등을 인위적으로 조작하여 소방시설이 정상적으로 작동하는지를 소방시설등 작동점검표에 따라 점검하는 것을 말한다.</td></tr>
<tr><td>2) 점검대상</td><td colspan="2">특정소방대상물 전체(소방안전관리자 선임대상)
다만, 다음 어느 하나에 해당하는 특정소방대상물은 제외
(1) 소방안전관리자를 선임하지 않는 특정소방대상물
(2) 위험물안전관리법에 따른 제조소등
(3) 특급 소방안전관리대상물
가. 특정소방대상물 : 지하층 포함 30층 이상 또는 높이 120m 이상 또는 연면적 100,000m^2 이상(아파트 제외)
나. 아파트 : 지하층 제외 50층 이상 또는 높이 200m 이상</td></tr>
<tr><td rowspan="3">3) 점검자의 자격
(다음 분류에 따른 기술인력이 점검할 수 있으며, 점검인력 배치기준을 준수해야 한다.)</td><td>대상</td><td>점검자의 자격</td></tr>
<tr><td>(1) 간이스프링클러설비(주택용 간이스프링클러설비는 제외) 또는 자동화재탐지설비가 설치된 특정소방대상물(3급 대상)</td><td>(1) 관계인
(2) 소방안전관리자로 선임된 소방시설관리사 및 소방기술사
(3) 관리업에 등록된 소방시설관리사
(4) 특급점검자 <2024.12.1 시행></td></tr>
<tr><td>(2) "(1)"에 해당하지 않는 특정소방대상물 (1 · 2급 대상)</td><td>(1) 관리업에 등록된 소방시설관리사
(2) 소방안전관리자로 선임된 소방시설관리사 및 소방기술사
※ 관계인은 종합점검대상의 작동점검 불가!</td></tr>
<tr><td>4) 점검방법</td><td colspan="2">「소방시설법 시행규칙」 [별표 3] 따른 소방시설별 점검장비를 이용하여 점검</td></tr>
<tr><td>5) 점검횟수</td><td colspan="2">연 1회 이상 실시</td></tr>
<tr><td>6) 점검시기</td><td colspan="2">(1) 종합점검 대상 : 종합점검을 받은 달부터 6개월이 되는 달에 실시
(2) 작동점검 대상 : 건축물의 사용승인일이 속하는 달의 말일까지 실시
다만, 건축물관리대장 또는 건물 등기사항증명서 등에 기입된 날이 서로 다른 경우에는 건축물관리대장에 기재되어 있는 날을 기준으로 점검한다.</td></tr>
<tr><td>7) 점검서식</td><td colspan="2">소방시설등 작동점검표</td></tr>
<tr><td>8) 점검결과 보고서</td><td colspan="2">관리업체 → 관계인에게 보고서 제출 : 점검일로부터 10일 이내 제출
관계인 → 소방서장에게 보고서 제출 : 점검일로부터 15일 이내 제출</td></tr>
</table>

2. 종합점검 [M : 사 · 대 · 자 · 방 · 횟수 · 시 · 서 · 보]

구 분	종합점검 내용
1) 점검사항	소방시설등의 작동점검을 포함하여 소방시설등의 설비별 주요 구성부품의 구조기준이 화재안전기준과 「건축법」 등 관련 법령에서 정하는 기준에 적합한 지 여부를 소방시설등 종합점검표에 따라 점검하는 것을 말하며, 최초점검과 그 밖의 종합점검으로 구분된다.
2) 대상 [22회 5점]	(1) 소방시설등이 신설된 특정소방대상물 (2) 스프링클러설비가 설치된 특정소방대상물 (3) 물분무등 소화설비(호스릴설비만 설치된 경우는 제외)가 설치된 연면적 5,000m^2 이상인 특정소방대상물(제조소등은 제외)

구 분	종합점검 내용
2) 대상 [22회 5점]	(4) 단란주점, 유흥주점, 영화상영관, 비디오감상실업, 복합영상물제공업, 노래연습장, 산후조리원, 고시원, 안마시술소 등의 다중이용업의 영업장이 설치된 특정소방대상물로서 연면적 2,000m^{2}인 것 (5) 제연설비가 설치된 터널 (6) 공공기관 중 연면적(터널·지하구의 경우 그 길이와 평균폭을 곱하여 계산된 값) 1,000m^2 이상인 것으로서 옥내소화전 또는 자동화재탐지설비가 설치된 것. 다만,「소방기본법」제2조 제5호에 따른 소방대가 근무하는 공공기관은 제외
3) 점검자의 자격	다음의 기술인력이 점검할 수 있으며, 점검인력 배치기준을 준수해야 한다. (1) 관리업에 등록된 소방시설관리사 (2) 소방안전관리자로 선임된 소방시설관리사 및 소방기술사
4) 점검방법	「소방시설법 시행규칙」[별표 3] 따른 소방시설별 점검장비를 이용하여 점검
5) 점검횟수	(1) 연 1회 이상 (특급 소방안전관리대상물은 반기에 1회 이상) (2) 종합점검 면제 : 소방본부장 또는 소방서장은 소방청장이 소방안전관리가 우수하다고 인정한 특정소방대상물의 경우에는 3년의 범위 내에서 종합점검 면제(단, 면제기간 중 화재가 발생한 경우는 제외)
6) 점검시기	(1) 최초점검대상 : 건축물을 사용할 수 있게 된 날로부터 60일 이내 실시 (2) 그 밖의 종합점검대상 : 건축물의 사용승인일이 속하는 달에 실시 (3) 국공립·사립학교 : 건축물의 사용승인일이 1월에서 6월 사이에 있는 경우에는 6월 30일까지 실시 <table><tr><th>사용승인일</th><th>종합점검 시기</th></tr><tr><td>1~6월</td><td>6월 30일까지 실시</td></tr><tr><td>7~12월</td><td>건축물 **사용승인일**이 속하는 달까지 실시</td></tr></table>(4) 건축물 사용승인일 이후 다중이용업소가 설치되어 종합점검 대상에 해당하게 된 경우에는 그 다음 해부터 실시한다. (5) 하나의 대지경계선 안에 2개 이상의 점검대상 건축물 등이 있는 경우에는 그 건축물 중 사용승인일이 가장 빠른 연도의 건축물의 사용승인일을 기준으로 점검할 수 있다.
7) 점검서식	소방시설등 종합점검표
8) 점검결과 보고서	관리업체 → 관계인에게 보고서 제출 : 점검일로부터 10일 이내 제출 관계인 → 소방서장에게 보고서 제출 : 점검일로부터 15일 이내 제출

8회 소방시설의 점검실무행정 〈2005. 7. 3 시행〉

01 방화구획의 기준에 대하여 다음 물음에 답하시오.(30점)

1. 10층 이하의(층면적 단위) 구획기준을 쓰시오.(단, 자동식 소화설비가 설치된 경우와 그렇지 않은 경우)(8점)
2. 자동식 소화설비가 설치된 11층 이상(층면적 단위)의 구획기준을 쓰시오.(벽 및 반자의 실내의 접하는 부분의 마감을 불연재료로 사용한 경우와 그렇지 않은 경우)(8점)
3. 층단위의 구획기준을 쓰시오.(8점)
4. 용도단위의 구획기준을 쓰시오.(6점)

☞ 건축물의 피난 · 방화구조 등의 기준에 관한 규칙 제14조 제1항

구획 종류	구획단위			구획 구분의 구조
1. 면적별 구획(16점)	층별	구획기준	스프링클러설비등 자동식 소화설비 설치 시	(1) 내화구조의 바닥, 벽 (2) 갑종방화문 (3) 자동방화셔터
	1) 10층 이하의 층	바닥 1,000m^2↓마다 구획	바닥 3,000m^2 ↓	
	2) 11층 이상의 층	바닥 200m^2↓마다 구획	바닥 600m^2 ↓	
		내장재가 불연재일 경우 500m^2 ↓	1,500m^2↓	
	※ 스프링클러설비 등 자동식 소화설비 설치부분은 상기 면적의 3배마다 구획			
2. 층별구획(8점)	1) 3층 이상의 모든 층은 층마다 구획 2) 지하층은 층마다 구획			
3. 용도별 구획(6점)	주요 구조부를 내화구조로 하여야 하는 대상부분과 기타 부분 사이의 구획			
4. 목조건축물 등의 방화벽	바닥면적 1,000m^2 이내마다 구획			(1) 방화벽 (2) 갑종방화문

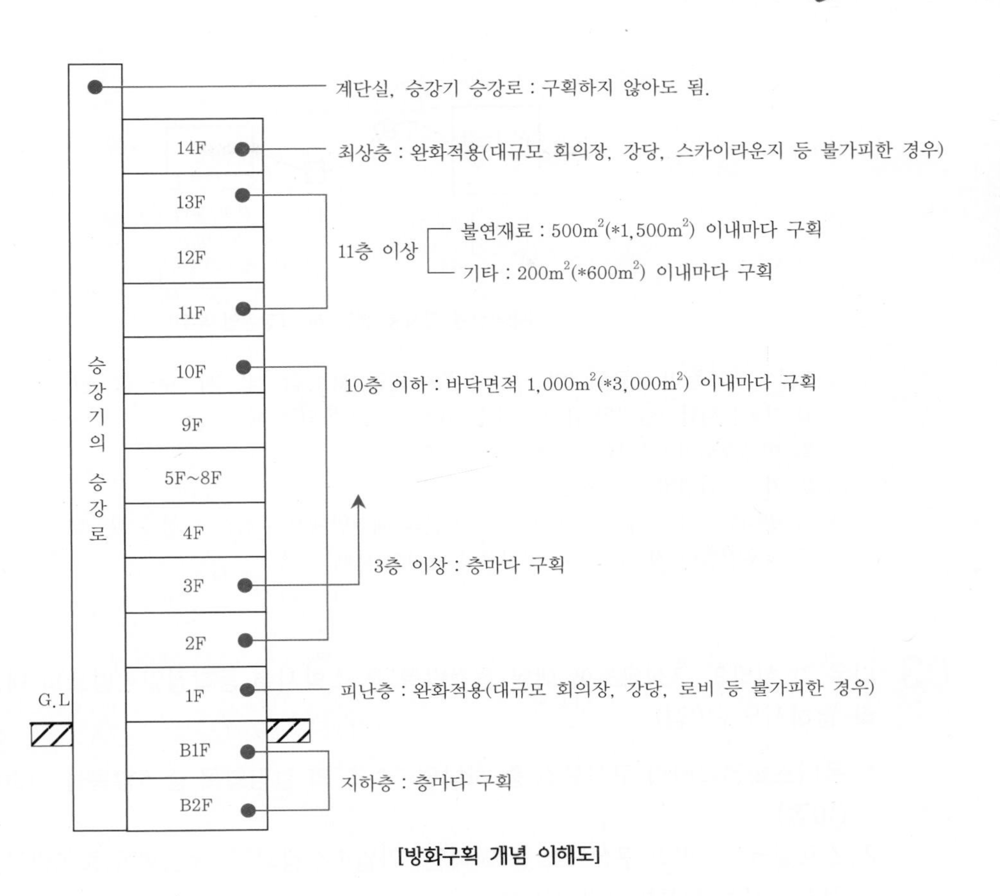

[방화구획 개념 이해도]

02 유도등에 대한 다음 각 물음에 답하시오.(30점)

1. 유도등의 평상시 점등상태(6점)
2. 예비전원감시등이 점등되었을 경우의 원인(12점)
3. 3선식 유도등이 점등되어야 하는 경우의 원인(12점)

1. 유도등의 평상시 점등상태
   1) 2선식 : 상시 점등상태
   2) 3선식 : 상시 소등상태
2. 예비전원 감시등이 점등되었을 경우의 원인
   1) 예비전원 불량
   2) 예비전원 충전부 불량
   3) 예비전원 연결 커넥터(소켓) 접속불량
   4) 예비전원 완전 방전
   5) 예비전원이 아직 완충전이 안 된 상태(충전 불량)
   6) 예비전원의 분리(누락)
   7) 퓨즈 단선
   8) 유도등 연결 상용전원의 장시간 정전으로 인한 방전

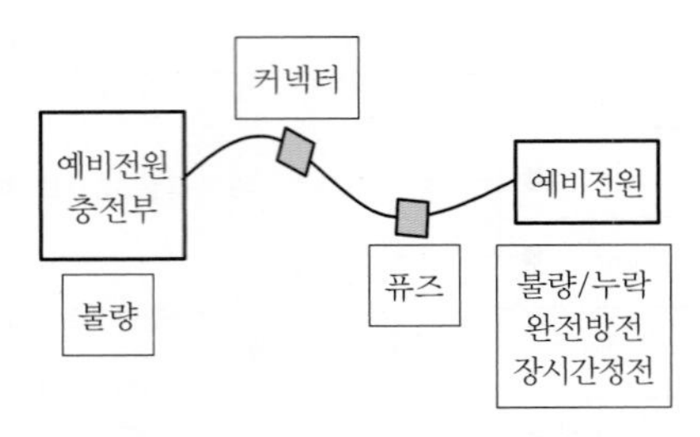

[예비전원 감시등 점등 시 고장원인 부위]

3. 3선식 유도등이 점등되어야 하는 경우의 원인 [M : 감 · 발 · 자 · 수 · 정 · 단]
   1) 자동화재탐지설비의 감지기 또는 발신기가 작동되는 때
   2) 비상경보설비의 발신기가 작동되는 때
   3) 자동소화설비가 작동되는 때
   4) 방재업무를 통제하는 곳 또는 전기실의 배전반에서 수동으로 점등하는 때
   5) 상용전원이 정전되거나, 전원선이 단선되는 때

03 **다음 각 설비의 구성요소에 대한 점검항목 중 소방시설 종합정밀점검표의 내용에 따라 답하시오.(40점)**

1. 옥내소화전설비의 구성요소 중 하나인 "수조"의 점검항목 중 5항목을 기술하시오.(10점)

2. 스프링클러설비의 구성요소 중 하나인 "가압송수장치"의 점검항목 중 5항목을 기술하시오.(단, 펌프방식임.)(10점)

3. 할로겐화합물 및 불활성기체 소화약제의 구성요소 중 하나인 "저장용기"의 점검항목 중 5항목을 기술하시오. (10점)

4. 지하 3층, 지상 5층, 연면적 5,000m^{2}인 경우 화재층이 다음과 같을 때 경보되는 층을 모두 쓰시오.(10점)

1) 지하 2층

2) 지상 1층

3) 지상 2층

※ 현행 법령에 의한 풀이임.

1. 옥내소화전설비의 구성요소 중 하나인 "수조"의 점검항목 〈개정 2021. 3. 25〉

번 호	점검항목	점검결과
2-B-001	● 동결방지조치 상태 적정 여부	
2-B-002	○ 수위계 설치상태 적정 또는 수위 확인 가능 여부	
2-B-003	● 수조 외측 고정사다리 설치상태 적정 여부(바닥보다 낮은 경우 제외)	
2-B-004	● 실내설치 시 조명설비 설치상태 적정 여부	
2-B-005	○ "옥내소화전설비용 수조" 표지 설치상태 적정 여부	
2-B-006	● 다른 소화설비와 겸용 시 겸용설비의 이름 표시한 표지 설치상태 적정 여부	
2-B-007	● 수조-수직배관 접속부분 "옥내소화전설비용 배관" 표지 설치상태 적정 여부	

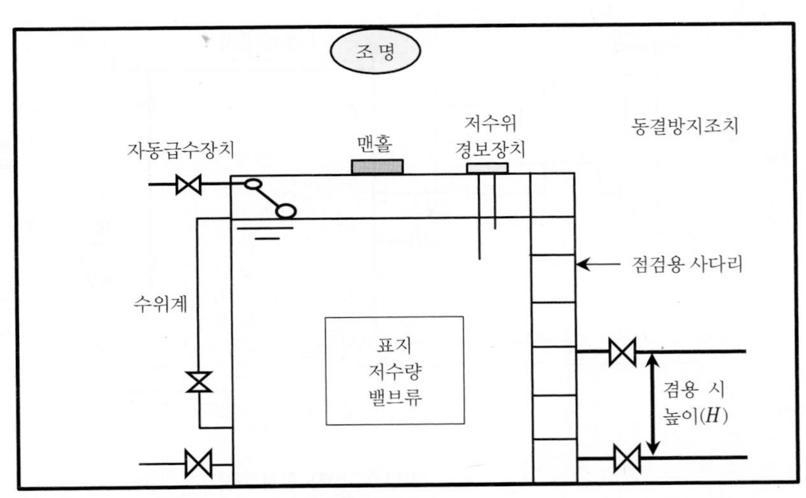

[수조의 점검항목]

2. 스프링클러설비의 구성요소 중 하나인 "가압송수장치"의 점검항목(단, 펌프방식임.)
〈개정 2021. 3. 25〉

번 호	점검항목	점검결과
	[펌프방식]	
2-C-001	● 동결방지조치 상태 적정 여부	
2-C-002	○ 옥내소화전 방수량 및 방수압력 적정 여부	
2-C-003	● 감압장치 설치 여부(방수압력 0.7MPa 초과 조건)	
2-C-004	○ 성능시험배관을 통한 펌프성능시험 적정 여부	
2-C-005	● 다른 소화설비와 겸용인 경우 펌프성능 확보 가능 여부	
2-C-006	○ 펌프 흡입측 연성계·진공계 및 토출측 압력계 등 부속장치의 변형·손상 유무	
2-C-007	● 기동장치 적정 설치 및 기동압력 설정 적정 여부	
2-C-008	○ 기동스위치 설치 적정 여부(ON/OFF 방식)	
2-C-009	● 주펌프와 동등 이상 펌프 추가설치 여부	
2-C-010	● 물올림장치 설치 적정(전용 여부, 유효수량, 배관구경, 자동급수) 여부	
2-C-011	● 충압펌프 설치 적정(토출압력, 정격토출량) 여부	
2-C-012	○ 내연기관방식의 펌프 설치 적정(정상기동(기동장치 및 제어반) 여부, 축전지 상태, 연료량) 여부	
2-C-013	○ 가압송수장치의 "옥내소화전펌프" 표지설치 여부 또는 다른 소화설비와 겸용 시 겸용설비 이름 표시 부착 여부	

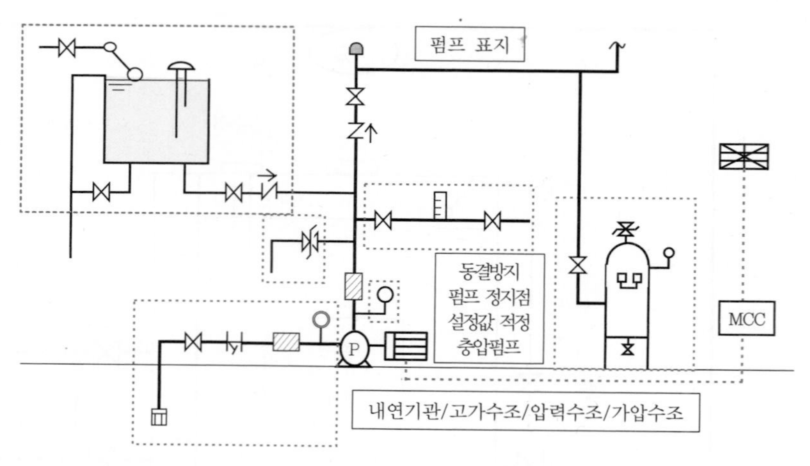

[가압송수장치 점검항목]

3. 할로겐화합물 및 불활성기체 소화약제의 구성요소 중 하나인 "저장용기"의 점검항목

[8회 10점, 83회 기술사 25점 저장용기 설치기준/설치장소 기준 기술] 〈개정 2021. 3. 25〉

이산화탄소	할 론	할로겐화합물 및 불활성기체	분 말
● 설치장소 적정 및 관리 여부 ○ 저장용기 설치장소 표지 설치 여부 ● 저장용기 설치간격 적정 여부 ○ 저장용기 개방밸브 자동·수동 개방 및 안전장치 부착 여부 ● 저장용기와 집합관 연결배관상 체크밸브 설치 여부 ● 저장용기와 선택밸브(또는 개폐밸브) 사이 안전장치 설치 여부 [저압식] ● 안전밸브 및 봉판 설치 적정(작동압력) 여부 ● 액면계·압력계 설치 여부 및 압력강하경보장치 작동압력 적정 여부 ○ 자동냉동장치의 기능	● 설치장소 적정 및 관리 여부 ○ 저장용기 설치장소 표지 설치상태 적정 여부 ● 저장용기 설치간격 적정 여부 ○ 저장용기 개방밸브 자동·수동 개방 및 안전장치 부착 여부 ● 저장용기와 집합관 연결배관상 체크밸브 설치 여부 ● 저장용기와 선택밸브(또는 개폐밸브) 사이 안전장치 설치 여부 ○ 축압식 저장용기의 압력 적정 여부 ● 가압용 가스용기 내 질소가스 사용 및 압력 적정 여부 ● 가압식 저장용기 압력조정장치 설치 여부	● 설치장소 적정 및 관리 여부 ○ 저장용기 설치장소 표지 설치 여부 ● 저장용기 설치간격 적정 여부 ○ 저장용기 개방밸브 자동·수동 개방 및 안전장치 부착 여부 ● 저장용기와 집합관 연결배관상 체크밸브 설치 여부	● 설치장소 적정 및 관리 여부 ○ 저장용기 설치장소 표지 설치 여부 ● 저장용기 설치간격 적정 여부 ○ 저장용기 개방밸브 자동·수동 개방 및 안전장치 부착 여부 ● 저장용기와 집합관 연결배관상 체크밸브 설치 여부 ● 저장용기 안전밸브 설치 적정 여부 ● 저장용기 정압작동장치 설치 적정 여부 ● 저장용기 청소장치 설치 적정 여부 ○ 저장용기 지시압력계 설치 및 충전압력 적정 여부(축압식의 경우)

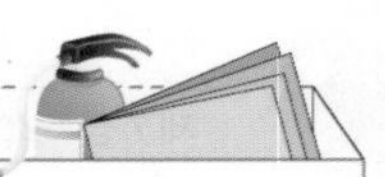

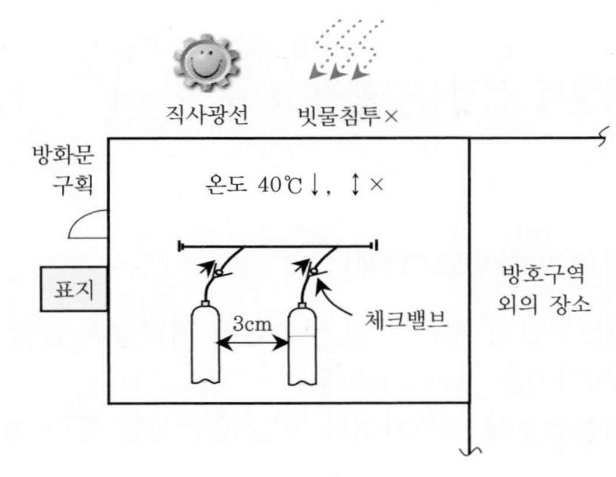

[저장용기 설치장소 기준]

4. 지하 3층, 지상 5층, 연면적 5,000m^{2}인 경우 화재층이 다음과 같을 때 경보되는 층

※ 출제 당시 법령에 의한 풀이임.

발화층	경보 발령층
1. 지하 2층	지하 1층, 지하 2층, 지하 3층
2. 지상 1층	지하 1층, 지하 2층, 지하 3층, 지상 1층, 지상 2층
3. 지상 2층	지상 2층, 지상 3층

참고 현행 법령으로 답안 작성하면 아래와 같다.

1. 2022년 5월 9일 법령 개정으로 상기 문제는 16층이 되지 않으므로 전층 경보 대상임.
2. 발화층 및 경보발령층

발화층	경보 발령층
1. 지하 2층	지하 3층 ~ 지상 5층 전층
2. 지상 1층	지하 3층 ~ 지상 5층 전층
3. 지상 2층	지하 3층 ~ 지상 5층 전층

9회 소방시설의 점검실무행정 〈2006. 7. 2 시행〉

01 다음 물음에 답하시오.(35점)

1. 특별피난계단의 계단실 및 부속실의 제연설비 종합정밀점검표에 나와 있는 점검항목 20가지를 쓰시오.(20점)

2. 다중이용업소에 설치하여야 하는 안전시설 등의 종류를 모두 쓰시오.(15점)

1. 특별피난계단의 계단실 및 부속실의 제연설비 종합정밀점검표에 나와 있는 점검항목
   ☞ 5회 과년도 출제 문제 4번 풀이 참조

2. 다중이용업소에 설치하여야 하는 안전시설 등의 종류
   ☞ 「다중이용업소의 안전관리에 관한 특별법 시행령」 [별표 1]
   1) 소방시설
      (1) 소화설비
         가. 소화기 또는 자동확산소화기
         나. 간이스프링클러설비(캐비닛형 간이스프링클러설비를 포함한다.)
      (2) 경보설비
         가. 비상벨설비 또는 자동화재탐지설비
         나. 가스누설경보기
      (3) 피난설비
         가. 피난기구
            가) 미끄럼대
            나) 피난사다리
            다) 구조대
            라) 완강기
            마) 다수인피난장비
            바) 승강식 피난기
         나. 피난유도선
         다. 유도등, 유도표지 또는 비상조명등
         라. 휴대용 비상조명등
   2) 비상구
   3) 영업장 내부 피난통로
   4) 그 밖의 안전시설
      (1) 영상음향차단장치
      (2) 누전차단기
      (3) 창문

02 다음 그림은 차동식 분포형 공기관식 감지기의 계통도를 나타낸 것이다. 각 물음에 답하시오.(25점)

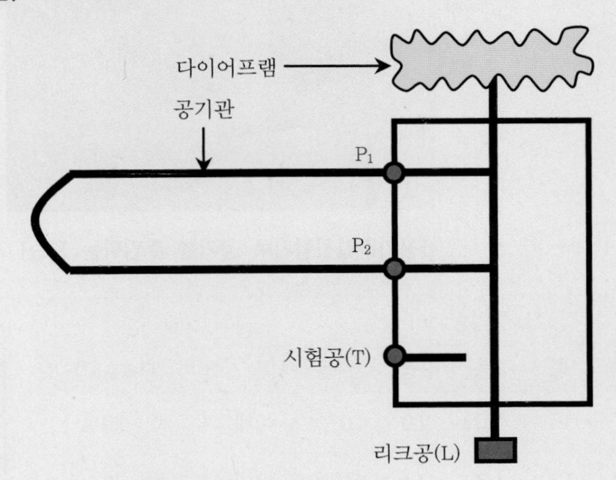

[차동식 분포형 공기관식 감지기 계통도]

1. 동작시험 방법을 쓰시오.(5점)
2. 동작에 이상이 있는 경우를 2가지 쓰시오.(20점)

1. 작동시험 방법 [M : 주 · 자 · 시 · 공 · 초 · RHL + − −]
   1) 주경종 ON, 지구경종 OFF
   2) 자동복구스위치 시험위치(누른다.)
      ※ 점검 시 대상처에서는 내부 근무자가 있으므로 경보로 혼선을 방지하기 위하여 감지기 동작 시만 주경종을 울리게 하기 위한 조치이다.
   3) 검출부의 시험용 레버를 P.A 위치로 돌린다.
   4) 공기주입시험기를 시험구멍(T)에 접속 후 검출부에 지정된 공기량을 공기관에 주입한다.
   5) 초시계로 측정 : 공기주입 후 감지기의 접점이 작동되기까지 검출부에 지정된 시간을 측정한다.

[레버를 세움(P.A 위치)]

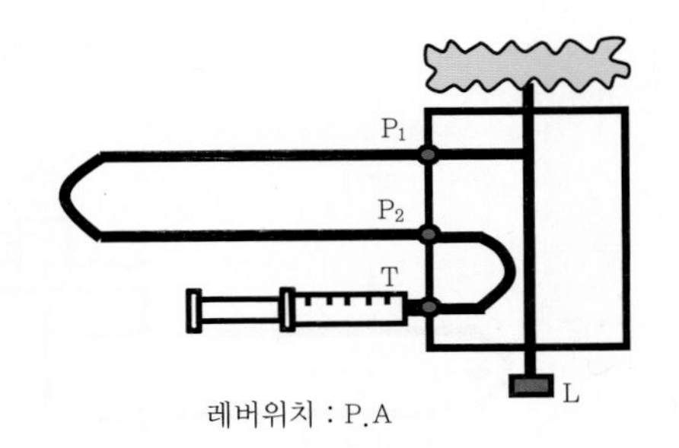

[화재작동시험 계통도]

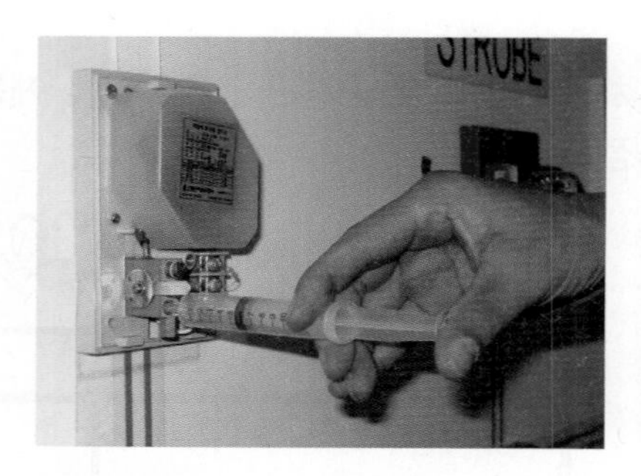

[공기주입시험기로 공기를 주입하는 모습]

공기관	공기 주입량(cc)			시간(초)	
	1종	2종	3종	동작시간	지속시간
20~40m	0.5	1.0	2.0	0~4초 이내	2~30초
40~60m	0.6	1.2	2.4	1~6초 이내	4~42초
60~80m	0.8	1.5	3.0	1~10초 이내	6~56초
80~100m	0.9	1.8	3.6	2~15초 이내	8~73초

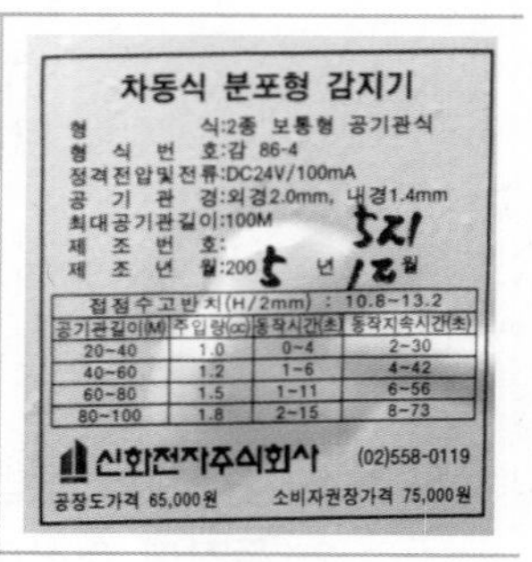

2. 판정
   1) 수신기에서 해당 경계구역과 일치할 것
   2) 작동 개시시간이 각 검출부에 표시된 시간범위 이내인지를 비교하여 양부를 판별한다.
   3) 작동 개시시간에 따른 판정기준

구 분	기준치 미달일 경우(RHL + − −) (작동시간이 빠른 경우 = 시간이 적게 걸림.)	기준치 이상일 경우 (동작시간이 늦은 경우 : 시간 초과)
작동 개시 시간	(1) 리크저항치(R)가 규정치보다 크다.(+)	(1) 리크저항치(R)가 규정치보다 작다.
	(2) 접점 수고값(H)이 규정치보다 낮다.(−)	(2) 접점 수고값(H)이 규정치보다 높다.
	(3) 공기관의 길이(L)가 주입량에 비해 짧다.(−)	(3) 공기관의 길이(L)가 주입량에 비해 너무 길다.
		(4) 공기관의 변형, 폐쇄(막힘, 압착), 누설상태
	$H(\downarrow)$ P_1 ←공기관 길이 짧다 P_2 T $R(\uparrow)$ 레버위치 : P.A [작동시간이 빠른 경우]	누설, 변형, 폐쇄 $H(\uparrow)$ P_1 ←공기관 길이 길다 P_2 T $R(\downarrow)$ 레버위치 : P.A [작동시간이 느린 경우]

03 주어진 조건을 참고하여 다음 물음에 답하시오.(40점)

[조건] ① 수조의 수위보다 펌프가 높게 설치되어 있다.
② 물올림장치 부분의 부속류를 도시한다.
③ 펌프흡입측 배관의 밸브 및 부속류를 도시한다.
④ 펌프토출측 배관의 밸브 및 부속류를 도시한다.
⑤ 성능시험배관의 밸브 및 부속류를 도시한다.

1. 펌프 주변의 계통도를 그리고 각 기기의 명칭을 표시하고, 기능을 설명하시오.(20점)
2. 충압펌프가 5분마다 기동 및 정지를 반복한다. 그 원인으로 생각되는 사항 2가지를 쓰시오.(10점)
3. 방수시험을 하였으나 펌프가 기동하지 않았다. 원인으로 생각되는 사항 5가지를 쓰시오.(10점)

1. 펌프 주변의 계통도를 그리고 각 기기의 명칭을 표시하고 기능 설명

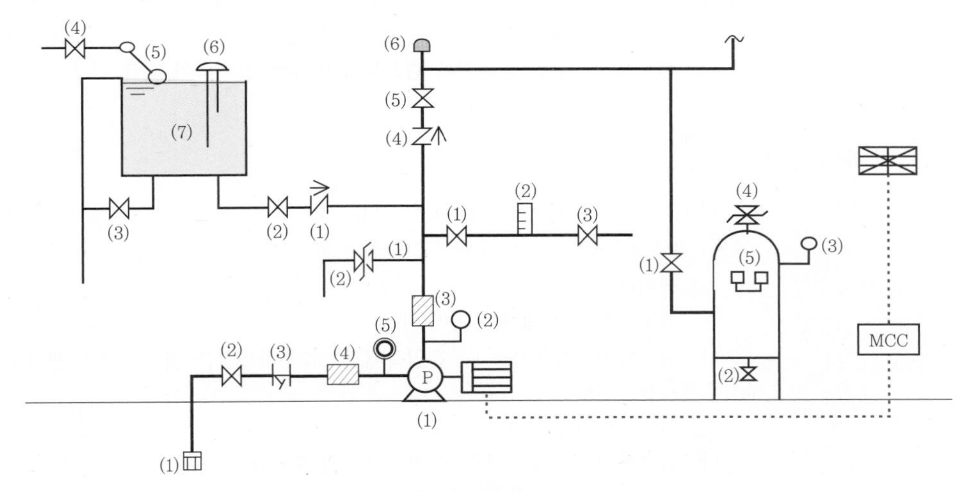

[펌프 주변배관 계통도]

번 호	명 칭	번 호	명 칭
가. 펌프흡입측 배관		(4)	개폐밸브
(1)	후드밸브	(5)	볼탑
(2)	개폐표시형 개폐밸브	(6)	감수경보장치
(3)	스트레이너	(7)	물올림탱크
(4)	후렉시블죠인트	라. 펌프성능시험배관	
(5)	연성계(또는 진공계)	(1)	개폐밸브

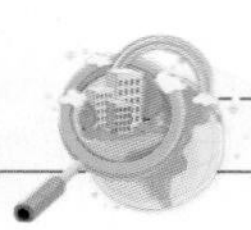

번 호	명 칭	번 호	명 칭
나. 펌프토출측 배관		(2)	유량계
(1)	펌프	(3)	개폐밸브(유량조절용)
(2)	압력계	마. 순환배관	
(3)	후렉시블죠인트	(1)	순환배관
(4)	체크밸브	(2)	릴리프밸브
(5)	개폐표시형 개폐밸브	바. 기동용 수압개폐장치(압력챔버)	
(6)	수격방지기	(1)	개폐밸브
다. 물올림장치		(2)	배수밸브
(1)	체크밸브	(3)	압력계
(2)	개폐밸브	(4)	안전밸브(밴트밸브)
(3)	개폐밸브	(5)	압력스위치

1) 펌프흡입측 배관 기기의 명칭 및 설치목적

(1) 후드밸브

가. 기능 : 체크밸브 기능(물을 한쪽 방향으로만 흐르게 하는 기능)과 여과기능

나. 설치목적 : 수원의 위치가 펌프보다 아래에 설치되어 있을 경우 즉시 물을 공급할 수 있도록 유지시켜 준다.

(2) 개폐표시형 개폐밸브

가. 기능 : 배관의 개 · 폐 기능

나. 설치목적 : 후드밸브 보수 시 사용

참고 펌프 흡입측에는 버터플라이밸브 설치 불가

(3) 스트레이너

가. 기능 : 이물질 제거(여과기능)

나. 설치목적 : 펌프기동 시 흡입측배관 내의 이물질을 제거하여 임펠러를 보호한다.

(4) 후렉시블죠인트

가. 기능 : 충격흡수

나. 설치목적 : 펌프의 진동이 펌프의 흡입측배관으로 전달되는 것을 흡수하여, 흡입측배관을 보호하는 데 목적이 있다.

(5) 연성계(또는 진공계)

가. 기능 : 흡입압력 표시

나. 설치목적 : 펌프의 흡입양정을 알기 위해서 설치한다.

※ 연성계(또는 진공계) 설치 제외 조건 : 수원의 수위가 펌프보다 높거나, 수직회전축 펌프의 경우

2) 펌프토출측 배관

(1) 펌프

가. 기능 : 소화수에 유속과 압력을 부여

나. 설치목적 : 소화용수를 공급하기 위하여 설치

(2) 압력계

가. 기능 : 펌프의 성능시험 시 토출압력을 표시

나. 설치목적 : 펌프의 토출측 압력을 알기 위해서 설치한다.

(3) 후렉시블죠인트
가. 기능 : 충격흡수
나. 설치목적 : 펌프의 진동이 펌프의 토출측배관으로 전달되는 것을 흡수하여, 토출측배관을 보호하는 데 목적이 있다.

(4) 체크밸브
가. 기능 : 물의 역류방지 기능(물을 한쪽 방향으로만 흐르게 하는 기능)
나. 설치목적 : 펌프토출측 배관 내 압력을 유지하며, 또한 기동 시 펌프의 기동부하를 줄이기 위해서 설치하며 수격작용의 방지목적으로 펌프 토출측에는 스모렌스키 체크밸브를 설치한다.

(5) 개폐표시형 개폐밸브
가. 기능 : 배관의 개 · 폐 기능
나. 설치목적 : 펌프의 수리 · 보수 시 밸브 2차측의 물을 배수시키지 않기 위해서이며, 또한 펌프성능시험 시에 사용하기 위함이다.

(6) 수격방지기(Water Hammer Cushion)
가. 기능 : 배관 내 압력변동 또는 수격흡수 기능
나. 설치목적 : 배관 내 유체가 제어될 때 발생하는 수격 또는 압력변동 현상을 질소가스로 충전된 합성고무로 된 벨로즈가 흡수하여 배관을 보호할 목적으로 설치한다.

3) 물올림장치

(1) 체크밸브(물올림관의)
가. 기능 : 역류방지 기능
나. 설치목적 : 펌프기동 시 가압수가 물올림탱크로 역류되지 않도록 하기 위해서 설치하며, 주로 스윙타입의 체크밸브가 설치된다.

(2) 개폐밸브(물올림관의)
가. 기능 : 배관의 개 · 폐 기능
나. 설치목적 : 물올림관의 체크밸브 고장 수리 시, 물올림탱크 내 물을 배수시키지 않기 위해서 설치한다.

(3) 개폐밸브(배수관의)
가. 기능 : 배관의 개 · 폐 기능
나. 설치목적 : 물올림탱크의 배수, 청소 시 및 점검 시 사용하기 위해서 설치한다.

(4) 개폐밸브(보급수관의)
가. 기능 : 보급수관의 개 · 폐 기능
나. 설치목적 : 볼탑의 수리 시 및 물올림탱크 점검 시 사용하기 위해서 설치한다.

(5) 볼탑
가. 기능 : 저수위 시 급수 및 만수위 시 단수기능
나. 설치목적 : 물올림탱크 내 물을 자동급수하여 항상 물올림탱크 내 $100l$ 이상의 유효수량을 확보하기 위해서 설치한다.

(6) 감수경보장치
가. 기능 : 저수위 시 경보하는 기능
나. 설치목적 : 물올림탱크 내 물의 양이 감소하는 경우에 감수를 경보하는 목적이 있다.

(7) 물올림탱크
가. 기능 : 후드밸브에서 펌프 사이에 물을 공급하는 기능
나. 설치목적 : 수원이 펌프보다 낮은 경우에 설치하며, 펌프 및 흡입측 배관의 누수로 인한 공기고임의 방지목적으로 설치한다.

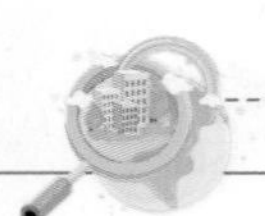

4) 펌프성능시험배관
(1) 개폐밸브
가. 기능 : 펌프성능시험 배관의 개 · 폐 기능
나. 설치목적 : 펌프성능시험 시 사용하기 위해서 설치한다.
(2) 유량계
가. 기능 : 펌프의 유량측정
나. 설치목적 : 펌프의 유량을 측정하기 위하여 설치한다.
(3) 개폐밸브(유량조절용)
가. 기능 : 펌프성능시험 배관의 개 · 폐 기능
나. 설치목적 : 펌프성능시험 시 유량조절을 위해서 설치하며, 유량조절을 위하여 글로브 밸브를 설치한다.
5) 순환배관
(1) 순환배관
가. 기능 : 체절운전 시 압력수 배출
나. 설치목적 : 펌프의 체절운전 시 수온상승방지 목적으로 설치한다.
(2) 릴리프밸브
가. 기능 : 설정압력에서 압력수 방출
나. 설치목적 : 펌프의 체절운전 시 압력수를 방출하여 펌프 및 설비를 보호하기 위해서 설치한다.(∵ 수온이 급격하게 상승되면 임펠러가 손상됨.)
6) 기동용 수압개폐장치(압력챔버)
(1) 개폐밸브
가. 기능 : 배관의 개 · 폐 기능
나. 설치목적 : 압력챔버의 가압수 공급 및 압력챔버의 공기교체 시 2차측 배관의 물을 배수시키지 않기 위해서 설치한다.
(2) 배수밸브
가. 기능 : 배수배관의 개 · 폐 기능
나. 설치목적 : 압력챔버의 시험 및 공기교체 시 압력챔버의 물을 배수시키기 위해서 설치한다.
(3) 압력계
가. 기능 : 압력챔버 내 압력표시
나. 설치목적 : 압력챔버(배관) 내 압력을 확인하기 위해서 설치한다.
(4) 안전밸브(밴트밸브)
가. 기능 : 일정한 압력이 걸리면 압력수 방출
나. 설치목적 : 압력챔버 내 이상과압 발생 시 압력수를 방출하여 압력챔버 주변기기를 보호하기 위해서 설치한다.
(5) 압력스위치
가. 기능 : 셋팅된 압력에 의거 압력챔버 내 압력변동에 따라 압력스위치 내 접점을 붙여주는 기능(b접점 사용)
나. 설치목적 : 평상시 전 배관의 압력을 검지하고 있다가, 일정압력의 변동이 있을 시 압력스위치가 작동하여 감시제어반으로 신호를 보내어 설정된 제어순서에 의해 펌프를 자동기동 및 정지를 시키는 역할을 한다.

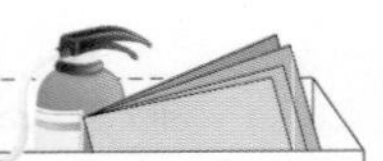

2. 충압펌프가 5분마다 기동 및 정지를 반복할 경우의 원인

충압펌프가 일정한 주기로 기동 · 정지되는 이유는 어느 곳에서인가 누수현상이 발생하여 배관 내부의 압력이 낮아지기 때문이며 원인을 살펴보면 다음과 같다.

원 인	조치사항	관련 사진
1) 옥상 고가수조에 설치된 체크밸브가 역류되는 경우	체크밸브 정비	[옥상수조에 설치된 체크밸브]
2) 주 · 충압(보조) 펌프의 토출측 체크밸브가 역류되는 경우	체크밸브 정비	[펌프 토출측에 설치된 체크밸브]
3) 송수구의 체크밸브가 역류되는 경우	체크밸브 정비	체크밸브, 입상관, 송수구, 자동배수밸브 [연결송수관에 설치된 체크밸브]
4) 알람밸브 배수밸브의 미세한 개방 또는 누수 시	확실히 폐쇄 또는 시트고무 손상 시 정비	[알람밸브의 배수밸브에서 누수]
5) 말단시험밸브의 미세한 개방 또는 누수 시	확실히 폐쇄	[말단시험밸브의 개방]
6) 배관 파손에 의하여 외부로 누수되는 경우	파손부분 보수	
7) 살수장치의 미세한 개방 또는 누수	살수장치 정비	
8) 압력챔버에 설치된 배수밸브의 미세한 개방 또는 누수 시	확실히 폐쇄	

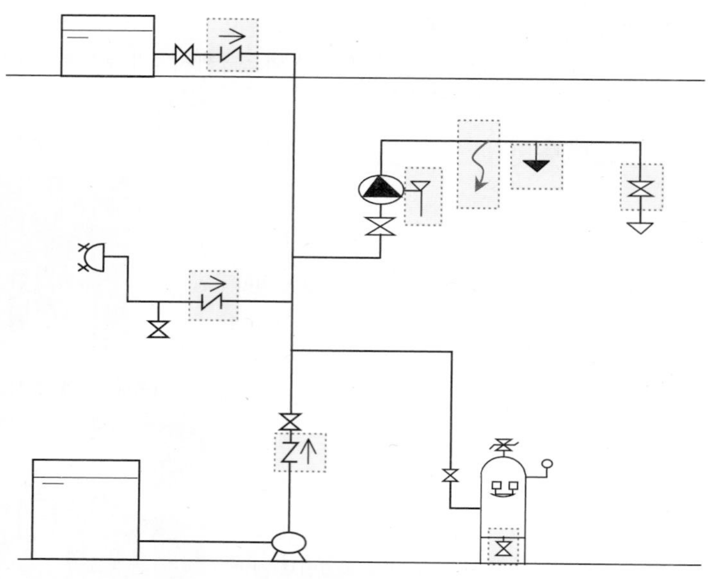

[충압펌프 수시기동 시 확인항목]

3. 방수시험을 하였으나 펌프가 기동하지 않았을 경우의 원인
   1) 상용전원이 정전된 경우
   2) 상용전원이 차단된 경우
      ⇒ 트립된 전원공급용 차단기를 투입(ON)한다.
   3) 감시제어반에 설치된 펌프선택스위치가 "정지" 위치에 있는 경우
      ⇒ 펌프선택스위치는 자동위치로 관리한다.
   4) 감시제어반과 압력스위치 간의 선로가 단선된 경우
      ⇒ 선로를 정상작동하도록 정비한다.
   5) 감시제어반이 고장난 경우
      ⇒ 정상작동하도록 정비한다.
   6) 동력제어반(MCC)에 설치된 펌프선택스위치가 "수동" 위치에 있는 경우
      ⇒ 펌프선택스위치를 자동위치로 관리한다.
   7) 동력제어반(MCC)의 배선용 차단기(MCB)가 OFF 위치에 있는 경우
      ⇒ 차단기를 "ON" 위치로 전환한다.

[감시제어반 펌프 정지위치]

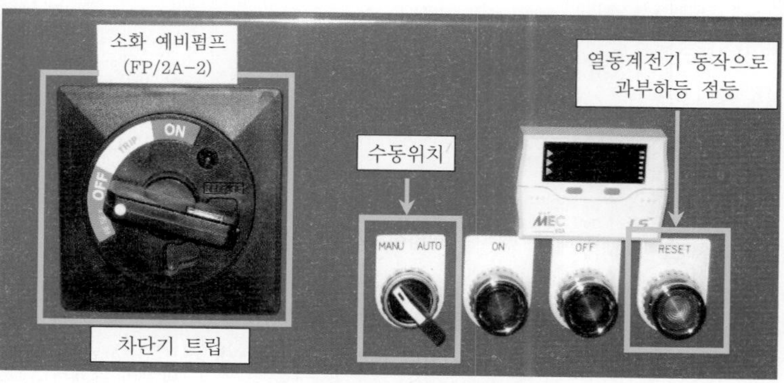

[동력제어반 외부에서의 문제]

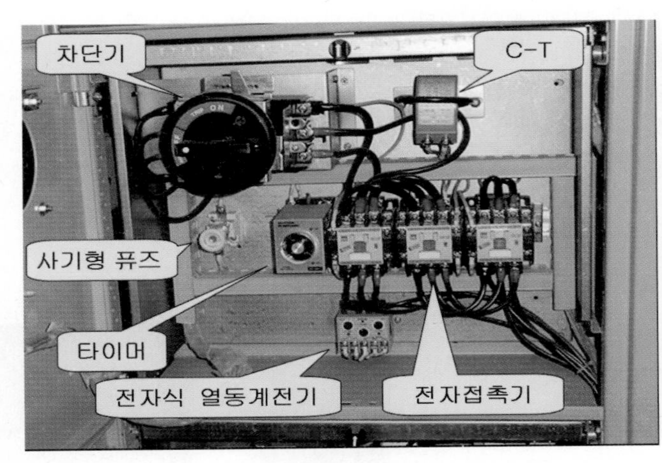

[동력제어반 내부]

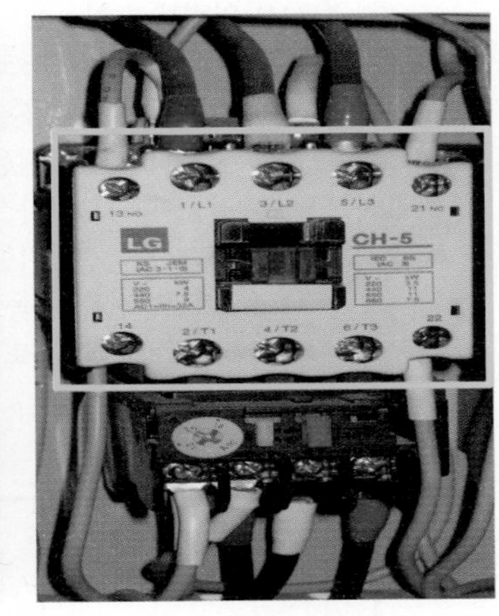

[전자접촉기]

8) 동력제어반(MCC)의 전자접촉기(MC)가 고장인 경우
 ⇒ 전자접촉기를 교체한다.

9) 동력제어반(MCC) 내 열동계전기(THR) 또는 전자식 과전류계전기(EOCR)가 동작(Trip)된 경우
 ⇒ 전동기로 과전류가 흐를 경우 열동계전기(THR) 또는 EOCR이 트립되는데 이때 동력제어반 전면에 부착된 과부하등(노란색표시등)이 점등된다. 전자식 과전류계전기(EOCR)가 설치된 경우에는 동력제어반 전면의 리셋버튼을 누르고 열동계전기(THR)가 설치된 경우에는 열동계전기의 리셋버튼을 손으로 눌러서 복구한다.

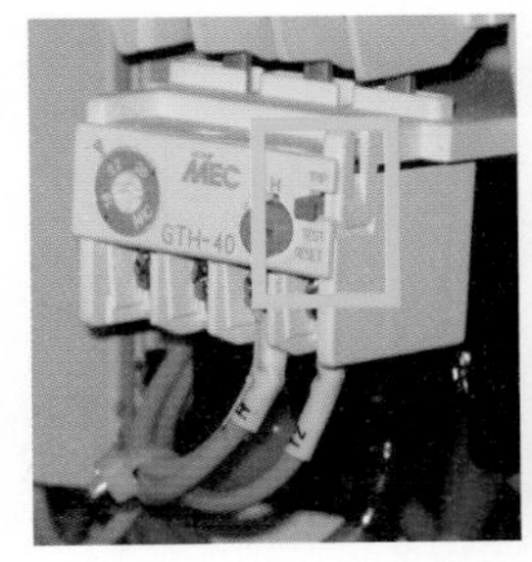

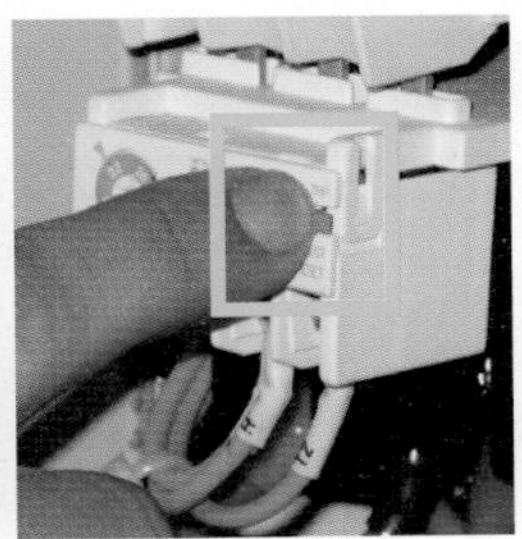

[열동계전기(THR)]

[전자식 과전류계전기(EOCR)]

10) 동력제어반(MCC) 내 조작회로 배선의 오결선, 단자의 풀림 또는 퓨즈가 단선된 경우
 ⇒ 오결선된 부분은 바르게 재결선하고, 단자는 확실히 조여 놓고 단선된 퓨즈는 교체한다.

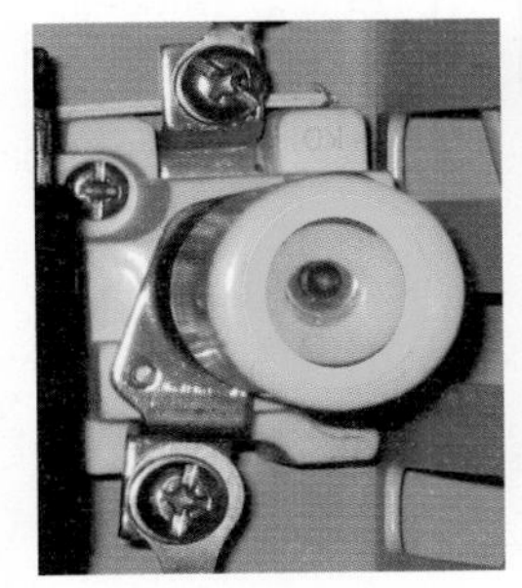

[정상인 사기형 퓨즈]

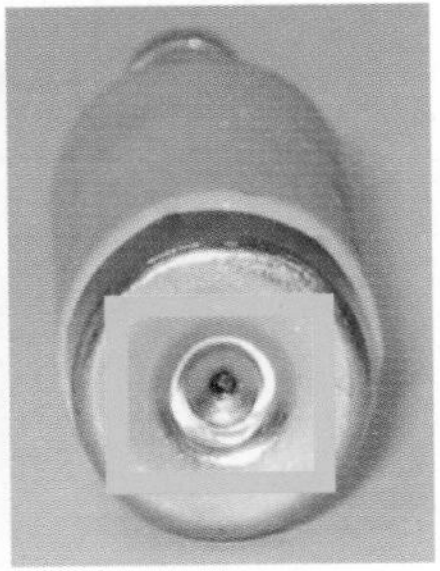

[단선된 사기형 퓨즈]

11) 압력탱크(기동용 수압개폐장치)에 /*설치된 압력스위치의 고장
   ⇒ 압력스위치를 교체한다.
12) 압력챔버 연결용 개폐밸브가 폐쇄된 경우
   ⇒ 압력챔버 연결용 개폐밸브는 반드시 개방시켜 관리한다.(∵ 폐쇄 시 압력감지 못 함.)
13) 전동기의 코일이 손상된 경우
   ⇒ 손상된 전동기는 교체 또는 정비한다.
14) 펌프 회전축에 녹이 나서 회전불량인 경우
   ⇒ 펌프의 교체 또는 정비

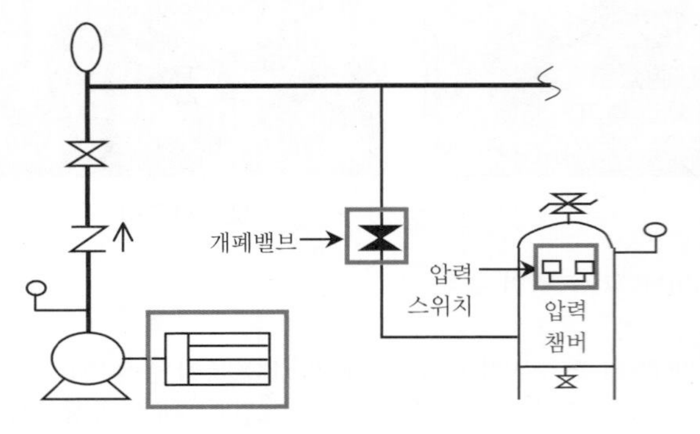

[압력챔버 주변배관]

[회전불량인 펌프]

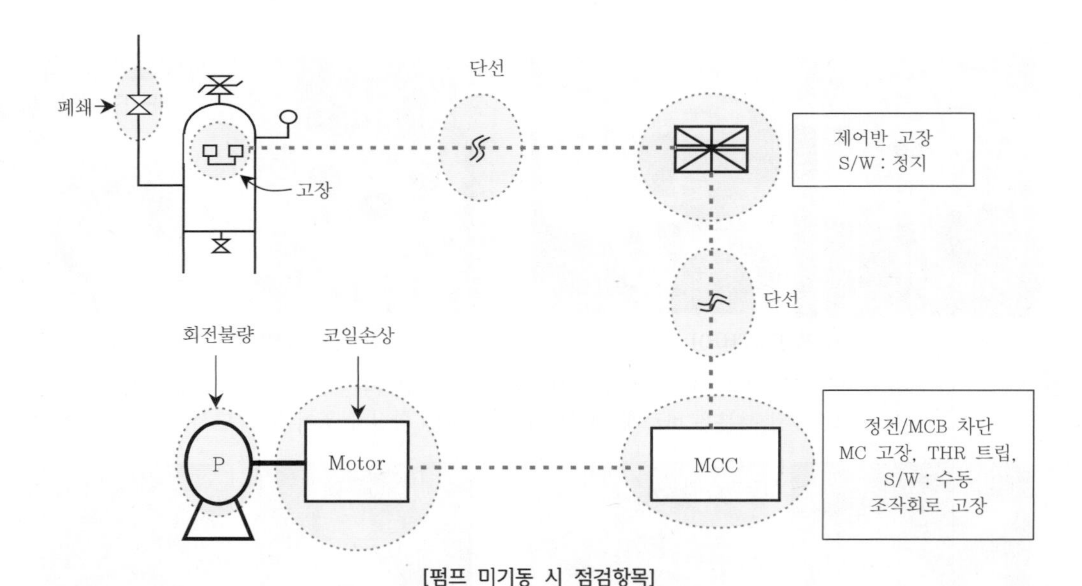

[펌프 미기동 시 점검항목]

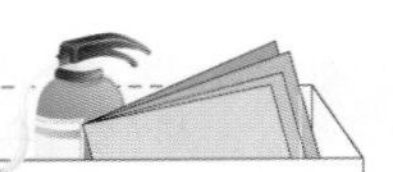

10회 소방시설의 점검실무행정 〈2008. 9. 28 시행〉

01 다음 각 물음에 답하시오.(40점)

1. 다중이용업소에 설치하는 비상구 위치기준과 비상구 규격기준에 대하여 설명하시오.(5점)
2. 종합정밀점검을 받아야 하는 공공기관의 대상에 대하여 쓰시오.(5점)
3. 2 이상의 특정소방대상물이 연결통로로 연결된 경우 다음 물음에 대하여 답하시오.(30점)
   1) 하나의 소방대상물로 보는 조건 중 내화구조로 벽이 없는 통로와 벽이 있는 통로를 구분하여 쓰시오.(10점)
   2) 위 "1)" 외에 하나의 소방대상물로 볼 수 있는 조건 5가지를 쓰시오.(10점)
   3) 별개의 소방대상물로 볼 수 있는 조건에 대하여 쓰시오.(10점)

※ 출제 당시 법령에 의한 풀이임.

1. 다중이용업소에 설치하는 비상구 위치기준과 비상구 규격기준

☞ 「다중이용업소의 안전관리에 관한 특별법 시행규칙」[별표 2]

1) 비상구 위치기준 : 비상구는 영업장의 주 출입구 반대방향에 설치할 것. 다만, 건물구조상 불가피한 경우에는 영업장의 누운 변(장변 : 長邊) 길이의 2분의 1 이상 떨어진 위치에 설치할 수 있다.
2) 비상구 규격기준 : 가로 75cm 이상, 세로 150cm 이상(비상구 문틀을 제외한 비상구의 가로×세로를 말한다.)

2. 종합정밀점검을 받아야 하는 공공기관의 대상

☞ 공공기관의 소방안전관리에 관한 규정 제15조(소방점검) 〈개정 2009. 4. 6, 시행 2009. 4. 6〉

1) 연면적 5,000m^2 이상으로서 「화재예방, 소방시설 설치 · 유지 및 안전관리에 관한 법률 시행령」[별표 4]의 규정에 의하여 스프링클러설비 또는 물분무등소화설비가 설치된 공공기관
2) 연면적 1,000m^2 이상으로서 「화재예방, 소방시설 설치 · 유지 및 안전관리에 관한 법률 시행령」[별표 4]의 규정에 의하여 옥내소화전설비 또는 자동화재탐지설비가 설치된 공공기관

※ 법령 개정으로 일반건축물과 공공기관의 종합정밀점검 대상이 동일해 짐. 자체점검의 구분은 본문 내용 참고 바람.

3. 2 이상의 특정소방대상물이 연결통로로 연결된 경우

1) 하나의 소방대상물로 보는 조건 중 내화구조로 벽이 없는 통로와 벽이 있는 통로

☞ 「화재예방, 소방시설 설치 · 유지 및 안전관리에 관한 법률」 시행령 [별표 2] (특정소방대상물) 비고

(1) 벽이 없는 구조로서 그 길이가 6m 이하인 경우
(2) 벽이 있는 구조로서 그 길이가 10m 이하인 경우
다만, 벽높이가 바닥에서 천장높이의 2분의 1 이상인 경우에는 벽이 있는 구조로 보고, 벽높이가 바닥에서 천장높이의 2분의 1 미만인 경우에는 벽이 없는 구조로 본다.

2) 위 "1)" 외에 하나의 소방대상물로 볼 수 있는 조건 5가지
 (1) 내화구조가 아닌 연결통로로 연결된 경우
 (2) 콘베이어로 연결되거나 플랜트설비의 배관 등으로 연결되어 있는 경우
 (3) 지하보도, 지하상가, 지하가로 연결된 경우
 (4) 방화셔터 또는 갑종방화문이 설치되지 아니한 피트로 연결된 경우
 (5) 지하구로 연결된 경우

3) 별개의 소방대상물로 볼 수 있는 조건
 (1) 화재 시 경보설비 또는 자동소화설비의 작동과 연동하여 자동으로 닫히는 방화셔터 또는 갑종방화문이 설치된 경우
 (2) 화재 시 자동으로 방수되는 방식의 드렌처설비 또는 개방형 스프링클러헤드가 설치된 경우

02 이산화탄소소화설비에 대하여 다음 물음에 각각 답하시오.(30점)

1. 가스압력식 기동장치가 설치된 이산화탄소소화설비의 작동시험 관련 물음에 답하시오.(18점)

1) 작동시험 시 가스압력식 기동장치의 전자개방밸브 작동 방법 중 4가지만 쓰시오.(8점)

2) 방호구역 내에 설치된 교차회로 감지기를 동시에 작동시킨 후 이산화탄소소화설비의 정상작동 여부를 판단할 수 있는 확인사항들에 대해 쓰시오.(10점)

2. 화재안전기준에서 정하는 소화약제 저장용기를 설치하기에 적합한 장소에 대한 기준 6가지만 쓰시오.(12점)

1. 가스압력식 기동장치가 설치된 이산화탄소소화설비의 작동시험

1) 작동시험 시 가스압력식 기동장치의 전자개방밸브 작동 방법 중 4가지
 (1) 방호구역 내 감지기 2개 회로 동작
 (2) 수동조작함의 수동조작스위치 동작
 (3) 제어반에서 동작시험스위치와 회로선택스위치 동작
 (4) 제어반의 수동조작스위치 동작
 (5) 기동용기 솔레노이드밸브의 수동조작버튼 누름

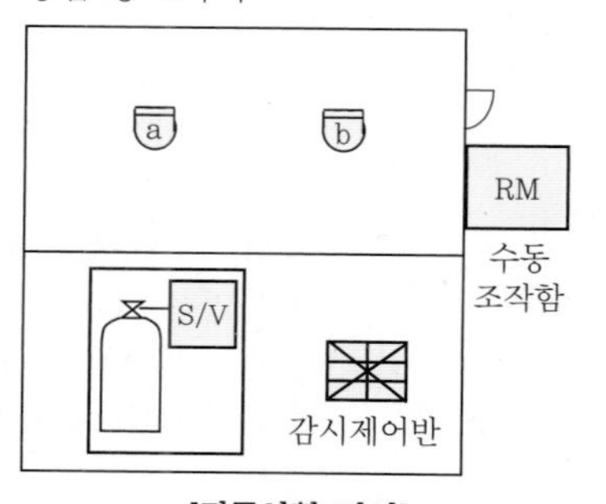

[작동시험 방법]

2) 방호구역 내에 설치된 교차회로 감지기를 동시에 작동시킨 후 이산화탄소소화설비의 정상작동 여부를 판단할 수 있는 확인사항
 (1) 제어반에서 주 화재표시등 점등 여부 및 해당 방호구역의 감지기(a · b 회로) 동작 여부
 (2) 제어반과 해당 방호구역에서의 경보발령 여부
 (3) 제어반에서 지연장치의 정상작동 여부(지연시간 체크)

 참고 지연시간 : a · b 복수회로 작동 후부터 솔레노이드밸브 파괴침 작동까지의 시간

 (4) 해당 방호구역의 솔레노이드밸브 정상작동 여부
 (5) 방호구역별 작동 계통이 바른지 확인(∵ 방호구역이 여러 구역이 있으므로)
 (솔레노이드밸브, 기동용기, 선택밸브, 감지기 등 계통확인)
 (6) 자동폐쇄장치 등이 유효하게 작동하고, 환기장치 등의 정지 여부 확인(전기적인 방식의 경우임.)

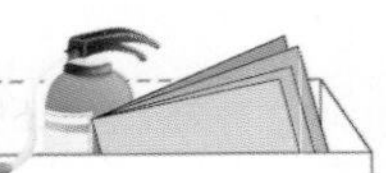

2. 화재안전기준에서 정하는 소화약제 저장용기를 설치하기에 적합한 장소에 대한 기준(6가지)

※ 가스계 공통(할로겐화합물 및 불활성기체 소화약제의 경우만 온도가 55℃)

1) 방호구역 외의 장소에 설치할 것. 다만, 방호구역 내에 설치할 경우에는 피난 및 조작이 용이하도록 피난구 부근에 설치하여야 한다.
2) 온도가 40℃ 이하(할로겐화합물 및 불활성기체 소화약제 : 55℃↓)이고, 온도변화가 작은 곳에 설치할 것
3) 직사광선 및 빗물이 침투할 우려가 없는 곳에 설치할 것
4) 방화문으로 구획된 실에 설치할 것
5) 용기의 설치장소에는 당해 용기가 설치된 곳임을 표시하는 표지를 할 것
6) 용기 간의 간격은 점검에 지장이 없도록 3cm 이상의 간격을 유지할 것
7) 저장용기와 집합관을 연결하는 연결배관에는 체크밸브를 설치할 것
   다만, 저장용기가 하나의 방호구역만을 담당하는 경우에는 그러하지 아니하다.

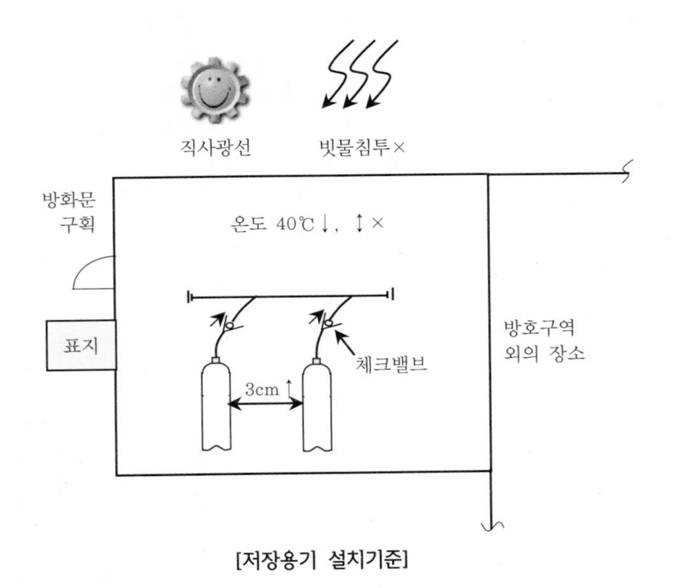

[저장용기 설치기준]

03 다음 옥내소화전설비에 관한 물음에 답하시오.(30점)

1. 화재안전기준에서 정하는 감시제어반의 기능에 대한 기준을 5가지만 쓰시오.(10점)
2. 다음 그림을 보고 펌프를 운전하여 체절압력을 확인하고, 릴리프밸브의 개방압력을 조정하는 방법을 기술하시오.(20점)

[조건] ① 조정 시 주펌프의 운전은 수동운전을 원칙으로 한다.
② 릴리프밸브의 작동점은 체절압력의 90%로 한다.
③ 조정 전의 릴리프밸브는 체절압력에서도 개방되지 않은 상태이다.
④ 배관의 안전을 위해 주펌프 2차측의 V_1은 폐쇄 후 주펌프를 기동한다.
⑤ 조정 전의 V_2, V_3는 잠금상태이며, 체절압력은 90% 압력의 성능시험배관을 이용하여 만든다.

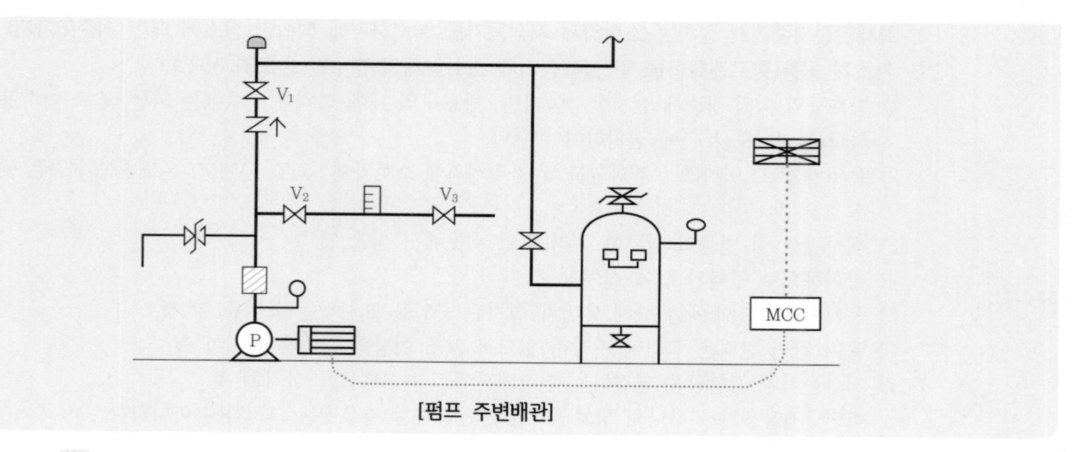

[펌프 주변배관]

1. 화재안전기술기준에서 정하는 감시제어반의 기능에 대한 기준(5가지)

☞ 옥내소화전설비의 화재안전기술기준(NFTC 102) 2.6.2

1) 각 펌프의 작동 여부를 확인할 수 있는 표시등 및 음향경보 기능이 있어야 할 것
2) 각 펌프를 자동 및 수동으로 작동시키거나 작동을 중단시킬 수 있어야 할 것
3) 비상전원을 설치한 경우에는 상용전원 및 비상전원의 공급 여부를 확인할 수 있어야 할 것
4) 수조 또는 물올림탱크가 저수위로 될 때 표시등 및 음향으로 경보할 것
5) 각 확인회로(기동용 수압개폐장치의 압력스위치회로 · 수조 또는 물올림탱크의 감시회로를 말한다.)마다 도통시험 및 작동시험을 할 수 있어야 할 것
6) 예비전원이 확보되고 예비전원의 적합 여부를 시험할 수 있어야 할 것

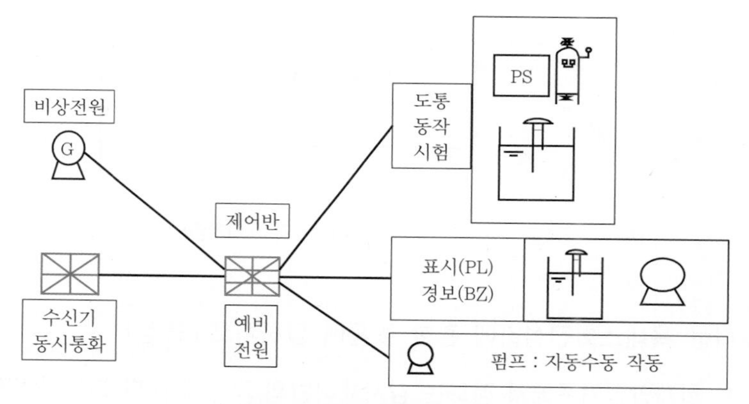

[옥내소화전설비 감시제어반 점검항목]

2. 1) 체절압력 확인 방법(동력제어반에서 펌프를 제어하는 경우로 가정함.)

(1) 동력제어반에서 주 · 충압펌프의 운전선택스위치를 "수동" 위치로 전환한다.
(2) 펌프 토출측밸브 V_1과 V_2를 폐쇄한다.
(3) 주펌프를 수동으로 기동시킨다.
(4) 펌프 토출측 압력계의 압력이 급격히 상승하다가 정지할 때의 압력이 펌프가 낼 수 있는 최고의 압력이고 이때의 압력이 체절압력이다. 체절압력을 확인하고 체크해 놓는다.
(5) 주펌프를 정지시킨다.
(6) 체절압력이 펌프토출압력의 140% 이하인지를 확인한다.

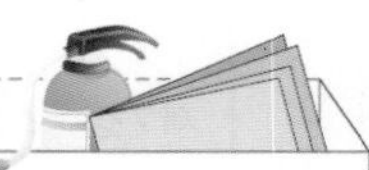

2) 릴리프밸브의 개방압력 조정 방법

(1) 조건에서 체절압력의 90%에서 릴리프밸브의 작동압력을 설정한다고 하였으므로, 측정한 체절압력에서 90%의 압력점을 계산해 놓는다.

90% 압력점을 올리면서 만드는 방법	90% 압력점을 내리면서 만드는 방법
(2) 성능시험배관의 개폐밸브 V_2는 완전개방, 유량조절밸브 V_3는 약간만 개방하고, 릴리프밸브 상단 캡을 열어 분리 후 스패너를 조절볼트에 끼워 넣고 조절준비를 한다. (3) 주펌프를 수동으로 기동시킨다. (4) 유량조절밸브 V_3를 서서히 잠그면서 체절압력의 90%가 되었을 때 잠그는 것을 멈춘다.	(2) 성능시험배관의 개폐밸브 V_2를 완전히 개방하고, 릴리프밸브 상단 캡을 열어 분리 후 스패너를 조절볼트에 끼워 넣고 조절준비를 한다. (3) 주펌프를 수동으로 기동시킨다. (4) 유량조절밸브 V_3를 서서히 개방하여 체절압력의 90%가 되었을 때 개방하는 것을 멈춘다.

(5) 이때 스패너로 릴리프밸브 조절볼트를 압력수가 방출될 때까지 반시계방향으로 돌린다.

(6) 릴리프밸브에서 압력수가 방출되면 주펌프를 정지한다.

(7) 릴리프밸브 상단 캡을 덮어 조여 놓는다.

(8) 성능시험배관의 V_2, V_3를 잠근다.

(9) 펌프토출측 밸브 V_1을 개방한다.

(10) 동력제어반에서 주 · 충압 펌프의 운전선택스위치를 "자동" 위치로 전환한다. (충압펌프를 자동전환 후 주펌프를 자동전환한다.)

참고 1. 체절운전 : 토출량이 "0"인 상태에서 펌프가 낼 수 있는 최고의 압력점에서의 운전을 말한다.
2. 체절압력(Churn Pressure) : 체절운전 시의 압력을 말한다.

※ **릴리프밸브 조정 방법** : 상단부의 조절볼트를 이용하여 현장상황에 맞게 셋팅한다.

1. 조절볼트를 조이면(시계방향으로 돌림 : 스프링의 힘 세짐.)
   ⇒ 릴리프밸브 작동압력이 높아진다.
2. 조절볼트를 풀면(반시계방향으로 돌림 : 스프링의 힘 작아짐.)
   ⇒ 릴리프밸브 작동압력이 낮아진다.

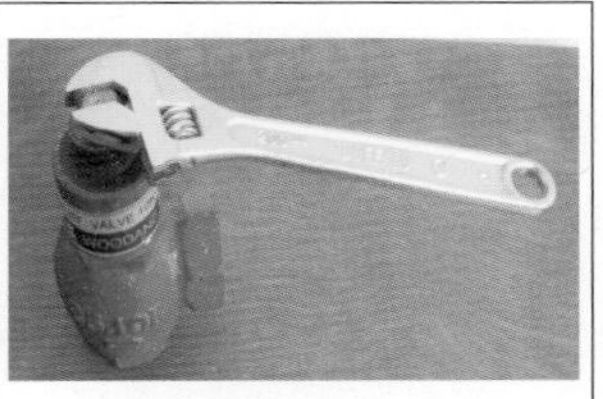

[릴리프밸브 조정 방법]

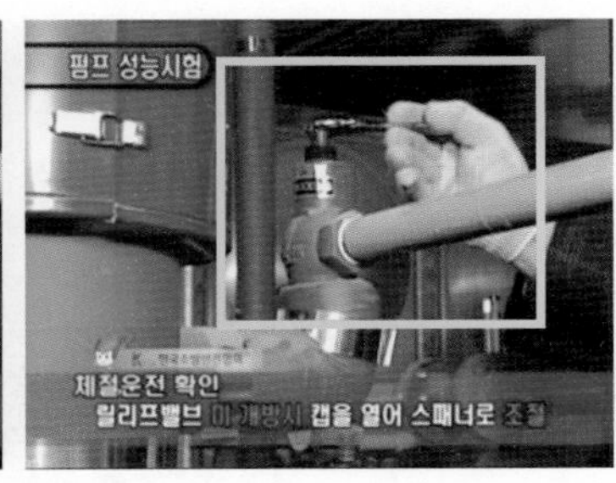

[릴리프밸브 캡을 열어 스패너로 조절하는 모습]

11회 소방시설의 점검실무행정 〈2010. 9. 5 시행〉

01 다음 각 물음에 답하시오.(30점)

1. 스프링클러설비의 화재안전기준에서 정하는 감시제어반의 설치기준 중 도통시험 및 작동시험을 하여야 하는 확인회로 5가지를 쓰시오.(10점)
2. 소방시설 종합정밀점검표에서 자동화재탐지설비의 시각경보장치 점검항목 5가지를 쓰시오.(10점)
3. 소방시설 종합정밀점검표에서 할로겐화합물 및 불활성기체 소화설비의 수동식 기동장치 점검항목 5가지를 쓰시오.(10점)

※ 현행 법령에 의한 풀이임.

1. 스프링클러설비의 화재안전기준에서 정하는 감시제어반의 설치기준 중 도통시험 및 작동시험을 하여야 하는 확인회로

☞ 스프링클러설비의 화재안전기술기준(NFTC 103) 2.10.3.8

1) 기동용 수압개폐장치의 압력스위치회로
2) 수조 또는 물올림탱크의 저수위감시회로
3) 유수검지장치 또는 일제개방밸브의 압력스위치회로
4) 일제개방밸브를 사용하는 설비의 화재감지기회로
5) 개폐밸브의 폐쇄상태 확인회로
6) 그 밖에 이와 비슷한 회로

2. 소방시설 종합정밀점검표에서 자동화재탐지설비의 시각경보장치 점검항목〈개정 2021. 3. 25〉

번 호	점검항목	점검결과
15-F-001 15-F-002	○ 시각경보장치 설치장소 및 높이 적정 여부 ○ 시각경보장치 변형·손상 확인 및 정상작동 여부	

3. 소방시설 종합정밀점검표에서 할로겐화합물 및 불활성기체 소화설비의 수동식 기동장치 점검항목 〈개정 2021. 3. 25〉

구 분	점검항목
공통	○ 방호구역별 출입구 부근 소화약제 방출표시등 설치 및 정상작동 여부
수동식 기동장치	○ 기동장치 부근에 비상스위치 설치 여부 ● 방호구역별 또는 방호대상별 기동장치 설치 여부 ○ 기동장치 설치 적정(출입구 부근 등, 높이, 보호장치, 표지, 전원표시등) 여부 ○ 방출용 스위치 음향경보장치 연동 여부
자동식 기동장치	○ 감지기 작동과의 연동 및 수동기동 가능 여부 ● 저장용기 수량에 따른 전자 개방밸브 수량 적정 여부(전기식 기동장치의 경우) ○ 기동용 가스용기의 용적, 충전압력 적정 여부(가스압력식 기동장치의 경우) ● 기동용 가스용기의 안전장치, 압력게이지 설치 여부(가스압력식 기동장치의 경우) ● 저장용기 개방구조 적정 여부(기계식 기동장치의 경우)

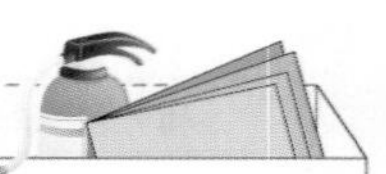

02 다음 각 물음에 답하시오.(30점)

1. 다중이용업소의 영업주는 안전시설 등을 정기적으로 "안전시설 등 세부점검표"를 사용하여 점검하여야 한다. "안전시설 등 세부점검표"의 점검사항 9가지만 쓰시오.(18점)
2. 소방시설관리업자가 영업정지에 해당하는 법령을 위반한 경우 위반행위의 동기 등을 고려하여 그 처분기준의 2분의 1까지 경감하여 처분할 수 있다. 경감처분 요건 중 경미한 위반사항에 해당하는 요건 3가지만 쓰시오.(6점)
3. 화재안전기준의 요건으로 그 기준이 강화되는 경우 기존의 특정소방대상물의 소방시설 등에 대하여 변경 전의 화재안전기준을 적용한다. 그러나 일부 소방시설 등의 경우에는 화재안전기준의 변경으로 강화된 기준을 적용한다. 강화된 화재안전기준을 적용하는 소방시설 등을 3가지만 쓰시오.(6점)

1. "안전시설 등 세부점검표"의 점검사항

☞ 「다중이용업소의 안전관리에 관한 특별법 시행규칙」 별지 제10호 서식

1) 소화기 또는 자동확산소화기의 외관점검
   (1) 구획된 실마다 설치되어 있는지 확인
   (2) 약제 응고상태 및 압력게이지 지시침 확인
2) 간이스프링클러설비 작동기능점검
   (1) 시험밸브 개방 시 펌프기동, 음향경보 확인
   (2) 헤드의 누수 · 변형 · 손상 · 장애 등 확인
3) 경보설비 작동기능점검
   (1) 비상벨설비의 누름스위치, 표시등, 수신기 확인
   (2) 자동화재탐지설비의 감지기, 발신기, 수신기 확인
   (3) 가스누설경보기 정상작동 여부 확인
4) 피난설비 작동기능점검 및 외관점검
   (1) 유도등 · 유도표지 등 부착상태 및 점등상태 확인
   (2) 구획된 실마다 휴대용비상조명등 비치 여부
   (3) 화재신호 시 피난유도선 점등상태 확인
   (4) 피난기구(완강기, 피난사다리 등) 설치상태 확인
5) 비상구 관리상태 확인
   (1) 비상구 폐쇄 · 훼손, 주변 물건 적치 등 관리상태
   (2) 구조변형, 금속표면 부식 · 균열, 용접부 · 접합부 손상 등 확인(건축물 외벽에 발코니 형태의 비상구를 설치한 경우만 해당)
6) 영업장 내부 피난통로 관리상태 확인
   영업장 내부 피난통로상 물건 적치 등 관리상태
7) 창문(고시원) 관리상태 확인

8) 영상음향차단장치 작동기능점검
   경보설비와 연동 및 수동작동 여부 점검(화재신호 시 영상음향차단이 되는지 확인)
9) 누전차단기 작동 여부 확인
10) 피난안내도 설치위치 확인
11) 피난안내영상물 상영 여부 확인
12) 실내장식물 · 내부구획 재료 교체 여부 확인
   (1) 커튼, 카펫 등 방염선처리제품 사용 여부
   (2) 합판 · 목재 방염성능 확보 여부
   (3) 내부구획재료 불연재료 사용 여부
13) 방염 소파 · 의자 사용 여부 확인
14) 안전시설 등 세부점검표 분기별 작성 및 1년간 보관 여부
15) 화재배상책임보험 가입여부 및 계약기간 확인

2. 경감처분 요건 중 경미한 위반사항에 해당하는 요건

☞ 「소방시설 설치 및 관리에 관한 법률 시행규칙」 [별표 8] 행정처분기준

1) 스프링클러설비 헤드가 살수(撒水)반경에 미달되는 경우
2) 자동화재탐지설비 감지기 2개 이하가 설치되지 않은 경우
3) 유도등(誘導燈)이 일시적으로 점등(點燈)되지 않은 경우
4) 유도표지(誘導標識)가 탈락된 경우

3. 강화된 화재안전기준을 적용하는 소방시설 등

☞ 「소방시설 설치 및 관리에 관한 법률」 제13조 제1항

1) 다음의 소방시설 중 대통령령 또는 화재안전기준으로 정하는 것
   (1) 소화기구
   (2) 비상경보설비
   (3) 자동화재탐지설비
   (4) 자동화재속보설비
   (5) 피난구조설비
2) 다음의 특정소방대상물에 설치하는 소방시설 중 대통령령 또는 화재안전기준으로 정하는 것
   (1) 「국토의 계획 및 이용에 관한 법률」 제2조 제9호에 따른 공동구에 설치하는 소화기, 자동소화장치, 자동화재탐지설비, 통합감시시설, 유도등 및 연소방지설비
   (2) 전력 및 통신사업용 지하구에 설치하는 소화기, 자동소화장치, 자동화재탐지설비, 통합감시시설, 유도등 및 연소방지설비
   (3) 노유자 시설에 설치하는 간이스프링클러설비, 자동화재탐지설비 및 단독경보형 감지기
   (4) 의료시설에 설치하는 스프링클러설비, 간이스프링클러설비, 자동화재탐지설비 및 자동화재속보설비

03 다음은 방화구획선상에 설치되는 자동방화셔터에 관한 내용이다. 각 물음에 답하시오.(40점)

1. 자동방화셔터의 정의를 쓰시오.(5점)
2. 다음 문장의 ①~⑥ 빈칸에 알맞은 용어를 쓰시오.(18점)
   - 자동방화셔터는 화재발생 시 (①)에 의한 일부폐쇄와 (②)에 의한 완전폐쇄가 이루어질 수 있는 구조를 가진 것이어야 한다.
   - 자동방화셔터에 사용되는 열감지기는 「화재예방, 소방시설 설치·유지 및 안전관리에 관한 법률」 제36조에서 정한 형식승인에 합격한 (③) 또는 (④)의 것으로서 특종의 공칭작동온도가 각각 (⑤)~(⑥)℃인 것으로 하여야 한다.
3. 일체형 자동방화셔터의 출입구 설치기준을 쓰시오.(9점)
4. 자동방화셔터의 작동기능점검을 하고자 한다. 셔터 작동 시 확인사항 4가지를 쓰시오.(8점)

※ 출제 당시 법령에 의한 풀이임.

1. 자동방화셔터의 정의
   ☞ 자동방화셔터 및 방화문의 기준 제2조 제2항
   자동방화셔터라 함은 방화구획의 용도로 화재 시 연기 및 열을 감지하여 자동 폐쇄되는 것으로서, 공항·체육관 등 넓은 공간에 부득이하게 내화구조로 된 벽을 설치하지 못하는 경우에 사용하는 방화셔터를 말한다.

2. 자동방화셔터 및 방화문의 기준 제4조 제2항(KS F 4510(중량셔터) 6.9 연동폐쇄기구 a)
   ① 연기감지기, ② 열감지기, ③ 보상식, ④ 정온식, ⑤ 60, ⑥ 70

3. 일체형 자동방화셔터의 출입구 설치기준
   ☞ 자동방화셔터 및 방화문의 기준 제3조 제2항
   1) 국민안전처장관이 정하는 기준에 적합한 비상구유도등 또는 비상구유도표지를 하여야 한다.
   2) 출입구 부분은 셔터의 다른 부분과 색상을 달리하여 쉽게 구분되도록 하여야 한다.
   3) 출입구의 유효너비는 0.9m 이상, 유효높이는 2m 이상이어야 한다.

4. 셔터 작동 시 확인사항
   1) 전동(수동조작함) 또는 수동(체인)으로 개폐가 원활한지 확인
   2) 감지기 동작에 의하여 방화셔터가 정상적으로 자동폐쇄되는지 확인
      (1) 1단 강하 셔터의 경우 : 화재감지기 동작 시 셔터의 완전폐쇄 여부 확인
      (2) 2단 강하 셔터의 경우 : 2단 강하 여부 확인
         가. 연기감지기 동작 시(1단 강하) : 일부폐쇄 (바닥에서 약 1.8m 정도까지 하강)되고,
         나. 열감지기 동작 시(2단 강하) : 완전폐쇄되는지 확인
   3) 수신기에서 수동동작에 의하여 셔터가 폐쇄되는지의 확인
   4) 연동제어기의 수동조작스위치 조작 시 셔터가 폐쇄되는지의 확인
   5) 방화셔터가 폐쇄되었을 때
      (1) 바닥에 완전히 닿았는지의 확인
      (2) 출입문이 내장된 경우 틈이 없고 출입문 개폐가 원활한지의 여부 확인
   6) 화재감지기 동작 시 연동제어기에서 음향(부저)명동이 되는지의 확인
   7) 셔터 동작 시 수신기에서 셔터의 감지기 및 작동표시등 점등 여부 확인(작동계통이 바른지도 확인)
   8) 여러 개의 방화셔터가 동시에 폐쇄되는 경우에는 동시에 폐쇄되는지의 확인

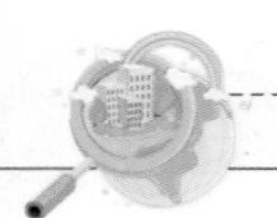

12회 소방시설의 점검실무행정 〈2011. 8. 21 시행〉

01 국가화재안전기준에 의거하여 다음 물음에 답하시오.(40점)

1. 불꽃감지기의 설치기준 5가지를 쓰시오.(10점)
2. 광원점등방식 피난유도선의 설치기준 6가지를 쓰시오.(12점)
3. 자동화재탐지설비의 설치장소별 감지기 적응성기준 [별표 1]에서 연기감지기를 설치할 수 없는 장소의 환경상태가 "먼지 또는 미분 등이 다량으로 체류하는 장소"에 감지기를 설치할 때 확인사항 5가지를 쓰시오.(10점)
4. 피난구유도등의 설치제외 조건 4가지를 쓰시오.(8점)

1. 불꽃감지기의 설치기준

☞ 자동화재탐지설비의 화재안전성능기준(NFPC 203) 제7조 3항 13호

1) 공칭감시거리 및 공칭시야각은 형식승인 내용에 따를 것
2) 감지기는 공칭감시거리와 공칭시야각을 기준으로 감시구역이 모두 포용될 수 있도록 설치할 것
3) 감지기는 화재감지를 유효하게 감지할 수 있는 모서리 또는 벽 등에 설치할 것
4) 감지기를 천장에 설치하는 경우에는 바닥을 향하여 설치할 것
5) 수분이 많이 발생할 우려가 있는 장소에는 방수형으로 설치할 것
6) 그 밖의 설치기준은 형식승인 내용에 따르며 형식승인 사항이 아닌 것은 제조사의 시방에 따라 설치할 것

2. 광원점등방식 피난유도선의 설치기준

☞ 유도등 및 유도표지의 화재안전기술기준(NFTC 303) 2.6.2

1) 구획된 각 실로부터 주출입구 또는 비상구까지 설치할 것
2) 피난유도 표시부는 바닥으로부터 높이 1m 이하의 위치 또는 바닥면에 설치할 것
3) 피난유도 표시부는 50cm 이내의 간격으로 연속되도록 설치하되, 실내장식물 등으로 설치가 곤란할 경우 1m 이내로 설치할 것
4) 수신기로부터의 화재신호 및 수동조작에 의하여 광원이 점등되도록 설치할 것
5) 비상전원이 상시 충전상태를 유지하도록 설치할 것
6) 바닥에 설치되는 피난유도 표시부는 매립하는 방식을 사용할 것
7) 피난유도 제어부는 조작 및 관리가 용이하도록 바닥으로부터 0.8m 이상 1.5m 이하의 높이에 설치할 것

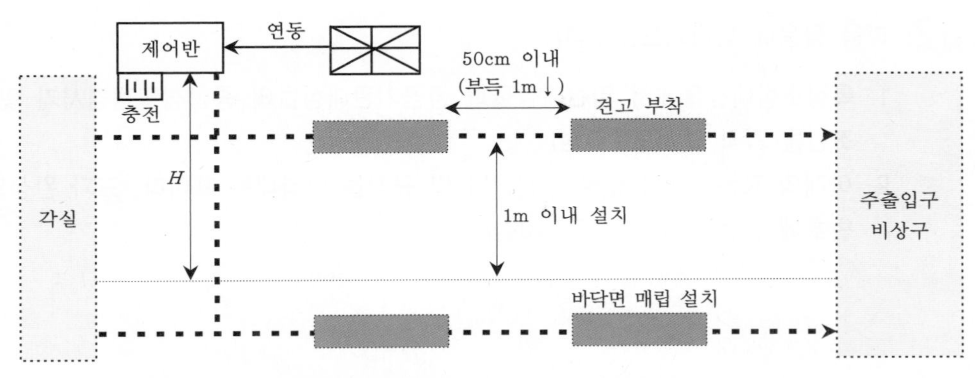

[광원점등방식의 피난유도선 설치기준]

3. 자동화재탐지설비의 설치장소별 감지기 적응성기준 [별표 1]에서 연기감지기를 설치할 수 없는 장소의 환경상태가 "먼지 또는 미분 등이 다량으로 체류하는 장소"에 감지기를 설치할 때 확인사항

☞ 자동화재탐지설비의 화재안전성능기준(NFPC 203) 2.4.6

1) 불꽃감지기에 따라 감시가 곤란한 장소는 적응성이 있는 열감지기를 설치할 것
2) 차동식 분포형 감지기를 설치하는 경우에는 검출부에 먼지, 미분 등이 침입하지 않도록 조치할 것
3) 차동식 스포트형 감지기 또는 보상식 스포트형 감지기를 설치하는 경우에는 검출부에 먼지, 미분 등이 침입하지 않도록 조치할 것
4) 섬유, 목재가공 공장 등 화재확대가 급속하게 진행될 우려가 있는 장소에 설치하는 경우 정온식 감지기는 특종으로 설치할 것, 공칭작동온도 75℃ 이하, 열아날로그식 스포트형 감지기는 화재표시 설정을 80℃ 이하가 되도록 할 것

4. 피난구유도등의 설치제외 조건

☞ 유도등 및 유도표지의 화재안전기술기준(NFTC 303) 2.8.1

1) 바닥면적이 1,000m^2 미만인 층으로서 옥내로부터 직접 지상으로 통하는 출입구(외부의 식별이 용이한 경우에 한한다.)
2) 거실 각 부분으로부터 쉽게 도달할 수 있는 출입구
3) 거실 각 부분으로부터 하나의 출입구에 이르는 보행거리가 20m 이하이고 비상조명등과 유도표지가 설치된 거실의 출입구
4) 출입구가 3 이상 있는 거실로서 그 거실 각 부분으로부터 하나의 출입구에 이르는 보행거리가 30m 이하인 경우에는 주된 출입구 2개소 외의 출입구(유도표지가 부착된 출입구를 말한다.) 다만, 공연장·집회장·관람장·전시장·판매시설 및 영업시설·숙박시설·노유자시설·의료시설의 경우에는 그러하지 아니하다.

02 다음 물음에 답하시오.(30점)

1. 특정소방대상물에서 일반대상물과 공공기관대상물의 종합정밀점검시기 및 면제조건을 각각 쓰시오.(10점)
2. 아래의 표는 소방시설별 점검장비 및 규격을 나타내는 표이다. 표가 완성되도록 번호에 맞는 답을 쓰시오.(10점)

소방시설	장 비	규 격
소화기구	①	-
스프링클러설비, 포소화설비	②	③
이산화탄소소화설비, 분말소화설비, 할론소화설비, 할로겐화합물 및 불활성기체 소화설비	④	⑤

3. 화재예방, 소방시설 설치·유지 및 안전관리에 관한 법령에 의거한 숙박시설이 없는 특정소방대상물의 수용인원 산정방법을 쓰시오.(10점)

 1. 특정소방대상물에서 일반대상물과 공공기관대상물의 종합정밀점검시기 및 면제조건

※ 출제 당시 법령에 의한 풀이임.

☞ 「화재예방, 소방시설 설치·유지 및 안전관리에 관한 법률 시행규칙」 [별표 1]

☞ 공공기관의 소방안전관리에 관한 규정 제15조(소방점검)

<table>
<tr><th>구 분</th><th>일반대상물</th><th>공공기관대상물</th></tr>
<tr><td>1) 종합정밀점검 시기</td><td>건축물 사용승인일이 속하는 달까지 실시. 다만, 소방시설완공검사필증을 발급받은 신축건축물의 경우에는 다음 연도부터 실시</td><td>(1) 학교 외의 공공기관
건축물 사용승인일이 속하는 달까지 실시
(2) 학교(국공립 · 사립학교)<table><tr><th>사용승인일</th><th>종합정밀점검시기</th></tr><tr><td>1~6월</td><td>6월 30일까지 실시</td></tr><tr><td>7~12월</td><td>건축물 사용승인일이 속하는 달까지 실시</td></tr></table></td></tr>
<tr><td>2) 면제조건</td><td>소방본부장 또는 소방서장은 국민안전처장관이 소방안전관리가 우수하다고 인정한 특정소방대상물의 경우에는 해당 연도부터 3년간 종합정밀점검 면제(단, 면제기간 중 화재가 발생한 경우는 제외)</td><td>「소방기본법」 제2조 제5호의 규정에 의한 소방대가 근무하는 공공기관</td></tr>
</table>

2. 다음의 소방시설별 점검 장비 및 규격을 나타내는 표 ※ 현행 법령에 의한 풀이임.
☞ 「소방시설 설치 및 관리에 관한 법률 시행규칙」 [별표 3]

소방시설	장 비	규 격
소화기구	① 저울	–
스프링클러설비 포소화설비	② 헤드결합렌치(볼트, 너트, 나사 등을 죄거나 푸는 공구)	③ <삭제됨.>
이산화탄소소화설비 분말소화설비 할론소화설비 할로겐화합물 및 불활성기체 소화설비	③ 검량계, 기동관누설시험기, 그 밖에 소화약제의 저장량을 측정할 수 있는 점검기구	⑤ <삭제됨.>

3. 화재예방, 소방시설 설치 · 유지 및 안전관리에 관한 법령에 의거한 숙박시설이 없는 특정소방대상물의 수용인원 산정방법
☞ 「소방시설 설치 및 관리에 관한 법률 시행령」 [별표 7]

1) 강의실 용도(강의실 · 교무실 · 상담실 · 실습실 · 휴게실 용도로 쓰이는 특정소방대상물)
당해 용도로 사용하는 바닥면적의 합계 ÷ 1.9m^2

2) 관람집회 용도(강당 · 문화집회시설, 운동시설, 종교시설)
당해 용도로 사용하는 바닥면적의 합계 ÷ 4.6m^2

※ 의자가 있는 경우
(1) 고정식 의자 : 의자수
(2) 긴 의자 : (의자의 정면너비) ÷ 0.45m
(3) 그 밖의 특정소방대상물
당해 용도로 사용하는 바닥면적의 합계 ÷ 3m^2

참고 1. 바닥면적을 산정 시 복도(「건축법 시행령」 제2조 제11호에 따른 준불연재료 이상의 것을 사용하여 바닥에서 천장까지 벽으로 구획한 것) · 계단 및 화장실의 바닥면적을 포함하지 아니한다.
2. 계산결과 1 미만의 소수는 반올림한다.

03 스프링클러헤드의 형식승인 및 검정기술기준에 의거하여 다음 물음에 답하시오. (30점)

1. 반응시간지수(RTI)의 계산식을 쓰고 설명하시오.(5점)
2. 스프링클러 폐쇄형 헤드에 반드시 표시해야 할 사항 5가지를 쓰시오.(5점)
3. 다음은 폐쇄형 헤드의 유리벌브형과 퓨즈블링크형 표시온도별 색상 표시방법을 나타내는 표이다. 표가 완성되도록 번호에 맞는 답을 쓰시오.(10점)

글라스벌브형 헤드		퓨즈블링크형 헤드	
표시온도(℃)	액체의 색	표시온도(℃)	프레임의 색
57℃	①	77℃ 미만	⑥
68℃	②	78~120℃	⑦
79℃	③	121~162℃	⑧
141℃	④	163~203℃	⑨
227℃ 이상	⑤	204~259℃	⑩

4. 소방시설 자체점검 사항 등에 관한 고시에 의거하여 다음 명칭의 도시기호를 그리시오.(10점)

1) 스프링클러헤드 개방형 하향식(평면도)

2) 스프링클러헤드 폐쇄형 하향식(평면도)

3) 프리액션밸브

4) 경보델류지밸브

5) 솔레노이드밸브

 1. 반응시간지수(RTI)의 계산식과 설명

☞ 스프링클러헤드의 형식승인 및 검정기술기준 제2조 제21호

1) $\text{RTI} = r\sqrt{u}$

여기서, r : 감열체의 시간상수(초)

u : 기류속도(m/s)

2) "반응시간지수(RTI)"라 함은 기류의 온도 · 속도 및 작동시간에 대하여 스프링클러헤드의 반응을 예상한 지수로서 위의 식에 의하여 계산하고 (m · s)0.5를 단위로 한다.

2. 스프링클러 폐쇄형 헤드에 반드시 표시해야 할 사항

☞ 스프링클러헤드의 형식승인 및 검정기술기준 제12조의5

1) 표시온도(폐쇄형 헤드에 한한다.)
2) 표시온도에 따른 표의 색표시(폐쇄형 헤드에 한한다.)
3) 최고주위온도(폐쇄형 헤드에 한한다.)
4) 종별
5) 형식
6) 형식승인번호
7) 제조번호 또는 로트번호
8) 제조업체명 또는 상호
9) 제조년도
10) 취급상의 주의사항
11) 품질보증에 관한 사항(보증기간, 보증내용, A/S방법, 자체검사필증 등). 다만, 3, 5, 6, 7, 10, 11은 포장 또는 취급설명서에 표시할 수 있다.

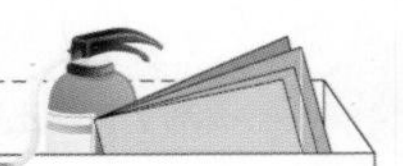

3. 폐쇄형 헤드의 유리벌브형과 퓨즈블링크형 표시온도별 색상 표시방법을 나타내는 표

☞ 스프링클러헤드의 형식승인 및 검정기술기준 제12조의5

글라스벌브형 헤드		퓨즈블링크형 헤드	
표시온도(℃)	액체의 색	표시온도(℃)	프레임의 색
57℃	① 오렌지	77℃ 미만	⑥ 표시 없음
68℃	② 빨강	78~120℃	⑦ 흰색
79℃	③ 노랑	121~162℃	⑧ 파랑
93℃	초록	163~203℃	⑨ 빨강
141℃	④ 파랑	204~259℃	⑩ 초록
182℃	연한 자주	260~319℃	오렌지
227℃ 이상	⑤ 검정	320℃ 이상	검정

4. 소방시설 자체점검 사항 등에 관한 고시에 의거한 명칭의 도시기호

☞ 소방시설 자체점검 사항 등에 관한 고시(소방방재청 고시 제2021-17호) [별표]

명 칭	도시기호
① 스프링클러헤드 개방형 하향식(평면도)	
② 스프링클러헤드 폐쇄형 하향식(평면도)	
③ 프리액션밸브	P
④ 경보델류지밸브	D
⑤ 솔레노이드밸브	S

13회 소방시설의 점검실무행정 〈2013. 5. 11 시행〉

01 다음 물음에 답하시오.(40점)

1. 연소방지설비의 화재안전기준에서 정하고 있는 연소방지도료를 도포하여야 하는 부분 5가지를 쓰시오.(10점)
2. 소방시설 종합정밀점검표에서 거실제연설비의 제어반에 대한 점검항목을 쓰시오.(10점)
3. 스프링클러설비의 화재안전기준에서 정하고 있는 폐쇄형 스프링클러헤드를 사용하는 유수검지장치 설치기준 5가지를 쓰시오.(10점)
4. 공공기관의 소방안전관리에 관한 규정에서 정하고 있는 공공기관 종합정밀점검 점검인력 배치기준을 쓰시오.(10점)

1. 연소방지도료를 도포하여야 하는 부분 ※ 출제 당시 법령에 의한 풀이임.

☞ 연소방지설비의 화재안전기준(NFSC 506) 제7조 제2호

1) 지하구와 교차된 수직구 또는 분기구
2) 집수정 또는 환풍기가 설치된 부분
3) 지하구로 인입 및 인출되는 부분
4) 분전반, 절연유 순환펌프 등이 설치된 부분
5) 케이블이 상호 연결된 부분
6) 기타 화재발생 위험이 우려되는 부분

2. 소방시설 종합정밀점검표에서 거실제연설비의 제어반에 대한 점검항목

※ 출제 당시 법령에 의한 풀이이며, 현재는 삭제됨. 〈개정 2021. 3. 25〉

1) 스위치 등 조작 시 표시등은 정상적으로 점등되는지 여부
2) 배선의 단선, 단자의 풀림은 없는지 확인
3) 계전기류 단자의 풀림, 접점의 손상 및 기능의 정상 여부
4) 감시제어반의 확인표시는 정상적으로 확인되는지 여부
5) 제어반에서 제연설비의 수동기동 시 정상적으로 동작되는지 여부

3. 폐쇄형 스프링클러헤드를 사용하는 유수검지장치 설치기준

☞ 스프링클러설비의 화재안전기술기준(NFTC 103) 2.3

1) 하나의 방호구역의 바닥면적은 3,000m^2를 초과하지 아니할 것
다만, 폐쇄형 스프링클러설비에 격자형 배관방식(2 이상의 수평주행배관 사이를 가지배관으로 연결하는 방식을 말한다.)을 채택하는 때에는 3,700m^2 범위 내에서 펌프용량, 배관의 구경 등을 수리학적으로 계산한 결과 헤드의 방수압 및 방수량이 방호구역 범위 내에서 소화목적을 달성하는 데 충분할 것

2) 하나의 방호구역에는 1개 이상의 유수검지장치를 설치하되, 화재발생 시 접근이 쉽고 점검하기 편리한 장소에 설치할 것
3) 하나의 방호구역은 2개 층에 미치지 아니하도록 할 것
   다만, 1개 층에 설치되는 스프링클러헤드의 수가 10개 이하인 경우와 복층형 구조의 공동주택에는 3개 층 이내로 할 수 있다.
4) 유수검지장치를 실내에 설치하거나 보호용 철망 등으로 구획하여 바닥으로부터 0.8m 이상 1.5m 이하의 위치에 설치하되, 그 실 등에는 가로 0.5m 이상 세로 1m 이상의 출입문을 설치하고 그 출입문 상단에 "유수검지장치실"이라고 표시한 표지를 설치할 것. 다만, 유수검지장치를 기계실(공조용 기계실을 포함한다.) 안에 설치하는 경우에는 별도의 실 또는 보호용 철망을 설치하지 아니하고 기계실 출입문 상단에 "유수검지장치실"이라고 표시한 표지를 설치할 수 있다.
5) 스프링클러헤드에 공급되는 물은 유수검지장치를 지나도록 할 것
   다만, 송수구를 통하여 공급되는 물은 그러하지 아니하다.
6) 자연낙차에 따른 압력수가 흐르는 배관상에 설치된 유수검지장치는 화재 시 물의 흐름을 검지할 수 있는 최소한의 압력이 얻어질 수 있도록 수조의 하단으로부터 낙차를 두어 설치할 것
7) 조기반응형 스프링클러헤드를 설치하는 경우에는 습식 유수검지장치 또는 부압식 스프링클러설비를 설치할 것

4. 공공기관 종합정밀점검 점검인력 배치기준

☞ 공공기관의 소방안전관리에 관한 규정 별표 〈삭제〉

1) 소방시설관리사 1명과 「화재예방, 소방시설 설치·유지 및 안전관리에 관한 법률 시행령」 [별표 8] 제1호 나목에 따른 보조 기술인력(이하 "보조인력"이라 한다.) 2명을 점검인력 1단위로 하되, 점검인력 1단위에 2명(같은 건축물을 점검할 때에는 4명) 이내의 보조인력을 추가할 수 있다.
2) 점검인력 1단위가 하루에 점검할 수 있는 최대 연면적(이하 "점검한도 면적"이라 한다.)은 10,000m^{2}로 하되, 보조인력이 추가될 경우 추가되는 보조인력 1명당 3,000m^{2}를 점검한도 면적에 더한다.
3) 점검하려는 건축물에 다음의 소방시설이 설치되어 있지 않은 경우에는 다음의 구분에 따른 값을 점검한도 면적에 더한다.
   (1) 스프링클러설비가 설치되어 있지 않은 경우 : 1,000m^2
   (2) 제연설비가 설치되어 있지 않은 경우 : 1,000m^2
   (3) 물분무등소화설비가 설치되어 있지 않은 경우 : 1,500m^2
4) 2개 이상의 건축물을 하루에 점검하는 경우에는 건축물 상호 간의 최단 주행거리 5km마다 200m^{2}를 점검한도 면적에서 뺀다.

※ 법령 개정으로 일반건축물과 공공기관 점검인력 배치기준을 동일하게 적용함.

02 초고층 및 지하연계 복합건물 재난관리에 관한 특별법령에 의거하여 다음 각 물음에 답하시오.(30점)

1. 초고층 건축물의 정의를 쓰시오.(3점)
2. 다음 항목의 피난안전구역 설치기준을 쓰시오.(6점)
   1) 초고층 건축물(3점)
   2) 16층 이상 29층 이하인 지하연계 복합건축물(3점)
3. 피난안전구역에 설치하여야 하는 피난설비의 종류를 5가지 쓰시오.(단, 피난안전구역으로 피난을 유도하기 위한 유도등 · 유도표지는 제외한다.)(5점)
4. 피난안전구역 면적 산정기준을 쓰시오.(8점)
5. 95층 건축물에 설치하는 종합방재실의 최소 설치개수 및 위치기준을 쓰시오.(8점)

1. 초고층 건축물의 정의

☞ 「초고층 및 지하연계 복합건축물 재난관리에 관한 특별법」 제2조

층수가 50층 이상이거나 높이가 200m 이상인 건축물을 말한다.

2. 다음 항목의 피난안전구역 설치기준을 쓰시오.

1) 초고층 건축물

☞ 「초고층 및 지하연계 복합건축물 재난관리에 관한 특별법 시행령」 제14조

초고층 건축물에는 피난층 또는 지상으로 통하는 직통계단과 직접 연결되는 피난안전구역(건축물의 피난 · 안전을 위하여 건축물 중간층에 설치하는 대피공간을 말한다. 이하 같다.)을 지상층으로부터 최대 30개 층마다 1개소 이상 설치하여야 한다.

2) 16층 이상 29층 이하인 지하연계 복합건축물

☞ 「초고층 및 지하연계 복합건축물 재난관리에 관한 특별법 시행령」 제14조

지상층별 거주밀도가 제곱미터당 1.5명을 초과하는 층은 해당 층의 사용형태별 면적의 합의 10분의 1에 해당하는 면적을 피난안전구역으로 설치할 것

3. 피난안전구역에 설치하여야 하는 피난설비의 종류(단, 피난안전구역으로 피난을 유도하기 위한 유도등 · 유도표지는 제외한다.)

☞ 「초고층 및 지하연계 복합건축물 재난관리에 관한 특별법 시행령」 제14조

1) 방열복
2) 공기호흡기(보조마스크를 포함한다.)
3) 인공소생기
4) 피난유도선(피난안전구역으로 통하는 직통계단 및 특별피난계단을 포함한다.)
5) 피난안전구역으로 피난을 유도하기 위한 비상조명등 및 휴대용 비상조명등

4. 피난안전구역 면적 산정기준

1) 초고층 건축물 및 준초고층 건축물의 피난안전구역 면적 산정기준

☞ 건축물의 피난 · 방화구조 등의 기준에 관한 규칙 [별표 1의2]

피난안전구역의 면적은 다음 산식에 따라 산정한다.

(피난안전구역 위층의 재실자 수×0.5)×0.28m^2

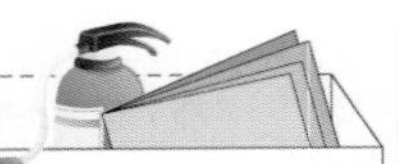

(1) 피난안전구역 위층의 재실자 수는 해당 피난안전구역과 다음 피난안전구역 사이의 용도별 바닥면적을 사용 형태별 재실자 밀도로 나눈 값의 합계를 말한다. 다만, 문화·집회용도 중 벤치형 좌석을 사용하는 공간과 고정좌석을 사용하는 공간은 다음의 구분에 따라 피난안전구역 위층의 재실자 수를 산정한다.

가. 벤치형 좌석을 사용하는 공간 : 좌석길이/45.5cm

나. 고정좌석을 사용하는 공간 : 휠체어 공간 수 + 고정좌석 수

(2) 피난안전구역 설치 대상 건축물의 용도에 따른 사용 형태별 재실자 밀도는 다음 표와 같다.

용 도	사용 형태별		재실자 밀도
문화·집회	고정좌석을 사용하지 않는 공간		0.45
	고정좌석이 아닌 의자를 사용하는 공간		1.29
	벤치형 좌석을 사용하는 공간		-
	고정좌석을 사용하는 공간		-
	무대		1.40
	게임제공업 등의 공간		1.02
운동	운동시설		4.60
교육	도서관	서고	9.30
		열람실	4.60
	학교 및 학원	교실	1.90
보육	보호시설		3.30
의료	입원치료구역		22.3
	수면구역		11.1
교정	교정시설 및 보호관찰소 등		11.1
주거	호텔 등 숙박시설		18.6
	공동주택		18.6
업무	업무시설, 운수시설 및 관련 시설		9.30
판매	지하층 및 1층		2.80
	그 외의 층		5.60
	배송공간		27.9
저장	창고, 자동차 관련 시설		46.5
산업	공장		9.30
	제조업 시설		18.6

※ 계단실, 승강로, 복도 및 화장실은 사용 형태별 재실자 밀도의 산정에서 제외하고, 취사장·조리장의 사용 형태별 재실자 밀도는 9.30으로 본다.

2) 초고층 및 지하연계 복합건축물의 피난안전구역 면적 산정기준

☞ 「초고층 및 지하연계 복합건축물 재난관리에 관한 특별법 시행령」 [별표 1의2]

(1) 지하층이 하나의 용도로 사용되는 경우

피난안전구역 면적 = (수용인원 × 0.1) × 0.28m^2

(2) 지하층이 둘 이상의 용도로 사용되는 경우

피난안전구역 면적 = (사용 형태별 수용인원의 합 × 0.1) × 0.28m^2

(3) 비고

가. 수용인원은 사용 형태별 면적과 거주밀도를 곱한 값을 말한다. 다만, 업무용도와 주거용도의 수용인원은 용도의 면적과 거주밀도를 곱한 값으로 한다.

나. 건축물의 사용 형태별 거주밀도는 다음 표와 같다.

용 도	사용 형태별		재실자 밀도
문화·집회	고정좌석을 사용하지 않는 공간		0.45
	고정좌석이 아닌 의자를 사용하는 공간		1.29
	벤치형 좌석을 사용하는 공간		–
	고정좌석을 사용하는 공간		–
	무대		1.40
	게임제공업 등의 공간		1.02
운동	운동시설		4.60
교육	도서관	서고	9.30
		열람실	4.60
	학교 및 학원	교실	1.90
보육	보호시설		3.30
의료	입원치료구역		22.3
	수면구역		11.1
교정	교정시설 및 보호관찰소 등		11.1
주거	호텔 등 숙박시설		18.6
	공동주택		18.6
업무	업무시설, 운수시설 및 관련 시설		9.30
판매	지하층 및 1층		2.80
	그 외의 층		5.60
	배송공간		27.9
저장	창고, 자동차 관련 시설		46.5
산업	공장		9.30
	제조업 시설		18.6

※ 계단실, 승강로, 복도 및 화장실은 사용 형태별 재실자 밀도의 산정에서 제외하고, 취사장·조리장의 사용 형태별 재실자 밀도는 9.30으로 본다.

5. 95층 건축물에 설치하는 종합방재실의 최소 설치개수 및 위치기준

☞ 「초고층 및 지하연계 복합건축물 재난관리에 관한 특별법 시행규칙」 제7조

1) 종합방재실 최소 설치개수 : 1개

종합방재실의 개수 : 1개. 다만, 100층 이상인 초고층 건축물 등 [「건축법」 제2조 제2항 제2호에 따른 공동주택(같은 법 제11조에 따른 건축허가를 받아 주택 외의 시설과 주택을 동일 건축물로 건축하는 경우는 제외한다. 이하 "공동주택"이라 한다.)은 제외한다.]의 관리주체는 종합방재실이 그 기능을 상실하는 경우에 대비하여 종합방재실을 추가로 설치하거나, 관계지역 내 다른 종합방재실에 보조종합재난관리체제를 구축하여 재난관리 업무가 중단되지 아니하도록 하여야 한다.

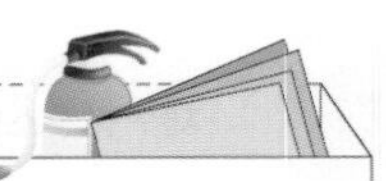

2) 종합방재실의 위치 기준
(1) 1층 또는 피난층. 다만, 초고층 건축물 등에 「건축법 시행령」 제35조에 따른 특별피난계단(이하 "특별피난계단"이라 한다.)이 설치되어 있고, 특별피난계단 출입구로부터 5m 이내에 종합방재실을 설치하려는 경우에는 2층 또는 지하 1층에 설치할 수 있으며, 공동주택의 경우에는 관리사무소 내에 설치할 수 있다.
(2) 비상용 승강장, 피난 전용 승강장 및 특별피난계단으로 이동하기 쉬운 곳
(3) 재난정보 수집 및 제공, 방재활동의 거점(據點) 역할을 할 수 있는 곳
(4) 소방대(消防隊)가 쉽게 도달할 수 있는 곳
(5) 화재 및 침수 등으로 인하여 피해를 입을 우려가 적은 곳

03 다음 물음에 답하시오.(30점)

1. 위험물안전관리에 관한 세부기준에서 정하고 있는 이산화탄소소화설비의 배관의 설치기준을 쓰시오.(10점)

2. 위험물안전관리에 관한 세부기준에서 정하고 있는 고정식의 포소화설비의 포방출구 중 Ⅱ형, Ⅳ형에 대하여 각각 설명하시오.(10점)

3. 피난기구의 화재안전기준에서 정하고 있는 다수인 피난 장비의 설치기준 9가지를 쓰시오.(10점)

1. 위험물안전관리에 관한 세부기준에서 정하고 있는 이산화탄소소화설비의 배관의 설치기준
☞ 위험물안전관리에 관한 세부기준 제134조 제4호 마목
1) 전용으로 할 것
2) 강관의 배관은 「압력배관용 탄소강관」(KS D 3562) 중에서 고압식인 것은 스케줄 80 이상, 저압식인 것은 스케줄 40 이상의 것 또는 이와 동등 이상의 강도를 갖는 것으로서 아연도금 등에 의한 방식처리를 한 것을 사용할 것
3) 동관의 배관은 「이음매 없는 구리 및 구리합금관」(KS D 5301) 또는 이와 동등 이상의 강도를 갖는 것으로서 고압식인 것은 16.5MPa 이상, 저압식인 것은 3.75MPa 이상의 압력에 견딜 수 있는 것을 사용할 것
4) 관이음쇠는 고압식인 것은 16.5MPa 이상, 저압식인 것은 3.75MPa 이상의 압력에 견딜 수 있는 것으로서 적절한 방식처리를 한 것을 사용할 것
5) 낙차(배관의 가장 낮은 위치로부터 가장 높은 위치까지의 수직거리를 말한다. 제135조에서 같다.)는 50m 이하일 것

2. 위험물안전관리에 관한 세부기준에서 정하고 있는 고정식의 포소화설비의 포방출구 중 Ⅱ형, Ⅳ형에 대하여 각각 설명
☞ 위험물안전관리에 관한 세부기준 제13조 제1호
1) Ⅱ형 포방출구 : 고정지붕구조 또는 부상덮개부착 고정지붕구조(옥외저장탱크의 액상에 금속제의 플로팅, 팬 등의 덮개를 부착한 고정지붕구조의 것을 말한다. 이하 같다.)의 탱크에 상부포주입법을 이용하는 것으로서 방출된 포가 탱크 옆판의 내면을 따라 흘러내려 가면서 액면 아래

로 몰입되거나 액면을 뒤섞지 않고 액면상을 덮을 수 있는 반사판 및 탱크 내의 위험물증기가 외부로 역류되는 것을 저지할 수 있는 구조·기구를 갖는 포방출구

2) Ⅳ형 포방출구 : 고정지붕구조의 탱크에 저부포주입법을 이용하는 것으로서 평상시에는 탱크의 액면하의 저부에 설치된 격납통(포를 보내는 것에 의하여 용이하게 이탈되는 캡을 갖는 것을 포함한다.)에 수납되어 있는 특수호스 등이 송포관의 말단에 접속되어 있다가 포를 보내는 것에 의하여 특수호스 등이 전개되어 그 선단이 액면까지 도달한 후 포를 방출하는 포방출구

3. 피난기구의 화재안전기준에서 정하고 있는 다수인 피난 장비의 설치기준

☞ 피난기구의 화재안전기술기준(NFTC 301) 2.1.3.8

1) 피난에 용이하고 안전하게 하강할 수 있는 장소에 적재 하중을 충분히 견딜 수 있도록 「건축물의 구조기준 등에 관한 규칙」 제3조에서 정하는 구조안전의 확인을 받아 견고하게 설치할 것
2) 다수인피난장비 보관실(이하 "보관실"이라 한다.)은 건물 외측보다 돌출되지 아니하고, 빗물·먼지 등으로부터 장비를 보호할 수 있는 구조일 것
3) 사용 시에 보관실 외측 문이 먼저 열리고 탑승기가 외측으로 자동으로 전개될 것
4) 하강 시에 탑승기가 건물 외벽이나 돌출물에 충돌하지 않도록 설치할 것
5) 상·하층에 설치할 경우에는 탑승기의 하강경로가 중첩되지 않도록 할 것
6) 하강 시에는 안전하고 일정한 속도를 유지하도록 하고 전복, 흔들림, 경로이탈 방지를 위한 안전조치를 할 것
7) 보관실의 문에는 오작동 방지조치를 하고, 문 개방 시에는 당해 소방대상물에 설치된 경보설비와 연동하여 유효한 경보음을 발하도록 할 것
8) 피난층에는 해당 층에 설치된 피난기구가 착지에 지장이 없도록 충분한 공간을 확보할 것
9) 한국소방산업기술원 또는 법 제42조 제1항에 따라 성능시험기관으로 지정받은 기관에서 그 성능을 검증받은 것으로 설치할 것

14회 소방시설의 점검실무행정 〈2014. 5. 17 시행〉

01 다음 물음에 답하시오.(40점)

1. 일시적으로 발생한 열 · 연기 또는 먼지 등으로 인하여 화재신호를 발신할 우려가 있는 장소에 설치장소별 적응성 있는 감지기를 설치하기 위한 [별표 2]의 환경상태 구분장소 7가지를 쓰시오.(7점)

2. 정온식 감지선형 감지기 설치기준 8가지를 쓰시오.(16점)

3. 호스릴이산화탄소소화설비의 설치기준 5가지를 쓰시오.(10점)

4. 옥외소화전설비의 화재안전기준에서 옥외소화전설비에 표시해야 할 표지의 명칭과 설치위치 7가지를 쓰시오.(7점)

1. 일시적으로 발생한 열 · 연기 또는 먼지 등으로 인하여 화재신호를 발신할 우려가 있는 장소에 설치장소별 적응성 있는 감지기를 설치하기 위한 [별표 2]의 환경상태 구분장소 7가지

☞ 자동화재탐지설비의 화재안전기술기준(NFTC 203) 2.4.6

1) 흡연에 의해 연기가 체류하며 환기가 되지 않는 장소
2) 취침시설로 사용하는 장소
3) 연기 이외의 미분이 떠다니는 장소
4) 바람에 영향을 받기 쉬운 장소
5) 연기가 멀리 이동해서 감지기에 도달하는 장소
6) 훈소화재의 우려가 있는 장소
7) 넓은 공간으로 천장이 높아 열 및 연기가 확산하는 장소

2. 정온식 감지선형 감지기 설치기준 8가지

☞ 자동화재탐지설비의 화재안전기술기준(NFTC 203) 2.4.3.12

1) 보조선이나 고정금구를 사용하여 감지선이 늘어지지 않도록 설치할 것
2) 단자부와 마감 고정금구와의 설치간격은 10cm 이내로 설치할 것
3) 감지선형 감지기의 굴곡반경은 5cm 이상으로 할 것
4) 감지기와 감지구역의 각 부분과의 수평거리가 내화구조의 경우 1종 4.5m 이하, 2종 3m 이하로 할 것. 기타 구조의 경우 1종 3m 이하, 2종 1m 이하로 할 것
5) 케이블트레이에 감지기를 설치하는 경우에는 케이블트레이 받침대에 마감금구를 사용하여 설치할 것
6) 지하구나 창고의 천장 등에 지지물이 적당하지 않는 장소에서는 보조선을 설치하고 그 보조선에 설치할 것
7) 분전반 내부에 설치하는 경우 접착제를 이용하여 돌기를 바닥에 고정시키고 그곳에 감지기를 설치할 것
8) 그 밖의 설치방법은 형식승인 내용에 따르며 형식승인 사항이 아닌 것은 제조사의 시방(示方)에 따라 설치할 것

3. 호스릴이산화탄소소화설비의 설치기준 5가지

☞ 이산화탄소소화설비의 화재안전기술기준(NFTC 106) 2.7.4

1) 방호대상물의 각 부분으로부터 하나의 호스접결구까지의 수평거리가 15m 이하가 되도록 할 것
2) 노즐은 20℃에서 하나의 노즐마다 60kg/min 이상의 소화약제를 방사할 수 있는 것으로 할 것
3) 소화약제 저장용기는 호스릴을 설치하는 장소마다 설치할 것
4) 소화약제 저장용기의 개방밸브는 호스의 설치장소에서 수동으로 개폐할 수 있는 것으로 할 것
5) 소화약제 저장용기의 가장 가까운 곳의 보기 쉬운 곳에 표시등을 설치하고, 호스릴이산화탄소소화설비가 있다는 뜻을 표시한 표지를 할 것

4. 옥외소화전설비의 화재안전기술기준에서 옥외소화전설비에 표시해야 할 표지의 명칭과 설치위치 7가지

☞ 옥외소화전설비의 화재안전기술기준(NFTC 109)

1) 수조의 외측의 보기 쉬운 곳에 "옥외소화전설비용 수조"라고 표시한 표지를 할 것. 이 경우 그 수조를 다른 설비와 겸용하는 때에는 그 겸용되는 설비의 이름을 표시한 표지를 함께 하여야 한다.
2) 옥외소화전펌프의 흡수배관 또는 옥외소화전설비의 수직배관과 수조의 접속부분에는 "옥외소화전설비용 배관"이라고 표시한 표지를 할 것. 다만, 수조와 가까운 장소에 옥외소화전펌프가 설치되고 옥내소화전펌프에 제5조 제1항 제13호에 따른 표지를 설치한 때에는 그러하지 아니하다.
3) 가압송수장치에는 "옥외소화전펌프"라고 표시한 표지를 할 것. 이 경우 그 가압송수장치를 다른 설비와 겸용하는 때에는 그 겸용되는 설비의 이름을 표시한 표지를 함께 하여야 한다.
4) 옥외소화전설비의 소화전함 표면에는 "옥외소화전"이라고 표시한 표지를 하고, 가압송수장치의 조작부 또는 그 부근에는 가압송수장치의 기동을 명시하는 적색등을 설치하여야 한다.
5) 동력제어반 앞면은 적색으로 하고 "옥외소화전설비용 동력제어반"이라고 표시한 표지를 설치할 것
6) 옥외소화전설비의 과전류차단기 및 개폐기에는 "옥외소화전설비용"이라고 표시한 표지를 하여야 한다.
7) 옥외소화전설비용 전기배선의 양단 및 접속단자에는 "옥외소화전단자"라고 표시한 표지를 부착한다.

02 다음 물음에 답하시오.(30점)

1. 무선통신보조설비 종합정밀점검표에서 분배기, 분파기, 혼합기의 점검항목 2가지를 쓰시오.(2점)
2. 무선통신보조설비 종합정밀점검표에서 누설동축케이블 등의 점검항목 6가지를 쓰시오.(12점)
3. 예상제연구역의 바닥면적이 400m^2 미만인 예상제연구역(통로인 예상제연구역 제외)에 대한 배출구의 설치기준 2가지를 쓰시오.(4점)
4. 제연설비 작동기능점검표에서 배연기의 점검항목 및 점검내용 6가지를 쓰시오.(12점)

1. 무선통신보조설비 종합정밀점검표에서 분배기, 분파기, 혼합기의 점검항목 2가지
   1) 먼지, 습기, 부식 등에 의한 기능의 이상 여부
   2) 설치장소 환경의 적부
2. 무선통신보조설비 종합정밀점검표에서 누설동축케이블 등의 점검항목 6가지 〈개정 2021. 3. 25〉
   1) 피난 및 통행 지장 여부(노출하여 설치한 경우)
   2) 케이블 구성 적정(누설동축케이블+안테나 또는 동축케이블+안테나) 여부
   3) 지지금구 변형 · 손상 여부
   4) 누설동축케이블 및 안테나 설치 적정 및 변형 · 손상 여부
   5) 누설동축케이블 말단 "무반사 종단저항" 설치 여부
3. 예상제연구역의 바닥면적이 400m^2 미만인 예상제연구역(통로인 예상제연구역 제외)에 대한 배출구의 설치기준 2가지
   ☞ 제연설비의 화재안전성능기준(NFPC 501) 제7조 제1항
   1) 예상제연구역이 벽으로 구획되어 있는 경우의 배출구는 천장 또는 반자와 바닥 사이의 중간 윗부분에 설치할 것
   2) 예상제연구역 중 어느 한 부분이 제연경계로 구획되어 있는 경우에는 천장 · 반자 또는 이에 가까운 벽의 부분에 설치할 것. 다만, 배출구를 벽에 설치하는 경우에는 배출구의 하단이 해당 예상제연구역에서 제연경계의 폭이 가장 짧은 제연경계의 하단보다 높이 되도록 하여야 한다.
4. 제연설비 배출기의 점검항목 〈개정 2021. 3. 25〉
   1) 배출기와 배출풍도 사이 캔버스 내열성 확보 여부
   2) 배출기 회전이 원활하며 회전방향 정상 여부
   3) 변형 · 훼손 등이 없고 V-벨트 기능 정상 여부
   4) 본체의 방청, 보존상태 및 캔버스 부식 여부
   5) 배풍기 내열성 단열재 단열처리 여부

03 다음 물음에 답하시오.(30점)

1. 특정소방대상물 [별표 2]의 복합건축물 구분항목에서 하나의 건축물에 둘 이상의 용도로 사용되는 경우에도 복합건축물에 해당되지 않는 경우를 쓰시오.(10점)
2. 국민안전처장관의 형식승인을 받아야 하는 소방용품 중 소화설비, 경보설비, 피난설비를 구성하는 제품 또는 기기를 각각 쓰시오.(10점)
3. 소방시설용 비상전원수전설비에 대한 것이다. 다음 각 물음에 답하시오.(10점)
   1) 인입선 및 인입구 배선의 시설기준 2가지를 쓰시오.(2점)
   2) 특고압 또는 고압으로 수전하는 경우 큐비클형 방식의 설치기준 중 환기장치 설치기준 4가지를 쓰시오.(8점)

1. 특정소방대상물 [별표 2]의 복합건축물 구분항목에서 하나의 건축물에 둘 이상의 용도로 사용되는 경우에도 복합건축물에 해당되지 않는 경우

☞ 「소방시설 설치 및 관리에 관한 법률 시행령」 [별표 2] 제30호

1) 관계법령에서 주된 용도의 부수시설로서 그 설치를 의무화하고 있는 용도 또는 시설
2) 「주택법」 제21조 제1항 제2호 및 제3호의 규정에 의하여 주택대지 안에 설치하는 부대시설 또는 복리시설이 설치되는 특정소방대상물

참고 부대시설/복리시설 ☞ 「주택법」 제2조, 제6조, 제7조

6. "부대시설"이라 함은 주택에 부대되는 다음 각 목의 시설 또는 설비를 말한다.
   가. 주차장 · 관리사무소 · 담장 및 주택단지 안의 도로
   나. 「건축법」 제2조 제1항 제4호의 규정에 의한 건축설비
   다. 가목 및 나목의 시설 · 설비에 준하는 것으로서 대통령령이 정하는 시설 또는 설비
7. "복리시설"이라 함은 주택단지 안의 입주자 등의 생활복리를 위한 다음 각 목의 공동시설을 말한다.
   가. 어린이놀이터 · 근린생활시설 · 유치원 · 주민운동시설 및 경로당
   나. 그 밖에 입주자 등의 생활복리를 위하여 대통령령이 정하는 공동시설

3) 건축물의 주된 용도의 기능에 필수적인 용도로서 다음의 1에 해당하는 용도
   (1) 건축물의 설비 · 대피 및 위생 그 밖에 이와 비슷한 시설의 용도
   (2) 사무 · 작업 · 집회 · 물품저장 · 주차 그 밖에 이와 비슷한 시설의 용도
   (3) 구내식당 · 구내세탁소 · 구내운동시설 등 종업원후생복리시설 및 구내소각시설 그 밖에 이와 비슷한 시설의 용도

2. 국민안전처장관의 형식승인을 받아야 하는 소방용품 중 소화설비, 경보설비, 피난설비를 구성하는 제품 또는 기기

☞ 「소방시설 설치 및 관리에 관한 법률 시행령」 [별표 3]

1) 소화설비를 구성하는 제품 또는 기기
   (1) [별표 1] 제1호 가목의 소화기구(소화약제 외의 것을 이용한 간이소화용구는 제외한다.)
   (2) [별표 1] 제1호 나목의 자동소화장치
   (3) 소화설비를 구성하는 소화전, 송수구, 관창(菅槍), 소방호스, 스프링클러헤드, 기동용 수압개폐장치, 유수제어밸브 및 가스관선택밸브
2) 경보설비를 구성하는 제품 또는 기기
   (1) 누전경보기 및 가스누설경보기
   (2) 경보설비를 구성하는 발신기, 수신기, 중계기, 감지기 및 음향장치(경종만 해당한다.)
3) 피난구조설비를 구성하는 제품 또는 기기
   (1) 피난사다리, 구조대, 완강기(지지대를 포함한다.) 및 간이완강기(지지대를 포함한다.)
   (2) 공기호흡기(충전기를 포함한다.)
   (3) 피난구유도등, 통로유도등, 객석유도등 및 예비전원이 내장된 비상조명등

3. 소방시설용 비상전원수전설비

1) 인입선 및 인입구 배선의 시설기준

☞ 소방시설용 비상전원수전설비의 화재안전기술기준(NFTC 602) 2.1

   (1) 인입선은 특정소방대상물에 화재가 발생할 경우에도 화재로 인한 손상을 받지 않도록 설치하여야 한다.
   (2) 인입구 배선은 옥내소화전설비의 화재안전기술기준(NFTC 102) 2.7.2의 표 2.7.2(1)에 따른 내화배선으로 하여야 한다.

2) 특고압 또는 고압으로 수전하는 경우 큐비클형 방식의 설치기준 중 환기장치 설치기준

☞ 소방시설용 비상전원수전설비의 화재안전기술기준(NFTC 602) 2.2.3.7

(1) 내부의 온도가 상승하지 않도록 환기장치를 할 것

(2) 자연환기구의 개구부 면적의 합계는 외함의 한 면에 대하여 해당 면적의 3분의 1 이하로 할 것. 이 경우 하나의 통기구의 크기는 직경 10mm 이상의 둥근 막대가 들어가서는 아니 된다.

(3) 자연환기구에 따라 충분히 환기할 수 없는 경우에는 환기설비를 설치할 것

(4) 환기구에는 금속망, 방화댐퍼 등으로 방화조치를 하고, 옥외에 설치하는 것은 빗물 등이 들어가지 않도록 할 것

15회 소방시설의 점검실무행정 〈2015. 9. 5 시행〉

01 다음 각 물음에 답하시오.(40점)

1. 「기존 다중이용업소 건축물의 구조상 비상구를 설치할 수 없는 경우에 관한 고시」에서 규정한 기존 다중이용업소 건축물의 구조상 비상구를 설치할 수 없는 경우를 쓰시오.(15점)
2. 「소방기본법 시행령」 제5조 관련 "보일러 등의 위치 · 구조 및 관리와 화재예방을 위하여 불의 사용에 있어서 지켜야 하는 사항" 중 보일러 사용 시 지켜야 하는 사항에 대해 쓰시오.(12점)
3. 「화재예방, 소방시설 설치 · 유지 및 안전관리에 관한 법률 시행령」의 임시소방시설과 기능 및 성능이 유사한 소방시설로서 임시소방시설을 설치한 것으로 보는 소방시설을 쓰시오.(6점)
4. 「다중이용업소의 안전관리에 관한 특별법」에서 다음 각 물음에 답하시오.(7점)
   1) 밀폐구조의 영업장에 대한 정의를 쓰시오.(1점)
   2) 밀폐구조의 영업장에 대한 요건을 쓰시오.(6점)

1. 「기존 다중이용업소 건축물의 구조상 비상구를 설치할 수 없는 경우에 관한 고시」에서 규정한 기존 다중이용업소 건축물의 구조상 비상구를 설치할 수 없는 경우

   ☞ 소방방재청 고시 제2006-8호 〈제정 2006. 8. 2〉

   1) 비상구 설치를 위하여 「건축법」 제2조 제1항 제6호 규정의 주요 구조부를 관통하여야 하는 경우
   2) 비상구를 설치하여야 하는 영업장이 인접건축물과의 이격거리(건축물 외벽과 외벽 사이의 거리를 말한다.)가 100cm 이하인 경우
   3) 다음 각 목의 어느 하나에 해당하는 경우
      (1) 비상구 설치를 위하여 당해 영업장 또는 다른 영업장의 공조설비, 냉 · 난방설비, 수도설비 등 고정설비를 철거 또는 이전하여야 하는 등 그 설비의 기능과 성능에 지장을 초래하는 경우
      (2) 비상구 설치를 위하여 인접건물 또는 다른 사람 소유의 대지경계선을 침범하는 등 재산권 분쟁의 우려가 있는 경우
      (3) 영업장이 도시미관지구에 위치하여 비상구를 설치하는 경우 건축물 미관을 훼손한다고 인정되는 경우
      (4) 당해 영업장으로 사용부분의 바닥면적 합계가 $33m^2$ 이하인 경우
   4) 그 밖에 관할 소방서장이 현장여건 등을 고려하여 비상구를 설치할 수 없다고 인정하는 경우

2. 「소방기본법 시행령」 제5조 관련 "보일러 등의 위치 · 구조 및 관리와 화재예방을 위하여 불의 사용에 있어서 지켜야 하는 사항" 중 보일러 사용 시 지켜야 하는 사항

   ☞ 「소방기본법」 시행령 [별표 1](보일러) 〈개정 2012. 7. 10〉

   1) 가연성 벽 · 바닥 또는 천장과 접촉하는 증기기관 또는 연통의 부분은 규조토 · 석면 등 난연성 단열재로 덮어 씌워야 한다.

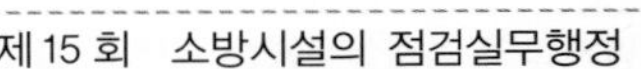

2) 경유 · 등유 등 액체연료를 사용하는 경우에는 다음 각 목의 사항을 지켜야 한다.
(1) 연료탱크는 보일러 본체로부터 수평거리 1m 이상의 간격을 두어 설치할 것
(2) 연료탱크에는 화재 등 긴급상황이 발생하는 경우 연료를 차단할 수 있는 개폐밸브를 연료탱크로부터 0.5m 이내에 설치할 것
(3) 연료탱크 또는 연료를 공급하는 배관에는 여과장치를 설치할 것
(4) 사용이 허용된 연료 외의 것을 사용하지 아니할 것
(5) 연료탱크에는 불연재료(「건축법 시행령」 제2조 제10호의 규정에 의한 것을 말한다. 이하 이 표에서 같다.)로 된 받침대를 설치하여 연료탱크가 넘어지지 아니하도록 할 것

3) 기체연료를 사용하는 경우에는 다음 각 목에 의한다.
(1) 보일러를 설치하는 장소에는 환기구를 설치하는 등 가연성 가스가 머무르지 아니하도록 할 것
(2) 연료를 공급하는 배관은 금속관으로 할 것
(3) 화재 등 긴급 시 연료를 차단할 수 있는 개폐밸브를 연료용기 등으로부터 0.5m 이내에 설치할 것
(4) 보일러가 설치된 장소에는 가스누설경보기를 설치할 것

4) 보일러와 벽 · 천장 사이의 거리는 0.6m 이상 되도록 하여야 한다.
5) 보일러를 실내에 설치하는 경우에는 콘크리트바닥 또는 금속 외의 불연재료로 된 바닥 위에 설치하여야 한다.

3. 「소방시설 설치 및 관리에 관한 법률 시행령」의 임시소방시설과 기능 및 성능이 유사한 소방시설로서 임시소방시설을 설치한 것으로 보는 소방시설

☞ 「소방시설 설치 및 관리에 관한 법률 시행령」 [별표 8]

1) 간이소화장치를 설치한 것으로 보는 소방시설 : 옥내소화전 및 소방청장이 정하여 고시하는 기준에 맞는 소화기
2) 비상경보장치를 설치한 것으로 보는 소방시설 : 비상방송설비 또는 자동화재탐지설비
3) 간이피난유도선을 설치한 것으로 보는 소방시설 : 피난유도선, 피난구유도등, 통로유도등 또는 비상조명등

4. 「다중이용업소의 안전관리에 관한 특별법」

1) 밀폐구조의 영업장에 대한 정의
☞ 「다중이용업소의 안전관리에 관한 특별법 시행령」 제3조의2 [본조 신설 2014. 12. 23]
지상층에 있는 다중이용업소의 영업장 중 채광 · 환기 · 통풍 및 피난 등이 용이하지 못한 구조로 되어 있으면서 대통령령으로 정하는 기준에 해당하는 영업장

2) 밀폐구조의 영업장에 대한 요건
☞ 「다중이용업소의 안전관리에 관한 특별법 시행령」 제3조의2 [본조 신설 2014. 12. 23]
다음 각 목의 요건을 모두 갖춘 개구부 면적의 합계가 영업장으로 사용하는 바닥면적의 1/30 이하가 되는 것
(1) 크기는 지름 50cm 이상의 원이 내접(內接)할 수 있는 크기일 것
(2) 해당 층의 바닥면으로부터 개구부 밑부분까지의 높이가 1.2m 이내일 것
(3) 도로 또는 차량이 진입할 수 있는 빈터를 향할 것
(4) 화재 시 건축물로부터 쉽게 피난할 수 있도록 창살이나 그 밖의 장애물이 설치되지 아니할 것
(5) 내부 또는 외부에서 쉽게 부수거나 열 수 있을 것

02 다음 각 물음에 답하시오.(30점)

1. 소방시설 종합정밀점검표에서 기타 사항 확인표의 피난 · 방화시설 점검내용 8가지를 쓰시오.(8점)
2. 자동화재탐지설비 · 시각경보기 · 자동화재속보설비의 작동기능점검표에서 수신기의 점검항목 및 점검내용 10가지를 쓰시오.(10점)
3. 다음 명칭에 대한 소방시설 도시기호를 그리시오.(4점)

명 칭	도시기호
1) 릴리프밸브(일반)	
2) 회로시험기	
3) 연결살수헤드	
4) 화재댐퍼	

4. 이산화탄소소화설비 종합정밀점검표에서 제어반 및 화재표시등의 점검항목 8가지를 쓰시오.(8점)

1. 소방시설 종합정밀점검표에서 기타 사항 확인표의 피난 · 방화시설 점검내용 〈개정 2021. 3. 25〉
   1) 방염
      (1) 선처리 방염대상물품의 적합 여부(방염성능시험성적서 및 합격표시 확인)
      (2) 후처리 방염대상물품의 적합 여부(방염성능검사결과 확인)
      ※ 방염성능시험성적서, 합격표시 및 방염성능검사결과의 확인이 불가한 경우 비고에 기재한다.
   2) 피난 · 방화시설
      (1) 방화문 및 방화셔터의 관리상태(폐쇄 · 훼손 · 변경) 및 정상기능 적정 여부
      (2) 비상구 및 피난통로 확보 적정 여부(피난 · 방화시설 주변 장애물 적치 포함.)

2. 자동화재탐지설비 · 시각경보기 · 자동화재속보설비의 작동기능점검표에서 수신기의 점검항목 및 점검내용 〈개정 2022. 12. 1〉
   1) 수신기 설치장소 적정(관리용이) 여부
   2) 조작스위치의 높이는 적정하며 정상 위치에 있는지 여부
   3) 개별 경계구역 표시 가능 회선수 확보 여부
   4) 축적기능 보유 여부(환기 · 면적 · 높이 조건 해당할 경우)
   5) 경계구역 일람도 비치 여부
   6) 수신기 음향기구의 음량 · 음색 구별 가능 여부
   7) 감지기 · 중계기 · 발신기 작동 경계구역 표시 여부(종합방재반 연동 포함)
   8) 1개 경계구역 1개 표시등 또는 문자 표시 여부
   9) 하나의 대상물에 수신기가 2 이상 설치된 경우 상호 연동되는지 여부
   10) 수신기 기록장치 데이터 발생 표시시간과 표준시간 일치 여부

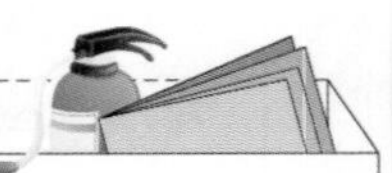

3. 다음 명칭에 대한 소방시설 도시기호

명 칭	도시기호
1) 릴리프밸브(일반)	
2) 회로시험기	
3) 연결살수헤드	
4) 화재댐퍼	

4. 이산화탄소소화설비 종합정밀점검표에서 제어반 및 화재표시등의 점검항목 〈개정 2021. 3. 25〉

구 분	점검항목
공통	○ 설치장소 적정 및 관리 여부 ○ 회로도 및 취급설명서 비치 여부 ● 수동잠금밸브 개폐 여부 확인 표시등 설치 여부<이산화탄소설비만 해당>
제어반	○ 수동기동장치 또는 감지기 신호 수신 시 음향경보장치 작동 기능 정상 여부 ○ 소화약제 방출·지연 및 기타 제어기능 적정 여부 ○ 전원표시등 설치 및 정상 점등 여부
화재표시반	○ 방호구역별 표시등(음향경보장치 조작, 감지기 작동), 경보기 설치 및 작동 여부 ○ 수동식 기동장치 작동표시 표시등 설치 및 정상 작동 여부 ○ 소화약제 방출표시등 설치 및 정상 작동 여부 ● 자동식 기동장치 자동·수동 절환 및 절환표시등 설치 및 정상 작동 여부

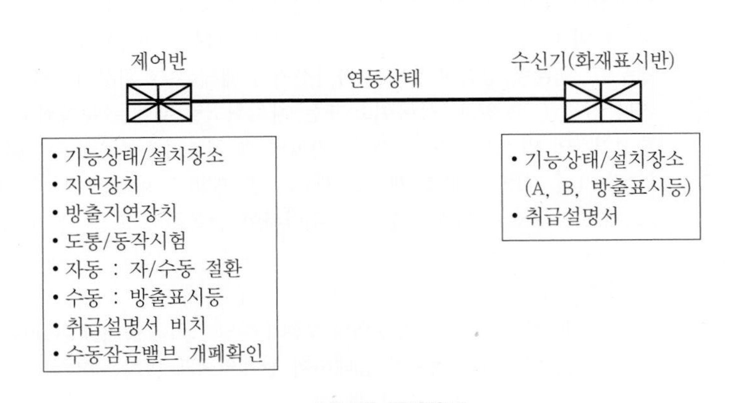

[제어반 점검항목]

03 다음 각 물음에 답하시오.(30점)

1. 「화재예방, 소방시설 설치 · 유지 및 안전관리에 관한 법률 시행규칙」 [별표 8]에서 규정하는 행정처분 일반기준에 대하여 쓰시오.(15점)
2. 「자동화재탐지설비 및 시각경보장치의 화재안전기준(NFSC 203)」 [별표 1]에서 규정한 연기감지기를 설치할 수 없는 장소 중 도금공장 또는 축전지실과 같이 부식성 가스의 발생우려가 있는 장소에 감지기 설치 시 유의사항을 쓰시오.(5점)
3. 「피난기구의 화재안전기준(NFSC 301)」 제6조 피난기구 설치의 감소기준을 쓰시오.(10점)

※ 출제 당시 법령에 의한 풀이임.

1. 「화재예방, 소방시설 설치 · 유지 및 안전관리에 관한 법률 시행규칙」 [별표 8]에서 규정하는 행정처분 일반기준
   1) 위반행위가 동시에 둘 이상 발생한 때에는 그 중 중한 처분기준(중한 처분기준이 동일한 경우에는 그 중 하나의 처분기준을 말한다. 이하 같다.)에 의하되, 둘 이상의 처분기준이 동일한 영업정지이거나 사용정지인 경우에는 중한 처분의 2분의 1까지 가중하여 처분할 수 있다.
   2) 영업정지 또는 사용정지 처분기간 중 영업정지 또는 사용정지에 해당하는 위반사항이 있는 경우에는 종전의 처분기간 만료일의 다음 날부터 새로운 위반사항에 의한 영업정지 또는 사용정지의 행정처분을 한다.
   3) 위반행위의 차수에 의한 행정처분기준은 최근 1년간 같은 위반행위로 행정처분을 받은 경우에 적용한다. 이 경우 기준적용일은 위반사항에 대한 행정처분일과 그 처분 후 위반한 사항이 다시 적발된 날을 기준으로 한다.
   4) 영업정지 등에 해당하는 위반사항으로서 위반행위의 동기 · 내용 · 횟수 · 사유 또는 그 결과를 고려하여 다음의 어느 하나에 해당하는 경우에는 그 처분을 가중하거나 감경할 수 있다. 이 경우 그 처분이 영업정지 또는 자격정지일 때에는 그 처분기준의 2분의 1의 범위에서 가중하거나 감경할 수 있고, 등록취소 또는 자격취소일 때에는 등록취소 또는 자격취소 전 차수의 행정처분이 영업정지 또는 자격정지이면 그 처분기준의 2배 이상의 영업정지 또는 자격정지로 감경(법 제19조 제1항 제1호 · 제3호, 법 제28조 제1호 · 제4호 · 제5호 · 제7호 및 법 제34조 제1항 제1호 · 제4호 · 제7호를 위반하여 등록취소 또는 자격취소된 경우는 제외한다.)할 수 있다.
      (1) 가중 사유
         가. 위반행위가 사소한 부주의나 오류가 아닌 고의나 중대한 과실에 의한 것으로 인정되는 경우
         나. 위반의 내용 · 정도가 중대하여 관계인에게 미치는 피해가 크다고 인정되는 경우
      (2) 감경 사유
         가. 위반행위가 사소한 부주의나 오류 등 과실에 의한 것으로 인정되는 경우
         나. 위반의 내용 · 정도가 경미하여 관계인에게 미치는 피해가 적다고 인정되는 경우
         다. 위반행위를 처음으로 한 경우로서 5년 이상 방염처리업, 소방시설관리업 등을 모범적으로 해 온 사실이 인정되는 경우
         라. 그 밖에 다음의 경미한 위반사항에 해당되는 경우
            가) 스프링클러설비헤드가 살수(撒水)반경에 미치지 못하는 경우
            나) 자동화재탐지설비 감지기 2개 이하가 설치되지 않은 경우

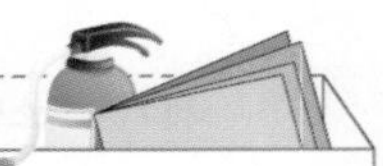

다) 유도등(誘導燈)이 일시적으로 점등(點燈)되지 않는 경우
라) 유도표지(誘導標識)가 정해진 위치에 붙어 있지 않은 경우

2. 「자동화재탐지설비 및 시각경보장치의 화재안전기준(NFSC 203)」 [별표 1]에서 규정한 연기감지기를 설치할 수 없는 장소 중 도금공장 또는 축전지실과 같이 부식성 가스의 발생 우려가 있는 장소에 감지기 설치 시 유의사항

1) 차동식 분포형 감지기를 설치하는 경우에는 감지부가 피복되어 있고 검출부가 부식성 가스에 영향을 받지 않는 것 또는 검출부에 부식성 가스가 침입하지 않도록 조치할 것
2) 보상식 스포트형 감지기, 정온식 감지기 또는 열아날로그식 스포트형 감지기를 설치하는 경우에는 부식성 가스의 성상에 반응하지 않는 내산형 또는 내알칼리형으로 설치할 것
3) 정온식 감지기를 설치하는 경우에는 특종으로 설치할 것

3. 「피난기구의 화재안전기준(NFSC 301)」 제6조 피난기구 설치의 감소기준

1) 피난기구를 설치하여야 할 소방대상물 중 다음 각 호의 기준에 적합한 층에는 제4조 제2항에 따른 피난기구의 2분의 1을 감소할 수 있다. 이 경우 설치하여야 할 피난기구의 수에 있어서 소수점 이하의 수는 1로 한다.
   (1) 주요 구조부가 내화구조로 되어 있을 것
   (2) 직통계단인 피난계단 또는 특별피난계단이 2 이상 설치되어 있을 것
2) 피난기구를 설치하여야 할 소방대상물 중 주요 구조부가 내화구조이고 다음 각 호의 기준에 적합한 건널 복도가 설치되어 있는 층에는 제4조 제2항에 따른 피난기구의 수에서 해당 건널 복도의 수의 2배의 수를 뺀 수로 한다.
   (1) 내화구조 또는 철골조로 되어 있을 것
   (2) 건널 복도 양단의 출입구에 자동폐쇄장치를 한 60분+방화문 또는 60분 방화문(방화셔터를 제외한다.)이 설치되어 있을 것
   (3) 피난 · 통행 또는 운반의 전용 용도일 것
3) 피난기구를 설치하여야 할 소방대상물 중 다음 각 호의 기준에 적합한 노대가 설치된 거실의 바닥면적은 제4조 제2항에 따른 피난기구의 설치개수 산정을 위한 바닥면적에서 이를 제외한다.
   (1) 노대를 포함한 소방대상물의 주요 구조부가 내화구조일 것
   (2) 노대가 거실의 외기에 면하는 부분에 피난상 유효하게 설치되어 있어야 할 것
   (3) 노대가 소방사다리차가 쉽게 통행할 수 있는 도로 또는 공지에 면하여 설치되어 있거나, 또는 거실부분과 방화구획되어 있거나 또는 노대에 지상으로 통하는 계단 그 밖의 피난기구가 설치되어 있어야 할 것

16회 소방시설의 점검실무행정 〈2016. 9. 24 시행〉

01 다음 각 물음에 답하시오.(40점)

1. 펌프를 작동시키는 압력챔버 방식에서 압력챔버 공기교체방법을 쓰시오.(14점)
2. 특정소방대상물의 관계인이 특정소방대상물의 규모 · 용도 및 수용인원 등을 고려하여 갖추어야 하는 소방시설의 종류 중 제연설비에 대하여 다음 물음에 답하시오.(15점)
   1) 「화재예방, 소방시설 설치 · 유지 및 안전관리에 관한 법률」에 따라 '제연설비를 설치하여야 하는 특정소방대상물' 6가지를 쓰시오.(6점)
   2) 「화재예방, 소방시설 설치 · 유지 및 안전관리에 관한 법률」에 따라 '제연설비를 면제할 수 있는 기준'을 쓰시오.(6점)
   3) 「제연설비의 화재안전기준(NFSC 501)」에 따라 "제연설비를 설치하여야 할 특정소방대상물 중 배출구 · 공기유입구의 설치 및 배출량 산정에서 이를 제외할 수 있는 부분(장소)"을 쓰시오.(3점)
3. 다음은 종합정밀점검표에 관한 사항이다. 각 물음에 답하시오.(11점)
   1) 다중이용업소의 종합정밀점검 시 "가스누설경보기" 점검내용 5가지를 쓰시오.(5점)
   2) 할로겐화합물 및 불활성기체 소화설비의 "개구부의 자동폐쇄장치" 점검항목 3가지를 쓰시오.(3점)
   3) 거실제연설비의 "기동장치" 점검항목 3가지를 쓰시오.(3점)

1. 펌프를 작동시키는 압력챔버 방식에서 압력챔버 공기교체 방법
   ☞ 본 교재 p.122 참조

2. 특정소방대상물의 관계인이 특정소방대상물의 규모 · 용도 및 수용인원 등을 고려하여 갖추어야 하는 소방시설의 종류 중 제연설비
   1) 「소방시설 설치 및 관리에 관한 법률」에 따라 "제연설비를 설치하여야 하는 특정소방대상물"
      ☞ 「소방시설 설치 및 관리에 관한 법률 시행령」 [별표 7]
      (1) 문화 및 집회시설, 종교시설, 운동시설로서 무대부의 바닥면적이 $200m^2$ 이상 또는 문화 및 집회시설 중 영화상영관으로서 수용인원 100명 이상인 것
      (2) 지하층이나 무창층에 설치된 근린생활시설, 판매시설, 운수시설, 숙박시설, 위락시설, 의료시설, 노유자시설 또는 창고시설(물류터미널만 해당한다.)로서 해당 용도로 사용되는 바닥면적의 합계가 $1,000m^2$ 이상인 층
      (3) 운수시설 중 시외버스정류장, 철도 및 도시철도시설, 공항시설 및 항만시설의 대합실 또는 휴게시설로서 지하층 또는 무창층의 바닥면적이 $1,000m^2$ 이상인 것
      (4) 지하가(터널은 제외한다.)로서 연면적 $1,000m^2$ 이상인 것

(5) 지하가 중 예상 교통량, 경사도 등 터널의 특성을 고려하여 총리령으로 정하는 터널
(6) 특정소방대상물(갓복도형 아파트 등은 제외한다.)에 부설된 특별피난계단 또는 비상용 승강기의 승강장

2) 「소방시설 설치 및 관리에 관한 법률」에 따라 "제연설비를 면제할 수 있는 기준"

☞ 「소방시설 설치 및 관리에 관한 법률 시행령」 [별표 5]

(1) 제연설비를 설치해야 하는 특정소방대상물[별표 4 제5호 가목 6)은 제외한다]에 다음의 어느 하나에 해당하는 설비를 설치한 경우에는 설치가 면제된다.
가. 공기조화설비를 화재안전기준의 제연설비기준에 적합하게 설치하고 공기조화설비가 화재 시 제연설비기능으로 자동전환되는 구조로 설치되어 있는 경우
나. 직접 외부 공기와 통하는 배출구의 면적의 합계가 해당 제연구역[제연경계(제연설비의 일부인 천장을 포함한다)에 의하여 구획된 건축물 내의 공간을 말한다] 바닥면적의 100분의 1 이상이고, 배출구부터 각 부분까지의 수평거리가 30m 이내이며, 공기유입구가 화재안전기준에 적합하게(외부 공기를 직접 자연 유입할 경우에 유입구의 크기는 배출구의 크기 이상이어야 한다.) 설치되어 있는 경우

(2) 별표 4 제5호 가목 6)에 따라 제연설비를 설치해야 하는 특정소방대상물 중 노대(露臺)와 연결된 특별피난계단, 노대가 설치된 비상용 승강기의 승강장 또는 「건축법 시행령」 제91조 제5호의 기준에 따라 배연설비가 설치된 피난용 승강기의 승강장에는 설치가 면제된다.

3) 「제연설비의 화재안전기술기준(NFTC 501)」에 따라 "제연설비를 설치하여야 할 특정소방대상물 중 배출구·공기유입구의 설치 및 배출량 산정에서 이를 제외할 수 있는 부분(장소)"

☞ 제연설비의 화재안전기술기준(NFTC 501) 2.9

제연설비를 설치하여야 할 특정소방대상물 중 화장실·목욕실·주차장·발코니를 설치한 숙박시설(가족호텔 및 휴양콘도미니엄에 한한다.)의 객실과 사람이 상주하지 아니하는 기계실·전기실·공조실·$50m^2$ 미만의 창고 등으로 사용되는 부분

3. 종합정밀점검표에 관한 사항

1) 다중이용업소의 종합정밀점검 시 "가스누설경보기" 점검내용 〈개정 2021. 3. 25〉

주방 또는 난방시설이 설치된 장소에 설치 및 정상 작동 여부

2) 할로겐화합물 및 불활성기체 소화설비의 "개구부의 자동폐쇄장치" 점검항목
(1) 환기장치 자동정지기능 적합 여부
(2) 개구부 및 통기구의 자동폐쇄장치 설치 및 기능의 적합 여부
(3) 자동폐쇄장치의 복구장치의 위치 및 표지 적합 여부

3) 거실제연설비의 "기동장치" 점검항목 〈개정 2021. 3. 25〉
(1) 가동식의 벽·제연경계벽·댐퍼 및 배출기 정상 작동(화재감지기 연동) 여부
(2) 예상제연구역 및 제어반에서 가동식의 벽·제연경계벽·댐퍼 및 배출기 수동 기동 가능 여부
(3) 제어반 각종 스위치류 및 표시장치(작동표시등 등) 기능의 이상 여부

02 다음 물음에 답하시오.(30점)

1. 소방시설관리사가 건물의 소방펌프를 점검한 결과 에어락 현상(Air Lock)이라고 판단하였다. 에어락 현상이라고 판단한 이유와 적절한 대책 5가지를 쓰시오.(8점)
2. 특별피난계단의 계단실 및 부속실의 제연설비 점검항목 중 방연풍속과 유입공기 배출량 측정방법을 각각 쓰시오.(12점)
3. 소화설비에 사용되는 밸브류에 관하여 다음의 명칭에 맞는 도시기호를 표시하고 그 기능을 쓰시오.(10점)

명 칭	도시기호	기 능
1) 가스체크밸브		
2) 앵글밸브		
3) 후드(Foot)밸브		
4) 자동배수밸브		
5) 감압밸브		

1. 에어락 현상이라고 판단한 이유와 적절한 대책

1) 에어락(Air Lock) 현상의 정의 : 압력수조와 고가수조를 연결하여 공통의 토출배관으로 물을 소화설비에 공급하는 경우, 압력수조의 소화수가 모두 공급된 후 압력수조의 공기압력으로 인하여 고가수조의 물이 소화설비로 공급되지 못하는 현상을 말한다.

2) 발생원인
   (1) 압력수조의 소화수가 모두 공급된 후 압력수조 내 공기압력이 고가수조의 자연낙차보다 높은 경우
   (2) 압력수조의 압력이 너무 높은 경우

3) 문제점
   (1) 압력수조 내 소화수의 소진 이후 옥상고가수조의 소화수 사용불가
   (2) 효율적인 소화설비의 활용불가
   (3) 인명 및 재산피해의 증대

4) 방지대책
   (1) 고가수조의 낙차압력을 충분히 크게 한다.
   압력수조의 물이 15% 이하일 때의 압력보다 고가수조의 낙차압이 크게 되도록 하는 방법
   참고 NFPA 옥내소화전 23m, 스프링클러설비 12m
   (2) 압력수조와 고가수조 사이에 펌프를 설치하는 방법
   압력수조 내의 수위가 15% 이하가 될 때, 펌프가 작동하여 고가수조의 물을 압력수조 내로 공급하는 방법
   (3) 고가수조와 압력수조의 물 공급지역을 분할하는 방법
   압력수조는 고층부를, 고가수조는 저층부를 소화할 수 있도록 Zoning하는 방법

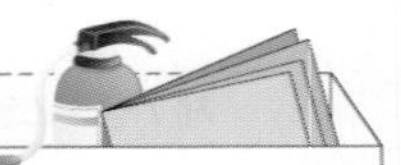

(4) 공기압축기의 압력을 작게 하여 소화수 방출 시 수조 내 공기압을 작게 한다.
(5) 급수펌프의 압력을 압축공기압보다 높게 하거나 압축공기의 압력을 감소시킨다.

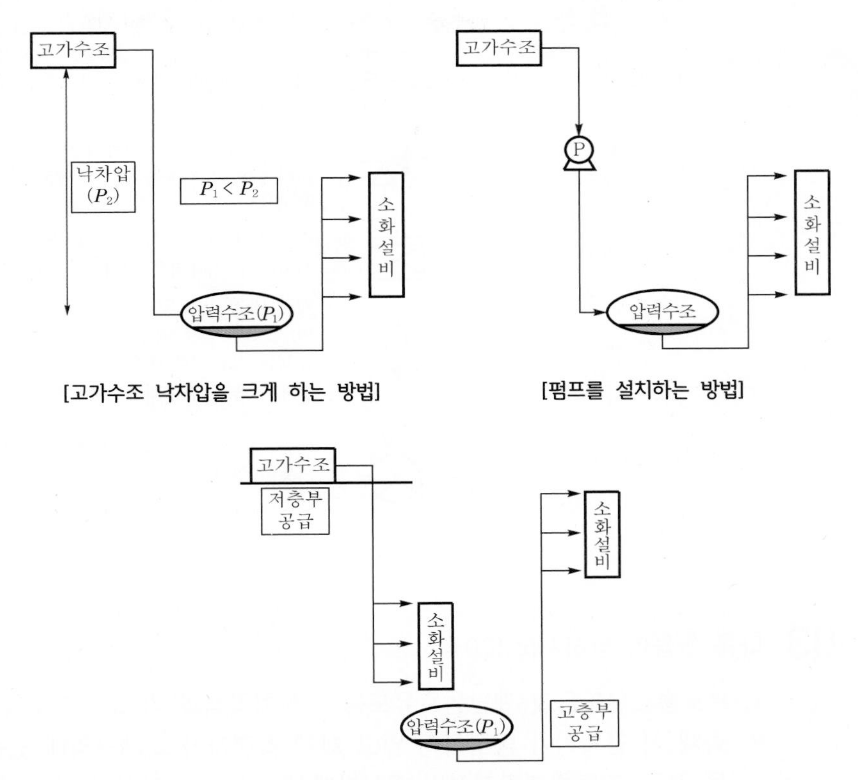

[고층부와 저층부를 Zoning하는 방법]

2. 특별피난계단의 계단실 및 부속실의 제연설비 점검항목 중 방연풍속과 유입공기 배출량 측정방법

☞ 「소방시설 자체점검사항 등에 관한 고시」 중 서식 3의1 성능시험조사표 22. 특별피난계단의 계단실 및 부속실의 제연설비 성능시험조사표 붙임 1

1) 방연풍속 측정방법

(1) 송풍기에서 가장 먼 층을 기준으로 제연구역 1개층(20층 초과 시 연속되는 2개층) 제연구역과 옥내 간의 측정을 원칙으로 하며 필요시 그 이상으로 할 수 있다.
(2) 방연풍속은 최소 10점 이상 균등 분할하여 측정하며, 측정 시 각 측정점에 대해 제연구역을 기준으로 기류가 유입(−) 또는 배출(+) 상태를 측정지에 기록한다.
(3) 유입공기 배출장치(있는 경우)는 방연풍속을 측정하는 층만 개방한다.
(4) 직통계단식 공동주택은 방화문 개방층의 제연구역과 연결된 세대와 면하는 외기문을 개방할 수 있다.

2) 유입공기 배출량 측정방법

(1) 기계배출식은 송풍기에서 가장 먼 층의 유입공기 배출댐퍼를 개방하여 측정하는 것을 원칙으로 한다.
(2) 기타 방식은 설계조건에 따라 적정한 위치의 유입공기 배출구를 개방하여 측정하는 것을 원칙으로 한다.

3. 소화설비에 사용되는 밸브류에 관한 도시기호 표시 및 그 기능
☞ 소방시설 자체점검사항 등에 관한 고시 [별표]

명 칭	도시기호	기 능
1) 가스체크밸브		기동용 가스를 한쪽 방향으로만 흐르게 하는 기능이 있다. 원하는 수량의 저장용기를 개방시키기 위하여 조작동관에 설치한다.
2) 앵글밸브		옥내소화전 및 스프링클러설비의 수평주행배관의 말단에 설치하며 물의 흐름을 90도로 바꾸어 방수구를 개폐하는 기능을 한다.
3) 후드(Foot)밸브		수원이 펌프보다 아래에 설치된 경우 흡입측 배관의 말단에 설치하며, 이물질을 제거하는 기능과 체크밸브 기능이 있다.
4) 자동배수밸브		배관 내 압력이 있는 경우에는 유체의 압력에 의하여 폐쇄되며, 압력이 없는 경우에는 스프링에 의하여 개방되어 배관 내 유체를 자동으로 배수시켜 주는 역할을 한다. 연결송수구 연결배관 등 잔류수의 배수를 요하는 부분에 주로 설치한다.
5) 감압밸브		배관 내 과압을 소화설비에 적정한 압력으로 감압해 주는 기능이 있다.

03 다음 물음에 답하시오.(30점)

1. 복도통로유도등과 계단통로유도등의 설치목적과 각 조도기준을 쓰시오.(8점)
2. 화재 시 감지기가 동작하지 않고 화재 발견자가 화재구역에 있는 발신기를 눌렀을 경우, 자동화재탐지설비 수신기에서 발신기 동작상황 및 화재구역을 확인하는 방법을 쓰시오.(3점)
3. P형 1급 수신기(10회로 미만)에 대한 절연저항시험과 절연내력시험을 실시하였다.(9점)
   1) 수신기의 절연저항시험 방법(측정개소, 계측기, 측정값)을 쓰시오.(3점)
   2) 수신기의 절연내력시험 방법을 쓰시오.(3점)
   3) 절연저항시험과 절연내력시험의 목적을 각각 쓰시오.(3점)
4. P형 수신기에 연결된 지구경종이 작동되지 않는 경우 그 원인 5가지를 쓰시오.(10점)

1. 복도통로유도등과 계단통로유도등의 설치목적과 조도기준
☞ 유도등의 형식승인 및 제품검사의 기술기준 제23조
1) 복도통로유도등
(1) 설치목적 : 피난통로가 되는 복도에 설치하는 통로유도등으로서 피난구의 방향을 명시하는 것
(2) 조도기준 : 비상전원의 성능에 따라 유효점등시간 동안 등을 켠 후 주위조도가 0lx인 상태에서, 바닥면으로부터 1m 높이에 설치하고 그 유도등의 중앙으로부터 0.5m 떨어진 위치의 바닥면 조도와 유도등의 전면 중앙으로부터 0.5m 떨어진 위치의 조도가 1lx 이상이어야 한다. 다만, 바닥면에 설치하는 통로유도등은 그 유도등의 바로 윗부분 1m의 높이에서 법선조도가 1lx 이상이어야 한다.

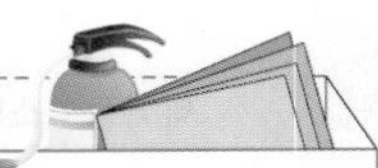

2) 계단통로유도등

(1) 설치목적 : 피난통로가 되는 계단이나 경사로에 설치하는 통로유도등으로 바닥면 및 디딤바닥면을 비추는 것

(2) 조도기준 : 비상전원의 성능에 따라 유효점등시간 동안 등을 켠 후 주위조도가 0lx인 상태에서, 바닥면 또는 디딤바닥면으로부터 높이 2.5m의 위치에 그 유도등을 설치하고 그 유도등의 바로 밑으로부터 수평거리로 10m 떨어진 위치에서의 법선조도가 0.5lx 이상이어야 한다.

2. 화재 시 감지기가 동작하지 않고 화재 발견자가 화재구역에 있는 발신기를 눌렀을 경우, 자동화재탐지설비 수신기에서 발신기 동작상황 및 화재구역을 확인하는 방법

자동화재탐지설비의 발신기를 눌렀을 경우 화재수신기의 발신기(응답)가 점등되므로 발신기를 수동으로 눌렀음을 알 수 있으며, 메인화재표시등과 발신기를 누른 해당 지구표시등의 점등으로 화재구역의 확인이 가능하다.

3. P형 1급 수신기(10회로 미만)에 대한 절연저항시험과 절연내력시험

☞ 수신기 형식승인 및 제품검사의 기술기준 제19조, 제20조

1) 수신기의 절연저항시험 방법(측정개소, 계측기, 측정값)

(1) 수신기의 절연된 충전부와 외함 간의 절연저항은 직류 500V의 절연저항계로 측정한 값이 5MΩ(교류입력측과 외함 간에는 20MΩ) 이상일 것

(2) 절연된 선로 간의 절연저항은 직류 500V의 절연저항계로 측정한 값이 20MΩ 이상일 것

2) 수신기의 절연내력시험 방법

절연저항시험 부위의 절연내력은 60Hz의 정현파에 가까운 실효전압 500V(정격전압이 60V를 초과하고 150V 이하인 것은 1,000V, 정격전압이 150V를 초과하는 것은 그 정격전압에 2를 곱하여 1,000을 더한 값)의 교류전압을 가하는 시험에서 1분간 견디는 것이어야 한다.

3) 절연저항시험과 절연내력시험의 목적

(1) 절연저항시험의 목적 : 두 개의 도체나 금속체 사이에 얼마만큼의 누전이 되고 있는지를 알아보기 위한 시험이다.

(2) 절연내력시험의 목적 : 절연물이 어느 정도의 전압에 견딜 수 있는지를 확인하는 시험으로서, 어떤 전압을 가한 다음 점점 상승시켜 실제로 파괴하는 전압을 구하는 절연파괴시험과 어떤 일정한 전압을 규정한 시간 동안 가하여 이상이 있는지를 확인하는 내전압시험의 2종류가 있다.

4. P형 수신기에 연결된 지구경종이 작동되지 않는 경우 그 원인

1) 지구경종 정지스위치가 눌러진 경우
2) 지구경종 정지스위치가 불량인 경우
3) 수신기 내부 경종 퓨즈가 단선된 경우
4) 수신기 내부 지구 릴레이가 불량인 경우
5) 지구경종이 불량인 경우
6) 지구경종 선로가 단선된 경우

17회 소방시설의 점검실무행정 〈2017. 9. 23 시행〉

01 다음 물음에 답하시오.(40점)

1. 자동화재탐지설비의 감지기 설치기준에서 다음 물음에 답하시오.(7점)
   1) 설치장소별 감지기 적응성(연기감지기를 설치할 수 없는 경우 적용)에서 설치장소의 환경상태가 "물방울이 발생하는 장소"에 설치할 수 있는 감지기의 종류별 설치조건을 쓰시오.(3점)
   2) 설치장소별 감지기 적응성(연기감지기를 설치할 수 없는 경우 적용)에서 설치장소의 환경상태가 "부식성 가스가 발생할 우려가 있는 장소"에 설치할 수 있는 감지기의 종류별 설치조건을 쓰시오.(4점)
2. 다음 국가화재안전기준(NFSC)에 대하여 각 물음에 답하시오.(5점)
   1) 무선통신보조설비를 설치하지 아니할 수 있는 경우의 특정소방대상물의 조건을 쓰시오.(2점)
   2) 분말소화설비의 자동식 기동장치에서 가스압력식 기동장치의 설치기준 3가지를 쓰시오.(3점)
3. 「소방용품의 품질관리 등에 관한 규칙」에서 성능인증을 받아야 하는 대상의 종류 중 "그 밖에 소방청장이 고시하는 소방용품"에 대하여 아래의 괄호에 적합한 품명을 쓰시오.(6점)

   ① 분기배관
   ② 시각경보장치
   ③ 자동폐쇄장치
   ④ 피난유도선
   ⑤ 방열복
   ⑥ 방염제품
   ⑦ 다수인피난장비
   ⑧ 승강식피난기
   ⑨ 미분무헤드
   ⑩ 압축공기포헤드
   ⑪ 플랩댐퍼
   ⑫ 비상문자동개폐장치
   ⑬ 포소화약제혼합장치
   ⑭ (A)
   ⑮ (B)
   ⑯ (C)
   ⑰ (D)
   ⑱ (E)
   ⑲ (F)
4. 다음 빈칸에 소방시설 도시기호를 넣고 그 기능을 설명하시오.(6점)

명 칭	도시기호	기 능
시각경보기	A	시각경보기는 소리를 듣지 못하는 청각장애인을 위하여 화재나 피난 등 긴급한 상태를 볼 수 있도록 알리는 기능을 한다.
기압계	B	E
방화문 연동제어기	C	F
포헤드(입면도)	D	포소화설비가 화재 등으로 작동되어 포소화약제가 방호구역에 방출될 때 포헤드에서 공기와 혼합하면서 포를 발포한다.

5. 특정소방대상물 가운데 대통령령으로 정하는 "소방시설을 설치하지 아니할 수 있는 특정소방대상물과 그에 따른 소방시설의 범위"를 다음 빈칸에 각각 쓰시오.(4점)

구 분	특정소방대상물	소방시설
화재안전기준을 적용하기 어려운 특정소방대상물	A	B
	C	D

6. 다음 조건을 참조하여 물음에 답하시오. (단, 아래 조건에서 제시하지 않은 사항은 고려하지 않는다.)(12점)

[조건]
- 최근에 준공한 내화구조의 건축물로서 소방대상물의 용도는 복합건축물이며, 지하 3층, 지상 11층으로 1개 층의 바닥면적은 1,000m^{2}이다.
- 지하 3층부터 지하 2층까지 주차장, 지하 1층은 판매시설, 지상 1층부터 11층까지는 업무시설이다.
- 소방대상물의 각 층별 높이는 5.0m이다.
- 물탱크는 지하 3층 기계실에 설치되어 있고 소화펌프 흡입구보다 높으며, 기계실과 물탱크실은 별도로 구획되어 있다.
- 옥상에는 옥상수조가 설치되어 있다.
- 펌프의 기동을 위해 기동용 수압개폐장치가 설치되어 있다.
- 한 개 층에 설치된 스프링클러헤드 개수는 160개이고, 지하 1층부터 11층까지 모두 하향식 헤드만 설치되어 있다.
- 스프링클러설비 적용현황
  - 지하 3층, 지하 1층~지상 11층은 습식 스프링클러설비(알람밸브)방식이다.
  - 지하 2층은 준비작동식 스프링클러설비방식이다.
- 옥내소화전은 층별로 5개가 설치되어 있다.
- 소화 주펌프의 명판을 확인한 결과 정격양정은 105m이다.
- 체절양정은 정격양정의 130%이다.
- 소화펌프 및 소화배관은 스프링클러설비와 옥내소화전설비를 겸용으로 사용한다.
- 지하 1층과 지상 11층은 콘크리트 슬래브(천장) 하단에 가연성 단열재(100mm)로 시공되었다.
- 반자의 재질
  - 지상 1층, 11층은 준불연재료이다.
  - 지하 1층, 지상 2층~10층은 불연재료이다.
- 반자와 콘크리트 슬래브(천장) 하단까지의 거리는 다음과 같다(주차장 제외).
  - 지하 1층은 2.2m, 지상 1층은 1.9m이며, 그 외의 층은 모두 0.7m이다.

1) 상기 건축물의 점검과정에서 소화수원의 적정 여부를 확인하고자 한다. 모든 수원용량(저수조 및 옥상수조)을 구하시오.(2점)
2) 스프링클러헤드의 설치상태를 점검한 결과, 일부 층에서 천장과 반자 사이에 스프링클러헤드가 누락된 것이 확인되었다. 지하주차장을 제외한 층 중 천장과 반자 사이에 스프링클러헤드를 화재안전기준에 적합하게 설치해야 하는 층과 스프링클러헤드가 설치되어야 하는 이유를 쓰시오.(4점)
3) 무부하시험, 정격부하시험 및 최대부하시험 방법을 설명하고, 실제 성능시험을 실시하여 그 값을 토대로 펌프성능시험곡선을 작성하시오.(6점)

1. 자동화재탐지설비의 감지기 설치기준
   1) 설치장소별 감지기 적응성(연기감지기를 설치할 수 없는 경우 적용)에서 설치장소의 환경상태가 "물방울이 발생하는 장소"에 설치할 수 있는 감지기의 종류별 설치조건
      ☞ 자동화재탐지설비의 화재안전기술기준(NFTC 203) 2.4.6
      (1) 보상식 스포트형 감지기, 정온식 감지기 또는 열아날로그식 스포트형 감지기를 설치하는 경우에 방수형으로 설치할 것
      (2) 보상식 스포트형 감지기는 급격한 온도변화가 없는 장소에 한하여 설치할 것
      (3) 불꽃감지기를 설치하는 경우에는 방수형으로 설치할 것
   2) 설치장소별 감지기 적응성(연기감지기를 설치할 수 없는 경우 적용)에서 설치장소의 환경상태가 "부식성 가스가 발생할 우려가 있는 장소"에 설치할 수 있는 감지기의 종류별 설치조건
      ☞ 자동화재탐지설비의 화재안전기술기준(NFTC 203) 2.4.6
      (1) 차동식 분포형 감지기를 설치하는 경우에는 감지부가 피복되어 있고 검출부가 부식성 가스에 영향을 받지 않는 것 또는 검출부에 부식성 가스가 침입하지 않도록 조치할 것
      (2) 보상식 스포트형 감지기, 정온식 감지기 또는 열아날로그식 스포트형 감지기를 설치하는 경우에는 부식성 가스의 성상에 반응하지 않는 내산형 또는 내알칼리형으로 설치할 것

2. 국가화재안전기준(NFSC)
   1) 무선통신보조설비를 설치하지 아니할 수 있는 경우의 특정소방대상물의 조건
      ☞ 무선통신보조설비의 화재안전기술기준(NFTC 505) 2.1
      지하층으로서 특정소방대상물의 바닥부분 2면 이상이 지표면과 동일하거나 지표면으로부터의 깊이가 1m 이하인 경우에는 해당 층에 한하여 무선통신보조설비를 설치하지 아니할 수 있다.
   2) 분말소화설비의 자동식 기동장치에서 가스압력식 기동장치의 설치기준
      ☞ 분말소화설비의 화재안전기술기준(NFTC 108) 2.4.23
      (1) 기동용 가스용기 및 해당 용기에 사용하는 밸브는 25MPa 이상의 압력에 견딜 수 있는 것으로 할 것
      (2) 기동용 가스용기에는 내압시험압력의 0.8배 내지 내압시험압력 이하에서 작동하는 안전장치를 설치할 것
      (3) 기동용 가스용기의 체적은 5L 이상으로 하고, 해당 용기에 저장하는 질소 등의 비활성기체는 6.0MPa 이상(21℃ 기준)의 압력으로 충전할 것. 다만, 기동용 가스용기의 체적을 1L 이상으로 하고, 해당 용기에 저장하는 이산화탄소의 양은 0.6kg 이상으로 하며, 충전비는 1.5 이상 1.9 이하의 기동용 가스용기로 할 수 있다.

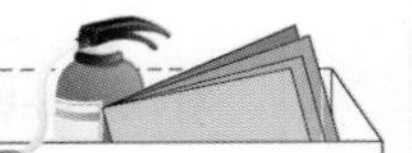

3. 「소방용품의 품질관리 등에 관한 규칙」에서 성능인증을 받아야 하는 대상의 종류 중 "그 밖에 소방청장이 고시하는 소방용품"에 대한 품명

☞ 소방용품의 품질관리 등에 관한 규칙 [별표 7]

① 분기배관
② 시각경보장치
③ 자동폐쇄장치
④ 피난유도선
⑤ 방열복
⑥ 방염제품
⑦ 다수인피난장비
⑧ 승강식 피난기
⑨ 미분무헤드
⑩ 압축공기포헤드
⑪ 플랩댐퍼
⑫ 비상문자동개폐장치
⑬ 포소화약제혼합장치
⑭ (A : 가스계소화설비 프로그램)
⑮ (B : 자동차압 · 과압조절형 댐퍼)
⑯ (C : 가압수조식 가압송수장치)
⑰ (D : 캐비닛형 간이스프링클러설비)
⑱ (E : 상업용 주방자동소화장치)
⑲ (F : 압축공기포혼합장치)

참고 성능인증대상 소방용품

1. 축광표지(유도표지 및 위치표지)
2. 예비전원
3. 비상콘센트설비
4. 표시등
5. 소화전함
6. 스프링클러설비 신축배관(가지관과 스프링클러헤드를 연결하는 플렉시블 파이프를 말함.)
7. 소방용 전선(내화전선 및 내열전선)
8. 탐지부
9. 지시압력계
10. 삭제 〈2016. 6. 28〉
11. 공기안전매트
12. 소방용 밸브(개폐표시형밸브, 릴리프밸브, 후드밸브)
13. 소방용 스트레이너
14. 소방용 압력스위치
15. 소방용 합성수지배관
16. 비상경보설비의 축전지
17. 자동화재속보설비의 속보기
18. 소화설비용 헤드(물분무헤드, 분말헤드, 포헤드, 살수헤드)
19. 방수구
20. 소화기가압용 가스용기
21. 소방용 흡수관
22. 그 밖에 소방청장이 고시하는 소방용품

4. 소방시설 도시기호 및 기능

☞ 소방시설 자체점검사항 등에 관한 고시 [별표]

명 칭	도시기호	기 능
시각경보기	A :	시각경보기는 소리를 듣지 못하는 청각장애인을 위하여 화재나 피난 등 긴급한 상태를 볼 수 있도록 알리는 기능을 한다.
기압계	B :	E : 대기의 압력을 측정하는 장치
방화문 연동제어기	C :	F : 감지기 동작 및 수동조작에 의해 개방되어 있던 방화문의 고정장치를 해제시켜 방화문을 자동으로 닫아주는 장치
포헤드(입면도)	D :	포소화설비가 화재 등으로 작동되어 포소화약제가 방호구역에 방출될 때 포헤드에서 공기와 혼합하면서 포를 발포한다.

5. 특정소방대상물 가운데 대통령령으로 정하는 “소방시설을 설치하지 아니할 수 있는 특정소방대상물과 그에 따른 소방시설의 범위”

☞ 「소방시설 설치 및 관리에 관한 법률 시행령」 [별표 6]

구 분	특정소방대상물	소방시설
화재안전기준을 적용하기 어려운 특정소방대상물	A : 펄프공장의 작업장, 음료수 공장의 세정 또는 충전을 하는 작업장, 그 밖에 이와 비슷한 용도로 사용되는 것	B : 스프링클러설비, 상수도소화용수설비 및 연결살수설비
	C : 정수장, 수영장, 목욕장, 농예·축산·어류양식용 시설, 그 밖에 이와 비슷한 용도로 사용되는 것	D : 자동화재탐지설비, 상수도소화용수설비 및 연결살수설비

6. 건축물의 점검과정

1) 건축물의 점검과정에서 소화수원의 적정 여부 확인 시 수원용량

(1) 저수조 수원량(m^3) = 5 × 2.6m^3(옥내소화전 수원량) + 30 × 1.6m^3(스프링클러설비 수원량) = 61m^3

(2) 옥상수조 수원량(m^3) = 61m^3 ÷ 3 = 20.33m^3

2) 지하주차장을 제외한 층 중 천장과 반자 사이에 스프링클러헤드를 화재안전기준에 적합하게 설치해야 하는 층과 스프링클러헤드가 설치되어야 하는 이유

(1) 설치해야 하는 층 : 지하 1층, 지상 1층, 지상 11층

(2) 설치이유

가. 지하 1층 : 천장은 가연재료, 반자는 불연재료, 천장 속 높이는 2.2m로, 천장·반자 중 한쪽이 불연재료로 되어 있고 천장과 반자 사이의 거리가 1m 이상이므로 헤드를 설치하여야 함.

나. 지상 1층 : 천장은 불연재료, 반자는 준불연재료, 천장 속 높이는 1.9m로, 천장·반자 중 한쪽이 불연재료로 되어 있고 천장과 반자 사이의 거리가 1m 이상이므로 헤드를 설치하여야 함.

다. 지상 11층 : 천장은 가연재료, 반자는 준불연재료, 천장 속 높이는 0.7m로, 천장·반자가 불연재료 외의 것으로 되어 있고 천장과 반자 사이의 거리가 0.5m 이상이므로 헤드를 설치하여야 함.

참고 지상 2~10층 : 천장은 불연재료, 반자는 불연재료, 천장 속 높이는 0.7m로, 천장·반자 양쪽이 불연재료로 되어 있고 천장과 반자 사이의 거리가 2.0m 미만이므로 헤드설치가 면제 가능함.

3) 무부하시험, 정격부하시험 및 최대부하시험 방법, 펌프성능시험곡선

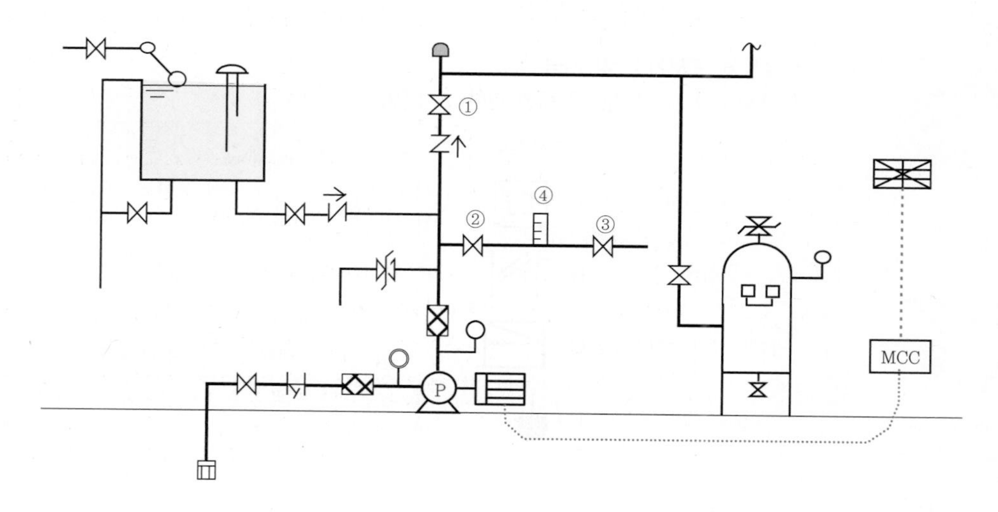

(1) 시험방법

가. 무부하(체절)시험

펌프 토출측밸브와 성능시험배관의 유량조절밸브를 잠근 상태에서 펌프를 기동하여, 체절압력을 확인하여 정격토출압력의 140% 이하인지 확인한다.

체절운전 시 체절압력 미만에서 릴리프밸브가 동작하는지 확인한다.

나. 정격부하시험(100% 유량운전)

펌프를 기동한 상태에서 유량조절밸브를 개방하여 유량계의 유량이 정격유량상태(100%) 일 때, 압력계의 지시치가 정격토출압력 이상이 되는지 확인한다.

다. 최대부하시험(150% 유량운전)

유량조절밸브를 더욱 개방하여 유량계의 유량이 정격토출량의 150%가 되었을 때, 압력계의 지시치가 정격토출양정의 65% 이상이 되는지 확인한다.

(2) 펌프성능시험곡선

가. 펌프성능시험결과표

구 분	체절운전	정격운전(100%)	정격유량의 150% 운전
토출량(l/min)	0	3,050	4,575(=3,050×1.5)
토출압(kg_f/cm^2)	13.65(=10.5×1.3)	10.5	6.825(=10.5×0.65)

나. 펌프의 토출량

=5개×130l/min(옥내소화전 토출량)+30개×80l/min(스프링클러설비 수원량)

=3,050l/min

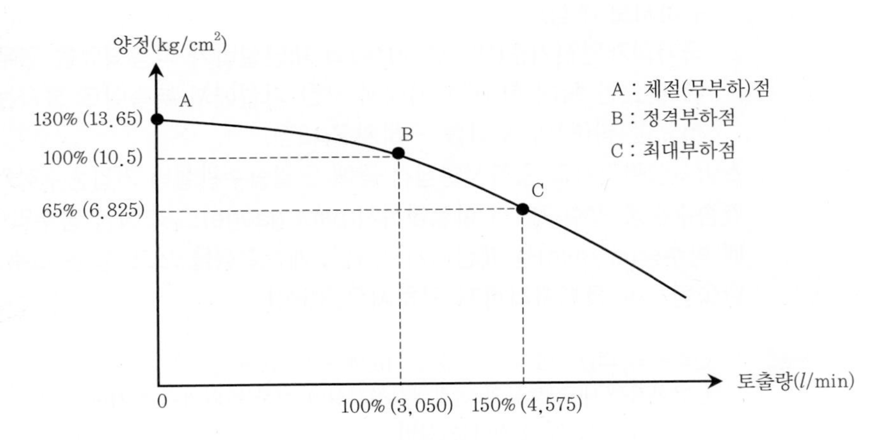

[펌프성능시험곡선]

02 다음 물음에 답하시오.(30점)

1. 「건축물의 피난 · 방화구조 등의 기준에 관한 규칙」에 따라 다음 물음에 답하시오.(8점)
   1) 방화지구 내 건축물의 인접대지경계선에 접하는 외벽에 설치하는 창문 등으로서 연소할 우려가 있는 부분에 설치하는 설비를 쓰시오.(4점)
   2) 피난용 승강기 전용 예비전원의 설치기준을 쓰시오.(4점)

2. 소방시설관리사가 종합정밀점검 과정에서 해당 건축물 내 다중이용업소 수가 지난해보다 크게 증가하여 이에 대한 화재위험평가를 해야 한다고 판단하였다. 「다중이용업소의 안전관리에 관한 특별법」에 따라 다중이용업소에 대한 화재위험평가를 해야 하는 경우를 쓰시오.(3점)
3. 방화구획 대상건축물에 방화구획을 적용하지 아니하거나 그 사용에 지장이 없는 범위에서 방화구획을 완화하여 적용할 수 있는 경우 7가지를 쓰시오.(7점)
4. 제연 TAB(Testing Adjusting Balancing) 과정에서 소방시설관리사가 제연설비 작동 중에 거실에서 부속실로 통하는 출입문 개방에 필요한 힘을 구하려고 한다. 다음 조건을 보고 물음에 답하시오. (단, 계산과정을 쓰고, 답은 소수점 셋째자리에서 반올림하여 둘째자리까지 구하시오.)(7점)

   [조건] • 지하 2층, 지상 20층 공동주택
   • 부속실과 거실 사이의 차압은 50Pa
   • 제연설비 작동 전 거실에서 부속실로 통하는 출입문 개방에 필요한 힘은 60N
   • 출입문 높이 2.1m, 폭은 1.1m
   • 문의 손잡이에서 문의 모서리까지의 거리 0.1m
   • K_d = 상수(1.0)

   1) 제연설비 작동 중에 거실에서 부속실로 통하는 출입문 개방에 필요한 힘(N)을 구하시오.(5점)
   2) 국가화재안전기준(NFSC 501A)의 제연설비가 작동되었을 경우 출입문의 개방에 필요한 최대 힘(N)과 1)에서 구한 거실에서 부속실로 통하는 출입문 개방에 필요한 힘(N)의 차이를 구하시오.(2점)
5. 소방시설관리사가 종합정밀점검 중에 연결송수관설비 가압송수장치를 기동하여 연결송수관용 방수구에서 피토게이지(pitot gauge)로 측정한 방수압력이 72.54PSI일 때 방수량(m^3/min)을 계산하시오. (단, 계산과정을 쓰고, 답은 소수점 셋째자리에서 반올림하여 둘째자리까지 구하시오.)(5점)

1. 「건축물의 피난 · 방화구조 등의 기준에 관한 규칙」
   1) 방화지구 내 건축물의 인접대지경계선에 접하는 외벽에 설치하는 창문 등으로서 연소할 우려가 있는 부분에 설치하는 설비
      ☞ 건축물의 피난 · 방화구조 등의 기준에 관한 규칙 제23조
      (1) 60분+방화문 또는 60분 방화문
      (2) 소방법령이 정하는 기준에 적합하게 창문 등에 설치하는 드렌처
      (3) 당해 창문 등과 연소할 우려가 있는 다른 건축물의 부분을 차단하는 내화구조나 불연재료로 된 벽 · 담장 기타 이와 유사한 방화설비
      (4) 환기구멍에 설치하는 불연재료로 된 방화커버 또는 그물눈이 2mm 이하인 금속망
   2) 피난용 승강기 전용 예비전원의 설치기준
      ☞ 건축물의 피난 · 방화구조 등의 기준에 관한 규칙 제30조
      (1) 정전 시 피난용 승강기, 기계실, 승강장 및 폐쇄회로 텔레비전 등의 설비를 작동할 수 있는 별도의 예비전원설비를 설치할 것

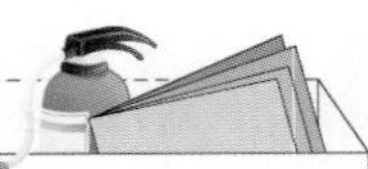

(2) (1)에 따른 예비전원은 초고층 건축물의 경우에는 2시간 이상, 준초고층 건축물의 경우에는 1시간 이상 작동이 가능한 용량일 것
(3) 상용전원과 예비전원의 공급을 자동 또는 수동으로 전환이 가능한 설비를 갖출 것
(4) 전선관 및 배선은 고온에 견딜 수 있는 내열성 자재를 사용하고, 방수조치를 할 것

2. 「다중이용업소의 안전관리에 관한 특별법」에 따라 다중이용업소에 대한 화재위험평가를 해야 하는 경우

☞ 「다중이용업소의 안전관리에 관한 특별법」 제15조 제1항

1) 2,000m^2 지역 안에 다중이용업소가 50개 이상 밀집하여 있는 경우
2) 5층 이상인 건축물로서 다중이용업소가 10개 이상 있는 경우
3) 하나의 건축물에 다중이용업소로 사용하는 영업장 바닥면적의 합계가 1,000m^2 이상인 경우

3. 방화구획 대상건축물에 방화구획을 적용하지 아니하거나 그 사용에 지장이 없는 범위에서 방화구획을 완화하여 적용할 수 있는 경우

☞ 「건축법 시행령」 제46조 제2항

1) 문화 및 집회시설(동 · 식물원은 제외), 종교시설, 운동시설 또는 장례시설의 용도로 쓰는 거실로서 시선 및 활동공간의 확보를 위하여 불가피한 부분
2) 물품의 제조 · 가공 · 보관 및 운반 등에 필요한 고정식 대형기기 설비의 설치를 위하여 불가피한 부분. 다만, 지하층인 경우에는 지하층의 외벽 한쪽 면(지하층의 바닥면에서 지상층 바닥 아랫면까지의 외벽 면적 중 4분의 1 이상이 되는 면을 말함.) 전체가 건물 밖으로 개방되어 보행과 자동차의 진입 · 출입이 가능한 경우에 한정한다.
3) 계단실 부분 · 복도 또는 승강기의 승강로 부분(해당 승강기의 승강을 위한 승강로비 부분을 포함.)으로서 그 건축물의 다른 부분과 방화구획으로 구획된 부분
4) 건축물의 최상층 또는 피난층으로서 대규모 회의장 · 강당 · 스카이라운지 · 로비 또는 피난안전구역 등의 용도로 쓰는 부분으로서 그 용도로 사용하기 위하여 불가피한 부분
5) 복층형 공동주택의 세대별 층간 바닥 부분
6) 주요 구조부가 내화구조 또는 불연재료로 된 주차장
7) 단독주택, 동물 및 식물 관련 시설 또는 교정 및 군사시설 중 군사시설(집회, 체육, 창고 등의 용도로 사용되는 시설만 해당)로 쓰는 건축물

4. 제연 TAB(Testing Adjusting Balancing) 과정에서 소방시설관리사가 제연설비 작동 중에 거실에서 부속실로 통하는 출입문 개방에 필요한 힘

1) 제연설비 작동 중에 거실에서 부속실로 통하는 출입문 개방에 필요한 힘(N)

$$F = F_{dc} + F_p = F_{dc} + \frac{K_d \cdot W \cdot A \cdot \Delta P}{2(W-d)}$$

여기서, F : 출입문 개방력(N)
F_{dc} : 도어체크의 저항력(N)
F_p : 차압에 의해 방화문에 미치는 힘(N)
K_d : 상수(1.0), W : 문의 폭(m), A : 방화문의 면적(㎡), ΔP : 제연구역과의 차압(Pa)
d : 손잡이에서 문 끝까지의 거리(m)

$$F = 60\text{N} + \frac{1 \times 1.1\text{m} \times 2.1\text{m} \times 1.1\text{m} \times 50\text{N/m}^2}{2(1.1\text{m} - 0.1\text{m})} = 60\text{N} + 63.525\text{N} = 123.525\text{N} = 123.53\text{N}$$

2) 국가화재안전기준(NFSC 501A)의 제연설비가 작동되었을 경우 출입문의 개방에 필요한 최대 힘(N)과 1)에서 구한 거실에서 부속실로 통하는 출입문 개방에 필요한 힘(N)의 차이

123.53N(주어진 조건에서의 개방력) − 110N(화재안전기준상 개방력) = 13.53N

5. 소방시설관리사가 종합정밀점검 중에 연결송수관설비 가압송수장치를 기동하여 연결송수관용 방수구에서 피토게이지(pitot gauge)로 측정한 방수압력이 72.54PSI일 때 방수량(m^3/min) 계산

$Q(l/\text{min}) = 0.653d^2(\text{mm}^2) \times \sqrt{P(\text{kg}_\text{f}/\text{cm}^2)}$

여기서, $d = 19\text{mm}$, $P = 72.54\psi \times \dfrac{1\text{kg}_\text{f}/\text{cm}^2}{14.2\psi} = 5.108\text{kg}_\text{f}/\text{cm}^2$

$Q = 0.653 \times 19^2 \times \sqrt{5.108} = 532.777l/\text{min} = 0.53\text{m}^3/\text{min}$

03 다음 물음에 답하시오.(30점)

1. 종합정밀점검표에 관하여 다음 물음에 답하시오.(12점)
   1) 화재조기진압용 스프링클러설비의 설치금지장소 2가지를 쓰시오.(2점)
   2) 미분무소화설비의 가압송수장치 중 압력수조를 이용한 가압송수장치 점검항목 4가지를 쓰시오.(4점)
   3) 피난기구 및 인명구조기구의 공통사항을 제외한 승강식 피난기, 피난사다리 점검항목을 모두 쓰시오.(6점)
2. 소방시설관리사가 지상 53층인 건축물의 점검과정에서 설계도면상 자동화재탐지설비의 통신 및 신호배선방식의 적합성 판단을 위해 「고층건축물의 화재안전기준(NFSC 604)」에서 확인해야 할 배선 관련 사항을 모두 쓰시오.(2점)
3. 소방기본법령상 특수가연물의 저장 및 취급 기준을 쓰시오.(3점)
4. 포소화약제 저장탱크 내 약제를 보충하고자 한다. 다음 그림을 보고 그 조작순서를 쓰시오. (단, 모든 설비는 정상상태로 유지되어 있다.)(6점)

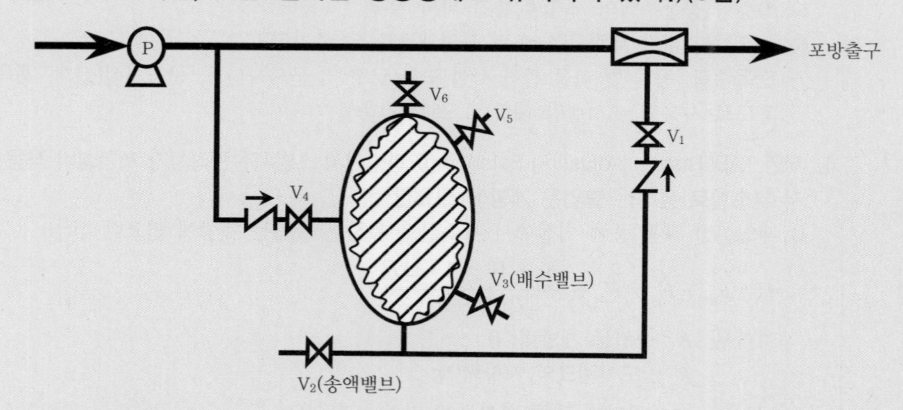

5. 할로겐화합물 및 불활성기체 소화설비 점검과정에서 점검자의 실수로 감지기 A, B가 동시에 작동하여 소화약제가 방출되기 전에 해당 방호구역 앞에서 점검자가 즉시 적절한 조치를 취하여 약제방출을 방지했다. 아래 물음에 답하시오. (단, 여기서 약제방출 지연시간은 30초이며, 제3자의 개입은 없었다.)(3점)
   1) 조치를 취한 장치의 명칭 및 설치위치(2점)
   2) 조치를 취한 장치의 기능(1점)

6. 지하 3층, 지상 5층 복합건축물의 소방안전관리자가 소방시설을 유지 · 관리하는 과정에서 고의로 제어반에서 화재발생 시 소화펌프 및 제연설비가 자동으로 작동되지 않도록 조작하여 실제 화재가 발생했을 때 소화설비와 제연설비가 작동하지 않았다. 아래 물음에 답하시오. (단, 이 사고는 「화재예방, 소방시설 설치 · 유지 및 안전관리에 관한 법률」 제9조 제3항을 위반하여 동법 제48조의 벌칙을 적용받았다.)(4점)
   1) 위 사례에서 소방안전관리자의 위반사항과 그에 따른 벌칙을 쓰시오.(2점)
   2) 위 사례에서 화재로 인해 사람이 상해를 입은 경우, 소방안전관리자가 받게 될 벌칙을 쓰시오.(2점)

1. 종합정밀점검표
   1) 화재조기진압용 스프링클러설비의 설치금지장소
      ☞ 화재조기진압용 스프링클러설비의 화재안전기술기준(NFTC 103B) 2.14
      (1) 제4류 위험물
      (2) 타이어, 두루마리 종이 및 섬유류, 섬유제품 등 연소 시 화염의 속도가 빠르고 방사된 물이 하부까지에 도달하지 못하는 것
   2) 미분무소화설비의 가압송수장치 중 압력수조를 이용한 가압송수장치 점검항목
      (1) 압력수조 방청조치
      (2) 압력수조의 경우 수조의 내용적 · 내용적과 저수량의 비율 · 가압가스의 평상시 압력 · 수위계 · 급수관 · 배수관 · 급기관 · 맨홀 · 압력계 · 안전장치 및 압력저하 방지장치 설치상태
      (3) 토출측에 설치된 압력계의 측정범위 적정성
      (4) 작동장치의 구조 및 기능 적합성 여부(감지기 신호에 의한 자동작동 및 수동작동장치의 오동작 보호장치 설치 여부)
   3) 피난기구 및 인명구조기구의 공통사항을 제외한 승강식피난기, 피난사다리 점검항목
      (1) 구동장치 외장 커버의 봉인상태 등 적정 여부
      (2) 구동부 이상음 발생 등 기능상 적정 여부
      (3) 하강구 내측에 금속구 등 장애요소 적정 여부
      (4) 대피실의 면적과 하강구 크기 적정 여부
      (5) 비상제어장치, 안전 손잡이 적정 여부
      (6) 레일, 로프의 휨이나 변형 등의 적정 여부
      (7) 대피실 방화구획 및 출입문의 적정 여부
      (8) 대피실 비상조명등의 적정 여부
      (9) 각종 표지판(층의 위치표시와 사용설명서 및 주의사항 표지판)의 적정 여부

2. 소방시설관리사가 지상 53층인 건축물의 점검과정에서 설계도면상 자동화재탐지설비의 통신 및 신호배선방식의 적합성 판단을 위해 「고층건축물의 화재안전기술기준(NFTC 604)」에서 확인해야 할 배선 관련 사항
   ☞ 고층건축물의 화재안전기술기준(NFTC 604) 2.4.3
   50층 이상인 건축물에 설치하는 통신 · 신호 배선은 이중배선을 설치하도록 하고 단선(斷線) 시에도 고장표시가 되며 정상 작동할 수 있는 성능을 갖도록 설비를 하여야 한다.
   1) 수신기와 수신기 사이의 통신배선
   2) 수신기와 중계기 사이의 신호배선
   3) 수신기와 감지기 사이의 신호배선

3. 소방기본법령상 특수가연물의 저장 및 취급 기준

☞ 「소방기본법 시행령」 제7조

1) 특수가연물을 저장 또는 취급하는 장소에는 품명 · 최대수량 및 화기취급의 금지표지를 설치할 것

2) 다음의 기준에 따라 쌓아 저장할 것. 다만, 석탄 · 목탄류를 발전(發電)용으로 저장하는 경우에는 그러하지 아니하다.

(1) 품명별로 구분하여 쌓을 것

(2) 쌓는 높이는 10m 이하가 되도록 하고, 쌓는 부분의 바닥면적은 $50m^2$(석탄 · 목탄류의 경우에는 $200m^2$) 이하가 되도록 할 것. 다만, 살수설비를 설치하거나 방사능력 범위에 해당 특수가연물이 포함되도록 대형 수동식소화기를 설치하는 경우에는 쌓는 높이를 15m 이하, 쌓는 부분의 바닥면적을 $200m^2$(석탄 · 목탄류의 경우에는 $300m^2$) 이하로 할 수 있다.

(3) 쌓는 부분의 바닥면적 사이는 1m 이상이 되도록 할 것

4. 포소화약제 저장탱크 내 약제를 보충 시 조작순서

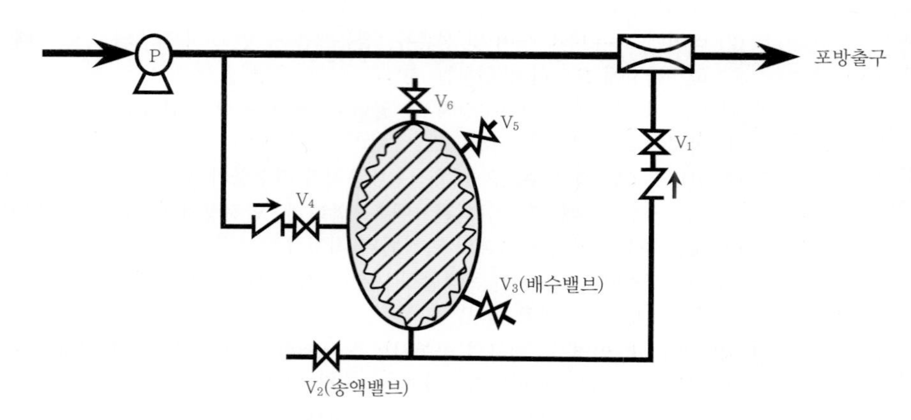

1) V_1, V_4를 잠근다(V_4 : 약제탱크로의 가압수 공급차단, V_1 : 혼합기로의 포약제 공급차단).

2) V_3, V_5를 개방하여 약제탱크 내의 물을 배수시킨다.

3) 배수완료 후 V_3을 잠근다.

4) V_6을 개방한다.

5) V_2에 포소화약제 송액장치를 접속한다.

6) V_2를 개방하여 서서히 포소화약제를 주입(송액)한다.

7) 포소화약제 보충 후 V_2를 잠근다.

8) 소화펌프를 기동시킨다.

9) V_4를 서서히 개방하고 탱크 내를 가압하여, 탱크 내 공기 제거 후 V_5, V_6을 잠근다.

10) 소화펌프를 정지한다.

11) V_1을 개방한다.

5. 할로겐화합물 및 불활성기체 소화설비 점검과정

1) 조치를 취한 장치의 명칭 및 설치위치

(1) 명칭 : 비상스위치

(2) 위치 : 수동식 기동장치의 부근

2) 조치를 취한 장치의 기능
자동복귀형 스위치로서 수동식 기동장치의 타이머를 순간 정지시키는 기능의 스위치

6. 지하 3층, 지상 5층 복합건축물의 소방안전관리자가 소방시설을 유지 · 관리하는 과정

1) 위 사례에서 소방안전관리자의 위반사항과 그에 따른 벌칙
(1) 위반내용 : 소방시설을 유지 · 관리할 때 소방시설의 기능과 성능에 지장을 줄 수 있는 폐쇄(잠금을 포함) · 차단 등의 행위
(2) 벌칙 : 소방시설에 폐쇄 · 차단 등의 행위를 한 자는 5년 이하의 징역 또는 5천만원 이하의 벌금형

2) 위 사례에서 화재로 인해 사람이 상해를 입은 경우, 소방안전관리자가 받게 될 벌칙
사람을 상해에 이르게 한 때에는 7년 이하의 징역 또는 7천만원 이하의 벌금에 처함.

참고 사망에 이르게 한 때에는 10년 이하의 징역 또는 1억원 이하의 벌금에 처함.

18회 소방시설의 점검실무행정 〈2018. 10. 13 시행〉

01 다음 물음에 답하시오.(40점)

1. R형 복합형 수신기 화재표시 및 제어기능(스프링클러설비)의 조작 · 시험 시 표시창에 표시되어야 하는 성능시험 항목에 대하여 세부 확인사항 5가지를 각각 쓰시오.(10점)
2. R형 복합형 수신기 점검 중 1계통에 있는 전체 중계기의 통신램프가 점멸되지 않을 경우 발생원인과 확인 절차를 각각 쓰시오.(6점)
3. 소방펌프 동력제어반의 점검 시 화재신호가 정상출력되었음에도 동력제어반의 전로기구 및 관리상태 이상으로 소방펌프의 자동기동이 되지 않을 수 있는 주요 원인 5가지를 쓰시오.(5점)
4. 소방펌프용 농형유도전동기에서 Y결선과 △결선의 피상전력이 $P_a = \sqrt{3}\,VI$ [VA]으로 동일함을 전류, 전압을 이용하여 증명하시오.(5점)
5. 아날로그방식 감지기에 관하여 다음 물음에 답하시오.(9점)
   1) 감지기의 동작특성에 대하여 설명하시오.(3점)
   2) 감지기의 시공 방법에 대하여 설명하시오.(3점)
   3) 수신반 회로수 산정에 대하여 설명하시오.(3점)
6. 중계기 점검 중 감지기가 정상동작하여도 중계기가 신호입력을 못 받을 때의 확인 절차를 쓰시오.(5점)

1. R형 복합형 수신기 화재표시 및 제어기능(스프링클러설비)의 조작 · 시험 시 표시창에 표시되어야 하는 성능시험 항목
   1) 화재 표시창
      ☞ 수신기 형식승인 및 제품검사의 기술기준 제12조 제1~2항
      (1) 수신기는 화재신호를 수신하는 경우 적색의 화재표시등에 의하여 화재의 발생을 자동적으로 표시 확인
      (2) 지구표시장치에 의하여 화재가 발생한 당해 경계구역을 자동적으로 표시 확인
      (3) 주음향장치 및 지구음향장치가 울리는지 확인
      (4) 주음향장치는 스위치에 의하여 주음향장치의 울림이 정지된 상태에서도 새로운 경계구역의 화재신호를 수신하는 경우에는 자동적으로 주음향장치의 울림정지 기능을 해제하고 주음향장치가 울리는지 확인
      (5) 화재표시는 수동으로 복귀시키지 아니하는 한 그 화재의 표시를 계속 유지하는지 확인

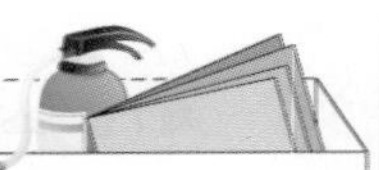

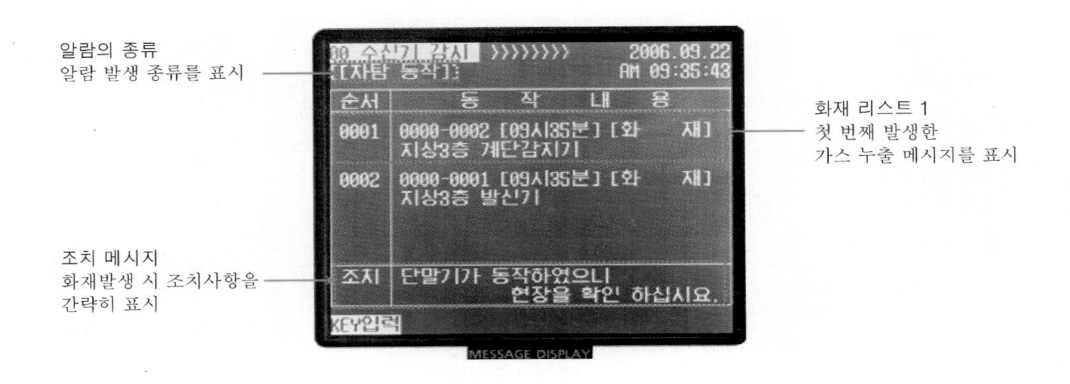

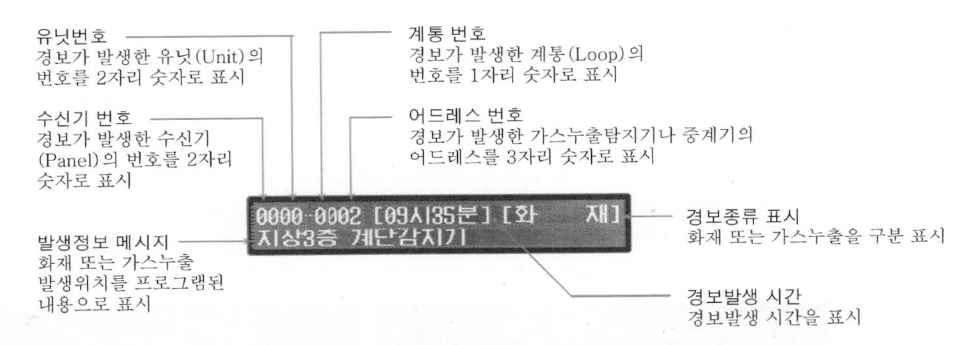

[LCD의 화재발생 표시]

2) 제어 표시창

☞ 수신기 형식승인 및 제품검사의 기술기준 제11조(수신기의 제어기능) 제3항

(1) 각 유수검지장치, 일제개방밸브 및 펌프의 작동 여부를 확인할 수 있는 표시기능이 있어야 한다.

(2) 수원 또는 물올림탱크의 저수위 감시 표시기능이 있어야 한다.

(3) 일제개방밸브를 개방시킬 수 있는 스위치를 설치하여야 한다.

(4) 각 펌프를 수동으로 작동 또는 중단시킬 수 있는 스위치를 설치하여야 한다.

(5) 일제개방밸브를 사용하는 설비의 화재감지를 화재감지기에 의하는 경우에는 경계회로별로 화재표시를 할 수 있어야 한다.

2. R형 복합형 수신기 점검 중 1계통에 있는 전체 중계기의 통신램프가 점멸되지 않을 경우 발생원인과 확인 절차

1) 고장원인

1계통 전체 중계기의 통신램프가 점멸되지 않는 경우이므로 수신기 통신카드 불량, 중계기 통신선로 또는 중계기 전원선로의 이상으로 예상되어진다.

(1) 수신기 통신카드 불량 등(→ 통신카드의 불량이면 교체하고, 접촉불량일 경우 슬롯에 다시 꽂는다.)

(2) 수신기와 중계기 간 통신선로의 단선 등(→ 통신선로 정비)

(3) 수신기와 중계기 간 전원선로의 단선 등(→ 전원선로 정비)

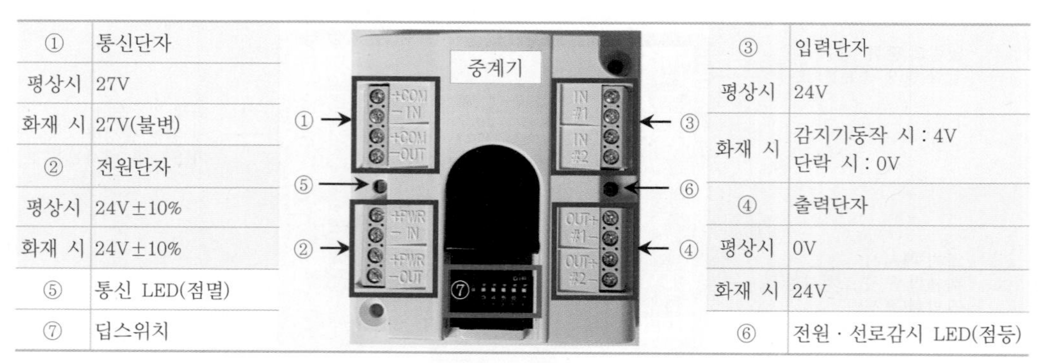

①	통신단자
평상시	27V
화재 시	27V(불변)
②	전원단자
평상시	24V±10%
화재 시	24V±10%
⑤	통신 LED(점멸)
⑦	딥스위치

③	입력단자
평상시	24V
화재 시	감지기동작 시 : 4V 단락 시 : 0V
④	출력단자
평상시	0V
화재 시	24V
⑥	전원 · 선로감시 LED(점등)

[중계기 단자명칭]

2) 확인 절차

(1) 전류전압측정계(테스터기)를 DC로 전환한다.

(2) 통신 +단자와 －단자에 리드봉을 접속하여 전압이 나오지 않는다면 통신을 못하고 있는 것이다.

(3) 정상일 경우 수신기와 중계기 간 통신프로토콜을 주고 받으므로 일정한 전압값이 아니라 DC 26~28V의 전위변동이 있다.(전압차는 제조사별로 차이가 있음.)

(4) 중계기의 제어 전원선을 전류전압측정기로 측정하여 DC 21~27V 범위 밖이면 전원부의 DC Fuse를 점검하여 단선 시 교체한다.

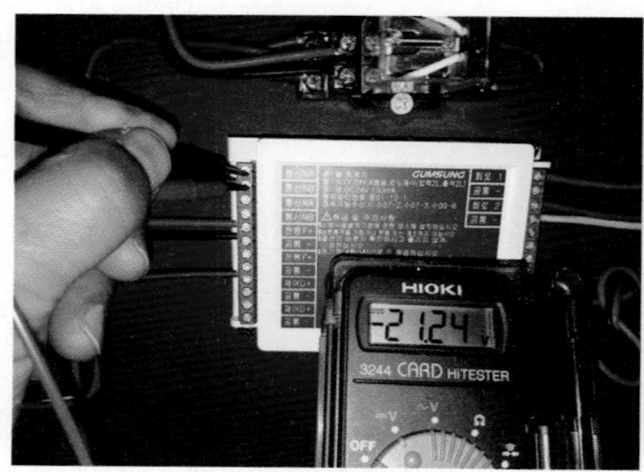

[중계기 통신전압 확인]

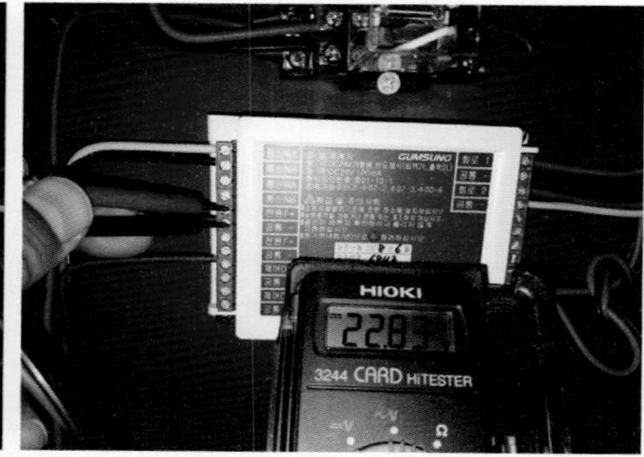

[중계기 전원전압 확인]

3. 소방펌프 동력제어반의 점검 시 화재신호가 정상출력되었음에도 동력제어반의 전로기구 및 관리상태 이상으로 소방펌프의 자동기동이 되지 않을 수 있는 주요 원인(5가지)

[감시제어반 압력스위치 점등]

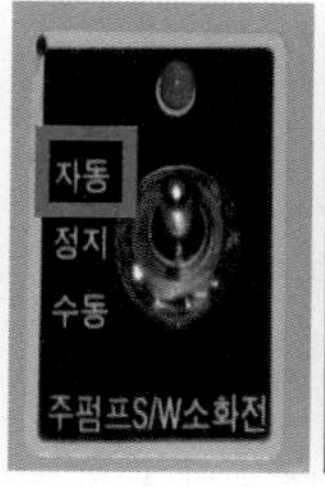

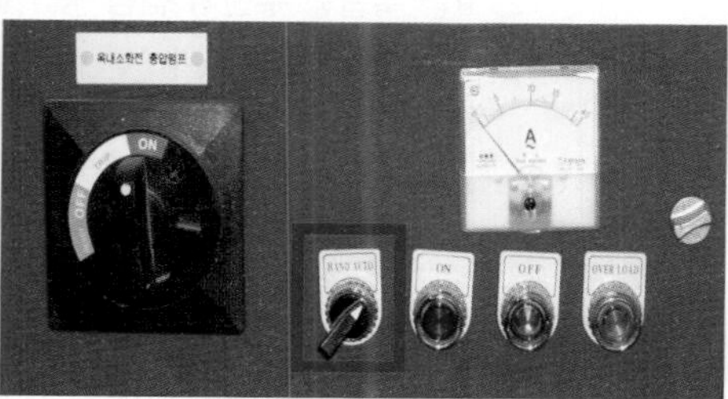

[펌프 자동운전 조건]
(감시 & 동력제어반 펌프 선택스위치 자동위치)

참고 1. 펌프의 자동운전 조건
감시제어반과 동력제어반(MCC 판넬)의 펌프 운전스위치가 둘 다 “자동”위치에 있어야 펌프가 셋팅된 압력범위 내에서 자동으로 운전된다.

2. 압력챔버의 압력스위치에는 각 펌프의 압력이 셋팅되어 있고, 배관 내의 압력이 설정된 압력 이하가 되면 제어반의 해당 펌프의 압력스위치 표시등이 점등됨과 동시에 펌프가 작동되어 압력을 채워주어야 한다. 만약, 표시등만 점등되고 펌프가 작동되지 않았다면 배관 내 압력이 설정압력 이하로 저하된 비정상적인 상태로서 다음 사항을 확인 · 점검한다.

<table>
<tr><th>원 인</th><th colspan="2">조치방법</th></tr>
<tr><td>1) 제어반에서 각 펌프의 운전스위치가 “자동”위치에 있지 않은 경우</td><td>“자동”위치로 전환한다.</td><td>[펌프 자동 · 수동 절환스위치]</td></tr>
<tr><td>2) 동력제어반(MCC 판넬)의 자동 · 수동 선택스위치가 “자동”위치에 있지 않은 경우</td><td colspan="2">“자동”위치로 전환한다.
※ 동력제어반(MCC 판넬)의 자 · 수동 선택스위치의 의미
<table>
<tr><th>위 치</th><th>제어내용</th></tr>
<tr><td>자동위치</td><td>펌프를 감시제어반에서 제어하겠다는 의미임.
⇒ 따라서 평상시 자동위치에 있어야 함.</td></tr>
<tr><td>수동위치</td><td>동력제어반(MCC 판넬)에서 펌프를 직접 수동으로 기동 · 정지하고자 할 때 위치</td></tr>
</table>
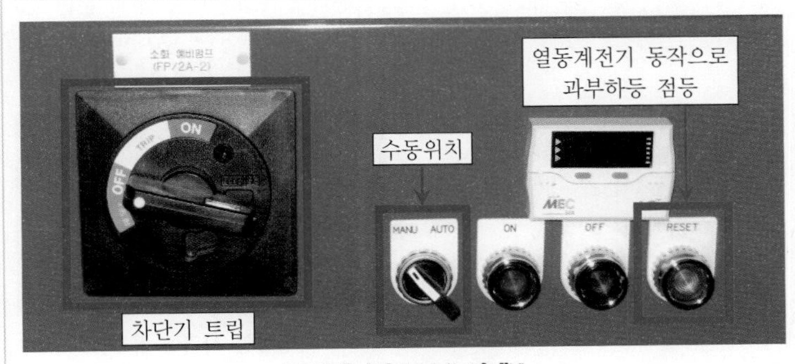

[동력제어반(MCC 판넬)]</td></tr>
<tr><td>3) 열동계전기(THR) 또는 전자식 과전류계전기(EOCR)가 동작[트립(Trip)]된 경우
[동력제어반의 “과부하등(노란색 표시등)”이 점등된 경우]</td><td colspan="2">※ “과부하등”이 점등되어 있다면 열동계전기(THR 또는 EOCR)가 트립된 경우이다.
열동계전기는 모터에 정격전류 이상이 흐르게 될 경우 동작[트립(Trip)]된다. 전자식 과전류계전기(EOCR)가 설치된 경우에는 동력제어반 전면의 리셋버튼을 누르고 열동계전기(THR)가 설치된 경우에는 동력제어반의 문을 열고 열동계전기의 리셋버튼을 손으로 눌러서 복구한다. 열동계전기가 복구되면 과부하등이 소등되고, 펌프정지 표시등(녹색등)이 점등된다.</td></tr>
</table>

원 인	조치방법
3) 열동계전기(THR) 또는 전자식 과전류계전기(EOCR)가 동작[트립(Trip)]된 경우 [동력제어반의 "과부하등(노란색 표시등)"이 점등된 경우]	 [열동계전기(THR 또는 EOCR) 동작 시 과부하등 점등 예] 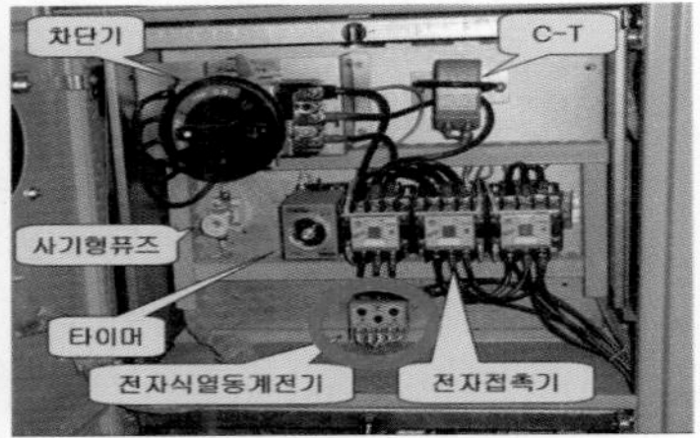 [동력제어반(MCC) 내 열동계전기]
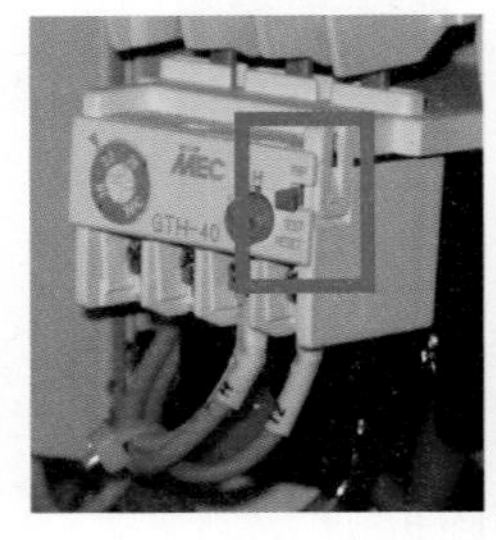 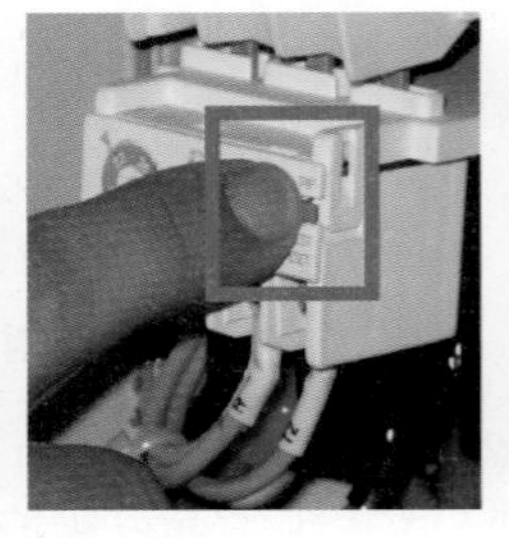 [열동계전기(THR)]	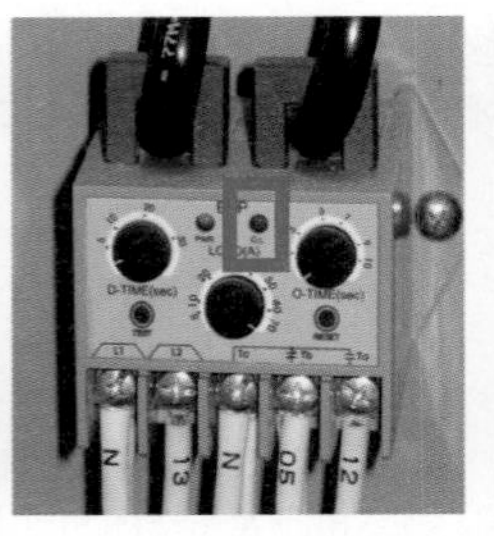  [전자식 과전류계전기(EOCR)]
4) 동력제어반의 "차단기"가 트립(OFF)된 경우	"차단기"를 투입(ON)시켜 놓는다.
5) 동력제어반 조작회로 내부의 "사기형 퓨즈"가 단선된 경우	단선된 "사기형 퓨즈"를 교체한다. ※ 퓨즈의 단선 확인방법 동력제어반(MCC 판넬)의 문을 열고 사기형 퓨즈의 단선 유무를 확인한다. 아래 그림에서 보듯이 퓨즈의 상단부분을 육안으로 확인함으로써 정상·단선 여부를 알 수 있다.   [정상인 사기형 퓨즈]   [단선된 사기형 퓨즈]

4. 소방펌프용 농형유도전동기에서 Y결선과 △ 결선의 피상전력이 $P_a = \sqrt{3}\,VI$[VA]으로 동일함을 전류, 전압을 이용하여 증명하는 방법

1) Y결선 시 피상전력[VA]

$I_l = I_p$, $V_l = \sqrt{3}\,V_p$이므로

여기서, I_l : 선전류[A], I_p : 상전류[A], V_l : 선간전압[V], V_p : 상전압[V]

피상전력 $P_a = 3\,V_P I_p = 3 \times \dfrac{V_l}{\sqrt{3}} \times I_l = \sqrt{3}\,V_l I_l$

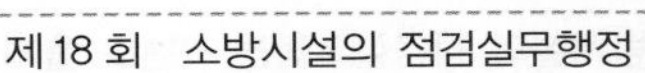

2) △결선 시 피상전력[VA]

$V_l = V_p,\ I_p = \dfrac{I_l}{\sqrt{3}}$ 이므로

여기서, I_l : 선전류[A], I_p : 상전류[A], V_l : 선간전압[V], V_p : 상전압[V]

피상전력 $P_a = 3V_P I_p = 3 \times V_l \times \dfrac{I_l}{\sqrt{3}} = \sqrt{3}\, V_l I_l$

따라서, Y결선과 △결선의 피상전력이 동일하다.

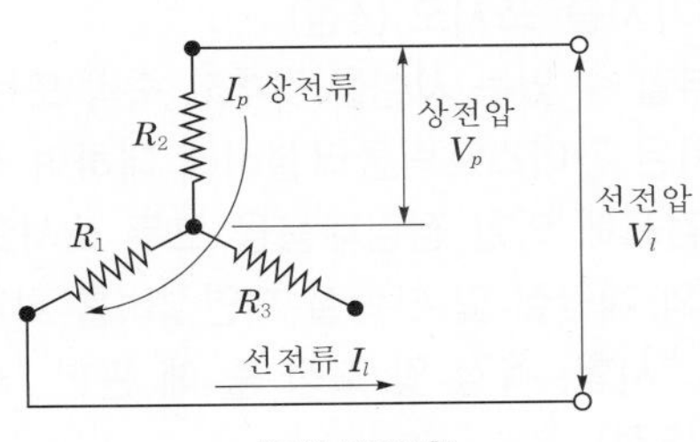

[3상 Y부하]

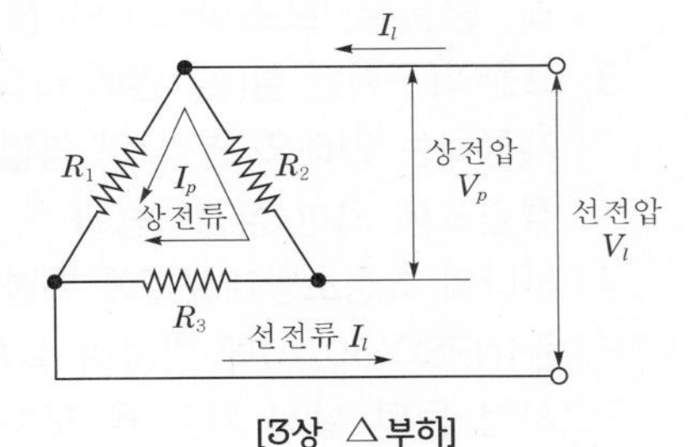

[3상 △부하]

5. 아날로그방식 감지기

1) 감지기의 동작특성
(1) 아날로그감지기는 각 감지기별로 주소기능이 있다.
(2) 주위의 온도 또는 연기의 양의 변화를 연속적으로 전송한다.
(3) 동작특성은 크게 3단계로서 예비경보, 화재경보, 설비연동 특성이 있다.

2) 감지기의 시공 방법
통신선(2가닥)으로 여러 개의 감지기를 연결하고, 각 감지기에 고유의 주소(Address)를 입력하여 수신기에 연결한다.

3) 수신반 회로수 산정
아날로그감지기는 감지기별 주소(Address)기능이 있어 하나의 회로를 구성하고 있기 때문에 감지기당 하나의 회로수로 산정한다.

6. 중계기 점검 중 감지기가 정상동작하여도 중계기가 신호입력을 못 받을 때의 확인 절차

감지기가 정상동작을 했다고 했으므로 중계기 전원선로 문제보다는 중계기 불량이나 통신선로의 문제이다.

1) 중계기 불량인지 확인
(1) 전류전압측정기(테스터기)를 DC로 전환한다.
(2) 해당 구역 중계기의 회로단자와 공통단자에 리드봉을 접속하여,
(3) 측정 전압이 DC 21V 전후가 나오면 중계기는 정상
(4) 전압이 나오지 않으면(0V) 중계기 불량

2) 통신선로가 불량인지 확인

참고 통신 LED : 수신기와 중계기 간 정상적인 통신 중일 때 LED 점멸, 점멸이 안 될 때는 통신 이상상태임.

(1) 전류전압측정기(테스터기)를 DC로 전환한다.
(2) 해당 구역 중계기의 통신단자와 통신공통단자에 리드봉을 접속하여,
(3) 측정 전압이 DC 26~28V의 전위변동이 나오면 통신선로는 정상
(4) 전위변동이 없으면 통신을 못하고 있는 상태임. 즉, 통신선로의 단락 또는 단선상태임.

3) 중계기의 어드레스를 잘못 입력한 경우
→ 중계기 입출력표를 확인하여 중계기의 어드레스를 재설정한다.

4) 통신선로의 상이 바뀐 경우(+, −)
→ 통신선로를 정비한다.

02 다음 물음에 답하시오.(30점)

1. 물계통 소화설비의 관부속(90° 엘보, 티(분류)) 및 밸브류(볼밸브, 게이트밸브, 체크밸브, 앵글밸브) 상당 직관장(등가길이)이 작은 것부터 순서대로 도시기호를 그리시오. (단, 상당 직관장 배관경은 65mm이고 동일 시험조건이다.)(8점)
2. 「소방시설 자체점검사항 등에 관한 고시」 중 소방시설외관점검표에 의한 스프링클러, 물분무, 포소화설비의 점검내용 6가지를 쓰시오.(4점)
3. 고원업{구획된 실(실) 안에 학습자가 공부할 수 있는 시설을 갖추고 숙박 또는 숙식을 제공하는 형태의 영업}의 영업장에 설치된 간이스프링클러설비에 대하여 작동기능점검표에 의한 점검내용과 종합정밀점검표에 의한 점검내용을 모두 쓰시오.(10점)
4. 하나의 특정소방대상물에 특별피난계단의 계단실 및 부속실 제연설비를 화재안전기준(NFSC 501A)에 의하여 설치한 경우 "시험, 측정 및 조정 등"에 관한 "제연설비 시험 등의 실시 기준"을 모두 쓰시오.(8점)

1. 물계통 소화설비의 관부속

명 칭	게이트밸브	90° 엘보	티(분티)	체크밸브	앵글밸브	볼밸브
도시기호						
상당관 길이(m)	0.48	2.4	3.6	4.6	10.2	19.5

참고 옥내소화전설비 화재안전기준 해설서 참고

[관 부속 및 밸브의 상당 직관장 예]

(단위 : m)

관 경	90° 엘보	45° 엘보	분류 티	직류 티	게이트밸브	볼밸브	앵글밸브	체크밸브
15mm	0.60	0.36	0.90	0.18	0.12	4.5	2.4	1.2
25mm	0.90	0.54	1.50	0.27	0.18	7.5	4.5	2.0
32mm	1.20	0.72	1.80	0.36	0.24	10.5	5.4	2.5
40mm	1.50	0.90	2.10	0.45	0.30	13.5	6.5	3.1
50mm	2.10	1.20	3.00	0.62	0.39	16.5	8.4	4.0
65mm	2.40	1.50	3.60	0.75	0.48	19.5	10.2	4.6
80mm	3.00	1.80	4.50	0.90	0.63	24.0	12.0	5.7
100mm	4.20	2.40	6.30	1.20	0.81	37.5	16.5	7.6
125mm	5.10	3.00	7.50	1.50	0.99	42.0	10.0	10.0
150mm	6.00	3.60	9.00	1.80	1.20	49.5	24.0	12.0

2. 「소방시설 자체점검사항 등에 관한 고시」 중 소방시설외관점검표에 의한 스프링클러, 물분무, 포소화설비의 점검내용
   1) 수원의 양 적정 여부
   2) 제어밸브의 개폐, 작동, 접근 등의 용이성 여부
   3) 제어밸브의 수압 및 공기압 계기가 정상압으로 유지되고 있는지 여부
   4) 배관 및 헤드의 누수 여부
   5) 헤드 감열 및 살수 분포의 방해물 설치 여부
   6) 동결 또는 부식할 우려가 있는 부분에 보온, 방호조치가 되고 있는지 여부

3. 고원업{구획된 실(실) 안에 학습자가 공부할 수 있는 시설을 갖추고 숙박 또는 숙식을 제공하는 형태의 영업}의 영업장에 설치된 간이스프링클러설비에 대하여 작동기능점검표에 의한 점검내용과 종합정밀점검표에 의한 점검내용

1) 간이스프링클러설비 작동기능 점검내용
   (1) 물탱크는 항상 충분한 양의 물이 들어 있는가 확인
   (2) 전동기 및 펌프작동 확인
   (3) 배관은 파손, 변형 및 밸브가 잠겨 있나 확인
   (4) 제어반의 사용전원과 비상전원의 이상 유무 확인
   (5) 경보장치 스위치는 항상 ON인가 확인

2) 간이스프링클러설비 종합정밀 점검내용
   (1) 수원의 양은 적정한가 확인
   (2) 가압송수장치의 작동 확인
   (3) 배관 및 밸브 등의 설치순서 확인
   (4) 배관 및 밸브의 파손, 변형 확인
   (5) 제어반의 사용전원과 비상전원의 이상 유무 확인
   (6) 습식유수검지장치 유무 확인
   (7) 헤드의 누수, 변형, 손상, 도색 등이 있는지의 여부
   (8) 헤드의 감열 및 살수 장애 확인
   (9) 칸막이 설치 등으로 인한 헤드의 미설치 부분의 유무
   (10) 송수구 패킹의 노화 및 결합 여부
   (11) 시험밸브 개방 시 해당 영업장 내의 음향경보 확인
   (12) 유수검지장치의 알람스위치 작동 및 수신반의 화재표시등 점등 확인
   (13) 기동용 수압개폐장치의 작동과 가압송수장치의 기동 확인

4. 하나의 특정소방대상물에 특별피난계단의 계단실 및 부속실 제연설비를 화재안전기술기준(NFTC 501A)에 의하여 설치한 경우 "시험, 측정 및 조정 등"에 관한 "제연설비 시험 등의 실시 기준"

☞ 특별피난계단의 계단실 및 부속실 제연설비의 화재안전기술기준(NFTC 501A) 2.22

1) 제연설비는 설계목적에 적합한지 사전에 검토하고 건물의 모든 부분(건축설비를 포함한다.)을 완성하는 시점부터 시험 등(확인, 측정 및 조정을 포함한다.)을 하여야 한다.

2) 제연설비의 시험 등은 다음 각 호의 기준에 따라 실시하여야 한다.
   (1) 제연구역의 모든 출입문 등의 크기와 열리는 방향이 설계 시와 동일한지 여부를 확인하고, 동일하지 아니한 경우 급기량과 보충량 등을 다시 산출하여 조정가능 여부 또는 재설계·개수의 여부를 결정할 것
   (2) 제1호의 기준에 따른 확인결과 출입문 등이 설계 시와 동일한 경우에는 출입문마다 그 바닥 사이의 틈새가 평균적으로 균일한지 여부를 확인하고, 큰 편차가 있는 출입문 등에 대하여는 그 바닥의 마감을 재시공하거나, 출입문 등에 불연재료를 사용하여 틈새를 조정할 것
   (3) 제연구역의 출입문 및 복도와 거실(옥내가 복도와 거실로 되어 있는 경우에 한한다.) 사이의 출입문마다 제연설비가 작동하고 있지 아니한 상태에서 그 폐쇄력을 측정할 것
   (4) 옥내의 층별로 화재감지기(수동기동장치를 포함한다.)를 동작시켜 제연설비가 작동하는지 여부를 확인할 것. 다만, 둘 이상의 특정소방대상물이 지하에 설치된 주차장으로 연결되어 있는 경우에는 주차장에서 하나의 특정소방대상물의 제연구역으로 들어가는 입구에 설치된 제연용 연기감지기의 작동에 따라 특정소방대상물의 해당 수직풍도에 연결된 모든 제연구역의 댐퍼가 개방되도록 하고 비상전원을 작동시켜 급기 및 배기용 송풍기의 성능이 정상인지 확인할 것
   (5) 제4호의 기준에 따라 제연설비가 작동하는 경우 다음 각 목의 기준에 따른 시험 등을 실시할 것

가. 부속실과 면하는 옥내 및 계단실의 출입문을 동시에 개방할 경우, 유입공기의 풍속이 제10조의 규정에 따른 방연풍속에 적합한지 여부를 확인하고, 적합하지 아니한 경우에는 급기구의 개구율과 송풍기의 풍량조절댐퍼 등을 조정하여 적합하게 할 것. 이 경우 유입공기의 풍속은 출입문의 개방에 따른 개구부를 대칭적으로 균등 분할하는 10 이상의 지점에서 측정하는 풍속의 평균치로 할 것

나. 가목의 기준에 따른 시험 등의 과정에서 출입문을 개방하지 아니하는 제연구역의 실제 차압이 제6조 제3항의 기준에 적합한지 여부를 출입문 등에 차압측정공을 설치하고 이를 통하여 차압측정기구로 실측하여 확인 · 조정할 것

다. 제연구역의 출입문이 모두 닫혀 있는 상태에서 제연설비를 가동시킨 후 출입문의 개방에 필요한 힘을 측정하여 제6조 제2항의 규정에 따른 개방력에 적합한지 여부를 확인하고, 적합하지 아니한 경우에는 급기구의 개구율 조정 및 플랩댐퍼(설치하는 경우에 한한다.)와 풍량조절용댐퍼 등의 조정에 따라 적합하도록 조치할 것

라. 가목의 기준에 따른 시험 등의 과정에서 부속실의 개방된 출입문이 자동으로 완전히 닫히는지 여부를 확인하고, 닫힌 상태를 유지할 수 있도록 조정할 것

03 다음 물음에 답하시오.(30점)

1. 피난안전구역에 설치하는 소방시설 중 제연설비 및 휴대용 비상조명등의 설치기준을 고층 건축물의 화재안전기준(NFSC 604)에 따라 각각 쓰시오.(6점)
2. 연소방지시설의 화재안전기준(NFSC 506)에 관하여 다음 물음에 답하시오.(5점)
   1) 연소방지도료와 난연테이프의 용어 정의를 각각 쓰시오.(2점)
   2) 방화벽의 용어 정의와 설치기준을 각각 쓰시오.(3점)
3. 「화재예방, 소방시설 설치 · 유지 및 안전관리에 관한 법률 시행령」 [별표 4]에 근거한 인명구조기구 중 공기호흡기를 설치해야 할 특정소방대상물과 설치기준을 각각 쓰시오.(7점)
4. 다음 물음에 답하시오.(12점)
   1) LCX 케이블(LCX－FR－SS－42D－146)의 표시사항을 빈칸에 쓰시오.(5점)

표 시	설 명
LCX	누설동축케이블
FR	난연성(내열성)
SS	(1) ( )
42	(2) ( )
D	(3) ( )
14	(4) ( )
6	(5) ( )

   2) 「위험물안전관리법 시행규칙」에 따른 제5류 위험물에 적응성 있는 대형, 소형 소화기의 종류를 모두 쓰시오.(7점)

1. 피난안전구역에 설치하는 소방시설 중 제연설비 및 휴대용 비상조명등의 설치기준

☞ 고층건축물의 화재안전기술기준(NFTC 604) 2.6

1) 제연설비

피난안전구역과 비제연구역 간의 차압은 50Pa(옥내에 스프링클러설비가 설치된 경우에는 12.5Pa) 이상으로 하여야 한다. 다만, 피난안전구역의 한쪽 면 이상이 외기에 개방된 구조의 경우에는 설치하지 아니할 수 있다.

2) 휴대용 비상조명등

(1) 피난안전구역에는 휴대용 비상조명등을 다음의 기준에 따라 설치하여야 한다.

가. 초고층 건축물에 설치된 피난안전구역 : 피난안전구역 위층의 재실자 수(「건축물의 피난 · 방화구조 등의 기준에 관한 규칙」 [별표 1의2]에 따라 산정된 재실자 수를 말한다.)의 10분의 1 이상

나. 지하연계 복합건축물에 설치된 피난안전구역 : 피난안전구역이 설치된 층의 수용인원(영 [별표 2]에 따라 산정된 수용인원을 말한다.)의 10분의 1 이상

(2) 건전지 및 충전식 건전지의 용량은 40분 이상 유효하게 사용할 수 있는 것으로 한다. 다만, 피난안전구역이 50층 이상에 설치되어 있을 경우의 용량은 60분 이상으로 할 것

2. 연소방지시설의 화재안전기준(NFSC 506)

※ 출제 당시 법령에 의한 풀이임.

1) 연소방지도료와 난연테이프

☞ 연소방지설비의 화재안전기준(NFSC 506) 제3조

(1) "연소방지도료"란 케이블 · 전선 등에 칠하여 가열할 경우 칠한 막의 부분이 발포(發泡)하거나 단열의 효과가 있어 케이블 · 전선 등이 연소하는 것을 지연시키는 도료를 말한다.

(2) "난연테이프"란 케이블 · 전선 등에 감아 케이블 · 전선 등이 연소하는 것을 지연시키는 테이프를 말한다.

2) 방화벽의 용어 정의와 설치기준

☞ 연소방지설비의 화재안전기술기준(NFTC 506) 1.7, 2.6

(1) 방화벽 용어의 정의 : "방화벽"이란 화재의 연소를 방지하기 위하여 설치하는 벽을 말한다.

(2) 설치기준

가. 내화구조로서 홀로 설 수 있는 구조일 것

나. 방화벽의 출입문은 「건축법 시행령」 제64조에 따른 방화문으로서 60분+방화문 또는 60분 방화문으로 설치할 것

다. 방화벽을 관통하는 케이블 · 전선 등에는 국토교통부 고시(「건축자재등 품질인정 및 관리기준」)에 따라 내화채움구조로 마감할 것

라. 방화벽은 분기구 및 국사(局舍, Central Office) · 변전소 등의 건축물과 지하구가 연결되는 부위(건축물로부터 20m 이내)에 설치할 것

마. 자동폐쇄장치를 사용하는 경우에는 「자동폐쇄장치의 성능인증 및 제품검사의 기술기준」에 적합한 것으로 설치할 것

3. 「소방시설 설치 및 관리에 관한 법률 시행령」 [별표 4]에 근거한 인명구조기구 중 공기호흡기를 설치해야 할 특정소방대상물과 설치기준

1) 공기호흡기를 설치하여야 하는 특정소방대상물

☞ 「소방시설 설치 및 관리에 관한 법률 시행령」 [별표 4]

(1) 수용인원 100명 이상인 문화 및 집회시설 중 영화상영관

(2) 판매시설 중 대규모 점포

(3) 운수시설 중 지하역사
(4) 지하가 중 지하상가
(5) 물분무등소화설비를 설치하여야 하는 특정소방대상물 및 화재안전기준에 따라 이산화탄소 소화설비(호스릴이산화탄소소화설비는 제외한다.)를 설치하여야 하는 특정소방대상물

2) 공기호흡기 설치기준

☞ 인명구조기구의 화재안전기술기준(NFTC 302) 2.1

(1) 특정소방대상물의 용도 및 장소별로 설치하여야 할 인명구조기구

특정소방대상물	인명구조기구의 종류	설치 수량
• 지하층을 포함하는 층수가 7층 이상인 관광호텔 및 5층 이상인 병원	• 방열복 또는 방화복(헬멧, 보호장갑 및 안전화를 포함한다.) • 공기호흡기 • 인공소생기	• 각 2개 이상 비치할 것. 다만, 병원의 경우에는 인공소생기를 설치하지 않을 수 있다.
• 문화 및 집회시설 중 수용인원 100명 이상의 영화상영관 • 판매시설 중 대규모 점포 • 운수시설 중 지하역사 • 지하가 중 지하상가	• 공기호흡기	• 층마다 2개 이상 비치할 것. 다만, 각 층마다 갖추어 두어야 할 공기호흡기 중 일부를 직원이 상주하는 인근 사무실에 갖추어 둘 수 있다.
• 물분무등소화설비 중 이산화탄소소화설비를 설치하여야 하는 특정소방대상물	• 공기호흡기	• 이산화탄소소화설비가 설치된 장소의 출입구 외부 인근에 1대 이상 비치할 것

(2) 화재 시 쉽게 반출 사용할 수 있는 장소에 비치할 것
(3) 인명구조기구가 설치된 가까운 장소의 보기 쉬운 곳에 "인명구조기구"라는 축광식 표지와 그 사용방법을 표시한 표시를 부착하되, 축광식 표지는 소방청장이 고시한 「축광표지의 성능인증 및 제품검사의 기술기준」에 적합한 것으로 할 것

4. LCX 케이블(LCX－FR－SS－42D－146)의 표시사항 및 「위험물안전관리법 시행규칙」에 따른 제5류 위험물에 적응성 있는 대형, 소형 소화기의 종류

1) LCX 케이블(LCX-FR-SS-42D-146)의 표시사항

표 시	설 명
LCX	누설동축케이블
FR	난연성(내열성)
SS	(1) 자기지지성(Self Supporting)
42	(2) 절연체의 외경
D	(3) 특성임피던스(50Ω)
14	(4) 사용주파수(150～400MHz 대역전용)
6	(5) 결합손실(6dB)

2) 「위험물안전관리법 시행규칙」에 따른 제5류 위험물에 적응성 있는 대형, 소형 소화기의 종류

☞ 「위험물안전관리법 시행규칙」 [별표 17]

(1) 봉상수(棒狀水)소화기
(2) 무상수(霧狀水)소화기
(3) 봉상강화액소화기
(4) 무상강화액소화기
(5) 포소화기

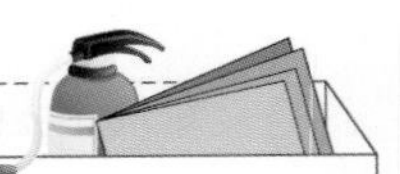

19회 소방시설의 점검실무행정 〈2019. 9. 21 시행〉

01 다음 물음에 답하시오.(40점)

1. 공동주택(아파트)에 설치된 옥내소화전설비에 대해 작동기능점검을 실시하려고 한다. 소화전 방수압 시험의 점검내용과 점검결과에 따른 가부 판정기준에 관하여 각각 쓰시오.(5점)
   1) 점검내용(2점)
   2) 방사시간, 방사압력과 방사거리에 대한 가부 판정기준(3점)
2. 공동주택(아파트) 지하 주차장에 설치되어 있는 준비작동식 스프링클러설비에 대해 작동기능점검을 실시하려고 한다. 다음 물음에 관하여 각각 쓰시오. (단, 작동기능점검을 위해 사전 조치사항으로 2차측 개폐밸브는 폐쇄하였다.)(9점)
   1) 준비작동식 밸브(프리액션밸브)를 작동시키는 방법에 관하여 모두 쓰시오.(4점)
   2) 작동기능점검 후 복구절차이다. ( )에 들어갈 내용을 쓰시오.(5점)

(1) 펌프를 정지시키기 위해 1차측 개폐밸브 폐쇄
(2) 수신기의 복구스위치를 눌러 경보를 정지, 화재표시등을 끈다.
(3) (㉠)
(4) (㉡)
(5) 급수밸브(셋팅밸브) 개방하여 급수
(6) (㉢)
(7) (㉣)
(8) (㉤)
(9) 펌프를 수동으로 정지한 경우 수신기를 자동으로 놓는다.(복구완료)

3. 이산화탄소소화설비의 종합정밀점검 시 "전원 및 배선"에 대한 점검항목 중 5가지를 쓰시오.(5점)
4. 소방대상물의 주요 구조부가 내화구조인 장소에 공기관식 차동식 분포형 감지기가 설치되어 있다. 다음 물음에 답하시오.(13점)
   1) 공기관식 차동식 분포형 감지기의 설치기준에 관하여 쓰시오.(6점)
   2) 공기관식 차동식 분포형 감지기의 작동계속시험 방법에 관하여 ( )에 들어갈 내용을 쓰시오.(4점)

(1) 검출부의 시험구멍에 (㉠)을/를 접속한다.
(2) 시험코크를 조작해서 (㉡)에 놓는다.
(3) 검출부에 표시된 공기량을 (㉢)에 투입한다.
(4) 공기를 투입한 후 (㉣)을/를 측정한다.

3) 작동계속시험 결과 작동지속시간이 기준치 미만으로 측정되었다. 이러한 결과가 나타나는 경우의 조건 3가지를 쓰시오.(3점)

5. 자동화재탐지설비에 대한 작동기능점검을 실시하고자 한다. 다음 물음에 답하시오.(8점)

1) 수신기에 관한 점검항목과 점검내용이다. (　)에 들어갈 내용을 쓰시오.(4점)

점검항목	점검내용
(㉠)	(㉡)
절환장치(예비전원)	상용전원 OFF 시 자동예비전원 절환 여부
스위치	스위치 정위치(자동) 여부
(㉢)	(㉣)
(㉤)	(㉥)
(㉦)	(㉧)

2) 수신기에서 예비전원 감시등이 소등상태일 경우 예상원인과 점검방법이다. (　)에 들어갈 내용을 쓰시오.(4점)

점검항목	점검내용
(1) 퓨즈단선	(㉡)
(2) 충전불량	(㉢)
(3) (㉠)	(㉣)
(4) 배터리 완전방전	

 1. 옥내소화전설비 작동기능점검 시 방수압 시험 점검내용과 점검결과 가부 판정기준

1) 점검내용 ※ 출제 당시 법령에 의한 풀이임.

(1) 방수압력 및 거리(관계인) 적정 확인

(2) 최상층 소화전 개방 시 소화펌프 자동기종 및 기동표시등 점등확인

2) 방사시간, 방사압력과 방사거리에 대한 가부 판정기준

(1) 방수시간 : 3분

(2) 방수거리 측정 시 : 8m 이상

(3) 방수압력 측정 시 : 0.17MPa 이상

2. 공동주택(아파트) 지하 주차장에 설치된 준비작동식 스프링클러설비 작동기능점검

1) 준비작동식 밸브(프리액션밸브)를 작동시키는 방법

(1) 해당 방호구역의 감지기 2개 회로 작동

(2) 수동조작함(SVP)의 수동조작스위치 작동

(3) 프리액션밸브 자체에 부착된 수동기동밸브 개방

(4) 수신기측의 프리액션밸브 수동기동스위치 작동

(5) 수신기에서 동작시험스위치 및 회로선택스위치로 작동(2회로 작동)

2) 작동기능점검 후 복구절차

※ 최근 생산 · 설치되고 있는 신형 클래퍼타입의 프리액션밸브로 설명함.

(1) 펌프를 정지시키기 위해 1차측 개폐밸브 폐쇄

(2) 수신기의 복구스위치를 눌러 경보를 정지, 화재표시등을 끈다.

(3) (복구밸브를 이용하여 클래퍼 복구 및 배수 후 배수밸브 폐쇄)

(4) (프리액션밸브의 솔레노이드밸브 복구)

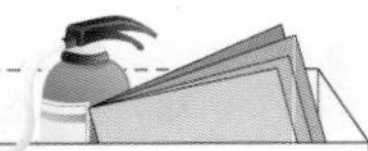

(5) 급수밸브(셋팅밸브) 개방하여 급수
(6) (1차측 개폐밸브 서서히 개방. 다만, 2차측 압력상승 시 배수부터 재실시)
(7) (셋팅밸브 잠금)
(8) (2차측 개폐밸브 서서히 개방)
(9) 펌프를 수동으로 정지한 경우 수신기를 자동으로 놓는다.(복구완료)

3. 이산화탄소소화설비의 종합정밀점검 시 "전원 및 배선"에 대한 점검항목

〈2021. 3. 25 개정 시 내용 삭제됨.〉

1) 수전전압에 따른 배선방식
2) 비상전원 화재 · 침수 등 재해방지환경
3) 비상전원의 종류
4) 비상전원에 대한 「전기사업법」에 따른 정기점검 결과 확인
5) 연료보유 적정 여부
6) 비상전원의 조명 · 방화구획 및 비상전원설비 외 다른 설비 · 물품의 설치 또는 비치 여부

4. 공기관식 차동식 분포형 감지기

1) 공기관식 차동식 분포형 감지기의 설치기준
(1) 공기관의 노출부분은 감지구역마다 20m 이상이 되도록 할 것
(2) 공기관과 감지구역의 각 변과의 수평거리는 1.5m 이하가 되도록 하고, 공기관 상호 간의 거리는 6m(주요 구조부를 내화구조로 한 특정소방대상물 또는 그 부분에 있어서는 9m) 이하가 되도록 할 것
(3) 공기관은 도중에서 분기하지 아니하도록 할 것
(4) 하나의 검출부분에 접속하는 공기관의 길이는 100m 이하로 할 것
(5) 검출부는 5° 이상 경사되지 아니하도록 부착할 것
(6) 검출부는 바닥으로부터 0.8m 이상 1.5m 이하의 위치에 설치할 것

2) 공기관식 차동식 분포형 감지기의 작동계속시험 방법
(1) 검출부의 시험구멍에 (공기주입기)를 접속한다.
(2) 시험코크를 조작해서 (P.A)에 놓는다.
(3) 검출부에 표시된 공기량을 (시험구멍 : T)에 투입한다.
(4) 공기를 투입한 후 (접점이 동작되어 분리될 때까지의 시간)을 측정한다.

3) 작동계속시험 결과 작동지속시간이 기준치 미만으로 측정 시 조건
(1) 리크저항치가 규정치보다 작을 경우
(2) 접점 수고값이 규정치보다 높을 경우
(3) 공기관의 누설이 있는 경우

5. 자동화재탐지설비에 대한 작동기능점검

1) 수신기에 관한 점검항목과 점검내용

점검항목	점검내용
(전원)	(전원 공급 및 전원표시등 정상 여부 확인)
절환장치(예비전원)	상용전원 OFF 시 자동예비전원 절환 여부
스위치	스위치 정위치(자동) 여부
(경계구역 일람도)	(경계구역 일람도 비치 여부)
(도통시험)	(회로 단선 여부)
(동작시험)	(주 · 지구경종 및 시각경보기 작동상태)

2) 수신기에서 예비전원 감시등이 소등상태일 경우 예상원인과 점검방법

점검항목	조치 및 점검방법
(1) 퓨즈단선	(전원을 차단하고 단선된 용량에 맞는 퓨즈로 교체 후 전원을 투입한다.)
(2) 충전불량	(수신기 충전부 잭을 분리하여 충전전압이 정상적이지 않으면 충전부를 정비하고, 예비전원 연결 커넥터의 접속불량일 경우 확인 후 충전한다.)
(3) (예비전원 불량)	(예비전원이 불량일 경우 교체하고, 완전방전 시 제조사에 권장시간 동안 충전한다.)
(4) 배터리 완전방전	

02 다음 물음에 답하시오.(30점)

1. 「화재예방, 소방시설 설치 · 유지 및 안전관리에 관한 법령」에 따른 특정소방대상물의 관계인이 특정소방대상물의 규모 · 용도 및 수용인원 등을 고려하여 갖추어야 하는 소방시설의 종류에서 다음 물음에 답하시오.(13점)
   1) 단독경보형 감지기를 설치하여야 하는 특정소방대상물에 관하여 쓰시오.(6점)
   2) 시각경보기를 설치하여야 하는 특정소방대상물에 관하여 쓰시오.(4점)
   3) 자동화재탐지설비와 시각경보기 점검에 필요한 점검장비에 관하여 쓰시오.(3점)
2. 화재안전기준 및 다음 조건에 따라 물음에 답하시오.(6점)

   [조건] 소화설비 펌프주위 배관도

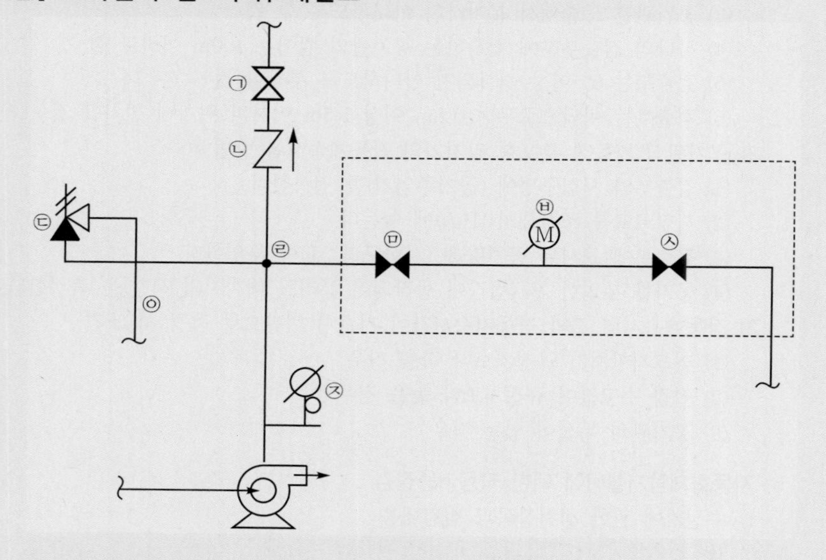

   1) ( )에 들어갈 내용을 쓰시오.(2점)

기 호	소방시설 도시기호	명칭 및 기능
㉡		((1))
㉢		((2))

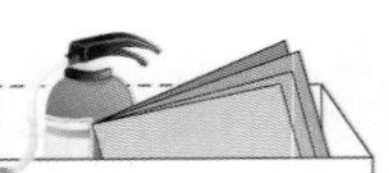

2) 점검부분의 설치기준 2가지를 쓰시오.(2점)

3) 펌프성능시험 방법을 ( )에 순서대로 쓰시오.(2점)

[보기] ① 주펌프 기동 ② 주펌프 정지 ③ "㉠" 폐쇄
④ "㉢" 개방 ⑤ "㉤" 개방 ⑥ "㉥" 확인
⑦ "㉦" 개방 ⑧ "㉧" 확인 ⑨ "㉦" 확인

(1) 체절운전 시 : ③ - ( ) - ( ) - ( ) - ( ) - ( ) (1점)

(2) 정격운전 시 : ③ - ( ) - ( ) - ( ) - ( ) - ( ) - ( ) (1점)

3. 소방시설관리사 시험의 응시자격에서 소방안전관리자 자격을 가진 사람은 최소 몇 년 이상의 실무경력이 필요한지 각각 쓰시오.(3점)

1) 특급 소방안전관리자로 (㉠)년 이상 근무한 실무 경력이 있는 사람

2) 1급 소방안전관리자로 (㉡)년 이상 근무한 실무 경력이 있는 사람

3) 3급 소방안전관리자로 (㉢)년 이상 근무한 실무 경력이 있는 사람

4. 제연설비의 설치장소 및 제연구획의 설치기준에 관하여 쓰시오.(8점)

1) 설치장소에 대한 구획기준(5점)

2) 제연구획의 설치기준(3점)

1. 「소방시설 설치 및 관리에 관한 법령」에 따른 소방시설의 종류

1) 단독경보형 감지기를 설치하여야 하는 특정소방대상물
(1) 교육연구시설 내에 있는 기숙사 또는 합숙소로서 연면적 2,000m^2 미만인 것
(2) 수련시설 내에 있는 기숙사 또는 합숙소로서 연면적 2,000m^2 미만인 것
(3) 다목 7)에 해당하지 않는 수련시설(숙박시설이 있는 것만 해당한다.)
(4) 연면적 400m^2 미만의 유치원
(5) 공동주택 중 연립주택 및 다세대주택 - 연동형으로 설치

2) 시각경보기를 설치하여야 하는 특정소방대상물
(1) 근린생활시설, 문화 및 집회시설, 종교시설, 판매시설, 운수시설, 의료시설, 노유자 시설
(2) 운동시설, 업무시설, 숙박시설, 위락시설, 창고시설 중 물류터미널, 발전시설 및 장례시설
(3) 교육연구시설 중 도서관, 방송통신시설 중 방송국
(4) 지하가 중 지하상가

3) 자동화재탐지설비와 시각경보기 점검에 필요한 점검장비
(1) 열감지기시험기
(2) 연(煙)감지기시험기
(3) 공기주입시험기
(4) 감지기시험기 연결막대
(5) 음량계
(6) 절연저항계
(7) 전류전압측정계

2. 화재안전기준 및 조건

1) (　)에 들어갈 내용

기 호	소방시설 도시기호	명칭 및 기능
㉡		(1) 체크밸브 : 유체의 흐름을 한쪽 방향으로만 흐르게 하는 밸브
㉢		(2) 릴리프밸브 : 체절운전 시 체절압력 미만에서 개방되어 수온상승을 방지하여 펌프를 보호하는 역할

2) 점선부분의 설치기준 2가지

(1) 성능시험배관은 펌프의 토출측에 설치된 개폐밸브 이전에서 분기하여 설치하고, 유량측정장치를 기준으로 전단 직관부에 개폐밸브를, 후단 직관부에는 유량조절밸브를 설치할 것

(2) 유량측정장치는 성능시험배관의 직관부에 설치하되, 펌프의 정격토출량의 175% 이상 측정할 수 있는 성능이 있을 것

3) 펌프성능시험 방법

(1) 체절운전 시 : ③ 주밸브 폐쇄 – ① 주펌프 기동 – ⑨ 체절압력 확인 – ④ 릴리프밸브 개방 – ⑧ 압력수 방출 확인 – ② 주펌프 정지

(2) 정격운전 시 : ③ 주밸브 폐쇄 – ⑤ 개폐밸브 개방 – ⑦ 유량조절밸브 개방 – ① 주펌프 기동 – ⑥ 정격유량 확인 – ⑨ 정격압력 확인 – ② 주펌프 정지

3. 소방시설관리사 시험의 응시자격에서 소방안전관리자 자격을 가진 사람의 실무경력

1) 특급 소방안전관리자로 2년 이상 근무한 실무 경력이 있는 사람

2) 1급 소방안전관리자로 3년 이상 근무한 실무 경력이 있는 사람

3) 3급 소방안전관리자로 7년 이상 근무한 실무 경력이 있는 사람

4. 제연설비의 설치장소 및 제연구획의 설치기준

1) 설치장소에 대한 구획기준

(1) 하나의 제연구역의 면적은 1,000m^2 이내로 할 것

(2) 거실과 통로(복도를 포함한다. 이하 같다.)는 상호 제연구획할 것

(3) 통로상의 제연구역은 보행중심선의 길이가 60m를 초과하지 아니할 것

(4) 하나의 제연구역은 직경 60m 원 내에 들어갈 수 있을 것

(5) 하나의 제연구역은 2개 이상 층에 미치지 아니하도록 할 것. 다만, 층의 구분이 불분명한 부분은 그 부분을 다른 부분과 별도로 제연구획하여야 한다.

2) 제연구획의 설치기준

제연구역의 구획은 보 · 제연경계벽(이하 "제연경계"라 한다.) 및 벽(화재 시 자동으로 구획되는 가동벽 · 샷다 · 방화문을 포함한다. 이하 같다.)으로 하되, 다음 각 호의 기준에 적합하여야 한다.

(1) 재질은 내화재료, 불연재료 또는 제연경계벽으로 성능을 인정받은 것으로서 화재 시 쉽게 변형 · 파괴되지 아니하고 연기가 누설되지 않는 기밀성 있는 재료로 할 것

(2) 제연경계는 제연경계의 폭이 0.6m 이상이고, 수직거리는 2m 이내이어야 한다. 다만, 구조상 불가피한 경우는 2m를 초과할 수 있다.

(3) 제연경계벽은 배연 시 기류에 따라 그 하단이 쉽게 흔들리지 아니하여야 하며, 또한 가동식의 경우에는 급속히 하강하여 인명에 위해를 주지 아니하는 구조일 것

03 다음 물음에 답하시오.(30점)

1. 이산화탄소소화설비(NFSC 106)에 관하여 다음 물음에 답하시오.(8점)
   1) 이산화탄소소화설비의 비상스위치 작동점검 순서에 관하여 답하시오.(4점)
   2) 분사헤드의 오리피스구경 등에 관하여 (   )에 들어갈 내용을 쓰시오.(4점)

구 분	기 준
표시내용	((1))
분사헤드의 개수	((2))
방출률 및 방출압력	((3))
오리피스의 면적	((4))

2. 자동화재탐지설비(NFSC 203)에 관하여 다음 물음에 답하시오.(17점)
   1) 중계기 설치기준 3가지를 쓰시오.(3점)
   2) 다음 표에 따른 설비별 중계기 입력 및 출력 회로수에 대하여 답하시오.(4점)

설비별	회 로	입력(감시)	출력(제어)
자동화재탐지설비	발신기, 경종, 시각경보기	입력 1 ((1))	출력 1 ((2))
습식 스프링클러설비	압력스위치, 탬퍼스위치, 싸이렌	입력 2 ((3))	출력 1 ((4))
준비작동식 스프링클러설비	감지기 A, 감지기 B, 압력스위치, 탬퍼스위치, 솔레노이드, 싸이렌	입력 4 ((5))	출력 2 ((6))
할로겐화합물 및 불활성기체 소화설비	감지기 A, 감지기 B, 압력스위치, 지연스위치, 솔레노이드, 싸이렌, 방출표시등	입력 4 ((7))	출력 3 ((8))

   3) 광전식 분리형 감지기 설치기준 6가지를 쓰시오.(6점)
   4) 취침 · 숙박 · 입원 등 이와 유사한 용도로 사용되는 거실에 설치하여야 하는 연기감지기 설치대상 특정소방대상물 4가지를 쓰시오.(4점)
3. 연소방지설비의 화재안전기준(NFSC 506)에서 정하는 방수헤드의 설치기준 3가지를 쓰시오.(3점)
4. 간이스프링클러설비(NFSC 103A)의 간이헤드에 관한 것이다. (   )에 들어갈 내용를 쓰시오.(2점)

[보기] 간이헤드의 작동온도는 실내의 최대 주위천장온도가 0℃ 이상 38℃ 이하인 경우 공칭작동온도가 (   )의 것을 사용하고, 39℃ 이상 66℃ 이하인 경우에는 공칭작동온도가 (   )의 것을 사용한다.

 1. 이산화탄소소화설비(NFSC 106) ※ 출제 당시 법령에 의한 풀이임.

1) 이산화탄소소화설비의 비상스위치 작동점검 순서

(1) 제어반에서 연동정지 누르고, 기동용기의 조작동관을 분리한다.

(2) 솔레노이드밸브를 기동용기에서 분리하고 안전핀을 분리해 놓는다.

(3) 방호구역의 감지기 A, B 동작 또는 수동조작함의 수동조작스위치를 눌러 설비를 동작시킨다.

(4) 지연타이머 동작 중 비상스위치를 눌러 타이머 기능이 일시정지되는 것을 확인한다.

(5) 비상정지스위치를 해제하여 타이머의 동작으로 솔레노이드밸브가 작동되는 것을 확인한다.

2) 분사헤드의 오리피스구경

구 분	기 준
표시내용	(1) 분사헤드에는 부식방지조치를 하여야 하며 오리피스의 크기, 제조일자, 제조업체가 표시되도록 할 것
분사헤드의 개수	(2) 방호구역에 방사시간이 충족되도록 설치할 것
방출률 및 방출압력	(3) 제조업체에서 정한 값으로 할 것
오리피스의 면적	(4) 분사헤드가 연결되는 배관구경면적의 70%를 초과하지 아니할 것

2. 자동화재탐지설비 및 시각경보장치의 화재안전기술기준(NFTC 203)

1) 중계기 설치기준

(1) 수신기에서 직접 감지기회로의 도통시험을 행하지 아니하는 것에 있어서는 수신기와 감지기 사이에 설치할 것

(2) 조작 및 점검에 편리하고 화재 및 침수 등의 재해로 인한 피해를 받을 우려가 없는 장소에 설치할 것

(3) 수신기에 따라 감시되지 아니하는 배선을 통하여 전력을 공급받는 것에 있어서는 전원입력 측의 배선에 과전류차단기를 설치하고 해당 전원의 정전이 즉시 수신기에 표시되는 것으로 하며, 상용전원 및 예비전원의 시험을 할 수 있도록 할 것

2) 다음 표에 따른 설비별 중계기 입력 및 출력 회로수

설비별	회 로	입력(감시)	출력(제어)
자동화재탐지설비	발신기, 경종, 시각경보기	입력 1 ((1) 발신기)	출력 1 ((2) 경종, 시각경보기)
습식 스프링클러설비	압력스위치, 탬퍼스위치, 싸이렌	입력 2 ((3) 압력스위치, 탬퍼스위치)	출력 1 ((4) 싸이렌)
준비작동식 스프링클러설비	감지기 A, 감지기 B, 압력스위치, 탬퍼스위치, 솔레노이드, 싸이렌	입력 4 ((5) 감지기 A, 감지기 B, 압력스위치, 탬퍼스위치)	출력 2 ((6) 솔레노이드, 싸이렌)
할로겐화합물 및 불활성기체 소화설비	감지기 A, 감지기 B, 압력스위치, 지연스위치, 솔레노이드, 싸이렌, 방출표시등	입력 4 ((7) 감지기 A, 감지기 B, 압력스위치, 지연스위치)	출력 3 ((8) 솔레노이드, 싸이렌, 방출표시등)

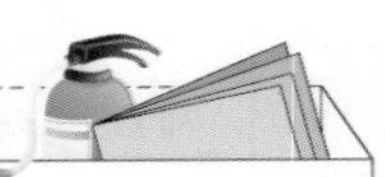

3) 광전식 분리형 감지기 설치기준
  (1) 감지기의 수광면은 햇빛을 직접 받지 않도록 설치할 것
  (2) 광축(송광면과 수광면의 중심을 연결한 선)은 나란한 벽으로부터 0.6m 이상 이격하여 설치할 것
  (3) 감지기의 송광부와 수광부는 설치된 뒷벽으로부터 1m 이내 위치에 설치할 것
  (4) 광축의 높이는 천장 등(천장의 실내에 면한 부분 또는 상층의 바닥하부면을 말한다.) 높이의 80% 이상일 것
  (5) 감지기의 광축의 길이는 공칭감시거리 범위 이내일 것
  (6) 그 밖의 설치기준은 형식승인 내용에 따르며 형식승인 사항이 아닌 것은 제조사의 시방에 따라 설치할 것

4) 취침 · 숙박 · 입원 등 이와 유사한 용도로 사용되는 거실에 설치하여야 하는 연기감지기 설치대상 특정소방대상물
  (1) 공동주택 · 오피스텔 · 숙박시설 · 노유자시설 · 수련시설
  (2) 교육연구시설 중 합숙소
  (3) 의료시설, 근린생활시설 중 입원실이 있는 의원 · 조산원
  (4) 교정 및 군사시설
  (5) 근린생활시설 중 고시원

3. 연소방지설비의 화재안전기준(NFSC 506)에서 정하는 방수헤드의 설치기준

※ 출제 당시 법령에 의한 풀이임.

1) 천장 또는 벽면에 설치할 것
2) 방수헤드 간의 수평거리는 연소방지설비 전용헤드의 경우에는 2m 이하, 스프링클러헤드의 경우에는 1.5m 이하로 할 것
3) 살수구역은 환기구 등을 기준으로 지하구의 길이방향으로 350m 이내마다 1개 이상 설치하되, 하나의 살수구역의 길이는 3m 이상으로 할 것

4. 간이스프링클러설비(NFSC 103A)의 간이헤드 ※ 출제 당시 법령에 의한 풀이임.

간이헤드의 작동온도는 실내의 최대 주위천장온도가 0℃ 이상 38℃ 이하인 경우 공칭작동온도가 (57~77℃)의 것을 사용하고, 39℃ 이상 66℃ 이하인 경우에는 공칭작동온도가 (79~109℃)의 것을 사용한다.

20회 소방시설의 점검실무행정 〈2020. 9. 26 시행〉

01 다음 물음에 답하시오.(40점)

1. 복합건축물에 관한 다음 물음에 답하시오.(20점)

[조건] • 건축물의 개요 : 철근콘크리트조, 지하 2층~지상 8층, 바닥면적 $200m^2$, 연면적 $2,000m^2$, 1개동
- 지하 1층, 지하 2층 : 주차장
- 1층(피난층)~3층 : 근린생활시설(소매점)
- 4층~8층 : 공동주택(아파트 등), 각 층에 주방(LNG 사용) 설치
- 층고 3m, 무창층 및 복도식 구조 없음, 계단 1개 설치
- 소화기구, 유도등, 유도표지는 제외하고 소방시설을 산출하되, 법정 용어를 사용할 것
- 「화재예방, 소방시설 설치 · 유지 및 안전관리에 관한 법률」상 특정소방대상물의 소방시설 설치의 면제기준을 적용할 것
- 주어진 조건 외에는 고려하지 않는다.

1) 「화재예방, 소방시설 설치 · 유지 및 안전관리에 관한 법률」상 설치되어야 하는 소방시설의 종류 6가지를 쓰시오. (단, 물분무등소화설비 및 연결송수관설비는 제외함)(6점)

2) 연결송수관설비의 화재안전기준(NFSC 502)상 연결송수관설비 방수구의 설치 제외가 가능한 층과 제외기준을 위의 조건을 적용하여 각각 쓰시오.(3점)

3) 2층을 노인의료복지시설(노인요양시설)로 구조변경 없이 용도변경하려고 한다. 다음에 답하시오.(4점)

(1) 「화재예방, 소방시설 설치 · 유지 및 안전관리에 관한 법률」상 2층에 추가로 설치되어야 하는 소방시설의 종류를 쓰시오.

(2) 「소방기본법」상 불꽃을 사용하는 용접 · 용단기구로서 용접 또는 용단하는 작업장에서 지켜야 하는 사항을 쓰시오. (단, 「산업안전보건법」 제38조의 적용을 받는 사업장은 제외함.)

4) 2층에 일반음식점영업(영업장 사용면적 $100m^2$)을 하고자 한다. 다음에 답하시오.(7점)

(1) 「다중이용업소의 안전관리에 관한 특별법」상 영업장의 비상구에 부속실을 설치하는 경우 부속실 입구의 문과 부속실에서 건물 외부로 나가는 문(난간 높이 1m)에 설치하여야 하는 추락 등의 방지를 위한 시설을 각각 쓰시오.

(2) 「다중이용업소의 안전관리에 관한 특별법」상 안전시설 등 세부점검표의 점검사항 중 피난설비 작동기능점검 및 외관점검에 관한 확인사항 4가지를 쓰시오.

2. 다음 물음에 답하시오.(20점)

1) 특별피난계단의 계단실 및 부속실 제연설비의 화재안전기준(NFSC 501A)상 방연풍속측정방법, 측정결과 부적합 시 조치방법을 각각 쓰시오.(4점)

2) 특별피난계단의 계단실 및 부속실 제연설비의 성능시험조사표에서 송풍기 풍량측정의 일반사항 중 측정점에 대하여 쓰고, 풍속 · 풍량 계산식을 각각 쓰시오.(8점)

3) 수신기의 기록장치에 저장하여야 하는 데이터는 다음과 같다. (　　)에 들어갈 내용을 순서에 관계없이 쓰시오.(4점)

(1) (①)

(2) (②)

(3) 수신기와 외부배선(지구음향장치용의 배선, 확인장치용의 배선 및 전화장치용의 배선을 제외한다.)과의 단선상태

(4) (③)

(5) 수신기의 주경종스위치, 지구경종스위치, 복구스위치 등 기준 수신기 형식승인 및 제품검사의 기술기준 제11조(수신기의 제어기능)를 조작하기 위한 스위치의 정지상태

(6) (④)

(7) 「수신기 형식승인 및 제품검사의 기술기준」 제15조의2 제2항에 해당하는 신호(무선식 감지기, 무선식 중계기, 무선식 발신기와 접속되는 경우에 한함.)

(8) 「수신기 형식승인 및 제품검사의 기술기준」 제15조의2 제3항에 의한 확인신호를 수신하지 못한 내역(무선식 감지기, 무선식 중계기, 무선식 발신기와 접속되는 경우에 한함.)

4) 미분무소화설비의 화재안전기준(NFSC 104A)상 "미분무"의 정의를 쓰고, 미분무소화설비의 사용압력에 따른 저압, 중압 및 고압의 압력(MPa)범위를 각각 쓰시오.(4점)

※ 출제 당시 법령에 의한 풀이임.

1. 복합건축물

1) 「화재예방, 소방시설 설치 · 유지 및 안전관리에 관한 법률」상 설치되어야 하는 소방시설의 종류 6가지(단, 물분무등소화설비 및 연결송수관설비는 제외함.)

(1) 주거용 주방자동소화장치

(2) 옥내소화전설비

(3) 스프링클러설비

(4) 자동화재탐지설비

(5) 시각경보기

(6) 피난기구

2) 연결송수관설비의 화재안전기준(NFSC 502)상 연결송수관설비 방수구의 설치 제외가 가능한 층과 제외기준

(1) 방수구 제외 가능한 층 : 지하 1층, 지하 2층, 지상 1층(3개 층)

(2) 제외기준

가. 소방차의 접근이 가능하고 소방대원이 소방차로부터 각 부분에 쉽게 도달할 수 있는 피난층

나. 송수구가 부설된 옥내소화전을 설치한 특정소방대상물(집회장, 관람장, 백화점, 도매시장, 소매시장, 판매시설, 공장, 창고시설 또는 지하가 제외)로서 지하층의 층수가 2 이하인 특정소방대상물의 지하층

3) 2층을 노인의료복지시설(노인요양시설)로 구조변경 없이 용도변경하는 경우

(1) 「화재예방, 소방시설 설치 · 유지 및 안전관리에 관한 법률」상 2층에 추가로 설치되어야 하는 소방시설의 종류

가. 자동화재속보설비

나. 피난기구

다. 가스누설경보기(가스시설이 설치된 경우만 해당한다.)

(2) 「소방기본법」상 불꽃을 사용하는 용접 · 용단기구로서 용접 또는 용단하는 작업장에서 지켜야 하는 사항(단, 「산업안전보건법」 제38조의 적용을 받는 사업장은 제외함.)

☞ 「소방기본법」 시행령 [별표 1]

용접 또는 용단 작업장에서는 다음 각 호의 사항을 지켜야 한다. 다만, 「산업안전보건법」 제38조의 적용을 받는 사업장의 경우에는 적용하지 아니한다.

가. 용접 또는 용단 작업자로부터 반경 5m 이내에 소화기를 갖추어 둘 것

나. 용접 또는 용단 작업장 주변 반경 10m 이내에는 가연물을 쌓아두거나 놓아두지 말 것. 다만, 가연물의 제거가 곤란하여 방지포 등으로 방호조치를 한 경우는 제외한다.

4) 2층에 일반음식점영업(영업장 사용면적 $100m^2$)을 하는 경우

(1) 「다중이용업소의 안전관리에 관한 특별법」상 영업장의 비상구에 부속실을 설치하는 경우 부속실 입구의 문과 부속실에서 건물 외부로 나가는 문(난간 높이 1m)에 설치하여야 하는 추락 등의 방지를 위한 시설

☞ 「다중이용업소의 안전관리에 관한 특별법 시행규칙」 [별표 2]

추락 등의 방지를 위하여 다음 사항을 갖추도록 할 것

가. 발코니 및 부속실 입구의 문을 개방하면 경보음이 울리도록 경보음 발생 장치를 설치하고, 추락위험을 알리는 표지를 문(부속실의 경우 외부로 나가는 문도 포함한다.)에 부착할 것

나. 부속실에서 건물 외부로 나가는 문 안쪽에는 기둥 · 바닥 · 벽 등의 견고한 부분에 탈착이 가능한 쇠사슬 또는 안전로프 등을 바닥에서부터 120cm 이상의 높이에 가로로 설치할 것. 다만, 120cm 이상의 난간이 설치된 경우에는 쇠사슬 또는 안전로프 등을 설치하지 않을 수 있다.

(2) 「다중이용업소의 안전관리에 관한 특별법」상 안전시설 등 세부점검표의 점검사항 중 피난설비 작동기능점검 및 외관점검에 관한 확인사항 4가지

☞ 「다중이용업소의 안전관리에 관한 특별법 시행규칙」 [별지 제10호 서식]

가. 유도등 · 유도표지 등 부착상태 및 점등상태 확인

나. 구획된 실마다 휴대용비상조명등 비치 여부

다. 화재신호 시 피난유도선 점등상태 확인

라. 피난기구(완강기, 피난사다리 등) 설치상태 확인

2. 다음 물음에 답하시오.

1) 특별피난계단의 계단실 및 부속실 제연설비의 화재안전기준(NFSC 501A)상 방연풍속측정방법, 측정결과 부적합 시 조치방법

(1) 측정방법

가. 부속실과 면하는 옥내 및 계단실의 출입문을 동시에 개방할 경우, 유입공기의 풍속이 다음 표에 따른 방연풍속에 적합한지 여부를 확인

나. 유입공기의 풍속은 출입문의 개방에 따른 개구부를 대칭적으로 균등 분할하는 10 이상의 지점에서 측정하는 풍속의 평균치로 할 것

제연구역		방연풍속
계단실 및 그 부속실을 **동시**에 제연하는 것 또는 **계단실만** 단독으로 제연하는 것		0.5m/s 이상
부속실만 단독으로 제연하는 것 또는 비상용승강기의 **승강장**만 단독으로 제연하는 것	부속실 또는 승강장이 면하는 옥내가 **거실**인 경우	0.7m/s 이상
	부속실 또는 승강장이 면하는 옥내가 **복도**로서 그 구조가 방화구조(내화시간이 30분 이상인 구조를 포함한다.)인 것	0.5m/s 이상

(2) 측정결과 부적합 시 조치방법

가. 급기구의 개구율을 조정

나. 송풍기의 풍량조절댐퍼를 조정하여 적합하게 할 것

2) 특별피난계단의 계단실 및 부속실 제연설비의 성능시험조사표에서 송풍기 풍량측정의 일반사항 중 측정점과 풍속·풍량 계산식

☞ 소방시설 자체점검사항 등에 관한 고시 [별지 5]

(1) 풍량 측정점은 덕트 내의 풍속, 시공상태, 현장여건 등을 고려하여 송풍기의 흡입측 또는 토출측 덕트에서 정상류가 형성되는 위치를 선정한다. 일반적으로 엘보 등 방향전환 지점 기준 하류 쪽은 덕트 직경(장방형 덕트의 경우 상당지름)의 7.5배 이상, 상류 쪽은 2.5배 이상 지점에서 측정하여야 하며, 직관길이가 미달하는 경우 최적 위치를 선정하여 측정하고 측정기록지에 기록한다.

(2) 피토관 측정 시 풍속은 아래 공식으로 계산한다.

$V = 1.29\sqrt{P_v}$

여기서, V : 풍속(m/s), P_v : 동압(Pa)

(3) 풍량 계산은 아래 공식으로 계산한다.

$Q = 3,600\,VA$

여기서, Q : 풍량(m^3/h), V : 평균풍속(m/s), A : 덕트의 단면적

3) 수신기의 기록장치에 저장하여야 하는 데이터

☞ 수신기 형식승인 및 제품검사의 기술기준 제17조의2

(1) (① 주전원과 예비전원의 on/off 상태)

(2) (② 경계구역의 감지기, 중계기 및 발신기 등의 화재신호와 소화설비, 소화활동설비, 소화용수설비의 작동신호)

(3) 수신기와 외부배선(지구음향장치용의 배선, 확인장치용의 배선 및 전화장치용의 배선을 제외한다.)과의 단선상태

(4) (③ 수신기에서 제어하는 설비로의 출력신호와 수신기에 설비의 작동 확인표시가 있는 경우 확인신호)

(5) 수신기의 주경종스위치, 지구경종스위치, 복구스위치 등 기준 수신기 형식승인 및 제품검사의 기술기준 제11조(수신기의 제어기능)를 조작하기 위한 스위치의 정지상태

(6) [④ 가스누설신호(단, 가스누설신호 표시가 있는 경우에 한함.)]

(7) 수신기 형식승인 및 제품검사의 기술기준 제15조의2 제2항에 해당하는 신호(무선식 감지기, 무선식 중계기, 무선식 발신기와 접속되는 경우에 한함.)

(8) 수신기 형식승인 및 제품검사의 기술기준 제15조의2 제3항에 의한 확인신호를 수신하지 못한 내역(무선식 감지기, 무선식 중계기, 무선식 발신기와 접속되는 경우에 한함.)

4) 미분무소화설비의 화재안전기준(NFSC 104A)상 '미분무'의 정의와 미분무소화설비의 사용압력에 따른 저압, 중압 및 고압의 압력(MPa)범위

☞ 미분무소화설비의 화재안전기술기준(NFTC 104A) 1.7

(1) "미분무"란 물만을 사용하여 소화하는 방식으로 최소설계압력에서 헤드로부터 방출되는 물입자 중 99%의 누적체적분포가 400μm 이하로 분무되고 A, B, C급 화재에 적응성을 갖는 것을 말한다.

(2) "저압 미분무 소화설비"란 최고사용압력이 1.2MPa 이하인 미분무소화설비를 말한다.

(3) "중압 미분무 소화설비"란 사용압력이 1.2MPa을 초과하고 3.5MPa 이하인 미분무소화설비를 말한다.

(4) "고압 미분무 소화설비"란 최저사용압력이 3.5MPa을 초과하는 미분무소화설비를 말한다.

02 다음 물음에 답하시오.(30점)

1. 「화재예방, 소방시설 설치 · 유지 및 안전관리에 관한 법령」상 소방시설 등의 자체점검 시 점검인력 배치기준에 관한 다음 물음에 답하시오.(15점)

1) 다음 ( )에 들어갈 내용을 쓰시오.(9점)

대상용도	가감계수
공동주택(아파트 제외), (①), 항공기 및 자동차 관련 시설, 동물 및 식물 관련 시설, 분뇨 및 쓰레기 처리시설, 군사시설, 묘지 관련 시설, 관광휴게시설, 장례식장, 지하구, 문화재	(⑦)
문화 및 집회시설, (②), 의료시설(정신보건시설 제외), 교정 및 군사시설(군사시설 제외), 지하가, 복합건축물(1류에 속하는 시설이 있는 경우 제외), 발전시설, (③)	1.1
공장, 위험물 저장 및 처리시설, 창고시설	0.9
근린생활시설, 운동시설, 업무시설, 방송통신시설, (④)	(⑧)
노유자시설, (⑤), 위락시설, 의료시설(정신보건의료기관), 수련시설, (⑥)(1류에 속하는 시설이 있는 경우)	(⑨)

2) 「화재예방, 소방시설 설치 · 유지 및 안전관리에 관한 법령」상 소방시설의 자체점검 시 인력배치기준에 따라 지하구의 길이가 800m, 4차로인 터널의 길이가 1,000m일 때 다음에 답하시오.(6점)

(1) 지하구의 실제점검면적(m^2)을 구하시오.

(2) 한쪽 측벽에 소방시설이 설치되어 있는 터널의 실제점검면적(m^2)을 구하시오.

(3) 한쪽 측벽에 소방시설이 설치되어 있지 않는 터널의 실제점검면적(m^2)을 구하시오.

2. 소방시설 자체점검사항 등에 관한 고시에 관한 다음 물음에 답하시오.(9점)
   1) 통합감시시설 종합정밀점검 시 주·보조수신기 점검항목을 쓰시오.(5점)
   2) 거실제연설비 종합정밀점검 시 송풍기 점검사항을 쓰시오.(4점)
3. 자동화재탐지설비 및 시각경보장치의 화재안전기준(NFSC 203)상 감지기에 관한 다음 물음에 답하시오.(6점)
   1) 연기감지기를 설치할 수 없는 경우 건조실, 살균실, 보일러실, 주조실, 영사실, 스튜디오에 설치할 수 있는 적응열감지기 3가지를 쓰시오.(3점)
   2) 감지기회로의 도통시험을 위한 종단저항의 기준 3가지를 쓰시오.(3점)

1. 「화재예방, 소방시설 설치 · 유지 및 안전관리에 관한 법령」상 소방시설 등의 자체점검 시 점검인력 배치기준
   ※ 출제 당시 법령에 의한 풀이임.
   1) 「화재예방, 소방시설 설치 · 유지 및 안전관리에 관한 법률 시행규칙」 [별표 2]

대상용도	가감계수
공동주택(아파트 제외), (① 교육연구시설), 항공기 및 자동차 관련 시설, 동물 및 식물 관련 시설, 분뇨 및 쓰레기 처리시설, 군사시설, 묘지 관련 시설, 관광휴게시설, 장례식장, 지하구, 문화재	(⑦ 0.8)
문화 및 집회시설, (② 종교시설), 의료시설(정신보건시설 제외), 교정 및 군사시설(군사시설 제외), 지하가, 복합건축물(1류에 속하는 시설이 있는 경우 제외), 발전시설, (③ 판매시설)	1.1
공장, 위험물 저장 및 처리시설, 창고시설	0.9
근린생활시설, 운동시설, 업무시설, 방송통신시설, (④ 운수시설)	(⑧ 1.0)
노유자시설, (⑤ 숙박시설), 위락시설, 의료시설(정신보건의료기관), 수련시설, (⑥ 복합건축물)(1류에 속하는 시설이 있는 경우)	(⑨ 1.2)

   2) 「화재예방, 소방시설 설치 · 유지 및 안전관리에 관한 법령」상 소방시설의 자체점검 시 인력배치기준
      ☞ 「화재예방, 소방시설 설치 · 유지 및 안전관리에 관한 법률 시행규칙」 [별표 2]
      (1) 지하구의 실제점검면적(m^2)
         지하구의 실제점검면적(m^2) = 800m × 1.8m = 1,440m^2
         ※ 지하구의 실제점검면적(m^2) = 길이(m) × 폭(m)
      (2) 한쪽 측벽에 소방시설이 설치되어 있는 터널의 실제점검면적(m^2)
         터널의 실제점검면적(m^2) = 1,000m × 3.5m = 3,500m^2
      (3) 한쪽 측벽에 소방시설이 설치되어 있지 않는 터널의 실제점검면적(m^2)
         터널의 실제점검면적(m^2) = 1,000m × 7m = 7,000m^2
         ※ 터널의 실제점검면적(m^2) = 길이(m) × 폭(m)
            여기서, 폭(m) : 3차로 이하 3.5m, 4차로 이상 7m
            (단, 한쪽 측벽에 소방시설이 설치된 4차로 이상인 터널의 경우 폭 3.5m)

2. 소방시설 자체점검사항 등에 관한 고시
   1) 통합감시시설 점검항목 ※ 현행 법령에 의한 풀이임.
      ☞ 소방시설 자체점검사항 등에 관한 고시 [별지 4] [개정 2022. 12. 1]
      (1) 주 · 보조 수신기 설치 적정 여부
      (2) 수신기 간 원격제어 및 정보공유 정상 작동 여부

(3) 예비선로 구축 여부

2) 거실제연설비 종합정밀점검 시 송풍기 점검사항

☞ 소방시설 자체점검사항 등에 관한 고시 [별지 4] [개정 2022. 12. 1]

(1) 배출기와 배출풍도 사이 캔버스 내열성 확보 여부

(2) 배출기 회전이 원활하며 회전방향 정상 여부

(3) 변형 · 훼손 등이 없고 V-벨트 기능 정상 여부

(4) 본체의 방청, 보존상태 및 캔버스 부식 여부

(5) 배풍기 내열성 단열재 단열처리 여부

3. 자동화재탐지설비 및 시각경보장치의 화재안전기술기준(NFTC 203)상 감지기

1) 연기감지기를 설치할 수 없는 경우 건조실, 살균실, 보일러실, 주조실, 영사실, 스튜디오에 설치할 수 있는 적응열감지기 3가지

☞ 자동화재탐지설비 및 시각경보장치의 화재안전기술기준(NFTC 203) 2.4.6

(1) 정온식 감지기(특종)

(2) 정온식 감지기(1종)

(3) 열아날로그식 감지기

2) 감지기회로의 도통시험을 위한 종단저항의 기준 3가지

☞ 자동화재탐지설비 및 시각경보장치의 화재안전기술기준(NFTC 203) 2.8.1.3

(1) 점검 및 관리가 쉬운 장소에 설치할 것

(2) 전용함을 설치하는 경우 그 설치 높이는 바닥으로부터 1.5m 이내로 할 것

(3) 감지기회로의 끝부분에 설치하며, 종단감지기에 설치할 경우에는 구별이 쉽도록 해당 감지기의 기판 및 감지기 외부 등에 별도의 표시를 할 것

03 다음 물음에 답하시오.(30점)

1. 소방시설 자체점검사항 등에 관한 고시에서 규정하고 있는 조사표에 관한 사항이다. 다음 물음에 답하시오.(16점)
   1) 내진설비 성능시험 조사표의 종합정밀점검표 중 가압송수장치, 지진분리이음, 수평배관 흔들림 방지 버팀대의 점검항목을 각각 쓰시오.(10점)
   2) 미분무소화설비 성능시험 조사표의 성능 및 점검항목 중 “설계도서 등”의 점검항목을 쓰시오.(6점)
2. 「다중이용업소의 안전관리에 관한 특별법령」상 다중이용업소의 비상구 공통기준 중 비상구 구조, 문이 열리는 방향, 문의 재질에 대하여 규정된 사항을 각각 쓰시오.(10점)
3. 옥내소화전설비의 화재안전기준(NFSC 102)상 배선에 사용되는 전선의 종류 및 공사방법에 관한 다음 물음에 답하시오.(4점)
   1) 내화전선의 내화성능을 설명하시오.(2점)
   2) 내열전선의 내열성능을 설명하시오.(2점)

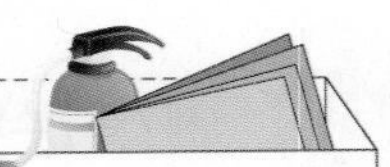

1. 소방시설 자체점검사항 등에 관한 고시에서 규정하고 있는 조사표

1) 내진설비 성능시험 조사표의 종합정밀점검표 중 가압송수장치, 지진분리이음, 수평배관 흔들림 방지 버팀대의 점검항목

☞ 소방시설 자체점검사항 등에 관한 고시 [별지 5]

(1) 가압송수장치

가. 앵커볼트

가) 가동중량 1,000kg 이하인 설비에서 바닥면에 고정되는 길이가 긴 변의 양쪽 모서리에 직경 12mm 이상의 앵커볼트로 고정 및 앵커볼트의 근입깊이 10cm 이상 여부

나) 가동중량 1,000kg 이상인 설비에서 바닥면에 고정되는 길이가 긴 변의 양쪽 모서리에 직경 20mm 이상의 앵커볼트로 고정 및 앵커볼트의 근입깊이 10cm 이상 여부

나. 펌프와 연결되는 입상배관 연결부의 배관에 대한 내진설계 방법 적용 여부

다. 내진스토퍼

가) 내진스토퍼 설치상태의 적합 여부

나) 내진스토퍼의 허용하중이 수평지진하중 이상 여부

(2) 지진분리이음

가. 신축이음쇠가 배관의 변형을 최소화하고 주요 부품 사이의 유연성을 증가시킬 필요가 있는 위치에 설치 여부

나. 배관구경 65mm 이상의 배관에서 입상관의 상·하 단부의 0.6m, 0.3m 이내에 설치여부 및 입상관의 길이 0.9~2.1m 시 1개 이상의 신축이음쇠 설치 여부

다. 배관구경 65mm 이상의 배관에서 입상관의 길이 0.9m 미만 시 신축이음쇠 미설치 여부

라. 배관구경 65mm 이상의 배관에서 입상관 또는 수직배관의 중간 지지부가 있는 경우 지지부의 윗부분 및 아랫부분으로부터 0.6m 이내에 신축이음쇠 설치 여부

(3) 수평배관 흔들림 방지 버팀대

가. 횡방향 흔들림 방지 버팀대

가) 주배관, 교차배관 및 65mm 이상의 가지배관 및 기타 배관에 설치 여부

나) 버팀대의 간격이 중심선 기준으로 최대 12m 초과 여부

다) 마지막 버팀대와 배관 단부 사이의 거리가 1.8m 초과 여부

라) 수평지진하중 산정 시 버팀대의 모든 가지배관 포함 여부

나. 종방향 흔들림 방지 버팀대

가) 주배관 및 교차배관에 설치된 종방향 흔들림 방지 버팀대의 간격이 24m 초과 여부

나) 마지막 버팀대와 배관 단부 사이의 거리가 12m 초과 여부

다) 4방향 버팀대의 경우 횡방향 및 종방향 버팀대의 역할을 동시에 수행 여부

2) 미분무소화설비 성능시험 조사표의 성능 및 점검항목 중 "설계도서 등"의 점검항목

☞ 소방시설 자체점검사항 등에 관한 고시 [별지 제4의 8호 서식]

(1) 설계도서는 구분 작성 여부(일반설계도서와 특별설계도서)

(2) 설계도서 작성 시 고려사항의 적정성(점화원 형태, 초기 점화 연료의 유형, 화재 위치, 개구부 초기 상태 및 시간에 따른 변화 상태, 공조조화설비 형태, 시공 유형 및 내장재 유형)

(3) 특별도서의 위험도 설정 적합성

(4) 성능시험기관으로부터의 검증 여부

2. 「다중이용업소의 안전관리에 관한 특별법령」상 다중이용업소의 비상구 공통기준 중 비상구 구조, 문이 열리는 방향, 문의 재질에 대하여 규정된 사항

☞ 「다중이용업소의 안전관리에 관한 특별법 시행규칙」 [별표 2]

1) 비상구 구조

(1) 비상구는 구획된 실 또는 천장으로 통하는 구조가 아닌 것으로 할 것. 다만, 영업장 바닥에서 천장까지 불연재료(不燃材料)로 구획된 부속실(전실)은 그러하지 아니하다.

(2) 비상구는 다른 영업장 또는 다른 용도의 시설(주차장은 제외한다)을 경유하는 구조가 아닌 것이어야 하고, 층별 영업장은 다른 영업장 또는 다른 용도의 시설과 불연재료 · 준불연재료로 된 차단벽이나 칸막이로 분리되도록 할 것. 다만, 둘 이상의 영업소가 주방 외에 객실부분을 공동으로 사용하는 등의 구조 또는 「식품위생법 시행규칙」 [별표 14] 제8호 가목 5) 다)에 따라 각 영업소와 영업소 사이를 분리 또는 구획하는 별도의 차단벽이나 칸막이 등을 설치하지 않을 수 있는 경우는 그러하지 아니하다.

2) 문이 열리는 방향

피난방향으로 열리는 구조로 할 것. 다만, 주된 출입구의 문이 「건축법 시행령」 제35조에 따른 피난계단 또는 특별피난계단의 설치기준에 따라 설치하여야 하는 문이 아니거나 같은 법 시행령 제46조에 따라 설치되는 방화구획이 아닌 곳에 위치한 주된 출입구가 다음의 기준을 충족하는 경우에는 자동문[미서기(슬라이딩)문을 말한다.]으로 설치할 수 있다.

(1) 화재감지기와 연동하여 개방되는 구조
(2) 정전 시 자동으로 개방되는 구조
(3) 정전 시 수동으로 개방되는 구조

3) 문의 재질

주요 구조부(영업장의 벽, 천장 및 바닥을 말한다. 이하 이 표에서 같다.)가 내화구조(耐火構造)인 경우 비상구와 주된 출입구의 문은 방화문(防火門)으로 설치할 것. 다만, 다음의 어느 하나에 해당하는 경우에는 불연재료로 설치할 수 있다.

(1) 주요 구조부가 내화구조가 아닌 경우
(2) 건물의 구조상 비상구 또는 주된 출입구의 문이 지표면과 접하는 경우로서 화재의 연소 확대 우려가 없는 경우
(3) 비상구 또는 주 출입구의 문이 「건축법 시행령」 제35조에 따른 피난계단 또는 특별피난계단의 설치기준에 따라 설치하여야 하는 문이 아니거나 같은 법 시행령 제46조에 따라 설치되는 방화구획이 아닌 곳에 위치한 경우

3. 옥내소화전설비의 화재안전기술기준(NFTC 102)상 배선에 사용되는 전선의 종류 및 공사방법

1) 내화전선의 내화성능

☞ 옥내소화전설비의 화재안전기술기준(NFTC 102) 2.7.2

내화전선의 내화성능은 KS C IEC 60331-1과 2(온도 830℃/가열시간 120분) 표준 이상을 충족하고 난연성능 확보를 위해 KS C IEC 60332-3-24 성능을 충족할 것

2) 내열전선의 내열성능 ※ 출제 당시 법령에 의한 풀이임.

☞ 옥내소화전설비의 화재안전기준(NFSC 102) [별표 1]

내열전선의 내열성능은 온도가 816±10℃인 불꽃을 20분간 가한 후 불꽃을 제거하였을 때 10초 이내에 자연소화가 되고, 전선의 연소된 길이가 180mm 이하이거나 가열온도의 값을 한국산업표준(KS F 2257-1)에서 정한 건축구조 부분의 내화시험 방법으로 15분 동안 380℃까지 가열한 후 전선의 연소된 길이가 가열로의 벽으로부터 150mm 이하일 것. 또는 소방청장이 정하여 고시한 「소방용 전선의 성능인증 및 제품검사의 기술기준」에 적합할 것

21회 소방시설의 점검실무행정 〈2021. 9. 18 시행〉

01 다음 물음에 답하시오.(40점)

1. 비상경보설비 및 단독경보형 감지기의 화재안전기준(NFSC 201)에서 발신기의 설치기준이다. ( )에 들어갈 내용을 쓰시오.(5점)

> 1) 조작이 쉬운 장소에 설치하고, 조작스위치는 바닥으로부터 0.8m 이상 1.5m 이하의 높이에 설치할 것
> 2) 특정소방대상물의 층마다 설치하되, 해당 특정소방대상물의 각 부분으로부터 하나의 발신기까지의 (①)가 25m 이하가 되도록 할 것. 다만, 복도 또는 별도로 구획된 실로서 (②)가 40m 이상일 경우에는 추가로 설치하여야 한다.
> 3) 발신기의 위치표시등은 (③)에 설치하되, 그 불빛은 부착면으로부터 (④) 이상의 범위 안에서 부착지점으로부터 10m 이내의 어느 곳에서도 쉽게 식별할 수 있는 (⑤)으로 할 것

2. 옥내소화전설비의 화재안전기준(NFSC 102)에서 소방용 합성수지배관의 성능인증 및 제품검사의 기술기준에 적합한 소방용 합성수지배관을 설치할 수 있는 경우 3가지를 쓰시오.(6점)
3. 옥내소화전설비의 방수압력 점검 시 노즐 방수압력이 절대압력으로 2,760mmHg일 경우 방수량(m^3/s)과 노즐에서의 유속(m/s)을 구하시오.(단, 유량계수는 0.99, 옥내소화전 노즐 구경은 1.3cm이다.)(10점)
4. 소방시설 자체점검사항 등에 관한 고시의 소방시설외관점검표에 대하여 다음 물음에 답하시오.(7점)
   1) 소화기의 점검내용 5가지를 쓰시오.(3점)
   2) 스프링클러설비의 점검내용 6가지를 쓰시오.(4점)
5. 건축물의 소방점검 중 다음과 같은 사항이 발생하였다. 이에 대한 원인과 조치방법을 각각 3가지씩 쓰시오.(12점)
   1) 아날로그감지기 통신선로의 단선표시등 점등(6점)
   2) 습식 스프링클러설비의 충압펌프의 잦은 기동과 정지(단, 충압펌프는 자동정지, 기동용 수압개폐장치는 압력챔버방식이다).(6점)

※ 출제 당시 법령에 의한 풀이임.

1. 비상경보설비 및 단독경보형 감지기의 화재안전기준(NFSC 201)에서 발신기의 설치기준

> 1) 조작이 쉬운 장소에 설치하고, 조작스위치는 바닥으로부터 0.8m 이상 1.5m 이하의 높이에 설치할 것
> 2) 특정소방대상물의 층마다 설치하되, 해당 특정소방대상물의 각 부분으로부터 하나의 발신기까지의 (① 수평거리)가 25m 이하가 되도록 할 것. 다만, 복도 또는 별도로 구획된 실로서 (② 보행거리)가 40m 이상일 경우에는 추가로 설치하여야 한다.
> 3) 발신기의 위치표시등은 (③ 함의 상부)에 설치하되, 그 불빛은 부착면으로부터 (④ 15°) 이상의 범위 안에서 부착지점으로부터 10m 이내의 어느 곳에서도 쉽게 식별할 수 있는 (⑤ 적색등)으로 할 것

2. 옥내소화전설비의 화재안전기준(NFSC 102)에서 소방용 합성수지배관의 성능인증 및 제품검사의 기술기준에 적합한 소방용 합성수지배관을 설치할 수 있는 경우 3가지
   1) 배관을 지하에 매설하는 경우
   2) 다른 부분과 내화구조로 구획된 덕트 또는 피트의 내부에 설치하는 경우
   3) 천장(상층이 있는 경우에는 상층바닥의 하단을 포함한다. 이하 같다.)과 반자를 불연재료 또는 준불연재료로 설치하고 그 내부에 습식으로 배관을 설치하는 경우

3. 옥내소화전설비의 방수압력 점검 시 노즐 방수압력이 절대압력으로 2,760mmHg일 경우 방수량(m^3/s)과 노즐에서의 유속(m/s)(단, 유량계수는 0.99, 옥내소화전 노즐 구경은 1.3cm이다.)

$$Q = 0.6597 C d^2 \sqrt{10P}$$

여기서, Q(L/min) : 방수량
C : 유량계수(0.99)
d(mm) : 노즐 구경[13mm]
P(MPa) : 방사압력(Pitot 게이지 눈금)

절대압력＝대기압＋계기압

계기압＋절대압력－대기압＝2,760mmHg－760mmHg＝2,000mmHg

$$Q(\text{m}^3/\text{sec}) = 0.6597 C d^2 \sqrt{10P}$$

$$= 0.6597 \times 0.99 \times 13^2 \times \sqrt{10 \times 2{,}000\text{mmHg} \times \frac{0.101325\text{MPa}}{760\text{mmHg}}} \times \frac{1\text{m}^3}{1000l} \times \frac{1\text{min}}{60\text{sec}}$$

$$= 0.003(\text{m}^3/\text{sec})$$

$Q = A \times V$에서

$$V = \frac{Q}{A} = \frac{0.003\text{m}^3/\text{sec}}{\frac{\pi}{4} \times 0.013^2\text{m}^2} \fallingdotseq 22.601\text{m/sec} = 22.6\text{m/sec}$$

∴ 유량 : 0.003m^3/sec, 유속 22.6m/sec

참고 1atm＝10.332mmH_2O＝760mmHg＝1.0332kg/cm^2＝101,325Pa＝101.325kPa＝0.101325MPa

4. 소방시설 자체점검사항 등에 관한 고시의 소방시설외관점검표
   1) 소화기 외관점검항목 〈개정 2022. 12. 1〉
      (1) 거주자 등이 손쉽게 사용할 수 있는 장소에 설치되어 있는지 여부
      (2) 구획된 거실(바닥면적 33m^2 이상)마다 소화기 설치 여부
      (3) 소화기 표지 설치 여부
      (4) 소화기의 변형·손상 또는 부식이 있는지 여부
      (5) 지시압력계(녹색범위)의 적정 여부
      (6) 수동식 분말소화기 내용연수(10년) 적정 여부
   2) 스프링클러설비의 점검내용 6가지
      (1) 수원의 양 적정 여부
      (2) 제어밸브의 개폐, 작동, 접근 등의 용이성 여부
      (3) 제어밸브의 수압 및 공기압 계기가 정상압으로 유지되고 있는지 여부
      (4) 배관 및 헤드의 누수 여부
      (5) 헤드 감열 및 살수 분포의 방해물 설치 여부
      (6) 동결 또는 부식할 우려가 있는 부분에 보온, 방호조치가 되고 있는지 여부

5. 건축물의 소방점검 중 다음과 같은 사항이 발생하였다. 이에 대한 원인과 조치방법

1) 아날로그감지기 통신선로의 단선표시등 점등

원 인	조치방법
(1) 아날로그감지기의 주소가 불일치한 경우	해당 감지기 탈착 후 뒷면의 주소를 입출력표와 비교하여 같은 번호로 설정한다.
(2) 수신기와 아날로그감지기 간의 통신선이 단선된 경우	해당 구간의 통신선로를 점검한다.
(3) 아날로그감지기가 불량인 경우	불량인 아날로그감지기를 교체한다.

2) 습식 스프링클러설비의 충압펌프의 잦은 기동과 정지(단, 충압펌프는 자동정지, 기동용 수압개폐장치는 압력챔버방식이다.)

☞ 9회 문제 3번 풀이 참조

02 다음 물음에 답하시오.(30점)

1. 소방시설 자체점검사항 등에 관한 고시의 소방시설 등(작동기능, 종합정밀) 점검표에 대하여 다음 물음에 답하시오.(10점)
   1) 제연설비 배출기의 점검항목 5가지를 쓰시오.(5점)
   2) 분말소화설비 가압용 가스용기의 점검항목 5가지를 쓰시오.(5점)
2. 건축물의 피난 · 방화구조 등의 기준에 관한 규칙에 대하여 다음 물음에 답하시오.(10점)
   1) 건축물의 바깥쪽에 설치하는 피난계단의 구조기준 4가지를 쓰시오.(4점)
   2) 하향식 피난구(덮개, 사다리, 경보시스템을 포함한다.) 구조기준 6가지를 쓰시오.(6점)
3. 비상조명등의 화재안전기준(NFSC 304) 설치기준에 관한 내용 중 일부이다. (　)에 들어갈 내용을 쓰시오.(5점)

> 비상전원은 비상조명등을 20분 이상 유효하게 작동시킬 수 있는 용량으로 할 것. 다만, 다음 각 목의 특정소방대상물의 경우에는 그 부분에서 피난층에 이르는 부분의 비상조명등을 60분 이상 유효하게 작동시킬 수 있는 용량으로 하여야 한다.
> 1) 지하층을 제외한 층수가 11층 이상의 층
> 2) 지하층 또는 무창층으로서 용도가 (①) · (②) · (③) · (④) 또는 (⑤)

4. 유도등 및 유도표지의 화재안전기준(NFSC 303)에서 공연장 등 어두워야 할 필요가 있는 장소에 3선식 배선으로 상시 충전되는 유도등의 전기회로에 점멸기를 설치하는 경우, 점등되어야 하는 때에 해당하는 것 5가지를 쓰시오.(5점)

※ 출제 당시 법령에 의한 풀이임.

1. 소방시설 자체점검사항 등에 관한 고시의 소방시설 등(작동기능, 종합정밀) 점검표
   1) 제연설비 배출기의 점검항목 5가지
      (1) 배출기와 배출풍도 사이 캔버스 내열성 확보 여부
      (2) 배출기 회전이 원활하며 회전방향 정상 여부

(3) 변형 · 훼손 등이 없고 V-벨트 기능 정상 여부
(4) 본체의 방청, 보존상태 및 캔버스 부식 여부
(5) 배풍기 내열성 단열재 단열처리 여부

2) 분말소화설비 가압용 가스용기의 점검항목 5가지
(1) 가압용 가스용기 저장용기 접속 여부
(2) 가압용 가스용기 전자개방밸브 부착 적정 여부
(3) 가압용 가스용기 압력조정기 설치 적정 여부
(4) 가압용 또는 축압용 가스 종류 및 가스량 적정 여부
(5) 배관 청소용 가스 별도 용기 저장 여부

2. 건축물의 피난 · 방화구조 등의 기준에 관한 규칙

1) 건축물의 바깥쪽에 설치하는 피난계단의 구조기준 4가지
☞ 「건축물의 피난 · 방화구조 등의 기준에 관한 규칙」 제9조 제2항 제2호
(1) 계단은 그 계단으로 통하는 출입구 외의 창문 등(망이 들어 있는 유리의 붙박이창으로서 그 면적이 각각 $1m^2$ 이하인 것을 제외한다.)으로부터 2m 이상의 거리를 두고 설치할 것
(2) 건축물의 내부에서 계단으로 통하는 출입구에는 60+방화문 또는 60분 방화문을 설치할 것
(3) 계단의 유효너비는 0.9m 이상으로 할 것
(4) 계단은 내화구조로 하고 지상까지 직접 연결되도록 할 것

2) 하향식 피난구(덮개, 사다리, 경보시스템을 포함한다.) 구조기준 6가지
☞ 「건축물의 피난 · 방화구조 등의 기준에 관한 규칙」 제14조 제4항
(1) 피난구의 덮개는 품질시험을 실시한 결과 비차열 1시간 이상의 내화성능을 가져야 하며, 피난구의 유효 개구부 규격은 직경 60cm 이상일 것
(2) 상층 · 하층 간 피난구의 설치위치는 수직방향 간격을 15cm 이상 띄어서 설치할 것
(3) 아래층에서는 바로 위층의 피난구를 열 수 없는 구조일 것
(4) 사다리는 바로 아래층의 바닥면으로부터 50cm 이하까지 내려오는 길이로 할 것
(5) 덮개가 개방될 경우에는 건축물관리시스템 등을 통하여 경보음이 울리는 구조일 것
(6) 피난구가 있는 곳에는 예비전원에 의한 조명설비를 설치할 것

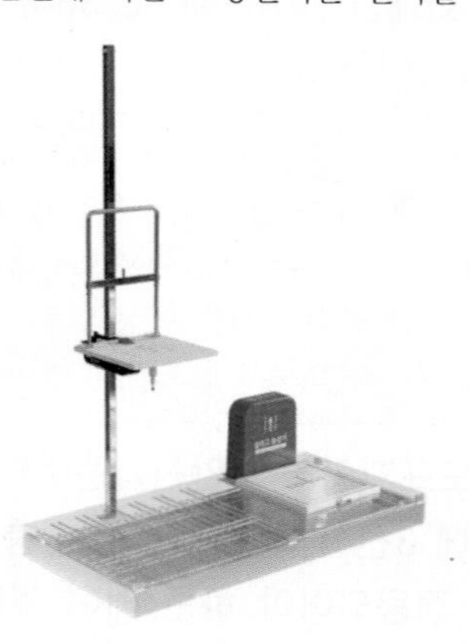

[하향식 피난구]

3. 비상조명등의 화재안전기준(NFSC 304) 설치기준에 관한 내용

비상전원은 비상조명등을 20분 이상 유효하게 작동시킬 수 있는 용량으로 할 것. 다만, 다음 각 목의 특정소방대상물의 경우에는 그 부분에서 피난층에 이르는 부분의 비상조명등을 60분 이상

유효하게 작동시킬 수 있는 용량으로 하여야 한다.
1) 지하층을 제외한 층수가 11층 이상의 층
2) 지하층 또는 무창층으로서 용도가 (① 도매시장) · (② 소매시장) · (③ 여객자동차터미널) · (④ 지하역사) 또는 (⑤ 지하상가)

4. 3선식 유도등 점등조건 5가지
☞ 유도등 및 유도표지의 화재안전기준(NFSC 303) 제9조 제4항
[M : 감 · 발 · 자 · 수 · 정 · 단]

1) 자동화재탐지설비의 **감**지기 또는 발신기가 작동되는 때 2) 비상경보설비의 **발**신기가 작동되는 때 3) **자**동소화설비가 작동되는 때	화재 시 점등
4) 방재업무를 통제하는 곳 또는 전기실의 배전반에서 **수**동으로 점등하는 때	수동으로 점등
5) 상용전원이 **정**전되거나, 전원선이 **단**선되는 때	정전/단전 시 점등

03 다음 물음에 답하시오.(30점)

1. 할론 1301 소화설비 약제저장용기의 저장량을 측정하려고 한다. 다음 물음에 답하시오.(12점)
   1) 액위측정법을 설명하시오.(3점)
   2) 아래 그림의 레벨메터(Level meter) 구성부품 중 각 부품(㉠~㉢)의 명칭을 쓰시오.(3점)

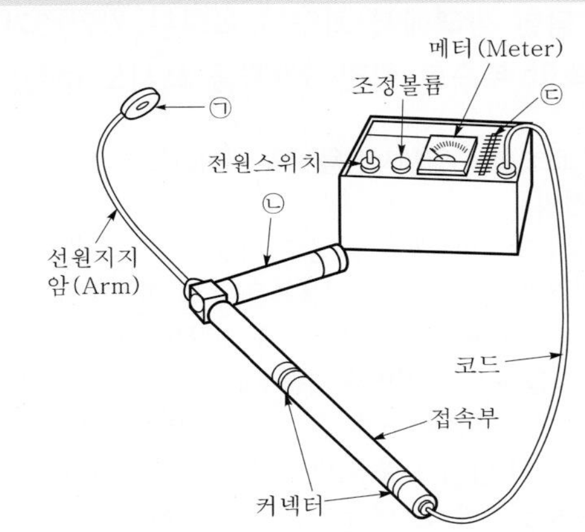

   3) 레벨메터(Level meter) 사용 시 주의사항 6가지를 쓰시오.(6점)
2. 자동소화장치에 대하여 다음 물음에 답하시오.(5점)
   1) 소화기구 및 자동소화장치의 화재안전기준(NFSC 101)에서 가스용 주방자동소화장치를 사용하는 경우 탐지부 설치 위치를 쓰시오.(2점)
   2) 소방시설 자체점검사항 등에 관한 고시의 소방시설 등(작동기능, 종합정밀) 점검표에서 상업용 주방자동소화장치의 점검항목을 쓰시오.(3점)

3. 준비작동식 스프링클러설비 전기 계통도(R형 수신기)이다. 최소 배선 수 및 회로 명칭을 각각 쓰시오.(4점)

구 분	전선의 굵기	최소 배선 수 및 회로 명칭
①	$1.5mm^2$	(㉠)
②	$2.5mm^2$	(㉡)
③	$2.5mm^2$	(㉢)
④	$2.5mm^2$	(㉣)

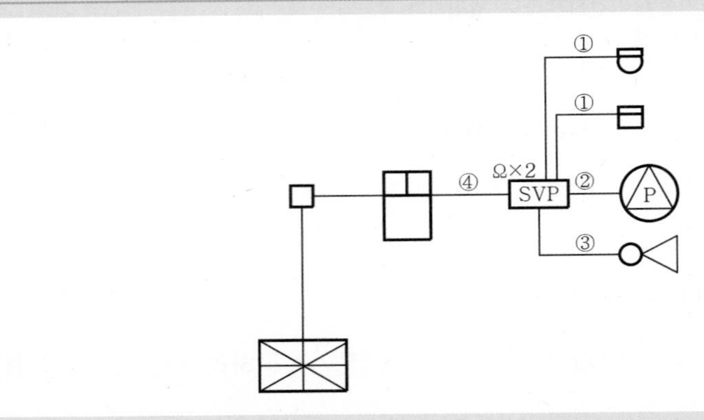

4. 특별피난계단의 부속실(전실) 제연설비에 대하여 다음 물음에 답하시오.(9점)
   1) 소방시설 자체점검사항 등에 관한 고시의 소방시설 성능시험조사표에서 부속실 제연설비의 "차압 등" 점검항목 4가지를 쓰시오.(4점)
   2) 전층이 닫힌 상태에서 차압이 과다한 원인 3가지를 쓰시오.(2점)
   3) 방연풍속이 부족한 원인 3가지를 쓰시오.(3점)

1. 할론 1301 소화설비 약제저장용기의 저장량을 측정
   1) 액위측정법
      (1) 본체의 밧데리 체크 및 온도 체크
      (2) 전원스위치를 켜고, 조정볼륨을 돌려 판독하기 좋은 위치로 조정한다.
      (3) 프로브(㉡)와 방사선원(㉠)을 저장용기에 삽입하고,
      (4) 지시계를 보면서 액면계 검출부를 저장용기의 상하로 서서히 움직이면, 메타지시계의 흔들림이 작은 부분과 크게 흔들리는 부분의 중간 부분의 위치를 체크한다.
      (5) 이 부분이 약제의 충전(액상) 높이이므로 줄자로 용기의 바닥에서부터 높이를 측정한다.
      (6) 측정이 끝나면 전원스위치를 끈다.(OFF 위치로 전환)
      (7) 약제량을 산정한다.(전용계산기 또는 약제 환산표 이용)
   2) 레벨메터(Level meter) 구성부품의 명칭
      ㉠ 방사선원
      ㉡ 프로브
      ㉢ 온도계

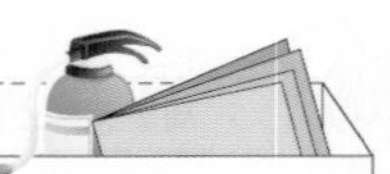

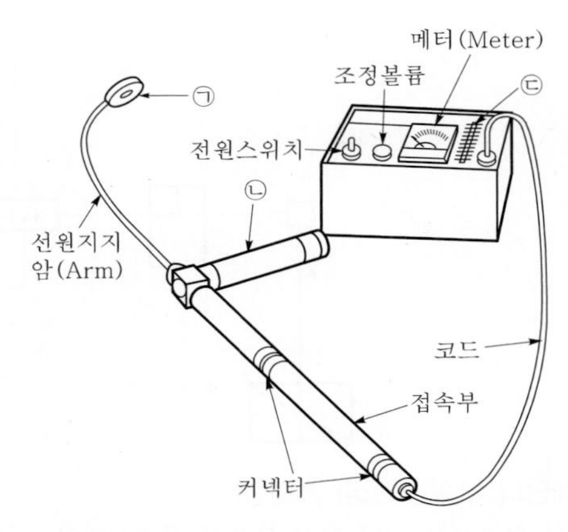

3) 레벨메터(Level meter) 사용 시 주의사항 6가지

(1) 레벨메터 본체와 탐침은 **충격**에 아주 민감하므로 레벨메터 측정을 위한 조립 시 및 측정 시에 충격이 가해지지 않도록 주의할 것

(2) 측정 시에는 **장갑**을 착용하고 방사선(Co-60)원이 직접 **피부**에 닿지 않도록 주의할 것

(3) 약제량 측정을 마친 경우는 **전원**을 꺼 놓을 것

(4) 측정장소의 **주위온도**가 높을 경우 액면의 판별이 곤란하게 되는 것에 주의할 것(CO_2 임계점 31.35℃)

(5) 지시계는 둔감해지거나, 10회 사용 후에는 **재조정**하여 사용할 것

(6) 용기는 **중량물**(약 150kg)이므로 거친 취급, 전도 등에 주의할 것

(7) 방사선원의 **수명**은 **3년**이므로, 3년마다 교체할 것

2. 자동소화장치

1) 가스용 주방자동소화장치를 사용하는 경우 탐지부 설치 위치

탐지부는 수신부와 분리하여 설치하되, 공기보다 가벼운 가스를 사용하는 경우에는 천장면으로부터 30cm 이하의 위치에 설치하고, 공기보다 무거운 가스를 사용하는 장소에는 바닥면으로부터 30cm 이하의 위치에 설치할 것

2) 상업용 주방자동소화장치의 점검항목

(1) 소화약제의 지시압력 적정 및 외관의 이상 여부

(2) 후드 및 덕트에 감지부와 분사헤드의 설치상태 적정 여부

(3) 수동기동장치의 설치상태 적정 여부

3. 준비작동식 스프링클러설비 전기 계통도(R형 수신기)에서 최소 배선 수 및 회로 명칭

구 분	전선의 굵기	최소 배선 수 및 회로 명칭
①	$1.5mm^2$	(㉠ 4선 : 회로선(2), 공통선(2))
②	$2.5mm^2$	(㉡ 4선 : 공통선(1), 압력스위치(1), 탬퍼스위치(1), 솔레노이드밸브(1))
③	$2.5mm^2$	(㉢ 2선 : 싸이렌(1), 공통선(1))
④	$2.5mm^2$	(㉣ 9선 : 전원(+, -), 전화, 감지기(A, B), 압력스위치(1), 탬퍼스위치(1), 솔레노이드밸브(1), 싸이렌(1))

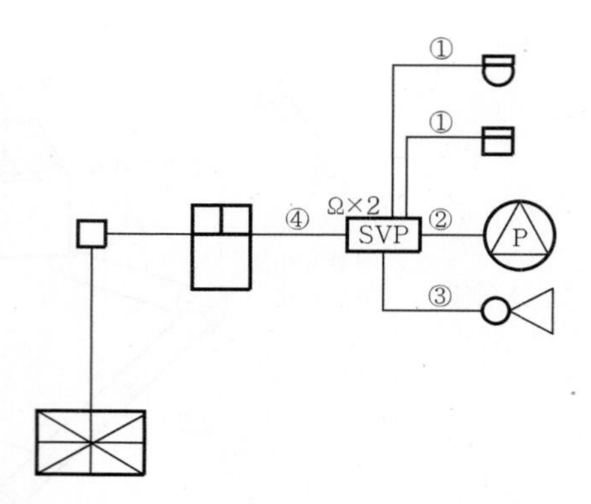

4. 특별피난계단의 부속실(전실) 제연설비

1) 소방시설 성능시험조사표에서 부속실 제연설비의 "차압 등" 점검항목 4가지
   (1) 제연구역과 옥내 사이 최소 차압 적정 여부
   (2) 제연설비 가동 시 출입문 개방력 적정 여부
   (3) 비개방층 최소 차압 적정 여부
   (4) 부속실과 계단실 차압 적정 여부(계단실과 부속실 동시 제연의 경우)

2) 전층이 닫힌 상태에서 차압이 과다한 원인 3가지
   (1) 송풍기 용량이 과다 설계된 경우
   (2) 플랩댐퍼의 설치누락 또는 기능 불량인 경우
   (3) 자동차압 과압조절형 댐퍼가 닫힌 상태에서 누설량이 많은 경우
   (4) 휀룸에 설치된 풍량조절 댐퍼로 풍량조절이 안 된 경우

3) 방연풍속이 부족한 원인 3가지
   (1) 송풍기의 용량이 과소 설계된 경우
   (2) 충분한 급기댐퍼 누설량에 필요한 풍도정압 부족 또는 급기댐퍼 규격이 과소설계된 경우
   (3) 배출휀의 정압성능이 과소 설계된 경우
   (4) 급기풍도의 규격미달로 과다손실이 발생된 경우
   (5) 덕트 부속류의 손실이 과다한 경우
   (6) 전실 내 출입문 틈새 누설량이 과다한 경우

22회 소방시설의 점검실무행정 〈2022. 9. 24 시행〉

01 다음 물음에 답하시오.(40점)

1. 누전경보기의 화재안전기준(NFSC 205)에서 누전경보기의 설치방법에 대하여 쓰시오.(7점)
2. 누전경보기에 대한 종합정밀점검표에서 수신부의 점검항목 4가지와 전원의 점검항목 3가지를 쓰시오.(7점)
3. 「화재예방, 소방시설 설치·유지 및 안전관리에 관한 법령」에 따라 무선통신보조설비를 설치하여야하는 특정소방대상물(위험물 저장 및 처리 시설 중 가스시설은 제외한다.) 5가지를 쓰시오.(5점)
4. 소방시설 자체점검사항 등에 관한 고시에서 무선통신보조설비 종합정밀점검표의 누설동축케이블 등의 점검항목 5가지와 증폭기 및 무선이동중계기의 점검항목 3가지를 쓰시오.(8점)
5. 소방시설 자체점검사항 등에 관한 고시에서 소방시설외관점검표의 자동화재탐지설비, 자동화재속보설비, 비상경보설비의 점검항목 6가지를 쓰시오.(6점)
6. 소방시설 자체점검사항 등에 관한 고시에서 이산화탄소소화설비의 종합정밀점검표상 수동식 기동장치의 점검항목 4가지와 안전시설 등의 점검항목 3가지를 쓰시오.(7점)

1. 누전경보기의 화재안전기술기준(NFTC 205)에서 누전경보기의 설치방법

☞ 누전경보기의 화재안전기술기준(NFTC 205) 2.1

1) 경계전로의 정격전류가 60A를 초과하는 전로에 있어서는 1급 누전경보기를, 60A 이하의 전로에 있어서는 1급 또는 2급 누전경보기를 설치할 것. 다만, 정격전류가 60A를 초과하는 경계전로가 분기되어 각 분기회로의 정격전류가 60A 이하로 되는 경우 당해 분기회로마다 2급 누전경보기를 설치한 때에는 당해 경계전로에 1급 누전경보기를 설치한 것으로 본다.
2) 변류기는 특정소방대상물의 형태, 인입선의 시설방법 등에 따라 옥외 인입선의 제1지점의 부하측 또는 제2종 접지선측의 점검이 쉬운 위치에 설치할 것. 다만, 인입선의 형태 또는 특정소방대상물의 구조상 부득이한 경우에는 인입구에 근접한 옥내에 설치할 수 있다.
3) 변류기를 옥외의 전로에 설치하는 경우에는 옥외형으로 설치할 것

2. 누전경보기 종합정밀점검표에서 수신부 점검항목 4가지, 전원 점검항목 3가지

1) 수신부 점검항목
   (1) 상용전원 공급 및 전원표시등 정상 점등 여부
   (2) 가연성 증기, 먼지 등 체류 우려 장소의 경우 차단기구 설치 여부
   (3) 수신부의 성능 및 누전경보 시험 적정 여부
   (4) 음향장치 설치장소(상시 사람이 근무) 및 음량·음색 적정 여부

2) 전원 점검항목
   (1) 분전반으로부터 전용회로 구성 여부
   (2) 개폐기 및 과전류차단기 설치 여부
   (3) 다른 차단기에 의한 전원차단 여부(전원을 분기할 경우)

3. 무선통신보조설비를 설치하여야하는 특정소방대상물(위험물 저장 및 처리 시설 중 가스시설은 제외한다.) 5가지

☞「소방시설 설치 및 관리에 관한 법률 시행령」[별표 4] 제5호 마목

1) 지하가(터널은 제외한다.)로서 연면적 1,000m^2 이상인 것
2) 지하층의 바닥면적의 합계가 3,000m^2 이상인 것 또는 지하층의 층수가 3층 이상이고 지하층의 바닥면적의 합계가 1,000m^2 이상인 것은 지하층의 모든 층
3) 지하가 중 터널로서 길이가 500m 이상인 것
4) 지하가 중 공동구
5) 층수가 30층 이상인 것으로서 16층 이상 부분의 모든 층

4. 무선통신보조설비 종합정밀점검표의 누설동축케이블 등의 점검항목 5가지와 증폭기 및 무선이동중계기의 점검항목 3가지

1) 무선통신보조설비 누설동축케이블 등 점검항목
   (1) 피난 및 통행 지장 여부(노출하여 설치한 경우)
   (2) 케이블 구성 적정(누설동축케이블+안테나 또는 동축케이블+안테나) 여부
   (3) 지지금구 변형·손상 여부
   (4) 누설동축케이블 및 안테나 설치 적정 및 변형·손상 여부
   (5) 누설동축케이블 말단 "무반사 종단저항" 설치 여부
2) 무선통신보조설비 증폭기 및 무선이동중계기
   (1) 상용전원 적정 여부
   (2) 전원표시등 및 전압계 설치상태 적정 여부
   (3) 증폭기 비상전원 부착 상태 및 용량 적정 여부

5. 자동화재탐지설비, 자동화재속보설비, 비상경보설비의 외관점검항목 6가지

☞「소방시설 자체점검사항 등에 관한 고시」[별지 6] 〈개정 2022. 12. 1〉

1) 수신기
   (1) 설치장소 적정 및 스위치 정상 위치 여부
   (2) 상용전원 공급 및 전원표시등 정상점등 여부
   (3) 예비전원(축전지) 상태 적정 여부
2) 감지기 : 감지기의 변형 또는 손상이 있는지 여부(단독경보형 감지기 포함)
3) 음향장치 : 음향장치(경종 등) 변형·손상 여부
4) 시각경보장치 : 시각경보장치 변형·손상 여부
5) 발신기
   (1) 발신기 변형·손상 여부
   (2) 위치표시등 변형·손상 및 정상점등 여부
6) 비상방송설비
   (1) 확성기 설치 적정(층마다 설치, 수평거리) 여부
   (2) 조작부 상 설비 작동층 또는 작동구역 표시 여부
7) 자동화재속보설비 : 상용전원 공급 및 전원표시등 정상 점등 여부

6. 이산화탄소소화설비의 종합정밀점검표상 수동식 기동장치의 점검항목 4가지와 안전시설 등의 점검항목 3가지
   1) 수동식 기동장치
      (1) 기동장치 부근에 비상스위치 설치 여부
      (2) 방호구역별 또는 방호대상별 기동장치 설치 여부
      (3) 기동장치 설치 적정(출입구 부근 등, 높이, 보호장치, 표지, 전원표시등) 여부
      (4) 방출용 스위치 음향경보장치 연동 여부
   2) 안전시설 등 점검항목
      (1) 소화약제 방출알림 시각경보장치 설치기준 적합 및 정상 작동 여부
      (2) 방호구역 출입구 부근 잘 보이는 장소에 소화약제 방출 위험경고표지 부착 여부
      (3) 방호구역 출입구 외부 인근에 공기호흡기 설치 여부

02 다음 물음에 답하시오.(30점)

1. 화재예방, 소방시설 설치·유지 및 안전관리에 관한 법령상 종합정밀점검의 대상인 특정소방대상물을 나열한 것이다. ( )에 들어갈 내용을 쓰시오.(5점)
   1) (㉠)가 설치된 특정소방대상물
   2) (㉡)「호스릴(Hose Reel) 방식의 (㉡)만을 설치하는 경우는 제외한다.」가 설치된 연면적 5,000m^2 이상인 특정소방대상물(위험물 제조소등은 제외한다.)
   3) 「다중이용업소의 안전관리에 관한 특별법 시행령」 제2조 제1호 나목, 같은 조 제2호(비디오물소극장업은 제외한다.)·제6호·제7호·제7호의2 및 제7호의5의 다중이용업의 영업장이 설치된 특정소방대상물로서 연면적이 2,000m^2 이상인 것
   4) (㉢)가 설치된 터널
   5) 「공공기관의 소방안전관리에 관한 규정」 제2조에 따른 공공기관 중 연면적(터널·지하구의 경우 그 길이와 평균폭을 곱하여 계산된 값을 말한다.)이 1,000m^2 이상인 것으로서 (㉣) 또는 (㉤)가 설치된 것. 다만, 「소방기본법」 제2조 제5호에 따른 소방대가 근무하는 공공기관은 제외한다.
2. 아래 조건을 참고하여 다음 물음에 답하시오.(11점)

   [조건] • 용도 : 복합건축물(1류 가감계수 : 1.2)
   • 연면적 : 450,000m^2(아파트, 의료시설, 판매시설, 업무시설)
     – 아파트 400세대(아파트용 주차장 및 부속용도 면적 합계 : 180,000m^2)
     – 의료시설, 판매시설, 업무시설 및 부속용도 면적 : 270,000m^2
   • 스프링클러설비, 이산화탄소 소화설비, 제연설비 설치됨
   • 점검인력 1단위+보조인력 2인

   1) 화재예방, 소방시설 설치·유지 및 안전관리에 관한 법령상 위 특정소방대상물에 대해 소방시설관리업자가 종합정밀점검을 실시할 경우 점검면적과 적정한 최소 점검일수를 계산하시오.(8점)

2) 화재예방, 소방시설 설치 · 유지 및 안전관리에 관한 법령상 소방시설관리업자가 위 특정소방대상물의 종합정밀점검을 실시한 후 부착해야 하는 점검기록표의 기재사항 5가지 중 3가지(대상명은 제외)만을 쓰시오.(3점)

3. 화재예방, 소방시설 설치 · 유지 및 안전관리에 관한 법령상 소방시설등의 자체점검의 횟수 및 시기, 점검결과보고서의 제출기한 등에 관한 내용이다. ( )에 들어갈 내용을 쓰시오.(7점)

1) 본 문항의 특정소방대상물은 연면적 1,500m²의 종합정밀점검 대상이며, 공공기관, 특급소방안전관리대상물, 종합정밀점검 면제 대상물이 아니다.

2) 위 특정소방대상물의 관계인은 종합정밀점검과 작동기능점검을 각각 연 (㉠) 이상 실시해야 하고, 관계인이 종합정밀점검 및 작동기능점검을 실시한 경우 (㉡) 이내에 소방본부장 또는 소방서장에게 점검결과보고서를 제출해야 하며, 그 점검결과를 (㉢)간 자체 보관해야 한다.

3) 소방시설관리업자가 점검을 실시한 경우, 점검이 끝난 날부터 (㉣) 이내에 점검인력 배치 상황을 포함한 소방시설등에 대한 자체점검실적을 평가기관에 통보하여야 한다.

4) 소방본부장 또는 소방서장은 소방시설이 화재안전기준에 따라 설치 또는 유지 · 관리되어 있지 아니할 때에는 조치명령을 내릴 수 있다. 조치명령을 받은 관계인이 조치명령의 연기를 신청하려면 조치명령의 이행기간 만료 (㉤) 전까지 연기신청서를 소방본부장 또는 소방서장에게 제출하여야 한다.

5) 위 특정소방대상물의 사용승인일이 2014년 5월 27일인 경우 특별한 사정이 없는 한 2022년에는 종합정밀점검을 (㉥)까지 실시해야 하고, 작동기능점검을 (㉦)까지 실시해야 한다.

4. 화재예방, 소방시설 설치 · 유지 및 안전관리에 관한 법령상 소방청장이 소방시설관리사의 자격을 취소하거나 2년 이내의 기간을 정하여 자격의 정지를 명할 수 있는 사유 7가지를 쓰시오.(7점)

1. 종합정밀점검의 대상인 특정소방대상물

1) (㉠ 스프링클러설비)가 설치된 특정소방대상물

2) (㉡ 물분무등소화설비) 「호스릴(Hose Reel) 방식의 (㉡ 물분무등소화설비)만을 설치하는 경우는 제외한다.」가 설치된 연면적 5,000m² 이상인 특정소방대상물(위험물 제조소등은 제외한다.)

3) 「다중이용업소의 안전관리에 관한 특별법 시행령」 제2조 제1호 나목, 같은 조 제2호(비디오물소극장업은 제외한다.) · 제6호 · 제7호 · 제7호의2 및 제7호의5의 다중이용업의 영업장이 설치된 특정소방대상물로서 연면적이 2,000m² 이상인 것

4) (㉢ 제연설비)가 설치된 터널

5) 「공공기관의 소방안전관리에 관한 규정」 제2조에 따른 공공기관 중 연면적(터널 · 지하구의 경우 그 길이와 평균폭을 곱하여 계산된 값을 말한다.)이 1,000m² 이상인 것으로서 (㉣ 옥내소화전설비) 또는 (㉤ 자동화재탐지설비)가 설치된 것. 다만, 「소방기본법」 제2조 제5호에 따른 소방대가 근무하는 공공기관은 제외한다.

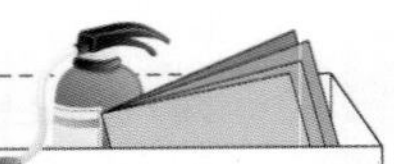

2. 조건을 참고하여 답변

1) 특정소방대상물에 대해 소방시설관리업자가 종합정밀점검을 실시할 경우 점검면적과 적정한 최소 점검일수 계산

☞ 「소방시설 설치 및 관리에 관한 법률 시행규칙」 [별표 4]

(1) 점검면적=(실제점검면적×가감계수)−(실제점검면적×가감계수×설비계수의 합)

가. 아파트 환산면적 : 400세대×33.3=13,320m^2

나. 의료시설, 판매시설, 업무시설 및 부속용도 면적 : 270,000m^2

다. 스프링클러설비, 이산화탄소 소화설비, 제연설비 설치되어 감소면적 없음

라. 점검면적=(13,320m^2+270,000m^2)×1.2−0(감소면적)=339,984m^2

(2) 점검일수=점검면적÷점검한도면적

가. 점검면적=339,984m^2

나. 점검한도면적=1단위(10,000m^2)+보조인력 2인(3,000m^2+3,000m^2)=16,000m^2/일

다. 점검일수=339,984m^2÷16,000m^2/일=21.249 ⇒ 22일

2) 소방시설관리업자가 위 특정소방대상물의 종합정밀점검을 실시한 후 부착해야 하는 점검기록표의 기재사항 5가지 중 3가지(대상명은 제외)

☞ 「소방시설 설치 및 관리에 관한 법률 시행규칙」 [별표 5]

1. 주 소
2. 점검구분
3. 점검자
4. 점검기간
5. 불량사항
6. 정비기간

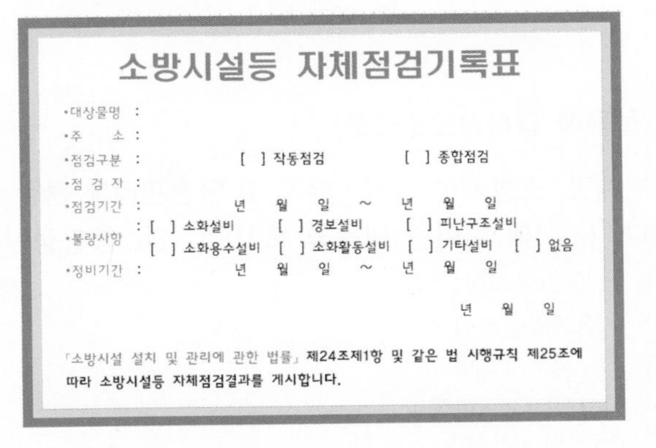

소방시설등 자체점검기록표

•대상물명 :
•주 소 :
•점검구분 : [ ] 작동점검 [ ] 종합점검
•점 검 자 :
•점검기간 : 년 월 일 ~ 년 월 일
•불량사항 : [ ] 소화설비 [ ] 경보설비 [ ] 피난구조설비
[ ] 소화용수설비 [ ] 소화활동설비 [ ] 기타설비 [ ] 없음
•정비기간 : 년 월 일 ~ 년 월 일

년 월 일

「소방시설 설치 및 관리에 관한 법률」 제24조제1항 및 같은 법 시행규칙 제25조에 따라 소방시설등 자체점검결과를 게시합니다.

3. 소방시설등의 자체점검의 횟수 및 시기, 점검결과보고서의 제출기한 등에 관한 내용

1) 본 문항의 특정소방대상물은 연면적 1,500m^2의 종합정밀점검 대상이며, 공공기관, 특급소방안전관리대상물, 종합정밀점검 면제 대상물이 아니다.

2) 위 특정소방대상물의 관계인은 종합정밀점검과 작동기능점검을 각각 연 (㉠ 1회) 이상 실시해야 하고, 관계인이 종합정밀점검 및 작동기능점검을 실시한 경우 (㉡ 7일) 이내에 소방본부장 또는 소방서장에게 점검결과보고서를 제출해야 하며, 그 점검결과를 (㉢ 2년)간 자체 보관해야 한다.

3) 소방시설관리업자가 점검을 실시한 경우, 점검이 끝난 날부터 (㉣ 10일) 이내에 점검인력 배치 상황을 포함한 소방시설등에 대한 자체점검실적을 평가기관에 통보하여야 한다.

4) 소방본부장 또는 소방서장은 소방시설이 화재안전기준에 따라 설치 또는 유지·관리되어 있지 아니할 때에는 조치명령을 내릴 수 있다. 조치명령을 받은 관계인이 조치명령의 연기를 신청하려면 조치명령의 이행기간 만료 (㉤ 5일) 전까지 연기신청서를 소방본부장 또는 소방서장에게 제출하여야 한다.

5) 위 특정소방대상물의 사용승인일이 2014년 5월 27일인 경우 특별한 사정이 없는 한 2022년에는 종합정밀점검을 (㉥ 5월 31일)까지 실시해야 하고, 작동기능점검을 (㉦ 11월 30일)까지 실시해야 한다.

4. 소방청장이 소방시설관리사의 자격을 취소하거나 2년 이내의 기간을 정하여 자격의 정지를 명할 수 있는 사유 7가지

☞ 「화재예방, 소방시설 설치 · 유지 및 안전관리에 관한 법률 시행규칙」 [별표 8] 제2호 나목

위반사항	행정처분기준		
	1차	2차	3차
(1) 거짓, 그 밖의 부정한 방법으로 시험에 합격한 경우	자격취소		
(2) 법 제20조 제6항에 따른 소방안전관리 업무를 하지 않거나 거짓으로 한 경우	경고 (시정명령)	자격정지 6월	자격취소
(3) 법 제25조에 따른 점검을 하지 않거나 거짓으로 한 경우	경고 (시정명령)	자격정지 6월	자격취소
(4) 법 제26조 제6항을 위반하여 소방시설관리증을 다른 자에게 빌려준 경우	자격취소		
(5) 법 제26조 제7항을 위반하여 동시에 둘 이상의 업체에 취업한 경우	자격취소		
(6) 법 제26조 제8항을 위반하여 성실하게 자체점검업무를 수행하지 아니한 경우	경고	자격정지 6월	자격취소
(7) 법 제27조 각 호의 어느 하나의 결격사유에 해당하게 된 경우	자격취소		

03 다음 물음에 답하시오.(30점)

1. 화재예방, 소방시설 설치 · 유지 및 안전관리에 관한 법령상 소방시설별 점검 장비이다. (　)에 들어갈 내용을 쓰시오. (단, 종합정밀점검의 경우임)(5점)

소방시설	장 비
스프링클러설비 포소화설비	○ (㉠)
이산화탄소소화설비 분말소화설비 할론소화설비 할로겐화합물 및 불활성기체(다른 원소와 화학반응을 일으키기 어려운 기체) 소화설비	○ (㉡) ○ (㉢) ○ 그 밖에 소화약제의 저장량을 측정할 수 있는 점검기구
자동화재탐지설비 시각경보기	○ 열감지기시험기 ○ 연감지기시험기 ○ (㉣) ○ (㉤) ○ 음량계

2. 소방시설 자체점검사항 등에 관한 고시에서 비상조명등 및 휴대용 비상조명등 점검표상의 휴대용 비상조명등의 점검항목 7가지를 쓰시오.(7점)
3. 옥내소화전설비의 화재안전기준(NFSC 102)에서 가압송수장치의 압력수조에 설치해야 하는 것을 5가지만 쓰시오.(5점)

4. 소방시설 자체점검사항 등에 관한 고시에서 비상경보설비 및 단독형 화재감지기 점검표상의 비상경보설비 점검항목 8가지를 쓰시오.(8점)

5. 가스누설경보기의 화재안전기준(NFSC 206)에서 분리형 경보기의 탐지부 및 단독형 경보기 설치 제외 장소 5가지를 쓰시오.(5점)

1. 소방시설별 점검 장비(단, 종합정밀점검의 경우임)

☞ 「소방시설 설치 및 관리에 관한 법률 시행규칙」 [별표 3]

소방시설	장 비
스프링클러설비 포소화설비	○ (㉠ 헤드결합렌치(볼트, 너트, 나사 등을 죄거나 푸는 공구))
이산화탄소소화설비 분말소화설비 할론소화설비 할로겐화합물 및 불활성기체(다른 원소와 화학반응을 일으키기 어려운 기체) 소화설비	○ (㉡ 검량계) ○ (㉢ 기동관누설시험기) ○ 그 밖에 소화약제의 저장량을 측정할 수 있는 점검기구
자동화재탐지설비 시각경보기	○ 열감지기시험기 ○ 연감지기시험기 ○ (㉣ 공기주입시험기) ○ (㉤ 감지기시험기연결막대) ○ 음량계

2. 점검표상의 휴대용 비상조명등의 점검항목 7가지
   1) 설치 대상 및 설치 수량 적정 여부
   2) 설치 높이 적정 여부
   3) 휴대용 비상조명등의 변형 및 손상 여부
   4) 어둠 속에서 위치를 확인할 수 있는 구조인지 여부
   5) 사용 시 자동으로 점등되는지 여부
   6) 건전지를 사용하는 경우 유효한 방전 방지조치가 되어있는지 여부
   7) 충전식 배터리의 경우에는 상시 충전되도록 되어 있는지의 여부

3. 옥내소화전설비의 화재안전기술기준(NFTC 102)에서 가압송수장치의 압력수조에 설치해야 하는 것 5가지

   ☞ 옥내소화전설비의 화재안전기술기준(NFTC 102) 2.2.3.2

   압력수조에는 수위계 · 급수관 · 배수관 · 급기관 · 맨홀 · 압력계 · 안전장치 및 압력저하 방지를 위한 자동식 공기압축기를 설치할 것

4. 소방시설 자체점검사항 등에 관한 고시에서 비상경보설비 점검항목 8가지
   1) 수신기 설치장소 적정(관리용이) 및 스위치 정상 위치 여부
   2) 수신기 상용전원 공급 및 전원표시등 정상점등 여부
   3) 예비전원(축전지) 상태 적정 여부(상시 충전, 상용전원 차단 시 자동절환)
   4) 지구음향장치 설치기준 적합 여부
   5) 음향장치(경종 등) 변형 · 손상 확인 및 정상 작동(음량 포함) 여부
   6) 발신기 설치 장소, 위치(수평거리) 및 높이 적정 여부

7) 발신기 변형 · 손상 확인 및 정상 작동 여부
8) 위치표시등 변형 · 손상 확인 및 정상 점등 여부

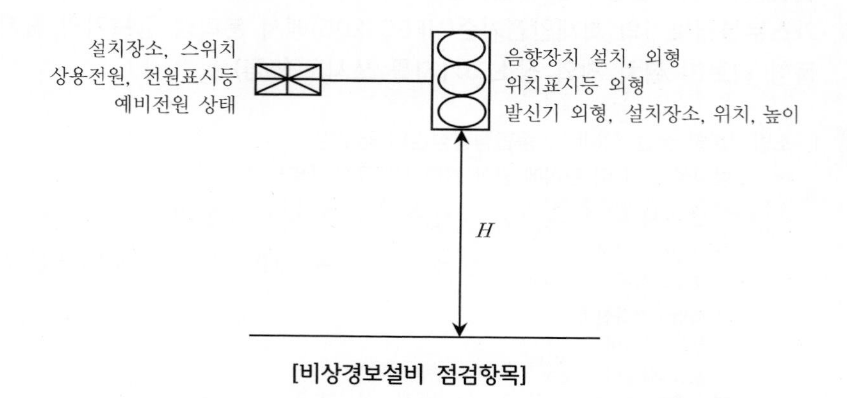

[비상경보설비 점검항목]

5. 가스누설경보기의 화재안전기술기준(NFTC 206)에서 분리형 경보기의 탐지부 및 단독형 경보기 설치 제외 장소 5가지

☞ 가스누설경보기의 화재안전기술기준(NFTC 206) 2.3.1

1) 출입구 부근 등으로서 외부의 기류가 통하는 곳
2) 환기구 등 공기가 들어오는 곳으로부터 1.5m 이내인 곳
3) 연소기의 폐가스에 접촉하기 쉬운 곳
4) 가구 · 보 · 설비 등에 가려져 누설가스의 유통이 원활하지 못한 곳
5) 수증기, 기름 섞인 연기 등이 직접 접촉될 우려가 있는 곳

23회 소방시설의 점검실무행정 〈2023. 9. 16 시행〉

01 다음 물음에 답하시오.(40점)

1. 「소방시설 폐쇄·차단 시 행동요령 등에 관한 고시」상 소방시설의 점검·정비를 위하여 소방시설이 폐쇄·차단된 이후 수신기 등으로 화재신호가 수신되거나 화재상황을 인지한 경우 특정소방대상물의 관계인의 행동요령 5가지를 쓰시오.(5점)
2. 화재안전성능기준(NFPC) 및 화재안전기술기준(NFTC)에 대하여 다음 물음에 답하시오.(16점)
   1) 「소화기구 및 자동소화장치의 화재안전기술기준(NFTC 101)」상 용어의 정의에서 정한 자동확산소화기의 종류 3가지를 설명하시오.(6점)
   2) 「유도등 및 유도표지의 화재안전성능기준(NFPC 303)」상 유도등 및 유도표지를 설치하지 않을 수 있는 경우 4가지를 쓰시오.(4점)
   3) 「전기저장시설의 화재안전기술기준(NFTC 607)」에 대하여 다음 물음에 답하시오.(6점)
      (1) 전기저장장치의 설치장소에 대하여 쓰시오.(2점)
      (2) 배출설비 설치기준 4가지를 쓰시오.(4점)
3. 「소방시설 자체점검사항 등에 관한 고시」에 대하여 다음 물음에 답하시오.(12점)
   1) 평가기관은 배치신고 시 오기로 인한 수정사항이 발생한 경우 점검인력 배치상황 신고사항을 수정해야 한다. 다만, 평가기관이 배치기준 적합 여부 확인 결과 부적합인 경우 관할 소방서의 담당자 승인 후에 평가기관이 수정할 수 있는 사항을 모두 쓰시오.(8점)
   2) 소방청장, 소방본부장 또는 소방서장이 부실점검을 방지하고 점검품질을 향상시키기 위하여 표본조사를 실시하여야 하는 특정소방대상물 대상 4가지를 쓰시오.(4점)
4. 소방시설등(작동점검·종합점검) 점검표에 대하여 다음 물음에 답하시오.(7점)
   1) 소방시설등(작동점검·종합점검) 점검표의 작성 및 유의사항 2가지를 쓰시오.(2점)
   2) 연결살수설비 점검표에서 송수구 점검항목 중 종합점검의 경우에만 해당하는 점검항목 3가지와 배관 등 점검항목 중 작동점검에 해당하는 점검항목 2가지를 쓰시오.(5점)

1. 소방시설의 점검 · 정비를 위하여 소방시설이 폐쇄 · 차단된 이후 수신기 등으로 화재신호가 수신되거나 화재상황을 인지한 경우 특정소방대상물의 관계인의 행동요령 5가지

☞ 「소방시설 폐쇄 · 차단 시 행동요령 등에 관한 고시」 제3조

1) 폐쇄 · 차단되어 있는 모든 소방시설(수신기, 스프링클러 밸브 등)을 정상상태로 복구한다.
2) 즉시 소방관서(119)에 신고하고, 재실자를 대피시키는 등 적절한 조치를 취한다.
3) 화재신호가 발신된 장소로 이동하여 화재 여부를 확인한다.
4) 화재로 확인된 경우에는 초기소화, 상황전파 등의 조치를 취한다.
5) 화재가 아닌 것으로 확인된 경우에는 재실자에게 관련 사실을 안내하고, 수신기에서 화재경보 복구 후 비화재보 방지를 위해 적절한 조치를 취한다.

2. 화재안전성능기준(NFPC) 및 화재안전기술기준(NFTC)

1) 자동확산소화기의 종류 3가지

"자동확산소화기"란 화재를 감지하여 자동으로 소화약제를 방출 확산시켜 국소적으로 소화하는 소화기를 말한다.

(1) "일반화재용 자동확산소화기"란 보일러실, 건조실, 세탁소, 대량화기취급소 등에 설치되는 자동확산소화기를 말한다.
(2) "주방화재용 자동확산소화기"란 음식점, 다중이용업소, 호텔, 기숙사, 의료시설, 업무시설, 공장 등의 주방에 설치되는 자동확산소화기를 말한다.
(3) "전기설비용 자동확산소화기"란 변전실, 송전실, 변압기실, 배전반실, 제어반, 분전반 등에 설치되는 자동확산소화기를 말한다.

2) 유도등 및 유도표지를 설치하지 않을 수 있는 경우 4가지

(1) 바닥면적이 1,000m^2 미만인 층으로서 옥내로부터 직접 지상으로 통하는 출입구 또는 거실 각 부분으로부터 쉽게 도달할 수 있는 출입구 등의 경우에는 피난구유도등을 설치하지 않을 수 있다.
(2) 구부러지지 아니한 복도 또는 통로로서 그 길이가 30m 미만인 복도 또는 통로 등의 경우에는 통로유도등을 설치하지 않을 수 있다.
(3) 주간에만 사용하는 장소로서 채광이 충분한 객석 등의 경우에는 객석유도등을 설치하지 않을 수 있다.
(4) 유도등이 제5조와 제6조에 따라 적합하게 설치된 출입구 · 복도 · 계단 및 통로 등의 경우에는 유도표지를 설치하지 않을 수 있다.

3) 전기저장시설의 화재안전기술기준(NFTC 607)

(1) 전기저장장치의 설치장소

전기저장장치는 관할 소방대의 원활한 소방활동을 위해 지면으로부터 지상 22m(전기저장장치가 설치된 전용 건축물의 최상부 끝단까지의 높이) 이내, 지하 9m(전기저장장치가 설치된 바닥면까지의 깊이) 이내로 설치해야 한다.

(2) 배출설비 설치기준 4가지

① 배풍기 · 배출덕트 · 후드 등을 이용하여 강제적으로 배출할 것
② 바닥면적 1m^{2}에 시간당 18m^3 이상의 용량을 배출할 것
③ 화재감지기의 감지에 따라 작동할 것
④ 옥외와 면하는 벽체에 설치

3. 「소방시설 자체점검사항 등에 관한 고시」
   1) 평가기관이 배치기준 적합 여부 확인 결과 부적합인 경우 관할 소방서의 담당자 승인 후에 평가기관이 수정할 수 있는 사항
      ☞ 「소방시설 자체점검사항 등에 관한 고시」 제3조
      (1) 소방시설의 설비 유무
      (2) 점검인력, 점검일자
      (3) 점검 대상물의 추가 · 삭제
      (4) 건축물대장에 기재된 내용으로 확인할 수 없는 사항
         ① 점검 대상물의 주소, 동수
         ② 점검 대상물의 주용도, 아파트(세대수를 포함한다.) 여부, 연면적 수정
         ③ 점검 대상물의 점검 구분
   2) 표본조사를 실시하여야 하는 특정소방대상물 대상 4가지
      ☞ 「소방시설 자체점검사항 등에 관한 고시」 제8조
      (1) 점검인력 배치상황 확인 결과 점검인력 배치기준 등을 부적정하게 신고한 대상
      (2) 표준자체점검비 대비 현저하게 낮은 가격으로 용역계약을 체결하고 자체점검을 실시하여 부실점검이 의심되는 대상
      (3) 특정소방대상물 관계인이 자체점검한 대상
      (4) 그 밖에 소방청장, 소방본부장 또는 소방서장이 필요하다고 인정한 대상

4. 소방시설등(작동점검 · 종합점검) 점검표
   1) 소방시설등(작동점검 · 종합점검) 점검표의 작성 및 유의사항 2가지
      (1) 소방시설등(작동, 종합) 점검결과보고서의 "각 설비별 점검결과"에는 본 서식의 점검번호를 기재한다.
      (2) 자체점검결과(보고서 및 점검표)를 2년간 보관하여야 한다.
   2) 연결살수설비 점검표에서 송수구 종합점검의 경우에만 해당하는 점검항목 3가지, 배관 등 작동점검 점검항목 2가지
      (1) 송수구의 종합점검항목
         ① 송수구에서 주배관 상 연결배관 개폐밸브 설치 여부
         ② 자동배수밸브 및 체크밸브 설치 순서 적정 여부
         ③ 1개 송수구역 설치 살수헤드 수량 적정 여부(개방형 헤드의 경우)
      (2) 배관 등의 작동점검항목
         ① 급수배관 개폐밸브 설치 적정(개폐표시형, 흡입측 버터플라이 제외) 여부
         ② 시험장치 설치 적정 여부(폐쇄형 헤드의 경우)

02 다음 물음에 답하시오.(30점)

1. 「소방시설 자체점검사항 등에 관한 고시」상 소방시설 성능시험조사표에 대하여 다음 물음에 답하시오.(19점)
   1) 스프링클러설비 성능시험조사표의 성능 및 점검항목 중 수압시험 점검항목 3가지를 쓰시오.(3점)

2) 다음은 스프링클러설비 성능시험조사표의 성능 및 점검항목 중 수압시험 방법을 기술한 것이다. ( )에 들어갈 내용을 쓰시오.(4점)

> 수압시험은 (㉠)MPa의 압력으로 (㉡)시간 이상 시험하고자 하는 배관의 가장 낮은 부분에서 가압하되, 배관과 배관·배관부속류·밸브류·각종 장치 및 기구의 접속부분에서 누수현상이 없어야 한다. 이 경우 상용수압이 (㉢)MPa 이상인 부분에 있어서의 압력은 그 사용수압에 (㉣)MPa을 더한 값으로 한다.

3) 도로터널 성능시험조사표의 성능 및 점검항목 중 제연설비 점검항목 7가지만 쓰시오.(7점)

4) 스프링클러설비 성능시험조사표의 성능 및 점검항목 중 감시제어반의 전용실(중앙제어실 내에 감시제어반 설치 시 제외) 점검항목 5가지를 쓰시오.(5점)

2. 「소방시설 설치 및 관리에 관한 법률」상 소방시설등의 자체점검 결과의 조치 등에 대하여 다음 물음에 답하시오.(6점)

1) 자체점검 결과의 조치 중 중대위반사항에 해당하는 경우 4가지를 쓰시오.(4점)

2) 다음은 자체점검 결과 공개에 관한 내용이다. ( )에 들어갈 내용을 쓰시오.(2점)

(1) 소방본부장 또는 소방서장은 법 제24조 제2항에 따라 자체점검 결과를 공개하는 경우 (㉠)일 이상 법 제48조에 따른 전산시스템 또는 인터넷 홈페이지 등을 통해 공개해야 한다.

(2) 소방본부장 또는 소방서장은 이의신청을 받은 날부터 (㉡)일 이내에 심사·결정하여 그 결과를 지체 없이 신청인에게 알려야 한다.

3. 차동식 분포형 공기관식 감지기의 화재작동시험(공기주입시험)을 했을 경우 동작시간이 느린 경우(기준치 이상)의 원인 5가지를 쓰시오.(5점)

1. 「소방시설 자체점검사항 등에 관한 고시」상 소방시설 성능시험조사표

1) 스프링클러설비 성능시험조사표의 성능 및 점검항목 중 수압시험 점검항목 3가지

(1) 가압송수장치 및 부속장치(밸브류·배관·배관부속류·압력챔버)의 수압시험(접속상태에서 실시한다. 이하 같다.)결과

(2) 옥외연결송수구 연결배관의 수압시험결과

(3) 입상배관 및 가지배관의 수압시험결과

2) 스프링클러설비 성능시험조사표의 성능 및 점검항목 중 수압시험 방법 기술

수압시험은 (㉠ 1.4)MPa의 압력으로 (㉡ 2)시간 이상 시험하고자 하는 배관의 가장 낮은 부분에서 가압하되, 배관과 배관·배관부속류·밸브류·각종 장치 및 기구의 접속부분에서 누수현상이 없어야 한다. 이 경우 상용수압이 (㉢ 1.05)MPa 이상인 부분에 있어서의 압력은 그 사용수압에 (㉣ 0.35)MPa을 더한 값으로 한다.

3) 도로터널 성능시험조사표의 성능 및 점검항목 중 제연설비 점검항목 7가지

(1) 설계 적정(설계화재강도, 연기발생률 및 배출용량) 여부

(2) 위험도분석을 통한 설계화재강도 설정 적정 여부(화재강도가 설계화재강도보다 높을 것으로 예상될 경우)

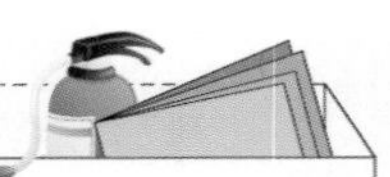

(3) 예비용 제트팬 설치 여부(종류환기방식의 경우)
(4) 배연용 팬의 내열성 적정 여부((반)횡류환기방식 및 대배기구 방식의 경우)
(5) 개폐용 전동모터의 정전 등 전원차단시 조작상태 적정 여부(대배기구 방식의 경우)
(6) 화재에 노출 우려가 있는 제연설비, 전원공급선 및 전원공급장치 등의 250℃ 온도에서 60분 이상 운전 가능 여부
(7) 제연설비 기동방식(자동 및 수동) 적정 여부
(8) 제연설비 비상전원 용량 적정 여부

4) 스프링클러설비 성능시험조사표의 성능 및 점검항목 중 감시제어반의 전용실(중앙제어실 내에 감시제어반 설치 시 제외) 점검항목 5가지
(1) 다른 부분과 방화구획 적정 여부
(2) 설치 위치(층) 적정 여부
(3) 비상조명등 및 급·배기설비 설치 적정 여부
(4) 무선기기 접속단자 설치 적정 여부
(5) 바닥면적 적정 확보 여부

2. 「소방시설 설치 및 관리에 관한 법률」상 소방시설등의 자체점검 결과의 조치

1) 자체점검 결과의 조치 중 중대위반사항 4가지
☞ 「소방시설 설치 및 관리에 관한 법률 시행령」 제34조
(1) 화재 수신반의 고장으로 화재경보음이 자동으로 울리지 않거나 수신반과 연동된 소방시설의 작동이 불가능한 경우
(2) 소화펌프(가압송수장치), 동력·감시 제어반 또는 소방시설용 전원(비상전원 포함)의 고장으로 소방시설이 작동되지 않는 경우
(3) 소화배관 등이 폐쇄·차단되어 소화수 또는 소화약제가 자동 방출되지 않는 경우
(4) 방화문, 자동방화셔터 등이 훼손 또는 철거되어 제기능을 못하는 경우

2) 다음은 자체점검 결과 공개에 관한 내용
☞ 「소방시설 설치 및 관리에 관한 법률 시행령」 제36조
(1) 소방본부장 또는 소방서장은 법 제24조 제2항에 따라 자체점검 결과를 공개하는 경우 (㉠ 30)일 이상 법 제48조에 따른 전산시스템 또는 인터넷 홈페이지 등을 통해 공개해야 한다.
(2) 소방본부장 또는 소방서장은 이의신청을 받은 날부터 (㉡ 10)일 이내에 심사·결정하여 그 결과를 지체 없이 신청인에게 알려야 한다.

3. 차동식 분포형 공기관식 감지기의 화재작동시험(공기주입시험)을 했을 경우 동작시간이 느린 경우(기준치 이상)의 원인 5가지

1) 리크저항치(R)가 규정치보다 작은 경우(→ 리크구멍이 커서 공기누설이 잘 된다.)
2) 접점 수고값(H)이 규정치보다 높은 경우(→ 접점간격이 멀어서 느리게 붙는다.)
3) 공기관의 길이(L)가 주입량에 비해 너무 긴 경우
4) 공기관에 변형 또는 폐쇄(막힘, 압착)가 있는 경우
5) 공기관의 접속부에 누설이 있는 경우

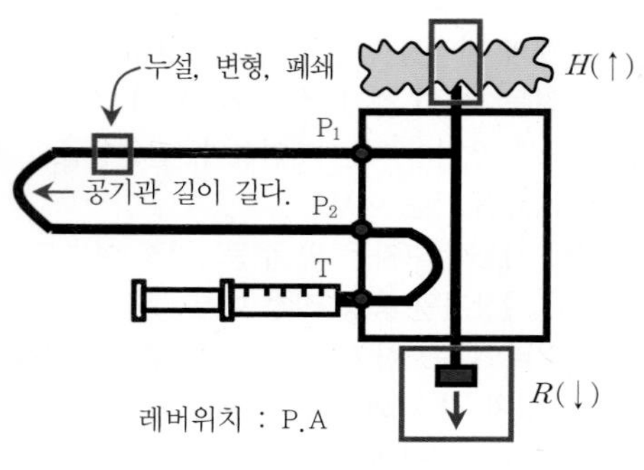

[작동시간이 느린 경우]

03 다음 물음에 답하시오.(30점)

1. 소방시설등(작동점검 · 종합점검) 점검표상 분말소화설비 점검표의 저장용기 점검항목 중 종합점검의 경우에만 해당하는 점검항목 6가지를 쓰시오.(6점)
2. 「지하구의 화재안전성능기준(NFPC 605)」상 방화벽 설치기준 5가지를 쓰시오.(5점)
3. 화재조기진압용 스프링클러설비에서 수리학적으로 가장 먼 가지배관 4개에 각각 4개의 스프링클러헤드가 하향식으로 설치되어 있다. 이 경우 스프링클러헤드가 동시에 개방되었을 때 헤드선단의 최소방사압력 0.28MPa, K(L/min·MPa$^{1/2}$)=320일 때 수원의 양(m^3)을 구하시오. (단, 소수점 셋째 자리에서 반올림하여 소수점 둘째 자리까지 구하시오.)(5점)
4. 화재안전기술기준(NFTC)에 대하여 다음 물음에 답하시오.(9점)
   1) 「포소화설비의 화재안전기술기준(NFTC 105)」상 다음 용어의 정의를 쓰시오.(5점)
      (1) 펌프 프로포셔너방식(1점)
      (2) 프레셔 프로포셔너방식(1점)
      (3) 라인 프로포셔너방식(1점)
      (4) 프레셔사이드 프로포셔너방식(1점)
      (5) 압축공기포 믹싱챔버방식(1점)
   2) 「고층건축물의 화재안전기술기준(NFTC 604)」상 「초고층 및 지하연계 복합건축물 재난관리에 관한 특별법 시행령」에 따른 피난안전구역에 설치하는 소방시설 중 인명구조기구의 설치기준 4가지를 쓰시오.(4점)
5. 「특별피난계단의 계단실 및 부속실 제연설비의 화재안전성능기준(NFPC 501A)」상 제연설비의 시험기준 5가지를 쓰시오.(5점)

1. 분말소화설비 점검표의 저장용기 점검항목 중 종합점검의 경우에만 해당하는 점검항목 6가지
   1) 설치장소 적정 및 관리 여부
   2) 저장용기 설치 간격 적정 여부

3) 저장용기와 집합관 연결배관 상 체크밸브 설치 여부
4) 저장용기 안전밸브 설치 적정 여부
5) 저장용기 정압작동장치 설치 적정 여부
6) 저장용기 청소장치 설치 적정 여부

2. 「지하구의 화재안전성능기준(NFPC 605)」상 방화벽 설치기준 5가지

1) 내화구조로서 홀로 설 수 있는 구조일 것
2) 방화벽의 출입문은 「건축법 시행령」 제64조에 따른 방화문으로서 60분+방화문 또는 60분 방화문으로 설치하고, 항상 닫힌 상태를 유지하거나 자동폐쇄장치에 의하여 화재 신호를 받으면 자동으로 닫히는 구조로 해야 한다.
3) 방화벽을 관통하는 케이블 · 전선 등에는 국토교통부 고시(내화구조의 인정 및 관리기준)에 따라 내화충전 구조로 마감할 것
4) 방화벽은 분기구 및 국사 · 변전소 등의 건축물과 지하구가 연결되는 부위(건축물로부터 20m 이내)에 설치할 것
5) 자동폐쇄장치를 사용하는 경우에는 「자동폐쇄장치의 성능인증 및 제품검사의 기술기준」에 적합한 것으로 설치할 것

3. 화재조기진압용 스프링클러설비 수원의 양(m^3)

수원은 수리학적으로 가장 먼 가지배관 3개에 각각 4개의 스프링클러헤드가 동시에 개방되어 60분간 방사할 수 있는 양으로 계산식은 다음과 같다.

$Q = 12 \times 60 \times K\sqrt{10p}$

여기서, Q : 수원의 양(l)

K : 상수($l/\text{min} \cdot \text{MPa}^{1/2}$)

p : 헤드선단의 압력(MPa)

$$Q = 12 \times 60 \times K\sqrt{10p}$$
$$= 12 \times 60 \times 320\sqrt{10 \times 0.28\text{MPa}}$$
$$= 385{,}532.940l \Rightarrow 385.53\text{m}^3$$

4. 화재안전기술기준(NFTC)

1) 「포소화설비의 화재안전기술기준(NFTC 105)」상 다음 용어의 정의

(1) 펌프 프로포셔너방식

"펌프 프로포셔너방식"이란 펌프의 토출관과 흡입관 사이의 배관도중에 설치한 흡입기에 펌프에서 토출된 물의 일부를 보내고, 농도 조정밸브에서 조정된 포 소화약제의 필요량을 포 소화약제 저장탱크에서 펌프 흡입측으로 보내어 이를 혼합하는 방식을 말한다.

(2) 프레셔 프로포셔너방식

"프레셔 프로포셔너방식"이란 펌프와 발포기의 중간에 설치된 벤추리관의 벤추리작용과 펌프 가압수의 포 소화약제 저장탱크에 대한 압력에 따라 포 소화약제를 흡입 · 혼합하는 방식을 말한다.

(3) 라인 프로포셔너방식

"라인 프로포셔너방식"이란 펌프와 발포기의 중간에 설치된 벤추리관의 벤추리작용에 따라 포 소화약제를 흡입 · 혼합하는 방식을 말한다.

(4) 프레셔사이드 프로포셔너방식
"프레셔사이드 프로포셔너방식"이란 펌프의 토출관에 압입기를 설치하여 포 소화약제 압입용 펌프로 포소화약제를 압입시켜 혼합하는 방식을 말한다.

(5) 압축공기포 믹싱챔버방식
"압축공기포 믹싱챔버방식"이란 물, 포 소화약제 및 공기를 믹싱챔버로 강제주입시켜 챔버 내에서 포수용액을 생성한 후 포를 방사하는 방식을 말한다.

2) 「고층건축물의 화재안전기술기준(NFTC 604)」상 피난안전구역에 설치하는 소방시설 중 인명구조기구의 설치기준 4가지
(1) 방열복, 인공소생기를 각 2개 이상 비치할 것
(2) 45분 이상 사용할 수 있는 성능의 공기호흡기(보조마스크를 포함한다.)를 2개 이상 해야 한다. 다만, 피난안전구역이 50층 이상에 설치되어 있을 경우에는 동일한 성능의 예비용기를 10개 이상 비치할 것
(3) 화재 시 쉽게 반출할 수 있는 곳에 비치할 것
(4) 인명구조기구가 설치된 장소의 보기 쉬운 곳에 "인명구조기구"라는 표지판 등을 설치할 것

5. 「특별피난계단의 계단실 및 부속실 제연설비의 화재안전성능기준(NFPC 501A)」상 제연설비의 시험기준 5가지
1) 제연구역의 모든 출입문 등의 크기와 열리는 방향이 설계 시와 동일한지 여부를 확인할 것
2) 출입문 등이 설계 시와 동일한 경우에는 출입문마다 그 바닥 사이의 틈새가 평균적으로 균일한지 여부를 확인할 것
3) 제연구역의 출입문 및 복도와 거실(옥내가 복도와 거실로 되어 있는 경우에 한한다.) 사이의 출입문마다 제연설비가 작동하고 있지 아니한 상태에서 그 폐쇄력을 측정할 것
4) 옥내의 층별로 화재감지기(수동기동장치를 포함한다.)를 동작시켜 제연설비가 작동하는지 여부를 확인할 것. 다만, 둘 이상의 특정소방대상물이 지하에 설치된 주차장으로 연결되어 있는 경우에는 주차장에서 하나의 특정소방대상물의 제연구역으로 들어가는 입구에 설치된 제연용 연기감지기의 작동에 따라 특정소방대상물의 해당 수직풍도에 연결된 모든 제연구역의 댐퍼가 개방되도록 하고 비상전원을 작동시켜 급기 및 배기용 송풍기의 성능이 정상인지 확인할 것
5) 제4호의 기준에 따라 제연설비가 작동하는 경우 방연풍속, 차압, 및 출입문의 개방력과 자동닫힘 등이 적합한지 여부를 확인하는 시험을 실시할 것

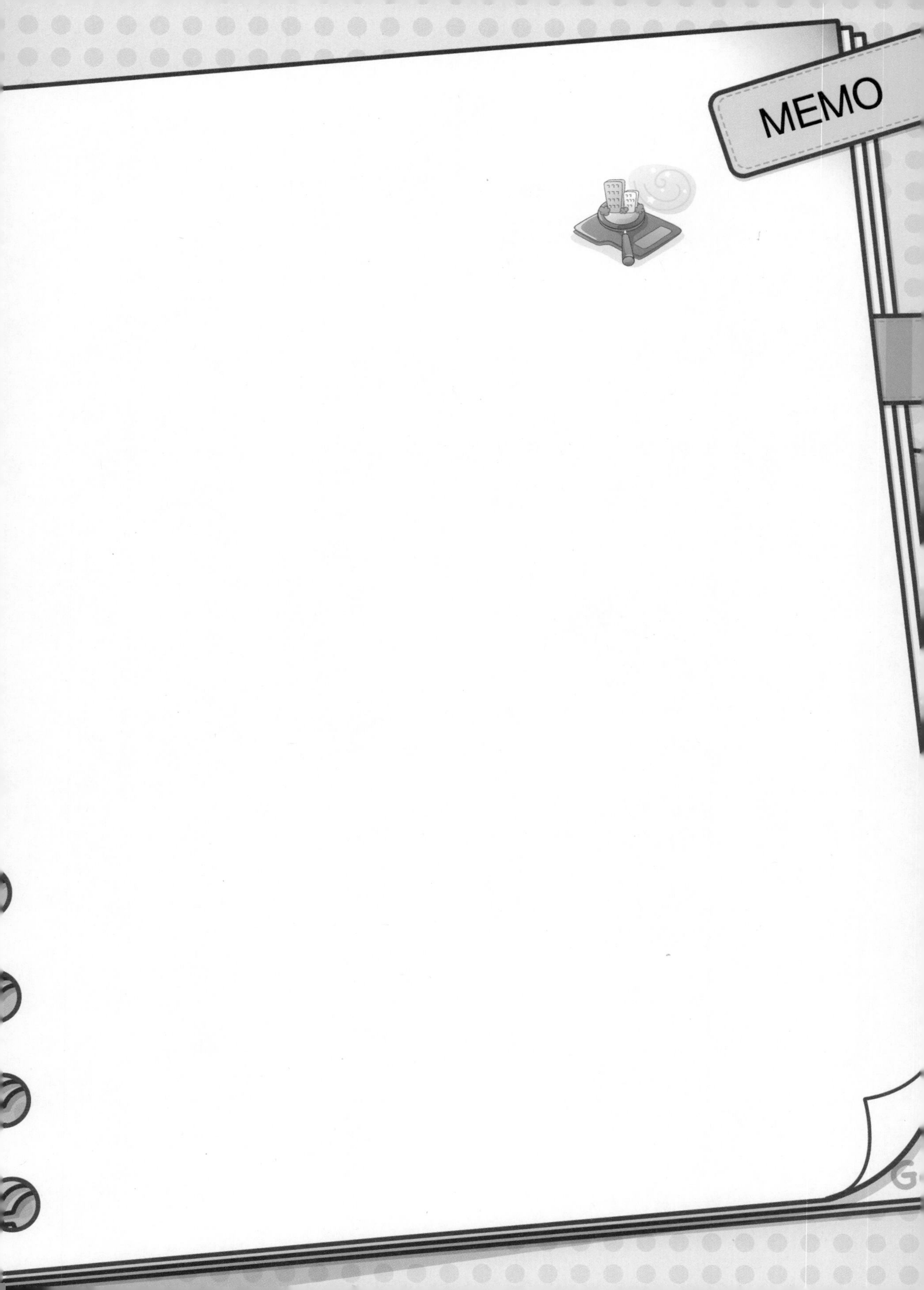
MEMO

소 방 시 설 의 점 검 실 무 행 정

저자 왕준호(王俊鎬)

현) ㈜홍익소방 대표이사, 유튜브 채널 운영(소방점검 TV), 한국소방기술사회 정회원, 한국소방안전원 초빙강사, 한국소방안전원 서울시지부 회원운영위원, 한국소방시설관리협회 대의원

전) • 한국소방안전협회 근무
• 미동소방기술학원 점검실무행정 강사
• 서초소방서 「시민청렴자문위원단」 위원
• 경기도 소방 특별사법경찰관 자문위원
• 부천시 사전재해영향성 평가 검토위원

〈주요활동〉 • 소방시설점검비디오 5편 출연, 소방안전관리자 사이버 교육 영상 1편 출연
• 소방안전지 원고 기고("펌프주변배관의 이해" 외 9편), 2007년 소방안전관리자 제연설비 전문교육교재 점검분야 편찬
• 원자력발전소 화재방호설비 안전진단 참여(4개 지역 20호기), 제주국제공항, 금강산호텔, 국세청 등 약 수백여 개소 점검 참여

〈보유자격〉 • 소방기술사 · 소방시설관리사 · 소방설비기사(기계, 전기)
• 위험물취급기능사
• 전기공사기사, 전기산업기사

소방시설의 점검실무행정

2009. 7. 30. 초 판 1쇄 발행
2024. 1. 3. 8차 개정증보 13판 1쇄 발행

지은이 | 왕준호
펴낸이 | 이종춘
펴낸곳 | BM ㈜도서출판 성안당
주소 | 04032 서울시 마포구 양화로 127 첨단빌딩 3층(출판기획 R&D 센터)
10881 경기도 파주시 문발로 112 파주 출판 문화 도시(제작 및 물류)
전화 | 02) 3142-0036
031) 950-6300
팩스 | 031) 955-0510
등록 | 1973. 2. 1. 제406-2005-000046호
출판사 홈페이지 | **www.cyber.co.kr**
ISBN | 978-89-315-8654-1 (13530)
정가 | 68,000원

이 책을 만든 사람들
기획 | 최옥현
진행 | 박경희
교정 · 교열 | 이은화
전산편집 | 오정은
표지 디자인 | 박현정
홍보 | 김계향, 유미나, 정단비, 김주승
국제부 | 이선민, 조혜란
마케팅 | 구본철, 차정욱, 오영일, 나진호, 강호묵
마케팅 지원 | 장상범
제작 | 김유석